科学出版社"十三五"普通高等教育本科规划教材
南京大学材料科学与工程系列丛书

先进材料合成与制备技术
（第二版）

李爱东　主编

U0221324

科学出版社
北 京

内 容 简 介

本书旨在向材料相关专业的高年级本科生、研究生和从事材料行业的科研人员介绍先进材料的合成与制备技术。本书共 19 章，其中既包括一些相对成熟的技术，如溶胶-凝胶法、水热法、化学气相沉积、磁控溅射、蒸发沉积、提拉法晶体生长等在先进材料合成与制备中的新应用，又涉及近些年发展起来的材料合成、制备、加工领域的新技术和新工艺，如溶剂热法、高温油相法、微波合成、超声电化学法、限域合成、原子层沉积、原子层刻蚀、团簇束流沉积、激光脉冲沉积、分子束外延、纳米压印、3D 打印和 DNA 自组装纳米技术等。本书包含材料合成与制备技术基本原理的介绍，同时突出材料的先进性和应用的前沿性，反映材料合成与制备技术中的一些最新进展，是理论与实际应用的有机结合。

本书可作为高等院校材料科学与工程、化学、电子、物理等专业的高年级本科生、研究生的教材或参考书，也可供从事材料合成与制备领域的科研人员和工程技术人员参考。

图书在版编目（CIP）数据

先进材料合成与制备技术 / 李爱东主编. —2 版. —北京：科学出版社，2019.3
（科学出版社"十三五"普通高等教育本科规划教材·南京大学材料科学与工程系列丛书）

ISBN 978-7-03-060610-5

Ⅰ.①先… Ⅱ.①李… Ⅲ.①合成材料－材料制备－高等学校－教材
Ⅳ.①TB324

中国版本图书馆 CIP 数据核字(2019)第 033503 号

责任编辑：陈 琪 / 责任校对：王萌萌
责任印制：赵 博 / 封面设计：迷底书装

科 学 出 版 社 出版
北京东黄城根北街 16 号
邮政编码：100717
http://www.sciencep.com
三河市春园印刷有限公司印刷
科学出版社发行 各地新华书店经销
*

2013 年 12 月第 一 版 开本：787×1092 1/16
2019 年 3 月第 二 版 印张：34 3/4
2025 年 1 月第七次印刷 字数：864 000

定价：128.00 元
（如有印装质量问题，我社负责调换）

前　言

　　人类文明发展史，简而言之，可以说是一部材料的发展史。材料的大规模使用某种程度上决定了人类文明的发展水平。材料、能源与信息被公认为现代文明的三大支柱，新材料、信息技术、生物技术也是新技术革命的重要标志。当今材料的发展创新常常成为高新技术领域的突破口，在很大程度上决定着新兴产业的进程与未来。微电子技术、通信技术、超导技术、航空航天技术等，几乎所有高新技术的发展与进步，都以新材料和新材料制备技术的发展及突破为前提，材料制造技术反映了一个国家的科技与工业水平。

　　先进材料是新材料和高性能传统材料的总称，既包括新出现的具有优异性能和特殊功能的新材料，又包括传统材料改进后性能明显提高和产生新功能的材料。近一百年间，每种先进材料的广泛使用都带来了社会生产力的巨大进步，深刻而持久地改变着社会生产和人们生活的各个方面。没有先进的半导体材料，就不会有如今规模庞大的微电子工业和计算机产业；没有石英光导纤维，也不会有现在高速快捷的通信和互联网络，更不会有今天如此丰富多彩的信息社会。先进材料的发展，大则关系国计民生和国家安全，小则牵涉老百姓的衣食住行和日常生活，因此世界各国均把大力研究和开发新材料作为 21 世纪的重大战略决策。同时，材料的发展和应用也离不开合成与加工技术的进步，每当一种新的合成制备技术或加工制造工艺出现时，都很可能伴随着材料发展中的一次飞跃，推动着材料的创新。

　　在今天强调绿色节能环保、重视生态环境与资源协调发展的大背景下，先进材料合成与制备技术的重要性日益凸显，发展和研制新的材料合成、制备与加工技术，或者挖掘已经成熟的技术在先进材料合成与制备上的新应用，就成为当今材料科学与工程领域一项重要的任务。它不仅涉及材料、物理、化学、力学、机械、电子、信息、环境等多学科、多领域的交叉与融合，而且是基本原理与工程实践并重的一门课程。

　　目前国内大学某些专业课程相对滞后，特别是面向高年级本科生和研究生层次的先进材料合成与制备技术教材较为匮乏，已不适应现代材料学科的发展。南京大学材料科学与工程系组织教师编撰并于 2014 年 1 月出版了《先进材料合成与制备技术》(李爱东、刘建国等编著，科学出版社出版)，是南京大学材料科学与工程系列丛书之一。本书是在《先进材料合成与制备技术》基础上重新编写的，除了对原有的 14 章内容进行了修订更新，又增加了 5 章内容，包括高温油相法、限域合成、原子层刻蚀、3D 打印和 DNA 自组装纳米技术。

　　本书着重介绍先进材料的合成与制备技术，对新型材料与器件的微纳加工方面也有涉及。内容上不追求大而全，而是结合南京大学材料科学与工程系多年来的研究方向和特色，从先进材料，特别是先进功能材料的角度入手，对涉及薄膜材料领域的主要制备技术和纳米材料合成领域的一些最新工艺方法，以及微纳加工领域新兴的纳米压印、3D 打印、DNA 自组装纳米技术及其在微纳结构批量制造方面的应用等，进行相对系统的梳理与较为深入的介绍。

　　因本书主要面向高年级本科生、研究生和研发人员，内容上不追求面面俱到，而是特色鲜明，强调与作者的研究领域和已有的研究工作相结合。与国内外已经出版的材料合成与制备(加工)方面的书籍相比，本书注重介绍先进材料的合成与制备技术及其在新材料领域的最新应用。既有基本原理的介绍，又突出材料的先进性和应用的前沿性，涉及纳米材料、信息材料、新能源材料、智能材料、超构材料、生物材料、有机-无机杂化材料等，反映了材料合成、制备与微纳加工技术中的一些最新进展。不少工作都是作者多年或最新研究成果的总结，是理论与实际应用的有机结合。

　　本书由李爱东教授主编和统稿。第 1 章由李爱东教授、刘建国教授编写，第 2 章由刘文超副教授编写，第 3 章由高峰教授编写，第 4 章由鲁振达教授编写，第 5 章由刘建国教授编写，第 6 章由唐少春教授编写，第 7 章由鲁振达教授编写，第 8 章由李爱东教授、郝玉峰教授编写，第 9、10 章由李爱东教授编写，第 11 章由韩民教授编写，第 12 章由陈晓原副教授编写，第 13 章由芦红教授、顾正彬副教授、吴迪教授和聂越峰教授编写，第 14 章由顾正彬副教授编写，第 15 章由袁长胜副教授编写，第 16 章由姚淑华副教授编写，第 17 章由葛海雄教授编写，第 18 章由顾正彬副教授编写，第 19 章由李喆教授编写。

　　南京大学现代工程与应用科学学院、南京大学固体微结构物理国家重点实验室的同事对本书提出了许多有益的建议。此外，在本书编写过程中，材料工程硕士研究生房昌在图表制作和参考文献整理方面付出了辛勤的努力。在此对以上单位和个人的无私帮助表示衷心的感谢。

　　由于作者水平所限，书中难免存在疏漏和不足之处，恳请读者给予批评和指正。

作　者

2018 年 8 月

目　　录

第1章　绪　　论

材料是具有一定性能，可用于制作器件、构件、工具、装置、物品的物质。纵观人类历史长河，从石器时代、青铜器时代、铁器时代到如今的信息时代，材料与人类的关系密不可分，一直扮演着举足轻重的角色。材料的大规模使用某种程度上决定了人类文明的发展水平，材料既是人类赖以生存和发展的必需品，又是人类社会进步的催化剂。材料、能源与信息被公认为现代文明的三大支柱，新材料、信息技术、生物技术也是新技术革命的重要标志[1]，材料还是能源、信息、生物技术的物质基础和技术先导。当今材料的发展创新常常成为高新技术领域的突破口，在很大程度上决定着新兴产业的进程与未来，反映着一个国家的科技与工业水平。而先进材料的合成与制备技术，在如今强调绿色节能环保、重视生态环境与资源协调发展的大背景下，其重要性也日益凸显，不仅决定产品的质量、成本和竞争力，也决定产品能否大规模生产和应用。

1.1　材料的发展历史

人类文明发展史，简而言之，可以说是一部材料的发展史。历史学家将石器、青铜器、铁器等当时的主导材料作为标志，划分了人类的不同历史时期。在近代，钢铁材料的发展对于西方工业革命进程起了决定性的作用。20世纪初，人工合成的有机高分子材料相继问世，很大程度上改观了人们的生产和生活。伴随着高分子材料、先进陶瓷材料和复合材料的发展壮大，钢铁作为龙头的地位受到了挑战。而20世纪中叶，以硅基为主导的半导体材料、激光材料和石英光纤的迅猛发展，则把人类带入了辉煌的信息时代。回溯人类历史，每种新材料的广泛使用都会带来社会生产力的巨大进步[2]。

早在250万年前的旧石器时代，人类就开始使用天然石头与打制石头作为工具，抵御猛兽袭击，猎取食物。学会用燧石人工取火后，人类结束了茹毛饮血的生活。约170万年前，云南元谋人就开始用捶击法制造刮削器和尖状器等简单工具。50万年前，北京周口店的北京人发明了3种不同的打片方法，加工出了石锤、石钻、雕刻器、石锥和球形器等工具。

新石器时代约开始于一万年前，人类学会了加工和磨制石器。又是大自然的巧妙安排，利用地球上的水、火、土资源，人类发明了与当时生活方式相适应的生产形式——制陶。陶器是人类合成的第一种人工材料制品，可以用来烹饪和储存粮食，标志着人类从游猎生活进入了农牧生活。中国浙江余姚出土的黑陶猪纹钵，就是公元前4000～公元前5000年河姆渡文化的代表作，反映了长江下游地区古老并富有特色的黑陶文化。而差不多时期的仰韶文化则以彩陶为主，是黄河中游地区重要的新石器文化。已发现上千处仰韶文化的遗址，其中西安半坡出土的彩陶网纹船形壶，则以几何图案为其纹饰的主体，体现了仰韶文化中发达的制陶业。山东大汶口文化出现的慢轮制陶技术，在距今4000～4600年的龙山文化中得到进一步的发展；快轮成型技术制作出厚度仅1mm、薄如蛋壳的黑陶杯，表面光亮如漆，为新石器晚期中国制陶史上的一个巅峰之作。埃及古遗址中出土的青色玻璃球，是迄今为止发现的最早玻璃，距今约9000年。

8000 年前，中国人开始用蚕丝做衣服，4500 年前，印度人开始种植棉花[3]，人类从用树叶、动物皮毛遮身蔽体，过渡到穿纤维织物，也是经过了漫长的岁月。服装织物除了具有御寒保暖功能，还让人们学会了审美，出现了绵延至今的服饰文化。另外，先民还用稻草做增强材料，掺入黏土中制砖。然后以石头和砖瓦作为建筑材料，创造了历史上辉煌的奇迹，如埃及金字塔和狮身人面像、巴比伦空中花园、古希腊奥林匹亚的宙斯神庙、埃及亚历山大灯塔、以弗所的阿耳忒弥斯神庙、摩索拉斯王陵墓、秦始皇陵兵马俑以及阿房宫等。尽管除了埃及金字塔、狮身人面像和秦始皇陵兵马俑，它们大部分已经灰飞烟灭，消失在历史的长河中。然而，留存下来的文物至今令人叹为观止。汉字中"砼"为人工的石头，即混凝土的意思。早在 2000 年前，古希腊人和古罗马人就将火山灰与石灰混合制作水泥[4]，然后掺入沙子和碎石子中，加水形成混凝土，用于建造房屋。现今水泥已经发展成庞大的家族，成为无机材料中使用量最大的工程建筑材料。

需要指出的是，一些考古学家认为，在石器时代之前，应该还有一个木器时代[4]。原始人首先得到并使用的是棍、棒之类的天然木质工具，只是由于时代久远，木器难以保存，无法予以证实。另外，对于一直崇尚玉的中国人来说，在新石器时代和青铜器时代间，应该还存在一个中国独有的玉器时代[4]。它是在新石器时代中晚期出现的，以浙江良渚文化和内蒙古红山文化为代表。那时候玉器代表着王权、神权和财富，出现了大量造型别致、制作精美的玉制礼器和装饰品，还有少数玉制兵器和工具，然而其装饰功能已经远大于使用功能。例如，玉龙、玉鸟代表图腾神物，玉琮、玉璧、玉圭、玉璋为宗庙礼器，玉戈、玉刀、玉箭簇、玉斧以及玉锐、玉锄是玉制兵器和工具，玉珏、玉簪、玉环、玉玦、玉璜是佩玉，还出土了不少栩栩如生的玉雕人物和动物。后来发展到登峰造极的汉代丧葬玉器"金缕玉衣"更是巧夺天工，精美绝伦，成为中国玉文化中的瑰宝。

青铜器时代，是人类历史上有过的又一个辉煌灿烂的时代，是人类大量利用金属的开端。早在新石器时代，人们就已经接触天然的金属，如金和铜。在寻找石料的过程中认识了矿石，在烧制陶器的过程中偶然发现了铜。先民发现在铜中添加部分锡，可提高铜的硬度和韧性，由此诞生了色泽鲜艳可浇铸的青铜合金，这是人类历史上发明的第一种金属合金。公元 2700 年前，中国就开始使用青铜器，到商周进入鼎盛时期。河南安阳商代的后母戊鼎，重达 832.84kg，高为 133cm，是迄今为止世界上出土的最重青铜器，享有"镇国之宝"的美誉。在四川广汉三星堆祭祀坑中发现的一系列形象奇特、含义难明的青铜器中，最引人注目的是两棵高达 4m 的青铜神树和高为 2.6m 的大型青铜人立像，令人过目难忘的还有同坑出土的大型兽面具，宽 138cm，重 80 多 kg，造型极为夸张，方形的脸看起来似人非人，似兽非兽，长长的眼球向外凸出，角形大耳高耸，面容十分狰狞、怪诞，可谓青铜艺术中的极品，让人浮想联翩。另外，湖北随县的编钟、秦始皇陵青铜马车也都折射出高超的中国青铜冶炼和铸造水平。

早在 5000 年前，先民就已经开始用陨铁制作武器或工具。公元前 10 世纪，当从铁矿石中冶炼铁的工艺被发明出来时，人类就进入了铁器时代。相对于稀缺的铜矿石，铁矿石分布和储量极为可观，因此铁制工具比青铜工具更价廉耐用。随着炼铁术工艺水平的不断改进，铁制工具在农业、水利和军事等各个方面获得了广泛应用，极大地促进了当时生产力的发展。中国是世界上较早掌握炼铁术的国家之一，冶金技术一直居于世界前列。1000 年前建于宋代湖北当阳的铁塔，高约 18m，由 44 块质量为 38.3t 的铸件构成，其拼装天衣无缝，至今巍然挺立在玉泉寺山门外。

值得一提的还有在考古和对外文化商贸交往中留下了深远影响的中国古瓷器文明。很难说世界上究竟是哪个文明古国最早发明了陶器。但是中国人创造了璀璨的瓷器文明,率先进入瓷器时代,则是举世公认、无可争议的。中国的英文名称"China",还有瓷器的意思,可见中国瓷器影响之大。且不说三国时代南京出土的青瓷虎子的敦实,也不说五代时白釉莲花口六管瓶的秀美,唐朝法门寺地宫里秘色瓷的玄妙,单是宋朝瓷器就百花齐放,名窑遍布大江南北。五大名窑:定窑、汝窑、官窑、哥窑、钧窑。八大窑系:定窑、磁州窑、耀州窑、钧窑、龙泉窑、饶州窑、建窑、吉州窑。其中河南宝丰县汝窑,北宋仅烧制 20 年,存世只有 67 件半。世人常说"纵有家财万贯,不如汝瓷一件",就点明了物以稀为贵的道理。更别提后来横空出世、异军突起的元青花,融合了汉文化、波斯文化和蒙古文化的精华,其富丽雄浑、豪放大气的风格,成为中国陶瓷史上的一朵奇葩,也造就了收藏界中国瓷器拍卖价格的传奇。2005 年,一个"鬼谷子下山"的元青花罐,在英国伦敦嘉士德拍出天价,折合人民币 2.3 亿元。最后再来说说明朝瓷都景德镇的繁华,10 万工人,独树一帜的手工业制瓷工场,创造了中国陶瓷史上最辉煌灿烂的一段历史,产品以"白如玉,明如镜,薄如纸,声如磬"的独特风格蜚声国外。"陶舍重重倚岸开,舟帆日日蔽江来",诗句描写了当年景德镇瓷器远销海内外的壮观景象。如果说陆上"丝绸之路"给中国带来了佛教等宗教的传播和中西文明的碰撞,那么海上的"陶瓷之路"则给中国带来了巨大的商业财富。后来由于明清统治者的闭关锁国、不思进取,再加上西方列强的殖民侵略和巧取豪夺,中国曾经辉煌灿烂的瓷器文明最终走向了衰落。

近代工业革命的标志性事件就是 18 世纪蒸汽机的发明和大量使用,19 世纪电的发明和广泛应用,机械劳动取代了笨重和重复的体力劳动,使人类从手工艺时代进入了机器工业和电气化时代。随着各种机械的发展,社会对钢铁材料产量和性能的要求越来越高,促使高炉、转炉、平炉实现了工业化制造高性能钢材。到了 21 世纪,金属材料的重要性逐步下降,但钢铁产量仍然是衡量一个国家工业发展水平的重要指标。而建于 19 世纪末的法国巴黎埃菲尔铁塔,高达 324m,质量约 9000t,矗立在塞纳河畔 100 多年,不仅是游客喜爱登高的景点,也成为 20 世纪钢铁机器文明的象征。

高分子材料是由小分子单体聚合而成的相对分子质量高达上万甚至上百万的聚合物。人类社会从新石器时代就开始利用蚕丝、棉、麻等天然高分子材料作为生活资料和生产资料,随着有机化学的发展和合成方法的进步,从 20 世纪初,各种高分子材料相继问世,巨大的分子量赋予这类材料崭新的物理化学性质。20 世纪 50 年代开始,石油工业的发展又为高分子材料开拓了丰富的单体来源,其发展进入全盛时期,产量以惊人的速度在增长。聚乙烯和聚丙烯这类通用合成高分子材料走入了千家万户,确立了合成高分子材料作为当代人类社会文明发展阶段的标志。20 世纪 90年代初,全世界每年的塑料产量已经超过 1 亿吨,按体积算已经超过了钢。20 世纪末,高分子材料总产量为 20 亿吨,已经全面超过了钢铁的产量。塑钢比从一个角度反映了国家的工业化进程,同时是合成材料对传统材料替代水平的标志之一,成为衡量国家综合实力的一种统计方法。2014年,世界平均的塑钢比达到 50:50,美国的塑钢比更是达到 70:30,我国塑钢比只有 30:70。可见我国的塑钢比还有较大的提升空间,未来市场对改性塑料的需求巨大,然而废弃难降解塑料所造成的全球"白色污染"问题也必须引起政府、企业和民众的高度重视,从而采取有效措施加以解决。

当均一材质的材料无法满足当今社会高新技术日新月异的发展需求时,复合材料就应运而生。众所周知,天然材料很多都是复合材料,如木材、皮革和竹子。此外,几乎所有的生物体,如牙齿、皮肤及内脏等,也都是以复合材料的方式构成的。前已述及,人类很早就开始利用复合材料作为建材建造房屋。20 世纪 40 年代，因航空工业的需要，发展了玻璃纤维增强塑料(俗称玻璃钢)，从此出现了复合材料这一名称。近几十年来，复合材料以其综合性能优于单一组成材料的特点，在树脂基、金属基、陶瓷基复合材料方面，获得了长足的发展。特别是碳-碳复合材料，在航空航天以及军事领域广泛应用，不但减轻了重量，提高了安全性，延长了使用寿命，而且更高效、环保。西方国家将其列入战略材料，实行了严格的出口管制政策，并将其合成加工技术列为不准许输出的高新技术[2]。如今复合材料与金属、陶瓷和高分子材料并列为最重要的材料，因此也有人认为，21 世纪是复合材料的时代。

回顾历史，人类社会的发展无不与材料的进步密切相关。越是文明的社会，越是先进的技术，就越需要先进的材料来推动发展。如图 1.1 所示，材料发展史可划分为五代[5]。第一代材料为天然原始材料，包括石器时代的木器、石器、骨器和玉器；第二代材料为矿物炼制材料，包括陶器、青铜器、铁器和瓷器；第三代材料为高分子材料，包括塑料、纤维、橡胶、胶黏剂和涂料等；第四代材料为复合材料，主要包括树脂基、金属基、陶瓷基复合材料。第一代到第三代材料基本上是各向同性的，而复合材料一般表现为各向异性的特征。第五代材料即先进材料，是指正在发展中且具有优异性能和应用前景的一类材料。先进材料是 1.2 节将重点介绍的内容。

图 1.1　材料发展史

1.2　先进材料及其重要性

材料的分类方法有很多，通常按组成、结构特点可分为四大类：金属材料、无机非金属材料、高分子材料和复合材料。按用途又可以分为电子材料、能源材料、建筑材料、生物医用材料、航空航天材料等。更常见的分类方法还有以力学性能为其应用基础的结构材料和以物理化学性能为其应用基础的功能材料；在工业中批量生产、大量应用的传统材料，如钢铁、水泥、塑料等，以及正在发展中、具有优异性能和应用前景的新型材料。先进材料是新型材料和高性能传统材料的总称,既包括新出现的具有优异性能和特殊功能的新型材料,又包括传统材料改进后性能明显提高和产生新功能的材料。传统材料是发展新型材料和高技术的基础,而新型材料的研发又往往能推动传统材料的进一步发展。两者在特定条件下还可相互转化。

先进材料涉及领域广泛,主要包括新型功能材料、高性能结构材料和先进复合材料,其范围随着经济发展、科技进步、产业升级不断发生变化。与传统材料类似,先进材料可以分为先进金属材料、先进无机非金属材料、先进高分子材料、先进复合材料及先进粉体材料等。随着社会和科技进步,人们不仅需要性能更为优异的各类高强、高韧、耐热、耐磨、耐腐蚀、超轻的新型结构材料,更需要各种具有光、电、磁、声、热、力和化学等特殊性能及其耦合效应的新型功能材料,同时对材料与环境的协调性、材料与资源的有效利用性和可循环性也提出更高要求。信息材料、新能源材料、智能材料、超导材料、生物医用材料、纳米材料、生态环境材料及先进复合材料等成为先进材料研究的重要领域。

前已述及,材料是人类社会进步的里程碑,每种新材料的广泛使用都会带来社会生产力的巨大进步。特别是近 100 年间,科学技术的迅猛发展以前所未有的势头和威力持续而深刻地改变着社会生产、人们生活的各个方面,几乎每个人都感受到了现代科技所带来的巨大变化和冲击。先进材料的研发与应用常常成为高新技术领域的突破口,带动了一个产业的发展,下面就以几个典型事例来说明。

1. 微电子技术

微电子技术的核心就是集成电路,仅仅在其开发后半个世纪,集成电路就变得无处不在,电脑、手机、多媒体和互联网成为现代社会不可或缺的一部分,更别提在计算机、通信、制造业、交通系统、军事国防、航空航天等领域的应用。集成电路所带来的数字革命是人类历史发展中最重要的事件之一,集成电路产业如今已经成为信息产业极其重要的支柱。

集成电路从无到有、从小到大的发展历程,很好地诠释了先进材料及其制备工艺在新兴产业中所起的至关重要的作用。晶体管是构成集成电路中微处理器和记忆元件的基本单元,它的尺寸直接关系到集成电路的集成度。1947 年 12 月,美国贝尔实验室制作出世界上第一个锗晶体管,使得电子器件走上小型化道路,成本降低,可靠性提高。肖克利、巴丁、布莱顿因此获得 1956 年的诺贝尔物理学奖。1958 年,美国德州仪器公司诞生了世界上第一块锗集成电路,锗晶片上只有 12 个器件。集成电路的诞生,使得单元体积、价格大幅度下降,性能与可靠性明显改进,为计算机的普及创造了条件,基尔比因该研究后来获得了 2000 年的诺贝尔物理学奖。1965 年英特尔公司创始人之一的摩尔提出了著名的摩尔定律:集成电路芯片上可容纳的晶体管数目(集成度)每隔 18 个月便会增加一倍,即加工线宽缩小 1/2,性能也将提升一倍。

众所周知,半导体工业界 50 年来一直遵循着摩尔定律稳步高速发展的惯例,从最初的小规模集成电路(SSI,集成度小于 10^2 个)、中规模集成电路(MSI,$10^2 \sim 10^3$ 个)、大规模集成电路(LSI,$10^3 \sim 10^5$ 个),到超大规模集成电路(VLSI,$10^5 \sim 10^7$ 个)、特大规模集成电路(ULSI,$10^7 \sim 10^9$ 个)和当今的极大规模集成电路(GLSI,大于 10^9 个)。随着芯片集成度不断提高,单个晶体管尺寸和价格以令人吃惊的速度在下降。1971 年,一个硅芯片上只有 2300 个晶体管,最小加工线宽为 $10\mu m$,主频为 108kHz;1999 年,英特尔公司推出的奔腾III芯片上有 2800 万个晶体管,最小线宽为 $0.18\mu m$,主频高达 1GHz;2011 年,英特尔公司推出的奔腾IV芯片上有 10 亿个晶体管,最小线宽仅为 32nm,主频已经高达 2GHz。40 年间(1971～2011 年),芯片的集成度提高了 100 万倍,主频提高了 1 万倍,每个晶体管的价格却下降到原来的 10^{-6}。可见集成电路的发展是多么迅猛,为近 50 年来发展最快的技术之一。倘若汽车工业按此速度发展,单台小汽车价格将不到 1 美分。2018 年,7nm 工艺在台湾积体电路制造股份有限公司率先进入量产,再一次向全球展示了集成电路芯片领域永不停息的发展脚步。

集成电路产业之所以有如此令人瞩目的速度和成就,离不开硅基集成电路的诞生,离不开半导体芯片制造工艺水平(如离子注入、扩散、光刻、硅平面工艺、化学气相沉积等)的不断提高,离不开大尺寸电子级纯度硅单晶生长技术的持续进步(现在为直径 12in、18in 的硅单晶,1in=2.54cm),同时与 SiO_2/Si 材料系统极为优异稳定的性能密不可分(极低的界面态密度,$10^{10}eV^{-1}cm^{-2}$)。因此,尽管历史上锗曾经是最重要的半导体之一,第一个晶体管和第一块集成电路都是在锗基片上完成的,但是由于锗缺乏可与二氧化硅相媲美的高质量稳定的锗氧化物,最终互补型金属-氧化物-半导体(CMOS)硅基集成电路主导了整个微电子技术,成为集成电路技术发展的主流。

当然,随着硅基金属-氧化物-半导体(MOS),场效应晶体管特征尺寸越来越小,达到纳米尺度,趋近其物理极限,曾经叱咤风云的摩尔定律。也将走到尽头。发展后摩尔时代——后硅时代的信息技术,是人类在 21 世纪面临的严峻挑战。下一代唱主角的信息载体究竟是什么,现在还不明朗。是依靠三维芯片设计鱼鳍型场效应晶体管(finFET)继续改良挖掘硅材料的潜力,还是碳纳米管、石墨烯为代表的碳基电路登上历史舞台,抑或是以量子比特、可控的光子(分子、自旋电子)等新型信息载体获得革命性的突破,诞生量子计算机(或光子计算机、分子计算机)?一切还处在研发与激烈竞争中,鹿死谁手,尚无定论。但可以确定的是无论哪一种信息技术,都离不开对材料及其制备、制造工艺的突破。

2. 光纤通信技术

光纤通信技术能够脱颖而出,取代电缆和微波通信,成为现代远程通信的主要传输方式,原因不仅在于制造出高质量、低损耗的通信用石英光纤,还与通信用的半导体激光器研制成功密切相关。1966 年,英籍华人高锟提出用石英制作玻璃丝(光纤),其损耗小于 20dB/km 时,可实现大容量的光纤通信。1970 年,美国康宁公司通过高纯石英玻璃掺杂氧化锗,研制出损耗低达 20dB/km、长约 30m 的石英光纤。1976 年贝尔实验室在华盛顿亚特兰大建立了第一条实验线路,传输速率仅 45Mb/s,只能传输数百路电话,而用同轴电缆可传输 1800 路电话。1984 年,随着单色光源半导体激光器的研制成功,光纤通信速率达到 144Mb/s,超过了同轴电缆。1988 年建成了世界上第一条跨越大西洋的海底光缆,其造价只有同轴电缆的 1%,从此海底光缆开始全面取代海底电缆,人类进入了光纤通信的时代。光纤通信发展速度之快甚至超过了集成电路,短短 20 年,光纤通信作为一门新兴技术,已经历了三代:短波长多模光纤、长波长多模光纤和长波长单模光纤。1992 年一根光纤传输速率达到 2.5Gb/s,相当于 3 万余路电话。材料科学的发展使人们采用能带工程对超晶格半导体材料的能带进行各种精巧的裁剪,使半导体激光器的工作波长突破材料带隙(又称能隙、禁带宽度)的限制,扩展到更宽的范围。1996 年,各种波长的高速半导体激光器研制成功,可实现多波长、多通道的光纤通信,即波分复用(WDM)技术,随后光纤通信的传输容量倍增。2000 年,利用 WDM 技术,一根光纤传输速率达到 640Gb/s。2005 年,采用密集波分复用(DWDM)技术,每条光纤的单波段传输速度达到了 1.6Tb/s。2011 年,德国的研究人员在光纤通信线路中使单束激光的数据传输速率达到 26Tb/s,已接近光纤通信传输速度的极限。

同传统通信方式相比，光纤通信具有信息容量大、传输距离远、信号干扰小、保密性好且节约战略铜金属资源等优点。目前全世界通信系统中，90%以上的信息量都是经过光纤传输的。现正在研发第四代超长波长氟化物玻璃光纤通信，它具有比石英光纤更低的色散与损耗，适用于更远的传输距离。光纤通信无疑引领了现代通信中一场史无前例的革命，这一技术得以实现的关键是光纤和半导体激光器的研制成功；而在这一重大突破中，化学气相沉积(CVD)制备出高纯石英光纤预制棒，金属有机化学气相沉积(MOCVD)、分子束外延(MBE)制作出异质结和量子阱的半导体激光器，先进的材料制备技术功不可没。最后值得一提的是，2009 年高锟因发明石英光纤获得诺贝尔物理学奖。

3. 航空航天技术

现代文明的另一个标志是航空航天技术的进步，它实现了人类在空中自由飞翔的梦想。而这些梦想的实现，均是以材料的进步为前提的。高温材料及高性能结构材料使得喷气飞机在 20世纪 40 年代出现。进入 60 年代末期，更轻的树脂基先进复合材料成为航空结构材料，接着在碳、硼纤维树脂基复合材料的基础上，又出现了金属基复合材料。21 世纪全球经济一体化，更加需要运输工具的高效、远程和大容量。大型客机的高载荷、长航时以及长寿命，对其所用的材料提出了更高的要求。低密度、高比强度和高比刚度结构复合材料的不断进步使得大型客机有效载荷大为提高，续航时间不断延长，油耗不断下降。对大型飞机的发动机来说，每减重 1kg，飞机可减重 4kg，升限可以提高 10m，因此先进复合材料已经成为现代飞机必不可少的材料。波音公司的最新型号 787 飞机中复合材料的占比已经超过 50%。我国在 2008 年开始进行的大飞机项目提出发展大飞机动力、材料要先行的观点，且在 C919 的设计中规划使用不少复合材料。经过近十年的努力，2017 年 5 月 5 日，C919 第一架客机在上海成功首飞，标志着我国在大型客机研制项目上取得了重大突破，尽管目前 C919 的发动机还是依赖国外进口。

据估计，飞机性能的改善有 2/3 依赖于材料，而航空发动机性能的提高在很大程度上同样依赖于材料的改进。发动机的喷气温度每提高 100℃，飞机的推动力就可以提高 15%。为了提高涡轮温度，各种新型的高温合金以及抗氧化的涂层如特种陶瓷不断开发出来。同样，航天飞行器每减重 1kg，则运载火箭减重 500kg。此外，减轻导弹壳的质量也有利于提高导弹的性能，其每减重 1kg，平均可以提高射程 12km。如果使用全碳-碳复合材料(碳纤维增强体与碳基体组成的复合材料，密度是金属的 1/4~1/3、陶瓷的 1/2)，与全金属材料的导弹相比，可以增加射程近千米。在航天和卫星领域，除了高比强度和高比刚度，还需要材料具有耐超高温、抗辐射、耐氧侵蚀等性能。例如，航天飞机及洲际导弹返回大气层的时候，与气体的摩擦使表面温度急剧升高。近些年发展起来的先进烧蚀放热材料，借助材料的分解、蒸发、升华等变化带走大量的热，从而达到耐高温的目的。目前中国载人空间站正在着手建设中，建成后将成为大规模空间科学实验与应用的太空实验基地，标志着我国的航空航天事业正进入一个全新的时代。

总之，先进复合材料在航空航天事业中有着广阔的应用前景。一些关键性航空材料达到的最新性能水平往往象征着材料世界的最高性能水平。

4. 隐身材料与技术

飞行器在飞行中具有不被敌方雷达和红外探测器发现的能力称为隐身能力。外形设计和隐身材料的配合使用是保证飞机隐身的关键技术，目前使用的隐身材料主要是雷达吸波复合材料和表面的吸波涂料。在结构件方面减少铝合金和钛合金等金属的使用量，而且飞机蒙皮采用树脂基复合材料和导电塑料。在无法取代的铝合金表面喷涂铁氧体涂料，或者粘贴含有铁氧体的吸波薄板。除吸波材料外，结构设计也是保证隐身能力的关键。目前隐身复合材料已逐渐发展为多层结构，外表为耗损层，内部还含有蜂窝结构的夹层。

称为"幽灵轰炸机"的 B-2 美军飞机，就是一种典型的隐形飞机，红外线、声学装置、电磁及雷达波都不能监测到它。该飞机一方面在外观设计上采用翼身融合、无尾翼的飞翼构形，机翼前缘交接于机头处，机翼后缘呈锯齿形；另一方面机身机翼大量采用石墨-碳纤维复合材料、蜂窝状结构，表面有吸波涂层。这种独特的外形设计和吸波材料能有效地躲避雷达等的探测，达到良好的隐形效果。

隐身术是一个神话，但科学的发展使得神话变为现实，而实现这一幻想的就是隐身材料。近些年来，人们发明了一种称为"隐形斗篷"或者"隐身衣"的技术。在正常情况下，光照到物件后，光线就会弹离物件的表面，反射到人眼中，从而令物体可见。而光的偏斜就像流水一样绕过物体，令观者看到物体后方，因而令物体隐形。这种技术的关键就是材料的设计，把具有两种不同折射率的介质有机结合在一起，迫使光线持续地改变方向。目前能够制造出来的"大块超材料"最多也就是几平方毫米，还没有办法做出面积更大的可见光超材料，即目前还无法随心所欲地制造出所需形状的隐身物体。要实现真正的"隐身"，理论上需要对所有可见光波段实现负折射，而科学家目前还无法完全做到这一点。尽管这方面的研究还处在探索阶段，其巨大的应用前景令人期待。

以上几个例子充分说明先进材料是现代人类文明进步的阶梯，是社会现代化的先导，反映着国家的科技实力与工业水平，新材料的突破在很大程度上决定着新兴产业的未来。没有半导体材料，就不会有如今规模庞大的微电子工业；没有光纤，也不会有如今高速快捷的通信和互联网络，更不会有今天如此丰富多彩的信息社会；没有高温、超高温材料以及高比强度、高比刚度材料，就不会有今天的航空航天技术，地球村的概念就会成为一句空话，全球经济一体化也将变成纸上谈兵。可见先进材料的发展，大则关系国计民生、国家安全，小则牵涉老百姓的衣食住行、日常生活，因此世界各国均把大力研究和开发新材料作为21世纪的重大战略决策。美国、欧盟、日本、韩国等国家和地区纷纷制订了促进新材料产业快速发展的战略计划，投入巨资予以支持，如美国的21世纪国家纳米纲要、光电子计划、太阳能电池(光伏)发电计划、先进汽车材料计划，日本的纳米材料计划、21世纪之光计划，德国的21世纪新材料计划，欧盟的纳米计划等。它们高度重视新材料产业的培育和发展，具有完善的技术开发和风险投资机制，大型跨国公司以其技术研发、资金、人才和专利等优势，在高技术含量、高附加值新材料产品中占据主导地位。例如，日本的材料加工研发投入占总科研投入的18%，材料加工技术在世界一直处于领先水平，使得日本的电子技术、汽车、钢铁、造船、通信等领域处于世界领先水平。美国政府则一直把新材料研究的重点放在军事、信息等高技术领域。在美国《国家关键技术报告》列举的六大关键技术领域共22项关键技术项目中，新材料位居六大关键技术之首。2011年，美国推出一项超过5亿美元的"推进制造业伙伴关系"计划，通过政府、高校及企业间的合作，来强化美国制造业，其中投入超过1亿美元的"材料基因组"计划是其重要的组成部分。

我国对先进材料的研发也极为重视，早在20世纪80年代，国家高技术研究发展计划(863

计划)和 90 年代国家重点基础研究发展计划(973 计划)中，就将其列入重点发展领域。进入 21 世纪，国家发展和改革委员会关于组织实施新材料高技术产业化专项的公告，明确了发展新材料对国民经济发展的重要支撑作用，"十五"规划、"十一五"规划和"十二五"规划均把新材料作为最重要的发展领域之一。《国家中长期科学和技术发展规划纲要(2006—2020 年)》已将材料设计与制备的新原理和新方法列入了面向国家重大战略需求的基础研究,而 2011 年度出台的《当前优先发展的高技术产业化重点领域指南》中，国家优先发展的十大高科技产业就包含新材料产业，信息、生物、航空航天、先进能源、先进制造、节能环保和资源综合利用等产业也与新材料密切相关。十大产业涉及 137 项高技术产业化重点领域，其中新材料独占鳌头，为 24 项，先进材料的重要性由此可见一斑。目前我国新材料产业发展迅速，2012 年新材料产业规模为 1 万亿元，2016 年我国新材料产业总产值增加到 2.65 万亿元，年均增长率为 27.6%，其中，稀土功能材料、先进储能材料、光伏材料、有机硅、超硬材料、特种不锈钢、玻璃纤维及其复合材料等产能居世界前列[6]。预计到 2025 年，我国新材料产业总产值将达到 10 万亿元。

《"十三五"国家战略性新兴产业发展规划》[7]明确指出，要加快发展壮大新一代信息技术、高端装备、新材料、生物、新能源汽车、新能源、节能环保、数字创意等战略性新兴产业，促进高端装备与新材料产业突破发展，引领中国制造新跨越。中国政府发布的《中国制造 2025》也将新材料列为重点发展领域之一。已经过去的两次产业革命使人类由农业社会进入了工业社会，进而开始了以集成电路、激光、光纤等为标志的信息社会。伴随着全球化进程的进一步加速，新的产业革命正向我们走来。解决人类生存发展面临的能源、资源制约，应对工业化带来的环境污染、气候异常、疾病传播，保证人类的生存健康；发展后摩尔时代新一代信息技术，培育发展战略性新兴产业，推进产业升级换代和经济发展方式转变，促进人、自然、社会以更加智慧、有效、和谐的方式互联互通，已经成为 21 世纪所必须解决的迫切问题。世界新科技革命发展势头迅猛，正孕育着新的重大突破，先进材料在其中所承载的历史使命、所扮演的重要角色，是不言而喻的。

目前，先进材料的发展涉及多学科、多领域的交叉与融合，物理、化学、力学等学科的发展推动了对物质结构、物性和材料本质的研究与了解，冶金学、金属学、陶瓷学、高分子科学等的发展推动了对材料的制备、结构、性能及其相互关系的研究，先进材料作为信息、新能源、航空航天、先进制造、节能建筑、环保等工业的支撑与技术先导，也将随着这些领域的发展而不断突破与完善。新材料产业正成为"知识、技术、资金密集"和"性能、产值、效益高"的新型产业。

总之，21 世纪以云计算、大数据、物联网、互联网为代表的新一代信息技术，以基因工程、靶向药物治疗、克隆技术为代表的生物技术，以太阳能、核能、风能为代表的新能源技术，以探索太空为代表的宇航技术，以防止和治理污染为核心的环境工程，以及正在蓬勃发展中引领未来的人工智能技术，都对先进材料的开发提出了更高和更新的要求。目前，先进材料的总体发展趋势可概括为[4,8]：实现微结构不同层次上的材料设计及在此基础上的新材料开发；材料的复合化、低维化、智能化和多功能化；结构材料-功能材料一体化设计与制备技术；新材料的研发、生产、应用一体化趋势；新材料的发展与生态环境和资源的协调性。可见，在材料设计的基础上，发展先进材料的合成、制备与加工技术，是促进材料更新换代、实现新材料在新兴产业中规模化应用的基础与关键。

1.3　先进材料的合成与制备技术

材料科学与工程是研究材料的组成与结构(composition-structure)、合成与加工(synthesis-processing)、性质(properties)和使用性能(performance)等要素和它们之间相互关系的学科,因而流行材料科学与工程四要素(四面体)模型。其实考虑到组成与结构之间的区别,材料科学与工程五要素(六面体)模型(图 1.2)[1],无疑更全面一些,特别是把材料设计放在六面体中心,体现了现代材料科学与工程中材料理论、材料计算模拟与材料设计的日益重要性,让其拥有了恰如其分的位置。

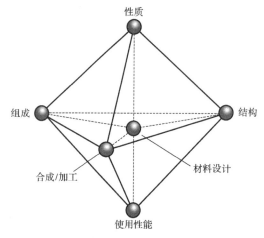

图 1.2　材料科学与工程五要素(六面体)模型示意图

无论四要素模型还是五要素模型,材料的制备工艺——合成与加工都是不可或缺的重要环节,特别是先进材料的发展过程,与合成、加工技术的关系更为紧密。半导体工业中,如果没有大规模集成电路制造工艺的发展,就不可能有今天日新月异的计算机技术;如果没有真空熔炼、精密铸造、近净成形、定向凝固与单晶技术、精密数控加工、粉末冶金、弥散强化、热压/等静压烧结等工艺的发展,就没有高强度、轻质的高温合金和耐极高温的碳-碳复合材料,就不可能有今天这样发达的航空航天技术;而分子束外延、液相外延、金属有机化学气相外延等新的薄膜制备技术的出现,才使得人工合成超晶格、薄膜异质结等成为可能。日本的中村修二就是因为在利用金属有机化学气相沉积制得 GaN 蓝色发光二极管方面的突出贡献,获得 2014 年诺贝尔物理学奖。原子层沉积技术的诞生,解决了极大规模集成电路制造中几纳米厚的超薄膜大面积沉积均匀性和在含深高宽比通孔(via-hole)等复杂形状表面的三维贴合性问题,才使得集成电路 32nm 及以下技术节点得以遵循摩尔定律继续发展。目前工业上用波长 193nm 的深紫外光并结合高折射率浸没式光刻技术和一系列先进材料制备与制造技术,已经可以大规模生产最小线宽为 7nm 的集成电路芯片。

另外,材料合成与加工存在的问题也会极大地影响新材料和新技术的使用。高温超导材料自 1986 年发现到现在,已经过去了 30 多年,可仍然不能在电力输送、超导磁场线圈和超导磁悬浮列车上普遍应用,与没有找到价廉而稳定的生产线材的工艺以及高性能的大尺寸块材制备方法有关。2004 年英国两位科学家发现单层石墨烯,因此获得 2010 年诺贝尔物理学奖。尽管石墨烯集优异的力学、热学、电学和磁学性能于一身，然而大尺度高质量单晶石墨烯的可控制备至今依然是一个世界难题，阻碍了其在大规模集成电路晶体管器件中的应用。金刚石薄膜几十年的发展也存在类似的问题，其最大的前景是作为半导体薄膜和光学薄膜应用于信息领域，而此领域的开发很大程度上依赖于高取向或单晶金刚石薄膜及大面积透明金刚石薄膜的获得，但由于金刚石薄膜生长过程中缺陷的普遍存在，大尺寸、高质量金刚石薄膜的获得十分困难。因此，目前在非金刚石衬底表面异质外延生长高取向或单晶金刚石薄膜就成为金刚石生长中最大的挑战。此外，非硅基太阳能电池发展多年，还没形成大规模化的生产与应用，一个很重要的原因就是应用于太阳能电池的光电转换材料的制造工艺没有取得突破，如染料敏化电池的封装问题，导致电池长期工作稳定性和可靠性欠佳，或者如砷化镓多结叠层式太阳能电池，制造成本过于昂贵，尽管转换效率早已超过 40%，也只能应用于太空等极少数场合。还有近几年一直处在研究热点中的钙钛矿太阳能电池，因其独特的钙钛矿结构和丰富的原料资源，短短几年，转换效率不断提升，目前已经超过 22%，成为太阳能产业的新宠。尽管钙钛矿太阳能电池的研究如火如荼，但钙钛矿材料的稳定性问题，以及低成本规模化制备工艺的缺乏，极大地妨碍了它的大规模商业化应用。全球的科研团队正夜以继日地进行着钙钛矿太阳能电池材料改性、大面积低成本制造工艺研发，以推动钙钛矿太阳能电池商业化进程。

由此可见，先进材料的发展和应用离不开材料合成与加工技术的进步，每当一种新的合成制备技术或加工工艺出现，都很可能伴随着材料发展中的一次飞跃，是推动材料创新的动力。

通常材料合成(synthesis)是通过物理和化学的方法组合原子或分子以形成有功能的材料。材料加工(processing)是通过控制材料的原子和分子以形成具有一定形状的材料、功能和结构部件。材料合成与材料加工有着千丝万缕的联系，也有着各自特定的内涵，表现出不同的特点与侧重。材料合成通过一定途径从气态、液态或固态的各种原材料中获得化学上(组成或结构)不同于原材料的新材料。其中化学方法居多，故有专门的材料合成化学，包括无机合成化学、有机合成化学和高分子合成化学。合成还是在固体中发现新的化学现象和物理现象的重要源泉，如 C_{60}、碳纳米管、多孔硅、氧化锌纳米线的合成，高温超导体的制备等。合成还是新技术开发和现有技术改进的关键要素，包括合成新材料、用新技术合成已知的材料或将已知材料合成为新形式、将已知材料按特殊用途和特定要求合成等方面[4]。

材料加工则是通过一定的工艺手段，通过控制外部形状和内部组织结构，将材料加工成能够满足使用功能和服役寿命预期要求的各种零部件及成品。传统加工主要指成型加工，一般来说，冷加工以物理方法为主，热加工以化学方法为主。当然现代材料加工的内涵早已超越传统铸造、热处理、焊接、成型加工的范畴，内涵范围更加广阔。除了比较成熟的高分子与金属材料的成型加工，如金属冶炼、钢材轧制、高聚物纺丝等，还向无机非金属材料和复合材料成型与加工不断拓展，如陶瓷精密成型与可控烧结、高性能碳纤维及复合材料的可控合成与生产技术等。近些年，特种加工(如激光加工、超声加工)、微纳加工等新型加工技术随着材料的复合化、低维化和微型化的发展趋势，也在迅速发展中。先进材料的复合化、功能化、智能化和结构材料-功能材料一体化设计发展，使得材料合成与材料加工也呈现出一体化的趋势，合成和加工的界限也变得越来越模糊。如大规模集成电路工艺中薄膜材料的成膜与加工,铸造、自蔓延高温燃烧合成、等静压/等离子体放电烧结、喷涂工艺、反应注射成型等[9,10],材料合成与加工变得相辅相成,不可分割。

因此,不少时候也用材料制备一词来涵盖材料合成与加工。材料制备包含材料合成,应该没有异议,但能否囊括材料加工,就是仁者见仁、智者见智的事情。即便材料合成与材料制备这两个词时常混用,细究起来,还是有差别的。材料合成更偏向于材料合成化学,侧重于反应合成规律、生长机理等基础与应用基础问题的研究,而材料制备无疑更面向应用,关注制备工艺、组成结构与性能之间的关系。在长期的使用中,人们也形成了一些约定俗成的使用习惯,例如,在众多的薄膜沉积技术中,就习惯使用薄膜制备一词;不同形貌的纳米粉末通过各种各样的化学方法获得,就比较偏爱使用合成一词,如水热/溶剂热法合成、溶液法合成、乳液法合成等。当然有的情况下,制备与合成均可,如溶胶-凝胶合成或制备、固相合成或制备、超声合成或制备。而对于不少大单晶和特定形状单晶的合成或制备,人们习惯使用晶体生长一词,如提拉法晶体生长、水溶液法晶体生长。

目前材料制备(材料合成与加工)领域主要发展方向是:材料合成-加工一体化,材料结构-功能一体化,材料的低碳环保、节能高效、循环安全的绿色合成与加工技术,材料设计-计算机模拟-制备加工智能化控制,微纳加工等。

材料合成、制备与材料加工的方法包罗万象,纷繁复杂,要想在一本书中理清讲透,不是一件容易的事情。本书面向材料科学与工程学科研究生、高年级本科生和从事与材料研发有关的科研人员及工程技术人员,侧重介绍先进材料的合成与制备技术,对新型材料与器件的微纳加工方面也有涉及。因此内容上不追求大而全,而是结合南京大学材料科学与工程系多年来的研究方向和特色,从先进材料,特别是先进功能材料的角度入手,对涉及薄膜材料领域的主要制备技术和纳米材料合成领域一些最新工艺方法,以及微纳加工领域新兴的纳米压印、3D 打印、DNA 自组装、原子层沉积、原子层刻蚀以及蒸发沉积和团簇束流沉积在微纳结构批量制造方面的应用等,进行相对系统的梳理与较为深入的介绍。

本书共分为 19 章,去除绪论,共介绍了 18 种先进材料合成与制备的技术,涉及物理和化学方法。既有气相方法,也有溶液/熔体方法,还包含一些特殊的固相方法。既囊括一些相对成熟的技术,如溶胶-凝胶法、水热法、化学气相沉积、磁控溅射、蒸发沉积、提拉法晶体生长等在先进材料合成与制备中的新应用,又涉及近些年发展起来材料合成、制备、加工领域的新技术、新工艺,如溶剂热法、微波合成、超声电化学法、限域合成、原子层沉积、原子层刻蚀、团簇束流沉积、激光脉冲沉积、分子束外延、纳米压印、3D 打印和DNA 自组装纳米技术等。图 1.3 对本书涉及的先进材料的合成与制备技术进行简单的总结。总之,本书因为主要面向研究生、高年级本科生和研发人员,内容上没有追求面面俱到,而是特色鲜明,强调与作者的研究领域和已有的研究工作相结合。与国内外已经出版的材料合成与制备(加工)方面的书籍相比,本书注重介绍先进材料的合成与制备技术及其在新材料领域的最新应用,既有基本原理的介绍,又突出材料的先进性和应用的前沿性,涉及纳米材料、信息材料、新能源材料、智能材料、超构材料、无机-有机杂化材料等,反映了材料合成、制备与微纳加工技术中的一些最新进展,不少工作都是作者多年或最新研究成果的总结,是理论与实际应用的有机结合。

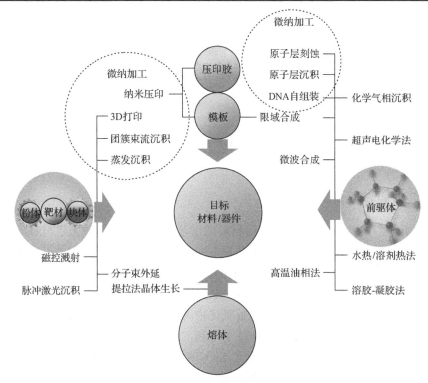

图 1.3 本书涉及的先进材料合成与制备技术

参 考 文 献

[1] 冯端, 师昌绪, 刘治国. 材料科学导论[M]. 北京: 化学工业出版社, 2002.

[2] 左铁镛, 钟家湘. 新型材料: 人类文明进步的阶梯[M]. 北京: 化学工业出版社, 2002.

[3] 杜彦良, 张光磊. 现代材料概论[M]. 重庆: 重庆工业大学出版社, 2009.

[4] 周达飞. 材料概论[M]. 北京: 化学工业出版社, 2001.

[5] 姚广春, 刘宜汉. 先进材料制备技术[M]. 沈阳: 东北大学出版社, 2006.

[6] 工业和信息化部, 发展改革委, 科技部, 等. 新材料产业 "十二五" 发展规划[Z]. 北京, 2012.

[7] 国务院. "十三五" 国家战略性新兴产业发展规划[Z]. 北京, 2016.

[8] 雅菁. 材料概论[M]. 重庆: 重庆大学出版社, 2006.

[9] 乔英杰. 材料合成与制备[M]. 北京: 国防工业出版社, 2009.

[10] 许春香. 材料制备新技术[M]. 北京: 化学工业出版社, 2010.

第2章 溶胶-凝胶法

2.1 概　述

2.1.1 溶胶-凝胶法简介

　　溶胶-凝胶法是作为制备玻璃和陶瓷等材料的工艺发展起来的合成无机材料的重要方法。虽然溶胶-凝胶法最早可追溯到中国古代的豆腐制备，然而此法在 19 世纪才开始在材料制备中逐渐发挥作用。1846 年，Ebelmen 发现 $SiCl_4$ 的乙醇溶液在湿空气中水解并形成了凝胶，由此得到了纯度很高的氧化物(SiO_2)，但此发现当时未引起广泛注意。20 世纪 30 年代，Geffcken 证实用金属醇盐通过水解和凝胶化可以制备氧化物薄膜，用溶胶-凝胶浸渍法在玻璃板上制备出了可以改变玻璃光学性质的涂层，并申请了专利，这是溶胶-凝胶法制备功能氧化物薄膜的开创性工作。1969 年，Schroeder 总结出除了 SiO_2 薄膜，Al、Zn、Ti 和 Co 等氧化物的涂层也极易用溶胶-凝胶法获得，进一步拓宽了溶胶-凝胶法制备薄膜的种类。1971 年德国 Dislich 开拓性地用溶胶-凝胶法获得氧化物陶瓷材料，被认为是现代溶胶-凝胶法的真正开端。凝胶材料的干燥时间以天来计算，而不像从前那样以年月计算，极大地提高了无机材料制备的速度和质量，由此金属醇盐得到了广泛的应用[1-6]。20 世纪 80 年代以来，溶胶-凝胶法在制备玻璃、氧化物涂层、功能陶瓷粉料及传统方法难以制得的复合氧化物材料等方面获得成功应用。20 世纪 90 年代至 21 世纪，溶胶-凝胶法开始广泛用于铁电薄膜、介电薄膜及能源类薄膜的制备，并且在纳米晶合成方面也开始发挥相当大的作用。现在，这一方法已在世界各地的实验室广泛使用，研究者先后用此法合成出了多组分功能陶瓷氧化物涂层材料、超细粉体材料、玻璃、光纤、玻璃旋涂材料、浸涂材料等。

　　溶胶-凝胶法是用含高化学活性组分的化合物作为前驱体，在液相下将这些原料均匀混合，并进行水解、缩合化学反应，在溶液中形成稳定的透明溶胶体系，溶胶经陈化胶粒间聚合，形成三维空间网络结构的凝胶。凝胶经过干燥、烧结制备出所需晶相的材料。胶体是一种非常奇妙的形态，它是一种分散相径很小的分散体系，分散相粒子的重力相对于液体张力几乎可以忽略，使得胶体可以稳定存在，分散相粒子之间的相互作用主要是短程作用力。溶胶是指微粒尺寸介于 1~100nm 的固体质点分散于介质中所形成的多相体系；凝胶则是溶胶通过凝胶化作用转变而成的、含有亚微米孔和聚合链的相互连接的坚实的网络，是一种无流动性的半刚性的固相体系。

2.1.2 溶胶-凝胶法的主要用途和基本流程

　　目前，溶胶-凝胶法已广泛用于制备各种形态的功能材料，如块体材料、多孔材料、纤维材料、粉体材料及薄膜材料等。图 2.1 给出了几种形态材料的溶胶-凝胶法制备过程。表 2.1 总结了几种材料简单的制备方法。下面给出几种材料的大致制备流程。

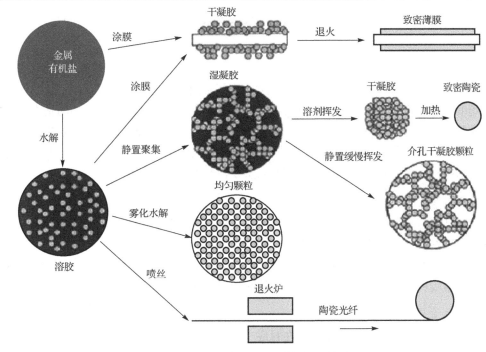

图 2.1　几种形态材料的溶胶-凝胶法制备流程

表 2.1　溶胶-凝胶法制备几种形态材料的方法

形状	制备方法
块体	①凝胶体加热成型 ②粉末成形烧结
纤维	①胶纤维加热 ②预制棒材拉制
薄膜	浸涂、旋涂或喷镀等
粉体和多孔	①胶体粉末加热后退火 ②凝胶微粒子沉淀

1) 块体材料

块体材料通常指具有三维结构，且每个维度均大于 1mm 的各种形状且无裂纹的产物。制备过程中将前驱体进行水解形成溶胶，然后经过老化和干燥，再通过热处理，最终获得需要的块体材料。该方法制备的块体材料具有纯度高、材料成分易控制、成分均匀性好、材料形状多样化、可在较低的温度下进行合成并致密化等优点，可以用于制备光学透镜、功能陶瓷块、梯度折射率玻璃等。该方法的缺点是生产周期较长。

2) 粉体材料

用溶胶-凝胶法制备粉体材料尤其是超细粉体材料是目前研究的一个热点。此方法制备的粉体材料具有可掺杂范围宽、化学计量比准、易于改性等优点，并且制备工艺简单、无需昂贵的设备、反应过程易控制、微观结构可调、产物纯度高。采用溶胶-凝胶法，将所需成分的前驱体配制成混合溶液，然后进行雾化水解处理和退火，退火过程中由于凝胶中含有大量液相或气孔，在热处理过程中粉末颗粒不易产生严重团聚，一般都能获得性能指标较好的粉末。制备中控制好雾化过程尤为重要，特别要控制好水解的速度，这是制备高质量粉体的关键，与制备块体材料有很大的不同。

3) 多孔材料

多孔材料由形成材料本身基本构架的连续固相和形成孔隙的气相流体组成。制备多孔材料和制备超细粉体材料的流程差不多，最主要的区别就是多孔材料要保持好固相的基本骨架。金属醇盐在醇溶液中通过水解得到相应金属氧化物溶胶。通过调节 pH，纳米尺度的金属氧化物微粒发生聚集，形成无定形网络结构的凝胶。然后将凝胶老化、干燥并进行热处理，得到多孔金属氧化物材料。老化和干燥的速度控制非常重要，是保持骨架的关键。

4) 纤维材料

以无机盐或金属醇盐为原料，主要反应步骤是将前驱体溶于溶剂中以形成均匀溶液，达到近似分子水平的混合。通过水解、醇解及缩聚反应，得到尺寸为纳米级的线性粒子，组成溶胶，使溶胶达到一定的黏度（1～1000Pa·s），黏度对于控制纤维的尺寸及质量非常重要。最后通过纺丝成形得到凝胶粒子纤维，经干燥、烧结、结晶化得到陶瓷纤维。

5) 薄膜及涂层材料

将溶液或溶胶通过浸涂法或旋涂法在衬底上形成液膜，经低温烘干后凝胶化，最后通过高温热处理可转变成结晶态薄膜。成膜机理为：采用适当方法使经过处理的衬底和溶胶相接触，溶胶在衬底表面增浓、缩合、聚结而成为一层凝胶膜。对浸涂法来说，凝胶膜的厚度与浸涂时间的平方根成正比，膜的沉积速度随溶胶浓度增加而增加。

目前，块体、多孔和纤维材料的溶胶-凝胶法制备技术已经很成熟，本章将着重介绍用溶胶-凝胶法制备功能薄膜和超细粉体材料。

溶胶-凝胶法的基本原理是：将前驱体（无机盐或金属醇盐，以金属醇盐为例）溶于溶剂（水或有机溶剂）中形成均相溶液，以保证前驱体的水解缩聚反应在均匀的分子水平上进行。具体分为三步。

(1) 溶剂化：能电离的前驱体——金属盐的金属阳离子 M^{z+} 吸引水分子形成溶剂单元 $(M(H_2O)_n)^{z+}$（z 为 M 离子的化合价），为保持它的配位数而具有强烈释放 H^+ 的趋势。

$$(M(H_2O)_n)^{z+} \longrightarrow (M(H_2O)_{n-1}(OH))^{(z-1)+} + H^+ \tag{2.1}$$

(2) 前驱体与水进行的水解反应，水解反应为

$$M(OR)_n + xH_2O \longrightarrow M(OH)_x(OR)_{n-x} + xROH \tag{2.2}$$

(3) 此反应可延续进行，直至生成 $M(OH)_x$，与此同时也发生前驱体的缩聚反应，分两种：

$$—M—OH + HO—M \longrightarrow —M—O—M— + H_2O（失水缩聚） \tag{2.3}$$

$$—M—OR + HO—M \longrightarrow —M—O—M— + ROH（失醇缩聚） \tag{2.4}$$

在此过程中，反应生成物聚集成 1nm 左右的粒子并形成溶胶；经陈化后溶胶形成三维网络的凝胶；将凝胶干燥除去残余水分、有机基团和有机溶剂后得到干凝胶；干凝胶经过煅烧，除去化学吸附的羟基和烷基团，以及物理吸附的有机溶剂和水，最后制得所需的材料，如图 2.2 所示。以金属醇盐为原始材料为例详细介绍制备过程。

(1) 制备金属醇盐和溶剂的均相溶液。为保证前驱体溶液的均相性，在配制过程中需施以强烈搅拌以保证醇盐在分子的水平上进行水解反应。由于金属醇盐在水中的溶解度不大并且大

部分醇盐极易水解，一般选用醇作为溶剂，醇和水的加入应适量。这里水的含量的控制非常重
要，没有水的参与，成胶过程难以进行，但是如果水的含量过高，醇盐水解反应非常迅速，导致沉淀产生，破坏了凝胶的均匀性。有些时候在制备薄膜的过程中，原始溶液中不加入水，而在成型过程中通过自然吸收空气中的微量水分来进行水解。与此同时，催化剂对水解速度、缩聚速度、溶胶-凝胶法在陈化过程中的结构演变都有重要影响，常用的催化剂包括冰醋酸、氨水及乙酰丙酮等。

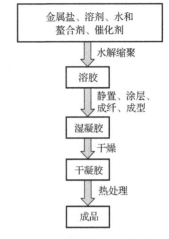

图 2.2　溶胶-凝胶法基本工艺过程示意图

（2）制备溶胶。制备溶胶有两种方法：聚合法和粒子法，两者的差别是加水量。聚合溶胶是在控制水解的条件下使水解产物及部分未水解的醇盐分子之间继续聚合而形成的，因此加水量很少；而粒子溶胶则是在加入大量水使醇盐充分水解的条件下形成的。金属醇盐的水解反应和缩聚反应是均相溶液转变为溶胶的根本原因，控制醇盐水解、缩聚的条件，如加水量、催化剂和溶液的 pH 及水解温度等，是制备高质量溶胶的前提。

（3）将溶胶通过陈化得到湿凝胶。溶胶在敞口或密闭的容器中放置时，由于溶剂蒸发或缩聚反应继续进行而导致向凝胶的逐渐转变，此过程往往伴随粒子的 Ostwald 熟化，即因大小粒子溶解度不同而造成的平均粒径增加。在陈化过程中，胶体粒子逐渐聚集形成网络结构，整个体系失去流动特性，溶胶从牛顿型流体向宾汉型流体转变，并带有明显的触变性，制品的成型如成纤、成膜、浇注等可在此期间完成。

（4）凝胶的干燥。湿凝胶内包裹着大量溶剂和水，干燥过程往往伴随着很大的体积收缩，因而很容易引起开裂。防止凝胶开裂是干燥过程中至关重要而又较为困难的一环，特别对尺寸较大的块状材料，为此需要严格控制干燥条件。

（5）对干凝胶进行高温热处理。其目的是消除干凝胶中的气孔以及控制结晶程度，使制品的相组成和显微结构能满足产品性能要求。在导致凝胶致密化的烧结过程中，由于凝胶具有高比表面积、高活性，其烧结温度通常比粉料坯体低，采用热压烧结等工艺可以缩短烧结时间，提高制品质量。

以上步骤是溶胶-凝胶法制备薄膜和粉体材料的基本过程，需要指出的是，制备薄膜和粉体的过程略有不同。在制备薄膜过程中，严格控制水的含量显得非常关键和重要，因为过多的水分会使前驱体尤其是醇盐很快水解产生沉淀，并且最终导致薄膜质量的下降。有时候甚至必须要求溶解醇盐的有机溶剂无水，然后在形成湿膜的过程中通过自然吸取空气中的水来完成形成凝胶的过程。而在制备粉体的过程中，水分的控制就显得不是那么严格。

在溶胶-凝胶法制备功能材料中有一些关键的因素。

（1）水的加入量。水的加入量低于按化学计量关系所需的消耗量时，随着水量的增加，溶胶的时间会逐渐缩短，超过化学计量关系所需量时，溶胶时间又会逐渐延长，所以按化学计量加入时成胶的质量好，而且成胶的时间较短。

（2）醇盐的滴加速度。醇盐易吸收空气中的水而水解凝固，因此在滴加醇盐醇溶液时，若其他因素一致，滴加速度明显影响凝胶时间，滴加速度越快，凝胶时间越短。但速度快易造成

局部水解过快而聚合胶凝生成沉淀，同时一部分溶胶液未发生水解最后导致无法获得均一的凝胶。因此，在反应时还应辅以搅拌，以保证得到均一的凝胶。

（3）反应溶液的 pH。反应溶液的 pH 不同，其反应机理不同，对同一种金属醇盐的水解缩聚，往往产生结构、形态不同的缩聚。以正硅酸乙酯（TEOS）为例，pH 较小（酸催化）时，醇盐水解由 H_3O^+ 的亲电机理引起，水解反应快于缩聚反应，但随水解进行，TEOS 水解活性随烷氧基数量减少而下降，很难完全水解。而缩聚反应在完全水解前已经开始，因而缩聚物交联度低，容易生成少支链的链状聚合物。pH 较大（碱催化）时，水解由 OH^- 的亲核取代引起，水解速度较酸催化慢，缩聚速度较快。然而水解活性随烷氧基数量减少而增加，很容易完全水解生成 $Si(OH)_4$，进一步缩聚时，形成具有较高交联度多支链的球形凝胶粒子沉淀。因此，在用溶胶-凝胶法制备纤维时，必须选用酸催化剂，在较小的 pH 下进行拉丝。

（4）反应温度。一方面温度升高，水解速度相应增大，胶粒分子动能增加，碰撞概率也增大，聚合速度快，从而导致溶胶时间缩短；另一方面，较高温度下溶剂醇的挥发快，相当于增加了反应物浓度，加快了溶胶速度，但温度升高也会导致生成的溶胶相对不稳定。

（5）凝胶的干燥。干燥过程中体积收缩会使凝胶开裂，原因主要是由填充干凝胶骨架孔隙中的液体表面张力所引起的毛细管力，所以要减少毛细管力和增强固相骨架，通常需加入控制干燥速度的化学添加剂。另一种办法是采用超临界干燥，即将湿凝胶中的有机溶剂和水加热加压到超过临界温度、临界压力，则系统中的液气界面消失，凝胶中毛细管力不存在，得到不开裂的薄膜或块体。此外在进一步热处理致密化过程中，须先在低温下脱去干凝胶吸附在表面的水和醇，升温速度不宜太快，避免发生碳化而在制品中留下碳质颗粒（—OR 基在非充分氧化时可能碳化）。

表 2.2 列出了溶胶-凝胶法制备功能材料的一些常规的原料。金属醇盐是最为常见的一种原始材料。1971 年，Dislich 用溶胶-凝胶法以金属醇盐为前驱体开拓性地获得氧化物陶瓷材料。现在，这一方法已在世界各地的实验室广泛使用，先后用此法合成出了多组分功能氧化物陶瓷涂层材料、超细粉体材料、玻璃、光纤、玻璃旋涂材料、浸涂材料等，金属醇盐得到了广泛的应用，已从理论制备变为应用研究。由于很多醇盐都极易水解并且昂贵，在使用过程中很多研究者选择其他金属有机盐作为前驱体，如金属乙酰丙酮盐和金属有机酸盐甚至金属无机盐等。尤其是金属有机酸盐和无机盐，便宜并且易于保存，在溶胶配制过程中不易水解沉淀，在实验中越来越受到青睐。H_2O 是溶胶-凝胶法必备的前驱体，有些放于溶剂中，有些在溶胶后续处理中通过吸收空气中水分获得。溶胶-凝胶法中使用的有机溶剂很多，选择合适溶剂的一个主要原则就是能很好地溶解前驱体盐，并且形成黏度合适的溶胶。为了获得更好的效果，溶胶-凝胶法中通常还需加入一定的催化剂或螯合剂等，目的就是稳定前驱体溶液，控制水解速度，也包括一些特定的添加剂，如甲酰胺等，防止凝胶开裂。

表 2.2　溶胶-凝胶法制备功能材料的原料

原料种类		举例	用途
金属 化合物	金属醇盐	$Zr(OC_2H_5)_4$	目前使用最多的原料
	金属有机酸盐	$Zn(CH_3COO)_2$	使用越来越多的盐，醇盐替代物
	金属无机盐	$Zn(NO_3)_2$、$SnCl_2$	实验室较多用，醇盐替代物
水		H_2O	水解必备原料
溶剂		乙醇、乙二醇、异丙醇、乙二醇甲醚等	溶解金属有机盐或无机盐

	原料种类	举例	用途
	催化剂和螯合剂	乙酸、硝酸、乙二胺四乙酸(EDTA)和柠檬酸等	稳定溶液中的金属化合物
添加剂	水解控制剂	乙酰丙酮等	控制水解速度
	分散剂	聚乙烯醇等	分散溶胶
	干燥开裂控制剂	甲酰胺、二甲基甲酰胺等	防止凝胶开裂

2.1.3　溶胶-凝胶法的优缺点

溶胶-凝胶法在制备功能材料方面具有很多优点。

(1)制备过程温度较低。通过简单的工艺和低廉的设备，即可得到比表面积很大的凝胶或粉末，与通常的固相熔融法或化学气相沉积法相比，结晶成型温度较低，并且材料的强度和韧性较高。因为所需生成物在煅烧前已部分形成，且凝胶的比表面积很大，此技术可以制得一些传统方法难以得到或根本无法制备的陶瓷或玻璃材料。例如，用固相熔融法制备玻璃很容易产生相分离，用溶胶-凝胶法却可以制得多组分玻璃，不会产生相分离现象。

(2)多元组分体系的化学均匀性是溶胶-凝胶法一个重要的优点。通过各种反应物溶液的混合，很容易获得需要的均相多组分体系(0.5nm 内达到化学均匀)，远高于传统使用的 5～50μm 粉末混合物的均匀度。在醇溶胶体系中，金属醇盐的水解速度与缩合速度基本相当，则其化学均匀性可达分子水平。在水溶胶的多元组分体系中，若不同金属离子在水解中共沉积，其化学均匀性可达到原子水平。总之由于该工艺是由溶液反应开始的，得到的材料可达到原子级、分子级。这对于控制材料的物理性能及化学性能至关重要。通过控制反应物的成分可以严格控制最终合成材料的成分，这对于精细功能材料来说是至关重要的。

(3)制备材料掺杂的范围宽(包括掺杂的量和种类)，化学计量比准确且易于改性。

(4)产物的纯度很高。一般采用可溶性金属化合物作为溶胶的前驱体，可通过蒸发及再结晶等方法纯化原料，而且溶胶-凝胶过程能在较低温下可控进行，避免高温下对反应容器的污染问题，从而保证产品纯度。

(5)在薄膜制备方面，该工艺更显出了其独特的优越性。与其他薄膜制备工艺(溅射、脉冲激光沉积、化学气相沉积等)不同，该工艺不需要任何真空条件，且可在大面积或任意形状的衬底基片上成膜。用浸涂、喷涂和甩膜的方法制备薄膜也非常方便，厚度在十多纳米到微米量级可调。

(6)溶胶的成纤性能很好，因此可以用于生产氧化物纤维，特别是难熔氧化物纤维。

(7)可以得到一些用传统方法无法获得的材料。有机-无机复合材料兼具有机材料和无机材料的特点，如能在纳米或分子水平进行复合，增添一些纳米材料的特性，特别是无机与有机界面的特性使其有更广泛的应用。但无机材料的制备大多要经过高温处理，而有机物一般在高温下都会分解，溶胶-凝胶法较低的反应温度可避免分解的发生，从而得到有机-无机纳米复合材料。

(8)溶胶-凝胶法从溶胶出发，从同一种原料出发，通过简单反应过程，改变工艺即可获得不同的制品。最终产物的形式多样，如纤维、粉末、涂层、块体等。可见，溶胶-凝胶法是一种宽范围、亚结构、大跨度的全维材料制备的湿化学方法。

当然，任何制备方法都有其局限性，溶胶-凝胶法有如下缺点。

(1)所用原料和有机溶剂可能有害。溶胶-凝胶法所用原料多为金属有机醇盐,成本较高,而且一些原料和溶剂对人体有害。

(2)反应影响因素较多。反应涉及大量的过程变量,如 pH、反应物浓度比、温度、有机物杂质等会影响凝胶或晶粒的孔径(粒径)和比表面积,使其物化特性受到影响,从而影响合成材料的功能性。

(3)制品容易产生开裂。这是由凝胶中含有大量液体,干燥时产生收缩引起的。

(4)若烧成不够完善,制品中会残留细孔及—OH 或 C,后者易使制品带黑色。

(5)采用溶胶-凝胶法制备薄膜或涂层时,薄膜或涂层的厚度难以精确控制,另外薄膜的厚度均匀性也很难控制。

(6)溶胶-凝胶法很难用于制备超薄和超厚薄膜。厚度 10nm 以下及 1μm 以上的薄膜制备采用溶胶-凝胶法不太适合,前者致密连续性很难保证,后者很容易开裂。

(7)与脉冲激光沉积等物理气相沉积方法相比,溶胶-凝胶法较难用于制备高质量的外延单晶薄膜。

2.2　溶胶-凝胶法制备薄膜

溶胶-凝胶法设备简单,价格低廉,组分控制精确,能够大面积均匀成膜,已在制备光学薄膜、铁电薄膜、半导体薄膜、催化薄膜和防腐防护薄膜方面有广泛的应用(表 2.3)[7-14]。溶胶-凝胶法通常主要采用浸涂(dip-coating)法、旋涂(spin-coating)法和喷镀法等方法来成膜。

表 2.3　用溶胶-凝胶法制备薄膜的若干应用

薄膜用途	举例	薄膜材料
改善光学性质	吸收	$NiO\text{-}SiO_2$
	反射	$In_2O_3\text{-}SiO_2$
	增透	$Na_2O\text{-}B_2O_3\text{-}SiO_2$、$TiO_2\text{-}SiO_2$
	波导	ZrO_2
改善力学性质	保护膜	SiO_2
改善化学性质	提高化学稳定性	SiO_2、$SiO_2\text{-}TiO_2$
改善电学性能	半导体	氧化铟锡(ITO)、$SnO_2\text{-}CdO$、Cu_2ZnSnS_4
	铁电压电性质	$Pb(Zr_xTi_{1-x})O_3$、$BaTiO_3$、$Bi_{4-x}La_xTi_3O_{12}$
催化	催化剂载体	SiO_2、TiO_2、Al_2O_3
	光催化	TiO_2

溶胶-凝胶法制备过程中,常用的一些材料表征与测量方法如下。

(1)前驱体金属醇盐的水解程度:化学定量分析法。

(2)溶胶的物理性质:黏度、浊度。

(3)胶粒尺寸:准弹性光散射法、电子显微镜观察。

(4)溶胶或凝胶在热处理过程中发生的物理化学变化,制备的薄膜的相结构:X 射线衍射(XRD)、中子衍射、热重(TG)-差示扫描量热(简称差热,DSC)。

(5)反应中官能团及键性质的变化:傅里叶变换红外光谱(FTIR)、拉曼光谱。

(6)薄膜和纳米晶的形貌的观测:扫描电子显微镜(SEM)、原子力显微镜(AFM)和透射电子显微镜(TEM)。

(7)制备材料的组分分析：电子探针微区分析(EPMA)、X 射线光电子能谱(XPS)、电感耦合等离子体光谱(ICP)等。

本节除了介绍溶胶-凝胶法制备氧化物薄膜，还将涉及硫化物薄膜、有机金属卤化物钙钛矿薄膜和有机-无机杂化薄膜的溶胶-凝胶法制备，以及后续的材料表征与测试过程。

2.2.1 制备氧化物薄膜

铁电体同时具有压电、热释电、电光、声光、光折变和非线性光学效应，因而在微电子和光电子领域获得了大量应用。在很多情况下，实际应用需要将铁电体制成厚数十纳米到数十微米的薄膜。20 世纪 80 年代，制膜技术有了飞速进步，溶胶-凝胶法、金属有机物分解法(MOD)、金属有机化学气相沉积法(MOCVD)、脉冲激光沉积法(PLD)等用于铁电介电等薄膜沉积，极大地推动了薄膜生长和应用研究的发展[15-18]。薄膜的使用为器件的微型化和集成化创造了条件，使功能材料的应用进入了更广阔的天地。

$Bi_4Ti_3O_{12}$ 是一种层状钙钛矿结构的铁电薄膜，引入 La 元素取代部分金属 Bi^{3+} 离子后，可制得具有优异铁电性能、适合铁电随机存储器应用的 $Bi_{4-x}La_xTi_3O_{12}$(BLTx，x 为 La 含量)铁电薄膜[19-21]。以溶胶-凝胶法制备 BLTx 铁电薄膜方面为例[19]，使用的原料为硝酸铋($Bi(NO_3)_3 \cdot 5H_2O$)、硝酸镧($La(NO_3)_3 \cdot 6H_2O$)和钛酸丁酯(($C_4H_9O)_4Ti$)。按化学配比精确称量三种原料，其中硝酸铋过量 10%。将硝酸铋溶于适量乙酸(CH_3COOH)，硝酸镧溶于适量乙二醇甲醚($CH_3OCH_2CH_2OH$)。将称好的钛酸丁酯倒入硝酸铋的乙酸溶液中，充分搅拌，再加入硝酸镧的乙二醇甲醚溶液，搅拌 10min，过滤得到浅黄色前驱体溶液。溶液的浓度为 0.1mol/L。随后对薄膜的热处理温度进行确定。图 2.3 是 BLT0.00 粉末的热重和差热分析曲线[21]，粉末由溶液在 120℃烘干 120min 得到。热分析的升温速度均为 10℃/min。随着温度升高，前驱体热分解，分解产物中的气体逸出，开始失重，200℃以后失重速度加快，300～400℃失重趋缓，400℃后质量不再减少，说明热分解已经完全结束。差热曲线上 210℃和 294℃出现两个放热峰，与失重最剧烈的温区吻合，对应于前驱体的热分解。BLT0.00 粉末在 500℃左右开始结晶形成一个放热峰。

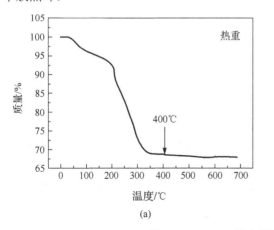
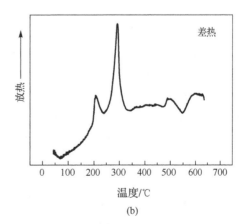

图 2.3 BLT0.00 粉末热重和差热分析曲线[21]

图 2.4 是 BLT0.00 前驱体溶液经不同热处理后的红外光谱[21]。BLT0.00 前驱体溶液的光谱复杂，主要的谱带有 3400cm^{-1} 的 OH 振动峰，1380～1000cm^{-1} 的 NO_3、NO_2 基团振

动峰和低波数 900～600cm⁻¹ 的红外光谱指纹区。经 120℃ 烘干后，溶剂大部分挥发，吸收峰明显减少。400℃ 以上热处理后，仅能观察到位于 495cm⁻¹ 金属和氧键合的 M—O 峰，这表明在 400℃ 以上处理可使前驱体完全分解，仅剩金属和氧的键合。这个结果和热分析的结论一致。

由热分析和红外光谱的结果可以确定热分解的温度应在 400℃ 以上，结晶温度应在 500℃ 以上。实验中，这两个关键温度随 La 含量变化。为保证由相同的热处理工艺得到不同组分的 BLT 结晶膜，热分解和退火温度分别确定为 500℃ 和 650℃。制备 BLT 薄膜采用快速热处理工艺，如图 2.5 所示。经过 3000r/min、20s 甩胶得到湿膜，在 260℃ 热台上烘干 4min 成干膜。再经过 500℃、120s 和 650℃、180s 热处理得到结晶膜。重复上述过程可得到预定厚度的薄膜。

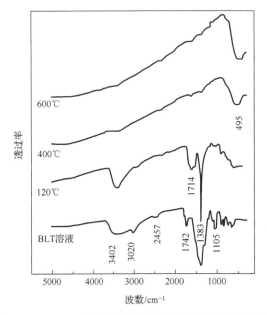

图 2.4　BLT0.00 前驱体溶液经不同热处理后的红外光谱[21]

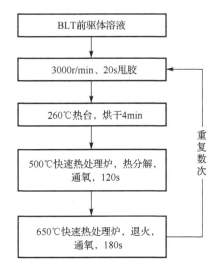

图 2.5　制备 BLT 薄膜的工艺流程

BLTx 是用含量为 x 的 La 取代层状钙钛矿结构 $Bi_4Ti_3O_{12}$ 中的 Bi 得到的。不同温度下退火的 BLT0.75 薄膜的 XRD 谱如图 2.6 所示[20]。550℃ 退火的薄膜已经出现层状钙钛矿结构 (117) 和 (200) 晶面的衍射峰，但直到 600℃ 退火后，衍射峰仍然很弱、很宽，其他晶面的衍射峰也没有出现，说明晶粒很小。650℃ 以上退火的薄膜衍射峰强度增高、半峰宽减小，说明 650℃ 退火的薄膜中晶粒长大，结构完善。XRD 谱表明制备的是随机取向的多晶薄膜。650℃ 以上退火的 BLT0.75 薄膜的衍射峰和 $Bi_4Ti_3O_{12}$ 的衍射峰一一对应，La 取代没有改变晶格结构。La 在 BLTx 中的取代极限为 x=2.8。

图 2.7 是不同温度退火的 BLT0.75 薄膜的表面形貌和 650℃ 退火薄膜的断面形貌[20]。薄膜的表面均匀无裂纹。600℃ 退火的 BLT0.75 薄膜表面平整，看不出明显的晶粒。随着退火温度的上升，650℃ 退火的薄膜晶粒尺寸为 60～70nm，700℃ 退火的薄膜晶粒尺寸约 100nm。晶粒随退火温度的升高而增大，这一结果和 XRD 结果相吻合。薄膜的断面可以看出 Pt 电极和 BLT 薄膜的分界清晰明锐，膜厚约 600nm。

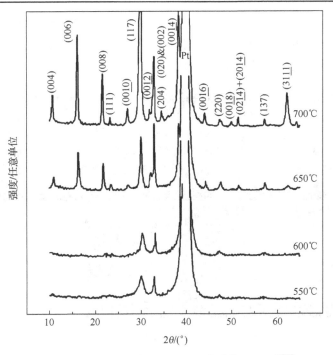

图 2.6 不同温度退火的 BLT0.75 薄膜的 XRD 谱[20]

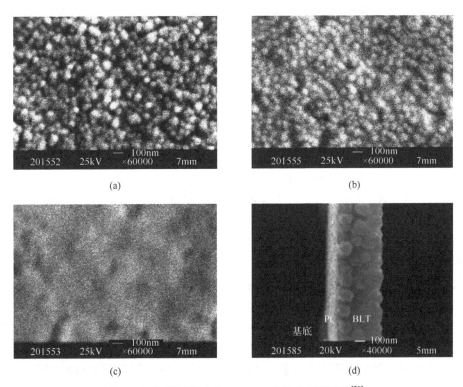

(a)

(b)

(c)

(d)

图 2.7 不同温度退火的 BLT0.75 薄膜的表面形貌[20]
(a) 700℃；(b) 650℃；(c) 600℃；(d) 断面形貌

BLT 薄膜的表面形貌和薄膜的组分密切相关。图 2.8 是 650℃退火的不同 La 含量的 BLT

薄膜的表面形貌[21]。$x=0.00$ 时，薄膜表面的晶粒为棒状，晶粒较大，长 200～300nm，宽约 100nm。$x=0.25$ 和 $x=0.50$ 时的 BLT 薄膜表面平整，看不出明显的晶粒。$x=0.75$ 和 $x=1.00$ 时的 BLT 薄膜由球状的晶粒组成，晶粒较小，尺寸为 60～70nm。

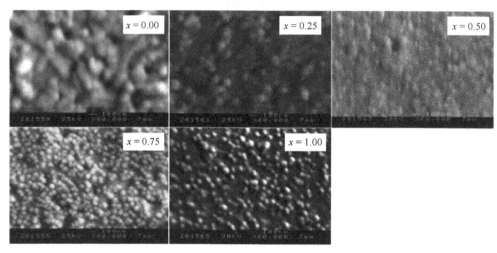

图 2.8　不同 La 含量的 BLT 薄膜的表面形貌[21]

以 BLT 薄膜的溶胶-凝胶法制备和后续结构表征为例，简述了溶胶-凝胶法制备功能氧化物薄膜的基本过程。需要说明的是溶胶-凝胶法由于设备简单、实验成本较低等优点，目前广泛用于实验室制备各种氧化物功能薄膜。南京大学用溶胶-凝胶法还成功制备了 $BaTiO_3$、$Pb(Zr_xTi_{1-x})O_3$（PZT）、$Sr_{1-x}Ba_xNb_2O_6$、掺杂改性的 $BiFeO_3$ 等一系列的铁电功能薄膜，并且在此类薄膜外延生长、疲劳机理和信息存储性能方面进行了深入的探索[22-25]。除了铁电薄膜，溶胶-凝胶法也广泛用于光学薄膜、半导体薄膜等氧化物薄膜的制备。

2.2.2　制备硫化物薄膜

溶胶-凝胶法主要用于制备氧化物薄膜，是由于后续的热退火通常在空气环境或通氧条件下进行，使得有机物分解挥发，继而形成结晶的金属氧化物。溶胶-凝胶法制备硫化物薄膜方面的报道比较少，其制备流程和氧化物制备流程差不多，只是在退火环节有所不同。为了保证形成的最终化合物里面不含氧，一般退火环节需在硫化氢或硫蒸气气氛下进行。以制备铜锌锡硫（Cu_2ZnSnS_4，CZTS）这种常用于太阳能电池的 p 型半导体薄膜为例，介绍溶胶-凝胶法制备硫化物薄膜的一般流程。

CZTS 为黝锡矿结构的四元化合物，其带隙为 1.51eV，与半导体太阳能电池所要求的最佳带隙（1.5eV）十分接近；CZTS 为直接带隙的半导体材料，且具有较大的吸收系数（大于 $10^4 cm^{-1}$），因此电池中所需的 CZTS 薄膜厚度较小（约 2μm）。该材料中所含元素在地壳上蕴藏丰富，还因成分无毒和环境友好，成为太阳能电池吸收层的最佳候选材料之一。但是 CZTS 由四种元素组成，对元素配比精准度要求较高，而且多元晶格、多层界面结构、缺陷及杂质等问题的存在增加了制备的难度，因此 CZTS 薄膜太阳能电池目前还只处于实验室研究阶段[26,27]。CZTS 薄膜的制备主要分为三个步骤：首先制备包含至少三种元素的金属前驱体；然后硫化，以达到最佳配比要求的四元化合物；最后对薄膜热处理，进一步优化薄膜的结晶度和表面形貌。

其主要制备方法有真空热蒸发法、电子束蒸发法、溅射法、喷雾热解法、电沉积法、分子束外延法及溶胶-凝胶法等[28-31]。前几种大多对真空环境要求比较苛刻，生产成本较高，不利于产业化，而非真空的溶胶-凝胶法成本低，有利于推广。

溶胶-凝胶法制备 CZTS 薄膜的金属前驱体为醋酸铜、硝酸锌、氯化亚锡，硫源为硫脲，乙二醇甲醚为溶剂，乙二胺(en)为螯合剂[31]。前驱体溶液的浓度为 0.1mol/L，采用甩胶成膜的方法，转速为 3000r/min，时间为 20s。整个薄膜制备过程与制备氧化物薄膜过程(图 2.5)类似，主要不同体现在三点：前驱体含硫源；热台预热处理温度为 100℃，不能过高，防止湿膜被氧化；热处理过程一般在含有硫源(S 或者 H₂S)的气氛中 500℃进行。式(2.5)～式(2.8)列出了制备 CZTS 薄膜过程中的化学反应流程，和氧化物薄膜不同的是，这里的硫脲在略高温分解后产生硫离子，然后结合金属离子生成硫化物 CZTS 湿膜，经退火处理后生成结晶薄膜。

$$2Cu^{2+} + Sn^{2+} \longrightarrow 2Cu^+ + Sn^{4+} \tag{2.5}$$

$$Cu^+ + en \longrightarrow [Cu(en)]^+; \quad Zn^{2+} + en \longrightarrow [Zn(en)]^{2+}; \quad Sn^{4+} + en \longrightarrow [Sn(en)]^{4+} \tag{2.6}$$

$$\begin{array}{c} H_2C \longrightarrow CH_2 \\ H_2N \qquad NH_2 \quad M=Cu^+、Zn^{2+}、Sn^{4+} \\ M \end{array}$$

$$(NH_2)_2CS + 2H_2O \longrightarrow S^{2-} + 2NH_4^+ + CO_2 \uparrow \tag{2.7}$$

$$2[Cu(en)]^+ + [Zn(en)]^{2+} + [Sn(en)]^{4+} + 4S^{2-} \longrightarrow Cu_2ZnSnS_4 + 4en \tag{2.8}$$

图 2.9 是不同温度退火的 CZTS 薄膜的 XRD 谱[31]，由图可知 400℃薄膜开始结晶，500℃形成结晶良好的锌黄锡矿结构的 CZTS 薄膜。有时 XRD 还不能确定是否形成了结构单一CZTS 的纯相结构，因为 SnS₂ 和 ZnS 的衍射峰位置和 CZTS 的位置很接近，此时可以借助拉曼光谱来进一步确定。如图 2.10 所示的不同温度退火的 CZTS 薄膜的拉曼光谱中[31]，CZTS在 284cm⁻¹、335cm⁻¹ 处有明显的特征峰，而 Cu₂₋ₓS、ZnS 和 SnS₂ 的特征峰分别在 472cm⁻¹、355cm⁻¹ 和 315cm⁻¹ 左右[32,33]。因此，通过对比可以进一步确认，采用溶胶-凝胶法获得了纯相的 CZTS 薄膜，不含其他硫化物的副相。

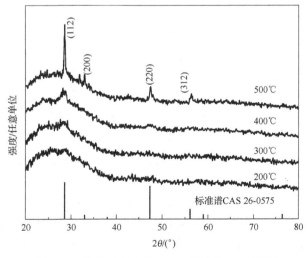

图 2.9　不同温度退火的 CZTS 薄膜的 XRD 谱[31]

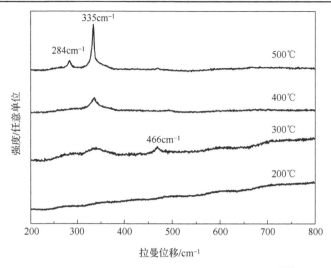

图 2.10　不同温度退火的 CZTS 薄膜的拉曼光谱[31]

2.2.3　制备有机金属卤化物钙钛矿薄膜

近年来，有机-无机杂化卤化物钙钛矿 MAPbX$_3$（MA= CH$_3$NH$_3^+$，X= Cl$^-$、Br$^-$、I$^-$）太阳能电池取得令人瞩目的进展，得到广泛的关注。长期以来，基于钙钛矿材料的研究大多局限于研究材料的结构相变、电子输运及磁性等范围。有机金属卤化物钙钛矿拥有合适的带隙、高的吸收系数、长的载流子扩散长度及很好的载流子传输能力。2009 年，日本学者把钙钛矿材料引入光伏电池领域，并且成功地制备了钙钛矿 CH$_3$NH$_3$PbBr$_3$ 和 CH$_3$NH$_3$PbI$_3$ 量子点敏化 TiO$_2$ 的太阳能电池，效率达 3.8%，开启了钙钛矿太阳能电池的研究[34]。随后两年钙钛矿太阳能电池研究平稳发展，直到 2012 年牛津大学 Snaith 小组在 *Science* 上发表光电转换效率超过 10% 的钙钛矿量子点敏化太阳能电池，就此掀起了钙钛矿太阳能电池的研究热潮[35]。短短的几年时间，钙钛矿太阳能电池能量转换效率世界纪录不断刷新，目前基于 MAPbI$_3$ 钙钛矿光伏电池的能量转换效率达到 22%[36]，超过了大部分其他材料制成的太阳能薄膜电池。

制备有机金属卤化物钙钛矿薄膜的主要方法有溶液法、气相沉积法、脉冲激光沉积法等。其中溶液法制备钙钛矿薄膜太阳能电池因制程简单被业界广泛采纳，而大部分溶液法都有着明显的溶胶-凝胶法的特征。溶胶-凝胶法制备有机金属卤化物钙钛矿薄膜的步骤一般包含卤化物前驱体溶液制备、成型、凝胶/缩聚、老化、干燥、稳定化、致密化和结晶化。制备有机金属卤化物钙钛矿薄膜，以甲胺铅碘 MAPbI$_3$ 为例，前驱体通常包括碘化铅(PbI$_2$)和碘甲胺(MAI，事先用甲胺和碘酸通过旋转蒸发合成)。1∶1 的 PbI$_2$ 与 MAI 在加热和剧烈搅拌下溶解于 N,N-二甲基甲酰胺(DMF)中，形成溶胶前驱体，再用旋涂法制备得到一定厚度的 MAPbI$_3$ 薄膜，进一步可以制成基于 MAPbI$_3$ 的薄膜太阳能电池。有机金属卤化物的溶胶-凝胶成核过程是非常迅速的，Kerner 系统地研究了有机金属卤化物前驱体在甩胶成膜过程中的成核到相变过程，如图 2.11 所示[37]。首先，在刚开始的 2s 内，由于溶液的挥发形成过饱和，与 MAI 和 DMF 强烈配位的 PbI$_2$ 微粒开始析出。该湿膜在 4s 时凝胶化，进一步老化后迅速长大成大颗粒。随着旋涂过程中膜继续干燥和 DMF 溶液进一步挥发，大颗粒通过相变分解成许多针状密集排列的 MAPbI$_3$ 小晶粒，最终得到光滑的 MAPbI$_3$ 钙钛矿薄膜。

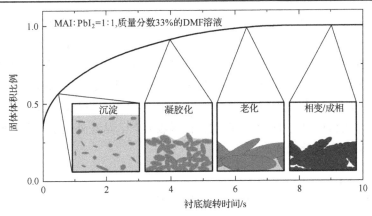

图 2.11　MAI：PbI$_2$ 化学计量溶液在旋涂过程(5500r/min)中实时凝胶化动力学演变示意图[37]

通常而言，利用类似于溶胶-凝胶法的溶液法制备得到的有机金属卤化物钙钛矿薄膜太阳能电池的能量转换效率非常高，其性能完全可以媲美化学气相沉积等方法制备的器件。低温沉积、可获得高结晶度薄膜、制程简单，以及适合大面积制备，这些优点使得溶胶-凝胶法在制备有机金属卤化物钙钛矿薄膜太阳能电池上发挥着非常重要的作用。

2.2.4　制备有机-无机杂化薄膜

无机光学器件和有机光学器件在应用领域各有千秋。无机光学器件大多性能稳定，然而加工困难，成本也随之升高。有机光学器件具有高的非线性光学系数和极快的响应速度，可利用的形态较多，种类丰富；不足之处是热稳定性差，容易老化。由此可以看出有机材料和无机材料的优缺点正好互补，如果能把两者结合起来，所得到的材料应具有较好的综合性能。有机-无机杂化材料是复合材料家族中的一颗新星，由于有机相和无机相之间的界面面积非常大，界面相互作用强，常见的尖锐清晰的界面变得模糊，微区尺寸通常在纳米量级，甚至有些情况下减小到"分子复合"的水平，具有许多优越的性能，与传统意义上的复合材料有本质的不同[38-40]。采用溶胶-凝胶法可以将有机聚合物分子引入无机氧化物的凝胶网络中，经电场极化后使生色团取向从而产生二阶非线性光学效应。这里以制备 DO25/P(MMA/MSMA)/TiO$_2$ 有机-无机杂化材料为例，并着重研究该杂化材料的热稳定性、宏观非线性及其弛豫特性[41]。

1. P(MMA/MSMA)/TiO$_2$ 杂化材料的合成

以四氢呋喃(THF)、甲基丙烯酸甲酯(MMA)、甲基丙烯酰氧基丙基三甲氧基硅烷(MSMA)、钛酸丁酯(TBT)、偶氮二异丁腈(AIBN)为原料，杂化材料的合成过程如下：将 MMA 与 MSMA 按摩尔比 2：1 称量后放入磨口锥形瓶中，以 THF 为溶剂，加入它们质量和的 3wt%[①]的 AIBN 为催化剂，搅拌均匀，用 N$_2$ 气氛除氧 5min 后密封，然后放入 60～65℃的烘箱中进行共聚合反应 24h，形成无色透明的溶液。然后加入一定计量比的 TBT 及微量的水，静置 48h，最后形成略显黄色透明的杂化材料溶液。具体的反应式如图 2.12 所示[41]。

取溶液在 60℃下烘干后与 KBr 粉末混合研磨，再压成透明薄片进行测试。图 2.13 是 P(MMA/MSMA)和 P(MMA/MSMA)/TiO$_2$ 杂化材料的红外光谱[41]。1000～1100cm^{-1} 处的吸收

---

① 本书中 wt%指质量分数，at%指原子分数，mol%指摩尔分数。

峰为 Si—O—Si 键,可以观察到在 P(MMA/MSMA)中的 Si—O—Si 键的吸收峰比 P(MMA/MSMA)/
TiO$_2$ 的 Si—O—Si 键的吸收峰强得多,主要是因为在 P(MMA/MSMA)/TiO$_2$ 杂化材料中,很
多 Si—O—都和 Ti 相键合形成 Si—O—Ti 键,相对减弱了 Si—O—Si 键的吸收峰。P(MMA/MSMA)/
TiO$_2$ 在 900~950cm^{-1} 有一个很宽的峰,是 Ti—O—Si 的特征吸收峰,说明了无机的 TBT 通过
水解,与 MSMA 偶联作用,已经和有机骨架 PMMA 相连接;760cm^{-1} 波数的地方还有一个明
显的吸收峰,是杂化材料中的 Ti—O—Ti 的特征吸收峰[42]。从红外光谱可看出通过水解形成了
化合键连接的无机和有机杂化体系。

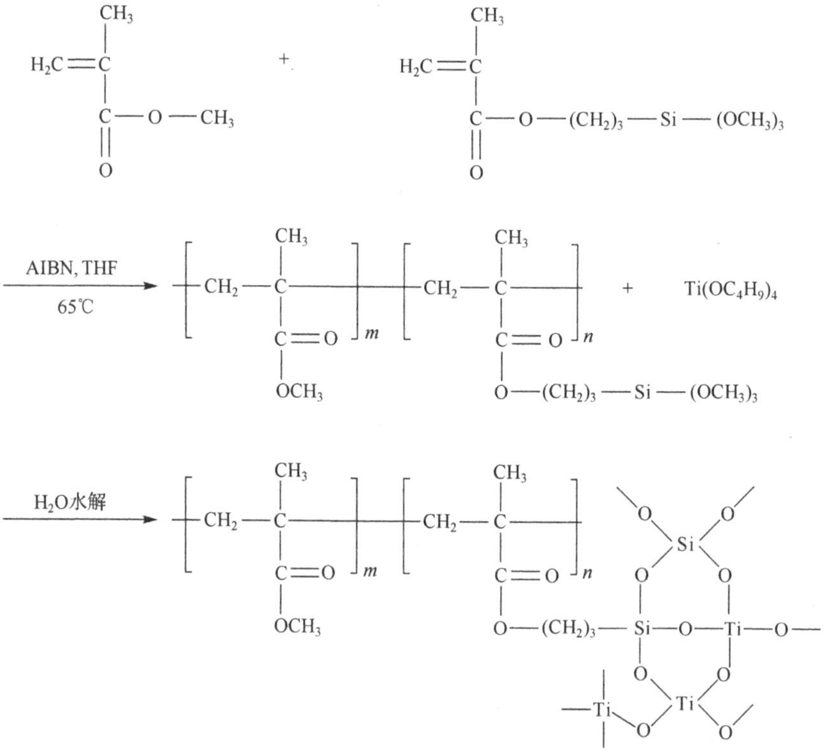

图 2.12　制备 P(MMA/MSMA)/TiO$_2$ 杂化材料的反应式[41]

2. DO25/P(MMA/MSMA)/TiO$_2$ 杂化薄膜的制备

使用前面合成的五种黄色透明的杂化材料基体溶液 P(MMA/MSMA)/xTiO$_2$,通过掺入
10 wt%的分散橙 25(DO25),形成生色团/杂化材料的前驱体,然后旋涂法成膜,得到橙色透明
的有机-无机杂化材料薄膜,厚度为 300nm。图 2.14 是 DO25/P(MMA/MSMA)/0.5TiO$_2$ 杂化薄
膜与参比样品 DO25/PMMA 薄膜的 AFM 表面形貌图[41]。从图 2.14(a)可以看出杂化薄膜的表面
非常平整,起伏为 0.87nm,从图 2.14(b)可看出 DO25/PMMA 薄膜的起伏为 1.48nm。在杂化薄
膜中,并没有观察到由于无机、有机材料相分离而形成的凝聚体,这对于光学测量是有利的。

3. DO25/P(MMA/MSMA)/TiO$_2$ 杂化材料的热稳定性

采用差热分析对 DO25/杂化材料的热稳定行为进行研究。由室温升温至 400℃,升温速度
为 20℃/min。图 2.15 显示了 DO25/PMMA 和 DO25/杂化材料的热稳定性质[41]。可以看出,杂

化材料 P(MMA/MSMA) 的玻璃化转变温度接近于 140℃，比 PMMA 的玻璃化转变温度高出了近 50℃，热稳定性得到明显改进，主要是由于有机聚合物链的活动受到了 SiO_2 或 TiO_2 无机网络的限制。同时连接了 Ti 的杂化材料 P(MMA/MSMA)/TiO_2 的玻璃化转变温度比不含 Ti 的杂化材料略高，制备的 4 种含 SiO_2、TiO_2 的杂化材料的玻璃化转变温度都在 145℃左右，可以理解为当无机网络达到一定饱和后，对聚合物链的活动能力的限制作用也达到了一定程度的饱和。MSMA 与 MMA 的摩尔比为 1:2 有些高，从而相对削弱了 TiO_2 对杂化材料的改性能力。

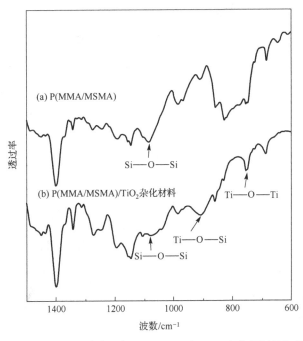

图 2.13　P(MMA/MSMA) 和 P(MMA/MSMA)/TiO_2 杂化材料的红外光谱[41]

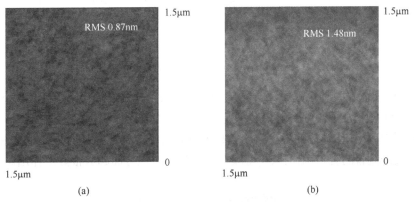

图 2.14　AFM 表面形貌图[41]
(a)DO25/P(MMA/MSMA)/0.5TiO_2 杂化薄膜；(b)DO25/PMMA 薄膜

　　图 2.16 是 DO25/P(MMA/MSMA)/0.5TiO_2 薄膜和 DO25/PMMA 薄膜的紫外可见光吸收弛豫性质图。可以看出图 2.16(a) 中，DO25/P(MMA/MSMA)/0.5TiO_2 薄膜极化后在 80℃保存 2 天后，吸收峰没有明显的升高，也就是说取向度基本不变，显示出极好的抗弛豫特性。而图 2.16(b) 中，DO25/PMMA 薄膜极化后在 80℃下保存 2 天后，吸收峰明显上升，取向度只有原来的 55%。

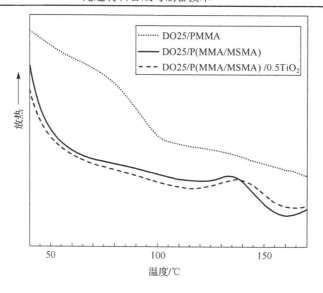

图 2.15　DO25/PMMA 和 DO25/杂化材料的差热分析比较图[41]

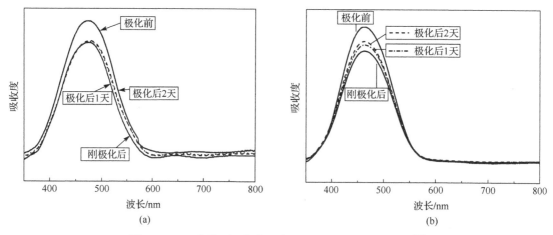

图 2.16　80℃条件下，薄膜的紫外可见光吸收弛豫性质图[41]
(a) DO25/P(MMA/MSMA)/0.5TiO₂ 薄膜；(b) DO25/PMMA 薄膜

　　无机网络的引入极大地提高了聚合物基体材料的玻璃化转变温度，并且三维空间网络对于生色团在杂化材料中的偶极矩的自由转动起到了很大的限制作用，使原本一致取向得到了保持。因此杂化材料能在比较高的温度、比较长的时间内保持很好的二阶非线性效应。由此可以说明溶胶-凝胶法制备的有机-无机杂化薄膜在光学材料改性方面起着很好的作用。

2.3　溶胶-凝胶法制备纳米晶

　　溶胶-凝胶法制备纳米粒子材料的化学过程如下：首先将原料分散在溶剂中，经过水解反应生成活性单体；然后活性单体进行聚合，成为溶胶，进而生成具有一定空间结构的凝胶；最后经过干燥和热处理，制备出纳米粒子和所需材料。同一般的纳米粒子制备方法相比，溶胶-凝胶法有以下的优点：①分子水平上的均匀性。溶胶-凝胶法中所用的原料分散在溶剂中形成低黏度的溶液，其可以在很短的时间内获得分子水平上的均匀性。在形成凝胶时，反应物之间很可能在分子水平上均匀地混合。②掺杂的均匀性。由于经过溶胶反应步骤，凝胶很容易均匀定量地掺入一些微量元素，实现分子水平上的均匀掺杂。③低的煅烧反应温度。与固相反应相比，化学反应容易进行，而且合成温度较低。一般认为，溶胶-凝胶体系中组分的扩散是在纳米尺度，而固相反应时组分扩散是在微米尺度，因此前者反应容易进行，反应温度较低。④选择合适的条件可以制备各种新型纳米级的材料。溶胶-凝胶法制备纳米粉末的方法很多，有金属醇盐水解法、金属螯合凝胶法、原位聚合法和聚合物前驱体溶液法等。这几种方法原理大致相同，通过金属有机化合物溶解在合适的溶剂中，发生一系列化学反应，如水解、缩聚和聚合等，形成连续的无机网络凝胶。

　　图 2.17 给出了溶胶-凝胶法制备粉体的基本工艺过程。大致可分为以下几步：①制取包含金属醇盐和水的均相溶液，以保证醇盐的水解反应在分子水平上进行。②制备溶胶，金属醇盐的水解反应和缩聚反应是均相溶液转变为溶胶的根本原因。控制醇盐的水解缩聚的条件，如加水量、催化剂和溶液的 pH 及水解温度等，是制备高质量溶胶的前提。③将溶胶通过陈化得到湿凝胶。溶胶在敞口或密闭的容器中放置时，由于溶剂蒸发或缩聚反应继续进行而导致向凝胶的逐渐转变，此过程往往伴随粒子的 Ostwald 熟化，即因大小粒子溶解度不同而造成的平均粒径增加。④凝胶的干燥。⑤热处理结晶。

图 2.17　溶胶-凝胶法制备粉体的基本工艺过程

2.3.1　制备氧化物纳米晶

　　溶胶-凝胶法在制备氧化物纳米粉体方面有着广泛的应用，如用于催化的 TiO_2 纳米粉末，用于气敏的 SnO_2、$La_{1-x}Sr_xFeO_3$ 纳米粉体，用于合成超导陶瓷的 $YBa_2Cu_3O_{7-\delta}$ 纳米粉体，以及用于合成铁电、压电和电光陶瓷的 $BaTiO_3$、$LiNbO_3$、$(Pb,La)(Zr,Ti)O_3$、$Sr_{1-x}Ba_xNb_2O_6$ 等铁电纳米粉体[43-46]。大部分溶胶-凝胶法制备氧化物纳米晶的过程都大同小异，区别在于前驱体的合成过程及雾化过程。这里介绍用一种称为 Pechini 的溶胶-凝胶法制备 $Sr_{1-x}Ba_xNb_2O_6$(SBN) 纳米晶。Pechini 法的基本过程是：羧酸和醇的酯化，金属螯合物之间利用 α-羟基羧酸和多羟基醇的聚酯作用形成聚合物。最常用的是柠檬酸(CA)和乙二醇(EG)，首先制备金属-柠檬酸螯合物，然后与乙二醇在适当温度(100～150℃)下迅速发生酯化。用过量的乙二醇作为溶剂，增大各金属盐在前期的溶解度。长时间加热混合溶液，伴随着乙二醇的蒸发，促进聚酯得到透明的聚合树脂前驱体。

　　采用 Pechini 方法制备 SBN 纳米晶的具体过程如下[44,45]：采用 Nb_2O_5 为原料，合成 Nb 的柠檬酸前驱体，按一定比例($Sr_xBa_{1-x}Nb_2O_6$，$x=0.50$、0.60、0.75)，将醋酸锶、醋酸钡和 Nb 的聚合物前驱体(polymeric precursor)混合，使金属离子和柠檬酸的摩尔比为 1 : 4，加入适量乙二醇，使前驱体溶液在 80～100℃加热搅拌下聚合，然后在 180℃烘箱干燥 8h 获得棕色粉末，再在马弗炉里 700℃退火结晶 2h，获得白色纳米粉末。

　　图 2.18 为用 Pechini 方法制备的 SBN 纳米晶和 SBN/PC(聚碳酸酯)复合薄膜的 XRD 谱[44]。可以看出用此方法长出的 SBN 纳米晶具有比较纯的钨青铜结构四方相。其中 2θ 角 29° 附近有一个衍射峰来自铌酸锶副相，这在 SBN 粉末和薄膜制备中经常会观测到。

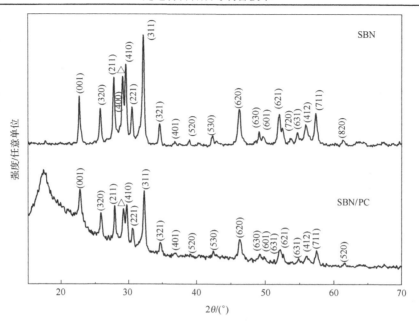

图 2.18　SBN 纳米晶和 SBN/PC 复合薄膜的 XRD 谱[44]

△为铌酸锶副相

图 2.19(a)、(b)分别为 SBN 纳米晶 TEM、高分辨 TEM(HRTEM)图[44]。从图 2.19(a)可以看出纳米晶呈长棒形,这是由晶体的四方结构和其生长机制共同决定的,与水热法生长的 PZT、

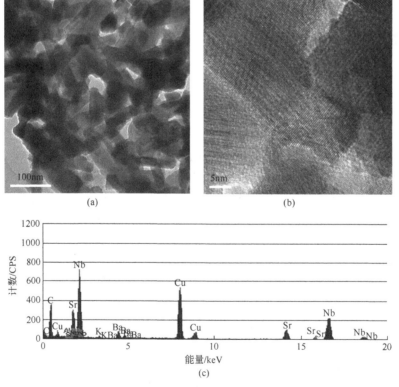

图 2.19　SBN 纳米晶的 TEM、HRTEM 图及能谱[44]

(a) TEM 图;　(b) HRTEM 图;　(c) 能谱

BaTiO$_3$ 粉末的球形结构有着很大的区别，长轴为 80nm 左右。从 HRTEM 照片中可以清晰地看出 SBN 的晶格条纹，并且从相应的傅里叶变化图可以计算出该纳米晶长轴方向的晶面间距为 0.387nm，与 XRD 测得的 SBN c 轴的值（0.391nm）相接近，由此可知 SBN 很可能是沿 c 轴生长的，与 SBN 的极化轴沿 c 轴有关。图 2.19(c) 为 SBN 纳米晶的能谱，可以直观地看出除了制备过程中少量的 K$^+$ 没有除去，其他元素均为 SBN 的成分，其中 Cu 信号来自放置粉末的铜网，由此也可以看出制备的 SBN 纳米晶成分较纯。

2.3.2　制备金属纳米晶

如前所述，溶胶-凝胶法非常适合于制备氧化物纳米晶，也可用于制备硫化物纳米晶，而用于制备金属纳米晶则非常少见。这主要是由于溶胶-凝胶法的前驱体中大都含氧，而且退火过程通常选择在空气中进行，导致用溶胶-凝胶法制备金属纳米晶非常困难。南京大学 Jiang 等发展了一种利用溶胶-凝胶自燃法来制备纯相的金属及合金纳米颗粒的方法[47]，成功地制备了 Co、Ni、Cu、Ag、Bi 及 CoNi 等金属和合金纳米颗粒，并且这是一种普适的方法，可以推广于制备其他的金属和合金纳米晶。

首先配制柠檬酸、金属硝酸盐的水溶液，加入氨水调整 pH 为 3~7，然后把前驱体放入烧杯里，加热到 95℃得到干凝胶。接着在氩气保护气氛下加热到自燃点，观察到大量白色烟雾后，自然冷却到室温得到需要的金属纳米颗粒。整个过程的关键之处就是柠檬酸在一个封闭体系内自燃会产生大量的还原性气体 H$_2$ 和 CH$_4$，如图 2.20 所示。这些还原性气体保证了金属纳米颗粒不被氧化。研究发现不同比例的柠檬酸会导致最后纳米颗粒的成分发生变化，当柠檬酸/金属盐比例小到一定程度后，纳米颗粒就不再是纯金属，而出现了金属氧化物。可见柠檬酸在整个制备过程中扮演了至关重要的角色。

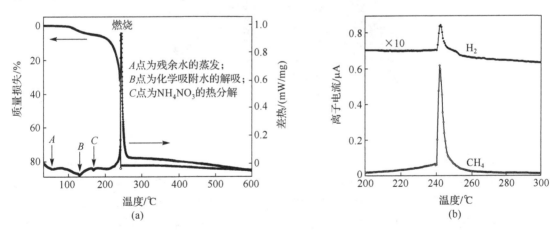

图 2.20　Ni 凝胶的热重-差热分析和质谱[47]

(a) 热重-差热；(b) 质谱

在自燃点附近可以观测到甲烷和氢气

图 2.21 是溶胶-凝胶自燃法得到的多种金属及合金纳米晶的 XRD 谱[47]，由此可以看到，通过这种方法可以得到多种纯相的金属纳米颗粒。从 XRD 谱上并没有观察到氧化物的相。由图 2.22 可以看出，用这种方法得到了尺度在几纳米的金属纳米颗粒[44]。

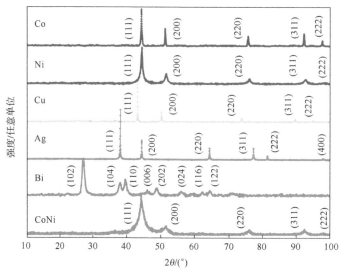

图 2.21　溶胶-凝胶自燃法得到的多种金属及合金纳米晶的 XRD 谱[47]

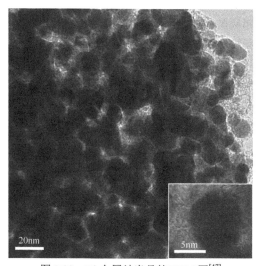

图 2.22　Ni 金属纳米晶的 TEM 图[47]

总之，利用溶胶-凝胶法合成的无机材料因为合成温度低、显微组织可控、化学纯度高等特点而具有良好的应用前景。目前溶胶-凝胶法已经在粉末合成、纤维及功能薄膜制备方面获得广泛应用。尽管该方法所需的金属醇盐价格一般较高，但可以选择无机金属盐或有机醋酸盐等代替，从而成为高性能无机非金属材料合成最重要的手段之一。相信随着研究的深入，溶胶-凝胶法还会在很多新的领域，如金属纳米晶、光波导和光学谐振腔制备等方面，发挥越来越重要的作用。本章着重介绍了用溶胶-凝胶法制备功能薄膜和纳米晶及相关的结构与性能表征，希望能为读者的研究工作提供有益的参考。

参 考 文 献

[1]　EBELMEN J J. Prepn from ABS alcohol and silicon tetrachloride[J]. Ann, 1846, 57:319.

[2]　GEFFCKEN W. Coatings of at least three layers of differing refractive index for a nonmetallic substrate for the

decreasing of its external surface reflectance: 758767[P]. 1944.

[3]　SCHROEDER H. Oxide layers deposited from organic solutions[J]. Phys. Thin Films, 1969, 5:87-141.

[4]　DISLICH H. New routes to multicomponent oxide glasses[J]. Angew. Chem. Int. Ed., 1971, 10: 363-370.

[5]　BRINKER C J, SCHERER G W. Sol-gel science: The physics and chemistry of sol-gel processing[M]. Salt Lake City: Academic Press, 1990: 134970-1-5.

[6]　黄剑峰. 溶胶-凝胶原理与技术[M]. 北京: 化学工业出版社, 2005.

[7]　LI A D, GE C Z, LU P, et al. Preparation of epitaxial metallic $LaNiO_3$ films on $SrTiO_3$ by metalorganic decomposition for the oriented growth of $PbTiO_3$ [J]. Appl. Phys. Lett., 1996, 68: 1347-1349.

[8]　WU D, LI A D, LING H Q, et al. Preparation of $(Ba_{0.5}Sr_{0.5})TiO_3$ thin films by sol-gel method with rapid thermal annealing[J]. Appl. Surf. Sci., 2000, 165: 309-314.

[9]　PARANTHAMAN M P, CHIRAYIL T G, LIST F A, et al. Fabrication of long lengths of epitaxial buffer layers on biaxially textured nickel substrates using a continuous reel-to-reel dip-coating unit[J]. J. Am. Ceram. Soc., 2001, 84: 273-278.

[10]　LIU W C, WU D, LI A D, et al. Annealing and doping effects on structure and optical properties of sol-gel derived ZrO_2 thin films[J]. Appl. Surf. Sci., 2002, 191: 181-187.

[11]　MEDDA S K, DE S, DE G, et al. Synthesis of Au nanoparticle doped SiO_2-TiO_2 films: Tuning of Au surface plasmon band position through controlling the refractive index[J]. J. Mater. Chem., 2005, 15: 3278-3284.

[12]　TAKADA T, MACKENZIE J D, YAMANE M, et al. Preparation and non-linear optical properties of CdS quantum dots in Na_2O-B_2O_3-SiO_2 glasses by the sol-gel technique[J]. J. Mater. Sci., 1996, 31: 423-430.

[13]　JANG J, KITSOMBOONLOHA R, SWISHER S L, et al. Transparent high-performance thin film transistors from solution-processed SnO_2/ZrO_2 gel-like precursors[J]. Adv. Mater., 2013, 25: 1042-1047.

[14]　NIESEN T P, DE GUIRE M R. Review: deposition of ceramic thin films at low temperatures from aqueous solutions[J]. J. Electroceramics, 2001, 6: 169-207.

[15]　DOSCH R G. Preparation of barium titanate films using sol-gel techniques[J]. Mat. Res. Soc. Symp. Proc., 1984, 32: 157.

[16]　SHAIKH A S, VEST G M. Kinetics of $BaTiO_3$ and $PbTiO_3$ formation from metallo-organic precursors[J]. J. Am. Ceram. Soc., 1986, 69: 682-688.

[17]　KWAK B S, BOYD E P, ERBIL A. Metalorganic chemical vapor-deposition of $PbTiO_3$ thin-films[J]. Appl. Phys. Lett., 1988, 53: 1702-1704.

[18]　VENKATESAN T, WU X D, INAM A, et al. Observation of 2 distinct components during pulsed laser deposition of high-T_c superconducting films[J]. Appl. Phys. Lett., 1988, 52: 1193-1195.

[19]　吴迪. 湿化学方法制备 Bi 系层状钙钛矿铁电薄膜及其性能研究[D]. 南京: 南京大学, 2000.

[20]　WU D, LI A D, ZHU T, et al. Ferroelectric properties of $Bi_{3.25}La_{0.75}Ti_3O_{12}$ thin films prepared by chemical solution deposition[J]. J. Appl. Phys., 2000, 88: 5941-5945.

[21]　WU D, LI A D, ZHU T, et al. Processing and composition-dependent characteristics of chemical solution deposited $Bi_{4-x}LaxTi_3O_{12}$ thin Films[J]. J. Mater. Res., 2001, 16: 1325-1332.

[22]　LI A D, GE C Z, LÜ P, et al. Fabrication and electrical properties of sol-gel derived $BaTiO_3$ films with metallic $LaNiO_3$ electrode[J]. Appl. Phys. Lett., 1997, 70: 1616-1619.

[23] LI A D, SHAO Q Y, WANG Y J, et al. Epitaxial growth of (PbZr) TiO$_3$ films on LaAlO$_3$ by sol-gel method using inorganic zirconium source[J]. Mater. Res. Bull.,2001, 36: 2667-2675.

[24] LI A D, MAK C L, WONG K H, et al. Novel route for the epitaxial growth of (SrBa) Nb$_2$O$_6$ thick films by the sol-gel method using a self-template layer[J]. J. Mater. Res., 2001,16: 3179-3183.

[25] WEN Z, YOU L, SHEN X, et al. Multiferroic properties of (Bi$_{1-x}$Pr$_x$) (Fe$_{0.95}$Mn$_{0.05}$) O$_3$ thin films[J]. Mater. Sci. Enger. B, 2011, 176: 990-995.

[26] STEINHAGEN C, PANTHANI M G, AKHAVAN V, et al. Synthesis of Cu$_2$ZnSnS$_4$ nanocrystals for use in low-cost photovoltaics[J]. J. Am. Chem. Soc., 2009, 131: 12554-12555.

[27] WASHIO T, SHINJI T, TAJIMA S, et al. 6% efficiency Cu$_2$ZnSnS$_4$-based thin film solar cells using oxide precursors by open atmosphere type CVD[J]. J. Mater. Chem., 2012, 22: 4021-4024.

[28] SUN L, HE J, KONG H, et al. Structure composition and optical properties of Cu$_2$ZnSnS$_4$ thin films deposited by pulsed laser deposition method[J]. Sol. Energ. Mater. Sol. Cell., 2011, 95: 2907-2913.

[29] GUO B L, CHEN Y H, LIU X J, et al. Optical and electrical properties study of sol-gel derived Cu$_2$ZnSnS$_4$ thin films for solar cells[J]. AIP Adv., 2011, 4: 097115-1-10.

[30] SCHUBERT B A, MARSEN B, CINQUE S, et al. Cu$_2$ZnSnS$_4$ thin film solar cells by fast co-evaporation[J]. Prog. Photovoltaics, 2011,19: 93-96.

[31] LIU F, LI Y, ZHANG K, et al. In situ growth of Cu$_2$ZnSnS$_4$ thin films by reactive magnetron co-sputtering[J]. Sol. Energy Mater. Sol. Cell., 2009, 94: 2431-2434.

[32] FERNANDES P A, SALOME P M P, DA CUNHA A F. Growth and Raman scattering characterization of Cu$_2$ZnSnS$_4$ thin films[J]. Thin Solid Films, 2009, 517: 2519-2523.

[33] CHENG A J, MANNO M, KHARE A, et al. Imaging and phase identification of Cu$_2$ZnSnS$_4$ thin films using confocal Raman spectroscopy[J]. J. Vac. Sci. Technol. A, 2011, 29:051203. .

[34] KOJIMA A, TESHIMA K, SHIRAI Y, et al. Organometal halide perovskites as visible-light sensitizers for photovoltaic cells[J]. J. Am. Chem. Soc., 2009, 131: 6050-6051.

[35] LEE M M, TEUSCHER J, MIYASAKA T, et al. Efficient hybrid solar cells based on meso-superstructured organometal halide perovskites[J]. Science, 2012, 338: 643.

[36] LIM K G, AHN S, KIM Y H, et al. Universal energy level tailoring of self-organized hole extraction layers in organic solar cells and organic-inorganic hybrid perovskite solar cells[J]. Energ. Environ. Sci., 2016, 9: 932-939.

[37] KERNER R A. Ultrasmooth metal halide perovskite thin films via sol-gel processing[J]. J. Mater. Chem. A, 2016, 4: 8308-8315.

[38] 史伟. 极化聚合物薄膜线性电光、二阶非线性以及电光聚合物波导开关的研究[D]. 济南: 山东大学, 2000.

[39] 叶成, 习斯 J. 分子非线性光学的理论与实践[M]. 北京: 化学工业出版社, 1996.

[40] HSIUE G H, LEE R H, JENG R J. All sol-gel organic-inorganic nonlinear optical materials based on melamines and an alkoxysilane dye[J]. Polymer, 1999, 40: 6417-6428.

[41] 刘文超. 几种极化聚合物体系薄膜的制备极化和非线性效应研究[D]. 南京: 南京大学, 2004.

[42] 卢澂泉. 实用红外光谱解析[M]. 北京: 电子工业出版社, 1985.

[43] YUASA M, KIDA T, SHIMANOE K. Preparation of a stable sol suspension of Pd-loaded SnO$_2$ nanocrystals by a photochemical deposition method for highly sensitive semiconductor gas sensors[J]. ACS Appl. Mater. Inter., 2012, 4: 4231-4236.

[44] LIU W C, LI A D, MAK C L. Fabrication and electro-optic properties of ferroelectric nanocrystal/polymer composite films[J]. J. Phys. Chem. C, 2008, 112: 14202-14208.

[45] 李爱东，吴迪，闵乃本. 稳定的水溶性的铌或钽前驱体的制备方法及应用: 200410014962[P]. 2005-11-23.

[46] FAHEEM Y, SHOAIB M. Sol-gel processing and characterization of phase-pure lead zirconate titanate nano-powders[J]. J. Am. Ceram. Soc., 2006, 89: 2034-2037.

[47] JIANG Y W, YANG S G, HUA Z H, et al. Sol-gel autocombustion synthesis of metals and metal alloys[J]. Angew. Chem. Int. Ed., 2009, 48: 8529-8531.

第3章　水热和溶剂热法

3.1　概　　述

3.1.1　水热法

　　水热法是19世纪中叶地质学家模拟自然界成矿作用而开始研究的[1]。1900年，科学家建立了水热合成理论，随后开始转向功能材料的合成研究。水热法又称热液法，是一种液相化学法，指在密闭的容器中，以水溶液作为反应体系，通过对反应体系加热、加压(或自生蒸气压)，创造一个相对高温、高压的反应环境，在高温高压的条件下进行的化学反应[2,3]。一些在常温常压下热力学可行的反应，往往因反应速度极慢而没有实际价值，但在水热条件下却有可能得以实现，这主要是因为在水热条件下，水的物理化学性质将发生蒸气压变高、黏度和表面张力变低、介电常数变小、离子积变高、密度变低、热扩散系数变大等变化。在水热反应中，水既可作为一种化学组分参与反应，又可以作为溶剂或膨化促进剂，同时又是压力传递介质，通过加速渗透反应和控制其过程的物理化学因素，实现化合物的形成和生长。

　　水热法自从发现以来就因为其本身所具备的诸多优点而广受关注[4]。水热法在制备无机材料中能耗较低、适用性广，所用原料一般比较便宜，反应通过液相快速对流进行；它既可以得到超细粒子，也可以得到尺寸较大的单晶体，还可以制备薄膜；既可以合成单组分晶体，又可以制备双组分或多组分的复合物粉末。水热法制备的粉体一般不需要进一步烧结，从而可以避免在烧结过程中晶粒长大、引入杂质等问题。由于水热反应在密闭容器中进行，有利于有毒体系的合成反应；通过控制反应气氛形成合适的氧化还原反应条件，有利于特殊价态化合物和均匀掺杂化合物的合成，还有利于合成低熔点、高蒸气压的材料。水热体系具有特殊的高温、高压和溶液条件，在水热反应中易出现一些中间态、介稳态和特殊物相，因此水热法适用于特殊结构的新化合物的合成，为获得其他手段难以取得的亚稳相提供了条件。通常影响水热合成的因素较多，如反应温度、升温速度、反应时间、溶剂的种类和用量、pH和前驱体等，这为水热反应的进一步调控提供了可能。人们可以选择合适的水热反应条件，通过对反应温度、压力、处理时间、溶液成分、矿化剂等的选择，有效地控制反应和晶体生长，制备出纯度高、晶型好、单分散、形状及尺寸可控的目标产物。

　　当然，水热法具有上述优点的同时，也有许多明显的缺点。比如，反应周期一般较长。由于反应在密闭容器中进行，不便于对反应进程进行直接观察和干预，只能从所得晶体的形态变化和表面结构中获得晶体生长的信息。水热法需要耐高温、耐高压、耐腐蚀的设备，因此对生产设备的要求较高，设备成本较高，而且温压严格控制的技术难度较大。另外，水热法还存在一个明显的不足，该法往往只适用于氧化物材料或少数对水不敏感的物质的制备。上述这些缺点阻碍了水热法的进一步推广。要克服这些缺点、大力开发水热技术的应用，就必须深入研究水热法的基本理论。

3.1.2　水热物理化学

近年来，水热法已扩展到超离子导体、导电型固体、混合型氧化物陶瓷、氟化物及特殊无机配合物和原子簇等无机合成领域。随着人们对水热反应机理的不断了解及对新的合成方法和技术的探索，水热反应技术必将在高科技领域中有更广阔的应用前景。目前，在基础研究方面，有关水热反应的重点仍然是新化合物的合成、新合成方法的研究和新合成理论的建立。不过人们已经开始注意到水热非平衡条件下的机理及高温高压下反应合成机理的研究。

在高温高压条件下，水处于超临界状态，物质在水中的物理化学性质均发生了很大的变化，因此水热化学反应明显不同于常温常压下的化学反应。在水热条件下，化学反应会呈现出复杂离子间的反应加速、水解反应加剧、氧化-还原势发生变化等特征。因此研究水热物理化学[4]，如水热条件的特点、溶解度与温度的关系、水热反应动力学等，可提高水热反应的预见性，有助于进一步了解水热反应的机理和进程。

1.　水热条件的特点

在水热条件下，水溶液的黏度较常温常压下溶液的黏度低几个数量级。扩散与溶液的黏度成反比，因此在水热溶液中存在十分有效的扩散，从而使得水热晶体较常温常压水溶液晶体具有更高的生长速率，生长界面附近有更窄的扩散区，以及减少组分过冷和枝晶生长等优点。在水热条件下，水的介电常数也明显降低，从而影响水作为溶剂时的能力和行为，如水的介电常数降低导致电解质不能更为有效地分解。但是，水热溶液仍具有较高的导电性，这是因为水热条件下溶液的黏度下降，造成了离子迁移的加剧，抵消或部分抵消了介电常数降低的影响。另外，在水热条件下，水的热扩散系数较常温常压下有较大的增加，表明水热溶液具有比常温常压下更大的对流驱动力。

2.　水热溶液中物质的溶解度

水热条件下各类物质的溶解度是利用水热法进行晶体生长或废弃物无污染处理时需要首先考虑的问题。一般来说，化合物在水热溶液中溶解度的温度特性具有以下三种情况：具有正溶解度温度系数，溶解度随温度升高而升高；具有负溶解度温度系数，溶解度随温度升高而降低；在一定的温度范围内具有正溶解度温度系数，而在另一温度范围里却具有负溶解度温度系数。由于水热反应涉及的化合物在水中的溶解度一般都很小，常常在水热体系中引入矿化剂。矿化剂是一类在水中的溶解度随温度的升高而持续增大的化合物，如一些低熔点的盐、酸或碱。加入矿化剂不仅可以改变溶质在水热溶液中的溶解度，甚至可以改变其溶解度温度系数。例如，$CaMoO_4$ 在 100～400℃具有负溶解度温度系数，而当在体系中加入 NaCl、KCl 等高溶解度的盐时，其溶解度不仅提高了一个数量级而且溶解度温度系数由负值变为正值。另外，有些物质溶解度温度系数除了与所加入的矿化剂有关，还与矿化剂的浓度有关。例如，在浓度低于 20 wt% 的 NaOH 水溶液里，Na_2ZnGeO_4 具有负溶解度温度系数，但在高于 20 wt% 的 NaOH 水溶液里，却显示正溶解度温度系数。在常温、常压下有机化合物一般不溶于水，但是在水热条件下，其溶解度随温度的升高而急剧增大。以二苯基聚氯化合物为例，这是一种对环境构成污染的废弃物，在 NaOH 或添加其他化合物的 NaOH 水热溶液里，二苯基聚氯化合物则可完全溶解。有机化合物的这一特性是水热法用于有机废弃物无污染处理的基础。

3. 水热反应动力学和形成机理研究

水热反应机理研究是当前水热研究领域中一个重要研究方向。经典的晶体生长理论认为水热条件下晶体的生长包括三个阶段：①溶解阶段，反应物首先在水热介质里溶解，以离子、分子或离子团的形式进入水热介质中；②输运阶段，这些离子、分子或离子团由于水热体系中存在的热对流及溶解区和生长区之间的浓度差，被输运到生长区；③结晶阶段，这些离子、分子或离子团在生长界面上吸附、分解与脱附、运动并结晶生长。晶体的形貌与水热反应条件密切相关，同种晶体在不同的水热反应条件下会产生不同的形貌。简单地套用经典的晶体生长理论在很多时候不能很好地解释一些实验现象，因此在大量实验的基础上产生了新的晶体生长理论：生长基元理论模型。生长基元理论模型认为在水热晶体生长的第二阶段即输运阶段，进入溶液的离子、分子或离子团相互之间发生反应，形成具有一定几何构型的生长基元。这些生长基元的大小和结构与水热反应条件密切相关。在一个水热反应体系里，有可能存在不同大小和结构的生长基元，它们相互间存在动态平衡。生长基元具有的能量和几何构型越稳定，其在体系里出现的概率就越大。在界面上叠合的生长基元必须满足晶面结晶取向的要求，而生长基元在界面上叠合的难易程度则决定了该面族的生长速率，最终决定了晶体的形貌。生长基元理论模型将晶体的结晶形貌、晶体的内在结构及水热生长条件有机地结合起来，可以很好地解释许多实验现象。

3.1.3　水热技术类型

水热技术根据生长材料类型的不同可以简单地分为水热晶体生长、水热粉体合成和水热薄膜制备[4]。

1. 水热晶体生长

水热晶体生长[5]一般有以下特点：①在较低的热应力条件下实现晶体生长，与高温熔体中生长的晶体相比，水热晶体具有较低的位错密度；②在较低的温度下进行晶体生长，有可能获得其他方法难以得到的低温同质异构体；③在密闭体系里进行晶体生长，可通过控制反应气氛，得到其他方法难以获得的物相；④反应体系在水热条件下存在快速对流和有效的溶质扩散，使得晶体具有较快的生长速率。虽然水热晶体生长具有诸多优点，但是水热晶体生长并不适用于所有的晶体生长，一个粗略的选择原则是：结晶物质各组分的一致性溶解；结晶物质具有足够高的溶解度；溶解度随温度变化大；中间产物易于分解等。

温差技术是水热法晶体生长中最常用的一种技术，通过降低生长区的温度来实现晶体生长所需的过饱和度(对于具有正溶解度温度系数的物质来说)。为了保证在溶解区和生长区之间存在合适的温度梯度，所采用的管状高压釜反应腔长度与内径比必须在 16∶1 以上。一般来说，温差技术可用来生长具有较大的溶解度温度系数绝对值的晶体。物质溶解度温度系数的绝对值越大，在相同的温度梯度可达到的过饱和度就越高，越有利于采用温差技术来实现水热晶体生长。

若反应体系中溶解区和生长区之间不存在温差，则采用降温技术来实现水热晶体生长。通过逐步降低反应体系的温度，获得晶体生长所需的过饱和度，溶液中产生大量晶核并生长。由于反应体系中溶解区和生长区之间不存在温差，体系中不存在强迫对流，所以向生长区的物料输运主要通过扩散来完成。这种降温技术的缺点是生长过程难以控制，有时需要引入籽晶作为晶种。

亚稳相技术则主要适用于具有低溶解度的化合物的晶体生长。所要生长的晶体与所采用的前驱体在水热条件下溶解度的差异是采用亚稳相技术的基础。在一定的水热条件下，所用的前驱体通常是热力学不稳定的化合物或所要生长晶体的同质异构体。相比于稳定相，亚稳相在水热条件下具有大的溶解度，亚稳相的溶解促成了稳定相的结晶和生长。这种技术常与温差技术和降温技术结合使用。

至少含有两种组分的复杂化合物晶体的生长可以采用分置营养料技术。不同组分的前驱体分别放置在高压釜内不同的区域，容易溶解和传输的组分通常放置在高压釜下部；而难溶解的组分放置在高压釜上部。在反应中，放置在下部的组分通过对流传输到上部，与另一种组分发生反应，结晶并生长。

含有相同或同一族的而具有不同价态的离子的晶体生长可以采用前驱体和溶剂分置技术。在反应中，高压釜中间放置隔板，在隔板的两侧分别放置两种不同价态的化合物，在隔板顶端的多孔小容器内实现晶体生长。通过改变小容器壁上孔的数量和尺寸可调节晶体成核与生长速率。

2. 水热粉体合成

水热法是制备结晶良好、无团聚的超细粉体的优选方法之一。相比于其他湿化学方法，水热法合成粉体[6]具有以下特点：①不需要高温灼烧处理就可直接获得结晶良好的粉体，避免了高温灼烧过程中可能形成的粉体硬团聚；②通过控制水热反应条件可以调节粉体的物相、尺寸和形貌；③工艺较为简单等。目前，水热法已广泛地应用于氧化物纳米粉体的制备。根据制备过程中所依据的原理不同，水热反应可以分为水热氧化/还原、水热晶化、水热沉淀、水热水解、水热合成等。水热氧化法是在水热条件下，利用水与单质直接反应得到相应的氧化物粉体，在常温常压溶液中不易被氧化还原的物质，在水热条件下可以加速其氧化还原反应的进行。对一些无定形前驱体如非晶态的氢氧化物、氧化物或水凝胶，利用水热晶化法可以促使化合物脱水结晶，形成新的氧化物晶粒。水热沉淀法则主要依据物质沉淀的难易程度，使在一般条件下不易沉淀的物质在水热条件下沉淀出来，或使沉淀物在高温高压下重新溶解后形成一种新的、更难溶的物质沉淀下来。对氢氧化物或含氧酸盐采用水热分解法，在酸或碱水热溶液中使之分解生成氧化物粉末，或者氧化物粉末在酸或碱水热溶液中再分散生成更细的粉末。水热合成法则是两种或两种以上的单质或化合物起反应，重新生成一种或几种化合物的过程。

3. 水热薄膜制备

水热法也经常应用于薄膜的制备。在溶胶-凝胶法等其他湿化学方法制备薄膜的过程中，利用高温灼烧使产物从无定形向晶态的转变是必不可少的工艺步骤，然而这一步骤容易造成薄膜开裂、脱落等宏观缺陷，而利用水热法进行薄膜制备，则可以在不经过高温灼烧处理的情况下实现薄膜从无定形向晶态的转变，有效地防止薄膜开裂、脱落等问题。水热法制备多晶薄膜技术主要可以分成两类：一类是加直流电场的水热反应；另一类则是普通水热反应，其利用薄膜状反应物在水热条件下获得目标薄膜化合物。在水热反应制备单晶薄膜中，倾斜反应技术则是一种常用的技术[5]。在反应温度达到设定的温度之前，将籽晶或衬底与水热溶液相隔离，若反应温度达到设定值，溶液达到饱和，则将高压釜倾斜，使籽晶或衬底与水热溶液相接触，利用水热条件在籽晶或衬底上进行外延生长获得目标单晶薄膜。

随着水热法的发展，近年来除普通水热设备以外，又出现了一些特殊的水热设备，它们在水热反应体系中添加了直流电场、磁场、微波场等作用力场，在多种作用场下进行各种材料的水热合成。采用微波加热源，即形成了微波水热法，目前微波水热法已广泛地应用于各种陶瓷粉体如 TiO_2、ZrO_2、Fe_2O_3 和 $BaTiO_3$ 等的制备[7,8]。在水热反应器上还可以附加各种形式的搅拌装置，如在反应溶液里直接放入球形物或者在反应过程中对高压釜连同加热器一起做机械晃动。水热反应在相对高温高压下进行，因此高压釜需要具有良好的密封性，但这造成了水热反应过程的非可视性，人们一般只能通过对反应产物的检测来推测反应过程。Popolitov 用大块水晶晶体制造了透明高压釜[9]，使得人们能够直接观测水热反应过程，根据反应情况随时调节反应条件。此外，作为一种有效的生长制备技术，水热法不仅在实验室里得到了持续的应用和研究，而且正在不断扩大其产业化应用的规模，已有很多关于连续式中试规模级水热法陶瓷粉体制备装置的报道。

3.1.4 溶剂热法

水热法虽然具有许多优点和广泛的应用，但是因为使用水作为溶剂，所以往往不适用于对水敏感物质的制备，从而极大地限制了它的应用。溶剂热法[10]是在水热法的基础上发展起来的，与水热法相比，它所使用的溶剂是有机溶剂。与水热法类似，溶剂热法也是在密闭的体系内，以有机物或非水溶媒作为溶剂，在一定的温度和溶液的自生压力下，原始反应物在高压釜内较低的温度下进行反应。在溶剂热条件下，溶剂的性质如密度、黏度和分散作用等相互影响，与通常条件下的性质相比发生了很大变化，相应的反应物的溶解、分散及化学反应活性明显提高或增强，使得反应可以在较低的温度下发生。采用溶剂热法，使用有机胺、醇、氨、四氯化碳或苯等有机溶剂或非水溶媒，可以制备许多在水溶液中无法合成、易氧化、易水解或对水敏感的材料，如III-V族或II-VI族化合物半导体、新型磷(砷)酸盐分子筛三维骨架结构等。

在溶剂热反应中，有机溶剂或非水溶媒不仅可以作为溶剂、媒介，起到传递压力和矿化剂的作用，还可以作为一种化学成分参与反应。对于同一个化学反应，采用不同的溶剂可能获得不同物相、尺寸和形貌的反应产物；而可供选择的溶剂有许多，不同溶剂的性质又具有很大的差异，从而使得化学合成有了更多的选择余地。一般来说，溶剂不仅提供了化学反应所需的场所，使反应物溶解或部分溶解，而且能够与反应物生成溶剂合物，这个溶剂化过程对反应物活性物种在溶液中的浓度、存在状态及聚合态的分布发生影响，甚至影响反应物的反应活性和反应规律，进而有可能影响反应速率甚至改变整个反应进程。因此，选择合适的溶剂是溶剂热反应的关键，在选用溶剂时必须充分考虑溶剂的各种性质，如相对分子质量、密度、熔点、沸点、蒸发热、介电常数、偶极矩和溶剂极性等。乙二胺和苯是溶剂热反应中应用较多的两种溶剂[11]。在乙二胺体系中，乙二胺除作为有机溶剂外，由于N的强螯合作用，还可以作为螯合剂，与金属离子生成稳定的配位离子，配位离子再缓慢与反应物反应生成产物，有助于一维结构材料的合成。苯由于具有稳定的共轭结构，可以在较高的温度下作为反应溶剂，是一种溶剂热合成的优良溶剂。

与传统水热法相比，溶剂热法具有许多优点：①由于反应在有机溶剂中进行，可以有效地抑制产物的氧化，防止空气中氧的污染，有利于高纯物质的制备；②在有机溶剂中，反应物可能具有高的反应活性，有可能替代固相反应，实现一些具有特殊光学、电学、磁学性能的亚稳相物质的软化学合成；③溶剂热法中非水溶剂的采用扩大了可供选择的原料范围，如氟化物、氮化物、硫属化物等均可作为溶剂热法反应的原材料，而且非水溶剂在亚临界或超临界状态下独特的物理化学性质极大地扩大了所能制备的目标产物的范围；④溶剂热法中所用的有机溶剂的沸点一般较低，因此在同样的条件下，它们可以达到比水热条件下更高的压力，更加有利于产物的晶化；⑤非水溶剂具有非常多的种类，其特性如极性与非极性、配位络合作用、热稳定性等为从反应热力学和动力学的角度去研究化学反应的实质与晶体生长的特性提供了线索；⑥当合成纳米材料时，以有机溶剂代替水作为反应介质可明显降低固体颗粒表面羟基的数量，从而降低纳米颗粒的团聚程度，这是其他传统的湿化学方法，包括共沉淀法、溶胶-凝胶法、金属醇盐水解法、喷雾干燥热解法等所无法比拟的。

3.2　水热和溶剂热法在纳米材料制备中的应用进展

纳米材料是指在三个维度上至少有一个维度的尺寸处于纳米尺度(1~100nm)的极细晶粒或以它们作为基本单元构成的材料[12]。当物质的尺寸达到纳米尺度时，其表面的电子结构和晶体结构都会发生变化，表现出宏观物质所不具有的表面效应、小尺寸效应、量子尺寸效应和宏观量子隧道效应等，呈现出既不同于宏观物体又不同于单个孤立原子的特殊物理化学性质，其在催化、传感、能源、电子、光学材料、磁性材料、陶瓷增韧及仿生材料等领域具有广阔的应用前景。因此，世界各国先后对纳米材料给予了极大的关注，对纳米材料的结构与性能、制备技术及应用前景进行了广泛而深入的研究，并纷纷将其列为高科技开发项目。

纳米科学与技术的主要任务是认识纳米尺度物质的结构与性能之间的关系，建立起纳米材料的可控制备方法并探索其组装规律，创造出具有新功能的材料和器件，为学科交叉与融合提供有效的平台。其理想目标是直接以物质在纳米尺度上表现出的物理、化学和生物学特性制造出具有特定功能的产品。目前纳米材料的制备方法有很多种，比较常用的有以下几种：①物理法(蒸发冷凝法、高能机械球磨法等)；②化学气相法(化学气相沉积法、激光诱导气相沉积法、等离子气相合成法)；③湿化学法(沉淀法、溶胶-凝胶法、喷雾电解法、水热和溶剂热法等)。与其他制备方法相比，水热和溶剂热法合成纳米材料具有明显的特点和优点：①在水热和溶剂热条件下，反应温度较低，能耗较少，生产成本低，所得纳米材料产率高、纯度高、分散性好；②由于水热和溶剂热条件下反应物性能的改变及活性的提高，水热和溶剂热法有可能用于一些难于进行的合成反应；③由于水热和溶剂热反应在密闭容器中进行，不仅对环境污染小，还可控制反应气氛以合成中间态、介稳态和特殊物相，并能均匀进行掺杂，有利于新相、新结构的合成；④能够使低熔点化合物、高蒸气压且不能在熔体中生长的物质及高温分解相，在水热和溶剂热低温条件下晶化生成；⑤水热和溶剂热的低温、等压、溶液等条件有利于生长缺陷少、取向可控、生长完美的晶体；⑥水热和溶剂热反应的影响因素较多，通过对反应条件(反应温度、压力、处理时间、溶液成分、矿化剂等)的调节，可以有效地控制产物生长，获得具有不同尺寸、形貌和组装方式的纳米结构材料。总之，水热和溶剂热技术在纳米材料合成领域的广泛应用，为纳米材料制备科学开创了一个新局面。关于水热和溶剂热技术合成纳米材料的国内外的文献量相当大，下面将按照产物的不同类型对合成反应、反应条件及所得到产物的特质进行简单的阐述，以便对于水热和溶剂热法在纳米材料合成领域的现状有基本的了解。

3.2.1　金属、半金属及合金纳米材料的合成

金属纳米材料是纳米材料的一个重要分支。金属纳米材料将金属的物理化学性质与纳米材料的特殊性能有机地结合起来，因而具有更多独特的性质。当金属纳米微粒小于或等于光波波长、德布罗意波长、超导态相干长度等时，其性能将发生显著的变化，表现在随着尺寸的降低，电阻增大、对光的反射率降低、熔点下降、硬度比相应的块状金属高等。金属纳米材料具有表面效应，随着颗粒尺寸的减小，其比表面积增大，键态严重失配，表面粗糙度增加，提高了金属纳米材料的活性。金属纳米材料具有久保效应，如小于 10nm 的微粒强烈地趋于电中性。金属纳米材料所具有的这些特殊性能使其在电子、能源、化学催化和生物等领域中具有重要的地位[13]。如今，金属纳米材料已经应用到许多方面：作为吸波材料，具有质量小、兼容性好、厚度薄、频带宽等优点；作为表面涂层材料，在无氧时其实施涂层的温度低于粉体熔点的温度；作为高效催化剂，具有效率高、选择性强等优点；作为磁流体，可应用于医疗器械、密封减震、光显示、声音调节等领域。

在过去的 20 年里，纳米材料的合成制备方法有了突飞猛进的发展，各种形状的金属纳米材料，如单晶多面体（立方体、长方体、八面体及其他高晶面指数的纳米单晶材料）、双锥体、纳米棒/线、纳米片等，如雨后春笋般地合成出来。对这些不同形状金属纳米材料的物理化学性质进行研究，可以更好地掌握金属纳米材料的性质并开发它们在众多领域的应用潜质。在金属纳米材料的合成方法中，水热和溶剂热还原法是非常有效的一种方法，常采用的还原剂有 $NaBH_4$、N_2H_4、NH_2OH、乙醇、乙二醇和 N,N-二甲基乙酰胺（DMF）等。本节将分别以 Ag、Cu、Se、Te、Ni-Co 为代表，介绍贵金属、半金属、合金纳米材料的水热和溶剂热合成。

在所有的金属中，银因其优良的导电和导热性及在不同环境下的高稳定性，成为科学家研究的重点。银纳米材料已广泛用于纳米电子器件中的导线或超快开关、催化剂、复合材料等。研究表明，金属纳米材料的性能与其尺寸和形貌有很大的关系，当把银转变成具有特定维数和长宽比的纳米结构时，银所展现的性能还会得到提高，因此特定形貌的纳米银的控制合成备受关注。

Yang 等[14]采用溶剂热法成功合成了不同形貌的 Ag 纳米粒子，如三角形、六角形、九角形纳米片及纳米方块、纳米棒和多面体。表 3.1 列出了不同条件下所得 Ag 纳米粒子的形貌，而图 3.1 显示了不同条件下所得 Ag 纳米粒子的 TEM 表征结果。实验结果表明，和传统油浴加热方式相比，溶剂热过程有助于形成各向异性的 Ag 纳米粒子。在合成不同形貌 Ag 纳米粒子的过程中，聚乙烯吡咯烷酮（PVP）起着非常重要的作用，在不同的 PVP 和 $AgNO_3$ 摩尔比（MR）条件下常常获得不同形貌的 Ag 纳米粒子。当 MR=16.6 且热处理时间较长时往往获得更大的三角片。大三角片内切的圆圈及其厚度与六角片和九角片的相近，表明在实验中大三角片起源于六角片的变形。六角片上下面被{111}面包围，三个侧面被{111}面包围，另三个面被{100}面包围。有文献报道 PVP 与{100}面的 Ag 原子作用比{111}面上的更强烈，PVP 在{100}面上的选择性吸收将导致 Ag 原子在{111}面上的生长速度增加。因为[111]方向的生长速度大于[100]方向，Ostwald 生长将使六角片的三个{100}侧面增大，三个{111}侧面消失变成大三角片上的三个角，这将导致生成上下{111}面包围、侧面三个{100}面包围的大三角片。在这个过程中六角片内切圆的半径将不变直到三角片形成。考虑到九角片具有相同的内切圆半径和厚度，作者

认为它可能是六角片变成三角片的一个中间过程。Ag 离子首先被 DMF 和 PVP 还原成 Ag 晶种，随反应时间延长，Ag 晶种在 PVP 的导向作用下逐渐生长成圆片、六角片、大三角片，在这里，Ostwald 成长机制可能是其形貌演变的驱动力。

表 3.1　Ag 纳米粒子形貌和对应的实验条件[14]

AgNO₃/mM	PVP(单体单元)/mM	PVP/AgNO₃(摩尔比)/%	反应温度/℃	反应时间/h	形貌	尺寸/nm	产率/%	TEM
19.7	0	0	140	1	球状	10～30	>90	图 3.1(a)
48.5	42	0.9	160	2	棒+球状	—	55(棒)	图 3.1(b)
203	42	0.2	160	2	棒+三角	—	75(棒)	图 3.1(c)
41.7	210	5.0	160	4	小三角片	50	95	图 3.1(d)
17.3	210	12.1	140	6	六角片	50	75	图 3.1(e)
50.0	830	16.6	180	8	大三角片	150	50	图 3.1(f)
100	2000	20	140	16	立方块	50～80	65	图 3.1(g)
25.0	4170	167	160	6	准球状	60～80	80	图 3.1(h)

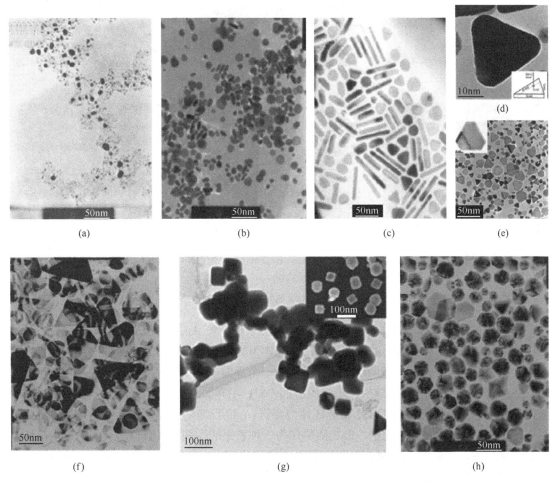

图 3.1　不同溶剂热条件下获得的 Ag 纳米粒子的 TEM 照片[14]

　　Gao 等[15]提出了一种简单的一步反应法，以乙二醇和甲苯作为溶剂，以十二硫醇为结构导向剂，在 160～170℃微波溶剂热条件下直接合成由均匀 Ag 纳米颗粒组成的有序结构，如图 3.2 所示。Ag 纳米颗粒为球形，平均直径约为 10nm，颗粒间距约为 2nm，按照二维六方结构进行有序排列，在有些地方也能发现三维排列的结构，如图 3.2(f)所示。HRTEM 证实 Ag 纳米粒子为单晶结构。整个实验不需要预先合成均匀的 Ag 纳米颗粒、特别的前驱体或尺寸选择沉淀过程，利用溶剂热条件一步获得 Ag 纳米颗粒二维六方有序结构。其中乙二醇和十二硫醇的比例对 Ag 的成核与生长具有一定的影响，改变两者的比例将影响 Ag 纳米颗粒的形状和排列方式。例如，在低体积比的条件下可以得到 Ag 纳米方块组成的有序二维正交排列，如图 3.3 所示。

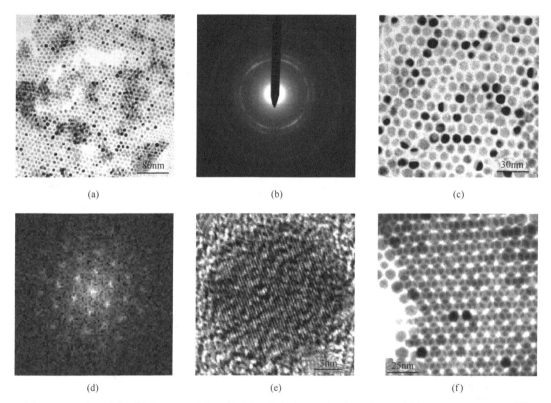

图 3.2　Ag 纳米球状颗粒的 TEM 照片、选区电子衍射(SAED)花样和傅里叶变换图及 HRTEM 照片[15]

　　在合成体系中，乙二醇作为还原剂，在溶剂热条件下使 Ag$^+$还原获得 Ag 纳米颗粒，而十二硫醇是使 Ag 纳米粒子组装的辅助剂。乙二醇作为极性溶剂，甲苯为非极性溶剂，两者不能互溶，当它们混合时溶液分成两层，在中间形成一个界面。十二硫醇能够溶入甲苯，其极性基团(—SH)朝向极性溶剂乙二醇层。十二硫醇的—SH 在界面与银离子作用形成无机-有机配合物，在微波水热条件下，它能被乙二醇还原为金属 Ag。反应结束后，在界面上可以看到一层黑色薄层，这就是 Ag 纳米粒子。十二硫醇作为一种表面活性剂，具有自组装的能力，在十二硫醇的辅助下，形成的 Ag 纳米粒子在界面上堆积排列成有序的二维六方或正交的超结构。图 3.4 给出了界面反应的可能过程。

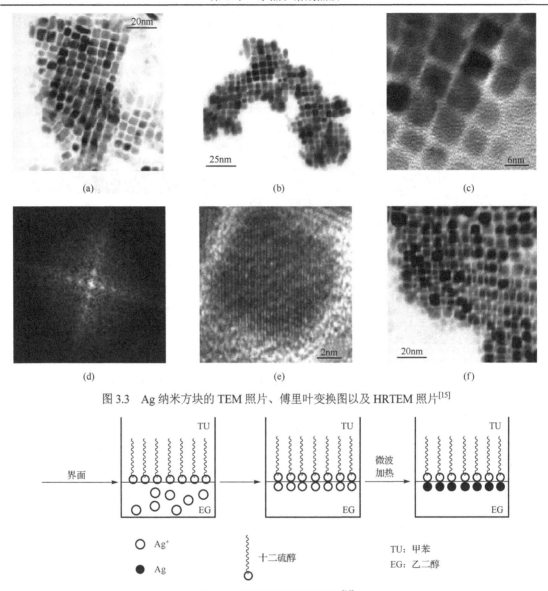

图 3.3　Ag 纳米方块的 TEM 照片、傅里叶变换图以及 HRTEM 照片[15]

图 3.4　界面反应的可能过程[15]

　　在有色金属中，铜的产量居于第二位，它的成本相比于贵金属金、银、铂等要低廉得多，同时展现出良好的导电、导热、耐腐蚀等性能，因此铜成为工业领域的重要材料。铜纳米材料已经作为催化剂或润滑剂直接应用于化工行业。另外，纳米铜还是高电导率、高强度器件不可或缺的基础材料。因此，各种形貌的纳米铜已成为科学家合成研究的重点。目前特定形貌的纳米铜的制备仍是科学家所面临的挑战之一。Pang 等[16]采用水热法，以葡萄糖为还原剂，在 160℃水热条件下成功合成了大面积组装的 Cu 纳米拼图结构。图 3.5 显示了所得 Cu 纳米拼图结构的SEM 照片。这些 Cu 纳米拼图结构为单晶 Cu，尺寸可以达到几十微米，由许多几微米的多边形片在二维尺度组装而成，其(111)面平行于衬底平面。Cu 具有高导电性，在电化学传感器方面有应用的潜能，而 Cu 纳米拼图结构利用葡萄糖作为还原剂而合成，有可能具有良好的葡萄糖响应。研究证明将这种纳米拼图结构的 Cu 作为电极涂层制成电化学传感器，对葡萄糖的浓度变化具有很好的线性响应特性、高的选择性和灵敏度，如图 3.6 所示，将有可能作为一种无酶葡萄糖传感器广泛地应用于葡萄糖的检测中。

(a)　　　　　　　　　　　(b)

(c)

图 3.5　水热条件下所得 Cu 纳米拼图结构的 SEM 照片[16]

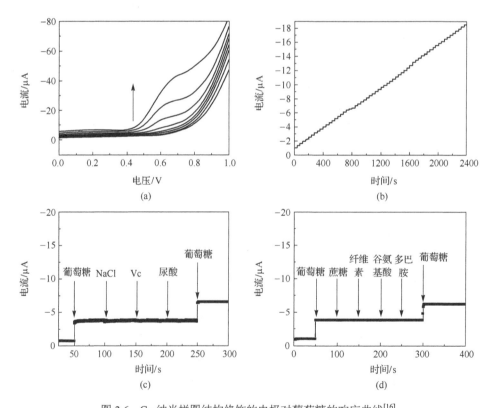

图 3.6　Cu 纳米拼图结构修饰的电极对葡萄糖的响应曲线[16]

(a)不同葡萄糖浓度下的 CV 曲线；(b)对葡萄糖浓度的电流变化曲线；(c)、(d)对不同物质的电流响应曲线

半金属是性质介于金属和非金属的元素，在元素周期表中处于金属向非金属过渡位置，通常包括硼、硅、砷、碲、硒、钋和砹等。半金属大都具有多种不同物理、化学性质的同素异形体，广泛用作半导体材料。Lu 等[17]利用水热法，采用纤维素为还原剂和导向剂，在 160℃下获得了半金属 Se 纳米带。这与通常情况下以高温热蒸发反应合成纳米带的方法很不相同，在溶液相中就获得纳米带。纳米带的宽度介于 200～1500nm，长度可达几十微米，如图 3.7 所示。纳米带的厚度为几十纳米。纳米带的两边不是很均匀，具有类似锯齿状的结构。整个纳米带由梭形短棒错位平行排列而成。从样品的 SAED 和 HRTEM 照片来看，短棒具有[001]择优生长方向，而纳米带可能具有[101]择优生长方向。除了纤维素，其他类似的生物多元醇(如山梨醇、聚半乳糖醛酸)也具有导向合成 Se 一维纳米材料的作用。采用山梨醇为还原剂可以在水热条件下获得柱状 Se 纳米线(图 3.8)，其平均直径约为 60nm，长度可达几微米。柱状纳米线的表面光滑不像纳米带具有锯齿形结构，其择优生长方向为[001]方向，和组成纳米带梭形短棒的方向一致。而采用聚半乳糖醛酸为还原剂可以在水热条件下获得 Se 一维纳米结构，如图 3.9 所示，除了线状结构，还有由几十根纳米棒排列组装而成的多齿状 Se 一维纳米复合结构。这种复合结构本身可达几微米宽、几十微米长，而其组装单元纳米棒为几十纳米宽、几纳米长，具有与柱状纳米线相同的择优生长方向。

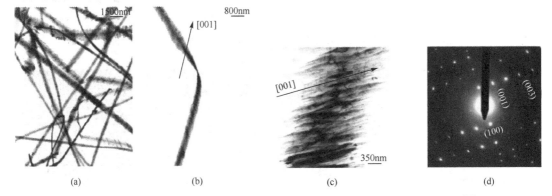

图 3.7 纤维素为还原剂时所得 Se 的 TEM 照片、SAED 花样和 HRTEM 照片[17]

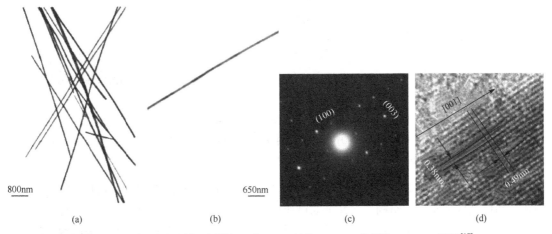

图 3.8 山梨醇为还原剂时所得 Se 的 TEM 照片、SAED 花样和 HRTEM 照片[17]

类似地，这种在水热条件下使用糖类化合物作为一维导向剂的方法还可以用来合成半金属单质 Te。采用葡萄糖酸钠、淀粉、纤维素、马铃薯淀粉等糖类化合物或其衍生物作为还原剂和

导向剂，在水热条件下可以合成 Te 纳米线，如图 3.10 所示[18,19]。HRTEM 显示它们为单晶纳米线，一般具有[001]择优生长方向。链状结构的糖类分子与无机物种之间形成一维配合物中间体，是获得一维纳米材料的可能原因。糖类分子与无机物种、糖类分子之间及无机物种之间的相互作用对产物的直径、长度和组装方式都有一定影响。这种绿色合成一维纳米材料的方法有可能推广应用到其他一维纳米材料的合成中。

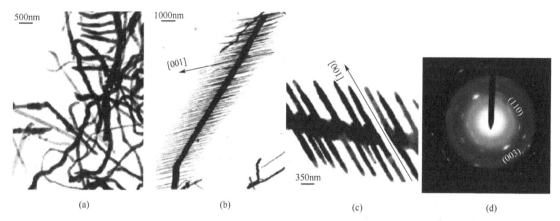

图 3.9　聚半乳糖醛酸为还原剂时所得 Se 的 TEM 照片和 SAED 花样[17]

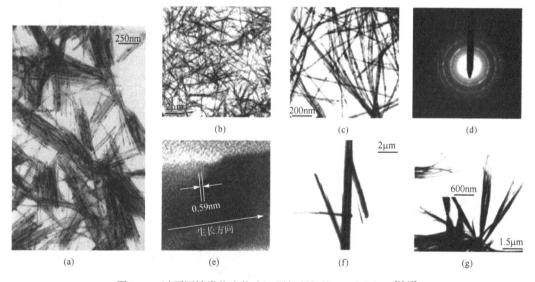

图 3.10　以不同糖类化合物为还原剂所得的 Te 纳米材料[18,19]

(a)葡萄糖酸钠为还原剂时所得产物的 TEM 照片；(b)~(e)淀粉为还原剂时所得产物的 TEM 照片、SAED 花样和 HRTEM 照片；
(f)纤维素为还原剂时所得产物的 TEM 照片；(g)马铃薯淀粉为还原剂时所得产物的 TEM 照片

　　纳米合金材料同样是纳米材料学的重要组成部分。相对于单一金属纳米材料，纳米合金材料由于协同效应及组分、结构、属性上的可变性，通常会明显提高金属的某些特定性能，使其在电子、工程及催化等领域有更为广泛的应用。纳米合金材料的研究虽然没有金属纳米材料的研究那么成熟，但也正逐步趋于完善，尤其对于二元合金，其制备方法及表征技术研究较多，目前已成功开发出多种制备手段，如机械合金化法、超声波法、脉冲电沉积法、静高压合成法、非晶晶化法等。随着水热和溶剂热法在金属纳米材料合成中的应用不断改进，它在纳米合金材料的合成领域也逐渐显露其优势。

作为一种重要的过渡金属合金，Ni-Co 合金具有机械强度高、耐磨损、抗腐蚀能力强、导热性高、热稳定性好、导电性高、电催化活性好及特殊的磁学性质。Hu 等[20]采用溶剂热法，以三甘醇为溶剂，在聚乙烯吡咯烷酮(PVP)存在的条件下同时还原乙酰丙酮钴和乙酰丙酮镍，体系在 240℃下保持 3h，获得具有手链状结构的 Ni-Co 合金，如图 3.11 和图 3.12 所示。所得手链状 Ni-Co 合金的产量可达 80 wt%。纳米环的形成可能是由偶极定向自组装使 PVP 包覆的 Ni_7Co_3 纳米粒子连在一起形成短链而开始的，之后，偶极磁力使静磁方向相反的两个短链在两端相连形成手链状纳米结构。为了进一步减少静磁能和自发静磁场，两个端链相连形成了纳米环(图 3.13)。

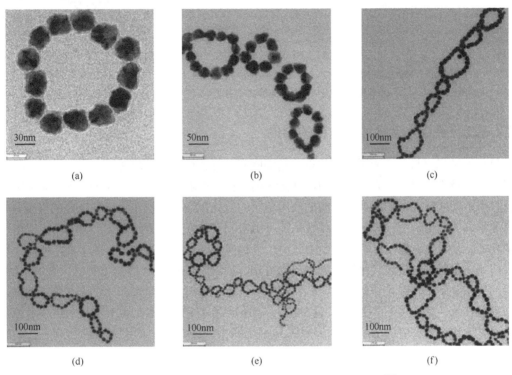

(a)　　　　　　　　　(b)　　　　　　　　　(c)

(d)　　　　　　　　　(e)　　　　　　　　　(f)

图 3.11　不同组装结构的 Ni_7Co_3 纳米环的 TEM 照片[20]

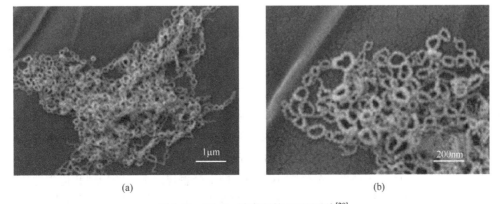

(a)　　　　　　　　　　　　(b)

图 3.12　Ni_7Co_3 纳米环的 SEM 照片[20]

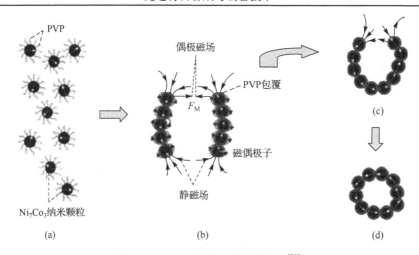

图 3.13　Ni_7Co_3 纳米环的生长机理[20]

(a)、(b)偶极定向自组装使 PVP 包覆的 Ni_7Co_3 纳米粒子连在一起形成 PVP 稳定的短链;

(c)、(d)偶极磁力使静磁方向相反的两个短链在两端相连形成手链状纳米环

3.2.2　二元氧族化合物纳米材料的合成

　　氧化物纳米材料广泛应用于催化剂、精细陶瓷、复合材料、磁性材料、荧光材料、湿敏传感器及红外吸收材料等各方面。例如,氧化锌纳米材料在磁学、光学、电学等方面显示出与常规材料所不同的特殊功能而具有广阔的应用前景;氧化铝纳米材料作为一种重要的陶瓷材料,具有非常高的应用价值;高纯纳米级氧化锌可用来制作气敏及湿敏元器件;纳米氧化钛由于在精细陶瓷、半导体、催化材料等方面的应用,引起人们越来越多的关注。多年来,科技工作者已经研制出多种制备金属氧化物纳米材料的方法,如溶胶-凝胶法、醇盐水解法、强制水解法、溶液的气相分解法、湿化学合成法、微乳液法等。近年来材料科学家和化学家又将激光技术、微波辐射技术、超声技术、交流电沉积技术、超临界流体干燥技术、非水溶剂水热技术等引入了金属氧化物纳米材料的传统制备方法中,使金属氧化物纳米材料的制备方法得到了较大的完善和发展。

　　CeO_2 是一种反应性很强的稀土金属氧化物,在催化、电化学和光学方面有广泛的应用。例如,因为其高氧储藏能力、富氧空位及 Ce^{3+} 和 Ce^{4+} 间的低氧化还原电位,CeO_2 可以用作汽车废气处理的三相催化剂;因为其在紫外区的强吸收,CeO_2 可以用作紫外线阻挡材料。相对于体相材料,纳米 CeO_2 具有更好的性能,在高温涂层、催化等方面有更为广泛的应用。喷雾热解法、快速燃烧法、机械化学法、共沉淀法等方法已经大量用于 CeO_2 纳米粒子的合成。和纳米颗粒相比,CeO_2 一维纳米材料的研究较少,通常采用多孔氧化铝模板法或表面活性剂导向法来控制 CeO_2 一维纳米材料的合成。Gao 等[21]采用微波水热法在 160℃水热条件下合成出 CeO_2 纳米颗粒和纳米棒。这一方法同时拥有水热和微波加热技术的优势,具有简单、快速和环境友好等优点。通过调节 Ce 源种类、碱种类等反应条件,可以分别获得直径为 1.5~20nm 的 CeO_2 纳米颗粒及 CeO_2 纳米短棒,如图 3.14 所示。

　　各向异性是晶体的基本属性,晶体在不同的方向上会表现出不同的物理和化学性质。纳米粒子表面的原子排列和配位方式决定了纳米材料的性能,可以通过控制形貌来调控纳米晶体的性能。因此，如何可控合成具有各种几何形态和不同暴露面纳/微米晶成为研究热点。Liu 等采用不同的金属离子 Ni^{2+}、Zn^{2+}、Cu^{2+}、Mg^{2+} 和 Al^{3+} 等作为结构导向剂，在过量氨水存在的条件下，利用水热法得到了形貌均匀、具有不同暴露面的类立方体、六角双锥、斜六面体及六方片状结构的 α-Fe_2O_3 纳米晶，如图 3.15 所示[22-24]。类立方体结构的 α-Fe_2O_3 纳米晶主要由 Zn^{2+} 和 Ni^{2+} 控制合成，倾斜角大约为 $86°$，暴露面为 (012)、$(10\bar{2})$ 和 $(1\bar{1}2)$；六角双锥形貌的 α-Fe_2O_3 纳米晶由 Cu^{2+} 控制合成，具有一个六重对称轴，暴露面为 $\{012\}$；斜六面体形貌的 α-Fe_2O_3 纳米晶由 Mg^{2+} 控制合成，倾斜角大约为 $115°$；六方片状结构的 α-Fe_2O_3 纳米晶由 Al^{3+} 控制合成，暴露面为 $\{001\}$ 晶面。

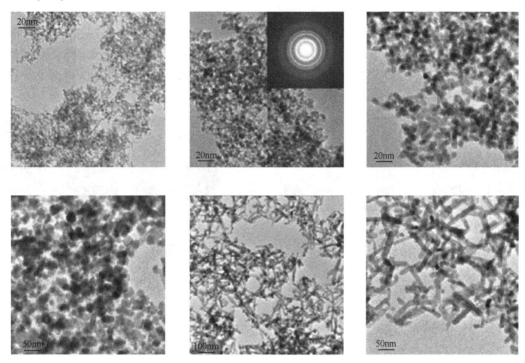

图 3.14　微波水热条件下获得的不同尺寸和形貌的 CeO_2 纳米材料[21]

硫属化物是指含有ⅥA 族 S^{2-}、Se^{2-} 或 Te^{2-} 的化合物。硫属化物与氧化物在结构上、性质上存在很大差别，主要归因于：①硫原子比氧原子具有更大的原子半径；②硫原子比氧原子具有更小的电负性；③硫具有 3d 轨道，可参与成键；④硫原子相互之间有强烈的成链倾向。硫属元素所具有的复杂结构和成键特性在硫属化物丰富的结构上得到了很好的体现[25]。而低维硫属化物由于其电子能带结构、电子与声子之间的相互作用及由此引起的晶格不稳定性和各种各样的物理性质越来越引起科学家的广泛关注[26]。

Qian 课题组探索了低维硫属化物纳米材料的溶剂热合成方法。在非水体系乙二胺中利用单质元素反应，Li 等[27]在 150～200℃下成功地合成出直径为 25～35nm、长度为 1μm 的沿[001]方向生长的六方晶型 CdS 纳米棒；Yu 等[28]以草酸盐与硫属单质之间的反应，同样在乙二胺溶剂热条件下获得了直径为 20～35nm、长度为 500～1500nm 的 CdE（E＝S、Se、Te）纳米棒；Zhan 等[29]在高分子聚合物聚丙烯酰胺（PAA）的辅助下，控制硫化物的生长，利用溶剂热法制备了超长的 CdS 纳米线，其长度可达到 100μm；采用原料-模板-界面法在溶剂热条件下制备了空心球状 CdS 及花生状 CdS 和 ZnS，研究了乙二胺中纳米棒的生长过程，发现其生长过程是一个层状结构破裂、卷曲、成棒的过程；Yang 等[30]以单胺配体正丁胺取代乙二胺作为溶剂和导向剂，溶剂热合成了 MSe(M=Cd、Zn、Pb) 和 CdS 纳米棒，证明单胺配体同样能控制金属硫属化物纳米棒的形成。Wang 等[31]利用 KBH$_4$ 还原法，降低反应温度至近室温和室温，成功地合成了 CdSe 和 PbSe 纳米线。由于在制备半导体纳米线的研究工作中经常以有机胺(特别是乙二胺)为溶剂，Yang 等[32]对乙二胺溶剂的溶剂热合成过程进行了热力学和动力学讨论，认为路易斯碱性溶剂对晶体中不同晶面的不同吸附作用使得本就不同的各晶面生长速度差异增大，从而导致了纳米棒的定向生长。李焕勇和介万奇[33]对溶剂热方法进行了改进，以 KBH$_4$ 作为还原剂，在三乙胺、二乙胺、三乙醇胺溶液介质中制备了 ZnSe 一维纳米材料，并研究了合成过程中溶剂种类、温度和还原剂等因素对 ZnSe 一维纳米材料的形成过程的影响，发现在三乙胺中未加 KBH$_4$ 时，反应甚至在高温下也不发生，而当有 KBH$_4$ 时，ZnSe 可在室温下形成。溶剂的极化能力对反应同样有重要影响，使用非极性溶剂如苯、丙酮、四氢呋喃等时，反应不发生。这是由于极性溶剂可提供电子转移的介质，促进反应的发生。

图 3.15　不同的金属离子辅助合成具有不同形貌、不同暴露面 α-Fe$_2$O$_3$ 纳米晶[22-24]

(a)～(d) Zn^{2+}离子；(e)～(h) Cu^{2+}离子；(i)～(l) Mg^{2+}离子；(m)～(p) Al^{3+}离子

水热和溶剂热法除了在简单硫属化物纳米颗粒与纳米棒的合成上发挥作用，还可以应用于纳米复杂结构的构造。以一维纳米结构为结构基元构建复杂结构不仅提供了研究一维纳米材料光电性能的机会，还使得探索三维组装结构的新性质和新现象成为可能。2000 年，Manna 等[34]首次利用一种金属有机前驱体热解法获得了箭头状、四角状 CdSe 纳米晶。随后，Jun 等[35,36]采用一种相对简单的单一分子前驱体热解法合成了分散的多臂 CdS 和 MnS 纳米棒。这两种方法都需要预先在惰性气氛下合成前驱体，步骤烦琐，而溶剂热法则提供了简单一步合成多臂纳米材料的新途径。Gao 等[37]提出了一种简单的表面活性剂-配体共辅助的溶剂热方法，在十二硫醇和乙二胺同时存在的 160℃甲苯热条件下，获得了多臂 CdS 纳米棒组装而成的复杂结构。图 3.16(a)和(b)显示的是产物的 SEM 和 TEM 照片。从图中可以看出，产物是由纳米短棒组成的多臂结构。这种多臂结构包含单臂、两臂、三臂和四臂结构，其中多臂结构约占 80%。图 3.16(b)插图给出了典型的两臂、三臂和四臂结构的 TEM 照片。图 3.16(c)及其插图展示了三臂结构的高倍 TEM 照片，具有方向性的衍射点表明三臂结构中每一条臂都是单晶，且具有择优取向。三臂结构中臂的 HRTEM 照片(图 3.16(f))直接显示 CdS 单臂是单晶，垂直于臂长的晶面间距为 0.335nm，与(002)晶面的间距一致，表明这些臂为[001]方向择优取向的 CdS 纳米棒。图 3.16(g)给出了三臂结构交叉处的 HRTEM 照片，清楚地显示了典型的六方晶格相，晶面间距为 0.33nm，这种六方晶格可以指标化为立方岩盐相 CdS 的(111)面。这些结果表明采用这种导向剂和溶剂热相结合的方法合成的多臂结构是由纤锌矿结构的 CdS 臂从岩盐相结构的核心中外延生长出来而形成的。这种溶剂热方法工艺非常简单，不需要预先合成金属前驱体，而且采用这种方法可以调节多臂结构的臂长。

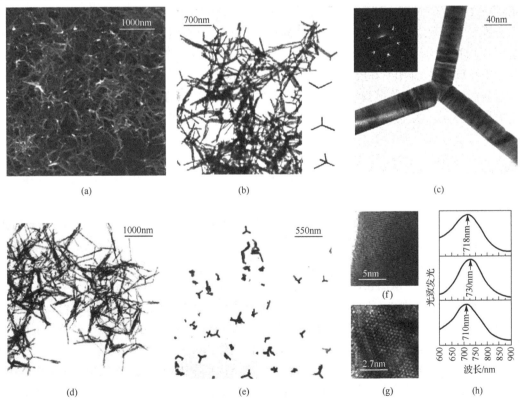

图 3.16　多臂 CdS 纳米棒结构的 SEM 和 TEM 照片及其 PL 光谱[37]

　　在实验中，通过调节两种导向剂之间的比例，即十二硫醇和乙二胺之间的摩尔比，可以在较大范围内调节臂的长度，而基本保持臂的直径不变。采用溶剂热方法，以乙二胺为溶剂，可以合成半导体 CdS 纳米短棒。由此可见乙二胺是合成棒状结构非常重要的因素。在实验中，乙二胺的含量对这种多臂结构中纳米棒的形成也有很关键的作用，当没有添加乙二胺时，产物为颗粒状形貌。而十二硫醇的加入对棒的连接和长度有直接的影响，随着十二硫醇的加入，纳米棒开始连接，臂的长度开始增加。当乙二胺的浓度较大时，臂较长，适当增加十二硫醇的含量可以在一定范围内增加臂的长度。图 3.16(d) 显示的是添加 17.0g 十二硫醇和 4.0g 乙二胺时溶剂热条件下所得产物的 TEM 照片，可以算出此时臂的长度可以达到 1000nm。而当十二硫醇的添加量为 11.0g、乙二胺的添加量为 1.5g 时所得产物仍为多臂结构，但所得臂的长度缩短为 100nm 左右(图 3.16(e))。因此，通过调节十二硫醇和乙二胺的含量，就可以在一定范围内调节多臂结构中臂的长度。图 3.16(h) 显示的是多臂 CdS 纳米棒结构的光致发光(PL)光谱。由图中可见，当多臂结构的臂长约为 400nm 时，所得的 PL 光谱在 720nm 处有一个较强的发光峰，这个发光峰是由 CdS 的自激发发光造成的。而当多臂结构的臂长改变时，会稍稍影响 PL 光谱中发光峰的位置。当臂长延长时，发光峰的位置稍稍红移了一些；而当臂长缩短时，发光峰的位置稍稍蓝移了一些。当臂长从 100nm 延长到 1000nm 时，PL 光谱的发光峰的位置从 710nm 红移到 730nm。因此，采用溶剂热法，通过调节十二硫醇和乙二胺的相对含量，可以调控多臂结构纳米棒的长度，进而调节其荧光性质。

　　除了多臂结构，利用水热和溶剂热法还可以合成由硫化物纳米棒组成的超结构。Lu 等[38]采用谷胱甘肽为导向剂和硫源，采用微波水热法，在 120℃反应 1h 合成了高度有序的雪花状 Bi_2S_3 纳米棒阵列，如图 3.17 所示。这种雪花状结构由 Bi_2S_3 纳米短棒和长棒组装而成。长棒从中心点向外生长形成六方有序结构，短棒从长棒上向外有序生长，形成高度有序雪花状结构。短棒的平均直径约为 15nm，长几十纳米。长棒的直径约为 27nm，长度达到微米级。SAED (图 3.17(e)) 进一步证明其高度有序结构及其类单晶本质。实验中的铋盐含量和谷胱甘肽的比例及反应温度等对产物的形貌与组装方式会产生一定的影响。在 Bi_2S_3 雪花状结构生长的基础上，利用 Bi_2S_3 晶体结构的择优生长方向和晶体晶格的匹配，在生成 Bi 前驱体的前提下，以硫脲为硫源，通过水热法将 Bi 前驱体转化为 Bi_2S_3，从而获得了 Bi_2S_3 棒组装而成的二维结构及由二维结构组成的三维中空多级纳米骨架结构，如图 3.18 所示[39]。

　　Wei 等[40]在温和的水热条件下，避免了极端的反应条件及模板/衬底的辅助，成功地合成 β-MnO_2 纳米网状结构，如图 3.19 所示。图 3.19(a) 中较低倍数的 SEM 照片显示了所得产物为二维纳米网状 β-MnO_2。图 3.19(b) 显示了较高倍数的 SEM 照片，可以发现二维纳米网状 β-MnO_2 是由一种有序的纳米线构成的纳米织物。从图 3.19(c) 中，还可以发现二维纳米网状结构中的细节：纳米网由交叉的纳米线构成，并且这些纳米线都非常均匀，直径均为 20nm，且相邻的纳米线夹角约为 60°。从图 3.19(d) 可以看出纳米网的厚度大约为 100nm。

　　利用水热和溶剂热法，不仅可以得到由一维纳米棒组成的复杂纳米结构，还可以用来合成由二维材料组成的三维复杂结构。Dang 等[41]将排列的碳球与 $KMnO_4$ 溶液在水热条件下进行反应，获得由超薄片组装形成的三维蜂窝状 MnO_2 网络结构，如图 3.20 所示。所得产物的 SEM 照片(图 3.20(a)和(b))显示样品由三维蜂窝状网络结构有序排列组成，而 TEM 照片(图 3.20(c)和(d))显示这些三维蜂窝状网络结构由超薄片组装形成，可以清晰地看出网络结构的内壁也由超薄片形成。

图 3.17　雪花状 Bi_2S_3 纳米棒结构的 TEM 照片、SAED 花样和 HRTEM 照片[38]

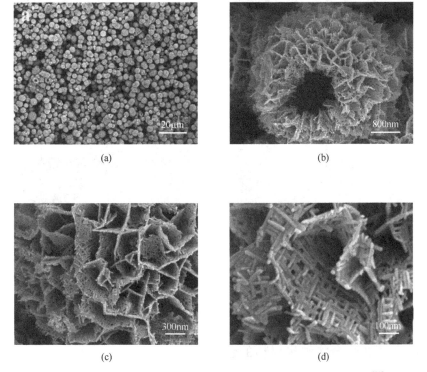

图 3.18　Bi_2S_3 棒组装而成的三维中空多级纳米骨架结构 SEM 照片[39]

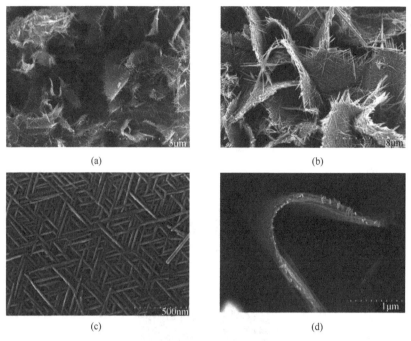

图 3.19　β-MnO$_2$ 纳米网状结构的 SEM 照片[40]

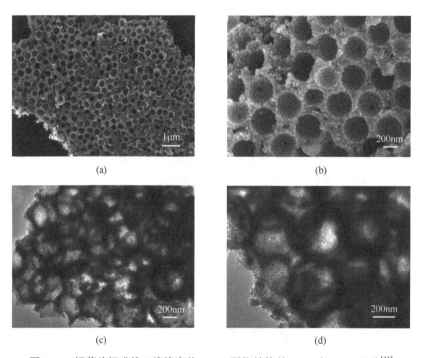

图 3.20　超薄片组成的三维蜂窝状 MnO$_2$ 网络结构的 SEM 和 TEM 照片[41]

3.2.3　氮族和碳族化合物纳米材料的合成

氮族和碳族化合物具有很多优良的性能，在很多领域有着广泛的应用。例如，III-V 族化合物是良好的半导体材料，作为发展超高速集成电路和光电器件的基础材料而受到广泛关注[42,43]。

Ⅲ-Ⅴ族化合物是指元素周期表中ⅢA 族的 B、Al、Ga、In 和ⅤA 族的 N、P、As、Sb 形成的化合物，主要包括氮化镓、砷化镓、磷化铟等。它们一般具有较大的带隙(室温时大于 1.1eV)，所制造的器件一般耐受功率较大，工作温度较高；通常具有直接跃迁型能带，因而其光电转换效率高，适合制作光电器件，如发光二极管(LED)、太阳能电池等。理论计算表明，Ⅲ-Ⅴ族化合物半导体纳米材料的量子尺寸效应比Ⅱ-Ⅵ族化合物半导体纳米材料更为显著，但是由于制备上的困难，Ⅲ-Ⅴ族化合物半导体材料的物性研究受到很大的局限。例如，传统制备 InAs 的方法一般需要很高的反应温度或引入复杂的金属有机前驱体，所需的反应条件非常苛刻，操作过程复杂，限制了Ⅲ-Ⅴ族化合物半导体材料的大规模工业生产，而且高温反应一般难以获得纳米级材料。这使得寻求新的低温液相制备Ⅲ-Ⅴ族化合物半导体纳米材料的方法具有十分重要的意义。

溶剂热合成方法在密闭的条件下实现反应与晶体生长，十分适合Ⅲ-Ⅴ族化合物半导体材料的化学制备。Wells 等[44]提出在有机溶剂中利用ⅢA 族元素卤化物和ⅤA 族元素有机金属化合物之间的反应来制备Ⅲ-Ⅴ族化合物半导体纳米粒子，并采用回流的方法首先合成了砷化镓材料。利用此方法的优点是，金属有机物可溶于许多有机溶剂，因此可以在多种介质中制备纳米材料，通过精馏或结晶方式制得高纯度Ⅲ-Ⅴ族化合物半导体纳米材料。1996 年，Xie 等[45]以 GaCl$_3$ 和 Li$_3$N 为反应物，在 280℃下以苯为溶剂，通过溶剂热法获得了粒径约为 30nm 的 GaN 纳米晶，极大地降低了 GaN 的合成温度。苯热法获得的GaN 以六方相为主，还存在少量立方岩盐亚稳相。这种立方岩盐亚稳相一般只在超高压情况下才能出现。利用溶剂热法不仅可以在较低的温度下获得六方相 GaN 纳米晶，还可以在产物中直接发现立方岩盐亚稳相的存在。

在碳族材料中，金刚石应该是最著名的。而有关金刚石的人工合成，人们首先想到的是已有几十年历史的石墨高温高压相变合成金刚石的方法。自 20 世纪 80 年代以来，如何在低压下生长人造金刚石成为世界范围的热点之一。1988 年，美国和苏联报道了一种用炸药爆炸制备金刚石粉的方法，利用炸药产生的游离碳转变为金刚石粉，但金刚石粉的质量有待提高。而利用溶剂热法，Li 等[46]在高压釜中中温(700℃)利用催化热解法使四氯化碳和钠发生反应制备出金刚石纳米粉，XRD 和拉曼光谱均证实了金刚石的存在。该工作发表在 1998 年的 Science上，被美国《化学与工程新闻》评价为"稻草变黄金"。

碳族和氮族的化合物具有高熔点、高硬度、高化学稳定性和抗热震性，是很有前途的高温材料。通常它们需要在无水无氧环境中，在较高的反应温度和压力下才能获得。例如，单质硅在 N$_2$ 气氛下需要在 1200～1450℃的条件下才能反应生成 Si$_3$N$_4$。而在溶剂热条件下，如果能够选择合适的无氧耐温溶剂，则可能在较低反应温度下获得碳化物或氮化物纳米材料。Tang 等[47]发展了一条新的还原氮化合成路线，在溶剂热条件下，以液态 SiCl$_4$ 和固态 NaN$_3$ 为原料，在670℃的高压釜中，获得了 α-Si$_3$N$_4$ 和 β-Si$_3$N$_4$ 纳米晶，所用温度比传统温度低 500℃以上。

β-SiC 具有类金刚石结构，也是一种非常重要的半导体材料，在高速器件和高温高能器件研制中很有潜力。其合成通常需要很高的温度(1200～1700℃)，因而所得产物往往为微米尺度而非纳米尺度。如何能在较低温度下获得 β-SiC 纳米材料，尤其是一维纳米材料，一直是材料学家研究的重点之一。Lu 等[48]发展了共还原法，提出采用金属 Na 为还原剂，同时还原液态SiCl$_4$ 和 CCl$_4$，在 400℃高压釜中合成了 β-SiC 纳米线，明显降低了 SiC 纳米材料的合成温度。可能的反应方程式为

$$SiCl_4 + CCl_4 + 8Na \xrightarrow{400℃} SiC + 8NaCl$$

SiC 纳米线通过 VLS 机制生长，在反应体系中熔化的金属 Na 不仅是还原剂还是吸附高温下气相反应物的催化剂，并导向一维纳米线的生长。所得 β-SiC 纳米线的直径约为 25nm，长度可达几微米，如图 3.21 所示。类似地，这种共还原法还可以推广应用到其他高熔点碳化物的合成，例如，用金属 Na 还原 $TiCl_4$ 和 CCl_4 溶液，在 450℃高压釜中反应 8h，可以获得 TiC 纳米颗粒[49]。

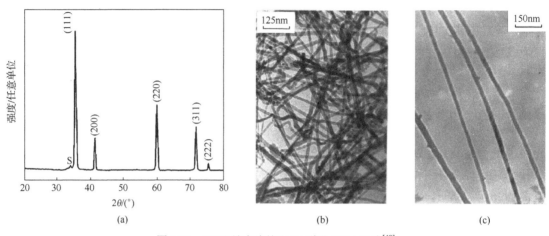

图 3.21　β-SiC 纳米线的 XRD 谱和 TEM 照片[48]

3.2.4　多元化合物纳米材料的合成

双金属或多金属型纳米化合物由于多原子的相互作用，具有丰富的结构和物理化学性质，因此其制备及应用引起了人们强烈的兴趣。用水热和溶剂热法来实现多元化合物纳米材料的制备也越来越受到人们的关注。早在 1998 年，Kumada 等[50]就采用水热法制备了 ABi_2O_6 (A=Mg、Zn)，其后多种复合氧化物也都用水热法制备出来。多元金属硫属化物，尤其是过渡金属硫属化物，具有以链状或片层状结构单元为主体的结构类型，以及其他材料不具备的特殊的物理化学性能，在许多领域如发光二极管、光电池、非线性光学材料等都有广泛的应用前景。在水热和溶剂热条件下，Li 等[51]设计了多种反应路线，在较低的反应温度下，将溶剂热合成拓展到多元化合物的制备，成功地制得了一系列多元金属硫属化物，并且研究了水热和溶剂热合成中各种反应参数及溶剂对于多元化合物粒子的晶型和粒径的影响。Ⅰ-Ⅲ-Ⅵ$_2$ 族化合物具有黄铜矿晶体结构，与Ⅱ-Ⅵ族半导体化合物的晶体结构类似，是一种新的半导体材料。这些化合物具有直接带隙，可以减少对少数载流子扩散的要求。其带隙范围很宽，从 $CuAlS_2$ 的 3.5eV 的近紫外区一直到 $CuInSe_2$ 的 0.8eV 的近红外区，有可能作为发光二极管、太阳能电池等方面的材料。其中 $CuInS_2$ 是一种很好的光电材料，带隙为 1.5eV，接近于太阳能电池材料的最佳带隙(1.45eV)，理论上以此带隙的材料所形成的太阳能电池可得到很高的能量转换效率。而 $CuGaS_2$ 具有较大的带隙(2.43eV)，是一种绿光区发光材料，可以用作可见光发光材料。$CuInS_2$ 和 $CuGaS_2$ 的常用合成方法为固相反应法，需要高温来克服能垒。而采用共沉淀法获得的产物需要在高温(约 800℃)下后处理来获得晶态产物。金属有机前驱体分解法虽然反应温度较低，但需要预先合成毒性较高、稳定性较低的金属有机前驱体。Lu 等[52]提出了一种溶剂热法，以苯为溶剂，以商业 CuCl、In 或 Ga、S 粉为反应物，在 200℃苯热条件下，直接获得 CuInS$_2$ 和 CuGaS$_2$ 纳米颗粒。从 TEM 照片看，所得 CuInS$_2$ 晶体的粒径介于 5～15nm，而 CuGaS$_2$ 平均粒径约为 35nm（图 3.22）。

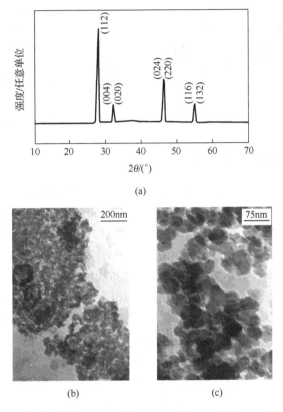

图 3.22 溶剂热法所得 CuInS$_2$ 和 CuGaS$_2$ 的 XRD 谱和 TEM 照片[52]

(a)、(b) 苯热法所得 CuInS$_2$ 的 XRD 谱和 TEM 照片；(c) 苯热法所得 CuGaS$_2$ 的 TEM 照片

ZnSn(OH)$_6$ 是一种复合金属氢氧化物，具有面心钙钛矿结构，广泛地应用于阻燃剂、光催化剂等方面。Yin 等[53]采用混合溶剂热法，以乙醇/水为溶剂，以 ZnAc$_2$、SnCl$_4$ 为前驱体，将纤维素基高分子表面活性剂甲基纤维素引入反应体系中，通过改变 NaOH 浓度，在 100℃混合溶剂热条件下获得具有不同晶面外露的 ZnSn(OH)$_6$ 多面体，精确地控制了 {111} 和 {100} 暴露晶面的比例。随着 NaOH 浓度的升高，ZnSn(OH)$_6$ 晶体从六面体，经过切角立方体、立方八面体、切角八面体，逐渐过渡到八面体（结构变化示意图如图 3.23 所示，SEM 照片如图 3.24 所示），其尺寸逐渐增大，从 200nm 变成 1～2μm。

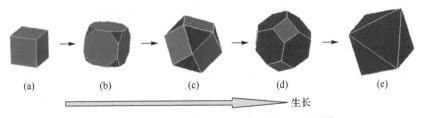

图 3.23 ZnSn(OH)$_6$ 多面体的结构变化示意图[53]

图 3.24 添加不同浓度的 NaOH 条件下所得产物的 SEM 照片[53]

3.2.5 介孔和介结构材料的合成

根据国际纯粹与应用化学联合会(IUPAC)的定义,孔径小于 2nm、在 2～50nm 和大于 50nm 的孔分别称为微孔、介孔和大孔。有序介孔材料是 20 世纪 90 年代迅速兴起的新型纳米结构材料,一诞生就得到国际物理学、化学与材料学界的高度重视,并迅速发展成为跨学科的研究热点之一。有序介孔材料具有的孔道大小均匀、排列有序、孔径在 2～50nm 连续可调等特性,使其在分离提纯、生物材料、催化等方面有着巨大的应用潜力。

水热合成在孔材料的合成中具有非常广阔的应用。对介孔材料来说,一般将构成孔骨架的无机物种分散在溶剂相中,在表面活性剂的模板作用下通过超分子自组装而形成的一类有序多孔材料。选择无机物种的主要理论依据是溶胶-凝胶化学,即原料的水解和缩聚速度相当,且经过水热过程等处理后提高其缩聚程度。根据目标介孔材料的骨架组成,无机物种可以是直接加入的无机盐,也可以是水解后可以产生无机低聚体的有机金属氧化物,如 $Si(OEt)_4$、$Al(i\text{-}OPr)_3$ 等。介孔分子筛 SBA-15 典型的合成过程是[54]:在 35～40℃的条件下,将三嵌段共聚物 P123($EO_{20}PO_{70}EO_{20}$,平均相对分子质量 M_a=5800)溶于适量去离子水,向其中加入正硅酸乙酯(TEOS)和盐酸溶液,持续搅拌 24h 以上,然后水热晶化 24h 以上,最后在 550℃煅烧 5h 以上或者用溶剂回流除去模板剂。

除了以硅基材料为主的介孔材料,其他非硅介孔材料的研究也非常活跃,其中水热和溶剂热法是应用最为广泛的一种方法。Lu 等[55]采用水热法,以阳离子表面活性剂十六烷基三甲基溴化铵(CTAB)为结构导向剂,获得了 GeO_2 介结构。通过调节表面活性剂的浓度可以改变 GeO_2 的微观结构。在高 CTAB 浓度下,所得产物的小角 XRD 谱图显示了(100)、(110)、(200)和(210)四个峰(图 3.25(a)),说明样品具有晶胞参数为 4.97nm 的二维六方结构,HRTEM 照片(图 3.25(b)和(c))证实了其为二维六方结构。而在低 CTAB 浓度下,获得的产物在小角 XRD 谱图上具有(001)、(002)、(003)和(004)四个峰(图 3.25(d)),HRTEM 照片(图 3.25(e)和(f))显示样品具有束状结构,由几十个直径约为 6.0nm 的一维电线状纳米结构组成。在一定范围内改变 CTAB 浓度,可以改变束状结构的长度和聚集状态。可能的合成机理是:在水热条件下,随表面活性剂浓度的增加,表面活性剂可以依次自组装成柱状胶束、六方、立方和层状液晶。因此,在低的表面活性剂浓度的条件下,表面活性剂形成柱状胶束,无机物种在柱状胶束表面缩聚,柱状胶束缓慢聚集,这就提供了合成由电线状结构构成的束状形貌的可能。随表面活性剂浓度的增加,产物从束状结构转变成六方介结构,这与表面活性剂在较高浓度时的行为是一致的。图 3.26(a)和(b)分别给出了水热法合成 GeO_2 束状结构和六方介结构机制的示意图。

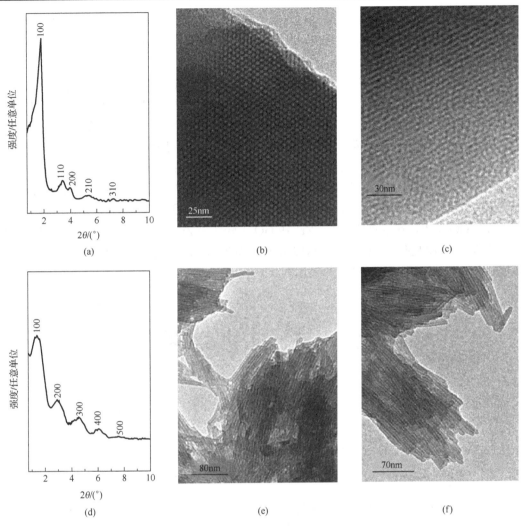

图 3.25 不同 CTAB 浓度下所得产物的 XRD 谱和 HRTEM 照片[55]

(a)～(c)高 CTAB 浓度下合成产物的 XRD 谱和 HRTEM 照片；(d)～(f)低 CTAB 浓度下合成产物的 XRD 谱和 HRTEM 照片

图 3.26 水热法合成 GeO₂ 束状结构和六方介结构机理示意图[55]

(a)低表面活性剂/无机物种摩尔比；(b)高表面活性剂/无机物种摩尔比

3.2.6 复合纳米材料的合成

复合纳米材料一般含有两种或两种以上纳米材料，具有多功能的特性，而且通过对材料种类和比例等的调节，可以调节材料的性质，因此在很多领域都有非常重要的应用。水热和溶剂热法因为在材料合成领域具有广泛使用性,无论金属、氧化物或非氧化物,还是高熔点单质和化合物,均能通过水热或溶剂热法合成,所以在复合纳米材料的一步原位合成或分步合成中均占有非常重要的地位。

石墨烯是一种新型二维材料,由单层 sp^2 杂化 C 原子构成,自从 2004 年发现以来,因为其独特的性质一直备受关注。氧化石墨烯(GO)是石墨烯的一种重要衍生物,它的结构与石墨烯大体相同,具有六方碳网络,只是在二维基面上具有羟基、环氧官能团,在边缘处有羰基和羧基。其特殊的结构不仅使其成为一种有效的衬底材料,更有可能在纳米材料的生长过程中起到一定导向作用。Pang 等[56]以氧化石墨烯为衬底和导向剂,在水热条件下,在其上生长了一维梭状结构 ZrO_2,获得 ZrO_2/石墨烯复合材料(ZFGO)。图 3.27 显示了 ZrO_2/石墨烯复合材料的合成过程:首先,将 GO 和 $Zr(NO_3)_4$ 溶液混合,由于其氢氧根、环氧基和羧基官能团的存在,Zr^{4+} 吸附在 GO 层上,在水热条件下,Zr^{4+} 在 GO 上转变为 ZrO_2 纳米晶,最终生长为梭状纳米结构。SEM 和 TEM 照片(图 3.28)显示梭状 ZrO_2 纳米结构均匀地分散在 GO 表面,其长度为 $150 \sim 200nm$,SAED 和 HRTEM 照片显示其具有单晶结构。

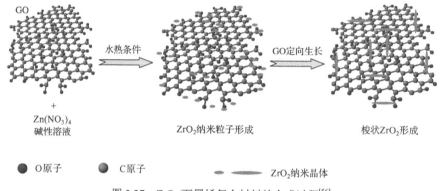

图 3.27　ZrO_2/石墨烯复合材料的合成过程[56]

进一步的实验结果表明 GO 的存在是一维 ZrO_2 纳米材料生长的重要原因,在没有 GO 存在的条件下,水热条件下加热 $Zr(NO_3)_4$ 碱性溶液,所得 ZrO_2 为颗粒状结构。通过调节反应物的浓度,可以实现不同量的 ZrO_2 在石墨烯上的负载,如图 3.29 所示。

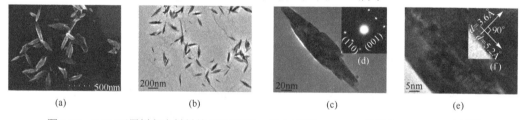

图 3.28　ZrO_2/石墨烯复合材料的 SEM 照片、TEM 照片、SAED 花样和 HRTEM 照片[56]

由于 GO 在水溶液中具有良好分散性,所获得的一维梭状 ZrO_2 和 GO 形成的复合结构在水溶液中同样有较好的分散性,并且对磷酸肽分子具有很好的富集分离效果。图 3.30(a)显示了牛 β 酪蛋白的胰蛋白酶消化产物直接用基质辅助激光解吸电离飞行时间(MALDITOF)质谱分析的结果,而图 3.30(b)则显示了经 ZrO_2/石墨烯复合材料处理之后相同量的牛 β 酪蛋白的胰蛋白酶消化产物 MALDITOF 质谱分析的结果。在图 3.30(a)中,牛 β 酪蛋白的胰蛋白酶消化产物中非磷酸肽和磷酸肽的峰均被检测到,而图 3.30(b)只显示出 4 种磷酸肽的强而清晰的峰。

类似的对比实验显示(图 3.30(c)和(d))，ZrO$_2$/石墨烯复合材料对磷酸肽的分离效果要明显优于 ZrO$_2$ 纳米粒子的分离效果。

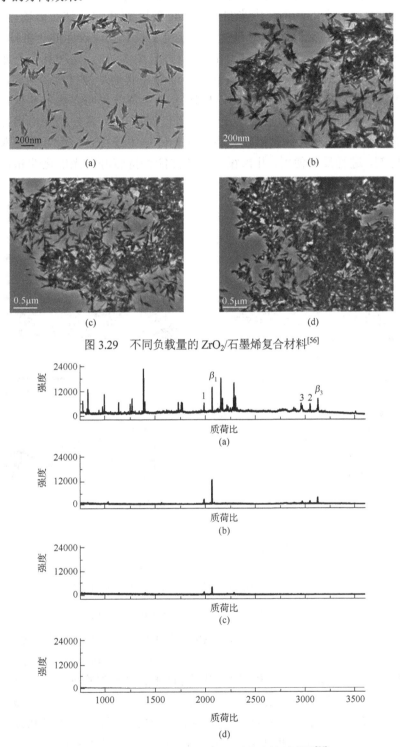

图 3.29　不同负载量的 ZrO$_2$/石墨烯复合材料[56]

图 3.30　牛 β 酪蛋白的胰蛋白酶消化产物质谱图[56]

(a)未经任何处理；(b)经 ZrO$_2$/石墨烯复合材料处理；(c)经 ZrO$_2$ 纳米颗粒处理；(d)经 GO 处理

磁性纳米材料在材料的分离、造影、导向等方面具有明显的优势，当前很多工作集中在合成复合磁性纳米粒子，将其他功能纳米材料与磁性纳米材料结合到一起，利用两者的优点，获得易于分离导向的功能化纳米材料。Pang 等[57]采用水热法在磁场存在的条件下，120℃反应 1.5~2h，通过选择不同的镍盐分别获得了具有光滑表面的一维球链状 Ni 纳米材料和具有不光滑表面的一维锯齿链状 Ni 纳米材料(图 3.31)。这种具有不光滑表面的一维锯齿链状 Ni 纳米材料可以作为内核，在其表面包覆其他功能材料，例如，在 120℃溶剂热条件下反应 2h 可以在其上包覆 TiO₂ 材料[58]，其包覆效果明显优于具有光滑表面的一维球链状 Ni 纳米材料。这种 TiO₂/Ni 复合材料不仅保持 TiO₂ 良好的生物相容性和光催化能力，还具有来自于内核 Ni 的铁磁性。在催化光降解甲基橙染料后可以很容易地通过磁场来分离催化剂，进行反复使用，几次循环后依然能保持较好的光催化性和良好的分离效果(图 3.32)。

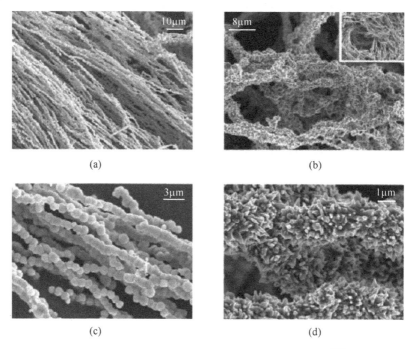

(a)　　　　　　　　　　　　(b)

(c)　　　　　　　　　　　　(d)

图 3.31　不同镍源所得一维 Ni 纳米材料的 SEM 照片[57]

(a)、(b)硫酸镍为镍源所得一维球链状 Ni 纳米材料的 SEM 照片；

(c)、(d)醋酸镍为镍源所得一维锯齿链状 Ni 纳米材料的 SEM 照片

有机-无机复合纳米材料综合有机、无机和纳米材料的优异性能，具有良好的力学、光学、电学、磁学等功能特性，在光学、电子学、生物学等领域具有广阔的应用前景。如何制备出满足需要的高性能、多功能的有机-无机复合材料是研究的关键。Tong 等[59]利用混合溶剂热法，以水和甲苯为混合溶剂、醋酸铜为无机铜源、甲醛和水杨醛为有机物种，在 200℃下混合溶剂热反应 16h，一步实现以 Cu 纳米颗粒为核、甲醛和水杨醛聚合物为壳的有机-无机核壳结构，如图 3.33 所示。所得的核壳结构具有 Cu 纳米颗粒的良好导电性，可作为葡萄糖的无酶传感器的电极材料，而且由于聚合物具有保护作用，防止 Cu 在测试过程的腐蚀和流失，有效地延长其使用寿命。

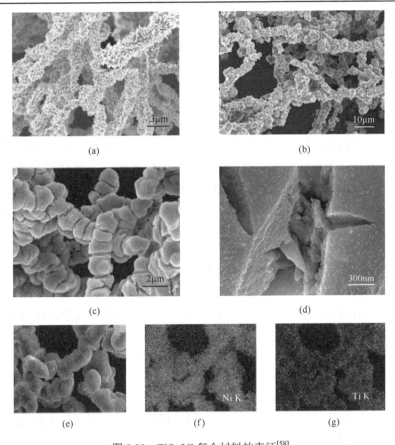

图 3.32　TiO$_2$/Ni 复合材料的表征[58]

(a)用作内核的一维锯齿链状 Ni 纳米材料；(b)~(e)TiO$_2$ 包覆于 Ni 锯齿链上形成的复合材料；(f)、(g)复合材料的能谱

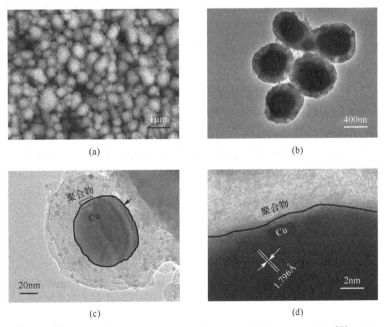

图 3.33　Cu/聚合物有机-无机复合材料的 SEM 和 TEM 照片[59]

3.3　水热和溶剂热法在材料合成中的应用展望

　　材料技术的发展几乎涉及所有的前沿学科，而其应用与推广又渗透到各个学科及技术领域。无机纳米材料和利用各种非共价键作用构筑纳米级聚集体有着非常广阔的应用前景，因此这类先进材料的合成研究在化学、材料和物理学科领域中发展比较迅速。水热与溶剂热合成是无机合成化学的重要内容，与一般液相合成法相比，它为反应提供了高温高压的特殊环境，因其操作简单、能耗低、节能环保而受到重视，被认为是软化学工艺和环境友好的功能材料制备技术，已广泛地应用于材料领域，成为纳米材料和其他聚集态先进材料制备的有效方法。由于它们在基础科学和应用领域所显示出的巨大潜力，水热和溶剂热合成依然会是未来材料科学研究的一个重要方面。在基础理论研究方面，从整个领域来看，其重点仍是新化合物的合成、新合成方法的开拓和新合成理论的研究。水热与溶剂热合成的研究历年来经久不衰，而且演化出许多新的课题，如水热条件下的生命起源问题、与环境友好的超临界氧化过程等。

　　当然，水热和溶剂热法也具有其缺点与局限性，反应周期长及高温高压对生产设备的挑战性等影响并阻碍了水热和溶剂热法在工业化生产中的广泛应用。目前，水热和溶剂热合成纳米材料的技术绝大部分处于理论探索或实验室摸索阶段，很少进入工业化规模生产。因此，急需将化学合成方法引入纳米材料的加工过程，通过对水热和溶剂热反应宏观条件的控制来实现对产物微结构的调控，为纳米材料的制备和加工及其工业放大提供理论指导与技术保障。在进一步深入研究水热和溶剂热法基本理论的同时，发展对温度和压力依赖性小的合成技术。此外，水热和溶剂热法合成纳米材料的反应机理尚不十分明确，需要更深入的研究。此外，应把水热和溶剂热反应的制备技术与纳米材料的结构性能联系起来，把传递理论为主的宏观分析方法与分子水平的微观分析方法相结合，建立纳米材料结构和性能与水热和溶剂热制备技术之间的关系。虽然水热和溶剂热方法还存在许多悬而未决的问题，但相信它在相关领域将起到越来越重要的作用。随着水热和溶剂热条件下反应机理，包括相平衡和化学平衡热力学、反应动力学、晶化机理等基础理论的深入发展和完善，水热和溶剂热合成方法将得到更广泛、更深入的发展与应用。在功能材料方面，水热和溶剂热法将会在合成具有特定物理化学性质的新材料和亚稳相、低温生长单晶及制备低维材料等领域优先发展。可以预见，随着水热和溶剂热合成研究的不断深入，人们有希望获得既具有均匀尺寸和形貌，又具有优良的光学、电学、磁学等性能的纳米材料的最佳生产途径。随着各种新技术、新设备在水热和溶剂热法中的应用，水热和溶剂热技术将会不断地推陈出新，迎来一个全新的发展时期。

参 考 文 献

[1]　施尔畏, 陈之战, 元如林, 等. 水热结晶学[M]. 北京: 科学出版社, 2004: 36.

[2]　RABENAU A. The role of hydrothermal synthesis in preparative chemistry[J]. Angew. Chem. Int. Ed., 1985, 124: 1026-1040.

[3]　BYRAPPA D K. Hydrothermal growth of crystals[M]. Oxford: Pergamon Press, 1990: 45-50.

[4]　施尔畏, 夏长泰, 王步国. 水热法的应用与发展[J]. 无机材料学报, 1996, 11: 193-206.

[5] CHERIXOV A A. Modern crystallography Ⅲ, crystal growth[M]. Berlin, Heidelberg, New York, Tokyo: Springer-Verla, 1984: 381.

[6] 张克从, 张乐惠. 晶体生长科学与技术[M]. 北京: 科学出版社, 1997: 30.

[7] KOMARNENI S, ROY R, LI Q H. Microwave-hydrothermal synthesis of ceramic powders[J]. Mater. Res. Bull., 1992, 27:1393-1405.

[8] LU Q Y, GAO F, KOMARNENI S. Microwave-assisted synthesis of one-dimensional nanostructures[J]. J. Mater. Res., 2004, 19:1649-1655.

[9] POPOLITOV V I. Hydrothermal growth of crystals under visual examination[J]. Prog. Cryst. Growth Charact. Mater., 1991, 21:255-297.

[10] 董敏, 苗鸿雁, 谈国强. 溶剂热合成纳米材料技术及其进展[J]. 材料导报, 2005, 19: 27-30.

[11] 徐如人, 庞文琴, 于吉红, 等. 分子筛与多孔材料化学[M]. 北京: 科学出版社, 2004.

[12] 张立德, 牟季美. 纳米材料和纳米[M]. 北京: 科学出版社, 2001: 140.

[13] 师阿维. 金属纳米材料的进展[J]. 热处理, 2011, 26: 27-32.

[14] YANG Y, MATSUBARA S, XIONG L M, et al. Solvothermal synthesis of multiple shapes of silver nanoparticles and their SERS properties[J]. J. Phys. Chem. C, 2007, 111: 9095-9104.

[15] GAO F, LU Q Y, KOMARNENI S. Interface reaction for the self-assembly of silver nanocrystals under microwave-assisted solvothermal conditions[J]. Chem. Mater., 2005, 17: 856-860.

[16] PANG H, LU Q Y, WANG J J, et al. Glucose-assisted synthesis of copper micropuzzles and their application as nonenzymatic glucose sensors[J]. Chem. Commun., 2010, 46: 2010-2012.

[17] LU Q Y, GAO F, KOMARNENI S. Cellulose directs growth of selenium nanobelts in solution[J]. Chem. Mater., 2006, 18: 159-163.

[18] LU Q Y, GAO F, KOMARNENI S. A green chemical approach to the synthesis of tellurium nanowires[J]. Langmuir, 2005, 21: 6002-6005.

[19] GAO F, LU Q Y, KOMARNENI S. Gluconate controls one-dimensional growth of tellurium nanostructures[J]. J. Mater. Res., 2006, 21: 343-348.

[20] HU M J, LU Y, ZHANG S, et al. High yield synthesis of bracelet-like hydrophilic Ni-Co magnetic alloy flux-closure nanorings[J]. J. Am. Chem. Soc., 2008, 130: 11606-11607.

[21] GAO F, LU Q Y, KOMARNENI S. Fast synthesis of cerium oxide nanoparticles and nanorods[J]. J. Nanosci. Nanotech., 2006, 6: 3812-3819.

[22] LIU R M, JIANG Y W, FAN H, et al. Metal ions induce growth and magnetism alternation of α-Fe$_2$O$_3$ crystals bound by high-indexed facets[J]. Chem. Eur. J., 2012, 18: 8957-8963.

[23] LIU R M, JIANG Y W, CHEN Q, et al. Nickel ions inducing growth of high-index faceted α-Fe$_2$O$_3$ and their facet-controlled magnetic properties[J]. RSC Adv., 2013, 3: 8261-8268.

[24] LIU R M, JIANG Y W, LU Q Y, et al. Al^{3+}-controlled synthesis and magnetic property of α-Fe$_2$O$_3$ nanoplates[J]. CrystEngComm, 2013, 15: 443-446.

[25] SUNSHINE S A, KANG D, IBERS J A. A new low-temperature route to metal polychalcogenides—Solid-state synthesis of K$_4$Ti$_3$S$_{14}$, a novel one-dimensional compound[J]. J. Am. Chem. Soc., 1987, 109: 6202-6204.

[26] 董言治, 安永林, 辛剑. 低维硫属化物晶体的合成研究进展[J]. 功能材料与器件学报, 2001, 7 : 211-215.

[27] LI Y D, LIAO H W, DING Y, et al. Nonaqueous synthesis of CdS nanorod semiconductor[J]. Chem. Mater.,

1998, 10:2301-2303.

[28] YU S H, WU Y S, YANG J, et al. A novel solventothermal synthetic route to nanocrystalline CdE (E= S, Se, Te) and morphological control[J]. Chem. Mater., 1998, 10:2309-2312.

[29] ZHAN J H, YANG X G, WANG D W, et al. Polymer-controlled growth of CdS nanowires[J]. Adv. Mater., 2000, 12: 1348-1351.

[30] YANG J, XUE C, YU S H, et al. General synthesis of semiconductor chalcogenide nanorods by using the monodentate ligand n-butylamine as a shape controller[J]. Angew. Chem. Int. Ed., 2002, 41: 4697-4700.

[31] WANG W, GENG Y, YAN P, et al. A novel mild route to nanocrystalline selenides at room temperature[J]. J. Am. Chem. Soc., 1999, 121: 4062-4063.

[32] YANG J, CHENG G H, ZENG J H, et al. Shape control and characterization of transition metal diselenides MSe_2 (M = Ni, Co, Fe) prepared by a solvothermal-reduction process[J]. Chem. Mater., 2001, 13: 848-853.

[33] 李焕勇, 介万奇. 一维 ZnSe 半导体纳米材料的制备与特性[J]. 半导体学报, 2003, 24: 58-62.

[34] MANNA L, SCHER E C, ALIVISATOS A P. Synthesis of soluble and processable rod-, arrow-, teardrop-, and tetrapod-shaped CdSe nanocrystals[J]. J. Am. Chem. Soc., 2000, 122: 12700-12706.

[35] JUN Y W, LEE S M, KANG N J, et al. Controlled synthesis of multi-armed CdS nanorod architectures using monosurfactant system[J]. J. Am. Chem. Soc., 2001, 123: 5150-5151.

[36] JUN Y W, JUNG Y Y, CHEON J. Architectural control of magnetic semiconductor nanocrystals[J]. J. Am. Chem. Soc., 2002, 124: 615-619.

[37] GAO F, LU Q Y, XIE S H, et al. A simple route for the synthesis of multi-armed CdS nanorod-based architecture[J]. Adv. Mater., 2002, 14: 1537-1540.

[38] LU Q Y, GAO F, KOMARNENI S. Biomolecule-assisted synthesis of highly ordered snowflake like structures of bismuth sulfide nanorods[J]. J. Am. Chem. Soc., 2004, 126: 54-55.

[39] WEI C Z, WANG L F, DANG L Y, et al. Bottom-up-then-up-down route for multi-level construction of hierarchical Bi_2S_3 superstructures with magnetism alteration[J]. Sci. Rep., 2015, 5: 10599.

[40] WEI C Z, PANG H, ZHANG B, et al. Two-dimensional β-MnO_2 nanowire network with enhanced electrochemical capacitance[J]. Sci. Rep., 2013, 3: 2193.

[41] DANG L Y, WEI C Z, MA H F, et al. Three dimensional honeycomb-like networks of birnessite manganese oxide assembled by ultrathin two-dimensional nanosheets with enhanced Li-ion battery performances[J]. Nanoscale, 2015, 7: 8101-8109.

[42] PONCE F A, BOUR D P. Nitride-based semiconductors for blue and green light-emitting devices[J]. Nature, 1997, 386: 351-359.

[43] QIAN Y T. Solvothermal synthesis of nanocrystalline Ⅲ-Ⅴ semiconductors[J]. Adv. Mater., 1999, 11: 1101-1102.

[44] WELLS R L, PITT C G, MCPHAIL A T, et al. The use of tris (trimethylsilyl) arsine to prepare gallium arsenide and indium arsenide[J]. Chem. Mater., 1989, 1: 4-6.

[45] XIE Y, QIAN Y T, WANG W Z, et al. A benzene-thermal synthetic route to nanocrystalline GaN[J]. Science, 1996, 272: 1926-1927 .

[46] LI Y D, QIAN Y T, LIAO H W, et al. A reduction-pyrolysis-catalysis synthesis of diamond[J]. Science, 1998, 281: 246-247.

[47] TANG K B, HU J Q, LU Q Y, et al. A low-temperature synthetic route to crystalline Si_3N_4[J]. Adv. Mater., 1999, 11: 653-655.

[48] LU Q Y, HU J Q, TANG K B, et al. Growth of SiC nanorods at low temperature[J]. Appl. Phys. Lett., 1999, 75: 507-509.

[49] LU Q Y, HU J Q, TANG K B, et al. The co-reduction route to TiC nanocrystallites at low temperature[J]. Chem. Phys. Lett., 1999, 314: 37-39.

[50] KUMADA N, KINAOMURA N, KOMARNENI S. Microwave hydrothermal synthesis of ABi_2O_6 (A = Mg, Zn) [J]. Mater. Res. Bull., 1998, 33: 1411-1414.

[51] LI B, XIE Y, HUAN J X, et al. Synthesis by a solvothermal route and charaeterization of $CuInSe_2$ nanowhiskers and nanoparticles[J]. Adv. Mater., 1999, 11: 1456-1459.

[52] LU Q Y, HU J Q, TANG K B, et al. Synthesis of nanocrystalline $CuMS_2$ (M = In, Ga) through a solvothermal process[J]. Inorg. Chem., 2000, 39: 1606-1607.

[53] YIN J Z, GAO F, WEI C Z, et al. Controlled growth and applications of complex metal oxide $ZnSn(OH)_6$ polyhedra[J]. Inorg. Chem., 2012, 51: 10990-10995.

[54] ZHAO D Y, HUO Q S, FENG J L, et al. Nonionic triblock and star diblock copolymer and oligomeric surfactant syntheses of highly ordered, hydrothermally stable, mesoporous silica structures[J]. J. Am. Chem. Soc., 1998, 120: 6024-6036.

[55] LU Q Y, GAO F, LI Y Q, et al. Synthesis and assembly of ordered germanium oxide mesostructures with a new intermediate state[J]. Micropor. Mesopor. Mater., 2002, 56: 219-225.

[56] PANG H, LU Q Y, GAO F. Graphene oxide induced growth of one-dimensional fusiform zirconia nanostructures for highly selective capture of phosphopeptides[J]. Chem. Commun., 2011, 47: 11772-11774.

[57] PANG H, GAO F, GUAN L N, et al. Magnetic field-assisted hydrothermal synthesis of magnetic microwire arrays[J]. Chem. Phys. Lett., 2009, 482: 118-120.

[58] PANG H, LI Y C, GUAN L N, et al. TiO_2/Ni nanocomposites: biocompatible and recyclable magnetic photocatalysts[J]. Catal. Commun., 2011, 12: 611-615.

[59] TONG Y L, XU J Y, JIANG H, et al. Thickness-control of ultrathin two-dimensional cobalt hydroxide nanosheets with enhanced oxygen evolution reaction performance[J]. Dalton Trans., 2017, 46: 9918-9924.

第4章 高温油相法

4.1 概 述

4.1.1 高温油相法简介

均一的粒径分布、可控的表面性质和纳米颗粒独特的量子尺寸效应赋予了纳米材料丰富的光、电、磁、介电等性质与功能[1-4]。可控合成不同种类、不同形貌、不同粒径的纳米颗粒也成为纳米研究的热点和难点。高温油相法是一种合成高质量、单分散纳米颗粒的有效方法。它的发现可追溯到1993年，Bawendi研究组[5]首次用非离子镉和硒(或硫、碲)前驱体在高温非极性溶剂(三正辛基氧膦，即TOPO)的环境中，合成尺寸可控(2~12nm)、相对标准差σ为10%、荧光强度高的硒化镉(或硫化镉、碲化镉)纳米颗粒，为II-VI族半导体纳米颗粒的高温油相合成奠定了基础。这种方法也称为高温油相法。该法合成的颗粒具有晶体结构缺陷少、尺寸均一度高等优点，成功推广到其他纳米颗粒的合成中，包括无机半导体纳米颗粒、氧化物纳米颗粒、金属纳米颗粒及多元杂化纳米颗粒等[6]。

高温油相法可以分为高温热注入法和油相加热法。二者的区别在于[7]：高温热注入法是在合成过程中快速注入某种前驱体溶液，促使过饱和单体瞬间爆炸式成核，同时降低溶液中的单体浓度，阻碍单体继续成核，辅助颗粒均匀生长；而油相加热法一般没有快速热注入的步骤，反应物在较低温度下均匀混合，缓慢加热至反应温度，前期加热通常为了促进前驱体的溶解和单体的形成，达到一定温度后便引发单体成核生长，在Ostwald熟化作用下，实现颗粒的均匀分布，这种方法也应用于多种纳米颗粒的合成。因为高温油相合成得到的纳米颗粒结构、尺寸、形貌高度可控，所以该方法广泛应用于纳米材料的各种物理和化学性质的研究中，如量子尺寸效应、磁学性质、光学性质、催化活性等。同时，由于一些独特性质的发现，油相纳米颗粒在能源存储和转换、电子设备、生物医学、数据存储、催化等领域具有不可替代的应用前景。

高温油相法合成的一般装置如图4.1所示，包括精确控温系统、保护气通入系统、磁力搅拌装置、三口烧瓶和冷凝管等组成部分[8]。以高温热注入法为例，其一般步骤为，将包括前驱体、配体和油相溶剂的混合物溶液在保护气氛里控温加热，达到一定温度后，快速注入包含其余反应物前驱体或配体的溶液，一旦注入，前驱体将瞬间快速反应，溶液中单体过饱和度迅速提高，极大的成核驱动力导致快速大量成核(爆炸成核)，同时单体浓度迅速降低。大多数合成案例中，反应温度为150~340℃；合成过程中，溶液中的配体分子附着在颗粒表面，阻止颗粒团聚，保持胶体溶液良好的稳定性。

研究者通过多年的探索，已经成功合成出各种各样高质量的纳米颗粒。在不同颗粒的合成中，根据材料本身特有的物化性质，其反应机理和反应路径各不一样[7]，如有的利用热分解反应，有的利用醇解反应，还有的利用还原反应。即使同一个反应条件，在针对不同材料的合成时，其反应机理也不一定相同。当然，不同颗粒的高温油相合成也存在一些相似点，最根本的就是均满足高温油相法的三要素。

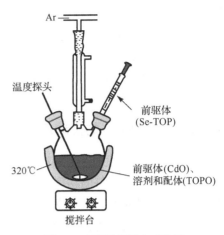

4.1.2　高温油相法的三要素

在高温油相法合成过程中，前驱体、有机配体和溶剂是油相合成的三要素[9]。

前驱体是合成纳米颗粒的核心物质，它为晶核的产生和生长提供原料。当反应介质加热到一定温度时，前驱体通过一些化学作用转化为活性原子或分子，也就是通常所说的单体，单体过饱和度达到一定程度后，便会产生晶核，介质中其他游离单体在晶核表面沉积，

图 4.1　高温油相法合成装置

实现生长，从前驱体到纳米颗粒的合成过程如图 4.2 所示。通过筛选不同的前驱体，可实现不同种类纳米晶体的合成；通过控制前驱体的浓度，可控制单体过饱和度和溶液浓度，从而控制成核和生长的动力学过程。

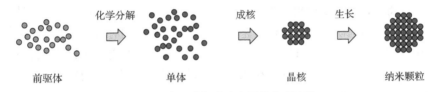

图 4.2　高温油相法纳米颗粒合成过程

有机配体在纳米颗粒合成中起到不可或缺的关键作用，如图 4.3 所示，配体包覆在纳米颗粒表面，是连接无机颗粒和有机溶剂的重要纽带。由于纳米胶体颗粒是一个热力学不稳定状态，颗粒总趋向于相互团聚，而包覆在纳米颗粒表面的有机配体可有效降低油相体系中的颗粒-溶剂表面能，同时形成空间位阻，阻碍颗粒的长大和团聚，保证胶体溶液的稳定性。此外，有机配体中的一些官能团可以在晶核特定的晶面定向吸附，从而控制晶体的定向生长，有利于不同形貌纳米颗粒的合成。因此，有机配体在控制颗粒尺寸和形貌、保证溶液稳定性方面发挥重要作用。

溶剂为整个合成过程提供良好的介质条件，为单体的形成、成核和生长提供必要的反应环境，是整个合成体系的必备保障。高温油相法通常选用 TOPO、十八烯（ODE）等油性溶剂作为反应介质，一方面由于油性溶剂具有较高的沸点，可保证高温（通常为 150～340℃）的反应条件；另一方面由于油性溶剂黏度较大，可控制单体扩散速度，保证颗粒的均匀分散。油相溶剂中合成出来的颗粒通常具有晶格完美度高、尺寸分布窄等优势，且为超小颗粒（小于 5nm）的合成提供了可能。

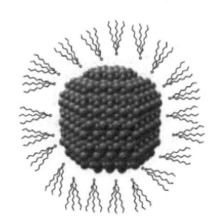

图 4.3　有机配体与颗粒表面的位置关系

在高温油相合成中，除以上所述三要素外，另外一个关键控制条件便是温度，选择一个合适的反应温度对

颗粒尺寸和形貌控制具有重要的影响。对于温度的选择，首先需保证单体在这个温度下可发生原子重组，从而引发反应的进行；其次溶剂和配体可以在这个温度下稳定存在，不会发生分解、相变或化学反应；最后温度决定成核数量和熟化速率，在总反应物一定的情况下，决定了颗粒大小、尺寸分布及晶格质量。因此，温度的选择和升温速率的控制在油相合成中也相当重要。

4.1.3　高温油相法的优缺点

高温油相法合成的纳米颗粒由于晶体结构完美、尺寸分布均匀、内部缺陷极少、表面钝化均匀等优势，具有良好的物理和化学性能，其中以量子点优异的光学性质最为典型。油相合成的量子点荧光强度高、发光纯度好、量子产率高、吸收截面大，已在发光二极管、太阳能电池、光电探测器、激光等方面成功应用。

高温油相法具有一定的普适性，可用来合成各种各样的纳米颗粒，如 ZnSe、InP 等半导体纳米颗粒，Fe_3O_4、TiO_2、ZrO_2 等氧化物纳米颗粒，金、银等金属纳米颗粒，以及其他一些多元杂化纳米颗粒等，为高温油相法的推广奠定了基础。

此外，高温油相法也存在一定的劣势。与水相合成比，油相溶剂价格较高，一些反应物和溶剂具有一定的毒性，反应条件相对严格，单次合成产量较低，这些都限制了该法在工业化大规模生产中的应用。目前研究者正在设法克服这些弊端，如用相对廉价的油性溶剂替换价格较高的溶剂，用其他元素替换 Cd、Pb 等对人体有害的元素，研发更方便的反应控制设备等。目前已取得一些突破性的进展，为高温油相法的大规模工业生产提供了可能。

水相合成受限于水的沸点(100℃)，往往影响颗粒结晶度和尺寸分布，因而高温油相法依然是获得高质量、窄尺寸分布纳米颗粒的主要方法。同时，成功研发的一系列油相颗粒转变为水相颗粒的方法(如配体转换等)，也为高温油相法合成的纳米颗粒在生物临床等水相体系的应用打开了大门。

4.2　高温油相法成核、生长与提纯机理

4.2.1　均匀成核基础

单体是构筑纳米晶体的最小单元体，它既可以沉积在颗粒上使颗粒长大，也可以从颗粒表面溶解下来，返回溶液中。过饱和度 S 是描述单体在溶液中溶解状态的一个重要物理量，可表示为溶液中单体实际浓度与平衡浓度的比值。图 4.4 表明过饱和溶液吉布斯自由能与溶液中单体浓度的变化关系，分析可知过饱和溶液自由能朝着固相形成且溶液浓度返回平衡浓度的方向进行，这个过程的吉布斯自由能变化值就是相变驱动力 ΔG_v，ΔG_v 的计算公式为[7]

$$\Delta G_v = -\frac{k_B T \ln S}{V_m} \tag{4.1}$$

式中，$S=C/C_0$，C 为溶质浓度；C_0 为平衡浓度或溶解度；V_m 为单体体积；T 为温度；k_B 为玻尔兹曼常数。

因此，成核（相变过程）一定建立在单体过饱和状态的基础上。在油相颗粒合成中提高单体的过饱和度有多种方法，如快速注入温度较低的溶液，使反应体系温度骤降，从而提高单体过饱和度；再如通过化学反应将高溶解性化学物质转变为低溶解性物质，从而获得过饱和度高的单体，在半导体纳米颗粒合成中通过有机金属原料的热解而获得较高的单体过饱和度，就是利用这一路径。

经典成核理论认为晶核是半径为 r 的球形粒子，成核过程中吉布斯自由能的变化值包括固相表面积增加的自由能变化值 $4\pi r^2 \gamma$ 和固相体积变大的自由能变化值 $\frac{4}{3}\pi r^3 \Delta G_v$ 的总和[10]，即

$$\Delta G(r) = 4\pi r^2 \gamma + \frac{4}{3}\pi r^3 \Delta G_v \tag{4.2}$$

式中，γ 为单位面积表面自由能；ΔG_v 为单位体积固相自由能变化值，即式（4.1）所述相变驱动力值，它与溶质浓度有关。

将式（4.1）代入式（4.2）中，画出 ΔG 随 r 的关系如图 4.5 所示。根据自发过程总是朝着吉布斯自由能降低的方向进行的原则，半径小于临界半径 r^* 的晶核将逐渐溶解，半径大于 r^* 的晶核才可稳定存在，并趋向于继续长大。通过 $\mathrm{d}\Delta G/\mathrm{d}r=0$，可解得

$$r^* = \frac{-2\gamma}{\Delta G_v} \tag{4.3}$$

$$\Delta G^* = \frac{16\pi\gamma}{3(\Delta G_v)^2} \tag{4.4}$$

式中，r^* 为临界半径，代表着晶核稳定存在的最小尺寸，也意味着可以合成多小的纳米粒子；ΔG^* 为临界自由能，也是形核过程中必须克服的能垒。

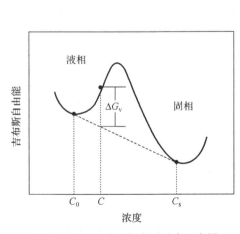

图 4.4　过饱和溶液相变驱动力示意图

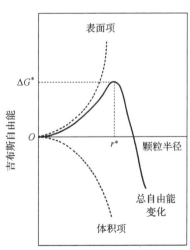

图 4.5　成核吉布斯自由能变化与晶核半径的关系图

图 4.6 为纳米颗粒合成中溶液单体浓度随时间的变化情况，也可看出成核和后续生长过程对应的时间，图中 C_0 表示单体平衡浓度，C_{min} 和 C_{max} 表示成核所需的最小和最大浓度。从图中来看，在反应初期（阶段Ⅰ），单体浓度随时间延长而增加，逐渐达到并超过平衡浓度 C_0，但这时并不能成核，所以也没有颗粒生成。只有当单体过饱和度达到一定程度，即达到阶段Ⅱ所在浓

度，才有足够的相变驱动力促使稳定成核的发生，这个浓度对应于 ΔG^* 所述能垒，该阶段成核和生长过程同时进行。随着大量新核的产生和生长，单体浓度迅速下降，过饱和度随之骤减。当单体浓度低于成核所需的最小浓度 C_{min} 时，成核过程停止，溶液中单体不能独自成核，只能沉积在已有颗粒的表面，使颗粒不断长大，即阶段Ⅲ所示的生长过程，直到溶液中的单体浓度达到平衡浓度或溶解度。

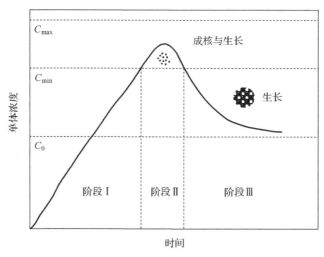

图 4.6　成核和后续长大过程示意图

　　一旦成核，便即刻伴随着生长的进行。因此，要想合成均一度高的纳米颗粒，控制成核和生长过程的时间非常重要。最理想的合成状态为[11]：所有颗粒在同一条件下同时成核，同时生长，每个颗粒经历相同的反应历程，最终其尺寸分布自然很均匀。但实际过程中不同颗粒的成核时间总有一定差异，因此控制成核时间尽量短暂，同时避免在生长过程中再出现成核现象，是合成尺寸分布窄的纳米颗粒的可行办法，也是决定颗粒尺寸分布的关键所在[12]。

　　成核的时间长短与成核的难易程度密切相关，二者对颗粒的尺寸及其分布有显著的影响。成核的难易程度可用成核速率 J 表示，成核速率快有利于缩短成核时间，进而有利于合成尺寸分布窄的颗粒；同时，在单体总量一定的条件下，成核速率快导致瞬间成核数量较多，从而颗粒平均尺寸较小。成核速率不仅与需克服的能垒有关，还与生长物质的数量 n 和生长物质从一处跃迁到另一处的频率 Γ 有关。根据临界自由能热力学波动规则，成核速率 J 服从于阿伦尼乌斯(Arrhenius)公式，活化能为形核需克服的能垒 ΔG^*，即

$$J = A\exp\left[\frac{-\Delta G^*}{k_B T}\right] \tag{4.5}$$

式中，k_B 为玻尔兹曼常数；指前因子 $A = n\Gamma$，n 为单位体积生长物质的数量，也可视为成核中心的数量，在均匀形核体系中可等于初始浓度 C_0，Γ 为生长物质的跃迁频率，表示为

$$\Gamma = \frac{k_B T}{3\pi\lambda^3\eta} \tag{4.6}$$

式中，λ 为生长物质(即单体)的直径；η 为溶液黏度。

　　因此，单位体积和单位时间的成核速率可表示为

$$J = n\Gamma \exp\left(\frac{-\Delta G^*}{k_B T}\right) = \left(\frac{C_0 k_B T}{3\pi\lambda^3\eta}\right)\exp\left(\frac{-\Delta G^*}{k_B T}\right) \tag{4.7}$$

由此可见，从实验可控条件上看，成核速率与过饱和度(初始浓度)、温度、溶液黏度、临界能垒等因素密切相关。首先，晶核的形成与溶液过饱和度密切相关，不管在高温热注入法还是在油相加热法中均可通过提高溶液过饱和度，来提高成核速率。其次，提高温度往往也可以明显增加成核速度，但温度升高也伴随着溶液过饱和度的降低，因而选择合适的温度对合成非常重要。最后，选择低黏度溶剂，改变相变表面自由能，也可改善成核速率。

在高温热注入法中，由于前驱体的快速注入和温度的迅速降低，单体过饱和度瞬间提高，实现瞬间爆炸式成核，从而使成核与生长过程很好地分隔开来，实现了理想的窄尺寸分布纳米颗粒的合成。而在油相加热法中，反应温度达到可突破合成能垒的临界温度，成核过程瞬间爆发，也经历了瞬间爆炸式成核过程，随着单体在成核过程的快速消耗，溶液过饱和度迅速降低，有效抑制了后续再成核过程的发生。当然，相比于高温热注入法，油相加热法的后续晶体生长还涉及 Ostwald 熟化过程，会更加复杂。总之，高温油相法可以很好地控制纳米颗粒的成核与生长过程，是尺寸均一、结晶度高、分散性好的纳米颗粒的理想合成方法。

4.2.2　晶核的后续生长

纳米颗粒合成过程中，颗粒的均一度不仅依赖于瞬间爆发的成核过程，也与后续生长过程的控制紧密相关。在颗粒尺寸分布具有一定差异的条件下，如果恰当控制生长过程，也可获得尺寸分布均匀的纳米颗粒。

纳米颗粒的生长主要包括如下三个步骤：一是单体从液相到生长表面的扩散；二是在生长表面单体的吸附；三是单体与生长表面的反应和结合。概括起来，单体从溶液本体到达颗粒表面的过程称为扩散控制过程，包括单体的扩散和吸附两个步骤；单体从颗粒表面到固相结构中的反应过程称为表面控制过程。根据这两个控制过程，晶核的生长可分为扩散控制的生长和表面控制的生长两种类型。下面将具体介绍两种生长方式对颗粒尺寸分布的影响。

首先需推导颗粒生长速率随反应环境变化的函数关系式。单体扩散过程符合菲克定律：$j = -D\dfrac{dC}{dx}$，式中，j 为单体扩散通量，D 为扩散系数，dC/dx 为单体在溶液中的浓度梯度。单体消耗速率与颗粒尺寸变化速率的函数关系为 $j = \dfrac{4\pi r^2}{V_m}\cdot\dfrac{dr}{dt}$，式中，$j$ 为单体在晶核表面的消耗速率，r 为球形晶核半径，V_m 为晶核摩尔体积，dr/dt 为晶粒生长速率。若把单体在晶核表面的扩散通量与消耗速率视为相互平衡，即可根据以上两个关系，推导颗粒生长速率与晶核半径、单体浓度的函数关系。这里直接给出球形颗粒生长速率的通式[13]：

$$\frac{dr^*}{d\tau} = \frac{S - \exp(1/r^*)}{r^* + K} \tag{4.8}$$

其中

$$r^* = \frac{RT}{2\gamma V_m} r \tag{4.9}$$

$$\tau = \frac{R^2 T^2 D C_s}{4\gamma^2 V_m} t \tag{4.10}$$

$$K = \frac{RT}{2\gamma V_m} \frac{D}{k} \tag{4.11}$$

式中，S 为过饱和度；r 为晶粒半径；T 为温度；γ 为单位面积表面自由能；V_m 为摩尔体积；$2\gamma V_m/(RT)$ 称为毛细长度，可用来表征颗粒化学势随尺寸的变化关系；D 为扩散系数；C_s 为颗粒表面的单体浓度；t 为反应时间；k 为反应系数；K 为达姆科勒数，可用来决定生长过程中究竟是扩散速率 (D) 还是反应速率 (k) 为主导因素。当 $K/r^* \ll 1$ 时，生长为扩散控制的生长；当 $K/r^* \gg 1$ 时，生长为反应控制 (表面控制) 的生长。

1. 扩散控制的生长

当溶液本体中的单体浓度和晶核表面单体浓度存在一定的浓度梯度时，生长过程主要受单体从溶液本体扩散到晶核表面这个过程的控制，如图 4.7 所示，单体在溶液本体中的浓度为 C，而在晶核表面的浓度为 C_s，显然 $C_s < C$，晶核的生长速率为[14]

$$\frac{\mathrm{d}r}{\mathrm{d}t} = \frac{D V_m (C - C_s)}{r} \tag{4.12}$$

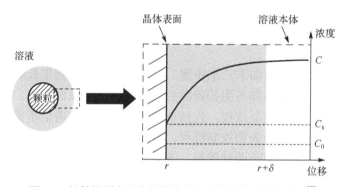

图 4.7　扩散控制生长中单体浓度与颗粒距离的变化关系[7]

设晶核初始半径为 r_0，固相颗粒密度始终保持一致，根据微分方程 (4.12) 可解得

$$r^2 = 2 D V_m (C - C_s) t + r_0^2 \tag{4.13}$$

或

$$r^2 = k_D t + r_0^2 \tag{4.14}$$

式中，$k_D = 2 D V_m (C - C_s)$。对初始半径差为 δ_{r_0} 的两个颗粒，在生长过程中，随着粒径的增大，其半径差 δ_{r_0} 逐渐减小，按照式 (4.15)：

$$\delta_r = \frac{r_0 \delta_{r_0}}{r} \tag{4.15}$$

结合式 (4.14) 可得

$$\delta_r = \frac{r_0 \delta_{r_0}}{(k_D t + r_0^2)^{\frac{1}{2}}} \tag{4.16}$$

从式(4.15)和式(4.16)中可看出，有尺寸差异的两个颗粒随着粒径的增大和生长时间的延长，其粒径差异逐渐缩小。因此扩散控制的生长有利于窄尺寸分布的纳米颗粒的形成。

2. 表面控制的生长

若图 4.7 中单体在晶核表面的浓度 C_s 与溶液本体浓度 C 相等，浓度梯度消失，生长速率很大程度上不受扩散过程的影响，而由表面控制为主导。表面过程又分为两种类型：单核生长和多核生长[14]。

单核生长过程是逐层进行的，即生长完一层后，在前一层的基础上继续下一层的生长。这种生长方式的生长速率正比于颗粒表面积，表示为

$$\frac{dr}{dt} = k_m(C) \cdot r^2 \tag{4.17}$$

式中，$k_m(C)$ 为比例常数，与溶液单体浓度有关[14]。

求解该微分方程可得单核生长中颗粒半径与时间的关系为

$$\frac{1}{r} = \frac{1}{r_0} - k_m t \tag{4.18}$$

半径差随生长时间的延长和粒径的增大而增加，即

$$\delta_r = \frac{r^2 \delta_{r_0}}{r_0^2} \tag{4.19}$$

将式(4.18)代入式(4.19)中可得

$$\delta_r = \frac{\delta_{r_0}}{(1 - k_m r_0 t)^2} \tag{4.20}$$

式中，$k_m r_0 t < 1$。式(4.20)的边界条件可从式(4.18)中得到，也就是说粒径不是无穷大，即 $r < \infty$。从式(4.20)中可以看出，单核生长中半径差随时间延长而增加，因此这种生长机制不利于窄尺寸分布纳米颗粒的合成。

对于多核生长，单体在表面的沉积速度很快，表面浓度很高，在第一层未完成时，第二层已开始形成。晶核表面的生长速度不依赖于粒径和反应时间，生长速率可视为常数，可表示为

$$\frac{dr}{dt} = k_p \tag{4.21}$$

对该微分式进行求解，得粒径与反应时间呈线性关系，即

$$r = k_p t + r_0 \tag{4.22}$$

其半径差也不随生长时间和绝对粒径而改变：

$$\delta_r = \delta_{r_0} \tag{4.23}$$

值得注意的是，尽管绝对半径差保持恒定，但随着粒径的增加，相对半径差便逐渐缩小，因此多核生长机制也有利于合成尺寸分布窄的纳米颗粒。

综上所述，扩散控制生长和以多核生长方式进行的表面控制生长均有利于合成粒径均匀的纳米颗粒，而以单核生长方式进行的表面控制生长不利于合成单一尺寸的纳米颗粒。Williams

等提出，三种生长方式在纳米颗粒的生长过程中同时存在，但是不同生长方式在不同的生长条件下可能各占主导。晶核很小时，单核生长机制占主导地位，而晶核较大时多核生长成为主要的生长方式，扩散控制生长在相对大颗粒上影响更大。当然，选择和控制合成条件也可促进或抑制某种生长方式的进行。

3. Ostwald 熟化和尺寸聚集原理

在生长过程中，单体在纳米颗粒表面的运动是可逆的，它可以通过吸附和沉积作用变成固相的一部分，同时固相表面的单体也可通过溶解作用返回溶液。在扩散控制的生长过程中，颗粒表面的单体浓度远低于溶液本体中的单体浓度，单体一旦扩散至颗粒表面，便可立刻沉积到固相表面，如果单体在颗粒表面的浓度低于颗粒自身的溶解度，颗粒的溶解速率可能大于沉积速率，于是颗粒逐渐溶解。在晶体相变驱动力很弱的情况下，一部分颗粒溶解，其他颗粒保持生长，这个过程称为 Ostwald 熟化过程[11]。

在纳米尺度下，颗粒表面具有额外的化学势，粒子的溶解度对粒径非常敏感。根据吉布斯-汤姆孙关系，半径为 r 的球形颗粒的化学势可通过式(4.24)计算。

$$\Delta \mu = \frac{2\gamma V_{\mathrm{m}}}{r} \tag{4.24}$$

因此，颗粒表面的溶解度 C_0 与颗粒半径 r 的关系可表示为

$$C_0 = A \exp\left(\frac{2\gamma V_{\mathrm{m}}}{rRT}\right) \tag{4.25}$$

式中，A 为指前因子，与粒径无关。

从式(4.24)和式(4.25)中可以看出，颗粒越小，化学势越高，溶解度越大，越容易溶解。但这与式(4.12)中小颗粒具有较快的生长速率所述过程恰好相反。根据式(4.8)所述生长速率与半径关系的通式可作出生长速率图，如图 4.8 所示，存在一个生长速率正负转换的临界半径 r_{c}：

$$r_{\mathrm{c}} = \frac{2\gamma V_{\mathrm{m}}}{RT \ln S} \tag{4.26}$$

当粒径小于临界半径 r_{c} 时，吉布斯-汤姆孙效应起主导作用，颗粒的沉积速率赶不上溶解速率，小颗粒逐渐溶解。此外，当 K 值较小或 S 值较大时，曲线存在一个生长速率最大值，对应颗粒半径为 r_{max}，当粒径大于 r_{max} 时，颗粒稳定存在，生长速率曲线符合双曲线衰减坡度，标志着此时扩散控制占主导位置[11]。

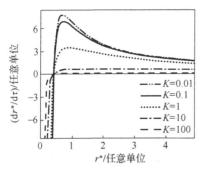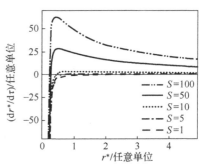

图 4.8　不同 K 和 S 值下的晶核生长速率与 r^* 关系图[7]

图 4.9 为两种单体浓度下生长速率随粒径的变化关系，同时假设胶体溶液中的粒径分布符合高斯定律。在高单体浓度的条件下，溶液初始过饱和度 S 较高，临界粒径 r_c 较小(据式(4.26)可知)，且有 r_{max} 的出现，之后速率随粒径的衰减呈双曲线陡坡下降，符合扩散控制生长规律。在这个区域中，相对小的颗粒具有较快的生长速率，相对大的颗粒生长速率较慢(据式(4.12)可知)，因此 Ostwald 熟化过程可在一定范围内缩小颗粒尺寸分布，这个过程称为尺寸聚集效应[15](如图 4.9 中上线所示)。而在低单体浓度下，生长模式属于表面控制的生长，临界粒径较大，小于临界粒径的颗粒溶解，大于临界粒径的颗粒具有相差不大的生长速率，且略大于临界粒径的颗粒生长速率较慢，而粒径更大的颗粒具有相对快的生长速率，因此尺寸高斯分布图逐渐变宽，这个过程也称为尺寸去焦效应(如图 4.9 中下线所示)。因此，Ostwald 熟化在不同情况下的作用也大不相同，为了获得均一度高的纳米颗粒，必须利用较高的单体浓度和扩散控制的生长方式[16]。

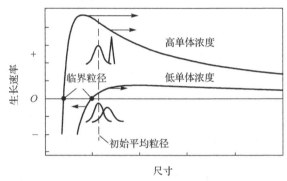

图 4.9 尺寸聚集效应原理图[7]

对于高温油相法，除瞬间爆炸式成核外，以下因素也为合成尺寸均一的纳米颗粒提供了必要保证。首先，瞬间爆炸式成核明显降低单体浓度，增加单体扩散距离；其次，油相溶液中溶剂和配体黏度较大，为控制扩散过程提供保障；最后，颗粒表面的配体恰好作为扩散能垒，保证扩散过程的梯度进行。这些因素均有利于实现以扩散控制为主导的生长过程，保证了高温油相合成中颗粒尺寸的高度均一[17]。

4.2.3 分离提纯机理

刚合成的纳米颗粒胶体溶液在提纯之前不管从热力学还是动力学上看均为不稳定体系，一方面由于溶液中未反应的单体和配体分子会继续与颗粒发生作用，影响胶体粒子的稳定性，另一方面合成过程中所用油相溶剂一般在常温下不利于纳米颗粒的单分散，使颗粒容易团聚。因此需要将合成出的纳米颗粒从合成体系中分离提纯，转移至干净的良性溶剂中，从而保证胶体溶液的稳定性。

胶体溶液的稳定方法主要包括静电稳定化和空间稳定化两种方式，前者通过表面带电实现颗粒间的相互排斥，后者通过空间位阻来避免纳米颗粒的团聚长大。使用高温油相法合成的纳米颗粒通常以空间稳定化为主导方式[18]，本节重点介绍长链配体在油相颗粒分离提纯和空间稳定中的作用机制。

如图 4.3 所示，每个油相纳米颗粒均由晶粒和有机配体组成，而晶粒、配体和溶剂之间的作用方式向吉布斯自由能最低的方向进行。当颗粒间距 H 大于配体长度 L 的 2 倍时，两个颗粒的晶粒和配体均不发生作用；当颗粒间距 H 为 $L\sim2L$ 时，两个颗粒表面的配体便会发生相互作用，但一个颗粒表面的配体不会与另一个颗粒的晶粒发生作用。配体与不同溶剂的相互作用也不相同，在良性溶剂中，配体的长链趋向于伸展其结构来降低系统总吉布斯自由能，而在不良溶剂中，配体趋向于卷曲或缩陷起来，以降低系统吉布斯自由能。表 4.1 罗列了部分油相纳米颗粒分离提纯中常用的良性溶剂和不良溶剂。

表 4.1　油相纳米颗粒分离提纯中常用溶剂

溶剂	分子式	相对介电常数	类型
环己烷/己烷	C_6H_{12}	2.02/1.58	良性溶剂
甲苯	C_7H_8	2.37	良性溶剂
氯仿	$CHCl_3$	4.8	良性溶剂
丙酮	C_3H_6O	20.7	不良溶剂
甲醇	CH_3OH	32.6	不良溶剂
乙醇	C_2H_5OH	24.3	不良溶剂
乙酸乙酯	$CH_3COOC_2H_5$	6.4	不良溶剂

具体说来，在良性溶剂中的两个颗粒配体相互作用如图 4.10 所示，由于配体在良性溶剂中趋向于伸展开来，若颗粒间距<2L，将会出现两种可能性。一种是配体受压卷曲，此时总吉布斯自由能增加，促使颗粒相互排斥最终分开；另一种是两个颗粒的配体相互插入，此时配体自由度变小，熵值减小，即 $\Delta S<0$，若该过程焓值不变，即 $\Delta H\approx0$，据 $\Delta G=\Delta H-T\Delta S$ 可知，$\Delta G>0$，因此该过程也不会自发发生。图 4.10(b)描述了良性溶剂中系统吉布斯自由能与颗粒间距的关系，从图中可知当颗粒间距为 $L\sim2L$ 时，吉布斯自由能变化保持正值，并随颗粒间距的减小而迅速增加。综上所述，油相颗粒在良性溶剂中趋向于分离开来，配体起到了重要的空间稳定性作用[16]。

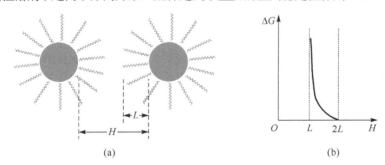

图 4.10　良性溶剂中配体相互作用示意图

(a)颗粒表面配体情况；(b)吉布斯自由能变化值与颗粒间距的关系

而在不良溶剂中，由于长链配体与不良溶剂分子间的不亲和作用，配体-溶剂表面能很高，配体-配体作用能则较低，不同颗粒表面的配体趋向于相互插入，以减小系统总吉布斯自由能，从而颗粒在不良溶剂中容易发生团聚。图 4.11 展示了不良溶剂中油相颗粒配体相互作用情况，从图 4.11(b)中看出，当颗粒间距 H 为 $L\sim2L$ 时，$\Delta G<0$，且存在一个 H_0 对应 ΔG 为最低值；而当 $H<L$ 时，$\Delta G>0$，并随颗粒间距减小而迅速增大。因此，在不良溶剂中的两个颗粒更倾向处于颗粒间距为 H_0 的对应状态，此时配体相互插入并卷曲，纳米颗粒之间发生聚集，但是这种聚集比较松散，表面配体依然在原来颗粒表面稳定存在[16]。当体系换成良性溶剂后，纳米颗粒又可以重新分散。

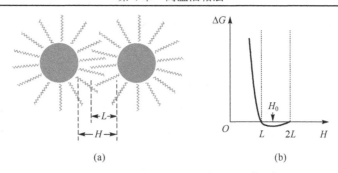

图 4.11　不良溶剂中配体相互作用示意图

(a) 颗粒表面配体情况；(b) 吉布斯自由能变化值与颗粒间距的关系

根据有机长链配体在良性溶剂和不良溶剂中的性质不同，合成出来的油相颗粒可以方便地实现分离提纯。图 4.12 描述了分离提纯的一般步骤，通常在合成出来的胶体溶液中倒入适量不良溶剂，使颗粒相互团聚，通过离心将团聚的纳米颗粒沉淀下来，去除成分复杂的上清液，再倒入良性溶剂，使原本卷曲且相互插入的配体又重新伸展开来，颗粒在良性溶剂中重新分散，这样反复的"团聚-再分散"洗涤作用已经广泛应用于油相纳米颗粒的分离提纯。

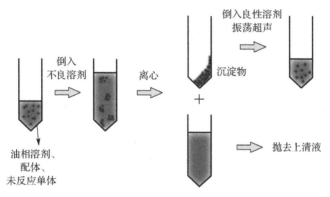

图 4.12　油相颗粒分离提纯步骤

4.3　半导体纳米颗粒的合成与形貌控制

半导体纳米颗粒是一类非常重要的纳米材料，是构筑新型半导体元器件的基本单元体，目前已经在众多先进器件的制造中得以应用，如量子计算机、发光二极管、太阳能电池、激光设备等。这些精密元器件的优异性能离不开高质量半导体纳米颗粒的合成，而高温油相法正是至今为止合成高质量半导体纳米颗粒的主要方法[8]。

4.1.1 节中已述，高温油相法的发明恰是源于Ⅱ-Ⅵ族化合物半导体纳米颗粒的合成，经过近 30 年的研究和发展，高温油相法在Ⅲ-Ⅴ族等其他化合物半导体纳米颗粒的合成中也获得很好应用。例如，Guzelian 等[19]利用 $InCl_3$ 和 $P(Si(CH_3)_3)_3$ 的反应在 TOPO 中合成出单分散的 InP 半导体纳米晶；Micic 等[20,21]利用热分解复杂前驱体的方法合成了高质量的 InP、GaP 和 $GaInP_2$ 纳米颗粒；Byrne 等[22]和 Olshavsky 等[23]均利用了复合前驱体的高温热解，制备出 GaAs 半导体纳米颗粒；Guglielmi 等[24]用硫代乙酰胺 (CH_3CSNH_2) 与 Cd 前驱体 $(Cd(Ac)_2 \cdot 2H_2O)$ 或 Pb

前驱体(Pb(Ac)$_2$·3H$_2$O)高温油相合成了粒径小于 8nm 的 CdS、PbS 纳米颗粒；Mićić 等[25]利用高温油相法在 360℃成功合成了尺寸约 3nm 的 GaN 胶体溶液，同时避免了典型的 GaN 材料合成中所需 500～600℃的高温。

以上案例展示的均是类球形的半导体纳米颗粒的合成，但在实际应用中，各种各样复杂形状的半导体纳米材料表现出更优异的光电性能，例如，在大型异质结太阳能电池中，与纳米颗粒相比，纳米线具有更优越的性能[26]。于是，合成不同形状的半导体纳米材料吸引了研究者极大的兴趣，其中以细长型的纳米棒或纳米线和分支型的各种形状最为热门。

19 世纪末期，Gibbs 和 Volmer 等在经典结晶理论的基础上，从表面能和吸附、动力学和热力学等角度，进一步发展了不同形状的纳米晶体的合成理论[27]，但本质均为：特定配体对不同晶面(或不同单体)的定向吸附(或选择性结合)，使晶体在不同晶面上的生长速率呈现各向异性，从而导致溶液中不同形状纳米颗粒的合成。从热力学理论角度讲，晶体形状由各个晶面的表面能决定，最终的晶体形状以整个颗粒总的吉布斯自由能最小化的状态决定。选择性吸附理论指出，混合配体在不同晶面生长过程中会发生选择性吸附，导致不同晶面表面能各不相同，从而使不同晶面的生长速率不同，最终颗粒形貌表现出各向异性。单体作用机制指出，不同晶面的自由能与前驱体热注入后的反应有关，只要在单体浓度足够高的情况下，晶面的各向异性与配体本身的性质没有关系。定向附着理论是指两个特定晶面相互附着在一起，从而各自消除一个二维界面，以减小表面张力，此理论在长线晶体的合成中得到广泛的应用。

在半导体纳米颗粒的油相合成中，不同形貌 CdSe 纳米粒子的合成最为典型[28]，其理论研究也较为成熟，下面详细介绍量子点 CdSe、纳米棒 CdSe 和四针状 CdSe 的合成方法与基本原理。

4.3.1　量子点 CdSe 的合成

量子点 CdSe 的高温油相合成源于 Bawendi 课题组在 1993 年报道的方法[5]，该法以二甲基镉(Cd(CH$_3$)$_2$)和三辛基亚磷酸硒分别作为 Cd 源和 Se 源，以三正辛基膦(TOP)和 TOPO 作为溶剂和配体，在 200～260℃的条件下，反应生成 1.5～11.5nm 的 CdSe 量子点，首次合成尺寸均匀可控、荧光强度高的 II-VI 族半导体纳米颗粒。但该法步骤相对烦琐，操作相对复杂。图 4.13 为 Bawendi 高温油相法合成 CdSe 量子点的光谱和 TEM 表征图。

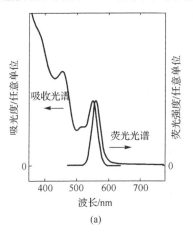
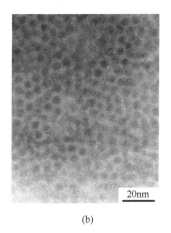

(a)　　　　　　　　　　　　　　(b)

图 4.13　Bawendi 高温油相法合成 CdSe 量子点表征[5]

(a)3.5nm CdSe 量子点的荧光光谱和吸收光谱图；(b)5.1nm CdSe 量子点的 TEM 形貌图

1998 年，Peng 等报道了一项关于 CdSe 量子点高温油相合成的方法和机理研究[15]，该合成方法的具体步骤是：将 4g TOPO 在 Ar 环境下加热至 360℃，配备质量比为 2：5：100 的 Se：Cd(CH₃)₂：磷酸三丁酯混合溶液作为前驱体溶液，常温下取 2.4mL 前驱体溶液快速注入正在搅拌的高温加热的 TOPO 溶剂中(注射时间小于 0.1s)，此时温度骤降至 300℃，晶核在高过饱和度的溶液中迅速形成，随着老化时间的不同，可获得不同粒径的 CdSe 量子点。在首次"热注入" 190min 后，为保证单体浓度，将 0.8mL 前驱体溶液慢速注入，可继续获得粒径更大的 CdSe 量子点。所获 CdSe 量子点被不良溶剂甲醇清洗后，去除多余的 TOPO、副产物与溶剂，最终分散于一定量的甲苯中。制得的 CdSe 量子点 TEM 形貌如图 4.14(a)所示，可以看到颗粒粒径分布均一，晶体质量完美；图 4.14(b)展示了通过控制老化时间得到粒径不同的量子点，由于量子限域效应，从而得到不同波长的荧光峰及对应的吸收光谱。此法不仅可合成粒径可控、尺寸分布窄的量子点纳米颗粒，而且将合成步骤明显简化，所用原料价格低廉，成为 CdSe 量子点合成史上的经典，也为量子点后期的大量研究和广泛应用奠定了重要基础。

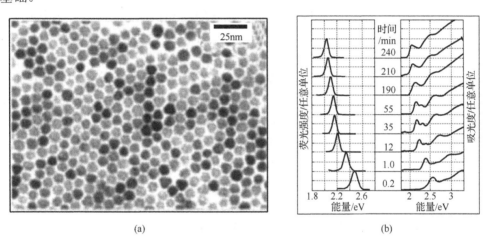

(a) (b)

图 4.14 高温油相合成 CdSe 经典方法表征结果[15]

(a) 8.5nm CdSe 的 TEM 形貌图；(b) 不同粒径 CdSe 对应的荧光光谱和吸收光谱图

图 4.15 展示的是上述方法在前驱体注入后颗粒平均粒径和相对标准差的变化。在前驱体注入瞬间，由于前驱体浓度较高且温度骤降，溶液中的单体瞬间爆炸式成核，成核晶粒的尺寸标准差为 20%。随后 190min 的生长过程可分为两段：一段为前 22min，由于单体浓度很高，颗粒平均粒径从 2.1nm 增长至 3.3nm，相对标准差从 20%骤降至 7.7%，这个粒径迅速增长、标准差迅速减小的过程称为尺寸聚集过程，这段短暂的生长过程为扩散控制的生长；在后一段过程中，由于溶液单体浓度的降低，生长过程转为表面控制的生长，平均粒径

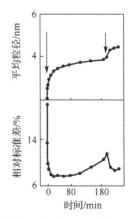

图 4.15 高温油相合成 CdSe 量子点过程分析[15]

增长缓慢(仅从 3.3nm 增长至 3.9nm),相对标准差从 7.7%扩大至 10.6%,该过程称为尺寸去焦过程。值得注意的是,190min 时第二次注射前驱体可继续转为扩散控制的生长过程,不仅促进了颗粒生长速度,还使相对标准差减到 8.7%,称为尺寸再聚集过程。在聚集过程和再聚集过程中的颗粒数量几乎不变,而在去焦过程中由于 Ostwald 熟化的作用,颗粒数减少;溶液中的单体浓度在聚集过程和再聚集过程初期较高,而后迅速减少,在去焦过程中变化很小。

4.3.2　纳米棒 CdSe 的合成

由于纤锌矿型 CdSe 晶体结构上固有的各向异性,其在生长过程中同样具有各向异性[29]。当单体浓度高时,纤锌矿型 CdSe 的(001)面比其他晶面具有更快的生长速率,因此趋向于生成棒状的纳米晶;当单体浓度低时,各个晶面的生长速率都比较低,趋向于类球形纳米颗粒的生成。

尽管单一配体 TOPO 可以生成棒状 CdSe 纳米晶,但由于 TOPO 与颗粒表面的结合力较小,各晶面生长速率均较大,生成的 CdSe 纳米棒在各个方向上的尺寸均较大,在各个维度上均不呈现量子限域效应。而混合配体的引入[30]改变了不同晶面的表面能,使某一晶面生长速率很快,从而抑制了其他晶面的生长,最终获得的纳米棒可呈现二维的量子限域效应。

2000 年,Peng 等[31]提出了一项利用混合配体制备 CdSe 纳米棒的方法,其原理如图 4.16 所示。正己基膦酸(HPA,$C_6H_{15}PO_3$)与 Cd 元素具有较强的结合力,优先吸附在特定晶面上,抑制了 a 轴、b 轴方向上的生长,而 c 轴(001)面上大多被 TOPO 覆满,该方向生长很快,从而制得尺寸在 a 轴、b 轴两个方向上具有量子限域效应的 CdSe 纳米棒。具体合成方法如下:配备质量比为 1:2:38 的 Se:Cd(CH$_3$)$_2$:磷酸三丁酯混合溶液为前驱体溶液,取 2mL 前驱体溶液快速注入(1s 内)360℃的 TOPO 与 HPA 混合溶液中,老化一定时间,通过停止加热来结束反应,若有需要可二次注入前驱体溶液,促进尺寸变长。在该法中,若 HPA 比例很小(1.5%或 3%),最终获得的将为单分散的类球形纳米颗粒;当 HPA 比例高于 5%时,才可获得棒状的 CdSe 纳米晶。

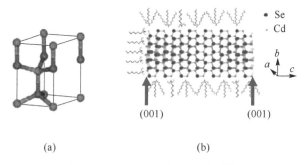

(a)　　　　　　　　　　　　(b)

图 4.16　CdSe 纳米棒合成原理[31]

(a)纤锌矿晶格结构;(b)不同配体定向吸附情况

通过调控合成过程,如调控 HPA/TOPO 比值、前驱体溶液的二次注射量、单体浓度和老化时间等,可获得不同长径比且具有量子限域效应的 CdSe 纳米棒[32],如图 4.17 所示。获得的 CdSe 纳米棒尺寸均匀,长度可控,具有很高的研究和应用价值。

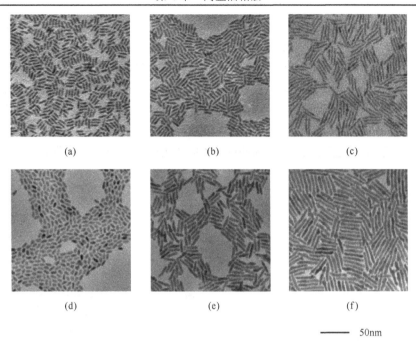

(a)　　　　　　　　(b)　　　　　　　　(c)

(d)　　　　　　　　(e)　　　　　　　　(f)

——— 50nm

图 4.17　不同尺寸的 CdSe 纳米棒[32]

4.3.3　四针状 CdSe 的合成

CdSe 纳米晶具有两种晶体结构,分别是闪锌矿型(zinc blende,ZB 型)和纤锌矿型(wurtzite,WZ 型),其晶格球棍模型和宏观颗粒形貌如图 4.18 所示,闪锌矿型的宏观形貌通常呈现四面体形,纤锌矿型的宏观形貌通常为棒状或圆柱状。

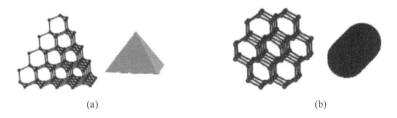

(a)　　　　　　　　　　　　　(b)

图 4.18　闪锌矿型和纤锌矿型 CdSe 结构与形貌

(a)闪锌矿型; (b)纤锌矿型

CdSe 的两种晶体结构并不是互不相关的, 如图 4.19(a)所示,闪锌矿型中的(111)晶面与纤锌矿型中的(001)晶面恰恰相符, 二者可融在一起构成异质结[33],也形成两种晶体结构良好的衔接。由于配体 HPA 的添加可促进纤锌矿型中(001)晶面的生长,若以闪锌矿型三角锥为核,在混合配体的影响下进行纤锌矿型晶体的外延生长,即可在闪锌矿型四面体的各个面上分别长出一个纤锌矿型臂(图 4.19(b)),获得四针状 CdSe 纳米晶[34]。

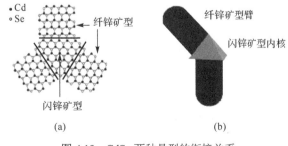

(a)　　　　　　　　(b)

图 4.19　CdSe 两种晶型的衔接关系

　　四针状 CdSe 纳米晶的一般合成步骤如图 4.20 所示，在有四面体闪锌矿型 CdSe 内核的溶液中，进行 4.3.2 节所述纤锌矿型 CdSe 纳米棒的合成操作，由于 HPA 对纤锌矿型(001)面的选择性促进生长，该晶面具有很大的生长速率，于是在闪锌矿型(111)面便会发生纤锌矿型(001)面的外延生长，四针状 CdSe 结构便会产生。在纤锌矿型臂的生长中需多次注入前驱体溶液以保证足够的单体浓度，如果在某个时刻同时加入一定量的闪锌矿型 CdSe 四面体，便会在纤锌矿型臂的末端定向"吸附附着"闪锌矿型四面体，并在四面体上继续生长纤锌矿型臂，形成树枝状 CdSe 结构。图 4.21 为四面体 CdSe 纳米晶形貌图，图 4.22 为四针状和树枝状 CdSe 纳米晶形貌图。

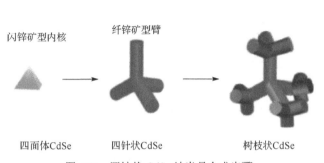

图 4.20　四针状 CdSe 纳米晶合成步骤　　　　图 4.21　四面体 CdSe 纳米晶形貌图

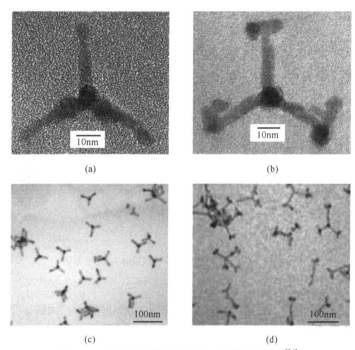

图 4.22　四针状和树枝状 CdSe 纳米晶形貌图[34]

4.4　其他纳米颗粒合成

4.4.1　氧化物纳米颗粒合成

　　高温油相法对氧化物纳米颗粒的合成以磁性 γ-Fe$_2$O$_3$ 最为典型，与溶剂热等其他方法对

γ-Fe$_2$O$_3$ 的合成相比，该法可合成小尺寸、晶体质量完美的超顺磁纳米氧化铁，所得颗粒尺寸分布均匀，粒径可准确调控[35]。

随着人们对大容量信息存储需求的不断增加，铁、钴、镍等磁性存储材料吸引了研究者的关注[36]，其中 γ-Fe$_2$O$_3$ 作为良好的磁性材料已广泛应用于计算机、敏感器件及电子信息设备等诸多领域[37]。纳米级 γ-Fe$_2$O$_3$ 由于相变温度高、磁学性能优异等优势成为研究热点[38]，而高质量的单分散磁性氧化物颗粒的合成也吸引了不少研究者的兴趣[39]。

Hyeon 等[40]2001 年报道了一种合成单分散 γ-Fe$_2$O$_3$ 纳米晶的方法，图 4.23 描述该实验流程。该法中 Fe(CO)$_5$ 和油酸在 100℃下热分解得到 Fe 纳米颗粒，在氧化三甲胺 ((CH$_3$)$_3$NO) 的氧化作用下变为 γ-Fe$_2$O$_3$，合成初期可通过改变 Fe(CO)$_5$ 和油酸的比例来控制颗粒尺寸，将二者比例分别定为 1∶1、1∶2 和 1∶3 时，可获得尺寸分别为 4nm、8nm 和 11nm 的单分散的纳米颗粒，在进一步氧化后即可最终获得晶格完美、尺寸均一的 γ-Fe$_2$O$_3$ 纳米晶。

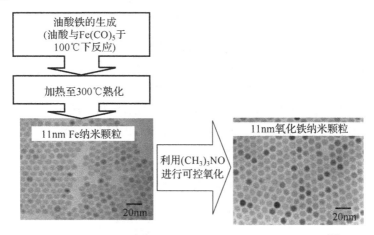

图 4.23 羰基铁热分解法合成单分散 γ-Fe$_2$O$_3$ 纳米晶流程图[40]

上述方法典型实验步骤如下：在 100℃条件下，将 0.2mL Fe(CO)$_5$(1.52mmol)注入由 10mL 辛基醚和 1.28g 油酸(4.56mmol)组成的混合物中，保持该温度加热回流 1h，溶液颜色从一开始的橘黄色逐渐变为黑色。将得到的黑色溶液冷却到室温，加入 0.34g 脱水 (CH$_3$)$_3$NO(4.5 mmol)，随后将该混合物在氩气环境下加热至 130℃并保持 2h，溶液变成棕褐色。反应温度继续升高，并回流 1h，溶液颜色从棕褐色变为黑色。最后将溶液冷却至室温，将得到的黑色纳米晶用甲醇洗涤后，重新分散于环己烷、正辛烷、甲苯等良性溶剂中。实验产物如图 4.24 所示，可以看出所得 γ-Fe$_2$O$_3$ 颗粒晶型完美、尺寸均一。

在 γ-Fe$_2$O$_3$ 的合成过程中，前驱体的快速注入并没有带来瞬间爆炸式成核，而是随着加热的进行，羟基铁逐渐转变为中间态(金属原子或羟基化合物团簇)，这些物质在晶体的成核生长中充当活性单体。当单体浓度达到一定的过饱和浓度时，便会引发爆炸式成核和随后的生长过程，生长过程中油酸的存在阻碍了铁的单独成核，保证了颗粒的均匀性和分散性[41]。

高温油相法可用于多种氧化物纳米颗粒的合成，除了典型的磁性 γ-Fe$_2$O$_3$ 纳米颗粒的合成，还可用于氧化锆(ZrO$_2$)纳米颗粒[42]、氧化钆(Gd$_2$O$_3$)纳米颗粒[43]、氧化铈(CeO$_2$)纳米颗粒[44]

及氧化钛(TiO$_2$)纳米棒[45]等多种氧化物纳米颗粒的合成，下面简要介绍 ZrO$_2$ 纳米颗粒和 TiO$_2$ 纳米棒高温油相合成方法。

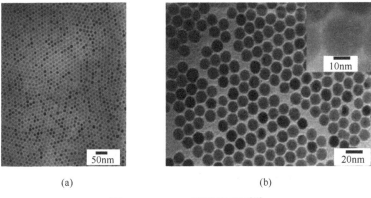

(a)　　　　　　　　　　　　　　　　(b)

图 4.24　γ-Fe$_2$O$_3$ 颗粒形貌图[40]

(a) 11nm；(b) 13nm

对于 ZrO$_2$ 纳米颗粒的合成，Joo 等[42]于 2003 年报道了一种油相合成的方法，该方法利用异丙醇锆盐和氯化锆非水解溶胶-凝胶反应原理，在 340℃高温下合成 4nm 的 ZrO$_2$ 纳米颗粒。具体步骤为：首先在 60℃、Ar 气环境下的 100g TOPO 中加入 20mmol 异丙醇锆和 25mmol 氯化锆，伴随着剧烈搅拌将反应温度缓慢升至 340℃，并保持 2h。在此过程中，溶液颜色从一开始的亮黄色变为绿色。接着将温度降至 60℃，加入 500mL 丙酮进行清洗，通过多次离心清洗可以去除多余的 TOPO。图 4.25 为最终获得的 ZrO$_2$ 纳米颗粒 TEM 照片。

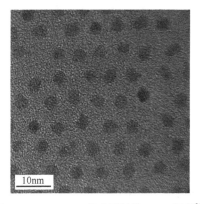

图 4.25　4nm ZrO$_2$ 纳米颗粒的 TEM 照片[42]

对于 TiO$_2$ 纳米棒的合成，Joo 等[45]利用溶胶-凝胶原理，在高温油相中获得长径比可调的 TiO$_2$ 纳米棒。先在室温下将 17.7mL 异丙醇钛(TTIP，60mmol)加入 50g 油酸中，在 20min 内将混合物加热到 270℃，并保持 2h，亮黄色澄清溶液逐渐变白。接着将该溶液冷却到室温，并加入乙醇离心获得白色沉淀。所得白色粉末可以用非极性有机溶剂复溶，如环己烷或者氯仿。所制得的 TiO$_2$ 颗粒由纳米棒和 3.0nm 左右的纳米球组成。该合成产率大概为 70%，可以得到 3.5g 的样品。纯的 TiO$_2$ 纳米棒通过环己烷/乙醇溶液沉淀出来。纳米棒的直径可通过加入不同量的十六胺(10mmol、5mmol 和 1mmol)并保持其他的量不变进行调节。所获不同尺寸 TiO$_2$ 纳米棒 TEM 照片如图 4.26 所示。

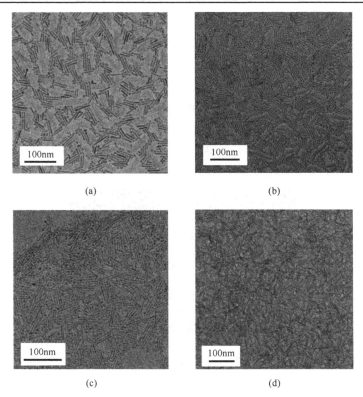

图 4.26　不同尺寸的 TiO$_2$ 纳米棒 TEM 照片[45]

4.4.2　金属纳米颗粒合成

金属纳米颗粒由于量子尺寸效应展现出与块体金属不同的特殊物理和化学性质,已经在催化、生物标记、光电子、信息存储、表面增强拉曼光谱 (SERS) 和磁流体等领域得到广泛应用。金属纳米颗粒的性质主要由它的尺寸、形貌、组成、结晶度和结构决定,因此,合成均匀的单分散的金属纳米颗粒显得尤为重要。本节将分别以金、银纳米颗粒为代表,介绍金属纳米颗粒的油相合成方法。

金纳米颗粒的制备方法可分为化学法和物理法。化学法是以金的化合物为原料,在还原反应生成金纳米颗粒时控制颗粒的生长,使其维持纳米尺度。化学法包括氧化还原法、电化学法、晶种法、模板法、微乳液法、微波合成法和光化学法等。物理法是利用各种技术将块状固体金分散为金纳米颗粒,包括真空沉积法、电分散法、激光消融法等,物理法容易控制金纳米颗粒的形状并能获得图案化的金纳米颗粒阵列,但通常需要特殊的设备和技术,制备过程较复杂。在众多的化学合成方法中,油相合成法是一种非常有效的实现颗粒均匀分布的方法。Yu 等[46]通过油相合成法合成出均匀的单分散金纳米颗粒,如图 4.27 所示,金纳米颗粒的平均粒径约为13nm,合成方法如下:0.2g 氯金酸加入 2mL 油胺和 20mL 四氢萘的混合溶液中,加热到 65℃,待溶液变为黄色后,在氮气保护下反应 5h,得到产物,其中,油胺起到还原三价金的作用。

除金之外,银纳米颗粒由于具有独特的催化、电子和光学性质而受到广泛的关注。目前,单分散的银纳米颗粒在表面增强拉曼光谱中已得到广泛应用。银纳米颗粒最常见的合成方法是在水溶液中通过化学还原银盐来实现,但是这些方法得到的银纳米颗粒粒径较大,尺寸分布广,均匀性较差。Yin 等[47]通过油相合成法合成出均匀的单分散银纳米颗粒，如图 4.28 所示，所有的银纳米颗粒都呈明显的球形，粒径分布为(11.0±1.1)nm。合成方法如下：首先，将 0.1g 硝酸银加入 1mL 油胺和 6mL 邻二氯苯的混合溶液中，加热到 60℃，使硝酸银完全溶解，此溶液作为溶液 A；然后，将 0.3g 1,2-二羟基十六烷加入 10mL 邻二氯苯中，在氮气保护下升温到 180℃，待温度达到 180℃后，注入溶液 A，反应 3min，然后自然冷却到室温。在此反应中，油胺作为表面活性剂起到控制晶粒生长和稳定银纳米颗粒的作用；选择邻二氯苯作为溶剂使合成温度可以达到 180℃。银纳米颗粒尺寸的调整可以通过改变反应条件，如生长持续时间、温度及表面活性剂和银前驱体的摩尔比来实现。

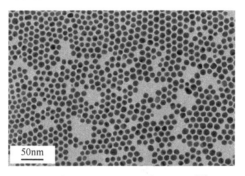

图 4.27　油相合成的金纳米颗粒[46]

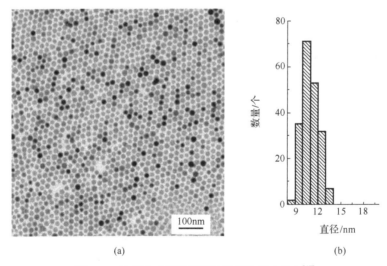

(a)　　　　　　　　　　　　　　　(b)

图 4.28　油相合成银纳米颗粒形貌和尺寸分布[47]

4.4.3　多元杂化纳米颗粒合成

多元杂化纳米颗粒是将两种或多种纳米颗粒整合为一种颗粒的结构，因其在电子、光电子和催化等领域的应用而受到广泛关注。一系列多组分、形状可控、结合位置可选择的杂化纳米颗粒通过湿化学方法(热注入、溶剂热)和气相方法(原子层沉积、化学气相沉积)等合成出来[48]。本节将主要介绍杂化纳米颗粒的油相合成方法。

Yu 等[46]通过油相合成的方法合成出了哑铃形 Au-Fe$_3$O$_4$ 双功能杂化纳米颗粒。图 4.29(a)和(b)

是哑铃形 Au-Fe$_3$O$_4$ 双功能杂化纳米颗粒的 TEM 图，其中金颗粒为黑色，Fe$_3$O$_4$ 为浅色。图 4.29(c) 是高角环形暗场扫描透射电子显微镜(HAADF-STEM)图，明亮的部分反映的是原子序数更高的金颗粒。图 4.29(d) 是杂化颗粒的 HRTEM 图，晶面间距 0.485nm 和 0.24nm 分别对应的是 Fe$_3$O$_4$ 和金的(111)面，可见两种颗粒都是单晶。具体合成方法如下：6mmol 油酸、6mmol 油胺、10mmol 1,2-十六烷二醇和 20mL 1-十八烯混合，并在氮气保护下在 120℃ 下加热 20min，然后注入 0.3mL Fe(CO)$_5$，3min 后注入金的前驱体溶液(包含 40mg HAuCl$_4$ • 3H$_2$O、0.5mL 油胺和 5mL 1-十八烯)，反应物立即变黑，表明已经形成金颗粒。接着升温到 310℃，回流 45min，冷却到室温后在空气中暴露 1h，保证 Fe$_3$O$_4$ 的生成。反应产物中加入 40mL 异丙醇，离心得到沉淀，沉淀分散在己烷中(加入 0.05mL 油胺)，再离心，去掉无法分散的大颗粒。其中，少量油胺的作用是保证分散溶液的稳定性。

　　Chakrabortty 等[49]通过油相合成法合成出了 Au-CdSe/CdS 杂化纳米颗粒，合成方法如下：首先合成 CdSe/CdS 纳米棒，纳米棒的合成参考 Carbone 等的方法[50]，然后准备金溶液，48mg 氯金酸和 88mg 四辛基溴化铵溶解在 5mL 甲苯中，超声 5min，使氯金酸完全溶解。同时，在一个小瓶中加入 0.5mL CdSe/CdS 纳米棒的甲苯溶液和 12mg 磷酸正十八酯，作为前驱体溶液。接下来，取 1mL 金溶液和 1mL 十二烷胺溶液(140g 十二烷胺溶于 5mL 甲苯)进行混合，并在室温下超声 15min 得到淡黄色金分散液，快速注入小瓶中的前驱体溶液，在 N$_2$ 保护下剧烈搅拌，反应 20min。如图 4.30(a)～(c) 所示，随着加入金溶液体积的增加，金颗粒分别长在纳米棒的一端、两端和整个纳米棒上。

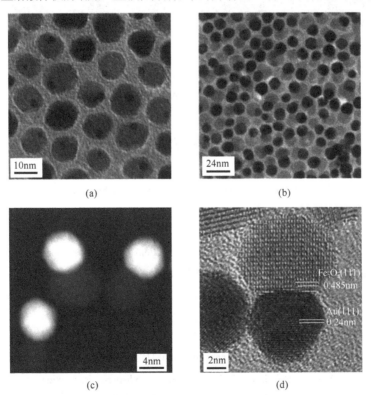

(a)　　　　　　　　　　　　　　　　　　(b)

(c)　　　　　　　　　　　　　　　　　　(d)

图 4.29　哑铃形 Au-Fe$_3$O$_4$ 双功能杂化纳米颗粒[47]

(a)3～14nm Au-Fe$_3$O$_4$ 纳米颗粒的 TEM 图；(b)8～14nm Au-Fe$_3$O$_4$ 纳米颗粒的 TEM 图；

(c)8～9nm Au-Fe$_3$O$_4$ 纳米颗粒的 HAADF-STEM 图；(d)8～12nm Au-Fe$_3$O$_4$ 纳米颗粒 HRTEM 图

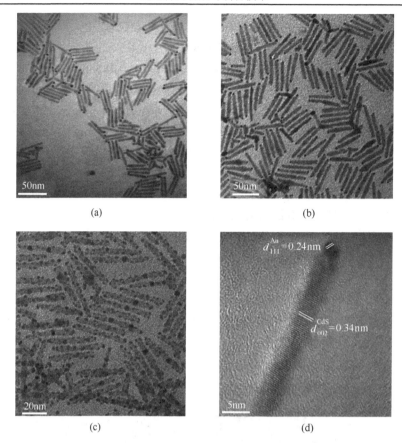

图 4.30　Au-CdSe/CdS 杂化纳米颗粒的 TEM 图[49]

(a) Au 长在纳米棒的一端；(b) Au 长在纳米棒的两端；(c) Au 长在整个纳米棒上；(d) 杂化纳米颗粒的 HRTEM 图

参 考 文 献

[1]　WHITESIDES G M. Nanoscience, nanotechnology, and chemistry[J]. Small, 2005, 1: 172-179.

[2]　BRUS L. Electronic wave functions in semiconductor clusters: Experiment and theory[J]. J. Phys. Chem., 1986, 90: 2555-2560.

[3]　BRUS L E. Electron-electron and electron‑hole interactions in small semiconductor crystallites: The size dependence of the lowest excited electronic state[J]. J. Chem. Phys., 1984, 80: 4403-4409.

[4]　BRUS L E. A simple model for the ionization potential, electron affinity, and aqueous redox potentials of small semiconductor crystallites[J]. J. Chem. Phys., 1983, 79: 5566-5571.

[5]　MURRAY C B, NORRIS D J, BAWENDI M G. Synthesis and characterization of nearly monodisperse CdE (E = sulfur, selenium, tellurium) semiconductor nanocrystallites[J]. J. Am. Chem. Soc., 1993, 115: 8706-8715.

[6]　KWON S G, PIAO Y, PARK J, et al. Kinetics of monodisperse iron oxide nanocrystal formation by "heating-up" process[J]. J. Am. Chem. Soc., 2007, 129: 12571-12584.

[7]　KWON S G, HYEON T. Formation mechanisms of uniform nanocrystals via hot-injection and heat-up methods[J]. Small, 2011, 7: 2685-2702.

[8] ANDREWS D L, SCHOLES G D, WIEDERRECHT G P. Comprehensive nanoscience and technology: Nanomaterials[M]. Singapore: Elsevier (Singapore) Pte Ltd., 2011: 223-228.

[9] YIN Y, ALIVISATOS A P. Colloidal nanocrystal synthesis and the organic-inorganic interface[J]. Nature, 2005, 437: 664-670.

[10] STREY R, WAGNER P E, VIISANEN Y. The problem of measuring homogeneous nucleation rates and the molecular contents of nuclei progress in the form of nucleation pulse measurements[J]. J. Chem. Phys., 1994, 98: 7748-7758.

[11] SUGIMOTO T. Preparation of monodispersed colloidal particles[J]. Adv. Colloid Interface Sci., 1987, 28: 65-108.

[12] GAMAN A I, NAPARI I, WINKLER P M, et al. Homogeneous nucleation of n-nonane and n-propanol mixtures: A comparison of classical nucleation theory and experiments[J]. J. Chem. Phys., 2005, 123: 244502.

[13] PARK J, JOO J, KWON S G, et al. Synthesis of monodisperse spherical nanocrystals[J]. Angew. Chem. Int. Ed., 2007, 46: 4630-4660.

[14] CAO G Z. Nanostructures & nanomaterials: synthesis, properties & applications[M]. Beijing: Higher Education Press, 2011: 46-49.

[15] PENG X, WICKHAM J, ALIVISATOS A P. Kinetics of II-VI and III-V colloidal semiconductor nanocrystal growth: "Focusing" of size distributions[J]. J. Am. Chem. Soc., 1998, 120.

[16] ANDREWS D L, SCHOLES G D, WIEDERRECHT G P. Comprehensive nanoscience and technology: Self-assembly and nanochemistry[M]. Singapore: Elsevier (Singapore) Pte Ltd., 2011: 23-26.

[17] KWON S G, HYEON T. Colloidal chemical synthesis and formation kinetics of uniformly sized nanocrystals of metals, oxides, and chalcogenides[J]. Acc. Chem. Res., 2008, 41: 1696-1709.

[18] SHEVCHENKO E V, TALAPIN D V, SCHNABLEGGER H, et al. Study of nucleation and growth in the organometallic synthesis of magnetic alloy nanocrystals: the role of nucleation rate in size control of $CoPt_3$ nanocrystals[J]. J. Am. Chem. Soc., 2003, 125: 9090-9101.

[19] GUZELIAN A A, KATARI J E B, KADAVANICH A V, et al. Synthesis of size-selected, surface-passivated InP nanocrystals[J]. J. Chem. Phys., 1996, 100: 7212-7219.

[20] MICIC O I, SPRAGUE J R, CURTIS C J, et al. Synthesis and characterization of InP, GaP, and $GaInP_2$ quantum dots[J]. J. Phys. Chem., 1996, 99: 7754-7759.

[21] MICIC O I, CURTIS C J, JONES K M, et al. Synthesis and characterization of InP quantum dots[J]. J. Phys. Chem., 1994, 98: 4966-4969.

[22] BYRNE E K, PARKANYI L, THEOPOLD K H. Design of a monomeric arsinogallane and chemical conversion to gallium arsenide[J]. Science, 1988, 241: 332-334.

[23] OLSHAVSKY M A, GOLDSTEIN A N, ALIVISATOS A P. Organometallic synthesis of gallium-arsenide crystallites, exhibiting quantum confinement[J]. J. Am. Chem. Soc., 1990, 112: 9438-9439.

[24] GUGLIELMI M, MARTUCCI A, MENEGAZZO E, et al. Control of semiconductor particle size in sol-gel thin films[J]. J. Sol-Gel Sci. Technol., 1997, 8: 1017-1021.

[25] MIĆIĆ O I, AHRENKIEL S P, BERTRAM D, et al. Synthesis, structure, and optical properties of colloidal GaN quantum dots[J]. Appl. Phys. Lett., 1999, 75: 478-480.

[26] LU A H, SALABAS E L, SCHÜTH F. Magnetic nanoparticles: Synthesis, protection, functionalization, and application[J]. Angew. Chem. Int. Ed., 2007, 46: 1222-1244.

[27] EL-SAYED M A. Some interesting properties of metals confined in time and nanometer space of different shapes[J]. Acc. Chem. Res., 2001, 34: 257-264.

[28] DE MELLO DONEGÁ C, LILJEROTH P, VANMAEKELBERGH D. Physicochemical evaluation of the hot-injection method, a synthesis route for monodisperse nanocrystals[J]. Small, 2005, 1: 1152-1162.

[29] KUMAR S, NANN T. Shape control of Ⅱ-Ⅵ semiconductor nanomaterials[J]. Small, 2006, 2: 316-329.

[30] BURDA C, CHEN X, NARAYANAN R, et al. Chemistry and properties of nanocrystals of different shapes[J]. Chem. Rev., 2005, 105: 1025-1102.

[31] PENG X, MANNA L, YANG W, et al. Shape control of CdSe nanocrystals[J]. Nature, 2000, 404: 59-61.

[32] PENG Z A, PENG X. Nearly monodisperse and shape-controlled CdSe nanocrystals via alternative routes: Nucleation and growth[J]. J. Am. Chem. Soc., 2002, 124: 3343-3353.

[33] MEWS A, KADAVANICH A V, BANIN U, et al. Structural and spectroscopic investigations of CdS/HgS/CdS quantum-dot quantum wells[J]. Phys. Rev. B, 1996, 53: R13242-R13245.

[34] MANNA L, SCHER E C, ALIVISATOS A P. Synthesis of soluble and processable rod-, arrow-, teardrop-, and tetrapod-shaped CdSe nanocrystals[J]. J. Am. Chem. Soc., 2000, 122: 12700-12706.

[35] PARK J, AN K, HWANG Y, et al. Ultra-large-scale syntheses of monodisperse nanocrystals[J]. Nature Mater., 2004, 3: 891-895.

[36] WANG M, HE L, YIN Y. Magnetic field guided colloidal assembly[J]. Mater. Today, 2013, 16: 110-116.

[37] HO C H, TSAI C P, CHUNG C C, et al. Shape-controlled growth and shape-dependent cation site occupancy of monodisperse Fe_3O_4 nanoparticles[J]. Chem. Mater., 2011, 23: 1753-1760.

[38] CABOT A, PUNTES V F, SHEVCHENKO E, et al. Vacancy coalescence during oxidation of iron nanoparticles[J]. J. Am. Chem. Soc., 2007, 129: 10358-10360.

[39] KANG Y S, RISBUD S, RABOLT J F, et al. Synthesis and characterization of nanometer-size Fe_3O_4 and γ-Fe_2O_3 particles[J]. Chem. Mater., 1996, 8: 2209-2211.

[40] HYEON T, LEE S S, PARK J, et al. Synthesis of highly crystalline and monodisperse maghemite nanocrystallites without a size-selection process[J]. J. Am. Chem. Soc., 2001, 123: 12798-12801.

[41] CASULA M F, JUN Y W, ZAZISKI D J, et al. The concept of delayed nucleation in nanocrystal growth demonstrated for the case of iron oxide nanodisks[J]. J. Am. Chem. Soc., 2006, 128: 1675-1682.

[42] JOO J, YU T, KIM Y W, et al. Multigram scale synthesis and characterization of monodisperse tetragonal zirconia nanocrystals[J]. J. Am. Chem. Soc., 2003, 125: 6553-6557.

[43] CAO Y C. Synthesis of square gadolinium-oxide nanoplates[J]. J. Am. Chem. Soc., 2004, 126: 7456-7457.

[44] SI R, ZHANG Y W, YOU L P, et al. Rare-earth oxide nanopolyhedra, nanoplates, and nanodisks[J]. Angew. Chem. Int. Ed., 2005, 117: 3320-3324.

[45] JOO J, KWON S G, YU T, et al. Large-scale synthesis of TiO_2 nanorods via nonhydrolytic sol-gel ester elimination reaction and their application to photocatalytic inactivation of E. coli[J]. J. Chem. Phys. B, 2005, 109: 15297-15302.

[46] YU H, CHEN M, RICE P M, et al. Dumbbell-like Bifunctional Au-Fe_3O_4 nanoparticles[J]. Nano Lett., 2005, 5: 379-382.

[47] YIN Y, ERDONMEZ C, ALONI S, et al. Faceting of nanocrystals during chemical transformation: From solid silver spheres to hollow gold octahedral[J]. J. Am. Chem. Soc., 2006, 128: 12671-12673.

[48] XU B, ZHOU G, WANG X. Rational synthesis and the structure-property relationships of nanoheterostructures: A combinative study of experiments and theory[J]. NPG Asia Mater., 2015, 7: e164.

[49] CHAKRABORTTY S, YANG J A, TAN Y M, et al. Asymmetric dumbbells from selective deposition of metals on seeded semiconductor nanorods[J]. Angew. Chem. Int. Ed., 2010, 49: 2888-2892.

[50] CARBONE L, NOBILE C, DE GIORGI M, et al. Synthesis and micrometer-scale assembly of colloidal CdSe/CdS nanorods prepared by a seeded growth approach[J]. Nano Lett., 2007, 7: 2942-2950.

第 5 章　微波合成技术

5.1　概　　述

5.1.1　微波与物质的相互作用

微波是指频率为 300MHz～300GHz 的电磁波，是无线电波中一个有限频带的简称，相应的波长在 1m(不含 1m)～1mm，是分米波、厘米波、毫米波和亚毫米波的统称。在电磁波谱中，微波上接红外线(IR)，下接甚高频(VHF)无线电波[1]。

物质处于微波场中时，其中的电介质极性分子在电磁场的作用下从无序热运动趋向于有序排列，在此过程中产生介质损耗，极性分子吸收微波能并主要转化为热能。由于微波电磁场以数十亿次/秒的速度进行周期性变化，极性分子随之发生频繁碰撞，微波能迅速被极性分子吸收。根据材料性质的不同，微波照射不同材料时，可能发生穿透、反射、吸收三种不同的作用。

介电常数小且磁化率低的材料，由于材料在电磁场作用下的极化、磁化都较小，微波通过材料时，与材料的相互作用较小，因此主要表现为微波的穿透。如常温下的玻璃、陶瓷、一些种类的塑料等。

对于具有一定厚度的良导体，如大块的金属材料，当微波照射时，微波将被大部分反射出去。

吸收微波的材料，从吸收的原理上，可分为电损耗型和磁损耗型两种，电损耗型又可以细分为导电损耗型和介电损耗型两种[2]。

导电损耗型微波吸收材料主要包括纳米金属粉末、炭黑、纳米石墨、改性碳纳米管、导电高分子等，还包括某些具有导电性的液体。这类材料主要利用微波电场产生的感应电流，通过材料本身的电阻发热耗散掉。

介电损耗型微波吸收材料主要包括极性液体、极性高分子、某些强极性陶瓷等。这些材料在微波电场的作用下会发生交变极化。在极化过程中，材料的分子间或者晶格具有阻尼作用，产生极化方向落后于外加电场方向的现象，使部分微波能量转化为材料的内能。液体受到微波的照射时，会发生极性分子试图跟随微波电场方向转动的现象。线形的极性高分子会发生链节的运动。强极性的晶体材料，如铁电陶瓷，会发生晶格的形变。这些微波激励下的运动过程，由于受到自身结构的阻碍，相位总是落后于激励源的相位。图 5.1 显示了极性液体受到微波照射时，各分子转动受到彼此阻碍，将微波能量部分转化为内能的过程[3]。

图 5.1　极性液体受微波照射时分子转动受到彼此阻碍[3]

　　磁损耗型微波吸收材料主要是具有高磁化率的铁磁材料,如纳米铁磁金属粉末、铁氧体材料等。这些材料的吸波原理主要是在微波磁场的作用下,材料的磁化方向发生快速的改变,由于材料本身对于磁化方向改变的阻尼作用,微波的能量转化为材料的内能。这个原理与介电损耗相似,只是磁损耗型微波吸收材料感应的是微波磁场而产生运动[2]。

　　许多时候,微波吸收材料的吸波机理是以上机理共同作用的结果。同时,材料的颗粒尺寸同样会影响材料的吸波性能。例如,某些铁磁性金属,当做成纳米颗粒时,是有效的微波吸收材料;当成为大块固体时,将会反射微波。

　　当电磁波在介质中传输时,介质的阻抗遵循式(5.1):

$$Z = \sqrt{\frac{\mu}{\varepsilon}} \tag{5.1}$$

式中,μ 为介质的磁导率;ε 为介质的介电常数。

　　当介质对电磁波有电损耗时,ε 是复数,即

$$\varepsilon_{\mathrm{r}} = \varepsilon_{\mathrm{r}}' + \mathrm{j}\varepsilon_{\mathrm{r}}'' \tag{5.2}$$

　　当介质对电磁波有磁损耗时,μ 是复数,即

$$\mu_{\mathrm{r}} = \mu_{\mathrm{r}}' + \mathrm{j}\mu_{\mathrm{r}}'' \tag{5.3}$$

　　介电常数或磁导率实部与虚部比值的正切可以表征损耗,称为损耗角 δ。损耗角 δ 的计算公式为

$$\tan\delta_{\varepsilon} = \frac{\varepsilon_{\mathrm{r}}''}{\varepsilon_{\mathrm{r}}'} \tag{5.4}$$

$$\tan\delta_{\mu} = \frac{\mu_{\mathrm{r}}''}{\mu_{\mathrm{r}}'} \tag{5.5}$$

　　当微波从空气传播到介质的界面时,会发生反射。反射率取决于介质波阻抗与空气阻抗的匹配程度,即

$$R = \frac{Z_{\mathrm{m}} - Z_0}{Z_{\mathrm{m}} + Z_0} \tag{5.6}$$

式中,R 为反射率;Z_{m}、Z_0 分别为介质波阻抗和空气阻抗。

　　对于大块具有高电导率的材料,如大块的石墨,介质波阻抗与空气阻抗相差很大,微波在材料界面上的反射率高,因此微波吸收率低。当把相同的材料做成纳米级的微粉时,纳米尺寸效应一方面使纳米材料本身的阻抗增大,另一方面使界面的数量增加,电磁波入射到粉末中时多次发生反射改变路径,使微波在其中的路径明显延长,由于微波与材料作用的次数增加,明显增加了材料吸收电磁波的能力。这个过程可用乌云是黑色的这个现象作为类比,当光线通过充满微小水滴的厚云层时,由于光线受到众多微小水滴的反复反射和折射,光线传播路径变得非常曲折而被水滴大部分吸收,尽管水滴本身对于光线是较为透明的,但是由于光线反复通过水滴,每次透过时小部分能量被吸收或者反射,积少成多就造成了“黑色”的乌云。

5.1.2　微波技术的特点

　　在实际使用中,微波处理表现出安全、高效、快速、精确可控及清洁无污染等特点。

(1) 选择性加热。由于不同介电常数、导电能力的物质对微波的吸收率不同，微波加热时它们的升温速率有显著的差别。微波对放置于容器内的反应物进行加热时，可直接作用于高介电损耗反应物。

(2) 整体加热。微波具有较强的穿透力，常规微波处理设备的微波频率为 2.45GHz，对应的波长约为 12cm，可以穿透反应物一定的深度，深入反应物内部的微波能量被反应物直接吸收后转化为热能，避免了传统热传导方式下反应物内部的温度梯度。

(3) 加热速率快。在微波电磁场中，反应物中极性分子的极化弛豫时间极短；同时，微波直接深入反应物内部，使得加热反应物本身成为发热源而无须经过传统方式的热传导过程，因此可以在极短时间内实现反应物的温升现象。

(4) 能量损耗低。传统加热技术中，加热装置预热、传热过程能量损失及设备散热损失在加热过程中占据较大比例，导致能量利用率很低。微波加热过程中，微波腔体及反应物周围空气几乎不受热，同传统加热相比是节能的。微波加热装置只需磁控管预热，且磁控管产生微波后反应物受热具有即时性，加热过程不存在工件散热产生的能量损耗，因此，微波加热过程中具有较高的能量利用率。

(5) 热惯性小。存在微波辐射则反应物升温，若无则升温过程瞬间停止，即表现为加热方式的热惯性小，没有"余热"现象。因此，可以通过调节微波功率来实时控制反应物的不同加热状态，有利于自动控制和连续化生产过程。停止微波后没有余热，可以直接通过调节微波功率来实时控制反应物的加热状态，反应过程十分可控。

(6) 清洁环保。材料的微波处理过程是在一个密闭或者接近密闭的金属谐振腔内，微波由电能在磁控管中直接转化，处理时材料与微波直接发生作用。整个过程不会产生额外的废水、废气和废料等。

5.1.3　微波技术的发展

微波最广泛的应用是雷达和通信等方面。微波雷达运用于军事、导航、气象测量、大地测量、工业检测和交通管理等方面，微波遥感已成为研究天体、气象和大地测量、资源勘探等的重要手段。微波的通信应用主要包括现代的卫星通信和常规的中继通信[4]。

微波技术用于材料处理经历了数十年的发展。1945 年，美国 Raytheon 公司发现了微波的热效应[5]，并于 1947 年研制了世界上首台商用的微波炉；1965 年，美国 Crydry 公司开发了大功率磁控管，并将微波处理技术引入食品加工领域[6]。随着对原理的深入了解及相应设备的不断升级开发，微波技术逐渐成为一种有效的材料处理方式。1986 年，匈牙利学者 Ganzler[7]在分析化学样品准备时引入微波辅助萃取，基于极性分子具有迅速吸收微波辐射能量的特性，在对样品基质进行微波加热时，极性溶剂能快速吸收微波达到加热的目的，从而使得目标化合物从样品中萃取出来。同年，加拿大学者 Gedye[8]首次报道了在有机合成中利用微波技术的工作，在微波炉内进行了酯化、水解等化学反应，将微波用于材料的合成。

微波炉早已经进入人们的日常生活，为加热食物提供一种便捷的手段。在很多其他场合也开始利用微波，例如，利用微波产生等离子体，在大规模集成电路中刻蚀亚微米级的精细结构；利用微波干燥食品、木材、纸张等[4]。为了不同微波应用不互相干扰，国际电信联盟分配 433MHz、915MHz、2450MHz、5800MHz 和 22125MHz 这几种微波频率用于工业、医疗及科研领域使用。国内常用 (915±50) MHz 和 (2450±50) MHz 这两种频段用于微波加热。同时，在科学研究和工业生产中的不同领域分别引入的微波处理方法，因具备原有常规方法所不可替代的一些特点，越来越受到研究者的重视。21 世纪以来，随着微波手段介入的领域越来越多，众多学者对微波用于工业和实验室进行了大量的研究整理。Adam[9]于 2003 年在 *Nature* 发文综述了微波技术的应用，阐述了微波发展对工业处理领域的重要意义。Kappe[10,11]于 2004 和 2008 年先后在 *Angewandte Chemie-International Edition* 和 *Chemical Society Reviews* 上发文，分析了精确控制微波加热过程温度的必要性和控制方式，综述了微波在化工等众多领域的研究进展，并预言了微波辅助合成技术将成为实验室研究的重要工具。

5.2　微波在材料合成中的应用

5.2.1　微波合成的应用领域

当材料吸收微波后，会引起分子内部能级的变化和材料温度的快速升高。在化学反应过程中引入微波处理，产生了很多特殊的效应，如反应转化率提高、反应时间缩短，许多反应体系的产率或纯度明显提高。因此，微波应用于化学反应的研究，近年来受到极大的关注，应用微波来促进反应已经渗透到分析化学、合成化学中材料制备合成的各个领域，如出现了微波干燥、微波解冻、微波萃取、微波灰化等材料处理手段，发展了利用微波加热和微波催化效应促进反应的材料制备手段。

微波合成能够在固相、液相、气相条件下发生。另外，还存在非均相微波合成方法[12]。

气相微波合成，主要是指利用微波诱导产生等离子体，进而在化学反应中加以利用的材料合成技术，如利用微波等离子体化学气相沉积金刚石薄膜，这里不做详细介绍。

微波直接作用于固体、液体及固液混合反应体系中，促进或者改变各类反应，可以得到比传统方法更有效的效果。

按加热原理的不同，固相微波合成可划分为以下几种。

(1)利用某些铁磁性物质的吸微波特性合成一些铁氧体。

(2)利用某些介电损耗型微波吸收材料的吸微波能力，高温烧结一些陶瓷材料或者高温加热混合物中其他不吸微波的材料。本章将介绍利用氧化铜的吸微波能力，加热与之混合的三聚氰胺，合成微纳结构的 $g-C_3N_4$ 光催化剂。

(3)利用一些导电物质，如许多碳材料的吸微波特性，制备碳复合材料用于催化剂等。本章将介绍采用微波法制备金属氧化物-碳复合材料、掺氮石墨烯用于燃料电池的催化剂载体的工作。

液相微波合成常应用于有机合成。从加热的机理上分析，液相微波合成过程一般都依靠介电损耗微波吸收机理来加热反应体系，对于反应体系具有导电性的情况，同时发生导电损耗微波吸收。本章将介绍微波法多元醇还原氯铂酸制备碳载铂催化剂及其在燃料电池中的应用。

除了以上三种均相反应，还有采用气溶胶微波放电合成纳米颗粒、在低介电常数有机液体中利用悬浮的导电颗粒间电弧放电合成碳包覆复合材料等非均相微波合成[5]。本章不做详细介绍。

由于微波的特点，在进行微波合成时对样品也有一定的要求。微波反应必须考虑反应物或者反应介质是否适用于微波处理。必要时，需要在反应物中人为添加一些微波吸收剂。表 5.1 给出了几种常见溶剂在室温(298K)、2.45GHz 微波频率下的介电参数。

表 5.1　常见溶剂的介电特性

溶剂	相对介电常数	损耗角正切
水	80.4	0.123
甲酸	58	0.722
乙酸	6.1	0.091
甲醇	32.7	0.941
乙醇	24.6	0.054
四氢呋喃	7.6	0.059

　　材料对于微波的吸收除了与材料的成分和结构相关，与材料的温度也有关。例如，常温下玻璃不吸收微波，但当加热到高温时，玻璃能够强烈地吸收微波。因此微波合成必须考虑反应物的温度与微波吸收率的关系，必要时需要通过其他方法预热反应物。

　　一些纳米颗粒，特别是金属、碳材料等，与微波的相互作用和成分相近的大颗粒相差很大。因此在有这些材料参加反应物的微波处理时，需要选择合适的材料粒径。

5.2.2　微波促进反应的机理

　　近年来，大量的微波加热、微波辅助化学反应或催化反应的实验和研究报道都观测证实了微波相比其他很多手段能促进反应更快更好的进行。反应体系吸收微波后，除了会引起反应体系的温度升高，还会有很多特殊的效应。在液相合成中使用微波加热可以缩短反应时间、提高反应效率和产物纯度，或者促进其他条件下很难实现的反应顺利进行；在固相合成过程中引入微波处理，可以提高金属的熔化速度、降低反应物的熔化温度；微波解冻、微波干燥等处理时也比常规处理方式明显提高了速度。

　　微波加速化学反应的作用机理也得到了大量的研究。对于大部分反应而言，最显著的是微波热效应的快速、选择性升温，使得反应体系更快地进行反应，同时，部分传统方法可能出现的副反应也得到了抑制，最终表现为更快的反应速率、更高的产物产率和纯度。还有部分化学合成中微波表现出明显的诱导催化效果，常规条件下没有催化活性的体系经微波处理时表现出催化反应的特点，或者明显提高了反应体系中催化剂的催化活性。在此基础上，研究者陆续提出了两类假说。

　　一种是在微波热效应基础上提出的"热点"理论[13,14]。以 2.45GHz 微波为例，其波长为12.2cm，材料形状不同、在微波反应腔体内位置不同，以及微波腔体本身的形状不同，均会导致不同的微波能分布。在微波反应时，在反应物中产生一定的温度场，表现出受热不均的状态。其中有部分热点及过热区域成为反应的活性位点。液体的泡核沸腾需要由紧紧贴着容器壁的一层过热液体为产生气泡提供足够的能量，这层液体的温度要略高于正常沸点，同时需要器壁来提供气泡产生的核心。对于普通加热，器壁温度高于所加热的液体，因此液体能够在正常沸点下沸腾。而微波直接加热器皿内的液体，器壁温度反而比液体温度还低，液体需要超过正常沸点较高的温度，才能保证器壁温度超过液体的正常沸点，产生气泡。因此，微波加热容易使液体在过热的状态沸腾，过热温度甚至可达 26℃[15]。这解释了许多微波回流有机合成速率比传统的回流有机合成要快得多的原因。

　　另一种观点认为，除了纯粹的热效应，微波处理中还存在一些非热效应[16,17]。例如，NO

还原反应的实验研究对比发现，无微波辐照时 TGA 测得的反应活化能为 64kJ/mol[18]，微波辐照后反应活化能明显降低，只有 18kJ/mol[19]。这些反应显示微波处理除了热效应，还有部分能量被材料分子吸收，改变了材料的分子内部能级变化，使分子处于活化状态，从而促进了反应的进行。

5.2.3　微波合成中存在的问题

微波手段相比传统手段表现出诸多优点，但是微波过程中还是存在一些问题有待解决。

（1）热失控。材料的电导率、磁导率和介电常数等参数与温度有关。在微波反应过程中，如果相关参数形成正反馈，反应体系温度会迅速提高，这种现象称为热失控[20]。图 5.2 是在微波处理时，陶瓷的热平衡温度随功率变化的曲线，在图中 A 点的热平衡随时可能破坏，陶瓷温度升高到 B 或者 C 点的值。合理地利用热失控可以用于微波干燥、微波熔化金属等，但更多情况下热失控有可能损坏反应物和微波设备。为了避免热失控的产生，需要在实验设计时加以注意，更需要对微波设备进行优化。

（2）加热不均和热点。如前所述，微波具有无需辐射传热而直接加热反应物的特点，但是由于微波场和材料的形状影响，反应物中还是会有温度分布不均、部分地方出现热点的现象，影响了对反应的精确控制，同时对反应体系的温度测量造成了不利的影响。热点可能是促进部分反应的重要因素，但是对很多反应也会造成负面影响。实际使用中需要通过微波同时转动或搅拌反应物的方式来尽量使反应物均匀受热。

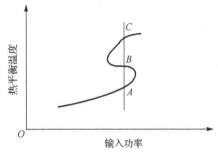

图 5.2　陶瓷在微波加热过程的 S 形曲线[21]

5.3　液相微波合成

燃料电池是一种在等温下直接将储存在燃料和氧化剂中的化学能高效转变为电能的放电装置。燃料电池的发电原理与一般的化学电池相同，都是由两个电极提供电子转移的场所，阳极进行燃料的氧化，阴极进行氧化剂的还原，电子通过外电路做功。从工作方式上说，燃料电池与内燃机相似，都是将燃料、氧化剂储存在外部，工作时向装置中输入燃料、氧化剂，排出反应产物，同时产生一部分废热。因此，燃料电池装置本身决定了输出功率，输出的总能量在燃料电池的寿命范围内受燃料、氧化剂储量的限制。燃料电池具有效率高、环境友好、适用范围广等优点，是未来很有希望取代热机的能量转换装置。

质子交换膜燃料电池（PEMFC）是启动和停止最快（小于 30min）、工作温度最低（室温至 140℃）的一种燃料电池，因此特别适合作为交通工具、移动装备电源和重要建筑物备用电源。PEMFC 目前仍然需要使用贵金属催化剂，其中最常用的是 Pt/C，即将 Pt 纳米颗粒分散在碳载体上。

制备 Pt/C 催化剂可以采用浸渍法和胶体法[8-11]。但是前者的缺点是制备的催化剂中 Pt 颗粒直径过大且不均匀，而后者的缺点是制备的过程十分繁复。经过改进的多元醇还原法已经成功应用于高载量（40%）、高活性的 Pt/C 催化剂的合成中[22]。但是这种方法耗时较长，需要 3～6h。

因此，需要一种更有效的方法以节约合成高分散、高载量的 Pt/C 催化剂所需的时间。微波合成法已经被证明是一种有效的合成纳米颗粒的方法[23-27]。多元醇具有较大的介电常数，例如，乙二醇(EG)在 25℃下的相对介电常数为 41.4，且多元醇的介电损耗也较大，因此，乙二醇能够有效吸收微波能量并快速升温。此外，在溶液中悬浮的碳载体同样会强烈吸收微波，在局部形成过热点，使 Pt 的还原反应速率明显提高。这是采用微波-多元醇还原法快速制备 Pt/C 催化剂的理论基础。Chen 等[28-30]报道了采用微波-多元醇还原法制备了 Pt 颗粒直径小且尺寸均匀的碳纳米管载 Pt 催化剂，但是 Pt 载量不高。宋树芹等改进了这种方法，采用微波法合成了最高 50%Pt 载量的 Pt/C 催化剂，并且反应在 2min 内完成。

　　制备过程如下：首先，在烧杯中加入乙二醇，随后加入氯铂酸，用超声处理使氯铂酸加速溶解在乙二醇中。然后，将 XC-72R 炭黑加入溶液中，滴加 1mol/L NaOH 乙二醇溶液调节 pH 到 10，搅拌并超声 30min 使炭黑均匀悬浮在溶液中。再次，在微波炉中间歇加热，每次加热 5s，重复多次。为了促进悬浮在溶液中的 Pt 微粒在碳载体上吸附，在溶液冷却后，加入盐酸调节 pH 到 3。之所以采用间歇微波而不是连续微波，是因为采用连续微波会使悬浮液中碳载体周围温度过高，Pt 颗粒发生聚结，使形成的催化剂 Pt 颗粒过大。采用脉冲微波-多元醇还原法(PMP)制备的催化剂理论载量分别为 40%、50%。制备的催化剂分别标记为 40% Pt/C-PMP 和 50% Pt/C-PMP。另外采用 Johnson Matthey 公司生产的商用 50%Pt/C 催化剂作为对照组，标记为 50% Pt/C-JM。

　　图 5.3 为催化剂的 XRD 谱，从图中可以看到 Pt 的特征峰，分别对应 Pt 的(200)、(220)、(311)晶面，表明 Pt 的结构是面心立方(FCC)结构。采用(220)峰根据谢乐(Scherrer)公式[31]估算 Pt 的颗粒尺寸。计算结果表明，40%Pt/C-PMP 和 50%Pt/C-PMP 中 Pt 的直径分别为 3.1nm 和 2.9nm，小于 50% Pt/C-JM 的直径(3.5nm)。

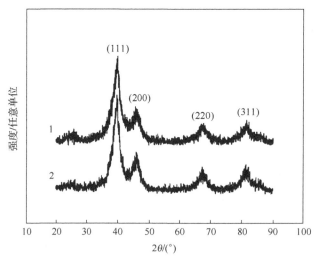

图 5.3　催化剂的 XRD 谱[12]

1-40%Pt/C-PMP；2-50%Pt/C-PMP

　　图 5.4 是 50%Pt/C-PMP 的 TEM 照片，Pt 颗粒的直径较为均匀。从图中可以统计出 50% Pt/C-PMP 催化剂中 Pt 的粒径分布，如图 5.5 所示。从粒径分布来看，平均粒径约为 2.7nm，与用 XRD 结果计算出的相近。同时从图中可以看出，Pt 粒径分布的范围很窄。

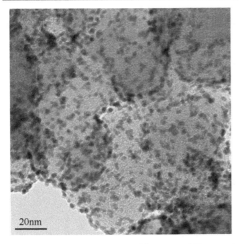

图 5.4　50%Pt/C-PMP 的 TEM 照片

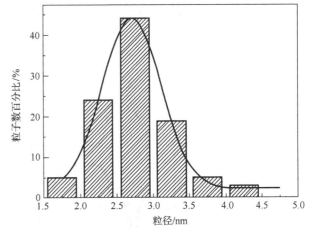

图 5.5　50%Pt/C-PMP 中 Pt 的粒径分布

电催化剂的一个重要性能指标是电化学活性比表面积(ECSA)。ECSA 指的是单位质量的催化剂中可供电化学反应发生的活性表面积,单位是 m²/g。ECSA 可以通过某些在催化剂表面上发生吸附、电化学反应而后脱附的物质间接得到。一般采用循环伏安法(CV)测试。

CV 测试得到 ECSA 的基本原理如下。

(1)选择一种能够吸附在催化剂的活性表面上且基本上是单层吸附的化学物质。

(2)选择合适的电位范围,在这个范围内能够使上面选择的物质产生并吸附在催化剂表面或者从催化剂表面脱附,然后通过外部加入或者电化学反应产生的方法使上面选择的物质吸附到催化剂的表面。

(3)通过一个三角波电压源提供所需的电压,同时记录通过电极的电流。当电压扫描到使选择的物质从催化剂表面吸附或者脱附时,都能产生一个可见的电流峰,称为吸脱附峰。

(4)利用吸脱附峰中电流对于时间的积分可以求出电量,从而换算出发生反应的物质的量,根据单层吸附的模型,可以计算出催化剂的 ECSA。

对于 Pt/C 催化剂可以采用氢原子吸脱附法或者一氧化碳(CO)吸脱附法,通过计算相应的吸脱附峰的积分面积来计算 ECSA。这里采用氢原子吸脱附法。CV 测试在 0.5mol/L 的硫酸溶液中进行。上述三种不同 Pt/C 催化剂的 CV 曲线如图 5.6 所示。从中可以计算出 Pt 的 ECSA,再通过 Pt 的直径计算出 Pt 颗粒的表面积,将 ECSA 除以 Pt 颗粒的表面积,可以计算出 Pt 颗粒的利用率,结果如表 5.2 所示。

计算表明,即使在 50%这么高的载量下,微波-多元醇还原法依然能够使合成的催化剂达到令人满意的 Pt 分散性和很高的活性,与商用 Pt/C 催化剂相当。

催化剂的氧还原性能显著影响燃料电池的性能,氧还原反应为

$$O_2 + 4e^- + 4H^+ \Longrightarrow 2H_2O \tag{5.7}$$

为了衡量催化剂的氧还原催化活性,需要测试催化剂在氧气饱和的硫酸溶液中的电极化曲线,结果如图 5.7 所示。显然,40% Pt/C-PMP 极限电流密度最大,且性能高于商用 Pt/C 催化剂。这与之前测得的 ECSA 结果相符。

采用脉冲微波-多元醇还原法制备 Pt/C 催化剂,通过在多元醇还原法中引入微波合成的方

法,使反应时间由原来的 3～6h 缩短至不到 2min,且制备的催化剂性能较商用催化剂更加优越,充分体现了液相微波合成的高效性。

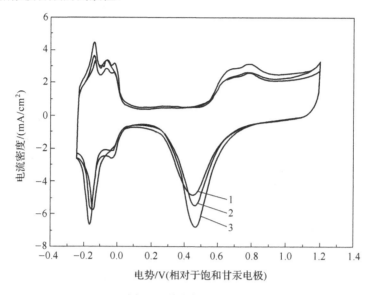

图 5.6　催化剂的 CV 图

1-50%Pt/C-JM；2-40%Pt/C-PMP；3-50% Pt/C-PMP

表 5.2　不同催化剂的 Pt 利用率[12]

催化剂名称	Pt 直径/nm	Pt 颗粒比表面积/(m²/g)	催化剂的 ECSA/(m²/g)	Pt 利用率/%
50%Pt/C-JM	3.5	80.1	40.5	50.6
40%Pt/C-PMP	3.1	90.4	48.9	54.5
50%Pt/C-PMP	2.9	96.7	48.8	50.5

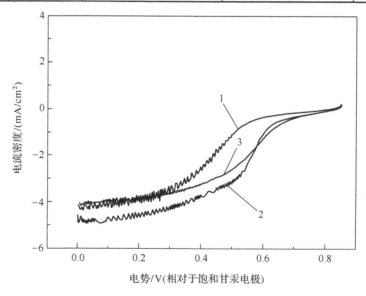

图 5.7　催化剂的电极化曲线[12]

1-50%Pt/C-JM；2-40%Pt/C-PMP；3-50% Pt/C-PMP

5.4　固相微波合成

5.4.1　间歇微波法合成 WO₃-C 复合材料用于直接甲醇燃料电池

在各种燃料电池中，直接甲醇燃料电池（DMFC）由于可以直接使用容易储存的液体甲醇作为燃料，非常适用于可携带式发电装置。但是 Pt/C 催化剂对甲醇氧化的效率不高且容易发生CO（甲醇氧化的中间产物）中毒，因此对于阳极催化剂的改进是 DMFC 研究的重点之一。

对 Pt 催化剂的改进可以通过在 Pt 中掺杂其他贵金属或非贵金属实现，如 Pt-Ru[32]、Pt-Ru-Os[33]、Pt-Ru-Ir[34]等合金催化剂，也可以通过改变 Pt 颗粒的粒径、微观结构、电子结构实现。此外，还可以采用在催化剂中添加金属氧化物的方法。例如，TiO_2[35]、ZrO_2[36]、MoO_3[37]、CeO_2[38,39]、SnO_2[40]等能够明显提高催化剂的甲醇氧化性能，减少催化剂中毒。特别是 WO_3[41,42]，由于它具有良好的导电性，且能够吸附一部分氢原子为 Pt 催化剂空出一些活性位点，能够明显提高Pt 催化剂的甲醇氧化性能。

由于 Pt 催化剂的载体——炭黑具有良好的微波吸收性能，Ye 等[43]采用间歇微波法成功地合成了 WO₃-C 复合材料，用作 DMFC 催化剂 Pt 的载体。

首先将 XC-72 炭黑、钨酸铵加入无水乙醇，搅拌 30min 形成均匀的炭黑悬浮液。然后在60℃热风干燥 20h 形成均匀的炭黑、钨酸铵混合物，研磨混合物使样品颗粒更细。将得到的混合物在 700W 家用微波炉中间歇加热，每次 10s，加热 3 次。过程中钨酸铵发生分解，即

$$(NH_4)_{10}W_{12}O_{41} \xrightarrow{\triangle} 10NH_3\uparrow + 12WO_3 + 5H_2O \tag{5.8}$$

生成的 WO_3 与 C 在高温加热下形成复合物。最后将 Pt 催化剂担载到制备的 WO₃-C 复合物上，采用的方法是 5.3 节中介绍的微波-多元醇还原法。这种催化剂标为 Pt/WO₃-C。取一部分制备的 Pt/WO₃-C 催化剂，在管式炉中通入 N_2，200℃加热 2h，以加强 Pt 和 WO_3 的相互作用。加热后的催化剂标为 Pt/WO₃-C-HT。同样地，将 Pt 催化剂用相同的方法和步骤担载到 XC-72 炭黑上。以上三种催化剂的理论 Pt 载量相同，都是 10%。为了证明生成物是 WO₃-C，采用 XRD进行测试，结果如图 5.8 所示。

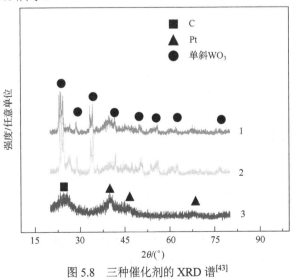

图 5.8　三种催化剂的 XRD 谱[43]

1-Pt/WO₃-C-HT；2-Pt/WO₃-C；3-Pt/C

从 XRD 谱中可以看出，微波加热后确实生成了单斜 WO$_3$。为了测试制得的催化剂的甲醇氧化性能，采用 CV 测试。CV 测试是指在电极上通过连续变化的三角波电压，如图 5.9 所示。

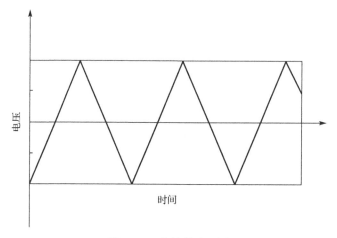

图 5.9　三角波的波形图

当电位在一定区间内时，会发生特定电化学反应，在 CV 图上表现为一个电流峰值。测试甲醇氧化性能的电解液是 0.5mol/L 硫酸溶液，在其中加入 0.5mol/L 的甲醇。得到的 CV 图如图 5.10 所示。可以看出，Pt/WO$_3$-C 和 Pt/C 的甲醇氧化电流密度相差不大。但是 Pt/WO$_3$-C-HT 的甲醇氧化电流密度提升十分明显。这说明在提高甲醇氧化性能方面，WO$_3$ 与 Pt 之间的相互作用十分重要。

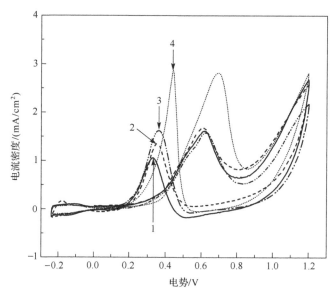

图 5.10　甲醇-硫酸溶液中催化剂的 CV 图[43]

1-Pt/C；2-Pt/ C-HT；3-Pt/WO$_3$-C；4-Pt/WO$_3$-C-HT

当采用 CV 测试催化剂的 ECSA 时，对于含有 WO$_3$ 的 Pt 催化剂，由于 WO$_3$ 也能吸附和脱附氢原子，且吸脱附峰和 Pt 相互重叠，采用 CO 的吸脱附峰计算 ECSA 较为合适。CO 吸脱附法测试在硫酸溶液电解质中进行。先通入 CO 一段时间后，催化剂 Pt 表面活性位将会全部被

CO 分子占据。停止通入 CO 并进行 CV 测试。在第一个循环的时候，会出现一个 CO 的脱附峰，由 CO 的氧化脱附产生。由于在第一个循环中 CO 已经完全氧化脱附，第二个循环的过程中脱附峰将不会出现。将 CV 测试第一圈的脱附峰区域内的部分减去第二圈相同位置的平台，就得到脱附峰的净值。图 5.11 为催化剂的 CO 吸脱附测试图。通过积分 CO 的吸脱附峰可以计算得到三种催化剂的 ECSA，如表 5.3 所示。

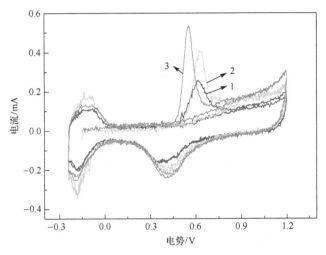

图 5.11　三种不同催化剂的 CO 吸脱附测试图[43]

1-Pt/C；2-Pt/WO₃-C；3-Pt/WO₃-C-HT

表 5.3　三种催化剂的 ECSA[43]

名称	ECSA/(m^2/g)
Pt/C	72.1
Pt/WO₃-C	114.8
Pt/WO₃-C-HT	133.1

从表 5.3 可以看出，通过微波法合成的 WO₃-C 复合材料制备的 Pt 催化剂相对于原始的 XC-72 炭黑载体，ECSA 明显提高。通过热处理，催化剂的 ECSA 再次提高。从图 5.11 中还可以看出，经过热处理的 Pt/WO₃-C-HT 的 CO 氧化脱附峰起始位置比另外两种催化剂都要提前。文献[44]提及 Pt 能够将吸附的 CO 转移到邻近的含有 OH 基团的 WO₃ 上，并在 WO₃ 上快速氧化 CO，从而使 Pt 上自由的活性位点增加，这也带来了 CO 氧化脱附电流的显著提高。由于 WO₃-C 本身对于 CO、甲醇没有催化活性，可以更加确定地说明 Pt/WO₃-C-HT CO 氧化能力和甲醇催化活性的提高都来源于 WO₃ 与 Pt 之间的相互作用。

为了测试催化剂在甲醇溶液中工作的稳定性和抗毒化性能，采用计时电流法测试，结果如图 5.12 所示。在 0.6V 下，Pt/WO₃-C 催化剂的电流密度衰减略比 Pt/C 慢一些，而 Pt/WO₃-C-HT 的电流密度衰减显著慢于另外两者。在 0.4V 下 Pt/WO₃-C 与 Pt/C 的电流衰减已经很难区分，而 Pt/WO₃-C-HT 的电流密度衰减依旧显著慢于另外两者。因此 Pt/WO₃-C 在甲醇氧化中的稳定性要高于 Pt/C，而 Pt/WO₃-C-HT 的稳定性显著高于另外两种催化剂。结合之前 Pt/WO₃-C-HT 的 CO 氧化脱附峰起始位置比另外两种催化剂都要提前一些，可以认为稳定性的提高是由 WO₃ 与 Pt 之间强的相互作用所造成的。

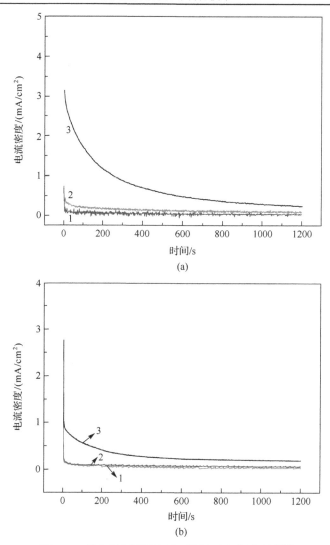

图 5.12　催化剂在不同电压下的计时电流测试图[43]

(a) 0.6V（相对于饱和甘汞电极）；(b) 0.4V（相对于饱和甘汞电极）

1-Pt/C；2-Pt/WO₃-C；3-Pt/WO₃-C-HT

为了进一步弄清 WO₃ 和 Pt 在碳载体上的形态，研究催化剂的微观结构，采用 TEM 观察制备的催化剂的形貌，如图 5.13 所示。

由图 5.13(a) 可以看到，3nm 左右直径的 Pt 颗粒均匀分布在碳载体上。而在图 5.13(b) 中，WO₃ 的粒径在 6～15nm 分布，且 WO₃ 的晶面间距在 0.382nm，与单斜 WO₃ 相符。较小的 WO₃ 颗粒对于 Pt 颗粒在碳载体上的均匀分散有利，且有利于 Pt 与 WO₃ 界面的最大化。图 5.13(c) 显示了 Pt 颗粒在 WO₃-C 复合载体上的分散情况。虽然 Pt、WO₃ 颗粒的微结构难以分辨，但是还是可以看出 Pt、WO₃ 颗粒在炭黑上分布十分均匀。对比图 5.13(c) 和 (d)，Pt 和 WO₃ 的粒径并没有显著地变化，但是可以看出，相对于图 5.13(a) 中的 Pt/C，Pt 的形状和颗粒尺寸发生了变化，这可能是由 WO₃ 和 Pt 之间的相互作用造成的。WO₃ 与 Pt 之间的相互作用有利于吸附的氢原子在 Pt 与 WO₃ 之间相互转移，从而提高了 Pt 上的空余电化学活性位点，ECSA 的测试结果也证实了这一点。

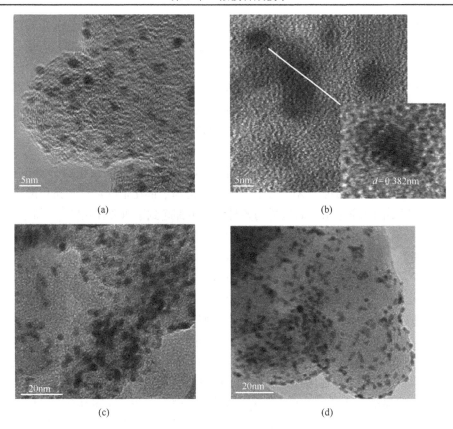

图 5.13　催化剂的 TEM 照片[43]

(a) Pt/C；(b) WO₃-C；(c) Pt/WO₃-C；(d) Pt/WO₃-C-HT

在进行 TEM 表征的同时，还利用能量色散 X 射线谱仪（EDAX）测试了催化剂的元素组成，结果如表 5.4 所示。综合 XRD、TEM、EDAX 的分析结果，确定了通过微波合成的方法，WO_3 和炭黑成功地形成了复合物。

表 5.4　催化剂样品的 EDAX 元素分析结果[43]

样品名称	C 含量/wt%	W 含量/wt%	Pt 含量/wt%	O 含量/wt%
WO₃-C	84.75	9.11	—	6.14
Pt/WO₃-C	74.65	9.03	9.46	6.86
Pt/WO₃-C-HT	72.28	9.28	9.81	8.63

在这个例子中，微波合成充分体现了高效、简单的特点。微波合成反应只用了不到一分钟的时间，就达到了传统方法数小时的加热效果，而所用的设备是普通的家用微波炉稍加改造而成。因此，微波合成并不神秘，反而能够化繁为简。

5.4.2　间歇微波法制备掺氮石墨烯用于质子交换膜燃料电池中的 Pt 催化剂载体

目前，质子交换膜燃料电池（PEMFC）仍然主要使用贵金属催化剂，其中使用最广泛的催化剂是 Pt/C，即 Pt 以纳米颗粒形式分散在碳载体上。碳载体具有较高的导电性和电化学稳定性，但在 PEMFC 中强酸性的环境加上启动和停止时的高电位下仍会被氧化腐蚀。碳载体的氧化使分散在碳载体上的 Pt 纳米颗粒聚集成大颗粒，甚至从碳载体上脱落，造成 Pt/C 催化剂在使用过程中性能逐渐衰减。因此研究更加稳定的催化剂载体，是延长 PEMFC 寿命、提高其稳定性、降低其使用成本的重要方法。

石墨烯为单层或层数很少的石墨，是一种极其重要的二维结构碳材料，具有很高的比表面积和强度，同时具有优异的电子传输性能及其他一些独特性能。因此，自从石墨烯在 2004 年被发现[45,46]以来受到了科学界的普遍关注，相关的研究和应用涉及了许多领域[47]，如传感器[48]、超级电容器等。由于石墨烯具有很高的导电性和稳定性，同时具有很高的比表面积，是 PEMFC 催化剂的理想载体。Xin 等[49]采用化学氧化-还原法制备出具有高比表面积的石墨烯，并应用于 DMFC 的 Pt 催化剂载体，相对于 XC-72 炭黑载体，提高了催化剂的活性和抗甲醇毒化性能。研究表明，对石墨烯的化学掺杂在石墨烯的各种应用中都起到了重要作用[50-55]。特别是氮掺杂，是一种有效提高石墨烯载流子密度的方法，能提高石墨烯的导电性和导热性[48,56,57]。对于 PEMFC 催化剂更有价值的是，氮掺杂能够在石墨烯表面上生成含氮官能团，起到锚定金属纳米颗粒的作用，从而加强催化剂和载体间的相互作用，提高催化剂的活性和稳定性[58]。

文献曾报道多种方法制备掺氮石墨烯，如氨气中加热[59]、氮等离子体注入[60]、化学气相沉积法[55,61]、电弧放电法[62]、水合肼水热法[63]、水合肼超声法[64]等。Xin 等[65]采用间歇微波法制备掺氮石墨烯，用于 PEMFC 催化剂的 Pt 载体，提高了催化剂的性能和稳定性。

合成掺氮石墨烯首先需要合成氧化石墨。如图 5.14 所示，氧化石墨的合成采用化学氧化法，以天然石墨为原料，硝酸、高锰酸作为氧化剂，在恒温水浴条件下加热足够长的时间，使天然石墨的表面和层间都发生氧化，产生许多含氧官能团，由于这些官能团具有亲水性，水分子和硫酸分子等也插入层间使天然石墨的层间距扩大，就生成了氧化石墨，氧化石墨中层间距的扩大，使下一步骤石墨烯制备中层与层分离变得容易。用 GO 来表示氧化石墨。

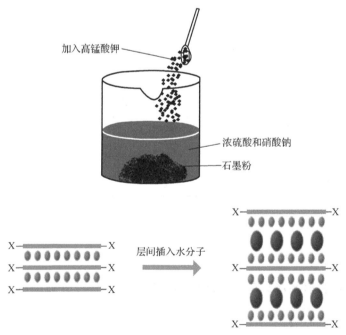

图 5.14　氧化石墨的制备
X 表示边缘的官能团，可能是氧、羟基等

制备的氧化石墨胶体经过反复洗涤,以除去其中的杂质离子。然后将含水的氧化石墨干燥、研磨,得到粉末状的氧化石墨。将盛有氧化石墨粉末并通入氮气保护的烧瓶放置在盛有碳粉的容器上,以碳粉为吸收微波的介质,在经过改装的 700W 家用微波炉中加热 1min。由于氧化石墨中层间的含氧官能团受热分解放出气体,氧化石墨层间距离进一步扩大,体积明显膨胀,最后氧化石墨的层与层之间分离,生成薄片状的石墨烯[66,67]。用 G 来表示石墨烯。

然后,用微波法制备掺氮石墨烯。取石墨烯 100mg,放入烧瓶中。通入氨气,流量为 200mL/min,持续 5min,以排除烧瓶中的空气。然后微波照射 1min,间隔 2min,重复 4 次。微波使烧瓶中的石墨烯加热到红热。停止加热后,继续通入氨气直到烧瓶冷却到室温。用 NG 来表示掺氮石墨烯,如图 5.15 所示。

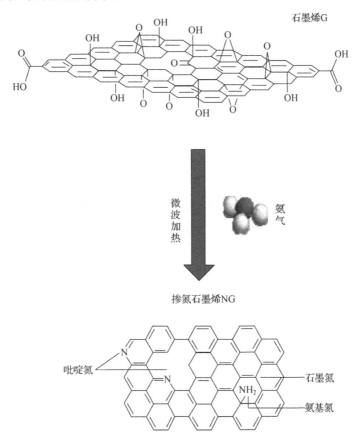

图 5.15　掺氮石墨烯的制备

分别取未掺氮的石墨烯 G 和掺氮石墨烯 NG 作为 Pt 催化剂的载体,采用改进自 5.4.1 节中的方法。首先将 G 和 NG 分别加入乙二醇(EG)中,超声使固体分散在乙二醇中形成悬浮液。然后,加入适量氯铂酸($H_2PtCl_6 \cdot 6H_2O$)的乙二醇溶液,使理论 Pt 载量都为 20wt%。然后用少量浓度为 1mol/L 的 NaOH 的乙二醇溶液调节溶液 pH 为碱性以促进 Pt 的还原。将溶液放入微波炉中间歇加热,加热 10s,间隔 20s,重复 10 次,此时溶液沸腾。待溶液冷却到室温后,加入适量的浓度为 1mol/L 的 HCl 溶液调节,使其呈酸性,使 Pt 颗粒沉积在载体上。静置 3h 后,将溶液过滤、水洗、干燥后分别得到以 NG、G 为载体的 Pt 催化剂,标记为 Pt/NG、Pt/G。为了测试 Pt/NG、Pt/G 的 Pt 载量,采用热重分析法。将样品放入热重仪中,在空气气氛下,采用

10℃/min 的速率从室温一直上升到 800℃。由于 NG、G 高温下逐渐被氧气氧化为二氧化碳，Pt 在空气中加热到高温也不发生化学反应，在加热过程中实时测量样品的质量，加热到质量不变后剩余的质量就是 Pt 的质量。TG 曲线如图 5.16 所示，可以得到 Pt/NG、Pt/G 的 Pt 载量都是 20%。与理论值相符。

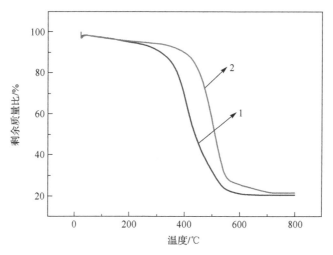

图 5.16　催化剂的 TG 曲线[65]

1-Pt/G；2-Pt/NG

为了测试微波法掺氮的效果，采用元素分析（表 5.5）和 XPS（表 5.6）对掺入的氮含量进行测试。元素分析表明，通过微波法掺氮，N 含量为 5.04wt%，且 O 含量降低。文献[59]报道，在 500℃下石墨烯掺氮的效率最高，此时四种含氮官能团都稳定，温度继续上升，吡咯氮和氨基氮含量将会由于高温分解而逐渐减少，吡啶氮和石墨氮含量则保持稳定。为了进一步分析掺入氮的键合类型，采用 XPS 测试 NG 样品。由 XPS 结果中吡啶氮的高含量，可以推断微波法掺氮的温度高于 500℃。

表 5.5　催化剂元素分析结果[65]

样品名称	C 含量/wt%	H 含量/wt%	O 含量/wt%	N 含量/wt%
G	82.72	1.57	15.71	—
NG	82.64	2.08	10.25	5.03

表 5.6　掺氮石墨烯中不同氮原子的相对含量[65]

样品名称	吡啶氮含量/at%	吡咯氮和氨基氮含量/at%	石墨氮含量/at%
NG	73.04	20.61	6.35

对比测试 Pt/NG、Pt/G 的催化性能、稳定性。首先用 CV 测试两种催化剂的 ECSA，结果如图 5.17 所示。

从氢的吸脱附峰积分得到两种催化剂的 ECSA 结果见表 5.7。可以看到，Pt/NG 的 ECSA 远大于 Pt/G，说明采用微波法制备的 NG 能够极大地提高石墨烯载体的性能。为了分析 NG 性能提高的原因，对石墨烯进行了 XRD 和 TEM 分析，结果如图 5.18 和图 5.19 所示。

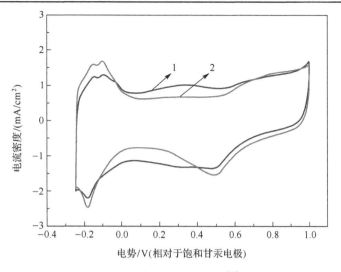

图 5.17 催化剂的 CV 图[65]

1-Pt/G；2-Pt/NG

表 5.7 两种催化剂的 ECSA[65]

样品名称	ECSA/(m²/g)
G	37.62
NG	80.45

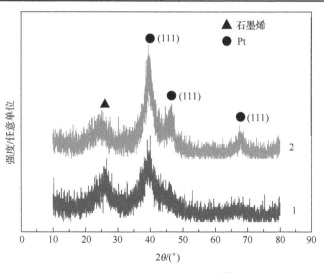

图 5.18 催化剂的 XRD 谱[65]

1-Pt/G；2-Pt/NG

从 XRD 谱中可见两种催化剂中的 Pt 为 FCC 结构，根据 Scherrer 公式估算两种催化剂中 Pt 颗粒的平均直径，Pt/G 中 Pt 的平均直径为 3.0nm，而 Pt/NG 中 Pt 的平均直径为 2.5nm。说明通过微波法掺氮提高了载体上 Pt 的分散性。图 5.19 的 TEM 照片和 Pt 颗粒的直径分布统计进一步证实了这一点，Pt 在 Pt/NG 上的分散要比在 Pt/G 上好。同时 TEM 照片统计出的 Pt 颗粒的平均直径与 XRD 计算值接近。

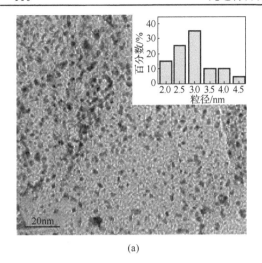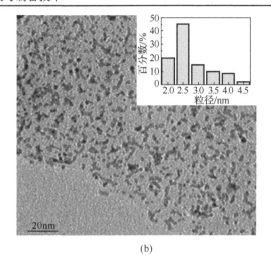

(a)   (b)

图 5.19　催化剂的 TEM 照片[65]

(a)Pt/G；(b)Pt/NG

以上结果证实了采用微波法对石墨烯掺氮，掺入的氮原子有利于 Pt 颗粒在石墨烯载体上的分散，从而提高催化剂的 ECSA。为了研究催化剂的抗 CO 中毒能力，可以采用 5.4.1 节中介绍过的 CO 吸脱附法测试。测试结果如图 5.20 所示。

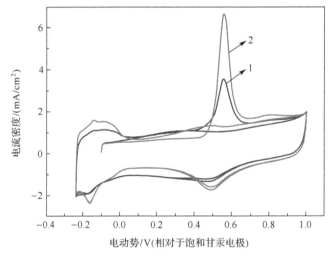

图 5.20　催化剂的 CO 吸脱附法测试[65]

1-Pt/G；2-Pt/NG

从图 5.20 中可以计算 CO 的脱附电流，Pt/NG 的脱附电流最大达到 6.37mA，比 Pt/G 大一倍以上，说明 NG 能够提高 Pt 催化剂的抗 CO 中毒能力。因为甲醇氧化中 Pt 催化剂的性能容易受到反应中间产物 CO 的毒化而降低，由于 Pt/NG 的抗 CO 中毒能力提高，可以推测 Pt/NG 的甲醇氧化性能也会比 Pt/G 提高。甲醇氧化 CV 图证明了这一点，图 5.21 中 Pt/NG 的电流密度明显高于 Pt/G。

根据文献报道，掺入的氮原子有利于 Pt 催化剂与石墨烯的相互作用，提高催化剂稳定性。为了测试催化剂的稳定性，采用不断重复的 CV 扫描使催化剂老化。每扫描一定次数后，用 CV

法测量催化剂的 ECSA 并作图。如图 5.22 所示，显然 Pt/NG 的稳定性要高于 Pt/G。这说明对石墨烯掺氮有助于提高石墨烯载体的稳定性。

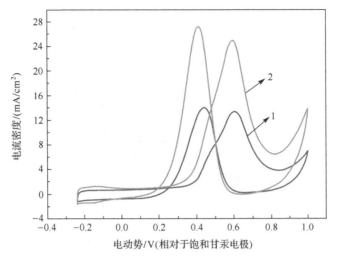

图 5.21　甲醇氧化 CV 图[65]

1-Pt/G；2-Pt/NG

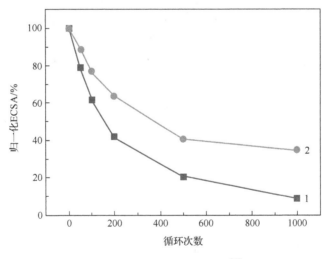

图 5.22　ADT 加速老化测试[65]

1-Pt/G；2-Pt/NG

　　综上所述，用微波法制备掺氮石墨烯，明显提高了石墨烯作为 Pt 催化剂载体的分散性和稳定性，同时提高了催化剂的抗 CO 中毒性能。采用微波法掺氮，相对于传统的管式炉方法，不仅装置大为简化，而且加热速率显著提高，从而明显缩短了实验时间。

5.4.3　微波法合成超薄 g-C_3N_4 用于光催化还原 CO_2

　　目前随着化石能源的短缺和环境污染的日益严重，发展新的可再生能源成为人类未来可持续发展之路的必然选择。在可再生能源中，太阳能由于具有分布广泛、总能量高、清洁无污染的特点，是未来很有希望大规模应用的能源之一。

利用太阳能的方法有许多，太阳能光化学转化是其中重要的一种。利用太阳能光化学转化能够将太阳能转化为化学能，如氢能、有机物等，从而使太阳能容易储存、运输，并更容易进一步利用。同时，太阳能光化学转化也能够用于降解有机污染物或者还原重金属离子。太阳能光化学转化的核心是光催化材料的开发。目前，光催化材料的理论和实验研究工作已经取得了很大进展，一些光催化材料已经运用于生产和生活中，如生活中可见的"光触媒"。但是，目前光催化剂仍然面临着两方面的问题：一方面，光子的利用率需要提高；另一方面，目前实际应用的光催化剂主要是利用紫外线工作的，由于照射到地面的阳光中紫外线的能量只占 5%，而可见光占 47%，如果光化学转化不能在可见光下进行，就谈不上有效利用阳光。Zou 等[68]不断致力于研究可见光响应的多元金属氧化物光催化剂，发现了一系列具有可见光吸收的光催化半导体，其中 InTaO$_4$ 的工作发表在 2001 年的 *Nature* 上。

2009 年，Wang 等[69]开发出了一种新型的可见光响应的光催化剂——石墨结构的 C$_3$N$_4$(g-C$_3$N$_4$)，并发现它具有优异的光催化水分解性能。随后许多研究人员在 g-C$_3$N$_4$ 光催化性能研究和改进上做了大量工作。但是，通常烧结法合成的 g-C$_3$N$_4$ 比表面积很小，限制了其光催化性能的提高。而介孔 g-C$_3$N$_4$[70]虽然具有大的比表面积，但是合成过程需要用到模板，明显增加了合成的复杂性。高军[71]采用固相微波合成的方法，通过简单的步骤制备出了大比表面积的超薄片状 g-C$_3$N$_4$，并研究了其在可见光下对 CO$_2$ 光催化还原的性能。

微波合成采用三聚氰胺为原料。取 6g 三聚氰胺粉末置于 20mL 氧化铝坩埚中。然后将坩埚半埋入 100mL 氧化铝坩埚中装的氧化铜粉末中。在这里，氧化铜粉末作为加热介质，承担着吸收微波并且产生高温的功能。氧化铜是一种半导体，具有一定的导电性。氧化铜吸收微波的机理既有电阻损耗机理也有介电损耗机理。将 100mL 坩埚放入 800W 家用微波炉中，用 100% 功率连续加热 25min。冷却到室温后，取出样品研磨。用同样的方法合成另外两份样品，然后分别用马弗炉在 500℃煅烧 7h、25h。未烧结的样品标记为 S0，另外两份烧结过的样品分别标记为 S7 和 S25。对照组采用通常的固态烧结法合成。将 6g 三聚氰胺粉末置于 20mL 氧化铝坩埚中，在马弗炉中以 500℃煅烧 2h，将样品在空气中冷却至室温后研磨，标记为 S-C。

制备的催化剂用来光催化 CO$_2$ 还原为 CH$_4$。此反应具有重要的现实意义，因为它能够消耗产生温室效应的 CO$_2$ 气体并生成有用的燃料。该反应的方程是

$$CO_2 + H_2O \xrightarrow{h\nu} CH_4 + O_2 \qquad (5.9)$$

催化反应的机理是：光催化剂 g-C$_3$N$_4$ 在可见光照射下会产生光生电子和空穴，价带中的光生空穴能接受水中的电子，生成氧气。而光生电子能够将 CO$_2$ 还原为 CH$_4$。为了表征样品的光催化还原性能，采用光催化实验装置来进行反应。生成物甲烷的产量用气相色谱来检验，结果如图 5.23 所示。可见采用微波合成的 S25 表现出了很高的活性，比采用固态烧结法合成的 S-C 的活性高得多。但是只用微波合成未经再次烧结的 S0 的活性(未在图中显示)比 S-C 都低。为了研究这个问题，必须分析材料的结构。

对于 CO$_2$ 的光催化还原反应，催化剂对反应物 CO$_2$ 的吸附能力及催化剂的电子能带结构对于催化效率都有明显的影响。因此可以从这两个方面入手探讨实验结果产生的原因。采用氮气等温吸脱附曲线计算得到比表面积，各样品的比表面积如表 5.8 所示。微波合成的 S25 的比表面积远远高于 S-C，而 S0 的比表面积比 S-C 提高很少。由此可以推测微波合成的 S25 对 CO$_2$ 的吸附能力要远高于 S-C。CO$_2$ 的吸脱附曲线(图 5.24)证实了这个说法，S25 的 CO$_2$ 吸附能力是 10.4cm^3/g，远高于 S-C 的 0.73cm^3/g。

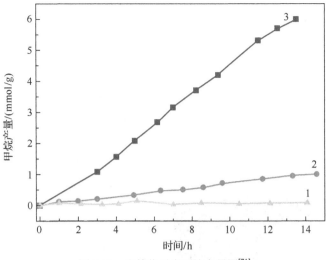

图 5.23　光催化反应甲烷产量图[71]

1-暗反应；2-S-C；3-S25

表 5.8　样品比表面积与烧结方法和时间的关系[71]

样品名称	比表面积/(m^2/g)
S-C	7~8
S0	14.5
S7	116.7
S25	212.6

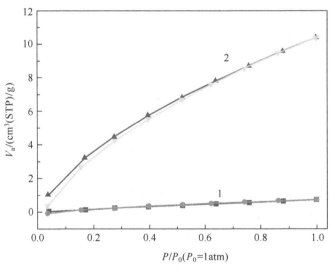

图 5.24　CO_2 吸脱附曲线（298K）[71]

1-S-C；2-S25

　　几个光催化剂样品的元素分析测试如表 5.9 所示。从元素分析结果可以看出，微波合成的样品 S7、S25 的 H 含量要明显高于固态烧结法合成的样品 S-C。由于氢原子反映了氨基（—NH_2）、亚氨基（—NH—）的存在，而这些基团呈碱性，有利于酸性气体 CO_2 的吸附，这也能够部分解释 S25 的 CO_2 吸附能力明显高于 S-C 的实验结果。

表 5.9　不同样品的元素分析结果[71]

样品名称	原子比（C∶N∶H）
S-C	3∶4.7∶0.0
S0	3∶4.54∶2.0
S7	3∶4.21∶8.2
S25	3∶4.21∶8.2

从样品的 TEM 照片（图 5.25）可以看出，S0 与 S-C 类似，样品的粒径都在 0.5μm 左右，很厚，以至于电子无法透过，形成黑色阴影。S0 的边缘较 S-C 的薄一些。随烧结时间延长，样品逐渐变小变薄。到了 S25，已经变成粒径 50nm 的微粒，非常薄，电子可以轻松通过。烧结过程中发生的变化如图 5.26 所示。此过程的发生得益于微波合成的样品 S0 具有很多缺陷。在后续的烧结过程中，原本块状的 g-C$_3$N$_4$ 在缺陷处发生分解，产生气体，使块状催化剂逐渐崩解成小片状，最后得到极薄极细的颗粒。

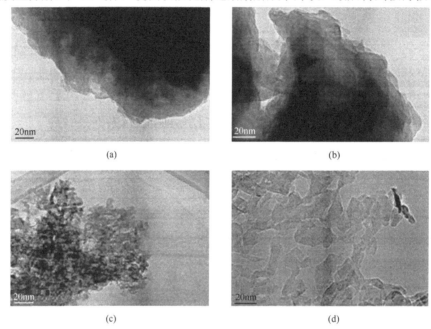

图 5.25　不同合成方法和烧结处理时间的样品 TEM 照片[71]

(a)S-C；(b)S0；(c)S7；(d)S25

为了证实微波合成的样品 S0 的缺陷比固态烧结法合成的样品 S-C 多，采用荧光光谱分析法分析，见图 5.27。一般认为，在共轭聚合物中，缺陷会降低荧光的强度。从荧光光谱图中可以看出 S0 的荧光强度明显低于 S-C，证明 S0 的缺陷确实较多。而 S25 的荧光强度最小，说明其缺陷最少。缺陷能够促进光生电子-空穴对的复合，对于光催化的量子效率有负面影响，因此较少的缺陷也是 S25 的光催化还原 CO$_2$ 性能较高的原因之一。

采用 XRD 研究样品的结晶性，如图 5.28 所示。所有的样品都存在两个衍射峰，表明采用微波合成的 g-C$_3$N$_4$ 在晶体结构上与固态烧结法制备样品一致。13° 的小衍射峰对应于 g-C$_3$N$_4$ 的 (100) 晶面衍射，体现了 g-C$_3$N$_4$ 同一层中的周期结构。27° 的大衍射峰对应于 g-C$_3$N$_4$ 的 (002) 晶面，体现了 g-C$_3$N$_4$ 层间的周期结构。观察右侧的 27° 衍射峰放大图，采用微波合成的样品，相对于固态烧结法制备样品，27° 峰向右移动。对于微波合成的样品，经过再次烧结，随烧结时间的延长，27° 峰逐步向右移动。通过计算，固态烧结法得到的 g-C$_3$N$_4$ 的晶面间距为 3.23nm，微波合成的 g-C$_3$N$_4$ 的晶面间距为 3.21nm，经过 25h 再次烧结的 g-C$_3$N$_4$ 的晶面间距已经降低到

3.18nm。说明采用微波合成的方法得到的样品相对于固态烧结法，结构更加致密，再次烧结处理能进一步提高结构的致密度。

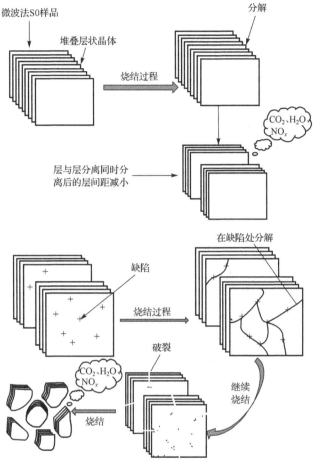

图 5.26　再次烧结过程中微波合成的 g-C_3N_4 变化示意图[71]

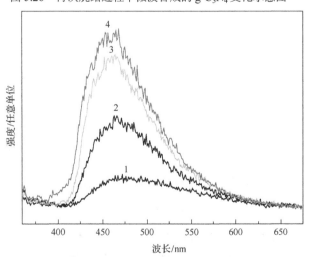

图 5.27　微波法制备的 g-C_3N_4 经过不同时间再烧结后样品及固态烧结法制备的
g-C_3N_4 的荧光光谱图(入射波长为 350nm)[71]
1-S25；2-S7；3-S0；4-S-C

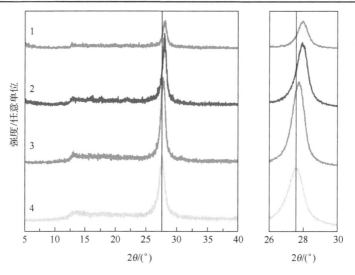

图 5.28　g-C₃N₄ 催化剂样品的 XRD 谱[71]

1-S25；2-S7；3-S0；4-S-C

除了光催化材料的 CO₂ 吸附性能，光催化材料的能带结构也能影响光催化剂还原 CO₂ 的性能。为了测定能带结构，采用紫外可见吸收光谱、XPS 得到带隙和价带位置，通过计算得到了不同催化剂的导带和价带，见图 5.29。S25 的带隙比 S-C 大而导带位置比 S-C 低。S25 具有较高的还原 CO₂ 的能力也部分得益于此。而带隙的增加是由于加热过程中 g-C₃N₄ 颗粒破裂成小块，使共轭结构部分破坏。此外，由于 S25 样品极薄，有利于使光生电子-空穴对扩散到催化剂表面参与光催化反应而不是在体内复合。

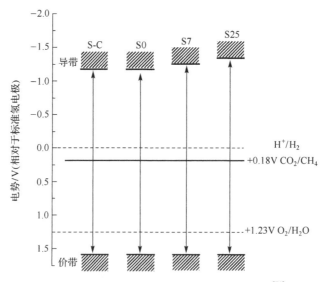

图 5.29　不同 g-C₃N₄ 样品的导带和价带位置图[71]

在超薄 g-C₃N₄ 的合成中，主要利用微波的快速升温特性，使三聚氰胺快速升温到反应温度，在短时间内进行聚合反应，使得到的产物具有很多缺陷和较多的氨基、亚氨基。这些缺陷在之后的再次烧结过程中发生分解，放出气体，使层状结构的 g-C₃N₄ 层间逐渐剥离，并破裂为小片,从而得到超薄的 g-C$_3$N$_4$。同时快速的加热聚合保留下来的氨基、亚氨基提高了对反应物 CO$_2$ 的吸附。因此,微波合成法在合成具有高催化性能的超薄 g-C$_3$N$_4$ 中扮演了不可替代的角色。

5.5　小　　结

微波合成是一种特点鲜明的合成方法。与通常的间接加热合成相比,合成的材料具有比表面积大、颗粒小、分散均匀等特点。在一些情况下,使用微波能够合成具有某些特别结构或者性质的物质。

但要注意到,微波合成也有其局限性。例如,只有能够有效吸收微波能量的物质才能直接采用微波合成法。对于微波吸收能力不强的物质,很难直接采用微波进行合成,而是需要添加额外的能吸收微波的物质,这使得微波合成的适用范围受到限制。

总之,微波合成是一种较为新颖的材料合成和制备方式。但微波合成速度快,材料内部温度分布很不均匀。如何控制和优化微波合成过程,仍然需要进一步研究。

参 考 文 献

[1] SORRENTINO R, BIANCHI G, WILEY J. Microwave and RF engineering[M]. New York: John Wiley & Sons, 2010.

[2] 王丽熙, 张其土. 微波吸收剂的研究现状与发展趋势[J]. 材料导报, 2005, 19: 26-40.

[3] LIDSTRÖM P, TIERNEY J, WATHEY B, et al. Microwave assisted organic synthesis: A review[J]. Tetrahedron, 2001, 57: 9225-9283.

[4] 吴贺君. 我国微波技术应用的发展现状及市场前景[J]. 长春师范大学学报: 自然科学版, 2012, 31: 45-46.

[5] BENGTSSON N. Development of industrial microwave heating of foods in Europe over the past 30 years[J]. J. Microwave Power Electronmagnetic and Energy, 2001, 36: 227-240.

[6] HAQUE K E. Microwave energy for mineral treatment processes: A brief review[J]. Int. J. Miner. Process., 1999, 57: 1-24.

[7] GANZLER K, SALGO A, VALKO K. Microwave extraction. A novel sample prepration method for chromatography[J]. J. Chromatogr., 1986, 371: 299-306.

[8] GEYDE R, SMITH F, WESTAWAY K, et al. Microwave assisted syntheses in household microwave ovens[J]. Tetrahedron. Lett., 1986, 27: 279-282.

[9] ADAM D. Microwave chemistry: Out of the kitchen[J]. Nature, 2003, 421: 571-572.

[10] KAPPE C O. Synthetic methods. Controlled microwave heating in modern organic synthesis[J]. Angew. Chem. Int. Ed., 2004, 43, 6250-6284.

[11] KAPPE C O. Microwave dielectric heating in synthetic organic chemistry[J]. Chem. Soc. Rev., 2008, 37:1127-1139.

[12] SONG S, WANG Y, SHEN P K. Pulse-microwave assisted polyol synthesis of highly dispersed high loading Pt/C electrocatalyst for oxygen reduction reaction[J]. J. Power Sources, 2007, 170: 46-49.

[13] BERLAN J, GIBOREAU P, LE FEUVRE S, et al. Synthese organique sous champ microondes: Premier exemple d'activation specifique en phase homogene[J]. Tetrahedron. Lett., 1991, 32: 2363-2366.

[14] LAURENT R, LAPORTERIE A, DUBAC J, et al. Specific activation by microwaves: Myth or reality?[J]. J.

Organ. Chem., 1992, 57: 7099-7102.

[15] HSIN Y L, LIN C F, LIANG Y C, et al. Microwave arcing induced formation and growth mechanisms of core/shell metal/carbon nanoparticles in organic solutions[J]. Adv. Funct. Mater., 2008, 18: 2048-2056.

[16] DE LA HOZ A, DIA Z-ORTIZ A, MORENO A. Micro waves in organic synthesis. Thermal and non-thermal microwave effects[J]. Chem. Soc. Rev., 2005, 34: 164-178.

[17] KAPPE C O, PIEBER B, DALLINGER D. Microwave effects in organic synthesis: Myth or reality?[J]. Angew. Chem. Int. Ed., 2013, 52: 1088-1094.

[18] DEGROOT W F, OSTERHELD T, RICHARDS G. Chemisorption of oxygen and of nitric oxide on cellulosic chars[J]. Carbon, 1991, 29: 185-195.

[19] KIM J, DONG S. Characteristics of microwave-induced NO decomposition on anthracite bed[J]. Fuel Sci. Techno. Int., 1993, 11: 1175-1183.

[20] AKKARI E, CHEVALLIER S, BOILLEREAUX L. Observer-based monitoring of thermal runaway in microwaves food defrosting[J]. J. Process Contr., 2006, 16(9): 993-1001.

[21] KRIEGSMANN G A. Thermal runaway in microwave heated ceramics: A one-dimensional model[J]. J. Appl. Phys., 1992, 71: 1960-1966.

[22] ZHOU Z H, WANG S L, ZHOU W J, et al. Novel synthesis of highly active Pt/C cathode electrocatalyst for direct methanol fuel cell[J]. Chem. Commun., 2003, (3): 394-395.

[23] TU W X, LIN H F. Continuous synthesis of colloidal metal nanoclusters by microwave irradiation[J]. Chem. Mater., 2000, 12: 564-567.

[24] LI X, CHEN W X, ZHAO J, et al. Microwave polyol synthesis of Pt/CNTs catalysts: Effects of pH on particle size and electrocatalytic activity for methanol electrooxidization[J]. Carbon, 2005, 43: 2168-2174.

[25] KOMARNENI S, LI D S, NEWALKAR B, et al. Microwave-polyol process for Pt and Ag nanoparticles[J]. Langmuir, 2002, 18: 2959-2962.

[26] TIAN Z Q, JIANG S P, LIANG Y M, et al. Synthesis and characterization of platinum catalysts on muldwalled carbon nanotubes by intermittent microwave irradiation for fuel cell applications[J]. J. Phys. Chem. B, 2006, 110: 5343-5350.

[27] MENG H, SHEN P K. Novel Pt-free catalyst for oxygen electroreduction[J]. Electro. Chem. Commun., 2006, 8: 588-594.

[28] CHEN W X, ZHAO J, LEE J Y, et al. Microwave heated polyol synthesis of carbon nanotubes supported Pt nanoparticles for methanol electrooxidation[J]. Mater. Chem. Phys., 2005, 91: 124-129.

[29] CHEN W X, LEE J Y, LIU Z L. Preparation of Pt and PtRu nanoparticles supported on carbon nanotubes by microwave-assisted heating polyol process[J]. Mater. Lett., 2004, 58: 3166-3169.

[30] CHEN W X, LEE J Y, LIU Z L. Microwave-assisted synthesis of carbon supported Pt nanoparticles for fuel cell applications[J]. Chem. Commun., 2002, 8: 2588-2589.

[31] RADMILOVIC V, GASTEIGER H A, ROSS P N. Structure and chemical composition of a supported Pt-Ru electrocatalyst for methanol oxidation[J]. J. Catal., 1995, 154: 98-106.

[32] WATANABE M, UCHIDA M, MOTOO S. Preparation of highly dispersed Pt + Ru alloy clusters and the activity for the electrooxidation of methanol[J]. J. Electroanal. Chem., 1987, 229: 395-406.

[33] LEY K L, LIU R X, PU C, et al. Methanol oxidation on single-phase Pt-Ru-Os ternary alloys[J]. J. Electrochem. Soc., 1997, 144: 1543-1548.

[34] GENG D S, MATSUKI D, WANG J J, et al. Activity and durability of ternary PtRuIr/C for methanol

electro-oxidation[J]. J. Electrochem. Soc., 2009, 156: B397-B402.

[35] SONG H Q, QIU X P, GUO D J, et al. Role of structural H_2O in TiO_2 nanotubes in enhancing Pt/C direct ethanol fuel cell anode electro-catalysts[J]. J. Power Sources, 2008, 178: 97-102.

[36] RIBEIRO N F P, MENDES F M T, PEREZ C A C, et al. Selective CO oxidation with nano gold particles-based catalysts over Al_2O_3 and ZrO_2[J]. Appl. Catal. A-Gen., 2008, 347: 62-71.

[37] IOROI T, AKITA T, YAMAZAKI S, et al. Comparative study of carbon-supported Pt/Mo-oxide and PtRu for use as CO-tolerant anode catalysts[J]. Electrochim. Acta, 2006, 52: 491-498.

[38] SCIBIOH M A, KIM S K, CHO E A, et al. Pt-CeO_2/C anode catalyst for direct methanol fuel cells[J]. Appl. Catal. B-Environ., 2008, 84: 773-782.

[39] WANG J S, DENG X Z, XI J Y, et al. Promoting the current for methanol electro-oxidation by mixing Pt-based catalysts with CeO_2 nanoparticles[J]. J. Power Sources, 2007, 170: 297-302.

[40] WANG G X, TAKEGUCHI T, ZHANG Y, et al. Effect of SnO_2 deposition sequence in SnO_2-modified PtRu/C catalyst preparation on catalytic activity for methanol electro-oxidation[J]. J. Electrochem. Soc., 2009, 156: B862-B869.

[41] JAYARAMAN S, JARAMILLO T F, BAECK S H, et al. Synthesis and characterization of Pt-WO_3 as methanol oxidation catalysts for fuel cells[J]. J. Phys. Chem. B, 2005, 109: 22958-22966.

[42] GERAND B, NOWOGROCKI G, GUENOT J, et al. Structural study of a new hexagonal form of tungsten trioxide[J]. J. of Solid State Chem., 1979, 29: 429-434.

[43] YE J, LIU J, ZOU Z, et al. Preparation of Pt supported on WO_3-C with enhanced catalytic activity by microwave-pyrolysis method[J]. J. Power Sources, 2010, 195: 2633-2637.

[44] HOU Z, YI B, YU H, et al. CO tolerance electrocatalyst of PtRu-H_xMeO_3/C (Me = W, Mo) made by composite support method[J]. J. Power Sources, 2003, 123: 116-125.

[45] NOVOSELOV K S, GEIM A K, MOROZOV S V, et al. Electric field effect in atomically thin carbon films[J]. Science, 2004, 306: 666-669.

[46] NOVOSELOV K S, GEIM A K, MOROZOV S V, et al. Two-dimensional gas of massless Dirac fermions in grapheme[J]. Nature, 2005, 438: 197-200.

[47] LI D, MULLER M B, GILJE S, et al. Processable aqueous dispersions of graphene nanosheets[J]. Nat. Nanotech., 2008, 3: 101-105.

[48] WANG Y, SHAO Y Y, MATSON D W, et al. Nitrogen-doped graphene and its application in electrochemical biosensing[J]. ACS Nano, 2010, 4: 1790-1798.

[49] XIN Y, LIU J G, ZHOU Y, et al. Preparation and characterization of Pt supported on graphene with enhanced electrocatalytic activity in fuel cell[J]. J. Power Sources, 2011, 196: 1012-1018.

[50] WANG X R, LI X L, ZHANG L, et al. N-doping of graphene through electrothermal reactions with ammonia[J]. Science, 2009, 324: 768-771.

[51] GUNLYCKE D, LI J, MINTMIRE J W, et al. Altering low-bias transport in zigzag-edge graphene nanostrips with edge chemistry[J]. Appl. Phys. Lett., 2007, 91: 112501.

[52] CERVANTES-SODI F, CSANYI G, PISCANEC S, et al. Edge-functionalized and substitutionally doped graphene nanoribbons: Electronic and spin properties[J]. Phys. Rev. B, 2008, 77: 165427.

[53] WU Y P, FANG S B, JIANG Y Y. Effects of nitrogen on the carbon anode of a lithium secondary battery[J]. Solid State Ionics, 1999, 120: 117-123.

[54] HULICOVA D, KODAMA M, HATORI H. Electrochemical performance of nitrogen-enriched carbons in

aqueous and non-aqueous supercapacitors[J]. Chem. Mater., 2006, 18: 2318-2326.

[55] WEI D C, LIU Y Q, WANG Y, et al. Synthesis of N-doped graphene by chemical vapor deposition and its electrical properties[J]. Nano Lett., 2009, 9: 1752-1758.

[56] MA Y C, FOSTER A S, KRASHENINNIKOV A V, et al. Nitrogen in graphite and carbon nanotubes: Magnetism and mobility[J]. Phys. Rev. B, 2005, 72: 205416.

[57] ZHOU C W, KONG J, YENILMEZ E, et al. Modulated chemical doping of individual carbon nanotubes[J]. Science, 2000, 290: 1552-1555.

[58] LV R T, CUI T X, JUN M S, et al. Open-ended, N-doped carbon nanotube-graphene hybrid nanostructures as high-performance catalyst support[J]. Adv. Funct. Mater., 2011, 21: 999-1006.

[59] ZHANG L S, LIANG X Q, SONG W G, et al. Identification of the nitrogen species on N-doped graphene layers and Pt/NG composite catalyst for direct methanol fuel cell[J]. Phys. Chem. Chem. Phys., 2010, 12: 12055-12059.

[60] JAFRI R I, RAJALAKSHMI N, RAMAPRABHU S. Nitrogen doped graphene nanoplatelets as catalyst support for oxygen reduction reaction in proton exchange membrane fuel cell[J]. J. Mater. Chem., 2010, 20: 7114-7117.

[61] MALDONADO S, STEVENSON K J. Influence of nitrogen doping on oxygen reduction electrocatalysis at carbon nanofiber electrodes[J]. J. Phys. Chem. B, 2005, 109: 4707-4716.

[62] LI N, WANG Z Y, ZHAO K K, et al. Synthesis of single-wall carbon nanohorns by arc-discharge in air and their formation mechanism[J]. Carbon, 2010, 48: 1580-1585.

[63] LONG D H, LI W, LING L C, et al. Preparation of nitrogen-doped graphene sheets by a combined chemical and hydrothermal reduction of graphene oxide[J]. Langmuir, 2010, 26: 16096-16102.

[64] WANG D W, GENTLE IR, LU G Q. Enhanced electrochemical sensitivity of PtRh electrodes coated with nitrogen-doped grapheme[J]. Electro. Chem. Commun., 2010, 12: 1423-1427.

[65] XIN Y, LIU J G, JIE X, et al. Preparation and electrochemical characterization of nitrogen doped graphene by microwave as supporting materials for fuel cell catalysts[J]. Electrochim. Acta, 2012, 60: 354-358.

[66] PARK S H, BAK S M, KIM K H, et al. Solid-state microwave irradiation synthesis of high quality graphene nanosheets under hydrogen containing atmosphere[J]. J. Mater. Chem., 2011, 21: 680-686.

[67] Sridhar V, JEON J H, OH I K. Synthesis of graphene nano-sheets using eco-friendly chemicals and microwave radiation[J]. Carbon, 2010, 48: 2953-2957.

[68] ZOU Z G, YE J H, SAYAMA K, et al. Direct splitting of water under visible light irradiation with an oxide semiconductor photocatalyst[J]. Nature, 2001, 414: 625-627.

[69] WANG X C, MAEDA K, THOMAS A, et al. A metal-free polymeric photocatalyst for hydrogen production from water under visible light[J]. Nature Mater., 2009, 8: 76-80.

[70] GROENEWOLT M, ANTONIETTI M. Synthesis of g-C_3N_4 nanoparticles in mesoporous silica host matrices[J]. Adv. Mater., 2005, 17: 1789-1792.

[71] 高军. 微纳结构 g-C_3N_4 的制备与性能研究[D]. 南京: 南京大学, 2012.

第6章　超声电化学法

6.1　概　述

6.1.1　超声化学法

超声波是指频率在 $20\sim10^6$kHz 的机械波，是由一系列疏密相间的纵波构成的，波速一般约为 1500m/s，波长为 0.01~10cm。超声化学又称声化学，主要是指利用超声能量改善反应条件、加速和控制化学反应、提高反应产率、改变反应历程，以及引发新的化学反应等，是声学与化学相互交叉渗透而发展起来的一门新兴前沿学科。大量研究证实，空化现象不仅在液体紊流时出现，在高强度超声辐照下的液体中也会发生。超声化学主要源于声空化导致液体中微小气泡形成、振荡、快速生长收缩与崩裂及其引起的物理、化学效应。

液体声空化是集中声场能量并迅速释放的过程，空泡崩裂时，在极短时间和空泡的极小空间内，会产生 5000K 以上的高温和约 5.05×10^8Pa 的高压，温度的变化率高达 10^{10}K/s，并伴有强烈的冲击波和时速高达 400km 的微射流生成，使碰撞密度达 1.5kg/s；空泡的寿命约为 0.1μs，它在爆炸时释放出巨大能量，冷却速率可达 10^9K/s。这就为一般条件下难以或不能实现的化学反应提供了一种非常特殊的环境。这一过程包括两方面：强超声引发气泡在液体中产生和气泡在强超声作用下的独特运动。在液体内施加超声场，当强度足够大时，超声会使液体中产生成群的气泡，称为"声空泡"。这些气泡同时受到强超声的作用，在经历声的稀疏相和压缩相时，气泡生长—收缩—再生长—再收缩，经多次周期性振荡，最终高速崩裂。在其周期性振荡或崩裂过程中，会产生短暂的局部高温、高压，并形成强电场，从而引发许多力学、热学、化学、生物等效应。反应体系的环境条件(包括温度、液体静压力、超声辐射频率、声功率和强度)会极大地影响空化强度，而空化强度则直接影响体系内反应的速率和产率。另外，溶解气体的种类和数量、溶剂和缓冲剂的选择对空化强度也有很大影响。声化学反应可发生在三个区域，即空泡的气相区、气相过渡区和本体液相区。液体和固体界面处的空化与纯液体中的空化存在很大区别：由于液体中的声场是均匀的，空泡在崩裂过程中会保持球形，而靠近固体表面的空泡崩裂时为非球形，同时产生高速的微射流和冲击波；射流束的冲击可造成固体表面凹蚀，并可除去表面不活泼的氧化物覆盖层；在固体表面处，因空泡的崩裂产生的高温、高压能明显促进反应的进行。此外，在反应进行过程中，反应活性的增加，意味着通过控制超声波使声化学以不同寻常的途径来促进声能量和物质的相互作用，从而改变液/固体发生化学反应的途径。

在持续时间、压强和能源分子方面，超声作用有别于传统能源(如热、光或电离辐射)。如图 6.1 所示，岛屿状的图形代表不同类型的能量与物质的相互作用[1]。光化学在很短的时间内产生大量能量，但它是热而不是电子激发。相比之下，由于巨大的温度和压强及非凡的加热和冷却速率所产生的空泡崩裂，超声提供了一个不同寻常、产生高能化学的机制。高强度的声音与超声波通常产生类似的方式：电能量用来引起固体表面的运动，如扬声器线圈或压电陶瓷。

此外，声化学有一个高压组件，这意味着它有可能在微小尺度相同的大规模环境过程中产生爆炸或冲击波。超声波发生装置由超声探头、换能器、电源、时间控制显示器和功率控制显示器组成。图 6.2 显示了一个典型的超声化学装置[1]，通过将超声探头浸入反应溶液中就可将超声波引入一个有良好控温氛围的反应系统。探头由压电陶瓷在交流电场的作用下使驱动变成振动，超声功率、频率可微调，由超声波控制主机实现操控。通常探头形状为圆柱形，针对不同容积的反应容器，直径在 2～50cm 可选。

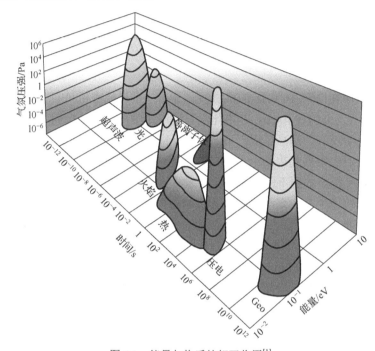

图 6.1　能量与物质的相互作用[1]

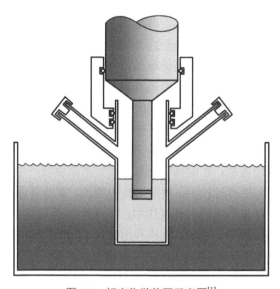

图 6.2　超声化学装置示意图[1]

超声在纳米材料制备中的作用源自超声波空化效应。超声化学所具有的一些极端条件足以使有机物、无机物在空泡内发生化学键断裂、水相燃烧和热分解，促进非均相界面之间搅动和相界面的更新，极大地提高非均相反应的速率，实现非均相反应物间的均匀混合，加速反应物和产物的扩散，促进固体新相的生成，并控制颗粒的尺寸和分布。超声化学材料合成方法主要有超声沉淀法、超声热解法、超声还原法等，它们拥有各自的特点和优势。

(1) 超声沉淀法。沉淀法是制备纳米材料的湿化学方法中最具有应用前景的方法之一，其工艺简单、成本低、所得粉体性能优良。利用此方法产生的颗粒尺寸主要取决于晶核生成与长大的相对速率。如果引入超声场，一方面，超声空化作用产生的高温高压环境为体系提供了能量去克服微小颗粒形成时来自界面能的成核能量势垒，使晶核生成速率提高几个数量级；同时，超声空化作用在固体颗粒表面产生的大量微小气泡会干扰离子在晶核表面的有序排列，抑制晶核进一步长大。另一方面，超声空化产生的高压冲击波和微射流形成粉碎、乳化、搅拌等机械效应，能有效阻止晶核的生长与团聚，使微小颗粒分布更均匀。上述诸因素造成超声引入后合成的纳米粒子粒径更小，单分散性更好。

(2) 超声热解法。超声热解法分为超声雾化-热分解法和金属有机化合物热解法。超声雾化主要利用超声波的高能分散作用，经超声雾化器产生的含有母液的微米级雾滴在高温反应器中发生热分解，得到均匀的超细粉体材料。这是一种制备金属、合金和金属氧化物等纳米粒子的简单方法。气泡空化可产生瞬态高温、高压和高冷却速率，金属有机化合物热解法正是利用局部高温高压环境促进金属有机化合物热分解，加速金属单质、合金和金属氧化物的形成。

(3) 超声还原法。超声还原法是利用超声的空化作用使得水溶液或醇溶液中产生还原剂，从而还原相应的金属盐生成纳米材料。这一方法广泛应用于纳米金属、氧化物及纳米复合物的制备。

6.1.2　电化学法

电化学的研究包括两个方面：一是电解质的研究，即电解质学，其中包括电解质的导电性质、离子的传输性质、参与反应离子的平衡性质等。电解质溶液的物理化学研究常称为电解质溶液理论。二是电极的研究，即电极学，其中包括电极的平衡性质和通电后的极化性质，也就是电极和电解质界面上的电化学行为。电解质学和电极学的研究都会涉及化学热力学、化学动力学与物质结构。

电化学法合成纳米材料主要包括阴极电沉积法和超声、表面活性剂辅助电化学两种途径。阴极电沉积法可采用石墨、金属和硅等作为电极材料，直接在其表面生长各种形貌的纳米颗粒，也可借助氧化铝等多孔模板制备纳米线、纳米管等；超声、表面活性剂辅助电化学是在超声和表面活性剂等辅助下，在电解液中生成具有不同形貌、结晶度和尺寸的纳米结构材料。

6.1.3　超声电化学法的原理与特点

超声电化学是利用超声波辅助电化学反应的过程，将超声辐照与电化学方法相结合而兼有两者的优点。一般认为，超声波对电化学反应的影响主要有以下四个方面：①通过超声空化微射流形成对电解溶液的强烈搅拌作用，从而提高电极表面的传质速率；②空化产生的瞬间高温高压使反应物分解成活性较高的自由基(如羟基、氢自由基)；③改变反应物在电极表面的吸附过程；④空泡崩溃产生的微射流对电极表面形成连续的现场活化，并且使电极附近双电层内的金属离子得到更新。相关应用主要包括超声电分析化学、超声电化学发光分析、超声电化学合成、超声电镀等。针对超声电化学合成纳米材料，可通过控制电流密度、反应温度、超声功率等各种参数来控制纳米材料的尺寸和形貌。与传统搅拌技术相比，超声波的空化作用更容易实现介质均匀混合，消除局部浓度不均匀，提高反应速度，刺激新相的形成，对团聚体还可起到剪切作用。

近年来，超声伏安法已成为研究电化学过程强有力的工具。Birkin 和 Silva-Martinez[2]首次把采样超声伏安法应用于氧化/还原体系非均相电子转移速率常数的测定，使非均相电子转移速率常数扩展到 1cm/s。这种技术在许多方面优于以前报道的时间和空间上平均的超声电化学：使用与超声相连的微电极(或超微电极)能够达到极高的传质速率；超声的任何影响都集中在与电极表面冲击的瞬间，使超声对电极过程影响的研究更接近实际。研究表明，超声能增强物质向微电极的传质，并把传质的增强归结于两个瞬态过程：空泡崩裂在固液界面或附近是电极表面高速液体微射流形成的结果；电极扩散层中或附近空泡的移动中产生质量传递的瞬态高速。使用微电极具有下列优点：①微电极较小，能够通过监测在微电极上电活性组分氧化或还原产生的电流，记录内爆空泡个体的冲击；②能够在质量传递极限条件下测量电流。采样超声伏安法是研究电极动力学强有力的工具。Hagan 和 Coury[3]比较了探针连续超声在旋转圆盘铂电极上伏安法和安培法，研究了电活性物质浓度、电极面积、温度、动力学黏度、超声器的振动幅度、电解池的形状和电位扫描速率的影响。结果发现，在超声作用下，电位扫描速率扩展到 25V/s 也可获得稳态伏安图。Qiu 等[4]用稳态法测定了超声存在下非均相电子转移速率常数，观察到强超声对所研究体系的简单非均相电子转移速率常数无直接影响。但是，超声能改变体系的电极动力学，电子转移速率常数明显增加。研究还发现，超声能使 $Fe(CN)_6^{3-}/Fe(CN)_6^{4-}$ 电对的电子转移速率常数减小，归因于电极表面的清洗。因此，超声电极过程动力学的研究对揭示微观反应机理非常重要。

6.1.4　超声电化学法的分类

超声电化学大体可分为直接超声电化学和间接超声电化学两大类，其各自优缺点如下。

1. 直接超声电化学法

直接超声电化学法所使用的反应器为探针系统，也称变幅杆式声化学反应器。这种设备将超声换能器驱动的变幅杆的探头直接浸入反应液体中，使声能直接进入反应体系，而不必通过清洗槽的反应器壁进行传递。

Reisse 等[5]设计了一种新型脉冲超声电化学还原金属粉的装置(图 6.3)，该装置把超声变幅杆(钛合金探头)的底部插入含有金属离子的电解液中，底部平面既作为电极，又作为超声源。超声电极的电活性部位是此电极底部的一个圆形电极，它和电解液直接接触，电极的其他部分都是绝缘的。该超声电极可以在一个电流脉冲结束后马上发出一个超声脉冲，清洗电极表面，将电流通过时在电极表面沉积的物质移动到溶液中，以便在下一个电流脉冲时在电极表面产生新的物质，如此循环，从而在溶液中生成纳米粒子。这类反应器的优点是能够将大量能量直接输送到反应介质，通过改变输送到换能器的幅度对超声波加以调制。

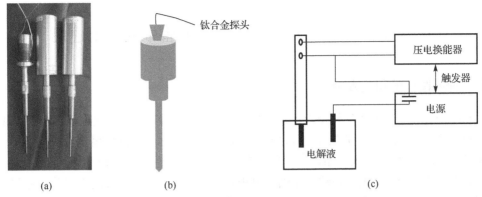

图 6.3 直接超声发生装置和直接超声电化学法的示意图[5]
(a)探头实物图片；(b)结构示意图；(c)工作原理示意图

2. 间接超声电化学法

间接超声电化学法利用超声溶液槽作为超声波的发射源，能量密度较低，主要用于清洗反应器皿和电极等，经典的超声浴将换能器附接在浴底，也可将换能器浸在浴槽中。将超声引入电镀(电沉积)体系属于间接超声电化学。超声在电镀方面的应用研究在 20 世纪 50 年代就有报道。最简单的方法是将超声直接引入电镀槽中，空化作用增加电沉积的速率，在镀铜时得到较光亮的镀层，电流密度可增加 8 倍。

在 Meng 等[6]关于间接超声电化学法制备银纳米材料的研究中，反应装置示意图如图 6.4 所示。电解槽为 5cm(长)×3cm(宽)×1cm(厚)的塑料槽，电极为两个相同的银电极，尺寸为 4cm(长)×2cm(宽)×1mm(厚)，有效正对面积为 2cm×2cm，电极间距离为 4cm。使用相同的银电极既可减少溶液中银粒子的成核率，又可将电极轮换使用。

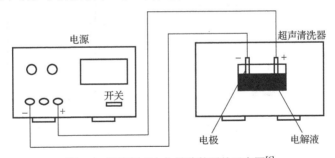

图 6.4 间接超声电化学法装置的示意图[6]

间接超声电化学法体系中，反应器皿通常浸于装有换能器的流体浴槽中，浴槽本身可作为反应器皿。此外，浴槽内壁与反应介质接触和受到辐射，使内壁容易受到腐蚀和侵蚀。与其他超声体系如探针相比，间接超声到达反应器皿的超声功率较小。由于到达反应介质的功率在很大程度上依赖于样品在超声浴中所放的位置，获得重现的结果比较困难，其结果也随操作中浴槽超声加热的时间而发生变化。每种浴槽的特性不同，其最佳条件不同，即使使用相同的反应器皿和放置在相同的位置，反应器皿底部的形状也会影响超声波形。使用浴槽体系的另一个缺点是反应器皿周围的流体的涡流使温度增加，很难保持反应器皿内温度均匀。

6.2　超声电化学法在纳米材料制备中的应用进展

6.2.1　纳米颗粒的可控制备

　　阴极电沉积是金属纳米结构形貌控制合成的一种有效途径。简单改变电压加载方式或电压/电流就可实现连续或可逆调节晶体生长环境。近年来，该技术已广泛应用于合成特定形貌的金属纳米结构。研究发现，电压的加载方式和大小对晶体生长产生独特的驱动力。借助盐桥，Zhou 等[7]利用改进的脉冲直流电沉积法，在铂膜电极表面生长出了和基体表面平行的树枝状银纳米结构。此外，为了制备均匀的铜纳米颗粒，Tang 等[8]设计了一套简单的直流电沉积反应装置。如图 6.5 所示，它由简单的二电极体系构成。电源是一台可稳压稳流的精密直流电源；电解槽为 5cm(长)×3cm(宽)×1cm(厚) 的塑料槽；阳极的电极为纯铜片(纯度≥99.95%)，尺寸为边长 30mm 的正方形，阴极采用的是镀金膜的硅片电极(GFE)，尺寸为边长 10mm 的正方形，有效正对面积为 10mm(长)×5mm(宽)，电极间距离为 40mm，电极用铁架台固定；整个回路采用铜导线连接，回路中间串联一定阻值的电阻，电阻用于调节电流和电压。

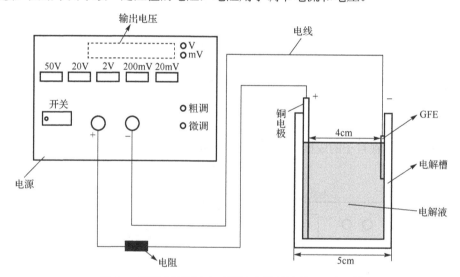

图 6.5　直流电沉积法合成铜纳米材料的装置示意图[8]

　　采用如图 6.5 所示的反应装置，Tang 等[8]首次提出了低电压直流电沉积技术，在不需要任何添加剂的条件下，实现了一步法制备大面积单分散、均匀分布的铜八面体纳米颗粒。产物如图 6.6 所示，颗粒形态单一、尺寸分布窄，且密度很高，紫外-可见反射谱表现出了独特的多极化模式。通过改变电沉积时间，八面体颗粒的边长在 20～500nm 大范围可控，且八面体形貌的形成过程与其他溶液法完全不同。这些八面体的颗粒表面由 8 个低指数{111}系列晶面构成。由此说明，外表面由热力学稳定的晶面构成的多面体纳米颗粒在近热力学平衡的条件下制得。在远离热力学平衡的情况下，晶体成核与生长变得很快，反应体系也变得很复杂，从而有利于各种具有独特形貌和精细构建形式的金属纳米结构(如枝状晶体)生成。因此，该技术是研究晶体形态形成和控制生长的较为理想的体系。

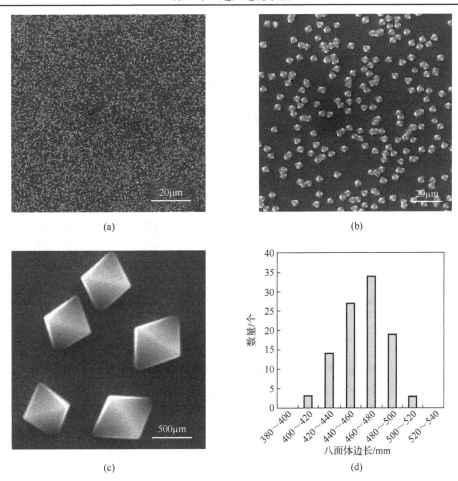

图 6.6 低电压直流电沉积制备的铜八面体纳米颗粒[8]

(a)～(c)SEM 照片；(d)边长统计柱状分布图

同样利用这一装置，Tang 和 Meng[9]成功制备了均匀分布的担载型金属(如铜、银等)纳米颗粒，并通过调节电流实现了单个颗粒的形貌从球形到复杂花状纳米结构的调控。此外，在适当反应条件下，仅通过改变电沉积时间或电压，就能获得不同直径和不同纳米片数密度(组装微结构)的花状银微米颗粒，如图 6.7 和图 6.8 所示。该方法不需要任何添加剂，也不需要对电极表面进行预先修饰，只是通过简单控制合适的电压、电解液浓度等，就实现了晶体的各向异性生长及相对生长速率的调节，从而获得不同形貌、尺寸和面分布密度的银纳米结构材料。因此，通过操控电沉积参数就可达到性能(如微区表面拉曼增强)调控的目的。这些研究为担载型金属纳米颗粒的形貌控制合成提供了新的思路和实验依据。

超声电化学是一种在溶液中合成纳米材料的简单且高效的方法。Delplancke 等[10]通过直接超声电化学法，采用如图 6.3 所示的装置，首次制备了 Cu、Zn、Fe、Co、Ni、Cr、Ag、Cu-Co、Zn-Cu-Zn、Ni-Cr-Ag、Fc-Ni、Fe-Co、Ni-Co、Fe-Ni-Co、Co-Sm、Co-Gd$_2$、Cd-Te 等纳米粒子。Gedanken 课题组用这种方法合成了 Au、Pd、Pt 等纳米材料[11-13]。运用该方法，也成功制得形貌均一、尺寸分布窄的 Au[14-16]、Al[17] 等金属纳米粒子及半导体 BiSb[18]和 CdSe[19] 纳米粒子。

(a) 2min   (b) 5min   (c) 10min

图 6.7 花状银颗粒的直径、纳米组装微结构随电沉积时间的变化[9]

(a) 50mV   (b) 70mV   (c) 80mV   (d) 100mV   (e) 200mV

图 6.8 微米银颗粒的形貌和纳米结构随电压的变化[9]

目前，人们利用间接超声电化学法已成功制备了 PbS[20,21]及 CdSe[22]等纳米颗粒。Tang 等[23]在间接超声电化学制备纳米银的研究中发现，低电流密度和高浓度表面活性剂有利于单分散、小尺寸纳米粒子的形成。图 6.9 是在较低电流密度($0.5mA/cm^2$)下，聚乙烯吡咯烷酮(PVP)和Ag^+摩尔比不同时产物的 TEM 照片。当两者摩尔比为 100：1 时，产物为球形的单晶银纳米颗粒(图 6.9(a))，具有窄的尺寸分布(2～3nm)。当摩尔比减小到 80：1 时，尺寸增大为 7～10nm(图 6.9(b))。当摩尔比为 50：1 时，产物为直径约 15nm 的球形颗粒(图 6.8(c))，内部具有多重孪晶结构。当摩尔比为 5：1 时，所得颗粒具有椭圆形貌(图 6.8(d))，颗粒尺寸分布较宽，由于彼此靠得很近，它们倾向于发生团聚。这些银颗粒各向异性生长和团聚的趋势，可能是由低浓度 PVP 导致相对弱的形貌控制能力和颗粒分散能力所造成的。

基于系统实验得出，超声辐射对反应体系中银纳米结构的形成起到了非常关键的作用[23]。在反应初期，它有效地去除沉积在阴极表面的银颗粒，在电解液中形成大量的悬浮银纳米颗粒，这些银颗粒将作为后续在电解液中进一步生长的种子。从这一刻开始，有两个过程同时发生。一是超声波持续地将银吸附原子从阴极表面清除下来，进入电解液中形成新的银纳米颗粒。二是超声波使得溶液中已经形成的银颗粒维持均匀的悬浮，同时这些银纳米颗粒在超声波的作用下在电解液中持续不断地运动，与电极表面发生碰撞，接受电荷，然后返回电解液。这些表面带电的银颗粒之间选择性地结合并逐渐长大。此外，超声起到了加速传质、清洗电极表面的作用。与阴极超声发射器产生的直接超声辐射相比，超声清洗器传递到电解液中的超声能量较弱，它不能与电化学驱动力相竞争而阻止电解液中颗粒的结合。因此，在反应过程中，超声起到了分散颗粒并阻止它们进一步团聚的作用。

Jiang 等[24]利用脉冲超声电化学法在 PVP 存在的条件下，从饱和柠檬酸银溶液中制备出银纳米粒子，并探讨了电流密度和 PVP 浓度的影响。研究表明，在较低电流密度下，产率较低且粒子尺寸也比较小，而高电流密度下长时间生长会得到尺寸较大的颗粒。此后，他们还成功制备出了如图 6.10(a) 所示的银纳米粒子，且粒子的尺寸分布窄，直径主要集中在 20～25nm(图 6.10(b))。同样，PVP 对银粒子的形成是一个非常重要的影响因素，随着 PVP 浓度的不断增加，产物的形状将会从树枝状变为高度单分散的球形粒子。

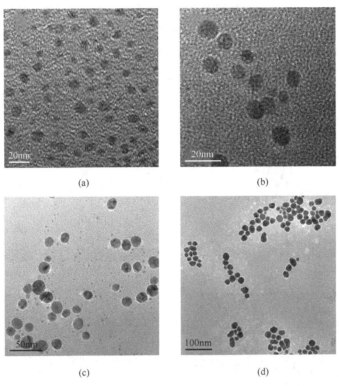

图 6.9 表面活性剂辅助的超声电化学法在低电流密度下制备的银纳米粒子 TEM 照片[23]

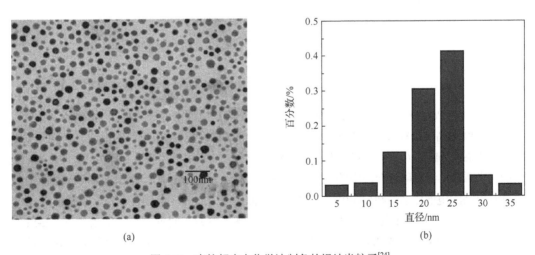

图 6.10 直接超声电化学法制备的银纳米粒子[24]

(a)TEM 照片；(b)尺寸统计分布图

金属钯(Pd)是一种重要的催化材料，小尺寸且粒度分布均一的 Pd 粒子具有非常高的催化活性。近年来，已有许多运用溶液还原法制备 Pd 纳米粒子的研究，但这些方法大都需要使用惰性气体保护,这使得制备过程较复杂,成为进一步规模化生产的一大障碍。Shen 等[25]采用超声电化学法,在室温下实现了 Pd 纳米结构的形态控制合成,探讨了实验条件对粒子的尺寸和形貌的影响。图 6.11 为在不同表面活性剂所得到的 Pd 纳米颗粒的 TEM 照片。在表面活性剂十六烷基三甲基溴化铵溶液中,制得了平均直径约 7nm 的颗粒(图 6.11(a)),产物具有很好的结晶性(图 6.11(b))。图 6.11(c)是在表面活性剂 PVP 溶液中获得多孔颗粒的低倍 TEM 照片,平均直径大约为 40nm。图 6.11(d)是采用邻苯二甲酸二乙二醇二丙烯酸酯为表面活性剂时制备的 Pd 纳米材料,直径约 100nm,且内部结构为多孔的海绵状。

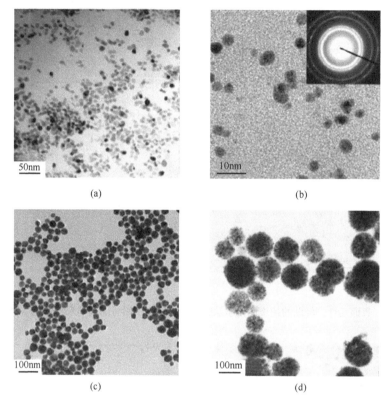

图 6.11　直接超声电化学法、不同表面活性剂制备的 Pd 纳米颗粒 TEM 照片[25]

　　电流密度对 Pd 纳米颗粒的尺寸和形貌有很大的影响:电流密度低的时候生成纳米颗粒较大,而当电流密度较高时颗粒尺寸会变小。同样,溶液的酸碱性也对纳米颗粒的形成具有很重要的影响,在酸性条件(pH 为 6)时,会产生凝聚态的纳米颗粒,而当溶液为碱性(pH 为 10)时,生成的是均匀的纳米颗粒。针对碱性介质中的电催化乙醇直接氧化,相比之下,球形海绵状 Pd 颗粒比其他两种具有更高的电催化活性和稳定性。这对于其在催化等方面的应用具有十分重要的意义。

　　Levi 等[26]采用超声电化学法制备了球形 Cu-Pt 纳米颗粒。研究发现,溶解氧对 Cu-Pt 纳米颗粒的制备有重要影响:如果不控制反应气氛中的氧气,纳米 Cu 颗粒表面会被氧化,从而 Pt 的含量会提高。图 6.12(a)和(b)为制备的 $Cu_{65}-Pt_{35}$ 的 TEM 图,纳米颗粒为规则球形,直径约 10nm。图 6.12(c)为 $Cu_{42}-Pt_{58}$ 纳米颗粒的粒径分布图,平均粒径为 (9 ± 4)nm。Zin 等[27]在超声电化学法制备纳米 Cu-Ni 合金的研究中发现,pH 和表面活性剂对于产物的物理性能与化学性能有着重要的影响。pH 最佳范围为 2~2.5,从而避免柠檬酸铜复合物沉淀的产生。表面活剂柠檬酸钠是制备 Cu-Ni 合金必不可少的配合剂，但同时会影响超声电化学反应过程的效率。随着檬酸钠浓度的增加，产物的转化效率降低。

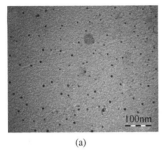
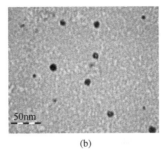
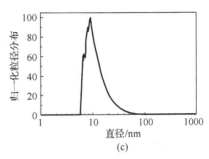

(a) (b) (c)

图 6.12 超声电化学法制备球形 Cu-Pt 纳米颗粒的表征结果[26]

(a)、(b)Cu_{65}-Pt_{35}纳米颗粒不同倍数的 TEM 照片；(c)Cu_{42}-Pt_{58}纳米颗粒粒径分布图

利用间接超声电化学法能够成功制得 PbSe 纳米粒子[28]。在次氮基三乙酸络合剂存在下，制得的 PbSe 主要以类球形的纳米粒子形式存在，平均粒径为 20nm。反应过程中，PbSe 很快在阴极表面沉积，超声使电极表面上的 PbSe 粒子发生脱落并进入溶液中，从而防止粒子的团聚或长大。络合剂的存在对纳米粒子的形成起着关键的作用。通常情况下 Pb^{2+}离子在较弱的碱性下会产生 $Pb(OH)_2$沉淀，而该实验在调节 pH 的过程中，始终没有产生沉淀物，这是因为溶液中存在离解平衡。由于络合剂的存在，在溶液中占主导地位的是络合剂与 Pb^{2+}离子形成的配合物，而游离的 Pb^{2+}离子浓度很低，从而间接降低了反应生成 PbSe 的速度，使粒子的尺寸变小，并使分形生长成为可能。次氮基三乙酸含有的羧基和氨基与 Pb^{2+}离子的作用机制不同，因此不同 pH 下得到的 PbSe 纳米粒子的尺寸和形貌不同。此外，超声电化学沉积法还成功制备半导体 CdTe 量子点[29]等化合物纳米粒子。

综上，超声电化学法在纳米粒子制备方面具有不可比拟的优势，是制备金属、合金和半导体纳米颗粒的有效手段。超声在纳米颗粒制备中的作用主要有以下三点：第一，超声空化作用产生的巨大冲击波可以粉碎粒子，显著减少大尺寸粒子的存在；第二，超声的混合搅拌作用使体系均匀化，减少团聚现象；第三，超声促进形核，在粒子形成过程中增加形核数量。

6.2.2 一维纳米材料的制备

在研究和开发纳米器件的过程中，一维纳米结构由于特殊性能及潜在优势受到了广泛关注。其中，贵金属纳米线、纳米棒和纳米管的制备成为科学家当前的研究热点。超声电化学法也是制备一维纳米材料的有效手段。利用间接超声电化学法，在通氮气和乙二胺四乙酸(EDTA)存在的情况下，通过控制电流，在溶液中制得了长度达微米级的均匀银纳米线。产物如图 6.13 所示[30]，银纳米线的直径为 40nm，长度超过 6μm，其晶体结构为单晶。此外，在适当控制电流的情况下，能够制得更细更长的银纳米线(图 6.13(b))。无超声作用时，银离子会直接沉积在阴极表面。因此，超声辐射在银纳米线的形成中起到了至关重要的作用。此外，EDTA 与银离子会形成配合物，能有效降低溶液中银离子的浓度，减缓反应速率，从而有助于银纳米线的生长。

Mohapatra 等[31]利用超声电化学阳极氧化法，在 Fe 箔上实现了平滑和超薄 5~7nm 厚、3~4μm 长、50~60nm 直径的 Fe_2O_3 纳米管阵列的制备。随着氧化反应的进行，Fe_2O_3 的形貌依次由薄膜向多孔转变，最后形成独特的纳米管阵列(图 6.14)。与其他形貌(如纳米颗粒)Fe_2O_3 相比，纳米管阵列表现出显著增强的催化活性，主要归因于其电荷传输速度是纳米颗粒的40～50倍。此外，这种纳米管阵列可以应用于其他领域，如传感器、锂离子电池、催化和水净化等。

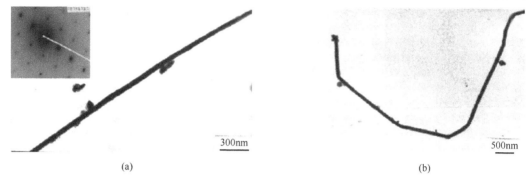

(a)   (b)

图 6.13   间接超声电化学法制备银纳米线的 TEM 照片[30]

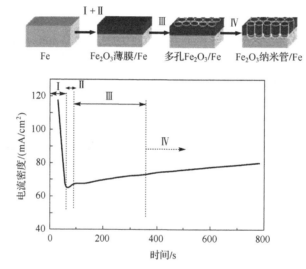

图 6.14   超声电化学阳极氧化法制备 Fe_2O_3 形貌随反应时间的变化[31]

一维半导体纳米材料是近年来发展起来的一种新型的功能材料，有着优异的光学、电学和力学特性，在复合材料、传感器、纳米晶体管、光电器件等领域得到了广泛应用，特别在集成电路方面有着十分诱人的前景。

制备 CdS 和 CdSe 纳米棒[32]比较简便的一种方法就是在胶束溶液中进行超声化学反应。只要将不同浓度的己二烷加入胶束溶液中就能够得到长径比不同的 CdS 纳米棒（图 6.15(a)）。图 6.15(b) 是在胶束溶液中加入环己烷得到 CdSe 产物的 TEM 照片，结果显示环己烷在 CdSe 纳米棒的形成过程中具有很重要的作用。Shen 等[33]利用间接超声电化学法在无模板情况下合成了单晶 CdSe 纳米管（图 6.16），探讨了超声诱发纳米片蜷曲生成纳米管的机理。

张知宇等[34]采用超声电化学阳极氧化法，在室温下制备出竖直排列、分布规则的 TiO_2 纳米管阵列。主要步骤包括：首先，用铂片作为辅助电极、H_3PO_4 和 NaF 混合液作为电解液，在持续超声波辐射下，外加直流电压进行阳极氧化；然后，产物在马弗炉内 500℃下煅烧 6h。孔与孔间存在空隙，相互独立，且自组织的氧化膜呈管状阵列结构，并可分为纳米管层、致密 TiO_2 阻挡层及金属基底。由小孔到纳米管的演变是氧化膜在局部电场作用下溶解的结果。在生长初期，小孔底部的氧化层薄于孔间氧化层而承受更高强度的电场，使水电离产生的 O^{2-} 快速移向基体进行氧化反应，同时使氧化物加速溶解，故小孔底部氧化层与孔间氧化层以不同的速率向基体推进，导致原来较为平整的氧化膜/金属界面变得凹凸不平。随着小孔的生长，孔间未被氧化的金属向上凸起，形成峰状，引发电场线集中，增强了电场，使其顶部氧化膜加速溶解，产生小空腔。小空腔逐渐加深，形成有序独立的纳米管阵列。

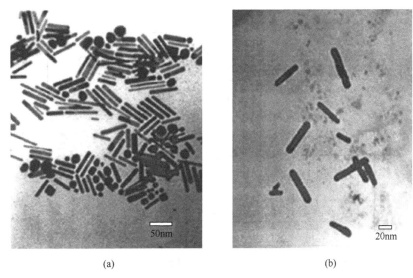

(a)　　　　　　　　　　　　　　(b)

图 6.15　超声化学法制备的 CdS 和 CdSe 纳米棒的 TEM 照片[32]

(a) CdS；(b) CdSe

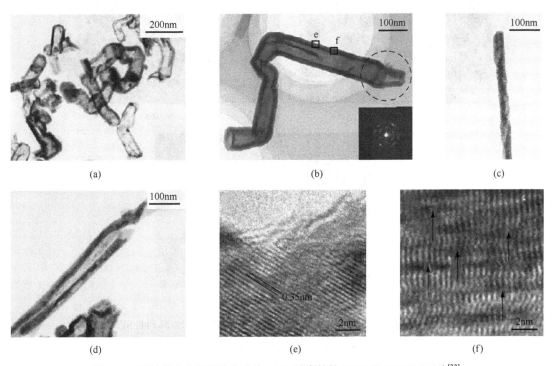

(a)　　　　　　　　　　(b)　　　　　　　　　　(c)

(d)　　　　　　　　　　(e)　　　　　　　　　　(f)

图 6.16　间接超声电化学法合成的 CdSe 纳米管的 TEM 和 HRTEM 照片[33]

与此同时，也有一些其他关于 TiO_2 纳米管阵列的研究，如 Mohapatra 等[35]利用如图 6.17 所示的实验装置，以 0.5 wt% NH_4F 的乙二醇为电解液，通过超声电化学法成功制备出均匀的 TiO_2 纳米管阵列(图 6.18)，应用在光电化学分解水上。他们采用的方法可以加快 TiO_2 纳米管形成，且能够控制其长度在 30～1000nm，直径为 30～100nm，尺寸均匀，分散性也很好，这将有利于 TiO_2 的物理性能和化学性能的提高。同时该法也可用于制备 Fe_2O_3/TiO_2 复合纳米管[36]。

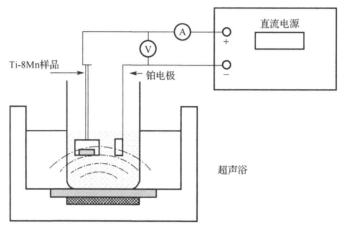

图 6.17　超声电化学法制备 TiO_2 纳米管的装置示意图[35]

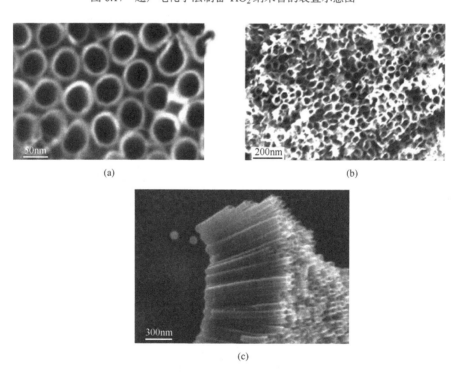

图 6.18　以乙二醇为电解液采用超声电化学法制备 TiO_2 纳米管阵列的 SEM 照片[35]

(a)超声电化学法；(b)磁力搅拌法；(c)样品(a)的截面照片

PbS 作为半导体家族中的一员，是一种重要的直接带隙半导体材料，具有较大的波尔半径

(18nm)、高介电常数、高载流子迁移温度敏感带隙和良好的非线性光学性质。PbS 半导体纳米材料的量子束缚效应是其他半导体材料的数倍，是研究量子尺寸效应的典型材料。叶敏挺[20]采用超声电化学法，以硝酸和硫代乙酰胺作为原料、聚乙二醇作为表面活性剂和分散剂制备了PbS 纳米棒。通过超声波产生的声空化作用来防止粒子团聚，利用聚乙二醇的一维导向性来引导粒子往一个方向生长，反应时间为 3h 得到的 PbS 纳米棒的尺寸最均一。

6.2.3　树枝状纳米材料的制备

正如前面提到，调节金属的热力学平衡点与反应条件之间的距离，可实现对纳米结构的形貌控制。超声化学法是金属纳米结构控制合成的有效途径之一。这个过程涉及气泡空化、热点和物质传输与扩散，这为不规则及枝状纳米结构的形成提供了远离平衡态的特殊生长环境。Gedanken 课题组[37,38]采用直接超声电沉积法制备了树枝状银(Ag)、铂(Pt)和钯(Pd)等纳米结构，并提出纳米悬浮电极机理，对超声电化学制备不同形貌金属纳米结构材料的机制进行阐述。图 6.19 为直接超声电沉积法制备的代表性银枝晶纳米结构[23]。

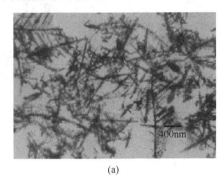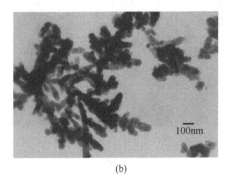

(a)　　　　　　　　　　　　　　　　(b)

图 6.19　直接超声电沉积法制备了银枝晶纳米结构的 TEM 照片[23]

Tang 等[39]采用超声电化学法在 PVP 存在的情况下，制备了银枝晶纳米结构。由低倍 SEM照片(图 6.20(a))可以看出，制得大量的枝晶纳米结构材料。枝晶产物像具有多级结构的水杉，即一个长的主干上面附有短的分支，分支上又附有大量小尺寸的叶子。图 6.20(b)为产物 Ag的 XRD 谱，没有副相出现，表明产物的纯度较高。枝晶的多级结构由主干、分支和叶子所构成(图 6.20(c))。所用的分支都是从主干的侧面生长出来的，形成了一个平行且周期性的排列。这一结果表明，银枝晶是沿着一定的方向选择性优先生长的结果，分支看起来像主干的复制产物。图 6.20(d)展示了枝晶复杂的三维结构，许多黑点点缀在分支表面，它们可能是分支的节点(较厚的部分)。此外，很多瓶颈状的结构在主干上或者在主干与分支相连的地方。HRTEM照片(图 6.20(e))表明产物具有很高的结晶度，晶面间距为 0.236nm，与 FCC 结构银的{111}系列晶面间距一致。

电流密度在恒流电化学沉积中对反应驱动力起到决定性的作用，因此它对产物形貌也有重要影响。图 6.21 展示了电流密度对银纳米结构形貌的影响。其他条件恒定，当电流密度为$0.75mA/cm^2$ 时，大量不规则的团聚物形成(图 6.21(a))。在这些枝晶中，很多主干从中心向外辐射，多面体盘状的纳米结构在主干和分支的顶端形成。这一现象与银枝晶演变过程中的中间态相似，即枝晶的圆形顶端转变为六边形的结构。这一事实表明，当电流密度较高时，银纳米颗粒的生长变得较快，以至于最终的银纳米结构由有序和平行分支构成的水杉状转变为由很多多边形花瓣构成的花状。高的电流密度促进了从颗粒中心向外的辐射生长和复杂纳米结构的形成，多边形顶端的生成主要归因于较低的晶体表面能[39]。

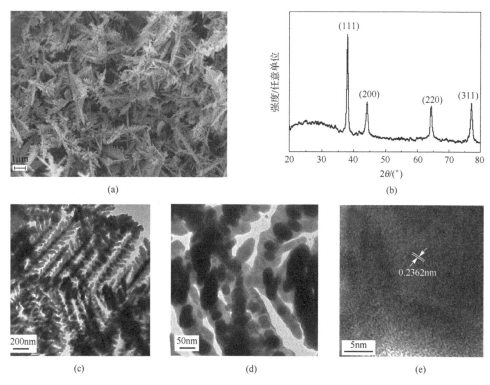

图 6.20　超声电化学法制备的银枝晶纳米结构表征结果[39]

(a) SEM 照片；(b) XRD 谱；(c)、(d) TEM 照片；(e) HRTEM 照片

图 6.21　不同电流密度时产物的 TEM 照片[39]

(a) 0.75mA/cm²；(b) 1.25mA/cm²；(c) 2mA/cm²

　　实验结果表明[39]，PVP 是超声电化学反应中另一个影响产物形貌的主要因素。PVP 有利于侧分支和叶子状纳米结构的形成，因此促进了分级结构和精细银纳米结构的形成。这些结果提供了一个明显的证据，证明了银纳米结构经历了从最初的球形到近球形、棒到树枝状的变化过程(图 6.22)。银枝晶的形成是单晶银纳米颗粒导向团聚和晶体择优生长的结果。在 PVP 的辅助下，能够通过超声电化学法制得具有不同形貌的银纳米结构。

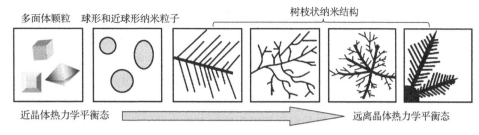

图 6.22　描述金属热力学平衡点与反应条件间距离变化引起金属纳米结构形貌变化的示意图

　　在 PVP 辅助超声电化学生长银枝晶纳米结构的研究中，同时观测到两种类型的树突形成，一种是斜的角度而另一种则是正交分支[39]（图 6.23）。采用 HRTEM 研究了纳米银枝晶中分支与主干的界面微结构，提出了双界面生长模式和缺陷影响晶体取向的物理机制，给出了超声电化学体系中纳米银枝晶的生长机理，为树枝状纳米金属结构中分支的特殊（垂直）生长模式提供了实验和理论支持。对分支杆界面结构的研究揭示，当斜角度增长产生双晶导致混乱时，在主干附近的过渡层上附加了一个垂直的分支（图 6.23(a)）。这也就暗示了纳米粒子定向外延生长导致倾斜，而包括颗粒旋转和调整形成的结晶相在垂直分支上进行定向生长（图 6.23(b)）。不同分支界面微观结构的两个分支的角度配合得很好（图 6.23(c)），说明在倾斜分支的生长过程中，

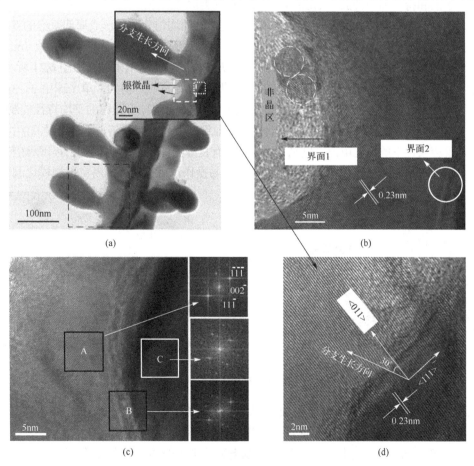

图 6.23　典型的银枝晶主干与分支连接处的 TEM 和 HRTEM 照片[39]

主干表面纳米颗粒的附加产物导致了在结果中所看到的双晶及刃型位错。晶体生长的外延通过原子与原子之间形成单一的晶体分支来实现(图 6.23(d))。在垂直树枝的生长过程中，银可能首先沉积形成一个最初的非晶相即离开主干部分。在非晶层上，银核的生成是伴随着日益生长的分支即通过颗粒旋转变成一个单一的晶粒。这些研究促进了对树突分支方面潜在机理的理解，从而可以实现对产物的控制。

Iranzo 等[40]通过控制电极材料和表面粗糙程度控制纳米铁的形貌。当电极材料为粗糙的玻璃碳时，铁的电沉积覆盖部分电极表面，倾向于三维生长；而当电极材料为金时，铁在电沉积状态下很容易附着在电极上，在最终形成树突结构之前沿着电极表面很容易扩散，为二维生长模式；由于空泡的去除作用，超声引起的电沉积分散现象与一阶动力学一致。

6.2.4　多孔纳米材料的制备

超声空化效应对于纳米多孔结构的形成具有非常重要的作用。这种超声作用不仅能影响溶液中晶核的传输、产生紧密堆积的微米球，还能打断更大尺寸微米球的聚集。基于该原理，利用超声辅助作用能合成球形多孔的纳米结构来提高性能。Tang 等[41]提出一种简单快速、不需要表面活性剂或模板的制备方法，能够实现单分散球形多孔钯纳米结构的大规模制备。涉及低温下配置混合反应溶液和持续超声分散，获得的球形颗粒具有类似方法还没有实现的多孔结构及高度的单分散性，代表性产物如图 6.24 所示。该方法利用超声波的均匀分散和形成局部空泡的双重作用，无需任何添加剂或模板，仅需在 40℃下，持续超声氯亚钯酸钾与抗坏血酸混合溶液 7min。所得产物为单分散(平均直径为 52nm)、高比表面积($47m^2/g$)的多孔钯纳米球，如图 6.24 所示。由产物的 TEM(图 6.25(a))、SAED(插图)和 HRTEM(图 6.25(b))照片得知，单个球由 2～3nm 粒子松散地组装在一起构成。通过控制氯亚钯酸钾溶液的浓度，可将球形颗粒的平均直径控制在 40～100nm。这种球形多孔钯纳米颗粒的催化活性是商业钯黑催化剂的两倍，比目前最高活性钯催化剂在相似反应条件下的催化电流密度高得多，且具有良好的催化稳定性，因此在甲酸燃料电池领域有着潜在的应用前景。该制备方法装置简单，容易操作，可控性好，易实现规模化制备。

(a)　　　　　　　　　　　　　　　　(b)

图 6.24　超声电化学法制备的球形多孔钯纳米颗粒的 SEM 照片[41]

Shen 等[25]利用直接超声电化学法成功制备了球形多孔海绵状钯纳米结构材料，如图 6.11(d)所示。由于它在三维方向具有多孔性，经常作为催化剂和生物传感器。

Zhang 等[42]利用超声电化学法，通过控制电解液中水的体积比合成了不同形貌的 α-Fe_2O_3 纳米材料。在此基础上，他们研究了该材料的可见光催化性能。当水的体积占比从 0%增加到

4%时，α-Fe_2O_3 产物分别为纳米颗粒、纳米棒、纳米孔和纳米花簇。可见光光催化活性取决于催化剂的表面形态、结晶度及光吸收，因此不同形貌的 α-Fe_2O_3 光催化性能不同。对比表明，纳米孔 α-Fe_2O_3 具有最佳的光催化活性。

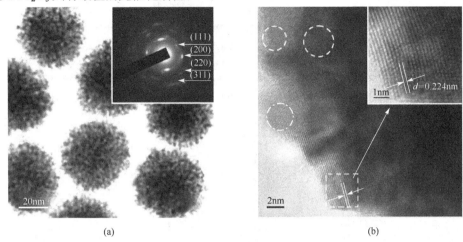

(a)　　　　　　　　　　　　　　　　　(b)

图 6.25　超声电化学法制备的球形多孔钯纳米颗粒的 TEM(a) 和 HRTEM(b) 照片[41]

6.2.5　微纳分级结构材料的制备

Xie 等[43]利用高功率直接超声电化学法，制得了微纳尺寸复合三维多孔掺氮石墨烯材料。制备过程为(图 6.26)：将 0.6g 氧化石墨烯(GO)粉末加入 150mL 去离子水中，在 540W 高功率下超声 1.0h，超声探头与氧化石墨烯溶液直接接触，得到浓度为 4.0mg/mL 的氧化石墨烯(HGO，高功率超声活化后的氧化石墨烯)悬浮液；取 35mL 分散良好的氧化石墨烯悬浮液，在持续搅拌的条件下加入 1000μL 无水乙二胺溶液，磁力搅拌 15min；将反应后的溶液转移入容积 50mL 的反应釜，在 180℃下反应 12h，获得掺氮石墨烯(NG)。不同放大倍数的 SEM 照片(图 6.27(a)～(d))表明，产物为不规则形貌的大片，尺寸在数十到数百微米；大片石墨烯在三维空间相互交错自组装，未出现堆叠和团聚。在低倍下看似平坦的表面，是由石墨烯褶皱形成的纳米孔，并且在大片石墨烯的内部同样存在多孔结构。TEM 照片(图 6.27(e)和(f))中可清晰看到大片上石墨烯的褶皱和多孔结构。这类微纳尺寸复合三维多孔结构克服了石墨烯堆叠团聚严重问题，不仅实现了纳米孔，而且力学稳定性和导电性明显提升，是性能优异的储能电极材料。

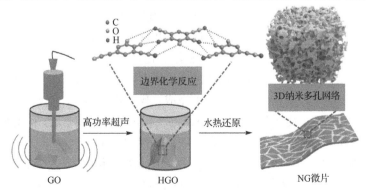

图 6.26　高功率直接超声电化学法制备微纳尺寸复合三维多孔掺氮石墨烯材料示意图[43]

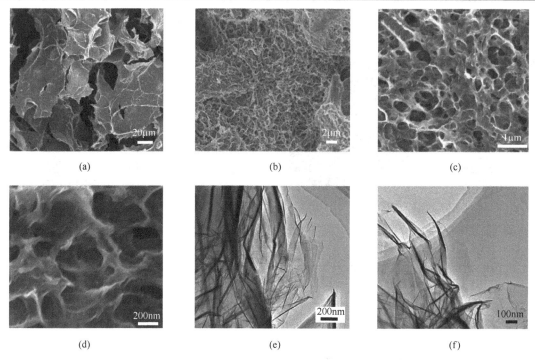

图 6.27　微纳尺寸复合三维多孔掺氮石墨烯[43]

(a)~(d) SEM 照片；(e)、(f) TEM 照片

6.2.6　复合纳米材料的制备

在过去的 20 年里，化学方法是一种有效并快速获得大量纳米尺度材料的手段，对于纳米 Ag/SiO$_2$ 复合颗粒的特殊结构，化学方法往往能够实现均匀、完全地包覆，且简单可控，易实现。但是，由于 SiO$_2$ 球表面存在硅烷醇官能团，其在水介质中 pH<2 时表面 Zeta 电位为正，pH>2 时表面 Zeta 电位为负；而大部分金属纳米粒子在水介质中的表面 Zeta 电位为负。因此，在通常情况(pH>2)下，由于存在静电排斥力，采用化学法直接将金、银纳米粒子均匀地沉积到 SiO$_2$ 球表面是非常困难的。为了使银核与 SiO$_2$ 基体之间形成有效的结合键并最终使得银包覆 SiO$_2$ 球的表面，人们最常用的手段是采用一些化合物对 SiO$_2$ 球表面进行功能化修饰。这一手段已经应用到许多合成方法中，如无电镀沉积法、种子化学镀法、表面功能化法等。在这些方法中，预处理过程常常用来对 SiO$_2$ 球表面进行功能化或物理修饰，从而使银粒子和 SiO$_2$ 表面形成有效的结合键。这些预修饰过程通常包括以下几种方式：采用能与金属前驱体离子发生反应的官能团来修饰 SiO$_2$ 球表面，如无电镀沉积法和化学还原前复合或形成离子对法；在 SiO$_2$ 球表面预先沉积其他一种金属，如种子化学镀法；根据静电吸引原理，层层包覆法等。这些方法大都经历了多步反应或在复杂的反应溶液中完成，操作步骤烦琐，费时，产物复杂或不纯。此外，控制纳米银核的尺寸及分布，以及接下来的沉积过程是很困难的，因此要实现 SiO$_2$ 球表面致密、均匀分布和单分散的银纳米颗粒是一项挑战性的工作。

Tang 等[44]发展了间接超声电沉积技术，采用如图 6.4 所示的反应装置，实现了银在绝缘体 SiO$_2$ 球表面的直接生长，制得了银/SiO$_2$ 复合颗粒。这一方法简单、直接，不需要提前制备银纳米粒子和对 SiO$_2$ 球表面进行功能化修饰。他们系统研究了金属银在 SiO$_2$ 球表面的纳米包覆过程，提出了银在 SiO$_2$ 球基体表面的超声电沉积机理。通过此方法，在 SiO$_2$ 球表面成功地制得了高密度且均匀分布的银纳米粒子包覆层。此外，银纳米粒子包覆层中的粒子尺寸、分布数密度和分散均匀性等可以进行调节。此外，银纳米连续层和单分散、高密度的银纳米粒子成功包覆到 SiO$_2$ 球、多孔碳球的表面，且包覆层的均匀性、致密性和粗糙度可控。在实际应用中，成本低和反应易实现也是工业化应用的重要因素。

图 6.28(a) 和 (b) 分别为采用改进的 StÖber 法合成的 SiO$_2$ 亚微米球的 SEM 和 TEM 照片。从图中可以看出，SiO$_2$ 球的单分散性较好，表面干净光滑，且球边缘很圆滑。超声电沉积后得到的产物仍为球形，平均直径大约 800nm（图 6.28(d)）。银纳米颗粒像小黑点一样相对均匀地分布在 SiO$_2$ 球的表面（图 6.28(e) 和 (f)）。银纳米粒子的单分散性和在 SiO$_2$ 球表面分散的均匀性、密集性都非常好。银粒子为球形，直径在 8~10nm，粒子间距为 2~5nm。

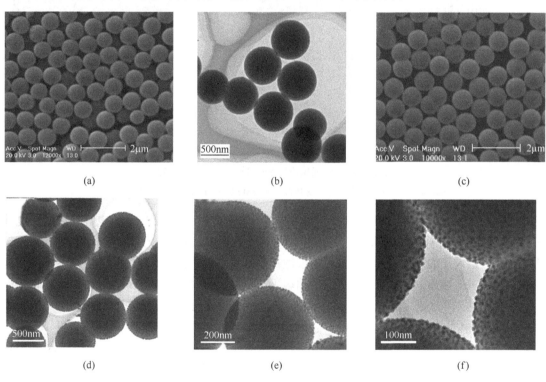

图 6.28　超声电沉积前后 SiO$_2$ 球的表征结果[44]

(a) SiO$_2$ 球的 SEM 照片；(b) SiO$_2$ 球的 TEM 照片；(c) 银/SiO$_2$ 复合颗粒的 SEM 照片；(d)~(f) 银/SiO$_2$ 复合颗粒的 TEM 照片

Tang 等[45]通过控制反应条件，将厚度低于 20nm 的均匀银层也成功沉积到 SiO$_2$ 球的表面。经过电沉积纳米银包覆后，球平均直径由包覆银之前的 647nm（图 6.29(a)）增大到约 673nm（图 6.29(b)）。较高放大倍数的 TEM 照片（图 6.29(c)~(e)）表明，沉积态的银具有较深的衬度，均匀、连续地分布在 SiO$_2$ 球的表面。单独的 SiO$_2$ 球已经被连续的银层完全包覆。经测量计算，银层厚度为 (14±2)nm。产物中，银层是通过超声电沉积过程在球基体表面形成的。因此，银层由许多银纳米粒子构成。由于在 SiO$_2$ 球表面具有相当高的填充因子，连续分布的银粒子完全覆盖整个基体从而形成了银壳。银/SiO$_2$ 复合颗粒所对应的 SAED 由几个衍射环组成（图 6.29(f)），它们来自多个银纳米晶的衍射。

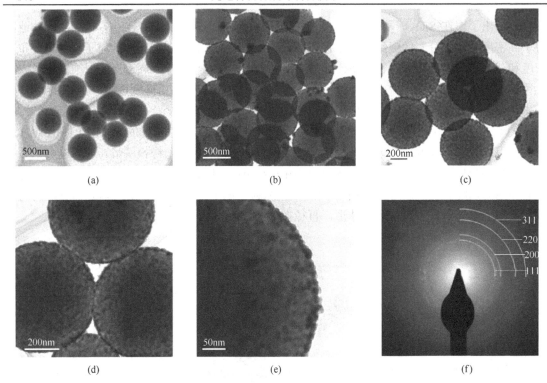

图 6.29　超声电沉积前后 SiO$_2$ 球形貌与尺寸变化[45]

(a) SiO$_2$ 球的 TEM 照片；(b)～(e) 所得产物 TEM 照片；(f) 所得产物的 SAED 照片

利用超声电化学沉积技术在 SiO$_2$ 球表面沉积银，通过调节电流密度、电解液浓度和电沉积时间，不仅可获得单分散且均匀分布的银纳米粒子，也可以制得均匀且连续分布的银纳米层。重要的是，银粒子的尺寸、单分散性、连续性及连续银层的粗糙度和厚度等均可以通过反应参数来进行调节。例如，在其他条件不变的情况下，当电沉积时间增加到 60min 时，尺寸相差很大的两种银纳米粒子在基体表面生成，其中大部分银纳米粒子尺寸小于 10nm，同时形成大尺寸的银聚集体(平均尺寸大约 40nm)。大尺寸银聚集体的形成可能是由超声振荡条件下，SiO$_2$ 球表面的银粒子与溶液中的银核碰撞所引发的不均匀生长造成的。而当电沉积时间减小到 15min 时，平均尺寸约为 3nm 的银纳米粒子生成，且银纳米粒子的单分散性非常好。可见，电沉积时间对银纳米粒子的尺寸分布和分散均匀性有重要影响。

由此可见，影响银在 SiO$_2$ 球表面沉积的主要因素有三个方面。

(1) 电流密度。电流密度是最关键的因素，如果太大，银纳米粒子就会迅速长大，生长成棒状或树枝状银，而沉积到 SiO$_2$ 球表面的概率就非常小。

(2) 电解液浓度。在其他条件相同的情况下，随着电解液浓度的增加，生成的银颗粒尺寸增大。当超过某一临界浓度时，反应起始就会在溶液中快速生成小银核并长大。只有微量的银纳米粒子在 SiO$_2$ 球表面沉积，大多数银核会在电解液中形成并长成大尺寸的银。

(3) 电解时间。由于银离子很容易被还原，且阳极银不断溶解生成银离子，溶液中消耗的银离子就会不断得到补充。银核在负极表面和 SiO$_2$ 表面的沉积存在一个相互竞争的过程。

由此可见，初始阶段银核在 SiO$_2$ 球表面的附着是最终形成致密、均匀和单分散的银纳米粒子的前提。在超声电沉积过程中发生的化学反应表述如下：

$$\text{阳极：} \quad Ag_{bulk} \rightleftharpoons Ag^+ + e^-$$

$$\text{阴极：} \quad Silica\,/\,Ag^+ + e^- \rightleftharpoons Silica\,/\,Ag_{particle}$$

$$\text{总反应：} \quad Ag_{bulk} + Silica \rightleftharpoons Silica\,/\,Ag_{particle}$$

注：Ag_{bulk} 为银电极；$Silica\,/\,Ag^+$ 为吸附银离子的 SiO_2 球；$Silica\,/\,Ag_{particle}$ 为被银纳米粒子包覆的 SiO_2 球。

在超声电沉积制备 Ag/SiO_2 复合颗粒的实验中，精确控制反应条件是很关键的。为获得在 SiO_2 球表面银的均匀包覆，反应速率不能太快，否则银颗粒不能沉积在 SiO_2 球的表面。SiO_2 基体是介电材料，它并不支持电沉积。该反应的成功是由于银离子与 SiO_2 球表面先键合并还原，从而形成银核。SiO_2 球表面的银核可能作为纳米电极，电解液中的银离子将持续不断地吸附到这些纳米电极的表面并被还原，促使银核长大。

根据前面的实验结果，在 SiO_2 球形基体表面超声电沉积银纳米粒子的机理(图 6.30)将描述如下[45]：在初始阶段，电解液中的银离子被束缚到胶体 SiO_2 球的表面形成银离子包覆层。这一过程被 SiO_2 与银离子之间的静电作用和适当强的化学键($Si—O—Ag^{\delta+}$)形成所推动完成，SiO_2 球表面由于硅烷醇官能团的存在而带负电，这一点已经被前面的 Zeta 电位测试所证实。超声具有足够的能量打断 $Si—O—Si$ 键并激活 SiO_2 球表面，从而使得 $Si—O—Ag^{\delta+}$ 键更容易形成。团簇模型和分析轨道理论表明，一些金属元素，如 Fe、Ni、Cu 和 Ag 元素，能够和干净的蓝宝石表面的氧阴离子直接以共价键的形式形成化学键。然后，具有银离子包覆层的 SiO_2 球在电压驱动下向阴极迁移。当 SiO_2 球与阴极发生碰撞时，其表面的银离子就会从阴极表面得电子而被还原，形成与 SiO_2 球表面键合的零价银吸附原子 Ag^0，因此 $Ag^0—O—Si$ 生成。随后，被固定的吸附原子 Ag^0 将作为进一步形成银核的成核位置。在超声的作用下，担载银核的 SiO_2 球在电解液中不停地运动。这些银核就像前面提到的悬浮纳米银电极，这使得由阳极不断溶解浸入电解液的银离子持续吸引并在银核的表面被还原。因此，SiO_2 球表面的银核能够可控生长。图 6.30 展示了银在 SiO_2 球表面的成核与生长的简单过程。复合颗粒中不同银沉积量及 Ag/SiO_2 的尺寸比变化导致了其光吸收波段的递变，从而使光学性质的调控成为可能。

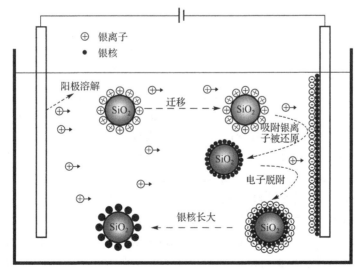

图 6.30　采用超声电沉积法，银纳米晶在 SiO_2 球表面形成过程的示意图[45]

　　Tang 等[46]以碳球为基体，不需要进行表面处理，采用如图 6.4 所示的间接超声电化学法装置，将银纳米粒子成功沉积到了碳球的表面，制备了 Ag/C 纳米复合颗粒。图 6.31(a) 为制得的 Ag/C 纳米复合颗粒的 TEM 图片。可以看到，无数的银纳米粒子均匀地分散在碳球的表面，粒子具有窄的尺寸分布(直径为 12～16nm)；尽管数密度很高，但它们分布很均匀。图 6.31(b) 为这个复合颗粒边缘的局部 HRTEM 照片，表明沉积的银纳米粒子具有很好的结晶度，且银纳米粒子和碳基体之间形成了很好的结合界面(如箭头所示)。

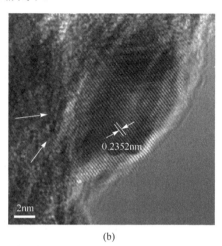

(a)　　　　　　　　　　　　　　　　　(b)

图 6.31　代表性实验制得 Ag/C 纳米复合颗粒表征结果[46]

(a) TEM 照片；(b) 球边缘的局部 HRTEM 照片

　　Dai 等[47]采用间接超声法，研究了金属离子诱发氧化物成核与各向异性生长的演化过程，提出了离子加速并参与复合材料生长的机制。在超声波空化作用辅助下，通过 Ag^+ 诱导晶体各向异性生长，获得了由 10nm 宽纳米线构建的超结构 MnO_2 微米球，直径为 1～2μm，纳米线顶部有 Ag_2O 粒子。制得的复合球的形貌、尺寸均一(图 6.32(a) 和 (b))，且单个球的表层纳米线分布致密、超结构稳定(图 6.32(c))，主要归因于超声空化的均匀分散作用。复合球的电容比纯 MnO_2 提高近 1 个数量级，在循环充放电 10000 次后，电容保持率仍高达 91.3 %。当机械搅拌代替超声辐射时(其他条件不变)无法得到这样的产物(图 6.32(d))。

　　在此基础上，Zhu 等[48]采用超声辅助及 Fe^{2+} 诱发作用合成纳米 Fe_3O_4 掺杂 MnO_2 微米球的方法，即将 $MnSO_4$、$(NH_4)_2S_2O_8$ 和 $FeSO_4$ 混合溶液放入 50℃的恒温水浴，在功率 100W 条件下超声 1.5h。低倍 SEM 照片下产物呈现球形颗粒状，且彼此之间均匀分散(图 6.33(a))。对图 6.33(b) 中 100 个球形颗粒的直径统计可知，颗粒直径控制在 0.55～0.85μm。在高倍 SEM 照片下(图 6.33(c))微米球呈现出分级纳米结构。表面有大量纳米片，相连的纳米片之间形成多孔形貌。对单个微米球的 SEM-EDS 分析(图 6.33(d)～(f))可知，复合球主要由 Fe、Mn、O 元素组成，EDS 分析中尚未标出的峰为 S，来自于反应物过硫酸铵。基于 EDS 分析可知其产物中主要是 Fe_3O_4-MnO_2 复合物，同时 Fe 与 Mn 之间的计量比为 0.075。

　　基于以上表征结果，可以得出：Fe^{2+} 对加速 MnO_2 成核及生长有重要作用，复合材料中，Fe_3O_4 纳米粒子的尺寸控制在 3～5nm。该复合体系将微纳尺度优势、组分协同效应相结合，利用球形多孔状结构来加快离子的渗透与传输，显著提高了 MnO_2 的储能性能。由于反应温度较低(控制在 25～70℃)，反应装置简单易操作，该方法能够实现规模化制备。

图 6.32　MnO₂ 微米球的形貌和超结构表征结果[47]

(a)低倍 SEM 照片；(b)高倍 SEM 照片；(c)TEM 照片，插图为 HRTEM 照片；(d)机械搅拌代替超声辐射制得产物的 SEM 照片

通过详细研究反应温度、Fe^{2+} 的浓度对复合材料组分比、微米球直径的影响，深入探讨 Fe_3O_4-MnO_2 多孔异质分层微米球状复合材料的形成机理(图 6.34)。Fe^{2+} 和 Mn^{2+} 在混合溶液中被过硫酸铵氧化成 Fe_3O_4 和 MnO_2。Fe^{2+} 不仅为复合产物提供 Fe 元素，还是 Mn^{2+} 氧化的催化剂，加快其成核生长。在持续超声作用下，Fe^{2+} 的出现加快了 MnO_2 和 Fe_3O_4 的成核，使溶液中的浓度升高。成核速度快但生长速度较为缓慢，导致大量的 MnO_2 和 Fe_3O_4 晶核开始形成微晶。由于表面能的作用，微晶聚集从而形成球形结构。由于 Fe^{2+} 浓度较低，每单位体积内的 Fe_3O_4 微晶数量远小于 MnO_2。在微米球形颗粒中 Fe_3O_4 晶体颗粒被 MnO_2 所包围。而当 Fe^{2+} 消失时，MnO_2 成核生长缓慢且呈现出无规则生长，从而形成球形颗粒表面的纳米片。在反应过程中，超声对于获得设计的产物结构具有相当重要的作用[48]。为了证明其作用，在无超声条件下进行反应 12h 发现无任何现象发生。反应过程中用磁力搅拌代替超声作用，溶液的颜色没有发生任何改变，因此可见超声的重要性。此外，超声避免颗粒聚集堆积，加快晶体在溶液中传输，形成较为均一的溶液环境，便于其多孔球形颗粒的生长而不是先形成纳米片结构。颗粒聚集后，溶液中不含有 Fe^{2+}，但还有一部分 Mn^{2+} 存在。随着 Mn^{2+} 浓度的减少，晶体的成核生长不再形成新的球状。根据组分过冷机理，残余的 Mn^{2+} 不再聚集形成球形颗粒而是基于颗粒的表面继续生长，各向异性生长使得 MnO_2 纳米片生长在球形微米颗粒的表面。由于 Fe^{2+} 反应完全，表面只存在 MnO_2 没有 Fe_3O_4，这就是球形微米颗粒表面不存在 Fe 元素的原因。

反应中值得注意的是 Fe^{2+} 不仅仅是为复合材料的特殊结构提供了 Fe 元素，加快 Mn^{2+} 的氧化速度，在 Mn^{2+} 的各向异性生长方面也扮演十分重要的角色。不添加 Fe^{2+} 时，反应速度缓慢且不能形成多孔球形状，而当加入 Fe^{2+} 后则可形成异质结构的多孔微米球。此外，将 Fe^{3+} 代替 Fe^{2+} 来参与反应，但未取得良好的结构，归结于 Fe^{2+} 的还原作用引发其定向生长。为了加快反应的速度，增加 Mn^{2+} 的浓度及反应温度，但未能获得异质多孔结构。因此，Fe^{2+} 的催化作用是关键，但必须控制在较低浓度，这样才可获得所设计的结构。在较高 Fe^{2+} 浓度下形成球形颗粒团聚且颗粒尺寸较大，平均直径达到 $2\mu m$。

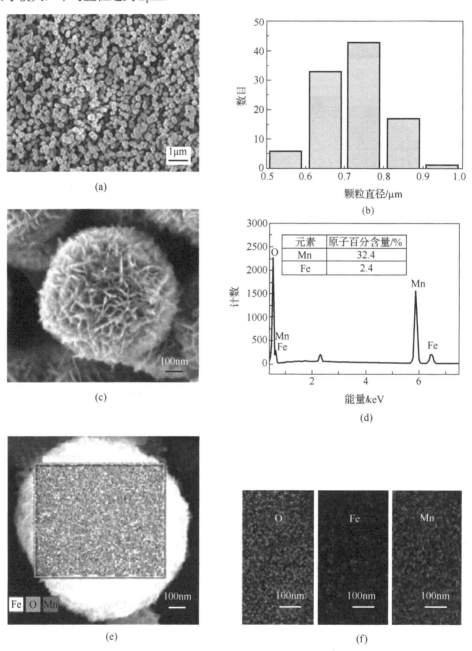

图 6.33　Fe_3O_4-MnO_2 复合产物的表征结果[48]

(a) 低倍 SEM 照片；(b) 100 个球形颗粒的尺寸统计图；(c) 高倍 SEM 照片；(d) SEM-EDS 图；

(e)、(f) 单个微米球的 SEM-Mapping 元素分布图

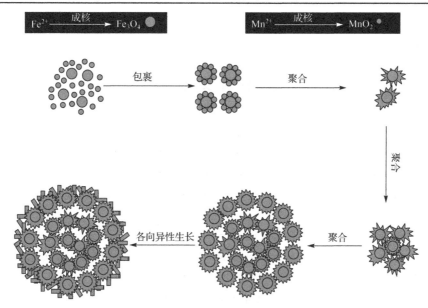

图 6.34 Fe$_3$O$_4$-MnO$_2$ 多孔微米球状复合材料的形成机理示意图[48]

6.3 超声电化学在材料合成中的应用展望

超声电化学作为一门新兴的交叉学科,在近几年取得了快速发展。超声电化学制备技术具有反应速度快、条件温和、反应效率高等优点。特别是超声空化作用能够瞬间释放很高的能量,使得许多在传统制备条件下不能完成的过程可通过超声电化学来实现。正因为如此,该技术已在纳米技术、生物技术、有机合成等领域得到了应用。针对纳米材料的制备,超声电化学具有很多优点:清洗电极表面,刺激新相的形成,消除局部浓度不匀,促进非均相界面间的扰动和相界面更新,从而加速界面间的传质过程,提高反应速度。通过精确控制电压、电解液浓度、表面活性剂添加量和时间等参数,能够制备出形貌、尺寸均匀且可控的各种纳米功能材料,并实现其性能调控。由于在基础研究和应用领域显示出巨大潜力,超声电化学技术依然会是未来材料科学研究的一个重要方面,重点仍是新反应装置的探索、新材料的合成、新合成方法的开拓和反应机理及动力学的研究。

尽管人们在超声电化学法制备纳米材料的反应过程及技术应用等多方面都有很广泛的研究,取得了较大的进展,但由于起步较晚,超声电化学还缺乏系统性的研究,与一些传统的制备方法相比较,超声电化学的许多机理还不完善。例如,对普遍接受的超声空化理论,关于空泡中自由基的形成机理还不清楚;关于超声增强液-固体系中有效扩散系数、增加传质系数、增加空化能量等的实际机理还不清楚;超声发光的原因还存在争议,超声增强电化学发光的重要意义还未受到重视。超声空化作用将新生材料从电极表面移动至溶液中时对材料本身产生的破坏作用强弱,以及超声强度对纳米材料尺寸和形貌的影响等问题。此外,针对空泡崩裂时动力学计算,现阶段只有简化模型;空腔内压力和温度分布的精确计算与实际测量的问题尚未解决。对超声波在电化学反应工程中的应用进行定量描述,对设计、放大、操作优化进行深入研究,获得过程开发放大的规律和技术,是实现工业化亟待解决的难题,也是该领域的研究重点。

相信随着超声电化学机理和设备的进一步完善与发展，超声电化学法制备纳米材料的技术一定会越来越成熟，而且可以广泛应用于大规模生产中。

参 考 文 献

[1]　SUSLICK K S. The chemical effects of ultrasound[J]. Sci. Am., 1989, 260: 80-86.

[2]　BIRKIN P R, SILVA-MARTINEZ S. Determination of heterogeneous electron transfer kinetics in the presence of ultrasound at microelectrodes employing sampled voltammetry[J]. Anal. Chem., 1997, 69: 2055-2062.

[3]　HAGAN C, COURY JR L A. Comparison of hydrodynamic voltammetry implemented by sonication to a rotating disk electrode[J]. Anal. Chem., 1994, 66: 399-405.

[4]　QIU F, COMPTON R G, COLES B A, et al. Thermal activation of electrochemical processes in a RF-heated channel flow cell: Experiment and finite element simulation[J]. J. Electroanal. Chem., 2000, 492: 150-155.

[5]　REISSE J, FRANCOIS H, VANDEREAMMEN J, et al. Sonoelectrochemistry in aqueous electrolyte: A new type of sonoelectroreactor[J]. Electrochim. Acta, 1994, 39: 37-39.

[6]　MENG X K, TANG S C, VONGEHR S. A review on diverse silver nanostructures[J]. J. Mater. Sci. Technol., 2010, 26: 487-522.

[7]　ZHOU Z, TANG S C, VONGEHR S, et al. Square-wave electrochemical growth of lying three-dimensional silver dendrites with high surface-enhanced Raman scattering activities[J]. Mater. Chem. Phys., 2011, 129: 594-598.

[8]　TANG S C, MENG X K, VONGEHR S. An additive-free electrochemical route to rapid synthesis of large-area copper nano-octahedra on gold film substrates[J]. Electrochem. Commun., 2009, 11: 867-870.

[9]　TANG S C, MENG X K. Controllable synthesis of metal particles by a direct current electrochemical approach[J]. Sci. China Ser. E-Tech. Sci., 2009, 52: 2709-2714.

[10]　DELPLANCKE J L, DILLE J, REISSE J, et al. Magnetic nanopowders: Ultrasound-assisted electrochemical preparation and properties[J]. Chem. Mater., 2000, 12: 946-955.

[11]　POL V G, WILDERMUTH G, FELSCHE J, et al. Sonochemical deposition of Au nanoparticles on titania and the significant decrease in the melting point of gold source[J]. J. Nanosci. Nanotechno., 2005, 5: 975-979.

[12]　LI H L, ZHU Y C, CHEN S G, et al. A novel ultrasound-assisted approach to the synthesis of CdSe and CdS nanoparticles[J]. J. Solid. State Chem., 2003, 172: 102-110.

[13]　POL V G, GEDANKEN A, CALDERON-MORENO J. Deposition of gold nanoparticles on silica spheres: A sonochemical approach[J]. Chem. Mater., 2003, 15: 1111-1118.

[14]　ZHANG K G, YAO S, LI G K, et al. One-step sonoelectrochemical fabrication of gold nanoparticle/carbon nanosheet hybrids for efficient surface-enhanced Raman scattering[J]. Nanoscale, 2015, 7: 2659-2666.

[15]　CHENG Y C, YU C C, LO T Y, et al. Size-controllable synthesis of catalyst of gold nanoparticles with capping agents of natural chitosan[J]. Mater. Res. Bull., 2012, 47: 1107-1112.

[16]　SHEN Q, MIN Q, SHI J, et al. Synthesis of stabilizer-free gold nanoparticles by pulse sonoelectrochemical method[J]. Ultrason. Sonochem., 2011, 18: 231-237.

[17]　MAHENDIRAN C, GANESAN R, GEDANKEN A. Sonoelectrochemical synthesis of metallic aluminum nanoparticles[J]. Eur. J. Inorg. Chem., 2009, 14: 2050-2053.

[18] SHI J J, WANG Y J, MA Y, et al. Sonoelectrochemical synthesis and assembly of bismuth-antimony alloy: From nanocrystals to nanoflakes[J]. Ultrason. Sonochem., 2012, 19: 1039-1043.

[19] ZHU J J, XU S, WANG H, et al. Sonochemical synthesis of CdSe hollow spherical assemblies via an in-situ template route[J]. Adv. Mater., 2003, 15: 156-159.

[20] 叶敏挺. 超声及超声电化学法制备 PbSe 和 PbS 纳米材料的研究[D]. 杭州: 浙江工业大学, 2010.

[21] WANG S F, GU F, LU M K. Sonochemical synthesis of hollow PbS nanospheres[J]. Langmuir, 2006, 22: 398-401.

[22] HO W K, YU J. Sonochemical synthesis and visible light photocatalytic behavior of CdSe and CdSe/TiO$_2$ nanoparticles[J]. J. Mol. Catal. A-Chem., 2006, 247: 268-274.

[23] TANG S C, MENG X K, LU H B, et al. PVP-assisted sonoelectrochemical growth of silver nanostructures with various shapes[J]. Mater. Chem. Phys., 2009, 116: 464-468.

[24] JIANG L P, WANG A N, ZHAO Y, et al. A novel route for the preparation of monodisperse silver nanoparticles via a pulsed sonoelectrochemical technique[J]. Inorg. Chem. Commun., 2004, 7: 506-509.

[25] SHEN Q M, MIN Q H, SHI J J, et al. Morphology-controlled synthesis of palladium nanostructures by sonoelectrochemical method and their Application in direct alcohol oxidation[J]. J. Phys. Chem. C, 2009, 113: 1267-1273.

[26] LEVI S, MANCIER V, ROUSSE C, et al. Synthesis of spherical copper-platinum nanoparticles by sonoelectrochemistry followed by conversion reaction[J]. Electrochim. Acta, 2015, 176: 567-574.

[27] ZIN V, BRUNELLI K, DABALÀ M. Characterization of Cu-Ni alloy electrodeposition and synthesis of nanoparticles by pulsed sonoelectrochemistry[J]. Mater. Chem. Phys., 2014, 144: 272-279.

[28] 姜立萍, 张剑荣, 王骏, 等. 超声电化学制备 PbSe 纳米枝晶[J]. 无机化学学报, 2002, 18: 1161-1164.

[29] SHI J J, WANG S, HE T T, et al. Sonoelectrochemical synthesis of water-soluble CdTe quantum dots[J]. Ultrason. Sonochem., 2014, 21: 493-498.

[30] GEDANKEN A. Using sonochemistry for the fabrication of nanomaterials[J]. Ultrason. Sonochem., 2004, 11: 47-55.

[31] MOHAPATRA S K, JOHN S E, BANERJEE S, et al. Water photooxidation by smooth and ultrathin γ-Fe$_2$O$_3$ nanotube arrays[J]. Chem. Mater, 2009, 21: 3048-3055.

[32] CHEN C C, CHAO C Y, LANG Z H. Simple solution-phase synthesis of soluble CdS and CdSe nanorods[J]. Chem. Mater., 2000, 12: 1516-1518.

[33] SHEN Q, JIANG L, MIAO J, et al. Sonoelectrochemical synthesis of CdSe nanotubes[J]. Chem. Commun., 2008, 1683-1685.

[34] 张知宇, 桑丽霞, 鲁理平, 等. TiO$_2$ 纳米管阵列电极的电荷转移特性研究[J]. 工程热物理学报, 2010: 1371-1374.

[35] MOHAPATRA S K, MISRA M, MAHAJAN V K, et al. A novel method for the synthesis of titania nanotubes using sonoelectrochemical method and its application for photoelectrochemical splitting of water[J]. J. Catal., 2007, 246: 362-369.

[36] MOHAPATRA S K, BANERJEE S, MISRA M. Synthesis of Fe$_2$O$_3$/TiO$_2$ nanorod-nanotube arrays by filling TiO$_2$ nanotubes with Fe[J]. Nanotechnology, 2008, 19: 315601.

[37] SOCOL Y, ABRAMSON O, GEDANKEN A, et al. Suspensive electrode formation in pulsed sonoelectrochemical

synthesis of silver nanoparticles[J]. Langmuir, 2002, 18: 4736-4740.

[38] GANESAN R, SHANMUGAM S, GEDANKEN A. Pulsed sonoelectrochemical synthesis of polyaniline nanoparticles and their capacitance properties[J]. Synth. Met., 2008, 158: 848-853.

[39] TANG S C, VONGEHR S, MENG X K. Two distinct branch-stem interfacial structures of silver dendrites with vertical and slanted branchings[J]. Chem. Phys. Lett., 2009, 477: 179-183.

[40] IRANZO A, CHAUVET F, TZEDAKIS T. Influence of electrode material and roughness on iron electrodeposits dispersion by ultrasonification[J]. Electrochim. Acta, 2015, 184: 436-451.

[41] TANG S C, VONGEHR S, ZHENG Z, et al. Facile and rapid synthesis of spherical porous palladium nanostructures with high catalytic activity for formic acid electro-oxidation[J]. Nanotechnology, 2012, 23: 255606.

[42] ZHANG Z H, HOSSAIN M F, TAKAHASHI T. Fabrication of shape-controlled α-Fe$_2$O$_3$ nanostructures by sonoelectrochemical anodization for visible light photocatalytic application[J]. Mater. Lett., 2010, 64: 435-438.

[43] XIE H, TANG S C, LI D D, et al. Flexible asymmetric supercapacitors based on nitrogen-doped graphene hydrogels with embedded nickel hydroxide nanoplates[J]. ChemSusChem, 2017, 10: 2301-2308.

[44] TANG S C, TANG Y F, GAO F, et al. Ultrasonic electrodeposition of silver nanoparticles on dielectric silica spheres[J]. Nanotechnology, 2007, 18: 295607.

[45] TANG S C, TANG Y F, ZHU S P, et al. Synthesis and characterization of silica-silver core-shell composite particles with uniform thin silver layers[J]. J. Solid State Chem., 2007, 180: 2871-2876.

[46] TANG S C, TANG Y F, VONGEHR S, et al. Nanoporous carbon spheres and their application in dispersing silver nanoparticles[J]. Appl. Surf. Sci., 2009, 255: 6011-6016.

[47] Dai Y M, TANG S C, VONGEHR S, et al. Silver nanoparticle-induced growth of nanowire-covered porous MnO$_2$ spheres with superior supercapacitance[J]. ACS Sustainable Chem. Eng., 2014, 2: 692-698.

[48] ZHU J, TANG S C, XIE H, et al. Hierarchically porous MnO$_2$ microspheres doped with homogeneously distributed Fe$_3$O$_4$ nanoparticles for supercapacitors[J]. ACS Appl. Mater. Interfaces, 2014, 6: 17637-17646.

第7章 限域合成技术

7.1 概 述

随着纳米科技的不断发展和应用领域的不断挖掘，传统纳米材料因其基础的形貌和单一的功能已不能完全满足应用的需求，众多领域对纳米合成的多样性提出了更高要求。但是，对于一些特定的材料，传统的一步合成法往往难以获得形貌均一且结构复杂的纳米颗粒，于是研究者扩展思路，发展了限域合成技术，使一些原来无法直接获得的结构和材料变成了可能，为纳米科技的进一步发展奠定基础。

限域合成技术是在合成过程中利用一定材料(如模板)来提供空间限制作用的一种合成技术，目前已广泛用于合成中空、多层及多组分排列的复杂结构。限域合成技术包括模板合成、雾化热解法和纳米颗粒原位转换法等方法。其中，模板合成中，根据模板类型不同，又可分为硬模板法合成、软模板法合成和气泡模板法合成等经典类型；而纳米颗粒原位转换法常用技术包括克肯达尔效应法、离子交换法和电镀置换法等。在限域合成步骤中，可能由于原材料消耗至平衡浓度，从而停止反应，也可能由于模板空间完全充满，迫使生长过程停止。

1987 年，Penner 和 Martin[1]首次采用微孔聚碳酸酯过滤膜作为模板，合成 Pt 纳米线阵列，并在此基础上合成了一系列纳米材料[2]。模板合成技术从此成为纳米结构合成和制备的常用技术。经过研究者不懈的探索和努力，以模板合成为典型的限域合成技术已经成功用于金属材料、半导体材料、有机高分子材料、无机非金属材料及它们的各种杂化结构的合成中。这类结构往往具有较低的密度、较高的比表面积、较低的热膨胀系数、较好的折射率等性质，受到催化、传感、电池、光热、生物医药等领域的广泛欢迎。

7.2 模 板 合 成

模板合成是指利用一定的模板来支撑或限制反应物的成核位置和生长区域，从而控制目标材料的尺寸和形状，实现特定结构微纳米材料的合成。它是合成中空纳米颗粒、多层纳米颗粒、纳米线、纳米管及多维纳米阵列等结构的有效手段[3]，该方法集化学与物理原理于一体，是限域合成技术中运用最普遍的一种方法，在纳米材料合成和制备中占有重要地位。

在模板合成中，模板的选择和获得是该方法的前提，不同材料、形状或尺寸的模板可能合成出不同的纳米材料。模板的类型丰富，具有多样性，常见的包括微球、介孔、多孔阳极氧化铝、无机盐、金属-有机框架等硬质模板和胶束、微乳、气泡等软质模板。此外，仍有新的模板在不断涌现，用来保证特定形貌微纳结构的获得。

7.2.1 硬模板法合成

顾名思义，硬模板法是以具有固定形状的硬质材料作为模板，主要以氧化物、金属、无机盐、高分子等胶态粒子为模板，运用化学沉积、层层自组装、溶胶-凝胶、电镀沉积等方法，在模板材料表面包覆另一种材料，从而形成核壳型或类核壳型的结构；随后，可通过煅烧、溶解等方法去除模板，得到中空结构的微纳米材料。

用硬模板法进行包覆的关键问题在于：需要根据不同模板和包覆层的性质差异进行表面改性或表面修饰，以增强模板与包覆层间的结合能力，使包覆材料得以均匀稳定地在模板表面生长。利用硬模板法已实现无机-无机、有机-有机、无机-有机、有机-无机等多种核壳型纳米颗粒的合成，以及多种空心、复合结构的制备，这些材料在力学、光学、电学、化学等性质上具有出色的调控能力。

1. 微球模板法

微球模板法是合成核壳型和中空型纳米颗粒的常用方法，也是最常见的一种硬模板技术。它是以微纳米级的球形颗粒作为内层模板，通过逐层吸附(layer by layer absorption，LBL)、逐层反应沉积或二者兼具的方式，获得多层结构的球形颗粒；如有必要，再通过溶解、煅烧等方法去除模板，从而获得中空结构的微纳米颗粒。常用的模板有聚合物微球模板和 SiO_2 微球模板，前者可通过高温煅烧或溶剂溶解去除，后者可通过强碱或者氢氟酸溶解去除，这两者都是非常理想的硬球模板。

常用的聚合物微球为聚苯乙烯(PS)微球，其颗粒尺寸可做到 100nm～5μm，表面电位可正可负(通过改变合成配方实现)，在各种核壳型和中空型微纳米颗粒合成中广泛使用。在聚合物微球模板法中，逐层吸附是制备核壳型和中空型纳米颗粒的常用方法。Caruso[4]以直径约为 640nm 的 PS 小球为模板，以直径为 25nm 的 SiO_2 小球为包覆材料，利用 SiO_2 与阳离子聚合物(二甲基二烯丙基氯化铵，PDADMAC)的静电吸引力，将阳离子聚合物和 SiO_2 小球层层吸附在 PS 模板上，从而制备出直径 720～1000nm 的 PS@PDADMAC@SiO₂ 复合结构纳米颗粒。随后通过烧结去除所有聚合物(包括 PS 球模板和 PDADMAC 辅助吸附层)，获得中空 SiO_2 纳米球；或者通过将 PS 核溶解在有机溶剂中，得到中空有机-SiO_2 杂化颗粒(图 7.1)。SiO_2 纳米外层的厚度、形状完整度及稳定性由 PS 表面吸附的 SiO_2-PDADMAC 层数决定。核壳型 PS@PDADMAC@SiO₂ 复合结构纳米颗粒形貌如图 7.2 所示，中空 SiO_2 纳米球制备过程形貌变化如图 7.3 所示。

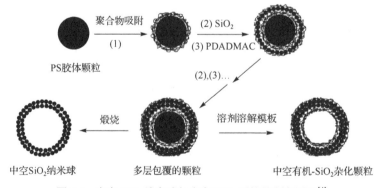

图 7.1　中空 SiO_2 纳米球与中空 SiO_2 颗粒的制备图示[4]

与其他中空结构合成方法相比，这种利用聚合物微球模板法进行逐层吸附自组装、再去除模板的方法，具有以下优势：①中空纳米球的厚度可通过改变吸附材料的层数来精确调控；②中空纳米球的尺寸和形状可由模板的尺寸与形状决定；③此方法具有一定的多样性，适用于多种带电无机颗粒、小分子和聚合物的组装，使得其他无机材料（如 TiO_2、ZrO_2 等）中空纳米球的制备成为可能。

图 7.2　核壳型 PS@PDADMAC@SiO_2 复合结构纳米颗粒形貌[4]

(a) SEM 照片；(b) TEM 照片

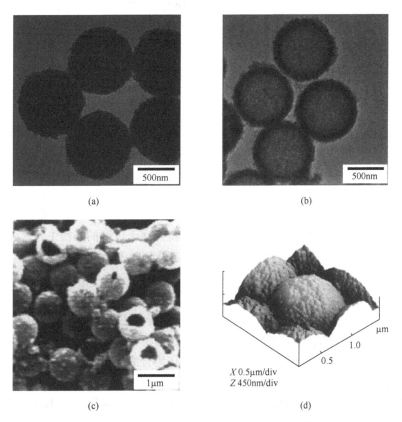

图 7.3　中空 SiO_2 纳米球制备过程形貌变化[4]

(a) 三层核壳型 PS@PDADMAC@SiO_2 复合结构 TEM 照片；(b) 烧结得到中空 SiO_2 纳米球 TEM 照片；

(c) 烧结得到中空 SiO_2 纳米球 SEM 照片；(d) 烧结得到中空 SiO_2 纳米球 AFM 照片

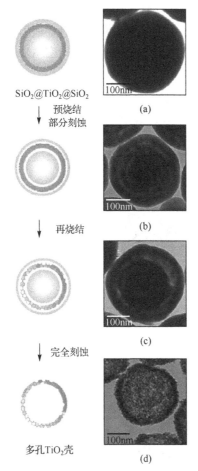

SiO₂@TiO₂@SiO₂
预烧结
部分刻蚀

（a）

↓ 再烧结

（b）

（c）

↓ 完全刻蚀

多孔TiO₂壳

（d）

图 7.4　介孔中空 TiO₂ 微球合成步骤示意图[5]

除使用聚合物微球作为模板以外，另一种常用的硬质模板是 SiO_2 微球。Joo 等[5]利用 SiO_2 微球作为模板，成功制备出具有优异光催化性能的介孔中空 TiO_2 微球。图 7.4 为合成步骤示意图，整个步骤包括预烧结、部分刻蚀、再烧结、完全刻蚀四个过程，分别对应图 7.4(a)～(d) 所示形貌。首先合成 SiO_2@TiO_2@SiO_2 核壳结构的纳米颗粒，通过初步烧结以提高 TiO_2 球壳的结晶度和机械强度；然后用 NaOH 将 SiO_2 与 TiO_2 接触的部分刻蚀掉，为 TiO_2 进一步烧结结晶提供空间；再次通过进一步烧结保证 TiO_2 微球的晶格完美度；最后将剩余的 SiO_2 全部刻蚀掉，从而形成介孔中空 TiO_2 微球。

在此过程中，NaOH 刻蚀后产生的钛酸钠容易留在无定形的 TiO_2 结构中，造成 TiO_2 转变为钛酸钠、锐钛矿和金红石相 TiO_2，因此初始烧结非常必要，它可提高 TiO_2 的结晶度，避免锐钛矿和金红石相 TiO_2 的产生。此外，最外层的 SiO_2 层有助于保持 TiO_2 的球壳结构，抑制在烧结过程中 TiO_2 层间的聚合，很好地解决了 TiO_2 中空结构的分散性问题。

此外，NaOH 用量和烧结温度也对结果有重要的影响。图 7.5 给出了初始刻蚀步骤中 NaOH 用量对 SiO_2@TiO_2@SiO_2 核壳结构的影响，从图中看出，NaOH 对 SiO_2 的初始刻蚀均从界面处开始，NaOH 用量越多，所刻蚀的 SiO_2 厚度也越大，直到全部溶解。图 7.6 给出了进一步烧结过程中烧结温度对晶粒尺寸的影响。未经初始刻蚀与再烧结的 TiO_2 晶粒约为 4nm（图 7.6(a)），而经过 700～800℃烧结 4h 后，晶粒尺寸达到了 7～10nm，在 800℃烧结 16h 后，晶粒尺寸达到了 14nm，但当烧结温度达到 900℃时，大部分的中空 TiO_2 微球将会由于过度的晶粒生长而破损。烧结温度超过 800℃导致的另一个问题是催化活性明显降低，且 SiO_2 模板难以去除干净。

2. 介孔二氧化硅模板法

介孔材料具有大孔容与超高比表面积，原则上可提供更多的表面反应或界面相互作用位点，也为吸附质提供更多的存储空间，因此在吸附、分离、催化及能量存储方面有着巨大的应用潜力。此外，介孔材料的孔壁与孔道结构还可以作为合成模板，为纳米线、纳米棒、纳米管等提供了新的合成途径。

Gao 等[6]以介孔二氧化硅（SBA-15）作为模板，仅使用一种前驱体（$Cd_{10}S_6C_{32}H_{80}N_4O_{28}$）成功制备出高比表面积的晶态介孔 CdS 纳米阵列。前驱体 $Cd_{10}S_6C_{32}H_{80}N_4O_{28}$ 不仅可提供 Cd 源和 S 源，而且其原位分解形成 CdS 纳米晶体，可有效解决孔道堵塞的问题。另外，前驱体中大量的羟基有利于前驱体顺利进入 SBA-15 孔道；前驱体中高含量的 Cd 和 S 可保证孔道中产生足量

的 CdS 晶体，避免了充填量不足的问题。最终，SBA-15 模板可被 NaOH 刻蚀掉，留下的介孔
CdS 纳米阵列如图 7.7 所示。

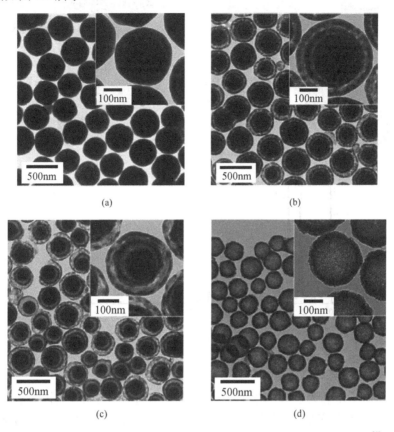

图 7.5　初始刻蚀过程中 NaOH 用量对 SiO$_2$@TiO$_2$@SiO$_2$ 核壳结构的影响[5]

(a) 0.1mL；　(b) 0.5mL；　(c) 0.7mL；　(d) 1mL

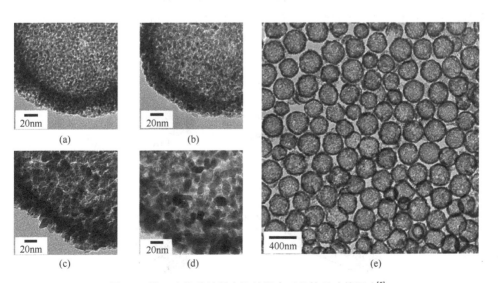

图 7.6　进一步烧结过程中烧结温度对晶粒尺寸的影响[5]

(a) 未烧结；　(b) 700℃，4h；　(c) 800℃，4h；　(d)、(e) 800℃，16h

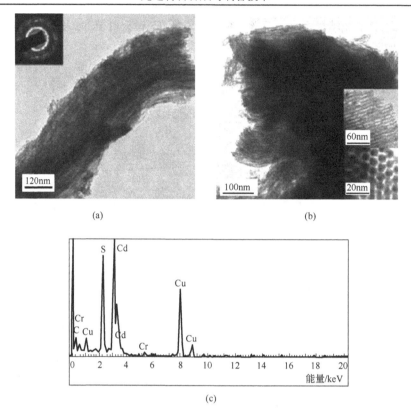

(a)　　　　　　　　　　　　　　　　(b)

(c)

图 7.7　SBA-15 模板合成的介孔 CdS 纳米阵列形貌与成分图[6]

　　Liu 等[7]以 SBA-15 作为模板，使用氢气还原辅助法成功制备出金属钨纳米线束。具体合成过程如图 7.8 所示，首先在 SBA-15 中进行纳米铸型，将前驱体磷钨酸（PTA，$H_3PW_{12}O_{40} \cdot 6H_2O$）与 SBA-15、乙醇混合于烧瓶中，在室温下搅拌直至乙醇挥发完全，将得到的粉末于 45℃干燥 12h 得到 PTA@SBA-15 复合物；然后将其置于氢气氛围下 800℃烧结 3h，得到褐色的 W@SBA-15 粉末；最后加入氢氟酸水溶液将 SBA-15 刻蚀掉，得到的粉末用水与丙酮清洗后过滤干燥，即可获得金属钨纳米线，产率可达 95%。

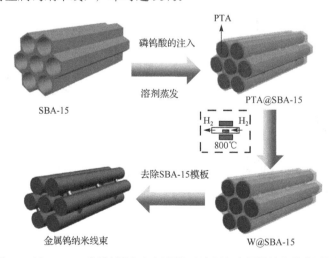

图 7.8　以 SBA-15 为模板的氢气还原辅助法制备金属钨纳米线束图解[7]

SBA-15 模板的孔径约为 11.2nm，是合成金属钨线束的理想模板。该模板在 PTA 溶液中浸泡并还原反应 2h 后，在孔道中出现亮白色线状的钨，如图 7.9(a) 所示，但在 SBA-15 表面并未出现明显的块状钨沉积，说明 PTA 前驱体大多已进入介孔孔道。SBA-15 模板被刻蚀掉后，观察到的钨纳米线束如图 7.9(b) 所示，HRTEM 照片（图 7.9(c)）显示金属钨纳米线排列有序，直径为 8～10nm，长度为 300～1500nm，与所使用的 SBA-15 模板孔道尺寸相似。

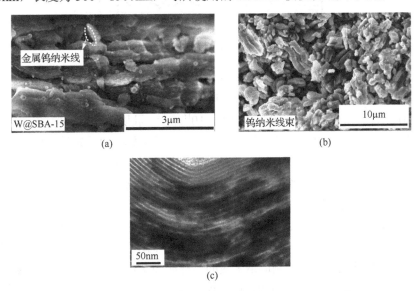

图 7.9 SBA-15 模板辅助制备金属钨纳米线束所得形貌[7]

(a) 介孔复合物 W@SBA-15 的 SEM 照片；(b) 金属钨纳米线束的 SEM 照片；(c) 钨纳米线阵列的 HRTEM 照片

综上所述，利用具有孔道的介孔材料作为模板，通过模板提供的限域空间实现一维材料尺寸形状的控制，是制备多种一维材料的有效手段。该方法所制的一维材料具有与模板孔洞相似的结构特征，可合成多种类型的材料，近 30 年来，研究者利用这一技术制备了金属、半导体、导电聚合物、碳及其他材料的纳米线、纳米管和纳米纤维材料，在各个领域获得了良好的应用。

3. 多孔阳极氧化铝模板法

除 SBA-15 模板外，另一种典型的用来制备一维材料或阵列的模板是多孔阳极氧化铝模板。1994 年，Martin[8]在 *Science* 上首次报道了多孔阳极氧化铝（AAO）这一新型模板制备纳米材料的工作，该项工作引起同行的广泛关注，为更多一维纳米材料的制备和应用奠定重要的基础。

AAO 模板的结构如图 7.10 所示[9]，包括铝基底和垂直于基底有序排列的具有圆柱形纳米孔的六角形阵列。其制备方法主要为长时间氧化法和二次氧化法。研究表明[10]AAO 膜上纳米孔阵列的有序性不是由单晶铝的有序性决定的，而是由阳极氧化过程决定的。典型地，在 Masuda 和 Fukuda[11]提出的二次氧化法中，纳米孔隙在氧化铝的绝缘氧化膜中生长，可合成直径为 5～267nm 的 AAO 模板。该方法首先对高纯度铝的薄片进行退火，然后利用抛光溶液除去表面上的氧化铝顶层，使其具有镜面光泽，随后在酸性电解质溶液中对铝进行阳极氧化，一段时间后将该片材置于铬酸盐溶液中除去阻挡氧化物层，继续在酸性溶液中进行二次阳极氧化，最后将多余的铝去除，即可得到具有直径均匀的圆柱形孔的 AAO 膜，孔密度高达 $10^{11}cm^{-2}$。

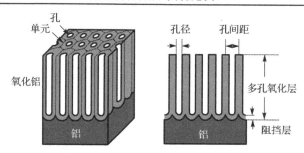

图 7.10　铝电化学阳极氧化法制备 AAO 结构的示意图[9]

通过控制温度、电压及酸性电解质溶液的种类和浓度可精确调控孔道直径与间距，通过控制氧化时间可控制模板厚度，因此 AAO 模板可实现孔径 10～400nm、孔间距 50～600nm、孔径比 10～5000、厚度 10～150μm、孔密度 10^9～10^{11}cm^{-2}、孔隙率 5%～50%的调控[10, 12]。正是由于 AAO 模板具有制备简单、尺寸可控、长径比高、易溶解、热稳定性和机械稳定性良好等特点，利用该模板合成一维纳米材料或一维纳米阵列具有独特的优势[13]。

在利用 AAO 模板合成一维纳米材料的过程中，将反应物均匀有序地填充至空隙中是重要的一步。常用的填充方法包括电化学沉积、化学或物理气相沉积、溶胶-凝胶沉积、压力注入等。其中，电化学沉积无需昂贵的高温或高压设备，反应省时省力，具有较高的增长率，是常用的反应方法。通过改变电镀溶液、沉积方式及电脉冲频率，可以容易地改变一维材料的组成、形态和界面情况。通过电化学沉积制造纳米线的步骤如图 7.11 所示[14]，典型步骤如下：首先在模板的一端沉积一层金属作为工作电极，在沉积所需的组分之前，通常将一层牺牲金属沉积到孔中以防止后续沉积不同组分时造成的电化学刻蚀；接着依次进行所需组分的沉积；最后通过化学溶解薄膜电极、牺牲金属层和模板来释放纳米线。2001 年，Nicewarner-Peña 等[15]利用 AAO 模板通过对金和银的沉积，制作出不同的金属条形码，其制备示意图如图 7.12 所示，该金属条形码可通过不同材料的折射率分辨条形阵列，这种读取机制具有更好的可辨识性。

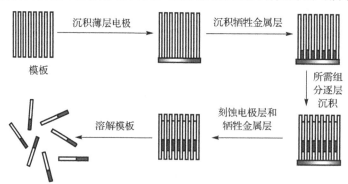

图 7.11　利用电化学沉积在 AAO 模板上制备材料示意图[14]

AAO 模板应用于一维纳米材料的制备，具有较好的普适性，如图 7.13 所示。目前已可用来制备金属（如 Ag、Au、Bi、Cu、Co、Fe、In、Zn 等）、金属氧化物（如 Co_3O_4、Fe_2O_3、MnO_2、SnO_2、$BaTiO_3$、Bi_2O_3、$PbTiO_3$ 等）、合金（如 Co-P、Fe-Pd、Ni-P、Cd-Te-Au 等）、半导体（如 CdSe、TiO_2、GaMnAs、WO_3 等）等多种无机一维纳米材料及一系列聚合物、生物大分子（蛋白质、DNA）等有机材料，形态包括纳米纤维、纳米线、纳米柱、纳米棒、纳米管等结构[16]。

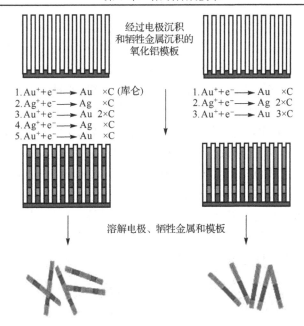

图 7.12　多孔阳极氧化铝模板法合成金属条形码示意图[14]

图 7.13　利用 AAO 模板合成一维纳米材料的多样性[16]

（a）电沉积 Au 制备波纹 Au 纳米管的 SEM 照片；（b）去除 AAO 后的 Cu 纳米管的俯视 SEM 照片；（c）去除 AAO 模板后得到的 Fe-Pd 纳米管阵列的顶视 SEM 照片；（d）溶解 AAO 模板后的复合 Si-C 纳米管的 SEM 照片；（e）模板溶解后具有空隙空间的 PMMA 纳米棒的 TEM 照片；（f）显示纳米管完美有序的 ZnO 纳米管膜的 SEM 照片；（g）去除 AAO 模板后热固化的二乙烯基三苯胺纳米棒阵列的横截面 SEM 照片

4. 无机盐模板法

无机盐模板法是一种新型的、成本低廉且制备简单的中空微纳米材料合成方法，其原理是以无机盐微纳米材料为模板，生成的目标产物附着在无机盐表面，再利用溶剂将模板溶解去除，即可得到具有中空结构的目标产物。中空结构的形状由无机盐模板形状所决定，可以为球形，也可以为立方体等其他晶体结构形状。该方法的优势主要有以下两点：①无机盐极易溶于溶剂，去除模板的过程无需复杂、苛刻的反应条件；②模板形状多样，可合成多种形状的中空微纳米材料。

Lü 等[17]利用七水合硫酸锌($ZnSO_4 \cdot 7H_2O$)为模板，辅助溶剂热方法，制备出中空 TiO_2 微球，在太阳能电池等领域有很好的应用前景[18]。其制备过程如图 7.14 所示。首先将 $ZnSO_4 \cdot 7H_2O$ 加入无水乙醇中，充分搅拌 1h 后，逐渐形成稳定的白色悬浊液，此时的圆球形 $ZnSO_4 \cdot 7H_2O$ 不仅可充当无机盐模板，还可作为反应的表面引发剂，促进后续反应的进行。接着向其中加入钛酸四丁酯(TBOT)，搅拌 1h，转移至高压水热釜，于 210℃下反应 24h，TBOT 与 $ZnSO_4 \cdot 7H_2O$ 发生水解反应，并在 $ZnSO_4 \cdot 7H_2O$ 表面生成 TiO_2 颗粒。最后用乙醇和去离子水将所得沉淀充分洗涤，以除去模板和其他杂质，干燥后即可得到中空结构的 TiO_2 微球。在此过程中，$ZnSO_4 \cdot 7H_2O$ 的半径逐渐变小，这是由于水解反应时 $ZnSO_4 \cdot 7H_2O$ 中的 H_2O 被消耗。图 7.15 显示了所得中空 TiO_2 微球的形貌和多晶结构。

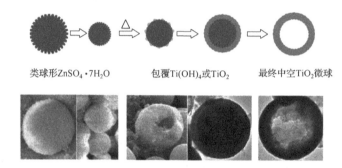

类球形$ZnSO_4 \cdot 7H_2O$　　　包覆$Ti(OH)_4$或TiO_2　　　最终中空TiO_2微球

图 7.14　无机盐模板法合成 TiO_2 微球示意图及相应阶段的 SEM 照片[17]

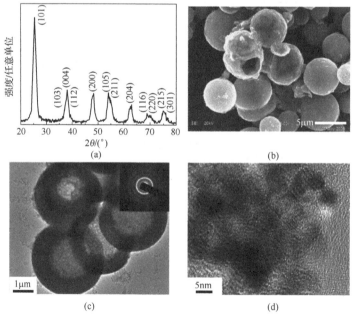

图 7.15　无机盐模板法合成中空 TiO_2 微球表征情况[17]

(a)XRD 谱；(b)SEM 照片；(c)TEM 和 SAED 照片；(d)HRTEM 照片

利用水合硫酸盐辅助溶剂热法制备中空 TiO_2 微球具有普适性。Lü 等将 $ZnSO_4 \cdot 7H_2O$ 分别换成 $FeSO_4 \cdot 7H_2O$、$CoSO_4 \cdot 7H_2O$、$MgSO_4 \cdot 7H_2O$ 等其他水合硫酸盐，分别制备出了如图 7.16 所示的不同中空 TiO_2 微球。

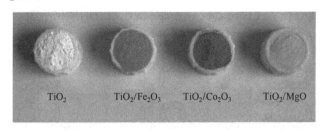

TiO_2　　TiO_2/Fe_2O_3　　TiO_2/Co_2O_3　　TiO_2/MgO

图 7.16　德国 Degussa P25 TiO_2 及利用不同水合硫酸盐合成杂化 TiO_2 照片[17]

5. MOF 模板法

金属-有机骨架化合物（metal-organic framework，MOF）也称为配位聚合物，是金属离子或金属簇与有机物配体组装成的一类多孔框架材料，其结构如图 7.17 所示。在 MOF 中，有机配体的官能团（如羟基、氨基、羧基等）拥有的孤对电子与金属离子或金属簇提供的空轨道形成配位键，并连接成有序的阵列。

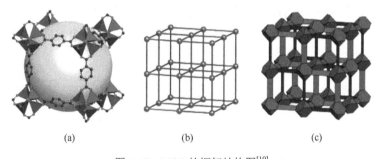

(a)　　　　　　　　　(b)　　　　　　　　　(c)

图 7.17　MOF 的框架结构图[19]

(a) MOF-5 结构，ZnO_4 四面体通过对苯二羧酸相连形成扩展的三维框架，形成互连的 8 Å 通孔和中心 12 Å 的孔（大球）；
(b)（原始立方网）球棒模型的拓扑结构；(c)（OZn_4）O_{12} 团簇（截角四面体）和对苯二羧酸离子（片条）的杂化结构

MOF 拥有许多高度规则的孔道，且孔径大多处于微孔尺度（<2nm）。因此，孔道的空间限域能力使 MOF 成为制备超小纳米颗粒的极好模板。同时，MOF 的孔道内部富含有机官能团，这些官能团与孔内的纳米颗粒存在强烈的相互作用，从而使纳米颗粒不能自由进出孔道。与传统较大尺寸的纳米材料相比，以 MOF 为模板制备的超小纳米颗粒拥有独特的物理化学性能。

Jiang 等[20]用 MOF 模板法制备了 Au@Ag@MOF 的核壳结构，并设计了两种方法完成小纳米颗粒的合成，如图 7.18 所示。方法一中，包覆金颗粒是经过两个步骤完成的，首先氯金酸（$HAuCl_4$）以离子形态存在于水溶液中并被 MOF 吸附到孔里，此时再引入还原剂硼氢化钠（$NaBH_4$）水溶液，Au^{3+}就会由于空间限制而被还原为极小的金颗粒。随后，银纳米层的包裹过程也与此类似，由于 Au 和 Ag 晶格匹配，可以在 MOF 的孔道结构中生成 Au@Ag 的核壳结构。为了保证得到的纳米颗粒都在 MOF 的孔里，加入还原剂之前，应该将游离在 MOF 表面的金属离子洗去。在方法二中，首先在 MOF 孔道里通过还原硝酸银（$AgNO_3$）得到极小的银颗粒，然后通过还原 HAuCl$_4$，银被置换成金颗粒，同时在还原剂的作用下，溶液中多余的金、银前驱体继续成核生长，最后在 MOF 模板中形成了一种核壳结构，核为金纳米颗粒，金银合金为包裹层。这种核壳结构可以应用于有机及无机催化方面，得到的金属纳米颗粒不但具有超小的尺寸，与 MOF 之间也存在催化协调效应，从而体现出很好的催化活性。

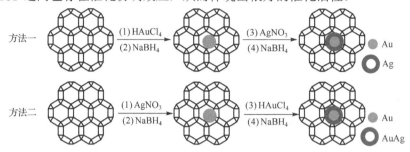

图 7.18　核壳结构 Au@Ag@MOF 的制备方法[20]

　　图 7.19 为以 MOF 为模板制备的 Au@Ag 纳米颗粒的 TEM 照片，图 7.19（a）～（d）展示了不同金属含量对颗粒尺寸的影响。可以看出，所有样品都具有相近的颗粒尺寸（处于 2～6nm）。这表明作为模板的 MOF 的孔道具有空间限制能力，从而阻止了 Au@Ag 颗粒的长大与团聚。图 7.19（e）和（f）是 Au@Ag 纳米颗粒的 HAADF-STEM 照片，在图中发白光的小团就是 Au@Ag 纳米颗粒。可以看到，颗粒的内核部分比边缘更明亮一点，从而分析出颗粒的内核富含金元素，外壳富含银元素。在随后的测试中，样品 2%Au@2%Ag@MOF 具有最佳催化性能。

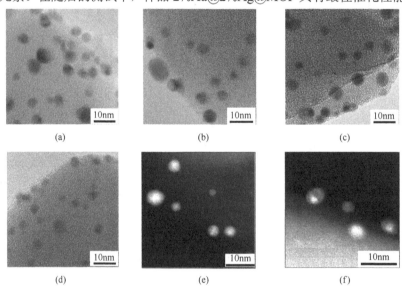

图 7.19　MOF 模板法制备的 Au@Ag 纳米颗粒 TEM 照片[20]
（a）2%Au@MOF；（b）2%Ag@MOF；（c）2%Au@2%Ag@MOF；（d）2%Ag@2%Au@MOF；
（e）2%Au@2%Ag@MOF；（f）2%Ag@2%Au@MOF

　　此外，Zhu 等[21]还开发了一种液相浓度控制还原法，通过控制还原剂的浓度，从而调控纳米颗粒的尺寸和位置。步骤如图 7.20 所示，MOF 吸附 Au^{3+}和 Ni^{2+}后，当加入高浓度还原剂时，会生成非常小的 AuNi 合金，并被包覆在 MOF 的孔道中。但当加入中等浓度的还原剂时，金属纳米颗粒就会发生聚集，部分合金会处于 MOF 的孔道外。

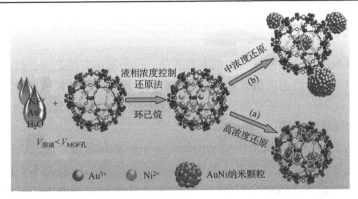

图 7.20　以浓度控制还原法在 MOF 中生长 AuNi 纳米颗粒[21]

　　图 7.21 为不同浓度的还原剂（0.6mol/L、0.4mol/L、0.2mol/L）制备的纳米颗粒的 TEM 照片，图 7.21（a）和（b）是高浓度还原剂制备的纳米颗粒的 TEM 及 HAADF-STEM 照片。可见纳米颗粒分布得十分均匀，没有发生聚集，粒径在 1.8nm 左右。然而当使用中等浓度还原剂（0.4mol/L）制备纳米颗粒时，大量的颗粒发生聚集，粒径处于 2～5nm。低浓度还原剂（0.2mol/L）制备的纳米颗粒的粒径大于 5nm，表明还原剂浓度过低时，为了保持孔内外浓度平衡，进入 MOF 孔道的还原剂不足以完全还原孔道中的金属离子，于是会发生部分金属离子扩散到孔外，从而被孔外的还原剂还原的现象。

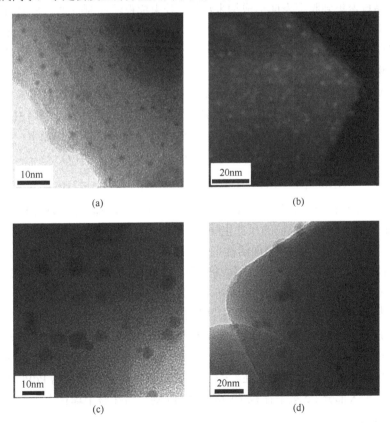

图 7.21　AuNi@MOF 的 TEM 照片[21]

（a）AuNi@MOF（还原剂 0.6mol/L）；（b）AuNi@MOF（还原剂 0.6mol/L）的 HAADF-STEM 照片；
（c）AuNi@MOF（还原剂 0.4mol/L）；（d）AuNi@MOF（还原剂 0.2mol/L）

7.2.2　软模板法合成

毫无疑问硬模板法是一种限域合成的有效方法，也是常用方法之一。然而硬模板法在合成核壳结构的步骤中必须经历由内层开始、逐层完成的多步反应，在模板去除之后结构脆弱，易于破损，且壳层往往不利于物质交换，这些硬模板法的劣势限制了其在药物输送、精准诊断与治疗等中空结构常用领域的应用。

软模板法制备方法简便，所得中空结构颗粒易于封装和释放物质，吸引了研究者极大的兴趣。经过二十几年的发展，软模板法的实验室研究和应用拓展取得不少进展，在此主要介绍胶束模板法和微乳模板法两种典型方法。二者最大的区别在于模板的尺寸不同，胶束尺寸往往较小，可合成的颗粒尺寸也较小，而微乳可形成较大的模板，从而用来合成尺寸较大的中空结构。

1. 胶束模板法

在液相体系中，当表面活性剂浓度超过临界胶束浓度(CMC)后便会形成胶束或胶团，胶束的亲水基团和亲油基团一端向外、一端向内。胶束模板法合成纳米颗粒是利用向外的基团和溶液本体中的反应物结合成络离子或桥键，通过原位反应或界面反应生成纳米粒子，或通过液相体系中的纳米晶自聚集到胶束表面形成纳米颗粒。胶束模板法在制备纳米材料方面有着重要的应用，基于胶束模板构筑起来中空纳米结构后，可以容易地通过溶剂将胶束模板去除，得到纳米材料。胶束模板的形貌可以通过胶束浓度进行调节，不同的胶束浓度可形成球形胶束、立方胶束、棒状胶束等。

2001 年，Wu 等[22]报道了一项关于使用反胶束法合成 Au/Pd 双金属纳米粒子的工作，该工作在 25℃下使用水、琥珀酸二辛酯磺酸钠和异辛烷形成反向胶束体系，利用 $HAuCl_4$、H_2PdCl_4 与肼共还原反应得到不同摩尔比的 Au/Pd 双金属纳米粒子。反应方程式如下：

$$2H_2PdCl_4 + N_2H_5OH \longrightarrow 2Pd + 8HCl + N_2 + H_2O \tag{7.1}$$

$$4HAuCl_4 + 3N_2H_5OH \longrightarrow 4Au + 16HCl + 3N_2 + 3H_2O \tag{7.2}$$

反胶束的尺寸随着水与琥珀酸二辛酯磺酸钠的摩尔比(即 W_0)的增加而增加，于是，Au、Pd 和 Au/Pd(1/1)双金属纳米颗粒的尺寸也随着 W_0 值的增加而增加，颗粒尺寸与 W_0 值的关系如图 7.22 所示，从图中分析可知，表面活性剂分子吸附在颗粒的表面上并限制纳米颗粒的生长。图 7.23 展示的是 Au、Pd 及 Au/Pd 双金属纳米颗粒的典型 TEM 形貌图和尺寸分布柱状图，图中看出三种纳米粒子的尺寸都在几纳米级别，且是均匀分散的。

Jiang 等[23]利用 Pluronic F127 在水相中产生胶束，通过胶束模板法成功地合成了具有超大介孔的双金属 PdPt 球和超大介孔三金属 Au@PdPt 球及 PdPtCu 球，其形貌如图 7.24 所示。与传统商业铂黑和树枝状铂球相比，介孔双金属 PdPt 球体表现出优异的电化学活性，介孔三金属球表现出更高的电化学活性和耐久性。图 7.25 表征了单个介孔双金属 PdPt 球的元素分布情况，元素扫描显示大部分 Pd 集中在粒子中心，而 Pt 则分布在整个球体上。

2. 微乳模板法

微乳液是由水(或电解质水溶液)、油(有机溶剂)、表面活性剂(分子中同时含有疏水基团和亲水基团)和助表面活性剂(通常为醇类)组成的透明或半透明、各向同性的热力学稳定体系。微乳液可分为水包油(O/W)型和油包水(W/O)型。

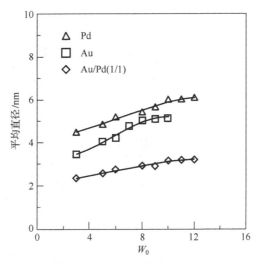

图 7.22　Au、Pd、Au/Pd(1/1)双金属纳米粒子中 W_0 值对颗粒尺寸的影响[22]

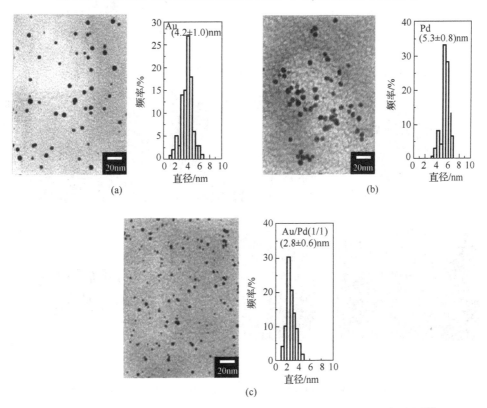

图 7.23　Au、Pd、Au/Pd(1/1)双金属纳米粒子 TEM 形貌和尺寸分布柱状图[22]
(a)Au；(b)Pd；(c)Au/Pd(1/1)

微乳模板法制备纳米微粒是利用两种互不相溶的溶剂在表面活性剂的作用下形成均匀的乳液，反应在乳液内发生，这样颗粒的成核、生长、团聚等过程局限在一个微小的球形液滴里，从而可以形成球状或者类球状微粒，并且避免了微粒之间的进一步团聚。根据水、油的比例及加入的表面活性剂的性质，可以在微乳液中形成不同形态的纳米结构。该方法是制备纳米微粒的一种重要方法。

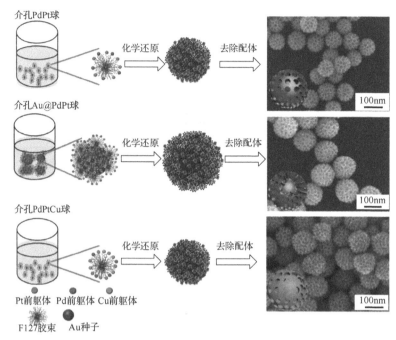

图 7.24　介孔双金属 PdPt 球、介孔三金属 Au@PdPt 球和 PdPtCu 球的合成示意图与形貌图[23]

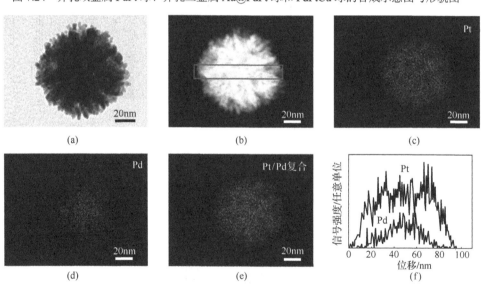

图 7.25　介孔双金属 PdPt 球元素分布图[23]
(a)TEM 照片；(b)HAADF-STEM 照片；(c)～(e)元素扫描图像；(f)成分线扫描图

Yu 等[24]报道了一种用反相微乳液法制备单分散的 SiO$_2$ 包覆金(或银)纳米颗粒的方法，这种方法在不使用硅烷偶联剂或聚合物作为表面活性剂的情况下，能够直接在金和银颗粒上包覆 SiO$_2$，并且可以精确控制 SiO$_2$ 壳层的厚度。该工作包括油相金纳米颗粒的制备和反相微乳液法 SiO$_2$ 的包覆两个步骤。首先是油相金纳米颗粒的合成：在 80℃搅拌下将油胺加入 HAuCl$_4$ 水溶

液中，将反应混合物在 80℃保持 2h，然后通过旋转蒸发完全去除水，得到的金纳米颗粒经过
多次洗涤后分散于环己烷中。然后是通过形成水-环己烷反相微乳液来进行 SiO$_2$ 的包覆：将聚
氧乙烯(5)壬基苯基醚(Igepal CO-520)加入上述制备的金纳米颗粒溶液中，搅拌均匀，并逐渐
加入一定量氨水和正硅酸乙酯(TEOS)溶液，形成红色透明的反相微乳液，通过控制反应时长
和 TEOS 添加量可获得不同粒径的 Au@SiO$_2$ 核壳型纳米颗粒。当达到所需的粒径时，加入甲
醇可破坏反相微乳液，同时可提取 SiO$_2$ 包覆的金纳米粒子，最终所获颗粒通过离心收集再分散
在水、甲醇或乙醇中。该反应中，氨水溶液不仅提供水形成反相微乳液，还使 TEOS 水解和缩
合；TEOS 水解的带负电的产物可以取代金表面上的油胺配体，有利于 SiO$_2$ 在金表面沉积。
图 7.26 和图 7.27 分别显示了金纳米颗粒和 SiO$_2$ 包覆金纳米颗粒形貌图，图中显示金纳米颗粒
大小均匀，单分散性良好，Au@SiO$_2$ 核壳型纳米颗粒包覆效果良好，具有较好的单分散性。

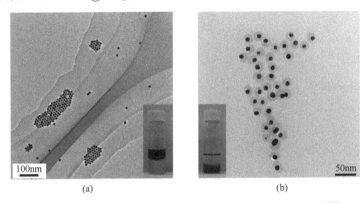

(a)　　　　　　　　　　　　　　　　(b)

图 7.26　反相微乳法合成 SiO$_2$ 包覆金纳米颗粒的 TEM 照片[24]

(a) SiO$_2$ 包覆之前；(b) SiO$_2$ 包覆之后(用油胺稳定)

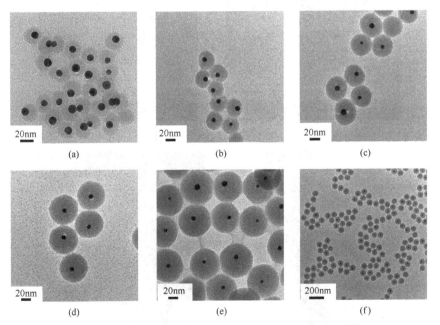

(a)　　　　　　　　　　　(b)　　　　　　　　　　　(c)

(d)　　　　　　　　　　　(e)　　　　　　　　　　　(f)

图 7.27　不同壳层厚度的 SiO$_2$ 包覆金纳米颗粒形貌图[24]

　　Zhang 等[25]利用 O/W 型微乳液体系在低温下合成了 CuS 纳米管，所合成的 CuS 纳米管可用于超灵敏非酶葡萄糖传感器的制备。合成步骤如图 7.28 所示，首先使用油酸、水和聚乙烯吡咯烷酮(PVP)形成 O/W 型微乳液体系，随着反应的进行，在水相中合成了中空 CuS 纳米颗粒，当反应时间继续延长时，这些中空 CuS 纳米球进一步组装成管状结构，获得具有核壳结构的油酸/CuS 纳米管。最后，可用乙醇洗涤除去油酸模板，得到 CuS 纳米管，其形貌如图 7.29 所示。

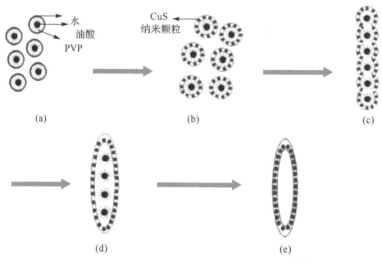

图 7.28　微乳模板法合成 CuS 纳米管示意图[25]

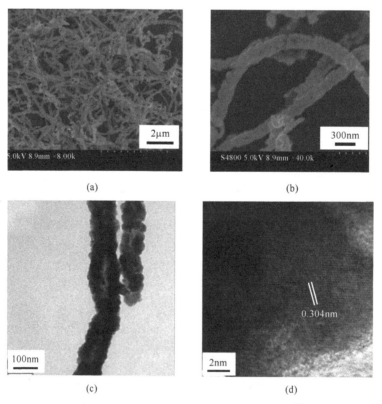

图 7.29　微乳模板法合成 CuS 纳米管形貌图[25]

7.2.3 气泡模板法

利用液体中产生的气泡形成稳定的乳液或泡沫,从而作为一种类软模板用来合成中空结构颗粒的方法称为气泡模板法[26]。如图 7.30 所示,气泡模板法一般分三步进行,首先是纳米颗粒和气泡的形成(图 7.30(a)),然后是纳米颗粒在气泡/液体界面的吸附(图 7.30(b)),最后是纳米颗

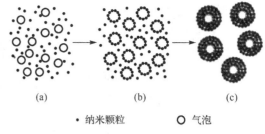

（a） （b） （c）

・纳米颗粒　　　〇 气泡

图 7.30　气泡模板法主要步骤示意图[29]

粒的进一步聚集(图 7.30(c)),从而实现气泡外层包覆的纳米颗粒具有一定厚度和稳定性[27]。其中纳米颗粒在气泡表面的吸附是一个复杂的过程,它受到颗粒表面性质、颗粒尺寸、静电作用及接触角性质等诸多因素的影响[28],因而往往成为该方法成功与否的核心问题。

2012 年,Zhao 等[30]通过气泡模板法成功合成中空 CuS 微球。该方法以谷胱甘肽为 CO_2 气泡源和反应物 S 源,水合硝酸铜($Cu(NO_3)_2 \cdot 3H_2O$)为反应物 Cu 源,在高温加热的条件下生成 CO_2 气泡的同时,也生成了 CuS 颗粒并在气泡表面聚集,从而获得中空 CuS 微球。具体原理示意图如图 7.31 所示,首先将谷胱甘肽和水合硝酸铜溶解在一定配比的水醇混合体系中,随着持续加热的进行,谷胱甘肽被水解为半胱氨酸,半胱氨酸配体中的复合物 B 被甲醇中的氧原子攻击,生成 C—S 键,在铜离子强大的亲核力的作用下,C—S 键断裂,同时键能较小的 Cu—O 键也断裂,生成很多 S—Cu—S 配体。半胱氨酸配体中的—CH_2—COOH 可分解为 CO_2,生成的气体在溶液中形成气泡,S—Cu—S 配体在其表面聚集反应,亚稳态的 S—Cu—S 配体即可自发生成更稳定的 CuS 颗粒,从而形成中空 CuS 微球的结构。水醇比例可用来调控中空球和介孔尺寸,最终制得的中空 CuS 微球粒径为 1~2μm,壳厚 40nm 左右,其形貌如图 7.32 所示。

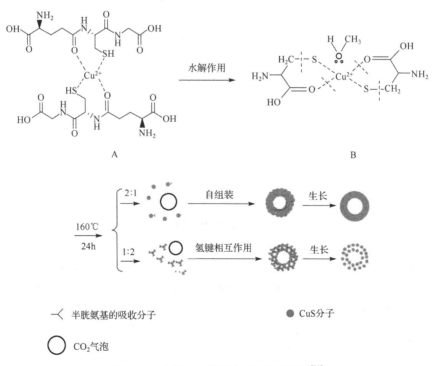

图 7.31　中空 CuS 微球合成原理示意图[30]

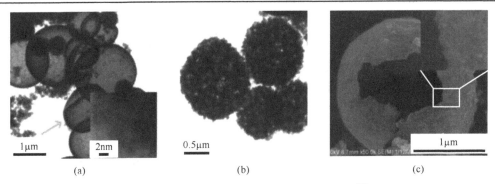

图 7.32　气泡模板法合成中空 CuS 微球形貌图[30]

2013 年，Sun 等[31]巧妙地将水热合成法和气泡模板法结合起来，利用水热法合成八面体 m-BiVO₄ 纳米晶体，同时利用尿素水解成 NH_3 和 CO_2 作为气泡模板，八面体纳米晶体不断附着在气泡表面，逐渐形成中空球形 m-BiVO₄ 壳层结构，随着反应时间的延长，纳米晶体继续生长，并在 Ostwald 熟化的作用下，部分颗粒发生溶解重结晶，从而成功获得致密的中空 m-BiVO₄ 微球，在光催化领域具有良好的应用前景。整个过程如图 7.33 所示，该方法灵活运用了气泡辅助纳米颗粒自组装原理、晶面定向附着原理和 Ostwald 熟化原理，反应步骤简单，操作方便，易于控制，值得借鉴。

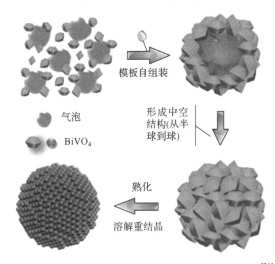

图 7.33　气泡模板法合成中空 m-BiVO₄ 微球机理图[31]

图 7.34 展示了合成过程中颗粒的形貌演变，六幅图按时间先后顺序排列，可以看到反应初期首先生成八面体 m-BiVO₄ 纳米晶体，在气泡模板的辅助下，组装到气泡模板的表面呈空心球结构，同时伴随着晶体的不断生长，空心球变得越来越致密，最终在 Ostwald 熟化作用下，原本独立的晶粒发生融合，八面体的边缘和角落逐渐消失，最终得到较为光滑和致密的中空 m-BiVO₄ 微球。通过合成条件的控制，可获得粒径为 2～10μm、壳层厚度为 30～80 nm、稳定性高的中空 m-BiVO₄ 微球。

气泡不仅可通过有机物分解来实现，还可通过其他多种方式而获得，如利用声化学法[32]、超声法[33]等均可获得气泡模板。目前，气泡模板法可合成的材料种类越来越丰富[34-36]，在药物传输、光电催化、磁分离和信息存储等领域具有越来越广泛的应用。

图 7.34　气泡模板法合成中空 m-BiVO$_4$ 微球形貌演变 SEM 图[31]（比例尺：2μm）

7.3　雾化热解法

雾化热解法是通过一定方法将溶液雾化，以微小液滴为限域模板，通过溶剂蒸发或化学反应生成球形固体，将生成物通过煅烧等后处理步骤获得目标产物的一种纳米材料合成方法[37]，已广泛应用于金属、半导体、金属氧化物等材料的粉末制备[38]。

雾化热解法合成纳米颗粒通常分四步进行：①液态前驱体的制备，液态前驱体通常包含反应物的混合物或目标产物胶态分散体等物质；②气溶胶的制备，将液态前驱体通过加热喷射、超声、旋转等方式生成细小液滴，并均匀分散于气相或真空中，获得液态气溶胶；③液相中的反应物与气体或气相中存在的化学物质发生反应生成固态物质，也可利用溶剂蒸发将液相固化，生成的粒子往往是球形颗粒，其尺寸由前驱体反应物浓度和初始液滴尺寸决定；④通过煅烧等后处理方法，获得目标产物。根据反应类别的不同，可分为雾化热分解法和雾化水解法。前者通过溶剂挥发得到固体物质，然后通过加热煅烧使固体物质发生分解反应，从而获得目标产物；后者通过气溶胶与气体中的水或其他化学物质发生化学反应，生成目标产物。雾化热解法的起源较早，早在 1979 年，Visca 和 Matijević[39]利用四氯化钛和钛醇盐气溶胶合成出 TiO$_2$ 粒子，该法首先制得非晶态的球形 TiO$_2$ 粒子，再通过不同温度的煅烧，获得锐钛矿或金红石相的 TiO$_2$ 粒子。

利用雾化热解法可合成大多数过渡金属纳米颗粒。2011 年，Kieda 和 Messing[40]使用 Ag$_2$CO$_3$、Ag$_2$O、AgNO$_3$ 前驱体溶液和 NH$_4$HCO$_3$，在 400℃下制备了 Ag 纳米粒子。随后，这一工艺在 Cu、Ni、Zn 等金属颗粒的制备中广泛应用。

雾化热解法在早期还用来合成半导体纳米颗粒。1989 年，Brennan 等[41]以 Cd(SePh)$_2$ 或 [Cd(SePh)$_2$]$_2$[Et$_2$PCH$_2$CH$_2$PEt$_2$]为原料，在真空环境、温度为 320～400℃的条件下，雾化热解 24h 后制备了 CdSe 纳米颗粒，其形貌如图 7.35 所示。此外，运用类似的方法还可获得 ZnS、CdS、CdTe 和 HgTe 纳米颗粒。

雾化热解法也常用于金属氧化物的合成。1980 年，Ingebrethsem 和 Matijević[42]利用相似的原理，用 2-丁醇铝金属液滴制备出球形氧化铝颗粒。2013 年，Son 等[43]利用雾化热解法合成出

中空核壳型 Co_3O_4 微球，如图 7.36 所示，在不同温度下可合成不同层数的壳层结构，温度越高，中空壳层数越少，在 800～900℃ 的反应条件下，可合成如图 7.36(a) 和 (b) 所示多层中空核壳结构，这种结构应用在锂离子电池中可提供足够的空间，从而避免充放电引起体积膨胀而导致的电化学性能降低，延长了锂离子电池的使用寿命。

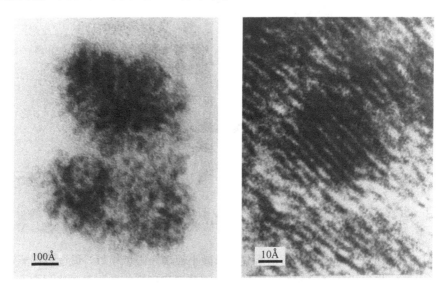

图 7.35　雾化热解法合成 CdSe 纳米颗粒[41]

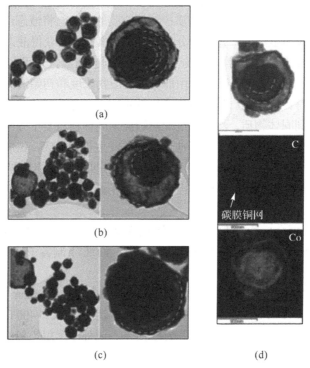

图 7.36　雾化热解法合成多层中空核壳型 Co_3O_4 微球[42]

(a) 800℃；(b) 900℃；(c) 1000℃；(d) 900℃ 得到的中空微球的元素分布图

雾化热解法不仅可用于无机纳米颗粒的制备，也可用于聚合物胶体的合成，通常利用有机单体液滴与气态引发剂接触，引发聚合反应，该方法也称为气溶胶合成法。早在 1983 年，Partch 等[44]便利用气溶胶合成法成功制得聚(对叔丁基苯乙烯)胶体粒子，此法以单体液滴为气溶胶前驱体，以三氟甲磺酸蒸气为聚合引发剂，二者在氦气环境中以气溶胶的形式充分接触，反应生成聚合物粒子。此外，1984 年，Nakamura 等[45]将苯乙烯和二乙烯基苯两种单体在气溶胶中共聚反应，成功合成了二者的聚合物粒子。通过气溶胶合成的聚合物粒子的尺寸通常为微米级，其直径可达 1～20μm 不等。

7.4　纳米颗粒原位转换法

在限域合成的方法中，选用模板作为限域条件是最常见的合成思路，但在实际应用中，一些模板的获得难度较大或成本较高，且牺牲模板的合成方法本质上造成了资源浪费，增加了生产成本，从而不适于工业上的大规模生产。因此，大量的研究着力于建立自模板或无模板的方法，用来合成不同种类和结构的纳米材料，目前已取得不少研究成果[46]，为经济高效地制备功能性纳米材料提供了有力保障。

2005 年，Stellacci 发表了一篇名为《一个纳米材料新时段》的文章[47]，首次提出以有机反应类别作为参考思路，以纳米颗粒中的原子或分子作为研究单元，探究各种纳米材料的原位转换可行性。其思路如图 7.37 和图 7.38 所示，概括说来，该文借鉴有机反应中的重排反应、取代反应、加成反应和消除反应四大类别，分别提出纳米合成中发生类似原子重排、取代、加成和消除的原理，为后期拓展纳米材料的种类多样性和结构多样性提供了重要思路。

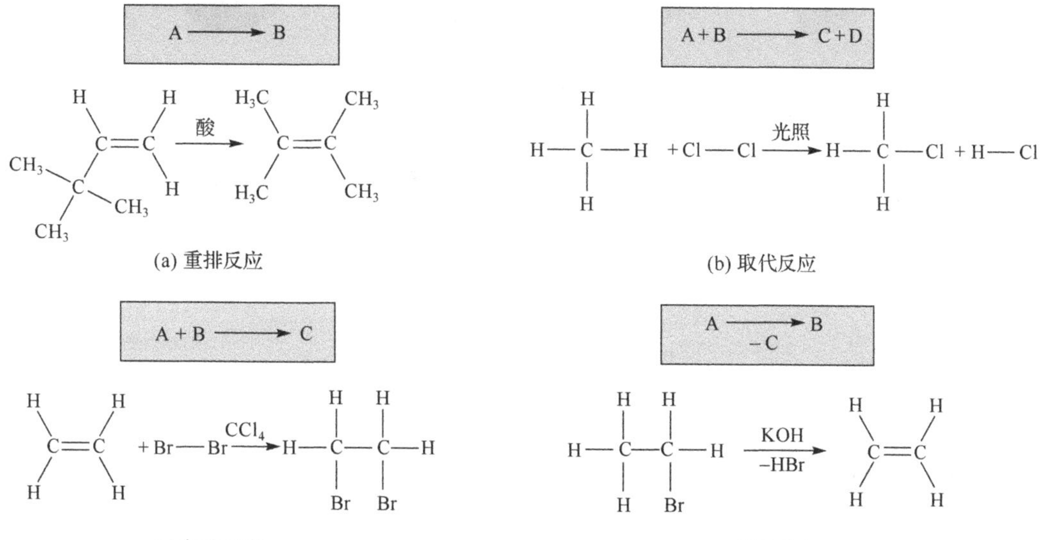

(a) 重排反应　(b) 取代反应　(c) 加成反应　(d) 消除反应

图 7.37　四大有机合成类型

纳米颗粒原位转换的原理复杂多样，涉及多种热力学和动力学理论，如能量最低理论、扩散理论、电化学理论及晶格匹配理论等，常用方法包括克肯达尔效应法、离子交换法和电镀置换法三种，其基本原理示意图如图 7.39 所示[48]。

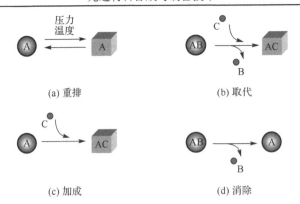

(a) 重排　　　　　　　　　　　(b) 取代

(c) 加成　　　　　　　　　　　(d) 消除

图 7.38　与四大有机合成类型对应的四种纳米颗粒原位转换技术[47]

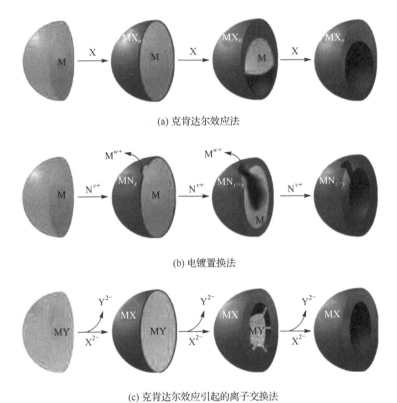

(a) 克肯达尔效应法

(b) 电镀置换法

(c) 克肯达尔效应引起的离子交换法

图 7.39　纳米颗粒原位法换法三种基本方法原理示意图[48]

7.4.1　克肯达尔效应

如图 7.40 所示，在合金制备或氧化反应中，由反应物的扩散速率不同而引起孔隙率不均的现象称为克肯达尔效应，它是冶金学上一个经典的现象。1947 年，Smigelkas 和 Kirkendall[49] 报道了一项关于黄铜中一对扩散偶(铜和锌)在界面处相互扩散的研究成果，首次从实验上证明了原子扩散是通过空位交换而不是原子的直接交换来实现的，也就是说净物质的定向流动是通过相反方向的空位流动来平衡的，同时，空位可以在位错处聚集成孔隙或孔洞，从而造成固相孔隙率不均。在冶金业中，克肯达尔效应的发生使合金力学性能恶化，是一个十分不利的因素。

然而，Yin 等[50]却巧妙地利用克肯达尔效应合成出中空纳米材料，实现这一现象正面的应用。如图 7.41 所示，将扩散较快的物质作为内核，选取扩散较慢的反应物作为外壳，于是内核物质向外扩散，与外壳物质发生反应，生成新的化合物，同时空穴不断向内流入，过饱和的空位合并成单个空隙，从而形成中空结构。纳米尺度下颗粒的比表面积高，且晶核没有缺陷，因此空位的净注入速率很高，反应速度也非常快。随后 Fan 等[51]的研究指出，球形和柱状的微纳米结构中的克肯达尔效应涉及的扩散过程包括两个阶段(图 7.42)：第一阶段是内核通过体扩散过程产生小克肯达尔空隙，合并为与界面相交的形状；第二阶段是内核材料沿着孔隙表面快速扩散，直至消耗殆尽。

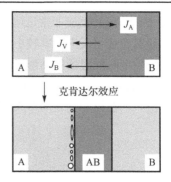

图 7.40　体相中克肯达尔效应的示意图[49]

J_A、J_B 和 J_V 分别代表金属 A、B 和空穴的扩散流

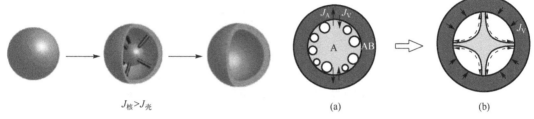

图 7.41　纳米尺度下克肯达尔效应形成中空纳米晶体示意图[50]

图 7.42　克肯达尔效应与表面扩散机制形成空心结构示意图[51]

Yin 等在 2004 年首次报道利用克肯达尔效应合成中空纳米结构的研究中，选用钴纳米晶作为内核反应物，通过表面硫化合成了中空硫化钴纳米晶体，如图 7.43 所示。反应中钴经过硫化物壳层向外扩散，导致核内空位过饱和，从而聚集成较大空隙，最终合并为一个空穴。扩散中钴与硫发生反应，使用不同的硫钴摩尔比，可以得到 Co_3S_4 和 Co_9S_8 两种稳定的硫化钴相，如图 7.43(c)所示。

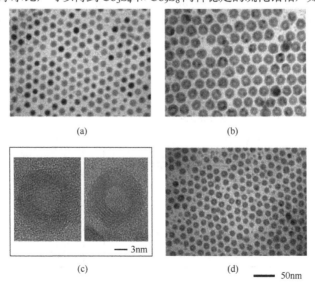

图 7.43　利用克肯达尔效应合成中空硫化钴纳米颗粒形貌图[50]

(a)钴纳米晶；(b)~(d)中空硫化钴纳米晶

由于钴与硫的反应非常迅速，反应时间在 1s 以内，很难观测中空结构形成过程，于是 Yin 所在的研究组选用反应速率较小的硒替代硫，较好地观察了中空硒化钴形成过程。图 7.44 展示的是不同反应时间时硒化钴形貌演变图，从中看出空隙在晶界处开始生成，并逐渐向内扩散，这是由于晶界处缺陷较多，表面能高，有利于空位的成核，而钴原子不断向外扩散，空穴相应地向内流入，在核和壳之间形成桥状通道，直到内核消耗完全。

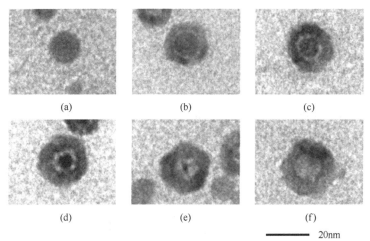

图 7.44　利用克肯达尔效应合成中空硒化钴纳米颗粒演变图[50]

(a)～(f)依次为 0s、10s、20s、1min、2min、30min

目前，克肯达尔效应已经推广应用到各种中空纳米材料的合成上，包括二元金属硫化物、硒化物、碲化物、氧化物、氮化物及磷化物，以及三元金属氧化物、硫化物等。其主要合成思路有两种[52]：一种是将金属纳米晶通过硫化、氧化、磷化或氮化反应转化为二元或三元化合物，这种方法对应于有机反应的加成反应；另一种是利用在取代反应中不同元素的扩散速度不同，将一种化合物转化为另一种化合物。此外，克肯达尔效应不仅应用在球形中空纳米颗粒合成中，也广泛应用在其他形貌的中空纳米材料合成中。例如，Fan 等[53]运用克肯达尔效应，以 ZnO 纳米线为限域模板，用原子层沉积方法涂覆均匀的 Al_2O_3 壳层，退火合成了尖晶石相的 $ZnAl_2O_4$ 单晶纳米管，图 7.45 展示了该实验的过程和最终形貌。

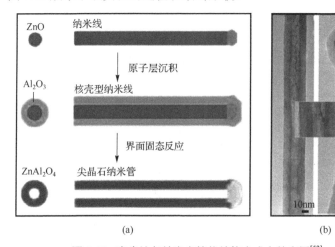

图 7.45　克肯达尔效应在管状结构合成中的应用[53]

7.4.2　离子交换法

与有机反应中的取代反应相对应，离子交换法是在纳米颗粒合成中，用一种离子取代反应物颗粒中的另一种离子，从而合成一种新材料的方法。该方法在选取反应物时需考虑两种元素的晶格匹配度、原子扩散速率等因素，目前，研究者已经在多种材料的合成和制备上验证了该方法的可行性[54]，为今后其他特殊材料或结构的合成提供了很好的制备思路。

2004 年，Son 等[55]在 *Science* 上发表了一项关于 CdSe 通过离子交换法转变为 Ag_2Se 的工作，通过在 CdSe 胶体溶液中添加过量 Ag^+离子，同时利用甲醇容易与二元离子结合的性质，促进 CdSe 纳米颗粒向 Ag_2Se 纳米颗粒的转变，该反应在 1s 内即可完成，可保持颗粒原来的形貌和尺寸，并具有可逆性。在 Ag_2Se 胶体溶液中添加过量 Cd^{2+}离子，并在甲醇和三丁基膦的存在下，保持 1min，即可观察到 CdSe 量子点荧光的重新出现。图 7.46 表征了 CdSe 量子点原位转化成 Ag_2Se 纳米颗粒，并再次原位转化为 CdSe 量子点的过程。

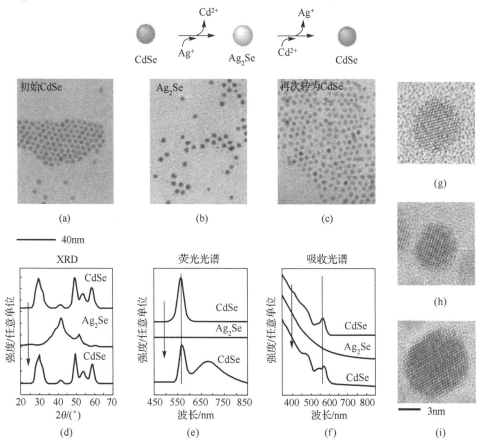

图 7.46　通过离子交换法实现 CdSe 量子点与 Ag_2Se 纳米颗粒的可逆转化[55]

(a)～(c)转化过程的 TEM 图；(d)～(f)转化过程的 XRD 变化及荧光和吸收光谱变化；(g)～(i)再次转化为 CdSe 的 HRTEM 图

离子交换法不仅可用于类球形纳米颗粒的原位转化，还可在棒状、中空、四针状等其他形状的纳米材料上得以应用。例如，对于 Cd 与 Ag 的离子交换，Son 等[55]继续选用不同尺寸的 CdSe 纳米棒作为原始反应物，尝试通过离子交换将其转变为 Ag_2Se 纳米棒，结果如图 7.47 所示。可以看到小尺寸的棒在离子交换后变成了球形，这是由于两种晶体结构不同，小尺寸的 Ag_2Se 纳米棒由于各向异性而不能稳定存在，转变成能量较小的球形结构。当原始 CdSe 纳米棒超过一定的临界尺寸后，即可保持棒状结构。此外，中空 CdS 纳米颗粒和四针状 CdTe 纳米材料也可通过离子交换法转变成对应形貌的中空 Ag_2S 颗粒和四针状 Ag_2Te 纳米材料，这项转变也是可逆的，转变过程如图 7.48 所示。

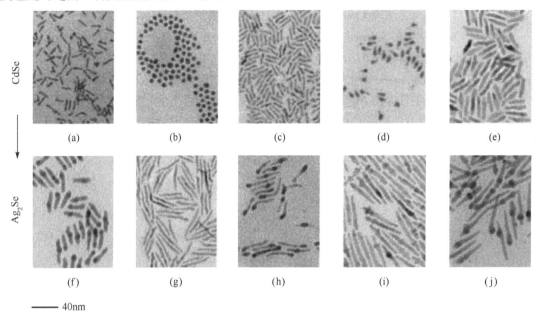

图 7.47 不同尺寸的 CdSe 纳米棒向 Ag_2Se 离子交换过程的情况[55]

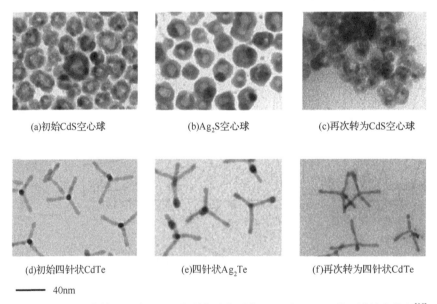

图 7.48 不同形貌的 CdS 和 CdTe 分别向对应形貌 Ag_2S 和 Ag_2Te 的可逆转变情况[55]

Son 等[55]还探索了 Cd 元素与其他元素离子交换的可能性，研究发现 CdSe 量子点可通过离子交换转变为 CuSe 纳米颗粒和 PbSe 纳米颗粒。反应方程式如下：

$$CdSe + Cu^{2+}(MeOH) \longrightarrow CuSe + Cd^{2+}(MeOH) \tag{7.3}$$

$$CdSe + Pb^{2+}(MeOH) \longrightarrow PbSe + Cd^{2+}(MeOH) \tag{7.4}$$

转变结果如图 7.49 所示,从 XRD 和吸收光谱证明了 CdSe 量子点向 CuSe 纳米颗粒和 PbSe 纳米颗粒转变的可行性。

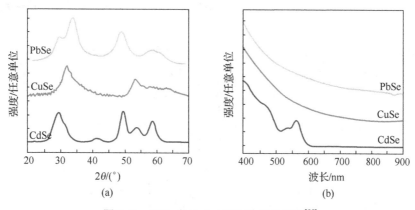

图 7.49 CdSe 向 CuSe 或 PbSe 转换情况[55]

7.4.3 电镀置换法

电镀置换法以氧化还原反应为基础,以活泼金属为模板,利用牺牲阳极的反应原理消耗活泼金属,形成一定形状的金属或合金纳米材料,是一种常用的纳米颗粒原位转换合成方法。其中,金和银的原位转换反应最为典型。

与标准氢电极相比,$AuCl_4^-/Au$ 的标准还原电极电势为 0.99V,而 Ag^+/Ag 的标准还原电极电势为 0.8V。由于 $AuCl_4^-/Au$ 的还原电极电势比 Ag^+/Ag 的还原电极电势高,在 $HAuCl_4$ 存在的条件下,银单质很容易被氧化成银离子,而金以零价单质形式析出,其反应方程式如下:

$$3Ag(s) + AuCl_4^-(aq) \longrightarrow Au(s) + 3Ag^+(aq) + 4Cl^-(aq) \tag{7.5}$$

Sun 和 Xia[56]利用金和银的这一性质,以单分散的百纳米级银颗粒为自模板,添加氯金酸溶液,即可用金置换出银。金的价态为+3 价,银为+1 价,1 倍量金单质的析出伴随着 3 倍量的银单质的溶解,因此在颗粒内部形成孔洞,在颗粒边缘形成金银合金。随着氯金酸浓度的提高,银颗粒内部刻蚀程度越来越高,最终可完全生成金框架结构,图 7.50 为银颗粒被刻蚀成不同程度中空结构形貌图。此外,通过控制银颗粒和氯金酸的相对用量,可控制颗粒形貌,进而可实现溶液表面等离子体吸收峰 500~1200nm 的连续调控,图 7.51 展示了不同刻蚀程度的金银合金纳米框架呈现出来的光学照片。

Sun 和 Xia 的这项工作是在水相中进行的,由于水相反应速率较快,颗粒尺寸在百纳米级别,难以精确控制反应进行程度,获得精准的表面等离子体吸收峰,而油相中的离子扩散速率较慢,从动力学上控制了反应速率,因此油相反应中的刻蚀程度易于控制。2006 年,Yin 等[57]在油相中用氯化金($AuCl_3$)溶液电镀置换银纳米颗粒,同样获得类似的实验结果,并详细表征了反应进行历程,为该方向的研究提供了重要的参考[58]。

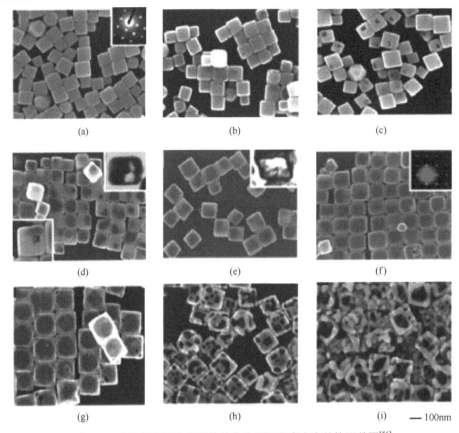

图 7.50　电镀置换法将银颗粒转化为不同程度中空结构形貌图[56]

图 7.51　不同刻蚀程度的金银合金纳米框架光学照片[56]

7.5　限域合成的优缺点

　　限域反应为特殊纳米结构或材料的合成提供了新的思路，不仅广泛应用于多种复杂结构纳米材料的合成中，也为直接合成一些难度较大的材料提供了可能。

　　限域合成方法的优点是显而易见的，主要表现为该技术的多样性，包括方法多样性、模板多样性、材料多样性及应用多样性。具体而言，方法多样性是指限域反应思路可结合其他多种化学和物理手段获得复杂结构的微纳米材料，如可结合溶胶-凝胶法、水热和溶剂热法、高温油相法等先进纳米材料合成方法，以及电化学沉积、化学沉积、化学气相沉积等先进制造技术，制备核壳型、中空型、多层复杂结构、二维阵列排布及多维阵列等多种结构，而这些结构是其他制备方法无法获得的；模板多样性是指在限域合成过程中可使用不同材料、不同尺寸、不同形状的模板，从而获得各种各样的目标产物，对各类模板的研究和开发也是目前学术界与产业界仍在持续进行的项目；材料多样性是指限域合成思路在不同反应物的选取和目标产物的获得中均具有一定的多样性，这也满足了材料和器件制备中的多种需求；正是由于限域合成方法具有材料和结构的多样性，其应用也具有多样性，目前已在能源转换和存储、生物医药、电子设备、信息传感等领域实现良好的应用，在更多的方向和领域中仍然具有可观的应用前景。

而限域合成方法的缺点主要为模板限制性和反应原理限制性，一方面所制材料与结构均受到模板在材料、尺寸和形貌上的限制，另一方面所制材料受到自身合成原理的限制，因此找到合适的模板和筛选合适的反应原理是关键所在。尽管如此，限域合成方法依然深受研究人员和产业界的热衷，新的模板制备也仍是微纳米材料领域不断努力的方向。

参 考 文 献

[1] PENNER R M, MARTIN C R. Preparation and electrochemical characterization of ultramicroelectrode ensembles[J]. Anal. Chem., 1987, 59: 2625-2630.

[2] PENNER R M，MARTIN C R. Controlling the morphology of electronically conductive polymers accelerated brief communications[J]. J. Electrochem. Soc., 1986, 133: 2206-2207.

[3] WADE L T, WEGROWE J E. Template synthesis of nanomaterials[J]. Materialsence & Engineering, 2005, 29: 3-22.

[4] CARUSO F. Nanoengineering of inorganic and hybrid hollow spheres by colloidal templating[J]. Science, 1998, 282: 1111-1114.

[5] JOO J B, ZHANG Q, DAHL M, et al. Control of the nanoscale crystallinity in mesoporous TiO_2 shells for enhanced photocatalytic activity[J]. Energy Environ. Sci., 2012, 5: 6321-6327.

[6] GAO F, LU Q, ZHAO D. Synthesis of crystalline mesoporous CdS semiconductor nanoarrays through a mesoporous SBA-15 silica template technique[J]. Adv. Mater., 2003, 15: 739-742.

[7] LIU Y, LAN K, ES-SAHEB M H, et al. Template synthesis of metal tungsten nanowire bundles with high field electron emission performance[J]. RSC Advances, 2016, 6: 62668-62674.

[8] MARTIN C R. Nanomaterials: A membrane-based synthetic approach[J]. Science, 1994, 266: 1961-1966.

[9] LEE W, JI R, GÖSELE U, et al. Fast fabrication of long-range ordered porous alumina membranes by hard anodization[J]. Nature Mater., 2006, 5: 741.

[10] FURNEAUX R C, AMP W R R, DAVIDSON A P. The formation of controlled-porosity membranes from anodically oxidized aluminium[J]. Nature, 1989, 337: 147-149.

[11] MASUDA H, FUKUDA K. Ordered metal nanohole arrays made by a two-step replication of honeycomb structures of anodic alumina[J]. Science, 1995, 268: 1466.

[12] NIELSCH K, CHOI J, SCHWIRN K, et al. Self-ordering regimes of porous alumina: The 10 porosity rule[J]. Nano Lett., 2002, 2: 677.

[13] LI A P, MULLER F, BIRNER A, et al. Hexagonal pore arrays with a 50-420 nm interpore distance formed by self-organization in anodic alumina[J]. J. Appl. Phys., 1998, 84: 6023-6026.

[14] HURST S J, PAYNE E K, QIN L, et al. Multisegmented one-dimensional nanorods prepared by hard-template synthetic methods[J]. Angew. Chem. Int. Ed., 2006, 45: 2672-2692.

[15] NICEWARNER-PEÑA S R, FREEMAN R G, REISS B D, et al. Submicrometer metallic barcodes[J]. Science, 2001, 294: 137-141.

[16] JANI A M M, LOSIC D, VOELCKER N H. Nanoporous anodic aluminium oxide: Advances in surface engineering and emerging applications[J]. Prog. Mater Sci., 2013, 58: 636-704.

[17] LÜ X, HUANG F, WU J, et al. Intelligent hydrated-sulfate template assisted preparation of nanoporous TiO_2 spheres and their visible-light application[J]. ACS Appl. Mat. & Interfaces, 2011, 3: 566.

[18] LÜ X, HUANG F, MOU X, et al. A general preparation strategy for hybrid TiO_2 hierarchical spheres and their enhanced solar energy utilization efficiency[J]. Adv. Mater., 2010, 22: 3719.

[19] YAGHI O M, O'KEEFFE M, OCKWIG N W, et al. Reticular synthesis and the design of new materials[J]. Nature, 2003, 423: 705-714.

[20] JIANG H L, AKITA T, ISHIDA T, et al. Synergistic catalysis of Au@Ag core-shell nanoparticles stabilized on metal-organic framework[J]. J. Am. Chem. Soc., 2011, 133: 1304-1306.

[21] ZHU Q L, LI J, XU Q. Immobilizing metal nanoparticles to metal-organic frameworks with size and location control for optimizing catalytic performance[J]. J. Am. Chem. Soc., 2013, 135: 10210-10213.

[22] WU M L, CHEN D H, HUANG T C. Synthesis of Au/Pd bimetallic nanoparticles in reverse micelles[J]. Langmuir, 2001, 17: 3877-3883.

[23] JIANG B, LI C, IMURA M, et al. Multimetallic mesoporous spheres through surfactant-directed synthesis[J]. Adv. Sci., 2015, 2: 1500112.

[24] YU H, JIANG J, SUS L, et al. Reverse microemulsion-mediated synthesis of silica-coated gold and silver nanoparticles[J]. Langmuir, 2008, 24: 5842-5848.

[25] ZHANG X, WANG G, GU A, et al. CuS nanotubes for ultrasensitive nonenzymatic glucose sensors[J]. Chem. Commun., 2008, 45: 5945-5947.

[26] PENG Q, DONG Y, LI Y. ZnSe semiconductor hollow microspheres[J]. Angew. Chem. Int. Ed., 2003, 42: 3027-3030.

[27] HAN Y S, HADIKO G, FUJI M, et al. A novel approach to synthesize hollow calcium carbonate particles[J]. Chem. Lett., 2004, 34: 152-153.

[28] FAN X, ZHANG Z, LI G, et al. Attachment of solid particles to air bubbles in surfactant-free aqueous solutions[J]. Chem. Eng. Sci., 2004, 59: 2639-2645.

[29] LOU X W, ARCHER L A, YANG Z. Hollow micro-/nanostructures: synthesis and applications[J]. Adv. Mater., 2008, 20: 3987-4019.

[30] ZHAO L, TAO F, QUAN Z, et al. Bubble template synthesis of copper sulfide hollow spheres and their applications in lithium ion battery[J]. Mater. Lett., 2012, 68: 28-31.

[31] SUN J, CHEN G, WU J, et al. Bismuth vanadate hollow spheres: Bubble template synthesis and enhanced photocatalytic properties for photodegradation[J]. Appl. Catal. B: Environ., 2013, 132-133: 304-314.

[32] SHCHUKIN D G, KÖHLER K, MÖHWALD H, et al. Gas-filled polyelectrolyte capsules[J]. Angew. Chem. Int. Ed., 2005, 44: 3310-3314.

[33] ZHU J J, XU S, WANG H, et al. Sonochemical synthesis of cdse hollow spherical assemblies via an in-situ

template route[J]. Adv. Mater., 2003, 15: 156-159.

[34]　FENG S, REN Z, WEI Y, et al. Synthesis and application of hollow magnetic graphitic carbon microspheres with/without TiO_2 nanoparticle layer on the surface[J]. Chem.Commun., 2010, 46: 6276-6278.

[35]　DENG Y, ZHANG Q, SHI Z, et al. Synergies of the crystallinity and conductive agents on the electrochemical properties of the hollow Fe_3O_4 spheres[J]. Electrochim. Acta, 2012, 76: 495-503.

[36]　ZHANG L, SUN Y, JIU H, et al. Bubble template synthesis of hollow CeO_2 microspheres through a solvothermal approach[J]. Micro & Nano Lett., 2011, 6: 22-25.

[37]　GURAV A, KODAS TT, PLUYM T, et al. Aerosol processing of materials[J]. Aerosol Sci. & Technol., 1998, 19: 411-452.

[38]　LU Y, FAN H, STUMP A, et al. Aerosol-assisted self-assembly of mesostructured spherical nanoparticles[J]. Nature, 1999, 398: 223-226.

[39]　VISCA M, MATIJEVIĆ E. Preparation of uniform colloidal dispersions by chemical reactions in aerosols. I. Spherical particles of titanium dioxide[J]. J. Colloid Interface Sci., 1979, 68: 308-319.

[40]　KIEDA N, MESSING G L. Preparation of silver particles by spray pyrolysis of silver-diammine complex solutions[J]. J. Mater. Res., 2011, 13: 1660-1665.

[41]　BRENNAN J G, SIEGRIST T, CARROLL P J, et al. The preparation of large semiconductor clusters via the pyrolysis of a molecular precursor[J]. J. Am. Chem. Soc., 1989, 111: 4141-4143.

[42]　INGEBRETHSEN B J, MATIJEVIĆ E. Preparation of uniform colloidal dispersions by chemical reactions in aerosols—2. Spherical particles of aluminum hydrous oxide[J]. J. Aerosol Sci., 1980, 11: 271-280.

[43]　SON M Y, HONG Y J, KANG Y C. Superior electrochemical properties of Co_3O_4 yolk-shell powders with a filled core and multishells prepared by a one-pot spray pyrolysis[J]. Chem. Commun., 2013, 49: 5678-5680.

[44]　PARTCH R, MATIJEVIĆ E, HODGSON A W, et al. Preparation of polymer colloids by chemical reactions in aerosols. I. Poly（p-tertiarybutylstyrene）[J]. J. Polymer Sci. A, 1983, 21: 961-967.

[45]　NAKAMURA K, PARTCH R E, MATIJEVIĆ E. Preparation of polymer colloids by chemical reactions in aerosols: II. Large particles[J]. J. Colloid Interface Sci., 1984, 99: 118-127.

[46]　ZHANG Q, WANG W, GOEBL J, et al. Self-templated synthesis of hollow nanostructures[J]. Nano Today, 2009, 4: 494-507.

[47]　STELLACCI F. Nanoscale materials: A new season[J]. Nature Mater., 2005, 4: 113-114.

[48]　ANDERSON B D, TRACY J B. Nanoparticle conversion chemistry: Kirkendall effect, galvanic exchange, and anion exchange[J]. Nanoscale, 2014, 6: 12195-12216.

[49]　SMIGELKAS A D, KIRKENDALL E O. Zinc diffusion in alpha brass. Claaa E Metal's technology[J]. 1947, XIII: 2071.

[50]　YIN Y, RIOUX R M, ERDONMEZ C K, et al. Formation of hollow nanocrystals through the nanoscale kirkendall effect[J]. Science, 2004, 304: 711-714.

[51]　FAN H J, KNEZ M, SCHOLZ R, et al. Influence of surface diffusion on the formation of hollow nanostructures induced by the kirkendall effect: The basic concept[J]. Nano Lett., 2007, 7: 993-997.

[52]　WANG W, DAHL M, YIN Y. Hollow nanocrystals through the nanoscale Kirkendall effect[J]. Chem. Mater., 2012, 25: 1179-1189.

[53]　Fan H J, KNEZ M, SCHOLZ R, et al. Monocrystalline spinel nanotube fabrication based on the Kirkendall

effect[J]. Nature Mater., 2006, 5: 627-631.

[54] ROBINSON R D, SADTLER B, DEMCHENKO D O, et al. Spontaneous superlattice formation in nanorods through partial cation exchange[J]. Science, 2007, 317: 355-358.

[55] SON D H, HUGHES S M, YIN Y, et al. Cation exchange reactions in ionic nanocrystals[J]. Science, 2004, 306: 1009-1012.

[56] SUN Y, XIA Y. Mechanistic study on the replacement reaction between silver nanostructures and chloroauric acid in aqueous medium[J]. J. Am. Chem. Soc., 2004, 126: 3892-3901.

[57] YIN Y, ERDONMEZ C, ALONI S, et al. Faceting of nanocrystals during chemical transformation: From solid silver spheres to hollow gold octahedra[J]. J. Am. Chem. Soc., 2006, 128: 12671-12673.

[58] GAO C, LU Z, LIU Y, et al. Highly stable silver nanoplates for surface plasmon resonance biosensing[J]. Angew. Chem. Int. Ed., 2012, 51: 5629-5633.

第8章　化学气相沉积技术

8.1　概　　述

化学气相沉积(chemical vapor deposition，CVD)是近几十年迅猛发展起来的、通过气相中的化学反应和沉积过程制备固体材料的一种重要方法，已经广泛应用于各种单晶、多晶、外延、非晶态、异质结、超晶格、特定纳米结构形态等无机材料的沉积，也可用于聚合物或复合物薄膜的沉积[1-3]。这些材料可以是非金属单质(如碳、硅、锗)、金属(如铜、铝、钨)，也可以是氧化物、硫化物、氮化物、碳化物等，还可以是III-V、II-IV、IV-IV族中的二元或多元的元素间化合物。同时材料的性能可以通过调节工艺参数、掺杂等过程进行精确控制。CVD 早已经从实验室的探索性研究，走向了大规模的工业化生产，在半导体工业、光纤通信、光伏产业、光电子、激光、发光二极管、功能涂层等多个领域取得了令人瞩目的成就。例如，集成电路是 20 世纪最具时代性的发明，计算机、通信、现代制造业、交通系统、国防、航空航天、互联网等，都离不开集成电路的芯片。而在集成电路的制造中，CVD 是最主要的场效应晶体管器件的制作工艺。光纤通信引领了现代电信通信中的一场史无前例的革命，这一技术得以实现的关键是光导纤维的研制成功，而在这一重大突破中，CVD 制备的高纯石英光纤预制棒功不可没。尽管 CVD 已取得了辉煌的进展，但它仍处在快速发展中，在一系列新型材料(如碳纳米管、石墨烯)的合成与制备中发挥着不可替代的作用。

表 8.1 列出了 CVD 技术的发展史，经历了从早期萌芽、逐渐发展到高速成长、广泛应用等阶段[1,4-8]。

表 8.1　CVD 技术的发展史

阶段	时间	发展状况
早期发展	1880	利用 CVD 工艺在白炽灯的灯丝上沉积碳或金属改进强度
	1890	利用 CVD 羰基工艺提纯金属镍
	1893	WCl_6 被氢气还原沉积钨到碳灯丝上的 CVD 专利
高熔点金属精炼提纯	1890—1940	CVD 主要应用于提炼、纯化难熔金属，如钽、钛、锆，发展了经典的 CVD 工艺，如羰基循环(Mond 工艺)、碘化物分解(de Boer-Van Arkel 工艺)和镁还原反应(Kroll 工艺)
	1909	通过四氯化硅氢还原反应首次利用 CVD 技术沉积硅
	第二次世界大战末期	CVD 显现在沉积功能涂层上的优势
微电子制造	1960	引入 CVD 的术语；半导体制造中引入 CVD 技术；CVD 在硬质合金刀具表面沉积 TiC 涂层
	1963	出现等离子体增强化学气相沉积(PECVD)
	1968	金属有机化学气相沉积(MOCVD)在蓝宝石上制备外延的III-V族化合物半导体
	1969	浮法玻璃生产线上常压 CVD 在线沉积大面积建筑涂层
	1970—现在	CVD 广泛应用于集成电路中半导体、导电互连材料、绝缘介电材料、钝化层等的沉积

阶段	时间	发展状况
	1976	CVD 制备硅单晶太阳能电池，转换效率达 12%
	1977	光纤通信中 CVD 制备高纯石英玻璃预制棒
	1982	热丝 CVD 在非金刚石基片上沉积金刚石涂层
	1984	MOCVD 制备的 GaAs 基太阳能电池成为航天器工作电源
	1990	CVD 生长的III-V族化合物半导体二极管激光器占据市场主流
	1993	利用 MOCVD 成功制得 GaN 蓝色发光二极管
广泛应用	1994	5～300GHz 工作的III-V族高频器件
	2000	流化床催化 CVD 制备碳纳米管
	2004	微波等离子体 CVD 生长出宝石尺寸的钻石
	2006	MOCVD 制备的三结 GaInP/GaInAs/Ge 聚光太阳能电池，转换效率达 40%
	2008	多晶镍上 CVD 生长石墨烯
	2009	多晶铜表面利用 CVD 技术沉积单层石墨烯

CVD 技术既涉及无机化学、物理化学、结晶化学、固体表面化学、有机化学和固体物理等一系列基础学科，又具有高度的工艺性，任何一个沉积反应均需要通过适当的装置和操作去完成。沉积的均匀性依赖于反应系统的设计，既涉及了流体动力学理论，又关乎传热和传质等工程问题，也离不开机械、真空、电路和自动化控制等系统集成。由于 CVD 具有优异的可控性、重复性和高产量等优势，受到大规模工业生产，特别是微电子工业的青睐，在先进材料制备与性能调控中一直扮演着举足轻重的角色，至今仍然是材料科学与工艺中的一个重要组成部分，保持着旺盛的活力。本章将着重介绍 CVD 的基本原理与特点、CVD 的前驱体和制备材料，并将重点关注 CVD 在先进材料制备和前沿应用中的最新进展。

8.2　化学气相沉积原理

8.2.1　化学气相沉积定义

CVD 是利用气态源物质在固体表面发生化学反应制备材料的方法。它是把含有目标材料元素的一种或几种反应物气体或蒸气输运到固体表面，通过发生化学反应生成与原料化学成分不同的材料。通常薄膜为最主要的沉积形态，单晶、粉末、玻璃(如光纤预制棒)、晶须、三维复杂基体的表面涂层也可通过 CVD 获得。近 20 年来随着纳米材料合成与制备工艺的发展，各种各样的纳米结构材料，如碳纳米管、硅纳米线、形态各异的氧化锌纳米结构，也已通过特定的 CVD 生长机制获得[9,10]。

图 8.1 为典型 CVD 系统的示意图。它一般包括源输运、反应室、泵、尾气处理、生长控制、安全报警与保护等六个部分，通常都具备如下功能：①将反应气体及其稀释剂通入反应室，并能进行测量和调节；②对反应室进行加热并能精确控制沉积温度；③将反应室的副产物及未反应的气体抽走，并能安全处理。

CVD 工艺一般可分为若干连续的过程，如气相源的输运、固体表面吸附、发生化学反应、生成特定结构及组成的材料。要得到高质量的材料，CVD 工艺必须严格控制好以下主要参量：①反应室的温度；②进入反应室的气体或蒸气的量与成分；③保温时间及气体流速；④低压CVD 必须控制好压强。

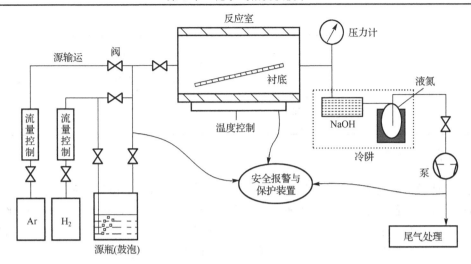

图 8.1　典型 CVD 系统的示意图

8.2.2　化学气相沉积中的化学反应

化学反应是 CVD 工艺的基础，CVD 工艺中涉及的化学反应主要有三类，即热解反应、化学合成反应和化学输运反应。

1. 热解反应

热解反应是最简单的沉积反应，属于吸热反应，一般是在真空或惰性气氛下加热衬底至所需温度后，导入反应气体使之发生热分解，最后在衬底上沉积出固体材料层。通式为

$$AB(g) \xrightarrow{\triangle} A(s) + B(g) \tag{8.1}$$

表 8.2 列出常见的几种热解反应类型[1,2]。氢化物热解的副产物是没有腐蚀性的氢气，卤化物和羰化物的热解反应多用于金属的沉积，包括难熔金属、贵金属和一些过渡金属。金属烷基化合物中，由于 M—C 键能一般小于 C—C 键能，也可广泛用于沉积高附着性的薄膜，如金属铝膜和铬膜。金属醇盐化合物常用于热解制备氧化物。最为人熟知的是利用金属有机化合物和氢化物体系的热解反应，在半导体或绝缘衬底上制备各种各样的化合物半导体，如III-V族和II-VI族化合物。

表 8.2　常见的几种热解反应类型

反应类型	示例	热解温度/℃
烃热解反应	$CH_4 \longrightarrow C + 2H_2$	1000
氢化物热解反应	$SiH_4 \longrightarrow Si + 2H_2$	700~1000
	$B_2H_6 + 2PH_3 \longrightarrow 2BP + 6H_2$	950~1000
卤化物热解反应	$WF_6 \longrightarrow W + 3F_2$	800
	$TiI_4 \longrightarrow Ti + 2I_2$	1250
羰化物热解反应	$Ni(CO)_4 \longrightarrow Ni + 4CO$	140~240
	$Pt(CO)_2Cl_2 \longrightarrow Pt + 2CO + Cl_2$	600
单氨配合物热解反应	$GaCl_3 \cdot NH_3 \longrightarrow GaN + 3HCl$	800~900
金属有机化合物 热解反应	$Si(OC_2H_5)_4 \longrightarrow SiO_2 + 2H_2O + [C\text{-}H](烃)$	740
	$2Al(OC_3H_7)_3 \longrightarrow Al_2O_3 + 3H_2O + 6C_3H_6$	420
	$Al(C_4H_9)_3 \longrightarrow Al + [C\text{-}H]$	420

反应类型	示例	热解温度/℃
金属有机化合物和 氢化物热解反应	$Ga(CH_3)_3 + AsH_3 \longrightarrow GaAs + 3CH_4$	630～675
	$(1-x)Ga(CH_3)_3 + x\,In(CH_3)_3 + AsH_3 \longrightarrow Ga_{1-x}In_xAs + 3CH_4$	675～725
	$Zn(C_2H_5)_2 + H_2Se \longrightarrow ZnSe + [C\text{-}H]$	725～750
	$Cd(CH_3)_2 + H_2S \longrightarrow CdS + 2CH_4$	475
	$Al(CH_3)_3 + NH_3 \longrightarrow AlN + 3CH_4$	1250

2. 化学合成反应

化学合成反应涉及两种或两种以上的气态反应物在加热衬底上相互反应。最常用的是氢气还原卤化物来制备各种金属或半导体薄膜，或选用合适的氢化物、卤化物或金属有机化合物来制备各种介质薄膜。化学合成反应比热解反应的应用范围更加广泛，可制备单晶、多晶和非晶薄膜，也容易进行掺杂。表 8.3 列出常见的几种化学合成反应类型[1,2]。

表 8.3　常见的几种化学合成反应类型

反应类型	示例	备注
氢还原反应	$SiCl_4 + 2H_2 \longrightarrow Si + 4HCl$	在 1150～1200℃ 为可逆反应，硅外延工艺中用此反应进行生长前的气相腐蚀清洗，也可在反应气体中加入 PCl_3 和 BBr_3 进行 N 型和 P 型掺杂
	$2TaCl_5 + 5H_2 \longrightarrow 2Ta + 10HCl$	广泛用于过渡金属沉积，包括 V、Nb、Cr、Mo、W 等
共还原反应	$TiCl_4 + 2BCl_3 + 5H_2 \longrightarrow TiB_2 + 10HCl$	可制备双元化合物，如硼化物、碳化物、氮化物、硅化物等
卤化物的 金属还原反应	$TiI_4 + 2Zn \longrightarrow Ti + 2ZnI_2$	最常用的金属还原剂锌和镁
氧化反应	$SiH_4 + O_2 \longrightarrow SiO_2 + 2H_2$ $SiH_4 + B_2H_6 + 5O_2 \longrightarrow B_2O_3 \cdot SiO_2 + 5H_2O$	CVD 中形成氧化物的重要反应
水解反应	$2AlCl_3 + 3H_2O \longrightarrow Al_2O_3 + 6HCl$	CVD 中形成氧化物的重要反应
碳化反应	$TiCl_4 + CH_4 \longrightarrow TiC + 4HCl$	甲烷等烃类是常用的碳化剂
氮化反应	$3SiCl_4 + 4NH_3 \longrightarrow Si_3N_4 + 12HCl$	氨气是最常用的氮化剂

3. 化学输运反应

化学输运反应则是源物质在源区(反应温度 T_2)借助适当气体介质与之反应形成一种气态化合物，输运到沉积区后(反应温度 T_1)发生逆向反应，使源物质重新沉积出来。通式为

$$A(s) + x\,B(g) \longrightarrow AB_x(g) \tag{8.2}$$

其中，A 是源，B 是输运剂，AB_x 是输运形式。输运剂一般为各种卤素、卤化物、水蒸气，最常用的是碘。表 8.4 列出了几种代表性的化学输运反应体系[2]。

表 8.4　几种代表性的化学输运反应体系

材料名称	输运剂	输运反应	输运方向、温度/℃
ZnS	I_2	$ZnS + I_2 \longrightarrow ZnI_2 + 1/2\,S_2$	900 ⟶ 800
Al	AlX_3	$2Al + 3X_2 \longrightarrow 2AlX_3$	100 ⟶ 600
Al_2O_3	HCl	$Al_2O_3 + 6HCl \longrightarrow 2AlCl_3 + 3H_2O$	1000 ⟶ T_1
Ga	H_2O	$4Ga + 6H_2O \longrightarrow 4GaH_3 + 3O_2$	1000 ⟶ T_1
GaAs	HCl	$GaAs + 3HCl \longrightarrow GaCl_3 + AsH_3$	850 ⟶ 750

注：X 指 F、Cl、Br、I；T_1 指较低的温度

8.2.3 化学气相沉积中的化学热力学和动力学

按热力学原理，化学反应的自由能变化可以用反应物和生成物的标准自由能来计算，即 $\Delta G_r=\sum\Delta G_f(生成物)-\sum\Delta G_f(反应物)$。CVD 热力学分析的主要目的是预测特定条件下某些 CVD 反应的可行性，判断反应的方向和平衡时的反应程度。在温度、压强和反应物浓度给定的条件下，热力学计算能从理论上预测平衡时所有气体的分压和沉积薄膜的产量（即反应物的转化率），但是不能给出沉积速率。热力学分析可作为确定 CVD 工艺参数的参考。通常 CVD 在衬底上沉积薄膜的过程可以描述为如图 8.2 所示的七个阶段[11]。

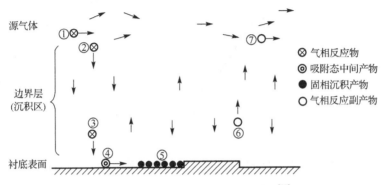

图 8.2 CVD 中源的输运和反应过程[11]

①源气体向沉积区输运；②源气体向衬底表面扩散；③源气体分子被衬底表面吸附；④在衬底表面上发生化学反应，成核、生长；⑤副产物从衬底表面脱附；⑥副产物扩散回主气流；⑦副产物输运出沉积区

在这些过程中，速率最慢的步骤决定了薄膜的生长速率。阶段②⑥⑦为物质输运步骤，通过扩散、对流等物理过程进行。阶段③④⑤为吸附、表面反应和解吸过程。如果表面反应过程相对于质量传输过程进行得更快，薄膜沉积过程为质量输运控制或质量转移控制；反之，如果质量传输过程很快，而与固体表面吸附、化学反应和脱附相关的过程进行得较慢，则称为表面反应控制或化学动力学控制。如果温度进一步提高，动力学的因素就变得不重要，整个过程变为热力学控制。

CVD 薄膜生长动力学特性通常可以用 Arrhenius 曲线（即生长速率与温度之间的依赖关系）来确定。图 8.3 为 CVD 放热反应(a)和吸热反应(b)中薄膜生长速率随沉积温度的变化曲线[5]。

Ⅰ区为表面反应控制区，对应于较低的生长温度，表面反应的速率远低于质量传输的速率，反应气体能充分地从主气流区输运到衬底表面，在衬底表面的气体边界层不存在反应物的浓度梯度，生长速率只依赖于表面反应的速率，而化学反应的速率通常对温度有强烈的依赖关系，故薄膜沉积速率随着温度的增加呈现指数增加的规律。在化学动力学控制范围，CVD 生长薄膜的厚度通常是比较均匀的。然而也发现半导体外延生长中，掺杂浓度随晶面取向不同而变化，这是因为表面反应速率（即外延生长速率）与晶面取向有关。如果控制不好，就会导致外延层粗糙不平。

Ⅱ区为质量输运控制区，对应于中温区，表面反应速率较快，薄膜生长受限于反应气体从主流区向衬底表面的质量输运过程，衬底附近的气体边界层存在一个明显的反应物浓度梯度，薄膜生长变为质量输运控制。依据流体力学等相关理论，可以推出此时生长速率与反应物气体分压成正比，生长速率对沉积温度的依赖变得温和。同时生长速率反比于系统的总压强，质量传输速率可以通过降低反应总压强来增强，这也是很多 CVD 工艺选择低压生长的主要原因。通过减少边界层的厚度，来改进薄膜的生长速率。值得注意的是，在扩散控制模式下，衬底在反应室的几何位置会对沉积速率有影响。

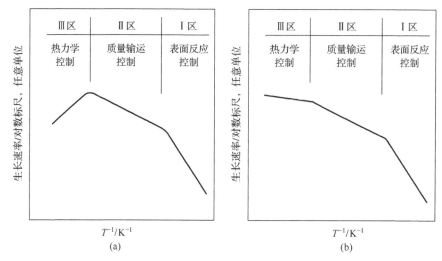

图 8.3　CVD 放热反应(a)和吸热反应(b)中薄膜生长速率随沉积温度的变化曲线[5]

在上面两种动力学控制生长过程中，薄膜的厚度随时间都是线性变化的，只是生长速率呈现不同的温度依赖关系。二者也可能存在两种机制——表面反应控制和质量输运控制共存的混合区。

Ⅲ区为热力学控制区，对应于较高的生长温度，质量输运和表面反应过程进行得都很快，反应物气流在衬底附近有充分的停留时间，足以与生长表面达成平衡，整个过程可以认为是进气控制，又称为热力学控制。当反应是放热反应时，升高温度使吉布斯自由能ΔG——生长驱动力变小，生长速率变小。在这种情况下，衬底表面有利于形成单晶。例如，Ga-AsCl$_3$-H$_2$ 系统的外延生长通常就发生在此区间[5]。如果沉积温度极高，ΔG 变成正的，则沉积工艺的逆反应将发生，衬底会被反应气体腐蚀，如 Si 高温被 HCl 气体腐蚀，已经为实验证实。

当反应是吸热反应时，升高温度使ΔG——生长驱动力变大，均相反应明显增强，可能会导致气相中形成粉末，而非在衬底表面形成薄膜。

通常鉴别控制类型的最有效方法就是实验测定生长参数，如沉积温度、沉积压强、反应物流量和衬底状况等，对沉积速率的影响。

8.2.4　化学气相沉积的特点与分类

CVD 具有一些独特的优点，使得它在不少工业领域中成为优选的制备技术，总结如下：

(1)一种相对简单、高灵活性的工艺，可沉积各种各样的薄膜，包括金属、非金属、多元化合物、有机聚合物、复合材料等，与半导体工艺兼容；

(2)沉积薄膜质量高，具有纯度高、致密性好、残余应力小、结晶良好、表面平滑均匀、辐射损伤小等特点；

(3)沉积速率高，适合规模化生产，通常不需要高真空，组成调控简单，易于掺杂，可大面积成膜，成本上极具竞争力；

（4）沉积材料形式多样，除了薄膜，还可制备纤维、单晶、粉末、泡沫及多种纳米结构，也可沉积在任意形状、任意尺寸的基体上，具有较好的三维贴合性。

当然 CVD 也有其局限。首先，尽管 CVD 生长温度低于材料的熔点，但反应温度还是太高，应用中受到一定限制。PECVD 和 MOCVD 技术的出现部分解决了这个问题。其次，不少参与沉积的反应源、反应气体和反应副产物易燃、易爆或有毒、有腐蚀性，需要采取有效的环保与安全措施。另外，一些生长材料所需的元素缺乏较高饱和蒸气压的前驱体，或合成与提纯工艺过于复杂，也影响了该技术的充分发挥。

多年的发展使得 CVD 的种类日益丰富，表 8.5 按照 CVD 不同工艺参数的特点，对 CVD 进行了分类总结[2,5,12-14]。

表 8.5　CVD 的分类

分类方法	CVD 类别	分类方法	CVD 类别
沉积压强	常压 CVD	沉积温度	低温 CVD（200～500℃）
	低压 CVD		高温 CVD（500～1000℃）
	高真空 CVD		超高温 CVD（1000～1300℃）
气流状态	开管式 CVD	反应器壁	热壁 CVD
	闭管式 CVD		冷壁 CVD
前驱体种类	无机 CVD	前驱体输运方式	直接液相输运或闪蒸 MOCVD
	MOCVD		气溶胶辅助 CVD
反应室结构	立式 CVD	反应激活方式	热 CVD
	卧式 CVD		PECVD
	流化床 CVD		光辅助 CVD
	转筒式 CVD		激光 CVD
	热丝 CVD		聚焦离子束 CVD
沉积时间	连续 CVD		电子束 CVD
	不连续 CVD		催化 CVD
	脉冲式 CVD		燃烧 CVD
沉积材料	聚合物 CVD	沉积方式	化学气相渗滤

下面介绍几种比较重要的 CVD 方式。

1. 低压化学气相沉积

低压化学气相沉积（low pressure CVD，LPCVD）在低压下进行，通常沉积压强在 1mTorr～1Torr（1Torr=1.33×10^{2}Pa）。低压下气体扩散系数增大，使气态反应物和副产物的质量传输速率加快，薄膜的生长速率增加。LPCVD 设备需配置压力控制和真空系统，增加了整个设备的复杂性，但也表现出如下优点：①低气压下气态分子的平均自由程增大，反应室内可以快速达到浓度均一，消除了由气相浓度梯度带来的薄膜不均匀性；②可以使用较低蒸气压的前驱体，在较低的生长温度下成膜；③残余气体和副产物可快速抽走，抑制有害的寄生反应和气相成核，界面成分锐变；④薄膜质量高，具有良好台阶覆盖率和致密度；⑤沉积速率高，沉积过程大多由表面反应速率控制，对温度变化较为敏感。LPCVD 技术主要控制温度变量，工艺重复性优于常压 CVD；⑥卧式 LPCVD 装片密度高，生产效率高，成本低。

LPCVD 已经广泛用于沉积掺杂或不掺杂的二氧化硅、氮化硅、多晶硅、硅化物薄膜，III-V族化合物薄膜，以及钨、钼、钽、钛等难熔金属薄膜[15]。

2. 金属有机化学气相沉积

金属有机化学气相沉积(metalorganic CVD，MOCVD)是利用金属有机化合物前驱体的热分解反应进行外延生长的方法，是一种特殊类型的CVD技术。常用的金属有机(metalorganic，MO)源主要包括金属的烷基或芳基衍生物、金属环戊二烯化合物、金属β-二酮盐、金属羰基化合物等。利用MOCVD，特别是低压MOCVD，成功制备出了原子级成分锐变、界面平整、无缺陷的化合物半导体异质结和超晶格。

MOCVD 在化合物半导体制备上的成功应用得益于其独特的优点：①沉积温度低，减少了自污染，提高了薄膜纯度，有利于降低空位密度和解决自补偿问题；②沉积过程不存在刻蚀反应，沉积速率易于控制；③可通过精确控制各种气体的流量来控制外延层组分、导电类型、载流子浓度、厚度等特性；④气体流速快，切换迅速，从而可以使掺杂浓度分布陡峭，有利于生长异质结和多层结构；⑤薄膜生长速率与MO源的供给量成正比，改变流量就可以较大幅度地调整生长速率；⑥可同时生长多片衬底，适合大批量生产；⑦在合适的衬底上几乎可以外延生长所有化合物半导体和合金半导体。

另外，作为一种原子层外延技术，MOCVD 技术不仅能够控制外延的区域(selected epitaxy，pattern epitaxy)，而且能够在同一原子层上生长不同的物质(fractional epitaxy)[16]。MOCVD 与分子束外延已经成为制备化合物半导体异质结、量子阱和超晶格材料的主要手段之一[17]。近年来，MOCVD 技术得到进一步发展，不仅能够制备 TiO_2、ZnO 等单元氧化物薄膜，还成功地制备出 $Pb(Zr_xTi_{1-x})O_3$、$SrBi_{2.2}Ta_2O_9$、$YBa_2Cu_3O_{7-\delta}$ 等组分复杂的铁电薄膜和超导薄膜[18,19]。值得指出的是，衬底与生长薄膜晶格不匹配或生长温度太低的情况下，MOCVD 制备的薄膜也可以是多晶或非晶薄膜。由于 MOCVD 技术与半导体工艺具有优异的兼容性，这些通过 MOCVD 方法成功制备的薄膜，为其今后大规模的商业应用提供了有力的保证。

MOCVD 的不足之处是不少 MO 源昂贵，且有毒、易燃、易爆，给 MO 源的制备、储存、运输和使用带来了困难，必须采取严格的防护措施。另外沉积氧化物材料所需的、具有足够高饱和蒸气压的金属有机化合物前驱体，如稀土材料的 MO 源，目前还是很缺乏，影响了该技术应用。

3. 等离子体增强化学气相沉积

等离子体增强化学气相沉积(plasma-enhanced CVD，PECVD)是指利用辉光放电产生的等离子体来激活 CVD 反应的技术。它既包括 CVD 过程，又有辉光放电的物理增强作用，既有热化学反应，又有等离子体化学反应，广泛应用于微电子、光电子、光伏等领域。按照产生辉光放电等离子体的方式，可以分为以下类型：直流辉光放电 PECVD、射频辉光放电 PECVD、微波 PECVD 和电子回旋共振 PECVD[1]。

等离子体在 CVD 中的作用包括：将反应物气体分子激活成活性离子，降低反应温度；加速反应物在表面的扩散作用，提高成膜速率；对基片和薄膜具有溅射清洗作用，溅射掉结合不牢的粒子，提高薄膜和基片的附着力；由于原子、分子、离子和电子相互碰撞，改进薄膜的均匀性。表 8.6 对常压 CVD、LPCVD 和 PECVD 沉积 Si_3N_4 薄膜进行对比。

表 8.6　常压 CVD、LPCVD 和 PECVD 沉积 Si_3N_4 薄膜的对比

参数	常压 CVD	LPCVD	PECVD
沉积压强/Torr	760	1	1
沉积温度/℃	约800	约800	约300
产量/(片/批)	10	200	10
反应气	$SiH_4 + NH_3$	$SiH_4 + NH_3$ 或 $SiH_2Cl_2 + NH_3$	$SiH_4 + N_2$ 或 $SiH_4 + NH_3$
沉积速率/(nm/min)	约15	约4	约30
膜厚不均匀性	±10%	±5%	±10%
膜组成	计量比	计量比	非计量比

PECVD 具有如下优点：①低温成膜(300~350℃)，避免了高温带来的薄膜微结构和界面的恶化；②低压下成膜，膜厚及成分较均匀、膜致密、内应力小，不易产生裂纹；③扩大了 CVD 应用范围，特别是具有在特殊基片(如聚合物柔性衬底)上沉积金属薄膜、非晶态无机薄膜、聚合物、复合物薄膜的能力；④薄膜的附着力大于普通 CVD。当然 PECVD 也有一些缺点：①化学反应过程十分复杂，影响薄膜质量的因素较多；②工作频率、功率、压力、基板温度、反应气体分压、反应器的几何形状、电极空间、电极材料和抽速等相互影响；③参数难以控制；④反应机理、反应动力学、反应过程等还不十分清楚。

4. 光辅助化学气相沉积

光辅助化学气相沉积(photo-assisted CVD, PACVD)利用光能使气体分解，增加反应气体的化学活性，促进气体之间化学反应，从而实现低温下的 CVD [20]，具有较强的选择性。典型例子是紫外诱导 CVD 和激光诱导 CVD，前者为有一定光谱分布紫外线，后者为单一波长的激光。两者都是利用紫外线、激光照射来激活气相前驱体发生分解和反应。激光用于 CVD 可以显著降低生长温度，提高生长速率，并有利于单层生长。激光光源种类非常多，如 CO_2 激光器、Nd-YAG 激光器、准分子激光器和氩离子激光器。通过选择合适的波长和能量，利用低的激活能(<5eV)，还可以避免膜损伤。另外，通过激光束的控制，除了可以进行大面积的薄膜沉积，还可以进行微米范围的局部微区沉积，特别是与计算机控制的图形发生系统相结合，可沉积复杂的三维微米和亚微米尺度图案，如三维螺旋状天线等[21]。

8.3　化学气相沉积前驱体和材料

8.3.1　化学气相沉积前驱体的要求和种类

在 CVD 工艺中，反应前驱体的物理和化学性质在很大程度上决定了沉积反应过程，因而对生长条件、生长层的质量、生长装置乃至生长过程的安全性和成本都有很大影响。一般理想的 CVD 前驱体应具有如下特征[4,22]。

(1) 良好的挥发性，较好的化学稳定性。

(2) 适当的分解温度，在源蒸发和热分解间存在合适的温度窗口。

(3) 反应副产物不妨碍薄膜生长或污染薄膜生长层。

(4) 不与使用的其他源发生预沉积反应或寄生反应。

（5）长的储存寿命，对空气和水不敏感。

（6）低毒性、安全。

（7）易于合成和提纯，可接受的价格。

用于 CVD 反应的源根据物质形态可分为三类。

（1）气态源：室温下为气态的源，如 H_2、N_2、CH_4、O_2、O_3、NH_3、SiH_4、AsH_3、PH_3、H_2S、Cl_2、HCl 等。气态源对于 CVD 工艺使用最为方便，无须控制温度，只要控制流量，使得沉积系统大为简化，对于控制沉积材料成分也十分有利。

（2）液态源：室温或使用温度下为液态的源，一般有较高的蒸气压，满足沉积工艺要求，如 $AsCl_3$、$TiCl_4$、CH_3CN、$SiCl_4$、三甲基铝、异丙醇钛、羰基铁等。一般用载气（如 H_2、N_2、Ar 气）带入反应室，蒸气压与温度为指数关系，故源温控制对保持材料成分恒定很重要。

（3）固态源：使用温度下为固态的源，一般蒸气压较低，需要在加热的温度（几十至几百摄氏度）才能升华出需要的蒸气量，通过载气携带进入反应室，如 $AlCl_3$、$NbCl_5$、$TaCl_5$、$ZrCl_4$、WCl_6、乙酰丙酮铝、四甲基庚二酮镧等。因此固态源的蒸气压对温度十分敏感，对加热温度和载气流量的控制十分严格。

CVD 反应的源又可根据化学结构、组成特点分为卤素、卤化物、氢化物、金属醇盐、金属烷基化合物、金属环戊二烯化合物、金属羰基卤化物、金属 β-二酮盐及其改性化合物、金属烷氨基盐等。表 8.7 总结了一些常用 CVD 前驱体或 MO 源的特点。

可见实际使用的 CVD 前驱体很难满足理想前驱体的全部条件，只能根据沉积薄膜的要求权衡取舍。金属醇盐、金属烷基化合物、金属 β-二酮盐等金属有机化合物具有良好的挥发性，是制备金属氧化物的常用前驱体。但金属醇盐和金属烷基化合物对潮湿极为敏感，稳定性较差；金属 β-二酮盐在空气中较稳定，但挥发性不如前者，且碳含量较高，易引起碳污染。因此合成化学家一直在不断改进已有的 CVD（含 MO 源）前驱体，例如，在金属醇盐中引入配位基团，提高醇盐中金属离子的配位饱和度，从而改进其稳定性及挥发性。最常用的方法是用 β-二酮基团取代分子中的部分烷氧基形成 $M(OR)_n(\beta\text{-}二酮)_m$ 结构，其中 M=Zr、Ti、Ta、Nb；R =Me、Et、^iPr、^tBu；β-二酮= thd、acac、hfac[23]。这里 hfac 代表六氟乙酰丙酮。

表 8.7　一些常用 CVD（含 MO 源）前驱体的特点

种类	举例	特点	应用	不足
卤化物	$HfCl_4(s)$ $TiCl_4(l)$ $CF_4(g)$	固体卤化物挥发性低、热稳定性非常好	CVD	卤素污染、尾气腐蚀性、难纯化
金属 β-二酮盐	$La(thd)_3$ $Al(acac)_3$	固体、易保存、毒性小	MOCVD	高蒸发温度、高温长期热稳定性问题、碳污染
金属醇盐	$Zr(O^tBu)_4$ $Ti(O^iPr)_4$	液体、易挥发、热稳定性好	MOCVD	对水汽敏感、含碳
金属硝酸盐	$Hf(NO_3)_4$ $Zr(NO_3)_4$	固体、易挥发、不含 C(H) 元素、强氧化剂（无须引入 O 源）、生长温度低	CVD	安全性问题、对水汽敏感
金属烷基化合物	$Al(Me)_3$ $Zn(Et)_2$ $Ga(Me)_3$	液体、易挥发、热稳定性好	MOCVD	对水汽敏感、安全性问题
金属环戊二烯化合物	$ZrCp_2Me_2$ $HfCp_2Me_2$	固体、热稳定性好	MOCVD	严重碳污染、对水汽敏感

续表

种类	举例	特点	应用	不足
金属烷氨基盐	Hf(NEt$_2$)$_4$ Zr(NMe$_2$)$_4$	液体、良好的挥发性和稳定性、不含氧、低的生长温度	MOCVD	对水汽敏感、残余羟基和氢
氢化物	SiH$_4$ AsH$_3$ PH$_3$	气体、易调控	CVD、MOCVD	大多数氢化物剧毒
金属羰基化合物	Fe(CO)$_5$(l) Mo(CO)$_6$(s)	挥发性较好	CVD	不少羰基源稳定性较差、毒性大

注：thd-2,2,6,6-四甲基-3,5-庚二酮基；acac-乙酰丙酮基；Cp-环戊二烯基；Me-甲基；Et-乙基；Pr-丙基；Bu-丁基

开发挥发性高、稳定性好、毒性低、易于使用的新型前驱体，也是 CVD 发展中一个重要的任务。一些具有良好挥发性的无水硝酸盐作为新型的不含碳的 MO 源前驱体，应用于 CVD 工艺沉积金属氧化物薄膜，可有效地解决碳污染问题[24]。另外，利用单源(single source)前驱体(一个前驱体分子里含有 CVD 反应需要的多种金属和非金属元素的前驱体)，代替多种 CVD 源，制备复合氧化物薄膜，如铁电薄膜、超导氧化物薄膜，可极大地简化实验过程，减少预反应，改善化学计量比，提高成膜均匀性。例如，一系列复合金属醇盐，如 LiTa(O^{i}Bu)$_6$、LiNb(O^{i}Bu)$_6$ 等，已经合成并应用于铁电薄膜的制备，并取得了较好的效果[25,26]。然而，并非所有复合金属醇盐都可以用来制备薄膜材料。例如，Sr[Ta(OR)$_6$]$_2$ 在升华过程中发生裂解，分别形成 Sr 和 Ta 的醇盐，且由于含有配位未饱和的中心 Sr^{2+}，对水汽敏感，不易保存。在分子内加入供电子配位基 dmae(dimethylaminoethoxide，二甲基氨基乙醇盐)，形成化合物 Sr[Ta(OR)$_6$(dmae)]$_2$ 后，可增加 Sr^{2+} 的配位数，同时使双金属醇盐中的 Sr 和 Ta 原子通过分子内桥键连接起来，更有利于形成定化学计量比的双金属氧化物薄膜[27]。将 Sr[Ta(OR)$_6$(dmae)]$_2$ 及 Bi(C$_6$H$_5$)$_3$ 作为液态有机源，在镀 Pt 的 Si 衬底上可沉积得到 SrBi$_{2.2}$Ta$_2$O$_9$ 的铁电薄膜。

为了改善稳定性和挥发性不太好的 MO 源的输运特性，人们又发展了直接液相输运(direct liquid injection，DLI)技术或闪蒸 MOCVD。图 8.4 为 MOCVD 直接液相输运系统的示意图[28]。将生长中用到的 MO 源溶解到合适的有机溶剂中，进入反应室正式生长前一直保存在室温中，有效地降低了热稳定性不好的前驱体发生前期热分解的可能性。利用直接液相输运方法已经成功生长了多种多元氧化物，例如，用金属 β 二酮盐和金属醇盐溶解在四氢呋喃等溶剂里，通过液相输运闪蒸，制备了铁酸锌镍和钽钪酸铅等铁磁、铁电多元氧化物薄膜[28]。另外，也发展了针对固态前驱体改进其输运特性的固体输运闪蒸系统。

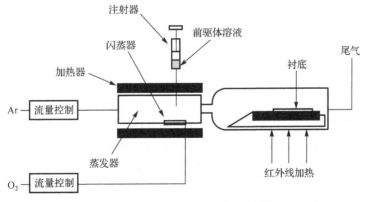

图 8.4　直接液相输运系统的示意图[28]

　　气溶胶辅助输运系统(aerosol-assisted delivery)也得到了广泛应用[29]。与液相输运类似，它也依赖闪蒸方法来输运前驱体，只是前驱体溶液处在气溶胶的状态。通常超细的亚微米尺度气溶胶液滴借助惰性或反应载气通过超声方法产生。在气溶胶辅助 CVD(aerosol-assisted CVD，AACVD)工艺中，前驱体不一定是挥发性的，只要溶于某种溶剂产生气溶胶即可。图 8.5 为气溶胶辅助输运系统的示意图[29]。与传统 CVD 相比，AACVD 具有如下明显的优势：前驱体广泛的选择性；通过形成气溶胶，前驱体输运和蒸发系统变得简单有效；易获得精确计量比的多组元化合物；高的沉积速率，灵活的反应环境(低压、常压，甚至敞开的环境)，低成本。不足之处是 AACVD 中因为包含溶剂和前驱体的雾化、蒸发、汽化等过程，变得复杂，气相中可能会产生不需要的颗粒污染物，引起沉积材料微结构和性能的恶化。目前利用气溶胶辅助输运系统，AACVD 已经成功制备了 $YBa_2Cu_3O_{7-\delta}$ 和 $(LaSr)MnO_3$ 等多元氧化物薄膜。

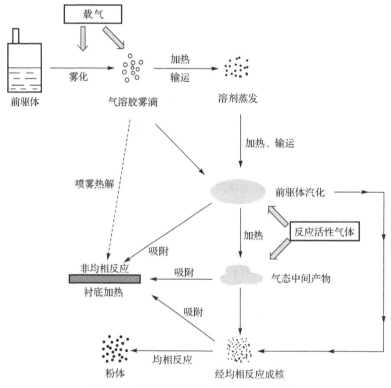

图 8.5　气溶胶辅助输运系统的示意图[29]

8.3.2　化学气相沉积材料

　　CVD 从诞生到现在走过了 100 多年的发展历程，沉积的材料种类纷繁众多，从无机物到有机聚合物、复合材料[3,30]，从金属、半导体到绝缘体、超导体，从单质、简单化合物到复杂多元化合物，从氧化物、氮化物、砷化物到硫化物、碳化物、硅化物，从介电、铁电、铁磁材料到半导体化合物、金刚石，形态从薄膜、晶须、纤维、块体、粉末到丰富多彩的纳米结构(如纳米管、纳米带、纳米线、纳米棒等)、二维晶体(如石墨烯、单层硫化钼)，从非晶、多晶、单晶到超晶格、异质结、功能梯度材料，用途更是广泛，从微电子、光电子、通信、光伏、显示、激光器、发光二极管、微机械系统(MEMS)等到建筑玻璃涂层、刀具涂层、耐磨耐腐蚀涂层、生物涂层等。因此，表 8.8 对 CVD 生长的代表性材料种类及其用途进行简明扼要的总结[1,3,4,18,30]。

表 8.8　CVD 生长的代表性材料种类及其用途

材料种类	举例	应用
介电氧化物	HfO_2、La_2O_3、Hf-Al-O、Hf-Si-O	金属氧化物半导体场效应晶体管中的高介电常数(k)栅介质
	Ta_2O_5、$SrTiO_3$、$(Ba,Sr)TiO_3$	动态随机存储器中的电容层
铁电氧化物	$Pb(Zr,Ti)O_3$、$SrBi_{2.2}Ta_2O_9$	非挥发铁电随机存储器
	$Pb(Mg,Nb)O_3$、$Pb(Sc,Ta)O_3$	微机械系统、换能器
铁氧体	$(Ni,Zn)Fe_2O_4$、$(Mn,Zn)Fe_2O_4$	磁记录介质、高频磁头
超导氧化物	$YBa_2Cu_3O_{7-\delta}$、Bi-Sr-Ca-Cu-O	约瑟夫森结、超导量子干涉仪
导电氧化物	$(La,Sr)CoO_3$、$SrRuO_3$	铁电容器电极
透明导电氧化物	$F-SnO_2$、ITO	平板玻璃上的建筑涂层、显示器透明电极
电致变色和光致变色氧化物	WO_3、MoO_3	平板玻璃上的建筑涂层
热致变色氧化物	VO_2	平板玻璃上的建筑涂层
自清洁涂层	TiO_2	平板玻璃上的建筑涂层
元素半导体	Si、Ge	微电子器件
III-V族化合物半导体	GaAsP、GaP、InGaP	红光发光二极管
	InGaN、AlGaInP	绿光/黄光发光二极管
	GaN	蓝光发光二极管
	InSb/InAsSb	红外光检测器
	InP/InGaAsP	通信用激光
	GaAs/AlGaAs	太阳能电池、异质结激光
II-VI族化合物半导体	CdTe	红外检测器、热成像系统
	CdS/CdTe	太阳能电池
	ZnS	蓝色荧光粉
	ZnSe、ZnSSe、ZnMgSSe	蓝光/绿光发光二极管、激光
金属	Al	微电子中的互连金属、背电极、气体扩散阻挡层、附着层
	Cu	集成电路中的互连金属
	Ta、W、Mo、Ru	集成电路接触和栅金属化、耐腐蚀、耐磨涂层
	Ti	附着层、耐腐蚀涂层
	Au、Ag	超大规模集成电路中的金属化
	Cr	防腐蚀层
	Pt、Pd、Ni	微电子中的金属接触、催化剂
氮化物	Si_3N_4	化学钝化层
	AlN	表面声学波器件、微电子封装材料
	WN、TaN、HfN	扩散阻挡层、微电子中的栅电极
	TiN	耐磨润滑涂层、刀具涂层、扩散阻挡层、微电子中的栅电极
	立方 BN	刀具涂层
碳化物	SiC	高功率高温微波和射频器件、散热衬底、保护涂层
	TiC、WC	刀具涂层
硅化物	$MoSi_2$、WSi_2	扩散阻挡层、防腐蚀涂层

材料种类	举例	应用
碳	金刚石、类金刚石	刀具涂层，散热涂层，耐腐蚀、耐磨涂层，高功率晶体管，高功率微波器件
	石墨	电极
	碳纳米管	显示器、电极、传感器、储氢
	石墨烯	集成电路、显示器、电极
聚合物	聚对二甲苯	电绝缘薄膜
复合材料	Mn(Mg)-聚对二甲苯	光吸收复合物薄膜

8.4　化学气相沉积与新材料

现代科技对新材料日益广泛的需求促进了 CVD 技术的发展和应用。从表 8.8 可以看出，CVD 材料的种类及其用途非常广泛，本节中将举几个具体的例子来介绍近些年来 CVD 在前驱体合成、新材料制备及应用领域上的一些富有特色的工作。

8.4.1　金属有机化学气相沉积生长 LaAlO₃ 栅介电薄膜及其电学性能

集成电路的迅猛发展使传统的 SiO_2 栅介电材料趋近了它的使用极限，寻找新的高介电常数(k)替代材料，成为半导体工业迫在眉睫的问题。为了获得较小的等效氧化物厚度(equivalent oxide thickness，EOT)和较低的漏电流，要求栅介电材料具有宽带隙($E_g > 5eV$)、高介电常数($k > 20$)和在 Si 上良好的热稳定性，栅介电薄膜的制备工艺与现存 CMOS 工艺兼容。$LaAlO_3$(LAO)因其较高的介电常数($k \approx 25$)、大的带隙($E_g > 5eV$)、与 Si 之间较好的热稳定性，作为一种很有希望的高 k 材料受到了人们的重视和研究。

利用低压 MOCVD 技术沉积 LAO 薄膜，四甲基庚二酮镧($La(thd)_3$)和乙酰丙酮铝($Al(acac)_3$)作为 La 源和 Al 源。MOCVD 工艺参数的选择对薄膜的沉积速度、成分、形貌等有非常大的影响。表 8.9 为低压 MOCVD 技术沉积 LAO 薄膜的工艺参数，包括沉积温度、反应室压强、沉积时间、源温及载气流量等，重点研究了不同沉积温度、源载气流量对 LAO 薄膜的生长速率、组分含量的影响，研究了 LAO 薄膜在 Si 衬底上的沉积动力学特性，以确定最佳的 LAO 薄膜的工艺条件[31-33]。

表 8.9　低压 MOCVD 技术沉积 LAO 薄膜的工艺参数

工艺参数	取值范围
反应室压强/Torr	3.4～4.0
La 源温度/℃ La 源载气流量/sccm	180～190 50～570
Al 源温度/℃ Al 源载气流量/sccm	95～105 30～200
载气	高纯 N_2(99.999%)
衬底	n-Si(100)，熔石英，$Pt/TiO_2/SiO_2/Si$
反应气/sccm	O_2(50～100)
沉积温度/℃	400～800
沉积时间/min	6～45
后退火方式	快速热退火或扩散炉退火

注：sccm：standard cubic centimeter per minute，标准毫升/分钟

　　保持沉积温度(650℃)和沉积时间(6min)不变，改变两种金属源的载气流量，研究其对薄膜组分的影响。薄膜中 La/Al 组分比对 La/Al 源载气流量比的改变不很敏感，La/Al 源载气流量比从 1∶1 提高到 19∶1，薄膜中 La/Al 组分比变化不大，从 1∶1.06 变化到 1∶0.44。这表明 LAO 薄膜在 Si 衬底上的生长机制不是质量传输控制的。保持 La 源载气流量(180sccm)和 Al 源载气流量(120sccm)不变，沉积时间依然为 6min，改变薄膜的沉积温度，研究其对薄膜中 La/Al 组分比的影响。薄膜中 La/Al 组分比表现出强烈的温度依赖，随着沉积温度从 550℃、700℃、750℃升高到 800℃，Al 含量增加，La/Al 组分比从 1∶0.22、1∶0.31、1∶0.66 逐渐逼近 1∶0.91，但对源载气流量的改变并不敏感，这表明薄膜的生长是化学反应动力学控制。图 8.6 为 LAO 薄膜的生长速率与沉积温度的关系，薄膜的生长遵从指数关系，可由 Arrhenius 公式表示：$D \sim \exp[-E_a/(kT)]$，其中生长激活能为 37.2kJ/mol。LAO 薄膜的生长是典型的表面反应控制，MO 源分子在衬底表面的吸附、解吸、反应、成核等过程决定了薄膜的生长速率[33]。

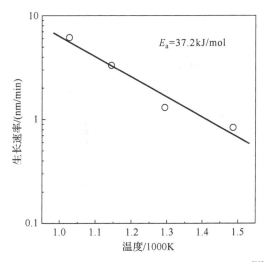

图 8.6　LAO 薄膜的生长速率随沉积温度的变化图[33]

　　图 8.7 为不同沉积温度(400～700℃)下 LAO 薄膜的二次离子深度剖析质谱，薄膜的剥离速率约为 2.5Å/s。由图可看出，La、Al 两种元素在薄膜中并不是均匀分布的，在靠近 Si 衬底处薄膜组成是富 La 缺 Al 的，薄膜中的 C 含量随沉积温度升高而降低。由薄膜中 La、Al 元素的深度分布可以把薄膜的生长过程分为两个阶段：第一阶段，Al 元素缺损，La/Al 组分比随生长时间剧烈变化；第二阶段，La/Al 组分比固定不变，薄膜稳定生长。利用 La(thd)₃ 和 Al(acac)₃ 为 La 源和 Al 源，也分别沉积单一金属氧化物 La₂O₃ 和 Al₂O₃。在相同的生长参数下，可以发现 Al₂O₃ 在 Si 上的生长具有较高的成核势垒，生长速率较低[34]。而 La₂O₃ 在 Si 上沉积较为容易，沉积速率较高[35]。因此可以推断 LAO 薄膜的生长机制：Al₂O₃ 高的成核势垒使其成核困难，因此生长初期主要是 La₂O₃ 在 Si 衬底上成核，导致界面处 Al 元素的缺损；先生成的 La₂O₃ 使 Al₂O₃ 的成核势垒降低，Al 源(气相)可与 La₂O₃(固相)通过气固反应生成 LAO 薄膜，Al 元素进入薄膜的速率提高，薄膜稳定生长。

　　值得指出的是，利用 La(thd)₃ 和 Al(acac)₃ 作为 La 源和 Al 源，当沉积温度小于 600 ℃时，薄膜中往往有大量碳残余(10 at%～15 at%)，这与 MO 的 La 源和 Al 源每个分子分别含有 33 个和 15 个 C 原子有关,因此如何有效地去除碳污染对制备高质量的 LAO 薄膜至关重要。通过大量的实验,制备 LAO 薄膜的优化工艺为:La 源 180℃,180sccm;Al 源 95℃,120sccm;沉积温度为 650℃,反应室压强 3.8Torr。薄膜为非晶结构,化学计量比接近 1,具有较好的平整性。经 850℃扩散炉退火 30min 或 900℃快速热退火 3min,仍然保持非晶结构,具有较好的热稳定性。在 900℃扩散炉退火 30mim 后,150nm 厚 LAO 薄膜为多晶结构。

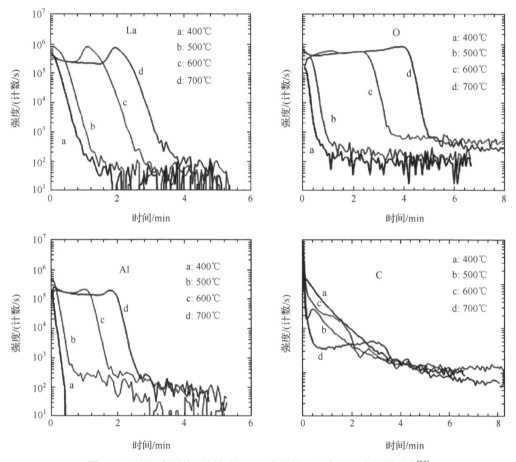

图 8.7　不同沉积温度下制备的 LAO 薄膜的二次离子深度剖析质谱[33]

石英衬底上沉积的 LAO 薄膜在可见光区域的透过率在 80%以上,线性拟合得到的带隙 E_g 值为 6.36eV,具有较高的带隙。在 Pt/TiO$_2$/SiO$_2$/Si 衬底上制备 LAO 薄膜,测量其介电常数和损耗随频率的变化曲线。推算出 LAO 薄膜的本征介电常数在 1MHz 下为 24.8,与文献[36]报道值一致。

图 8.8 为硅片上 650℃沉积及氧气后退火后 LAO 超薄膜的 HRTEM 断面照片。两个样品均为非晶结构,前者有模糊超薄的界面层,不到 6.5Å,后者没有界面层。尽管已经有理论和实验证实 La$_2$O$_3$ 和 Al$_2$O$_3$ 在硅上是热力学稳定的,然而界面反应还是可能出现在远离平衡态的沉积或后退火过程中。为了去除薄膜中的碳污染,氧气不得不作为反应气引入。如果工艺缺乏精细的控制,硅酸盐界面层甚至 SiO$_2$ 界面层是很容易形成的。

图 8.9 为硅上 LAO 超薄膜的 Si 2s 和 O 1s 窄扫描光电子能谱。除了来自硅衬底的 Si 2s 峰（149.65eV），在 152.2eV 出现另一个 Si 2s 峰，结合能对应于硅酸盐。这表明一些 Si 原子已经与氧结合。O 1s 的峰位置落在金属氧化物和 SiO$_2$ 之间。由 XPS 结合俄歇电子和二次离子深度剖析结果，可判定界面层由超薄渐变的 La、Al 混合硅酸盐 (La$_2$O$_3$)$_x$(Al$_2$O$_3$)$_y$(SiO$_2$)$_{1-x-y}$ 构成，而且界面处是富 La 缺 Al 的硅酸盐[31,37]。

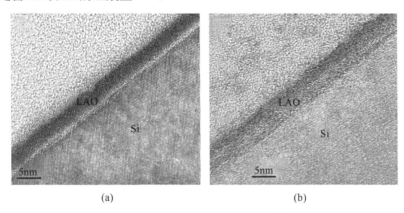

图 8.8　硅片上 LAO 超薄膜的 HRTEM 断面照片[31]

(a)650℃沉积；(b)氧气后退火

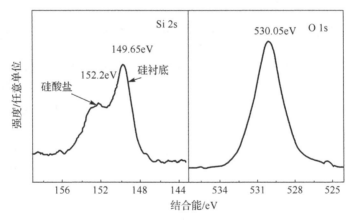

图 8.9　硅上 LAO 超薄膜的 Si 2s 和 O 1s 窄扫描光电子能谱[31]

图 8.10 为 650℃在 Si 衬底上沉积 6min 的 LAO 薄膜的电容-电压 (C-V) 曲线和漏电流 (J$_A$-V) 曲线。由 1MHz 下的积累态电容计算可得薄膜的 EOT 为 0.9nm。改变电压扫描方向，C-V 曲线基本重合，回滞 (<10mV) 几乎可忽略，表明薄膜内可移动电荷密度很小。薄膜的厚度由 HRTEM 确定为 5nm，不考虑界面层影响情况下，可计算得薄膜的介电常数为 22，略小于 Pt/TiO$_2$/SiO$_2$/Si 衬底上制备的 LAO 薄膜的介电常数(24.8)，表明薄膜与 Si 之间有超薄的界面层生成。由图 8.8 可知，界面层的厚度约为 0.65nm，假定界面层组分均匀分布，简单计算可得界面层的介电常数为 12.5，大于 SiO$_2$ 的介电常数(3.9)，表明界面层主要由 La-Al-Si-O 硅酸盐构成。薄膜的漏电流密度 1V 下为 19mA/cm^2，该值相对于具有相等 EOT 的 SiO$_2$ 薄膜的漏电流减少了近 3 个数量级。然而上面的样品还是表现出较强的 C-V 曲线频率依赖，可能与薄膜中的碳残余有关。因此，如何有效去除金属有机前驱体中含有的大量 C 原子，减少其对氧化物栅介质

薄膜性能的影响，对 MOCVD 工艺而言是一个严峻挑战。发展适合于 CVD 工艺应用的不含碳的前驱体可能是一个有效的解决方法[24]。

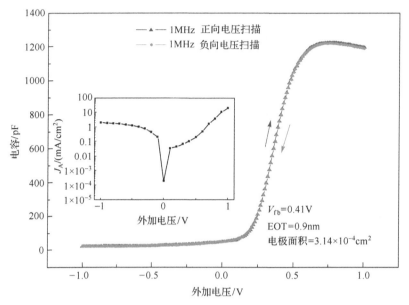

图 8.10　在 Si 衬底上 650℃沉积 6min 的 LAO 薄膜的 C-V 曲线和 J_A-V 曲线[37]

8.4.2　新型无水金属硝酸盐化学气相沉积前驱体的合成、表征及其应用

微电子高 k 栅介质材料研究中，ⅣB 族金属氧化物 ZrO_2 和 HfO_2 因高的介电常数($\sim$25)、大的带隙($>$5eV)和在硅上良好的热力学稳定性受到人们广泛的重视与研究。TiO_2 具有较高的介电常数($\sim$80)，但带隙较小($\sim$3.5eV)，与硅接触化学稳定性差，作为栅介电材料不利于应用。将 TiO_2 与 Al_2O_3、ZrO_2 和 HfO_2 等宽带隙氧化物组成二元合金系统，可以在介电常数和带隙之间取得平衡。对于ⅣB 族金属氧化物的 CVD，常用的前驱体主要为金属醇盐、金属 β-二酮盐或金属氯化物，含有 C 或 Cl 等元素，极易残留在膜内恶化薄膜性能。另外，采用这些前驱体沉积氧化物薄膜，一般均需要引入氧化气体如 O_2、N_2O 或 O_3 等，可能会氧化 Si 衬底形成低介电常数界面层。

基于 Field 和 Hardy 的早期工作[38,39]，人们发现 Ti、Zr 和 Hf 的无水硝酸盐具有良好的挥发性，可以作为一种新型的不含碳的 CVD 前驱体来沉积 TiO_2、ZrO_2 和 HfO_2 等氧化物薄膜。硝酸根基团只含 N 和 O 元素，避免了 C 和 Cl 等元素污染，而 N 对栅介电薄膜来说是有利的元素，可改进栅介电薄膜的电学性质，如提高介电常数、击穿电压，降低漏电流，减小硼扩散[40]。另外，硝酸盐可以仅仅依靠自身的分解成膜，无须引入氧化性反应气体，避免了氧化性气体与 Si 衬底反应形成低介电常数界面层。这些特性使无水金属硝酸盐非常适合栅介电薄膜的 CVD。

Zr-Ti-O 和 Hf-Ti-O 二元金属氧化物因其折中的介电性能受到人们重视。采用 CVD 方法沉积这类二元金属氧化物薄膜，金属前驱体之间的不匹配问题，如不同的挥发温度、不同的热分解温度和相互间的预反应，会影响特定组分二元金属氧化物薄膜的沉积。采用包含两种金属组元的单源复合前驱体是一种有效的解决办法，这类单源复合前驱体蒸气可同时稳定地输运两种金属元素，因此沉积薄膜的组分简单地由前驱体中金属组分比来决定，有效地解决了单一前驱体之间的不匹配问题。

图 8.11 为无水硝酸盐的合成装置和升华提纯装置示意图。整个反应过程对空气中的水分非常敏感，合成装置之间采用标准的玻璃磨口连接，反应在密闭的空间内进行。中间产物 N_2O_5 由发烟硝酸经 P_2O_5 去水获得。为了提高 N_2O_5 的产率，装有 P_2O_5(约 200g) 的烧瓶 B 放入油浴 C 内，温度控制在 50℃。发烟硝酸(100mL) 由恒压漏斗 A 缓慢加入烧瓶 B，与 P_2O_5 发生剧烈反应，产生棕黄色的 N_2O_5 气体，通过装有 P_2O_5 的干燥管进入装置 D。装置 D 装有 1~2g 的金属氯化物作为反应物，为了冷却 N_2O_5 气体，装置 D 放入盛有液氮的容器内。当棕黄色 N_2O_5 气体进入装置 D 内时，逐渐在管壁上凝结形成白色 N_2O_5 固体。反应持续几个小时，直至足够量的 N_2O_5 被冷凝。缓慢撤去液氮，断开装置 D 与 B 的连接，同时装置 D 依次通过 P_2O_5 干燥管、碱石灰

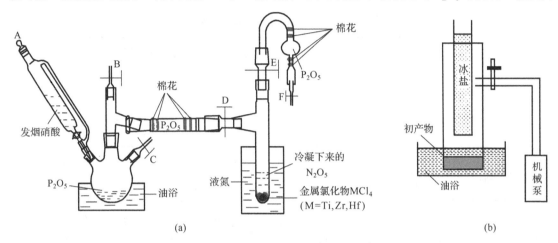

图 8.11　无水硝酸盐的合成装置和升华提纯装置示意图[25]

(a) 合成装置；(b) 升华提纯装置

干燥塔和尾气处理装置与大气连通。冷凝处 D 缓慢回暖，固态 N_2O_5 逐渐液化成棕黄色液体。然后在室温下磁力搅拌 N_2O_5 和金属氯化物的混合物 2h，使金属氯化物与液态 N_2O_5 进行如下反应生成无水硝酸盐[16]：

$$MCl_4 + 4N_2O_5 \longrightarrow M(NO_3)_4 + 2N_2O_4 + 2Cl_2 \tag{8.3}$$

式中，M 为金属元素 Ti、Zr、Hf。最后用机械泵抽去系统中残存的氮氧化物，获得白色粉末状的初产物。

初产物一般容易络合氮氧化物，需要进一步提纯。采用如图 8.11(b) 所示的升华装置进一步提纯无水硝酸盐。将装置 D 密封放入 N_2 气保护的手套箱，装上冷指 F 冷凝硝酸盐蒸气。升华的压强约为 5Pa，将装置 D 放入油浴，加热到一定温度。其中硝酸钛的升华温度为 60℃，硝酸锆的升华温度为 110℃，硝酸铪的升华温度为 100℃。当升高到一定温度时，白色晶状无水硝酸盐开始在冷指上凝结。冷指采用冰盐冷却，温度约为−10℃。升华一方面可以提纯初产物，另一方面验证了所制备的硝酸盐具有良好的挥发性。最后经过升华提纯的硝酸盐在手套箱内取出，密封低温下保存在干燥器内。

复合金属硝酸盐源 $M_xM'_{1-x}(NO_3)_4$(M, M'=Ti, Zr, Hf) 的合成工艺与图 8.11 完全类似，除了反应物变为两种具有不同金属比例的氯化物混合物。

硝酸根和金属离子可以按多种不同的方式配位，其中最重要的为单齿、双齿和双齿桥式。根据两个 M—O 键键长差别，双齿和双齿桥式又可分别分为对称与不对称两种形式。Addison

和 Chem 曾经指出[41]，在没有外来影响下，双齿共价配位结构是无水硝酸盐最优键合模式。无水硝酸盐 $M(NO_3)_4$（M=Ti, Zr, Hf）前驱体的分子结构为四个双齿硝酸根螯合在一个中心 M 原子上形成正十二面体结构。无水硝酸盐中硝酸根基团主要由双齿桥式模式与金属原子成键，其特征是红外吸收谱中在大于 $1560cm^{-1}$ 出现强的吸收峰。表 8.10 总结了合成的无水硝酸盐和复合无水硝酸盐的红外吸收谱。所有的红外吸收谱都在大于 $1560cm^{-1}$ 出现强的吸收峰，表明成功合成无水硝酸盐。对复合前驱体 $Zr_xTi_{1-x}(NO_3)_4$（ZTN）来说，硝酸根基团可能连接到不同的金属原子 Ti 和 Zr 上，形成固溶体。与单体 $Ti(NO_3)_4$ 和 $Zr(NO_3)_4$ 源相比，复合源中 Ti—O 和 Zr—O 键的差异导致了相应红外吸收峰的移动，类似的现象在 $Hf_xZr_{1-x}(NO_3)_4$（HZN）中也观测到。

表 8.10　合成的无水硝酸盐和复合无水硝酸盐的红外吸收谱

前驱体	硝酸根基团/cm⁻¹	Ti—O 键/cm⁻¹	Zr—O 键/cm⁻¹	Hf—O 键/cm⁻¹
$Ti(NO_3)_4$	1620～1560、1300、1010、770	927	—	—
$Zr(NO_3)_4$	1620～1570、1280、1258、1017、770	—	544	—
$Hf(NO_3)_4$	1623～1580、1300、1006、773	—	—	560
$Zr_xTi_{1-x}(NO_3)_4$ (ZTN)	1610～1570、1305、1024、767	898	494	—
$Hf_xTi_{1-x}(NO_3)_4$ (HTN)	1611～1564、1283、1020、767	891	—	513
$Hf_xZr_{1-x}(NO_3)_4$ (HZN)	1620～1560、1299、1019、773	—	450～500	

图 8.12 为无水金属硝酸盐和复合无水金属硝酸盐的 DSC 曲线。硝酸钛 56℃的吸热峰对应着硝酸钛的熔点，88℃、150℃和 168℃的 3 个吸热峰同时伴随着硝酸钛剧烈的质量改变，分别对应硝酸盐的硝酸根分解温度。随着金属原子序数增加，硝酸盐的热稳定性增加，硝酸根分解温度逐渐提高。115℃和 108℃的吸热峰对应着硝酸锆和硝酸铪的升华温度。硝酸锆和硝酸铪的初始分解温度分别为 151℃和 164℃。

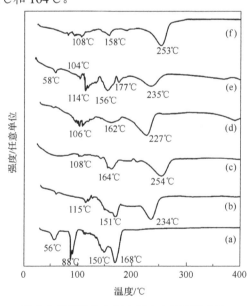

图 8.12　无水金属硝酸盐和复合无水金属硝酸盐的 DSC 曲线
(a) $Ti(NO_3)_4$；(b) $Zr(NO_3)_4$；(c) $Hf(NO_3)_4$；(d) ZTN；(e) HTN；(f) HZN

复合金属源 ZTN 在 106℃、162℃和 227℃有 3 个弥散的吸热峰，对应硝酸根基团的热分解。单元 $Ti(NO_3)_4$ 和 $Zr(NO_3)_4$ 的吸热峰并没在 ZTN 观测到，结合红外分析，表明 ZTN 是 $Ti(NO_3)_4$ 和 $Zr(NO_3)_4$ 的固溶体，不是简单的混合物，Zr 和 Ti 原子通过桥氧硝酸根相连接。复合金属源 HTN 在 108℃、158℃和 253℃也展示出 3 个吸热峰，具有与 ZTN 类似的热分解特性，表明 HZN 为 $Hf(NO_3)_4$ 和 $Zr(NO_3)_4$ 的固溶体。然而 HTN 的热分解行为不同于 ZTN 和 HZN 前驱体，DSC 曲线显示 6 个吸热峰，分别对应单一的 $Hf(NO_3)_4$ 和 $Ti(NO_3)_4$ 的热分解峰，表明 HTN 只是 $Hf(NO_3)_4$ 和 $Ti(NO_3)_4$ 的混合物。

合成的硝酸盐中，金属离子主要通过双齿桥式配位与硝酸根基团键合。结合复合硝酸盐的红外和 DSC 分析，锆钛复合硝酸盐(ZTN)可作为两种单一金属硝酸盐的固溶体，硝酸根基团主要通过双齿桥式配位模式与不同或相同的金属离子成键。铪钛复合硝酸盐(HTN)主要为硝酸钛和硝酸铪的混合物。置换型固溶体形成条件是两种组分的结构相同，替换离子的半径相近、化合价相同、电负性相近等。Ti、Zr、Hf 均为ⅣB 族元素，具有类似的化学性质和电子结构，它们的硝酸盐具有相同或类似的结构。Ti、Zr、Hf 分别处于元素周期表的第四、第五、第六周期，随着原子序数的增加，元素电负性依次从 1.5、1.4 减小到 1.3，共价半径依次从 1.32Å 增大到 1.45Å、1.44Å。考虑到电负性和半径的影响，Zr、Hf 的原子半径和电负性很接近，Hf 与 Ti 的原子半径和电负性差别均较大，Zr 与 Ti 介于两者之间，最终锆钛复合销酸盐(ZTN)、铪锆复合硝酸盐(HZN)形成了固溶体，铪钛复合硝酸盐(HTN)以硝酸钛和硝酸铪的混合物形式存在。

利用上面合成的单元无水金属硝酸盐和复合无水金属硝酸盐，采用 CVD 方法，在立式冷壁低压电阻加热反应室里沉积了单元氧化物薄膜 TiO_2、ZrO_2、HfO_2 和复合氧化物薄膜 $Zr_xTi_{1-x}O_2$(ZTO)、$Hf_xTi_{1-x}O_2$(HTO)、$Hf_xZr_{1-x}O_2$(HZO)。表 8.11 总结了沉积工艺条件，表 8.12 总结了单元氧化物薄膜和复合氧化物薄膜作为高 k 栅介电薄膜的相结构、介电常数与带隙[25,32,42-45]。

表 8.11　利用无水金属硝酸盐前驱体 CVD 制备高 k 薄膜的工艺条件

薄膜	TiO_2	ZrO_2	HfO_2	$Zr_xTi_{1-x}O_2$	$Hf_xTi_{1-x}O_2$	$Hf_xZr_{1-x}O_2$
前驱体	$Ti(NO_3)_4$	$Zr(NO_3)_4$	$Hf(NO_3)_4$	ZTN	HTN	HZN
源温/℃	50	90	85～90	80	80	100～110
源流量/sccm	50～100	100～200	80～100	100	100	100
沉积温度/℃	300～500	300～400	400	400～600	500	400～500
沉积时间/min	3～30	3～30	3～60	3～30	3～45	5～30
沉积压强/Torr	4.0	4.0	4.0	4.0	4.0	5.0

表 8.12　利用无水金属硝酸盐前驱体 CVD 制备高 k 薄膜的相结构、介电常数与带隙

薄膜	TiO_2	ZrO_2	HfO_2	ZTO (x=0.65)	HTO (x=0.91)	HZO (x=0.63)
相	锐钛矿	四方	单斜	非晶	混合相	单斜
E_g/eV	3.5	5.7	5.6	4.3	4.5	5.7
k	81	22	18	47	33	25

采用无水硝酸锆为前驱体制备的 ZrO_2 薄膜，沉积过程没有引入氧化气体。300℃沉积的薄膜已结晶，为四方结构。相对采用有机前驱体，ZrO_2 薄膜的结晶温度较低[46]，可归因于无水硝酸盐的分解温度低。XPS 表明，没有发现 N 1s 峰，表明硝酸盐分解完全，薄膜内没有 N 元素残余。

利用无水硝酸铪 400℃沉积 60min 的 HfO₂ 厚膜已出现较弱的单斜结晶相。图 8.13 为硅片上 400℃沉积 3min 的 HfO₂ 薄膜的 HRTEM 断面照片。超薄膜的结构不同于厚膜的 XRD 结果，为非晶结构。文献已证实 HfO₂ 的结晶性与膜的厚度相关[46]。HfO₂ 薄膜与 Si 衬底之间没有界面层生成，结合前面 ZrO₂ 薄膜的 XPS 分析，可以看出无水硝酸盐为前驱体沉积氧化物薄膜，可以有效抑制低介电常数界面层的生成。这是因为，一方面，由于硝酸盐沉积温度较低，可以抑制氧化物薄膜与衬底的扩散反应；另一方面，硝酸盐可由自身的分解反应成膜，无须引入氧化性反应气体，从而避免了这类气体对衬底的预氧化。

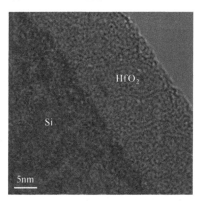

图 8.13　硅片上 400℃沉积 3min 的 HfO₂ 薄膜的 HRTEM 断面照片

利用复合金属硝酸盐前驱体 ZTN、HTN 和 HZN CVD 制备了复合氧化物薄膜 $Zr_xTi_{1-x}O_2$(ZTO)、$Hf_xTi_{1-x}O_2$(HTO)和 $Hf_xZr_{1-x}O_2$(HZO)。发现利用 ZTN 和 HZN 复合源沉积的复合氧化物薄膜，薄膜中的 Zr/Ti(或 Hf/Zr)组分比与锆钛(或铪锆)硝酸盐前驱体中的 Zr/Ti(或 Hf/Zr)组分比非常一致，表明锆钛(或铪锆)复合硝酸盐是一种有效的沉积双金属氧化物的无机前驱体，其蒸气可同时稳定地输运两种金属元素。另外，薄膜与复合前驱体中金属组分比的一致也证明了硝酸锆钛(铪锆)不是硝酸锆和硝酸钛(硝酸铪)的简单混合物，而是固溶体。而采用硝酸铪钛为前驱体，所制备 HTO 薄膜的组分随前驱体的加热时间延长而变化，这种沉积行为与硝酸铪钛本身的热性质有关。由前面关于硝酸铪钛的热分析可知，其易分离为硝酸钛和硝酸铪的混合物，二者在相同温度下挥发性的差异导致沉积薄膜组分随源加热时间延长而变化。当新鲜的前驱体用来沉积薄膜时，初始硝酸钛挥发速度极快，故薄膜内钛多铪少；前驱体加热时间延长，硝酸钛被大量消耗掉，因此薄膜内铪多钛少。硝酸铪钛这种热行为将对获得特定组分的铪钛复合氧化物薄膜带来困难。

图 8.14 为 $Zr_xTi_{1-x}O_2$($x=0.65$)薄膜沉积在 Si 衬底上的 XRD 谱。600℃原位沉积的 $Zr_{0.65}Ti_{0.35}O_2$ 薄膜为非晶结构，相对于单一金属氧化物薄膜 TiO₂ 和 ZrO₂，结晶温度明显提高。这可能是 TiO₂ 和 ZrO₂ 晶格常数的差异，使二者的混合氧化物薄膜的结晶温度提高。700℃退火后，薄膜转变为多晶结构，出现正交结构的 ZrTiO₄ 的(101)和(111)衍射峰。由于薄膜内 Zr 成分过量，也探测到 ZrO₂ 的四方相(101)的衍射峰。

图 8.15 为 400℃沉积 6min 的 $Zr_xTi_{1-x}O_2$ 薄膜的 XPS。典型的 Zr 3d(182.2eV 和 184.5eV)和 Ti 2p(457.0eV 和 462.9eV)双峰表明 $Zr_xTi_{1-x}O_2$ 薄膜成功沉积。XPS 的定量分析揭示 ZTO 薄膜中 Zr/Ti 组分比为 1.85∶1(即 $x=0.65$, $Zr_xTi_{1-x}O_2$)，与硝酸锆钛复合前驱体中 Zr/Ti 组分比相一致。对 Si 2p 的峰，没有检测到 Si—O 键的峰，说明界面上 SiO₂ 或硅酸盐是缺乏的。

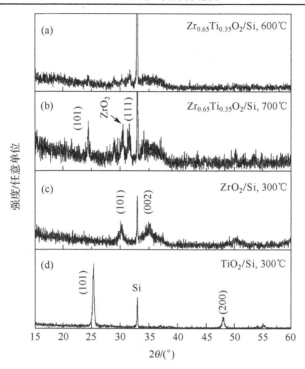

图 8.14 $Zr_xTi_{1-x}O_2(x=0.65)$ 和 TiO_2、ZrO_2 薄膜沉积在 Si 衬底上的 XRD 谱

(a)$Zr_{0.65}Ti_{0.35}O_2$ 薄膜沉积在 600℃；(b)$Zr_{0.65}Ti_{0.35}O_2$ 薄膜后退火在 700℃；(c)ZrO_2 薄膜沉积在 300℃；(d)TiO_2 薄膜沉积在 300℃

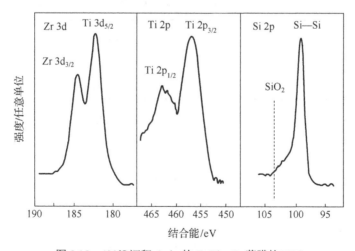

图 8.15 400℃沉积 6min 的 $Zr_xTi_{1-x}O_2$ 薄膜的 XPS

图 8.16 为 $Zr_{0.65}Ti_{0.35}O_2$、TiO_2 和 ZrO_2 薄膜的透射谱和介电频谱。可知，$Zr_{0.65}Ti_{0.35}O_2$ 薄膜的带隙为 4.3eV，介于 $ZrO_2(E_g=5.7eV)$ 和 $TiO_2(E_g=3.4eV)$ 薄膜之间。相对于纯 $ZrO_2(k=22)$ 和 $TiO_2(k=81)$ 薄膜，$Zr_{0.65}Ti_{0.35}O_2$ 薄膜具有一个中等的介电常数，1MHz 下 $k=47$。对高 k 材料来说，高的介电常数和大的带隙对提高器件集成度同时降低漏电流是有利的，但通常氧化物薄膜的介电常数和带隙呈反比关系，因此，必须综合考虑介电常数和带隙的平衡。相对于单一金属氧化物薄膜，$Zr_{0.65}Ti_{0.35}O_2$ 薄膜具有中等的介电常数和带隙，因此预期可以在提高 MOS 器件集成度的同时有效降低其漏电流。

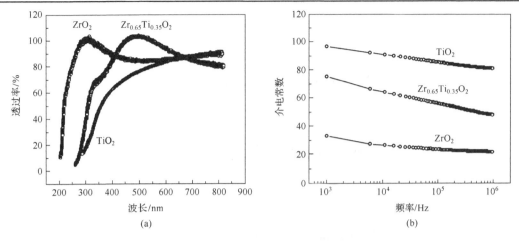

图 8.16　$Zr_{0.65}Ti_{0.35}O_2$、TiO_2 和 ZrO_2 薄膜的透射谱和介电频谱

(a)透射谱；(b)介电频谱

8.4.3　聚焦离子束化学气相沉积在复杂三维纳米结构制备上的应用

可控制备任意三维纳米结构一直是人们努力追求的目标，聚焦离子束化学气相沉积(focused-ion-beam CVD，FIB-CVD)在这方面显示了独特的优势。表 8.13 总结了 FIB-CVD、电子束 CVD 和激光 CVD 在复杂三维纳米结构制备方面的特点[14,47]。

表 8.13　FIB-CVD、电子束 CVD 和激光 CVD 在复杂三维纳米结构制备方面的特点

CVD 类别	束斑/nm	束控	穿透深度	特点
FIB-CVD	0～5	好	浅，几十纳米	加工效率低，存在辐射损伤和可能的污染
电子束 CVD	5～10	好	深，几十微米	加工效率最低
激光 CVD	与激光波长相关	较差	较深，几百纳米	加工效率高

聚焦离子束 20 世纪 70 年代就出现了，广泛用于离子束植入、清洗和成像，聚焦离子束应用于 CVD 是 20 世纪 90 年代，可沉积碳、金属(Pt、W 等)、绝缘体(SiO_2)等不同材料。2000 年，伴随着计算机技术的发展，FIB-CVD 开始应用于复杂三维纳米结构的可控制备。

图 8.17 为 FIB-CVD 制备三维碳纳米结构的生长示意图[14,48]。通常 FIB-CVD 使用 30kV 的聚焦 Ga^+ 离子束，束斑在 7nm 左右，系统的背底真空度为 $2\times10^{-5}Pa$，沉积压强为 $2\times10^{-5}Pa$。碳源为芳香烃 $C_{14}H_{10}$(菲)。

在 FIB-CVD 制备过程中，引入的碳源 $C_{14}H_{10}$ 气体在特定的沉积表面通过聚焦 Ga^+ 离子束分解生成碳，聚焦离子束通过计算机程序控制扫描出所设计的图案，最终获得所需的三维纳米结构。在 FIB-CVD 中，需要控制几个重要的工艺参数，包括束流(beam current)、停留时间(dwell time)、曝光时间(exposure time)、交叠距离(overlap)。制备三维结构最重要的是调整好离子束的扫描速度和方向，合适的停留时间需要多次实验才能决定，当沉积速率(与束流相关)确定后，沉积的厚度(高度)通常正比于辐照时间。

图 8.18 给出了 FIB-CVD 生长的一个简单的分支结构的照片[14]。下部的柱状结构束流为 19pA，曝光时间为 120s，上部的螺旋分支直径只有 80nm，束流减小为 0.4pA，每一点停留时间为 0.11s，总曝光时间为 270s。按照如图 8.17(b)所示过程制备出来。

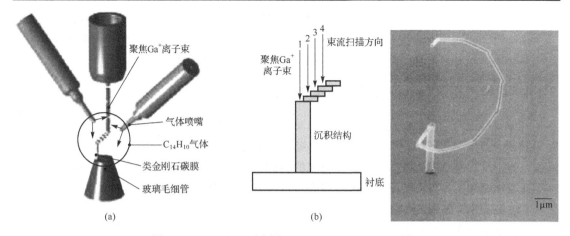

图 8.17　FIB-CVD 示意图
(a)三维碳纳米结构的生长示意图[48]；(b)生长过程放大图[14]

图 8.18　FIB-CVD 生长的一个
简单的分支结构的照片[14]

　　对于复杂三维纳米结构的制备，计算机控制的图形发生器系统(computer-controlled pattern generator system)起了举足轻重的作用[49]。图 8.19 显示了一系列通过此套系统设计调控制备的纳米结构[14,48-50]：(a)微型钻具，高度为 3.8μm，直径为 250nm，螺距为 200nm，沉积时间为 60s；(b)纳米网，网上部直径为 7μm，网绳直径为 0.3μm，沉积时间为 40min；(c)微型电路，电阻、电导和电容，电线直径为 110nm，沉积时间为 20min；(d)南京大学微型白金校徽。

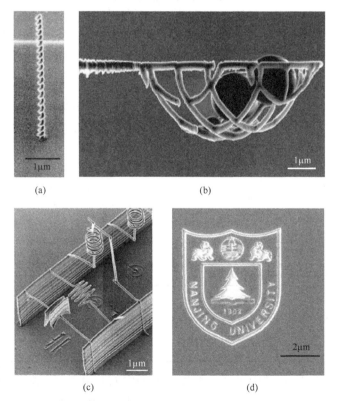

图 8.19　一系列通过三维图形发生器系统 FIB-CVD 制备出来的纳米结构
(a)微型钻具[14]；(b)纳米网[48]；(c)微型电路[50]；(d)南京大学微型白金校徽

　　另外，生物纳米注射器、纳米钳子、纳米静电镊子等一系列纳米工具也可以通过 FIB-CVD 制备出来[47]，因此 FIB-CVD 直接写入操作系统是电子、机械、光学与生物学领域制备微纳结构和系统的一种有效工具，具有巨大的优势和发展潜力，有望在未来获得应用。

8.4.4　化学气相沉积制备金刚石薄膜和碳纳米管

　　碳是组成生命最重要的元素，迄今为止发现的所有生命形式都是碳基的。碳也是与人类联系最紧密的材料，从古代的木炭、焦炭、煤炭到天然的石墨和金刚石，从广泛应用的人造高强度碳纤维，到 1985 年发现的 C_{60} 及随后发现的碳纳米管和单层石墨(石墨烯)，都在科学研究与应用研发上掀起了一阵阵热潮，1996 年诺贝尔化学奖和 2010 年诺贝尔物理学奖分别颁给了对发现 C_{60} 和石墨烯有重大贡献的五位科学家。

　　伴随着碳元素家族材料的不断发展壮大，CVD 也广泛应用于各种同素异形体碳的制备，如金刚石和类金刚石薄膜、碳纳米管和石墨烯。本节将对 CVD 制备金刚石薄膜和碳纳米管进展进行概括的介绍，石墨烯的 CVD 制备将在 8.4.5 节中介绍。

1. CVD 制备金刚石薄膜

　　表 8.14 对几种 CVD 方法制备金刚石薄膜的特点进行了比较[51]。金刚石薄膜制备技术发展趋势是：高速度、大面积和高质量。金刚石薄膜最大的应用是在光学和半导体领域，而这方面的发展很大程度上依赖于高取向金刚石薄膜和单晶金刚石薄膜的获得，但由于金刚石薄膜生长过程中普遍存在缺陷，高质量、大面积透明的金刚石薄膜极难获得。目前在非金刚石衬底表面异质外延生长高取向金刚石薄膜和单晶金刚石薄膜成为金刚石制备中最大的挑战，关键技术是在大面积范围内调控温场的均匀性及实现对金刚石薄膜生长中缺陷的有效控制[52]。

表 8.14　几种 CVD 方法制备金刚石薄膜的特点

CVD 方法	热丝 CVD	直流等离子体喷射 CVD	燃烧火焰 CVD	微波等离子体 CVD
原理	CH_4 和 H_2 在灯丝(>2000℃)分解离化反应	圆柱状阳极与棒状阴极通入 CH_4 和 H_2，利用直流电弧放电产生高温热等离子体(>4000℃)使沉积气体离解	利用氧-乙炔火焰燃烧产生 3000℃ 高温类似等离子体环境，使沉积气体离解	CH_4 和 H_2 在微波能量作用下激发成等离子体状态，气体电离程度达 10% 以上
沉积温度/℃	600~1000	水冷	水冷	沉积温度低
沉积压强/Pa	$10\sim10^4$	—	—	沉积压力范围宽
生长速度	较快，几微米/小时	极快，80μm/h	极快，140μm/h	较低
特点	设备简单，易操作，灯丝污染	基片热损伤，温控性差，膜厚不均匀	设备简单，无需精密的真空系统，沉积过程难控制，膜质量受影响	避免电极放电的污染，等离子体密度高、均匀，膜质量高，设备复杂，参数控制要求高

　　图 8.20(a) 为微波等离子体 CVD 生长一天的宝石尺寸的金刚石单晶照片[7]，高度为 2.46mm，采用了金刚石籽晶，具有优异的力学性能。图 8.20(b) 为 CVD 在单晶硅上异质外延金刚石薄膜 HRTEM 照片[53]。

 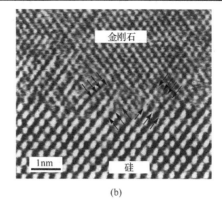

(a)　　　　　　　　　　　　　　　(b)

图 8.20　CVD 生长金刚石材料照片

(a)微波等离子体 CVD 生长的宝石尺寸的金刚石单晶照片[7]；(b)CVD 在单晶硅上异质外延金刚石薄膜 HRTEM 照片[53]

2. CVD 制备碳纳米管

碳纳米管(carbon nanotube, CNT)作为一维纳米材料，由于具有独特的结构，表现出奇异的力学、电学、光学和化学性能，其制备与性能研究一直是新材料和纳米技术领域的热点。欧洲、美国、日本等纷纷投巨资对碳纳米管的制备技术及其应用进行研发，已经取得了明显进展[54,55]。目前，多壁碳纳米管合成已达到吨级规模，单壁碳纳米管的产量还比较低，具有特定形态(躺椅形、锯齿形和手性单壁碳纳米管)与尺寸的碳纳米管的可控合成依然存在困难。

碳纳米管的合成主要包括电弧法、激光烧蚀法和催化 CVD。其中催化 CVD 是目前制备碳纳米管最有吸引力的方法，生长温度低，设备简单，工艺易控，成本低，易规模化，并且借助合适衬底或模板可实现碳纳米管的定向生长，应用于微电子和光电子领域。含碳的气态烃(如甲烷)被输运到加热的反应室，在催化剂微粒(如过渡金属 Fe、Co、Ni)的作用下，裂解成碳和氢气，残余气体被带走，最终生成碳纳米管，且产物中碳纳米管含量较高。

催化 CVD 法合成碳纳米管的研究，主要集中于大规模无序非定向碳纳米管的制备与离散分布定向排列的碳纳米管阵列的制备，其中催化剂的制备和分散是关键。目前最常用的催化剂为 Fe、Co、Ni 及其合金，因为高温下碳在其中具有高度的溶解性和扩散速度。最近发现它们在碳纳米管生长中比其他过渡金属具有更强的黏附性，更适合生长低维度碳纳米管，如单壁碳纳米管[55]。固体有机金属化合物二茂铁、二茂钴或二茂镍也用于催化剂，它们可以原位分解释放出金属纳米颗粒，有效地催化裂解烃。还有其他过渡金属，如 Cu、Au、Ag、Pt 和 Pd 等，也可作为催化剂用于不同碳源的碳纳米管生长。同样的催化剂，载体不同也会影响到碳纳米管的生长。常用的 CVD 催化剂载体为石墨、石英、硅、碳化硅、黏土、二氧化硅、硅藻土、氧化铝、碳酸钙和氧化镁等。最常用的碳源是甲烷、乙炔、丙烯、苯、二甲苯及一氧化碳等，氢气、氮气、氦气、氩气或氨气作为稀释气。为使碳源裂解充分，碳离子分布均匀，人们还引入 PECVD 来制备碳纳米管。因此生长碳纳米管的 CVD 又可分为两大类：热 CVD 和 PECVD。表 8.15 总结了热 CVD 和 PECVD 生长碳纳米管特点，并与电弧法、激光烧蚀法做了对比[56,57]。

图 8.21 为 CVD 过程中金属催化剂作用下碳纳米管生长的两种模式[55]：顶部生长模式和底部生长模式。前者金属与衬底的接触角为钝角，作用力弱；后者接触角为锐角，作用力强。

表 8.15　热 CVD、PECVD、电弧法、激光烧蚀法生长碳纳米管特点

方法	热 CVD	PECVD	电弧法	激光烧蚀法
操作温度/℃	500~1200	100~800	约 4000	室温~1000
操作压强/Torr	760~7600	1~5	50~7600 通常真空	200~750 通常真空
碳纳米管长度/μm	$0.1\sim10^5$	0.1~10	~1	~1
碳纳米管生长速度/(μm/s)	0.1~10	0.01~1	10^7	0.1
产率	高	低	低	低
质量	中	低、中	低	高
纯度	中、高	中	低	中

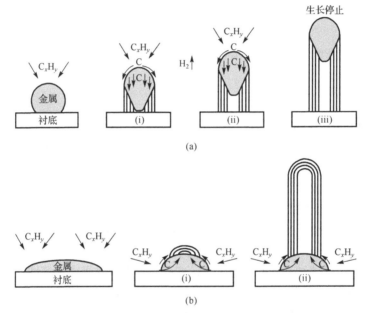

图 8.21　碳纳米管生长的两种模式[55]

(a)顶部生长模式；(b)底部生长模式

　　形成单壁碳纳米管还是多壁碳纳米管主要由催化剂颗粒的尺寸决定。当颗粒尺寸只有几纳米时，形成单壁碳纳米管；而十几、几十纳米的催化剂颗粒，有利于多壁碳纳米管的生成。对 CVD 来说，影响碳纳米管合成的因素众多：碳前驱体——烃源、催化剂、催化剂载体、反应温度、反应压强、气流速度、沉积时间和反应室构型等。图 8.22 显示了固定床 CVD、浮动催化 CVD（floating catalyst CVD）和流化床 CVD（fluidized-bed CVD）生长碳纳米管的示意图[6,58]。其中流化床 CVD 技术应用于免支撑碳纳米管的生产，展示出独特的优势，具有浮动催化 CVD 和固定床 CVD 系统的两方面优点，即优异的传热、传质系数，均匀的温场，在反应物和催化粉末之间大的接触面积，快速有效的化学反应，可进行连续的操作，更适合规模化生产。

　　图 8.23 显示了 CVD 生长的碳纳米管的照片[57,58]。通常碳纳米管的定向生长依赖于特定的衬底（模板）。模板的制作是决定生成产物是否定向的关键。模板可通过掩模、电镀、化学刻蚀、表面包覆、溶胶-凝胶、纳米压印等技术，使金属或含金属的催化剂沉积于衬底上制得。然后利用不同催化 CVD 技术等可实现碳纳米管在模板上的有序生长。此外，也可用多孔 AAO 模板等定向合成碳纳米管。定向生长法制出的碳纳米管准直、均匀性好、石墨化程度高，碳纳米管

相互平行排列不缠绕，缺陷相对少，但制作模板和催化剂工艺冗长且繁杂，对操作和设备要求比较苛刻，因此规模受限。最近也有报道，一定条件下通过浮动催化 CVD 也可实现碳纳米管定向生长，这无疑是定向生长值得探究的方向。

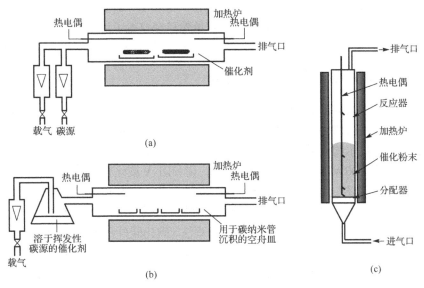

图 8.22　碳纳米管生长示意图[6,58]

(a)固定床 CVD；(b)浮动催化 CVD；(c)流化床 CVD

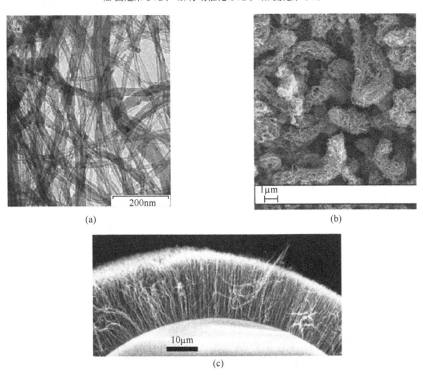

图 8.23　CVD 生长的碳纳米管的照片

(a)浮动催化 CVD850℃获得的多壁碳纳米管[58]；(b)流化床 CVD 生长的三维网状碳纳米管团簇[58]；

(c)PECVD 在石英光纤上定向生长的碳纳米管[59]

2017 年 *Nature* 报道了通过控制活性催化剂表面对称性来生长具有受控手性的水平单壁碳纳米管阵列[60]，所获得的水平单壁碳纳米管阵列平均密度大于 20 管/μm，其中 90%的碳纳米管具有(12,6)的手性指数，在单壁碳纳米管等纳米电子器件领域极具应用吸引力。

碳纳米管作为新型功能材料在微电子、显示器、传感器、储氢、储能方面有强大的应用前景，并极有可能取得突破。碳纳米管的制备技术虽然已经取得了可喜的进展，但其生长机理依然还是众说纷纭，有待确证。高质量、大规模碳纳米管的可控制备仍然是亟待突破的瓶颈。

8.4.5 化学气相沉积制备二维材料石墨烯

石墨烯作为二维晶体标志性的材料[61]，因其集优异的力学、热学、光学、电学和磁学性能于一身，成为材料科学、凝聚态物理、微纳电子学、光电子、能源领域的关注热点，其发现者于 2010 年获得了诺贝尔物理学奖。石墨烯具有极高的载流子迁移率(约为 200000cm^2/(V·s))，室温下热导率高达 5000W/(m·K)。这些优于硅、锗和 III-V 族化合物半导体材料的优异性能，使石墨烯在微纳电子器件方面表现出独特的优势。鉴于此，2009 年国际半导体产业协会将石墨烯列入了发展蓝图(ITRS)，成为后硅电子时代一种极具竞争力的候选材料。

目前石墨烯的制备方法主要有四种：机械剥离法、碳化硅外延生长法、化学剥离法和 CVD 法[62]。机械剥离法效率低，不适合于大面积、大规模制备石墨烯；碳化硅外延生长法可制备质量高、尺寸大的单晶石墨烯，然而单晶碳化硅衬底昂贵，生长条件苛刻，并且生长出来的石墨烯难以转移；化学剥离法，即氧化石墨还原法，可以宏量合成石墨烯，但合成的石墨烯含有较多缺陷，质量较差。CVD 方法制备石墨烯简单易行，所得石墨烯质量较高，可实现大面积生长，而且较容易转移到各种基底上使用，因此该方法广泛应用于制备石墨烯晶体管和透明导电薄膜，目前已成为制备高质量石墨烯的最主要方法。

前面已经介绍过 CVD 制备碳纳米管的方法，CVD 制备石墨烯的过程与此有不少相似之处，包括相似的碳源和催化剂。区别在于 CVD 制备石墨烯时并不需颗粒状催化剂，而是将平面型基底(如金属薄膜、金属单晶等)置于高温可分解的碳源(如甲烷、乙烯等)气氛中，通过高温退火使碳原子沉积在基底表面形成石墨烯。

图 8.24 显示了两种典型的生长机理[63]：①渗碳析碳机制，对于镍等具有较高溶碳量的金属基底，碳源裂解产生的碳原子在高温时渗入金属基底，降温时再从其内部析出成核，进而生长成石墨烯或薄石墨片；②表面生长机制，对于铜等具有较低溶碳量的金属基底，高温下气态碳源裂解生成的碳原子吸附于金属表面，进而成核生长成"石墨烯岛"，并通过"石墨烯岛"的二维长大合并得到连续的石墨烯薄膜，这样的生长模式可以生长大面积的单层石墨烯。

通过选择碳源、基底类型、生长温度、前驱体流量等参数可调控石墨烯的生长特征，如生长速率、厚度、面积等。碳源在很大程度上决定了生长温度，采用等离子体辅助等方法也可降低石墨烯的生长温度。目前使用的生长基体主要包括金属箔或特定基体上的金属薄膜，如 Ni、Cu、Ru、Pd、Ir 及它们的合金等，选择的主要依据有金属的熔点、溶碳量及是否有稳定的金属碳化物等。这些因素决定了石墨烯的生长温度、生长机制和使用的载气类型。另外，金属的晶体类型和取向也会影响石墨烯的生长质量。CVD 生长条件从气压的角度可分为常压、低压(10^{-3}Pa～10^5Pa)和超低压($<10^{-3}$Pa)；依据载气类型可分为还原性气体(H_2)、惰性气体(Ar、He)及二者的混合气体；因生长温度可分为高温(>800℃)、中温($600～800$℃)和低温(<600℃)，主要取决于碳源的分解温度。

Ni 是人们早期尝试生长石墨烯的主要基底[64-66]，在这一过程中碳原子的偏析、石墨片层的成核与生长动力学都得到了深入研究，结果发现使用 Ni 箔(厚度几十微米)或 Ni 薄膜(厚度几十或几百纳米)都很难生长大面积均匀的单层石墨烯薄膜,而且厚度很不均匀,如图 8.25所示。Li 等 2009 年首先报道了在铜箔表面生长大面积单层石墨烯的工作[67],发现厘米尺寸均匀一致的单层石墨烯的形成原因是碳在铜中的溶解度非常小。即使在接近铜的熔点温度下,碳的溶解度也只有 ppm(10^{-6})量级。这样碳原子只能在铜表面扩散、成核并结晶形成石墨烯,能够溶入铜箔内部的碳原子数量几乎可以忽略不计,因此偏析过程几乎不存在。另外,当单层石墨烯在铜表面覆盖之后,即使更多的甲烷分子沉积在石墨烯表面,由于铜的催化效果已经被石墨烯阻断,甲烷分子无法脱氢。最

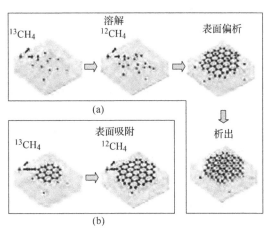

图 8.24　CVD 法制备石墨烯的生长机制示意图[63]
(a)渗碳析碳机制; (b)表面生长机制

终的结果就是在铜表面可以生长大面积的单层石墨烯薄膜,单层面积超过 95%,如图 8.26 所示。

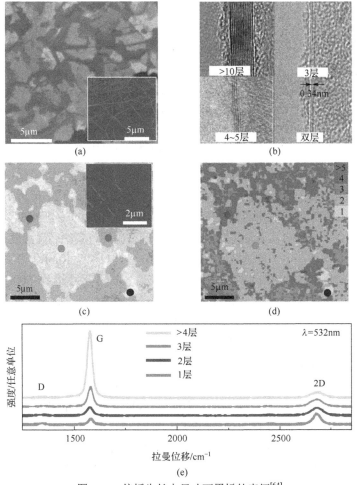

图 8.25　偏析生长大尺寸石墨烯的表征[64]

(a)Si/SiO$_2$/Ni 上和 Ni 箔上(插图)生长石墨烯的 SEM 照片; (b)不同厚度的石墨烯断面 TEM 照片; (c)转移到 300nm SiO$_2$/Si 上石墨烯的光学照片,插图为典型的褶皱结构; (d)与(c)对应的共聚焦扫描的拉曼谱位置; (e)与(c)和(d)对应位置的不同层数的石墨烯拉曼谱

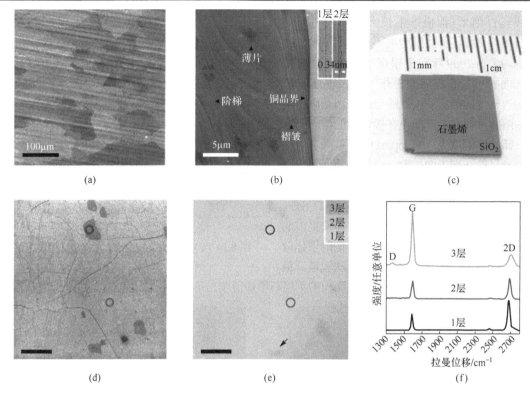

图 8.26　CVD 生长大尺寸单层石墨烯薄膜的表征[67]

(a)铜箔上生长石墨烯的 SEM 照片；(b)铜箔表面石墨烯薄膜的高倍 SEM 照片，插图为 1 层及 2 层石墨烯横截
面的 TEM 照片；(c)转移到 285nm SiO₂/Si 上石墨烯的照片；(d)转移到 285nm SiO₂/Si 上石墨烯的 SEM 照片；
(e)与(d)对应位置的光学显微镜照片；(f)与(d)和(e)对应位置的不同层数的石墨烯拉曼谱(未注明标尺为 5μm)

　　使用铜作为基底，并通过 CVD 方法已能成功制备出面积达平方厘米甚至平方米级的单层石墨烯[68]，石墨烯面积的尺寸仅受限于 CVD 设备的尺寸。然而，如图 8.27(a)所示，通过 CVD 方法生长出的石墨烯是由纳米级到微米级尺寸的石墨烯晶畴拼接而成的多晶材料[69]，内部存在高密度的晶界，这些晶界会严重影响其质量和性能，因此降低石墨烯薄膜的晶界密度，即增大单晶石墨烯的尺寸，就成为石墨烯在电子学领域应用的瓶颈之一。2011 年，Ruoff 研究组将铜箔弯折成铜箔“口袋”，并通过 CVD 方法在口袋的内表面成功生长了尺寸达到 500μm 的石墨烯单晶(图 8.27)。在这一生长过程中，由于铜口袋内部的甲烷浓度比外部低，内表面石墨烯成核密度明显降低[70]。这一工作启发人们继续探索可以降低石墨烯成核密度的方法。2013 年，Hao 等[71]在 Ruoff 研究组工作期间发现，少量氧气能显著钝化铜箔表面的石墨烯成核点，因此可以进一步降低成核密度，并生长出超过 1cm 的石墨烯单晶(图 8.28)。他们进一步把石墨烯单晶薄膜转移到同样是原子级平滑的六方氮化硼(h-BN)表面上，并测试了石墨烯的低温电输运性能，结果发现其载流子迁移率达到 60000cm²/(V·s)，是迄今为止人们使用 CVD 方法合成的最高质量石墨烯薄膜[71]。

　　单层石墨烯本质上是一种带隙为零的半金属，由单层石墨烯(SLG)制作的器件无法实现电子开关功能。理论研究表明，“AB”堆垛的双层石墨烯(BLG)在电场的作用下会成为一种能隙可调节的半导体材料，因此其在电子学领域的重要性高于单层石墨烯。2016 年，Hao 等[72]报道，在铜“口袋”的外表面可以生长亚毫米尺寸的双层石墨烯单晶，见图 8.29。此外，双层石墨烯中的第一层是由参考文献[70]和[71]所述表面生长机制实现的；第二层位于第一层与铜表面的界面处，其碳源来自于微量碳原子从铜箔内部的快速扩散并于界面处的偏析。这也从实验上证实了尽管在高温下碳在铜内部的溶解度可忽略不计，但是少量碳原子仍然能在铜内部扩散的机理。

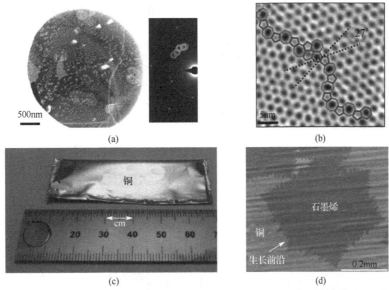

图 8.27　CVD 方法在铜"口袋"内表面生长大尺寸的石墨烯单晶

(a)CVD 多畴石墨烯的 TEM 暗场像照片及其对应的选区电子衍射花样；(b) 多畴石墨烯晶界的 HRTEM 照片[69]；
(c) 铜"口袋"照片；(d) 铜"口袋"内表面单晶石墨烯的 SEM 照片[70]

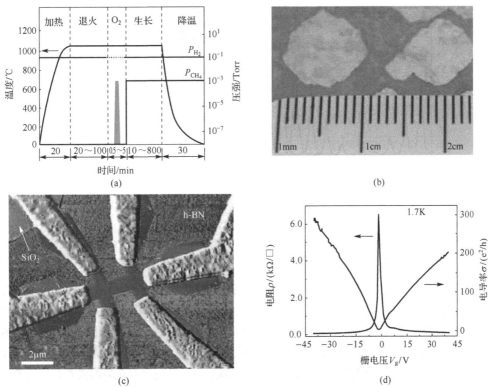

图 8.28　CVD 结合少量氧气处理铜表面生长厘米尺寸的石墨烯单晶[71]

(a) 氧气处理铜表面的实验流程图；(b) 厘米级石墨烯单晶的照片；(c) 转移到 h-BN 表面的石墨烯薄膜
通过微加工成为石墨烯电子器件；(d) 石墨烯器件的电阻-栅电压曲线

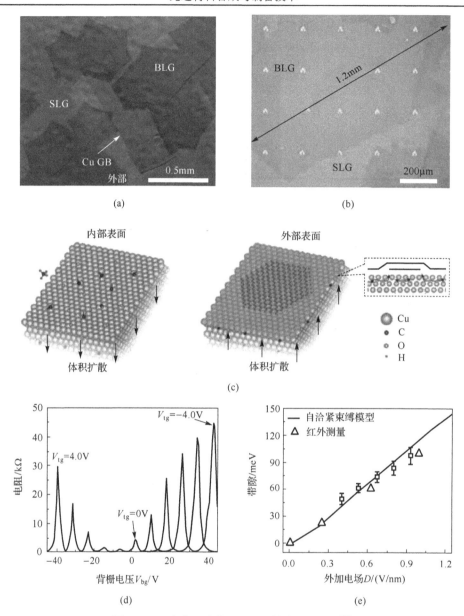

图 8.29　亚毫米尺寸的双层石墨烯单晶的表征[72]

(a) 双层石墨烯单晶晶畴的 SEM 照片；(b) 毫米级双层石墨烯单晶的照片；(c) 铜箔 "口袋" 内外表面石墨烯生长机理示意图；
(d) 双层石墨烯器件的电阻-背栅电压关系测量结果，显示其开关比高于 40000，V_{tg} 为顶栅电压；(e) 带隙与外加电场的关系曲线

　　在金属基底上生长的石墨烯完整无损地从金属基底转移到其他基底上是实现其在不同领域应用的前提。目前石墨烯的转移方法大多是通过转移介质，如聚甲基丙烯酸甲酯(PMMA)、聚二甲基硅氧烷(PDMS)和胶带等，将金属基体在合适的腐蚀液中腐蚀掉，然后将漂浮在溶液表面的含转移介质/石墨烯的薄膜转移到目标基体上。常用的腐蚀液中，$FeCl_3$ 溶液去除铜，酸溶液腐蚀镍，碱溶液去除硅。转移介质需要用适当的方式去除，PMMA 可以采用高温热分解或者有机溶剂清洗去除，PDMS 可直接揭下，而胶带则需根据具体类型采用不同方法去除。显然腐蚀法不适合化学稳定性强的贵金属上石墨烯的转移。图 8.30 展示了使用转移介质转移石墨烯的流程图[73]。

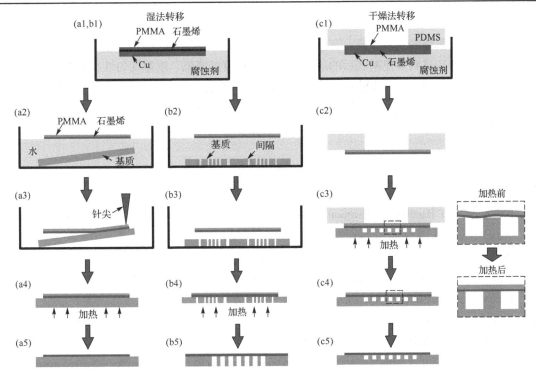

图 8.30 利用转移介质作为机械支撑层、化学刻蚀金属基底转移石墨烯薄膜的工艺流程图[73]

刻蚀金属的流程会造成金属的浪费和环境的污染，基于此，Wang 等[74]和 Gao[75]分别独立发明了一种基于电化学气体插层的鼓泡无损转移方法，可将铜或铂表面上生长的石墨烯转移到任意基体上(图 8.31)。与传统的基于基底腐蚀的转移方法不同，该转移方法对石墨烯及铂基体均无破坏和损耗，铂基体可无限次重复使用。转移后的石墨烯完整保留了其原有的结构和质量，无金属杂质残留。该鼓泡转移方法操作简便、速度快、无污染，并且适于钌、铱等贵金属及铜、镍等常用金属上生长的石墨烯的转移，金属基体可重复使用，可作为一种低成本、快速转移高质量石墨烯的普适方法。将转移到 Si/SiO$_2$ 基体上的单晶石墨烯制成场效应晶体管，测量出该单晶石墨烯室温下的载流子迁移率可达 7100cm^2/(V·s)。

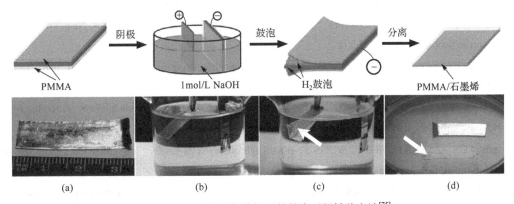

图 8.31 基于电化学气体插层的鼓泡无损转移方法[75]

(a)铂箔生长石墨烯并覆盖一层 PMMA；(b)PMMA/石墨烯/Pt 作为阴极，铂箔作为阳极；
(c)PMMA/石墨烯与 Pt 衬底通过氢气鼓泡分离；(d)鼓泡几十秒后完全分离的 PMMA/石墨烯(箭头所指)

CVD 法制备石墨烯的研究不到 10 年，已经取得了明显的进展。目前 CVD 制备的大面积石墨烯和双层石墨烯的质量较高，有望满足在透明导电薄膜显示、微电子器件等领域的应用。但是目前石墨烯转移到其他基底后的质量都有不同程度的降低，质量均匀性也较差。因此提高和改善石墨烯的大面积、可靠转移方法仍是目前亟须解决的瓶颈。另外，二维半导体晶体，如单层或少层二硫化钼等的 CVD 制备也在快速发展着，这类材料会明显扩展目前二维材料应用的领域[76]。

参 考 文 献

[1] PIERSON H O. Handbook of chemical vapor deposition(CVD), principles, technology, and applications[M]. 2nd ed. New York: William Andrew Publishing, 1999.

[2] 孟广耀. 化学气相淀积与无机新材料[M]. 北京: 科学出版社, 1983.

[3] MAHRIAH E A, AYSE A, MILES C B, et al. Chemical vapor deposition of conformal, functional, and responsive polymer films[J]. Adv. Mater., 2010, 22: 1993-2027.

[4] JONES A C, HITCHMAN M L. Chemical vapour deposition precursors, processes and applications[M]. Cambridge: Royal Society of Chemistry, 2009: 1-33.

[5] XU Y Y, YAN X T. Chemical vapour deposition an integrated engineering design for advanced materials[M]. London: Springer-Verlag Limited, 2010: 1-28.

[6] PHILIPPE R, MORANCAIS A, CORRIAS M, et al. Catalytic production of carbon nanotubes by fluidized-bed CVD[J]. Chem. Vap. Deposition, 2007, 13: 447-457.

[7] YAN C S, MAO H K, LI W, et al. Ultrahard diamond single crystals from chemical vapor deposition[J]. Phys. Stat. Sol. A, 2004, 201: R25-R27.

[8] MATTEVI C, KIMA H, CHHOWALLA M. A review of chemical vapor deposition of graphene on copper[J]. J. Mater. Chem., 2011, 21: 3324-3334.

[9] MEYYAPPAN M. Catalyzed chemical vapor deposition of one-dimensional nanostructures and their applications[J]. Progress in Cryst. Growth Characterization Mater., 2009, 55: 1-21.

[10] PAN Z W, DAI Z R, WANG Z L. Synthesis, structure and growth mechanism of oxide nanowires, nanotubes and nanobelts[M]// BANDYOPADHYAY S, NALWA N S. Quantum Dots and Nanowires. New York: American Scientific Publishers, 2002: 193-218.

[11] SPEAR K E. Principles and applications of chemical vapour deposition[J]. Pure Appl. Chem., 1982, 54: 1297-1311.

[12] BOSAK A A, GORBENKO O Y, KAUL A R, et al. Cation and oxygen nonstoichiometry in R-Mn-O(R=La, Nd) bulk samples and thin films[J]. J. Magnetism and Magnetic Mater., 2000, 211: 61-66.

[13] ABRUTIS A, SENATEUR J P, WEISS F, et al. High quality $YBa_2Cu_3O_7$ films grown on $LaAlO_3$ by single source pulsed metalorganic chemical vapor deposition[J]. J. Cryst. Growth, 1998, 191: 79-83.

[14] MATSUI S, KAITO T, FUJITA J, et al. Three-dimensional nanostructure fabrication by focused-ion-beam chemical vapor deposition[J]. J. Vac. Sci. Technol. B, 2000, 18: 3181-3184.

[15] 王守武. 半导体器件研究与进展[M]. 北京: 科学出版社, 1995.

[16] FUKUI T, SATIO H. (AlAs)$_{0.5}$(GaAs)$_{0.5}$ fractional-layer superlattices grown on (001) vicinal surfaces by metalorganic chemical vapor deposition[J]. Appl. Phys. Lett., 1987, 50: 824-826.

[17] ZILKO J L. Metal organic chemical vapor deposition: Technology and equipment[M]//SESHAN K. Handbook of Thin-Film Deposition Processes and Technologies. 2nd ed. New York: Noyes Publications, 2001: 151-203.

[18] WATSON I M. Metal-organic CVD of the high-T, superconductor YBa$_2$Cu$_3$O$_{7-\delta}$[J]. Chem. Vap. Deposition, 1997, 3: 9-26.

[19] JONES A C, CHALKER P R. Some recent developments in the chemical vapour deposition of electroceramic oxides[J]. J. Phys. D: Appl. Phys., 2003, 36: R80-R95 .

[20] HITCHMAN M L, JENSEN K F. Chemical vapor deposition principles and APPLICATION[M]. Waltham, Massachusetts: Academic Press, 1993.

[21] DUTY C, JEAN D, LACKEY W J. Laser chemical vapour deposition: Materials, modelling, and process control[J]. Int. Mater. Rev., 2001, 46: 271-287.

[22] JONES A C. MOCVD of electroceramic oxides: A precursor manufacturer's perspective[J]. Chem. Vapor Dep., 1998, 4: 169-179.

[23] 孔祥蓉, 刘俊亮, 曾燕伟. MOCVD 生长铁电氧化物薄膜 MO 源研究进展[J]. 化学进展, 2005, 17: 839-846.

[24] LI A D. Synthesis, characterization, and their applications of volatile anhydrous metal nitrate precursors[M]//BRANDAN S A. Nitrate: Occurrence, characteristics and health considerations. New York: Nova Science Pub Inc, 2012: 95-140.

[25] DAVIES H O, JONES A C, LEEDHAM T C, et al. An investigation into the growth of magnesium niobium oxide and lead magnesium niobate by liquid-injection MOCVD using a magnesium-niobium alkoxide precursor[J]. Adv. Mater. Opt. Electron., 2000, 10: 177-182.

[26] SUBHASH C G, JENNIFER A H, ALICIA M B, et al. Preparation of volatile molecular lithium-niobium alkoxides. Crystal structures of [Nb(μ-OCH$_2$SiMe$_3$)(OCH$_2$SiMe$_3$)$_4$]$_2$ and [LiNb(μ_3-OCH2$_5$iMe$_3$)-(μ_2-OCH$_2$SiMe$_3$)$_2$(OCH$_2$SiMe$_3$]$_2$[J]. Polyhedron, 1997, 17: 781-790.

[27] CROSBIE M J, WRIGHT P J, DAVIES H O, et al. MOCVD of strontium tantalate thin films using novel bimetallic alkoxide precursors[J]. Chem. Vap. Deposition, 1999, 5: 9-12.

[28] O'BRIEN P, PICKETT N L, OTWAY D J. Developments in CVD delivery systems: A chemist's perspective on the chemical and physical interactions between precursors[J]. Chem. Vap. Deposition, 2002, 8: 237-249.

[29] HOU X H, CHOY K L. Processing and applications of aerosol-assisted chemical vapor deposition[J]. Chem. Vap. Deposition, 2006, 12: 583-596.

[30] OZAYDIN-INCE G, COCLITE A M, GLEASON K K. CVD of polymeric thin films: Applications in sensors, biotechnology, microelectronics/organic electronics, microfluidics, MEMS, composites and membranes[J]. Rep. Prog. Phys., 2012, 75: 016501-1-40.

[31] LI A D, SHAO Q Y, LING H Q, et al. Characteristics of LaAlO$_3$ gate dielectrics on Si grown by metalorganic chemical vapor deposition[J]. Appl. Phys. Lett., 2003, 83: 3540-3542.

[32] 邵起越. 基于微电子应用的几种介电氧化物薄膜的制备和电学性质研究[D]. 南京: 南京大学, 2006: 44-88.

[33] SHAO Q Y, LI A D, CHENG J B, et al. Growth behavior of high-k LaAlO$_3$ films on Si by metalorganic chemical vapor deposition for alternative gate dielectric application[J]. Appl. Surf. Sci., 2005, 250: 14-20.

[34] SHAO Q Y, LI A D, LING H Q, et al. Growth and characterization of Al_2O_3 gate dielectric films by low-pressure MOCVD[J]. Microelectronic Eng., 2003, 66: 842-848.

[35] CHENG J B, LI A D, LING H Q, et al. Growth and characteristics of La_2O_3 gate dielectric prepared by low pressure metalorganic chemical vapor deposition[J]. Appl. Surf. Sci., 2004, 233: 91-98.

[36] KINGON A I, MARIA J P, STREIFFEI S K. Alternative dielectrics to silicon dioxide for memory and logic devices[J]. Nature, 2000, 46: 1032-1038.

[37] SHAO Q Y, LI A D, CHENG J B, et al. Interfacial structure and electrical properties of $LaAlO_3$ gate dielectric films on Si by metalorganic chemical vapor deposition[J]. Appl. Phys. A, 2005, 81: 1181-1185.

[38] FIELD B O, HARDY C J. Volatile tetranitratotitanium (Ⅳ): Preparation, infrared spectrum, and reaction with saturated hydrocarbons[J]. J. Chem. Soc., 1963: 5278.

[39] FIELD B O, HARDY C J. Volatile and anhydrous nitrato-complexes of metals: Preparation by the use of dinitrogen pentoxide, and measurement of infrared spectra[J]. J. Chem. Soc., 1964: 4428-4434.

[40] CHEN P, BHANDARI H B, KLEIN T M. Effect of nitrogen containing plasmas on interface stability of hafnium oxide ultrathin films on Si (100) [J]. Appl. Phys. Lett. , 2004, 85: 1574-1576.

[41] ADDISON C C. Dinitrogen tetroxide, nitric acid, and their mixtures as media for inorganic reactions[J]. Chem. Rev., 1980, 80: 21-39.

[42] SHAO Q Y, LI A D, ZHANG W Q, et al. Chemical vapor deposition of $Zr_{0.65}Ti_{0.35}O_2$ thin films using single-source precursor of novel anhydrous mixed-metal nitrate[J]. Chem. Vapor Deposition, 2006, 12: 423-428.

[43] SHAO Q Y, LI A D, ZHANG W Q, et al. CVD of $Zr_xTi_{1-x}O$ and $Hf_xTi_{1-x}O$ thin films using the composite anhydrous nitrate precursors[J]. Appl. Surf. Sci., 2008, 254: 2224-2228.

[44] ZHANG W Q, HUANG L Y, LI A D, et al. Chemical vapor deposition of $Zr_xHf_{1-x}O_2$ thin films using anhydrous mixed-metal nitrates precursors[J]. Integrated Ferroelectrics, 2008, 97: 93-102.

[45] ZHANG W Q, HUANG L Y, LI A D, et al. $Hf_xZr_{1-x}O_2$ films chemical vapor deposited from a single source precursor of anhydrous $Hf_xZr_{1-x}(NO_3)_4$[J]. J. Cryst. Growth, 2012, 346: 12-16.

[46] CODATO S, CARTA G, ROSSETTO G, et al. MOCVD growth and characterization of ZrO_2 thin films obtained from unusual organo-zirconium precursors[J]. Chem. Vap. Deposition, 1999, 5: 159-164.

[47] KOMETANI R, MORITA T, WATANABE K, et al. Nozzle-nanostructure fabrication on glass capillary by focused-ion-beam chemical vapor deposition and etching[J]. Jpn. J. Appl. Phys., 2003, 42: 4107-4110.

[48] KOMETANI R, HOSHINO T, KANDA K, et al. Three-dimensional high-performance nano-tools fabricated using focused-ion-beam chemical-vapor-deposition[J]. Nuclear Instrum. Methods Phys. Res. B, 2005, 232: 362-366.

[49] HOSHINO T, WATANABE K, KOMETANI R, et al. Development of three-dimensional pattern-generating system for focused-ion-beam chemical-vapor deposition[J]. J. Vac. Sci. Technol. B, 2003, 21: 2732-2736.

[50] MORITA T, NAKAMATSU K I, KANDA K, et al. Nanomechanical switch fabrication by focused-ion-beam chemical vapor deposition[J]. J. Vac. Sci. Technol. B, 2004, 22: 3137-3142.

[51] 周健, 傅文斌, 袁润章. 微波等离子体化学气相沉积金刚石膜[M]. 北京: 中国建材工业出版社, 2002.

[52] BUTLER J E, MANKELEVICH Y A, CHEESMAN A, et al. Understanding the chemical vapor deposition of diamond: recent progress[J]. J. Phys.: Condens. Matter, 2009, 21: 364201-1-20 .

[53]　YAN Y S, MAO H K, LI W, et al. Ultrahard diamond single crystals from chemical vapor deposition[J]. Phys. Stat. Sol. A, 2004, 201: R25-R27.

[53]　LEE S T, LIN Z D, JIANG X. CVD diamond films: Nucleation and growth[J]. Mater. Sci. Eng. R, 1999, 25: 123-154.

[54]　CANTORO M, HOFMANN S, PISANA S, et al.Catalytic chemical vapor deposition of single-wall carbon nanotubes at low temperatures[J]. Nano Lett., 2006, 6:1107-1112.

[55]　KUMAR M, ANDO Y. Chemical vapor deposition of carbon nanotubes: A review on growth mechanism and mass production[J]. J. Nanosci. Nanotech, 2010, 10: 3739-3758.

[56]　NESSIM G D. Properties, synthesis, and growth mechanisms of carbon nanotubes with special focus on thermal chemical vapor deposition[J]. Nanoscale, 2010, 2: 1306-1323.

[57]　SEE C H, HARRIS A T. A review of carbon nanotube synthesis via fluidized-bed chemical vapor deposition[J]. Ind. Eng. Chem. Res., 2007, 46: 997-1012.

[58]　DANAFAR F, FAKHRU'L-RAZI A, SALLEH M A M, et al. Fluidized bed catalytic chemical vapor deposition synthesis of carbon nanotubes-A review[J]. Chem. Eng. J., 2009, 155: 37-48.

[59]　NEYTS E C. PECVD growth of carbon nanotubes: From experiment to simulation[J]. J. Vac. Sci. Technol. B, 2012, 30: 030803-1-17.

[60]　ZHANG S C, KANG L X, WANG X, et al. Arrays of horizontal carbon nanotubes of controlled chirality grown using designed catalysts[J]. Nature, 2017, 543: 234-238.

[61]　NOVOSELOV K S, GEIM A K, MOROZOV S V, et al. Electric field effect in atomically thin carbon films[J]. Science, 2004, 306: 666-669.

[62]　NOVOSELOV K S, FAL'KO V I, COLOMBO L, et al. A roadmap for graphene[J]. Nature, 2012, 490: 192-200.

[63]　LI X S, CAI W W, COLOMBO L, et al. Evolution of grapheme growth on Ni and Cu by carbon isotope labeling[J]. Nano Lett., 2009, 9: 4268-4272.

[64]　YU Q, LIAN J, SIRIPONGLERT S, et al. Graphene segregated on Ni surfaces and transferred to insulators[J]. Appl. Phys. Lett., 2008, 93:113103-1-3.

[65]　REINA A, JIA X, HO J, et al. Large area, few-layer graphene films on arbitrary substrates by chemical vapor deposition[J]. Nano Lett., 2009, 9:30-35.

[66]　KIM K S, ZHAO Y, JANG H, et al. Large-scale pattern growth of graphene films for stretchable transparent electrodes[J]. Nature, 2009, 457: 706-710.

[67]　LI X S, CAI W W, AN J H, et al. Large area synthesis of high quality and uniform graphene films on copper foils[J]. Science, 2009, 324: 1312-1314.

[68]　XU X Z, ZHANG Z H, DONG J C, et al. Vltrafast epitaxial growth of metre-sized single-Arystal graphene on industrial Cu forl[J]. Sci. Bull., 2017, 62: 1074-1080.

[69]　HUANG P Y, RUIZ-VARGAS C S, AM V D Z, et al. Grains and grain boundaries in single-layer graphene atomic patchwork quilts[J]. Nature, 2011, 469 : 389-392.

[70]　LI X, MAGNUSON C W, VENUGOPAL A, et al. Large-area graphene single crystals grown by low-pressure chemical vapor deposition of methane on copper[J]. J. Am. Chem. Soc., 2011, 133:2816-2819.

[71]　HAO Y, BHARATHi M S, WANG L, et al. The role of surface oxygen in the growth of large single-crystal graphene on copper[J]. Science, 2013, 342 : 720-723.

[72]　HAO Y, LEI W, LIU Y, et al. Oxygen-activated growth and bandgap tunability of large single-crystal bilayer graphene[J]. Nat. Nanotechnol., 2016, 11 : 426-431.

[73]　SUK J W, KITT A, MAGNUSON C W, et al. Transfer of CVD-grown monolayer graphene onto arbitrary substrates[J]. ACS Nano., 2011, 5: 6916-6924.

[74]　WANG Y, ZHENG Y, XU X, et al. Electrochemical delamination of CVD-grown graphene film: Toward the recyclable use of copper catalyst[J]. ACS Nano., 2011, 5: 9927-9933.

[75]　GAO L B, REN W C, XU H L, et al. Repeated growth and bubbling transfer of graphene with millimetre-size single-crystal grains using platinum[J]. Nature Commun., 2012, 3: 699-1-7 .

[76]　AM V D Z, HUANG P Y, CHENET D A, et al. Grains and grain boundaries in highly crystalline monolayer molybdenum disulphide[J]. Nat. Mater., 2013, 12: 554-561.

第9章　原子层沉积技术

9.1　概　　述

原子层沉积(atomic layer deposition，ALD)是一种特殊的化学气相沉积(CVD)技术，是通过将气相前驱体脉冲交替地通入反应室并在沉积基体表面上发生化学吸附反应形成薄膜的一种方法，展示出优异的三维贴合性(conformality)、大面积的均匀性和亚单层(sub-monolayer)的膜厚控制[1]。

ALD技术的诞生可以追溯到苏联和芬兰科学家在20世纪60～70年代的研究工作[2]。前者采用$TiCl_4$和H_2O在高比表面积的硅胶上生长TiO_2，后者采用Zn和S沉积ZnS薄膜等，并因此获得了世界上第一个ALD的发明专利[3]，芬兰Suntalo等的研究还直接导致了20世纪80年代ALD在电致发光薄膜平板显示器上的商业化应用。

自从2001年国际半导体产业协会将ALD与金属有机化学气相沉积(MOCVD)、等离子体增强化学气相沉积(PECVD)并列作为与微电子工艺兼容的候选技术以来[4]，ALD技术发展势头强劲，赢得广泛的关注。ALD受到微电子工业和纳米材料制备领域的青睐，与它独特的生长原理和特点密不可分，ALD特别适合复杂三维形态表面的沉积及深孔洞的填隙生长。2007年，Intel公司在半导体工业45nm技术节点，将ALD制备的超薄氧化铪薄膜替代传统的二氧化硅栅介质薄膜引入CMOS器件，获得功耗更低、速度更快的酷睿微处理器。最近，ALD技术在微电子、光电子、光学、纳米技术、微机械系统、能源、催化、生物医用、显示器、耐腐蚀及密封涂层等领域的研究方兴未艾，呈现爆发式增长，ALD设备和ALD材料市场也正经历着快速的发展与成长。

本章将重点介绍ALD的原理、特点、沉积前驱体和材料及一些富有特色的应用。

9.2　原子层沉积原理、特点及分类

9.2.1　原子层沉积原理

图9.1为ALD系统的示意图。同CVD系统相比，ALD系统相对简单，这与它独特的表面化学吸附反应原理有关。通常它包括源脉冲式输运系统、反应室、泵真空系统、控制系统四个部分。

ALD技术是通过将气相前驱体脉冲交替地通入反应室并在沉积基体上发生表面化学吸附反应形成薄膜的一种方法，具有自限制(self-limiting)和自饱和

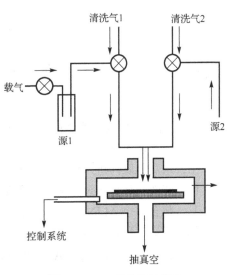

图9.1　ALD系统的示意图

的特点[2]。显然，ALD 并非一个连续的工艺过程，而是由一系列的半反应组成。此处以 ALD 制备 Al_2O_3 薄膜的经典反应为例，三甲基铝($Al(CH_3)_3$，TMA)为金属铝源，水蒸气为氧源，它的每一个单位循环分为四步（Ⅰ、Ⅱ、Ⅲ、Ⅳ），Ⅴ为 3 个 ALD 循环生长，如图 9.2 所示。

Ⅰ. 三甲基铝蒸气脉冲进入反应室，在暴露的衬底或膜表面发生化学吸附反应 A；

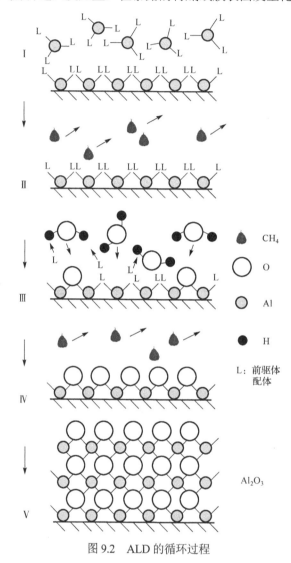

图 9.2　ALD 的循环过程

Ⅱ. 清洗气体(通常为惰性气体，如高纯氮气或氩气)把未被表面吸附的多余三甲基铝蒸气和反应副产物带出反应室；

Ⅲ. 水蒸气脉冲进入反应室，和三甲基铝前驱体吸附的表面继续进行表面化学反应 B；

Ⅳ. 清洗气体把多余的水蒸气及反应生成的副产物带出反应室；

Ⅴ. 包含 3 个 ALD 循环生长 Al_2O_3 薄膜的示意图。

每个循环过程包含 AB 两个半反应(式(9.1)和式(9.2))[5]，具有自限制和互补性的特点。

反应 A:　$Al(CH_3)_3(g) + Al-OH^*(s) \longrightarrow Al-O-Al(CH_3)_2^*(s) + CH_4(g)$ 　　　　(9.1)

反应 B:　$H_2O(g) + Al(CH_3)^*(s) \longrightarrow Al-OH^*(s) + CH_4(g)$ 　　　　(9.2)

总反应为

$$2Al(CH_3)_3(g) + 3H_2O(g) \longrightarrow Al_2O_3(s) + 6CH_4(g)$$

其中，*是指吸附在表面的官能团。

　　理想的情况下，每一个循环结束后会在表面生成单原子层(monolayer，ML)的薄膜。通过控制循环次数，就可简单精确地控制膜厚。对于三甲基铝和水反应生成 Al_2O_3 薄膜而言，通常每个循环的生长速度在 1Å 左右，每分钟约 1nm。每个循环的生长速度定义为 GPC(growth per cycle)[2]。

　　可见自限制反应是 ALD 的基础。沉积工艺可分成一系列半反应，每个半反应都是自限制、自终止的，所以 ALD 过程包含反应序列和自终止的气固表面反应。表面反应又包含吸附、化学反应和解吸附等过程。自限制反应也表明 ALD 是表面控制的工艺，反应物剂量、沉积温度等对反应影响较少，甚至没有影响。因此大多数 ALD 工艺存在一个 ALD 窗口，在此窗口内，生长速度恒定，对工艺参数的变化不敏感，沉积薄膜具有极佳的厚度均匀性和三维贴合性。

　　实际生长过程中存在非理想的 ALD 生长行为。图 9.3 为理想和非理想 ALD 的生长行为示意图[6]。从图 9.3(a)中可以看出，对于满足自限制生长的 ALD 工艺而言，生长速度随着源脉冲时间的延长达到饱和，趋于恒定。如果生长过程中发生前驱体分解，将出现类 CVD 的生长，生长速度随脉冲时间延长而增大；反之，生长中发生侵蚀反应，薄膜被侵蚀，生长速度随脉冲时间延长而减小。这两种情况都应该避免。

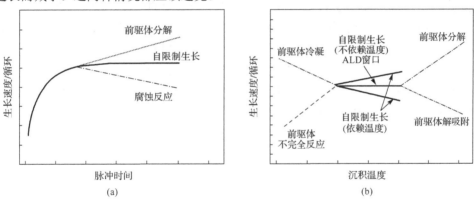

图 9.3　理想和非理想 ALD 的生长行为示意图[6]

(a)前驱体脉冲时间与生长速度关系；(b)沉积温度与生长速度关系，在图中标注了影响自限制生长的可能因素

　　拥有恒定生长速度的一个温度区间称为 ALD 窗口(图 9.3(b))。对 ALD 生长而言，ALD 窗口并不是一个必需的要求，但 ALD 窗口可以改善薄膜生长的重复性。特别是对于沉积三元材料或纳米叠层(nanolaminate)结构来说，双元化合物工艺 ALD 窗口的重叠无疑提供了一个良好的起点。其他常见的生长速度与沉积温度的依赖关系如图 9.3(b)所示。沉积温度过高，可能会使得前驱体分解，导致生长速度增大，转变为类 CVD 生长模式，也可能会引起前驱体与生长表面解吸附加剧，降低生长速度；沉积温度过低，可能会使得前驱体冷凝，导致生长速度增大，也可能会引起前驱体与沉积表面不完全的化学反应，降低生长速度。

　　图 9.4 给出了三种可能的 ALD 生长模式：二维生长、岛状生长和随机沉积[2]。依照 ALD 表面化学吸附机制，排除了物理吸附引起的多层吸附，化学吸附应该是单层吸附。因此，理想状态下，ALD 应该是单原子层生长(1ML)的二维生长模式，实际上，由于位阻效应和表面反应活性点的限制，生长速度通常是亚单层厚度，典型的不到 0.5ML。因此，其他模式也可能观测

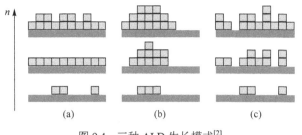

图 9.4　三种 ALD 生长模式[2]

(a)二维生长；(b)岛状生长；(c)随机沉积

到。二维生长也称逐层(layer-by-layer)生长或 Frank-van der Merwe 生长，沉积材料总是先占据未填满的底层，直到单层完全覆盖衬底表面，这种模式并不普遍有效。岛状生长模式也称 Volmer-Weber 生长，当沉积的衬底表面对 ALD 源反应蒸气是非活性时，岛状生长一般就会在活性缺陷点出现，可视为不需要的表面

选择性 ALD，即新的材料单元择优沉积在已经 ALD 生长的材料上，ZrO_2 和 Al_2O_3 在 H 终止硅片上的沉积，以及 Pt、Ir 的沉积就属于这一类[2]。随机沉积是一种统计学生长模式，新的材料单元随机均匀分布在所有表面上。因为自终止反应的特点，在 ALD 中随机沉积比连续沉积工艺产生更平滑的表面，反应室中源蒸气输入采用淋浴模式(shower mode)或下雨模式(rain mode)常会导致随机沉积。

　　生长模式也可能会随着生长而改变，第一个单层为二维生长，随后转入岛状生长或随机沉积，或者相反。因为 ALD 生长中表面化学吸附扮演至关重要的角色，所以初始沉积中，特别是第一个 ALD 反应循环中，原始的衬底表面与前驱体之间的作用会影响 ALD 初期的生长特性。图 9.5 显示了生长速度 GPC 与反应循环次数 n 在四类衬底上的依赖关系[2]。线性生长中，生长速度一直保持恒定；衬底增强的生长中，最初的生长速度较大，表明衬底上反应的活性点数量比 ALD 生长材料上的要多；衬底阻碍的生长中，存在两种模式，初始生长中，生长速度均较小，随着反应循环次数增大，生长速度增大，类型 I 直接进入稳态生长，而类型 II 需经过一个生长速度的最大值后，再回落至稳态生长。两种模式都说明衬底上反应的活性点数量比 ALD 生长材料上的要少，类型 II 往往揭示岛状生长将会出现。

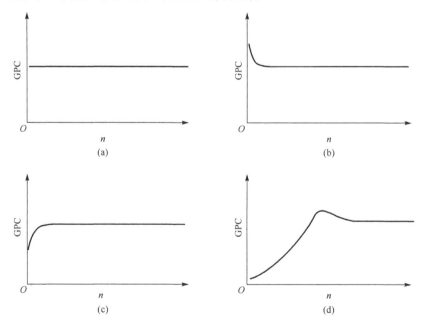

图 9.5　生长速度 GPC 与反应循环次数 n 在四类衬底上的依赖关系[2]

(a)线性生长；(b)衬底增强的生长；(c)衬底阻碍的生长类型 I；(d)衬底阻碍的生长类型 II

探讨生长速度与反应循环次数、生长模式之间的关系是颇具吸引力的话题。一些实验表明：线性生长对应二维生长或随机沉积模式，衬底增强生长对应岛状生长或随机沉积模式，衬底阻碍生长Ⅱ对应岛状生长。然而迄今为止并非所有实验结果都支持这种简单的依赖关系[2]。

三甲基铝和水反应 ALD 制备 Al_2O_3 薄膜就是较为理想的 ALD 生长模式，前驱体具有高度反应活性和热稳定性，表面化学吸附具有自限制和互补性，在复杂表面上具有很好的平整性和三维贴合性。依赖于反应室的构型和沉积衬底的活性，对和三甲基铝有较好反应活性的衬底，横向流动式(行波模式)反应室就属于线性生长对应的二维生长模式，垂直式(淋浴模式或下雨模式)反应室就对应随机沉积模式。

9.2.2 原子层沉积特点

表 9.1 总结了 ALD 工艺的特点和由此带来的优势及不足。可以看出 ALD 优异的三维贴合性、大面积的均匀性和精确、简单的膜厚控制，是由 ALD 自限制的生长工艺——表面化学吸附反应机理决定的，并不需要精确控制工艺参数，这给规模化工业生产应用带来巨大的好处。利用 ALD 在 $1.2m \times 1.2m$ 的玻璃上沉积 Al_2O_3 薄膜，厚度不均匀性为±1%；在玻璃上双面批量沉积 TiO_2 涂层(每批次 36 片，每片为 $0.5m \times 0.24m$)，总面积超过 $8m^2$ 涂层的厚度不均匀性只有±2%[7]。

表 9.1 ALD 工艺的特点和由此带来的优势及局限

ALD 工艺的特点	ALD 的优势	ALD 的局限
自限制生长工艺	精确简单的膜厚控制(仅与反应循环次数有关)；无须精确控制反应蒸气流量；优异的三维贴合性和大面积的均匀性；规模化生产的能力；致密无针孔薄膜；低的热预算(通常沉积温度在室温～400℃)	低沉积速度；低的工艺温度导致低的结晶性；多余前驱体排空产生的经济性、环保问题；偏离理想的 ALD 生长模式
通过交替输入反应物蒸气进行表面交换反应	避免气相反应，可以使用高活性的前驱体；原子层组成控制；适合界面修饰和制备多组元纳米叠层结构	缺乏合适的前驱体，材料选择受限；杂质残余(如 H)
通常存在 ALD 窗口	制备多层结构，直接掺杂，好的重复性	三元和复杂氧化物 ALD 窗口缺乏(如超导 YBCO)

ALD 尽管生长速度较慢，但微电子和深亚微米芯片技术的发展使得器件与材料的尺寸不断减小，而器件中通孔(via hole)的高宽比(aspect ratio)不断增大，所使用材料的厚度减小至几纳米。基于 ALD 成膜的均匀性和在复杂形状表面优异的贴合性，ALD 技术在微电子行业中不可替代的优势逐渐体现出来，而沉积速度慢的问题就显得不太重要了。如图 9.6 所示，在深的高宽比结构上 ALD 制备的 ZrO_2 薄膜具有 100%的覆盖率和良好的贴合性[8]。

当然，ALD 也存在局限。对大规模工业生产应用来说，沉积速度依然是需要考虑的一个重要因素，催化 ALD 或快速 ALD(如类 ALD 或空间 ALD)应运而生[9]。沉积速度从通常的 1～2nm/min，增加到 10～20nm/min。前者借助催化 ALD 表面化学吸附反应，后者通过减少或省略清洗步骤实现类 ALD 或空间 ALD 工艺。

ALD 由于沉积温度低，引起薄膜中前驱体杂质残留问题。通过优化 ALD 工艺，通常残余杂质浓度较低，在 0.1%原子浓度范围，低于大多数表面分析工具的检测极限。但对一些 ALD 工艺，杂质浓度如碳残余也可能达到百分之几的原子浓度。另外，在大多数薄膜中氢残余也很难检测。目前通过在 ALD 生长中引入等离子体活性反应气氛，即采用等离子体增强 ALD，可以较好地解决这个问题[10]。另外适合 ALD 生长的一些元素前驱体的缺乏也影响了 ALD 材料的选择，目前合成化学家正在积极致力于发展新型的 ALD 前驱体[11]。

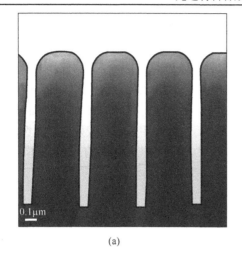
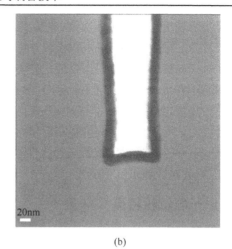

(a)　　　　　　　　　　　　　　　(b)

图 9.6　在深的高宽比结构上 ALD 制备的 ZrO_2 薄膜的 TEM 照片[8]

　　ALD 是一种特殊的 CVD 技术，两者既有着千丝万缕的联系，也有着本质的区别。表 9.2 对 ALD 和 CVD 的特点做了总结对比。

表 9.2　ALD 和 CVD 特点的对比

	ALD	CVD
前驱体	高度反应活性；在衬底表面分别反应；在沉积温度不能分解；过量的前驱体可以接受	反应活性较低；在衬底表面同时反应；在沉积温度分解；前驱体量需要仔细控制
均匀性	表面化学饱和吸附、自限制生长机制决定；表面控制	反应室设计、气流和温度的均匀；工艺参数控制
沉积速度	低（几纳米每分钟）	高（几微米每分钟）
厚度	依赖于反应循环次数	精确的工艺控制

9.2.3　原子层沉积分类

　　ALD 虽然是一种崭新的材料制备技术，经过 20 余年的发展，特别是最近十几年的高速成长，ALD 已经在传统的热 ALD 基础上，发展出了等离子体增强 ALD、空间 ALD、分子层沉积、电化学 ALD 等多种新形式。表 9.3 按照 ALD 不同工艺参数的特点，对 ALD 进行了分类总结[2,5,12-14]。

表 9.3　ALD 的分类

分类方法	ALD 类别	分类方法	ALD 类别
沉积压强	常压 ALD	沉积方式	分子层沉积
	低压 ALD		电化学 ALD
	高真空 ALD		空间 ALD
前驱体	液相闪蒸 ALD		滚轴式（roll to roll）ALD
	非水解 ALD		区域选择式 ALD
反应器壁	热壁 ALD		直接写入式 ALD
	冷壁 ALD	沉积温度	低温 ALD（室温～400℃）

续表

分类方法	ALD 类别	分类方法	ALD 类别
反应室结构	横向流动式 ALD	沉积温度	高温 ALD（400～650℃）
	垂直流动式 ALD	反应激活方式	热 ALD
	径向流动式 ALD		等离子体增强 ALD
	批量式 ALD		自由基 ALD
	流化床式 ALD		催化 ALD

　　下面简单介绍富有特色的空间 ALD、分子层沉积、电化学 ALD，9.4 节专门介绍比较重要的等离子体增强原子层沉积（plasma-enhanced ALD, PEALD）方法。

1. 空间 ALD

　　传统的 ALD 中，不同前驱体脉冲按顺序输入反应室，前驱体间被清洗脉冲分隔开（图 9.7(a)）。空间 ALD（spacial ALD）[14,15]中，前驱体在不同物理位置连续提供（图 9.7(b)），即在一个衬底上，至少存在两个反应区，半反应在此发生。也就是说，ALD 模式中必不可少的半反应是被空间隔离开，而不是通过清洗脉冲的使用。空间 ALD 的优点是在不损害 ALD 益处的同时，省掉了清洗步骤，获得了高的沉积速度和高的产率，沉积速度可达 1nm/s。沉积速度不再受限于单个循环步骤的累计时间，而是取决于衬底或前驱体喷嘴在两个半反应区间移动所需的时间，最终受制于特定反应的动力学。在平面衬底上，通常是几毫秒量级。此外，空间 ALD 不但提高了前驱体的利用效率和经济性，还避免了反应室壁的寄生反应，在工业规模化生产中，如光伏产业和柔性电子器件领域，展现出令人期待的应用前景。

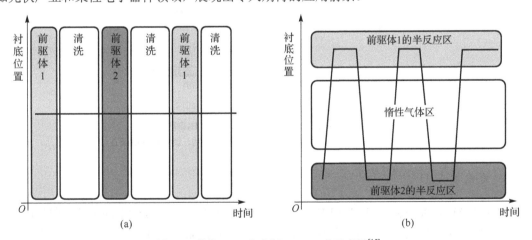

图 9.7　传统 ALD 和空间 ALD 工艺示意图[15]

(a)传统 ALD 工艺中，衬底位置固定不变，前驱体序列脉冲被清洗脉冲隔开；(b)空间 ALD 工艺中，前驱体同时且连续输送到不同半反应区。衬底在这些半反应发生区来回移动，其中衬底位置用黑线表示，不同前驱体用不同灰度的色块表示

2. 分子层沉积

　　ALD 生长材料的范围已经由传统的无机材料拓展到有机聚合物及无机-有机杂化材料，该工艺中使用有机分子作为前驱体，每一循环可视为一个分子层的生长，由此在 ALD 中引入了

分子层沉积(molecular layer deposition, MLD)[5,13,16,17]的概念。使用双官能团的有机单体，一系列聚合物如聚酰胺、聚酰亚胺、聚酰胺-聚酰亚胺和聚脲已经合成出来。Dameron 等采用三甲基铝和乙二醇作为前驱体，生长出以铝为配位中心、乙二醇为配位分子的空间笼状结构——Alucone[16] (图 9.8)，首开利用 MLD 生长无机-有机杂化材料的先河。目前该类杂化材料已由铝拓展到锌、钛、锆等，可采用的有机分子前驱体种类繁多，可利用的活性基团包括羟基(醇)、羧基(羧酸)、氨基(胺)等，前驱体需满足含有两个以上的活性官能团的基本要求。MLD 的优点是生长温度低，组成调控可达原子尺度，面临的挑战是大多数有机分子前驱体蒸气压低、热稳定性差，导致反应活性低。然而由于每一步吸附生长的分子尺寸较大，MLD 的绝对生长速度 GPC 还是较高的，通常为几埃每循环。MLD 方法有望在类似 MOF 的表面功能化杂化材料领域展现大有希望的应用前景。最近芬兰科学家采用 MLD/ALD 方法，利用 Cu(thd)$_2$ 和对苯二甲酸(TPA)前驱体，通过相对温和的制备工艺，在不同衬底上直接沉积获得了晶态对苯二甲酸酯铜(Ⅱ)(Cu-TPA)的 MOF 薄膜[18]。

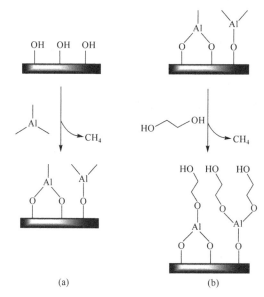

图 9.8　MLD 生长 Alucone 示意图[16]

(a)—OH 表面暴露在 TMA 脉冲下，释放出 CH$_4$ 副产物；

(b)产生的表面暴露到乙二醇蒸气中，释放出 CH$_4$ 副产物，表面被—OH 覆盖

3. 电化学 ALD

电化学 ALD(electrochemical ALD)[19-21]是 ALD 原理应用在电化学上的工艺，包括序列的电化学表面自限制反应。欠电位沉积(underpotential deposition，UPD)是最常用电化学表面自限制反应，是沉积半导体薄膜的循环反应基础。在一个循环中，通过交替的元素欠电位沉积，可获得所需的化合物半导体材料的单层共形生长。沉积厚度由沉积循环数决定。一系列Ⅱ-Ⅵ族、Ⅲ-Ⅴ族和Ⅳ-Ⅵ族化合物半导体及它们的超晶格已经通过优化前驱体溶液、沉积电位和沉积时间利用电化学 ALD 方法成功制备，包括 HgTe、Cd$_x$Zn$_{1-x}$S、Cd$_x$Zn$_{1-x}$Se、CdS$_x$Se$_{1-x}$、超晶格 PbSe/PbTe 等。图 9.9 为 HgTe 电化学 ALD 优化的沉积循环。最近电化学 ALD 也应用于沉积金属，如在 Ag 表面上先欠电位沉积一层 Zn 作为模板，然后通过表面限制的氧化还原取代法沉积 Co 替换掉 Zn 层[20]。电化学 ALD 是一种简单、经济、非真空的技术，可在室温沉积。每

个循环中的每一步可以独立检查和优化，沉积工艺如电位、反应剂、浓度、电解液、pH、沉积时间等参数，可方便调整。当然这些条件严格依赖于所使用的衬底和所生长的化合物。

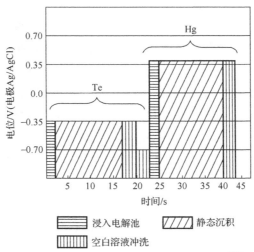

图 9.9　HgTe 电化学 ALD 优化的沉积循环[19]

Te 溶液在−0.35V 电位下进入电解池冲洗 2s，接着维持静态 15s 进行 Te 沉积；然后电解池在−0.35V 电位被空白溶液冲洗 3s，继而电位调到−0.7V 保持 3s；之后 Hg 溶液在 0.4V 电位进入电解池冲洗 2s，维持静态 15s 进行 Hg 沉积；最后电解池在 0.4V 电位被空白溶液冲洗 3s

9.3　原子层沉积前驱体和材料

9.3.1　原子层沉积前驱体

从 ALD 原理可知，ALD 过程由交替发生的自饱和表面吸附和化学反应组成，是自限制的生长过程。基于这些特点，对 ALD 反应前驱体提出了如下要求[6,12,13]。

(1) 良好的挥发性。ALD 前驱体的状态可以是气体、液体或固体，一般要求其在工作源温时的蒸气压不小于 0.1Torr，并且使用温度不超过 200~300℃。

(2) 足够的反应活性。ALD 前驱体进入反应室后，须快速地在沉积表面发生化学吸附，并易与前驱体发生化学反应。因此，要求反应前驱体在很短的时间内(小于 1s)达到饱和，以保证合理的反应速率。要求前驱体所参与 ALD 反应的吉布斯自由能 ΔG 具有绝对值较大的负值。

(3) 不能发生自分解。由 ALD 原理可知，ALD 由一系列的半反应组成，这就要求 ALD 前驱体在沉积过程中需要保持其原有的分子组成，而不能发生自分解反应，否则将破坏薄膜沉积的自限制性，从而影响薄膜的均匀性和成分的准确性。

(4) 不能对薄膜或衬底具有侵蚀或溶解作用。ALD 所采用的前驱体对需要制备的薄膜及使用的衬底不具有侵蚀或溶解作用，以保证自限制的生长过程。

上面四个特点是对 ALD 前驱体的基本要求，是必需的。另外，还希望 ALD 前驱体易合成、提纯，价格适中，低毒性，环境友好，副产物易挥发、易处理。当然实际使用中完全满足这些要求的前驱体是很少的，只能根据生长需要进行取舍。同 CVD 相比，ALD 前驱体应该有更高的反应活性、更高的热稳定性，以确保表面交换或化学吸附反应顺利进行，防止热分解反应的出现，破坏 ALD 自限制的生长机理。同时，值得注意的是由于 ALD 为表面化学吸附反应机制，用来沉积的衬底也可能给前驱体的选择带来额外的限制。

根据是否含有金属元素，ALD 前驱体可分为金属前驱体和非金属前驱体两大类，两者具有非常不同的特性。表 9.4 总结了 ALD 目前常用的前驱体种类。金属前驱体常用的有金属单质、金属卤化物、金属烷基化合物、金属环戊二烯化合物、金属 β-二酮盐、金属醇盐、金属氨基和硅氨基化合物、金属脒基化合物等，见图 9.10。常用的非金属前驱体有 H_2O、O_3、NH_3、H_2、H_2S 和等离子体气体（O_2、N_2、NH_3 和 H_2）等。其中，H_2O 在金属氧化物的沉积中最为常见。目前适合 ALD 反应要求的前驱体还相当缺乏，几种类型的前驱体大多来源于 CVD。发展适合微电子工业应用的 ALD 前驱体是当前 ALD 技术发展的一个重要方向。

表 9.4　ALD 常用的前驱体种类及示例

	种类	示例
金属类前驱体	金属单质	Zn、Cd、Ga、In、Sn、Mg、Mn
	金属卤化物	$HfCl_4$、$TiCl_4$、$TaCl_5$、$AlCl_3$、NbI_5、WF_6
	金属硝酸盐	$Hf(NO_3)_4$、$Ti(NO_3)_4$、$Zr(NO_3)_4$
	金属烷基化合物	$Al(Me)_3$、$Zn(Et)_2$、$Ga(Me)_3$、$In(Me)_3$
	金属环戊二烯化合物	$ZrCp_2Me_2$、$HfCp_2Me_2$、$RuCp_2$、$Ni(CpMe)_2$、$(CpMe)PtMe_3$
	金属 β-二酮盐	$La(thd)_3$、$Ce(thd)_4$、$Ni(thd)_2$、$Ba(thd)_2$、$Ir(acac)_3$、$Fe(acac)_3$
	金属醇盐	$Zr(O^tBu)_4$、$Ti(O^iPr)_4$、$Ta(OEt)_5$、$Al(O^iPr)_3$
	金属氨基和硅氨基化合物	$Hf(NEt_2)_4$、$Zr(NMe_2)_4$、$La[N(SiMe_3)_2]_3$
	金属脒基化合物	$Cu(^iPrAMD)_2$、$La(^iPrAMD)_3$、$Fe(^tBuAMD)_3$
非金属类前驱体	氧源	H_2O、O_2、O_3、ROH、N_2O、H_2O_2、原子 O
	氮源	NH_3、N_2、RNH_2、N_2/NH_3 等离子体
	还原性源	H_2、ROH、原子 H
	硫族源	H_2S、S、$(NH_4)_2S$、H_2Se、Se、H_2Te、Te
	氟源	HF、TiF_4、TaF_5
	碳源	C_2H_4、$CHCl_3$、CF_x
	硅源	$SiCl_4$、SiH_4、$Si(OEt)_4$、$Si(NCO)_4$、$SiH(NMe_2)_3$

注：acac-乙酰丙酮基；thd-2,2,6,6-四甲基-3,5-庚二酮基；Cp-环戊二烯基；^iPrAMD-N, N′-二异丙基脒基；^tBuAMD-N, N′-二叔丁基脒基

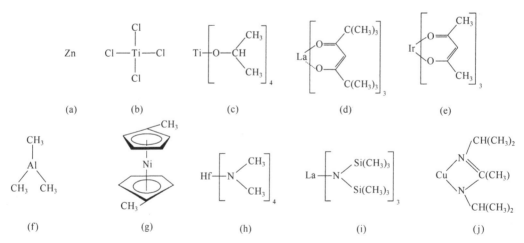

图 9.10　几种 ALD 常用的金属前驱体示例

(a) 金属锌；(b) 四氯化钛；(c) 异丙醇钛；(d) 四甲基庚二酮镧；(e) 乙酰丙酮铱；(f) 三甲基铝；
(g) 二甲基环戊二烯镍；(h) 二甲基氨基铪；(i) 三甲基硅氨基镧；(j) N, N′-二异丙基脒基铜

9.3.2　原子层沉积材料

随着 ALD 技术的蓬勃发展，ALD 制备的材料种类和数量正变得越来越丰富。图 9.11 的元素周期表上给出了目前为止 ALD 所生长的主要材料种类，包括单质、氧化物、氮化物、硫化物、氟化物、硒化物、碲化物和其他化合物[22]。表 9.5 列出了 ALD 的材料种类及其示例[6,13,22]。可见 ALD 材料的种类正从传统的无机材料扩展到聚合物、有机-无机杂化材料，从简单的双元化合物、单质到复杂的三元、四元化合物和合金，形式由非晶(多晶)薄膜扩展到特定的纳米结构、核壳结构、纳米叠层薄膜、超晶格、外延薄膜、纳米图案、反蛋白石、深高宽比结构的涂层等。相信未来 ALD 的材料种类和形式将会日新月异，越来越多彩。

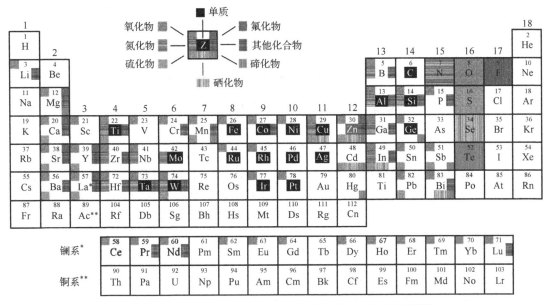

图 9.11　在元素周期表上标注 ALD 所生长的主要材料种类[22]

表 9.5　ALD 的材料种类及其示例[6,13,22]

材料	分类	示例
氧化物	介电氧化物	Al_2O_3、TiO_2、ZrO_2、HfO_2、Ta_2O_5、Nb_2O_5、Sc_2O_3、Y_2O_3、MgO、B_2O_3、SiO_2、GeO_2、La_2O_3、CeO_2、PrO_x、Nd_2O_3、Sm_2O_3、EuO_x、Gd_2O_3、Dy_2O_3、Ho_2O_3、Er_2O_3、Tm_2O_3、Yb_2O_3、Lu_2O_3、$SrTiO_3$、$BaTiO_3$、$PbTiO_3$、$PbZrO_3$、Bi_xTi_yO、Bi_xSi_yO、$SrTa_2O_6$、$SrBi_2Ta_2O_9$、$YScO_3$、$LaAlO_3$、$NdAlO_3$、$GdScO_3$、$LaScO_3$、$LaLuO_3$、$Er_3Ga_5O_{13}$、HfAlO、ZrSiO、HfLaO
	导电/半导体氧化物	In_2O_3、$In_2O_3:Sn$(ITO)、$In_2O_3:F$、$In_2O_3:Zr$、SnO_2、$SnO_2:Sb$、ZnO、ZnO:Al、ZnO:B、ZnO:Ga、RuO_2、RhO_2、IrO_2、Ga_2O_3、V_2O_5、WO_3、W_2O_3、NiO、FeO_x、CrO_x、CoO_x、MnO_x
	三元化合物	$LaCoO_3$、$LaNiO_3$、$LaMnO_3$、$La_{1-x}Ca_xMnO_3$
氮化物	半导体/介电体	BN、AlN、GaN、InN、SiN_x、Ta_3N_5、Cu_3N、Zr_3N_4、Hf_3N_4
	导体	TiN、Ti-Si-N、Ti-Al-N、TaN、NbN、MoN、WN_x、HfN
	三元化合物	WN_xC_y、TaN_xC_y
Ⅱ-Ⅵ族化合物	双元化合物	ZnS、ZnSe、ZnTe、CaS、SrS、BaS、CdS、CdTe、MnTe、HgTe
	掺杂化合物无机荧光材料	ZnS:M(M=Mn, Tb, Tm)、CaS:M(Ce, Tb, Pb)、SrS:M(Ce, Tb, Pb)

材料	分类	示例
III-V族化合物	双元化合物	GaAs、AlAs、AlP、InP、GaP、InAs、GeSb、Sb$_2$Te、GaSb、AlSb、GaN、InN
氟化物	双元化合物	CaF$_2$、SrF$_2$、MgF$_2$、LaF$_3$、ZnF$_2$、YF$_3$
碳化物	双元化合物	SiC、TiC$_x$、TaC$_x$、WC$_x$
硅化物	双元化合物	CoSi$_2$、TaSi$_x$
碳酸盐	三元化合物	Li$_2$CO$_3$、SrCO$_3$
单质	金属	Ru、Pt、Ir、Pd、Rh、Ag、W、Cu、Co、Fe、Ni、Mo、Ta、Ti、Al
	非金属	C、Si、Ge
	合金	Ir-Pt、Ru-Pt、Pt-Pd
超晶格	—	ZnSe/CdSe、PbSe/PbTe
聚合物	—	聚酰胺、聚酰亚胺、聚氨酯、聚脲、聚酯、聚硫脲、聚亚胺
有机-无机杂化材料	—	Alucone（铝氧烷）、Zincone（锌氧烷）、氧化铝-硅氧烷、氧化钛-硅氧烷、对苯二甲酸酯铜 MOF

9.4　等离子体增强原子层沉积

21 世纪初，借助铜互连扩散阻挡层的研究契机，IBM 科研人员把等离子体引入 ALD 工艺中[23]，成功制备了钽和钛等金属材料，由此引发了对 PEALD 的研究。与传统的热 ALD 相比，PEALD 在生长过程中表现出独特优势，使这种技术得到了迅速的发展，在诸多领域获得了重要的应用。下面将重点介绍 PEALD 的原理和特点[10,24]。

9.4.1　等离子体增强原子层沉积原理

前面已经述及 ALD 本质上是一种特殊的 CVD 方法，是将气相前驱体脉冲交替地通入反应室并在沉积基体上发生表面化学吸附反应，从而逐层形成薄膜的方法。ALD 并非一个连续的工艺过程，它由一系列半反应组成，每一个单位循环包含如下四个步骤：①通入前驱体 A 脉冲，其在材料表面化学吸附；②通入惰性气体进行清洗，排除副产物和多余的前驱体；③通入前驱体 B 脉冲，与已吸附的前驱体 A 发生反应生成薄膜；④再次通入惰性气体进行清洗。一个循环生长一超薄层材料，沉积速度在每循环 0.1nm 左右，如此循环往复，即可逐层地生长薄膜。

PEALD 原理与传统的热 ALD 原理非常相似，上述步骤①、②、④都没有变化，只是在步骤③中用等离子体代替了普通的反应剂来与前驱体 A 反应。图 9.12 为两种方式的反应过程示意图[10]，以三甲基铝（TMA）为铝源生长氧化铝为例来说明两者的区别。步骤①均为通入 TMA，其在表面发生化学吸附反应：Al—OH* + Al(CH$_3$)$_3$ ⟶ Al—O—Al(CH$_3$)$_2^*$ + CH$_4$；步骤②均用氮气将副产物与多余的 TMA 冲洗干净；步骤③中，热 ALD 通入水蒸气，发生反应：Al—CH$_3^*$ + H$_2$O ⟶ Al—OH* + CH$_4$，而 PEALD 则通入氧等离子体，发生反应：Al—CH$_3^*$ + 4O ⟶ Al—OH* + CO$_2$ + H$_2$O；步骤④继续用氮气清洗。表面上看热 ALD 和 PEALD 经过了一个类似的循环，得到了相同的结果，但 PEALD 是一种能量增强辅助的 ALD，使用的反应剂活性提高，由此带来了与热 ALD 不同的效果。

PEALD 在生长中引入等离子体取代了普通的反应剂，因此需要增加等离子体发生装置，使 ALD 系统变得复杂。从等离子的引入方式来看，目前主要有自由基增强原子层沉积

（radical-enhanced ALD）、直接等离子体原子层沉积（direct plasma ALD）和远程等离子体原子层沉积（remote plasma ALD）[10]。

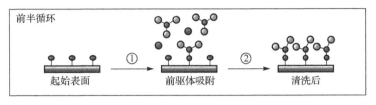

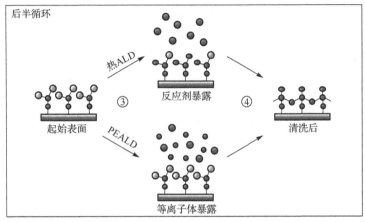

图 9.12　热 ALD 与 PEALD 原理示意图[10]

9.4.2　等离子体增强原子层沉积特点

PEALD 相对于热 ALD 唯一的不同就是改变了与前驱体作用的反应剂，引入高能量、高活性等离子体来代替普通的反应剂，使其相对于热 ALD 具有许多的优势。

（1）降低沉积温度。前驱体在沉积表面化学吸附时，需要克服一定的能垒，在传统 ALD 中这部分能量由加热来提供。而 PEALD 中的等离子体活性较高，因此，PEALD 在较低的温度下就可正常生长薄膜。

（2）拓宽前驱体和生长薄膜材料种类。反应剂活性的提高，使其可以与更多种类的前驱体发生反应，从而使 ALD 生长的前驱体选择范围变广，如 β-二酮类化合物在 PEALD 中的良好生长特性。另一个突出优势是可以生长出优异的金属薄膜和金属氮化物，如 Ti、Ta 和 TaN 等[25,26]。另外，由于生长温度降低，PEALD 可以应用于不耐高温的聚合物衬底和生物材料等表面沉积。

（3）提高生长速度。等离子体的引入使得表面活性点密度增大，缩短甚至跳过成核延迟[27]，同时惰性气体清洗时间变短，因此 PEALD 提高薄膜生长速度[28]，缩短生长周期，提高效率。

（4）改进薄膜性能。利用 PEALD 生长的薄膜比热 ALD 生长的薄膜具有更加优异的性能，如较高的薄膜密度、低的杂质含量、优异的电学性能[29,30]。性能的提高很多情况下得益于等离子体的高活性，如氯化物作为前驱体时，在热 ALD 中氯原子不能有效地去除，使得薄膜中杂质含量较高而影响电学性能，而 PEALD 中高能量的氢等离子体能够较彻底地与氯反应，从而改善了性能。

(5) 多功能化。等离子体除可用来生长薄膜外，还有许多作用：对衬底进行原位处理，如用等离子体氧化或氮化沉积表面；清洗衬底表面和反应室，如用 NF_3 或 SF_6 等离子体能轻松地去除沉积在反应室内的 TiN 薄膜[31]。

当然等离子体是一把双刃剑，也会带来一些不良的影响，如降低三维贴合性[32]、造成等离子体辐射损伤等[33]。此外高活性的等离子体较易发生副反应，在薄膜与衬底间生成过渡层，往往会危害材料的性能。

9.5　原子层沉积应用

ALD 技术正经历着快速的发展，ALD 在各个领域的应用研究也正呈现出爆发式的增长，尽管 ALD 应用于大规模化工业生产，目前还不是太多，但其呈现出的巨大商业前景令人期待。表 9.6 总结了 ALD 技术在微电子、光电子、纳米技术、光学、微机械系统、催化、能源、显示器、生物医用、分离膜、耐腐蚀及密封涂层等领域主要的应用与前景[1,6,13,15,34-40]。

表 9.6　ALD 技术主要的应用与前景

领域	应用	示例
微电子 (半导体工业)	MOSFET 中的高 k 栅介电质/栅电极	HfO_2、La_2O_3、HfAlO、HfSiO、$LaAlO_3$/TiN、TaN、HfN
	动态随机存储器(DRAM)的高 k 电容材料/电容电极	Ta_2O_5、$SrTiO_3$、(BaSr)TiO_3/TiN、Ru、Ir
	金属互连/钝化层或籽晶层或扩散阻挡层	Cu/WN、WC_xN_y、Ru、W
	非挥发性存储器，如闪蒸存储器/相变存储器/阻变存储器/铁电存储器等	Al_2O_3、HfO_2/$Ge_2Sb_2Te_5$/TiO_2、NiO、ZrO_2、HfO_2、ZnO/$Zr_{0.5}Hf_{0.5}O_2$
微机械系统(MEMS)	防磨损、防黏附、可润滑的涂层	Al_2O_3、TiN
磁头工业	非平面沉积绝缘间隔层	Al_2O_3
传感器	气体传感器	SnO_2、Pt@SnO_2、ZnO 纳米管
	湿度传感器	Ta_2O_5@多孔硅
	生物传感器	Pt-Ir@AAO
光学	光学滤镜	$(Al_2O_3/ZnS)_n$、$(Al_2O_3/W)_n$
	透明导电氧化物	ITO、In_2O_3:F、ZnO:Al
	防反射涂层	TiO_2/Al_2O_3、HfO_2/Al_2O_3
	防紫外涂层	TiO_2、ZnO
	光子晶体	TiO_2、ZnS、ZnO
	表面增强拉曼光谱	Al_2O_3(ZnO、TiO_2)@Au(Ag)
	电致发光显示	ZnS:Mn/Al_2O_3/ZnO:Al
	镜子、偏振镜、滤镜保护层	Al_2O_3、TiO_2
能源	太阳能电池钝化层/缓冲层/透明电极	Al_2O_3/Zn-Mg-O/ZnO:Al(B)
	染料敏化电池光阳极/电荷复合阻挡层/量子点敏化	ZnO、ITO/Al_2O_3、TiO_2/PbS、CdS
	燃料电池质子交换膜/阴极/电解质	Pt@CNTs/Pt@Ag(Au)/YSZ
	锂离子电池的纳米结构阳极/阴极/固体电解质/电极修饰涂层	TiO_2、Fe_2O_3、ZnO、SnO_2/V_2O_5/Li_2O-Al_2O_3、Li_3PO_4/Al_2O_3
	热电材料	$[Ca_2CoO_3]_{0.62}[CoO_2]$、PbSe/PbTe 超晶格、$Sb_2S_3$-$Sb_2Se_3$ 纳米线
催化	氧化物催化剂	MnO_x、Nb_2O_5、NiO、CoO_x、ZnO、TiO_2
	金属催化剂	Pt、Ir、Pd、Pt-Ir、Ru-Pt、Pt-Pd
	光催化剂	TiO_2、CdS/TiO_2、WO_3

续表

领域	应用	示例
纳米结构与图案	模板辅助的纳米结构	TiO_2 纳米管、单晶 $ZnAl_2O_4$ 纳米管、Al_2O_3/Ru 纳米通道、WN 反蛋白石
	催化(Au、Ni 纳米点)辅助的纳米结构	GaN 纳米线、ZnSe/CdSe 超晶格纳米线
	区域选择 ALD 制备纳米图案	Al_2O_3、TiO_2、HfO_2、ZnO、Pt、Ru、Ir、TiN、PbS 图案
有机电子封装	有机发光二极管(OELD)、有机太阳能电池封装	Al_2O_3、纳米层状薄膜 $Al_2O_3/ZrO_2(SiO_2)$
分离膜	过滤、气体分离	Al_2O_3、TiO_2、SiO_2
保护涂层	耐磨蚀刀具涂层	Al_2O_3、Si_3N_4
	耐腐蚀涂层	Al_2O_3、TiO_2
	密封涂层	Al_2O_3、纳米层状薄膜 Al_2O_3/HfO_2
生物	天然纤维的改性增强	Al_2O_3、TiO_2、ZnO
	复制生物体结构	Al_2O_3、TiO_2、HfO_2
	生物相容性涂层	Al_2O_3、TiO_2、TiN、羟基磷灰石

从表 9.6 可以看出,ALD 技术用途及其潜在的应用前景非常广泛。本节将举几个具体的例子来介绍 ALD 在微电子、超高密度存储、纳米图案制备、生物涂层、新能源领域的一些富有特色的应用。

9.5.1　高 k 栅介质和新型半导体沟道材料的集成与性能

随着集成电路集成度的不断提高,硅基半导体集成电路中金属-氧化物-半导体场效应晶体管(MOSFET)器件特征尺寸达到纳米尺度。按照著名的摩尔定律和国际半导体产业协会公布的发展蓝图(ITRS)[4],等效 SiO_2 栅电介质膜厚度(EOT)须减至 1nm 以下,量子隧道效应造成的栅与硅片之间的漏电流已达到不能容许的程度,同时界面结构、硼渗透及可靠性方面将出现一系列问题。寻找 SiO_2 的可靠合适的高介电常数(k)替代材料,成为半导体工业迫在眉睫的问题。2007 年底,Intel 公司推出了基于 45nm 节点技术的酷睿微处理器产品,首次将高 k 材料(ALD 制备 Hf 基氧化物薄膜)和金属栅组合引入了集成电路芯片中,取得了非常好的性能:与 65nm 节点产品相比,开关效率提高 120%,开关功耗降低 30%,漏电流降低到原来的 10%~20%。虽然高 k 材料在传统的硅基集成电路领域的研究已经取得了不少进展,但还是面临一系列严峻的物理和技术问题的挑战。其中一个主要的问题就是高 k 栅介质和金属栅材料的引入,在降低小尺度 CMOS 器件高功耗的同时,也带来沟道材料/栅介质材料界面的恶化,导致沟道迁移率的明显下降,极大地影响了 CMOS 逻辑器件速度的提高。于是,在将高 k 材料引入集成电路的同时,采用新型的具有高迁移率的半导体沟道材料代替传统的 Si 材料成为制备高性能新型 CMOS 器件的另一个有吸引力的解决方案。

表 9.7 列出了几种半导体沟道材料的重要基础数据。碳纳米管和石墨烯所具有高迁移率和优异的热导率,成为后硅电子时代极具竞争力的候选材料。而 ALD 技术在半导体微纳电子器件的制备中起着举足轻重、不可替代的作用[41,42]。

将 ALD 制备的 8nm 厚的 ZrO_2 高 k 薄膜作为栅介质与单壁碳纳米管集成获得的晶体管展示出优越的性能[41]。图 9.13(a)和(b)为 ALD 制备的 ZrO_2 高 k 超薄膜与单壁碳纳米管集成的示意图和 TEM 截面照片,(c)和(d)分别为集成了 ZrO_2 栅介质薄膜的 p 型和 n 型单壁碳纳米管晶体

管的 $I_{源漏}$-$V_{栅源}$ 曲线。可见利用 $ZrCl_4$ 和水作为反应前驱体，300℃ALD 制备的 4nm 厚 ZrO_2 超薄膜，显示出优异的三维贴合性和良好的结晶性，并将碳纳米管很好地封裹（图 9.13（b））。以 ZrO_2 为栅介质的顶栅 p 型单壁碳纳米管晶体管的亚阈值摆幅 S 约 70mV/dec，趋近了室温下场效应晶体管的理论值 60mV/dec，远好于 SiO_2 背栅的样品。其跨导为 6000S/m，载流子浓度为 $3000cm^2/(V·s)$。把 p 型单壁碳纳米管晶体管通过在氢气里 400℃退火 1h，可获得 n 型单壁碳纳米管晶体管，其亚阈值摆幅 S 约 90mV/dec。ALD 工艺提供了与碳纳米管结合良好的具有高电容的超薄栅介质，是取得碳纳米管晶体管优良性能的一个关键。

表 9.7　几种半导体沟道材料的重要基础数据

参数	Si	Ge	GaAs	碳纳米管	石墨烯	单层 MoS_2
E_g/eV	1.12	0.66	1.42	0.9	0	1.8
晶格参数 a/nm	0.543	0.565	0.565	—	0.142	0.313
空穴迁移率/$(cm^2/(V·s))$	450	1900	400	3000	200000	200~350
电子迁移率/$(cm^2/(V·s))$	1500	3900	8500	25000		

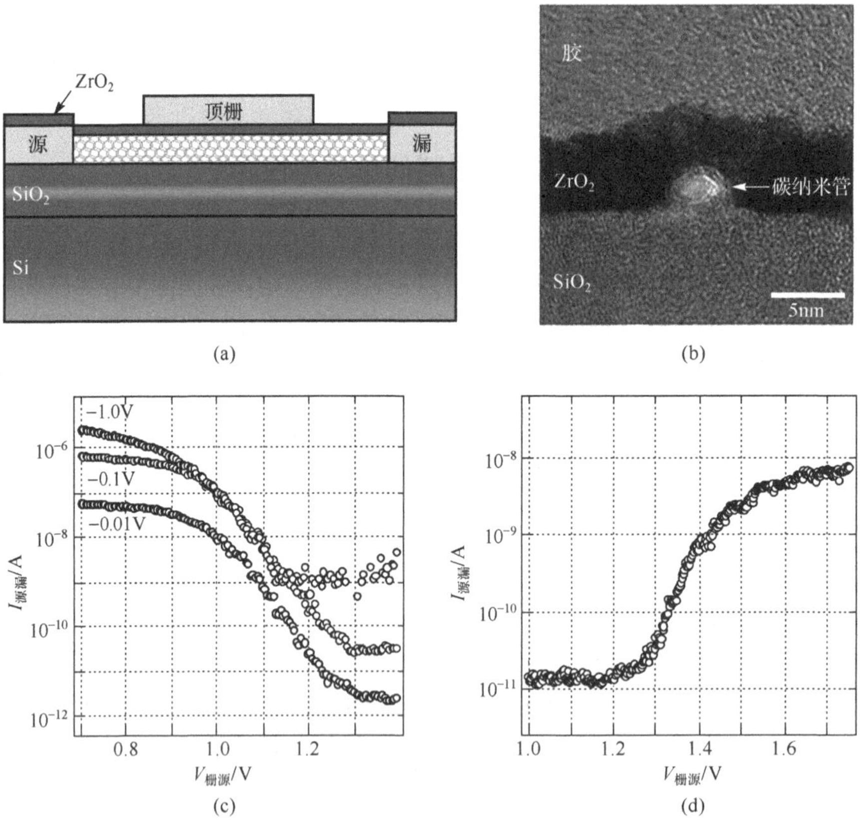

图 9.13　ALD 制备高 k 超薄膜在单壁碳纳米管晶体管中的应用[41]
（a）、（b）ALD 制备的 ZrO_2 高 k 超薄膜与单壁碳纳米管集成的示意图和 TEM 截面照片；
（c）、（d）集成了 ZrO_2 栅介质薄膜的 p 型和 n 型单壁碳纳米管晶体管的 $I_{源漏}$-$V_{栅源}$ 曲线

　　然而碳纳米管与半导体工艺在兼容性和器件的规模化集成上还需要跨越较大的障碍。而石墨烯因其简单的平面几何形态，缺乏恶化器件性能的短沟道效应，具备大规模工艺集成上的先天优势，2009 年国际半导体产业协会将石墨烯列入了发展蓝图[4]。

　　然而由于完美的石墨烯是化学惰性和疏水性的，采用 ALD 方法在石墨烯上直接沉积氧化物介电薄膜变得非常困难，甚至无法生长上去。最近几年已经尝试用来改进氧化物薄膜沉积均匀性的几种石墨烯表面处理方法，包括金属膜的沉积和氧化[43]、臭氧对生长表面的预处理[44]、引入有机分子种子层（seeding layer）[45]及引入远程氧等离子体[46]等。图 9.14 为在有机分子 3,4,9,10-二萘嵌苯四羧酸（PTCA）溶液中浸泡处理了 30min 的石墨烯上 ALD 制备 Al$_2$O$_3$ 的形貌[42]。可见引入自聚集的 PTCA 分子层后，利用 TMA 和水作为反应源，100℃下 ALD 在石墨烯上生长出了连续均匀的 Al$_2$O$_3$ 薄膜。

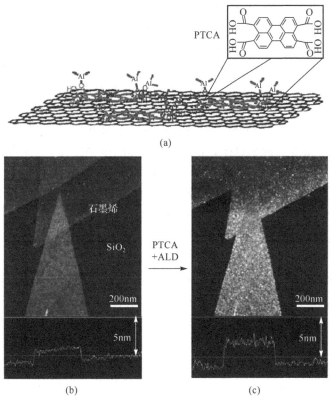

图 9.14　在涂覆了有机分子 PTCA 的石墨烯上 ALD 制备 Al$_2$O$_3$ 的形貌[42]

(a)PTCA 选择性黏附在 SiO$_2$ 上的石墨烯上，为 TMA 沉积提供键合点；(b)ALD 制备前 SiO$_2$ 上的石墨烯 AFM 照片，三角形的石墨烯高度为 1.6nm；(c)ALD 制备 2nm 厚 Al$_2$O$_3$ 后同一区域的 AFM 照片，三角形的石墨烯高度约为 3nm

　　表 9.8 总结了利用 ALD 在石墨烯上沉积栅介质采用不同集成方法制作顶栅晶体管获得的最大迁移率数值[42,46]。尽管通过一系列的努力，石墨烯顶栅晶体管的迁移率已经有了很大的提高，但是与理想值相比还是有数量级上的差距，而且单层石墨烯带隙的缺乏及高质量大尺寸石墨烯的制备上的困难，无疑限制了它的应用前景。目前石墨烯在集成电路中作为逻辑晶体管器件应用还有大量艰巨的工作要完成。

表 9.8　ALD 在石墨烯上沉积栅介质通过不同集成方法制作顶栅晶体管的最大迁移率数值[42,46]

石墨烯上顶栅介质沉积途径	最大迁移率/(cm^2/(V·s))
在 NO$_2$ 预处理后 ALD 制备 Al$_2$O$_3$	400
直接 ALD 制备 HfO$_2$	1240

石墨烯上顶栅介质沉积途径	最大迁移率/(cm²/(V·s))
用金属 Al 作为缓冲层 ALD 制备 Al_2O_3	8000
用低介电的聚合物作为缓冲层 ALD 制备 Al_2O_3	7400
电子束蒸发 SiO_2	710
远程氧等离子体预处理后 ALD 制备 Al_2O_3	2700

而利用高电子迁移率的III-V族化合物半导体材料制作 n 型 MOS 器件和高空穴迁移率的锗制作 p 型 MOS 替代传统的硅基 CMOS 器件，可以获得更快的工作速度、更小的工作电压和功耗，是克服传统硅基 CMOS 技术进一步发展瓶颈的最有希望的技术途径和选择方案之一。

历史上，Ge 曾经是最重要的半导体之一，世界上成功制作的第一个晶体管和第一块集成电路都是制备在 Ge 半导体基片上，科学家因此获得了两次诺贝尔物理学奖。后来制约 Ge 在集成电路里面大规模应用的主要因素，就是缺乏与 Ge 具有高质量界面的稳定的锗氧化物，这极大地阻碍了 Ge 晶体管的制备。尽管与 Si 相比，Ge 具有更高的电子和空穴迁移率、低的掺杂激活温度。高 k 栅介质技术的发展不但为 Ge 半导体，也为III-V族化合物半导体场效应晶体管带来了机遇。III-V族化合物半导体 GaAs 具有很高的电子迁移率、较大的带隙、较高的击穿场强。2004 年的 ITRS 已经将化合物半导体基的 MOSFET 列入了未来 CMOS 技术发展的候选技术[4]。妨碍化合物半导体场效应晶体管应用的原因，与 Ge 类似，还是在半导体化合物衬底上缺乏合适的栅氧化物材料，例如，GaAs 的天然氧化物 Ga_2O_3 具有非常差的质量，产生严重的费米钉扎效应。于是，表面钝化(surface passivation)成为发展高迁移率 Ge 和 GaAs 半导体沟道材料场效应晶体管的一种极其重要的方法。

同 $(NH_4)_2S$ 溶液钝化层相比，引入 GeO_2 钝化层对 ALD 制备 HfAlO 薄膜的界面有更好的调控性[47]，展示出更好的电学性能，如较少的回滞、较少的界面缺陷、较低的漏电流密度。然而，引入的 GeO_2 钝化层具有较低的介电常数，无疑将会降低样品单位面积的有效电容，增大样品的 EOT，影响器件等比例的缩小与集成。

为了获得 EOT 为亚纳米的 Ge 基 MOS 器件，ALD 中引入了具有优异热稳定性超薄的 Al_2O_3 阻挡层，研究了在 S 钝化的 Ge 衬底上 Al_2O_3/HfO_2 堆栈结构的界面结构与电学性能，并与 ALD 直接制备的 HfO_2 薄膜样品进行了对比[48]。XPS 显示衬底表面沉积 Al_2O_3 的过程中没有形成 Ge 的氧化物，而沉积 HfO_2 的过程中形成了 Ge 的氧化物。图 9.15 为 500℃退火的 HfO_2/Ge 和 HfO_2/Al_2O_3/Ge 的 HRTEM 照片[48]。两样品 HfO_2 薄膜的物理厚度均为 7nm(不包括 GeO_x 界面层)。在 HfO_2/Ge 样品中，存在一个约 2.5nm 厚的界面层 GeO_x。而在 HfO_2/Al_2O_3/Ge 样品中，界面平坦，没有明显的界面层生成。

退火后的 HfO_2/Al_2O_3(3nm/1.2nm)薄膜展示出陡峭的 C-V 曲线[48]、较高的积累态电容、较小的回滞窗口和界面态密度，揭示了较好的界面质量和较少的界面缺陷。从 1MHz 时的积累态电容算得 HfO_2/Al_2O_3 薄膜的 EOT 为 0.94nm，在偏压 1V 下的漏电流密度为 $1.22 \times 10^{-3} A/cm^2$，表明 Al_2O_3 阻挡层有效地抑制了 GeO_x 界面层的生长。

已有文献证实，利用 ALD 方法在 GaAs 和 InGaAs 衬底上生长 Al_2O_3 与 HfO_2 时有界面自清洁效应，能有效地去除 As 和 Ga 的氧化物[49-52]。Cao 等着重研究不同 ALD 脉冲处理(无脉冲、TMA 脉冲和 TMA+TDMAH ($Hf(N(CH_3)_2)_4$) 脉冲)对 GaAs 表面的自清洁效果[53]。利用 XPS 详细地分析了 GaAs 表面的化学组成与价态(图 9.16)，发现 TMA 和 TDMAH 的联合处理具有最好的自清洁效果，表面的天然氧化物 Ga_2O_3 和 As_2O_3 明显减少。其自清洁机理为配体交换反应机制(式(9.3)和式(9.4))。另外，GaAs 衬底经三种处理后，Ga 3d XPS(图 9.16(c))都具有一个共同的 Ga—As 峰，而 TMA 和 TDMAH 联合处理的样品相比其他样品在 17.1eV 多出了一个峰，对应于 Hf—O 键，证实了反应(式(9.5)和式(9.6))的发生。

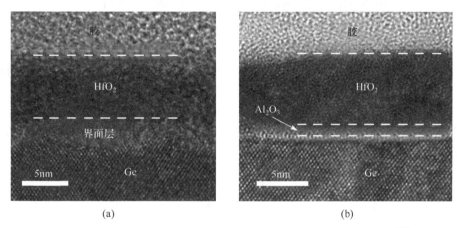

图 9.15　500℃退火的 HfO_2/Ge 和 HfO_2/Al_2O_3/Ge 的 HRTEM 断面照片[48]

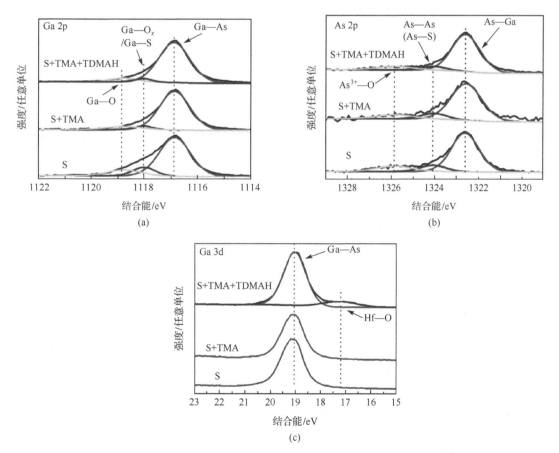

图 9.16　不同表面处理后 GaAs 衬底上 ALD 制备 1nm Al_2O_3 的 XPS[53]

(a)Ga 2p 、(b)As 2p 和(c)Ga 3d 的 XPS 谱依次包括 S 钝化+TMA+TDMAH 处理；S 钝化+TMA 处理；S 钝化

$$2Al(CH_3)_3 + As_2O_3 \longrightarrow Al_2O_3 + 2As(CH_3)_3 \tag{9.3}$$

$$2Al(CH_3)_3 + Ga_2O_3 \longrightarrow Al_2O_3 + 2Ga(CH_3)_3 \tag{9.4}$$

$$3Hf(N(CH_3)_2)_4 + 2As_2O_3 \longrightarrow 3HfO_2 + 4As(N(CH_3)_2)_3 \tag{9.5}$$

$$3Hf(N(CH_3)_2)_4 + 2Ga_2O_3 \longrightarrow 3HfO_2 + 4Ga(N(CH_3)_2)_3 \tag{9.6}$$

HRTEM 断面照片证实 TMA+TDMAH 脉冲处理的样品具有最薄的界面层厚度(0.2nm),展示出最高的积累态电容和最低的界面态密度(图 9.17)[53]。ALD 中 TMA+TDMAH 处理过的 GaAs/1nm-Al$_2$O$_3$/2.8nm-HfO$_2$/ Pt 样品获得了较小的电容等效厚度(CET),为 1.5nm,样品的界面质量与电学性能也明显改进。

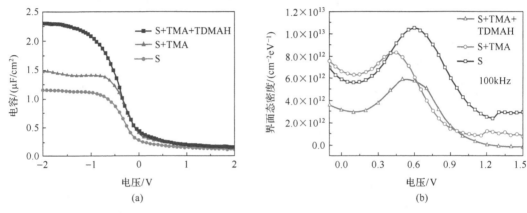

图 9.17　不同表面处理的 Pt/HfO$_2$/Al$_2$O$_3$/GaAs MOS 结构的电学性能[53]
(a)高频(1MHz)电容-电压曲线; (b)界面态密度-电压曲线

ALD 技术除适合用于界面修饰外,还特别适合生长多组元的纳米叠层结构,利用这一特点,在 MOSFET 的制作中,也可以通过改变 ALD 纳米叠层的工艺参数,简单有效地调节栅介质与半导体之间的能带补偿。在 S 钝化的 n-GaAs(100) 衬底上利用 ALD 制备 Al$_2$O$_3$/HfO$_2$(AHO) 纳米叠层。AHO 薄膜的沉积都以 Al$_2$O$_3$ 作为开始层,通过交替沉积 Al$_2$O$_3$ 和 HfO$_2$ 来实现:(1:3)-AHO:Al$_2$O$_3$(1 循环)+HfO$_2$(3 循环); (1:2)-AHO:Al$_2$O$_3$(1 循环)+HfO$_2$(2 循环); (1:1)-AHO:Al$_2$O$_3$(1 循环)+HfO$_2$(1 循环),并系统研究了 Al/Hf 组分比对 AHO/GaAs 的界面组成、能带排列和电学性能的影响[54]。Al/Hf 组分比与 Al$_2$O$_3$ 和 HfO$_2$ 交替生长的循环次数比基本吻合。发现(1:1)-AHO 薄膜具有最佳的热稳定性,能够最有效地抑制 As 氧化物和 As 单质层在界面处的生成,显示出最佳的电学性能:最大的电容、最小的电容回滞宽度及最低的漏电流密度。通过 XPS 对不同样品的价带和 O 1s 能量损失谱的测定,HfO$_2$、(1:3)-AHO、(1:2)-AHO、(1:1)-AHO 和 Al$_2$O$_3$ 的价带补偿(VBO)分别为 2.39eV、2.91eV、2.99eV、3.13eV 和 3.12eV,导带补偿(CBO)分别为 0.87eV、0.98eV、1.26eV、1.55eV 和 2.09eV,带隙(E_g)分别为 4.72eV、5.35eV、5.71eV、6.14eV 和 6.67eV,其完整的能带排列图见图 9.18[54]。可见随着 Al/Hf 组分比的增加,VBO、CBO 和 E_g 增大,可有效地增加势垒,降低漏电流。同理,在 Ge 衬底上,ALD 制备不同 Al/Ti 组分比的 Al$_2$O$_3$/ TiO$_2$(ATO)纳米叠层结构,也可以调控 ATO 薄膜与 Ge 衬底之间的能带补偿[55]。

总之,自从 ITRS 将 ALD 与 MOCVD、PECVD 并列作为与微电子工艺兼容的候选技术以来,ALD 发展势头强劲,在深亚微米集成电路领域显示出巨大的应用前景。

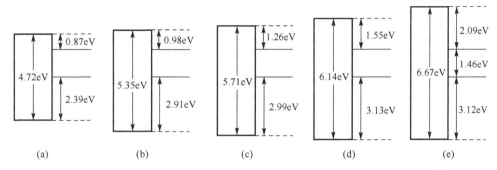

图 9.18　HfO$_2$/GaAs、Al$_2$O$_3$/GaAs 和不同比例 AHO/GaAs 结构的能带排列图[54]

(a)HfO$_2$/GaAs；(b)(1∶3)-AHO/GaAs；(c)(1∶2)-AHO/GaAs；(d)(1∶1)-AHO/GaAs；(e)Al$_2$O$_3$/GaAs

9.5.2　超高密度存储器

存储器用来存放程序和数据，是 21 世纪最具时代性和广泛性的商品之一，大到航空航天、气象卫星、信息通信、数据终端、军事国防、云计算，小到个人用的电脑、手机、数码相机、多媒体播放器和家庭使用的电表等，都有它的身影。非易失性存储器是当电源处于暂时中断或器件处于断电状态时，仍然能够保持已存储的数据的存储器。其发展趋势表现为存储密度越来越高、读写速度越来越快、功耗越来越低，作为外存的硬盘和作为内存的快闪存储器(flash memory，闪存)也面临这样的需求。

1. 超高密度 FePt 纳米颗粒复合薄膜的制备与磁性能调控

自从 1956 年 IBM 公司发明第一块硬盘，60 多年来，硬盘的存储密度一直保持着高速的增长。然而用来记录信息的铁磁颗粒尺寸不断减小，导致了超顺磁现象[56]，以至于数据存储失效。解决这个问题的关键是增加材料的磁晶各向异性 K_u 值，来延长数据的保存时间。具有四方 $L1_0$ 结构的 FePt 合金具有非常高的磁晶各向异性 K_u 值($5×10^6 \sim 7×10^6$J/m^3)，比现在工业界常用的 CoPtCr 合金($4.5×10^4$J/m^3)要高 2 个数量级以上。此外，室温下直径为 3nm 的 FePt 纳米颗粒依然可以长期保持稳定的 $L1_0$ 铁磁相，有非常好的化学稳定性和抗氧化性，是新一代超高密度数据存储材料(>1Tbit/in^2，1in=2.54cm)的理想选择。

依据磁记录密度、记录模式及其介质发展趋势图[57]，当磁记录的面密度达到 1Tbit/in^2 量级时，图案型的磁记录介质将取代连续磁薄膜成为首选材料，即有序排列的磁岛分散在非磁性的基体中，每一个分立的纳米磁岛成为一个记录单元(1bit)，可极大地降低由磁交换耦合作用产生的磁转变噪声。制备 $L1_0$ 结构的 FePt 纳米颗粒大尺度有序点阵，一直以来都是进一步突破高密度数据存储超顺磁瓶颈的理想方法。然而 FePt 纳米颗粒形成铁磁有序点阵过程中，高温退火导致颗粒团聚、有序点阵结构破坏的问题，成了急需跨越的障碍。

通过将 FePt 纳米颗粒的自组装与 ALD 技术相结合的途径，制备有序的 FePt/Al$_2$O$_3$ 磁性纳米颗粒复合薄膜，可以有效地解决这个问题[58]。首先利用化学溶液合成法制备粒径可控($3 \sim 8$nm)、单分散好的 FePt 超顺磁纳米颗粒[59]，分散在己烷/辛烷(1∶2 体积比)的混合液中。在室温下，利用滴注法在清洗后的 Si 衬底表面进行自组装，溶剂挥发后，形成 FePt 纳米颗粒有序点阵。然后利用 ALD 技术在其上生长一层 $5 \sim 20$nm 的 Al$_2$O$_3$ 保护膜，通过在还原性气氛下(93% Ar + 7%H$_2$) 700℃后退火 1h，获得 $L1_0$ 铁磁相的 FePt/Al$_2$O$_3$ 纳米复合薄膜。

　　图 9.19 为不同厚度 Al_2O_3 保护层的复合薄膜样品退火后的 TEM 照片,可见 ALD 的无机非磁 Al_2O_3 保护层能有效地防止 FePt 纳米颗粒在后续高温退火中的团聚现象。根据 Scherrer 公式和 XRD 图谱,在 $L1_0$ 相变退火过程中,裸露的 FePt 颗粒膜的 XRD 半峰宽明显变小,计算平均粒径为 14.9nm,与刚合成的 4.5nm 粒径相比,FePt 颗粒发生了明显的团聚现象,对应的 TEM 照片也证实了这一点(图 9.19(a))。Al_2O_3 薄膜厚度为 5nm 时,计算粒径为 8.7nm,虽然也存在少量团聚(图 9.19(b)),但其分散性能有了明显的提高。进一步增加 Al_2O_3 层的厚度至 10nm,从 TEM 照片(图 9.19(c))上可以观察到 FePt 纳米颗粒很好地分散在非晶 Al_2O_3 基体中,团聚现象完全消失,FePt 颗粒的粒径由原来的 4.5nm 略增至 5nm,可能与 Al 原子在退火过程中扩散进入 FePt 颗粒有关。Al_2O_3 厚度增加到 20nm,平均粒径无明显变化。图 9.19(d)的 HRTEM 照片展现了具有代表性的 FePt 颗粒(来自样品 $FePt/Al_2O_3$(10nm)),2.74Å 和 2.22Å 两组晶格间距分别对应着(110)和(111)晶面,与 XRD 结果一致。对应的快速傅里叶变换图同样证明 $L1_0$ 相 FePt 生成。此外,复合薄膜截面样品 $FePt/Al_2O_3$(10nm)对应的 HRTEM 照片如图 9.19(e)所示,单层 FePt 颗粒均匀地嵌在非晶 SiO_x 与 Al_2O_3 基体中。其中,SiO_x 来源于 Si 衬底在 ALD 生长过程中形成的氧化层。另外,表面的非晶 Al_2O_3 层平整,厚度大约 10nm。可见引入 10nm 厚的 Al_2O_3 薄膜保护层可以有效地抑制 FePt 晶粒的生长与团聚。

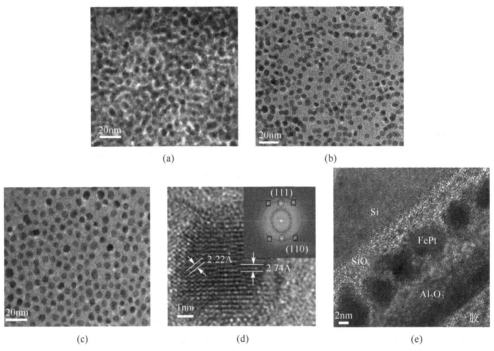

图 9.19　$FePt/Al_2O_3$ 磁性纳米颗粒复合薄膜样品退火后的 TEM 照片[58]

(a) FePt 颗粒膜(无保护层);(b) $FePt/Al_2O_3$(5nm);(c) $FePt/Al_2O_3$(10nm);(d) $FePt/Al_2O_3$(10nm)的 HRTEM 照片
(其中,插图为对应颗粒 TEM 照片的快速傅里叶变换图);(e) 截面样品 $FePt/Al_2O_3$(10nm)的 HRTEM 照片

　　图 9.20 显示了 $FePt/Al_2O_3$ 磁性纳米颗粒复合薄膜的磁滞回线和矫顽磁场对不同 Al_2O_3 厚度层的复合薄膜依赖关系。可见随着 Al_2O_3 保护层厚度的增加,FePt 磁性纳米颗粒的分散性变好,FePt 晶粒间交换耦合作用明显降低,但有序度 S 逐渐变小,矫顽磁场下降。这与两个因素有关:一方面,复合薄膜中 FePt 纳米颗粒尺寸越小(接近临界尺寸),越难以发生由 FCC 相到 FCT(面

心四方)相的铁磁相变；另一方面，FePt 纳米颗粒与 Al₂O₃ 薄膜界面处的残余应变，也可能导致有序度 S 减小。最优化的方案是：Al₂O₃ 保护层的厚度为 10nm 时，高温退火后获得 FePt 颗粒分散性好、具有较好磁性能的复合薄膜，其矫顽磁场 H_c 达到 5.9kOe (1Oe=1Gb/cm)，磁晶各向异性值 K_u 为 3.86MJ/m³，热稳定因子 η 为 68.5，满足了工业生产的需要 $(\eta \geqslant 50)$。

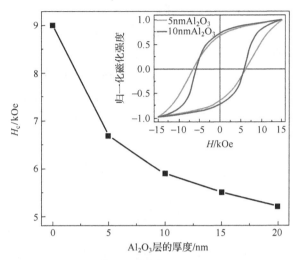

图 9.20　矫顽磁场对不同 Al₂O₃ 厚度层的 FePt 磁性纳米颗粒复合薄膜依赖关系[58]
插图为不同 Al₂O₃ 厚度的 FePt 纳米复合薄膜室温下的磁滞回线

2. ALD 技术在电荷俘获型存储器制备中的应用

自从非易失性存储器诞生以来，快闪(浮栅型)存储器一直是存储器市场的主流产品。随着半导体器件特征尺寸的减少和集成度的不断提高，特别是当技术节点减小到 22nm 以后，传统的浮栅型器件将趋近其物理和技术极限。电荷俘获型存储器的基本结构为半导体衬底/隧穿层/电荷存储层/阻挡层/栅电极，其基本思想是将浮栅型存储器中的浮栅层改造成分立的点，用来存储电荷(电荷存储层)，具有同半导体工艺相兼容、操作电压低、功耗低和抗疲劳性能好等优良特性，是一种极具应用前景的新型非易失性存储器。电荷俘获型存储器又可分成两类：缺陷俘获型存储器(如 silicon-oxide-nitride-oxide-silicon (SONOS) 型)和纳米晶存储器。

一些报道指出采用高 k 材料来取代 SiO₂ 作为隧穿层[60,61]，可降低隧穿层与 Si 衬底界面间的势垒，提高操作速度，在保持相同 EOT 的同时可以增加物理厚度，从而降低漏电流，提高保持性能。采用高 k 材料作为阻挡层，可以降低 EOT，增强隧穿层上的电场，从而提高操作速度。纳米晶存储器具有读写速度快、存储密度大、可靠性高、器件设计自由度大等优点，然而也存在一些急需解决的问题，如纳米晶分布均一性的控制、制备工艺的可重复性及漏电等问题。采用具有较高功函数的金属纳米晶来存储电荷，可以起到改变存储点的势阱深度的作用，产生不对称的势垒，有利于获得好的保持特性。另外，金属费米能级周围有更高的态密度，可以使器件对由污染物引起的费米能级波动有更好的免疫性；纳米晶尺寸可控，从而可以控制存储密度；金属可用功函数的范围分布很宽，则在器件写入/擦除和电荷存储上有更多的选择。

用 ALD 方法制备了以金属纳米晶 Pt 作为存储介质的纳米晶存储器 HfO₂/Pt/Al₂O₃/Si。在碳膜上先沉积 40 循环的 Al_2O_3，再利用 $MeCpPtMe_3$ 和 O_2 作为反应源在其上 300℃沉积 Pt 纳米颗粒，脉冲清洗时间为 0.2s/5s/1.5s/20s。图 9.21 为不同 Pt-ALD 生长循环次数下在 Al_2O_3 表面形成的 Pt 纳米颗粒的形貌图和 XPS 图[62]。可见 40 循环后，Al_2O_3 薄膜表面出现 3nm 的 Pt 纳米颗粒，对应的 XPS 图开始显示 Pt 4d 的特征峰，Pt 颗粒初始生长阶段符合成核培育模型。随着循环次数增加，Pt 纳米颗粒数密度增加，颗粒尺寸增大，70 循环后，Pt 纳米颗粒数密度达到最大值为 $1.0×10^{12}cm^{-2}$，平均尺寸约为 5nm，随后晶粒粗化团聚明显增强，面密度下降。HfO_2/Pt（70 循环）$/Al_2O_3/Si$ 的断面照片表明（图 9.22（a）），沉积在 Al_2O_3 上的一层 Pt 纳米颗粒被均匀包裹在 HfO_2 薄膜中，$HfO_2/Al_2O_3/Si$ 界面清晰，HRTEM 照片显示球形 Pt 纳米颗粒已经结晶（图 9.22（b）），EDS 也证实了 Al、O、Pt、Hf 等元素的存在（图 9.22（c））。对应的电学测量显示此结构有明显的存储窗口（±12V 间扫描时存储窗口为 6.6V）和较好的抗疲劳特性，保持性能在 10^5s 后，存储电荷损失约为 27%。

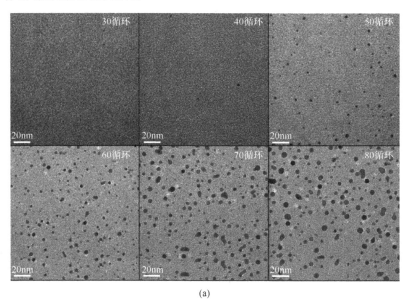

(a)

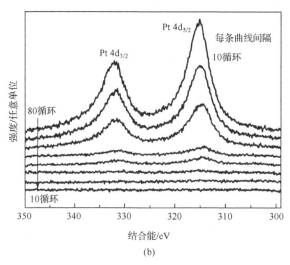

(b)

图 9.21　不同 Pt-ALD 生长循环次数下在 Al_2O_3 表面形成的 Pt 纳米颗粒的形貌图和 XPS 图[62]

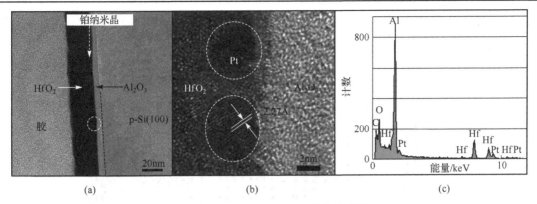

图 9.22　p-HfO$_2$/Pt/Al$_2$O$_3$/Si 堆栈结构[62]

(a) TEM 断面照面；(b) HRTEM 照片；(c) (a) 小圆区域的 EDS 图

为了获得电荷存储层中纳米晶的有序阵列，将化学合成的 FePt 纳米晶的自组装与 ALD 生长 Al$_2$O$_3$ 的隧穿层和阻挡层相结合[63]，通过溶液浸渍法在 Al$_2$O$_3$ 薄膜上形成单层 FePt 纳米晶(尺寸为 4.5nm)六方阵列，二维阵列间距为 8nm，颗粒密度高达 1.8×10^{12}cm^{-2}(图 9.23 (a))。500℃氧气里退火 5min，形成了 FCC-Fe$_{0.75}$Pt 纳米晶的核壳结构，外层为非晶的 Fe$_2$O$_3$ 壳(图 9.23 (b) 和 (c))。Al$_2$O$_3$/FePt 纳米晶/Al$_2$O$_3$/Si 结构的 TEM 截面照片显示单层 FePt 纳米晶很好地包裹在非晶的 Al$_2$O$_3$ 层中(图 9.23 (d))，电学测量展示出较大的存储窗口，±8V 间扫描时存储窗口为 8.1V。

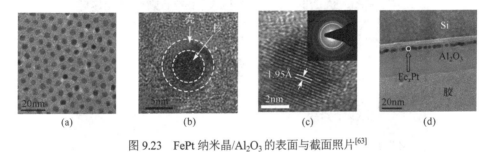

图 9.23　FePt 纳米晶/Al$_2$O$_3$ 的表面与截面照片[63]

(a) Al$_2$O$_3$ 表面自组装 FePt 纳米晶的 TEM 照片；(b)、(c) 500℃在 O$_2$ 退火 5min 后 FePt 纳米晶核壳结构的 HRTEM 照片和相应的电子衍射斑；(d) Al$_2$O$_3$/FePt 纳米晶/Al$_2$O$_3$/Si 结构的 TEM 截面照片

除了纳米晶存储器，在新颖的高 k 基 SONOS 型缺陷俘获型存储器中，ALD 也扮演着举足轻重的角色。前已提及，ALD 方法特别适合用来制备纳米叠层薄膜，利用 ZrO$_2$/Al$_2$O$_3$ 纳米叠层作为电荷俘获层的新型存储器结构引起关注[64]。图 9.24 (a) 为 ALD 技术制备的四种 ZrO$_2$/Al$_2$O$_3$ 纳米叠层基存储单元示意图，隧穿层为 3nm 厚的 Al$_2$O$_3$，阻挡层为 12nm 厚的 Al$_2$O$_3$，存储层厚度约 10nm，包括四种结构：单层 10nm ZrO$_2$ 层、ZrO$_2$(2nm)/Al$_2$O$_3$(2nm) 纳米叠层、ZrO$_2$(1.5nm)/Al$_2$O$_3$(1.5nm) 纳米叠层、ZrO$_2$(1nm)/Al$_2$O$_3$(1nm) 纳米叠层。前驱体源分别为 TMA、ZrCl$_4$ 和水。制作完成后，900℃高纯氮气快速退火 30s。图 9.24 (b) 为相应的 HRTEM 截面照片，可以清晰地看到不同周期的 ZrO$_2$/Al$_2$O$_3$ 纳米叠层结构，随着叠层厚度变小，叠层界面变得越来越模糊。这主要是高温退火过程中界面原子扩散的结果。电学测量表明(图 9.25 (a))相同扫描电压下，随着 ZrO$_2$/Al$_2$O$_3$ 纳米叠层的界面数量增加，存储窗口逐渐增大，与界面起着俘获电荷的作用有关。然而当界面过多时，界面结构变得弥散，存储窗口反而变小。当界面数量为 8 时，器件单元具有最佳的性能：6.3V 的存储窗口，优异的保持性能，

10 年后电荷损失量仅为 7.5%（图 9.25（b）），归因于 ZrO_2/Al_2O_3 纳米叠层之间具有 1.7eV 的势垒，提高了器件的数据保持性能。

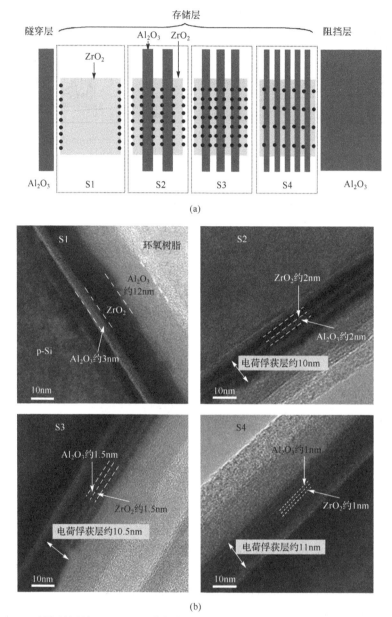

(a)

(b)

图 9.24　ALD 制备的四种 ZrO_2/Al_2O_3 纳米叠层基存储单元示意图和相应的 HRTEM 截面照片[64]

S1：单层 10nm ZrO_2 层作为存储层厚度；S2：ZrO_2（2nm）/Al_2O_3（2nm）纳米叠层；S3：ZrO_2（1.5nm）/Al_2O_3（1.5nm）纳米叠层；S4：ZrO_2（1nm）/Al_2O_3（1nm）纳米叠层

3. ALD 技术在阻变存储器制备中的应用

阻变存储器（resistive random access memory, RRAM）是利用薄膜材料的电阻值在高阻态和低阻态之间相互转换而实现信息存储的，其结构简单，操作电压低，非破坏性读出，可缩微性强，半导体工艺兼容性好，也是新型非易失性存储器的有力竞争者[65]。

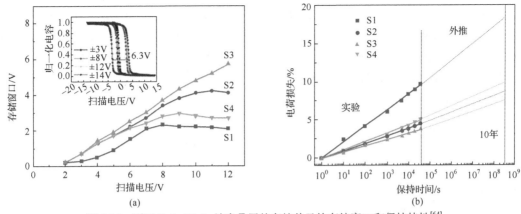

图 9.25　不同 ZrO_2/Al_2O_3 纳米叠层基存储单元的存储窗口和保持特性[64]

很多材料都可以应用于阻变存储器，其中氧化物阻变材料得到了广泛的研究。由于氧化物阻变存储器中阻变转换参数主要由薄膜中随机形成的局域导电细丝的导通和断开控制，阻变转换参数（开关电阻和开关电压）分布比较弥散，难以控制，对器件存储信息的有效写入和擦除来说，是一个巨大的挑战。因此，实现阻变参数一致性是氧化物阻变存储器实现实用化的关键。

通过 PEALD 和热 ALD 制备了 $Si/TiN/Al_2O_3/HfO_2/Al_2O_3$ 氧化物叠层结构阻变器件[66]，TEM 断面形貌和 XPS 深度剖析图（图 9.26(a) 和 (b)）证实了 600℃后退火的 $Al_2O_3/HfO_2/Al_2O_3$ 存在界面层。$Si/TiN/Al_2O_3/HfO_2/Al_2O_3/Pt$ 展示了优异可靠的双极阻变行为，具有较好的阻变参数单分散性（图 9.27(a) 和 (b)），电阻开关比大于 10，且开关电压较小，分别为 −1.0V 和 1.3V，同时该结构的抗疲劳性大于 10^3 循环，85℃下数据保持特性超过 10 年。这归因于叠层结构具有电场调制的效应，其中适当浓度氧空位的存在对形成导电细丝起决定作用，且导电细丝的连通与断开主要发生在界面层。通过改变上层 Al_2O_3 薄膜厚度，可以方便地调控开关比（$10\sim10^4$）。

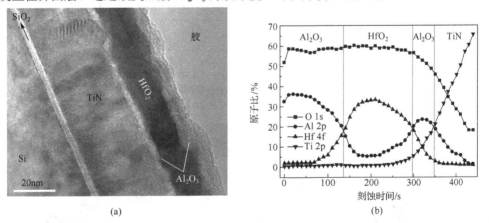

图 9.26　在 Si/TiN 上 ALD 制备 $Al_2O_3/HfO_2/Al_2O_3$ 叠层存储器单元的 TEM 断面照片和 XPS 深度剖析图[66]

利用 PEALD/热 ALD 制备 $Pt/Al_2O_3/CoPt_x$ 纳米晶/TiN 复合阻变存储器[67]。100 循环下 PEALD 衍生的 $CoPt_x$ 纳米晶的平均粒径为 9nm，密度为 $1.2\times10^{12}cm^{-2}$。图 9.28 显示了 $Si/SiO_2/TiN/CoPt_x$ 纳米晶/Al_2O_3 阻变存储器单元的断面形貌，表明 9nm 的 $CoPt_x$ 纳米晶已经成功包裹进 10nm 厚的 Al_2O_3 薄膜。相对于单一 Al_2O_3 层阻变器件，Al_2O_3 阻变层中引入 $CoPt_x$ 纳米晶，开关电阻和开关电压具有较好的单分散性，且其操作电压及重置电流均明显低于单一

Al_2O_3 结构。在较小电压长时间作用下，其高低阻值比 $\geqslant 10^2$，且高低阻态基本保持不变，能有效地防止误擦写操作。抗疲劳性和数据保持特性优异(图 9.29(a) 和 (b))，经过 10^4 循环或 10^5 s 数据保持测试后(室温和 85℃)开关比基本不衰减，利用外推法数据至少可保持 10 年。出色的阻变性能是因为 $CoPt_x$ 纳米晶所在的 Al_2O_3 阻变薄膜位置处形成了较强的局域电场，进而控制导电细丝的形成位置和生长方向，改进了阻变参数的单分散性。

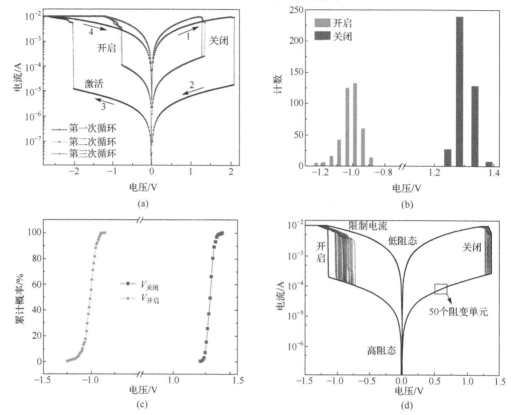

图 9.27　Si/TiN/Al$_2$O$_3$/HfO$_2$/Al$_2$O$_3$/Pt 阻变器件的开关行为 [66]

(a) I-V 曲线(前三次循环)；(b)、(c)一个器件 400 次检测开关电压分布的统计结果和累计概率；
(d) 50 个随机选择的阻变单元所测得的 I-V 曲线

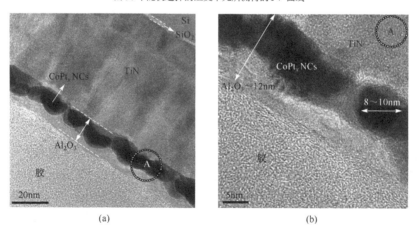

图 9.28　Si/SiO$_2$/TiN/CoPt$_x$ 纳米晶/Al$_2$O$_3$ 阻变存储器单元的 TEM 和 A 区 HRTEM 断面形貌[67]

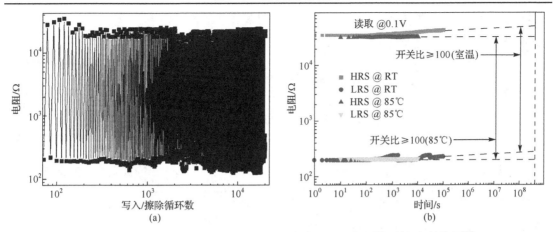

图 9.29 Pt/Al$_2$O$_3$/CoPt$_x$ 纳米晶/TiN 复合阻变存储器的抗疲劳和数据保持特性[67]

9.5.3 生物相容性涂层

微创伤介入医疗技术是目前治疗各种威胁人类健康疾病较受欢迎的医疗手段，它以电子影像和细长器械代替医生的眼睛和手指，追求最小的切口、最少的组织损伤、最轻的机体反应，完成对患者体内病变的观察、诊断及治疗。其创口小，出血少，并发症少，安全可靠，术后恢复快，适应人群广。冠状动脉支架(简称冠脉支架)是其中一个典型的代表。

早期的冠脉支架使用金属材料，用 316L 不锈钢、钴铬合金、镍钛合金等材料制造，称为裸金属支架，在初期提供血运重建功能之后，往往因为再狭窄率较高(15%~30%)而限制了其晚期治疗性能的发挥。因而，药物洗脱支架应运而生，其基本原理是利用高分子为药物载体，在裸金属支架表面形成药物层，通过抑制再狭窄功能药物的缓慢释放，达到控制再狭窄率(降低到约 3%)的目的。但普通高分子材料与金属之间的黏附能力不佳，尤其是在体内环境及支架的扩张过程中容易出现高分子载药层剥落、开裂等现象，因而造成如远端血栓等新的问题。同时，由于使用了一些不可降解的高分子材料，又带来了晚期血栓等潜在风险。因此，改善药物洗脱支架中金属与高分子材料之间的黏附作用，用可降解高分子取代不可降解高分子材料成为研究的热点。

Al$_2$O$_3$ 是一种典型的生物惰性陶瓷，具有非常好的生物相容性和稳定性，已经广泛应用在人工牙齿、人工关节、人工骨和人工骨螺钉中。ALD 生长 Al$_2$O$_3$ 是研究最广泛、最经典的 ALD 反应，沉积温度可低至室温，沉积厚度精确可控，具有优异的在复杂表面、异形曲面成膜的能力。解决上述问题简便易行的一个方法就是在裸金属支架表面沉积薄的 Al$_2$O$_3$ 涂层，一方面改善金属与聚合物之间的黏附能力，另一方面当可降解聚合物降解后提供比纯金属表面更好的细胞相容性，从而改善支架的爬皮性能，增加血管支架类医疗器械的安全性和有效性。

用 ALD 方法在 316L 不锈钢(SS)冠脉支架沉积 10nm Al$_2$O$_3$ 薄层，再用超声喷涂的方法制备一层厚度约 4μm 的乳酸-羟基乙酸共聚物(PLGA)，经多次球扩张后进行 SEM 观测。其中没有 Al$_2$O$_3$ 涂层的支架表面 PLGA 涂层经压握、扩张后破损严重(图 9.30(c))，而引入 Al$_2$O$_3$ 涂层的 PLGA 涂层经压握、扩张后保持完好(图 9.30(e))[68]，即便是放大到 3000 倍(图 9.30(f))，也只呈现很细小的微裂纹，说明不锈钢冠脉支架表面引入 Al$_2$O$_3$ 涂层，明显改善了聚合物在支架上的黏附能力。

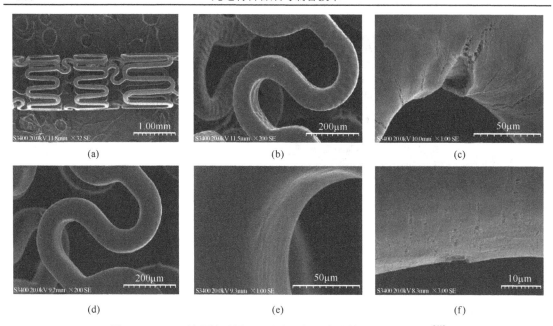

图 9.30　PLGA 涂覆的不锈钢冠脉支架扩张实验前后的 SEM 照片[68]

没有氧化铝涂层的(a)未扩张的支架(名义直径 1mm)照片；(b)未扩张的支架放大照片；(c)扩张后的支架(名义直径 3mm)
放大照片；有氧化铝涂层的(d)未扩张的支架照片；(e)扩张后的支架放大照片；(f)扩张后的支架再放大照片

2-甲基丙烯酰氧乙基磷酰胆碱(MPC)是常用于金属表面修饰的小分子结构化学物质，具有较好的生物相容性。图 9.31(a)为不锈钢(SS)表面、不锈钢化学接枝 MPC(SS-PC)表面、不锈钢生长一薄层 10nm Al_2O_3(SS-Al)表面和不锈钢沉积 10nm Al_2O_3 再接枝 MPC(SS-Al-PC)表面与水的润湿角[68]。通过对比可知，在相对湿度 85%的环境中，润湿角从 SS 的 85° 到 SS-PC 的 59°，从 SS-Al 的 51° 到 SS-Al-PC 的 45°，SS-Al-PC 具有最小的润湿角和最好的润湿性，主要归因于 SS-Al 表面上存在丰富的—OH，与 MPC 之间产生了较高的接枝效率。

纤维蛋白吸附实验(图 9.31(b))表明[68]：裸露的不锈钢支架吸附较多的纤维蛋白，其次为不锈钢支架接枝 MPC 表面，吸附最少的为长有 10nm Al_2O_3 接枝 MPC 表面的不锈钢支架。表明不锈钢冠脉支架在引入 Al_2O_3 涂层后，具有较好的血液相容性，植入后可降低血液中的蛋白吸附，从而减少凝血，防止血栓发生。

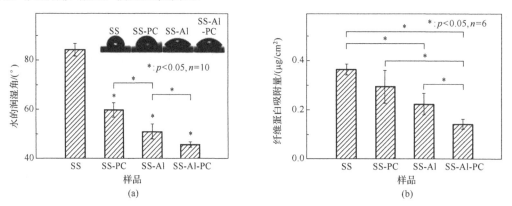

图 9.31　不同方法处理的不锈钢表面与水的润湿角和纤维蛋白吸附量[68]

p 为样品数据偏差；n 为获得每个数据点的样品数

人脐带内皮细胞(HUVEC)培养实验表明[68]：引入 Al₂O₃ 涂层且接枝 MPC 的不锈钢支架具有最好的生物相容性，5 天培养后，易于爬皮，展示最高的 HUVEC 密度(图 9.32(a))和最快的 HUVEC 增殖速度(图 9.32(b))，有利于细胞增殖和较快的恢复。总之，ALD 制备 Al₂O₃ 涂层改进了药物洗脱支架上的药物输运聚合物涂层的黏附性和完整性，ALD 能很容易对惰性金属表面进行改性，有利于其在植入性医疗器件，特别是血管内支架的应用。

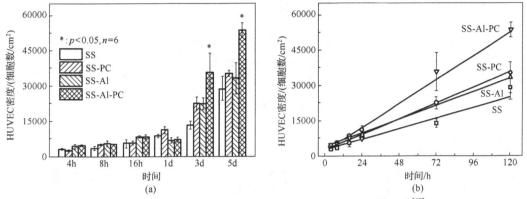

图 9.32　不同方法处理的不锈钢表面 HUVEC 密度和增殖速度[68]

9.5.4　纳米结构和图案的制备及其在能源与光学领域的应用

图 9.33(a)～(l)为借助不同模板辅助 ALD 合成的各种复杂纳米结构示例[36]。图 9.33(a)呈现了包含直线排列介孔笼子的 TiO₂/SiO₂ 杂化纳米线，是通过联合蒸发诱导嵌段共聚物的自组装和 ALD 生长获得的；图 9.33(b)中螺旋状的 Al₂O₃ 纳米管是用碳纳米线圈作为牺牲模板的 ALD 制备出来的；图 9.33(c)、(f)、(j)等核壳结构纳米管是在阳极氧化铝(AAO)或 Si 模板里制备的，通过 ALD 交替沉积金属和氧化物(Al₂O₃)，管套管的结构通过溶解 AAO 模板和作为牺牲层的 Al₂O₃ 即可获得；图 9.33(d)中 AAO 模板进行 ALD，通过精心控制不同电化学侵蚀条件，允许调控氧化铁纳米管直径；图 9.33(e)为边缘清晰的新月形半边金纳米管，首先在 AAO 模板的孔壁上 ALD 制备一个牺牲层，通过控制牺牲层的去除，获得新月形纳米通道，再电沉积金，即得到新月形半边金纳米管；图 9.33(g)为三维限制空间的 TiO₂ 纳米棒，通过在高温模仿 ALD 工艺——脉冲式 CVD 方法获得；图 9.33(h)为分级 ZnO 纳米结构，利用 ALD 制备的 ZnO 作为籽晶层，与低温 ZnO 纳米晶水热法结合，可获得不同层次上的 ZnO 纳米棒、纳米毯自组装而成的复杂三维结构；图 9.33(i)为维度可调谐的纳米图案材料，是利用金属前驱体与其中一个聚合物嵌段选择性作用，在自组装的嵌段共聚物上 ALD 制备形成的；图 9.33(k)为封裹 Cu 金属纳米颗粒的 Al₂O₃ 纳米管，是通过还原涂覆了 ALD 的 Al₂O₃ 的 CuO 纳米线形成的，Cu 颗粒是类棒状的、规则分布的，由于氧化物还原成金属伴随着体积收缩，即瑞利失稳导致了纳米管的生成；图 9.33(l)为克肯达尔效应合成的异质结构：一维、二维 ZnO 纳米材料被 ALD 共形沉积 Al₂O₃ 层，其在 1000℃发生固相界面反应，通过纳米尺度的克肯达尔效应，形成了空心的尖晶石 ZnAl₂O₄ 单晶纳米管。

可见 ALD 在三维复杂表面独特的共形沉积的能力和精确简单的厚度控制，使得它在丰富多彩的纳米结构和图案的制备中表现出特殊的魅力。利用各种各样的模板(如自组装的聚苯乙烯(PS)小球、SiO₂ 小球、AAO、碳纳米管、半导体纳米线、多孔膜、纤维和生物材料等)，结合 ALD 技术和各种生长、反应与扩散效应，可精心设计和制备各种纳米结构与图案。

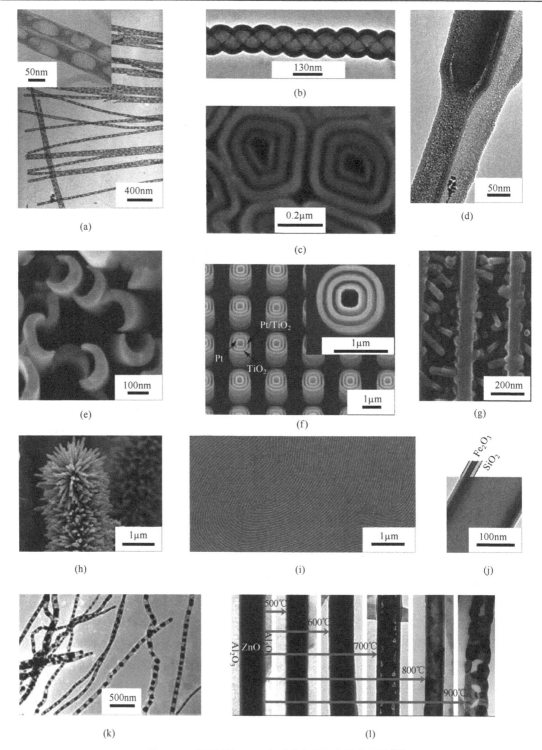

图 9.33　模板辅助 ALD 合成的各种复杂纳米结构[36]

(a) 包含直线排列介孔笼子的 TiO$_2$/SiO$_2$ 杂化纳米线；(b) 螺旋状的 Al$_2$O$_3$ 纳米管；(c) 鸟巢共轴多壁纳米管；(d) 直径可调的氧化铁纳米管；(e) 新月形半边金纳米管；(f) 高度有序的鸟巢式 TiO$_2$/Pt 纳米管阵列；(g) 三维限制空间的 TiO$_2$ 纳米棒；(h) 分级 ZnO 纳米结构；(i) 维度可调谐的纳米图案材料；(j) 多层 Fe$_2$O$_3$/SiO$_2$ 核壳结构纳米线；(k) 瑞利失稳产生的封裹 Cu 颗粒的纳米管；(l) 克肯达尔效应合成的异质结构：从 ZnO/Al$_2$O$_3$ 核壳纳米线到尖晶石 ZnAl$_2$O$_4$ 单晶纳米管和多孔纳米线

例如，用自组装的 PS 小球作为模板，利用 ALD 在模板间隙填充 TiO₂，通过去除 PS 模板，可获得三维周期有序的反蛋白石结构(图 9.34(a)和(b))。通过调控 PS 小球的尺寸，可以调谐反蛋白石的光学带隙，进而优化染料敏化太阳能电池的能量转换效率[69](图 9.34(c)和(d))。

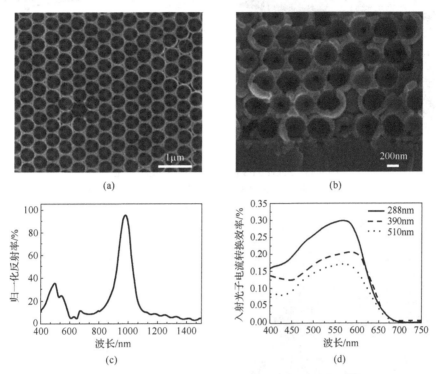

图 9.34　PS 小球模板辅助 ALD 制备的 TiO₂ 反蛋白石[69]

(a)直径 510nm 的 PS 小球获得的 TiO₂ 反蛋白石的场发射 SEM 照片(俯视)；(b)场发射 SEM 照片(截面)；
(c)反蛋白石的光子带隙；(d)依据不同反蛋白石光阳极染料敏化太阳能电池的入射光子电流转换效率

使用 ALD 技术对三维导电基底进行活性材料的包裹，制备了 ZnO@ZnS/泡沫镍和 CNTs@Co₃O₄/CC(碳布)两种纳米复合结构[70,71]。ALD 制备的 300 循环 ZnS，均匀地包裹在 ZnO 纳米线表面，形成核壳结构(图 9.35(a))。ZnO@ZnS/泡沫镍纳米复合结构电极具有优异的倍率性能，当电流密度提高到 10 倍时，电容保持率为 86.8%(图 9.35(b))[70]。经过 20000 循环后电极材料容量没有丝毫衰减，具有极佳的循环稳定性。其优异的电化学性能主要归因于三维基底良好的导电性与巨大的比表面积。在 CNTs/CC 复合结构上用 PEALD 制备 Co₃O₄ 纳米颗粒活性材料，将高容量的活性材料与高导电性、高比表面积的三维结构相结合，制备的 CNTs@Co₃O₄/CC 复合结构用于超级电容器，性能优异[71]。CNTs@Co₃O₄/CC 比电容有了明显的提高，约为 CNTs/CC 的 10 倍，Co₃O₄/CC 的 3.3 倍。此外，该纳米复合电极材料具有良好的倍率性能，当电流密度提高到 8 倍时，电容保持率为 65.7%。在经过 50000 循环后，容量没有衰减，具有非常好的循环稳定性。

研究了 ALD 制备不同厚度的超薄 ZnO 包覆层对锂离子电池正极材料 LiNi₀.₅Co₀.₂Mn₀.₃O₂ 电化学性能的影响[72]，发现合适厚度的薄层(8 循环)明显改进了正极材料的电化学性能，提升了放电容量和循环稳定性(图 9.36)，归因于 ALD 制备的超薄层氧化物很好地保护了活性电极材料。

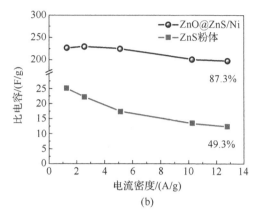

(a)   (b)

图 9.35　ZnO@ZnS 核壳结构及其电化学性能[70]

(a)ZnO@ZnS 核壳结构的 SEM 照片，插图为 TEM 照片；(b)倍率性能

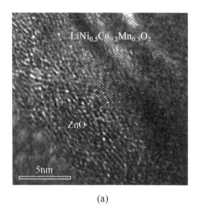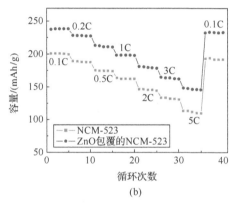

(a)   (b)

图 9.36　LiNi$_{0.5}$Co$_{0.2}$Mn$_{0.3}$O$_2$（NCM-523）正极样品表面包覆 ZnO 薄层及其电化学性能[72]

(a)ZnO 包覆 NCM-523 粉末的 TEM 照片（25 循环）；(b)8 循环 ZnO 包覆对应的倍率性能

　　拉曼光谱在物理、化学、材料科学、生物等许多领域都有重要应用价值，然而拉曼散射效应是一个非常弱的过程，一般其光强仅为入射光强的 10^{-10}。表面增强拉曼光谱（SERS）通过增强表面的电磁场，可以使拉曼光谱信号强度增加 $10^4 \sim 10^6$ 倍，克服了拉曼光谱灵敏度低的缺点。通过两个紧密相邻金属纳米颗粒产生的强电磁场增强，已经证实单分子的拉曼光谱。然而如何利用从上到下的微纳加工方法，如电子束光刻或聚焦离子束光刻，获得超薄的纳米间隙（nanogap），还是一个艰巨的挑战。而 ALD 技术可以方便地在亚纳米尺度上调控膜厚，因而有可能通过设计特定的工艺流程，制作各种各样的纳米间隙[73,74]。

　　图 9.37（a）展示了利用 ALD 方法制作垂直取向纳米间隙阵列的示意图：先在起始金属图案结构上 ALD 共形生长薄层 Al$_2$O$_3$，再沉积第二种金属，继而进行各向异性的离子刻蚀。等离激元纳米间隙的尺寸由 ALD 生长 Al$_2$O$_3$ 厚度决定。图 9.37（b）为利用这种工艺获得的不同形态的纳米间隙结构的 SEM 照片。同没有纳米间隙的区域相比，5nm 纳米间隙阵列结构产生了极强的表面拉曼光谱（图 9.38（a）），其增强因子达到 10^9，归因于小于 10nm 的间隙可以高密度地制备在整个硅片上[73]。

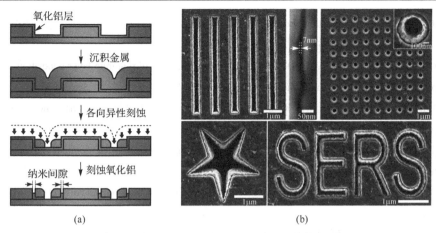

图 9.37　ALD 制备纳米间隙阵列[73]

(a) 使用 ALD 制备纳米间隙阵列的示意图；(b) 不同形态的纳米间隙结构的 SEM 照片

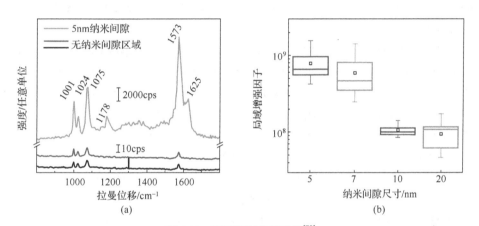

图 9.38　表面增强拉曼光谱[73]

(a) 没有纳米间隙区域和 5nm 纳米间隙区域的苯硫醇拉曼谱；(b) 具有不同纳米间隙尺寸的纳米间隙阵列的
拉曼谱局域增强因子，小方块代表平均值

参 考 文 献

[1]　SHERMAN A. Atomic layer deposition for nanotechnology: An enabling process for nanotechnology fabrication[M]. New York: Ivoryton Press, 2008.

[2]　PUURUNENA R L. Surface chemistry of atomic layer deposition: A case study for the trimethylaluminum/water process[J]. J. Appl. Phys., 2005, 97: 121301-1-52.

[3]　SUNTOLA T, ANTSON J. Method for producing compound thin films: 4058430[P]. 1977.

[4]　The International Technology Roadmap for Semiconductors, semiconductor Industry Association, USA(2001, 2004, 2009, 2012), http://www.itrs2.net/itrs-reports.html.

[5]　GEORGE S M. Atomic layer deposition: An overview[J]. Chem. Rev., 2010, 110: 111-131.

[6]　RITALA M, NIINISTŐ J. Atomic layer deposition[M]// JONES A C, HITCHMAN M L. Chemical vapour deposition precursors, processes and applications. Cambridge: Royal Society of Chemistry, 2009: 158-206.

[7]　PUTKONEN M. ALD applications beyond outside IC technology-existing and emerging possibilities[J]. ECS Transactions, 2009, 25: 143-155.

[8]　SNEH O, CLARK-PHELPS R B, LONDERGAN A R, et al. Thin film atomic layer deposition equipment for semiconductor processing[J]. Thin Solid Films, 2002, 402: 248-261.

[9]　HAUSMANN D, BECKER J, WANG S L, et al. Rapid ALD of highly conformal silica nanolaminates[J]. Science, 2002, 298: 402-406.

[10]　PROFIJT H B, POTTS S E, VAN DE SANDEN M C M, et al. Plasma-assisted atomic layer deposition: Basics, opportunities, and challenges[J]. J. Vac. Sci. Technol. A, 2011, 29: 050801-1-26.

[11]　LIM B S, RAHTU A, GORDON R G. Atomic layer deposition of transition metals[J]. Nat. Mater., 2003, 2: 749-754.

[12]　LESKELÄ M, RITALA M. Atomic layer deposition(ALD): From precursors to thin film structures[J]. Thin Solid Films, 2002, 409: 138-146.

[13]　PINNA N, KNEZ M. Atomic Layer Deposition of Nanostructured Materials[M]. Weinheim: Wiley-VCH Verlag & Co. KGaA, 2012.

[14]　POODT P, CAMERON D C, DICKEY E, et al. Spatial atomic layer deposition: A route towards further industrialization of atomic layer deposition[J]. J. Vac. Sci. Technol. A, 2012, 30: 010802-1-11.

[15]　POODT P, LANKHORST A, ROOZEBOOM F, et al. High speed spatial atomic layer deposition of aluminum oxide layers for solar cell passivation[J]. Adv. Mater., 2010, 22: 3564-3567.

[16]　DAMERON A A, SEGHETE D, BURTON B B, et al. Molecular layer deposition of alucone polymer films using trimethylaluminum and ethylene glycol[J]. Chem. Mater., 2008, 20: 3315-3326.

[17]　KLEPPER K B, NILSEN O, HANSEN P A, et al. Atomic layer deposition of organic-inorganic hybrid materials based on saturated linear carboxylic acids[J]. Dalton Trans., 2011, 40: 4636-4646.

[18]　AHVENNIEMI E, KARPPINEN M. Atomic/molecular layer deposition: A direct gas-phase route to crystalline metal-organic framework thin films[J]. Chem. Commun., 2016, 52: 1139-1142.

[19]　VENKATASAMY V, JAYARAJU N, COX S M, et al. Deposition of HgTe by electrochemical atomic layer epitaxy(EC-ALE)[J]. J. Electroanaly. Chem. , 2006, 589: 195-202.

[20]　INNOCENTI M, BELLANDI S, LASTRAIOLI E, et al. Selective electrodesorption based atomic layer deposition(SEBALD): A novel electrochemical route to deposit metal clusters on Ag(111)[J]. Langmuir, 2011, 27: 11704-11709.

[21]　BANGA D, JARAYAJU N, SHERIDAN L, et al. Electrodeposition of CuInSe$_2$(CIS)via electrochemical atomic layer deposition(E-ALD)[J]. Langmuir, 2012, 28: 3024-3031.

[22]　MIIKKULAINEN V, LESKELÄ M, RITALA M, et al. Crystallinity of inorganic films grown by atomic layer deposition: Overview and general trends[J]. J. Appl. Phys., 113, 2013: 021301-1-102.

[23]　ROSSNAGEL S M, SHERMAN A, TURNER F. Plasma-enhanced atomic layer deposition of Ta and Ti for interconnect diffusion barriers[J]. J. Vac. Sci. Technol. B, 2000, 18: 2016-2020.

[24]　曹燕强, 李爱东. 等离子体增强原子层沉积原理与应用[J]. 微纳电子技术, 2012, 49: 483-490.

[25]　KIM H, CABRAL C, LAVOIE C, et al. Diffusion barrier properties of transition metal thin films grown by plasma-enhanced atomic-layer deposition[J]. J. Vac. Sci. Technol. B, 2002, 20: 1321-1326.

[26]　KIM H, ROSSNAGEL S M. Plasma-enhanced atomic layer deposition of tantalum thin films: The growth and

film properties[J]. Thin Solid Films, 2003, 441: 311-316.

[27] PARK S J, KIM W H, LEE H B R, et al. Thermal and plasma enhanced atomic layer deposition ruthenium and electrical characterization as a metal electrode[J]. Microelectron. Eng., 2008, 85: 39-44 .

[28] KIM W H, MAENG W J, MOON K J. Growth characteristics and electrical properties of La$_2$O$_3$ gate oxides grown by thermal and plasma-enhanced atomic layer deposition[J]. Thin Solid Films, 2010, 519: 362-366 .

[29] KWON O K, KWON S H, PARK H S, et al. PEALD of a ruthenium adhesion layer for copper interconnects[J]. J. Electrochem. Soc., 2004, 151: C753-C756.

[30] KWON O K, KWON S H, PARK H S, et al. Plasma-enhanced atomic layer deposition of ruthenium thin films[J]. Electrochem. Solid-State Lett., 2004, 7: C46-C48.

[31] HEIL S B S, HEMMEN J L V, HODSON C J, et al. Deposition of TiN and HfO$_2$ in a commercial 200 mm remote plasma atomic layer deposition reactor[J]. J. Vac. Sci. Technol. A, 2007, 25: 1357-1366 .

[32] KIM H. Characteristics and applications of plasma enhanced-atomic layer deposition[J]. Thin Solid Films, 2011, 519: 6639-6644 .

[33] LIEBERMAN M A, LICHTENBERG A J. Principles of plasma discharges and materials processing[M]. 2nd ed. New York: John Wiley & Sons, 2005.

[34] STAIR P C. Synthesis of supported catalysts by atomic layer deposition[J]. Top Catal., 2012, 55: 93-98.

[35] MENG X B, YANG X Q, SUN X L. Emerging applications of atomic layer deposition for lithium-ion battery studies[J]. Adv. Mater., 2012, 24: 3589-3615.

[36] MARICHY C, BECHELANY M, PINNA N. Atomic layer deposition of nanostructured materials for energy and environmental applications[J]. Adv. Mater., 2012, 24: 1017-1032.

[37] BRENNAN T P, ARDALAN P, LEE H B R, et al. Atomic layer deposition of CdS quantum dots for solid-state quantum dot sensitized solar cells[J]. Adv. Energy Mater., 2011, 1: 1169-1175.

[38] NAM S W, LEE M H, LEE S H, et al. Sub-10-nm nanochannels by self-sealing and self-limiting atomic layer deposition[J]. Nano Lett., 2010, 10: 3324-3329.

[39] KNEZ M, NIELSCH K, NIINISTÖ L. Synthesis and surface engineering of complex nanostructures by atomic layer deposition[J]. Adv. Mater., 2007, 19: 3425-3438.

[40] IM H, WITTENBERG N J, LINDQUIST N C, et al. Atomic layer deposition: A versatile technique for plasmonics and nanobiotechnology[J]. J. Mater. Res., 2012, 27: 663-671.

[41] Javey A, KIM H, Brink M, et al. High-k dielectrics for advanced CNT transistors and logic gates[J]. Nature Mater., 2002, 1: 241-246.

[42] LIAO L, DUAN X. Graphene-dielectric integration for graphene transistors[J]. Mater. Sci. Eng. R, 2010, 70: 354-370.

[43] ROBINSON J A, LABELLA M, TRUMBULL K A, et al. Epitaxial graphene materials integration: effects of dielectric overlayers on structural and electronic properties[J]. ACS Nano, 2010, 4: 2667-2672.

[44] LEE B, MORDI G, KIM M J, et al. Characteristics of high-k Al$_2$O$_3$ dielectric using ozone-based atomic layer deposition for dual-gated graphene devices[J]. Appl. Phys. Lett., 2010, 97: 043107-1-3.

[45] FARMER D B, CHIU H Y, LIN Y M, et al. Utilization of a buffered dielectric to achieve high field-effect carrier mobility in graphene transistors[J]. Nano Lett., 2009, 9: 4474-4478.

[46] ZHOU P, YANG S B, SUN Q Q, et al. Direct deposition of uniform high-k dielectrics on grapheme[J]. Sci. Rep.,

2014, 4: 6448-1-5.

[47] LI X F, LIU X J, ZHANG W Q, et al. Comparison of the interfacial and electrical properties of HfAlO films on Ge with S and GeO$_2$ passivation[J]. Appl. Phys. Lett., 2011, 98: 162903-1-3.

[48] LI X F, CAO Y Q, LI A D, et al. HfO$_2$/Al$_2$O$_3$/Ge gate stacks with small capacitance equivalent thickness and low interface state density[J]. ECS Solid State Lett., 2012, 1: N10-N12.

[49] YE P D, WILK G D, YANG B, et al. GaAs metal-oxide-semiconductor field-effect transistor with nanometer-thin dielectric grown by atomic layer deposition[J]. Appl. Phys. Lett., 2003, 83: 180-182.

[50] HUANG M L, CHANG Y C, CHANG C H, et al. Surface passivation of III-V compound semiconductors using atomic-layer-deposition-grown Al$_2$O$_3$[J]. Appl. Phys. Lett., 2005, 87: 252104-1-3.

[51] CHANG C H, CHIOU Y K, CHANG Y C, et al. Interfacial self-cleaning in atomic layer deposition of HfO$_2$ gate dielectric on In$_{0.15}$Ga$_{0.85}$As[J]. Appl. Phys. Lett., 2006, 89: 242911-1-3.

[52] HINKLE C L, SONNET A M, VOGEL E M, et al. GaAs interfacial self-cleaning by atomic layer deposition[J]. Appl. Phys. Lett., 2008, 92: 071901-1-3.

[53] CAO Y Q, LI X F, LI A D, et al. The combination self-cleaning effect of trimethylaluminium and tetrakis (dimethyl-amino) hafnium pretreatments on GaAs[J]. Appl. Surf. Sci., 2012, 263: 497-501.

[54] GONG Y P, LI A D, LI X F, et al. Impact of Al/Hf ratio on electrical properties and band alignments of atomic-layer-deposited HfO$_2$/Al$_2$O$_3$ on S-passivated GaAs substrates[J]. Semiconductor Sci. Tech., 2010, 25: 055012-1-5.

[55] LI X F, FU Y Y, LIU X J, et al. Band alignment and interfacial properties of atomic layer deposited $(TiO_2)_x(Al_2O_3)_{1-x}$ gate dielectrics on Ge[J]. Appl. Phys. A: Mater. Sci. Proc., 2011, 105: 763-767.

[56] WELLER D, MOSER A. Thermal effect limits in ultrahigh-density magnetic recording[J]. IEEE Trans. Magn., 1999, 35: 4423-4439.

[57] ASAHI O T, KAWAJI J, YOKOSHIMA T. Development of high-performance magnetic thin film for high-density magnetic recording[J]. Electrochimica Acta, 2005, 50: 4576-4585.

[58] KONG J Z, GONG Y P, LI X F, et al. Magnetic properties of fept nanoparticle assembly embedded in atomic-layer-deposited Al$_2$O$_3$[J]. J. Mater. Chem., 2011, 21: 5046-5050.

[59] ZHANG J L, KONG J Z, LI A D, et al. Synthesis and characterization of FePt nanoparticles and FePt nanoparticle/SiO$_2$-matrix composite films[J]. J. Sol-Gel Sci. Tech., 2012, 64: 269-275.

[60] ZHOU Y, YIN J, XU H N, et al. A TiAl$_2$O$_5$ nanocrystal charge trap memory device[J]. Appl. Phys. Lett., 2010, 97: 143504-1-3.

[61] MAIKAP S, WANG T Y, LIN C H, et al. Band offsets and charge storage characteristics of atomic layer deposited high-k HfO$_2$/TiO$_2$ multilayers[J]. Appl. Phys. Lett., 2007, 90: 262901-1-3.

[62] LIU X J, ZHU L, GAO M Y, et al. Nonvolatile memory capacitors based on Al$_2$O$_3$ tunneling and HfO$_2$ blocking layers with charge storage in atomic-layer-deposited Pt nanocrystals[J]. Appl. Surf. Sci., 2014, 289: 332-337.

[63] LIU X J, GAO M Y, LI A D, et al. Monolayer FePt nanocrystal self-assembly embedded into atomic-layer-deposited Al$_2$O$_3$ films for nonvolatile memory applications[J]. J. Alloys Compd., 2014, 588: 103-107.

[64] TANG Z J, ZHU X H, XU H N, et al. Impact of the interfaces in the charge trap layer on the storage characteristics of ZrO$_2$/Al$_2$O$_3$ nanolaminate-based charge trap flash memory cells[J]. Mater. Lett., 2013, 92: 21-24.

[65]　PAN F, GAO S, CHEN C, et al. Recent progress in resistive random access memories: Materials, switching mechanisms, and performance[J]. Mater. Sci. Eng. R, 2014, 83: 1-59.

[66]　WANG L G, QIAN X, CAO Y Q, et al. Excellent resistive switching properties of atomic layer-deposited $Al_2O_3/HfO_2/Al_2O_3$ trilayer structures for non-volatile memory applications[J]. Nano. Res. Lett., 2015, 10: 1-8.

[67]　WANG L G, CAO Z Y, QIAN X, et al. Atomic layer deposited oxide-based nanocomposite structures with embedded CoPtx nanocrystals for resistive random access memory applications[J]. ACS Appl. Mater. Interfaces, 2017, 9: 6634-6643.

[68]　ZHONG Q, YAN J, QIAN X, et al. Atomic layer deposition enhanced grafting of phosphorylcholine on stainless steel for intravascular stents[J]. Colloids and Surfaces B: Biointerfaces, 2014, 121: 238-247.

[69]　LIU M N, LI X L, KARUTURI S K, et al. Atomic layer deposition for nanofabrication and interface engineering[J]. Nanoscale, 2012, 4: 1522-1528.

[70]　CAO Y Q, QIAN X, ZHANG W, et al. ZnO/ZnS core-shell nanowires arrays on ni foam prepared by atomic layer deposition for high performance supercapacitors[J]. J. Electrochem. Soc., 2017, 164 : A3493-A3498.

[71]　GUAN C, QIAN X, WANG X, et al. Atomic layer deposition of Co_3O_4 on carbon nanotubes/carbon cloth for high-capacitance and ultrastable supercapacitor electrode[J]. Nanotechnology, 2015, 26: 094001-1-7.

[72]　KONG J Z, REN C, TAI G A, et al. Ultrathin ZnO coating for improved electrochemical performance of $LiNi_{0.5}Co_{0.2}Mn_{0.3}O_2$ cathode material[J]. J. Power Sources,2014, 266: 433-439.

[73]　IM H, BANTZ K C, LINDQUIST N C, et al. Vertically oriented sub-10-nm plasmonic nanogap arrays[J]. Nano Lett., 2010, 10: 2231-2236.

[74]　CAO Y Q, QIN K, ZHU L, et al. Atomic-layer-deposition assisted formation of wafer-scale double-layer metal nanoparticles with tunable nanogap for surface-enhanced Raman scattering[J]. Sci. Rep., 2017, 7: 5161-1-9.

第 10 章　原子层刻蚀技术

10.1　概　　述

第 9 章已经介绍过原子层沉积(ALD)技术,通过将气相前驱体脉冲交替地通入反应室并在沉积基体表面上发生化学吸附反应形成薄膜[1],具有大面积的均匀性和精确的亚单层膜厚控制。而本章着重介绍的原子层刻蚀(atomic layer etching, ALE)技术,其概念的萌芽与技术诞生也与 ALD 的发展密不可分。

关于 ALE 技术的最早报告可以追溯到 1988 年的一个美国专利,Yoder 利用 ALE 方法对合成金刚石薄膜进行单原子层刻蚀[2],并指出此为 ALD 的对等工艺,包含一个四步的循环流程:①反应室通入 NO$_2$;②清洗;③通入激活离子;④清洗。另一个 ALE 的早期贡献源自 Maki 和 Ehrlich,1989 年他们使用氯气化学吸附和 ArF 激光解吸附研究了 GaAs 的双层刻蚀[3]。随后日本科学家探索了 ALE 工艺刻蚀 Si,采用氟或氯气作为吸附前驱体,利用了 Ar$^+$等离子体去除 Si 表面吸附层,饱和刻蚀速度为 0.4Å/循环,相当于 Si(100)单层的 1/3[4,5]。20 世纪 90 年代 ALE 研究大多集中在 GaAs 和 Si 材料上,作为反应离子刻蚀(reactive ion etching, RIE)的候选技术,主要聚焦于定向 ALE。进入 21 世纪,与蓬勃发展的 ALD 技术相比,ALE 的进展显得相对缓慢,低的刻蚀速度和长的工艺时间阻碍了它的发展。

然而,最近几年随着半导体集成器件趋近亚 10nm 技术节点,微电子工业迫切需要具有原子尺度可控性(<0.5nm)和选择性的逐层刻蚀工艺,传统的等离子体刻蚀或湿法刻蚀工艺在这样的薄层架构中无法满足如此苛刻的要求,因此 ALE 又成为人们关注的热点[6-8]。2014 年 4 月 Sematech 公司举办了首次 ALE 工作会议,同年日本召开的干法工艺国际会议和巴尔的摩召开的美国真空协会会议中 ALE 也成为专门议题[8]。2015 年以后,每年一次的国际原子层沉积会议专门设置了 ALE 专题研讨会。目前 ALE 技术受到学术界和工业界的广泛关注,正经历着快速的发展和成长。

本章将重点介绍 ALE 的原理、特点、刻蚀材料及对未来的展望。

10.2　原子层刻蚀原理与特点

10.2.1　基本原理

ALE 是一种使用序列的自限制反应进行薄膜刻蚀的技术。与 ALD 逐层生长概念类似,ALE 导致了材料的逐层去除[6-9]。图 10.1(a)为典型的 ALE 循环示意图,它通常包括两个半反应:表面修饰(反应 A)和表面去除(反应 B)。表面修饰是指刻蚀表面吸附反应剂(前驱体蒸气),形成表面化学吸附层。与 ALD 最主要的区别步骤是在表面去除,通常是利用低能量的激发离子或中性粒子轰击表面吸附层,形成易挥发的刻蚀产物。反应 A 和反应 B 均为自限制反应。每一个 ALE 循环也可参照并对应 ALD 循环 (图 10.1 (b)), 分为四步 (I 、 II 、 III 、 IV): I . 表面吸附; II . 过量反应物抽空; III . 离子(中性粒子)轰击; IV . 易挥发的反应产物抽空。其中 I 、 III 为关键的表面自限制步骤, II 、 IV 是速度限制的抽空步骤, 依赖于反应物和生成物在反应室的停留时间。

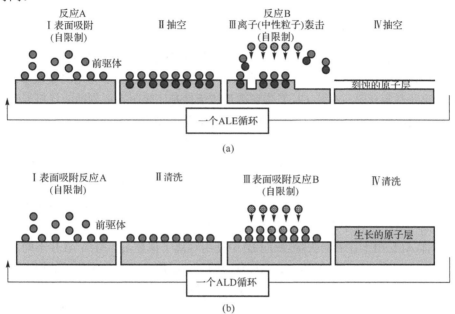

图 10.1　ALE 与 ALD 循环示意图[9]

(a) ALE; (b) ALD

与连续等离子体刻蚀(或反应离子刻蚀)不同, ALE 并非一个连续的工艺过程, 而是由 2 个或以上的分离半反应组成的。这种半反应的分离可以是时间上的, 也可以是空间上的, 类似 ALD 中采用前驱体脉冲时间序列隔离或空间 ALD 的空间隔离办法。参照 ALD 中的每个循环的生长速度定义为 GPC (growth per cycle), 在 ALE 中通常每个循环的刻蚀速度 (或深度) 也可定义为 EPC (etch per cycle)[8], 图 10.2 为三个 ALE 循环示意图。等离子体辅助的 ALE 技术中, Si 表面用氯气等离子体氯化后(反应 A), 再用 Ar+ 等离子体刻蚀(反应 B), 获得了符合自限制反应的 EPC 为 0.7nm/循环[10]。

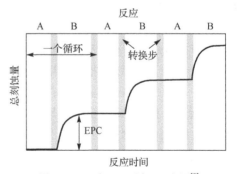

图 10.2　三个 ALE 循环示意图[8]

A、B 为半反应, 灰色区域为分隔两个半反应的清洗或抽空时间, EPC 为每个 ALE 循环的刻蚀速度

自限制反应是 ALE 的基础。对 ALE 工艺而言, 正是分离的半反应, 有助于解除表面修饰和表面去除之间的相互作用, 控制表面反应的顺序, 使自限制行为成为可能, 即"不连续性"避免了连续等离子体刻蚀中形成厚的混合层及由此引起的无限制反应活性[11], 表现出表面控制的工艺特点。离子轰击能量、反应物剂量等刻蚀工艺参数在一定范围内的变化对 EPC 数值影响较少, 甚至没有影响。即刻蚀速度保持恒定, 刻蚀具有极佳的逐层可控性、图案保真性和工艺重复性。

然而实际的 ALE 过程,并非每一步都完全符合自限制反应特性。因此,需要做一些测试来判断反应的自限制程度,通常包括三种测试:能量扫描(energy scan)、饱和曲线和协同测试(synergy test)[8]。下面结合两种代表性的 ALE 工艺——等离子体 ALE 和热 ALE 的介绍予以具体说明。

10.2.2 等离子体原子层刻蚀原理

等离子体 ALE 此处主要是指循环过程表面去除(反应 B)步骤中(即Ⅲ),采用等离子体轰击来进行刻蚀,去除反应 A 中形成的表面吸附层。表面吸附(反应 A)常用的是氯基化学,采用热氯化或等离子体氯化[8],使得 Cl$_2$ 发生解离形成活性基团吸附在要刻蚀的材料表面。而表面去除(反应 B)用基团 R 代表等离子体中的激活离子、活性中性粒子或电子(光子)等[12]。基团 R 与表面吸附层作用,形成易挥发的产物,此反应只发生在表面吸附层中,因此具有自限制性。目前使用最多的是氩气等离子体[6],有 Ar 中性等离子束,也有 Ar$^+$ 等离子体,可以是电子自旋共振产生[13],也可以是电容耦合[14]或电感耦合[15]等产生。等离子体源还可以是氖气、氢气等离子体[16],电子、激光束产生的光子[3]等。在等离子体 ALE 中,为了减少物理溅射效应及引起的表面损伤,离子或中性粒子束的能量通常都小于 100eV[6]。

等离子体 ALE 由于在表面去除(反应 B)中使用等离子体轰击,与热 ALE 不同,一般具有方向性,为定向刻蚀;且等离子体 ALE 具有低的工艺温度,可减少对器件的损害。使用 Ar$^+$ 轰击,其优点包括离子能被电场加速,有利于各向异性的刻蚀,同时可保持衬底的低温,如室温。但携带电荷的 Ar$^+$ 也可能造成刻蚀表面的电荷缺陷,此时利用具有一定能量的 Ar 中性等离子束,可以避免此类现象的发生,减少刻蚀造成的晶格损伤和电荷缺陷。

如同热 ALD 中衬底温度在 ALD 窗口中起了重要作用,在等离子体 ALE 中,离子或粒子能量也扮演了同样重要的角色,图 10.3(a)[8]为能量扫描曲线示意图。当离子(粒子)能量过低的时候,会导致表面吸附层不完全去除(Ⅰ区);当离子(粒子)能量过高的时候,会由于溅射效应引起过度刻蚀(Ⅲ区);只有在Ⅱ区的时候,EPC 与离子(或粒子)能量无关,存在 ALE 窗口,EPC 保持恒定。文献[17]报道使用 Cl$_2$ 等离子体进行表面吸附修饰和 Ar$^+$ 等离子体轰击去除 Si 的工艺中,ALE 的 Ar$^+$ 能量窗口在 40~60eV,EPC 稳定在 0.7nm/循环。

之所以会存在 ALE 窗口,是因为与未修饰层相比,通过表面修饰可以降低"去除能垒"(removal energy)。例如,等离子体 ALE 用于 Si 时,首先 Cl$_2$ 在 Si 衬底上发生表面化学吸附反应,Si—H*(s) + Cl$_2$(g) ⟶ —Si—Cl*(s) +HCl(g),*是指吸附在表面的官能团。Si—Cl 键键能为 4.2eV,比原来的 Si—Si 键键能(3.4eV)要强[18]。电负性较强的 Cl 通过电子转移进一步弱化了 SiCl$_x$ 层下面的 Si—Si 键,其键强降低到约 2.3eV[19]。等离子体 ALE 去除表面 SiCl$_x$ 层变得容易进行。此外,ALE 窗口的大小依赖于特定的反应剂——目标-能量的组合,通过测量可获得反应修饰步降低"去除能垒"的数据,进而得到 ALE 窗口。如果一种材料的 ALE 窗口与另一种材料的窗口存在偏移,则又可以获得刻蚀材料的"选择性窗口"。

除了考虑离子或粒子能量,辐照时间也是一个影响因素。使用 Cl$_2$ 作为表面吸附反应剂,利用低能量的 Ar 中性粒子对不同取向的 Si(100)和(111)进行 ALE,如图 10.3(b)所示[20],展示了 ALE 过程中表面去除(反应 B)的辐照时间饱和曲线。对 Si(100)晶面,辐照时间达到 300s,EPC 趋于饱和;而 Si(111)晶面,辐照时间须在 700s 以上,EPC 才达到饱和。此现象与不同晶面原子密度存在差异有关,Si(111)为最密排原子面,Cl$_2$ 吸附在 Si(111)上形成了更多的 Si—

Cl 键, 去除它们需要更多 Ar 中性粒子, 即更长的辐照时间。当 Ar 中性粒子能量超过"去除能垒"的临界阈值, 且辐照时间充足时, Si(100) 和 (111) 的 EPC 即可达到饱和, 分别为 1.36Å/循环和 1.57Å/循环, 相当于两个晶面的原子层间距[20], 表明在理想条件下, ALE 可达到单原子层的刻蚀精度。

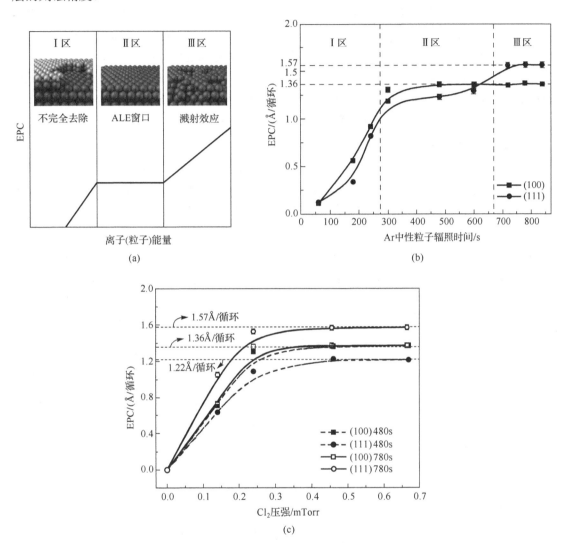

(a)

(b)

(c)

图 10.3　离子(粒子)能量、辐照时间、Cl_2 压强关系对 ALE 窗口的影响
(a) EPC 与离子(粒子)能量扫描曲线示意图[8]; (b) Si 的 EPC 与 Ar 中性粒子束辐照时间饱和曲线(加速栅压为 50V, Cl_2 压强为 0.46mTorr); (c) Si 的 EPC 与 Cl_2 压强曲线(加速栅压为 50V, Ar 中性粒子束辐照时间为 480s、780s)[20]

图 10.3(c) 为吸附在 Si 衬底上 Cl_2 压强的饱和曲线[20]。由图可知, 对 Si(100) 晶面而言, 当 Cl_2 压强大于 0.24mTorr 时, 无论 480s 还是 780s 的辐照时间, 其 EPC 均达到饱和, 且均为 1.36Å/循环。这与高的 Cl_2 压强下, Cl_2 在 Si 表面形成饱和的 $SiCl_x$ 单原子层吸附有关。而 Si(111) 晶面, 在 480s 的辐照时间下, EPC 趋于饱和后较小, 为 1.22Å/循环, 不到单原子层; 在 780s 的辐照时间下, EPC 饱和后较大, 为 1.57Å/循环, 为典型的单原子层[20]。前者归因于不饱和的 Ar 中性粒子辐照剂量, 使得在 Si 表面的 $SiCl_x$ 饱和吸附层不能完全去除, 导致了低的 EPC。饱

和曲线是 ALE 研究中较重要的基本表征之一,以确定表面吸附或表面去除是否符合自限制反应本质,并选定最佳的工艺条件。

最后介绍协同测试[8]。理想状态,表面修饰(反应 A)应该没有刻蚀;相类似,在反应 B 中,超出表面修饰层,也不应该出现刻蚀。然而实际情况下,每一步都可能导致一些材料的去除,如表面修饰,也许会存在化学刻蚀;表面去除,等离子体可能会引起物理溅射。因此必须要选择合适的工艺条件,尽量将单独半反应步的非理想行为最小化。例如,一般前驱体引起化学刻蚀反应需要热驱动才能进行,通过降低衬底温度到室温,也可忽略此类影响[6]。

协同测试旨在测定与比较表面修饰和表面去除——两个非协同来源(化学刻蚀和物理溅射)的贡献。这里,引入 ALE 协同率(ALE synergy, S)的概念[17],计算公式为

$$S= [(EPC-(\alpha+\beta)]/EPC\times100\% \qquad (10.1)$$

式中,EPC 为 ALE 每循环的刻蚀速度,一般是多个循环的平均值;α 和 β 是单独的反应 A 和反应 B 产生的物质刻蚀贡献,即不需要的刻蚀速度。理想情况下,ALE 协同率应该趋近于 100%,不存在单独每步的刻蚀。实际上,存在各种非理想状态,如光子诱导的刻蚀、物理溅射、台阶污染及各种不需要的副反应,均会使得 α 和 β 不为 0。α 和 β 的数据可通过测量反应 A 和反应 B 作为独立工艺、单独进行时的刻蚀速度而获得。表 10.1 显示了几种典型材料的等离子体 ALE 工艺及其实验所测得的刻蚀速度和 ALE 协同率[17]。

表 10.1　几种典型材料的等离子体 ALE 工艺及其实验所测得的刻蚀速度和 ALE 协同率[17]

刻蚀材料	反应 A	反应 B	EPC/(nm/循环)	α/(nm/循环)	β/(nm/循环)	S/%	E_O/eV
Si	Cl_2 等离子体	50eV Ar^+	0.70	0.03	0.04	90	4.7
Ge	同上	25eV Ar^+	0.80	0.20	0.07	66	3.8
非晶 C	O_2 等离子体	50eV Ar^+	0.31	0	0.01	97	7.4
W	Cl_2 等离子体	60eV Ar^+	0.21	0	0.01	95	8.9
GaN	同上	70eV Ar^+	0.33	0	0.03	91	8.6
SiO_2	CHF_3 等离子体	50eV Ar^+	0.50	0	0.10	80	5

注:E_O 为材料表面结合能

使用 Cl_2 等离子体在 Si 表面进行化学吸附,在 Ar^+ 等离子体轰击去除 Si 的工艺中,当 Ar^+ 能量在 50eV 时,测得 ALE 协同率达到 90%,说明 Cl_2 等离子体的活性中性粒子和惰性的 Ar^+ 之间具有较好的协同作用。研究也表明等离子体 ALE 工艺中[8,21],12in 硅片上展示出均匀的刻蚀特性、光滑的 Si 刻蚀前沿和原子级光滑的 Si 表面,分别如图 10.4(a)~(c)所示[8]。

等离子体 ALE 工艺刻蚀 Ge,类似工艺下需要的 Ar^+ 能量窗口较小,在 20~30eV,与 Ge 较低的表面结合能(3.8eV)有关。另一个特点是 Cl_2 等离子体产生明显的背景刻蚀,α 达到 0.20nm/循环,远高于 Si 的 0.03nm/循环。在 25eV 的低功率下,测得的 ALE 协同率仅为 66%。

其他材料,如非晶 C、金属 W 和III-V族化合物半导体 GaN 均表现出较好的 ALE 协同率,超过 90%。特别是非晶 C 展示出最佳的 ALE 协同率,达到 97%,低功率氧气等离子体避免了自发的化学刻蚀(α=0),50eV Ar^+ 下的 β 只有 0.01nm/循环。其 Ar^+ 的 ALE 窗口在 35~75eV,在此窗口范围 97% ALE 协同率保持不变,Ar^+ 能量低于或高于此阈值,ALE 协同率将下降。AFM 测试表明 50nm 厚的 C 在等离子体 ALE 后,表面平整度 RMS 值由原来的 0.4nm 提高到 0.3nm,

表现出近乎理想的 ALE 过程。采用 CHF_3 等离子体和 Ar^+ 等离子体的刻蚀 SiO_2 工艺，ALE 协同率也达到了 80%。

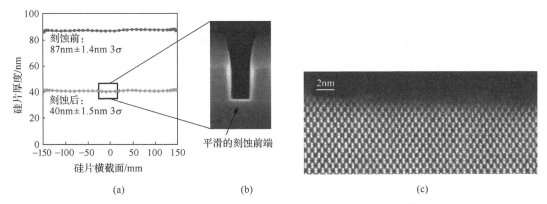

图 10.4　Si 的等离子体 ALE 定向刻蚀（Ar^+ 能量 50eV）[8]

(a) 12in 硅片上优异的刻蚀均匀性；(b) 平滑的 Si 刻蚀前端；(c) 原子级的光滑 Si 表面

另外，将表 10.1 中刻蚀材料的表面结合能 E_0 与 Ar^+ 的 ALE 窗口上限、ALE 协同率和净 EPC（EPC$-(\alpha+\beta)$）等数据联系起来，会发现 E_0 越大，ALE 窗口上限相应越高，ALE 协同率越大，净 EPC 越小[15]，即表面结合能较大的材料，更适合采用等离子体 ALE 工艺。

10.2.3　热原子层刻蚀原理

热原子层刻蚀（热 ALE，thermal ALE）通过序列自限制的热反应，实现亚单原子层的共形去除。与前述的各向异性等离子体 ALE 不同，热 ALE 是各向同性刻蚀[22]，可视作 ALD 的逆过程[9,23]。热 ALE 与 ALD 一起组合使用，使得原子层工艺可用的操纵工具变得更加灵活与强大。

这里要介绍的热 ALE 方法，是美国科罗拉多大学 George 教授课题组于 2015 年首次报道的[24]。使用 HF 和 $Sn(acac)_2$ 作为反应剂在 150～250℃ 工作温度可利用 ALE 工艺刻蚀 Al_2O_3 薄膜，且刻蚀面变得非常光滑，表面平整度只有 2～3Å（原始 RMS 数值约为 5Å）。随后发现用三甲基铝（TMA）代替 $Sn(acac)_2$，同样可用于 ALE 工艺刻蚀 Al_2O_3 薄膜[25]。其反应机理均为序列自限制的氟化和配体交换反应[26]，以 HF 和 TMA 为例，反应示意图如图 10.5 所示[22]。

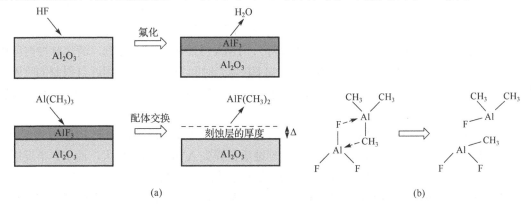

图 10.5　使用 HF 和 TMA 热 ALE 工艺刻蚀 Al_2O_3 薄膜的反应示意图[22]

(a) 热 ALE 中氟化和配体交换反应示意图；(b) 配体交换反应中的四中心环过渡态示意图

总反应方程式、氟化(A)和配体交换(B)两个半反应式分别如下:

$$Al_2O_3(s) + 6HF(g) + 4Al(CH_3)_3(g) \longrightarrow 6AlF(CH_3)_2(g) + 3H_2O(g) \tag{10.2}$$

半反应 A(氟化):

$$Al_2O_3|Al_2O_3^*(s) + 6HF(g) \longrightarrow Al_2O_3|2AlF_3^*(s) + 3H_2O(g) \tag{10.3}$$

半反应 B(配体交换):

$$Al_2O_3|2AlF_3^*(s) + 4Al(CH_3)_3(g) \longrightarrow Al_2O_3^*(s) + 6AlF(CH_3)_2(g) \tag{10.4}$$

Sn(acac)$_2$ 和 HF 作为反应剂,热 ALE 工艺刻蚀 Al$_2$O$_3$ 薄膜的示意图如图 10.6 所示[26],反应方程式如下:

$$Al_2O_3(s) + 6Sn(acac)_2(g) + 6HF(g) \longrightarrow 2Al(acac)_3(g) + 6SnF(acac)(g) + 3H_2O(g) \tag{10.5}$$

半反应 A(配体交换):

$$Al_2O_3|2AlF_3^*(s) + 6Sn(acac)_2(g) \longrightarrow Al_2O_3|xSnF(acac)^*(s) + 2Al(acac)_3(g) + (6-x)SnF(acac)(g) \tag{10.6}$$

半反应 B(氟化):

$$Al_2O_3|xSnF(acac)^*(s) + 6HF(g) \longrightarrow 2AlF_3^*(s) + xSnF(acac)(g) + 3H_2O(g) \tag{10.7}$$

无论采用 TMA 还是采用 Sn(acac)$_2$ 作为反应剂,刻蚀过程均可分为四步:① 引入 HF 气体,与 Al$_2$O$_3$ 表面发生氟化反应,生成 AlF$_3$;② 引入惰性清洗气体,去除多余的前驱体 HF 和反应副产物,如 H$_2$O、CH$_4$ 或 SnF(acac);③ 引入 TMA 或 Sn(acac)$_2$ 反应剂,通过配体交换反应,表面 AlF$_3$ 转变成稳定易挥发的刻蚀产物 AlF(CH$_3$)$_2$ 或 SnF(acac);④ 引入惰性清洗气体,去除易挥发的刻蚀产物、多余的前驱体 TMA 或 Sn(acac)$_2$ 及反应副产物 Al(acac)$_3$。热 ALE 过程中的配体交换反应与金属置换或再分布反应有关[27,28],图 10.5(b)显示了配体在相邻金属中心之间转移置换的过程,配体交换的过渡态是一个四中心的环,由 TMA 中的 Al 和 AlF$_3$ 中的 Al,通过 F 配体和 CH$_3$ 配体作为桥键形成[27]。

图 10.7(a)和(b)利用石英晶体微天平仪(quartz crystal microbalance,QCM)测量了热 ALE 工艺刻蚀 Al$_2$O$_3$ 薄膜过程中 TMA 与 HF 曝光时间对样品质量变化的影响[25],即饱和曲线。300℃ 时,HF 脉冲时间固定为 1s,清洗脉冲时间固定为 30s,改变 TMA 曝光时间(图 10.7(a)),可知 TMA 曝光时间为 2s 时观测到近似自限制的刻蚀特性,配体交换的刻蚀半反应趋于饱和,表面 AlF$_3$ 层去除,质量 $\Delta M_{TMA} = -29ng/(cm^2 \cdot$循环$)$;TMA 脉冲时间固定为 2s,清洗脉冲时间固定为 30s,改变 HF 曝光时间(图 10.7(b)),可知 HF 曝光时间为 1s 时观测到近自限制的吸附特性,氟化半反应接近饱和,生成 AlF$_3$ 层,质量 $\Delta M_{HF} = 13ng/(cm^2 \cdot$循环$)$,对下面的 Al$_2O_3$ 薄膜起到了钝化作用。

另外样品质量变化——Al$_2$O$_3$ 薄膜刻蚀速度也明显依赖于工作温度,如图 10.7(c)所示[25]。随着反应温度的升高,TMA 半反应过程中的刻蚀质量损失 ΔM_{TMA} 明显增大,而 HF 半反应过程中的质量增益 ΔM_{HF} 也呈现增加趋势。二者综合考虑时,由于 TMA 半反应中质量损失 ΔM_{TMA} 所占权重更大,刻蚀速度随着温度升高也相应增加(图 10.7(d))。250℃时刻蚀速度为 0.14 Å/循环,300℃ 为 0.51Å/循环,325℃ 为 0.75Å/循环,计算可知:250℃时仅 19% 的 AlF$_3$ 去除,而 325℃时 75% 的 AlF$_3$ 层刻蚀掉。此外,不同温度下,刻蚀速度与反应循环数是线性依赖的。

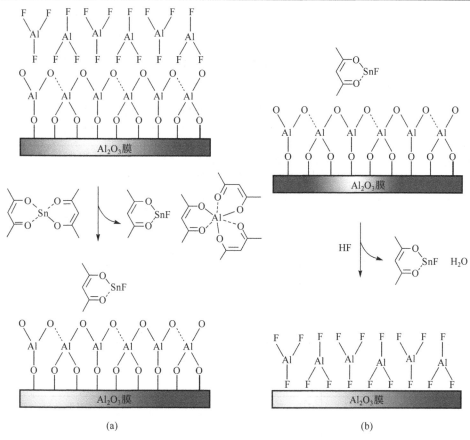

图 10.6　使用 Sn(acac)$_2$ 和 HF 热 ALE 工艺刻蚀 Al$_2$O$_3$ 薄膜的表面反应示意图[26]

(a) Sn(acac)$_2$ 反应；(b) HF 反应

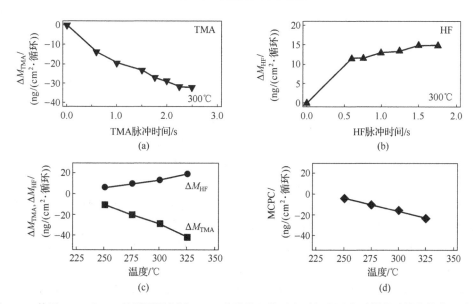

图 10.7　使用 TMA 和 HF 热原子层刻蚀 Al$_2$O$_3$ 薄膜前驱体曝光时间和温度对样品质量变化的影响[25]

(a) TMA 曝光时间的影响；(b) HF 曝光时间的影响；(c) 温度对 TMA、HF 半反应的影响；(d) 温度对每个 ALE 循环质量的影响

利用氟化和配体交换反应，除了刻蚀金属氧化物，热 ALE 工艺刻蚀其他材料，如金属氮化物、金属硫化物、金属磷化物、金属砷化物、金属硒化物和金属碲化物也是可能的。采用 HF 或 XeF_2 作为氟化剂，$Sn(acac)_2$ 作为刻蚀反应剂，表 10.2 给出了若干代表性金属化合物的热 ALE 反应方程式和 200℃时氟化反应的吉布斯自由能 $\Delta G^{[22]}$。

表 10.2　几种典型金属化合物的热 ALE 反应方程式和 200℃时氟化反应的吉布斯自由能[22]

金属化合物		示例
氧化物/HfO₂	总反应	$HfO_2 + 4Sn(acac)_2 + 4HF \longrightarrow Hf(acac)_4 + 4SnF(acac) + 2H_2O$
	氟化反应	$HfO_2 + 4HF \longrightarrow HfF_4 + 2H_2O$ 　　$\Delta G = -19kcal/mol$
氮化物/GaN	总反应	$GaN + 3Sn(acac)_2 + 3HF \longrightarrow Ga(acac)_3 + 3SnF(acac) + NH_3$
	氟化反应	$GaN + 3HF \longrightarrow GaF_3 + NH_3$ 　　$\Delta G = -40kcal/mol$
磷化物/InP	总反应	$InP + 3Sn(acac)_2 + 3HF \longrightarrow In(acac)_3 + 3SnF(acac) + PH_3$
	氟化反应	$InP + 3HF \longrightarrow InF_3 + PH_3$ 　　$\Delta G = -39kcal/mol$
硫化物/ZnS	总反应	$ZnS + 2Sn(acac)_2 + 2HF \longrightarrow Zn(acac)_2 + 2SnF(acac) + H_2S$
	氟化反应	$ZnS + 2HF \longrightarrow ZnF_2 + H_2S$ 　　$\Delta G = +6kcal/mol$
		$ZnS + 3XeF_2 \longrightarrow ZnF_2 + SF_4 + 3Xe$ 　　$\Delta G = -244kcal/mol$
砷化物/GaAs	总反应	$GaAs + 3Sn(acac)_2 + 3HF \longrightarrow Ga(acac)_3 + 3SnF(acac) + AsH_3$
	氟化反应	$GaAs + 3HF \longrightarrow GaF_3 + AsH_3$ 　　$\Delta G = -21kcal/mol$
硒化物/PbSe	总反应	$PbSe + 2Sn(acac)_2 + 2HF \longrightarrow Pb(acac)_2 + 2SnF(acac) + H_2Se$
	氟化反应	$PbSe + 3HF \longrightarrow PbF_2 + H_2Se$ 　　$\Delta G = +14kcal/mol$
		$PbSe + 3XeF_2 \longrightarrow PbF_2 + SeF_4 + 3Xe$ 　　$\Delta G = -258kcal/mol$
碲化物/CdTe	总反应	$CdTe + 2Sn(acac)_2 + 2HF \longrightarrow Cd(acac)_2 + 2SnF(acac) + H_2Te$
	氟化反应	$CdTe + 2HF \longrightarrow CdF_2 + H_2Te$ 　　$\Delta G = +26kcal/mol$
		$CdTe + 4XeF_2 \longrightarrow CdF_2 + TeF_6 + 4Xe$ 　　$\Delta G = -364kcal/mol$

从热力学角度而言，热 ALE 能够发生，前提是氟化和配体交换半反应的 ΔG 为负值，以确保反应为自发过程。由表 10.2 可知，使用 HF 作为反应剂，HfO_2、GaN、InP、GaAs 的氟化反应可自发进行，ZnS、PbSe、CdTe 需要使用 XeF_2 作为氟化剂，ΔG 才为较大的负值，该反应才能自发进行。$Sn(acac)_2$ 容易与 F 反应生成稳定易挥发的 $SnF(acac)$，在表面释放出乙酰丙酮（acac）配体，而要刻蚀的金属化合物中的金属也容易与 acac 配体形成有相当挥发性的金属配位化合物，HF 中的 H 能与金属化合物中的 O、N、P、As 生成易挥发的 H_2O、NH_3、PH_3 或 AsH_3，XeF_2 中的 Xe 作为惰性气体释放出来。实验已经证实：除了 Al_2O_3，利用氟化和配体交换反应，还成功刻蚀了 HfO_2、ZrO_2、AlN 和 AlF_3 [29]。但 SiO_2 和 Si_3N_4 无法通过此工艺刻蚀，因为一方面 Si—F 键键能太强，不能发生有效的配体交换反应，生成含 Si 的挥发物，另一方面在缺乏水的情况下 SiO_2 和 Si_3N_4 也不能被 HF 自发刻蚀。

目前，相当多的金属氧化物、金属氮化物、金属在利用氟化和配体交换反应取得自限制的热 ALE 方面存在一些困难。原因包括：①形成易挥发的氟化物，导致自发刻蚀，如 WO_3、MoO_3、VO_2、V_2O_5、Ta_2O_5、GeO_2、As_2O_3、Au_2O_3、SbO_2、Sb_2O_3 和 NbO_2；②在配体交换反应中，金属前驱体缺乏易挥发的产物，如 SiO_2、Si_3N_4、TiO_2、TiN 和 Fe_2O_3；③金属氧化物缺乏同一价态的金属氟化物，如 CrO_3、TiN；④无法直接发生氟化反应，如 W、Ta 和 Mo 等。

鉴于氟化和配体交换反应机理方面的局限，George 教授课题组又将上述热 ALE 机制进行了扩展和延伸，借助"转换-刻蚀"（conversion-etching）方法，包括转换-氟化和氧化-转换-氟化机制，进一步发展用于一系列金属氧化物和金属的热 ALE，如刻蚀 SiO_2、ZnO、WO_3 和 W 等。

通过转换-氟化机理，利用 TMA 和 HF 热 ALE 工艺刻蚀 ZnO 薄膜[30]，其反应示意图如图 10.8(a)所示。简单而言，在引入 TMA 进行刻蚀的这一步，ZnO 薄膜在 TMA 的作用下，同时发生了转换成 Al_2O_3 薄膜的反应：$3ZnO(s)+2Al(CH_3)_3(g)\longrightarrow Al_2O_3(s)+3Zn(CH_3)_2(g)$ $(\Delta G=-166.8kcal/mol)$，随后就按照 Al_2O_3 薄膜被刻蚀的 ALE 反应(式(10.2)～式(10.4))进行，265℃时刻蚀速度 EPC 可达 2.11 Å/循环，且刻蚀表面变光滑，表面粗糙度 RMS 由原来的 11 Å下降到 5.8Å。这种转换-氟化机理也可应用于 SiO_2、Si_3N_4、TiO_2 和 WO_3 材料的刻蚀。例如，通过引入 TMA 前驱体，将 SiO_2 转换成 Al_2O_3，反应式为 $1.5SiO_2(s)+Al(CH_3)_3(g)\longrightarrow Al_2O_3(s)+1.5Si(CH_3)_4(g)$ $(\Delta G=-235.0kcal/mol)$，再进行 Al_2O_3 薄膜的刻蚀[31]。也有报道在温度低于 190℃，可用 WF_6 和 BCl_3 反应剂 ALE 工艺刻蚀 TiO_2[32]，反应具有自限制性，175℃时刻蚀速度为 0.6Å/循环。

利用转换-氟化反应，可进行 WO_3 薄膜的热 ALE，利用氧化-转换-氟化反应，可进行金属 W 的热 ALE，其反应示意图如图 10.8(b)所示[33]。后者可看成 ABC 的循环模式，引入氧气或臭氧，可将金属 W 表层转换成 WO_3 薄膜，再引入反应剂 BCl_3，将部分 WO_3 变成 B_2O_3，释放出副产物 WO_xCl_y，最后引入刻蚀剂 HF 进行氟化，B_2O_3 变成易挥发的 BF_3 和 H_2O，完成一个 ALE 循环。

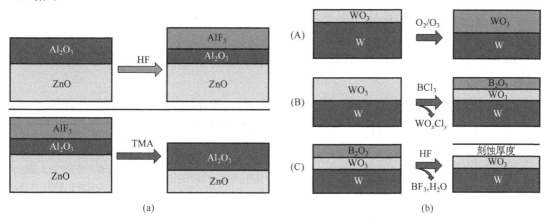

图 10.8　利用"转换"概念热 ALE 工艺刻蚀代表性材料的反应示意图
(a)利用转换-氟化反应，热 ALE 工艺刻蚀 ZnO 薄膜[30]；(b)利用转换-氟化和
氧化-转换-氟化机理反应，热 ALE 工艺分别刻蚀 WO_3 或 W 薄膜[33]

最近又发展了氧化-氟化方法，用于热 ALE 工艺刻蚀 TiN 和金属 W[34,35]。图 10.9 为通过氧化-氟化机理利用 O_3 和 HF 热 ALE 工艺刻蚀 TiN 的反应示意图[34]。在 TiN 表面，强氧化剂 O_3 将 Ti^{3+} 转变成 Ti^{4+}，形成了稳定自钝化的 TiO_2 薄层，可防止进一步氧化，表现出自限制氧化反应特性。然后 TiO_2 发生氟化，形成挥发性的 TiF_4 并除去，获得平滑的刻蚀表面。其 250℃刻蚀速度 EPC 为 0.20 Å/循环。H_2O_2 也能作为强氧化剂进行此反应，获得类似的光滑刻蚀面。

另外各向同性的热 ALE 倘若与低能定向的离子轰击结合，也能获得各向异性的刻蚀。例如，acac 表面基团在 $Sn(acac)_2$ 和 HF 进行 ALE 工艺刻蚀 Al_2O_3 过程中是存在刻蚀表面的，研究发现刻蚀速度与表面 acac 覆盖率成反比[26]，通过利用低能离子的定向轰击，可以解吸附垂直轰击方向表面的 acac 基团(图 10.10)，而侧壁表面的 acac 基团数量基本未变，从而使得侧面的刻蚀速度明显较低，实现了各向异性的热 ALE。

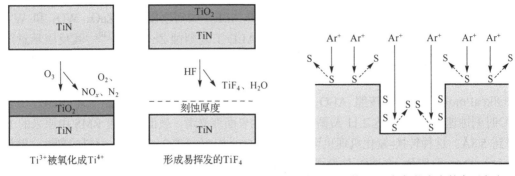

图 10.9　通过氧化-氟化机理利用 O_3 和 HF
热 ALE 工艺刻蚀 TiN 的反应示意图[34]

图 10.10　热 ALE 与低能定向的离子轰击
结合可产生各向异性的热 ALE[22]

　　总之，尽管热 ALE 中也存在 ALE 窗口的概念。然而就像对 ALD 生长而言，ALD 窗口并不是一个必需的要求。对目前报道的大多数热 ALE 而言，EPC 明显是温度依赖的，只有少数热 ALE 反应中，如刻蚀 HfO_2、TiO_2 和 TiN 薄膜，观测到了 ALE 窗口的存在[29,32,34]。简而言之，热 ALE 方法在反应机理、刻蚀材料和反应剂选择方面都还有极大的发展空间，其与 ALD 结合使用，在构建三维纳米器件及在原子层工艺操纵上有更多的选择性，该领域还需要广泛和深入的研究。

10.2.4　原子层刻蚀特点

　　表 10.3 将等离子体 ALE、热 ALE 与传统的等离子体刻蚀工艺[36]及其各自的优缺点进行了比较。

表 10.3　等离子体 ALE、热 ALE 及等离子体刻蚀工艺比较

项目	等离子体 ALE	热 ALE	等离子体刻蚀
方法	非连续工艺，包含表面吸附和表面去除两个半反应，表面去除步骤中，采用等离子体轰击来进行刻蚀。表面吸附步骤中，可以是普通的热吸附，也可以是等离子体辅助的吸附	非连续工艺，包含表面吸附和表面去除两个半反应，类似 ALD 的逆过程。通过序列自限制的热反应，实现亚单原子层的共形去除	连续刻蚀工艺，含有反应性刻蚀气体，等离子体作用下产生大量化学活性基团，与材料表面相互作用，生成可挥发产物，包括物理和化学刻蚀两种作用
优点	自限制特性；低工艺温度；原子层精度；ALE 窗口；定向刻蚀；选择性刻蚀	自限制特性；原子层精度；大面积均匀性；共形刻蚀；超光滑刻蚀表面；ALE 窗口；各向同性刻蚀；选择性刻蚀	高刻蚀速度；低工艺温度；定向刻蚀；选择性刻蚀
缺点	低刻蚀速度；复杂的等离子体物理机理；芯片尺度的均匀性尚需探索	低刻蚀速度；相对高的工艺温度（0~400℃）；合适可行的热 ALE 反应机理尚需进一步发展	等离子体损伤；刻蚀精度低；不均匀性；无限制的反应活性；化学反应物残留；复杂的等离子体物理机理
示例	Cl_2 和 Ar^+等离子体 ALE 工艺刻蚀 Si 与 W 材料[8,21]	$Sn(acac)_2$ 和 HF 热 ALE 工艺刻蚀 Al_2O_3 或 HfO_2 薄膜[24,29]	C_4F_8 反应离子刻蚀 Si、CHF_3/O_2 反应离子刻蚀 SiO_2

　　这里的等离子体刻蚀主要指反应离子刻蚀，是化学反应与物理性离子轰击相结合实现的刻蚀。从 20 世纪 70 年代，对该工艺进行深入研究，该工艺已经广泛应用在半导体工艺中。通过比较可知，每种刻蚀工艺各有优缺点，传统的反应离子刻蚀具有刻蚀速度快、工艺温度范围宽等优势，然而最大的问题是无法满足微电子工业对微纳器件加工精度日益提高的要求。当前半

导体加工宏量生产特征已经趋近 10nm 的临界尺度，精度控制的要求小于 0.5nm[36,37]，而 ALE 由于自限制的反应特性，其优势恰恰体现在原子层尺度的高精度加工调控上，并且可以极大地减少等离子体刻蚀造成的表面晶格损伤和电荷缺陷，从而提高微纳器件的可靠性。

10.3 原子层刻蚀材料

随着 ALE 技术的发展，ALE 的材料种类和数量正在逐渐变得丰富。目前可刻蚀材料包括单质(Si、Ge、C 等)、III-V 族化合物半导体($GaAs$、GaN、InP、$InAlAs$、$InGaAs$、$AlGaN$ 等)、氧化物(Al_2O_3、BeO、SiO_2、HfO_2、TiO_2、WO_3、ZnO、ZrO_2 等)、金属(Cu、W)、二维材料(石墨烯、MoS_2 等)、其他材料(Si_3N_4、TiN、聚苯乙烯等)[6,8,22]。下面将就等离子体 ALE 和热 ALE 工艺刻蚀材料进行简略的介绍。

10.3.1 等离子体原子层刻蚀材料

表 10.4 总结了一些代表性材料的典型等离子体 ALE 工艺。

表 10.4 代表性材料的典型等离子体 ALE 工艺

材料	表面吸附步前驱体	表面去除步等离子体	EPC/(Å/循环)	参考文献
Al_2O_3	BCl_3	100eV Ar 中性束	1	[38]
BeO	BCl_3	<130eV Ar 中性束	0.75	[39]
HfO_2	BCl_3	Ar 中性束	1.2	[40]
TiO_2	BCl_3	Ar 中性束	1.25	[41]
ZrO_2	BCl_3	60eV Ar 中性束	1.07	[42]
SiO_2	C_4F_8/Ar 等离子体	ICP Ar^+	1~5	[15]
SiO_2	C_4F_8/Ar 等离子体	CCP O_2 等离子体	5.6~11.4	[43]
Si	Cl_2	Ar 中性束	1.36(100) 1.57(111)	[20]
Si	Cl_2 等离子体	ICP Ar^+	7	[21]
Ge	Cl_2	ECR Ar^+	1.42(100)	[44]
Ge	Cl_2 等离子体	ECR Ar^+	8(100)	[45]
GaAs	Cl_2	Ne 中性束	1.41(100) 1.63(111)	[46]
GaAs	Cl_2 等离子体	ECR Ar^+	5	[47]
InP	Cl_2	Ne 中性束	1.47	[48]
石墨烯/石墨	O_2 等离子体	Ar 中性束	单层	[49]和[50]
MoS_2	Cl_2 等离子体	20eV ICP Ar^+	单层	[51]
Si_3N_4	H_2 等离子体	ECR Ar^+/H^+	平均单原子层	[13]
聚苯乙烯	O_2	CCP Ar^+	1	[14]

注：ICP，电感耦合等离子体；CCP，电容耦合等离子体；ECR，电子自旋共振等离子体

1. 氧化物

采用 BCl_3 作为吸附气体和低能量的 Ar 中性束作为等离子体轰击源，一系列金属氧化物薄膜，如 Al_2O_3、BeO、HfO_2、TiO_2、ZrO_2 等，在优化工艺下成功进行 ALE[38-42]，其自限制刻蚀速度大约在每循环一个单层(monolayer)。这里使用 BCl_3 代替常用的 Cl_2，是因为 B—O 键键能为 8.39eV，远强于 Cl—O 键键能(2.82eV)，可以与金属氧化物中的氧形成较好的化学吸附层

M-Cl$_x$/BCl-O$_x$[40]。通过这样的定向等离子体 ALE 工艺，可获得符合化学计量比且刻蚀表面光滑的金属氧化物薄膜。

SiO$_2$ 薄膜的刻蚀则与上述反应机理不同，它是利用 C$_4$F$_8$/Ar 等离子体先在 SiO$_2$ 表面沉积 0.1～0.7nm 厚的碳氟化合物(fluorocarbon)超薄修饰层，再用低能量的 Ar$^+$(<30eV) 反应刻蚀掉下面的 SiO$_2$ 薄膜，此过程中 SiO$_2$ 因物理溅射引起的刻蚀几乎可以忽略不计[15]。Ar$^+$刻蚀过程中，碳氟化合物中的 F 原子与 SiO$_2$ 中的 Si 原子反应生成易挥发的 SiF$_x$ 产物，其中的 C 原子与 SiO$_2$ 中的 O 原子反应形成 CO$_x$ 分子，然而，未反应的 C 原子将在 SiO$_2$ 表面产生富 C 薄膜，且随着循环数的增加而变厚，导致刻蚀速度降低，乃至刻蚀反应终止，伴随着 SiO$_2$ 质量的恶化。而采用 O$_2$ 等离子体可以去除碳氟化合物中的 C 原子，从而解决表面 C 残余或污染问题，实现对 SiO$_2$ 薄膜原子尺度的刻蚀调控，且刻蚀速度保持恒定，不随循环数而改变[43]。

2. Si/Ge

等离子体 ALE 工艺刻蚀 Si 已经进行大量研究。反应剂为 F 源的时候，如 CF$_4$、NF$_3$，自发刻蚀将在室温情况下发生[6,8]，不得不采用低温工艺。采用 Cl 源，则可避免此种情况发生。最常用的是氯气或氯气等离子体[20,21]，在 Si 衬底表面化学吸附形成氯化层，再用 Ar$^+$离子束或 Ar 中性粒子束刻蚀除去氯化层，在优化工艺下，可获得 Si 自限制的 ALE。另外，也已经观测到对 Si、SiO$_2$ 和 Si$_3$N$_4$ 等离子体 ALE 的选择性[6,8]。通过使用 C$_4$F$_8$/Ar 或 CHF$_3$/Ar 等离子体反应剂，调控降低 Ar$^+$等离子体轰击能量，可以选择性刻蚀 SiO$_2$，而不刻蚀 Si 或 Si$_3$N$_4$[6,8,52]。

等离子体 ALE 工艺刻蚀 Ge 工艺与 Si 类似[44,45]，采用 Cl$_2$ 或 Cl$_2$ 等离子体作为表面反应吸附剂，再用低能粒子去轰击。研究发现：Cl$_2$ 等离子体中的 Cl 自由基能自发腐蚀 Ge，在 Si 中却无此现象[44]。此外，Ge 比 Si 的反应活性更大，表面氯化更容易达到饱和[53]。

3. Ⅲ-Ⅴ族化合物半导体材料

Ⅲ-Ⅴ族化合物半导体材料包括砷化物、氮化物、磷化物和锑化物等。同元素半导体 Si/Ge 相比，化合物半导体有更复杂的表面，需要更精细的表面化学计量比控制，以保证刻蚀后材料表面性质接近块体，防止电学性能恶化。ALE 的工作最早就是在Ⅲ-Ⅴ族化合物半导体 GaAs 上展开的[3]，并证实了自限制的 ALE 工艺。定向刻蚀的等离子体 ALE 在维持化学计量比、获得光滑表面上独具优势。目前Ⅲ-Ⅴ族化合物半导体的等离子体 ALE 工艺[46-48]，与 Si/Ge 的等离子体 ALE 工艺很类似，常用 Cl$_2$ 或 Cl$_2$ 等离子体，在Ⅲ-Ⅴ族化合物半导体衬底表面化学吸附形成氯化层，再用 Ar 离子束或 Ar 中性粒子束刻蚀除去氯化层，已经在一系列Ⅲ-Ⅴ族化合物半导体，包括 GaAs、GaN、InP、InAlAs、InGaAs 等上获得了应用。研究表明Ⅲ-Ⅴ族化合物半导体的等离子体 ALE 产生了较小的损伤，类似于未刻蚀的表面，确保可获得高电子迁移率的晶体管[6,8,54,55]。

4. 其他材料

等离子体 ALE 刻蚀其他材料，如金属 W[17]、聚苯乙烯[14]、石墨[17,50]、石墨烯[49]及 MoS$_2$[51,46] 等，目前也有一些报道和尝试，取得了不错的进展。特别是利用 Cl$_2$ 等离子体和低能 Ar 离子束 ALE 工艺刻蚀二维材料 MoS$_2$上，可实现每循环单层刻蚀，避免了表面损伤和污染，且刻蚀后获得的单层 MoS$_2$ 场效应晶体管，电学性能类似于未经刻蚀的单层 MoS$_2$ 场效应晶体管[51]。限于篇幅，在此不再展开介绍。

10.3.2 热原子层刻蚀材料

表 10.5 总结了热 ALE 目前已经刻蚀的材料及其典型工艺, 主要包括氧化物、氮化物、金属和氟化物, 主要涉及氟化-配体交换机制以及由此衍生出来的转换-氟化、氧化-转换-氟化和氧化-氟化机制, 它们均表现出序列自限制的反应特性。

表 10.5 一些代表性材料的典型热 ALE 工艺

材料	表面吸附步前驱体	表面去除步前驱体	EPC/(Å/循环)	刻蚀温度/℃	参考文献
Al_2O_3	HF	$Sn(acac)_2$	0.61	250	[24]
	HF	TMA	0.14/0.75	250/325	[25]
HfO_2	HF	$Sn(acac)_2$	0.117	250	[29]
	HF	$Al(CH_3)_2Cl$	0.77	250	[57]
ZrO_2	HF	$SiCl_4$/ $Sn(acac)_2$	0.14	350/ 200	[57]
	HF	$Al(CH_3)_2Cl$	0.117	250	
ZnO	HF	TMA	2.19	295	[30]
TiO_2	WF_6	BCl_3	0.6~0.7	170	[32]
SiO_2	HF	TMA	0.31	300	[31]
WO_3	BCl_3	HF	4.19	207	[33]
W	O_3/BCl_3	HF	2.5	207	[33]
	O_2	WF_6	6.3	300	[35]
TiN	O_3	HF	0.20	250	[34]
AlN	HF	$Sn(acac)_2$	0.36	250	[58]
	HF	$Sn(acac)_2$/氢等离子体	1.96	250	
AlF_3	HF	$Sn(acac)_2$	0.069/0.63	150/250	[59]

由于此类热 ALE 方法于 2015 年才出现, 目前实验证实可刻蚀的材料主要为氧化物, 包括 Al_2O_3、HfO_2、ZrO_2、ZnO、TiO_2、SiO_2、WO_3 等, 其中 ZnO、TiO_2、SiO_2、WO_3 等利用转换-氟化机制代替氟化-配体交换机制。另外, 依据氧化-氟化反应或氧化-转换-氟化反应, 使用 AB 或 ABC 序列循环, 金属 W 可以被热 ALE 工艺成功刻蚀[33,35]。两者均是将金属 W 通过氧或臭氧转换成 WO_3。类似工艺应该也可用于刻蚀其他金属, 如 Mo、Ta 和 Nb。TiN 也类似, 利用氧化-氟化反应, 先氧化形成 TiO_2, 再通过 HF 将 TiO_2 转换为易挥发的 TiF_4 除去[34]。AlN 的热 ALE 可通过 HF 和 $Sn(acac)_2$ 的氟化和配体交换反应实现[58]。研究发现在每次 $Sn(acac)_2$ 脉冲后引入 H_2 或 Ar 等离子体, 可极大地增加 AlN 的 EPC, 从最初的 0.36Å/循环分别增加到 1.96Å/循环或 0.66Å/循环[58]。AlF_3 的热 ALE 也与氧化物的刻蚀有类似之处, 利用了 HF 和 $Sn(acac)_2$ 的氟化和配体交换反应[59]。

总之, 相信通过选择合适前驱体和反应路线, 更多的材料可以通过热 ALE 实现原子尺度的可控选择性刻蚀[22]。

10.4 展望与挑战

具有自限制特性和原子尺度调控精度的 ALE 技术正经历着快速的发展, 其在微电子、光电子、微机械系统及纳米技术等领域展示出重要和令人期待的应用前景, 特别是在特征尺寸越来越小的半导体器件中。超薄栅介质、超薄沟道、新型场效应晶体管[7]（如鱼鳍型场效应晶体管（finFET）或全包围栅 CMOS（gate-all-around CMOS）晶体管）等需要近原子尺度的刻蚀精度和选择性，与经过 30 多年发展的连续等离子体刻蚀方法相比，ALE 技术恰恰可以满足此种苛刻的需求。在一系列材料体系中，已经证实等离子体 ALE 可以实现亚纳米尺度可控、低损伤的定向表面刻蚀；而热 ALE 作为 ALD 的互补工艺，可以实现高深宽比微纳结构中的共形刻蚀，获得超光滑高质量的刻蚀表面。

尽管 ALE 在最近一些年里已经取得了可喜的进展，然而也面临着不少挑战。刻蚀速度慢、循环时间长、成本高阻碍了它从实验室走向工业界。目前正在发展适合产业界使用的一些工艺和方法，例如，利用现有的刻蚀设备进行等离子体辅助的 ALE[21]，作为连续等离子体刻蚀后的最后修整步[60]，发展快速气体切换调控系统等[61]。此外，将厚膜刻蚀分成快刻蚀步和慢刻蚀步两个阶段，前者采用连续等离子体刻蚀，而后者采用 ALE，即可将低产出的影响降到最小，从而在产量、成本和性能之间取得平衡。然而，维持可控的等离子体 ALE 工作在接近物理刻蚀能量阈值的 ALE 窗口内，也是极为严峻的考验，需要严格控制反应系统的洁净度和表面的钝化状态[8]。另外 ALE 材料种类还有待丰富，刻蚀反应机理尚需进一步深入研究。

当集成电路单元器件的临界维度降到 10nm 以下时，ALE 工艺刻蚀速度低相对而言变得不那么重要，刻蚀表面和亚表面层质量、平整度、高深宽比及高选择性变得越来越重要，而这些正是 ALE 的优点。总之，ALE 的发展既存在巨大的机遇，也面临着不小的挑战。相信通过学术界和工业界的持续努力，ALE 也可以像 ALD 一样迎来美好的明天。

<h2 style="text-align:center">参 考 文 献</h2>

[1] SHERMAN A. Atomic layer deposition for nanotechnology: An enabling process for nanotechnology fabrication[M]. New York: Ivoryton Press, 2008.

[2] YODER M N. Atomic layer etching: 4756794 A[P]. 1988-07-12.

[3] MAKI P A, EHRLICH D J. Laser bilayer etching of GaAs surfaces[J]. Appl. Phys. Lett., 1989, 55: 91-93.

[4] HORIIKE Y, TANAKA T, NAKANO M, et al. Digital chemical vapor deposition and etching technologies for semiconductor processing[J]. J. Vac. Sci. Technol. A, 1990, 8:1844-1850.

[5] SAKAUE H, ASAMI K, ICHIHARA T, et al. Digital process for advanced VLSI's and surface reaction study[J]. MRS Proceedings, 1991, 222.

[6] OEHRLEIN G S, METZLER D, LI C. Atomic layer etching at the tipping point: An overview[J]. ECS J. Solid State Sci. Technol. , 2015, 4: N5041-N5053.

[7] CARVER C T, PLOMBON J J, ROMERO P E, et al. Atomic layer etching: An industry perspective[J]. ECS J. Solid State Sci. Technol. , 2015, 4: N5005-N5009.

[8] KANARIK K J, LILL T, HUDSON E A, et al. Overview of atomic layer etching in the semiconductor industry[J]. J. Vac. Sci. Technol. A, 2015, 33: 020802-1-14.

[9] FARAZ T, ROOZEBOOM F, KNOOPS H C, et al. Atomic layer etching: What can we learn from atomic layer deposition?[J]. ECS J. Solid State Sci. Technol. , 2015, 4: N5023-N5032.

[10] GOTTSCHO R A, KANARIK K J, SRIRAMAN S. Plasma surface interactions and how they limit semiconductor plasma processing[C]. AVS 60th International Symposium & Exhibition, Long Beach, CA, 2013.

[11] JOUBERT O, DESPIAU-PUJO E, CUNGE G, et al. Workshop on atomic-layer-etch and clean technology[C]. San Francisco, CA, 2014.

[12] ENGELMANN S U, BRUCE R L, NAKAMURA M, et al. Challenges of tailoring surface chemistry and plasma/surface interactions to advance atomic layer etching[J]. ECS J. Solid State Sci. Technol. , 2015, 4: N5054-N5060.

[13] MATSUURA T, HONDA Y, MUROTA J. Atomic-order layer-by-layer role-share etching of silicon nitride using an electron cyclotron resonance plasma[J]. Appl. Phys. Lett. , 1999, 74: 3573-3575.

[14] VOGLI E, METZLER D, OEHRLEIN G S. Feasibility of atomic layer etching of polymer material based on sequential O_2 exposure and Ar low-pressure plasma-etching[J]. Appl. Phys. Lett. , 2013, 102: 253105.

[15] METZLER D, BRUCE R L, ENGELMANN S, et al. Fluorocarbon assisted atomic layer etching of SiO_2 using cyclic Ar/C_4F_8 plasma[J]. J. Vac. Sci. Technol. A, 2014, 32: 020603-1-4.

[16] KIM B J, CHUNG S H, CHO S M. Proceedings of the international symposium on thin film materials, processes, and reliability[C]. Electrochem. Soc. , San Francisco, CA, 2001.

[17] KANARIK K J, TAN S, YANG W, et al. Predicting synergy in atomic layer etching[J]. J. Vac. Sci. Technol. A, 2017, 35: 05C302-1-7.

[18] SHA L, CHANG J P. Plasma etching of high dielectric constant materials on silicon in halogen chemistries[J]. J. Vac. Sci. Technol. A, 2004, 22: 88-95.

[19] SAKURAI S, NAKAYAMA T. Adsorption, diffusion and desorption of Cl atoms on Si(111) surfaces[J]. J. Cryst. Growth, 2002, s 237-239: 212-216.

[20] PARK S D, LEE D H, YEOM G Y. Atomic layer etching of Si(100) and Si(111) using Cl_2 and Ar neutral beam[J]. Electrochem. Solid-State Lett. , 2005, 8: C106-C109.

[21] KANARIK K J. Moving atomic layer etch from lab to fab[J]. Solid State Technol. , 2013, 56: 14.

[22] GEORGE S M, LEE Y. Prospects for thermal atomic layer etching using sequential, self-limiting fluorination and ligand-exchange reactions[J]. ACS Nano, 2016, 10: 4889-4894.

[23] GEORGE S M. Atomic layer deposition: An overview[J]. Chem. Rev. , 2010, 110: 111-131.

[24] LEE Y, GEORGE S M. Atomic layer etching of Al_2O_3 using sequential, self-limiting thermal reactions with $Sn(acac)_2$ and HF[J]. ACS Nano. 2015, 9: 2061-2070.

[25] LEE Y, DUMONT J W, GEORGE S M. Trimethylaluminum as the metal precursor for the atomic layer etching of Al_2O_3 using sequential, self-limiting thermal reactions[J]. Chem. Mater. , 2016, 28: 2994-3003.

[26] LEE Y, DUMONT J W, GEORGE S M. Mechanism of thermal Al_2O_3 atomic layer etching using sequential reactions with $Sn(acac)_2$ and HF[J]. Chem. Mater. , 2015, 27: 3648-3657.

[27] KUROSAWA H, YAMAMOTO A. Fundamentals of molecular catalysis[M]. Amsterdam: Elsevier, 2003.

[28] LOCKHART J C. Redistribution and exchange reactions in groups IIB-VIIB[J]. Chem. Rev. ,1965, 65: 131-151.

[29] LEE Y, DUMONT J W, GEORGE S M. Atomic layer etching of HfO_2 using sequential, self-limiting thermal reactions with $Sn(acac)_2$ and HF[J]. ECS J. Solid State Sci. Technol. , 2015, 4: N5013-N5022.

[30] ZYWOTKO D R, GEORGE S M. Thermal atomic layer etching of ZnO by a "conversion-etch" mechanism using sequential exposures of hydrogen fluoride and trimethylaluminum[J]. Chem. Mater. , 2017, 29: 1183-1191.

[31] DUMONT J, MARQUARDT A E, CANO A M, et al. Thermal atomic layer etching of SiO_2 by a

"conversion-etch" mechanism using sequential reactions of trimethylaluminum and hydrogen fluoride[J]. ACS Appl. Mater. Interfaces, 2017, 9: 10296-10307.

[32] LEMAIRE P C, PARSONS G N. Thermal selective vapor etching of TiO$_2$: Chemical vapor etching via WF$_6$ and self-limiting atomic layer etching using WF$_6$ and BCl$_3$[J]. Chem. Mater. , 2017, 29: 6653-6665.

[33] JOHNSON N R, GEORGE S M. WO$_3$ and W thermal atomic layer etching using "conversion-fluorination" and "oxidation-conversion-fluorination" mechanisms[J]. ACS Appl. Mater. Interfaces, 2017, 9: 34435-34447.

[34] LEE Y, GEORGE S M. Thermal atomic layer etching of titanium nitride using sequential, self-limiting reactions: Oxidation to TiO$_2$ and fluorination to volatile TiF$_4$[J]. Chem. Mater., 2017, 29: 8202-8210.

[35] XIE W Y, LEMAIRE P C, PARSONS G N. Thermally driven self-limiting atomic layer etching of metallic tungsten using WF$_6$ and O$_2$[J]. ACS Appl. Mater. Interfaces, 2018, 10: 9147-9154.

[36] DONNELLY V M, KORNBLIT A. Plasma etching: Yesterday, today, and tomorrow[J]. J. Vac. Sci. Technol. , A, 2013, 31: 050825-1-48.

[37] LEE C G N, KANARIK K J, GOTTSCHO R A. The grand challenges of plasma etching: A manufacturing perspective[J]. J. Phy. D: Appl. Phys. , 2014, 47: 994-1004.

[38] MIN K S, KANG S H, KIM J K, et al. Atomic layer etching of Al$_2$O$_3$ using BCl$_3$/Ar for the interface passivation layer of Ⅲ-V MOS devices[J]. Microelectron. Eng. , 2013, 110: 457-460.

[39] MIN K S, KANG S H, KIM J K, et al. Atomic ayer etching of BeO using BCl$_3$/Ar for the interface passivation layer of Ⅲ-V MOS devices[J]. Microelectron. Eng. , 2014, 114: 121-125.

[40] PARK J B, LIM W S, PARK J B, et al. Atomic layer etching of ultra-thin HfO$_2$ film for gate oxide in MOSFET devices[J]. J. Phys. D: Appl. Phys., 2009, 42: 055202-1-5.

[41] PARK J B, LIM W S, PARK S D, et al. Etch characteristics of TiO$_2$ etched by using an atomic layer etching technique with BCl$_3$ gas and an Ar neutral beam[J]. J. Korean Phys. Soc. , 2009, 54: 976-980.

[42] LIM W S, PARK J B, PARK J Y, et al. Low damage atomic layer etching of ZrO$_2$ by using BCl$_3$ gas and Ar neutral beam[J]. J Nanosci Nanotech. , 2009, 9: 7379-7382.

[43] TSUTSUMI T, KONDO H, HORI M, et al. Atomic layer etching of SiO$_2$ by alternating an O$_2$ plasma with fluorocarbon film deposition[J]. J. Vac. Sci. Technol. A, 2017, 35: 01A103-1-4.

[44] SUGIYAMA T, MATSUURA T, MUROTA J. Atomic-layer etching of Ge using an ultraclean ECR plasma[J]. Appl. Surf. Sci. , 1997, 112: 187-190.

[45] YANG W, TAN S, KANARIK K, et al. Plasma-enhanced germanium atomic layer etching (ALE)[C]. AVS 63th International Conference. 2016.

[46] LIM W S, PARK S D, PARK B J, et al. Atomic layer etching of (100)/(111) GaAs with chlorine and low angle forward reflected Ne neutral beam[J]. Surf. Coat. Technol. , 2008, 202: 5701-5704.

[47] KO K K, PANG S W. Controllable layer-by-layer etching of Ⅲ-V compound semiconductors with an electron cyclotron resonance source[J]. J. Vac. Sci. Technol. B., 1993, 11: 2275-2279.

[48] PARK S D, OH C K, BAE J W, et al. Atomic layer etching of InP using a low angle forward reflected Ne neutral beam[J]. Appl. Phys. Lett. , 2006, 89: 043109-1-3.

[49] LIM W S, KIM Y Y, KIM H, et al. Atomic layer etching of graphene for full grapheme device fabrication[J]. Carbon, 2012, 50: 429-435.

[50] KIM Y Y, LIM W S, PARK J B, et al. Layer by layer etching of the highly oriented pyrolythic graphite by using

atomic layer etching[J]. J. Electrochem. Soc. , 2011, 158: D710-D714.

[51] KIM K S, KIM K H, NAM Y, et al. Atomic layer etching mechanism of MoS$_2$ for nanodevices[J]. ACS Appl. Mater. Interfaces, 2017, 9: 11967-11976.

[52] METZLER D, LI C, ENGELMANN S, et al. Fluorocarbon assisted atomic layer etching of SiO$_2$ and Si using cyclic Ar/C$_4$F$_8$ and Ar/CHF$_3$ plasma[J]. J. Vac. Sci. Technol. A, 2016, 34: 01B101-1-10.

[53] MATSUURA T, SUGIYAMA T, MUROTA J. Atomic-layer surface reaction of chlorine on Si and Ge assisted by an ultraclean ECR plasma[J]. Surf. Sci. , 1998, 402: 202-205.

[54] PARK S D, OH C K, LIM W S, et al. Highly selective and low damage atomic layer etching of InP/InAIAs heterostructures for high electron mobility transistor fabrication[J]. Appl. Phys. Lett. , 2007, 91:013110-1-3.

[55] KIM T W, KIM D H, PARK S D, et al. A two-step-recess process based on atomic-layer etching for high-performance In$_{0.52}$Al$_{0.48}$As/In$_{0.53}$Ga$_{0.47}$As p-HEMTs[J]. IEEE Tran. Electron Dev., 2008, 55: 1577-1584.

[56] ZHU H, QIN X, CHENG L, et al. Remote plasma oxidation and atomic layer etching of MoS$_2$[J]. ACS Appl. Mater. Interfaces, 2016, 9: 19119-19126.

[57] LEE Y, HUFFMAN C, GEORGE S M. Selectivity in thermal atomic layer etching using sequential, self-limiting fluorination and ligand-exchange reactions[J]. Chem. Mater., 2016, 28: 7657-7665.

[58] JOHNSON N R, SUN H, SHARMA K, et al. Thermal atomic layer etching of crystalline aluminum nitride using sequential, self-limiting hydrogen fluoride and Sn (acac)$_2$ reactions and enhancement by H$_2$ and Ar plasmas[J]. J. Vac. Sci. Technol. A, 2016, 34: 050603.

[59] LEE Y, DUMONT J W, GEORGE S M. Atomic layer etching of AlF$_3$ using sequential, self-limiting thermal reactions with Sn (acac)$_2$ and hydrogen fluoride[J]. J. Phys. Chem. C, 2015, 119: 25385-25393.

[60] AGARWAL A, KUSHNER M J. Plasma atomic layer etching using conventional plasma equipment[J]. J. Vac. Sci. Technol. A, 2009, 27: 37-50.

[61] HUDSON E, VIDYARTHI V, BHOWMICK R, et al. Highly selective atomic layer etching of silicon dioxide using fluorocarbons[C]. AVS 61st International Symposium and Exhibition, Baltimore, MD, 2014.

第 11 章　团簇束流沉积技术

11.1　概　　述

以纳米粒子作为结构单元形成组装纳米结构为按照人们的意愿设计和制备从零维到三维量子结构的新型材料与器件提供了广泛的可能性。无机纳米粒子系统的光学、电学、磁学性质随粒子间的距离和组装结构而发生显著的变化，因而其特定形状和形态的阵列超结构的形成与控制及其物性变化规律的研究，在光、电、磁存储、滤波和传感器件等多方面具有重要的应用背景。另外，由于目前缺乏在纳米尺度精确而有效地对材料进行加工以获得预定纳米结构的方法和手段，利用纳米尺度的组装性质达到纳米结构的可控成型制备就不仅是基础理论研究的一项饶有兴趣的课题，而且在纳米材料的器件应用领域受到极大的重视[1-5]。

在纳米技术领域，发展与现代器件技术相兼容的纳米阵列和图案结构的制作技术具有重要的意义，是纳米科学从基础研究走向产业应用的关键之一。从工业应用而言，一种无机纳米粒子系统的制造方法能否得到成功应用，很大程度上取决于现有的设备与用户基础及应用成本，或者说，该种方法所能提供的性价比及与现有生产技术(如半导体工业器件制造技术)的兼容性。按此标准，自顶向下的制备方法(top-down approach)具有很好的工业应用基础，但传统的基于曝光刻蚀的平板印刷术的线宽受到光学极限的限制，而新一代的光刻技术，如电子束、离子束曝光、聚焦离子束刻蚀等昂贵、效率低，在大规模工业应用上尚难接受。自底向上的制备方法(bottom-up approach)具有成本优势，通过纳米粒子的自组装，可通过单一的工艺过程在大范围内一步实现金属或半导体粒子的有序阵列，例如，表面活性剂作用下的胶体粒子可以自组装形成二维胶体晶体[6,7]，但在规模化器件制备中，这类方法存在与现有器件工艺难兼容、难以排除杂质、工艺繁复(步骤多、过程长)等问题。另外，纳米粒子表面通常存在配位体包裹，易对所获得纳米结构的光学和电学过程产生干扰。因此，尽管在特定的特殊应用中可能是有效的，但难以发展为一种通用的工业制造技术。

基于纳米粒子器件的设计与生产需要在关于结构、化学组分、封装等不同环节上对纳米结构单元的操纵能力。所谓操纵，在此至少包括以下含义：①将纳米粒子按尺寸或几何形状进行选择的能力；②控制纳米粒子位置的能力；③对纳米粒子系统进行物理或化学修饰的能力。也就是说，需要获得具有确定结构与化学状态的纳米粒子并将它们高度精确可控地转移到特定衬底或基体的特定位置，而在转移(如在器件中进行沉积)时，纳米粒子需要保持其原有的性质和个体特征。就此标准而言，通用的基于纳米粒子的纳米结构大规模工业制造技术仍在等待真正的技术突破。

功能器件在许多场合需要均匀密集分布、尺寸结构成分单一的纳米粒子点阵，而纳米粒子空间排列的精确的周期性则并非必需。对于这类应用需求，团簇束流沉积(cluster beam deposition)有希望发展成为一种工业通用的基于纳米粒子的纳米结构规模化制备技术，因而正受到越来越多的重视[8-11]。

团簇(cluster)是由几个至数千个原子组成的相对稳定的微观聚集体，是由单个原子分子向大块凝聚态物质过渡的中间层次。自 20 世纪 80 年代原子团簇和纳米技术研究兴起与发展以来，经过 30 多年的实验和理论探索，揭示了团簇作为孤立粒子的微观结构和物理化学特性，如电学、光学和磁学等性质的量子尺寸效应、壳层电子结构、奇-偶效应、气态/液态/固态的并存与转化、尺寸相关的化学反应特性等，促进了人类对于纳米尺度物质层次认识的深入和系统化，并带动原子分子物理、凝聚态物理和材料科学等相关学科的发展[12]。1985 年英国 Kroto 和美国 Smalley 等在研究碳原子团簇时发现了 C_{60}，引起科学界轰动，并因此获得 1996 年诺贝尔化学奖。

团簇束流沉积是指通过气相聚集过程形成团簇(纳米粒子)，并通过气体动力学喷嘴膨胀形成团簇束流，然后在真空下以声速(低能)或被加速后(荷能)沉积于基底上，分别称为低能团簇束流沉积或荷能团簇束流沉积。

团簇束流沉积技术是从基础领域发展起来的，自 20 世纪 90 年代以来，逐步向应用研究领域扩展[13]，显示了制备纳米结构与纳米组分薄膜的巨大潜力。特别是超声膨胀过程为团簇或纳米粒子的操纵提供了多方面的优势，成为沉积纳米结构薄膜的有力工具，并能与现有的微加工技术有效结合。团簇束流具有易于实现纳米粒子尺寸、组分、动能、沉积率的选择和控制，获得高度定向的准直束流，可对纳米粒子在表面的徙动进行调制的特点，并且整个沉积过程可以通过各种精密分析技术实时监控，在技术上与现代器件制作工艺具有很好的兼容性。进一步结合现有的微加工技术和自组装技术制备适当的模板、电极和光导，并引入光、电、磁场诱导，引导沉积团簇可获得复杂组装图案和功能单元。因此，团簇束流沉积是一种过程简单、高效、快速和低成本的技术，所形成的纳米结构具有高纯、稳定、适应性强等显著优点。特别是，这种技术可将"自底向上"的自组装技术与"自顶向下"的传统微加工技术在工艺上直接结合起来，代表了纳米结构实用化制备技术的发展方向。

超声团簇束流具有高定向性、高准直度与高强度等重要特点。通过对超声团簇束流的空气动力学的研究与控制，可实现对纳米粒子组装体系结构与功能的裁剪。特别是通过采用空气动力学透镜，可使得纳米粒子的空间分布与尺寸分布获得高度的控制，同时保持非常高的束流强度与沉积率。目前，采用团簇束流沉积完全能够达到甚至超过常规物理气相沉积的效率，实现大规模工业应用。另外，超声束的气体动力学赋予了团簇束流两个重要特点，即高定向性和高准直度。团簇经过喷嘴的气体动力学膨胀，各种热运动自由度被很大程度地冻结，使得团簇的气体动力学速度成为其动能的决定性成分。这种速度是沿束流的轴向的，其数值与团簇尺寸密切相关，单一尺寸的团簇束流具有单一大小和方向的速度。因此，中性团簇束流中团簇定向动能的散度可以控制到 1.5eV 以下。团簇束流的气体动力学特性为调控沉积纳米粒子在基底表面的组装形态提供了很大的自由度。通过在基底表面预制的微纳结构，可进一步引导沉积纳米粒子形成特定的纳米图案。面向功能器件的纳米结构制备，要求具有在微米和亚微米尺度上组装纳米粒子形成高精度图案的能力，并且其过程与平面工艺兼容。在纳米粒子束向衬底沉积的路径上引入掩模，可以实现图案化纳米粒子点阵的制备，该制备工艺能够达到高横向分辨率、大面积沉积、高沉积率，与平面工艺兼容性好，过程可在低温下进行，很好地符合纳米制造的工业应用要求。在此，超声团簇束流的高定向性、高准直度与高强度的特点，同样具有关键意义。

荷能团簇束流沉积是团簇束流的另一个重要应用。荷能团簇束的质/荷比 M/Q 相对于离子束要大几个量级，因而在相同的电荷密度下，荷能团簇束的质量密度将比离子束高几个数量级。而团簇中原子与基底原子的直接碰撞主要发生在基底表面一个原子层的范围，因此就有可能将注入能量减小到电子伏特/原子的量级,从而通过浅注入实现对纳米级薄层的有效掺杂,或形成近表面层的纳米结构,这对于超大规模集成电路的制造是非常重要的。团簇轰击表面也可获得非常高的溅射率,可用于实现高刻蚀率及超低粗糙度的表面抛光。因此,荷能团簇束流沉积可在纳米尺度加工和纳米器件制造的工业领域起到重要的作用。

总之,团簇束流沉积技术在纳米制造的工业应用上具有巨大的发展潜力。近年来,德国、英国、日本、意大利、美国等科学家对团簇束流沉积技术给予了高度的重视,与工业界合作进行了大量的研究,并取得了一定的工业应用。然而为使团簇束流沉积技术发展成为纳米制造中一项常规工艺手段,仍然有一系列重要的科学问题需要深入研究,这些问题分布于从团簇的产生到基于团簇束流的纳米结构形成与加工的整个过程中,例如,气相聚集法团簇生长中的定量尺寸控制,超声膨胀形成团簇束流的气体动力学机制及通过气体动力学操纵团簇实现高定向性、高准直度与高强度束流的方法,团簇束流的高通过率尺寸选择方法,纳米粒子在基底表面的扩散、聚合与约束机理,图形化纳米粒子点阵的形成机理及其稳定性,荷能团簇与表面的碰撞机理及其对于纳米尺度生长与表面加工的作用等。

11.2　团簇束流的产生

气相团簇束流的可控制备是团簇科学研究中的重要一环,团簇束流的制备在技术应用上也同样具有重要意义。团簇科学至今一些重要的发展实际上都是在气相团簇束流的制备和探测技术发展的基础上得到的。

通常,高密度的原子气在冷凝腔内的缓冲气体中或通过超声喷嘴膨胀并冷却,导致形核并生长成为团簇。这些团簇在由喷嘴喷出后结束生长,再通过分离器(skimmer)而形成高度准直的高密度束流。

在上述过程中,原子气的温度随着膨胀和冷却下降到一定的值,下列原子 A 依次在核 A_{n-1} 上的附着及蒸发的反应序列以较大的正向概率进行,导致团簇的形成:

$$A + A \longleftrightarrow A_2, \ A_2 + A \longleftrightarrow A_3, \cdots, A_{n-1} + A \longleftrightarrow A_n \cdots \tag{11.1}$$

在如式(11.1)所示的过程中,团簇 A_n 的结合能小于 A_{n-1} 与原子 A 的能量和,所形成的团簇 A_n 具有较大的过剩能量,当 n 较小时逆向反应的概率较大,导致团簇形核的效率很低。因此,在实际的团簇形成过程中通常引入氦、氩等惰性气体作为缓冲气体,通过团簇 A_{n-1}、原子 A 及缓冲气体原子 M 之间的三体过程而将团簇 A_n 上的过剩能量转移到缓冲气体原子 M 上而使团簇 A_n 的稳定形核概率明显提高。实际的形核序列可由式(11.2)给出:

$$A + A \longrightarrow A_2^*, \ A_2^* + M \longrightarrow A_2 + M^*$$

$$A_2 + A \longrightarrow A_3^*, \ A_3^* + M \longrightarrow A_3 + M^* \tag{11.2}$$

$$\cdots\cdots$$

$$A_{n-1} + A \longrightarrow A_n^*, \ A_n^* + M \longrightarrow A_n + M^*$$

随着形核过程的进行,团簇变得足够大,因而碰撞能可被自身吸收,同时稳定的核的浓度增加,下列的生长(growth)和凝固(coagulation)过程逐渐地成为团簇长大的两个主要通道:

$$A_{n-1} + A \longrightarrow A_n, \quad A_{n-m} + A_m \longleftrightarrow A_n \tag{11.3}$$

上述过程可在喷嘴中进行，也可在冷凝腔中进行。

实际的团簇源一般包括高密度原子气的产生、喷嘴、由喷嘴和分离器所分割的差分真空系统。束流源工作中如果采用缓冲气体，则通常采用液氮来冷却气体。

早期的团簇束流与分子束的研究有密切的渊源，其研究自 20 世纪 50 年代开始并在 70 年代达到高潮[14]。这类团簇典型的为分子团簇和范德瓦耳斯团簇，通常由气体通过喷嘴(nozzle)时形成超声喷注(supersonic jet)的绝热膨胀(adiabatic expansion)而获得。等熵过程导致膨胀的气体得到充分的冷却(气体的内能转化为粒子的平移能)。气体通过喷嘴由高压进入真空端，在数十毫米的长度上，快速冷却的速率可达 $10^6 \sim 10^{11}$K/s，引起气体高度过饱和，从而发生团簇的成核生长。这类方法中所用的喷嘴直径为 0.1mm 量级，图 11.1 给出了绝热膨胀团簇源及几种典型的喷嘴结构。达到绝热膨胀所需的气压为几百托，所获得的团簇的尺寸分布取决于温度、气压和喷嘴的几何参数。

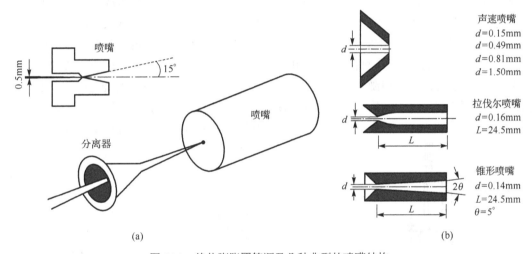

图 11.1　绝热膨胀团簇源及几种典型的喷嘴结构

(a)用于产生分子团簇或范德瓦耳斯团簇的绝热膨胀团簇源；(b)常用的喷嘴结构与尺寸

1981 年前后，三种新的制备团簇的物理方法："籽"束(seeded beam)法[15-17]、气体聚集(gas aggregation)法[18]、激光蒸发(laser vaporization)法[19]相继问世，这些方法的诞生使得获得各种元素的原子或分子的任意尺寸团簇束流成为现实，特别是以凝聚物质为原始材料获得其相应的团簇，从而明显拓展了研究范围，从最简单的范德瓦耳斯团簇发展到各种复杂度的金属键合和价键键合的团簇。

"籽"束法团簇源由超声喷注法发展而来。气压为 $1 \sim 10$kTorr 的惰性气体作为载气在由喷嘴膨胀之前与蒸发材料的蒸气混合，载气提供了移去团簇成核时释放的结合能的"热浴"，促进了团簇的成核和生长，并与蒸气一起通过喷嘴膨胀。在通过喷嘴之后，束流的温度和密度迅速下降，"籽"与蒸气原子间及"籽"与载气间的碰撞相继终止，从而形成团簇束流。在团簇进入高真空端进行分析前，须通过由分离器隔开的各级差分抽气排去载气。此方法中惰性载气的流量非常高，因此差分抽气需要非常高抽速的真空泵。图 11.2 为"籽"束法团簇源的结构框图[17]。

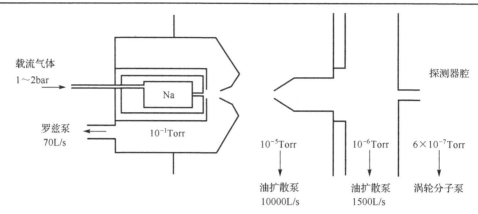

图 11.2　"籽"束法团簇源的结构框图[17]

　　图 11.3 为标准的激光蒸发团簇源的原理图，是由 Smalley 等所设计的[19]。高强度脉冲激光（通常由 Nd:YAG 或准分子激光器产生）被聚焦到待蒸发的材料棒上，使得棒上被照射的一小部分蒸发到惰性载气流中，载气使蒸气冷却并凝聚形成团簇。随后团簇与载气一起通过喷嘴膨胀并进入高真空端。获得的团簇质谱分布由气压、喷嘴直径和出口通道长度（即靶材料棒与膨胀开始处间的距离）所控制。这种团簇源在团簇的形成机理上与"籽"束法相近，通过采用脉冲阀门使得载气也脉冲化并与激光脉冲同步，可使差分抽气所需的真空泵的抽速明显降低，又由于激光蒸发无需热屏蔽和结构件冷却，这种团簇源结构简单，易于建造。同时由于激光蒸发适合于几乎各种固体材料，这种团簇源已为许多实验室所采用。

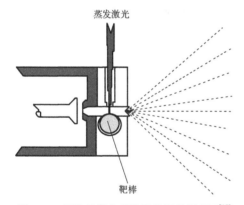

图 11.3　标准的激光蒸发团簇源的原理图[19]

　　"籽"束法要求被蒸发物质具有较高的蒸气压，对差分抽气泵的抽速也要求较高，通常用于碱金属和某些高蒸气压物质如 Ag 等团簇的产生。激光蒸发法原则上适合几乎各种固体材料，结构也简单，易于实现。但是，由于所使用的脉冲激光器及脉冲喷嘴典型的频率为 10～20Hz，激光脉冲宽度为 10ns 量级，每个脉冲所产生的团簇虽然相当可观，但占空比太大，用于团簇束流沉积制备薄膜的效率显然太低。因此，在团簇束流沉积中主要采用气体聚集法团簇源[20]。一方面，这种团簇源具有较为均一的团簇尺寸分布，并且易于通过工作参数的调节获得对团簇尺寸的控制，达到宽广的团簇尺寸范围，从小团簇到数万原子数的纳米粒子；另一方面，由气体聚集法可以获得连续的束流，其平均强度高，能够轻易达到每秒数十埃的沉积率，对于制备高质量的纳米结构薄膜有不可取代的优势。

　　气体聚集法的基本机理为：通过加热蒸发、弧光放电或磁控溅射等手段，获得高密度的原子气，在冷凝腔中，原子气在缓冲气体中膨胀并冷却，导致形核并生长成为团簇。图 11.4 为 Sattler 等最早所采用的气体聚集法团簇源的结构图[18]。通过将材料在较低的蒸发率下（典型的蒸气压约为 1Torr）蒸发到冷的惰性气体气氛中，通过在约 100mm 长度的路径上与惰性气体分子大量碰撞，达到冷却并有效地凝聚成核生长形成团簇的目的。为提高冷凝效率，缓冲气体通常采用液氮来冷却。

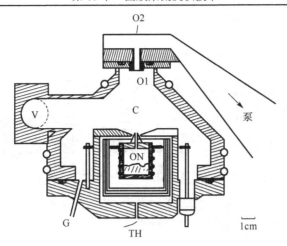

图 11.4　Sattler 等最早所采用的气体聚集法团簇源的结构图[18]

ON-蒸发炉；C-冷凝室；O1、O2-准直孔；V-真空阀；G-惰性气体通管；TH-热电偶

　　实际的气体聚集法团簇源一般包括高密度原子气的产生、喷嘴、由喷嘴和分离器所分割的差分真空系统。在冷凝腔中形成团簇，然后通过喷嘴或分离器进入高真空端，终止团簇生长，并形成团簇束流。团簇在冷凝区的滞留时间(residence time)对于所获得团簇的尺寸及其分布起着关键的作用。通过选择合适的喷嘴孔径、冷凝区长度、缓冲气压等工作参数，可控制滞留时间，从而对团簇的尺寸有所选择。研究表明[9]，团簇完成生长的时间在 10ms 量级，因此，为获得对团簇尺寸的选择与控制，并保持团簇束流的品质，需将滞留时间控制在该时间以内。

　　在绝大部分的场合，获得均一尺寸并具有足够强度的团簇束流是重要的。然而，至今还没有一种实用的团簇源能够直接产生单一尺寸(尺寸分布宽度在 10% 以内)的团簇束流，因此，在许多实验中需要采用一些措施对尺寸进行选择，这往往造成束流强度的很大衰减。实际获得的团簇的尺寸总是存在一定的分布，并且通常具有对数-正态分布(log-normal distribution)的形式：

$$F(n) = \frac{1}{\sqrt{2\pi}\ln\sigma}\exp\left(-\frac{\ln n - \ln\bar{n}}{\sqrt{2}\ln\sigma}\right)^2 \tag{11.4}$$

式中，n 为每个团簇中的原子数；σ 为尺寸分布的方差。

　　图 11.5 为基于热蒸发的气体聚集团簇源实验系统示意图。系统由团簇产生、团簇束流引出、团簇探测及团簇沉积等部分构成[21]。团簇源采用气体聚集法产生团簇，工作时制样材料的蒸气压约为 1Torr。通过石墨加热体加热使制样材料从氮化硼(BN)坩埚中蒸发，源炉的温度最高可达 2200K，由 $W_3Re/W_{25}Re$ 热电偶测量。

　　源炉的结构如图 11.6 所示。源炉中产生的蒸气通过一个 1.0mm 的喷孔进入充满惰性气体的冷凝室，冷凝室壁可通过液氮或水冷却，并使惰性气体在与室壁的碰撞中获得冷却。惰性气体的气压通常为 10~20Torr，其流量通过流量计和超高真空针阀控制，气压则由电阻真空计测量。整个源炉通过液压波纹管与冷凝室作结构连接，因而可在操作中动态地改变源炉喷孔与第一级分离器的距离，以改变团簇的成核与生长区间，控制团簇的尺寸与尺寸分布。团簇与载气由第一级分离器等熵膨胀后，再经过第二级分离器和第三级细孔隔离的二级差分抽气区间，形成准直的细束，进入高真空端的分析制样室。最终获得的团簇尺寸及其分布可通过调节源炉温度、惰性气体的流量、温度、气压和有效冷凝区的长度来控制。

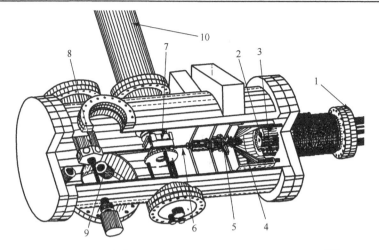

图 11.5 基于热蒸发的气体聚集团簇源实验系统的示意图[21]

1-团簇源法兰；2-源炉；3-水冷套；4-液氮冷却器；5-分离器与准直孔组件；6-团簇束流；
7-电子枪和离子光学系统；8-衬底座；9-原子蒸发器；10-飞行时间管

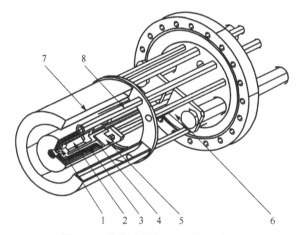

图 11.6 热蒸发团簇源炉结构示意图

1-喷嘴；2-氮化硼坩埚；3-热反射体；4-石墨加热体；5-钼支座；6-加热电极；7-水冷套；8-惰性气体导管

    上述基于热蒸发的气体聚集团簇源只适用于中等蒸气压材料(一般要求在 1500℃以下达到 1Torr 的蒸气压)，对于高熔点或低蒸气压材料则无能为力，故其适用的材料有限。为获得低蒸气压材料的高密度原子气，发展了磁控溅射或弧光放电代替坩埚蒸发，使气体聚集法团簇源适用于制备各种材料的团簇。

    图 11.7 给出了磁控等离子体气体聚集型团簇源的示意图[22]。团簇源采用射频或直流辉光放电将入射到冷凝腔的 Ar 气电离生成等离子体，放电气体中的电子和离子在正交的电场与磁场作用下轰击靶材(磁控溅射)，将原子/离子等从靶材中溅射出，形成高密度等离子体，进入充满惰性气体的冷凝室，冷凝室的壁用液氮冷却，并使惰性气体在与壁的碰撞中获得冷却，在冷凝室，靶材原子间的碰撞及其与惰性气体分子的碰撞导致有效的聚集生长，形成团簇。实验中通过质量流量计实时控制 Ar 气和 He 气的流量，冷凝室的气压在溅射时通常保持在几百帕，气压由皮拉尼真空计实时测量。团簇束流的强度则可根据石英晶体微天平仪监测。通常，在 40W

的溅射功率下可获得 10Å/s 以上的等效沉积率。实验时可以动态地调节溅射靶与喷嘴的距离,改变团簇在冷凝区的滞留时间,控制团簇的尺寸与尺寸分布。以上述磁控等离子体气体聚集型团簇源为核心,构成超高真空团簇束流和多层膜沉积系统,可获得难熔金属、半导体、氧化物、合金等多种材料的团簇束流,并进行自由团簇的原位分析、定向团簇束流沉积、团簇/介质膜嵌埋结构、多层超薄膜等纳米结构的制备和研究。

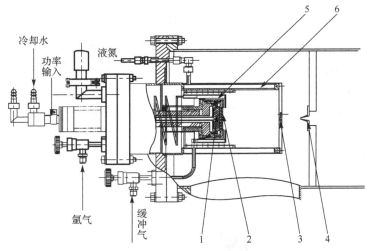

图 11.7 磁控等离子体聚集型团簇源的示意图[22]

1-永磁体;2-溅射靶;3-喷嘴;4-第一级分离器;5-溅射气体冲入罩及屏蔽环;6-冷凝腔体

团簇的尺寸与尺寸分布是团簇束流的核心指标,飞行时间质谱(time-of-flight mass spectrometer,TOF-MS)在团簇束流的实时监控中具有关键的意义。TOF-MS 不但可对形成的团簇进行质量监测,还可以与其他物理化学手段结合,对团簇进行多种测试分析,如团簇电离势、结合能、电子亲和势、反应活性等。TOF-MS 能够广泛地用于团簇的研究中,具有以下优点:①具有很快的分析速度,能够在数十微秒内给出质谱全图,故可动态地观察一些反应的变化过程;②每一个加速脉冲可以得到一个全谱,因此可用来精确测量相对强度;③分析样品的质量范围很宽,原则上没有上限,只要通过改变工作频率就可改变其范围,这对于分析大质量数的团簇是必要的。

TOF-MS 由离子源、无场漂移管和探测区三部分组成,离子源包括离化和加速两个功能。离子在离化区产生,经加速离开源区,进入无场漂移管。离子在无场漂移空间的速度是荷质比 Q/M 的函数,因此当它们经过漂移管到达探测区时,按 Q/M 实现时间分离。假设产生的离子都是单电荷,则根据离子飞行谱即可得到质谱。在实际应用中,TOF-MS 的分辨本领取决于它减少时间分散的能力。时间分散是由于初始位置和初始动能的分布造成的。为此采用 Wiley 和 Mclaren[23]设计的双场离子源系统。如图 11.8 所示,在双场离子源中包括离化和加速两个场区。离子在离化区生成,第一个场区内产生加速电场 E_s,使离子加速离开离化区进入加速区。双场离子源中引入了第二加速栅与第一加速栅间的距离 d 和第二加速场与第一加速场间电场强度比 E_d/E_s,这两个参数使得双场离子源易于调整以获得高分辨。双场离子源通过空间聚焦初始电离位置的离散获得补偿:初始位置靠近探测器(即 s 较小)的离子加速得到的能量也较少,最终被有较大初始速度的离子赶上并一同到达探测器。

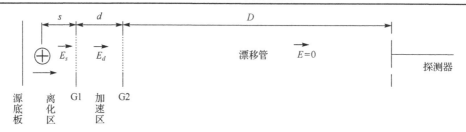

图 11.8　双场离子源 TOF-MS 示意图[23]

基于团簇尺寸的 TOF-MS 实时监控，通过调节团簇源的工作参数，可获得团簇尺寸为数千原子数的稳定束流。图 11.9 给出了典型的团簇尺寸分布，团簇为 Sn_n，由磁控等离子体气体聚集型团簇源产生，通过 TOF-MS 测量。由图中可以看到，团簇的最可几尺寸在 2300 个原子，相应的直径约为 2.3nm，但最大尺寸可达约 5000 个原子，相应的直径为 3nm。这种团簇尺寸分布具有典型的对数-正态分布的形式。

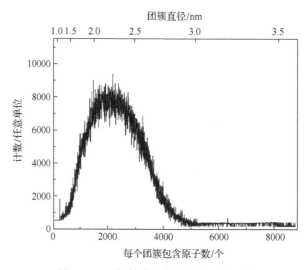

图 11.9　Sn 团簇束流中的团簇尺寸分布

11.3　团簇束流沉积制备纳米结构薄膜

11.3.1　团簇束流沉积纳米粒子薄膜制备技术

早在 1956 年，Becker 等[24]即指出，与分子(原子)束相比，形成束流的团簇具有更少的热运动和更小的有效散射截面，因而可以获得物质密度高几个量级的束流。1974 年，Hagena[25]编纂了包括 100 余篇关于团簇束流的论文集，团簇束流开始成为基础和应用研究中的一项重要工具。至今，团簇束流已在加速器靶、等离子体产生、注入聚变装置的核燃料[26]，以及具有微电子和光学器件应用前景的薄膜制备等方面获得广泛应用。

团簇束流用于薄膜制备目前主要有三种形式：①离化团簇束流沉积；②气体淀积法；③低能团簇束流沉积。

离化团簇束流沉积(ionized cluster beam deposition, ICBD)技术是由日本京都大学的 Takagi

和 Yamada 等所肇始的。图 11.10 为典型的 ICBD 源[27]。ICBD 源完全在(超)高真空下操作，坩埚通过电子轰击加热到 2000℃以上，坩埚内的材料被蒸发，其蒸气由喷嘴喷出而形成团簇，包含原子数通常在几十以下。团簇被电离和加速到数电子伏特，离化团簇占总数的 5%～7%，离化团簇与中性团簇一起轰击衬底表面并发生团簇碎裂、注入、衬底物质溅射、原子表面徙动、凝聚、再蒸发及沉积物溅射等各种过程，使得团簇或其破碎后的原子以高的表面扩散能在衬底表面散射，这种平行于表面的高动能是由入射动能转化而来的，为几电子伏特/原子，这种能量正是最适于薄膜生长的，因此，用 ICBD 方法制备的薄膜致密、附着力强，结晶度控制得好，较真空或溅射镀膜方法更为优越。例如，Si 片表面镀铝是集成电路制造中的重要工序，通过 ICBD 技术获得的铝层在电子传导特性上要优于常规的真空镀的铝层至少一个量级[28]。

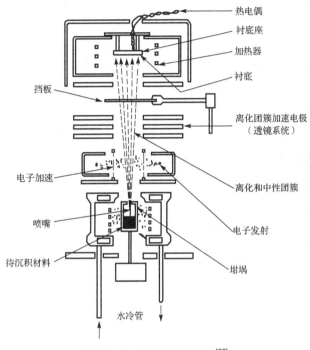

图 11.10　典型的 ICBD 源[27]

　　气体淀积(gas deposition, GD)法通过特定的惰性气体气流携带团簇并形成束流，淀积于衬底表面形成薄膜。图 11.11 为 GD 法的原理图。在此方法中，淀积不是由纯粹的团簇束在高真空下进行，而是和载气一起到达淀积表面。其中气流的气体动力学是获得高质量薄膜的关键。例如，用 GD 法获得的 Au 薄膜[29]的维氏显微硬度可高达 $130kg/mm^2$。

　　低能团簇束流沉积(LECBD)法由 Fuchs 等最早提出和实践[30]。在此方法中，团簇由气体聚集法在惰性气体中形成，团簇的尺寸较 ICBD 大，动能较 ICBD 低，随后，通过差分抽气获得单纯的团簇束流并在高真空下垂直沉积于衬底表面。

　　图 11.12 为 Pb 团簇(由基于热蒸发的气体聚集源所制备)沉积纳米粒子薄膜的 AFM 照片，其扫描面积为 1000nm×1000nm，构成薄膜的纳米粒子清晰可见，密集地堆积在衬底表面，形成非常致密的结构。纳米粒子保持完全的颗粒状态，彼此之间不融合。构成薄膜的纳米粒子基本是球形颗粒，其直径为 20～30nm。从结构上看，这种薄膜与超细粒子经真空超高压压结(数吉帕)获得的纳米微晶材料的结构相近，其密度与体相接近。

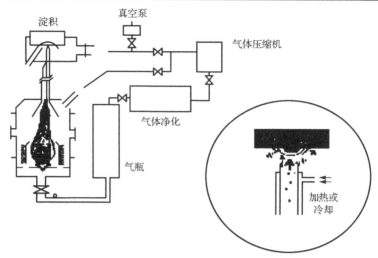

图 11.11 GD 法的原理图：气体蒸发与气体淀积系统及其闭合气路

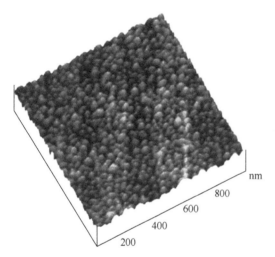

图 11.12 Pb 团簇束流沉积薄膜的 AFM 照片
扫描面积为 1000nm×1000nm

通过 TEM 对低能团簇沉积中间过程（未满单层时）的观察，可以对团簇形成薄膜的机理分析提供一定的依据。图 11.13 给出了淀积量较低时 SiO 团簇构成薄膜的 TEM 照片及相应的团簇尺寸分布[31]。可见，团簇基本上随机地沉积于衬底表面，团簇之间没有明显的交连而保持孤立。通常由于团簇之间相互作用而形成的交连，是团簇在衬底表面空间不均匀的重要原因。粒子直径保持在 25nm 左右而不再长大，即使在粒子数密度相当大的区域也是如此。

计算表明[21]，由团簇源产生的团簇的动能在 20eV 以下，假定动能在其中各原子间平均分布，当团簇的原子数大于 50 时，每个原子的平均动能在 50meV 以下，这与团簇中每个原子的结合能（通常为电子伏特量级）相比是很小的，所以未被加速的团簇入射在衬底上是不可能破碎和反射的，而是立即被吸附，因此这是一种完全的"软着陆"（soft landing）。

考虑到束流中团簇具有较高的温度，小团簇间的融合长大（coalescence）是大量存在的。但这种融合长大较原子淀积的过程困难得多。这是由于，一方面团簇在衬底表面徙动较困难，彼此间接触的机会减小，另一方面团簇与团簇的融合需要获得消除团簇间的固有界面和进行结构重排必需的大量能量，团簇越大，相互融合所需的能量也越大，故最终存在饱和尺寸，使团簇不再可能融合，通常该饱和尺寸为 10～30nm。

根据上述机理设计的计算机模拟结果能够反映实验结果的主要特征[32]。

图 11.14 给出了通过直流磁控等离子体气体聚集型团簇源获得的 Ag 团簇束流系列沉积薄膜的 TEM 照片及相应的尺寸分布和对分布函数。沉积时间依次为 2min、10min、15min、30min。由这些团簇沉积薄膜形态随团簇沉积量的变化过程，可以进一步研究团簇沉积薄膜的形成和生长规律，了解团簇沉积到表面后形貌及颗粒尺寸的演化。

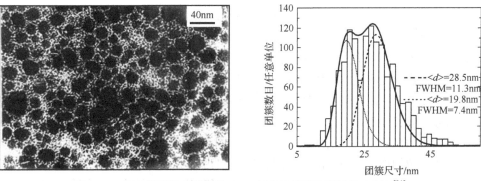

图 11.13　SiO 团簇构成薄膜的 TEM 照片及相应的团簇尺寸分布[31]

团簇在局域范围内形成了近有序的密堆结构

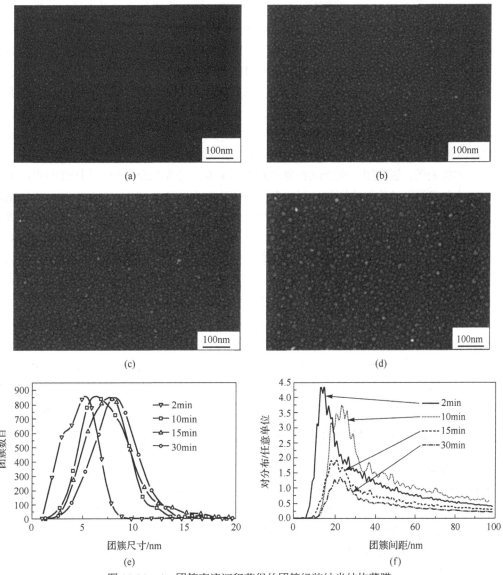

图 11.14　Ag 团簇束流沉积获得的团簇组装纳米结构薄膜

(a)~(d)的沉积时间依次为 2min、10min、15min、30min；(e)、(f)分别为对应各沉积时间的薄膜中的团簇尺寸分布和对分布函数

由图 11.14 可见，当沉积时间达到 2min 以后，团簇已能均匀覆盖衬底表面，覆盖率接近单团簇层。薄膜总的特征是由团簇均匀分布构成的，在长程上具有随机沉积的特征。随着沉积时间的延长，团簇的尺寸增大，表明团簇到达表面后，相邻团簇间还普遍存在融合生长。但在尺寸长大后，团簇构成薄膜的总体形貌特征依然与团簇沉积初期基本一致，覆盖率仍然在单团簇层以下，并没有发生团簇堆叠的现象。团簇沉积时间较短时，尺寸分布上明显地呈现出多峰结构，可以分解成若干个正态分布的叠加，每个正态分布对应于一种尺寸的团簇。这种多峰的尺寸分布结构表明沉积于表面的团簇的生长是通过团簇完整地吸收另一团簇而长大的，其间并没有发生团簇分裂的现象。随着沉积时间的延长，团簇的尺寸分布趋向于单一的正态分布，但分布宽度有所增加。从对分布函数看，团簇的最近邻间距也有所增加。由图 11.14(a)~(d)计算得到的团簇数密度依次为 $3.2\times10^9\mathrm{mm}^{-2}$(2min)、$1.8\times10^9\mathrm{mm}^{-2}$(10min)、$1.7\times10^9\mathrm{mm}^{-2}$(15min)、$1.5\times10^9\mathrm{mm}^{-2}$(30min)。可见，当团簇沉积到一定的量，团簇数密度达到最大值后，进一步增加沉积量，团簇数密度反而降低，因为新到达表面的团簇与表面上原有的团簇融合，导致大尺寸团簇的形成，由于表面的团簇数密度很高，增大的团簇与邻近的团簇可能发生进一步的融合，导致团簇数密度的降低。由 2min 到 10min 的沉积中，团簇数密度减小近 50%。相应地，团簇的尺寸也有显著的增加。但在 10min 以后，团簇数密度的减小和尺寸的增加随沉积量的变化则并不显著。这是因为当一个小团簇吸收了尺寸接近的一个或几个小团簇而尺寸显著长大以后，生长活性减弱，大尺寸的团簇间的融合需要克服较高的势垒而难以进行，因而主要是通过吸收新到达表面的小尺寸团簇而继续生长，因此无论团簇的尺寸，还是团簇数密度，这时都没有显著的变化。

以上实验表明，低能团簇束流沉积薄膜的过程主要可分为三个阶段：①团簇随机沉积到衬底表面，并在表面形成均匀的团簇单层，表面的团簇数密度迅速增加。在这个过程中，团簇与团簇间的融合生长不是主要的，因此团簇的尺寸增加并不明显。在此阶段获得薄膜的团簇的尺寸、形状和空间分布都具有很高的均匀性。②当团簇覆盖表面接近单团簇层时，团簇数密度达到饱和，后面到达的团簇主要不是用于增加表面的团簇数密度，而是与先期到达表面的团簇发生融合长大，并导致近邻团簇间的融合长大，在此过程中，团簇面密度反而迅速减小。③随着团簇面密度减小，表面的团簇主要通过吸收进一步沉积到表面的小团簇而生长，相邻大团簇间的融合长大退化为次要的机制，因此表面的团簇面密度、团簇尺寸就开始随淀积时间或淀积量的增加而稳定地发展。

对上述过程而言，①和②阶段对于最终团簇沉积薄膜的形态是关键的，而这两个过程与团簇束流强度、团簇束流中团簇的尺寸和尺寸分布密切相关。而③阶段则显然是随团簇的沉积时间而发展的。这些生长机理对于控制团簇沉积薄膜的组装形态具有重要的指导意义。

11.3.2　团簇束流沉积过程的在线监控

在团簇束流沉积系统，可引入各种精密分析技术进行实时过程监控，对纳米粒子尺寸、组分、动能、沉积率进行选择，对沉积过程进行精确控制，这一特征赋予了团簇束流沉积技术与现代器件制作工艺的兼容性。团簇束流沉积技术与成熟的微加工技术有效结合，有望发展成为一种工业通用的基于纳米粒子的纳米结构的规模化制备技术。

除了 TOF-MS 用于监测团簇束流中的团簇尺寸分布，四极滤质器用于从团簇束流中选择特定的尺寸，石英晶体微天平仪用于监测团簇束流的沉积速率等常用手段外，紫外-可见-红外消光谱与电导测量也可以对团簇束流沉积形成的纳米粒子阵列的光学、电学特性进行实时在线测

量，一方面用于控制纳米粒子阵列的沉积过程以实现预定的物理功能，另一方面可对纳米粒子
阵列的物理功能随沉积过程的演变进行精细的研究。

　　图 11.15 为纳米粒子点阵光学消光特性在线监测装置，用于对金属团簇沉积过程中等离激
元共振特性随团簇沉积量的演变进行实时测量。由此可以获得贵金属纳米粒子密集排列点阵的
等离激元共振波长随纳米粒子面间距与点阵构型的演变关系，从而实现纳米粒子点阵等离激元
共振特性的精细调控。如图 11.16 所示[33]，随着沉积过程的进行，伴随近邻纳米粒子面间距的
连续变化，纳米粒子阵列消光谱中的表面等离激元共振峰的波长也由于近场耦合而发生向长波
长系统的移动，而共振峰的半宽度也连续展宽，体现了近接（closely spaced）纳米粒子阵列的等
离激元共振特性与近场耦合间距的相关性。

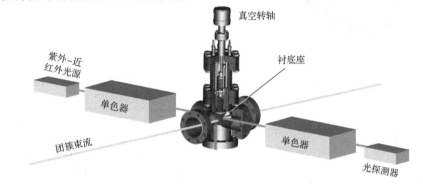

图 11.15　团簇束流沉积过程中纳米粒子点阵光学消光特性在线监测装置

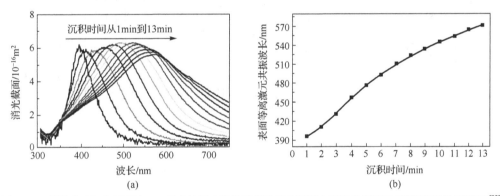

图 11.16　团簇束流沉积过程中 Ag 纳米粒子点阵的等离激元共振消光谱及共振峰波长随沉积时间的演变[33]

　　Xie 等[34]在团簇束流沉积纳米粒子点阵过程中通过点阵电导的实时监测在 1nm 量级控制纳
米粒子面间距，对团簇束流沉积过程的控制达到 1s 的时间精度。当金属团簇气相沉积到衬底
表面时，能够形成高度均匀的空间分布，在沉积量达到等效纳米粒子单层之前，纳米粒子的面
密度随沉积时间延长而连续增加，纳米粒子的面间距相应地减小。当沉积量接近等效纳米粒子
单层时，纳米粒子面间距为 1nm 量级的近接链的数目随沉积时间延长而增加，纳米粒子薄膜
的电导也随之单调上升，如图 11.17 所示。通过电导的实时监测，可以控制沉积时间以获得
包含特定的近接链密度的纳米粒子点阵。由此可以调控点阵内近接纳米粒子链中的量子隧穿，
实现纳米粒子点阵的非金属-金属转变，并可以获得处于非金属-金属转变中过渡相的纳米粒
子点阵。这种近接点阵在纳米传感器中具有重要应用。图 11.18 给出了 Xie 等[35]采用团簇束
流沉积所制备的氢气传感器的响应曲线，这种传感器基于 Pd 纳米粒子点阵中的量子输运特

性而工作，其探测下限达到数 ppm，具有 1s 以下的响应时间，并且具有极宽的响应范围及极低的功耗。

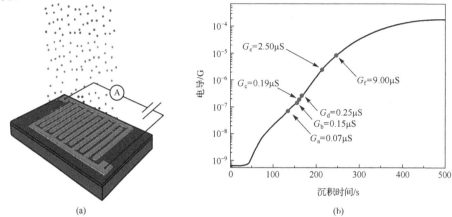

(a) 　　　　　　　　　　　　　　　(b)

图 11.17　团簇束流沉积过程中金属纳米粒子点阵的电导实时监测的配置图及 Pd 纳米粒子点阵的电导随 Pd 团簇沉积时间的演变曲线[34]

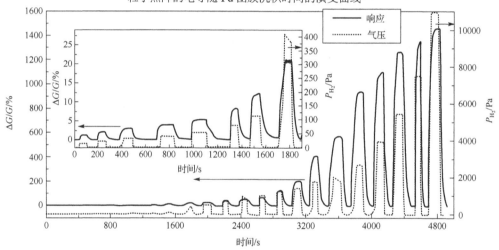

图 11.18　基于 Pd 纳米粒子点阵量子输运的氢气传感器的响应曲线[35]

通过 Pd 纳米粒子点阵的电导的实时监控，实现了探测下限与相应范围的优化

11.3.3　定向团簇束流沉积

由气相聚集法产生的、经过多级差分和准直而获得的团簇束流，除了具有很高的粒子密度，可以进行宏观尺度的薄膜沉积，还具有一个重要特点，即定向性：中性团簇束流的团簇定向动能的散度可以控制到 3° 以下。这是由于团簇经过喷嘴的气体动力学膨胀，各种热运动自由度被很大程度地冻结，使得团簇的气体动力学速度成为其动能的决定性成分。这种速度是沿束流轴向的，由此发展出定向团簇束流掠角沉积技术，用于制备复杂纳米粒子点阵结构。

Han 等[36]提出了具有尺寸与数密度定向梯度分布的密集排列金属纳米粒子阵列的概念。通过配置适当的分离器与准直器，在团簇束流系统中获得了高度定向（散度<3°）的金属团簇束流，在此基础上，建立了一套掠角入射和阴影沉积相结合获得纳米粒子定向梯度分布阵列的制备技术。图 11.19（a）给出了这种制备方法的原理图。利用高定向的气相团簇束流，在掠角入射到衬底上的团簇束流的飞行路径上放置微米级高度的阻挡物，以形成束流沉积的阴影区域，在

阴影区域边界附近沉积的初始团簇向未直接沉积团簇的阴影区方向的扩散，以及团簇在衬底表面的再生长，形成了纳米粒子尺寸和数密度的梯度区。因此上述过程的关键是先形成沉积质量的梯度分布，再转化成数密度梯度或尺寸梯度。在梯度区可获得纳米粒子直径一个数量级的连续变化，也可获得纳米粒子面间距的梯度变化(图 11.19(b)和(c))。而梯度区的尺度可以通过改变束流的入射角精细控制，从 45°到 5°改变掠角，梯度区的长度可以从数百纳米逐渐增长至微米级别(图 11.20)。梯度区的横向尺度则可以由束流扫描控制。这种方法是目前唯一能够在亚微米尺度同时获得金属纳米粒子数密度和尺寸一维连续梯度分布结构的制备方法。在此之前，国际上报道的纳米粒子一维梯度分布结构仅能在宏观尺度(毫米量级)进行粒子密度调制，而在微米尺度，纳米粒子的空间分布与尺寸仍然可视为均匀的[37]。由于密集纳米粒子点阵的光学、电学特性对纳米粒子的尺寸与面间距高度敏感，这种梯度纳米粒子点阵结构在开发光电器件，尤其是分子和气体纳米传感器件及传感阵列中可具有重要应用。

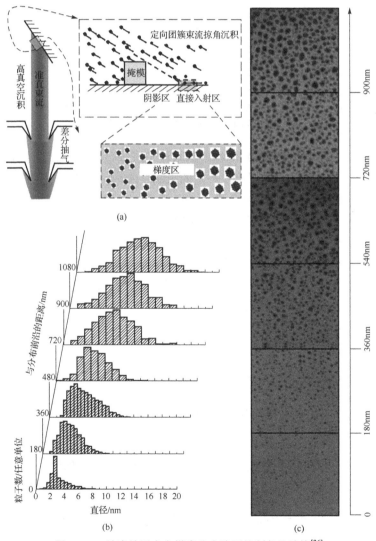

图 11.19 纳米粒子定向梯度分布阵列的制备及结构[36]

(a)通过准直团簇束流的掠角阴影沉积获得具有尺寸和粒子数密度(间距)定向梯度的纳米粒子阵列的示意图；

(b)、(c)具有分布于微米尺度上的尺寸梯度的金属纳米粒子密集阵列沿梯度不同区域的尺寸分布及 TEM 照片

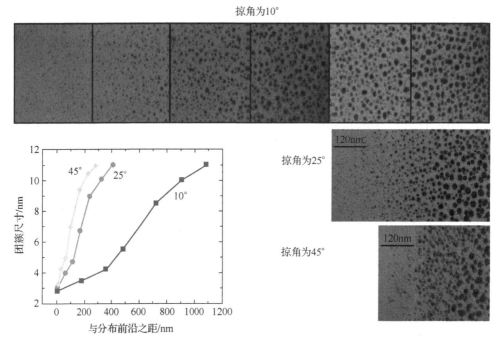

图 11.20　通过定向团簇束流掠角阴影沉积获得梯度金属纳米粒子密集阵列，纳米粒子的
尺寸梯度可通过改变束流的掠角进行控制[36]

上述方法对获得亚微米-微米级别的梯度纳米粒子点阵是行之有效的。然而难以扩展到更大的梯度分布范围，因而在实用上受到了一定的限制。He 等[38]在定向团簇束流掠角沉积的基础上提出一种动态阴影沉积的梯度纳米粒子点阵制备方案，使得梯度分布从亚微米到厘米可调，并且理论上可以延伸到更大尺度。如图 11.21 所示，基于准直稳定的 Ag 团簇束流，通过在衬底上压上掩模(图 11.21(b))，然后在束流中可控地旋转衬底，通过改变束流方向与衬底平面的夹角来改变掩模在衬底上形成的阴影。由于束流具有高度准直性，处于掩模阴影位置的衬底表面不会被团簇沉积到，而暴露于阴影外面的衬底则处于沉积状态。因而，通过控制衬底旋转的速度和模式，可以有效实现梯度沉积。如图 11.21(c)所示，假设逐步旋转衬底，这时衬底与束流的夹角从 θ_1 逐步变到 θ_i，那么处于掩模阴影边缘下的区域每一步的沉积质量 DM_{x_i} 分别为

$$\mathrm{DM}_{x_0} = 0, \ \ \mathrm{DM}_{x_1} = vt_1\sin\theta_1, \ \ \mathrm{DM}_{x_2} = vt_2\sin\theta_2 + \mathrm{DM}_{x_1}, \cdots, \tag{11.5}$$

$$\mathrm{DM}_{x_i} = vt_i\sin\theta_i + \mathrm{DM}_{x_{(i-1)}}$$

式中，x_i 为衬底上位置；v 为沉积速率；t_i 为第 i 步的沉积时间；θ_i 为第 i 步时衬底与束流之间的夹角。由此可见，逐步沉积可以得到分立条状的梯度团簇薄膜。如果以角速度 ω 采用匀速旋转衬底，则有如下迭代式：

$$\mathrm{DM}_{x_{(i+1)}} = \mathrm{DM}_{x_i} + v\cdot\Delta t\sin(\theta_0 - i\Delta\theta) \tag{11.6}$$

式中，θ_0 为束流和衬底表面的初始夹角，$\Delta\theta = \omega\Delta t$，$\Delta t$ 为假定的时间间隔，在实际中对应旋转驱动精度。而所形成的梯度的跨度如下：

$$x_i = h / \tan(\theta_0 - i\Delta\theta) - h / \tan\theta_0 \qquad (11.7)$$

式中，h 为掩模的高度。因此，选择适当的掩模，根据方程(11.5)和方程(11.6)即可制备期待的梯度薄膜。

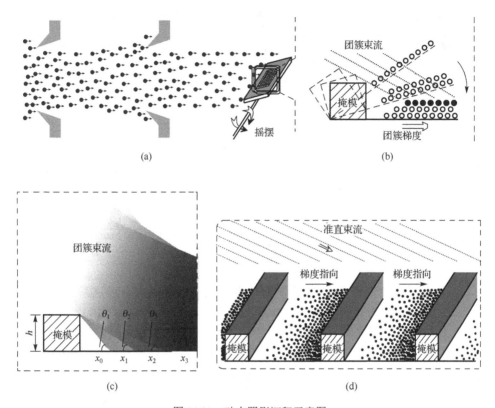

图 11.21　动态阴影沉积示意图

(a)准直束流系统；(b)、(c)形成沉积质量梯度的示意图；(d)形成周期性梯度示意图

　　图 11.22 显示了用动态阴影法沉积于覆盖方华(formvar)膜的 TEM 载网上的跨度为 50μm 的 Ag 纳米粒子梯度薄膜。以微孔栅网(高度约为 20μm)作为掩模。图 11.22(a)给出了所形成的梯度薄膜在光学显微镜下的反射像。由于薄膜的反射和散射与团簇的局域沉积量密切相关，图中可清晰看见薄膜明显呈现一维方向的颜色变化。通过 TEM 对该梯度薄膜中各个位置的团簇薄膜进行观察可见(图 11.22(b))，在方华膜上的团簇颗粒的尺寸从低覆盖率区域到高覆盖率区域基本保持不变，基本呈现对数-正态分布的形式，只在很高覆盖率下才发生一点颈接生长。团簇颗粒的平均尺寸维持在 6～7nm。由数密度曲线(图 11.22(c))可见，团簇颗粒数密度明显显示位置依赖性，随沉积质量的增加而变大。说明在方华膜上的沉积质量梯度有效地转化成团簇数密度梯度。这是由于在方华膜表面 Ag 团簇缺乏徙动能力，抑制了团簇在衬底表面的扩散生长。如果采用无定形碳膜表面作为衬底，则 Ag 团簇具有很强的徙动能力，导致在表面显著的扩散生长，沉积质量梯度将发展为纳米粒子的尺寸梯度，如图 11.23 所示。因此，通过不同衬底的选择，可以有效地把团簇沉积质量梯度转化成数密度梯度或颗粒尺寸梯度。

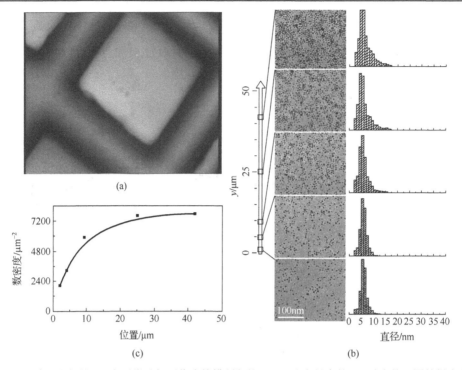

图 11.22　采用动态阴影沉积以微孔栅网作为掩模制备的 50μm 分布长度的 Ag 纳米粒子团簇梯度薄膜

(a)光学显微照片显示了沉积质量梯度；(b)梯度薄膜上不同位置的团簇阵列 TEM 照片，显示了
纳米粒子数密度梯度的存在；(c)梯度薄膜中的纳米粒子数密度和位置的关系

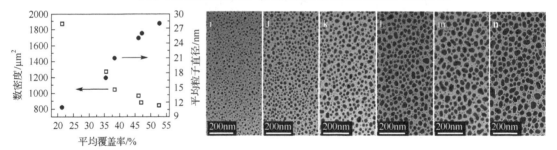

图 11.23　制备于无定形碳膜上的 Ag 纳米粒子梯度薄膜中沿梯度不同位置的
纳米粒子点阵的 TEM 照片及数密度和覆盖率之间的关系

11.3.4　团簇束流掠角沉积制备三维纳米粒子柱状多孔阵列

由于制备过程中的可控调节及衬底选择的自由性，团簇束流在制备纳米结构方面的功能是多样化的，团簇束流掠角沉积技术可用于制备柱状生长的多孔纳米结构。该方法利用经气相产生的团簇束流以一定角度在衬底表面沉积，沉积过程中，先到达衬底表面的团簇对后到达的团簇产生自掩模效应(self-shadow effect)，导致后来的团簇无法到达阴影区(shadow region)，团簇只能沿入射方向堆积，最终导致团簇组装的薄膜微观上呈柱状堆积形态，宏观上显示多孔性，如图 11.24 所示。沉积的掠角可随意调节，角度不同，膜结构的孔隙率及柱单元的取向、体积等也不同。另外，还可以在沉积过程中变换方向或者旋转衬底，这样制备的纳米结构往往呈现空间螺旋结构。利用团簇束流掠角沉积制备的团簇堆积纳米结构具有独特的光学特性，在减反

膜、光子晶体等结构的制备中应用广泛。同时，由于该方法制备的纳米结构的性质主要受沉积时的掠角控制，因此，精确调节掠角角度即可实现对沉积结构特性的严格控制，具有高度的可操作性。

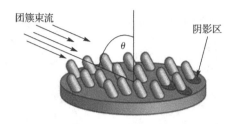

图 11.24　团簇束流掠角沉积过程自掩模效应示意图

图 11.25 为团簇束流以掠角 $\theta = 60°$ 沉积制备的 TiO_2 纳米粒子多孔结构的 SEM 和 AFM 照片。正如所预期的，团簇束流掠角沉积制备的 TiO_2 纳米粒子薄膜呈现多孔特性，从薄膜的 AFM 照片也可看出（图 11.25（c）和（d））。另外，由 SEM 截面照片可以看出，TiO_2 纳米粒子沿束流入射方向发生了堆垛生长并形成柱状结构，AFM 表面形貌同时证实柱单元由纳米粒子堆积而成。形成的柱状结构与衬底法线呈 45° 夹角。

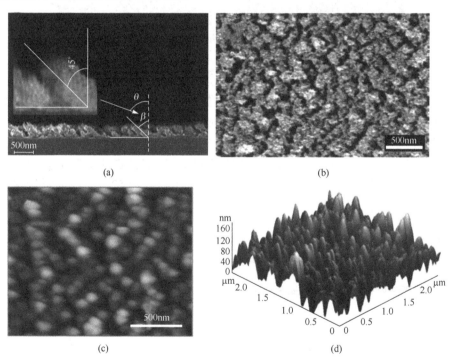

图 11.25　团簇束流掠角沉积的多孔 TiO_2 纳米结构的形貌
（a）、（b）SEM 截面照片和表面形貌；（c）、（d）二维和三维 AFM 表面形貌

由于团簇束流掠角沉积中的掠角是所沉积纳米结构孔隙率的决定因素，沉积时只要合理控制掠角即可获得期望的孔隙率。对于介质纳米结构而言，孔隙率不同则意味着有效折射率不同。换而言之，可以通过纳米结构的孔隙率实现对其有效折射率的连续调变。利用该方法制备的折射率和孔隙率可调的纳米薄膜在光学减反/增透膜、太阳能电池、发光二极管等领域均有重要应

用价值。图 11.26 是在 Si 衬底上沉积角度分别为 0°、45°、60° 和 80° 时所得的 TiO₂ 纳米粒子多孔薄膜的表面形貌。可以很明显地看出薄膜孔隙率强烈依赖于沉积角度，随角度增加，孔隙率增大。

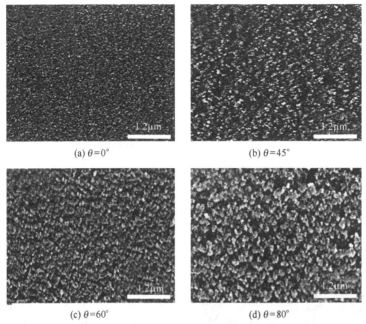

(a) $\theta=0°$　　　　　　　　　　　　(b) $\theta=45°$

(c) $\theta=60°$　　　　　　　　　　　　(d) $\theta=80°$

图 11.26　不同团簇束流掠角沉积的 TiO₂ 纳米粒子多孔薄膜的 SEM 表面形貌

　　图中薄膜的厚度均为 300nm，利用椭偏仪测量多孔纳米粒子薄膜的有效折射率，测量结果如图 11.27(a) 所示。TiO₂ 纳米粒子薄膜的有效折射率随沉积角度的增加而减小，这是由于随沉积角度的增加，薄膜孔隙率增大。对于多孔 TiO₂ 纳米结构，其有效折射率同时取决于孔隙率和基体材料的折射率，包含两部分的贡献：一部分来自于空气，所占体积为 V_{air}，另一部分为基体材料 TiO₂，所占体积为 V_{TiO_2}，二者折射率分别为 $n_{air}=1.0$，$n_{TiO_2}=2.52$，则薄膜的孔隙率(porosity) 可由薄膜的有效折射率 n_{eff} 计算得出

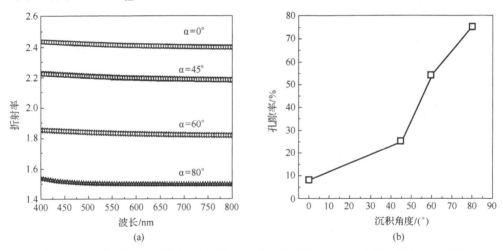

(a)　　　　　　　　　　　　　　　(b)

图 11.27　不同束流入射角度下沉积的 TiO₂ 纳米粒子多孔薄膜的有效折射率和孔隙率

$$porosity(\%) = \frac{V_{air}}{V_{air} + V_{TiO_2}} = \left(1 - \frac{n_{eff}^2 - 1}{n_{TiO_2}^2 - 1}\right) \tag{11.8}$$

图 11.27(b)为根据式(11.8)和有效折射率计算得出的不同角度下沉积薄膜的孔隙率，孔隙率随角度的增大而减小。

11.3.5　团簇束流沉积制备纳米合金

二元金属纳米团簇有着远较单组分金属团簇复杂的结构与性质，且其生长机制无法用现有的大块合金理论解释。纳米团簇的尺寸效应、表面效应，以及二元合金的组分影响、相互作用等复杂因素为纳米合金带来了多种多样的奇异特性，使其在多相催化、微电子和光电子等领域具有不可估量的应用前景。采用配置多靶的磁控等离子体气体聚集团簇束流系统，可以实现纳米合金的制备，并对纳米合金的成分、尺寸进行很好的控制。

可以采用两种途径通过团簇束流沉积制备二元金属纳米团簇：①在双原子成分的稠密原子气环境中通过成核生长形成纳米合金。如图 11.28(a)所示，两种金属原子在缓冲气体的辅助下聚集成核，核进一步吸附不同种类的原子，逐渐生长形成纳米粒子。通过改变气相生长环境中各原子组分的相对比例及控制气相生长(缓冲气体分子量、温度、生长时间等)条件，可获得具有不同组分、不同尺寸的纳米合金粒子。②不同金属的单相纳米粒子合并粗化形成纳米合金。如图 11.28(b)所示，在衬底表面依次沉积选定尺寸的两种单相纳米粒子(通过气相成核生长形成)，在一定的温度下使近邻的纳米粒子合并生成新的纳米粒子。通过改变两种纳米粒子的相对尺寸与绝对尺寸，可获得具有不同组分、不同尺寸的纳米合金粒子。图 11.29 显示了通过第一种方式获得的 Cu-Ag 纳米合金的 HRTEM 照片，可以清楚地分辨出银成分包裹铜成分的核壳结构。

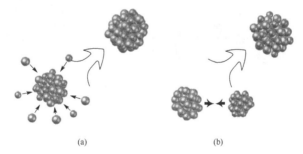

(a)　　　　　　　　　　　　　(b)

图 11.28　通过团簇束流沉积制备二元纳米合金的两种途径

(a)通过气相成核生长形成纳米合金；(b)通过团簇表面合并粗化获得纳米合金

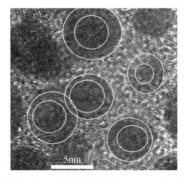

图 11.29　通过气相成核生长形成的核壳结构 Cu-Ag 纳米合金的 HRTEM 照片

11.4　荷能团簇束流沉积

团簇沉积形成的薄膜形貌与多个因素有关,其中包括衬底材料、构成团簇的材料、衬底温度,以及团簇的入射动能。通常,团簇的动能可分为三个区域[9]:低能(约 0.1eV/原子)、中能(1～10eV/原子)和高能(>10eV/原子)。Haberland 等[39]对 Mo 团簇在三种能量下沉积于 Mo 衬底的过程进行分子动力学模拟,其结果见图 11.30。

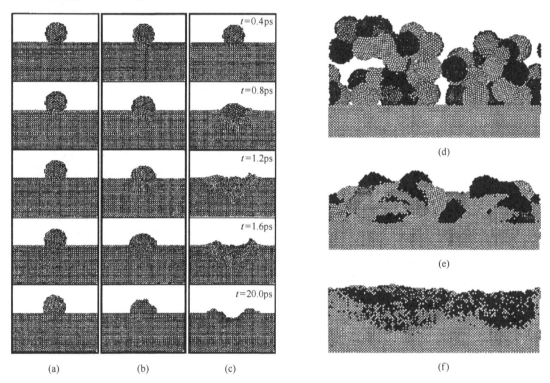

图 11.30　对不同动能 Mo 团簇逐个入射到 Mo(100)表面及所形成的团簇组装薄膜形貌的分子动力学模拟
(a)、(d)0.1eV/原子;(b)、(e)1eV/原子;(c)、(f)10eV/原子

低能沉积时,团簇没有畸变发生,对衬底也无损伤,形成的薄膜是由随机堆积的粒子构成的多孔阵列。在某些材料体系,如简单金属沉积于石墨表面,团簇在表面将发生大量的徙动,成为决定所形成薄膜形貌的关键因素,此即 11.3 节讨论的情形。在中能沉积时,团簇能够保持主体完整不破损,但会发生形变,并在衬底上形成缺陷。对于在衬底上具有高徙动能力的团簇,入射动能的增加可使表面受到损伤而限制团簇的徙动能力。此即气体淀积(GD)及离化团簇束流沉积(ICBD)的情形。在高能沉积时,团簇完全裂解,并在衬底上造成深入数个原子层的损伤。与低能团簇束流沉积以及荷能团簇束流沉积比较,荷能团簇束流沉积有其独特的物理机制与一定的技术优势。

荷能团簇束的先进性来自团簇结构、离化及其与表面相互作用上的独特性质。例如,离子束用于表面加工和分析,为了减小损伤,实现浅层加工以满足器件等比例缩小的要求,需要采用更低能量的离子束。但是,由于空间电荷效应带来的束流发散,低能量和高离子电流难以兼得。而对于团簇离子,其质/荷比 M/Q 相对于离子束要大数个量级,因而在相同的电荷密度下,荷能团簇束的质量密度将比离子束高几个数量级，或者说在同样的电流密度下，荷能团簇束传输的原子是比离子束的 1000 倍以上。例如，对于包含 1000 个原子的团簇，1mA 的荷能团簇束所包含的原子密度相当于 1A 的单原子离子束。

由于荷能团簇束等能量照射的特性，团簇中的每个原子的动能为团簇的能量除以团簇尺寸，每个原子可以具有很低的折合动能。例如，包含 2000 个原子的团簇加速到 20keV 时每个原子的动能仅为 10eV。反之，由于空间电荷效应，获得 10eV 动能的单原子离子束是极其困难的。

荷能团簇束与固体表面作用是非线性过程，将导致高度凝聚（固体密度量级）的原子碰撞，在皮秒的时间内，在纳米的空间范围内达到很高的局域能量和质量沉积，引起上万摄氏度的瞬时温度变化和数十吉帕的瞬时压力变化。这种现象在单原子离子碰撞中也是不可能达到的。单原子离子束中高的动能导致离子注入固体的深处，而并不能在表面产生高密度的能量沉积。

荷能团簇束的上述特性使其与表面相互作用时，在穿透深度、非晶化形成、溅射及能量沉积等方面，可产生许多与单原子离子轰击完全不同的独特新效应[40-42]。图 11.31 给出了荷能团簇束与表面碰撞中的典型过程。这些效应如下。

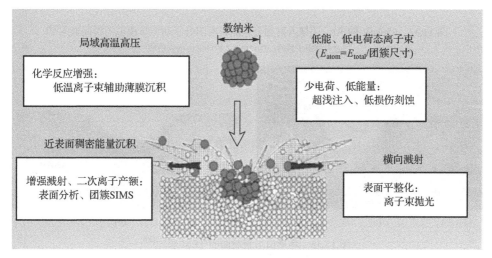

图 11.31　荷能团簇束与表面相互作用的主要过程和效应

（1）局域稠密能量沉积：包含上千个原子的团簇其直径仅数纳米，上千个原子撞击局域面积，入射的区域经历了同时的高温和高压条件。局域温度上升至 $10^4 \sim 10^5 K$，压力增加到数吉帕，而能量沉积于表面层的时间仅持续 10～100fs，从而形成各向同性传播的激波，这样的激波能够产生在单原子离子轰击时不能出现的新物理现象。

图 11.32 为分子动力学模拟的 650keV 的高能 Au_{13} 团簇入射到金单晶表面的表面原子溅射及环形山形貌形成[42]。与火山喷发或陨石坠落相似，环形山形貌的形成在荷能团簇-表面碰撞中是常见的。荷能团簇束撞击表面时的多重碰撞效应与单原子弹射撞击不同，在入射区域造成极高的局域能量传递和原子排列无序化，在碰撞区域的中心，靶原子促进了向内的位移级联过程的发展，在表面形成下陷坑。同时，在碰撞区域边缘，大量的原子获得横向动量或方向远离表面的动量，前者形成环形山脊的原子流，后者被溅射掉。环形山形貌形成的效率不仅取决于团簇的动能，也与衬底材料的性质相关。低的靶材料密度、熔点和原子位移能更

有利于形成环形山形貌。环形山的形状也与靶材料的晶体结构有关。例如,图11.33中在Si(100)面上形成的环形山形貌是圆锥形的,其侧面沿(111)面,而在Si(111)面上则形成半球形的环形山形貌[43]。

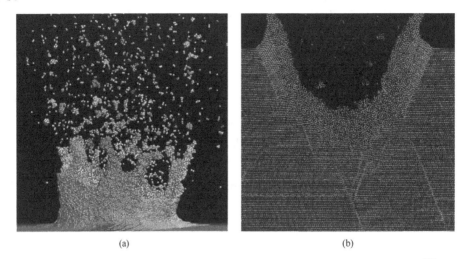

(a)　　　　　　　　　　　　　　　　(b)

图11.32　650keV的Au$_{13}$团簇入射到金单晶表面的分子动力学模拟的瞬间截图[42]

(a)表面原子溅射;(b)16ps之后环形山形貌形成

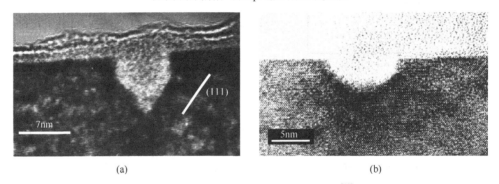

(a)　　　　　　　　　　　　　　　　(b)

图11.33　环形山形貌截面的TEM照片[43]

(a)单个24keV Ar$_n^+$团簇入射Si(100);(b)单个24keV (O$_2$)$_n^+$团簇入射Si(111)

(2)横向溅射与非线性溅射产额:团簇离子的溅射效应与单体离子完全不同。单体离子与固体表面碰撞可以用线性级联碰撞模型来描述,而团簇离子入射时在近表面发生多次碰撞。大量原子沿靶平面出射,形成横向溅射,溅射产物的角分布与单体离子溅射完全不同。溅射产额也大幅度增强,并随团簇尺寸增大而非线性增加。已有研究表明,溅射产额和团簇所含原子数N的平方的比值与团簇质量无关,但这一效应[44]至今还未能获得物理解释。

(3)增强表面化学效应:团簇离子在靶表面附近的稠密能量沉积可以增强表面化学反应。从化学的角度而言,在每分子/原子0.1~10eV的能量区间内,可发生团簇碎裂、团簇中的分子离解,并在不破坏固态衬底的情况下于团簇入射的皮秒时间尺度内形成新化学键。

(4)随着团簇入射表面形成激波,将发生一系列的瞬态物理过程,如非绝热效应。极强能量密度沉积引起的高温高压脉冲,使得入射区域发生相变。最近发现的有趣现象是当C$_{60}$轰击石墨时,相变形成金刚石纳米晶[45]。

(5)超浅注入：由于团簇中平均到每个原子的能量很低，可将注入能量减小到 eV/原子的量级，团簇中原子与衬底原子的直接碰撞主要发生在衬底表面数个原子层的范围，从而实现对衬底的浅注入。研究发现，低能硼团簇注入硅中，后退火时硼的扩散受抑制[42]。对于这一现象的物理本质还不清楚，但这一现象使得掺杂层深度和结厚度可控制在数纳米范围。

荷能团簇离子-固体的碰撞包含众多的奇异过程，但团簇-固体相互作用物理的复杂度高，具有介观的特征，对其主要过程目前还缺乏系统的认识。最近的一些实验发现了一系列的有趣现象，但在各实验之间以及实验与理论之间仍然存在冲突。无论理论模拟还是实验都未能形成统一的物理模型。荷能团簇离子-固体的碰撞作为一个重要的物理过程，需要进一步深入探索。

荷能团簇束流沉积的奇异特性已在器件制造领域受到重视并获得多种应用。在材料表面处理领域，高密度能量沉积的效应可用于高平整度超薄膜的制备及纳米结构图案的加工。团簇轰击表面也可获得非常高的溅射率，可用于实现高刻蚀率及超低粗糙度的表面抛光。因此，荷能团簇束流沉积技术可望在纳米尺度加工和纳米器件制造的工业领域起到重要的作用。日本先进量子束流加工技术协作研究中心（Collaborative Research Center for Advanced Quantum Beam Process Technology）、欧洲的罗德岛大学、卡尔斯鲁厄理工学院与卡尔斯鲁厄研究中心，美国的贝尔实验室和新泽西理工学院对荷能团簇束流沉积技术进行了多方面的研究与开发，取得了一定的进展，一些技术已在工业上获得了应用[40,46]。例如，日新离子机器株式会社与美国半导体设备公司通过采用团簇离子注入系统应用于 p 型 OS 动态随机存储器的制备，使产能提高了199%，成本降低了 37%。

荷能团簇束流在表面分析方面也将具有重要的应用，典型的是用于团簇二次离子质谱(SIMS)三维成像[47]。团簇离子是大分子与软物质二次离子质谱研究中非常有效的一次离子。由团簇离子入射产生的大分子二次离子产额比单体离子产生的要高 1～2 个数量级，因此可有效地用于对有机物和软物质的分析。此外，团簇离子同样可以减小空间电荷效应与绝缘表面荷电，降低辐照损伤。采用团簇离子，原子轰击造成的化学损伤受到极大的抑制，传统的二次离子质谱中原子和分子碎片的离子产生的复杂信号干扰，离子溅射造成的表面粗糙、碰撞混合、辐射增强扩散对有机分子与软物质带来的极为不利的效应都可以克服。使用聚焦荷能团簇束，可以进一步实现纳米高分辨的二次离子质谱三维成像，不仅具有极高的深度剖析分辨率及亚微米到纳米尺度的横向分辨率，并保持二次离子质谱独有的表面灵敏度，使对复杂材料如多层有机薄膜、生物薄膜等的逐个分子层进行分析成为可能。聚焦荷能团簇二次离子质谱将成为实现有机分子和聚合物材料纳米分辨三维成像的有力工具，在纳米技术、生物传感和药物研究中具有重要的应用价值。

参 考 文 献

[1] Interagency Working Group on Nanoscience, Engineering and Technology Committee on Technology. National nanotechnology initiative: Leading the next industrial revolution[R]. Washington, D. C.: National Science and Technology Council, 2000.

[2] U.S. DOE. Nanoscale science, engineering and technology research direction[R]. Washington, D. C.: Basic Energy Sciences Nanoscience/Nanotechnology Group, 2002.

[3]　MILLER J C, SERRATO R M, REPRESAS-CARDENAS J M, et al. The handbook of nanotechnology: Business, policy, and intellectual property law[M]. New Jersey: John Wiley & Sons, 2005.

[4]　DUPAS C, HOUDY P, LAHMANI M. Nanoscience nanotechnologies and nanophysics[M]. Berlin: Springer-Verlag, 2007.

[5]　HOSOKAWA M, NOGI K, NAITO M, et al. Nanoparticle technology handbook[M]. Amsterdam: Elsevier, 2007.

[6]　KIELY C J, FINK J, BRUST M, et al. Spontaneous ordering of bimodal ensembles of nanoscopic gold clusters[J]. Nature, 1998, 396: 444-446.

[7]　PILENI M P. Role of soft colloidal templates in the control of size and shape of inorganic nanocrystals[J]. Nature Materials, 2003, 2: 145-150.

[8]　JENSEN P. Growth of nanostructures by cluster deposition: Experiments and simple models[J]. Rev. Mod. Phys., 1999, 71: 1695-1735.

[9]　BINNS C. Nanoclusters deposited on surfaces[J]. Surf. Sci. Rep., 2001, 44: 1-49.

[10]　GILB S, ARENZ M, HEIZ U. The synthesis of monodispered cluster assembled materials[J]. Materials Today, 2006, 9: 48-49.

[11]　WEGNER K, PISERI P, TAFRESHI H V, et al. Cluster beam deposition: A tool for nanoscale science and technology[J]. J. Phys. D: Appl. Phys., 2006, 39: 439-459.

[12]　HABERLAND H. Clusters of atoms and molecules I Springer series in chemical physics[M]. Berlin: Springer, 1994.

[13]　MILANI P, IANNOTTA S. Cluster beam synthesis of nanostructured materials[M]. Berlin: Springer, 1999.

[14]　HAGENA O F, OBERT W. Cluster formation in expanding supersonic jets: Effect of pressure, temperature, nozzle size, and test gas[J]. J. Chem. Phys., 1972, 56: 1793-1802.

[15]　HAGENA O F. Nucleation and growth of clusters in expanding nozzle flows[J]. Surf. Sci., 1981, 106: 101-116.

[16]　DE BOER B G, STEIN G D. Production and electron diffraction studies of silver metal clusters in the gas phase[J]. Surf. Sci., 1981, 106: 84-94.

[17]　KAPPES M M, KUNZ R W, SCHUMACHER E. Production of large sodium clusters（Na_x, $x<65$）by seeded beam expansions[J]. Chem. Phys. Lett., 1982, 91: 413-418.

[18]　SATTLER K, MÜhlbach J, RECKNAGEL E. Generation of metal clusters containing from 2 to 500 atoms[J]. Phys. Rev. Lett., 1980, 45: 821-824.

[19]　DIETZ T G, DUNCAN M A, POWERS D E, et al. Laser production of supersonic metal cluster beams[J]. J. Chem. Phys., 1981, 74: 6511-6512.

[20]　KOWALSKI J, STEHLIN T, TRÄGER F, et al. Towards monodisperse neutral clusters-Concepts and recent developments[J]. Phase Transitions, 1990, 24-26: 737-784.

[21]　韩民. 团簇束流与团簇淀积[D]. 南京：南京大学, 1997.

[22]　罗浩俊, 陈征, 许长辉. 基于团簇束流沉积的纳米结构制备：设备与机理[J]. 中国材料科技与设备, 2005, 2: 25-33.

[23]　WILEY W C, MCLAREN I H. Time-of-flight mass spectrometer with improved resolution[J]. Rev. Sci. Instrum., 1955, 26: 1150-1157.

[24] BECKER B W, BIER K, HENKES W. Strahlen aus kondensierten atomen und molekeln im hochvakuum[J]. Z. Phys., 1956, 146: 333-338.

[25] HAGENA O F. Cluster beams from nozzel source[M]// WEGENER P P. Molecular beams and low density gas dynamics. New York: M. Dekker Inc., 1974: 95-181.

[26] BECKER E W. Production and applications of cluster beams[J]. Laser and Particle Beams, 1989, 7: 743-753.

[27] TAKAGI T. Ionized-cluster beam deposition and epitaxy[J]. Z. Phys., 1986, D3: 271-275.

[28] INA T, MINOWA Y, KOSHIRAKAWA N, et al. Development of an ionized cluster beam system for large-area deposition[J]. Nucl. Instrum. Methods Phys. Res. B, 2003, 37-38: 779-782.

[29] HAYASHI C, KASHU S, ODA M, et al. The use of nanoparticles as coatings[J]. Material. Sci. Eng., 1993, A163: 157-161.

[30] FUCHS G, TREILLEUX M, SANTOS AIRES F, et al. Cluster-beam deposition for high-quality thin films[J]. Phys. Rev., 1989, 40: 6128-6129.

[31] HAN M, ZHOU J F, SONG F Q, et al. Silicon-riched-oxide cluster assembled nanostructures formed by low energy cluster beam deposition[J]. Eur. Phys. J. D, 2003, 24: 269-272.

[32] HAN M, WANG Z Y, CHEN P P, et al. Mechanism of neutral cluster beam deposition[J]. Nucl. Instrum. & Meth. in Phys. Research B, 1998, 135: 564-569.

[33] GONG Y C, ZHOU Y, HE L B, et al. Systemically tuning the surface plasmon resonance of high-density silver nanoparticle films[J]. Eur. Phys. J. D., 2013, 67: 87-92.

[34] XIE B, LIU L L, PENG X, et al. Optimizing hydrogen sensing behavior by controlling the coverage in Pd nanoparticle films[J]. J. Phys. Chem. C, 2011, 115: 16161-16166.

[35] XIE B, ZHANG S S, LIU F, et al. Response behavior of a palladium nanoparticle array based hydrogen sensor in hydrogen-nitrogen mixture[J]. Sensor. Actuat. A, 2012, 181: 20-24.

[36] HAN M, XU C H, ZHU D, et al. Controllable synthesis of two-dimensional metal nanoparticle arrays with oriented size and number density gradients[J]. Adv. Mater., 2007, 19: 2979-2983.

[37] BHAT R R, GENZER J, CHANEY B N, et al. Controlling the assembly of nanoparticles using surface grafted molecular and macromolecular gradients[J]. Nanotechnology, 2003, 14: 1145-1152.

[38] HE L B, CHEN X, MU Y W, et al. Two-dimensional gradient Ag nanoparticle assemblies: Multiscale fabrication and SERS applications[J]. Nanotechnology, 2010, 21: 495601.

[39] HABERLAND H, INSEPOV Z, MOSELER M. Molecular-dynamics simulations of thin-film growth by energetic cluster impact[J]. Phys. Rev. B, 1995, 51: 11061-11067.

[40] YAMADA I. Cluster ion beam process technology - 20 years of R&D history[J]. Nucl. Instr. Meth. B, 2007, 257: 632-638.

[41] POPOK V N. Energetic cluster ion beams: Modification of surfaces and shallow layers[J]. Mat. Sci. Eng. R, 2011, 72: 137-157.

[42] POPOK V N, BARKE I, CAMPBELL E E B, et al. Cluster-surface interaction: From soft landing to implantation[J]. Surf. Sci. Rep., 2011, 66: 347-377.

[43] INSEPOV Z, ALLEN L P, SANTEUFEMIO C, et al. Computer modeling and electron microscopy of silicon surfaces irradiated by cluster ion impacts[J]. Nucl. Instrum. Methods Phys. Res. B, 2003, 202: 261-268.

[44] BRUNELLE A, DELLA-NEGRA S, DEPAUW J, et al. Very large gold and silver sputtering yields induced by

keV to MeV energy Au_n clusters（n=1～13）[J]. Phys. Rev. B, 2002, 65: 144106.

[45]　DUNLOP A, JASKIEROWICZ J, OSSI P M, et al. Transformation of graphite into nanodiamond following extreme electronic excitations[J]. Phys. Rev. B, 2007, 76: 155403.

[46]　KOIKE K, YOSHINO Y, SENOO T, et al. Anisotropic etching using reactive cluster beams[J]. Appl. Phys. Exp., 2010, 3: 126501.

[47]　MAO D, WUCHER A, WINOGRAD N. Molecular depth profiling with cluster secondary ion mass spectrometry and wedges[J]. Anal. Chem., 2010, 82: 57-60.

第12章 脉冲激光沉积技术

12.1 概　　述

　　脉冲激光沉积(pulsed laser deposition, PLD)是20世纪80年代后期发展起来的薄膜制备技术，典型的装置示意图如图12.1所示。一束激光经过聚焦透镜投射到靶上，使被辐照区域的靶物质烧蚀(ablation)，烧蚀产物(ablated materials)择优地沿着靶的法线方向喷射出，形成一个看起来像羽毛状的发光团——羽辉(plume)，经过在气氛气体中的传输最后到达衬底形成一层薄膜。在通常的PLD过程中，最常用的激光器是准分子激光器或Nd:YAG激光器，这两种激光器都是脉冲激光器。常用的准分子激光器包括ArF、KrF和XeCl等，其波长分别是248nm、193nm和308nm，脉冲宽度一般在15～30ns，每个脉冲输出的激光能量通常可达400mJ；Nd:YAG激光器波长1060nm，用于PLD时常通过倍频装置而用其二倍频或三倍频的光，即530nm或355nm的光，脉冲宽度通常在5～10ns，每脉冲输出的能量可达500mJ(530nm)或300mJ(355nm)。在典型PLD制备薄膜中，100～400mJ的激光能量在20～30ns脉冲期间被聚焦到面积约1mm×2mm的靶上，这意味着在靶上能产生3～20J/cm^{2}的激光强度或100～1000MW/cm^{2}的能流密度。制备氧化物时，沉积腔通常充以1～100Pa的氧气以提高薄膜的性能。

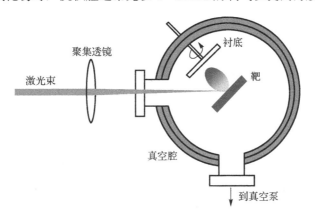

图12.1　典型的PLD装置示意图

　　最早用激光辐照靶来制备薄膜的研究是1965年Smith和Tuner用红宝石激光器(ruby laser)进行薄膜制备的工作[1]，此后这项技术少有研究，直到1987年随着采用准分子激光器制备高温超导氧化物薄膜的成功[2]，这项技术开始得到重视，此后用于制备各种氧化物、金属、氮化物、碳化物及有机物薄膜，成为一种重要的薄膜制备技术。有关PLD技术已有许多的综述文章及书籍[3-13]。从20世纪90年代初期开始，原来用于分子束外延(MBE)中原位监测薄膜生长的反射高能电子衍射(reflection high energy electron diffraction, RHEED)技术运用到PLD中，开始了在原子层次上对氧化物薄膜生长的控制，并提出了激光分子束外延(laser MBE, LMBE)，最近十几年来，这一技术得到深入和广泛的发展，成为氧化物物理及薄膜器件研究不可或缺的工具[11,12,14]。LMBE 技术将在 13.2 节做专门介绍。

从薄膜制备的角度看，PLD 技术是众多物理气相沉积制备薄膜方法中的一种，同热蒸发技术、电子束蒸发、磁控溅射及分子束外延等气相沉积方法相比，第一，PLD 具有易于控制薄膜成分的优点，这是由于 PLD 对很多材料具有保持靶膜成分一致的特点；第二，在 PLD 中到达衬底表面的沉积粒子通常具有高的离子成分和大的动能，其他方法沉积粒子的动能一般在 1eV 以下，而 PLD 中性粒子可达 10eV，离子性粒子可达上百电子伏特；第三，PLD 方法能适用更多的材料，不仅能制备氧化物、氮化物、碳化物等无机物，甚至还能制备有机物以及聚合物薄膜；第四，PLD 通常操作起来更为简单；第五，从 LMBE 制备金属及氧化物薄膜的研究中获知在 PLD 中薄膜更易于实现层状生长，这对于原子级控制薄膜生长具有重要意义。PLD 也有某些缺点，主要包括：①经常在薄膜中存在亚微米尺度的颗粒物(droplet)，这对于薄膜的均匀性特别是厚度为几纳米的薄膜均匀性有很大伤害；②制备的重复性不够好，这是由于薄膜对某些实验参数比较敏感；③对某些材料，特别是含易挥发元素的材料，薄膜与靶的成分也并不总是一致；④所制备薄膜的面积通常很小，典型的尺度在 $1cm^2$ 左右，要制备大面积薄膜则需要特别的方法。

尽管 PLD 制备薄膜简单而有效，但其中的机制却相当复杂，了解这些机制对于日常的薄膜制备工作以及发展新的技术以提升薄膜质量具有重要的意义。准分子激光器 PLD 的过程可以分为三个阶段：第一阶段是激光脉冲期间激光与靶的相互作用，其结果是在靶表面形成高温高压的蒸气/等离子体团并高速喷出；第二阶段是喷出的蒸气/等离子体在气氛气体中传输并到达衬底的表面；第三阶段是到达衬底表面的物质在其上成核及生长并形成薄膜。本章将阐明这个三个阶段所涉及的主要物理过程，并说明 PLD 中薄膜沉积的特征；最后将简要说明液体中 PLD 独特的效应和可能的应用。

12.2　激光与靶的相互作用

12.2.1　概述

PLD 的第一步是激光脉冲与靶的相互作用，虽然这个过程发生在 30ns 的时间尺度内，但这个过程对 PLD 有着决定性的作用，是 PLD 区别于其他气相沉积技术的关键所在。它很大程度上决定了从靶上喷射出物质的化学状态、速度分布及空间分布，而这些又进一步决定了薄膜的成核和生长过程。此外，PLD 中的颗粒物问题、重复性差问题、小面积问题及对某些物质靶膜成分不一致问题等也基本上源于这个阶段。

激光与靶的作用可以分为热过程和非热过程，热过程是指在激光辐照下靶经历熔化、气化及等离子体化的过程，而非热过程是靶不经过熔化气化而直接被激光分解或电离的过程。激光与靶作用属于哪种过程主要取决于靶的能带结构和激光的光子能量。如果靶的带隙比激光的光子能量大，则通常靶上发生非热过程，按照能带理论，在这种情况下靶不吸收激光能量，因而原则上在这种情形下 PLD 不能制备该靶材料的薄膜，但由于所有的靶包括单晶靶都有一定数量的缺陷，如晶界缺陷，于是在缺陷的位置能够吸收激光能量而使靶材料以原子或离子形态脱离靶形成沉积粒子[15,16]，这时就能够制备薄膜。例如，KrF 准分子激光（光子能量 5eV）可以用来烧蚀 MgO（带隙 7.8eV）靶制备 MgO 薄膜，甚至可以用来烧蚀 LiF（带隙 13.6eV）单晶制备 LiF 薄膜。在这种情况下，光在靶中有很大的穿透深度，因而靶通常很快被穿透而损坏，并常伴随粉尘从靶上飞出。如果靶的带隙不大于激光的光子能量，那么激光与靶的作用一般属于热过程，PLD 中绝大多数情况都属于这个情况，如准分子激光辐照所有金属和绝大多数氧化物的情形，因此以下的讨论则属于热过程。

如图 12.2 所示，热作用的过程可细分为如下阶段[4]：①激光对靶的吸收加热阶段；②靶的熔化阶段；③靶的蒸发阶段；④靶的等离子体化阶段；⑤蒸气/等离子体膨胀阶段。首先，激光入射到靶表面时靶中的价带和导带电子对激光的吸收，这个吸收过程的特征时间在 10^{-15}s（即 1fs）量级；吸收了光子的电子获得能量，通过与晶格或者声子的碰撞将能量传递给晶格，这个特征时间为 $10^{-13} \sim 10^{-12}$s（即 $0.1 \sim 1$ps）量级[17,18]，因此在几纳秒内靶表面即可达到沸腾状态；接着，靶表面气化，以及蒸气迅速地被后继的激光等离子体化，气化及等离子体化的时间依赖于激光强度与材料性质，通常情况下在数纳秒到数十纳秒；由于等离子体的形成，后续的激光会被等离子体吸收而不能到达靶的表面，这就是等离子体屏蔽效应，由于这一效应，在激光脉冲的余下时间内，靶的加热、蒸发及等离子体化达到一个自平衡（self-regulating），达到自平衡的蒸气/等离子体会不断膨胀，在激光脉冲结束时，蒸气/等离子体的典型厚度在 0.1mm 量级；脉冲结束后数百纳秒内蒸气/等离子体将进一步膨胀到距靶几毫米的位置。在从激光入射开始算起数百纳秒的短暂时间内以及在距靶表面几毫米的狭小空间内发生了相当复杂的过程，而这些过程最终决定了 PLD 的特征，下面将更为详细地阐明这些过程。

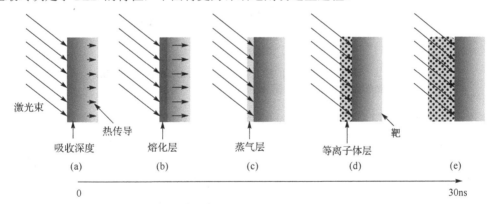

图 12.2　激光脉冲期间激光与靶作用过程的示意图

(a)～(e)分别表示吸收加热、熔化、蒸发、等离子体化和蒸气/等离子体膨胀 5 个阶段

12.2.2　靶对激光的吸收及靶的熔化和气化

激光辐照首先导致靶温度升高，它是后继过程的基础。辐照导致的温度分布由如下的一维热流方程描述：

$$\rho c \frac{\partial T}{\partial t} = \frac{\partial T}{\partial z}\left(k \frac{\partial T}{\partial z}\right) + (1-R)I_0 \exp(-\alpha z) \tag{12.1}$$

式中，T、ρ、c、k、R 分别为温度、密度、比热容、热导率和表面反射系数；I_0 为入射光强度；α 为吸收系数；z 为靶法线方向的坐标。等式右边第一项描写热量向靶深处的传导，第二项描写靶对激光的吸收。有关这个方程及其解请参阅文献[18]和[19]，这里只对其结果做简单讨论。图 12.3 显示了由该方程计算得到的准分子激光辐照 $YBa_2Cu_3O_7$ 靶后在不同时间靶中的温度分布。可以看到，靶表面在 4.6ns 温度达到 2000℃，已经超过 $YBa_2Cu_3O_7$ 的熔点（约 1000℃），5ns 时靶中最高温度接近 3500℃，温度最大值出现在靶下面约 30nm 处，到 10ns 最高温度接近 4000℃，最高温度所在位置略微向靶深处推进，到激光脉冲结束（25ns）时，温度已超过 4000℃，温度最高位置在靶表面下约 50nm 处。一般而言，在典型 PLD 条件下，5ns 以内靶温度会远超过其沸点。这里需要指出的是，靶的最高温度不是出现在靶表面而是表面下数十纳米深度处，这称为亚表面加热（subsurface heating）现象[20,21]，这种现象会导致靶中的内爆炸而使靶表面的物质被抛出，是薄膜表面的颗粒物的来源之一。

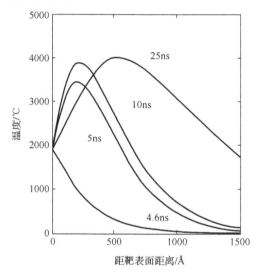

图 12.3　强度为 $1.0J/cm^2$ 的激光束（波长 248nm、脉冲宽度 25ns）
激光辐照 $YBa_2Cu_3O_7$ 靶后在不同时间靶中的温度分布[20]

　　在这个方程描述的模型中有两个特征长度：一是靶对激光的吸收深度，由 α^{-1} 所给出，在 α^{-1} 处光的强度减小为入射光强的 $1/e$，e 为自然对数的底；二是热扩散深度，由 $(2D\tau)^{1/2}$ 给出[22]，其中 $D = k/(\rho c)$ 为热扩散系数，τ 为激光脉冲宽度，它表征了辐照产生的热所能影响的深度。对大多数常见的材料，加热深度远大于吸收深度，也就是说激光主要在靶表面附近被吸收并转化成热，然后通过热扩散使得更深的地方被加热。表 12.1 给出了几种典型材料的有关值。

表 12.1　KrF 激光（波长 248nm、脉冲宽度 30ns）辐照下几种靶的吸收深度、热扩散深度及蒸发深度

靶	吸收深度 α^{-1}/nm	热扩散深度 $(2D\tau)^{1/2}$/nm	反射率 R	蒸发阈值 E_{th}/(J/cm²)	蒸发深度③ Δz③/μm
Cu①	11	265	0.37	1.5	1.53
Si①	5.5	213	0.66	1	0.94
$YBa_2Cu_3O_7$②	20	246	0.1	0.16	—

注：①Cu 和 Si 的数据取自文献[18]和[19]；②$YBa_2Cu_3O_7$ 的数据取自文献[20]和[23]；③蒸发深度的值由式（12.2）计算，$YBa_2Cu_3O_7$ 由于数据不全未计算，其中 E 取 15J/cm²

　　了解 PLD 中每个脉冲的蒸发深度是十分重要的，因为它决定了每个激光脉冲烧蚀出靶物

质的量，而该量最终决定了薄膜的生长速率。假定靶被加热到沸点时开始蒸发，如果仅从蒸发所需要的能量考虑，那么每个激光脉冲产生的蒸发深度 Δz 为[19,22]

$$\Delta z = \frac{(1-R)}{\Delta H(300K \rightarrow T_m) + \Delta H_{SL} + \Delta H(T_m \rightarrow T_b) + \Delta H_{LV}}(E - E_{th}) \tag{12.2}$$

式中，E 为每个激光脉冲的能量；E_{th} 为蒸发阈值（单位为 J/cm^2）；$\Delta H(300K \rightarrow T_m)$ 为从室温（300K）到熔点 T_m 的焓变；ΔH_{SL} 为熔化潜热；$\Delta H(T_m \rightarrow T_b)$ 为从熔点 T_m 到沸点 T_b 的焓变，ΔH_{SL} 为蒸发潜热。对单脉冲能量 300mJ 和光斑面积 1mm×2mm 的 PLD 典型参数，表 12.1 列举了 Cu 和 Si 在 KrF 激光辐照下每个脉冲的蒸发深度。虽然这个计算针对 Cu 和 Si，但对其他材料也大体如此，即每个脉冲烧蚀或蒸发深度值通常都在微米以上。而实际的烧蚀或蒸发深度通常在几纳米到几百纳米，例如，激光强度为 9.5J/cm² 的 KrF 激光（波长 248nm、脉冲宽度 30ns）在 $10^{-5}Pa$ 真空中辐照不锈钢靶，每个脉冲烧蚀深度为 18nm[24]；激光强度为 3.8J/cm² 的同样激光烧蚀 $YBa_2Cu_3O_{7-x}$ 靶，每个脉冲烧蚀深度为 150nm[25]。因此，式（12.2）能说明烧蚀或蒸发深度与激光强度成正比，但定量的数值与实验所测有比较大的差异，因而只能作为定性的参考。出现这个差异的原因在于：没有考虑到在激光到达靶表面几纳秒后会在靶表面形成离子体，而等离子体能显著吸收激光能量。

理论计算表明，尽管激光能够使靶表面温度接近 6000K[20,26]，也就是远高于靶的沸点或者分解温度，但靶由液相到气相的转变一般认为是在表面发生的，即气液相变是通过表面向靶深处逐步推进完成的，但在激光强度非常高的情况下，靶的温度有可能达到临界点，即热力学上气液不分的温度，这时气液相变同时在表面和内部发生，形成爆沸，爆沸使得靶表面物质爆炸性喷射出来，可能是薄膜颗粒物的来源之一[27]。

12.2.3 表面等离子体形成及与激光的相互作用

PLD 中的特点之一是蒸发物在靶表面形成等离子体。在典型的 PLD 条件下，无论金属靶[28-30]、石墨靶[31]还是氧化物靶[32]，实验总能观察到等离子体的形成，等离子体中的电子密度达 $10^{18}cm^{-3}$ 或更高，温度高达 20000K 以上。从薄膜制备的角度看，等离子体的出现有以下效应：第一，高温等离子体的出现改变了蒸发物的化学状态，明显提高了蒸发物中带电粒子的比例；第二，等离子体的出现明显提高了蒸发物粒子的动能，从约 6000K 的靶温到 20000K 的等离子体温度意味着蒸发物粒子动能提高了 3 倍多；第三，在激光脉冲结束后等离子体的膨胀过程中，在等离子体表面层内会出现加速鞘电场，使等离子体中的荷电粒子被加速而使其能量有数十倍的增加，此情况将在 12.3.2 节中详细说明；第四，等离子体的出现改变了激光与靶的相互作用过程，等离子体会吸收激光能量使到达靶的激光能量减小，造成等离子体屏蔽效应，从而影响了靶的蒸发速率。这四个效应最终会影响到达衬底时蒸发物粒子的化学状态、动能及沉积速率，从而影响薄膜的成核和生长过程。

基于理论计算，PLD 中激光辐照会使靶表面温度达到 6000K，在热平衡条件下，其蒸气温度会达到同样的数值。对大多数原子而言，这个温度还不足以使得蒸气变为等离子体。那么蒸发出的气体如何转化为等离子体呢，也就是等离子体如何被点燃呢？在 PLD 情形中，等离子体的形成是由靶上的蒸气与后继的激光作用导致的。这个作用包含两种机制：一是反轫致辐射吸收(inverse bremsstrahlung, IB); 二是光致电离(photoionization, PI)。

IB 机制是通过蒸气中的自由电子吸收激光光子获得能量,然后通过与中性原子或离子的碰撞使其电离,电离的结果是产生更多的电子,而这些电子又可以通过 IB 机制获得能量,这是一个正反馈的过程,形成电子雪崩,最终形成等离子体。IB 机制由下述的 IB 吸收系数表征[22]:

$$\alpha_{IB} = 3.69 \times 10^8 \left\{ \frac{Z^2 n_i n_e}{T^{0.5} \nu^3} \left[1 - \exp\left(\frac{-h\nu}{k_B T} \right) \right] \right\} (cm^{-1}) \tag{12.3}$$

式中,Z 为离子的电荷数;n_i 和 n_e 分别为等离子体中离子和电子的数密度;ν 为入射光子的频率;T 为等离子体的电子温度;h 和 k_B 分别为普朗克常数和玻尔兹曼常数。吸收系数越大,表明越多的激光能量转化为靶表面蒸气的内能。式(12.3)表明,吸收系数与蒸气中的电子密度成正比,最初的蒸气中通常要有一些自由电子才能引发 IB。吸收系数还与入射光波长的三次方成正比,因此吸收系数对波长十分敏感,长波长的激光能更有效地引发 IB。实验表明,对紫外波长的准分子激光,IB 的作用是非常小的[28-30,33],而在波长为 10.6μm 的 CO_2 激光烧蚀中 IB 机制是蒸气等离子体化的主要机制[34]。

PI 机制是指激光直接电离蒸气中的原子或离子而增殖电子和离子数量,其作用由下列 PI 吸收系数表征[22]:

$$\alpha_{PI} \approx \sum_n 2.9 \times 10^{-17} \frac{(\varepsilon_n)^{5/2}}{(h\nu)^3} N_n (cm^{-1}) \tag{12.4}$$

式中,$h\nu$ 为入射光子能量(单位为 eV);ε_n(单位为 eV)和 N_n(单位为 cm^{-3})分别为蒸气中原子的电离能和第 n 激发态的数密度,求和对所有满足 $\varepsilon_n < h\nu$ 的原子态进行。虽然 PI 吸收系数也与入射激光波长的三次方成正比,但注意求和只对低频率或短波长的光子进行,也就是只有能量足够高的光子才能引起电离,因而 PI 机制对短波长的激光更为有效。实验表明,在紫外波长的准分子激光烧蚀中,PI 机制是蒸气等离子体化的主要机制[28-30,33]。

等离子体被点燃的时间与激光能流密度有关,能流密度越大,点燃时间越短。例如,用 KrF 激光(波长 248nm、脉冲宽度 6ns)在大气环境下辐照金属 Ni 靶,当激光能流密度从 90MW/cm² 增大到 400MW/cm² 时,点燃时间从 20ns 降到 3ns,其中在 300MW/cm² 时,点燃时间为 5ns[30]。这表明典型 PLD 条件下,等离子体能在激光脉冲的初期形成,剩余的脉冲期间等离子体会按照上述的机制吸收激光能量而使内能增加。在 300MW/cm² 能流密度条件下,等离子体内部的粒子数密度约 $10^{21} cm^{-3}$,温度为 20000K,压强可达 800atm[30]。在如此的高压下等离子体会猛烈地膨胀,其前沿膨胀的速度大约 $6 \times 10^5 cm/s$,这意味着在脉冲结束时靶表面等离子体的厚度大约 0.1mm[30]。这个高温高压的等离子体薄层会在激光脉冲结束后继续膨胀,其物理过程及其效应将在 12.3 节中描述。

值得指出的是,气氛种类及压强能改变等离子体的状态[34,35],典型的结果如图 12.4 所示。气氛的存在会冷却等离子体从而使等离子体收缩,此即等离子体限制效应。增加气氛压强则加大等离子体限制效应。因此,一方面增加气氛压强导致等离子体中离子密度增加,从而增加复合的概率,而复合导致释放能量,引起等离子体温度升高;但另一方面,增加气氛压强会增加等离子体与气体的碰撞而增加能量损失,使得等离子体温度降低。这两方面竞争的结果是,在气压较低时，如图 12.4(a) 中的 $10^{-3} \sim 0.3$Pa，前一种机制起主导作用，因而电子温度升高；但过高的压强导致后一种机制起主导作用，如图 12.4(a) 中的 $0.3 \sim 1000$Pa，因而电子温度降低。而无论复合还是冷却，都会导致电子密度的降低，因此电子密度随气氛压强增加而单调下降，如图 12.4(b) 所示。电子由于碰撞而损失的能量与气氛气体分子质量成反比，分子质量越小的气体越有利于降低等离子体的温度，所以氦气中等离子体温度比氩气中低。氧气中则由于化学反应而出现复杂情况。值得指出的是，$1 \sim 10$Pa 压强就能显著改变等离子体的温度和密度，而这正是 PLD 制备氧化物时常用到的气氛压强。

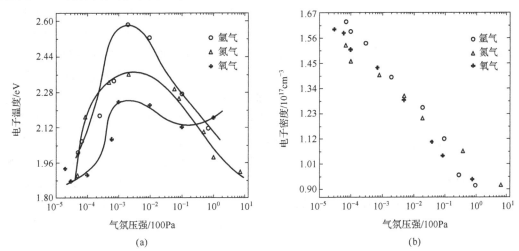

图 12.4　靶表面等离子体的电子温度和密度对气氛压强的依赖关系[35]

表面等离子体由 Nd:YAG 激光(波长 1.06μm、能流密度 50GW/cm²)辐照石墨靶产生，图中显示的温度及密度是距靶 3mm 处的等离子体的值

12.2.4　碰撞及喷嘴效应

在激光辐照导致的靶表面蒸气/等离子体中，各种形态的粒子存在频繁的碰撞，这个碰撞几乎从蒸发一开始形成就发生，一直持续到激光脉冲结束后数百纳秒，空间上则从靶的表面一直延伸到距靶大约 1cm 的范围。这些碰撞彻底改变了烧蚀产物的速度和空间分布，使得激光烧蚀不同于传统的蒸发，因而在 PLD 中，激光对靶的作用通常称为烧蚀，而非蒸发。传统的蒸发中，飞离靶的粒子通常具有半麦克斯韦的速度分布率及各向同性的 $\cos\theta$ 型的空间分布，而激光烧蚀中，最终飞离靶的粒子具有带有流速度的麦克斯韦的速度分布率及高度沿法向汇聚的 $\cos^n\theta$ (n 可为 $4 \sim 30$) 型的空间分布，这种速度及空间分布特征使得激光烧蚀产生的粒子流如同一个超声喷嘴所产生的粒子流[36,37]。这一喷嘴效应对薄膜制备有两方面的影响：第一，它使最初从靶蒸发出的粒子获得了新的能量增加机制，这会提高粒子最终到达衬底表面的动能；第二，它使从靶上喷射出的粒子流沿法线方向高度汇聚，因而一方面提高了薄膜的沉积速率，另一方面使得 PLD 只能制备小面积的薄膜，也就是约 1cm×1cm 的面积。

传统的蒸发所产生的粒子流密度很小，一般在每秒几个单原子层(monolayer)，粒子间的碰撞效应是可以忽略的，因而蒸发出的粒子具有半麦克斯韦分布，即

$$f_s(v_x, v_y, v_z) = K \exp\left[-\frac{m(v_x^2 + v_y^2 + v_z^2)}{2k_B T_s}\right] \quad v_x > -\infty,\ v_y < \infty,\ v_z \geqslant 0 \qquad (12.5)$$

式中，K 为归一化常数；m 为气体粒子的质量；k_B 为玻尔兹曼常数；v_x、v_y、v_z 为三个方向速度；T_s 为温度，坐标取法如图 12.5 所示，沿靶法线向外为坐标 z 的方向。这个分布即普通的麦克斯韦分布，不同的是没有速度沿 $-z$ 方向的粒子，表征分布的温度为靶表面的温度 T_s，说明蒸气与靶处于热平衡态。

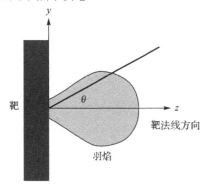

图 12.5　描述烧蚀粒子速度和
空间分布的坐标取法

然而，在 PLD 中，在激光脉冲期间数十纳秒内有数十到数百个原子层物质被蒸发出来，在靶表面附近粒子的密度可达 $10^{19} \sim 10^{22} \mathrm{cm}^{-3}$[28,30]，这已达到通常连续流体的密度(如水的粒子数密度为 $3.3 \times 10^{21} \mathrm{cm}^{-3}$)，因此粒子间碰撞变得非常重要。研究表明，甚至三次的碰撞就可以使得蒸气粒子达到热平衡，也就是说只需几个分子平均自由程的距离，蒸气粒子就能达到热平衡[38,39]，因此紧邻靶表面厚度为几个分子平均自由程的蒸气层具有特殊的重要性，称为 Knudsen 层，通过这个薄层蒸气分子从非平衡分布达到平衡分布，从由分子动力学描述的状态发展成由连续流体方程描述的状态。热平衡意味着粒子具有普通的麦克斯韦分布，即在 z 方向有正向速度分布也有负向速度分布，但从靶表面飞出来的粒子只具有正向的速度，为满足动量守恒，碰撞的结果是蒸气整体或质心获得沿 z 正向的流速度，于是粒子速度分布是漂移麦克斯韦分布(drifted Maxwellian distribution)，如式 (12.6) 所示[40-43]：

$$f_k(v_x, v_y, v_z) = K \exp\left\{ -\frac{m[v_x^2 + v_y^2 + (v_z - u)^2]}{2k_B T_0} \right\} \quad -\infty < v_x, v_y, v_z < \infty \quad (12.6)$$

式中，K 为归一化常数；u 为气体的质心速度或流速度(stream velocity)，表征了气体的整体运动或质心运动；T_0 为温度，但不是靶表面的温度。为了方便地表达 u 和 T_0，人们经常引入蒸气/等离子体运动的马赫数 M：

$$M = \frac{u}{c} = \frac{u}{(\gamma k_B T_0 / m)^{1/2}} \quad (12.7)$$

式中，c 为蒸气/等离子体中的声速；γ 为蒸气/等离子体的比热容比；m 为蒸气分子的质量。通过 M，经过碰撞后到达热平衡的蒸气温度、压力及密度分布与表面蒸气温度、压力及密度分布的关系能得到解析表达[40-44]。

按照这一速度分布，激光烧蚀后时刻 t 在 (x, y, z) 处气体分子密度 $n(x, y, z, t)$ 为[45]

$$n(x, y, z, t) = Ct^{-3} \exp\left\{ -\frac{m}{2k_B T_0}\left[\left(\frac{x}{t}\right)^2 + \left(\frac{y}{t}\right)^2 + \left(\frac{z}{t} - u\right)^2 \right] \right\} \quad (12.8)$$

式中，C 为归一化常数。这一公式可以通过飞行时间(time of flight, TOF)谱来验证，从而推断上述 Knudsen 层理论的正确性，并由此拟合而得到参数 T_0 和 u。事实上，不同种类的 TOF 谱是研究烧蚀物粒子速度及其分布的最重要的工具。

图 12.6 为获得 TOF 光发射谱的实验装置[46]。通过光学成像方法记录羽焰中位于激光入射

点正上方 L 处某激发态原子光发射强度，该发射强度对时间的依赖关系图即 TOF 光发射谱。光发射强度正比于激发态原子的密度，因而记录到的发射光强 $I(t)$ 与时间的依赖关系满足：

$$I(t) \propto n(0,0,L,t) = Ct^{-3} \exp\left[-\frac{m}{2k_B T_0}\left(\frac{L}{t} - u\right)^2 \right] \tag{12.9}$$

式中，$n(0,0,L,t)$ 是 $x=y=0$ 时的式 (12.8)，取 $x=y=0$ 是由于信号采集点位于激光入射点正上方。利用图 12.6 的实验装置，可以获得 ArF 激光烧蚀 $YBa_2Cu_3O_{7-x}$ 形成的羽焰中原子及离子的 TOF 光发射谱，图 12.7 显示了 Cu 原子和 Ba 原子的 TOF 光发射谱[47]。

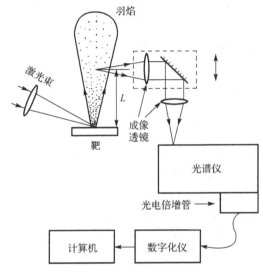

图 12.6　记录羽焰中 TOF 光发射谱的实验装置 [46]
垂直箭头表示成像系统可以沿羽辉轴向移动，以对羽辉不同轴向位置进行成像

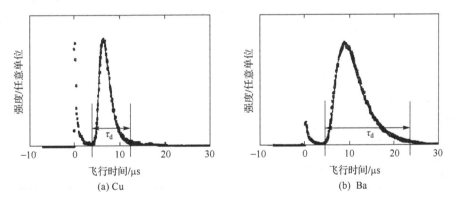

(a) Cu　　　　　　　　　　　(b) Ba

图 12.7　ArF 烧蚀 $YBa_2Cu_3O_{7-x}$ 形成的羽焰中得到的 Cu 和 Ba 原子的 TOF 光发射谱[46]
记录位置 L 位于距靶 7.2cm 的正上方，光斑面积为 0.5mm×1mm，激光强度为 5.3J/cm²，气氛为 $1.3×10^{-3}$Pa 的真空。
图中的 τ_d 表达了烧蚀粒子到达 7.2cm 位置的持续时间，如果此处放置衬底，此时间就是粒子在衬底上的沉积时间

用式 (12.9) 对所得到 TOF 谱进行分析，发现实验得到的 TOF 谱能用式 (12.9) 能很好地拟合，并由此得到流速度 u 及温度 T_0，进而可由式 (12.7) 得到 M。TOF 谱的峰位（横坐标为 t_{peak}）对应的速度称为最可几速度 $v_p = L/t_{peak}$，它与流速度 u 及温度 T_0 有如下关系[46]：

$$v_{\mathrm{p}} = \frac{u}{2} + \left(\frac{u^2}{4} + \frac{3k_{\mathrm{B}}T_0}{m} \right)^{1/2} \tag{12.10}$$

M、u、T_0 和 v_{p} 四个参数中，知道其中两个就能由式(12.7)和式(12.10)计算出另外两个。表 12.2 列举了由 TOF 光发射谱获得的 Cu、Y、Ba 和 Ba$^+$ 等粒子的 M、u、T_0 和 v_{p} 值；为比较方便，表 12.2 也列举了流速度与温度分布的相当能量，分别按照 $1/(2mu^2)$ 和 $k_{\mathrm{B}}T_0$ 计算得到，还列出了最可几速度 v_{p} 的等价能量及等价温度，分别按照 $1/(2mv_{\mathrm{p}}^2)$ 及 $mv_{\mathrm{p}}^2/(2k_{\mathrm{B}})$ 算出，其中 m 为粒子的质量。

首先讨论最可几速度，它表达了粒子的实际速度。由于 TOF 在距靶 7.2cm 位置处获得，如果衬底放置在这个位置，最可几速度表达了大多数粒子到达衬底时的速度，其对应的能量对中性粒子 Cu、Y 和 Ba 是 40～50eV，对荷电离子 Ba$^+$ 则达到近 90eV，相对于热蒸发的不到 1eV 的粒子能量，PLD 粒子的能量异常高。如 12.2.3 节所述，PLD 能使蒸气等离子体化，而等离子体的温度可高达 2×10^4K，这个能量相当于 2eV，不足以解释 PLD 中 40eV 以上的能量，那么，如此高的能量如何获得呢？这起源于蒸气/等离子体中频繁碰撞所导致的喷嘴效应，它使蒸气/等离子体整体形成沿靶法线方向的流速度，也就是碰撞使得蒸气/等离子体中紊乱的内能转化为共同方向的动能，这个效应类似于分子束技术中的超声喷嘴效应[36,37]。流速度 u 实际上表征了这个共同方向动能的大小，而温度 T_0 则表征了热运动动能的大小，由表 12.2 可以看出，对 Cu 和 Y 原子，共同动能已明显超过热运动动能；对 Ba 原子，两者相当，这表明碰撞产生的流速度对异常高的粒子总能量具有重大的贡献，是 PLD 粒子具有高能量的重要机制。这个机制对 Ba$^+$ 粒子并不适用，Ba$^+$ 的速度分布满足标准的麦克斯韦分布，即流速度为零，也就是说方向动能不能增加 Ba$^+$ 的能量，但 Ba$^+$ 却有接近 90eV 的异常高的能量，这个能量来自哪里？实验发现，荷电离子能量远高于中性粒子能量是 PLD 中的普遍现象，其中的机制见 12.3.2 节。

表 12.2　由 TOF 光发射谱和漂移麦克斯韦分布模型获得的烧蚀物粒子的流速度、能量及等价温度

参数	Cu	Y	Ba	Ba$^+$
马赫数 M	4.05	2.3	12	0
流速度 $u/(10^6\mathrm{cm/s})$	1.0	0.73	0.44	0
流速度相当能量/eV	32.9	24.5	13.8	0
分布温度 $T_0/(10^4\mathrm{K})$	3.58	8.29	17	—
分布温度相当能量/eV	3.1	7.1	14.7	—
最可几速度 $v_{\mathrm{p}}/(10^6\mathrm{cm/s})$	1.12	0.97	0.82	1.12
等价能量/eV	41.3	43.3	47.8	89.2
等价温度/(10^4K)	47.9	50.3	55.5	103.6

注：其中 Ba$^+$ 的数据符合标准的麦克斯韦分布模型，所以流速度为 0，分布温度未做计算。原始数据来源于文献[46]

在典型的 PLD 中，烧蚀物具有沿靶法线方向高度汇聚的特性，其空间分布常可写成 $a\cos\theta + b\cos^n\theta$ 的形式，其中 θ 为对靶法线的偏角，如图 12.5 所示。第一项 $a\cos\theta$ 对应于烧蚀物中的蒸发成分，第二项 $b\cos^n\theta$ 为高度沿法向汇聚的成分，n 可以看成汇聚因子。在真空环境中 n 的典型值在 4～30。最能说明汇聚效应的实验是 Rhor 等的工作，他们在真空环境下用 Nd:YAG 激光(波长 1.06μm、脉冲宽度 5ns)辐照许多种金属及合金靶，详细测量了产物粒子的角分布。有关结果可归纳如下[47-50]：①n 值与蒸发原子的质量成正比，蒸发原子质量越大，n 值越大，

例如，对 Al、Ti、Mo 和 Ta，其 n 值分别是 6、9、13 和 18；②荷电粒子比中性原子有更大的 n 值，荷电粒子的电荷数越高，n 值越大；③光斑尺寸越大，n 值越大。

上述加速和汇聚效应的根源在于蒸气/等离子体中的碰撞导致在靶法线方向形成巨大的流速度。流速度越大，越多的热运动动能转化为方向动能，粒子就能最终获得更大的动能。每个粒子的实际速度是其热运动速度与流速度的矢量和，流速度沿靶法线方向且很大，因而每个粒子的实际速度将严重偏向靶法线方向，形成汇聚效应。汇聚效应随着流速度的增加而加强，也就是随着马赫数 M 的增加而增加。按照 Kelly 的理论，对于单原子气体，汇聚因子 n 与马赫数的关系可近似写为[42]

$$n \approx (1 + M)^{2.1} \tag{12.11}$$

既然上述的加速和汇聚效应由蒸气/等离子体中的碰撞所导致，那么就可以通过蒙特卡罗模拟来研究碰撞的效应。Sibold 和 Urbassek 假定其中的碰撞为硬球的弹性碰撞，利用蒙特卡罗模拟的方法研究了激光脉冲结束后这些碰撞导致的粒子动能增加及汇聚效应，并称为喷嘴(jet)效应。研究指出，喷嘴效应取决于两个参数：单层(monolayer)层数 Θ 和高宽比 b(aspect ratio)[51]。Θ 是指每个激光脉冲从靶上蒸发出物质的原子层数，在典型的 PLD 条件下，每个脉冲的烧蚀深度至少在 10nm，这相当于 20 个原子单层以上。$b=r_0/(v_T\tau)$，式中，r_0 是光斑尺寸，v_T 是蒸气前沿的速度，τ 是激光脉冲周期。在脉冲期间，蒸气的膨胀完全可以看成沿法线方向的一维膨胀，因此 $v_T\tau$ 是脉冲结束时蒸气在纵向(靶的法线方向)的尺寸，r_0 为蒸气在脉冲结束时横向(垂直于靶法线方向)的尺寸，差不多就是光斑尺寸，因此 b 是指激光脉冲结束时形成的蒸气层在法线方向和横向的比。在典型 PLD 条件下，$v_T\tau$ 的值在 0.1mm 量级，而 r_0 在 1mm 量级，因而 b 的值大约为 10。Sibold 和 Urbassek 的模拟结果指出[51,52]：①蒸气中碰撞次数越多，喷嘴效应越显著，即加速和汇聚效应越显著，如果碰撞可以忽略，那么就变为普通的蒸发，没有喷嘴效应。②Θ 和 b 值越大，喷嘴效应越显著。③喷嘴效应在越接近靶的法线方向越显著，特别是，越接近于靶的法线方向，加速效应越大，粒子越能获得更高的能量。④质量大的粒子比质量小的粒子能达到更高的能量和更大程度地沿靶法线方向汇聚。Itina 等通过蒙特卡罗模拟进一步研究了非弹性的或者反应性的碰撞及气氛气体等的效应[53-55]，指出非弹性的化学反应性碰撞有退汇聚效应，也就是使烧蚀物的空间分布展宽[53]。

从这些结果可以推知沉积参数对喷嘴效应的影响。①激光能流密度。激光能流密度高，单位脉冲蒸发出的粒子就多，粒子的碰撞次数就会增加，因而有利于增加粒子的动能，也会增强汇聚效应[50,56]，如果能量足够低，就成为普通的蒸发而无加速和汇聚效应[57]。②光斑尺寸作用。通常光斑尺寸是一个不重要的因素，最多认为它只是用来改变激光的能流密度。但实际情况是，即便保持激光的能流密度不变，光斑也会显著改变烧蚀物的能量和空间分布。光斑越大，b 值越大，粒子的最终动能就越大，汇聚效应也越强[50]，图 12.8 清楚地显示了这一效应[58]。在许多准分子 PLD 中，光斑是一个长方形，羽焰的空间分布会发生反转(flip-over)效应[59]，也就是在光斑长方形长边的方向上羽焰膨胀的范围小，而在短边的方向上羽焰膨胀的范围大；当长方形光斑任何一边的尺度减小时，都会减弱汇聚效应。可以预计，当光斑尺寸与脉冲结束时蒸气/等离子体层的厚度在同样量级时，汇聚效应会不再显著。因此，调节光斑尺寸能显著改变烧蚀物的空间分布及薄膜沉积速率。

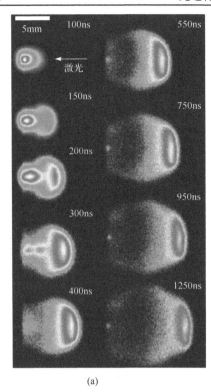
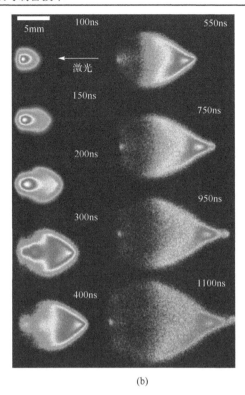

(a)　　　　　　　　　　　　　　　　(b)

图 12.8　Nd:YAG 激光(波长 1064nm、脉冲宽度 10ns、每个脉冲激光能量 125mJ)
在 40Pa 氩气气氛中烧蚀 Sn 靶产生的羽焰随时间演化的 ICCD 图像[58]

(a)、(b)对应于不同的激光光斑尺寸：(a)为 60μm，(b)为 280μm，可以看到 280μm 的光斑
使羽焰传输过程中产生强的汇聚效应，而 60μm 的光斑几乎没有产生汇聚效应

12.2.5　蒸气及等离子体与靶表面的相互作用

PLD 的一个缺点是薄膜中经常存在微米到亚微米量级的颗粒物。大量的实践表明，颗粒物是从靶上形成而掉落到衬底上的，因此了解激光辐照对靶表面的影响是至关重要的。对包括金属、半导体、氧化物和氮化物等许多材料，激光辐照会使材料表面表现出尖锥状(cone)的结构。典型的结构如图 12.9 所示[60]，当激光强度较低时，尖锥体有较长的锥体及较短的锥头，锥头圆滑，尖锥体取向沿着激光的方向，如图 12.9(b)和(d)所示；靶被强烈熔化时，锥体部分变小，锥头圆滑，锥体几乎垂直于表面，如图 12.9(a)和(c)所示。这两种尖锥体完全不同的特征表明两者有不同的形成机制。在图 12.9 所示的任何一种尖锥体结构中，尽管尖锥体之间的间距不严格相等，但大体上接近，其值大约在 15μm，说明有某种周期性。

图 12.9(a)中锥体的形成机制可以用瑞利-泰勒(Rayleigh-Taylor，RT)失稳来解释。RT 失稳是发生在不同密度流体界面的现象，当密度较小的流体向密度较大的流体加速时，原本平坦的界面会变得起伏并不断加大，这种现象称为 RT 失稳[61]。在图 12.9(a)的情形中，激光强度足够高，靶表面充分熔化而处于可流动的状态。考虑激光脉冲期间，当蒸气/等离子体从靶表面高速喷射出来的时候，会对靶表面产生强大的反冲(recoil)作用，即密度较小的蒸气/等离子体加速密度较大的靶表面熔化层，形成 RT 失稳，RT 失稳导致熔化的靶表面起伏。在激光脉冲结束后，由于快速冷却，表面起伏来不及平复而凝固，于是形成尖锥体结构，起伏的头部由于表面

张力而收缩成一个圆滑的形状。RT 失稳使靶表面变得起伏，但起伏会增大表面的面积，而表面张力会阻止这种起伏的增大。在起伏的初始阶段，两者的竞争会导致表面形成特定波长的起伏，这个波长为[61]

$$\lambda \approx 2\pi \sqrt{\frac{3\sigma}{\rho g}} \tag{12.12}$$

式中，σ 为靶表面熔化层的表面张力；ρ 为熔化层的密度；g 为蒸气/等离子体对熔化层的有效加速度，这个波长大致上就是尖锥体的间距。在准分子激光烧蚀金靶情形中，在典型的 $1J/cm^2$ 的激光强度下，g 的值在 $1\times10^8 m/s^2$ 的数量级[62]，把熔化时金的密度 ρ=17.31g/cm^3 和表面张力 σ=0.9N/m 代入式(12.12)，可得尖锥体之间距离约 8μm。这一估算固然十分粗糙，但大致说明了在典型 PLD 条件下尖锥体的间距在 10μm 量级。

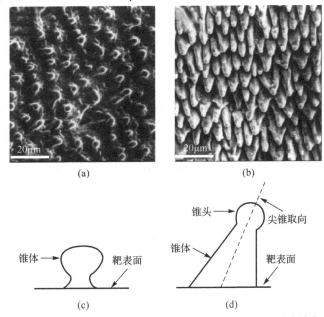

图 12.9　KrF 激光(波长 248nm、脉冲宽度 30ns)辐照 $Pb(Zr_{0.53}Ti_{0.47})O_3$ (PZT)陶瓷靶后形成的表面结构[60]

激光强度为 $3.0J/cm^2$，辐照的脉冲数为 1000，压强为 $10^{-3}Pa$。(a)对应激光光斑中心，有更高的激光强度，烧蚀在 60Pa 气氛中进行；(b)对应激光光斑中光强较低的区域，烧蚀在 $10^{-3}Pa$ 真空中进行；(c)、(d)分别是(a)和(b)中尖锥体的形状示意图

　　下面说明蒸气/等离子体与靶表面的作用如何导致颗粒物。如上所述，在激光脉冲期间蒸气/等离子体对靶表面强大的反冲作用会导致 RT 失稳，造成靶表面的起伏，如图 12.10(a)所示；在激光脉冲结束后，由于快速冷却，起伏凝固而形成尖锥体结构。在后继的累积激光脉冲中，尖锥体凹陷的表面结构会产生对激光的汇聚作用，如图 12.10 (b)所示，这会使凹陷表面底部优先熔化，在蒸气/等离子体反冲压力的作用下熔化的表面层会沿着凹陷面向外流动，并最终脱离靶表面喷出，如图 12.10(c)所示，这些喷出物到达衬底表面即成为颗粒物[62,63]。颗粒物由蒸气/等离子体对液态靶的反冲造成，因而反冲作用越大，形成的颗粒物越多，而反冲作用与激光的能流密度成正比，所以增加激光能流密度会增加颗粒物数量及尺度，这与实验一致[64]。文献[64]指出在 ArF 激光(波长 193nm、脉冲宽度 15ns)烧蚀硅靶中，颗粒物在超过 $2.2J/cm^2$ 的阈值时才能形成，所形成的颗粒物的速度大约在 46m/s，这个速度大约是等离子体流速度的 1%。因此，避免颗粒物的方法之一是避免使用过高的激光强度。

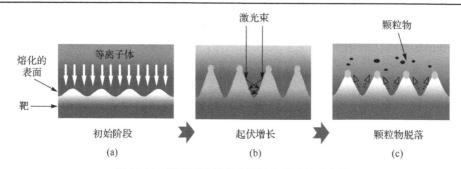

图 12.10 靶表面尖锥体及颗粒物形成的示意图

(a)中的箭头表示蒸气/等离子体对靶表面产生的反冲作用;(b)中的实箭头表示凹陷表面对激光的汇聚作用;
(c)中的虚箭头表示表面的熔化层在反冲压力作用下沿着凹型表面向外流动,并最终脱离表面而喷出,形成颗粒物

12.3 羽焰的传输

12.3.1 概述

在 PLD 中,靶与衬底的距离一般在 3~10cm,因而从靶上飞出的烧蚀物要经过 3~10cm 的传输才能到达衬底。在传输过程中,烧蚀物粒子要经历许多的事件,其化学状态、能量及空间分布等要发生重大的调整,而这些因素决定了烧蚀物粒子在衬底上的沉积速率及迁移率等。因此,了解烧蚀物传输过程及其中的物理过程对 PLD 是极为重要的。

在典型的 PLD 条件下,在激光脉冲结束时,烧蚀物在靶表面形成横向尺度为光斑尺寸和厚度在 0.1mm 量级的等离子体薄层,该层内的温度和粒子密度分别可达 20000K 以上和 10^{19}~10^{21}cm^{-3} 量级,压强达数百个大气压,即 10^7~10^8Pa 量级。PLD 中气氛气体的压强通常在 100Pa 以下,这意味着等离子体层在靶法线方向有着巨大的压力梯度,因此等离子体薄层会沿靶法线方向做近乎一维的膨胀,在激光脉冲结束后约 100ns 时,等离子体薄层厚度会增加到几毫米,横向基本保持不变,即仍为光斑的尺寸,如图 12.8 所示。这一膨胀使粒子密度降到 10^{18}~10^{20}cm^{-3} 量级,而等离子体整体则在靶法线方向获得了 10^3~10^4m/s 的流速度。此后,烧蚀物气团的运动可以看成两种运动的总和:一种是烧蚀物气团整体以流速度飞离靶;另一种是在飞离过程中烧蚀物气团会绝热膨胀。本节所描述的烧蚀物的传输过程就是指此后直到衬底的过程。

在距靶大约 1cm 以内是烧蚀物气团运动的初始阶段,如图 12.11(a)所示,这时烧蚀物气团还处于高度的电离状态,高度电离态的气体膨胀时会在表面薄层内形成一个鞘电场,方向沿着气团传输方向,这个自建的鞘电场会加速等离子体中的阳离子使其获得很大的能量。

随着绝热膨胀的进行,烧蚀物气团不断飞离靶,同时体积不断增大,气团内部的温度不断下降,其中的电子与离子的复合则迅速增加,等离子体状态逐渐变为中性的气体状态,最后甚至会凝结形成团簇和纳米颗粒。在此过程中有无气氛气体及其压强对烧蚀物气团中的微观过程有至关重要的影响。在真空情况下,由于没有对外的能量损失,烧蚀物内的内能逐步转化为粒子径向运动的动能。当气氛压强较小时,通常是 1Pa 以下时,气氛的影响不大,这时等离子体的绝热膨胀与真空接近。然而在 PLD 制备氧化物的典型条件下,气氛压强通常在 10Pa 以上,这时,烧蚀物气团的膨胀将会在气氛气体中引发激波,此后烧蚀物连同激波一起向前传输,如图 12.11(b)所示。由于气氛气体的存在和激波的形成,烧蚀物气团的内能更快和更多地转移给气氛气体，烧蚀物中离子的比例会降低。此外，激波会导致气氛气体分解甚至电离，从而导致烧蚀物与气氛气体在两者的接触面发生气相化学反应并形成新的氧化物分子。在这个过程中烧蚀物气团的流速度会因为能量耗损不断降低。

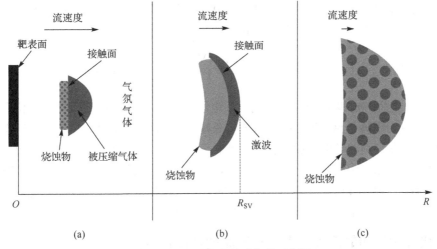

图 12.11　烧蚀物传输过程的示意图

在典型 PLD 制备氧化物情形中，整个传输过程可分为三个阶段：（a）起始阶段，烧蚀物仍为等离子态，以超声速向前传输，开始压缩气氛气体，直至最后形成激波，这个阶段的空间范围大体上从靶表面几毫米到 1cm；（b）激波传输阶段，烧蚀物同激波一起向前传输，烧蚀物膨胀和温度降低，激波层内会导致气氛气体的分解甚至电离，整体向前运动速度由于能量损耗而不断降低；（c）扩散阶段，烧蚀物和激波失去定向速度，烧蚀物膨胀到大的空间范围

由于能量的不断损耗，烧蚀物流速度逐渐减小并最后降为零，激波也逐渐损耗成声波，这时烧蚀物就进入扩散阶段，如图 12.11（c）所示。在典型 PLD 条件下，一般在距靶约 5cm 的位置处进入扩散阶段。进入扩散阶段后，烧蚀物的体积变得很大，其中粒子也失去定向运动速度，动能明显减小。一般地，如果衬底放在扩散区，常会导致太低的沉积速率和差的薄膜质量。

12.3.2　激光脉冲结束后表面等离子体的初始膨胀

在绝热膨胀的初始阶段，等离子体依然处于高度的电离状态，而且这种电离态接近热平衡，也就是电子和离子的动能基本相同，但电子质量是离子质量几千分之一到几万分之一，因此电子的速度远大于离子的速度，于是在等离子体团的边界附近就会出现电子密度大于离子密度的现象，从而在边界附近形成一个鞘电场，电场方向指向边界外，如图 12.12 所示。这个自建的鞘电场会加速等离子体团中的阳离子而使其获得很大的能量，这个机制说明了前述的 TOF 实验中观察到的现象：离子的能量比中性粒子大得多，离子电荷数越高，能量越高[49,65-70]。例如，ArF 激光（波长 193nm、强度 $3.0J/cm^2$）在真空中烧蚀铜靶的实验中，距靶 1cm 处测得的 Cu 原子和 Cu^+ 的能量分别

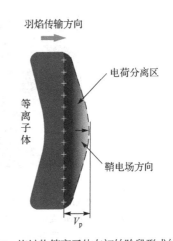

图 12.12　烧蚀物等离子体在初始阶段形成的鞘电场

V_p 为该电场的电势差，它能加速烧蚀物中的阳离子，使其获得数十到数百甚至上千电子伏特的能量

为 5eV 和 100eV[65]；ArF(波长 193nm、强度 5.3J/cm²)在真空中烧蚀 YBa₂Cu₃O₇₋ₓ 靶的实验中，距靶 7.2cm 处测得的 Ba 原子和 Ba⁺的能量分别是 47.8eV 和 89.2eV[47]；Nd:YAG 激光(波长 1.06μm、脉冲宽度 5ns、能流密度 50GW/cm²)在真空中烧蚀 Ni 靶的实验中，在距靶 37.5cm 测得的 Ni⁺、Ni²⁺、Ni³⁺ 和 Ni⁴⁺粒子的能量分别是 38.6eV、82.0eV、108.8eV 和 132.2eV，能量与价态大体成正比[49]。

半定量的分析表明[68]，上述机制产生的鞘电压 V_p 为

$$V_p \approx \frac{k_B T_e}{e} \ln\left(\frac{m_i}{m_e}\right)^{1/2} = \frac{T_e(\mathrm{eV})}{2}\ln(1820M) \quad (\mathrm{V}) \tag{12.13}$$

式中，e 为电子电荷；m_i 和 m_e 分别为阳离子和电子的质量；$T_e(\mathrm{eV})$ 为以 eV 为单位表示的等离子体的温度；M 为阳离子原子质量；k_B 为玻尔兹曼常数。此结果表明，鞘电压正比于等离子体的温度，因此要获得高的鞘电场加速能，就要求产生高温的等离子体，这意味着更高的入射激光强度。如果入射激光强度很小，以致等离子体的电离程度很低，这个效应就不存在了。

鞘电场加速机制是 PLD 中又一提高能量的方式，与等离子体中热动能相比，它能使离子的能量提升十几到数十倍，从而离子能量可高达上百甚至上千电子伏特。

12.3.3 烧蚀物传输的流体行为——激波的形成和传输

在真空及低气压的情形中，烧蚀物的传输表现为绝热的自由膨胀，气团外沿以固定的速度 $2c_0/(\gamma-1)$ 向真空膨胀[71]，其中 c_0 为初始时刻气团中的声速，γ 为气团的比热容比。绝热膨胀中气体膨胀要做功，于是烧蚀物气团中的内能逐渐转变为径向运动的动能。气团运动随时间的演化过程的 ICCD 图像如图 12.13 所示。

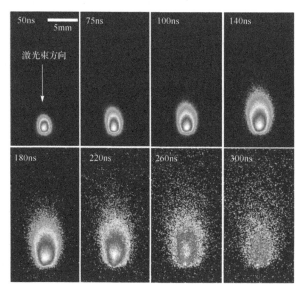

图 12.13　Nd:YAG 激光(倍频波长 530nm、脉冲宽度约 8 ns、激光能流密度 3GW/cm²)烧蚀铝靶所产生的烧蚀物随时间演化过程的 ICCD 图像[72]

图中的时间，如 75ns，是记录该图像时刻对激光辐照开始时刻的延迟时间；气氛环境为真空，真空度为 1.33×10⁻⁴Pa。由图可获得烧蚀物气团前沿位置 R 与时间的关系

在典型的 PLD 制备氧化物的条件下，沉积腔中通常有压强为十几到数十帕的氧气，如常见的 20Pa 的氧气。当有较高压强的气氛气体存在时，烧蚀物的运动会发生巨大的变化，如

图 12.14 所示。最显著的特征是在气氛气体中出现了激波(shock wave)。下面说明激波的形成过程和它的主要特征。任何物体在气体中的运动都会在气体中激发声波，如果物体运动速度比声波还要快，那么声波前沿和物体之间的距离会不断缩小，其间的气体则不断地受到压缩，因此温度、密度和压强不断增加。最终物体会追上声波前沿，也就是物体和声波前沿只有几个气体分子平均自由程的距离，这时，在激波前沿之前是未扰动的气体，在前沿和物体之间是经过高度压缩的只有几个气体分子平均自由程(微米量级)厚的气体薄层，该薄层称为激波层[73,74]。取决于物体运动的马赫数，也就是物体速度与气体声速的比例，以及气体的性质(绝热指数)，激波层内气体温度可高达上万摄氏度，密度可比压缩前提高数倍，压强也有巨大的增加。如果考察从未扰动气体到物体之间的气体参数的变化，可以看到在经过激波前沿时，气体的参数有一个跃变，从激波前沿到物体则基本保持不变，因此常称激波为密聚跃变[73]。在 PLD 中，如 12.3.1 节所述，在最初的传输阶段烧蚀物等离子体的密度为 $10^{18} \sim 10^{20} \mathrm{cm}^{-3}$，整体速度为 $10^3 \sim 10^4 \mathrm{m/s}$，这个速度远大于声速，相当于马赫数为 $3 \sim 30$，意味着烧蚀物气团的运动如同一个活塞在气氛气体(室温下 10Pa 气体的粒子密度为 $2.5 \times 10^{15} \mathrm{cm}^{-3}$)中压缩，并最终形成激波，如图 12.11(b)所示。形成激波所需要的压缩距离与气氛压强有关，气氛压强越大，所需要的距离就越短，在 20Pa 的典型 PLD 条件下，这个距离为 $1 \sim 2\mathrm{cm}$，如图 12.14 所示。如果是真空或气氛压强太小(如 1Pa 以下)，激波实际上不能形成，如图 12.13 所示。激波形成后，在激波中会发生许多的激发过程，这些过程消耗了烧蚀物的动能和内能，因而烧蚀物和激波层会逐渐减慢速度，直至完全失去定向速度。

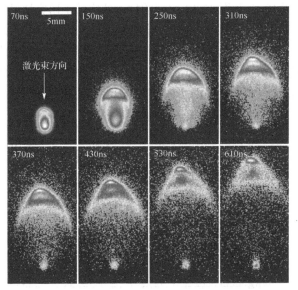

图 12.14　Nd:YAG 激光烧蚀铝靶所产生的烧蚀物随时间演化过程的 ICCD 图像[72]

其他条件同图 12.13，除了这里气氛是约 20Pa 的空气。图中所出现的弯月形的发亮部分为在气氛中
形成的激波及紧随其后的烧蚀物。由图可获得激波前沿位置 R 与时间的关系

　　激波形成过程和传输过程的运动可分别由阻尼模型和激波模型来描写[75]。在形成激波的压缩过程中，烧蚀物气团作为一个整体受到气氛气体的阻尼作用，这个阻尼作用与烧蚀物气团的速度成正比，即 $\mathrm{d}^2R/\mathrm{d}t^2 = -\beta \mathrm{d}R/\mathrm{d}t$，$\mathrm{d}^2R/\mathrm{d}t^2$ 和 $\mathrm{d}R/\mathrm{d}t$ 分别是烧蚀物气团的加速度和速度，β 是阻尼系数，由此烧蚀物气团的运动方程为

$$R = x_f (1 - e^{-\beta t}) \tag{12.14}$$

式中，R 为烧蚀物与靶的距离，如图 12.11 所示；x_f 为停止距离。激波形成后，其运动方程由均匀气体中点爆炸所产生的激波运动方程所描述[76]：

$$R = \xi_0 \left(\frac{E_0}{\rho_0} \right)^{1/5} t^{2/5} = a t^{0.4} \tag{12.15}$$

式中，ξ_0 为无量纲常数，由能量守恒条件决定；E_0 为点爆炸释放的能量；ρ_0 为气氛气体的密度；t 前面系数可简单地写为 a。这个方程在 PLD 中之所以有效，是因为 PLD 在 30ns 左右短暂的时间内从靶上很小的区域释放出烧蚀物蒸气/等离子体可看作点爆炸。但式(12.15)所描写的点爆炸模型中没有考虑质量的释放，但 PLD 中有烧蚀物质量的释放，因而式(12.15)只有在一定的范围内才是正确的[77,78]，即当激波所席卷的气氛气体的质量远大于每个脉冲释放的烧蚀物质量 M_0 时才正确。在球形几何的近似下，这相当于 R 大于 R_1 时式(12.15)才是有效的，R_1 由式(12.16)给出

$$R_1 = \left(\frac{3 M_0}{2 \pi \rho_0} \right)^{1/3} \tag{12.16}$$

另外，当激波衰减成声波时，式(12.15)也不再适用，要求 R 要小于 R_2：

$$R_2 = (E_0 / P_0)^{1/3} \tag{12.17}$$

式中，P_0 为气氛气体的压强。因此式(12.15)的适用范围是大于 R_1 且小于 R_2 的半径。

Geohegan 利用与图 12.13 和图 12.14 相同的技术从实验上研究烧蚀物及激波的 ICCD 图像随时间的演化，并从这些图像得到烧蚀物及激波前沿位置 R 与时间 t 的关系，其结果如图 12.15 所示[75]。在真空气氛中，烧蚀物气团前沿的速度大体上为常数，这与绝热自由膨胀模型一致。在 26.6Pa 氧气气氛中烧蚀物及激波运动在 2cm 以内可很好地由式(12.14)描述，在 2cm 以外可很好地由式(12.15)所描述，表明上述两个模型在描述 PLD 中的有效性。

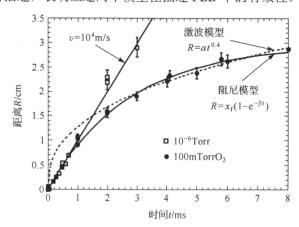

图 12.15　KrF 激光(波长 248nm、脉冲宽度 30ns、激光强度 1.0J/cm²)烧蚀 YBa₂Cu₃O₇ 中形成的烧蚀物气团前沿或激波前沿位置 R (距靶表面的距离)与时间的关系[75]

空心方块表示在真空气氛中 R 的实验数据，实心圆点表示在 26.6Pa 氧气气氛中 R 的实验数据，这些数据由时间分辨的烧蚀物的 ICCD 图像获得。在真空中，R 与时间呈线性关系，表明气团前沿速度 v 是一个常数，拟合的结果为 $v=1.0 \times 10^4$m/s。在 26.6Pa 氧气中，R 与时间的关系可由式(12.14)和式(12.15)拟合，如图中的实曲线和虚曲线，拟合得到参数分别是：$a=1.26$cm·μs$^{-0.4}$，$x_f=3.0$cm，$\beta=0.36$μs^{-1}。可见在 2cm 以内，阻尼模型能很好描述烧蚀物前沿的运动，超过 2cm，激波模型很好地描述了激波前沿的运动

12.3.4 激波的效应

气氛气体中激波的形成会带来三个效应：一是对烧蚀物形成巨大的散射作用，特别是惰性的气氛气体激波，如氩气，能显著影响烧蚀物的空间分布；二是使烧蚀物气团温度降低，促使烧蚀物气团中发生凝结，形成多原子团簇甚至纳米颗粒，最终影响到达衬底时的化学状态；三是导致气氛气体的分解甚至电离，从而提高气氛气体分子的化学活性，促进烧蚀物原子与气氛气体分子之间的气相化学反应。

激波薄层中的密度ρ和温度T分别由式(12.18)和式(12.19)给出[79]：

$$\rho = \frac{\gamma+1}{\gamma-1}\rho_0 \tag{12.18}$$

$$T = \frac{2\gamma}{\gamma+1}\left(\frac{\gamma-1}{\gamma+1}M^2+1\right)T_0 \tag{12.19}$$

式中，γ为气体的比热容比，对氧气分子而言为$\gamma=1.4$；M为激波的马赫数；ρ_0和T_0分别为气氛气体的密度和温度。典型的 PLD 中，烧蚀物初始的速度在$3\times10^3\text{cm/s}$以上，这意味着马赫数在 10 以上。按照式(12.18)和式(12.19)，激波层中气体密度为未压缩时的 6 倍，而温度可达6183K。因此，在激波形成条件下，一方面烧蚀物粒子必然遭受气氛气体更大程度的碰撞，另一方面激波层中的高温会导致其中氧分子发生离解而变为氧原子。离解率，即离解分子的百分数α由式(12.20)给出[80]：

$$\frac{\alpha^2}{1-\alpha} = \frac{M_O^{3/2}v}{16\pi^{1/2}I_{O_2}\sqrt{k_BT}} \cdot \frac{g_{0O}^2}{g_{0O_2}} \cdot \frac{1}{n_{O_2}} \cdot e^{-U/(k_BT)} \tag{12.20}$$

式中，M_O为氧原子质量；v为氧分子O_2的振动频率；I_{O_2}为氧分子O_2的转动惯量；g_{0O}和g_{0O_2}为氧原子和氧分子在基态的简并度；n_{O_2}为氧气分子数密度；U为氧气分子的离解能；T为激波层的温度；k_B为玻尔兹曼常数。在激波温度达到 6183K 时，由式(12.20)可得知激波层中氧气分子的离解率在 75%以上。注意到激波层和烧蚀物紧密地邻接，因此在两者的接触面烧蚀物分子可以与这些化学活性的氧原子发生气相化学反应，形成新的氧化物分子，这个效应被广泛地观察到[81-85]，并成为保证氧化物薄膜有充分氧的重要机制。利用 ^{18}O 同位素氧气作为气氛气体的实验表明[83]，薄膜中 45%的氧来自气氛气体，而气相化学反应是获取气氛中氧的主要机制。这一机制对于制备如氮化物薄膜也具有十分重要的意义，因为它可以有效地激活相当稳定的氮分子[85]。

由激波导致的气氛气体分解及化学反应可以用滤波的图像方法来直接显示。图 12.16 是这个方法的示意图，它与普通的 CCD 图像方法相同，只不过采用专门的滤光片以选择特定波长范围的辐射，这样就可以选择特定的原子、离子或分子对象。在研究 KrF 激光烧蚀 $PbTiO_3$ 的实验中[86,87]，选择了如图 12.16 所示的两种滤光片，其中滤光片 A 用来选择 O 原子、O_2 分子和 TiO 分子的跃迁，滤光片 B 用来选择 Pb 和 Ti 原子及其离子相关的跃迁。得到的滤波的烧蚀物图像如图 12.17 所示。图 12.17 表明在氧气气氛中有如 A II 所示的发光区，它是激波导致的 O 原子、O_2 分子和 TiO 分子的发射，而这个区在氮气和氩气中没有，这表明激波能在氧气气氛

中导致气氛氧分子的激发甚至离解。经过滤光片 B 所得的图像对三种气体基本相同表明 Pb 和
Ti 原子的空间分布大体相同。

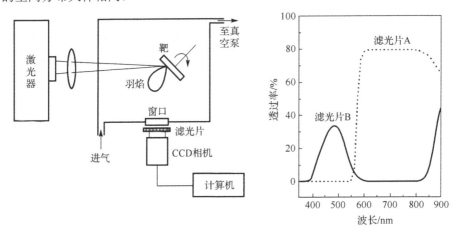

图 12.16　滤波的 CCD 图像方法研究烧蚀物的传输[86]

通过滤光片来使特定波长范围的光进入 CCD 相机，从而选择特定的微观过程成像

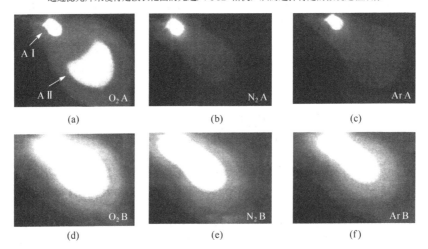

图 12.17　KrF 激光(波长 248nm、脉冲宽度 30ns、强度 6.25J/cm²)在不同气氛中烧蚀
PbTiO₃ 所形成的滤波的烧蚀物图像[86]

(a)、(d) 为氧气；(b)、(e) 为氮气；(c)、(f) 为氩气，气氛气体压强都为 20Pa。(a)、(b) 和 (c) 是
通过滤光片 A 获得的图像；(d)、(e) 和 (f) 是通过滤光片 B 获得的图像

　　激波是位于烧蚀物前面的高密度气氛气体层，会对烧蚀物造成碰撞和散射作用。这种作用
会改变烧蚀物的动能和空间分布，影响的程度依赖于烧蚀物与气氛气体的碰撞是反应性的还是
惰性的。对于惰性气体，烧蚀物中粒子与气氛气体分子之间的膨胀主要是弹性的，这种碰撞能
引起烧蚀物粒子较大角度散射，气氛气体压强越大，这种散射越强[88]。而在反应性气氛中，反
应性碰撞导致烧蚀物原子或离子与分解的气体原子融合为一个氧化物分子，因而没有大角度的
散射。图 12.18 比较了不同气氛压强下惰性的氩气气氛及反应性的氧气气氛对烧蚀物原子及离
子空间分布的影响。在惰性的氩气中，如图 12.18(a)～(d) 所示，羽焰长度 L 和宽度 W 随气氛
压强的增加而增加，当压强从 20 增加到 200Pa 时，宽度增加了三倍多，表明了强的横向散射
的作用。在反应性氧气气氛中，如图 12.18(e)～(f) 所示，随着气氛压强增加，羽焰宽度 W 没

有明显的变化，表明几乎没有横向散射作用，而羽焰长度 L 略有缩短，说明 Pb 和 Ti 原子在更短的距离内转化成了 TiO 和 PbO 分子，而这些分子发光不能透过滤光片 B，因而羽焰长度略有缩短。

激波对烧蚀物强烈的碰撞意味着烧蚀物的能量更快地损耗，因而其温度更快地降低，从而可有效引发烧蚀物中的凝结和成核，这个过程实际上可用于制备纳米颗粒[89-91]。

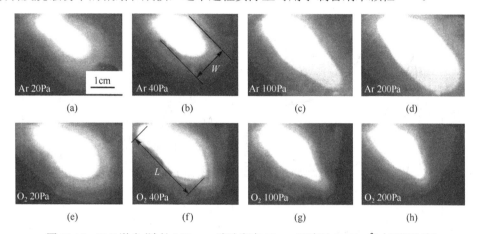

图 12.18　KrF 激光（波长 248nm、脉冲宽度 30ns、强度约 7.0J/cm²）在不同气氛及压强中烧蚀 PbTiO₃ 所形成的滤波的烧蚀物图像[86]

所用滤光片为图 12.16 中的滤光片 B，这个图像表征了 Pb 和 Ti 原子的空间分布。(a)～(d) 为氩气；(e)～(h) 为氧气，气体压强分别如图所示。图中 L 和 W 分别表示羽焰的长度和宽度

12.3.5　沉积粒子速度的双峰现象

在用 TOF 研究羽焰中粒子的速度分布时，经常发现某些粒子的 TOF 谱呈现出两个峰，一个对应于较高的速度，称为快峰，另一个对应较低的速度，称为慢峰。双峰的出现意味着羽焰中同一种类的粒子会形成两个速度的粒子群。例如，在 Nd:YAG 激光烧蚀 YBa₂Cu₃O₇ 中[92]，Y 原子和 YO 分子都有两个速度的粒子群，在距靶 1cm 处，Y 原子的两个速度分别是 7.2×10^5cm/s 和 2.6×10^5cm/s，YO 分子的两个速度分别是 6×10^5cm/s 和 1.5×10^5cm/s，其中 YO 分子的快峰速度与 Y^+ 粒子的速度相同，如图 12.19 (a) 所示，另外观察到快峰速度随激光能流密度增加而增加，然后饱和。在 KrF 激光烧蚀硅中[93]，在一定压强的氦气和氩气条件下的 TOF 离子流谱也观察到类似的双峰现象，在真空条件下则只观察到单峰，如图 12.19 (b) 所示，双峰中快峰的速度几乎与真空条件下单峰的速度接近或相同，而慢峰的速度符合激波模型的描述。该实验还指出具有快峰速度的粒子主要是荷电离子，而具有慢峰速度的粒子主要是中性粒子。这种现象在激光烧蚀石墨[94]、铝[95]及锡[96]等靶中都可以观察到。大体说来，双峰的出现具有如下特征[92-96]：与激光能流密度有关，只有较高的能流密度才能出现，出现后，快峰的速度随激光能流密度增加而增加直到饱和；与气氛气体种类及压强有关，通常只出现在一定的压强范围，过高和过低的压强都使快峰消失；与靶的距离有关，只出现在与靶一定距离范围内，距靶太近或太远都不能观察到双峰。

双峰的起源可以解释如下：对应于慢峰的粒子直接来自靶，而对应于快峰的粒子源于被羽焰鞘电场加速的荷电离子，或者在传输过程中与电子复合而成的中性粒子[92]。这个机制首先解

释了有两种速度的粒子的原因。在激光强度不够高的情形下，等离子体不能充分形成，因而就不能形成鞘电场，不能出现快峰。鞘电场的形成要求羽焰必须经过足够长的膨胀距离，因此在距靶太近的地方观察不到快峰的出现，在距靶太远的地方快峰粒子数由于衰减也不能观察到。由鞘电场加速的荷电离子比直接从靶上出来的粒子少得多，因而快峰的强度远低于慢峰的强度，这也与实验一致。气氛能对等离子体产生限制作用，从而提高等离子体的温度和密度，增强鞘电场，所以对快峰的出现有促进作用。

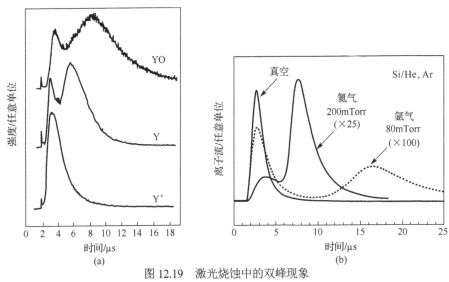

图 12.19　激光烧蚀中的双峰现象

(a) Nd:YAG 激光（激光波长 1.06μm、脉冲宽度 9ns、激光强度 12J/cm²）在 0.1Pa 气氛中烧蚀 YBa₂Cu₃O₇ 形成羽焰的 TOF 光发射谱，记录距靶 1cm，可以看到 YO 分子和 Y 原子呈双峰；(b) KrF 激光（激光波长 248nm、脉冲宽度 25ns、激光强度 2.8J/cm²）在不同气氛中烧蚀 Si 形成羽焰的 TOF 离子谱，记录距靶 5cm，在 He 气和 Ar 气中 Si 离子流呈现双峰。图 12.19 (a) 和图 12.19 (b) 分别取自文献[92]和[93]

图 12.19 中显示在 80mTorr（即 10.6Pa）Ar 气中快峰粒子速度与真空条件下粒子的速度基本相同，在 200mTorr（即 26.6Pa）He 气中快峰粒子速度略微低于真空下粒子的速度，这表明低压强的气氛气体对快峰粒子的阻挡作用不是很明显。为了说明这个问题，需要定量了解烧蚀物粒子在气氛气体中的碰撞。如上所述，快峰粒子来自于荷电离子，而荷电离子由于被等离子体鞘电场加速而通常具有 50eV 以上的能量，而且在距靶 1cm 前就获得了这个能量，而这时激波才开始逐渐形成，快峰粒子大于中性粒子的速度意味着它位于致密激波层的前方，也就是快峰粒子不经过高密度激波层的碰撞，因此这些粒子只经历未压缩气氛气体的碰撞。现在来估算快峰粒子所经历的碰撞，能量相关的平均自由程公式λ是[97]

$$\lambda = \frac{1}{P\sigma}\left(\frac{Ek_BT}{2\pi}\right)^{1/2} \qquad (12.21)$$

式中，E 为快峰粒子在碰撞前的动能；P 和 T 分别为气氛气体的压强和温度；σ 为弹性碰撞的散射截面；k_B 为玻尔兹曼常数；散射截面 $\sigma = \pi(r_1+r_2)^2$，其中 r_1 和 r_2 分别为快峰粒子和气氛气体原子的半径。假定图 12.19 (b) 中的快峰硅粒子为单个硅离子，由图可知它的最可几动能约为 99.4eV，Si 原子、Ar 原子和 He 原子的共价半径分别约为 1Å、1.9Å 和 1.22Å，由此，可以计算出硅离子在 80mTorr 的室温（即 300K）Ar 气和 200mTorr 的室温 He 气中的平均自由程分别是

3.7cm 和 2.5cm。假如在距靶 1cm 处快峰离子开始进入气氛气体,在上述两种情况下快峰离子会分别经历 1 次和 1.6 次碰撞到达距靶 5cm 的离子探测器位置,这大体说明气氛对图 12.19(b)中快峰位置的影响不大。如果烧蚀物粒子能量仅为 5eV,那么在上述两种气氛下要经历 5 次和 9 次碰撞才能到达探测器的位置,这时气氛气体就能显著衰减烧蚀物粒子的动能。

12.3.6 真空及低气压下烧蚀物对膜表面的再溅射效应

在 PLD 中,烧蚀物粒子通常有十几到几十电子伏特的能量,而其中荷电离子的能量会高达上百甚至上千电子伏特。因此,在真空条件(小于 0.01Pa)下,这些高能粒子会对衬底及其上已经形成的薄膜产生溅射作用,这为许多实验所证实[98-102],常称为再溅射效应(resputtering effect)。一般而言,此效应在 10Pa 以上的气氛压强下不会出现。此效应的最大危害是会导致薄膜中成分的偏失,例如,在 0.01Pa 的真空中制备 $Pb(Zr_{0.48}Ti_{0.52})O_3$ 薄膜中会引起薄膜中 Pb 的损失[98,99]。在 PLD 制备金属薄膜中这个问题值得重视,因为制备金属薄膜通常是在较高的真空条件下。这一效应也并非全无益处,例如,通过调控气氛气体的压强可以控制烧蚀物粒子轰击薄膜表面的能量,可以用于调控薄膜在生长中的应力及薄膜取向[103-105]。

12.4 沉积粒子的化学状态、能量、沉积时间和空间分布

12.4.1 概述

从薄膜制备的角度看,决定薄膜生长和最终性能的是烧蚀物粒子在到达衬底时的化学状态、能量、沉积速率及空间分布,因此了解这方面的信息对直接调控和优化薄膜质量是至关重要的,获得这些信息的最重要的实验手段是各种形式的 TOF 谱[106]。第一,TOF 谱能直接给出所探测粒子的动能及其分布;第二,还可以由它直接获得探测粒子在衬底上的沉积时间,如图 12.7 所示,由此可计算薄膜的沉积速率;第三,TOF 谱的种类很多,可用来探测不同的粒子对象,从而可获知烧蚀物粒子的化学状态,例如,发射谱可以探测处于激发态的原子或离子,荧光谱可以探测基态的原子或离子,质谱可以探测不同质量的粒子,离子探针可以探测荷电的粒子;第四,角分辨的 TOF 谱还可以研究沉积粒子的空间分布。本节主要总结 TOF 谱的研究结果以说明在典型 PLD 条件下烧蚀物粒子的主要特征。

12.4.2 沉积粒子化学状态

从原子的层次看,激光蒸发和烧蚀就是激光辐照产生的高温引起靶材晶格破坏和分解的过程,因此,这个过程与激光的强度和靶材中的化学键相关。当激光强度比较小时,只能破坏靶材中较弱的化学键,这时蒸发和烧蚀产物是构成晶格的分子碎片[107,108];当激光强度增加时,靶材中更强的化学键也能被破坏,这时蒸发和烧蚀产物是更小的分子碎片;如果激光强度足够大,靶材中所有的化学键都能被破坏,烧蚀产物就是单个原子;如果激光强度进一步加大,烧蚀产物就是单原子离子。值得说明的是,烧蚀产物化学状态对激光强度依赖性没有明确的界限,也就是说,当烧蚀物包含单原子和离子时,其中会同时包含若干分子碎片。例如,在 XeCl 激光(波长 308nm、脉冲宽度 16ns)辐照 $YBa_2Cu_3O_{7-x}$[107],当激光强度为 0.74J/cm^2 时,蒸发烧蚀出的产物主要有单原子离子 Y$^+$ 和 Ba$^+$,双原子离子 YO$^+$、BaO$^+$ 和 CuO$^+$ 等,以及多原子离子

$BaCuO_2^+$、$Ba_2CuO_2^+$、$Y_2Ba_2O_3^+$ 等；当激光强度达到 $2.5J/cm^2$ 时，蒸发烧蚀出的产物有两个变化，一是单原子离子 Cu^+ 的含量显著增加，二是多原子离子的数量明显减少。为什么会有这样两个效应呢？这是由于在 $YBa_2Cu_3O_{7-x}$ 晶格中，Y—O、Ba—O 和 Cu—O 三种键的键能以 Cu—O 键键能最大。低的激光强度能分解 YO 和 BaO 而形成 Y 和 Ba 的原子及离子，但不足以有效地分解 CuO 而形成 Cu 原子或离子。同样的原因，更高的激光强度能破坏更强的键，因而在低的激光强度下形成多的原子分子及离子在更高的激光强度下会被分解成更小的双原子氧化物分子。在更强的激光强度下，如 $6J/cm^2$，烧蚀物中双原子氧化物分子也会减少，这时烧蚀物中主要是单原子分子及离子[81]。在典型的 PLD 制备氧化物的条件下，激光脉冲结束时在靶表面形成的烧蚀物中最主要的粒子是单原子或单原子离子、双原子金属氧化物分子及其离子，还有少量的多原子分子及其离子。

上述的烧蚀机制同样适用于含有易挥发元素的靶材料，如含 Pb 和含 Bi 的氧化物铁电体 $Pb(Zr_xTi_{1-x})O_3$ 和高温超导体 $Bi_2Sr_2Ca_{n-1}Cu_nO_{2n+4+x}$。易挥发是指在加热情况下这些化合物中的 Pb 和 Bi 会优先地挥发掉，一般当温度达到 800℃ 时这些氧化物中就有显著的 Pb 和 Bi 损失。挥发的根本原因在于 Pb 和 Bi 与氧之间的化学键比较弱，键能小于其他金属元素与氧之间的化学键。在 PLD 中，如果激光强度比较弱，产生的靶温度只能破坏易挥发元素与氧之间的化学键而不能破坏其他金属元素与氧之间的化学键，这时易挥发元素就优先地被蒸发出来，会造成蒸气中的化学成分与靶的化学成分偏离，由此得到的薄膜也会有同样的问题。只有激光强度足够高，高到能在几纳秒的时间内使靶表面温度升高到靶的沸点，这时所有元素都会同时蒸发出来，由此得到的薄膜才能保持靶化学成分。这就是 PLD 易于控制成分的原因。尽管如此，但易挥发元素依然有优先挥发的天性，在 PLD 制备含易挥发元素氧化物薄膜的实践中，观察到薄膜中易挥发元素的偏失是常见的现象。

现在考察烧蚀物气团中的粒子从靶表面向衬底传输过程中化学状态的变化。在传输的开始阶段，即在从靶表面到距靶 1cm 的空间范围内，烧蚀物气团依然处于等离子体状态，其中的双原子分子及离子和多原子分子及离子会进一步分解成单原子及其离子[107,109,110]。在这个过程中，烧蚀物粒子获得流速度而动能增加，荷电粒子还获得等离子体鞘电场的加速，动能更进一步提高。超过与靶 1cm 的距离后，烧蚀物气团进入膨胀冷却阶段，在这个阶段中部分荷电离子会与电子复合而变为中性原子，中性原子可能和烧蚀物气团中的氧原子重新结合成双原子氧化物分子，并进一步变成更大的多原子氧化物分子[81]。在通常氧化物薄膜制备中，在烧蚀物气团前沿会有激波存在，这加强了对烧蚀物气团的冷却和阻碍作用，并促使烧蚀物与气氛氧之间的气相化学反应。结果是，部分金属原子及离子转变为双原子分子及离子，出现更大的多原子分子，甚至出现纳米颗粒，烧蚀物粒子的动能也会明显减小。最终，烧蚀物失去定向速度，进入扩散阶段，前一阶段中形成的粒子及颗粒通过扩散到达衬底表面。

尽管烧蚀物气团经历了数厘米的膨胀冷却过程，到达衬底时依然有一定比例的荷电离子，这是由于荷电离子通常具有很高的能量，而高能量的离子有大的平均自由程，如 12.3.5 节所述，当离子能量达到 100eV 时，在 10Pa 的气氛压强下离子的平均自由程接近 4cm，意味着如果衬底与靶距离 4cm，有一定比例的离子不经碰撞达到衬底表面。在其他物理气相沉积方法中，沉积粒子几乎全是电中性的粒子，因此 PLD 中较高的荷电离子比例是其特色之一。准确确定各种成分的含量是困难的，有报道称离子在起始蒸气/等离子体中比例在 10%～70%[111]，但由于气氛气体的冷却等因素，到达衬底的烧蚀物粒子中荷电离子的比例不会太高，应当在 10% 以内。

例如，在 XeCl 激光（波长 305nm、脉冲宽度 16ns、激光强度 $3.3J/cm^2$）烧蚀 $Pb(Ti_{0.48}Zr_{0.52})O_3$ 中，烧蚀物中荷电离子比例在 5%～10%[110]，利用 Nd:YAG（波长 532nm、脉冲宽度 20ns、激光能流密度 $10GW/cm^2$）激光在真空中烧蚀石墨靶，碳离子能量可达 800eV，荷电离子比例大约为 25%[112]。

12.4.3　沉积粒子能量

大量的 TOF 实验表明，PLD 中性粒子的能量在 1～10eV，荷电离子的能量可达 10～1000eV，远大于其他物理气相沉积方法中沉积粒子不到 1eV 的能量。如前所述，PLD 中如此高的能量来自于如下几个机制：一是 PLD 中激光能使烧蚀物蒸气等离子体化，使其温度达到 20000K 以上，这意味着约 2eV 的能量，而其他物理气相沉积方法蒸气温度都在 10000K 以下，相当于小于 1eV 的能量；二是烧蚀物蒸气在初始阶段的喷嘴效应使烧蚀物气团整体获得了 10^3～10^4m/s 的流速度，这个速度意味着十几到几十电子伏特的能量，这种机制在其他物理气相沉积中是没有的；三是烧蚀物中的荷电离子能被烧蚀物等离子体中形成的鞘电压所加速，增加的能量可达数十到数百电子伏特。另外，气氛气体会衰减烧蚀物中粒子的能量，特别是在较高的气氛压强下有激波形成时，但即使如此，仍有部分的高能离子能到达衬底表面。总体来说，高的沉积粒子能量是 PLD 的又一重要特征。

在真空条件下，沉积粒子的能量正比于激光的能流密度或强度[56,113-118]。例如，在 ArF（波长 193nm、脉冲宽度 19ns）激光在真空中烧蚀 $Nd_{1.85}Ce_{0.15}CuO_4$[56]，激光强度从 $0.3J/cm^2$ 增加到 $1.2J/cm^2$ 时，Cu 原子的动能从 1.05eV 增加到 2.38eV，NdO 分子的动能从 0.96eV 到 2.25eV。TOF 谱分析说明，中性原子能量增加的主要机制不是更高的烧蚀蒸气/等离子体的温度，而是喷嘴效应导致的更高流速度。这和聚焦因子 n 随着激光强度增加而增加一致，即当激光强度从 $0.3J/m^2$ 增加到 $1.2J/m^2$ 时，聚焦因子 n 从 4.5 增加到 6.4。荷电离子的能量与激光能流密度有更显著的正比关系[113-118]，例如，KrF（波长 248nm、脉冲宽度 20ns）在 40Pa 氧气中烧蚀 $BaTiO_3$，在距离 3cm 的位置处，Ba^+ 离子的能量与激光强度关系为：$1.7J/cm^2$ 时为 8eV，$2.5J/cm^2$ 时为 16eV，$3.2J/cm^2$ 时为 25eV[116]。KrF（波长 248nm、脉冲宽度 45ns）在真空中烧蚀非晶碳靶[115]，激光强度从 $0.2J/cm^2$ 增加到 $5J/cm^2$ 时，离子的能量从 100eV 增加到 500eV，描述碳离子分布的聚焦因子 n 从 4 增加到 15[118]。离子的加速是喷嘴效应和鞘电场加速效应的共同结果。

在薄膜的制备中经常需要一定压强的气氛气体以优化薄膜质量。气氛气体的作用之一是能显著地改变烧蚀粒子的能量[81,105,119-121]。图 12.20 是不同气氛压强下 KrF 激光烧蚀 $YBa_2Cu_3O_{7-\delta}$ 形成的 Ba 原子和 YO 分子的 TOF 光发射谱[81]。从该谱可获得 Ba 原子和 YO 分子的最可几速度与相应能量，如表 12.3 和表 12.4 所示。可以看到随着气氛压强的增加，Ba 原子和 YO 分子的能量显著减小。另外，从图 12.20 可以看出，随着气氛压强的增加，Ba 原子和 YO 分子的强度明显减弱，这可能有两个原因：一是与氧气碰撞而被退激发；二是由于气相化学反应而转化为其他形态。

表 12.3　由 Ba 原子 TOF 光发射谱得到的不同气氛压强下 Ba 原子的最可几速度及相应能量

压强/Pa	5.32	9.31	13.3	26.6	66.5
最可几速度/$(10^6cm/s)$	1.2	1.07	0.83	0.71	0.57
等价能量/eV	102.4	81.4	49.0	35.8	23.1

表 12.4 由 YO 分子 TOF 光发射谱得到的不同气氛压强下 YO 分子的最可几速度及相应能量

压强/Pa	9.31	13.3	26.6	66.5
最可几速度/(10^6cm/s)	1.21	1.04	0.86	0.63
等价能量/eV	79.5	58.8	40.2	21.6

由于气氛气体的碰撞，烧蚀粒子的能量在传输过程中会逐渐衰减[75,81]。图 12.21 是在与靶不同距离处获得的 TOF 离子流谱[75]。由图可获得在距靶 2cm、3cm、4cm 和 5cm 处，离子的最可几速度分别为 4.2km/s、2.8km/s、2.1km/s 和 1.7km/s，表明随着距离的增加，离子的能量迅速衰减。

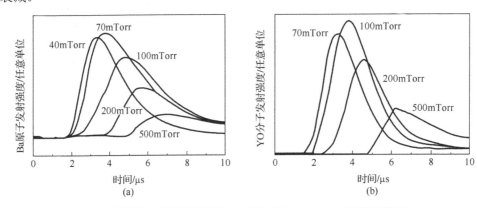

图 12.20 不同氧气氛压强条件下 KrF 激光 (波长 248nm、脉冲宽度 25ns、激光强度 8J/cm^2) 烧蚀 YBa$_2$Cu$_3$O$_{7-\delta}$ 中得到的 TOF 光发射谱[81]

其中 Ba 原子的光学转变为 6s6p^1 P$_0$-6s^2 ^{1}S$_0$，对应波长为 553.48nm，YO 分子光学转变为 A^{2}Π$_{3/2}$-X^{2}Σ，对应波长为 613.2nm。记录位置距靶 4cm

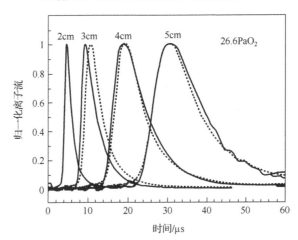

图 12.21 KrF 激光 (波长 248nm、脉冲宽度 30ns、激光强度 2.5J/cm^2) 在 26.6Pa 氧气气氛中烧蚀 YBa$_2$Cu$_3$O$_{7-\delta}$ 产生的 TOF 离子流谱[75]

实线为实验数据，虚线为采用漂移麦克斯韦分布拟合得到的数据。图中的 2cm、3cm、4cm 和 5cm 表示离子探针位置与靶的距离。离子流由朗缪尔探针方法获得

在距靶相同的位置烧蚀物粒子能量随气氛压强增加而减小，在同样的气氛压强下烧蚀物粒子能量随距离增加而迅速较小，因此，沉积粒子能量依赖于气氛压强和靶-衬底距离的乘积。

人们发现有些薄膜的性质，如密度[105]、取向[120]和超导性能[121]等，正好依赖于这个乘积，表明沉积粒子能量对薄膜结构及性能的重要性。

12.4.4　沉积时间和沉积速率

尽管激光脉冲时间在 30ns 左右，但烧蚀物粒子在衬底上的沉积时间却要长得多，通常在 10μs 量级。这是因为烧蚀物粒子相互之间以及烧蚀物粒子与气氛气体之间存在碰撞，使烧蚀物粒子的速度有一个很宽的分布范围，因而最先到达的粒子和最后到达的粒子有较大的时间差，这个时间差即沉积时间。沉积时间可由 TOF 谱获得，如图 12.7 中的 τ_d 所示。沉积时间对薄膜的沉积速率至关重要，沉积时间越长，沉积速率越小。

随着气氛压强增加，烧蚀物粒子与气氛气体的碰撞次数会增加，这通常会延长沉积时间，如图 12.20 所示。在 5.32Pa 时沉积时间约 6μs，当压强大于 70mTorr（即 9.31Pa）时 TOF 谱有一个较长的拖尾，表明粒子以较小的束流沉积，但会持续一个较长时间，沉积时间在 10μs 量级。

沉积时间对距离关系是：距离越大，沉积时间越长。从图 12.21 可以看出，在 2cm 处沉积时间大约 10μs，在 4cm 处沉积时间大约 30μs，表明沉积时间对距离关系相当敏感。

沉积速率是指单位时间在单位面积上到达衬底的粒子数，或者单位时间薄膜生长的厚度。在 PLD 制备氧化物薄膜中，每个激光脉冲在衬底上沉积氧化物的厚度为 0.1～1Å[122,123]；在 PLD 制备金属薄膜中，每个激光脉冲在衬底上沉积金属的厚度为 0.001～0.01 单原子层（monolayer，ML）[12,124,125]，这等于 0.001～0.01 Å 的厚度。但由于在 PLD 中沉积物是在约 10μs 的沉积时间内完成的，在沉积时间内沉积速率为 10^5～10^6Å/s（氧化物）或 10^3～10^4ML/s（金属），而在沉积时间外沉积速率为 0。与传统的 MBE 相比，在 MBE 中同样的沉积量会均匀地分布，因此，PLD 的平均沉积速率与 MBE 的沉积速率大体相同，但 PLD 的瞬态沉积速率是 MBE 沉积速率的 10^5～10^6 倍[111]，这是 PLD 薄膜生长的又一特征。

12.4.5　沉积粒子的空间分布

沉积粒子的空间分布直接决定了薄膜厚度的分布，因此了解沉积粒子的空间分布对薄膜厚度的控制和优化是重要的。和其他的物理气相沉积方法相比，PLD 中的沉积粒子有高度集中的空间分布。这种特征源于烧蚀物粒子在靶附近的相互碰撞，它导致如 12.2.4 节中所述的喷嘴效应。在烧蚀物向衬底的传输中，烧蚀物粒子会与气氛气体碰撞，使烧蚀物粒子的空间分布变得分散，如 12.3.4 节所述。最终到达衬底时烧蚀物的空间分布是这两个机制联合作用的结果，它与激光强度及气氛气体等参数有较为复杂的关系。以下介绍对不同实验参数下薄膜厚度分布的研究，以了解影响厚度分布的实验参数和厚度分布形成机制。

在 KrF 激光（波长 248ns、脉冲宽度 30ns）沉积 $YBa_2Cu_3O_{7-x}$ 薄膜研究中[126]，发现薄膜的厚度可以写成 $a\cos\theta+b\cos^n\theta$ 分布的形式，当激光强度低于 0.9J/cm^2 的阈值时，厚度分布只有 $\cos\theta$ 成分，薄膜成分与靶成分很不相同，当激光强度达到 1.5J/cm^2 时，有很强的 $\cos^n\theta$ 成分，n 值在 11 以上，这时膜的成分与靶的成分相同。这表明在 PLD 中，激光与靶的作用包含两个方面：一是蒸发，其产物不能保持靶的化学成分，空间分布具有各向同性的 $\cos\theta$ 形式；二是烧蚀，其产物能保持靶的化学成分，导致薄膜厚度分布中的高度汇聚的 $\cos^n\theta$ 部分，这个高度汇聚的特征实际上源于 12.2.4 节的喷嘴效应。在蒸发阈值以下时只有蒸发机制，蒸发阈值以上时两种机制同时存在，随着激光强度的逐步增加，烧蚀作用越来越大，这其实是激光与材料相互作用的普遍特征[147-150,126-128]。

值得指出的是，上述薄膜厚度分布中的因子 n 依赖于气氛压强[127,128]。在 KrF 激光（脉冲宽度 25ns、激光强度 2.2J/cm^2）沉积 Pb(ZrTi)O$_3$ 薄膜中发现[127]，当气氛氧气压强从 1.33Pa 增大到 40Pa 时，n 值从 40 增加到 260，再继续增加气氛压强到 120Pa 时，n 下降到 120。n 随气氛压强增加的现象可以从喷嘴效应机制理解，如 12.2.4 节所述，烧蚀气团中碰撞次数越多，聚焦效应就越强，更高的气氛压强能对烧蚀物等离子体起到更强的限制作用，从而增加了其中粒子的碰撞，因此能产生更强的汇聚效应。但太高的气氛压强会导致烧蚀物在传输过程中遭遇更强的散射作用，从而会使 n 值下降。事实上，散射对薄膜厚度的影响已被广泛观察到[129,130]。

12.4.6　脉冲激光沉积与分子束外延的比较

上述的 PLD 主要特征列于表 12.5 中，为了便于比较，MBE 的主要特征也列于其中。与 MBE 比较，PLD 有以下几个突出特征：①沉积粒子中包含许多的荷电离子；②沉积粒子具有大得多的动能，是 MBE 中粒子动能的数十到数千倍；③平均生长速率与 MBE 相同，但瞬态生长速率是 MBE 的 $10^5 \sim 10^6$ 倍；④生长集中在更狭小的空间，呈现 $\cos^n\theta$（$n=4\sim30$ 或更大），而 MBE 呈现各向同性的 $\cos\theta$ 分布。

表 12.5　PLD 和 MBE 的比较

特征	PLD	MBE
到达衬底沉积物	中性原子及分子、荷电原子及分子（占 10%）、大的团簇	中性原子及分子
动能	中性粒子：$1\sim5$eV 荷电粒子：$10\sim500$eV	0.1eV
速度分布	漂移麦克斯韦分布	半麦克斯韦分布
空间分布	$\cos^n\theta$（$n=4\sim30$ 或更大）	$\cos\theta$
沉积速率	瞬态速率为 MBE 的 $10^5\sim10^6$ 倍	约每秒一个单原子层
冲击波	有，马赫数可达约 30	无
成分控制	容易	不能
颗粒物问题	有	无

12.5　薄膜的形成及生长

了解薄膜的成核与生长过程对控制和优化薄膜性能是必不可少的，近十几年来，在原子层次上控制氧化物薄膜的生长方面 PLD 取得了很大的进展，发展了 LMBE 技术，这更要求了解 PLD 中薄膜的成核和生长机制。本节只是介绍一些最基本的知识。作为一种物理气相沉积方法，PLD 中薄膜的成核和生长过程与其他物理气相沉积方法有许多类似之处，但也有独特的地方，其中之一是 PLD 中的成核和生长过程是高度的非平衡过程。本节首先阐明一般物理气相沉积方法中薄膜生长的基本过程[131-133]，然后说明 PLD 中薄膜生长的独有特征，最后研究 PLD 中薄膜取向问题。

12.5.1　薄膜生长的基本过程

在传统的物理气相沉积方法中，如 MBE，沉积过程是连续的，处于近平衡的状态。首先是粒子从气相到达衬底表面成为吸附粒子，这个过程由沉积速率 F 表征，沉积速率是指单位时间内单位面积衬底上接收的粒子数。接着，吸附粒子开始在衬底表面扩散，扩散的过程是吸附粒子在表面从位到位的跳跃(hopping)过程，由扩散系数 D 表征，$D=D_0\exp[-E_d/(k_BT)]$，其中 D_0 为系数，E_d 为位到位的跳跃势垒，T 为衬底温度，k_B 为玻尔兹曼常数。均方扩散距离 x^2 与时间 t 的关系由爱因斯坦关系 $x^2=2Dt$ 给出。在扩散过程中，一个吸附粒子可能遇到另一个吸附粒子形成一个二聚体，并进而形成三聚体、四聚体等多聚体。多聚体可能会发生分解，但当多聚体超过某一临界尺寸时，一般就不再分解，这样的多聚体称为临界核，超过临界核的多聚体称为岛；岛形成后，到达衬底表面的吸附粒子有几种命运：一是遇到其他的吸附粒子形成新的岛；二是遇到已经形成的岛并加入其中，使原来的岛长大；三是可能离开表面而重新回到气相。在薄膜形成的最初阶段，岛的密度比较低，吸附粒子要经历较长的扩散距离才能遇到一个岛，因此有更多的机会遇到其他吸附粒子形成新岛，随着新岛的不断形成，岛的密度不断增加，吸附粒子经历较短的扩散距离就能遇到一个已经形成的岛，因而形成新岛的概率就会减小。沉积开始一定时间后，岛的密度基本不再增加而达到一个稳态值 N，新到衬底的吸附粒子主要是加入某个已经形成的岛，此后，薄膜的生长主要表现为岛的长大。定性地看，岛密度 N 与沉积速率成正比，与扩散系数成反比，经常写成如下的标度形式[131]：$N\propto F^p/D^q$，其中 p 和 q 分别是正的参数，其值依赖于具体的成核机制。岛密度越高，单个岛的平均尺寸就越小。于是，由稳态岛密度的标度式可知，单个岛的平均尺寸反比于沉积速率，正比于扩散系数。岛的尺寸是非常重要的量，因为它对岛中原子排列有重要作用。吸附粒子成岛时，其中的原子排列主要取决于如下三个方面的能量平衡：岛与衬底的界面能、岛自身的表面能和岛自身的体弹性能，也就是，岛中的实际原子排列状态是三项能量构成的总自由能最小的状态。岛的尺寸对这三项能量平衡有至关重要的影响，例如，岛越小，表面能的作用就越大。岛的进一步长大和连接最终形成薄膜。因而岛中原子排列直接影响甚至决定了最终薄膜的微结构，生长初期稳态岛的尺寸对薄膜的微结构有着重要的意义。

当衬底表面被一定比例的岛所覆盖时，新到达的粒子可能降落在衬底上，也可能降落在岛上。降落在岛上粒子的运动有两种方式：一是在岛上扩散，最终扩散到岛的边缘并从那里降落到下面的原子层，除非下面原子层被完全覆盖，这个过程称为层间质量交换，如果降落在岛上的原子总是以这种方式运动，就意味着在下面原子层填满前不会进行第二层生长，此即层状生长(layer-by-layer)模式，也称 Frank-van der Merwe 生长模式；二是直接在岛上开始与衬底上类似的成核和生长过程，而无论下面原子层有无填满，这种生长方式称为岛状生长模式，也称 Volmer-Weber 生长模式，它会使表面粗糙化。一个薄膜-衬底系统会采用哪种生长模式由沉积粒子之间和沉积粒子与衬底之间的相互作用决定。有些薄膜-衬底系统中在生长过程中会出现生长模式的变化，在生长初期为层状生长模式，当薄膜厚度大于一定值时，转变为岛状生长模式，这种生长模式通常称为混合生长模式，也称 Stranski-Krastinov 生长模式。此外，还有一种台阶流(step flow)生长模式，在这种模式中，吸附粒子不会在衬底的平台(terrace)上成岛，而总是扩散到衬底的台阶处生长，生长的结果表现为台阶的移动，因此称为台阶流生长模式。这种模式能得到最平坦的表面。要实现台阶流生长，吸附粒子在衬底上必须有足够大的扩散系数。

12.5.2 脉冲激光沉积中薄膜生长的特征

在 PLD 中，沉积过程是周期式的，周期的长度取决于所用激光脉冲的频率，例如，用 5Hz 的激光脉冲频率则每个沉积周期的时间是 0.2s。在每个周期中，沉积只发生在约 10μs 的时间内，其余时间几乎没有沉积发生，即沉积速率为 0，而在沉积时间内，沉积速率达到极高的值，是 MBE 中沉积速率的 $10^5\sim10^6$ 倍。以 5Hz 激光脉冲频率为例，这意味着在 0.01s 的时间内沉积粒子以 $10^{19}\sim10^{20}$ 个/(cm²·s) 的沉积速率落在衬底表面，而在余下的 0.19s 的时间内没有粒子落在衬底表面。

当沉积粒子到达衬底表面后立即开始扩散运动，直到表面达到一个稳定的平衡态，这个过程称为弛豫。弛豫过程中薄膜的表面形貌发生变化，会改变 RHEED 信号强度，因此 RHEED 技术能用来研究弛豫过程。RHEED 研究表明，弛豫时间通常在 0.2~1s，典型值在 0.5s[123,134-136]。对于常用的 5Hz 的激光脉冲频率，这意味着弛豫时间大于激光脉冲的周期(0.2s)，也就是说当新的沉积粒子到达薄膜表面时，上次沉积形成的薄膜表面还没有达到平衡态。如果采用 0.5Hz 的激光脉冲频率，激光脉冲的周期则为 2s，大于弛豫时间，这就意味着在新的沉积粒子到达薄膜表面时薄膜表面已经达到平衡态。新的沉积粒子到达生长表面时，生长表面是否达到平衡态显然会影响表面的成核过程，如实验所证明[123]，在生长表面还没有达到平衡态时就开始下一轮的生长会导致表面的粗糙化。这说明，在 PLD 中薄膜的成核和生长与激光的频率相关。

实验发现在 PLD 中吸附粒子的扩散系数要比在 MBE 中高得多。例如，在金属 Mo(110) 衬底上沉积 Fe 薄膜，PLD 方法中 Fe 原子在 Mo(110) 表面的扩散系数是 MBE 方法中扩散系数的 10^4 倍[125]。另外，PLD 比 MBE 更能使薄膜以层状生长模式生长[12,124]。这两个现象归根于在 PLD 中沉积粒子有异常高的动能，如表 12.5 所示，PLD 中中性粒子的动能是 MBE 中粒子动能的数十倍，而荷电离子的动能是 MBE 中粒子动能的数百到数千倍。更高动能的粒子降落到衬底或薄膜表面时，其动能将加强扩散能力，从而产生 PLD 中高的扩散系数。沉积粒子高的动能还会导致更大的层间质量输运能力[137,138]，从而产生 PLD 中更完美的层状生长模式。例如，高达数十甚至上百电子伏特的高动能沉积粒子可能会直接插入已经形成的岛中[137]，而无须经过在岛表面进行扩散并最终从岛边缘下降到下一层。

成核和生长过程中最重要的两个量是沉积速率与扩散系数，下面说明 PLD 中的实验参数对这两个量的影响。衬底温度对扩散系数有最直接的影响，提高衬底温度能增大扩散系数。提高激光强度能提高沉积速率和沉积粒子的能量，而增加沉积粒子能量能增加扩散系数。气氛压强对沉积速率的影响不是简单的关系，在较低压强时能提高沉积速率和沉积粒子动能，但压强很大时会减小沉积速率和沉积粒子动能；增加气氛压强能显著减小扩散系数，部分原因在于大的氧压会增加扩散势垒[135,136,139]。激光频率虽然不会影响瞬时沉积速率和扩散系数，但会影响成核过程。实验参数对成核过程的影响是：低的衬底温度、高的气氛气体压强、高的激光脉冲频率、低的沉积粒子动能和大的激光强度能产生岛密度增大，岛尺寸减小。

12.5.3 薄膜取向控制

多数材料都是各向异性的，因此控制薄膜的取向是薄膜制备中一个重要的问题。薄膜取向的机制是相当复杂的，本节通过几个实例说明哪些实验参数会影响薄膜的取向，并讨论薄膜取向的可能机制。薄膜的取向，也就是薄膜中晶粒的取向，在很大程度上取决于薄膜的成核阶段所形成岛的晶体取向。从热力学看，一个岛的晶体取向由岛的总自由能取极小值这个规则所确定，也就是取决于岛的各项能量平衡。一个岛的总自由能通常包括表面能、与衬底的界面能及自身的弹性能。

图 12.22 是用 PLD 方法在 Si(100)衬底上不同温度下制备的 MgO 薄膜的 XRD 图[140]。三种薄膜的制备都包括两步：第一步是初始的 3min 沉积，气氛压强都为 1.33×10⁻³Pa，但衬底温度不同，(a)、(b) 和 (c) 分别对应室温、550℃和 700℃；第二步是紧接着的 15min 沉积，气氛压强都增加为 2.66×10⁻²Pa，(a) 的衬底温度增加为 650℃，(b) 和 (c) 的衬底温度不变。这三个薄膜的制备参数的主要区别在于初始 3min 沉积中的衬底温度。XRD 结果表明，三种薄膜为单一取向，取向分别是(110)、(100) 和(111)。图 12.23 是三种薄膜表面的 AFM 图，可以看到(110)取向的薄膜晶粒尺寸明显小于另外两种薄膜的晶粒尺寸，仅为 10～20nm，而(100)和(111)取向薄膜的晶粒尺寸为 100～200nm，其中(100)取向薄膜的晶粒更小。晶粒尺寸与初始衬底温度的关系可以从成核过程来理解。温度越低，扩散系数就越小，因而稳态岛就越小，而晶粒是由岛发展而来的，因而温度越低晶粒就越小。具有最小晶粒的薄膜取向为(110)，而(110)是 MgO 表面能最小的表面，这说明表面能主导了岛和晶粒的取向。在 700℃的沉积温度时 O 原子可以和 Si 衬底的表面原子发生强烈的相互作用，形成化学键，注意到 MgO 的(111)面具有最高的 O 原子密度，因此采用(111)取向能产生最大的界面能，因此在 700℃温度下薄膜取向为(111)，这时表面能的作用是次要的，是界面能决定了岛和晶粒的取向。而 550℃的中间温度，表面能和界面能可能都会起作用，而 MgO(100)的表面能和界面能处在(110)面与(111)面的表面能之间，因而在这个温度 MgO 会形成(100)取向。

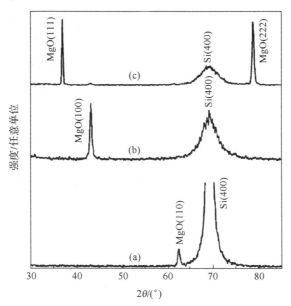

图 12.22　PLD 方法在不同初始衬底温度条件下制备的 MgO 薄膜的 XRD 图[140]

衬底为 Si(100)，激光为 KrF 激光(波长 248nm、激光频率 5Hz、激光强度 2J/cm²)。(a)、(b) 和
(c) 分别对应于初始 3min 沉积中不同的衬底温度：(a) 室温；(b) 550℃；(c) 700℃

在薄膜取向研究中一个值得讨论的例子是制备(100)取向的 La 掺杂的 Bi₄Ti₃O₁₂(LBTO) 薄膜。LBTO 是一种钙钛矿结构氧化物，有铁电性，自发极化方向沿 a 轴，其晶格为正交结构，晶格常数为：a=5.531Å，b=5.534Å，c=24.984Å，晶胞中 c 轴远长于 a 和 b 轴。当把这个材料制成薄膜时，薄膜通常具有高度的(001)取向，也就是长的 c 轴垂直于衬底表面，这样薄膜的极化方向 a 轴平行于衬底表面，在通常的垂直型器件结构中，这意味着不能实现极化反转。

为此需要制备出 a 轴取向的薄膜，也就是使 a 轴垂直于衬底，即长的 c 轴躺在表面平面内。这个问题经过了大量的研究，Lee 等最终取得了重要进展[141,142]，获得了几乎完全 a 轴取向的 LBTO 薄膜。这个研究指出了影响 a 轴取向的要素：①底电极 (110) 取向的 $SrRuO_3$ 的厚度至关重要，在 50～10nm，越薄越有利于 a 轴取向；②650℃时完全 c 轴取向，提高衬底温度能提高 a 轴取向，但超过 765℃后 a 轴取向开始下降；③增加气氛压强明显有利于 a 轴取向；④增加激光脉冲频率显著地有利于 a 轴取向；⑤增加激光强度有利于 a 轴取向，但效果不很明显。这些结果为取向控制提供了借鉴，但其中的机制依然不十分清楚。注意到气氛压强和激光脉冲频率及激光强度能改变成核过程，增加这些参量值能导致更小的岛，因此 a 轴取向也许与初始岛的尺寸有关。

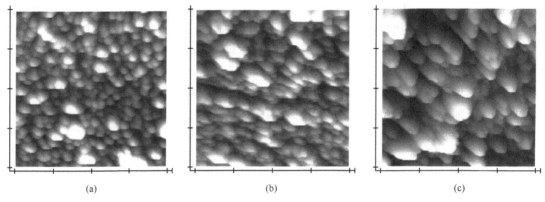

(a) 　　　　　　　　　　 (b) 　　　　　　　　　　 (c)

图 12.23　三种不同取向的 MgO 薄膜表面的 AFM 图[140]

(a)、(b) 和 (c) 三个样品分别对应于图 12.22 中的 (a)、(b) 和 (c) 三个样品。(a) 尺寸为 2μm×2μm；　(b)、(c) 尺寸为 5μm×5μm

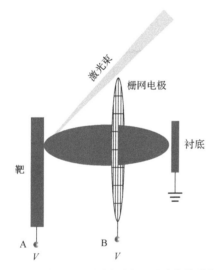

图 12.24　在 PLD 中通过施加电场可以改变薄膜的取向

施加的方式可以是在靶 (A) 和衬底之间，或者在一个栅网电极 (B) 和衬底之间，栅网电极既可以作为电极又可以使烧蚀物到达衬底

在 PLD 中，人们发现采用电场可以改变薄膜的取向[143-145]。施加电场的方法如图 12.24 所示。例如，在 PLD 制备 $YBa_2Cu_3O_{7-x}$ 薄膜中，在靶和衬底之间施加 300V 的电压能使薄膜从多晶态转化为完全 (001) 取向[143]；在制备 $LiNbO_3$ 中在栅电极和衬底之间施加 110V 电压可使 $LiNbO_3$ 从多晶变为完全 (001) 取向[144]。施加电场导致取向改变的主要机制是：在 PLD 中有一定比例荷电离子，这些离子能被电场加速，从施加的电压看，电场能使荷电离子获得 100～300eV 的能量，这个巨大的能量增益无疑会改变沉积离子在衬底表面的成核过程。这个机制为其他实验所证实，例如，在 PLD 制备 Au 薄膜的实验中[120]，薄膜的取向明显地依赖于沉积粒子的能量，当沉积离子能量逐渐提高时，Au 薄膜的取向从多晶态转化为取向态，直至最后达到完全 (111) 取向。

12.6　液体中的激光烧蚀

12.6.1　概述

当脉冲激光烧蚀在液体环境下进行时，会发生完全不同的现象和效应。这里说明两个有趣的效应和应用：一是液体环境下激光烧蚀硅能在硅表面产生有序结构；二是在溶液中能获得纳米颗粒甚至量子点。实验的装置十分简单，如图 12.25 所示，把靶置于液体中，通常液体是水或水溶液，有时也可用其他溶剂，然后把激光束聚焦到靶的表面进行烧蚀，在下面所描述的实验中所用的激光波长为 248nm，液体是纯水或水溶液，纯水对光的吸收波长主要在 190nm 以下的短波范围，因此对波长为 248nm 的激光其吸收几乎可以忽略。

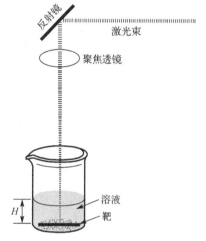

图 12.25　液体中激光烧蚀装置简图
H 表示液面高度

12.6.2　液体中激光烧蚀对硅表面形貌的调制

与在气体或真空环境下相比，激光在水中烧蚀固体会导致固体表面形成完全不同的形貌。对于单晶硅表面而言，当激光能流密度在一定的范围内时，能在硅表面形成规则的六方点阵结构，而且点阵的形成过程显示出十分有趣的特征，如图 12.26 所示，该图显示出激光脉冲次数逐渐增加时硅的表面形貌发生变化的情况。由图可见，在所用的激光能流密度条件下，靶的表面先出现微小的起伏，随着脉冲数的增加，起伏加深并连接成迷宫结构，随后迷宫结构演化成分立的突起结构，最后这些突起自组织成规则的点阵结构，点阵的周期大约为 10μm。

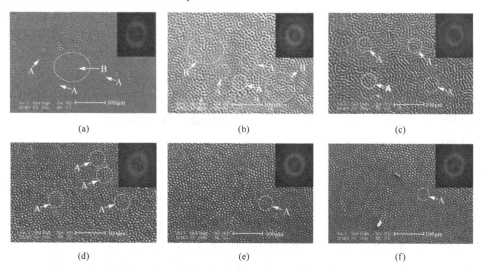

(a)　　　　　　　　　(b)　　　　　　　　　(c)

(d)　　　　　　　　　(e)　　　　　　　　　(f)

图 12.26　硅表面形貌随激光脉冲数增加的演化过程
各图所对应的激光脉冲数分别为：(a) 100；(b) 300；(c) 900；(d) 3000；(e) 6000；(f) 9000。
激光能量约 2J/cm²。图中 A 和 B 分别表示两种初始扰动及对应的演化

这些结构的形成机制可用流体动力学中的 RT 失稳来解释[146]。RT 失稳是指发生在两种密度流体界面的失稳现象，考虑两种密度的流体，开始两者的界面是一个平面，由于某种扰动平的界面产生了起伏，也就是界面处形成了凹陷的"谷"和突起的"峰"，如果某种外界作用（如重力）导致低密度流体向高密度流体加速，任何微小的起伏就会不断地增强，此即 RT 失稳。失稳的根本原因是：在低密度流体向高密度流体加速过程中在界面上会产生一个不均匀的力分布，这种不均匀力分布是流体流动所引起的，因此这种失稳称为动力学失稳（dynamic instability）。RT 失稳的结果是：在凹陷的谷处界面受到低密度流体更大的压力，而在突起的峰处界面受到更小的压力，而且这个压力正比于起伏的幅度，于是，只要界面出现任何的起伏，谷就变得更加凹陷，峰就变得更加突起，压力正比于起伏的幅度意味着这是一个正反馈过程，这就是说一旦产生任何微小起伏，起伏不断自发增大。

下面分析在液体环境中进行激光烧蚀时产生这种现象的原因，如图 12.27 所示。当强激光辐照硅表面时，硅在数纳秒的范围内就会被熔化而变为液体，从而成为具有流动性的流体。另外，熔化的硅的温度达 1400℃ 以上，因此它会加热毗邻的水并使其气化，研究表明在这样的温度下毗邻硅表面厚度数微米的水会在数十皮秒的时间内变为气体，其压强会达到数十个大气压[147]，这层存在于液体和靶界面的高压蒸气层称为界面蒸气层。由于界面蒸气层的高压，蒸气会膨胀，膨胀的结果之一就是给熔化的硅流体施加压力而使其加速运动，界面蒸气的密度远小于硅熔体的密度，因此就形成了低密度流体加速冲向高密度流体的结果，这就导致了 RT 失稳。也可以从温度角度考虑 RT 失稳机制的形成，如图 12.27 所示。当硅表面熔化时，整个系统存在一个巨大的温度梯度，高温端是熔化的硅表面，其温度为硅的熔点 T_m（约 1400℃），低温端是上面的液态水，其温度为 T_w（约 20℃），这两端的距离仅数微米，因此温度梯度巨大。现在考虑硅表面有起伏时其温度的分布，由于起伏形成波峰和波谷，波峰位置更接近于低温端，而波谷更接近于高温端，因此波峰的温

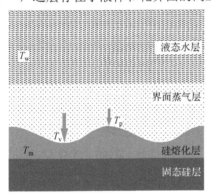

图 12.27　RT 失稳示意图

两个箭头表示硅表面受到来自界面蒸气的压力，低谷处大箭头表示受到更大的压力，T_p 和 T_v 分别表示峰和谷处的表面温度

度 T_p 要低于波谷处的温度 T_v，由于巨大的温度梯度，T_p 要比 T_v 小得多，波峰处界面蒸气层中的蒸气压力要比波谷处压力小得多，由于这个压力差波谷就会变得更低，波峰变得更高，这是一个正反馈，从而形成失稳。关于 RT 失稳机制解释表面会演化成规则六方点阵结构可见文献 [146]和[148]。

12.6.3　液体中激光烧蚀制备纳米颗粒

液体中激光烧蚀也可以把固体变为等离子体，于是形成的靶材料等离子体会在液体中膨胀和冷却，液体的冷却效率要远高于气体，因此能在液体中得到异常小的靶材料纳米粒子。如图 12.28 所示，在掺有表面活性剂 CTAB（$C_{16}H_{33}N^+(CH_3)_3Br^-$）水溶液中烧蚀 Cu、Ti 和 Si 得到纳米颗粒，可以看到颗粒直径十分小，对于 Ti 甚至不到 1nm，对 Si 仅几纳米，这是其他方法难以取得的结果。实验发现，很多因素影响纳米颗粒的尺度，包括激光能流密度、溶液中所用的表面活性剂种类及其他因素等。这里介绍一个特别的效应，就是液面高度能显著影响所制

备纳米颗粒的尺寸和分散性，图 12.29 显示了不同液面高度条件下制备的硅纳米颗粒，可以看到当液面高度为大约 3mm 时，所得到硅纳米颗粒变得十分微小、均匀和分散。

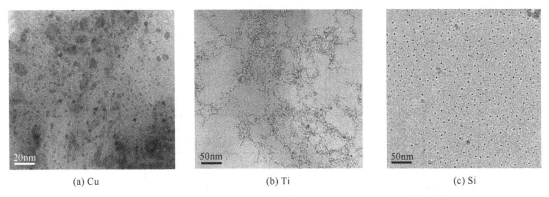

图 12.28　在 CTAB 水溶液中用激光烧蚀制备的 Cu、Ti 和 Si 纳米颗粒

液体水中加入了表面活性剂 CTAB，其浓度为临界胶束浓度值 9.2×10^{-4} mol/L

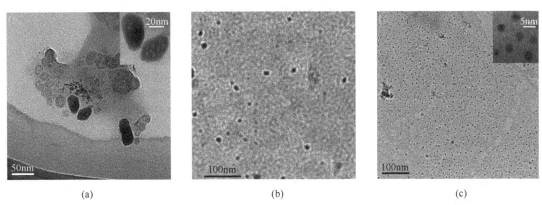

图 12.29　液体中激光烧蚀硅所得到的硅纳米颗粒的 TEM 照片

(a) 液面高度 50mm；(b) 液面高度 10mm；(c) 液面高度约 3mm。实验中所用的激光束的能流密度均约 15J/cm^2

　　下面说明液体中纳米颗粒的形成机制，如图 12.30 所示。在激光脉冲结束时激光辐照使靶材料变成高温高压的等离子体，由于液体强的限制作用，在液体条件下所形成的等离子体的温度、压力和密度都会比气体条件下的等离子体的相应值高。如图 12.30(a1)～(f1) 所示，激光脉冲结束后等离子体开始膨胀，当膨胀到最大体积时，等离子体团开始收缩，直到达到某一最小体积，这形成等离子体团第一个膨胀收缩周期；随后等离子体团再次膨胀和收缩，进入第二个膨胀收缩周期，在新的膨胀和收缩周期中，等离子体团最大膨胀体积会比前一次最大膨胀体积小，在缩到最小体积时内部的压力也会比前一次小，也就是说每次新的膨胀和收缩等离子体团都会不断变衰。经过若干个周期后，泡内的压强小于周围液体的压强，这时等离子体团就不复存在，而为周围液体所溶解。从等离子体开始形成到被周围液体完全溶解所经历的时间称为等离子体团的寿命，在典型激光制备纳米颗粒条件下，等离子体团寿命在数毫秒到数百毫秒[149]。等离子体团寿命依赖于很多因素，最主要的是液体的压力和等离子体泡最初的内能，环境液体压力越大、等离子体团最初内能越小则寿命越短。等离子体团这种行为完全不同于气体条件下形成的等离子体行为，却具有液体中气泡的典型特征，因此等离子体团常称为等离子体泡（plasma bubble）。在等离子体泡的膨胀收缩过程中，在每次膨胀周期中等离子体泡内的温度下

降,泡内的硅等离子体就会逐步变为气态、液态乃至固态,也就是经历形核、核生长和团聚形成纳米颗粒等纳米颗粒生长形成的事件,如果等离子体泡的寿命足够长,还会发生纳米颗粒的团聚等过程,因此等离子体泡的寿命对最终的纳米颗粒的尺寸和形貌有关键的影响。

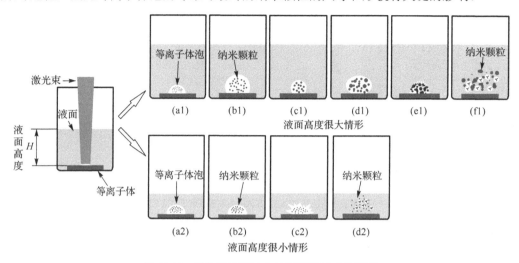

图 12.30 液体激光烧蚀中纳米颗粒形成的机制

(a1)~(f1)表示液面高度较大时等离子体泡的变化过程,显示等离子体泡经历两个膨胀收缩周期然后破裂;(a2)~(d2)表示液面高度很小时等离子体泡的变化过程,这里等离子体泡经历不到一个膨胀收缩过程就破裂。短的等离子体泡寿命缩短甚至消除了纳米颗粒的生长和团聚过程,从而得到更小和更分散的颗粒

液体中泡的动力学行为有一个重要性质[150]:就是当泡的半径和泡中心与液体边界距离差不多时,泡的寿命受到边界的强烈影响,这时泡的寿命会随着泡与液体表面距离的减小而迅速缩短。在激光烧蚀制备纳米颗粒典型实验中,等离子体泡的尺度在毫米数量级,因此当液面高度仅有几毫米时,液面高度对等离子体泡的寿命就变得十分重要,这时泡的寿命会明显缩短。在这种情形下,在成核的初始阶段等离子体泡就会破裂,甚至可以将等离子体泡寿命缩短到数十微秒,如图 12.30(a2)~(d2)所示。在如此短的时间内,核的长大、团聚及随后的纳米颗粒团聚过程将没有时间发生,因此得到的颗粒小而分散,这就是液体高度小到几毫米时得到的硅纳米颗粒小而均匀的原因。这意味着可以通过控制等离子体泡的动力学来控制纳米颗粒的尺寸。

12.7 总结和展望

经过三十多年的发展,PLD 已经发展成为一种广泛使用的薄膜沉积方法,制备包括氧化物、金属、碳化物、氮化物及有机物等多种材料的薄膜。近十多年来,利用 PLD 在原子层次上控制氧化物薄膜的生长取得重要进展,为探索氧化物物理和器件的研究提供了有力的工具,考虑到氧化物的多样性和重要性,这方面仍是 PLD 技术发展的重要方向。

在 PLD 的发展过程中,人们对 PLD 中的物理过程有了更深入的认识,这为控制和优化薄膜提供了基础。但 PLD 技术本身依然还有一些问题需要探索,在原子层次上了解薄膜特别是氧化物薄膜的形成过程还不够深入,薄膜制备的重复性问题依然有待完善,在发展新技术以更精细地控制沉积粒子的性质及薄膜沉积过程方面仍然有许多工作可做。

液体中 PLD 用来制备纳米颗粒在近十年来成为一种有特色的方法。从某种意义上说,在液体 PLD 中激光直接把材料以原子和/或离子的形式投放到溶液中，因此该方法和化学中的溶液方法相结合有可能会得到性质独特的材料。

参 考 文 献

[1] SMITH H M, TUNER A F. Vacuum deposited thin films using a ruby laser[J]. Appl. Opt., 1965, 4: 147-148.

[2] DIJKKAMP D, VENKATESAN T, WU X D, et al. Preparation of YBaCu oxide superconductor thin films using pulsed laser evaporation from high T_c bulk material[J]. Appl. Phys. Lett., 1987, 51: 619-621.

[3] HUBLER G K. Pulsed laser deposition[J]. MRS Bulletin, 1992: 26-27.

[4] CHEUNG J, HORWITZ J. Pulsed laser deposition history and laser-target interactions[J]. MRS Bulletin, 1992: 30-36.

[5] VENKATESAN T, WU X D, MUENCHAUSEN R, et al. Pulsed laser deposition: Future directions[J]. MRS Bulletin, 1992: 54-58.

[6] CHRISEY D B, HUBLER G K. Pulsed laser deposition of thin films[M]. New York: John Wiley & Sons, 1994.

[7] LOWNDES D H, GEOHEGAN D B, PURETZKY A A, et al. Synthesis of novel thin-film materials by pulsed laser deposition[J]. Science, 1997, 273: 898-903.

[8] SINGH R K, KUMAR D. Pulsed laser deposition and characterization of high-T_c $YBa_2Cu_3O_{7-x}$ superconducting thin films[J]. Mater. Sci. Engineer. R, 1998, 22: 113-185.

[9] WILLMOTT P R, HUBER J R. Pulsed laser vaporization and deposition[J]. Reviews of Modern Physics, 2000, 72: 315-328.

[10] KREBS H U, WEISHEIT M, FAUPEL J, et al. Pulsed laser deposition（PLD）—A versatile thin film technique[J]. Adv. in Solid State Phys., 2003, 43: 505-517.

[11] WILLMOTT P R. Deposition of complex multielemental thin films[J]. Prog. Surf. Sci., 2004, 76: 163-217.

[12] SHEN J, GAI Z, KIRSCHNER J. Growth and magnetism of metallic thin films and multilayers by pulsed-laser deposition[J]. Surf. Sci. Report, 2004, 52: 163-217.

[13] CHRISTEN H M, ERES G. Recent advances in pulsed-laser deposition of complex oxides[J]. J. Phys. Condens. Matter, 2008, 20: 264005.

[14] OPEL M. Spintronic oxides grown by laser-MBE[J]. J. Phys. D, 2012, 45: 033001.

[15] WEBB R L, JENSEN L C, LANGFORD S C, et al. Interactions of wide band-gap single crystals with 248nm excimer laser radiation. I. MgO[J]. J. Appl. Phys., 1993, 74: 2323-2337.

[16] DICKINSON J T, JENSEN L C, WEBB R L, et al. Interactions of wide band-gap single crystals with 248nm excimer laser radiation. III. The role of cleavage-induced defects in MgO[J]. J. Appl. Phys., 1993, 74: 3758-3767.

[17] READY J F. Effects due to absorption of laser radiation[J]. J. Appl. Phys., 1965, 36: 462-468.

[18] VON ALLEN M. Laser-beam interactions with materials: Physical principles and applications[M]. 2nd ed. Berlin: Springer, 1995.

[19] SINGH R K. Target ablation characteristics during pulsed laser deposition of thin films[J]. J. Non-cryst. Solids, 1994, 178: 199-209.

[20] BHATTACHARYA D, SINGH R K, HOLLOWAY P H. Laser-target interactions during pulsed laser

deposition of superconducting thin films[J]. J. Appl. Phys., 1991, 70: 5433-5439.

[21] SINGH R K, BHATTACHARYA D, NARAYAN J. Subsurface heating effects during pulsed laser evaporation of materials[J]. Appl. Phys. Lett., 1990, 57: 2022-2024.

[22] AMORUSO S, BRUZZESE R, SPINELLI N, et al. Characterization of laser-ablation plasmas[J]. J. Phys. B, 1999, 32: R131-R172.

[23] DE UNAMUNO S, FOGARASSY E. Thermal description of the melting and vaporization of Y-Ba-Cu-O and Bi-Sr-Ca-Cu-O thin films under pulsed excimer laser irradiation[J]. Mater. Sci. Engineer. B, 1992, 13: 29-33.

[24] FÄHLER S, KREBS H U. Calculations and experiments of material removal and kinetic energy during pulsed laser ablation of metals[J]. Appl. Surf. Sci., 1996, 96-98: 61-65.

[25] INAM A, WU X D, VENKATESAN T, et al. Pulsed laser etching of high T_c superconducting films[J]. Appl. Phys. Lett., 1987, 51: 1112-1114.

[26] CHAN C L, MAZUMDER J. One-dimensional steady-state model for damage by vaporization and liquid expulsion due to laser-materials interaction[J]. J. Appl. Phys., 1987, 62: 4579-4586.

[27] BULGAKOVA N M, BULGAKOV A V. Pulsed laser ablation of solids: Transition from normal vaporization to phase explosion[J]. Appl. Phys. A, 2001, 73: 199-208.

[28] HERMANN J, THOMANN A L, BOULM-LEBORGNE C, et al. Plasma diagnostics in pulsed laser TiN layer deposition[J]. J. Appl. Phys., 1995, 77: 2928-2936.

[29] HERMANN J, BOULMER-LEBORGNE C, HONG D. Diagnostics of the early phase of an ultraviolet laser induced plasma by spectral line analysis considering self-absorption[J]. J. Appl. Phys., 1998, 83: 691-696.

[30] SONG K H, XU X. Mechanisms of absorption in pulsed excimer laser-induced plasma[J]. Appl. Phys. A, 1997, 65: 477-485.

[31] HARILAL S S, BINDHU C V, ISSAC R C, et al. Electron density and temperature measurements in a laser produced carbon plasma[J]. J. Appl. Phys., 1997, 82: 2140-2146.

[32] FUSO F, VYACHESLAVOV L N, MASCIARELLI G, et al. Stark broadening diagnostics of the electron density in the laser ablation plume of $YBa_2Cu_3O_{7-x}$ and $PbZr_xTi_{1-x}O_3$[J]. J. Appl. Phys., 1994, 76: 8088-8096.

[33] AMORUSO S, ARMENANTE M, BERARDI V, et al. Absorption and saturation mechanisms in aluminium laser ablated plasmas[J]. Appl. Phys. A, 1997, 65: 265-271.

[34] HERMANN J, BOULMER-LEBORGNE C, MIHAILESCU I N, et al. Multistage plasma initiation process by pulsed CO_2 laser irradiation of a Ti sample in an ambient gas（He, Ar, or N_2）[J]. J. Appl. Phys., 1993, 73: 1091-1099.

[35] HARILAL S S, BINDHU C V, NAMPOORI V P N, et al. Influence of ambient gas on the temperature and density of laser produced carbon plasma[J]. Appl. Phys. Lett., 1998, 72: 167-169.

[36] KANTROWITZ A, GREY J. A high intensity source for the molecular beam. Part I. Theoretical[J]. Rev. Sci. Instrum., 1955, 22: 328-332.

[37] ANDERSON J B, ANDRES R P, FENN J B. Supersonic nozzle beams[J]. Adv. Chem. Phys., 1966, 10: 275-317.

[38] NOORBATCH I, LUCCHESE R R, ZEIRI Y. Monte Carlo simulations of gas-phase collisions in rapid desorption of molecules from surfaces[J]. J. Chem. Phys., 1987, 86: 5816-5824.

[39] NOORBATCH I, LUCCHESE R R, ZEIRI Y. Effects of gas-phase collisions on particles rapidly desorbed from

surfaces[J]. Phys. Rev. B, 1987, 36: 4978-4981.

[40]　KELLY R, DREYFUS R W. On the effect of Knudsen-layer formation on studies of vaporization, sputtering, and desorption[J]. Surf. Sci., 1988, 198: 263-276.

[41]　KELLY R, DREYFUS R W. Reconsidering the mechanisms of laser sputtering with Knudsen-layer formation taken into account[J]. Nucl. Instrum. Meth. Phys. Res. B, 1988, 32: 341-348.

[42]　KELLY R. On the dual role of the Knudsen layer and unsteady, adiabatic expansion in pulse sputtering phenomena[J]. J. Chem. Phys., 1990, 92: 5047-5056.

[43]　MIOTELLO A, PETERLONGO A, KELLY R. Laser-pulse sputtering of aluminium: Gas-dynamic effects with recondensation and reflection conditions at the Knudsen layer[J]. Nucl. Instrum. Meth. Phys. Res. B, 1995, 101: 148-155.

[44]　KNIGHT C J. Theoretical modeling of rapid surface vaporization with back pressure[J]. AIAA Journal, 1979, 17: 519-523.

[45]　KOOLS J C S, BALLER T S, DE ZWART S T, et al. Gas dynamics in laser ablation deposition[J]. J. Appl. Phys., 1992, 71: 4547-4556.

[46]　ZHENG J P, HUANG Z Q, SHAW D T, et al. Generation of high energy atomic beams in laser-superconducting target interactions[J]. Appl. Phys. Lett., 1989, 54: 280-282.

[47]　BUTTINI E, THUM-JÄGER A, ROHR K. The mass dependence of the jet formation in laser-produced particle beams[J]. J. Phys. D: Appl. Phys., 1998, 31: 2165-2169.

[48]　THUM-JÄGER A, ROHR K. Angular emission distributions of neutrals and ions in laser ablated particle beams[J]. J. Phys. D: Appl. Phys., 1999, 32: 2827-2831.

[49]　THUM-JAEGER A, SINHA B K, ROHR K P. Time of flight measurements on ion-velocity distribution and anisotropy of ion temperatures in laser plasmas[J]. Phys. Rev. E, 2000, 63: 016405.

[50]　MÜLLER T, SINHA B K, ROHR K P. Direction-selective free expansion of laser-produced plasmas from planar targets[J]. Phys. Rev. E, 2003, 67: 026415.

[51]　SIBOLD D, URBASSEK H M. Effect of gas-phase collisions in pulsed-laser desorption: A three-dimensional Monte Carlo simulation study[J]. J. Appl. Phys., 1993, 73: 8544-8551.

[52]　URBASSEK H M, SIBOLD D. Gas-phase segregation effects in pulsed laser deposition from binary targets[J]. Phys. Rev. Lett., 1993, 70: 1886-1889.

[53]　ITINA T E, MARINE W, AUTRIC M. Monte Carlo simulation of the effects of elastic collisions and chemical reactions on the angular distributions of the laser ablated particles[J]. Appl. Surf. Sci., 1998, 127-129: 171-176.

[54]　ITINA T E, MARINE W, AUTRIC M. Monte Carlo simulation of pulsed laser ablation from two-component target into diluted ambient gas[J]. J. Appl. Phys., 1997, 82: 3536-3542.

[55]　ITINA T E, MARINE W, AUTRIC M. Nonstationary effects in pulsed laser ablation[J]. J. Appl. Phys., 1999, 85: 7905-7908.

[56]　VAN INGEN R P. Angle-resolved time-of-flight spectrometry of neutrals laser ablated from $Nd_{1.85}Ce_{0.15}CuO_4$[J]. J. Appl. Phys., 1994, 76: 8065-8076.

[57]　ELAM J W, LEVY D H. Low fluence laser sputtering of gold at 532nm[J]. J. Appl. Phys., 1997, 81: 539-541.

[58]　HARILAL S S. Influence of spot size on propagation dynamics of laser-produced tin plasma[J]. J. Appl. Phys., 2007, 102: 123306.

[59] TOFTMANN B, SCHOU J, LUNNEY J G. Dynamics of the plume produced by nanosecond ultraviolet laser ablation of metals[J]. Phys. Rev. B, 2003, 67: 104101.

[60] CHEN X Y, LIU Z G. Interaction between laser beam and target in pulsed laser deposition: Laser fluence and ambient gas effects[J]. Appl. Phys. A, 1999, 69: S523-S525.

[61] SHARP D H. An overview of Rayleigh-Taylor instability[J]. Physica, 1984, 12D: 3-10.

[62] BENNET T D, GRIGOROPOULOS C P, KRAJNOVICH D J. Near-threshold laser sputtering of gold[J]. J. Appl. Phys., 1995, 77: 849-864.

[63] BRAILOVSKY A B, GAPONOV S V, LUCHIN V I. Mechanisms of melt droplets and solid-particle ejection from a target surface by pulsed laser action[J]. Appl. Phys. A, 1995, 61: 81-86.

[64] WAKATA H, TASEV E, TUDA M, et al. Investigation of the behavior of particles generated from a laser-ablated silicon target using time-of-flight measurements[J]. Appl. Surf. Sci., 1994, 79-80: 152-157.

[65] SAENGER K L. Time-resolved optical emission during laser ablation of Cu, CuO, and high-T_c superconductors: $Bi_{1.7}Sr_{1.3}Ca_2Cu_3O_x$ and $Y_1Ba_{1.7}Cu_{2.7}O_y$[J]. J. Appl. Phys., 1989, 66: 4435-4440.

[66] WU P K, RINGEISEN B R, BUBB D M, et al. Time-of-flight study of the ionic and neutral particles produced by pulsed-laser ablation of frozen glycerol[J]. J. Appl. Phys., 2001, 90: 3623-3631.

[67] MARINE W, D'ANIELLO SCOTTO J M, GERRI M. Velocity measurement of the ablated particles picoseconds laser ablation[J]. Mater. Sci. Engineer. B, 1992, 13: 57-62.

[68] DREYFUS R W. Cu^0, Cu^+, and Cu_2 from excimer-ablated copper[J]. J. Appl. Phys., 1991, 69: 1721-1729.

[69] LEUCHTNER R E, HORWITZ J S, CHRISEY D B. Dynamics of laser ablation and vaporization of $PbZr_{0.54}Ti_{0.46}O_3$: Laser fluence and ambient gas effects[J]. Mat. Res. Soc. Symp. Proc., 1992, 243: 525-530.

[70] FRANGHIADAKIS Y, FOTAKIS C, TZANETAKIS P. Energy distribution of ions produced by excimer-laser ablation of solid and molten targets[J]. Appl. Phys. A, 1999, 68: 391-397.

[71] 泽尔道维奇 Я Б, 莱依捷尔 Ю П. 激波和高温流体动力学现象物理学. 上册[M]. 张树材, 译. 北京: 科学出版社, 1980: 104.

[72] HARILAL S S, BINDHU C V, TILLACK M S, et al. Internal structure and expansion dynamics of laser ablation plumes into ambient gases[J]. J. Appl. Phys., 2003, 93: 2380-2388.

[73] 泽尔道维奇 Я Б, 莱依捷尔 Ю П. 激波和高温流体动力学现象物理学. 上册[M]. 张树材, 译. 北京: 科学出版社, 1980: 1-88.

[74] STEVERDING B. Ignition of laser detonation waves[J]. J. Appl. Phys., 1974, 45: 3507-3511.

[75] GEOHEGAN D B. Physics and diagnostics of laser ablation plume propagation for high-T_c superconductor film growth[J]. Thin Solid Films, 1992, 220: 138-145.

[76] 泽尔道维奇 Я Б, 莱依捷尔 Ю П. 激波和高温流体动力学现象物理学. 上册[M]. 张树材, 译. 北京: 科学出版社, 1980: 94-101.

[77] FREIWALD D A, AXFORD R A. Approximate spherical blast theory including source mass[J]. J. Appl. Phys., 1975, 46: 1171-1174.

[78] DYER P E, SIDHU J. Spectroscopic and fast photographic studies of excimer laser polymer ablation[J]. J. Appl. Phys., 1988, 64: 4657-4663.

[79] DYER P E, ISSA A, KEY P H. Dynamics of excimer laser ablation of superconductors in an oxygen environment[J]. Appl. Phys. Lett., 1990, 57: 186-188.

[80]　泽尔道维奇 Я Б, 莱依捷尔 Ю П. 激波和高温流体动力学现象物理学. 上册[M]. 张树材, 译. 北京: 科学出版社, 1980: 388.

[81]　SAKEEK H F, MORROW T, GRAHAM W G, et al. Emission studies of the plume produced during $YBa_2Cu_3O_7$ film production by laser ablation[J]. J. Appl. Phys., 1994, 75: 1138-1144.

[82]　LECOEUR P, GUPTA A, DUNCOMBE P R, et al. Emission studies of the gas-phase oxidation of Mn during pulsed laser deposition of manganates in O_2 and N_2O atmosphere[J]. J. Appl. Phys., 1996, 80: 513-517.

[83]　GOMEZ-SAN R R, PÉREZ C R, MARÉCHAL C, et al. ^{18}O isotopic tracer studies of the laser ablation of $Bi_2Sr_2Ca_1Cu_2O_8$[J]. J. Appl. Phys., 1996, 80: 1787-1793.

[84]　GUPTA A. Gas-phase oxidation chemistry during pulsed laser deposition of $YBa_2Cu_3O_{7-\delta}$ films[J]. J. Appl. Phys., 1993, 73: 7877-7886.

[85]　HERMANN J, VIVIEN C, CARRICATO A P, et al. A spectroscopic study of laser ablation plasmas from Ti, Al and C targets[J]. Appl. Surf. Sci., 1998, 127-129: 645-649.

[86]　CHEN X Y, WU Z C, LIU Z G, et al. A study of dynamics and chemical reactions in laser-ablated $PbTiO_3$ plume by optical-wavelength-sensitive CCD photography[J]. Appl. Phys. A, 1998, 67: 331-334.

[87]　CHEN X Y, WU Z C, YANG B, et al. Four regions of the propagation of the plume formed in pulsed laser deposition by optical-wavelength-sensitive CCD photography[J]. Thin Solid Films, 2000, 375: 233-237.

[88]　CHEN X Y, XIONG S B, LIU Z G, et al. The interaction of ambient background gas with a plume formed in pulsed laser deposition[J]. Appl. Surf. Sci., 1997, 115: 279-284.

[89]　YOSHIDA T, TAKEYAMA S, YAMADA Y, et al. Nanometersized silicon crystallites prepared by excimer laser ablation in constant pressure inert gas[J]. Appl. Phys. Lett., 1996, 68: 1772-1774.

[90]　GEOHEGAN D B, PURETZKY A A, DUSCHER G, et al. Time-resolved imaging of gas phase nanoparticle synthesis by laser ablation[J]. Appl. Phys. Lett., 1998, 72: 2987-2989.

[91]　TILLACK M S, BLAIR D W, HARILAL S S. The effect of ionization on cluster formation in laser ablation plumes[J]. Nanotechnology, 2004, 15: 390-403.

[92]　HARILAL S S, RADHAKRISHNAN P, NAMPOORI V P N, et al. Temporal and spatial evolution of laser ablated plasma from $YBa_2Cu_3O_7$[J]. Appl. Phys. Lett., 1994, 64: 3377-3379.

[93]　GEOHEGAN D B, PURETZKY A A. Laser ablation plume thermalization dynamics in background gases: Combined imaging, optical absorption and emission spectroscopy, and ion probe measurements[J]. Appl. Surf. Sci., 1996, 96-98: 131-138.

[94]　HARILAL S S. Expansion dynamics of laser ablated carbon plasma plume in helium ambient[J]. Appl. Surf. Sci., 2001, 172: 103-109.

[95]　HARILAL S S, BINDHU C V, TILLACK M S, et al. Plume splitting and sharpening in laser-produced aluminium plasma[J]. J. Phys. D, 2002, 35: 2935-2938.

[96]　HARILAL S S, O'SHAY B, TAO Y. Ambient gas effects on the dynamics of laser-produced tin plume expansion[J]. J. Appl. Phys., 2006, 99: 083303.

[97]　KOOLS J C S. Monte Carlo simulations of the transport of laser-ablated atoms in a dilute gas[J]. J. Appl. Phys., 1993, 74: 6401-6406.

[98]　GONZALO J, AFONSO C N, PERRIÈRE J. The role of film re-emission and gas scattering processes on the stoichiometry of laser deposited films[J]. Appl. Phys. Lett., 1995, 67: 1325-1327.

[99] HAU S K, WONG K H, CHAN P W, et al. Intrinsic resputtering in pulsed-laser deposition of lead-zirconate-titanate thin films[J]. Appl. Phys. Lett., 1995, 66: 245-247.

[100] MA C S, HAU S K, WONG K H, et al. The role of ambient gas scattering effect and lead oxide formation in pulsed laser deposition of lead-zirconate-titanate thin films[J]. Appl. Phys. Lett., 1996, 69: 2030-2032.

[101] FÄHLER S, STURM K, KREBS H U. Resputtering during the growth of pulsed-laser-deposited metallic films in vacuum and in an ambient gas[J]. Appl. Phys. Lett., 1999, 75: 2766-2768.

[102] STURM K, KREBS H U. Quantification of resputtering during pulsed laser deposition[J]. J. Appl. Phys., 2001, 90: 1061-1063.

[103] NORTON D P, PARK C, BUDAI J D, et al. Plume-induced stress in pulsed-laser deposited CeO_2 films[J]. Appl. Phys. Lett., 1999, 74: 2134-2136.

[104] VOEVODIN A A, JONES J G, ZABINSKI J S. Structural modification of single-axis-oriented yttria-stabilized-zirconia films under zirconium ion bombardment[J]. Appl. Phys. Lett., 2001, 78: 730-732.

[105] RIABININA D, CHAKER M, ROSEI F. Correlation between plasma dynamics and porosity of Ge films synthesized by pulsed laser deposition[J]. Appl. Phys. Lett., 2006, 89: 131501.

[106] CHRISEY D B, HUBLER G K. Pulsed laser deposition of thin films[M]. New York: John Wiley & Sons, 1994: 115-165.

[107] BERARDI V, AMORUSO S, SPINELLI N, et al. Diagnostics of $YBa_2Cu_3O_{7-\delta}$ laser plume by time of flight mass spectrometry[J]. J. Appl. Phys., 1994, 76: 8077-8087.

[108] ZIMMERMAN J A, OTIS C E, CREASY W R. Morphology and reactivity of ions and cluster ions produced by the laser ablation of $YBa_2Cu_3O_{7-\delta}$ superconductor[J]. J. Phys. Chem., 1992, 96: 1594-1597.

[109] IEMBO A, FUSO F, ALLEGRINI M, et al. In situ diagnostics of pulsed laser deposition of ferroelectric $Pb(Ti_{0.48}Zr_{0.52})O_3$ on Si[J]. Appl. Phys. Lett., 1993, 63: 1194-1196.

[110] AMORUSO S, BERARDI V, DENTE A, et al. Laser ablation of $Pb(Ti_{0.48}Zr_{0.52})O_3$ target: Characterization and evolution of charged species[J]. J. Appl. Phys., 1995, 78: 494-504.

[111] CHRISEY D B, HUBLER G K. Pulsed laser deposition of thin films[M]. New York: John Wiley & Sons, 1994: 256.

[112] DÍAZ J, FERRER S, COMIN F. Role of the plasma in the growth of amorphous carbon films by pulsed laser deposition[J]. J. Appl. Phys., 1998, 84: 572-576.

[113] OKADA T, SHIBAMARU N, NAKAYAMA Y, et al. Investigations of behavior of particles generated from laser ablated $YBa_2Cu_3O_{7-x}$ target using laser-induced fluorescence[J]. Appl. Phys. Lett., 1992, 60: 941-943.

[114] DYER P E, GREENOUGH R D, ISSA A, et al. Spectroscopic and ion probe measurements of KrF laser ablated Y-Ba-Cu-O bulk samples[J]. Appl. Phys. Lett., 1988, 53: 534-536.

[115] TYRREL G C, YORK T H, COCCIA L G, et al. Kinetic energy distributions of ions ejected during laser ablation of lead zirconate titanate and their correlation to deposition of ferroelectric thin films[J]. Appl. Surf. Sci., 1996, 96-98: 769-774.

[116] GOTTMANN J, KREUTZ E W. Controlling crystal quality and orientation of pulsed-laser-deposited $BaTiO_3$ thin films by the kinetic energy of the film-forming particles[J]. Appl. Phys. A, 2000, 70: 275-281.

[117] KOIVUSAARI K J, LEVOSKA J, LEPPÄVUORI S. Pulsed-laser deposition of diamond-like carbon: Relations between laser fluence, velocity of carbon ions, and bonding in the films[J]. J. Appl. Phys., 1999, 85: 2915-2920.

[118] HAVERKAMP J, MAYO R M, BOURHAM M A, et al. Plasma plume characteristics and properties of pulsed laser deposited diamond-like carbon films[J]. J. Appl. Phys., 2003, 93: 3627-3634.

[119] KUMUDUNI W K A, NAKAYAMA Y, NAKATA Y, et al. Transport of YO molecules produced by ArF laser ablation of $YBa_2Cu_3O_{7-\delta}$ in ambient oxygen gas[J]. J. Appl. Phys., 1993, 74: 7510-7516.

[120] IRISSOU E, LE DROGOFF B, CHAKER M, et al. Influence of the expansion dynamics of laser-produced gold plasmas on thin film structure grown in various atmospheres[J]. J. Appl. Phys., 2003, 94: 4796-4802.

[121] KWOK H S, KIM H S, KI D H, et al. Correlation between plasma dynamics and thin film properties in pulsed laser deposition[J]. Appl. Surf. Sci., 1997: 109-110, 595-600.

[122] CHERN M Y, GUPTA A, HUSSEY B W. Layer-by-layer deposition of $La_{1.85}Sr_{0.15}CuO_x$ films by pulsed laser ablation[J]. Appl. Phys. Lett., 1992, 60: 3045-3047.

[123] KOSTER G, RIJNDERS G J H M, BLANK D H A, et al. Imposed layer-by-layer growth by pulsed laser interval deposition[J]. Appl. Phys. Lett., 1999, 74: 3729-3731.

[124] JENNICHES H, KLAUA M, HÖCHE H. Comparison of pulsed laser deposition and thermal deposition: Improved layer-by-layer growth of Fe/Cu(111)[J]. Appl. Phys. Lett., 1996, 69: 3339-3341.

[125] JUBERT P O, FRUCHART O, MEYER C. Nucleation and surface diffusion in pulsed laser deposition of Fe on Mo(110)[J]. Surf. Sci., 2003, 522: 8-16.

[126] VENKATESAN T, WU X D, INAM A, et al. Observation of two distinct components during pulsed laser deposition of high T_c superconducting films[J]. Appl. Phys. Lett., 1988, 52: 1193-1195.

[127] LICHTENWALNER D J, AUCIELLO O, DAT R, et al. Investigation of the ablated flux characteristics during pulsed laser ablation deposition of multicomponent oxides[J]. J. Appl. Phys., 1993, 74: 7497-7505.

[128] TYUNINA M, WITTBORN J, BJÖRMANDER C, et al. Thickness distribution in pulsed laser deposited PZT films[J]. J. Vac. Sci. Technol. A, 1998, 16: 2381-2384.

[129] GONZALO J, AFONSO C N, VEGA F, et al. Plasma properties and stoichiometry of laser-deposited BiSrCaCuO thin films[J]. Appl. Surf. Sci., 1995, 86: 40-44.

[130] FOOTED M C, JONE B B, HUNT B D, et al. Composition variation in pulsed-laser-deposited Y-Ba-Cu-O thin films as a function of deposition parameters[J]. Physica C, 1992, 201: 176-182.

[131] ZHANG Z, LAGALLY M G. Atomistic processes in the early stages of thin-film growth[J]. Science, 1997, 276: 377-383.

[132] RATSCH C, VENABLES J A. Nucleation theory and the early stages of thin film growth[J]. J. Vac. Sci. Technol. A, 2003, 21: S96-S109.

[133] ROSSNAGEL S M. Thin film deposition with physical vapor deposition and related technologies[J]. J. Vac. Sci. Technol. A, 2003, 21: S74-S87.

[134] KARL H, STRITZKER B. Reflection high-energy electron diffraction oscillations modulated by laser-pulse deposited $YBa_2Cu_3O_{7-x}$[J]. Phys. Rev. Lett., 1992, 69: 2939-2942.

[135] KOSTER G, RIJNDERS G J H M, BLANK D H A, et al. In situ initial studies of $SrTiO_3$ by time resolved high pressure RHEED[J]. Mat. Res. Soc. Symp. Proc., 1998, 526: 33-37.

[136] BLANK D H A, KOSTER G, RIJNDERS G. Imposed layer-by-layer growth by pulsed laser interval deposition[J]. Appl. Phys. A, 1999, 69: S17-S22.

[137] WILLMOTT P R, HERGER R, SCHLEPÜTZ C M, et al. Energetic surface smoothing of complex metal-oxide

thin films[J]. Phys. Rev. Lett., 2006, 96: 176102.

[138] ERES G, TISCHLER J Z, ROULEAU C M, et al. Quantitative determination of energy enhanced interlayer transport in pulsed laser deposition of SrTiO$_3$[J]. Phys. Rev. B, 2011, 84: 195467.

[139] FLEET A, DALE D, WOLL A R, et al. Multiple time scales in diffraction measurements of diffusive surface relaxation[J]. Phys. Rev. Lett., 2006, 96: 055508.

[140] CHEN X Y, WONG K H, MAK C L, et al. Selective growth of (100)-, (110)-, and (111)-oriented MgO films on Si(100) by pulsed laser deposition[J]. J. Appl. Phys., 2002, 91: 5728-5734.

[141] LEE H N, HESSE D, ZAKHAROV N, et al. Ferroelectric Bi$_{3.25}$La$_{0.75}$Ti$_3$O$_{12}$ films of uniform a-axis orientation on silicon substrates[J]. Science, 2002, 296: 2006-2009.

[142] LEE H N, HESSE D, ZAKHAROV N, et al. Growth of uniformly a-axis-oriented ferroelectric lanthanum-substituted bismuth titanate films on silicon substrates[J]. J. Appl. Phys., 2003, 93: 5592-5601.

[143] IZUMI H, OHTA K, HASE T, et al. Superconductivity and crystallinity of Ba$_2$Y$_1$Cu$_3$O$_{7-\delta}$ thin films prepared by pulsed laser deposition with substrate bias voltage[J]. J. Appl. Phys., 1990, 68: 6331-6335.

[144] HU W S, LIU Z G, FENG D. The role of an electric field applied during pulsed laser deposition of LiNbO$_3$ and LiTaO$_3$ on the film orientation[J]. J. Appl. Phys., 1996, 80: 7089-7093.

[145] VOEVODIN A A, JONES J G, ZABINSKI J S. Structure control of pulsed laser deposited ZrO$_2$/Y$_2$O$_3$ films[J]. J. Vac. Sci. Technol. A, 2001, 19: 1320-1324.

[146] CHEN X Y, LIN J, LIU J M, et al. Formation and evolution of self-organized hexagonal patterns on silicon surface by laser irradiation in water[J]. Appl. Phys. A, 2009, 94:649-656.

[147] KUDRYASHOV S I, ALLEN S D. Submicrosecond dynamics of water explosive boiling and lift-off from laser-heated silicon surfaces[J]. J. Appl. Phys., 2006, 100:104908-1-11.

[148] FERMIGIER M, LIMAT L, WESFREID J E, et al. Two-dimensional patterns in Rayleigh-Taylor instability of a thin layer[J]. J. Fluid. Mech., 1992, 236: 349-383.

[149] TSUJI T, OKAZAKI Y, TSUBOI Y, et al. Nanosecond time-resolved observations of laser ablation of silver in water[J]. Jpn. J. Appl. Phys., 2007, 46 :1533-1535.

[150] PEARSON A, COX E, BLAKE J R, et al. Bubble interactions near a free surface[J]. Eng. Anal. Bound. Elem., 2004, 28:295-313.

第 13 章　分子束外延

分子束外延(molecular beam epitaxy, MBE)是一种可以在原子尺度上精确控制外延厚度、掺杂浓度和界面平整度的薄膜生长技术,是 20 世纪 60 年代由贝尔实验室在真空蒸发技术的基础上发展而来的[1]。早期的主要工作为 Cho 和 Arthur 运用 MBE 技术成功制备了 GaAs 外延材料,华裔科学家卓以和(Cho)因在 MBE 技术领域的开创性贡献,被誉为"MBE 之父"[2]。MBE 的主要特点是研究不同材料异质结构的晶体和超晶格的生长,与传统真空蒸发不同的是,MBE系统具有超高真空(背底真空通常优于 10^{-7}Pa),从而保证分子或原子等微粒在系统中的平均自由程足够长并形成分子束。同时 MBE 借助于单晶衬底的晶格排布,生长出与衬底晶体结构和晶格匹配的单晶薄膜,所以称为外延。由于使用超高纯度的源材料,MBE 能够获得高质量高纯度的单晶薄膜。加上各种原位监测和分析手段,MBE 技术随着超高真空技术和高温技术的发展而日趋完善,涉的外延材料也从半导体拓展到金属和绝缘体等多种材料体系[3-5]。由于MBE 技术的发展开拓了一系列高质量的薄膜材料、异质结及崭新的超晶格材料和器件,发现了许多新的物理现象,其中就包括分数量子霍尔效应[6]和巨磁阻效应[7],MBE 成为备受广大科学工作者关注的技术。新的科学现象的发现带动了技术的进步,伴随着器件小型化的需求,MBE 技术也成为微电子和光电子工业中重要材料与器件的大规模生产技术[8-10]。本章以III-V族化合物半导体为例介绍 MBE 技术的发展及其技术原理和特点等;并展开介绍近些年发展起来的激光分子束外延(laser-MBE,LMBE)和氧化物分子束外延(oxide-MBE)技术,以及它们在生长氧化物材料方面的进展与应用。

13.1　半导体分子束外延

13.1.1　概述

半导体材料是构成固态电子器件的基本材料,从硒整流器诞生以来,真空沉积已广泛应用于半导体薄膜器件的制备上。从 20 世纪 40 年代起,蒸发铅和锡的硫化物薄膜得到广泛研究,但是 20 年过去了,还没有实现优质的外延生长。1964 年 Schoolar 和 Zemel 用束流炉(beam oven)产生的分子束在 NaCl 衬底上外延生长出 PbS 薄膜[11],这是现代 MBE 技术的前奏。随后,Cho与 Arthur 的工作引起了广泛关注,随着对表面物理、薄膜生长动力学等研究的不断深入,以及 20 世纪 70 年代初期真空设备商品化以后,MBE 得到了更为广泛的应用,外延生长的半导体材料涵盖III-V族化合物半导体[12,13]、IV族和IV-VI族半导体[14]、II-VI族化合物半导体[15]以及金属/半导体异质界面[16,17]等多种材料体系和功能结构。其中以 GaAs 为代表的III-V族化合物半导体得到了最为深入的研究。近年来,以 GaN 为代表的宽禁带半导体材料和器件以及二维材料、拓扑绝缘体等新型材料的外延生长使 MBE 的应用进一步得到拓展。除了涵盖广泛的材料体系,MBE 技术也从最初薄膜的生长发展到纳米点、纳米线等低维结构的生长。常见的半导体材料的带隙和晶格常数如图 13.1 所示。

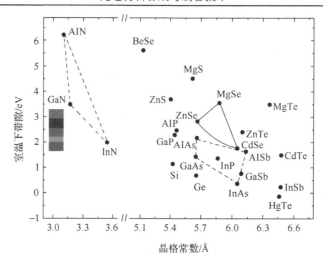

图 13.1　常见半导体材料的带隙和晶格常数

　　MBE 基本上是一种复杂的真空蒸发镀膜技术，其复杂程度取决于研究工作想要达到的目标，其基本原理如图 13.2 所示，通过改变蒸发源挡板的开关，以及控制原子或分子束流的喷射时间等，可以实现材料按原子层逐层生长，并进而精确控制材料的组分，生长出"新"的材料。因为是真空沉积，MBE 的生长主要由分子束和晶体表面的反应动力学所控制，它同液相外延 (liquid phase epitaxy, LPE) 和化学气相沉积 (chemical vapor deposition, CVD) 等技术不同，后两者是在接近于热力学平衡条件下进行的。而 MBE 是在超高真空 (可达 10^{-10}Pa) 环境中进行的，如果配备必需的分析仪器，如 RHEED、俄歇电子能谱 (Auger electron spectroscopy, AES) 和二次离子质谱 (secondary ion mass spectroscopy, SIMS) 等，就可以借助许多表征技术对外延生长作原位质量评估。

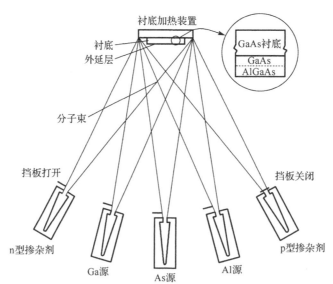

图 13.2　Ⅲ-Ⅴ族 MBE 原理示意图

　　1969 年，Esaki 和 Tsu 提出由两种超薄层材料来构成一维周期性结构[18]，于是开始了对人造半导体超晶格的研究。MBE 的重要阶段性成果就是掺杂超晶格和应变层结构的出现。

掺杂超晶格是一种周期性掺杂的半导体结构,通过周期性掺杂的方法来调制半导体的能带结构。掺杂超晶格的有效制备方法是 δ 掺杂技术,该技术就是在一个原子平面上进行掺杂。在外延底材料生长暂停的条件下,生长一个单原子层的掺杂剂,这个单原子层的杂质通过高温工艺或分凝便形成一个掺杂区,因而界面非常陡峭,二维电子气的浓度和迁移率都得以增大。

利用 MBE 技术,在外延层晶格失配小于某一临界条件下,生长出高质量外延层,这种结构为应变层结构。应变层结构的出现丰富了异质结结构的种类,因为晶格常数匹配的半导体材料很有限,而应变层结构可使晶格常数相差较大的半导体进行组合,使两种材料都充分发挥各自的优点。应变层结构具有晶格匹配结构的所有优点,可制作量子霍尔器件。

随着 MBE 技术的发展,出现了迁移增强外延(migration enhanced epitaxy, MEE)技术和气源分子束外延(gas source, MBE)技术,也称化学分子束外延(chemical molecular beam epitaxy)[19]。MEE 技术自 1986 年问世以来有了较大的发展,是改进型的 MBE。在砷化镓的 MBE 过程中,使镓原子到达表面后不立即直接与砷原子发生表面反应生长砷化镓层,而是使镓原子在衬底表面具有较长的运动距离,从而可以到达表面台阶处成核生长。它在很低的温度下(200℃)也能生长出高质量的外延层,关键性的问题是控制镓和砷的束流强度,否则会影响表面的质量。而气源 MBE 技术的发展是为了解决砷和磷束流强度难以控制的问题,其特点是利用砷烷和磷烷作为V族元素源,III族元素和杂质元素源则继续采用固态,从而解决了用 MBE 方法生长 InP 系的主要困难。

MBE 作为一种高级真空蒸发形式,因其在材料化学组分和生长速率控制等方面的优越性,非常适合于各种化合物半导体及其合金材料的同质结和异质结外延生长,并在金属半导体场效应晶体管(metal-semiconductor field effect transistors,MESFET)、高电子迁移率晶体管(high electron mobility transistor,HEMT)、异质结构场效应晶体管(heterostructure FET,HFET)、异质结双极晶体管(heterojunction bipolar transistor,HBT)等微波、毫米波器件及电路和光电器件制备中发挥了重要作用[20,21]。近几年来,随着器件性能要求的不断提高,器件设计正向尺寸微型化、结构新颖化、空间低维化、能量量子化方向发展。MBE 作为不可缺少的工艺和手段,正在二维电子气(two dimensional electron gas,2DEG)、多量子阱和量子线、量子点等一系列新型结构研究中建立奇功。

在超薄层材料外延生长技术方面,MBE 的问世使原子、分子数量级厚度的外延生长得以实现,开拓了能带工程这一新的半导体领域。半导体材料科学的发展对于半导体物理学和信息科学起着积极的推动作用,它是微电子技术、光电子技术、超导电子技术及真空电子技术的基础。历史地看,外延技术的进展和用它制成所要求的结构在现代半导体器件的发展中起了至关重要的作用。MBE 的出现无疑激发了科学家和工程师的想象力,给他们提供了大展宏图的机会。MBE 技术的发展,推动了以 GaAs 为主的III-V族化合物半导体及其他多元多层异质材料的生长,明显地促进了新型微电子技术的发展,造就了 GaAs 集成电路(以 MOSFET、HEMT、HBT 以及这些器件为主设计和制作的集成电路)、Ge/Si 异质晶体管及其集成电路以及各种超晶格新型器件。特别是 GaAs 集成电路(integrated circuit,IC)和红外及其他光电器件,在军事应用中有着极其重要的意义。GaAs 单片微波集成电路(monolithic microwave integrated circuit,MMIC)和 GaAs 超高速集成电路(very high speed integrated circuit,VHSIC)将在新型相控阵雷达、阵列化电子战设备、灵巧武器和超高速信号处理、军用计算机等方面发挥重要的作用。

20 世纪 90 年代,美国有 50 种以上整机系统使用 MMIC。整机系统用于灵巧武器、雷达、电子战和通信领域。在雷达方面，包括 S、C、X、Ku 波段用有源发射/接收(T/R)组件设计制作的相控阵雷达；在电子战方面，Raytheon 公司正在大力发展宽带、超宽带砷化镓 MMIC 的 T/R 组件；在灵巧武器方面，美国 MMIC 计划的第一阶段已有 8 种灵巧武器使用了该电路，并在海湾战争中得到了应用；在通信方面，主要是国防通信卫星系统(DSCS)、全球(卫星)定位系统(GPS)、短波超高频通信的小型化和毫米波保密通信等。光电器件在军事上得到广泛应用，已成为提高各类武器和通信指挥控制系统的关键技术之一，对提高系统的生存能力也有着特别重要的作用，主要包括激光器、光电探测器、光纤传感器、电荷耦合器件(CCD)摄像系统和平板显示系统等，它们广泛应用于雷达、定向武器、红外夜视探测、通信、机载舰载车载的显示系统以及导弹火控、雷达声呐系统等。而上述光电器件的关键技术与微电子、微波毫米波器件的共同之处是 MBE、金属有机化学气相沉积等先进的超薄层材料生长技术。

　　一般认为未来半导体光电子学的重要突破口将是对超晶格、量子阱(点、线)结构材料及器件的研究，其发展潜力无可估量。未来战争是以军事电子为主导的高科技战争，其标志就是军事装备的电子化、智能化，而其核心是微电子化。以微电子为核心的关键电子元器件是一个高科技基础技术群，而器件和电路的发展一定要依赖于超薄层材料生长技术的进步，如 MBE 技术。

　　综上所述，MBE 是可以载入科学技术发展史的一项重要的技术[22]。

13.1.2　技术原理与系统构成

　　MBE 意味着在超高真空环境下，实现材料在衬底上按原子层的外延生长，其生长可发生在远离热力学平衡条件下[23]，通常是按动力学方式进行的。其实现方法是将需要生长的材料，按元素的不同分别放在喷射源(effusion cell)中，最常使用的喷射源为克努森池(Knudsen cell，K-cell)，其结构如图 13.3 所示[24]。坩埚通常由 BN 陶瓷制成，可以承受 1300℃的温度，而没有明显的放气现象，它的形状可以是圆柱或圆锥形，取决于所要蒸发的材料。喷射源的加热丝通常为钽丝，钽薄板制成隔热层，源顶部的挡板通常也是用钽片或钼片制成的，挡板的开关速度一般为 0.1s，通常由计算机控制，以保证重复性，对于一些超晶格材料的生长极其重要。

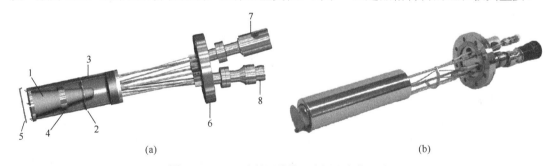

(a)　　　　　　　　　　　　　　　　　　(b)

图 13.3　MBE 喷射源结构示意图和实物照片

1-坩埚，根据蒸发源材料的不同，选用不同的材料制成，通常为热解 BN、氧化铝等；2-加热电阻丝，通常为金属钽丝；
3-隔热层，一般为金属钽制成；4-热电偶；5-挡板，金属钽或钼片制成；6-法兰；7-热电偶连接头；8-加热电源部分连接头

　　将喷射源分别加热到相应温度，各元素在坩埚内达到饱和蒸气压，经小孔准直后从而喷射出分子束流，喷射而出的分子或原子到达衬底表面时，由于受到表面力场的作用而吸附于衬底表面，经过表面上的迁移、再排列等，最后在适当的位置上释放出气化热，形成晶核或嫁接到

晶格结点上，形成外延薄膜。MBE 可以生长出极薄的(可薄至单原子层水平)单晶体和几种物质交替的超晶格结构。为了保证每一层的纯度，必须使用纯度极高的源，而且整个生长过程需要在极高的真空下进行。因此，MBE 能够严格控制外延层的层厚、组分和掺杂浓度，但系统复杂，生长速率慢，生长面积也受到一定限制。

　　整个 MBE 系统通常包括多个腔室，如样品准备腔室、缓冲腔室(预处理腔室)、生长腔室及分析腔室等，它们构成了 MBE 的真空系统，整个系统需要在 200℃的温度下烘烤放气，因此，系统的构成部件需要能够承受 200℃的加热。样品准备腔室(load-lock)用于样品的传递，而无须破坏其他腔室的真空度；缓冲腔室通常用于存放样品。生长腔室是整个 MBE 的核心部分，图 13.4 为其结构示意图，通常包括真空泵系统、液氮(LN$_2$)冷却屏、多个蒸发喷射源、样品台以及许多原位分析表征工具等，各部分功能及特征概述如下。

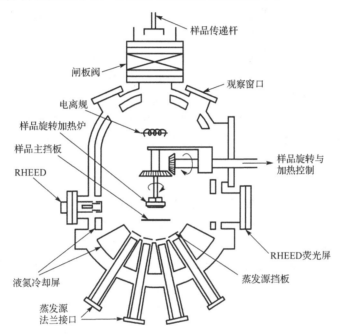

图 13.4　常规 MBE 设备生长腔室结构示意图

　　真空泵系统：典型的生长Ⅲ-Ⅴ族化合物半导体的 MBE 系统的生长速率大约为 1μm/h (1 monolayer，1ML/s)，Ⅲ族元素的蒸气分压约为 10^{-6}Torr，在半导体中它的密度约为 10^{22}cm^{-3}，意味着杂质浓度需要在 10^{22}cm^{-3} 以下，因此，杂质分压必须降至约 10^{-13}Torr，实际应用的 MBE 系统，其背底真空为 10^{-11}～10^{-12}Torr，包括离子泵、Ti 升华泵和冷凝泵等，以有效降低残留杂质。

　　液氮冷却屏：一般环绕生长腔室内壁以及各喷射源法兰，其作用在于将没有参与成膜的元素捕获，并阻止一些杂质元素蒸发，还起到隔离不同喷射源的作用。

　　蒸发喷射源：是 MBE 系统主要的部件，需要它们提供稳定、均匀且纯度极高的分子束流，通常可以长时间承受 1400℃以上的高温。一台 MBE 系统通常有 6～10 个源，它们聚焦于样品旋转加热炉。源的温度需要严格控制，0.5℃的变化可能造成分子束流 1%量级的变化，通常要求在 1000℃下温度控制精度为±1℃以内，这样才可以保证分子束流的长时间稳定，每天的变化在 1%以内。

样品台：生长过程中样品一般需要保持旋转，以保证薄膜在衬底上的均匀性，样品加热部分要求加热均匀、低能耗且低杂质释放。

原位分析表征工具：MBE 生长腔室为高真空系统，可以集成一些重要的分析设备，其中反射式高能电子衍射仪 (reflection high energy electron diffraction, RHEED) 是 MBE 重要的组成部分。RHEED 对生长表面的结构和形貌极其敏感，它的衍射图样中的一些特征可以反映出样品微观的不平整性、孪晶或对一个平整表面取向倾斜的小面存在，因此，RHEED 可以提供有关衬底清洁程度和合适的生长条件等信息，也可以实时检测从初期形核到成膜的整个过程，很容易判断出薄膜生长过程的中间反应产物或者副相。其他原位分析仪器，如四极残余气体分析仪 (quadrupole residual gas analyzer, RGA)、椭偏仪 (ellipsometry)、反射差分光谱 (reflectance difference spectroscopy) 和激光干涉仪 (laser interferometry) 等，都可以选择性地与 MBE 集成在一起。

MBE 的整个生长过程需要在超高真空环境下进行，从加热的喷射源中产生的分子束流在一个加热的单晶衬底上反应形成晶体。在每一个喷射源里的坩埚中装有生长层所需的高纯度单质或化合物，将坩埚设定到合适的温度，使得分子束流正好能在衬底的表面形成所期望的外延组分。为了保证薄膜组分的均匀性，坩埚在衬底周围以圆形排列，在生长过程中衬底可以旋转。在生长时，组分和掺杂的连续性变化可以由连续改变各个坩埚的温度来实现，而组分的突变则是通过在每一个坩埚入口处的机械阀门的开、关来实现的。在生长过程中，坩埚和衬底的附近需要有液氮冷却装置，以减少生长层中的非故意掺杂，即减少生长腔室中的本底掺杂浓度。

13.1.3　技术特点

在真空蒸发技术的基础上发展起来的 MBE 技术配有原位监测和分析系统，可实时检测薄膜生长情况[25]，且生长速率缓慢 (为几埃/秒)，具有许多独特之处。

(1) 材料在超高真空 (10^{-7}Pa 以上) 环境下生长，因此杂质气体 (如残余气体) 不易进入薄膜，薄膜的纯度高，可以获得原子级厚度和平整度的外延膜，而且厚度可以精确控制。

(2) 外延生长一般可在较低温度下进行，降低了界面上热膨胀引起的晶格失配效应和衬底杂质向外延层中的扩散，有利于提高外延层的纯度和完整性。

(3) 通过各蒸发源挡板的快速切换，可严格控制薄膜成分以及掺杂浓度。在生长超晶格材料时，可以实现界面处突变的超精细结构。

(4) MBE 在超高真空环境中进行，且衬底与分子束源相隔较远，因此可用多种表面分析仪器实时观察生长面上的成分、结晶结构和生长过程，进行生长机制的研究，实现实时监测和调控，从而可以严格控制薄膜的生长及性质。

(5) MBE 生长是一个动力学过程，可以用来生长按照普通热平衡生长方法难以生长的薄膜。

以生长 GaAs 薄膜材料为例，MBE 及其他外延技术在生长速率、温度、厚度等方面的特点如表 13.1 所示[26]。

总体来讲，MBE 的优点就是能够制备超薄层的半导体材料；相对于脉冲激光沉积 (PLD) 技术，利用 MBE 生长的材料表面形貌平整，而且面积较大、均匀性好；可以制成不同掺杂剂量或不同成分的多层结构；外延生长的温度较低，有利于提高外延层的纯度和完整性；利用各种元素的黏附系数的差别，可制成化学配比较好的化合物半导体薄膜。在生长腔室内安放多个喷射源，分别调控各组分的分子束流，可同时精确控制生长层的厚度、组分和掺杂分布，再结合适当的控制技术，可生长二维、三维图形结构的薄膜或器件。

表 13.1 各种外延技术的比较

参数	液相外延(LPE)	化学气相外延		分子束外延(MBE)
		CVD	MOCVD	
生长速率/(μm/min)	约 1	约 0.1	约 0.1	约 0.01
生长温度/℃	850	750	750	550
厚度/Å	500	250	25	5
界面宽度/Å	≥50	约 65	<10	<5
掺杂范围/cm^{-3}	$10^{13} \sim 10^{19}$	$10^{13} \sim 10^{19}$	$10^{14} \sim 10^{19}$	$10^{14} \sim 10^{19}$
迁移率*/(cm^2/(V·s))	150000~200000	150000~200000	140000	160000

* 表示 n 型 GaAs, 77K

当然，MBE 生长方法也存在着一些问题，如设备昂贵、维护费用高、生长时间过长、不宜大规模生产等，其技术难点可概括为如下几方面。

MBE 作为已经成熟的技术早已应用到了微波器件和光电器件的制作中。但 MBE 设备昂贵而且真空度要求很高，所以要获得超高真空以及避免蒸发器中的杂质污染需要大量的液氮，因而提高了日常维护与维持的费用。

MBE 可以对半导体异质结进行选择性掺杂，明显扩展了掺杂半导体所能达到的性能范围，这种调制掺杂(modulation doping)技术使器件结构设计更灵活，但同样对与控制、平整度、稳定性和纯度有关的晶体生长参数提出了更严格的要求，如何有效控制晶体生长参数是应解决的技术问题之一。

MBE 技术自问世以来有了较大的发展，但在生长III-V族化合物超薄层时，常规 MBE 技术存在两个问题。

(1)生长异质结时存在大量的原子台阶，其界面呈原子级粗糙，导致器件的性能恶化。

(2)生长温度高而不能形成边缘陡峭的杂质分布，导致杂质原子的再分布(尤其是 p 型杂质)。其关键性的问题是控制镓和砷的束流强度，否则将会影响表面的质量。这也是技术难点之一。

13.1.4 分子束的产生

源(source)是 MBE 的核心部分，由它们来提供稳定的分子束流并保证材料的纯度，同时这些源常常也是污染物的来源。

根据到达生长衬底的方式不同，分子束流通常分为两种类型：物理分子束流和化学分子束流，它们到达衬底后，相对应的薄膜生长机理也存在一些差异。物理分子束流是利用物理方法，如加热蒸发、升华或分解，产生分子束流；化学分子束流是利用物质的易挥发性等，可以在较低温度下输送至衬底，因生长腔室内压强较低，气流分子具有较大的平均自由程，反应物以束流的形式输运至衬底表面，这是与 CVD 方法的本质区别。

产生物理分子束流的方法可概括为如下几种。

(1)在坩埚中加热某些固体或液体，使之发生熔解和蒸发，如 Ga、Al、In、Sb、Hg 等一般使用此方法。

(2)在坩埚中加热某些固体，使其发生升华，从而产生分子束流，如 As、Si 和 Be 等。

(3)利用离子束或电子束进行轰击而产生分子束流，如 Si、Ga、Al 以及其他一些难熔金属 Ir。

(4) 制成电炉丝，直接通电流加热进行蒸发，如 Si、C 作为Ⅲ-Ⅴ族化合物的掺杂剂时。

(5) 高温下的分子裂解，如 As_4 裂解为 As_2。

(6) 高温下一些氢化物的裂解，如 AsH_3、PH_3 发生裂解形成 As 和 P 的分子束流。

(7) 通过加热二元化合物产生分子束流，如 GaAs、CdTe。

1. 热蒸发源

在传统的热蒸发源中，分子束流由喷射源或喷射炉产生，如图 13.3 所示。对于好的 MBE 设备，首先要求在生长过程中喷射源的温度保持恒定，这对于薄膜成分和生长速率的控制至关重要。例如，短时间内，其温度波动不能超出 0.1℃；长时间内，温度波动不能超出 1℃。

2. 高温裂解源

对于 As 和 P 等元素的单质材料，即使在小于 300℃的温度，也可以产生足够大的束流，以满足薄膜生长所需，但它们往往不是以单个分子的形式蒸发出来，而是形成大量的四聚物（As_4 和 P_4），只有极少量的二聚物（As_2 和 P_2），这些大分子具有较高的蒸气压，与衬底的黏附系数却较小，过高的蒸气压对于薄膜组分和界面的精确控制极为不利，因为在此情况下，即使关闭挡板，也会有大量的 As 或 P 溢出。研究同时表明，二聚物或四聚物的选取将极大地影响薄膜的性质，由二聚物生长而成的薄膜缺陷更少、质量更高，因此在实际应用中，更倾向于产生二聚物作为 As 源和 P 源。目前，一般使用如下两种方法来生成二聚物。

(1) AsH_3 和 PH_3 高温裂解：AsH_3 和 PH_3 在约 900℃的温度可以发生裂解，生成二聚物（As_2 和 P_2）束流，加上精度很高的质量流量计（mass flow controller，MFC），就可以精确控制束流强度，从而使薄膜成分得到精确调控。因高温裂解产生一定的 H_2，将使 MBE 腔的压强升高，达到 10^{-5}Torr，对真空泵产生一定的负荷，除此之外，对于薄膜生长没有明显影响，其生长机理与普通 MBE 相一致。

(2) 固态源裂解：用于固态 As 和 P 裂解生成二聚物的裂解炉通常有两个温区：低温区和高温区。低温区用于它们的升华，而高温区对其进行裂解，中间由针状阀门隔开。高温区可以将四聚体转变为二聚体，效率超过 90%，相对于 AsH_3 和 PH_3 高温裂解，这种方法没有毒性气体，也没有残余气体产生，从而应用于 AlGaAs、InGaAs、GaInP、AsInP 等材料的生长。

3. 离子束源

利用离子束源对源材料进行轰击，也可以产生稳定的束流，通常利用 MBE 生长 Si 时，就是利用这种方法产生 Si 的分子束流。这种方法的优势在于可以比较快速地改变束流强度，而其缺点在于由于轰击过程中离子束流方向控制不当，可能产生一些意外的污染。

4. 普通掺杂源

常见掺杂剂的源材料通常为固体，例如，对于Ⅲ-Ⅴ族化合物半导体，Si 为 n 型掺杂剂，而 Be 为 p 型掺杂剂，它们都可以在高温下升华，因为掺杂所需要的剂量很小，所以通常蒸发炉以及坩埚的尺寸都比较小。

5. 热丝掺杂源

也可以将掺杂剂制成加热丝，通电流后升温予以蒸发，这种方法的灵活性更大。例如，C

通常用作替代 Be 作为III-V族化合物半导体的 p 型掺杂剂，常规 MBE 中，C 源通常采用固态源，Malik 首先利用蒸发碳丝的方法来实验 GaAs 的 p 型掺杂，加上电压后，碳丝可以加热到 2500℃以上，掺杂浓度可达 10^{20}cm^{-3}。实验表明，这种方法可行且重复性很好，而且碳丝可以快速加热，例如，仅仅 10s 内，碳丝温度就可以升高达几百摄氏度以上。当温度从 2100℃升高到 2500℃以后，可以使掺杂浓度从 10^{18}cm^{-3} 提高到 10^{20}cm^{-3}。

6. 活性掺杂源(activated doping source)/自由基源(free radical source)

依靠等离子体发生装置，如射频或电子回旋共振(electron cyclotron resonance, ECR)技术产生 N 等离子体，已实现了II-VI族化合物半导体 ZnSe 的 p 型掺杂。利用 MBE 及 N 等离子体源实现高质量氮化物或含氮的III-V族化合物半导体材料的生长具有重要的价值[27]，如 GaInNAs。

7. 化学分子束流

利用气体作为 MBE 源，可以有大量的金属有机物前驱体供选择，所以化学分子束沉积具有一定的优势。在实际操作中，可以使用纯的前驱体，也可以用氢气进行稀释，通过高灵敏的质量流量计在接近室温的情况下，输送至生长腔室中，甚至直接输送到加热的衬底上，进行裂解反应。这种使用气体源的 MBE 设备也称为化学分子束外延(CBE)，或金属有机分子束外延(MOMBE)等。

13.1.5　RHEED 监控原理

RHEED 是表面科学研究的重要工具，它通过表面原子对高能掠入射电子束的衍射给出表面的清洁度、光滑性以及原子周期性排列的信息。由于 RHEED 技术和高真空薄膜沉积技术兼容，并且其需要的硬件投入较少(价格相对低廉)，RHEED 已经成为在沉积的同时对薄膜表面进行实时监控的标准配置。由于 MBE 要求在薄膜生长的全过程中保持表面原子级的平整，RHEED 更是不可或缺的监控手段。

科学家 Cho 最早将 RHEED 应用于 GaAs 的 MBE 生长中，详细地研究了衍射花样与生长条件及处理工艺之间的关系[28-30]。事实上，就生长的实时监控来说，并不需要 RHEED 的衍射功能，只要简单地监控电子束被样品表面原子散射的强度就可以了。如图 13.5 所示，在单晶衬底上外延薄膜，同时将一束聚焦的电子束照射在衬底表面。电子能量一般为 10～50keV，入射电子束与样品表面的夹角通常在 $0.1°\sim5°$。这样的掠入射保证了电子束入射波矢在样品表面法线方向的分量很小，因此只有表面几个原子层可以散射入射的电子。考虑二维逐层生长的情形，即薄膜在衬底平面内的生长速率远大于衬底法线方向的生长速率。这时，下一层中的成核和生长只在前一层生长完成之后才能发生。沉积开始之前，衬底表面原子级平整，微观上光滑。类似镜面对光束的反射，可以观察到很强的反射电子束斑。沉积开始，大量原子或原子团到达衬底表面，在衬底表面移动、碰撞、成核，使表面在微观上变得粗糙。入射电子束被表面上大量的晶核、原子或原子团随机地散射到不同的方向，类似粗糙表面对光束的漫散射。因此，镜面反射电子束斑的强度将下降。此外，随膜层的不断生长，反射斑的强度不断下降，直至膜层覆盖样品表面一半时，表面粗糙度最大，反射斑的强度降到最低值。随着膜层继续生长，覆盖率的增加使得样品表面重新趋于平整，漫散射减弱，反射斑强度开始增强。当一层二维外延生长完成时，原子级平整的光滑表面使得反射斑强度再次达到最大值。于是电子束反射斑强度的一次振荡反映了一层膜层的二维生长过程。二维逐层外延生长中，这样的过程周而复始，因此可以观察到周期性出现的反射电子束强度振荡[31,32]。

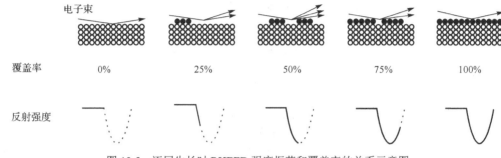

图 13.5　逐层生长时 RHEED 强度振荡和覆盖率的关系示意图

13.1.6　新型纳米复合材料的分子束外延

　　人们对器件性能的要求不断提高，以及器件应用领域越来越广，对材料本身各项性能的要求也随之增高，各种新型材料应运而生。这里介绍一种基于稀土金属(rare earth, RE)化合物的新型纳米复合材料，在III-V族化合物半导体材料的 MBE 生长过程中，通过对稀土金属的调控获得各种纳米结构并自发嵌入III-V族外延材料中形成一种新型的复合材料。由于稀土金属和V族元素生成的 RE-V 族化合物具有四方对称的 NaCl 结构，其中V族元素形成的子晶格与III-V族化合物半导体中的V族子晶格是一致的，所以在 RE-V/III-V 族化合物的异质界面上V族子晶格保持连续，这样就保证了 RE-V 结构与III-V结构外延一致性，形成的复合材料仍然可认为具备单晶性质。以稀土金属铒(Er)与 InGaAs 的共格生长为例，如图 13.6 所示，无论 ErAs/InGaAs 异质界面还是嵌入式 ErAs 纳米点，界面上的 As 子晶格都是连续的，为连续的异质界面，保证了复合材料的高质量。

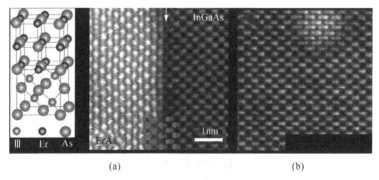

图 13.6　NaCl 结构的 ErAs 和闪锌矿结构的III-As 异质界面示意图及 STEM 图像
(a) ErAs/InGaAs 异质界面；(b) ErAs 纳米点

　　共格生长的稀土金属化合物可以用来调控III-V族化合物半导体材料的性能，包括电学性质、光学性质和热学性质等。作为器件，这类纳米复合材料已经应用于热电发电模块和太赫兹光源及探测方面。以热电发电模块为例，由于 RE-V 族纳米结构可被设计用来散射声子从而调控材料的热导率，获得更高的热电转换效率，作为大功率半导体器件的废热回收或者热管理具有很好的前景。但是生长厚度超过 10μm 的外延薄膜技术上的挑战非常大，目前已有课题组成功实现了超过 60μm 厚的 RE-V/III-V 族纳米复合材料的 MBE 生长[33]，并制备成热电发电模块，性能良好。

13.2　激光分子束外延

13.2.1　概述

脉冲激光沉积(PLD)技术是薄膜制备最常用的手段之一。PLD 技术比较容易将靶材的成分复制到薄膜中，因而特别适合沉积多元复杂氧化物薄膜。20 多年来，PLD 已经成功应用于高温超导、庞磁电阻和多铁性薄膜等多种复杂氧化物薄膜的制备。随着研究工作的深入，人们已经不满足于单层薄膜。例如，人们已经能够对复杂氧化物中电子的量子态进行人工设计和调控。而这样的量子调控经常要求将不同的复杂氧化物生长在一起，制备高质量的异质结构甚至超晶格等人工微结构。高质量的人工微结构要求原子级平整的界面，这是常规的 PLD 不容易做到的。以往，只有 MBE 技术才可以实现对薄膜生长如此精确的控制。虽然 MBE 已经大量应用于半导体人工微结构的制备中，但是该技术要求沉积薄膜时保持超高真空，显然对沉积氧化物薄膜，特别是含有多种价态的过渡金属元素的复杂氧化物薄膜，是不利的。尽管随着技术的进步，通过局部补充臭氧或原子氧，已经能够用 MBE 生长一些复杂氧化物异质结构，然而 MBE 设备高昂的价格和复杂的维护使得人们仍然希望用适合多元氧化物薄膜沉积的 PLD 技术来实现高质量的人工微结构。

经过荷兰和日本科学家的努力，对 MBE 中常用的 RHEED 监控设备进行了革新，使 RHEED 能够适应 PLD 的高腔室气压，从而实现了在 PLD 过程中对薄膜生长的实时原位监控。RHEED 就像操作人员的"眼睛"，通过沉积过程中 RHEED 强度的变化，人们可以"看到"薄膜是如何生长的，进而对生长的过程进行调控。通常所说的 LMBE 并不是常规意义上的 MBE，在 LMBE 过程中既没有"分子"也没有"束"。LMBE 实际上就是在 RHEED 实时监控下进行的 PLD，通过调节脉冲激光能量、光斑大小、腔室气压、靶与衬底的距离和角度等参数对薄膜的生长进行精确地控制，以实现原子级平整的表面，获得和 MBE 同样质量的薄膜异质结构。

中国科学院物理所在 1997 年成功开发了我国第一台 LMBE 系统[34]，目前，LMBE 技术已经成为氧化物人工微结构沉积的主要手段。这一技术对沉积含有多种元素的复杂氧化物特别有效，已经成功制备了多种多样的人工异质结构，帮助人们在复杂氧化物的界面上发现了一系列新奇的量子现象。由于 LMBE 技术源于将 RHEED 应用于 PLD，故从 RHEED 开始，介绍 LMBE 的监控原理、薄膜生长和一些应用实例。

13.2.2　高气压 RHEED 监控

使用电子束的仪器通常都需要真空环境，有两个原因。其一，使用的电子枪通过加热钨丝产生热发射电子束，需要足够的真空度保证钨灯丝不被氧化。一般，为保证灯丝有足够的寿命，需要优于 10^{-4}Pa 的真空。其二，从电子枪出射的入射电子束在照射到样品表面之前，或者从样品表面出射的衍射电子束在到达记录设备(通常是一块荧光屏)之前，都不可避免地受到沉积腔中的气体分子的散射，造成强度的下降。但是，用 PLD 制备大多数氧化物薄膜时，都需要在较高的氧分压下进行，有时甚至需要 50Pa 的压强。灯丝附近高真空与腔室内高气压之间的矛盾可以通过差分抽气的方式解决。

散射对电子束强度的调制可以用公式 $I = I_0 e^{-\frac{l}{L_E}}$ 来估计，其中 I_0 是电子束初始的强度，l 是电子运动的距离，L_E 是电子的平均自由程。平均自由程 $L_E = 1/(\sigma_T n)$，其中 σ_T 是包括弹性和非弹性散射的总散射截面，n 是腔内分子的数密度。n 与压强 P 满足热力学关系，$P = nk_B T$，其中 k_B 是玻尔兹曼常数，T 是温度。不难看出，压强越大，电子的平均自由程越短，越容易被气体分子散射。在一定的压强下，为了保证足够的电子束强度，电子在气体中运动的距离 l 必须足够短。有了这样的认识，人们改进了 RHEED 的设计，发展了带有两级差分抽气装置高气压 RHEED，其结构如图 13.7 所示。它和普通 RHEED 最大的不同在于一段内径约 8mm 的差分抽气不锈钢管上。高气压 RHEED 中，电子枪通过法兰安装在差分抽气管腔外的一端。而普通的 RHEED 装置，电子枪直接安装在腔壁上。高气压 RHEED 电子枪的前端接一个分子泵，保证灯丝附近的压强小于 10^{-4}Pa。差分抽气管中的气体和腔室气体通过一个孔径为 $0.5\sim1.0$mm 的光阑隔开。这个光阑既保证了电子束可以通过，又阻碍了腔室和差分抽气管中气体分子的交换。差分抽气管上接另一个分子泵，管中的真空取决于光阑的大小和分子泵的排量，一般应使管中真空达到 10^{-1}Pa。在差分抽气管的中部安装有线圈，通过磁场可以微调电子束在 XY 方向的移动，保证电子束可以通过细小的光阑。经过这样的二级差分抽气，尽管沉积薄膜时腔室内的氧气压强达到 50Pa，仍可以保证灯丝附近的高真空。在沉积腔室内，差分抽气管的另一端一直抵达样品至大约 50mm 处。这样，从电子枪发出的电子束可以在较高的真空中运行较长的距离，避免了电子束在通过光阑进入腔室之前因气体分子的散射而损失过多的强度。经样品表面衍射的电子由放置在样品另一侧的一块荧光屏接收。玻璃屏上均匀地涂覆了一层荧光物质（通常是 ZnS 粉末）。荧光物质受到电子束的轰击而发光，显示出衍射花样，并被置于屏幕后方的 CCD 相机记录下来。CCD 相机可以进行高速的拍摄，每帧数据之间的时间间隔仅为毫秒量级。LMBE 操作就是要控制各种参数来获得原子级平整的表面，观察到周期性的 RHEED 振荡是一个重要的信号。因此，通过软件就可以在薄膜沉积过程中实时地记录任意一个衍射斑点的强度变化。

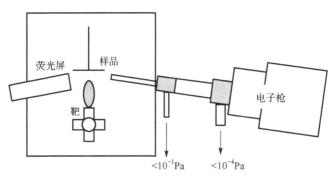

图 13.7　高气压 RHEED 结构示意图

尽管人们对 RHEED 装置进行了改进，通过差分抽气管将电子束在高氧分压环境中行进的距离缩短到约 100mm。电子束的强度仍然不可避免地受到腔室气体分子散射而降低。因此，选择一个较强的衍射斑点进行监控会比较方便。而在 RHEED 花样中，最强的斑点是 0 级衍射，也就是镜面反射的斑点。这也是通常选择镜面反射斑监控沉积过程的原因。

有人测量了同一 LMBE 设备中高氧分压下不同能量的电子束强度的衰减[35]。通过曲线的斜率可以计算出氧气分子对 10keV、20keV 和 30keV 能量电子束的散射截面分别为 $1.6 \times 10^{-21}\text{m}^2$、

$1.3 \times 10^{-21}\,\mathrm{m}^2$ 和 $1.1 \times 10^{-21}\,\mathrm{m}^2$。随着电子束能量的增加，电子的散射截面下降。也就是说，增加电子束的能量有利于减少电子与氧分子碰撞的概率，有利于减少强度的衰减。这也是 LMBE 中的电子枪一般使用大于 30kV 加速电压的原因。

13.2.3　二维薄膜生长——逐层生长和台阶流生长

外延是在单晶衬底上沿一定晶向的薄膜生长。在 LMBE 中，总是希望得到原子级平整的薄膜表面。在此，略过三维岛状生长，只讨论二维薄膜生长，即台阶流生长和逐层生长模式。首先来看单晶衬底，由于切割晶体的仪器有一定的公差，实际上得到的单晶衬底在微观上不会是一个理想的平面，而是如图 13.8 所示的"平台-台阶"表面。这时，裸露在晶体表面的都是低指数的晶面，表面能最小，在热力学上最稳定。台阶的高度 h、平台的宽度 L 和斜切角度 θ 之间满足 $\tan\theta \approx \theta = \dfrac{h}{L}$。薄膜沉积时，靶中的物质输运到衬底的表面。这些物质吸附在平台上或者台阶上，所处的能量是不同的。显然，沉积物质吸附在台阶边缘，需要形成的化学键更多，因此能量较低，如果吸附在台阶上的扭折位置，则能量更低。可以认为台阶位置是这些沉积物的陷阱，也就是说，一旦吸附在衬底表面的沉积物有机会运动到台阶位置，它就不容易离开。吸附在衬底表面的原子或原子团做无规则的二维热运动，描述这种运动的关键参数是二维扩散系数 D_s。D_s 决定了平台上质量输运的速率，而后者与沉积速率的相对关系决定了薄膜的生长模式。

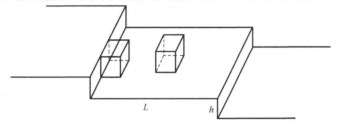

图 13.8　单晶的"平台-台阶"表面示意图

在下面的讨论中，为了强调动力学因素对薄膜生长模式的影响，忽略薄膜与衬底之间的晶格失配应变产生的弹性能。这相当于只考虑同质外延的情形，但是对于理解外延生长的动力学过程并无影响。为了叙述方便，在此统一将到达衬底表面的沉积物称为"原子"，而实际 PLD 过程中沉积物并非简单的原子，还包括离子和原子团等复杂的结构。PLD 制备薄膜的过程远离平衡态，也不需要考虑样品表面的吸附原子蒸发离开表面的情形。因此，如图 13.9 所示，到达衬底表面的原子不外乎下列三种情形：扩散至台阶边缘并被俘获，在平台上相互碰撞而成核或被已有的晶核俘获，或者从上层平台越过台阶扩散至下层平台。堆积形成薄膜的行为受到一系列动力学参数的影响，包括原子在平台上的二维扩散系数、原子被台阶边缘俘获的概率、原子从平台边缘运动至下一个平台需要付出的额外能量等。其中最重要的是原子的二维扩散系数 D_s，因为它决定了原子被俘获前运动的平均距离。

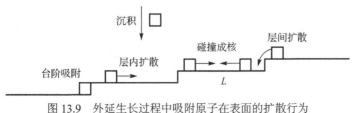

图 13.9　外延生长过程中吸附原子在表面的扩散行为

首先考虑一个原子落在平台上的情况。如果这个原子与其他原子碰撞或被已有的晶核俘获前在平台上停留的平均时间(寿命)为τ,在这段时间里,它运动的距离(即扩散长度)$l_D = \sqrt{D_s\tau}$。如果l_D相比于平台的宽度L足够大,则原子的高迁移率可以保证它能够到达表面的一个台阶边缘而被俘获。在这种情形下,平台上的吸附原子很快地输运到台阶边缘,因此吸附原子相遇在平台上形成超过临界尺寸的稳定晶核的概率可以忽略。这时候,如图13.10所示,薄膜的生长依赖于台阶边缘的推进,这样的生长模式称为台阶流生长模式。台阶流生长的条件是$l_D \gg L$,要求原子的二维扩散系数D_s足够大,并且原子的寿命τ足够长,或者L足够小。D_s可以表示为$D_s = va^2 \exp[-E_A/(k_B T)]$,$v$是单位时间内原子尝试跳跃的次数,$a$是原子一次跳跃移动的距离,$E_A$是发生跳跃需要的能量。显然,升高温度将增大$D_s$,有利于质量的输运和台阶流生长的发生。另外,$\tau$也取决于沉积速率,即单位时间内沉积到单位面积内的原子数。显然,如果沉积速率R较高,原子间平均距离减少,原子相遇成核的机会就会增大,寿命τ就会缩短,不利于台阶流生长的发生。从衬底表面的微结构来考虑,如果斜切的角度θ较大,平台的宽度L减小,原子有更多的机会运动到台阶边缘而被俘获,有利于台阶流生长的发生。如果台阶推进的速率不同,推进速率较快的台阶会赶上前面推进速率较慢的台阶,发生台阶的聚并,平台的宽度将分布在一定的范围内。如果各个台阶边缘稳定地推进,不难想象,这时薄膜表面的微观结构将保持和衬底一样的"平台-台阶"结构,并不随薄膜的生长而发生变化。这时,在RHEED监控中,观察到的是几乎不变的衍射强度,而看不到衍射强度的周期性振荡。

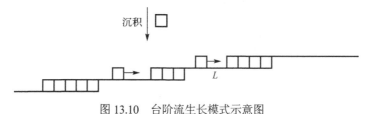

图13.10 台阶流生长模式示意图

如果D_s较小或者平台宽度L较大,层间的质量输运不够迅速,沉积在衬底表面平台上的原子将有机会聚并形成胚团。胚团超过一定的临界尺寸即成为稳定的晶核。晶核在平台上产生了新的台阶,这些台阶的边缘不断吸附沉积的原子而长大。沉积开始的一段时间内,晶核比较容易形成。随着晶核不断形成,晶核间的平均距离减小,落在平台上的原子被已有的晶核俘获的概率增加,而形成新核的概率下降,直到晶核的密度达到一个饱和值。此后,不再有新的晶核形成,已有的晶核则不断长大聚并,直到铺满整个平台,然后在其上成核进行下一层生长。如图13.11所示,这是逐层生长的情形。在这一过程中,表面结构在微观上经历了平滑、粗糙再到平滑的过程,并且周而复始。相应地,在RHEED花样上,能观察到衍射强度周期性的变化。理想的逐层生长,要求在沉积物铺满一层平台之前,即晶核长大聚并的过程中,不会在其上形成新的晶核。这就要求有较高的层间质量输运速率。从靶上到达衬底表面的原子不仅落在下层平台上,也会落在正在长大的晶核上。如果没有有效的层间质量输运将晶核上的原子输运到下层平台上,成核就有可能在晶核上发生,这将导致数个原子面上的同时生长,即多层生长,如图13.12所示。多层生长实际上是三维生长,不能获得微观上平整的表面。影响层间质量输运的一个重要参数是原子从平台的边缘落下到达较低的一个平台需要付出的额外能量E_s。如果

E_s 较小，到达平台边缘的原子比较容易落下而被台阶边缘俘获。相反，较大的 E_s 将使原子有更多机会留在上层平台，相遇成核。显然，较小的 E_s 有利于层间质量输运，因而有利于逐层生长。

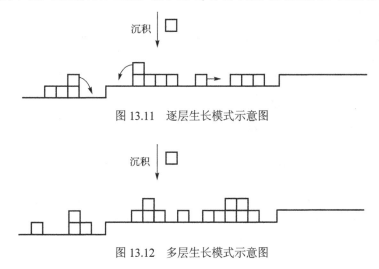

图 13.11 逐层生长模式示意图

图 13.12 多层生长模式示意图

综上所述，决定薄膜二维生长模式的关键是生长系统有无有效的二维质量输运。生长模式的衬底温度-沉积速率相图如图 13.13 所示[35]。温度足够高而沉积速率足够低时，到达表面的原子可以有效地输运到台阶边缘而被俘获，因而薄膜按照台阶流生长模式生长。在相图的中部，如果温度不是很高，质量输运不够迅速，将发生二维成核。如果温度和沉积速率仍能够保证有效的层间质量输运，即不发生在晶核之上的成核，则薄膜生长按照逐层生长模式。在左侧温度较低而沉积速率较高的区域，将发生多层生长。总之，较高的衬底温度和较低的沉积速率有利于有效的质量输运，因而有利于二维薄膜生长。

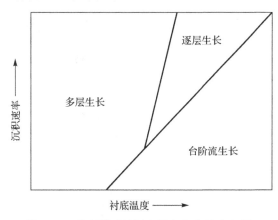

图 13.13 生长模式的衬底温度-沉积速率相图

13.2.4 衬底处理

沉积钙钛矿氧化物外延薄膜，通常需要晶格匹配的钙钛矿单晶作为衬底。但是，购买的单晶衬底尽管抛光得非常平整，却并不表现出清晰的"平台-台阶"结构。图 13.14 是一张 (001) $SrTiO_3$ 衬底表面的 AFM 照片，表面粗糙度 RMS 仅为 0.2nm，但观察不到明显的台阶。这是因

图 13.14　未经处理的 (001) SrTiO₃ 衬底的表面形貌

为钙钛矿衬底的表面通常都不是单一终止的。以 (001) SrTiO₃ 表面为例，非单一终止指的是有的地方是 TiO₂ 表面，有的地方是 SrO 表面。这使得晶体的表面有的地方高出半个晶胞高度，有的地方低下去半个晶胞高度。这些微观上的不均匀掩盖了"平台-台阶"结构。精细的实验和原子级平整的界面要求单一终止的衬底表面。制备单一终止的钙钛矿衬底表面有多种方法，如高温退火、化学腐蚀、氧等离子体处理等。几乎所有常用的钙钛矿衬底都可以获得单一终止的"平台-台阶"表面。这里，仅介绍最常用的化学腐蚀方法。

仍以 (001) SrTiO₃ 衬底为例，衬底表面的 SrO 比较容易腐蚀，TiO₂ 相对耐腐蚀，选择合适的腐蚀条件可以方便地去掉表面的 SrO，得到 TiO₂-终止的表面。腐蚀后的表面一般会留下较多的缺陷，需要在高温下经过 O₂ 退火处理进行恢复。常用的腐蚀液是用 NH₄F 缓冲的 HF 溶液。图 13.15 是不同 NH₄F 含量的 HF 缓冲溶液腐蚀处理 10min 后的 (001) SrTiO₃ 表面。如图 13.15 (a) ～ (d) 所示，当腐蚀液的 pH 较大时，不能完全去除表面的 SrO，表面观察不到清晰的台阶 (图 13.15 (d))。当腐蚀液的 pH 较小时，表面过度腐蚀，也观察不到清晰的台阶 (图 13.15 (a))。只有腐蚀液的 pH 适中时，可以得到满意的"平台-台阶"表面，如图 13.15 (c) 所示。台阶的高度为 0.4nm，与一个晶胞的高度一致。图 13.15 (f) 显示的是刚刚腐蚀后的衬底表面，可以看到，台阶的边缘并不清晰。随着退火时间的延长，表面原子有足够的时间运动到热力学稳定的位置，台阶因此变得越来越平直，如图 13.15 (e) 和 (c) 所示。SrO-终止的表面不太容易通过腐蚀得到，比较现实的做法是在 TiO₂-终止的表面沉积一个原子层的 SrO。

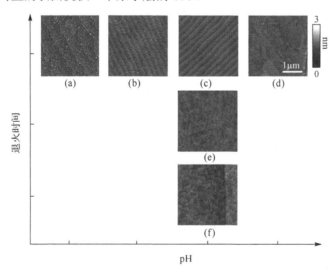

图 13.15　(001) SrTiO₃ 衬底表面形貌与腐蚀液 pH 和退火时间的关系

13.2.5　钙钛矿薄膜、超薄膜和超晶格制备

首先来看在 (001) DyScO₃ 衬底上沉积 SrRuO₃ 薄膜。SrRuO₃ 是一种常用的钙钛矿氧化物电

极，并且比较容易按台阶流生长模式生长。DyScO$_3$ 经过腐蚀和退火处理得到 ScO$_2$-终止的表面，如图 13.16(a) 所示。图 13.17(a) 是在 ScO$_2$-终止的 DyScO$_3$ 表面沉积 SrRuO$_3$ 时实时记录的 RHEED 强度。RHEED 强度在经历了一个周期的振荡后过渡到微小的起伏。表明在最初一个原子层的逐层生长之后，SrRuO$_3$ 即开始以台阶流生长模式生长。这是因为到达样品表面的原子在 DyScO$_3$ 表面的输运不及在 SrRuO$_3$ 表面的输运迅速。最初到达 DyScO$_3$ 表面的原子只能满足逐层生长模式要求的层内扩散速率。当一层 SrRuO$_3$ 铺满表面以后，到达 SrRuO$_3$ 表面的原子有足够高的层内扩散速率，因而薄膜的生长转变为台阶流生长模式。图 13.16(b) 是 SrRuO$_3$ 薄膜的表面形貌，台阶流生长模式不改变表面的微观形貌，因此仍然可以观察到"平台-台阶"表面。

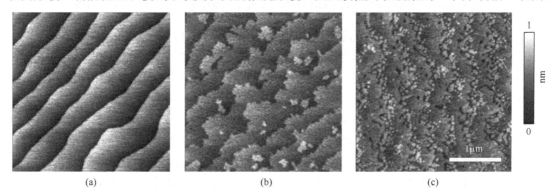

(a)　　　　　　　　　　　　　(b)　　　　　　　　　　　　　(c)

图 13.16　DyScO$_3$ 衬底及其沉积薄膜的表面形貌

(a) ScO$_2$-终止的 DyScO$_3$ 衬底；(b) 沉积在 DyScO$_3$ 衬底上的 SrRuO$_3$ 薄膜(20nm)；(c) 沉积在 SrRuO$_3$ 上的 BaTiO$_3$ 薄膜(4nm)

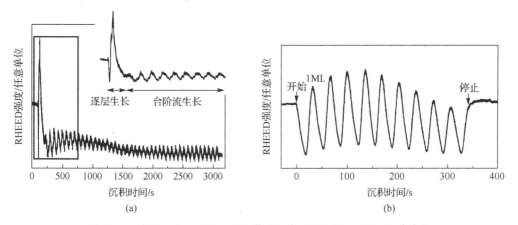

(a)　　　　　　　　　　　　　　　　　　(b)

图 13.17　生长 SrRuO$_3$ 和 BaTiO$_3$ 薄膜时实时记录的 RHEED 强度变化

(a) SrRuO$_3$，图中右上角的插图是图中黑框部分的放大；(b) BaTiO$_3$

　　然后在 SrRuO$_3$ 表面沉积超薄 BaTiO$_3$ 薄膜。图 13.17(b) 是沉积 BaTiO$_3$ 时实时记录的 RHEED 强度变化。可以清楚地看到 RHEED 强度呈现周期性的变化，表明薄膜以逐层生长模式外延在 SrRuO$_3$ 表面上，10 个周期的振荡表示薄膜的厚度为 10 个晶胞高度。图 13.16(c) 是 BaTiO$_3$ 薄膜的表面形貌，可以清楚地观察到表面的台阶和平台上散落的颗粒。这些颗粒的高度都约为 0.4nm，即一个台阶的高度。如果增加腔室里的氧气压强，保持其他参数不变，可以想象，因为腔室气体分子的散射，落在样品表面的原子的动能降低，将降低原子在表面的扩散系数。如图 13.18 所示，RHEED 强度随沉积时间没有明显的振荡，薄膜表面也有大量高度达到几纳米的颗粒，表明这一条件下薄膜按照多层生长模式沉积。

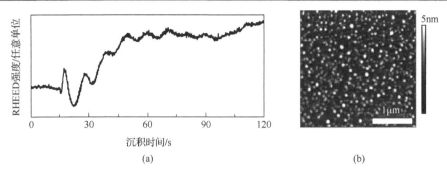

图 13.18　在高气压下生长 $BaTiO_3$ 薄膜时实时记录的 RHEED 强度变化和表面形貌

使用 RHEED 可以精确地控制薄膜的厚度到一个晶胞的高度,使得制备钙钛矿氧化物超晶格成为可能。通常 PLD 腔中可以放置两块以上的靶材,通过软件控制交替使用不同的靶材,再通过 RHEED 强度振荡精确控制每层超薄膜的厚度,就可以实现钙钛矿超晶格的生长。以在 $(001)SrTiO_3$ 衬底上生长 $(La_{0.7}Sr_{0.3})MnO_3$ 和 $BaTiO_3$ 两种钙钛矿材料的超晶格为例。图 13.19(a) 是生长一个超晶格周期的过程中记录的 RHEED 强度振荡曲线,可以看到一个超晶格周期由 10 个晶胞的 $(La_{0.7}Sr_{0.3})MnO_3$ 和 6 个晶胞的 $BaTiO_3$ 组成。一个周期内两种材料的比例可以通过 RHEED 强度监控信息反馈给激光器来调节。周期性重复这样的沉积,就可以得到设计好的超晶格薄膜。图 13.19(b) 是不同占空比的 $(La_{0.7}Sr_{0.3})MnO_3/BaTiO_3$ 超晶格的高分辨 XRD 谱,多级超晶格卫星峰表明薄膜具有平整的表面和界面。

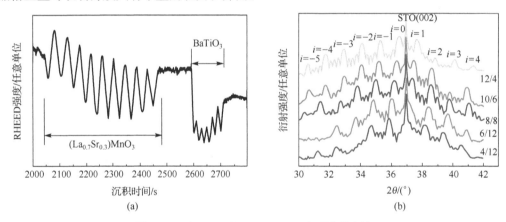

图 13.19　$(La_{0.7}Sr_{0.3})MnO_3/BaTiO_3$ 超晶格的制备
(a) 生长一个超晶格周期的过程中记录的 RHEED 强度;(b) 不同占空比的超晶格的 XRD 谱,m/n
表示一个周期中有 m 个晶胞的 $(La_{0.7}Sr_{0.3})MnO_3$ 和 n 个晶胞的 $BaTiO_3$

13.3　氧化物分子束外延

13.3.1　概述

除了在半导体材料制备中有极其重要的地位与作用,MBE 技术在 20 世纪 80 年代中期开始应用于氧化物薄膜的制备中并展现出其优势,在近年来取得蓬勃的发展与广泛的应用。

当前电子器件的设计与制作是建立在对传统半导体成分和掺杂的精确控制基础之上的，氧化物在新型电子器件中的应用同样需要对材料制备进行原子级的精确控制。特别是由于在过渡金属氧化物(transition metal oxide，TMO)中往往涉及电子的多种自由度及其强相互作用，将导致一系列能量相近的低能激发态或者相互竞争的基态，使材料表现出各种奇特的宏观性质，如金属-绝缘体转变、高温超导、庞磁电阻、(反)铁电、(反)铁磁、压电、热释电等，并且灵敏地依赖于材料成分、结构以及外场等的变化。而 TMO 材料的表面，以及它们所组成的界面正是调节这些因素的理想平台，使其成为研究强关联电子体系基础物理问题的重要体系。更重要的是，电子关联特性在界面上由于对称性破缺、空间限域或者维度降低效应，可能诱导出更加奇异的量子现象，它们与在体相材料中的行为特征相关却又截然不同。例如，$LaAlO_3/SrTiO_3$ 界面上的二维电子气[36]；$CaMnO_3/CaRuO_3$ 界面上的铁磁自旋极化[37]；$ZnO/(Mg,Zn)O$ 界面上的分数量子霍尔效应[38]；$La_2CuO_4/La_{1.55}Sr_{0.45}CuO_4$、$SrCuO_2/BaCuO_2$ 和 $CaCuO_2/SrTiO_3$ 的界面超导[39,40]；$BaTiO_3/SrTiO_3/CaTiO_3$ 界面上的铁电极化增强行为[41]；VO_2/TiO_2 界面的莫特场效应晶体管特性[42]等。特别地，由于 TMO 材料的电子结构主要取决于 d 轨道的局域和巡游特性，而从 3d 到 5d 轨道，电子的关联作用逐渐减弱，电子自旋-轨道耦合作用则逐渐增强。因此在 5d 过渡金属氧化物中可能存在电子关联作用与自旋-轨道耦合作用强度相当的情形(约 0.5eV)，不仅在材料表面形成拓扑非平庸的电子态，而且可以进一步通过调控两种作用的合作与竞争，产生更为新奇的量子态，包括拓扑莫特绝缘体(topological Mott insulator)、Weyl 半金属态，甚至拓扑晶格莫特绝缘体(topological crystalline Mott insulator)等；在 Sr_2IrO_4 中还可能实现 $J_{eff}=1/2$ 的 Mott 绝缘态，层状 Ruddlesden-Popper 系列(RP)结构的 $Sr_{n+1}Ir_nO_{3n+1}$ 中随 n 变化的维度特性可能诱导莫特型金属-绝缘体相变，Sr_2IrO_4 中掺入载流子可能形成新型高温超导态等。简而言之，TMO 表面界面体系不仅为凝聚态物理学的基础研究提供了丰富平台，还为面向新型电子器件设计的量子调控研究开拓出更为广阔的空间。

尽管 TMO 材料丰富的相图结构决定了其可控制备涉及复杂的热力学与动力学过程，人们还是投入大量的时间和精力发展精密的控制方法构筑高质量的 TMO 薄膜、超晶格和异质界面等，以期为探索相关的新奇量子现象及其人工调控打下基础。氧化物 MBE 技术由于能够实现对氧化物薄膜和异质界面结构组分与掺杂浓度、单原子层逐层生长模式的精确控制，已经成为氧化物界面研究中一个最有竞争力的工具。

由生长 GaAs 和 GaAlAs 等材料的 MBE 技术发展而来的氧化物 MBE，既可以生长其他种类的半导体材料，也可以生长金属和绝缘体材料。氧化物 MBE 区别于液相外延、金属有机气相外延等其他外延生长技术，材料是在超高真空沉积环境下生长的，生长过程可进行原位表征，这些特点对于在原子层水平上实现氧化物异质界面的准确生长极为重要。

MBE 在超高真空下生长材料，可以避免杂质的污染，在氧化物 MBE 中，除了各种元素从加热的坩埚中蒸发出来形成不同的分子束流，一些气体的分子束也可以引入反应腔室中，如氧气、臭氧和氮气等，形成化合物材料，因此这种 MBE 又可称为反应 MBE(reactive MBE)，类似于反应蒸发镀膜。MBE 在纳米尺度范围内精确控制半导体材料生长方面取得了显著成功，例如，在生长 GaAs 薄膜时，可以精确地加入厚度为 0.28nm 的 AlAs 层，通过交替生长单层 GaAs 和 AlAs，从而形成一维超晶格。这种纳米尺度范围内的精确控制生长，在设计、开发和制备新型器件，尤其是基于量子效应的器件方面，增加了巨大的灵活性。

1985 年，Betts 和 Pitt 利用 MBE 生长了 $LiNbO_3$ 薄膜[43]。此后，MBE 广泛地应用于超导氧

化物薄膜材料的生长，如 $(Ba,K)BiO_3$、$(Ba,Rb)BiO_3$、$(La,Sr)_2CuO_4$、$YBa_2Cu_3O_{7-\delta}$、$NdBa_2Cu_3O_{7-\delta}$、$SmBa_2Cu_3O_{7-\delta}$、$DyBa_2Cu_3O_{7-\delta}$、$Bi_2Sr_2Ca_{n-1}Cu_nO_{2n+4}$ （$n=1\sim11$）；也用于生长一些铁电氧化物，如 $LiNbO_3$、$LiTaO_3$、$BaTiO_3$、$PbTiO_3$ 和 $Bi_4Ti_3O_{12}$ 等；铁磁材料，如 $(La,Ca)MnO_3$、$(La,Sr)MnO_3$ 和 EuO；亚铁磁材料 Fe_3O_4；磁电材料 Cr_2O_3；多铁材料如 $BiFeO_3$、$YMnO_3$，以及一些超晶格材料。利用 MBE 生长氧化物材料远没有生长化合物半导体那样成熟，在设备的结构上，氧化物 MBE 与传统 MBE 系统也存在很大的差异，其中因为需要通入氧化性气体，就需要有足够强劲的泵维持超高真空，在成分的控制上也面临极大的挑战[44]。

氧化物 MBE 生长腔室的基本结构示意图如图 13.20 所示，薄膜生长用的单晶衬底放置于腔室的中央，因氧化物各元素的蒸气压不同，随着蒸发时间的延长，源中元素的含量及构成可能发生变化，所以通常将它们放在各个独立的坩埚中，由各个源加热到特定温度，产生稳定的分子束流，通过调节挡板的开关，可以精确控制分子束流在单晶衬底上的生长时间，从而精确控制氧化物的成分。各源挡板利用计算机控制，可以同时开启（共沉积），也可以通过计算机控制依次打开进行沉积。生长腔室真空度极高，分子（原子）具有极高的平均自由程，因此，挡板只需要位于源与生长衬底之间即可，而无须遮挡得很严实。理想情况下，只有从需要的源中蒸发出来的分子（原子）才可以在衬底上生长。

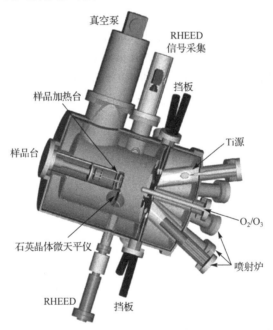

图 13.20 氧化物 MBE 生长腔室的基本结构示意图

氧化物 MBE 中需要氧化性气氛，从而将到达衬底上的分子（原子）进行氧化，形成功能氧化物材料，氧化性气氛的气压需要控制在一定值以下，以避免对分子（原子）平均自由程产生严重的影响，气氛压强可以达到的最高值还取决于真空腔的结构、原子种类和氧化性气体种类，一般情况下，真空需要优于 $10^{-4}Pa$。

MBE 已广泛地应用于生长一些容易被氧化的金属氧化物，对于一些不容易被氧化的金属，利用 MBE 制备它们的氧化物时需要使用浓度较高的臭氧或氧等离子体源[44]。

材料成分的精确控制对于生长多组分功能氧化物材料至关重要，而早期的氧化物 MBE 系统在成分控制方面存在较大的问题，随着 MBE 技术的发展，尤其是原子吸收谱(atomic absorption spectroscopy, AAS)在氧化物 MBE 系统的使用，可以有效地检测束流的大小，提高成分控制的准确性。利用石英晶体微天平仪可以原位测试分子束流的大小，石英晶体微天平仪一般位于衬底的前端位置，可以在薄膜生长前及生长后对束流的大小进行测试。生长过程，所有源的束流都可以使用 AAS 进行检测，检测得到的信号反馈至 MBE 计算机控制系统，对生长过程可实时干预，例如，根据束流大小、沉积在衬底上的元素量，适时关闭源的挡板。此外，氧化物 MBE 也包含传统 MBE 设备的特色分析设备，如原位 RHEED、质谱仪、样品传递腔室、实时椭偏光谱仪、飞行时间离子散射与反冲光谱(time-of-flight ion scattering and recoil spectroscopy)、多束光学应力传感器(multibeam optical stress sensors)以及低能电子束显微术 (low-energy electron microscopy)等。

材料成分的精确控制对于生长多组分功能氧化物材料至关重要。在大多数情况下，氧化物 MBE 通过直接控制每个源的束流比接近理想化学计量比的方法来生长氧化物薄膜，可以同时沉积多个元素(共沉积法)，也可以依次沉积每一种元素(shutter control method)。与传统半导体的 MBE 制备类似，在含有高挥发性(高饱和蒸气压)元素的氧化物薄膜制备中也通常采用吸附控制(adsorption-controlled)方法。在吸附控制方法中，需要提供过量的高挥发性元素，薄膜表面只吸附符合化学计量比的原子数量，多余的原子无法稳定吸附而挥发掉，从而获得具有非常精准的化学计量比的薄膜。$PbTiO_3$、$BiFeO_3$ 等薄膜的制备就是采用此方法，Pb：Ti 及 Bi：Fe 的蒸发束流比可高达 10：1[45,46]。除此之外，一种称为混合金属有机分子束外延(hybrid metalorganic MBE)方法使用具有挥发性金属有机前驱体也可实现吸附控制生长的模式。这种混合金属有机 MBE 方法已用来制备 $SrTiO_3$[47]、$BaTiO_3$[48]等薄膜。

13.3.2　同质外延生长 $SrTiO_3$ 薄膜

在外延生长薄膜方面，通常按照衬底和外延层化学成分的区别分为同质外延(homoepitaxy)和异质外延(heteroepitaxy)。同质外延是指生长外延层薄膜和衬底是同一种材料，而异质外延是指生长的薄膜材料和衬底材料不同，或者说生长化学组分，甚至物理结构和衬底完全不同的外延层。在异质外延生长中，首先需要考虑两种材料因晶格失配所产生的应力问题。

1. 单晶衬底与衬底的准备

要使 MBE 生长成功，最重要的是用合适的方法来准备衬底。衬底本身的质量、处理方法对于外延薄膜的生长极其重要，对于常规半导体材料，如 Si、GaAs 等，高质量单晶利用化学机械抛光、化学刻蚀等方法就可以制备出表面光滑、无损伤，适合外延生长的衬底。对于氧化物超晶格、隧穿异质结，每一层的厚度需要控制在纳米量级，因此，必须选择合适的衬底，并加工出光滑、完美的表面，这对实现外延生长至关重要。

对钙钛矿结构的氧化物薄膜的生长，如 $SrTiO_3$、$BiMnO_3$、$BiFeO_3$ 等，需要在结构和化学上具有相容性的钙钛矿结构单晶衬底材料。在高温超导领域的研究，开发了大量钙钛矿结构的单晶材料，有些直径达到 4in，相应地也产生了大量钙钛矿、类钙钛矿单晶衬底，如 $YAlO_3$、$LaSrAlO_4$、$LaAlO_3$、$LaSrGaO_4$、$NdGaO_3$、$LaGaO_3$、$SrTiO_3$ 和 $KTaO_3$，某些材料具有与传统半导体相媲美的结构完整性。图 13.21 按晶格常数 a 列出了一些具有钙钛矿、类钙钛矿结构的氧化物材料，一些商业化的钙钛矿单晶衬底多为高温超导材料研究而开发，通常晶格常数在 3.8～

3.9Å，而它们的晶格常数比目前大家关注的铁电、多铁钙钛矿材料的晶格常数要小。相反，最近开发的稀土钪酸盐（REScO₃）衬底的晶格常数较大。

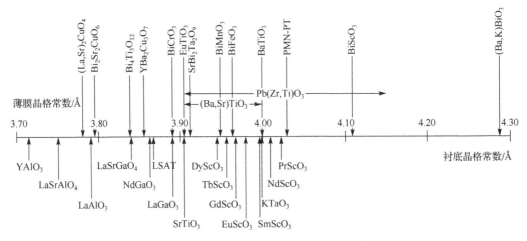

图 13.21　按晶格常数 a 排列的一些氧化物材料

横线数字为晶格常数 a，横线上部为目前备受关注的一些材料；横线下方为目前可以购买到的氧化物衬底[44]

对于按原子层控制的外延薄膜生长方法，衬底表面的状态（如终止面的极性）对外延异质结的生长非常重要。例如，利用化学机械抛光方法处理的(001)SrTiO₃ 衬底，其表面既可能是 SrO 终止面，也可能是 TiO₂ 终止面。Kawasaki 等利用 HF(NH₄F) 溶液可以处理掉 SrO 面，而使整个衬底均为 TiO₂ 终止面[49]；经过不断的探索，目前也可以获得完全是 SrO 面的 SrTiO₃ 衬底[50,51]。

2. 生长工艺与薄膜结构表征

衬底经前期处理后，表面终止面为 TiO₂。SrTiO₃ 薄膜中的 Ti 来源于 Ti 球蒸发产生的分子束；Sr 来源于 Sr 喷射源；采用挡板控制方法，通过依次开启和关闭 Sr 与 Ti 源前面的挡板，可实现 SrO 与 TiO₂ 原子层的次序沉积；根据石英晶体微天平仪初步计算得到束流大小，然后利用 RHEED 准确判断束流大小，决定生长过程源挡板开关时间的长短。最终，生长过程中源束流量大约是 3×10^{13} 个原子/$(cm^2 \cdot s)$，对应挡板开关的时间约为 20s，薄膜生长速率约为 6 Å/min。

图 13.22 为采用挡板控制方法同质外延生长 (001)SrTiO₃ 薄膜过程实时检测到的 RHEED 曲线[52]。图 13.22(a)、(b) 曲线表明 Sr：Ti 满足化学计量比 1：1，而图 13.22(c)、(d) 和图 13.22(e)、(f) 分别代表 Sr 过量和 Ti 过量 10% 时的情况。

当 Sr 过量时，由图 13.22(c)、(d) 可以看出曲线达到最大值后，Sr 源挡板并没有及时关闭，所以曲线又有一个向下降的过程，随后 Sr 源挡板关闭，而 Ti 源挡板才打开。这导致 RHEED 振荡曲线与图 13.22(a)、(b) 存在明显的不同。

当 Ti 过量时，其生长过程的 RHEED 曲线如图 13.22(e)、(f) 所示，在尚未达到最高峰时，Sr 源挡板即已关闭，而 Ti 源挡板打开。

另外，RHEED 图谱的重构情况也可以辅助判断是否获得理想的化学计量比。在 Sr 和 Ti 过量的情形下，在薄膜表面会形成特定的表面重构，在 RHEED 图谱中会观测到不同的重构衍射斑点[53-55]。通过调整生长参数控制 RHEED 的重构图谱可以获得高精度的化学计量比。

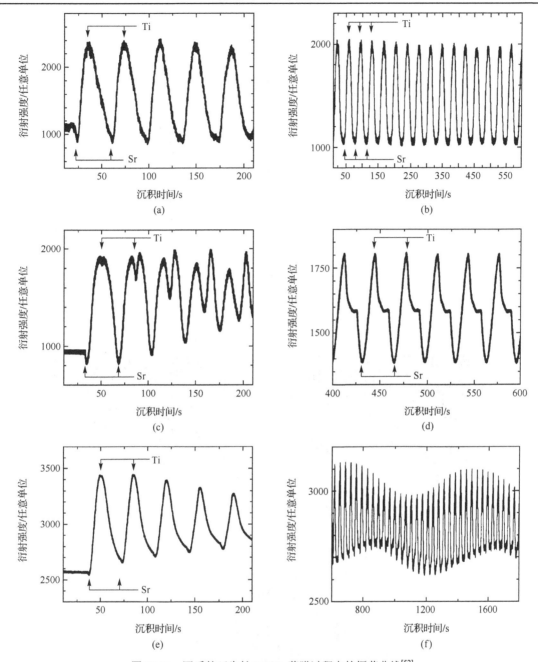

图 13.22　同质外延生长 $SrTiO_3$ 薄膜过程中的振荡曲线[52]

(a)、(c)、(e)为薄膜生长初始阶段；(b)、(d)、(f)为薄膜生长过程；图中 Sr 表示锶源打开，Ti 表示钛源打开

利用 XRD 和 STEM 对所生长的薄膜进行了结构表征。图 13.23 为不同 Sr 含量 $Sr_{1+x}TiO_{3+\delta}$ 薄膜的 XRD 图，可以看出，具有化学计量比的 $SrTiO_3$ 薄膜具有与衬底相同的衍射峰位，从 STEM 照片(图 13.24)也可以清楚地看出，薄膜在衬底上实现了完美的外延生长。而偏离化学计量比的薄膜，无论从 XRD 图还是从 STEM 照片，都可以看出与具有化学计量比的薄膜存在明显的差异。

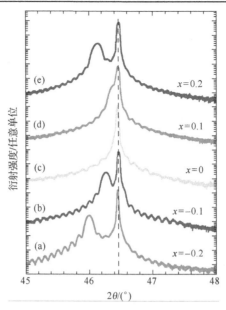

图 13.23　$Sr_{1+x}TiO_{3+\delta}/(100)SrTiO_3$ 在 (200) 附近的 XRD 图[52]

虚线表示的是 $(100)SrTiO_3$ 单晶 (200) 衍射峰的位置

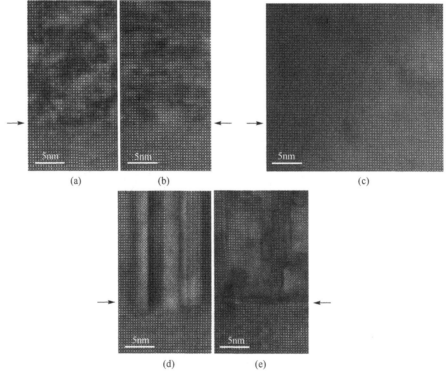

图 13.24　$Sr_{1+x}TiO_{3+\delta}/(100)SrTiO_3$ 界面处的 STEM 照片[52]

箭头显示为界面位置：（a）$x=-0.2$；（b）$x=-0.1$；（c）$x=0$；（d）$x=0.1$；（e）$x=0.2$

13.3.3　异质外延生长 SrTiO₃ 薄膜

在传统半导体上实现功能氧化物薄膜的外延生长具有非常重要的意义。近 70 年以来，尤其是近 20 年，生长在传统半导体上的氧化物薄膜质量有了大幅度提高，已基本实现了外延集成。例如，1998 年 McKee 等报道了利用 MBE 在 (001) Si 上外延生长了 $SrTiO_3$[56]。随后，又有许多研究小组在 Si 上也成功外延生长出 $SrTiO_3$ 薄膜，并利用 $SrTiO_3$/Si 作为衬底，可生长出其他高质量钙钛矿氧化物薄膜[57]，为氧化物-Si 基器件的研究提供了可能。此外，在 Si 上还成功外延生长的材料包括 $BaSi_2$、BaO、$BaTiO_3$；在 GaAs 上实现外延生长的氧化物材料包括 MgO、$SrTiO_3$ 等。总之，在半导体上外延氧化物薄膜及导电电极，对将来一些复合器件的研究与开发具有重要的意义。

将功能氧化物与半导体技术结合起来，可以极大地提高半导体材料的性能，使其满足在微电子、光电子及自旋电子学领域中的应用。硅作为现代半导体器件最重要的基础材料，能实现氧化物材料与硅的集成将具有非常重要的意义，但是直接在 Si 上生长氧化物材料存在诸多问题，例如，存在相互之间的扩散、化学反应等问题，将使氧化物或硅的性质恶化，从而导致界面处产生缺陷，降低器件性能，甚至限制其应用。

氧化物 $PbTiO_3$、$BaTiO_3$、$SrTiO_3$ 等与 Si 之间存在如下化学反应[44]：

$$3Si+PbTiO_3 \longrightarrow PbSiO_3+TiSi_2$$

$$3Si+BaTiO_3 \longrightarrow BaSiO_3+TiSi_2$$

$$3Si+SrTiO_3 \longrightarrow SrSiO_3+TiSi_2$$

1000K 时，这 3 个反应的自由能 ΔG 均小于零，即它们均为自发反应，当然在其他温度下，这些反应仍然会发生。因此，要在 Si 上实现这些氧化物的外延生长存在极大的困难。大量的研究工作集中在开发合适的缓冲层，来克服这种反应所带来的不利影响，作为氧化物与 Si 之间的缓冲层，需要考虑以下因素：化学反应、扩散、晶体结构以及晶格之间的匹配。

避免界面之间的反应，也就是要求外延于硅之上的氧化物或缓冲层与硅之间必须具有很好的热力学稳定性。硅与铁电氧化物热膨胀系数之间的差异也是一个重要的问题，硅的热膨胀系数一般为 $3.8 \times 10^{-6} K^{-1}$，而铁电氧化物的热膨胀系数一般为 $10 \times 10^{-6} K^{-1}$，因此，生长结束后的降温过程中，因热膨胀系数的差异，氧化物薄膜将受到张应力的作用而出现裂纹。

实验中[58]所使用的 Si 片直径为 3in，n 型 (001) 取向，电阻率为 $1 \sim 4\Omega \cdot cm$。Si 片经紫外臭氧发生器清除表面杂质后，放入生长腔室内，腔室真空度优于 2×10^{-9}Torr。使用的源为单质金属 Sr 和 Ti，氧化剂为氧气。生长过程中衬底一直保持旋转。

在 Si 上要实现氧化物的外延生长，首先需要去除 Si 表面的氧化层 SiO_2：将衬底加热至 600℃后，沉积大约 2ML Sr 金属层，然后将衬底加热至 800℃，在金属 Sr 催化的作用下，SiO_2 层将脱氧，表面由无定形态向晶态转变，出现明显的 RHEED 峰，如图 13.25(a) 所示，(001) Si 表面沿 [110] 方向出现 2× 重构。

氧在 Si 表面脱附后，将有部分金属 Sr 残留在 Si 的表面，当温度降到 600℃ 时，它们将在 Si 的表面形成 3× 重构 (Sr 为 1/6 ML) 和 2× 重构 (Sr 为 1/2 ML)，如图 13.25(b) 所示。Si 表面的氧脱附后，即可在其上面生长 $SrTiO_3$ 薄膜，首先需要等待 Sr 源和 Ti 源束流稳定，仔细校正各源挡板开关的时间，以保证薄膜中的 Sr 和 Ti 的化学计量比为 1∶1。

待各源稳定后，将衬底温度降至 300℃，打开 Sr 源和 Ti 源及氧源，使生长腔室氧压保持在大约 10^{-8}Torr，共沉积 2.5 ML $SrTiO_3$，其 RHEED 图如图 13.25(c) 所示。沉积结束后，关闭各源，使腔室内真空达到 2×10^{-9}Torr 以后，升高衬底温度至 580℃，热处理 10min，从 RHEED 图像 (图 13.25(d)) 可以看出，经处理后薄膜质量明显提高。

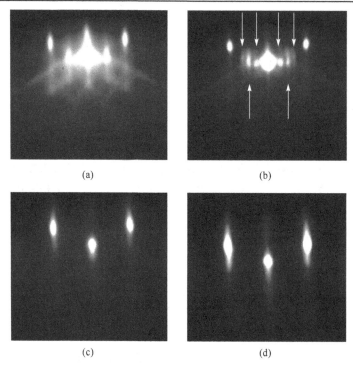

图 13.25　SrTiO$_3$/(001)Si 薄膜生长过程，沿[110]方向不同阶段的 RHEED 图[58]

(a)800℃脱氧后，Si 表面的 2×重构衍射图样；(b)脱氧后降温到 600℃后表面重构衍射图样，向下的箭头为 3×重构，
向上的箭头为 2×重构；(c)衬底温度为 300℃，生长 2.5 ML SrTiO$_3$ 后的衍射图；(d)加热到 580℃后 2.5 ML SrTiO$_3$ 的衍射图

　　为了得到更厚的 SrTiO$_3$ 薄膜，样品需要降温至 330℃，再生长 1ML 或 2ML SrTiO$_3$，再予以高温退火处理。重复上述步骤，可以得到所需要厚度的 SrTiO$_3$ 薄膜。利用 XRD 摇摆曲线对所生长的薄膜进行了结构表征，并与 3 种 SrTiO$_3$ 单晶材料进行对比，如图 13.26 所示。其中，异质外延 SrTiO$_3$/Si 薄膜摇摆曲线的半高宽为 35″，而单晶材料摇摆曲线的半高宽最小为 63″，表明异质外延 SrTiO$_3$/Si 薄膜具有很高的取向度。

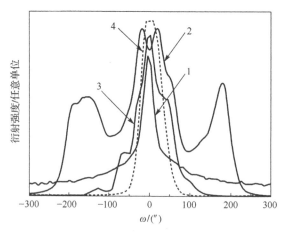

图 13.26　SrTiO$_3$ (002)摇摆曲线[58]

1-在(001)Si 上异质外延生长的 SrTiO$_3$ 薄膜；2、4-利用焰熔法生长的 SrTiO$_3$ 单晶；3-利用浮区法生长的 SrTiO$_3$ 单晶

参 考 文 献

[1]　CHO A Y, ARTHUR J R. Molecular beam epitaxy[J]. Prog. Solid State Chem., 1975, 10: 157-191.

[2]　CHENG K Y. Development of molecular beam epitaxy technology for III-V compound semiconductor heterostructure devices[J]. J. Vac. Sci. Technol. A, 2013, 31: 050814-10.

[3]　CHANG L L, PLOOG K. Molecular beam epitaxy and heterostructures[M]. Dordrecht: NATO ASI Ser., 1985.

[4]　PARKER E H C. The technology and physics of molecular beam epitaxy[M]. 1985.

[5]　FOXON C T, HARRIS J J. Molecular Beam Epitaxy 1986[C]. Proc. 4th Int. Conf. J. Cryst. Growth, 1984, 81: 1-4.

[6]　TSUI D, STORMER H L, GOSSARD A C. Two-dimensional magnetotransport in the extreme quantum limit[J]. Phys. Rev. Lett., 1982, 48: 1559-1562.

[7]　FERT A, GRUNBERG P, BARTHELEMY A, et al. Layered magnetic-structures-interlayer exchange coupling and giant magnetoresistance[J]. J. Magnetism and Magnetic Materials, 1995, 140: 1-8.

[8]　ALFRED C. Molecular beam epitaxy[M]. New York: AIP Press, 1994.

[9]　HERMAN M A, SITTER H. Molecular beam epitaxy[M]. Berlin: Springer-Verlag, 1989.

[10]　HERMAN M A, RICHTER W, SITTER H. Epitaxy（Physical principles and technical implementation）[M]. Berlin: Springer, 2004.

[11]　SCHOOLAR R B, ZEMEL J N. Preparation of single-crystal films of PbS[J]. J. Appl. Phys., 1964, 35: 1848-1851.

[12]　PLOOG K. Molecular beam epitaxy of III-V compounds: Application of MBE-grown films[J]. Ann. Rev. Mater. Sci., 1982, 12: 123-148.

[13]　CHO A Y. Growth of III-V semiconductors by molecular beam epitaxy and their properties[J]. Thin Solid Films, 1983, 100: 291-317.

[14]　SHIRAKI Y. Silicon molecular beam epitaxy[J]. Prog. Cryst. Growth Charact. Mater., 1986, 12: 45-66.

[15]　SMITH D L, PICKHARDT V Y. Molecular beam epitaxy of II-VI compounds[J]. J. Appl. Phys., 1975, 46: 2366-2374.

[16]　WANG W I. The dependence of Al Schottky barrier height on surface conditions of GaAs and AlAs grown by molecular beam epitaxy[J]. J. Vac. Sci. Technol. B, 1983, 1: 574-580.

[17]　PRINZ G A, KREBS J J. Molecular beam epitaxial growth of single-crystal Fe films on GaAs[J]. Appl. Phys. Lett., 1981, 39: 397-399.

[18]　ESAKI L, TSU R. Superlattice and negative differential conductivity in semiconductors[J]. IBM J. Res. Dev., 1970, 14: 61-65.

[19]　ALAVI K. Molecular beam epitaxy in handbook of compound semiconductors: Growth, processing, characterization, and devices[M]. New York: William Andrew Publishing, 1996: 84-169.

[20]　CHENG K Y. Molecular beam epitaxy technology of III-V compound semiconductors for optoelectronic applications[J]. Proceedings of the IEEE, 1997, 85: 1694-1714.

[21]　KOSIEL K. MBE-technology for nanoelectronics[J]. Vaccum, 2008, 82: 951-955.

[22]　MCCRAY W P. MBE deserves a place in the history books[J]. Nat. Nanotech., 2007, 2: 259-261.

[23] TSAO J Y. Materials fundamentals of molecular beam epitaxy[M]. Massachusetts: Academic Press, 1993: 1-11.

[24] ARTHUR J R. Molecular beam epitaxy[J]. Surf. Sci., 2002, 500: 189-217.

[25] FINNIE P, HOMMA Y. Epitaxy: The motion picture[J]. Surf. Sci., 2002, 500: 437-457.

[26] KNODLE W S, CHOW R. Molecular beam epitaxy: Equipment and practice in Handbook of thin film deposition processes and techniques[M]. 2nd ed. New York: Willian Andrew Publishing, 2002: 381-461.

[27] JOYCE B A, JOYCE T B. Basic studies of molecular beam epitaxy-past, present and some future directions[J]. J. Cryst. Growth, 2004, 264: 605-619.

[28] CHO A Y. Morphology of epitaxial growth of GaAs by a molecular beam method: The observation of surface structures[J]. J. Appl. Phys., 1970, 41: 2780-2786.

[29] CHO A Y. GaAs epitaxy by a molecular beam method: observations of surface structure on the (001) face[J]. J. Appl. Phys., 1971, 42: 2074-2081.

[30] CHO A Y. Bounding direction and surface-structure orientation on GaAs (001)[J]. J. Appl. Phys., 1976, 47: 2841-2843.

[31] BRAUN W. Applied RHEED: Reflective high-energy electron diffraction during crystal growth[M]. Berlin: Springer-Verlag, 1999: 27-42.

[32] RIJNDERS G, BLANK D H A. In-situ diagnostics by high-pressure RHEED during PLD in pulsed laser deposition of thin films: Application-led growth of functional materials[M]. New Jersey: John Wiley & Sons, 2007: 85-98.

[33] LU H, BURKE P G, GOSSARD A C, et al. Semimetal/semiconductor nanocomposites for thermoelectrics[J]. Adv. Mater., 2011, 23: 2377-2383.

[34] 杨国桢, 吕惠宾. 我国第一台激光分子束外延设备研制成功[J]. 中国科学基金, 1998, 12: 137-140.

[35] ROSENFELD G, POELSEM B, COMSA G. Epitaxial growth modes far from equilibrium in growth and properties of ultrathin epitaxial layers[M]. Holland: Elsevier Science B. V., 1997: 66-101.

[36] OHTOMO A, HWANG H Y. A high-mobility electron gas at the $LaAlO_3/SrTiO_3$ heterointerface[J]. Nature, 2004, 427: 423-426.

[37] TAKAHASHI K S, KAWASAKI M, TOKURA Y. Interface ferromagnetism in oxide superlattice of $CaMnO_3/CaRuO_3$[J]. Appl. Phys. Lett., 2001, 79: 1324-1326.

[38] TSUKAZAKI A, OHTOMO A, KITA T, et al. Quantum Hall effect in polar oxide heterostructures[J]. Science, 2007, 315: 1388-1391.

[39] NORTON D P, CHAKOUMAKOS B C, BUDAI J D, et al. Superconductivity $SrCuO_2$-$BaCuO_2$ superlattices: Formation of artificially layered superconducting materials[J]. Science, 265, 1994: 2074-2077.

[40] CASTRO D D, SALVATO M, TEBANO A, et al. Occurrence of a high-temperature superconducting phase in $CaCuO_2/SrTiO_3$ superlattices[J]. Phys. Rev. B, 2012, 86: 134524.

[41] LEE H N, CHRISTEN H M, CHISHOLM M F, et al. Strong polarization enhancement in asymmetric three-component ferroelectric superlattices[J]. Nature, 2005, 433: 395-400.

[42] NAKANO M, SHIBUYA K, OKUYAMA D, et al. Collective bulk carrier delocalization driven by electrostatic surface charge accumulation[J]. Nature, 2012, 487: 459-462.

[43] BETTS R A, PITT C W. Growth of thin-film lithium niobate by molecular beam epitaxy[J]. Electron. Lett., 1985, 21: 960-962.

[44] SCHLOM D G, CHEN L Q, PAN X, et al. A thin film approach to engineering functionality into oxides[J]. J. Am. Ceram. Soc., 2008, 91: 2429-2454.

[45] THEIS C D, YEH J, SCHLOM D G, et al. Adsorption-controlled growth of PbTiO$_3$, by reactive molecular beam epitaxy[J]. Thin Solid Films, 1998, 325: 107-114.

[46] IHLEFELD J F, PODRAZA N J, LIU Z K, et al. Optical band gap of BiFeO$_3$ grown by molecular-beam epitaxy[J]. Appl. Phys. Lett., 2008, 92: 472-622.

[47] JALAN B, MOETAKEF P, STEMMER S. Molecular beam epitaxy of SrTiO$_3$ with a growth window[J]. Appl. Phys. Lett., 2009, 95: 114109.

[48] MATSUBARA Y, TAKAHASHI K S, TOKURA Y, et al. Single-crystalline BaTiO$_3$ films grown by gas-source molecular beam epitaxy[J]. Appl. Phys. Express, 2014, 7: 125502.

[49] KAWASAKI M, TAKAHASHI K, MAEDA T, et al. Atomic control of the SrTiO$_3$ crystal surface[J]. Science, 1994, 266: 1540-1542.

[50] SCHROTT A G, MISEWICH J A, COPEL M, et al. A-site surface termination in strontium titanate single crystals[J]. Appl. Phys. Lett., 2001, 79: 1786-1788.

[51] BACHELET R, SÁNCHEZ F, PALOMARES F J, et al. Atomically flat SrO-terminated SrTiO$_3$(001) substrate[J]. Appl. Phys. Lett., 2009, 95: 141915-3.

[52] BROOKS C M, KOURKOUTIS L F, HEEG T, et al. Growth of homoepitaxial SrTiO$_3$ thin films by molecular-beam epitaxy[J]. Appl. Phys. Lett., 2009, 94: 162905-3.

[53] KAJDOS A P, Stemmer S. Surface reconstructions in molecular beam epitaxy of SrTiO$_3$[J]. Appl. Phys. Lett., 2014, 105: 191901 .

[54] CHAMBERS S A, WANG C M, THEVUTHASAN S, et al. Epitaxial growth and properties of MBE-grown ferromagnetic Co-doped TiO$_2$ anatase films on SrTiO$_3$ (001) and LaAlO$_3$ (001)[J]. Thin Solid Films, 2002, 418: 197-210.

[55] KOSTER G, RIJNDERS G, BLANK D H A, et al. Surface morphology determined by (001) single-crystal SrTiO$_3$ termination[J]. Physica C: Superconductivity, 2000, 339: 215-230.

[56] MCKEE R A, WALKER F J, CHISHOLM M F. Crystalline oxides on silicon: The first five monolayers[J]. Phys. Rev. Lett., 1998, 81: 3014-3017.

[57] BAEK S H, EOM C B. Epitaxial integration of perovskite-based multifunctional oxides on silicon[J]. Acta Mater., 2013, 61: 2734-2750.

[58] WARUSAWITHANA M P, CEN C, SLEASMAN C R, et al. A ferroelectric oxide made directly on silicon[J]. Science, 2009, 324: 367-370.

第14章 磁 控 溅 射

本章主要介绍磁控溅射(magnetron sputtering)方法生长薄膜材料的原理、特点等,以及在溅射过程可能遇到的一些问题,并涉及一些目前常用的磁控溅射技术,如非平衡磁控溅射(unbalanced magnetron sputtering)、反应磁控溅射(reactive magnetron sputtering),以及近些年新发展的高功率脉冲磁控溅射(high-power impulse magnetron sputtering, HiPIMS;或 high power pulsed magnetron sputtering, HPPMS)技术。最后通过薄膜生长实例,介绍磁控溅射在先进材料制备中的应用,包括利用反应磁控溅射生长氧化物薄膜材料、如何调控靶材的成分以生长具有一定化学计量比的薄膜、共溅射法实现多种掺杂成分薄膜的生长,以及 HiPIMS 技术在高质量AlN 薄膜生长中的应用。

14.1 溅射原理概述

溅射技术广泛应用于表面刻蚀和薄膜生长[1],刻蚀方面的应用如在半导体晶片表面图案化刻蚀加工、表面清洁、微加工、深度剖析等;而在薄膜生长方面,溅射可用于在半导体晶片、磁性介质和磁头等表面的薄膜生长,还包括一些特殊应用的薄膜生长,如刀具表面的抗磨涂层、窗口玻璃的减反射薄膜等。

14.1.1 溅射的工作原理

利用具有一定能量的粒子,即入射粒子(incident particle),通常是由电场加速后的正离子,轰击固体(靶材,为阴极)表面,固体表面的原子、分子等与入射粒子相互作用后,从固体表面飞溅出来的现象称为溅射(sputtering)。

入射粒子与靶材中的原子和电子相互作用,可能发生一系列的物理现象,如图 14.1 所示。这些物理现象主要包括如下几方面。

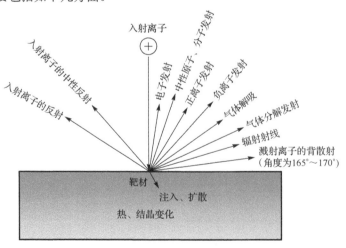

图 14.1　入射粒子与靶材中的原子和电子相互作用示意图

(1)靶材表面粒子的发射,包括溅射原子或分子、二次电子发射、正负离子发射、吸附杂质(主要是气体)解吸和分解、光子辐射等。

(2)靶材表面产生的物理化学效应,如表面加热、表面清洗与刻蚀、表面物质的化学反应或分解等。

(3)入射粒子进入靶材的表面层,即注入离子,在表面层中产生包括级联碰撞、晶格损伤及晶态与无定形态的相互转化、亚稳态的形成和退火、由表面物质传输而引起的表面形貌变化、组分及组织结构变化等现象。

溅射出来的原子或原子团具有一定的能量,到达固体基片的表面后,发生凝聚而形成薄膜,称为溅射镀膜。溅射镀膜有多种形式,从电极结构上可分为二极溅射、三极或四极溅射和磁控溅射等;根据所使用的电源,又可分为直流溅射和射频溅射;为了制备化合物薄膜,在溅射工作气体中混入活性反应气体(如 O_2 或 N_2 等),即为反应溅射[2];为改善薄膜的沉积质量,在常规磁控溅射的基础上,又不断研究开发了其他溅射技术,如非平衡磁控溅射和脉冲磁控溅射[3]等。

利用溅射技术实现薄膜的生长,首先需要产生具有足够能量的粒子,利用这些粒子轰击靶材的表面,从而将靶材物质溅射出来;另外,溅射出来的靶材物质需要能够到达生长衬底,从而生成薄膜,真空度越高,意味着溅射出来的粒子具有越高的平均自由程,在到达衬底前所受到的阻力和影响越小,越容易实现高速沉积。

普通直流二极溅射是最简单的实现溅射的装置,在溅射靶材上施加直流负电位,而把阳极作为放置被镀工件的基片架,其示意图如图 14.2 所示。在真空镀膜室中设置相距为 5～10cm 的两个平面电极,一个为阴极,需有冷却结构,安装溅射靶材;另一个为阳极,放置薄膜生长所用的基片,通常连接真空腔壳体并接地。

薄膜生长时,先将镀膜室预抽到 10^{-3}～ 10^{-4}Pa,然后通入溅射工作气体,通常为 Ar 气,当气压升至 1～10Pa 时,在阴极和阳极之间,施加数千伏直流电压(500～5000V),引起气体辉光放电,形成等离子体,其中的正离子(Ar^+)在电场作用下加速飞向阴极(靶材),并轰击阴极靶,从而使靶材产生溅射。

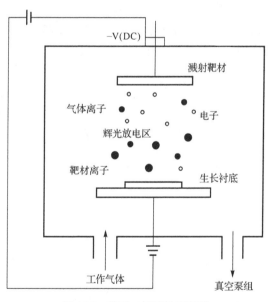

图 14.2 普通二极溅射示意图

其中的电子则继续与 Ar 气体原子发生电离碰撞,产生新的正离子和二次电子,并维持放电,而由阴极靶溅射出来的靶材原子飞向基片,最终沉积到基片上形成薄膜。

低压等离子体可以分为几个区域,如图 14.3 所示,包括阿斯顿暗区、阴极辉光、阴极暗区(也称克鲁克斯暗区)、负辉光、法拉第区、正离子柱、阳极辉光和阳极暗区。与溅射工艺密切相关的区域是阴极暗区和正离子柱区[4]。

直流二极溅射的优点是装置简单,适用于溅射金属和半导体靶材,但也存在如下明显的缺点。

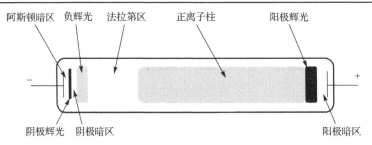

图 14.3　低压等离子体辉光区域

(1)不适用于绝缘材料的溅射。

(2)放电电压高,基片易受到高压加速粒子的轰击而升温。

(3)沉积速率较低。

(4)在较低的气压下,如<0.1Pa,不能维持正常的气体放电,因此不能进行溅射;而过高的气压,将影响薄膜的质量。

14.1.2　磁控溅射的工作原理

为了克服二极溅射的上述缺点,19世纪中期以后,磁控溅射技术得到了发展。磁控溅射技术是在直流溅射阴极靶中增加了磁场,利用磁场的洛伦兹力束缚和延长电子在电场中的运动轨迹,增加电子与气体原子的碰撞机会,导致气体原子的离化率升高,使得轰击靶材的高能离子数量增加,而轰击基片的高能加速电子减小,有利于提高溅射效率,维持基片在一个较低温度,可实现在一些低熔点基片上生长薄膜。

磁控溅射是在二极溅射的阴极靶面上建立一个环形的封闭磁场,它具有平行于靶面的横向磁场分量,磁场由靶体内的磁体产生。该横向磁场与垂直于靶面的电场构成正交的电磁场,成为一个平行于靶面的约束二次电子的电子捕集阱,其示意图如图14.4所示。磁控溅射主要包括放电等离子体运输、靶材刻蚀与薄膜沉积等过程,磁场对上述各个过程都会产生影响。

电子 e 在电场 E 的作用下加速,在飞向基体的过程中,与 Ar 原子发生碰撞,若电子具有足够的能量(约 30eV),则可以电离出 Ar^+ 和一个电子 e,Ar^+ 在电场 E 作用下加速飞向阴极靶并以高能量轰击靶表面,使靶材产生溅射。

在溅射粒子中,中性的靶材原子(或分子)沉积在基片上形成薄膜。同时溅射出的二次电子在阴极暗区加速,在飞向基片的过程中,落入正交电磁场的电子阱中,不能直接被阳极接收,而是受磁场洛伦兹力的束缚,以旋轮线和螺旋线的复合形式在靶表面附近做回旋运动。电子被电磁场束缚在靠近靶表面附近的等离子区域内,使其到达阳极前的行程明显增长,极大地增加了 Ar 原子的碰撞电离概率,使得该区域内气体原子的离化率增加,轰击靶材的高能 Ar^+ 增多,从而实现磁控溅射高效沉积的特点。

与普通的直流或射频二极溅射不同,在磁控溅

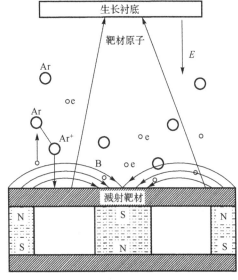

图 14.4　磁控溅射示意图

射中，电子受磁场的束缚，在靶面上的磁作用区域内的电子浓度很高，在磁作用区域以外特别是远离磁场的基片表面附近，电子浓度因发散而低得多，此区域的电子在磁场束缚下经过多次碰撞后，能量逐渐降低，因耗失能量而成为低能电子(慢电子)。这部分低能电子在电场 E 作用下远离靶面最终到达基片，它传给基片的能量很小，使基片受轰击而造成的温升很低。

磁场还可以使溅射系统在较低的气压下运行，低的工作气压可以使离子在到达靶面以前的碰撞减少，可用较大的动能轰击靶材，并且能够降低溅射出的靶材原子和中性气体的碰撞，防止靶材原子散射到腔壁或反弹到靶表面，提高薄膜的沉积速率和质量。

靶磁场能够有效地约束电子的运动轨迹，进而影响等离子体特性以及离子对靶的刻蚀轨迹；增加靶磁场的均匀性能够增加靶材刻蚀的均匀性，从而提高靶材的利用率；合理的电磁场分布还能够有效地提高溅射过程的稳定性。因此，对于磁控溅射靶来说，磁场的大小和分布是极其重要的。

14.1.3　磁控溅射薄膜生长特点

溅射和蒸发生长薄膜的差别在于，溅射原子具有动能，动能为几电子伏特到 10eV，其能量分布如图 14.5 所示。总体来说，溅射原子具有比蒸发原子高得多的能量。

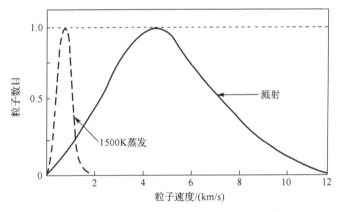

图 14.5　溅射和蒸发 Cu 原子能量分布对比[1]

磁控溅射、热蒸发、脉冲激光沉积与电子束蒸发等都是重要的物理真空镀膜技术，磁控溅射与其他薄膜生长技术相比，具有如下显著的特征。

(1)工作参数有大的动态调节范围，薄膜生长速率和厚度容易控制，容易实现自动化控制。

(2)对磁控靶的几何形状没有设计上的限制，以保证大面积薄膜的均匀性。

(3)薄膜没有液滴颗粒物的问题，优于脉冲激光沉积技术。

(4)几乎所有金属、合金和陶瓷材料都可以制成溅射靶材，尤其是溅射可实现热蒸发所不能完成的高熔点材料的薄膜生长。

(5)通过直流或射频磁控溅射，可以生成纯金属或配比精确恒定的合金薄膜，以及氧化性气体参与的反应溅射[5]，如 O_2、N_2、H_2S 等，可生成金属氧化物、氮化物及硫化物膜等，如 AlN[6]、$CuAlO_2$[7,8]、ZnO[9]等，从而实现各类薄膜的生长要求。

(6)可实现低温生长，薄膜与衬底的结合力强。

磁控溅射的具体特点概述如下。

1. 沉积速率高

磁控溅射可以提高溅射气体的离化率，从而获得非常大的靶轰击离子电流，因此，靶表面的溅射刻蚀速率和薄膜沉积速率都很高。

2. 功率效率高

磁场作用下，低能电子与气体原子的碰撞概率高，因此气体离化率明显提高，相应地，等离子体的阻抗大幅度降低，因此，直流磁控溅射与直流二极溅射相比，工作压强由 $10\sim1Pa$ 降低到 $10^{-1}\sim10^{-2}Pa$，溅射电压也同时由几千伏降低到几百伏，溅射效率和沉积速率呈数量级增加。

3. 低能溅射

由于靶上施加的阴极电压低，等离子体被磁场束缚在阴极附近的空间中，从而抑制了高能带电粒子向基片一侧入射。因此，由带电粒子轰击引起的，对半导体器件等基体造成的损伤程度比其他溅射方式低。

4. 衬底温度低

磁控溅射时，阴极靶的磁场作用区域以内，即靶放电跑道上的局部小范围内的电子浓度高，而在磁作用区域以外特别是远离磁场的衬底表面附近，电子浓度就因发散而低得多。因此，在磁控溅射的条件下，轰击衬底表面的电子浓度要远低于普通二极溅射中的电子浓度，而由于轰击衬底的电子数量减少，避免了衬底温度的升高。这是磁控溅射的衬底温升较低的主要原因。

此外，在磁控溅射方式中，装置的阳极可以设在阴极附近四周，衬底架也可以不接地，处于悬浮电位，这样电子可不经过接地的衬底架，而通过阳极流走，从而使得轰击衬底的高能电子数量明显减少，减少了由电子入射造成的基片热量增加，减弱了二次电子轰击衬底导致发热的问题。

5. 靶的不均匀刻蚀

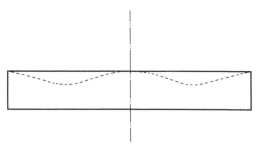

图 14.6　磁控溅射后靶材形状如虚线所示[4]

在磁控溅射中，一般采用的是不平衡磁场，因此会使等离子体产生局部收聚效应，靶上局部位置(垂直磁场为零)的溅射刻蚀速率极大，其结果是靶上会产生显著的不均匀刻蚀，如图 14.6 所示。靶材的利用率一般为 30% 左右。为了提高靶材的利用率，可以采取各种改进措施，如改善靶磁场的形状和分布，使磁力线尽量平行于靶材的表面，或者使磁场在靶阴极内部移动等。

6．磁性材料靶溅射困难

如果溅射靶材由高磁导率的材料制成，磁力线会直接通过靶的内部发生磁短路现象，从而使磁控放电难以进行。

14.1.4　溅射产额

溅射过程，入射离子通常会具有 40～1000eV 能量，足以轰击出大量的原子或使它们迁移，平均一个入射离子入射到靶材表面后，从其表面上所溅射出来的靶材原子数定义为溅射产额，又称为溅射系数或溅射率，一般以 η（原子/离子）表示。溅射产额 η 越大，薄膜的生长速率越快。溅射出的粒子的动能大部分在 20eV 以下，而且大部分为电中性。

溅射产额与入射离子的种类、能量、入射角和靶材的种类、结构、温度等因素有关，也与溅射时靶材表面发生的分解、扩散、化合等状况相关，还与溅射气体的压强相关，但在很宽的温度范围内与靶材的温度无关。

1．溅射产额与入射离子能量之间的关系

实验表明，只有当入射离子的能量大于某个数值时，才会发生溅射现象，此时 $\eta=0$，该数值称为溅射能量阈值。图 14.7 为几种材料溅射产额与 Ar 离子能量之间的关系曲线，在 10～10^4eV 时，溅射产额随入射离子能量的增大而增大，大多数薄膜沉积研究工作所集中的区域包括在这一部分之内。在数百电子伏特以内，溅射产额与离子能量基本呈线性关系；能量更高时，增加的趋势逐渐减小而偏离线性。在 10^4eV 以上时，溅射产额随着入射离子能量上升而下降，这是由于入射离子将注入靶材表面更深部位的晶格中，把大部分能量损失在靶材内，而导致很难溅射出原子。入射的离子越重，下降的能量就越高。表 14.1 列出了一些常见金属靶材溅射产额与 Ar 离子能量之间的关系[1]。

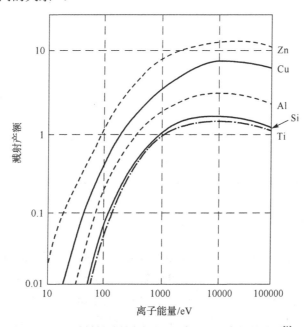

图 14.7　几种材料溅射产额与 Ar 离子能量之间的关系[1]

表 14.1　一些常见金属靶材溅射产额与 Ar 离子能量之间的关系[1]

溅射产额	入射离子能量为 300 eV	入射离子能量为 500 eV	入射离子能量为 1000 eV
Ag	1.7	2.5	3.5
Al	0.6	0.9	1.5
Au	1.1	1.7	2.5
B	0.2	0.6	1.1
Be	0.3	0.5	0.9
C	0.1	0.3	0.6
Co	0.7	1	1.7
Cr	0.8	1.1	1.9
Cu	1.5	1.9	2.9
Fe	0.7	1	1.7
Ge	0.6	1	1.5
Hf	0.4	0.6	0.9
Mo	0.3	0.5	0.9
Nb	0.4	0.6	0.9
Ni	0.7	1.0	1.7
Pb	2.5	3.2	4
Pd	1.5	1.8	2.5
Pt	0.7	1	1.6
Re	0.4	0.6	1.0
Rh	0.7	1	1.7
Ru	0.7	1	1.7
Si	0.3	0.7	1
Sn	0.6	0.9	1.4
Ta	0.3	0.5	0.9
Ti	0.3	0.5	0.7
V	0.4	0.7	1
W	0.3	0.5	0.9
Zn	3.7	5	7

2. 溅射产额与离子入射角之间的关系

改变入射角度，可以改变溅射产额，对相同的靶材和入射离子，溅射产额 η 随离子入射角 θ 的增大而增大。垂直入射时，$\theta = 0°$，当 θ 逐渐增加时，溅射产额也增加；当 θ 达到 50° 时，溅射产额是垂直溅射的 1.5~3 倍。不同靶材的溅射产额 η 随入射角 θ 的变化情况是不同的。对于 Mo、Fe、Ta 等溅射产额较小的金属而言，入射角对溅射产额的影响较大；而对于 Pt、Au、

Ag、Cu 等溅射产额较大的金属而言，则影响较小。溅射产额与离子入射角的典型关系曲线如图 14.8 所示。

对单晶材料来说，当入射方向平行于低密度的晶体指数面时，溅射产额比多晶材料低；当入射方向平行于高密度的晶体指数面时，溅射产额比多晶材料高。

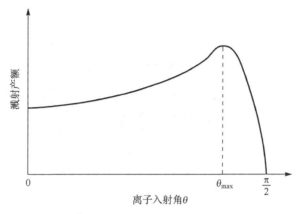

图 14.8　溅射产额与离子入射角的关系

3. 溅射产额与工作气体压强的关系

在工作气体压强较低时，溅射产额不随压强变化；在工作气体压强较高时，溅射产额随压强增大而减小，如图 14.9 所示。这是因为工作气体压强高时，溅射粒子与气体分子之间碰撞而返回阴极靶表面。

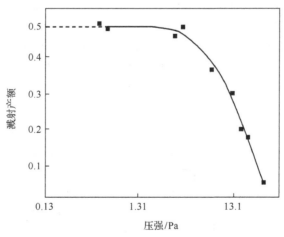

图 14.9　溅射系数与工作气体压强的关系（入射离子能量为 150eV，Ar$^+$轰击 Ni 靶）

4. 溅射产额与温度的关系

图 14.10 是利用 45keV 的 Xe$^+$对几种靶材进行轰击时，其溅射产额（根据靶材失重间接表达）与靶材温度的关系曲线。由图可知，在某一温度范围内，溅射产额（靶材失重）几乎不随温度的变化而变化，当靶表面的温度超过这一范围时，溅射产额有急剧增加的倾向。因此在溅射时，控制靶材温度，防止因溅射急剧增加而导致溅射速率不稳定现象也是非常重要的。

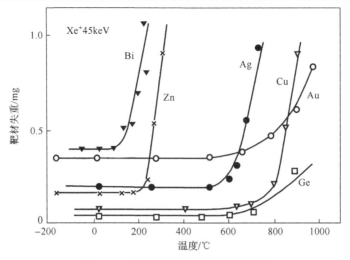

图 14.10　各种靶材失重与温度的关系

14.2　磁控溅射技术

14.2.1　射频溅射与反应溅射

直流溅射和直流磁控溅射镀膜装置都需要在溅射靶上加一个负电位，因而只能溅射良导体，而不能制备绝缘介质膜。对于绝缘材料的靶材，若采用直流二极溅射，正离子轰击靶材的电荷不能很快导走，造成正电荷积累，靶面正电位不断上升，最后正离子不能到达靶面进行溅射，因此对绝缘靶材需要采用射频溅射技术。

射频溅射装置与直流溅射装置类似，只是电源换成射频电源，图 14.11 是射频溅射装置的结构示意图，为了使溅射功率有效地传输到靶-衬底之间，还需要专门的匹配器。射频溅射生长薄膜的工作原理是：将一个负电位加置于靶体上，在辉光放电的等离子体中，正离子向射频靶加速飞行，轰击其前置的绝缘靶材，使其溅射。但是这种溅射只能维持 10^{-7}s，此后在绝缘靶材积累的正电荷形成的正电位抵消了靶材背后靶体的负电位，故而停止了高能正离子对绝缘靶材的轰击。此时，如果倒转电源的极性，即靶体上加正电位，电子就会向射频靶加速飞行，进而轰击绝缘靶材，并在 10^{-9}s 内中和掉绝缘靶材上的正电位，使其电位为零。这时，再倒转电源极性，又能产生 10^{-7}s 对绝缘靶材的溅射。如果持续进行下去，每倒转两次电源极性，就能产生 10^{-7}s 的溅射。因此必须使电源极性倒转率 f 不小于 10^7 次/s，在靶极和基体之间射频等离子体中的正离子和电子交替轰击绝缘靶而产生溅射，才能满足正常薄膜沉积的要求。国内射频电源的频率规定多采用 13.56MHz。

在射频溅射镀膜装置的两极之间加上高

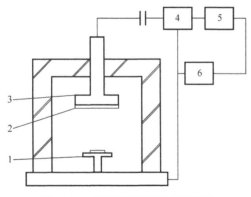

图 14.11　射频溅射装置结构示意图

1-衬底架；2-靶材；3-靶体；4-匹配器；5-电源；6-射频发生器

频电场(13.56MHz)后,电子在振荡作用下的运动也是振荡式的,利用电子在射频电场中的振荡,电子吸收射频电场的能量,与 Ar 原子产生碰撞电离而获得等离子体。等离子体内电子容易在射频电场中吸收能量并在电场中振荡,因此电子与气体粒子碰撞的概率明显增加,气体的电离概率也相应提高,使射频溅射的击穿电压和放电电压显著降低,其数值只有直流溅射装置的1/10 左右。电子与气体分子碰撞概率增大,从而使气体离化率变大,因此射频溅射可以在 0.1Pa甚至更低的气压下进行。

　　射频溅射能沉积包括导体、半导体和绝缘体在内的几乎所有材料。

　　现代工程技术的发展越来越多地利用各种化合物薄膜,如 Ⅱ-Ⅵ族、Ⅲ-Ⅴ族等化合物半导体材料,以及各种过渡金属氧化物材料[10]等,制备各种化合物薄膜除了可以利用射频溅射方法,还可以采用反应溅射法,即在溅射镀膜的过程中,人为控制引入某些活性反应气体与溅射出来的靶材物质进行反应,沉积在衬底上,可获得与靶材不同的薄膜。例如,在 O_2 中溅射反应而获得氧化物,在 N_2 或 NH_3 中获得氮化物。从工业规模大量生产化合物薄膜的需求来看,反应磁控溅射沉积技术具有明显的优势。

　　反应磁控溅射的原理示意图如图 14.12 所示,常用的反应气体包括氧气、氮气、氨气、硫化氢、甲烷、一氧化碳等。在溅射过程中,根据反应气体压强的不同,反应过程可以发生在衬底上,也可以发生在阴极上。

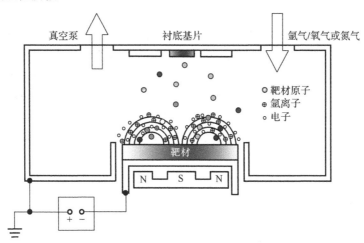

图 14.12　反应磁控溅射原理示意图

　　溅射过程中,溅射靶材被轰击后具有相当高的温度,当反应气体的压强较高时,可能在阴极溅射靶上发生反应,然后以化合物的形式被轰击迁移到衬底上成膜。一般情况下,反应磁控溅射的反应气体分压比较低,因此气相反应不显著,主要表现为在衬底表面的固相反应,通常由于等离子体中的流通电流很高,可以有效地促进反应气体分子的分解、激发和电离过程。在反应磁控溅射过程中产生一股强大的由载能游离原子团组成的粒子流,伴随着溅射出来的靶原子从阴极靶流向衬底,在衬底上克服薄膜扩散生长的激活能后形成化合物。

　　反应磁控溅射生长化合物薄膜有如下几方面的特点。

　　(1)反应磁控溅射所用的靶材料(单元素靶或多元素靶)和反应气体等很容易获得很高的纯度,因而有利于制备高纯度的化合物薄膜。

　　(2)在反应磁控溅射中,通过调节生长工艺参数,可以制备化学配比或非化学配比的化合物薄膜,从而达到通过调节薄膜的组成来调控薄膜特性的目的。在很多情况下,只需要简单地改变溅射反应气体与工作气体(通常为 Ar 气)的比例,就可改变薄膜的性质。例如,可改变薄膜中的载流子浓度,使其由金属变为半导体或电介质材料。

(3)在反应磁控溅射生长过程中,衬底的温度一般不是很高,而且成膜过程通常并不要求对衬底进行很高温度的加热,因此对衬底材料的要求和限制较少。

(4)反应磁控溅射适于制备生长大面积均匀的薄膜,如透明导电氧化物 ITO 薄膜,可实现单机年产量上百万平方米的工业化生产规模。

目前,工业上常用的利用反应磁控溅射方法制备的薄膜有:建筑玻璃上使用的 TiO_2、SnO_2、SiO_2 和 ZnO 等;电子工业使用的透明导电 ITO 薄膜、SiO_2、Si_3N_4 等;光学上使用的 TiO_2、SiO_2 和 Ta_2O_5 等。反应磁控溅射工艺看似简单,实际复杂,也存在一些弊端。

(1)化合物靶材的制备比较困难,包括成分精确控制、高温高压成型、化合物的机械加工性能差、制造成本高等。

(2)直流反应溅射过程不稳定,工艺过程难以控制,反应不仅发生在衬底表面,也发生在阳极靶材表面,以及真空室表面等,从而容易引起靶的中毒、靶材和工件表面打火起弧等现象。

(3)溅射沉积速率较低,薄膜的缺陷密度通常较高。

(4)射频反应溅射设备贵,匹配困难,射频泄漏对人身有伤害。电源功率不大(10~15kW),溅射速率更低。

利用反应磁控溅射生长薄膜材料,通入的反应活性气体与靶材粒子的反应不仅发生在衬底之上,也会发生在靶材表面上,靶材表面上不可避免地会形成化合物薄膜的沉积。如果是直流反应磁控溅射,当靶材表面上沉积的化合物具有高的绝缘性时,轰击靶材表面的正离子将会在这些化合物薄膜上逐渐积累起来,并因为无法得到中和而在靶面上建立起越来越高的正电位 V_P。在溅射电源输出的电位确定的情况下,靶阴极位降区电位随着 V_P 的升高而降低,直到 V_P 升高到等于等离子体电位时,阴极电位变为零,最终导致放电熄火,溅射停止,这就是“靶中毒”现象。

反应磁控溅射过程中,在阳极表面逐渐沉积上的绝缘化合物薄膜,会使得放电区域的低能电子越来越难以回到作为归宿的阳极,直到最终通路完全隔断,这就是反应磁控溅射中的“阳极消失”现象。当反应溅射进行一段时间后,在阴极和阳极四周沉积较厚的绝缘涂层,形成“阳极消失”现象后,阳极周围的逃逸电子没有去处,造成辉光放电过程变得越来越不稳定,最后导致靶表面上带电的绝缘层引起频繁的异常弧光放电,使直流反应溅射不能正常进行,严重影响到溅射沉积工艺过程,膜层将产生严重的缺陷。

引起弧光放电的机制有两类。一类是热电子发射:随着电压的增加,轰击阴极的离子能量增加,能量传递使得阴极温度越来越高,而最终导致弧光放电,因此,也称为热弧。另一类是场致发射:它往往是电荷堆积产生强电场而进入弧光放电。在反应溅射镀膜中出现的弧光放电通常是由场致发射引起的,新靶表面残留的污物、堆积在靶面化合物膜层上的正离子以及堆积在阳极表面绝缘层上的电子,均是产生场致发射的主要诱因。

14.2.2 非平衡磁控溅射技术

常规的磁控溅射技术通常采用平衡磁场来控制等离子体,这种情况下,电子被靶面平行磁场紧紧地约束在靶面附近,因此辉光放电产生的等离子体也分布在靶面附近,一般距靶面在

60mm 附近。随着离开靶面距离的增大，等离子体浓度迅速降低。相应地，只有中性粒子不受磁场的束缚能够飞向沉积区域。中性离子的能量一般在 4～10eV，在衬底表面上不足以产生致密的、结合力好的膜层。如果将衬底布置在磁控靶表面附近区域内（距靶面 50～90mm），可以增强衬底表面受到离子轰击的效果，但是在距离溅射靶源过近的区域沉积的膜层不均匀，膜层的内应力大，也不稳定。另外，如果在复杂形状或具有立体表面的工件上沉积膜层，距离过近阴影问题比较突出，因而，这种常规的磁控溅射系统只能镀制结构简单、表面平整的工件。

常规磁控溅射靶的磁场集中在靶面附近，如图 14.13(a) 所示，靶的磁场将等离子体紧密地约束在靶面附近，而衬底附近的等离子体很弱，衬底不会受到离子和电子较强的轰击。

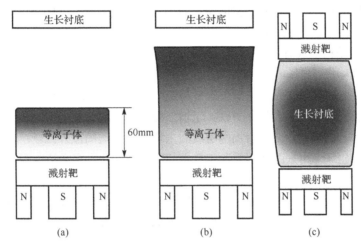

图 14.13 磁场分布与等离子体区域的比较
(a) 常规磁控溅射；(b) 非平衡磁控溅射；(c) 封闭磁场非平衡磁控溅射[11]

为了克服上述问题，目前通常利用非平衡磁控溅射技术，其主要特征是改变磁场，使得通过磁控溅射靶的内、外两个磁极端面的磁通量不相等，磁力线在同一阴极靶面内不形成闭合曲线，从而将等离子体扩展到远离靶外，使薄膜生长衬底浸没其中。这样，溅射系统中的约束磁场所控制的等离子区不仅仅局限在靶面附近，在衬底表面也引起大量的离子轰击，使等离子体直接干涉衬底表面的成膜过程，从而改善了薄膜的性能。

非平衡磁控溅射靶的磁场基本结构如图 14.13(b) 所示。对于平衡磁控溅射靶，其外环磁极的磁场强度与中部磁极的磁场强度相等或相近，即靶边缘和靶中心的磁场强度相同，磁力线全部在靶的表面闭合。如果某一磁极的磁场相对于另一极性相反的部分增强或者减弱，就将导致溅射靶磁场的非平衡状态，即通过磁控溅射阴极的内、外两个磁极端面的磁通量不相等，为非平衡磁控溅射靶。

非平衡磁控溅射与平衡磁控溅射的根本差异在于对等离子体的限制程度不同，两者尽管在结构设计上差别不大，但在薄膜的沉积过程中，等离子体中带电粒子的表现却大不相同。

在平衡磁控溅射系统，溅射靶表面闭合的磁场不仅约束二次电子，对于离子也有强烈的约束作用，即交叉场放电产生的等离子体被约束在离靶表面约 60mm 的区域内。沉积薄膜时，若衬底放置在这个区域，则衬底会受到高能电子和离子的轰击，除了对衬底造成损伤等不利因素外，还会由于再溅射效应使沉积速率降低；若衬底不放置在这个区域，则在电子飞向衬底的过程中，随着磁场强度的减弱，电子容易挣脱磁场的束缚，跑到真空室壁而损失掉，导致电子和离子的浓度下降, 致使到达衬底的离子电流密度减小, 不足以影响或改变薄膜的应力状态和微观结构。因此, 平衡磁控溅射很难生长致密的、应力小的薄膜, 尤其是在较大的或结构复杂的表面上成膜。

非平衡磁控溅射系统可以弥补薄膜沉积区域内磁场强度的减小这一缺陷, 其特征是在溅射系统中约束磁场所控制的等离子区域不仅仅局限在靶面附近。由于非平衡磁控溅射表面的磁场部分地扩展到衬底表面, 正交场放电产生的等离子体不是被强烈地约束在溅射靶的附近, 能够导致一定量的二次电子脱离靶面, 在磁场梯度的作用下, 带动正离子一起扩散到衬底表面的薄膜沉积区域, 将等离子体区扩展到远离靶面的衬底处。这样, 到达衬底的离子浓度提高, 在薄膜沉积过程中, 同时有一定数目和能量的带电粒子轰击衬底表面, 直接参与衬底表面的沉积成膜过程, 可以改善膜层的性能和质量。

非平衡磁场的结构形式有很多, 对于单靶非平衡磁控溅射, 可以相对增强靶中部磁极, 也可以相对增强边缘磁极。磁场的产生可以利用电磁线圈, 也可以利用永磁体, 或两者混合使用。另外, 可以利用多个溅射靶组成多靶闭合非平衡磁控溅射系统, 如图 14.13 (c) 所示。概括起来, 建立非平衡磁控溅射系统通常有以下方法: ①增加靶外围周边磁体的大小和尺寸, 使得靶的外围周边磁场强于中心磁场; ②依靠附加电磁线圈来增加靶周边的额外磁场; ③在阴极和工件之间增加附加的辅助磁场, 用来改变阴极和工件之间的磁场, 并以它来控制沉积过程中离子和原子的比例。

目前, 通常的磁控溅射设备均配置多个溅射靶, 多个溅射靶可以构成非平衡磁控溅射系统, 多靶非平衡磁控溅射可以弥补单靶非平衡磁控溅射的不足, 并适应大、中型镀膜设备, 拓展非平衡磁控溅射的应用范围。多靶非平衡磁控溅射从多方位同时沉积, 可以有效地消除阴影的影响, 如图 14.14 所示, 弥补单靶非平衡磁控溅射的缺陷。

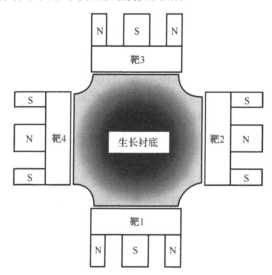

图 14.14 多靶非平衡磁控溅射示意图

14.2.3 高功率脉冲磁控溅射

1999 年, Kouznetsov[1]在普通磁控溅射的基础上采用脉冲电源, 提出了 HiPIMS 的方法[12]。2011 年, Anders 给出了 HiPIMS 的全面定义[13]: 技术上定义 HiPIMS 是一种峰值功率超过平均功率 2 个量级的脉冲溅射，表明高功率脉冲的间隔很长，而靶面内平均的峰值功率密度通常超过 10^6W/cm^2；物理上定义 HiPIMS 是一种溅射靶材原子高度离化的脉冲溅射，描述靶材离子自溅射将主导溅射过程。施加在溅射靶上的负电压只有在达到或超过"雪崩式"放电机制的阈值电压时才能获得百安级的靶电流峰值；HiPIMS 高压脉冲作用时会产生很高的瞬时功率，大量的电子被磁场束缚在靶附近，靠近靶表面的离化区域等离子体密度可以达到 $10^{18} \sim 10^{19} \text{m}^{-3}$。等离子体密度达到 10^{19}m^{-3} 时，溅射出的金属原子的离子化平均自由程在 1cm 左右；而普通的直流磁控溅射等离子体密度约为 10^{17}m^{-3}，离子化平均自由程可达 50cm，因此 HiPIMS 溅射材料的离化率极高，可达 20%～100%。经过十多年的发展，HiPIMS 渐渐成为一种在镀膜工艺中有着广泛应用前景的薄膜沉积技术而备受关注[14,15]。

依据脉冲形式、峰值电流密度和占空比不同，HiPIMS 分为常规 HiPIMS 和新兴的高功率调制脉冲磁控溅射[16](modulated pulsed power magnetron sputtering, MPPMS)。常规 HiPIMS 的峰值电流密度在 0.5～10.0kW/cm²，占空比为 0.5%～10%；而 MPPMS 分别为 0.5～1.5kW/cm² 和 10%～30%。常规 HiPIMS 电源为传统的单一短脉冲形式，电压在脉冲作用时间内先快速上升至千伏级，随后逐渐减小，典型放电波形如图 14.15 (a) 所示[17]，放电电流可达几百安，峰值功率可达兆瓦级(取决于靶的尺寸)。新兴的 MPPMS 电源通过微脉冲调控脉冲位形，降低峰值电流和峰值功率约一个量级，而脉冲宽度拓宽至毫秒级，最大可达 3ms，占空比可达 28%，脉冲频率变化范围为 4～400Hz，可实现包含预离化过程的多段脉冲位形，进一步提高了 HiPIMS 的稳定性和可控性，典型放电波形如图 14.16 (b) 所示[17]。

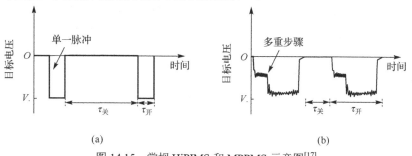

(a)　　　　　　　　　　　　　(b)

图 14.15　常规 HiPIMS 和 MPPMS 示意图[17]

(a) HiPIMS；(b) MPPMS

近些年，HiPIMS 技术广泛应用于各类薄膜材料的制备中，其最显著的特点就是将脉冲等离子体放电应用到磁控溅射过程中，溅射靶材产生高度离化的等离子体，高度离化的靶材离子可以沉积获得平滑致密并且与基体反应形成结合良好的薄膜，增加薄膜组织、力学性能的可控性。研究表明 HiPIMS 等离子体运输的特点使其在复杂形状工件镀膜中更具有优势；同时利用 5～400Hz 的低脉冲频率和 1%～30%的低占空比，保证平均功率与传统磁控溅射相当，使磁控溅射阴极不会因过热而增加其冷却要求。

图 14.16 是利用两种溅射技术(直流磁控溅射和 MPPMS)生长的金属 Cr 薄膜 SEM 图像[18]，其中直流磁控溅射的功率为 3kW，MPPMS 的平均功率为 4kW，峰值功率为 135kW，脉冲频率为 30Hz。对于直流磁控溅射，研究表明薄膜的取向与功率密切相关，当溅射功率小于 2kW 时，薄膜 XRD 最强峰为体心立方的(110)峰，溅射功率超过 3kW 后，XRD 最强峰变为(200)，而且晶粒尺寸明显增大(约 1μm)。MPPMS 制备的薄膜 XRD 最强峰均为(110)峰，在相近的溅射功率下，薄膜具有更高的致密度，而晶粒尺寸更小，如图 14.16 所示。

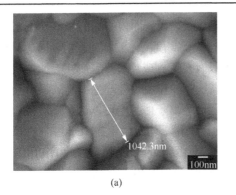

(a)　　　　　　　　　　　　　　　(b)

图 14.16　直流磁控溅射和 MPPMS 生长的金属 Cr 薄膜 SEM 图像 [18]

(a) 直流磁控溅射；(b) MPPMS

14.3　磁控溅射应用于材料沉积的实例

14.3.1　磁控溅射 ZnO 薄膜的生长

ZnO 的相关研究工作已持续几十年，包括其晶体结构、光学性能与压电性能等[19]。由于高质量的 ZnO 薄膜可在较低的温度下(<700℃)生长得到，加上它具有较大的激子束缚能(约 60meV)、良好的热稳定性、低廉的价格和生态无公害等特点，ZnO 综合性能优于其他宽带隙半导体，成为近些年备受关注的新型 Ⅱ-Ⅵ 族化合物半导体材料[20]，尤其是作为透明导电氧化物[21]、氧化物稀磁半导体[22]和蓝紫外发光材料[23-25]有着重要的应用前景。

利用磁控溅射生长薄膜，首要的问题是选择和制备合适的靶材，在此主要讨论利用射频磁控溅射方法生长 ZnO 基稀磁半导体薄膜，所使用的靶材为各种 ZnO 陶瓷，它们分别掺杂了不同浓度的过渡金属(TM)元素。

1. 陶瓷靶材的制备

采用固相反应法制备用于磁控溅射的陶瓷靶材，原材料的主要组分为 ZnO(纯度>99.9%)粉末，根据需要掺杂一定摩尔比的 MnO_2、Cr_2O_3、Co_2O_3、NiO 和 Fe_2O_3，具体的制备方法如下。

(1)将称量好的粉末置于球磨罐中，倒入适量的无水乙醇，然后置于球磨机上球磨 12h。球磨完毕，将粉末取出干燥。

(2)将黏结剂(4%聚乙烯醇)加入球磨过的粉末，在研钵中研磨均匀。

(3)压制成厚度合适、直径为 60mm 的圆片。

(4)将压制的圆片置于高温炉中烧结成陶瓷靶，烧结温度在 1000～1200℃，时间为 5h 以上。

2. 磁控溅射工艺概述

将烧制后的陶瓷靶放置在磁控溅射靶台上后，利用机械泵与分子泵将溅射腔抽真空至 $4.5×10^{-4}$Pa，即可进行溅射沉积薄膜。实验中主要选择 c-蓝宝石和 z-切 $LiNbO_3$ (LN)作为衬底。其他的实验条件如下。

(1)衬底温度：450～550℃。

(2)溅射功率：35～80W。

(3) 溅射压强：1～2Pa。

(4) 气体流量：Ar 为 25sccm；根据需要通入反应气体 O_2 或 N_2，并保持 Ar/O_2 或 Ar/N_2 比值一定。

(5) 根据需要调整衬底与靶材之间的距离在 40～60mm。

在制备 $(Mn_x, A_y)Zn_{1-x-y}O$（A = Fe, Co 或 Ni）薄膜时采用双靶共溅射工艺[26]，即利用两个溅射靶同时溅射两种陶瓷靶材（$Zn_{0.95}Mn_{0.05}O$ 与 $Zn_{1-x}A_xO$），以获得 Mn 与金属 A 共掺杂的 ZnO 薄膜，如图 14.17 所示。调整两个溅射靶的功率之比，可以在一定范围内改变掺杂金属的量。

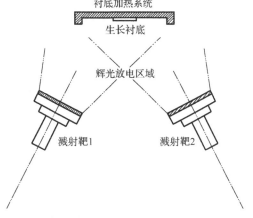

图 14.17　制备 (Mn, A) ZnO 薄膜时的共溅射示意图

3. 掺杂 ZnO 薄膜的结构与性质

1) 组织结构

利用 XRD 进行 θ–2θ 扫描来表征所制备薄膜的结构特征，如图 14.18 和图 14.19 所示。可以看出所得到的 ZnO 薄膜结晶取向一致，完全沿 (001) 方向生长，没有掺杂元素的氧化物相，说明在晶格中所掺杂的过渡金属元素完全替代了 Zn 的位置。进一步的实验表明，随所掺杂元素二价离子半径的改变，由 XRD 所得到的晶格常数 d 值或 2θ 值有所改变。例如，Mn^{2+} 离子半径 (0.80Å) 大于 Zn^{2+} 离子半径 (0.74Å)，所以 Mn 掺杂 ZnO 通常造成晶格常数 d 值的增大；而 Co^{2+} 离子半径 (0.72Å) 略小于 Zn^{2+} 离子半径，所以 Co 的掺杂通常使得晶格常数 d 值减小。但是也有文献报道，随 Co 元素掺杂浓度的增加，d 值呈线性增加[27]。

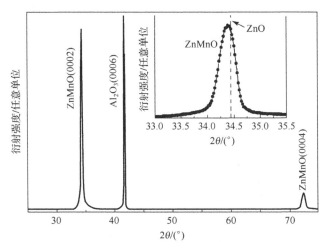

图 14.18　生长在单晶氧化铝衬底上的 Mn 掺杂 ZnO (ZnMnO) 薄膜的 XRD 图

2) 组分含量

利用电感耦合等离子体质谱仪 (inductively coupled plasma-mass spectrometry，ICP) 对薄膜中各金属离子的含量进行测试，结果表明，对于单靶溅射制备的 $Zn_{1-x}Mn_xO$ 薄膜，其中的金属离子含量之比 (Zn/Mn) 与靶的组分基本一致。而对于共溅射，薄膜中金属离子的含量不仅取决

于靶的成分，而且与溅射功率和金属本身的溅射速率相关。在利用 $Zn_{0.95}Mn_{0.05}O$ 和 $Zn_{0.90}Fe_{0.10}O$ 制备 (Mn,Fe)ZnO 薄膜时，改变溅射功率，可以在一个比较大的范围内改变薄膜的组分，如图 14.20 所示。由于 Fe 的溅射速率比较低，薄膜中 Fe 含量小于靶中的 Fe 含量。总体而言，薄膜中掺杂金属的量与功率之比呈很好的线性关系。通过调节两靶功率之比来生长不同掺杂量的薄膜，从而获得具有不同的物理性质的薄膜材料[28,29]，为相关薄膜体系的组成设计提供了极大的灵活性。

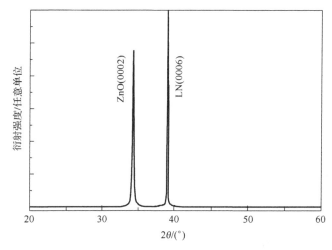

图 14.19　生长于铌酸锂 (LN) 单晶衬底上的 ZnO 薄膜 XRD 图

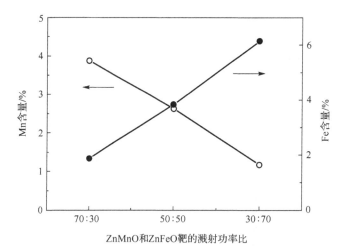

图 14.20　共溅射制备 (Mn, Fe)ZnO 薄膜时，溅射功率对薄膜掺杂组分的影响
靶材分别为 $Zn_{0.95}Mn_{0.05}O$ 与 $Zn_{0.90}Fe_{0.10}O$

3) 利用反应溅射生长 N 掺杂 ZnO 基稀磁半导体薄膜

$Zn_{0.97}Mn_{0.03}O:N$ 薄膜是利用 $Zn_{0.97}Mn_{0.03}O$ 陶瓷靶，在 Ar 和 N_2 的气氛下，利用磁控溅射技术制备得到的[30]。基本的工艺条件如下。

(1) 气体流量：Ar 为 30sccm，N_2 为 15sccm。

(2) 生长温度：550℃。

(3) 沉积室压强：0.8Pa。

（4）溅射功率：70W。

（5）生长时间：30min。

4）薄膜的结构分析

$Zn_{0.97}Mn_{0.03}O:N$ 薄膜的 XRD 结果如图 14.21 所示，表明 N 元素与 Mn 元素共掺杂 ZnO 薄膜仍然保持了 ZnO 的纤锌矿结构。但是因为 Mn^{2+}(80pm)、N^{3+}(146pm) 的半径分别大于 Zn^{2-}(74pm) 和 O^{2-}(138pm) 半径，所以 $Zn_{0.97}Mn_{0.03}O:N$ 薄膜的 d 值（2.638Å）远大于 ZnO 薄膜的 d 值（2.605Å），也大于 $Zn_{0.97}Mn_{0.03}O$ 的 d 值（2.610Å）。

通过上述分析基本可以表明，ZnMnO:N 薄膜中所掺杂的 Mn 与 N 分别替代晶格中的 Zn 与 O 的位置。

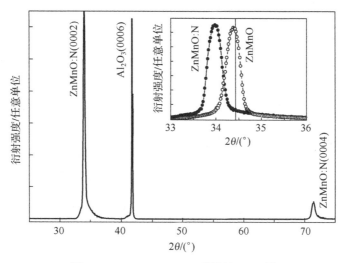

图 14.21　$Zn_{0.97}Mn_{0.03}O:N$ 薄膜的 XRD 图

内插图显示了 N 掺杂后对薄膜 2θ 的影响

图 14.22 为 ZnMnO:N 薄膜的 XPS 测试结果，由此得出薄膜中 Zn 与 Mn 主要以二价离子的形态存在，而 O 也存在两种状态：O—Zn 与 O—H。图 14.22(d) 为 N 1s 的 XPS 测试结果，利用 Lorentz 方法将谱线进行分解，得到峰值分别位于 396.7eV 和 398.5eV 的两个峰，它们分别对应于 N—Zn 与 N—H 的结合能，也就是说，薄膜中的 N 也以两种形态存在。XPS 的结果表明薄膜中 N 与 O 之比约为 1∶2.5。

5）吸收光谱

$Zn_{0.97}Mn_{0.03}O:N$ 薄膜的吸收光谱如图 14.23 所示。作为对比也给出了 $Zn_{0.97}Mn_{0.03}O$ 的吸收光谱。可以看出，它们的吸收边均在 400nm 附近，由于 ZnO 为直接带隙半导体，根据 α^2-$h\nu$ 关系外推得到了它们的带隙分别为 3.14eV 和 3.13eV。一般认为，晶格常数越大，带隙也越大；而 Zn—N 的结合能要小于 Zn—O 的结合能，所以又将使 $Zn_{0.97}Mn_{0.03}O:N$ 的带隙减小，两种因素的共同作用导致 $Zn_{0.97}Mn_{0.03}O:N$ 的带隙与 $Zn_{0.97}Mn_{0.03}O$ 基本相等，且均要小于 ZnO 的带隙（本书为 3.18eV），这进一步表明，薄膜中有一部分 N 参与成键，形成 Zn—N 键。

在 ZnMnO:N 的吸收光谱中，同样观察到了位于约 415nm 处的吸收峰，这也表明 Mn 在晶格中替代 Zn 的位置。

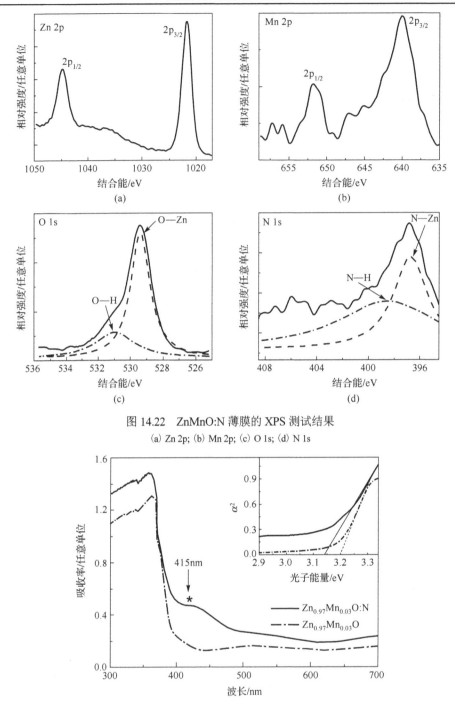

图 14.22　ZnMnO:N 薄膜的 XPS 测试结果

(a) Zn 2p; (b) Mn 2p; (c) O 1s; (d) N 1s

图 14.23　$Zn_{0.97}Mn_{0.03}O:N$ 薄膜和 $Zn_{0.97}Mn_{0.03}O$ 薄膜的吸收光谱

插图为 α^2-$h\nu$ 关系, 外推得到 $Zn_{0.97}Mn_{0.03}O:N$ 和 $Zn_{0.97}Mn_{0.03}O$ 薄膜的带隙分别为 3.14eV 和 3.13eV

14.3.2　磁控溅射铁氧体薄膜的生长

　　$CoFe_2O_4$ 与 $NiFe_2O_4$ 是两种非常重要的铁氧体材料[31,32], 铁氧体薄膜以优异的高频电磁特性、良好的机械耐磨性和稳定的化学性能成为颇具应用价值的材料而引起重视[33-38]。电子元器件进一步朝着小型化、集成化方向发展,部分器件也由三维的体材料向二维的薄膜材料方向发展,所以获得具有高质量的薄膜材料十分重要。

各种元素的饱和蒸气压不同,在靶材烧制过程中易造成成分的偏差,而且它们的溅射速率存在很大的差异,又会造成薄膜与靶材组分上比较大的偏离,所以要得到具有高质量的薄膜,靶材的制备尤为重要。

Fe、Co 与 Ni 等金属元素的溅射速率不同,以 Cu 为参照,在同样条件下,假设 Cu 的溅射速率为 1,则 Fe 的溅射速率为 0.56,而 Ni 的溅射速率为 0.65。不同的溅射速率造成薄膜与衬底的组分会存在偏差,为减小这种因溅射速率不同而造成的偏差,在准备靶材时需要适当增加溅射速率低的元素的量。例如,制备 $CoFe_2O_4$ 薄膜的靶材 Co 与 Fe 的化学计量比为 0.8∶1,而制备 $NiFe_2O_4$ 薄膜的靶材 Ni 与 Fe 的化学计量比为 0.4∶1。

另外,由于 $CoFe_2O_4$ 与 $NiFe_2O_4$ 材料具有一定的磁性,在利用磁控溅射生长薄膜时,靶材不能过厚(厚度小于 3mm)。

1. $CoFe_2O_4$ 薄膜的生长条件

利用 $Co_{1.6}Fe_2O_4$ 靶材制备 $CoFe_2O_4$ 薄膜的工艺条件如下。
(1)沉积温度:550~600℃。
(2)气体流量:Ar 为 20sccm;O_2 为 5sccm。
(3)沉积压强:1.0~2.0Pa。
(4)溅射功率:70W。

2. $CoFe_2O_4$ 薄膜的结构

图 14.24 为在 550℃下生长的 $CoFe_2O_4$ 薄膜的 XRD 结果,可以看出薄膜结晶较好。

相关研究也表明,通过调整靶的成分,可以实现一些比较复杂金属氧化物的生长,且薄膜组分满足其化学计量比,如 $NiFe_2O_4$、$LiNbO_3$ 等。

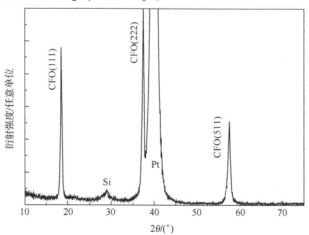

图 14.24 在 Pt/Si(111)衬底上生长的 $CoFe_2O_4$ 薄膜的 XRD 结果

14.3.3 高功率脉冲磁控溅射 AlN 薄膜的生长

氮化铝(AlN)属于Ⅲ-Ⅴ族化合物绝缘材料,具有宽直接带隙结构,带隙 E_g 为 5.9~6.2eV。

AlN 薄膜一般以六方晶系中的纤锌矿结构存在，其晶格常数 $a = 0.3114nm$，$c = 0.4947nm$，具有很多优异的物理化学性质，如高击穿场强、高热导率($320W/(K·m)$)、高电阻率、高化学和热稳定性以及良好的光学及力学性能。高质量的 AlN 薄膜还具有极高的超声传输速度、较小的声波损耗、相当大的压电耦合系数、与 Si 和 GaAs 相近的热膨胀系数等特点，其独特的性质在机械、微电子、光学，以及电子元器件、声表面波器件(SAW)制造和高频宽带通信等领域有着广阔的应用前景。

AlN 薄膜普遍生长在蓝宝石(α-Al_2O_3)、SiC 及 Si 衬底上，采用的基本方法主要有化学气相沉积(CVD)、脉冲激光沉积(PLD)、金属有机化学气相沉积(MOCVD)、分子束外延(MBE)及直流或射频反应溅射(DC or RF reactive sputtering)等[39]，其中最为普遍利用的是反应溅射法。

在利用磁控溅射技术制备 AlN 薄膜时，靶体烧制困难，而且沉积的薄膜往往会出现氮含量偏低的情况。通常采用金属铝靶，并充入一定量的氮气作为反应气解决单纯用磁控溅射法缺点的问题，因此，反应磁控溅射法是一种制备 AlN 膜的理想方法之一。但是，磁控溅射，尤其是反应磁控溅射，随着溅射过程的进行，其溅射速率会不断减小，经常发生 "靶中毒" 现象[40]或靶面 "电弧" 放电，放电现象易造成大量的液滴从靶材表面溅射出来，不仅影响薄膜质量，也会在靶材表面造成更多的 "放电" 活性点。HiPIMS 方法可以克服这些问题，尤其是在生长一些绝缘材料时，HiPIMS 方法可以稳定辉光放电，从而减少 "电弧" 放电，提高薄膜质量，改善薄膜组织结构、提高密度、增强附着力等，而且溅射速率可以保持很高。目前已有较多利用 HiPIMS 技术成功制备出高质量 AlN 薄膜的报道[41-45]。

Moreira 及其合作者在室温及 400℃下，利用普通反应脉冲直流磁控溅射(p-DC)和 HiPIMS 技术分别在 Si 单晶、Mo 衬底上生长了 200nm 厚的 AlN 薄膜[41]，实验结果表明，HiPIMS 技术生长的薄膜质量明显优于 p-DC 技术生长的薄膜，根据 XRD 测试结果，即使在室温下生长，HiPIMS 也可以得到(002)取向非常强的 AlN 薄膜，生长温度为 400℃时，AlN 薄膜只有(002)衍射峰。而利用 p-DC 技术生长的 AlN 薄膜无论在室温还是在 400℃生长，均有(101)等衍射峰出现，薄膜取向性明显较差，如图 14.25 所示。

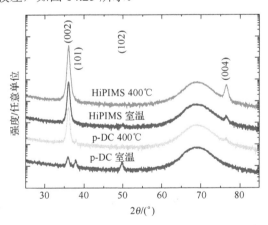

图 14.25　在 Si 衬底上利用 p-DC 和 HiPIMS 技术生长的 AlN 薄膜 XRD 结果
薄膜生长温度分别为室温和 400℃

Aissa 及其合作者利用 HiPIMS 在不同的生长气压下得到了具有良好的(002)取向的 AlN 薄膜[42,43]，薄膜具有非常高的热导率，可达 $250\pm50W/(K·m)$；作为对比，他们还利用普通直流磁控溅射技术（DC magnetron sputtering，DCMS）生长了 AlN 薄膜，通过 HRTEM 对两种溅射技术生长的薄膜进行了显微组织结构的表征。如图 14.26 所示[42]，利用 DCMS 技术生长的薄膜与衬底界面存在几纳米厚的非晶层，非晶层之上才是具有 c 轴取向的 AlN 薄膜。而在利用 HiPIMS 技术生长的 AlN 薄膜与衬底界面处没有发现非晶层，这与 HiPIMS 技术特点密切相关，HiPIMS 生长过程中离子具有非常高的能量，在薄膜开始生长时对衬底起到一定的"清洁"作用，能够去除单晶 Si 衬底表面的 SiO_2 层，从而实现 AlN 薄膜在 Si 表面的直接外延生长。

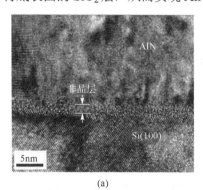
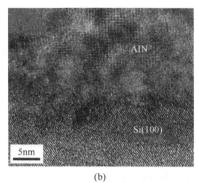

图 14.26　溅射气压 0.4Pa 条件下，分别利用 DCMS 和 HiPIMS 生长 AlN 薄膜 HRTEM 截面图
(a) 利用 DCMS；(b) 利用 HiPIMS

参 考 文 献

[1]　ROSSNAGEL S. Sputtering and sputter deposition[M]// WERNER K. Handbook of thin film deposition processes and techniques. 2nd Edition. New York: Willian Andrew Publishing, 2002: 319-348.

[2]　BERG S, NYBERG T, KUBART T. Modelling of reactive sputtering processes[M]. Berlin: Springer Heidelberg, 2008: 131-152.

[3]　KELLY P J, ARNELL R D. Magnetron sputtering: A review of recent developments and applications[J]. Vacuum, 2000, 56: 159-172.

[4]　SWANN S. Magnetron sputtering[J]. Phys. Technol., 1988, 19: 67-75.

[5]　HOWSON R P. The reactive sputtering of oxides and nitrides[J]. Pure Appl. Chem., 1994, 66: 1311-1318.

[6]　UCHIYAMA S, ISHIGAMI Y, OHTA M, et al. Growth of AlN films by magnetron sputtering[J]. J. Cryst. Growth, 1998, 189-190: 448-451.

[7]　STEVENS B L, HOEL C A, SWANBORG C, et al. DC reactive magnetron sputtering, annealing, and characterization of $CuAlO_2$ thin films[J]. J. Vac. Sci. Technol. A, 2011, 29: 011018-1-7.

[8]　ONG C H, GONG H. Effects of aluminum on the properties of p-type Cu-Al-O transparent oxide semiconductor prepared by reactive co-sputtering[J]. Thin Solid Films, 2003, 445: 299-303.

[9]　MAY C, MENNER R, STRÜMPFEL J, et al. Deposition of TCO films by reactive magnetron sputtering from metallic Zn:Al alloy targets[J]. Surf. and Coat. Technol., 2003, 169-170: 512-516.

[10]　WAKIYA N, AZUMA T, Shinozaki K, et al. Low-temperature epitaxial growth of conductive $LaNiO_3$ thin films by RF magnetron sputtering[J]. Thin Solid Films, 2002, 410: 114-120.

[11]　ARNELL R D, KELLY P J. Recent advances in magnetron sputtering[J]. Surf. and Coat. Technol., 1999, 112: 170-176.

[12] KOUZNETSOV V, MACA´K K, SCHNEIDER J M, et al. A novel pulsed magnetron sputter technique utilizing very high target power densities[J]. Surf. Coat. Technol., 1999, 122: 290-293.

[13] ANDERS A. Discharge physics of high power impulse magnetron sputtering[J]. Surf. Coat. Technol., 2011, 205: S1-S9.

[14] GREENE J E. Review article: Tracing the recorded history of thin-film sputter deposition: From the 1800s to 2017[J]. J. Vac. Sci. Technol., A, 2017, 35: 1-61.

[15] ANDERS A. Tutorial: Reactive high power impulse magnetron sputtering (R-HiPIMS)[J]. J. Appl. Phys., 2017, 121: 171101.

[16] 吴志立，朱小鹏，雷明凯. 高功率脉冲磁控溅射沉积原理与工艺研究进展[J]. 中国表面工程，2012，25(5):15-20.

[17] LIN J, SPROUL W D, MOORE J J, et al. Recent advances in modulated pulsed power magnetron sputtering for surface engineering[J]. JOM, 2011, 63: 48-58.

[18] LIN J, MOORE J J, SPROUL W D, et al. Modulated pulse power sputtered chromium coatings[J]. Thin Solid Films, 2009, 518: 1566-1570.

[19] TRIBOULET R, PERRIE´RE J. Epitaxial growth of ZnO films[J]. Prog. Cryst. Growth Charact. Mater., 2003, 47: 65-138.

[20] TSUKAZAKI A, AKASAKA S, NAKAHARA K, et al. Observation of the fractional quantum Hall effect in an oxide[J]. Nature Mater., 2010, 9: 889-893.

[21] CHOU T P, ZHANG Q, FRYXELL G E, et al. Hierarchically structured ZnO film for dye-sensitized solar cells with enhanced energy conversion efficiency[J]. Adv. Mater., 2007, 19: 2588-2592.

[22] PEARTON S J, HEO W H, IVILL M, et al. Dilute magnetic semiconducting oxides[J]. Semicond. Sci. Technol., 2004, 19: R59-R74.

[23] LIM J H, KANG C K, KIM K K, et al. UV electroluminescence emission from ZnO light-emitting diodes grown by high-temperature radiofrequency sputtering[J]. Adv. Mater., 2006, 18: 2720-2724.

[24] ALLENIC A, GUO W, CHEN Y, et al. Amphoteric phosphorus doping for stable p-type ZnO[J]. Adv. Mater., 2007, 19: 3333-3337.

[25] NAKAHARA K, AKASAKA S, YUJI H, et al. Nitrogen doped $Mg_xZn_{1-x}O$/ZnO single heterostructure ultraviolet light-emitting diodes on ZnO substrates[J]. Appl. Phys. Lett., 2010, 97: 013501-1-3.

[26] GU Z B, LU M H, WANG J, et al. Optical properties of (Mn,Co) co-doped ZnO films prepared by dual-radio frequency magnetron sputtering[J]. Thin Solid Films, 2006, 515: 2361-2365.

[27] UEDA K, TABATA H, KAWAI T. Magnetic and electric properties of transition-metal-doped ZnO films[J]. Appl. Phys. Lett., 2001, 79: 988.

[28] WANG J, GU Z B, LU M H, et al. Giant magnetoresistance in transition-metal-doped ZnO films[J]. Appl. Phys. Lett., 2006, 88: 252110.

[29] GU Z B, YUAN C S, LU M H, et al. Magnetic and transport properties of (Mn, Co)-codoped ZnO films prepared by radio-frequency magnetron cosputtering[J]. J. Appl. Phys., 2005, 98: 053908-1-5.

[30] GU Z B, LU M H, WANG J, et al. Structure, optical, and magnetic properties of sputtered manganese and nitrogen-codoped ZnO films[J]. Appl. Phys. Lett., 2006, 88: 082111-1-4.

[31] HOLINSWORTH B S, MAZUMDAR D, SIMS H, et al. Chemical tuning of the optical band gap in spinel

ferrites: $CoFe_2O_4$ vs $NiFe_2O_4$[J]. Appl. Phys. Lett., 2013, 103: 082406-1-5.

[32] HOU Y H, ZHAO Y J, LIU Z W, et al. Structural, electronic and magnetic properties of partially inverse spinel $CoFe_2O_4$: A first-principles study[J]. J. Phys. D: Appl. Phys., 2010, 43: 445003-1-7.

[33] RUS S F, HERKLOTZ A, ROTH R, et al. Thickness dependence of the magnetoelastic effect of $CoFe_2O_4$ films grown on piezoelectric substrates[J]. J. Appl. Phys., 2013, 114: 043913-1-5.

[34] COMES R, KHOKHLOV M, LIU H, et al. Magnetic anisotropy in composite $CoFe_2O_4$-$BiFeO_3$ ultrathin films grown by pulsed-electron deposition[J]. J. Appl. Phys., 2012, 111: 07D914-1-4.

[35] FOERSTER M, GUTIERREZ D F, REBLED J M, et al. Electric transport through nanometric $CoFe_2O_4$ thin films investigated by conducting atomic force microscopy[J]. J. Appl. Phys., 2012, 111: 013904-1-6.

[36] BACHELET R, DE COUX P, WAROT-FONROSE B, et al. $CoFe_2O_4$/buffer layer ultrathin heterostructures on $Si(001)$[J]. J. Appl. Phys., 2011, 110: 086102-1-4.

[37] DATTA R, KANURI S, KARTHIK S V, et al. Formation of antiphase domains in $NiFe_2O_4$ thin films deposited on different substrates[J]. Appl. Phys. Lett., 2010, 97: 071907-1-4.

[38] BAE S, LEE S W, TAKEMURA Y. Applications of $NiFe_2O_4$ nanoparticles for a hyperthermia agent in biomedicine[J]. Appl. Phys. Lett., 2006, 89: 252503.

[39] KUDYAKOVA V S, SHISHKIN R A, ELAGIN A A, et al. Aluminium nitride cubic modifications synthesis methods and its features- Review[J]. J Eur Ceram Soc., 2017, 37: 1143-1156.

[40] ARIF M, SAUER M, FOELSKE-SCHMITZ A, et al. Characterization of aluminum and titanium nitride films prepared by reactive sputtering under different poisoning conditions of target[J]. J. Vac. Sci. Technol., A, 2017, 35: 061507-1-11.

[41] MOREIRA M A, TÖRNDAHL T, KATARDJIEV I, et al. Deposition of highly textured AlN thin films by reactive high power impulse magnetron sputtering[J]. J. Vac. Sci. Technol. A, 2015, 33: 021518-1-6.

[42] AISSA K A, SEMMAR N, ACHOUR A, et al. Achieving high thermal conductivity from AlN films deposited by high-power impulse magnetron sputtering[J]. J. Phys. D: Appl. Phys., 2014, 47:355303-1-8.

[43] AISSA K A, ACHOUR A, CAMUS J, et al. Comparison of the structural properties and residual stress of AlN films deposited by dc magnetron sputtering and high power impulse magnetron sputtering at different working pressures[J]. Thin Solid Films, 2014, 550:264-267.

[44] LIN J, CHISTYAKOV R. *C*-axis orientated AlN films deposited using deep oscillation magnetron sputtering[J]. Appl. Surf. Sci., 2017, 396:129-137.

[45] GUILLAUMOT A, LAPOSTOLLE F, DUBLANCHE-TIXIER C, et al.Reactive deposition of AlN coatings in Ar/N_2 atmospheres using pulsed-DC or high power impulse magnetron sputtering discharges[J]. Vacuum, 2010, 85:120-125.

第 15 章　蒸发沉积技术

真空蒸发沉积(vacuum evaporation deposition)是一种重要的物理气相沉积(physical vapor deposition)技术，是制备各种功能薄膜材料与器件的常用方法之一。它是指在一定的真空环境下，源材料通过加热蒸发，气化的原子或分子经过自由无碰撞的迁移过程到达沉积表面后，重新固化凝结并沉积于衬底表面。相对于其他薄膜制备技术，蒸发沉积一般在(超)高真空条件下进行，膜层的沉积速率较高，化学纯度较高，对衬底的辐射损伤较小，同时易于膜厚的自动精密监控从而较容易实现制备过程的全自动化。凭借蒸发沉积膜层的生长特性与结构特点，该技术目前在纳米光子、纳米电子与纳米光电子材料与器件等领域中的纳米结构制备方面已逐渐显示出巨大优势及应用价值。

15.1　蒸发沉积的物理基础

15.1.1　蒸发与凝结

蒸发沉积一般包含三个基本物理过程[1,2]：源材料的加热蒸发气化、气相原子或分子从蒸发表面到达沉积表面的迁移，以及气相原子或分子在沉积表面的凝结与沉积。

蒸发过程是决定蒸发与沉积性质的重要因素。通过一定的加热手段，如电阻加热、电子束加热、激光加热等，蒸发材料气化蒸发并从蒸发表面逸出气相原子或分子，这种热蒸发实际上是一个热力学相变过程，这里将蒸发看作平衡态热力学系统(虽然实质上是一个典型的非平衡的热力学过程，但其结果具有重大的实际应用意义)。在一定的蒸发温度下，蒸发材料的平衡蒸气压，或称为饱和蒸气压，即在气相与凝聚相共存的平衡状态下的蒸气压强，可由克拉珀龙-克劳修斯(Clapeyron-Clausius)方程表示为

$$dP / dT = \Delta H(T) / (T\Delta V) \tag{15.1}$$

式中，$\Delta H(T)$ 为摩尔蒸发热；T 为热力学温度；ΔV 为气相与凝聚相的摩尔体积差($\Delta V = V_v - V_c$)，低压强下蒸气满足理想气体状态方程 $\Delta V = V_v - V_c \approx V_v = RT/P$，式(15.1)可表示为

$$dP / dT = P\Delta H(T) / (RT^2) \tag{15.2}$$

式中，R 为气体普适常数。由于 $\Delta H(T)$ 一般随温度变化很小，可视为常数。式(15.2)经积分后可得

$$\ln P = A - B / T \tag{15.3}$$

式中，A 和 B 为与蒸发材料有关的常数。此即材料的蒸发温度与平衡蒸气压之间的相互关系。

在热力学平衡状态下，蒸发与凝聚处于动态平衡，利用气体分子运动论，可获得蒸发速率为

$$R_e = \alpha_e[(P_v - P_h) / (2\pi m k_B T)^{1/2}] \tag{15.4}$$

此处的蒸发速率即蒸发源表面单位面积、单位时间逸出的分子或原子平均数目。式中，P_v 和 P_h 分别为上述的平衡蒸气压 P 和液态的静压；α_e 为蒸发系数(其数值在 0～1)。当 $\alpha_e = 1$，$P_h = 0$ 时，R_e 具有最大值：

$$R_e = P / (2\pi m k_B T)^{1/2} \tag{15.5}$$

根据式(15.3)和式(15.5)，当给出蒸发温度 T 时，即可获得最大的蒸发速率(或凝结速率)。

此时从蒸发表面逸出的分子或原子的平均动能为 $3k_B T/2$，k_B 为玻尔兹曼常数，T 为蒸发温度。一般材料的蒸发温度为 1273～2773K，因此蒸发分子或原子的平均动能为 0.1～0.2eV。

15.1.2　蒸发物质的空间角分布

蒸发原子或分子从蒸发表面逸出后,其出射方向或空间角分布对沉积薄膜的结构和性能的影响至关重大,特别是对大面积或大批量衬底薄膜制备中膜厚的均匀性及其控制具有很大的实际意义。但这主要与所用蒸发源的种类及其蒸发方法密切相关。常用的蒸发源有各种类型,如点源、小面积源等,在实际蒸发技术中,小面积源(以厘米量级的小平面来表征)因应用广泛而最重要。

一般蒸气原子或分子从上述小平面蒸发出射到张角为 θ 的一面,并且形成旋转对称的瓣形蒸气云。此时在一立体角 ω 内,由蒸发源表面出射的材料质量为

$$m(\omega) = m_0 \cos^n \theta \tag{15.6}$$

由此可得到在立体角 $\mathrm{d}\omega$ 内逸出的蒸发材料

$$\mathrm{d}m = m(\omega)\mathrm{d}\omega = m_0(n + 1 / 2\pi)\cos^n \theta \mathrm{d}\omega \tag{15.7}$$

式中，θ 为出射原子的方向与蒸发源对称轴之间的夹角；m_0 为在 $\theta=0$ 条件下出射材料的质量；$n(\geq 0)$ 值决定蒸气云的精确形状。图 15.1 表示经理论计算的蒸气云分布(即逸出的蒸气原子或分子数目或质量的空间分布)与各种余弦指数 n 值的函数关系曲线。由此可以看出，余弦指数 n 决定蒸气云的精确形状，n 值增大使得在较大出射角度 θ 时的出射量减小，此时源的出射局限于指向垂直方向。

图 15.1 中当余弦指数 $n=0$ 时，为理想的点源或球形源；当 $n=1$ 时，为理想的小平面源，或称为 Knudsen 蒸发源；而对一般实际的蒸发源来说，$n>1$，但其具体数值与蒸发源类型、形状及其蒸发方法(如电阻加热蒸发、电子束蒸发、激光束蒸发等)有关。

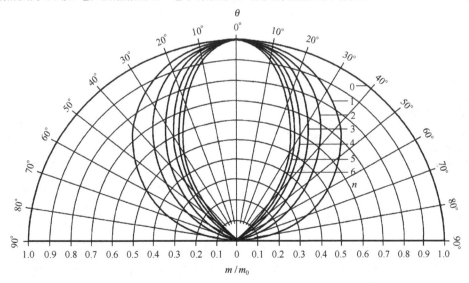

图 15.1　经计算得到的各种余弦指数的瓣形蒸气云形状[1]

m/m_0 随出射角度 θ 和余弦指数 n 的变化关系

15.2 蒸发沉积膜层的生长与结构特性

从蒸发源表面逸出的气相原子或分子,在(超)高真空条件下,经过自由无碰撞过程近乎直线迁移(很少横向散射)到达衬底表面,重新凝结并沉积于表面上形成沉积膜层。在此过程中,一般都会经历由热力学驱动的气相原子或分子在表面上的吸附、原子团簇的形成、成核与核的生长、薄膜生长等阶段,通过吸附原子、原子团簇甚至凝结核沿沉积表面的迁移扩散以及能量转换,完成结晶核的生长和薄膜的形成过程。薄膜的微观结构除了取决于衬底表面性能(如化学成分、晶态结构、表面形貌等因素),主要工艺参数还有入射原子的能量(主要为动能)、入射原子的数密度(单位时间到达表面的原子数量)、衬底的沉积温度等,这些工艺参数都直接影响吸附原子或原子团簇在表面上的迁移扩散能量、扩散长度或时间,使其在能量较低的表面晶格位置上实现沉积。一般来讲,入射原子的能量越高,数密度越低,衬底温度越高,所获得薄膜的结晶性能与致密性能也就越好。

功能薄膜材料的性能除了与其晶态结构有关,更为重要的结构参数还有晶粒尺寸、织构或形态、结晶度(结构中的有序程度)等,这些因素都会极大地影响薄膜的力学、光学、电磁、光电、化学、生物等相关特性。而不同的工艺方法及其工艺过程中各种重要参数的选择,都会对薄膜的这些结构特性与物理性能产生不同程度的影响,同样可借助对某些工艺参数的优选与控制,达到控制薄膜微观结构及其相应性能的目的。

对于蒸发沉积来说,对许多材料(包括金属与化合物)的大量实验与理论模拟结果都明确表明,当近于准直的蒸气束流(collimating vapor flux)垂直入射到沉积表面上时,根据沉积衬底温度 T_s 的不同,在较高沉积速率条件下,生长出的薄膜具有不同的微结构形式。当 $T_s < T_1$($T_1 = 0.3T_m$,T_m 为薄膜材料的熔点)时,由于沉积原子(团簇)具有较低的表面扩散能量,薄膜为边界之间带有空隙的倒锥形柱状结构(Ⅰ区);当 $T_1 < T_s < T_2$($T_2 = 0.45T_m$)时,沉积原子(团簇)具有一定有限的表面扩散能量,薄膜为紧密堆积以晶界相连的柱状结构(Ⅱ区);当 $T_2 < T_s < T_m$ 时,沉积原子(团簇)具有较高的表面扩散能量,薄膜为三维等轴晶粒结构(Ⅲ区),如图15.2所示。在三个不同结构区域中,随着区域沉积温度的升高,柱状直径或晶粒尺寸都相应增大,由此也可看出表面扩散过程与强度对薄膜微结构变化的重要影响[1,3]。

柱状结构是一般工艺条件下蒸发沉积薄膜的典型结构形式。薄膜柱状结构的形成主要来源于沉积过程中吸附原子和原子团簇在沉积表面上的有限的扩散能力,因为蒸发逸出的气相原子或分子的能量较低,在较低的衬底温度下,到达沉积表面后的扩散动能也较低。另外,在较高的沉积速率时,吸附原子和原子团簇在沉积表面上的扩散时间受到限制。基于这些因素的影响,从宏观几何角度来讲,产生沉积过程中的原子自遮蔽效应(self-shadowing effect),即受三维核生长初期的表面几何形状的限制,后续原子有限的扩散能力使其生长优先沿着视线方向(line-of-sight),形成的晶界基本无迁移过程,从而产生具有择优织构(preferred texture)或择优晶粒生长方向的Ⅰ区方式的多孔倒锥形柱状微结构(图15.2)。Ⅱ区方式的柱状微结构的产

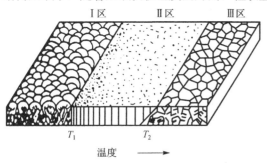

图15.2 蒸发沉积薄膜的三种主要微结构形式[1]

生原因，从热力学角度来讲，可以看作沉积过程中有限尺度的吸附原子团簇或凝结核生长过程中的内在非稳定性(热力学非稳定过程)与趋向稳定的表面扩散两者之间相互竞争，通过形成晶界的有限迁移，进而使得晶界能量密度达到最低状态的结果。当进一步升高沉积温度时，吸附原子(团簇)除了增强的表面扩散，还有大量的体扩散过程参与其中且导致部分再结晶过程，此时晶界迁移增强，部分晶界消失，这就是Ⅲ区等轴晶粒微结构产生的根本原因。

15.3　平坦表面柱状微结构的蒸发沉积

在光滑平整的衬底表面，根据上述蒸发沉积薄膜的生长过程与机理，通过调节生长的相关工艺参数，并利用适当的膜层沉积技术，可以制备具有特定结构方式与结构参数和重大应用价值的多孔低密度、结构各向异性、结构参数可调、性能特异的微纳结构薄膜材料与功能器件。

15.3.1　表面扩散与柱状微结构薄膜生长

在薄膜生长过程中，表面自由能的差异驱动核的形成与晶粒的生长，是一个复杂的物理过程，生长体系的能量最低化条件决定核和晶粒的生长与否及其生长方向与尺寸，其中吸附原子的表面扩散与能量释放过程是促使微结构的形成与变化的重要因素。

由于表面吸附原子(团簇)有限的迁移扩散能量，蒸发沉积薄膜往往呈现出柱状微结构形式。描述扩散过程可以参考菲克定律(Fick law)，这里吸附原子的表面扩散可看作由热激发的阿伦尼乌斯(Arrhenius)过程，其扩散系数 D 为[4]

$$D \propto \exp[-E_a / (k_B T_s)] \tag{15.8}$$

式中，T_s 为衬底温度；k_B 为玻尔兹曼常数；E_a 为扩散能垒。吸附原子扩散过程中需从表面获得足够高的热能量以克服该能垒，E_a 与吸附原子和衬底材料的种类有关。从统计学的角度而言，吸附原子在衬底表面上的平均扩散长度为

$$<r> = (2D\tau)^{1/2} \tag{15.9}$$

式中，τ 为扩散时间。由此可以看出，衬底温度的升高会带来吸附原子扩散系数的增大和扩散长度的增加。而扩散时间主要取决于与沉积速率有关的后续入射原子的束流密度和吸附原子的表面脱附(再蒸发过程)。

根据上述分析可以得到以下结论：在不考虑入射原子能量和入射角度时，吸附原子(团簇)的表面扩散与衬底沉积温度和沉积速率密切相关。高的沉积温度和低的沉积速率将增大扩散长度，而低的沉积温度和高的沉积速率将限制表面扩散过程。从宏观角度上讲，蒸发沉积中吸附原子有限的表面扩散能力导致结构生长时的原子遮蔽效应(shadowing effect)，这是柱状微结构产生与形成的主要原因，或者也可以说是两者(即表面扩散能力与遮蔽效应)共同作用和相互竞争的结果[4-6]。

同时多种模型理论模拟分析与大量实验结果表明，这类微结构薄膜的柱状形态与尺寸、取向及微观孔隙率主要取决于衬底温度、沉积速率、入射原子能量、入射或沉积角度、沉积材料、衬底化学成分等因素。这为不同尺度的纳米或微米柱状微结构功能薄膜材料的制备与研究提供了可靠的理论依据和技术基础[7-10]。

15.3.2　倾角沉积的微孔柱状微结构生长

倾角沉积(oblique angle deposition, OAD)[10-13]是指从蒸发表面出射的准直平行的气相原子或分子束流，在设定的工艺条件下，以一定的能量和一定的角度入射(非垂直入射)并沉积于衬底表面。这种沉积方法可以利用沉积表面已存在的非平坦几何结构，对入射原子产生沉积过程的视线或弹道遮蔽效应，同时利用吸附原子有限的表面扩散能力，使得沉积薄膜形成具有特定生长取向与尺度、具有一定孔隙率的微孔柱状结构形态。

在平坦衬底表面沉积薄膜时，薄膜生长的初期成核阶段，可以使得表面以随机方式原子尺度地非平坦化，在薄膜的后续生长中，遮蔽效应开始成为主导因素，此时入射原子大多吸附并沉积于核的上表面，并且因为入射原子的高方向性以及吸附原子有限的扩散能力，很少会有原子到达或沉积在被遮蔽的区域表面(图 15.3(a))。这种表面沉积的差异随着生长的继续而进一步增大，结果使得邻近的核进入遮蔽区域而造成该表面接收不到入射原子。此后因为只有视线内的核的上端部才能接收入射原子，这些有机会继续生长的核最终成长为在表面上随机分布(无规则的)、倾斜衬底表面并偏向于入射束流方向的微孔柱状结构，如图 15.3(b)所示。

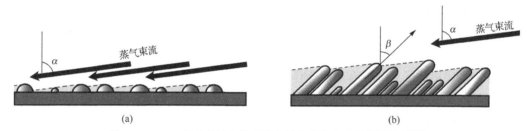

图 15.3　OAD 柱状结构生长的遮蔽效应的产生及其作用效果[11]

OAD 生长的柱状薄膜结构引起人们关注的一个重要方面是相对于衬底表面，柱状的生长方向 β 及其与入射的蒸气束流方向 α 之间的相互关系。在各种沉积条件下，人们对许多不同的沉积材料进行了大量实验研究，发现这两个方向并不一致，往往 $\alpha>\beta$。据此实验总结出具有一般规律的正切定律：

$$\tan\alpha = 2\tan\beta \tag{15.10}$$

但当入射的蒸气束流方向，即沉积角度 α 逐渐增大时，特别是当 $\alpha>70°$ 时，很多实验结果与正切定律存在较大的偏离，此时的柱状生长方向更加趋向于沉积表面的法线方向。为此目前发展了多种理论模型用于解释这一现象，其中比较合理的生长模型为余弦定律：

$$\beta = \alpha-\arcsin[(1-\cos\alpha)/2] \tag{15.11}$$

图 15.4 表示在不同沉积角度下柱状微结构生长示意图。由此可以看出，沉积角度越大，柱状的孔隙率(porosity)也越大，同时柱状的尺寸越大，倾斜角度随之增大。

实际上 OAD 柱状结构的生长和形成应是遮蔽效应和表面扩散能力共同作用并互相竞争的过程，纯粹的遮蔽效应促使柱状生长方向趋向于入射束流方向，与此相反，表面扩散导致柱状结构沿表面法线方向生长，这一论点也可以从上述实验结果得到验证，即随着沉积角度增大，柱状生长方向越发偏离蒸气入射方向。因为在同样的沉积条件下，沉积角度增大，入射原子在与表面平行的动量分量随之增大，表面扩散能力也相应增加。这样除了影响柱状结构的生长方向，柱结构的尺寸与该微孔结构的孔隙率也会引起一定的变化。

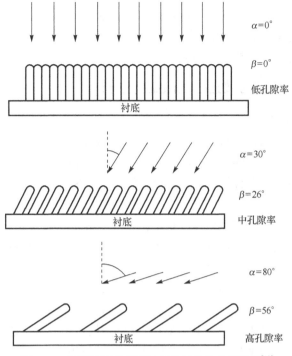

图 15.4　不同沉积角度下柱状微结构生长示意图[10]

图 15.5 分别为沉积角度 0°、30°、60° 和 80° 时的膜层结构实验结果 SEM 照片，由此可以看出，柱状生长方向 β 随沉积角度 α 的变化而变化。

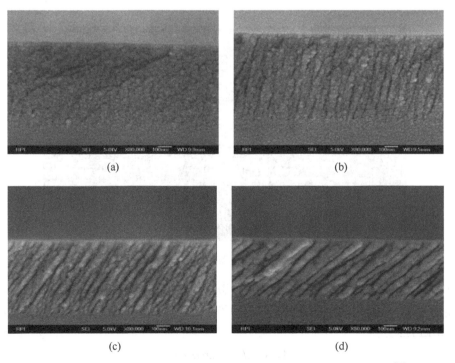

图 15.5　不同沉积角度下柱状微结构 SEM 照片(图中比例尺为 100nm)[12]

(a) $\alpha=0°$；(b) $\alpha=30°$；(c) $\alpha=60°$；(d) $\alpha=80°$

在实际的沉积过程中，许多工艺参数都会对吸附原子的表面扩散带来影响，如沉积温度、沉积速率、入射原子能量、沉积角度、沉积材料与衬底材料的化学成分等，因此所有沉积因素也都将对所制备的微孔柱状结构产生相应的影响。

15.3.3 预置图案化表面的微孔柱状微结构生长

通常 OAD 柱状微结构的一个显著特征是柱状尺寸以及柱体在表面上的分布皆是随机性的，几乎没有任何规律可言。对此不难理解，因为作为柱体生长的种子——核(nuclei)，其在表面上的成核阶段是统计学上随机性的，并在遮蔽效应的作用下，有些核有幸能继续长大，成长为具有一定尺寸的柱状，而有些核不幸处于遮蔽区无法继续生长，这些核对后续柱状结构的形成几乎没有任何贡献。

尽管这类无规律分布的纳米或微米柱状结构在很多具体应用中不成为问题，但使其成为按设定要求实现人为可控的生长、表面分布及其尺寸皆均匀而有规律性的结构方式，在更广泛的应用领域具有更大的意义和使用价值。为了克服这类柱状结构生长的随机性，图案化非平面衬底表面生长是一个非常有效可行的方案。首先利用相关合适的纳米微加工手段，如各种纳米光刻、光学光刻、纳米压印、分子自组装等技术，在平面衬底表面制备设定好尺寸的均匀而有规律排布的图案结构，在此基础上，应用 OAD 柱状微结构生长技术，选取优化后的沉积参数，其间利用非平面衬底上的图案(作为种子层)所产生的初始的遮蔽效应，最终生长出所需要的具有一定孔隙率的纳米或微米柱状微结构[11-16]。

图15.6说明了OAD随机生长与在一定图案化衬底表面生长的结构之间所表现出的差异。图中左部为 OAD 随机生长的柱状结构，而右部则为周期性图案化表面生长的有规则的柱状结构。

图 15.6 OAD 随机生长与周期性图案化表面生长的两种柱状结构[11]

为了有效利用遮蔽效应生长所需要的柱状微结构，对作为种子层的非平面图案的结构参数应有一定的要求。在特定的沉积角度 α 时，种子图案的周期 Δ、高度 h、宽度 d 之间应满足以下关系(图 15.7)：

$$\Delta = s + d \leqslant h\tan\alpha + d \tag{15.12}$$

设计种子层图案的另外一个必须考虑的重要因素为图案的平面密度，即图案所占面积与表面总面积之比，该数值应不小于所需 OAD 柱状结构的体积密度，这是为了防止生长过程中柱状结构形态的变化。

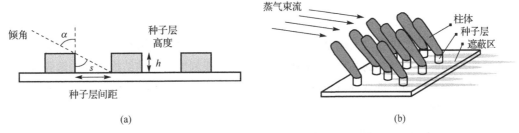

图 15.7　周期性图案化种子层表面的柱状生长
(a)种子层结构的设计；(b)种子层表面的柱状生长

15.3.4　微孔柱状结构薄膜的物理特性及其应用

由 OAD 技术获得的人工调控的微孔柱状结构薄膜具有诸多鲜明的物理特性：微米或纳米尺度、孔隙率可调、构成材料不同并且结构形态各异。这种自下而上的(bottom-up)基于物理气相沉积的纳米加工技术与其他相关技术相比的最大优势在于制备工艺简单——一步工序(one-step process)，同时结构生长的调控过程简单易行、工艺具有很好的兼容性。目前该项技术的应用研究已在许多领域广泛展开，并已取得诸多可喜的成果[13-16]。

(1)表面积增强(surface area enhancement)与应用。利用 OAD 技术制备出的柱状微结构薄膜，使得薄膜表面积大幅提高，根据不同的薄膜材料与沉积参数，表面积增强可达几十至几百倍。这一特性可在许多方面获得应用，如表面化学与催化(纳米尺度的 Pt 的螺旋形薄膜结构等)、光催化与染料敏化太阳能电池(TiO_2 等雕塑型薄膜)、表面增强拉曼光谱(Ag 或 Au 的纳米柱状薄膜)、化学与生物传感等。

(2)力学特性与应用。根据一些纳米或微米尺度的雕塑型薄膜(如螺旋弹簧状)的奇异或优越的内应力、弹性强度、耐久性、力学性能等，其电驱动与传感功能可望在微机械、纳微机电系统、高性能压力传感器等方面体现其重要应用价值。

(3)磁各向异性与应用。利用纳米尺度雕塑型薄膜中磁畴的空间各向异性及相关表面效应，同时结合铁磁/非铁磁多层膜结构方式，在未来新型磁存储技术、自旋电子器件、磁力显微、磁光克尔(Kerr)效应等方面具有潜在重要应用价值。

(4)光学特性与应用。结构与性能具有良好可控性的 OAD 柱状薄膜材料可作为一种新型的人工光学材料。光学薄膜是光学材料的一种基本类型，与通常光学薄膜致密的结构特征不同，微结构柱状薄膜具有一些特异光学性能，除了可能提供更加优异的光学性能，也极大地拓展了光学薄膜的应用领域。在柱状微结构沉积过程中，通过实时调节沉积角度或其他工艺参数，使得孔隙率获得相应调整，以此来调节薄膜材料的折射率或介电常数。例如，动态改变沉积角度可制备所要求的折射率梯度层，它在各种高质量的宽带与宽角度的减反膜结构中非常重要；动态调节沉积角度还可以制备折射率周期性正弦分布的薄膜结构，通过布拉格反射效应可用于高性能的褶皱滤光器(rugate filter)；结合周期性图案化衬底技术，可以沉积生长出如金刚石或硅的三维周期性的方格形螺旋微结构，这是一种完美的具有完全光子带隙结构的可应用于通信频段的三维光子晶体。

15.4　微结构表面的蒸发沉积

光刻、薄膜沉积和刻蚀是当今微纳加工中的三个最重要的工艺过程。此时的薄膜沉积一般主要在微纳结构表面上进行，大多是沉积层的图案化过程，主要应用在以下几个方面：通过微结构表面实现功能单元器件的互连(如金属互连)；光刻或刻蚀后微纳结构表面的薄膜沉积，或基于刻蚀进行图案传递的抗刻蚀沉积薄膜；借助遮蔽掩模或预置图案的遮蔽效应实现沉积层的微纳结构的图案化等。

15.4.1　蒸发沉积的台阶覆盖性能

台阶覆盖(step coverage)是半导体集成电路制造工艺中非常重要的概念，它是衡量在微纳结构表面沉积薄膜性能的重要指标之一，特别是硅基半导体工艺中，要求沉积薄膜在微结构硅片表面(包括台阶、侧壁、沟槽或孔洞)既具有良好的台阶覆盖能力，又有好的膜厚均匀性和填充高的深宽比间隙的能力，即具有好的共形覆盖(conformal coverage)能力(图15.8)，从而可以形成可靠的接触与金属线，避免电的断路或短路以及不希望产生的诱导电荷，提高集成芯片功能的可靠性与稳定性[17]。

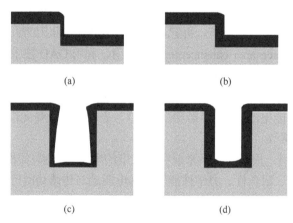

图 15.8　沉积薄膜的台阶覆盖及其共形性[17]

(a)较差的台阶覆盖；(b)较好的台阶覆盖；(c)非共形覆盖；(d)共形覆盖

蒸发沉积在目前的硅基半导体工艺中很少使用，主要因为它的台阶覆盖能力很差，即使在升高沉积温度与旋转衬底条件下有所改善，仍很难达到应用要求，特别对台阶高宽比较大的微结构难以形成连续薄膜，因此已被溅射沉积所取代，但溅射沉积也属于非共形覆盖(图15.8(c))。

蒸发沉积较差的台阶覆盖能力主要来源于15.3.2节所述的遮蔽效应与有限的表面扩散，以及入射沉积束流的高准直性和高方向性，蒸气到达沉积表面前后基本无横向散射，且表面扩散能力较低，使得沉积膜层难以完全和均匀地覆盖微结构表面(图15.9)。但某些III-V族化合物半导体工艺和许多微纳结构制备技术与工艺研究，恰恰利用蒸发沉积台阶覆盖性差和定向沉积(directional deposition)的特点，用于图案化沉积膜层或实现图案的转移，并能达到良好的工艺效果。

15.4.2　定向沉积与沉积膜层的图案化

当沉积束流方向垂直于表面时，蒸发沉积所形
成的定向沉积有利于沟槽由底部开始的均匀填充，
同时侧壁表面基本没有膜层沉积(沉积温度较低
时，吸附原子的表面扩散效应和由吸附原子的脱附
而产生的侧壁表面再沉积效应都很小)，这样在光
刻或纳米压印工艺中有利于光刻胶层或压印胶层
的剥离或举离(lift-off)。剥离或举离是半导体工艺

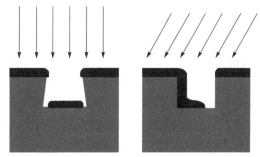

图 15.9　蒸发沉积的遮蔽效应与定向沉积[17]
图中箭头代表沉积束流方向

或其他微纳加工工艺中非常重要的工序之一，它可以替代难度较大的刻蚀工艺，而且简单易行，
已成为图案化膜层的重要手段[18,19]。

图 15.10 表示常见的几种应用该技术对微纳结构图案中的胶层进行剥离的工艺流程示意
图。其中图 15.10(a)为一般常用的蒸发定向沉积结合单层胶层，此时胶层侧壁应基本无沉积现
象，并且沉积层厚度应小于胶层；往往胶层的侧壁沉积或再沉积难以完全消除，比较理想的是
采用一定的工艺手段制作如图 15.10(b)所示的胶层结构形式，这样可进一步降低剥离的难度，
避免剥离过程中对沉积层的损伤；为降低工艺难度和提高沉积图案的精度，具体工艺中还可以
采用双层胶技术，结合两步显影或刻蚀工艺，制备出如图 15.10(c)所示的胶层结构，这时对侧
向沉积的要求就可以明显降低，使得胶层剥离过程也更加简单易行。

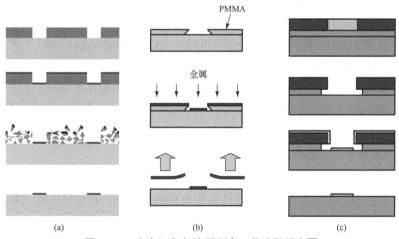

图 15.10　定向沉积与胶层剥离工艺流程示意图
(a)侧壁垂直胶层结构；(b)侧壁倾斜胶层结构；(c)双层胶结构

目前在微纳加工技术领域，这种图案化的沉积层可应用于很多方面，首先直接作为功能膜
层，如集成电路中的金属互连、阻挡层及其他功能层等；其次作为图案化的种子层，另外采用
其他沉积或生长工艺(如 CVD 等)制备具有一定功能且按规律排布的微纳结构；再者常用于(深)
刻蚀工艺中作为高抗刻蚀性能的干法刻蚀阻挡层，此时选择抗刻蚀性能较好的金属或非金属材
料作为阻挡层材料。

相比于蒸发沉积，磁控溅射沉积在半导体工艺中的使用更加普遍，这是基于溅射沉积在台
阶覆盖性能、合金层沉积、沉积面积与均匀性等多方面有诸多优势，但正常的溅射沉积在上述
剥离工艺中所需要的定向沉积方面面临很大困难，主要因为从靶(target)表面溅离的溅射原子受

大量溅射气体的碰撞散射，入射到沉积晶片(wafers)或衬底(substrate)表面上时几乎是各向同性的(这也是其台阶覆盖性能良好的原因)。为此发展了准直溅射沉积(collimated sputtering deposition)技术，如图 15.11 所示。同时溅射工作气压要足够低，尽可能增加溅射靶与衬底之间的距离，用于增大溅射原子迁移过程中的平均自由程，这样再在到达衬底表面之前经准直器(collimator)进行准直平行，以形成大致方向性的沉积束流，以此应用于定向沉积(也可应用于15.3.2 节中的 OAD)。但与蒸发沉积相比，此时的沉积速率很低，方向性也不是很理想，因此效果不如蒸发沉积。但准直溅射沉积也具有一定的技术优势，如沉积面积较大(大面积均匀性较好)、合金层成分容易控制、与半导体工艺的兼容性较好等。

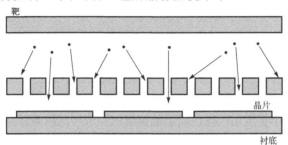

图 15.11　准直溅射沉积装置原理图

15.4.3　图案化沉积膜层的遮蔽蒸发沉积

蒸发沉积的遮蔽效应与较低的表面扩散特性可用于沉积膜层的图案化过程。在此过程中，利用准直平行的蒸气束流在 OAD 条件下，根据表面微结构对入射蒸气束流的遮蔽效应，对微结构表面进行选择性沉积，即遮蔽蒸发沉积(shadow evaporation deposition)，进而获得所需要的微纳尺度图案化沉积膜层。

这里主要介绍三种遮蔽蒸发沉积方法用来制备微纳尺度图案化沉积膜层：①预置图案化表面(prepattern surface)方式；②微纳结构表面(micro-nano surface)方式；③遮蔽型掩模(shadow mask)方式[20-30]。

1. 预置图案化表面遮蔽蒸发沉积方法

这项技术是基于 15.3.3 节所述的 OAD 方法，依据蒸发沉积的遮蔽效应和吸附原子的有限表面扩散特性，在用一定的技术手段进行预置图案化的表面上，有选择性地沉积制备所需图案的微纳尺度薄膜结构。

这里借助文献[22]对此技术方法与工艺过程给予简要说明。首先通过自组装方式(制备预置图案常用的一种方法)，将尺寸均一的聚苯乙烯(PS)纳米球以密堆积形式均匀排布在平面衬底表面；借助 O_2 等离子体刻蚀工艺对密堆积 PS 纳米球进行各向同性的刻蚀，使各纳米球尺寸均匀减小，以致在相邻纳米球之间出现一定大小的间隙；在不同的沉积角度 θ 下，以不同的入射平面(即不同的衬底旋转角度 φ)，蒸发沉积一定厚度的 Au 薄膜；去除预置图案层后，表面仅留下 Au 层的纳米图案。同时可以利用遮蔽效应，应用离子铣(ion-milling)技术，使得倾角入射的准直离子束对表面进行有选择性的刻蚀，制备出与沉积方式凸凹相反的纳米图案。这两种方法可以同时或交互使用，共同制备出较为复杂的纳米结构图案。

图 15.12 具体说明了预置图案的遮蔽蒸发沉积原理与纳米图案的形成过程。表面上 PS 球对金沉积束流的遮蔽产生无沉积区域，由此导致有表面选择性的金的沉积层；此时结合离子铣

技术，可以形成遮蔽交叠的离子束光刻图案，其中箭头分别代表蒸气束流或离子束的入射方向，白色区域代表沉积区域，黑色代表遮蔽区域。在此请分别注意单方向沉积与双方向沉积、离子束刻蚀方向的不同等对纳米图案的形成所造成的差异。图 15.13 分别表示不同沉积角度与不同衬底旋转角度下、单向沉积与双向沉积所产生的不同结构形式的纳米图案，反映出纳米图案的结构与尺寸随上述参数的变化而变化。

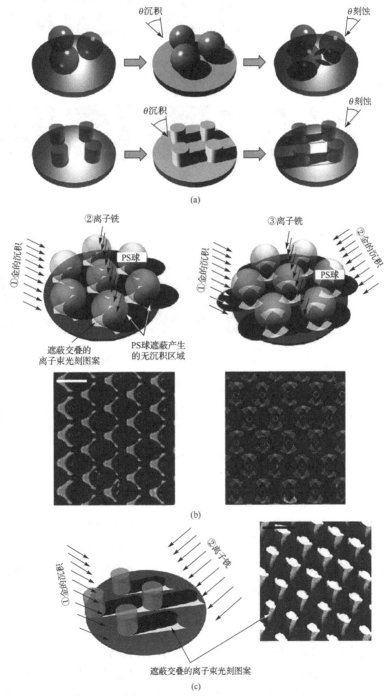

图 15.12　预置图案的遮蔽蒸发沉积原理与纳米图案形成过程[22]

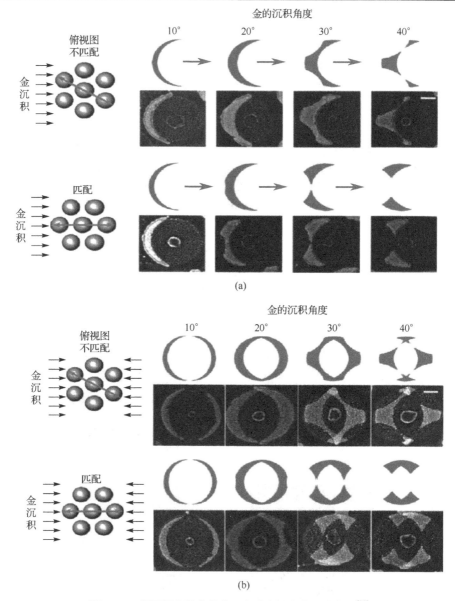

图 15.13 预置图案遮蔽蒸发沉积纳米图案的结构变化[22]

这种尺寸可在 10nm 以下并具有高分辨率的纳米图案制备技术最终形成的纳米图案的形状与尺寸,主要取决于预置图案的形状与尺寸及其空间分布、沉积角度、衬底旋转角度、离子束刻蚀角度等因素,这给纳米结构的设计与制备提供了灵活多变的技术手段,同时是大面积均匀性纳米结构在批量制造方面比较简易低廉的方法。

2. 微纳结构表面遮蔽蒸发沉积方法

借助于图案化的光刻胶或纳米压印胶甚至其他待刻蚀材料构成的微纳结构表面,通过倾角或掠角蒸发沉积方法,根据微纳结构对蒸气原子的遮蔽效应以及吸附原子有限的表面扩散能力,可以在该微纳结构三维表面的局部区域进行有选择性的膜层沉积,即遮蔽蒸发沉积。

这种选择性的膜层沉积在纳米结构制造的许多方面具有重要应用价值，这里以几个典型应用实例来加以说明。首先来看遮蔽蒸发沉积应用于待刻蚀胶层的重新图案化过程(图 15.14)[23]，图 15.14(a)为三角条形模板(mold)的纳米压印过程，图 15.14(b)和(c)分别为抗刻蚀 Cr 膜层在压印胶表面上部区域的两次倾角遮蔽蒸发沉积过程，而图 15.14(d)表示在 Cr 层保护下对胶层的反应离子刻蚀后的剩余胶层图案。这一工艺过程的应用可在很多方面带来有益的价值，例如，降低高分辨模板的制造难度，任意调整刻蚀线条的宽度与占空比，提高胶层的抗刻蚀能力使其更利于大高宽比图形的刻蚀，平滑或改善胶层侧壁及其陡直性等。

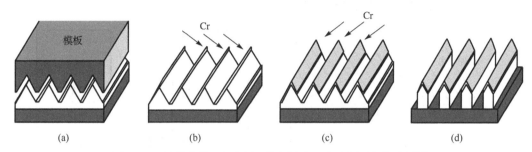

图 15.14　遮蔽蒸发沉积应用于待刻蚀胶层的重新图案化过程[23]

高分子胶层(光刻胶或压印胶)的遮蔽蒸发沉积还可用于制备沉积膜层材料的更小尺寸的纳米结构，为此可以采取稍微不同的制备方案，其主要差别在于沉积角度与遮蔽效应或区域的不同。图 15.15 为光栅空间频率倍增的遮蔽蒸发沉积及相关工艺过程，图 15.15(a)为周期 Λ 的模板经光刻后的胶层光栅结构，图 15.15(b)为在特定沉积角度下经两次不同方向的遮蔽蒸发沉积后的截面结构，此时除选定沉积角度之外，控制侧壁沉积膜层厚度为原胶层宽度的 1/2，然后在掠入射条件下进行双向的离子束刻蚀，用以完全去除胶层顶部的沉积膜层后得到如图 15.15(c)所示结构形式，图 15.15(d)为胶层刻蚀后的周期为 $\Lambda/2$ 的沉积层光栅结构。在此基础上，也可利用该沉积层光栅作为掩模，对衬底表面进行反应离子刻蚀用于制备浮雕式光栅(relief grating)。这种工艺方法为更小尺度的纳米周期结构的制备提供了一种简易价廉的技术手段。

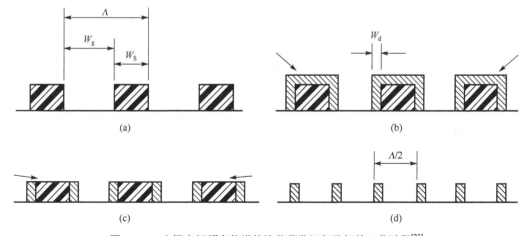

图 15.15　光栅空间频率倍增的遮蔽蒸发沉积及相关工艺过程[23]

　　图 15.16 与图 15.17 分别表示另外两类在胶层的微纳结构中，由不同区域的遮蔽蒸发沉积所形成的结构形式及其可能的应用[24,25]。前者目的为在衬底表面制备长度可控的准一维金属 Au 纳米线(线宽 d 一般要求在 10nm 以下)，即在经电子束光刻后产生的纳米尺度光刻胶 PMMA 结构的基础上(沟槽高度 h 和宽度 l 已定)，通过精密控制蒸发沉积角度 θ 和超低温(液氮环境)衬底温度，根据关系式 $\theta = \arctan[(l-d)/h]$，由沉积角度 θ 即可较严格地控制在衬底表面所沉积的纳米线条的宽度 d。利用该方法可获得尺寸为 5nm 以下的且导电性能良好的 Au 纳米线，可以满足纳米电子器件金属连接的性能要求。相对于其他复杂昂贵的纳米加工方法，该技术在工艺上可靠可控，工艺过程也更加简易廉价。

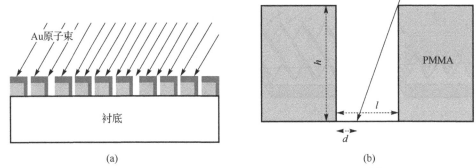

(a)　　　　　　　　　　　　　　　　　　(b)

图 15.16　周期性准一维纳米线条结构的遮蔽蒸发沉积[24]

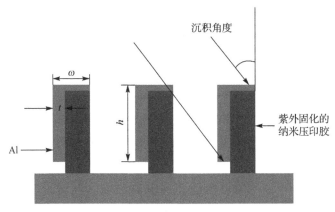

图 15.17　纳米线-网格偏振器 Al 光栅结构示意图[25]

　　这种可严格控制在胶层表面遮蔽蒸发沉积区域的技术手段，还可应用于制作高性能的并可以集成化的纳米光子器件重要部件——纳米线-网格偏振器(nanowire-grid polarizer)。这里胶层的纳米光栅结构为通过纳米压印技术获得的可进行紫外固化的纳米压印胶(UV NIL resist)，周期为 100～200nm。同样可以借助于调节蒸发沉积角度和胶层的纳米结构尺寸以及沉积 Al 膜层的厚度，严格控制与偏振器主要性能指标密切相关的 Al 光栅结构参数，如光栅周期、高度 h、厚度 t、线宽 w 等。

3. 遮蔽型掩模蒸发沉积方法

　　光学光刻与电子束光刻是当今实现金属互连的常用技术方法，但在许多具体的应用场合中会带来不少麻烦或困难。例如，在分子电路或器件的碳纳米管(线)或 DNA 间的金属连接时，光刻工艺特别是显影和剥离等化学或热应力过程容易造成结构的改变甚至损伤；这种纳米尺度的金属连接也是如今集成芯片(如单电子晶体管、自旋电子器件、超导电路等纳米电子器件)制造工艺中的关键工序，常规的纳米光刻工艺不可避免地带来材料的污染与器件性能的降低。

借鉴掩模型光刻而发展起来的纳米尺度模板掩模(stencil mask)和遮蔽型掩模(shadow mask)蒸发沉积技术或许可以很好地解决这一问题。例如，基于自支撑(free-standing)Si$_3$N$_4$薄膜结构的接触式模板掩模的垂直蒸发沉积方法[26]，如图 15.18 所示，可以制备纳米尺度线宽的金属连接，图 15.18(a)为薄膜型(膜厚约 100nm)模板掩模结构与掩模图案(mask pattern)，图 15.18(b)为接触式垂直蒸发沉积过程与衬底表面所沉积的金属图案(metallic pattern)，图 15.18(c)为金属连接单元的实验结果 SEM 照片。实验结果证明，该技术可以很好地满足如分子电路所需的金属连接结构与器件性能的要求。

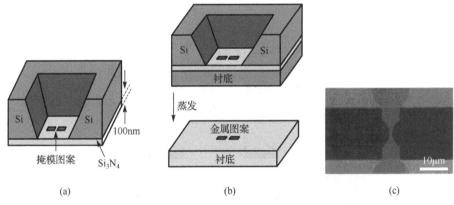

图 15.18   接触式薄膜型模板掩模的垂直蒸发沉积[26]

这种掩模型纳米结构的蒸发沉积制备技术简单易行，图案精度较高。除了沉积过程，该技术的关键在于自支撑薄膜型模板掩模的制作及其质量，考虑到掩模图案侧壁的微量沉积，特别是应用于接触方式的沉积过程对掩模可能造成的损伤，一般该类掩模的使用寿命有限(可以考虑非接触式、非薄膜型沉积方式)。另外，在纳米尺度器件的金属连接时，掩模的对准也面临一定的困难，因此该技术还有进一步改进的需要。

悬空式遮蔽型掩模 OAD 可以很好地解决上述一些存在的问题和困难[27]，这是一种非接触式、自对准型的掩模沉积纳米图案制备技术，特别适用于集成芯片中纳米电子器件的金属或非金属连接，如约瑟夫森结(Josephson junction)等结构的纳米制备。作为悬空式遮蔽型掩模，这种由双层光刻胶层状(resist stack)构成的部分悬空凹槽结构可采用扫描电子束光刻技术获得。这里以Al/AlO$_x$/Al 约瑟夫森结的制备为例，简要说明该项技术的具体工艺过程。图 15.19(a)为在衬底的绝缘 SiO$_2$薄膜表面制备双层胶悬空式遮蔽型掩模结构，上层胶一般选用 PMMA 胶，图 15.19(b)是利用掩模的遮蔽效应，以一定的倾角在 SiO$_2$薄膜表面有选择性地蒸发沉积第一层具有特定厚度的金属 Al 的薄膜，图 15.19(c)表示以另一沉积角度蒸发沉积薄的 AlO$_x$绝缘薄膜层，其后再按重复图 15.19(b)的过程沉积第二层金属 Al 的薄膜，这样即完成了约瑟夫森结的制备过程，最后通过光刻胶剥离工艺去除双层胶掩模结构。

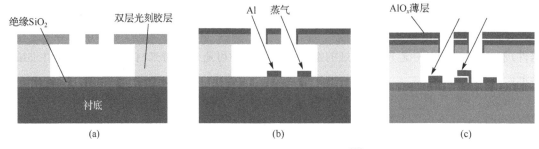

图 15.19　悬空式遮蔽型掩模 OAD[27]

　　随着薄膜在掩模上表面与部分侧壁上的沉积，掩模的遮蔽效果也会发生逐渐的变化，使得三层薄膜的覆盖区域与结构形状产生变化，这些变化可由图 15.20 较明显地看出，其中图中上部表示掩模俯视结构，下部表示由此所沉积而成的 Al/AlOx/Al 约瑟夫森结的断面结构。因此，蒸发沉积的纳米图案的空间分布、结构形态、尺寸等取决于遮蔽型掩模的结构形状、沉积角度及沉积层的厚度等结构参量。

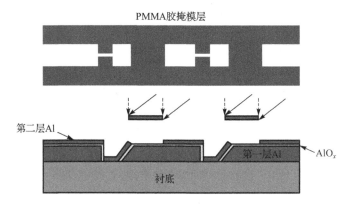

图 15.20　遮蔽型掩模 OAD 的约瑟夫森结结构

　　根据具体应用要求，包括沉积图案结构、沉积表面形貌、结构尺寸等，遮蔽型掩模 OAD 技术可以在诸多方面加以拓展，如简化掩模结构以降低掩模制作难度及延长使用寿命，当然沉积角度等参量也要相应调整；对结构较复杂的沉积图案，需要多沉积角度的多次沉积过程，甚至涉及衬底的旋转与旋转参数的选择优化；如果沉积表面为非平面，即三维结构表面沉积，在掩模结构基本不变的条件下，对沉积过程与参量的选取相应也就增加了一些难度[28-30]。

参 考 文 献

[1]　OHRING M. Materials science of thin films[M]. 2nd ed. Singapore: Elsevier, 2006.

[2]　PULKER H K. Coatings on Glass[M].2nd ed. New York: Elsevier, 1999.

[3]　MAZOR A, SROLOVITZ D J, HAGAN P S, et al. Columnar growth in thin films[J]. Phys. Rev. Lett., 1988, 60: 424-427.

[4]　ROBBIE K, BRETT M J, LAKHTAKIA A. Chiral sculptured thin films[J]. Nature, 1996, 384: 616-619.

[5]　HODGKINSON I, WU Q. Inorganic chiral optical materials[J]. Adv. Mater., 2001, 13: 889-897.

[6]　KENNEDY S R, BRETT M J, TOADER O, et al. Fabrication of tetragonal square spiral[J]. Nano Lett., 2002, 2: 59-62.

[7]　ZHOU C M, GALLA D. Growth competition during glancing angle deposition of nanorod honeycomb arrays[J]. Appl. Phys. Lett., 2007, 90: 093103.

[8]　BRETT M J, HAWKEYE M M. New materials at a glance[J]. Science, 2008, 319: 1192-1193.

[9]　ROBBIE K, BRETT M J. Sculptured thin films and glancing angle deposition: Growth mechanics and applications[J]. J. Vac. Sci. Technol. A, 1997, 15: 1460-1465.

[10]　ROBBIE K, SIT J C, BRETT M J. Advanced techniques for glancing angle deposition[J]. J. Vac. Sci. Technol. B, 1998, 16: 1115-1122.

[11]　HAWKEYE M M, BRETT M J. Glancing angle deposition: Fabrication, properties, and applications of micro- and nanostructured thin films[J]. J. Vac. Sci. Technol. A, 2007, 25: 1317-1335.

[12]　ZHAO Y P, YE D X, WANG G C, et al. Designing nanostructures by glancing angle deposition[J]. Proc. SPIE, 2003, 5219: 59-72.

[13]　KESAPRAGADA S V, VICTOR N P, GALL D. Nanospring pressure sensors grown by glancing angle deposition[J]. Nano Lett., 2006, 6: 854-857.

[14]　TOADER O, JOHN S. Proposed square spiral microfabrication architecture for large three-dimensional photonic band gap crystals[J]. Science, 2001, 292: 1133-1135.

[15]　XI J Q, KIM J K, SCHUBERT E F. Silica nanorod-array films with very low refractive indices[J]. Nano Lett., 2005, 5: 1385-1387.

[16]　XI J Q, SCHUBERT M F, KIM J K, et al. Optical thin-film materials with low refractive index for broad-band elimination of Fresnel reflection[J]. Nat. Photon. , 2007, 1: 176-179.

[17]　BHUSHAN B. Springer handbook of nanotechnology[M]. 2nd ed. Berlin: Springer-Verlag, 2007 .

[18]　CAMPBELL S A.微电子制造科学原理与工程技术[M]. 曾莹，等译. 北京：电子工业出版社，2003.

[19]　QUIRK M, SERDA J. 半导体制造技术[M]. 韩郑生，等译. 北京：电子工业出版社，2004.

[20]　KARABACAK T, LU T M. Enhanced step coverage by oblique angle physical vapor deposition[J]. J.Appl.Phys., 2005, 97: 124504.

[21]　CHOI Y, HONG S, LEE L P. Shadow overlap ion-beam lithography for nanoarchitectures[J]. Nano Lett., 2009, 9: 3726-3731.

[22]　YU Z, CHOU S Y. Triangular profile imprint molds in nanograting fabrication[J]. Nano Lett., 2004, 4: 341-344.

[23]　JOHNSON L F, INGERSOLL K A. Generation of surface gratings with periods < 1000Å[J]. Appl. Phys. Lett., 1981, 38: 532-534.

[24]　CHEN Y, GOLDMAN A M. A simple approach to the formation of ultranarrow metal wires[J]. J. Appl. Phys., 2008, 103: 054312.

[25]　CHEN L, WANG J J, WALTERS F, et al. Large flexible nanowire grid visible polarizer made by nanoimprint lithography[J]. Appl. Phys. Lett., 2007, 90: 063111.

[26]　ZHOU Y X, JOHNSON A T J, HONE J, et al. Simple fabrication of molecular circuits by shadow mask evaporation[J]. Nano Lett., 2003, 3: 1371-1374.

[27]　CORD B, DAMES C, BERGGREN K K, et al. Robust shadow-mask evaporation via lithographically controlled undercut[J]. J. Vac. Sci. Technol. B, 2006, 4: 3139-3143.

[28]　TIGGELAAR R M, BERENSCHOT J W, ELWENSPOEK M C, et al. Spreading of thin-film metal patterns deposited on nonplanar surfaces using a shadow mask micromachined in Si(110)[J]. J. Vac. Sci. Technol. B, 2007, 25: 207-1216.

[29]　DICKY M D,WEISS E A, SMYTHE E J, et al. Fabrication of arrays of metal and metal oxide nanotubes by shadow evaporation[J]. ACS Nano, 2008, 2: 800-808.

[30]　COSTACHE M V, BRIDOUX G, NEUMANN I, et al. Lateral metallic devices made by a multiangle shadow evaporation technique[J]. J. Vac. Sci. Technol. B, 2012, 30: 4E105-1-5.

第 16 章　提拉法晶体生长技术

16.1　概　　述

　　晶体是具有空间点阵结构的固体,晶体生长是在一定热力学条件下的相变过程,是组成晶体的质点按照格子构造规律排列堆砌的过程,是一门古老的"艺术"。生长晶体的方法有很多种,可以将其分为从气相、固相或液相中生长晶体。我国从秦汉时期就开始"炼丹",实际上就是用气相法生长晶体[1]。其基本原理是将拟生长的晶体原料通过升华或分解等过程转化为气态,在适当的条件下使它成为过饱和蒸气,经过冷凝结晶而长成晶体。当前,用气相方法生长宽禁带半导体单晶碳化硅已获得广泛应用,气相法另一个重要的用途是在衬底材料上生长薄膜。固相生长法主要在可以发生固相转变的材料中进行,由于受到各种条件限制,这种方法不利于大块晶体的生长。典型固相生长是在高温高压和催化剂存在的条件下,用石墨作为原料通过固-固相变制备金刚石单晶,所合成的金刚石一般很细小,用作磨料和制备超硬切削工具。与气相生长和固相生长相比较,液相生长法,即从液相(溶液或熔体)中生长晶体相是最常用的晶体生长方法。从溶液中生长晶体是将原料(溶质)溶解在溶剂中,采取适当的措施形成溶液的过饱和状态,使晶体在其中生长。溶液法晶体生长包括水溶液法、水热法和高温溶液法等。许多物质在常温下是固体,当温度升到熔点以上就熔化为液体(熔体),从熔体中生长晶体是制备大单晶与特定形状的单晶最常用和最重要的一种方法,熔体法晶体生长包括提拉法、导模法、泡生法、热交换法、坩埚下降法、温度梯度法和浮区法等。

　　从熔体中生长晶体已经有很长的历史了。熔体法适合生长同成分熔化的材料。目前,大多数半导体晶体,如 Si、Ge 和III-V族化合物半导体都是用这种方法来生长的。此外,一些氧化物,如尖晶石、石榴石、铌酸盐、碳酸盐及众多掺杂稀土离子的激光晶体也是用熔体法生长的。生长方法的选择在很大程度上依赖于相图。对采用熔体法生长的材料,要求其在熔融状态下挥发较小,同时熔点到室温之间不存在相变。例如,典型的钙钛矿结构晶体 $BaTiO_3$(低温相)为同成分熔融化合物,但在熔点到室温间存在相变导致畴区和严重开裂,一般不采用熔体法生长,而只能用助熔剂法生长优质单晶。对于非同成分熔融的材料,则往往由于组分偏离而难以生长组分均匀的晶体,也采用助熔剂法生长单晶。本章主要介绍熔体生长方法中最常用的提拉法。

16.2　提拉法简介

　　1918 年科学家 Czochralski 和 Ein 首先采用提拉法从熔体中提拉了 Sn、Zn 和 Pb 等金属晶体,研究了金属晶体的结晶速率[2]。1918 年,Warenberg 首先使用 Zn 线提拉出锌晶体,开创了使用籽晶技术的先河[3]。1951 年,贝尔实验室的 Teal 等使用籽晶技术通过旋转和形状控制等措施生长了 Ge、Si 半导体晶体,并可实现重复生长[4]。1951 年,Buckley 出版《晶体生长》(*Crystal*

Growth)一书，首次提到 Czochralski 方法，此后 Czochralski 就与提拉法画上了等号[5]。1959 年，Dash 发现晶体生长初期将籽晶缩小后可以有效减少晶体中的位错[6]，此后普遍采用了这种缩颈技术。20 世纪 70 年代以后，随着计算机的发展，人们利用计算机控制，实现自动等径晶体生长，极大地节约了人工，其中 90%以上产量的硅单晶都是由自动等径控制技术生产的。毫无疑问，目前提拉法是生长大尺寸和特定形状单晶体应用最广泛的熔体生长技术。

一般而言，提拉法是一种首选的晶体生长方法，它具有以下优点。

(1)可直接观察晶体的整个生长过程，有利于及时掌握生长情况，进行调节。

(2)晶体不与坩埚接触，减小了晶体中应力，避免了埚壁寄生成核。

(3)可方便使用籽晶，通过缩颈技术明显减少晶体缺陷的形成。

(4)生长速度较快，可在较短时间内得到大尺寸、高质量定向生长的单晶。

提拉法晶体生长设备一般包括加热系统、温场系统(包括坩埚)、传动系统和气氛控制系统。提拉法晶体生长示意图见图 16.1。加热系统一般采用可控硅控制中频感应线圈在贵金属坩埚壁产生涡流加热，以坩埚作为发热源，控温装置可为系列欧陆表，控温精度±0.1℃。温场系统主要是通过坩埚、加热装置、保温材料及环境气氛等要素建立起来的，一般常通过改变保温材料的形状、厚度和种类等来调节温场。提拉法晶体生长所用的坩埚材料一般采用铂金或铱金。铂金的熔点为 1750℃，适合生长熔点在 1300℃以下的晶体，铱金的熔点较高，为 2400℃，适合生长熔点较高的晶体。但是高温下铱金坩埚在空气中容易氧化，所以铱金坩埚一般需在氮气或氩气等惰性保护气氛下生长晶体。选择坩埚材料的同时决定了晶体生长的气氛。传动系统主要是机械传动装置与籽晶杆相连接，带动籽晶杆，进而实现对晶体生长过程中拉速和转速的控制。平稳的提拉和旋转对高质量晶体的生长至关重要，生长过程中提拉和旋转的波动是晶体中生长条纹的原因之一。通常要求提拉杆爬行精度小于 1μm。某些晶体如 Si、Ge 等在旋转的同时，还需要坩埚的旋转来调节熔体的对流和热场对称。图 16.2 为晶体生长提拉炉。

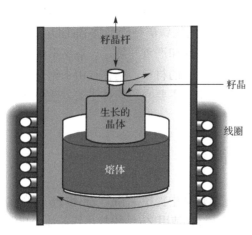

图 16.1　提拉法晶体生长示意图

图 16.2　晶体生长提拉炉

16.3　提拉法晶体生长理论

晶体生长是一个复杂的物理-化学过程，涉及热力学理论、动力学理论、输运理论及形态稳定性等。Gibbs 于 1878 年发表的《论复相物质的平衡》奠定了热力学理论的基础[7]。晶体生长动力学理论指的是偏离平衡的驱动力(过冷或过饱和)与晶面生长速率的关系，它与晶体表面的微观形貌休戚相关[8]。晶体生长的输运理论是指晶体生长过程的热量传输和质量传输。晶体生长过程中界面的稳定性又是生长高质量晶体的关键。结合熔体法晶体生长，本节主要介绍晶体生长输运理论、热力学理论、动力学理论及形态稳定性(主要是固液界面的稳定性)。

16.3.1　输运理论

晶体生长过程中的输运包括热量传输、质量传输和动量传输等。其中质量传输和热量传输是晶体生长中的重要课题。流体的宏观运动必然引起热量和质量的对流传输。流体分子的微观运动必然引起热量和质量的扩散传输。实际晶体生长系统是热量和质量的同时传输。图 16.3 为提拉法晶体生长中热量传输和质量传输[9]。

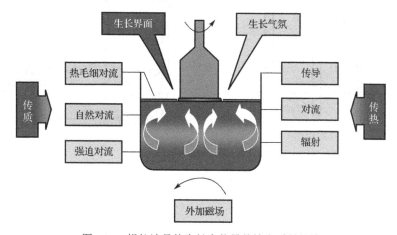

图 16.3　提拉法晶体生长中热量传输和质量传输

1. 热量传输

生长高质量晶体的一个重要条件就是设计一个合适的温场。温场主要包含熔体、晶体、保温层和周围的生长气氛等。炉膛内单位时间产生的热量来自加热功率和晶体生长时所释放的结晶潜热。而炉膛内单位时间热损耗的途径是多种多样的，如生长晶体侧面热损耗、坩埚侧面热损耗和熔体液面热损耗等。根据能量守恒，如果产生的热量等于损耗的热量，那么炉膛内的温场为稳态温场，炉膛内的温度只是空间位置的函数，不随时间发生变化。为获得性能优异的晶体，人们总是力图建立起适于晶体生长的稳态温场，只有在稳态的温场中，才能保证与晶体生长密切相关的各传质和传热条件的稳定，这些条件的稳定又是减少各种晶体缺陷、稳定生长优质晶体的前提。

在温场中，温度梯度 ΔT 是一个十分重要的概念。不同种类的晶体生长需要在不同的温度梯度条件下进行，而这种适宜温度梯度的确立在设计温场时就必须重点考虑。例如，要考虑保温材料的种类、保温层厚度、形状和气体对流等。此外，还应注意温场的轴对称性。在非轴对称性的温场中，对流、溶质分布等都是非对称的，导致晶体生长期间当生长中的晶体旋转一周时，生长状态也是非轴对称的，易出现旋转性生长层。因此，不但要保证设计温场的对称性，而且在生长晶体时要确保籽晶杆与温场的中心重合，防止出现偏心现象。图 16.4(a) 和 (b) 为实验测得钨酸锌晶体生长的温场等温线[10]和数值模拟得到硅酸镓镧晶体生长的温场等温线[9]。从图中可以看出，晶体中越接近固液界面，温度越高，温度梯度越大；越接近固液界面，等温面越平，固液界面附近热量是平行于提拉轴流向籽晶的。籽晶端晶体中的一部分热量平行于生长轴流向籽晶，一部分沿着晶体表面耗散到周围气氛中。

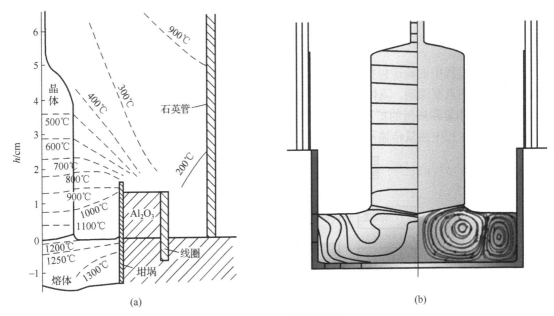

图 16.4　温场中的等温线
(a)实验测得的温场[10]；(b)数值模拟的温场[9]

　　温度梯度的设计必须合理，以保证晶体可以稳定生长。过低的温度梯度难以确保适当速率的晶体生长，但是过大的温度梯度也可能造成熔体失稳，或使晶体生长的质量降低。多数氧化物晶体具有较高的熔点，如钇铝石榴石($Y_3Al_5O_{12}$，YAG)为 1900℃，宝石(Al_2O_3)为 2050℃，钒酸钇(YVO_4)为 1800℃，熔体中的温度梯度也往往较大，较大的温度梯度会造成晶体中较大的热应力，引发晶体中较高的位错密度及开裂等缺陷。很多时候，即使采用较好的保温措施，仍然很难有效降低熔体中的温度梯度。在实际晶体生长中，为了降低氧化物晶体生长时的温度梯度，通常使用保温罩(后热器)来降低温场中温度梯度，实现晶体的平界面生长。图 16.5 是对晶体等径阶段有无保温罩的温场数值模拟结果。从数值模拟结果可看到，使用保温罩后降低了晶体中的温度梯度，无论熔体的轴向温度梯度还是熔体的径向温度梯度都减小。保温罩可以有效减小晶体中的热应力，减少开裂、位错等。

　　晶体生长中的热传输方程为[8]

$$\frac{\partial T}{\partial t} + (v \cdot \nabla)T = \alpha \nabla^2 T \tag{16.1}$$

式中，α 为热扩散系数；v 代表流速；左边第一项是温度随时间的变化，如果 $\dfrac{\partial T}{\partial t} = 0$，此时温场为稳态温场，是生长过程所追求的，但是晶体生长过程中往往很难保持稳态温场；第二项是对流引起的热传输；右边一项是热传导引起的热传输。熔体中晶体生长的驱动力主要靠系统中的温度梯度所造成的局部过冷，只要体系中存在温度梯度，就会产生热量传输。晶体生长体系内的热量传输机制主要有三种：热传导、热对流和热辐射。

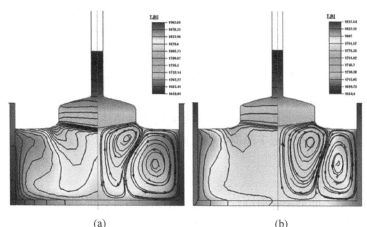

图 16.5　晶体等径阶段使用保温罩前后温场
(a)无保温罩；(b)使用保温罩

1) 热传导

热传导主要发生在晶体内部、晶体与熔体、熔体与坩埚壁、坩埚壁与保温材料，以及晶体与提拉杆之间等。热量传输过程中的热传导行为与温度梯度相联系，温度梯度越大，热传导作用越强。单位时间通过单位面积的热量为热流密度，热流密度可以表示为

$$q = -\kappa \nabla T \tag{16.2}$$

式中，κ 为热传导系数；∇T 为温度梯度矢量，这就是傅里叶热传导定律的数学表达式。

2) 热对流

提拉法晶体生长中的对流传热主要发生在熔体及气氛环境中。晶体周围的气氛在流动的同时，也进行热量传输。通常，气体离开晶体表面时会带走热量，可促进晶体的生长。热对流包括自然对流和强迫对流。对流和传导都可以传递热量，其传递热量的比例通常以无量纲普兰托数表示：

$$Pr = \frac{v}{\alpha} \tag{16.3}$$

式中，v 为熔体运动黏滞系数；α 为熔体热扩散系数。v 及 α 都是物质的固有性质，所以 Pr 数是一个材料常数，仅与物质的特性有关。自然状态下的热对流行为也在梯度的驱动力下发生，热对流的传输过程不是孤立的，与质量传输过程联系在一起。

3) 热辐射

除了传导和对流，热辐射是晶体生长过程中另一种重要的传热方式，一切温度高于 0K 的物体都能产生热辐射，温度越高，辐射出的总能量就越大。由黑体辐射热公式：

$$Q_{rad} = \varepsilon k_B (T^4 - T_{amb}^4) \tag{16.4}$$

式中，ε 为辐射率；k_B 为玻尔兹曼常数；T_{amb} 为环境温度。可以看出，辐射热与温度的四次方成比例。熔体法生长的晶体往往具有较高的熔点，特别是氧化物晶体，因此氧化物晶体生长中的辐射传热往往不亚于传导和对流传热，有时会成为热传输行为的主要机制，尤其是高熔点晶体。在研究氧化物晶体生长过程中的热量传输时，如果忽略了热辐射，也就往往失去了研究的意义。

晶体生长中的热辐射主要发生在熔体表面、晶体表面、坩埚表面和氧化物晶体内部，这也是氧化物晶体与其他晶体，如硅、锗、碳化硅等晶体的一个重要区别。同时晶体生长过程中随着生长晶体提出，液面下降，裸露的坩埚也会发生热辐射。坩埚的裸露同辐射屏对温场的影响相似，可以降低晶体的柱面和熔体表面的发射效率，也可以降低晶体中的温度梯度和减小温度梯度的变化。

控制热量传输，提供一个合适而稳定的温场，使来自熔体的热量与结晶潜热从固液界面处连续不断地传输出去，从而保证单晶能够稳定而正常生长。

2. 质量传输

生长基元在固液界面处不断凝固使固液界面不断向熔体推进实现晶体的生长，而这些生长基元是如何从熔体中到达生长界面的，这都可归结为晶体生长中的质量传输问题。

流体各部分因密度不同，流体之间存在密度差，流体分子由较密的部分进入较稀疏的部分，因而带动了质量的扩散传输。同样，熔体的宏观对流必然引起质量的对流传输。提拉法晶体生长的质量传输主要来自扩散传输和对流传输两种机制。为了获得某种物理性质的晶体，有时必须掺入某些微量元素，如在 $Y_3Al_5O_{12}$ 晶体中掺入 Nd，就成为可实现激光输出的激光材料。铌酸锂 ($LiNbO_3$) 晶体中掺入 Fe 便具有很好的光折变效应。材料中的杂质或者掺杂称为溶质。如果流体的质量传输属于溶质的作用，浓度梯度产生溶质的扩散传输，流体的宏观对流引起溶质的传输。那么生长过程中及晶体中溶质是如何分布的？溶质对晶体生长是否有影响？

同温度梯度产生热量的扩散传输一样，浓度梯度也产生溶质的扩散传输。与支配热传导的傅里叶定律相似，支配溶质扩散的菲克定律为[8]

$$q_1 = -D\nabla C \tag{16.5}$$

式中，q_1 为质流密度矢量，是通过单位面积的溶质流量；D 为溶质的扩散系数。对流引起溶质传输的质流密度 q_2 可表示为[8]

$$q_2 = Cv \tag{16.6}$$

式中，v 为流体的流速。

溶质的传输方程为[8]

$$\frac{\partial C}{\partial t} + (v \cdot \nabla)T = D\nabla^2 C \tag{16.7}$$

式中，D 为扩散系数；式中左边第一项是浓度随时间的变化，如果 $\frac{\partial C}{\partial t} = 0$，此时浓度场为稳态浓度场；第二项是对流引起的质量传输；右边一项是浓度梯度引起的扩散传输。由于溶质穿越固液界面所需的激活能不同，溶质掺入后在晶体生长的固液界面处就会产生分凝。分凝系数

k_o 与温度和溶液的浓度无关，只取决于溶剂和溶质的性质。对于确定的溶液系统，k_o 为常数。但是人们往往使用有效分凝系数 k_{eff}，表达式为[8]

$$k_{eff} = \frac{C_s}{C_L} = \frac{k_o}{k_o + (1 - k_o)\exp\left(-\frac{V}{D}\delta\right)} \qquad (16.8)$$

式中，V 代表晶体生长速度；δ 代表溶质边界层厚度。根据 k_{eff} 和溶液的平均浓度 C_L 就能计算出晶体中溶质的浓度。熔体中溶质的传输通过扩散和对流来完成，并决定熔体中溶质的分布。根据溶质边界层理论[11]，在固液界面附近存在一个狭小边界层 δ，边界层以内存在较大的浓度梯度变化。边界层将熔体分为两部分，在紧靠固液界面的熔体边界层内，溶质主要靠扩散机制到达生长界面，该扩散过程受生长界面因分凝效应而产生的溶质浓度梯度所支配；边界层以外，溶质则主要靠对流传输达到熔体内的溶质混合均匀。因此对流情况就决定了溶质的分布情况。熔体中有不同类型的对流，不同形式的对流产生的机制也不相同，对溶质传输的影响也不尽相同。

任何液体都存在表面张力，表面张力使液体表面产生收缩趋势。熔体生长是一个非等温系统，熔体表面处存在径向温度梯度，靠近坩埚壁的熔体温度高，坩埚中心的熔体温度则较低。因此熔体的表面张力就会产生表面张力梯度，在该表面张力梯度的驱动下，液流就会沿着熔体表面由热的坩埚壁流向较冷的坩埚中心，形成 Marangoni 对流，也常称为热毛细对流，该对流方向与自然对流方向相同，由于熔体的黏滞性，这种表面液流只是一种表面层流，其作用范围仅限于熔体表面的有限区域内。在很多晶体的生长过程中，都可以在熔体表面观察到若干颜色较深且流向坩埚中心的流线，这些就是表面张力驱动的 Marangoni 对流。Marangoni 对流可以用无量纲参量 Ma 数表示：

$$Ma = \frac{\sigma_0(T_w - T_m)r_c}{\nu_0 \mu_0} \qquad (16.9)$$

式中，σ_0 为表面张力系数；ν_0 为熔体黏度；μ_0 为热扩散系数。Marangoni 对流可阻止生长界面变凹，但当 Ma 数超过临界值时，Marangoni 对流会变得不稳，在不均匀温场中将引起温度振荡。

3. 动量传输

前面讨论了熔体的热量传输和质量传输，一般来说熔体不是等温和等浓度系统，在不同梯度的驱动力下将产生不同形态的流体对流行为，由于这些对流行为不是孤立的，势必引起热量和质量的混合传输。在流体的混合传输中主要讨论自然对流和强迫对流。

1) 自然对流

加热的坩埚给埚内的熔体带来了温度差异，进而熔体的密度会发生变化。由于热膨胀性，热的熔体在浮力的作用下会向上运动，当该浮力所驱动的液流克服了重力及黏滞力的影响后就会沿着坩埚上升，到熔体表面径向向内流动，然后沿轴向向下流动形成循环。这就是自然对流。自然对流源自于熔体中的温度差异，所以晶体生长过程中大的温度梯度往往带来较强的自然对流。如图 16.5(a) 所示，较大的温度梯度带来较大的自然对流。自然对流可以用格拉斯霍夫数 Gr 表示：

$$Gr = \frac{g\beta_{\mathrm{T}}b^3\Delta T}{\nu^2} \tag{16.10}$$

式中，g 为重力加速度；β_{T} 为熔体热膨胀系数；b 为坩埚半径；ΔT 为坩埚中心与埚壁温度差；ν 为熔体运动黏滞系数。当然，除温度外，浓度的不均匀性也会导致同样的对流行为。

2) 强迫对流

晶体以一定的速度旋转，由于流体具有黏滞力，晶体下方即界面附近的熔体也会随着晶体一同旋转，当产生的离心力克服了黏滞力时，这些旋转的熔体就会沿着生长界面甩出去，则界面下方的熔体将沿轴向流向固液界面以填补离去熔体所留下的空隙，这样形成的流体循环就是强迫对流，其流动方向与自然对流方向相反，所起的作用也不同。晶体旋转引起的强迫对流由雷诺数 Re 表示：

$$Re = \frac{\rho\nu d}{\mu} \tag{16.11}$$

式中，ρ 为熔体密度；ν 为熔体流速；d 为晶体半径；μ 为熔体黏滞系数。熔体中这些不同形式的对流并不是孤立地影响着溶质的传输行为，而是相互作用，形成了熔体中的混合传输过程。了解熔体的对流情况有助于了解溶质的传输行为，并采取适当方法去改变其传质方式。

传质和传热相互影响，密不可分，它们的相互作用构建了生长体系中的整个温场，影响着晶体生长的整个过程，也决定着晶体的生长形态和生长质量，这也是晶体生长中的两大主要机制，并成为人们不断去研究探讨晶体生长过程的主题。

16.3.2　热力学理论

Gibbs 的《论复相物质的平衡》奠定了热力学理论的基础[7]。他分析了形成新相的条件，物质系统总是自发地从自由能较高的状态向自由能较低的状态转变。因此，只有当新相的自由能低于旧相的自由能时，旧相才能自发地转变为新相。自由能 ΔG_1 减少有利于新相的形成，但新相形成的新界面增加了表面能 ΔG_2，表面能却阻碍新相形成。只有通过热涨落来克服形成临界尺寸晶核所需的势垒，才能实现晶体的成核。也就是说晶核的形成，一方面由于体系转变为内能更小的晶体相而使体系自由能下降，另一方面由于增加了界面而使体系自由能升高。20世纪 20 年代福耳默等发展了经典的成核理论，本节不展开讨论。

熔体法晶体生长中一般都要采用籽晶。生长过程不但不涉及生长初期的成核理论，反而要严格控制系统中成核事件的发生，避免飘晶的形成。这就要求只有在固液界面附近存在生长驱动力。虽然大多熔体法存在籽晶，但是其引晶过程同样涉及成核理论。只有控制好生长界面的热力学状态，获得单晶成核，才可以减少缺陷的产生。

熔体法晶体生长是一个从液态到固态的动态相变过程，是在非平衡状态下进行的。相图是用来表示相平衡系统的组成与一些参数之间的关系图，相图是平衡态。虽然晶体生长是在非平衡状态下进行的，但是熔体晶体生长理论是在平衡理论的基础上发展起来的。晶体生长是在一定热力学条件下的相变过程，相图把晶体生长与热力学联系起来，因此，晶体生长工作者离不开相图。

熔体生长晶体一般是具有同成分点的材料体系。下面以 $Li_2O\text{-}Nb_2O_5$ 系相图（图 16.6）来说明相图在熔体生长中的应用。$LiNbO_3$ 是 $Li_2O\text{-}Nb_2O_5$ 系中研究最多的化合物。在很长一段时间内，人们是从 Li_2O 和 Nb_2O_5 的化学计量比组分熔化中提拉法生长铌酸锂晶体。但是人们很快发现生长的晶体的组分差别很大，光学均匀性差。人们意识到铌酸锂晶体的同成分点偏离了化学计量比点。1971 年 Carruthers[11]给出了铌酸锂晶体的熔体与晶体组分关系曲线，明确指明了铌酸锂晶体的同成分点并非是化学计量比点，而是在[Li]：[Nb]=48.5：51.5（即 Li_2O：Nb_2O_5=48.5：51.5）附近。这为铌酸锂晶体的后续研究奠定了坚实的基础。根据相图，提拉法生长晶体适合在同成分点组分配料，也就是 Li_2O：Nb_2O_5=48.5：51.5。因此生长的晶体存在缺 Li 的状态，含有大量的本征缺陷。为进一步改善晶体质量，人们希望生长出低缺陷密度的化学计量比铌酸锂晶体，原则上来说生长化学计量比铌酸锂晶体不能采用提拉法生长。可以通过降低熔点（K_2O 作为助熔剂）采用熔盐法生长化学计量比的铌酸锂晶体（助熔剂法不在此涉及）。此外，也可以通过大坩埚生长小晶体的方式采用提拉法来生长，选择大坩埚生长小晶体的目的是保持生长过程中组分不变，生长温度波动较小，生长晶体的组分保持在化学计量比。根据相图，要想得到化学计量比的铌酸锂晶体，熔体的组分应该在 Li_2O：Nb_2O_5=58.5：41.5 处配料。

　　晶体生长中可能碰到固态相变，如脱溶相变、多形性相变和铁电顺电相变等，需要注意晶体生长工艺参数的选择。例如，铌酸锂晶体存在脱熔相变（图 16.6 中的虚线），晶体降温过程中需要设置合适的降温速率和合理的退火工艺。

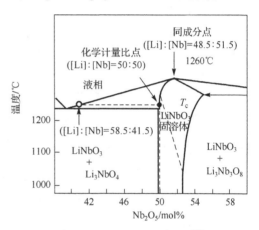

图 16.6　Li_2O-Nb_2O_5 系相图[12]

16.3.3　动力学理论

　　提拉法晶体的生长过程是固液界面向熔体中的推进过程，由热力学定律可知，等温等压下，物质系统总是自发地从自由能较高的状态向自由能较低的状态转变，因而伴随着晶体生长，系统的自由能就会降低。根据 Gibbs 自由能方程式，可以得到晶体生长的驱动力方程：

$$f = \frac{l_m \Delta T}{\Omega_s T_m} \tag{16.12}$$

式中，f 为驱动力；l_m 为单个原子的熔化潜热；ΔT 为过冷度；T_m、Ω_s 分别为单个原子熔点及单个原子体积。l_m、T_m 和 Ω_s 均为定值，因此，维持晶体持续生长的驱动力便是固液界面处的过冷度。由于晶体的生长是生长基元在固液界面处定向排列，排列速度直接影响晶体质量，速度过快晶体易产生散射、包裹体、小角晶界，甚至多晶，速度过慢则不经济。因此，必须维持界面附近一个适宜的过冷度，而该过冷度可以通过调节温场及加热功率等来调整。

　　晶体生长的动力学是晶体生长的驱动力与晶面生长的速率的关系，它和晶体表面的微观形貌休戚相关。因此，生长动力学规律与界面结构密切相关。在粗糙的晶面上，几乎所有的位置都是"生长位置"[13,14]，从而得到生长速率 R 与驱动力之间满足线性生长规律[8]。对于偏离低指数面的邻位面，邻位面上的原子并不落在相应的面指数所确定的平面，而是构成台阶面，台阶面上由于热涨落容易产生扭折，晶面上台阶的扭折处为生长的场所。邻位面的动力学规律也是线性规律。因此粗糙界面和邻位面的晶体在较低的驱动力下就能生长。晶体生长过程中，如果不能连续地产生台阶列，邻位面消失后，晶体的生长就是奇异面的生长。对于奇异面（光滑界面），根据一个二维核扫过晶面的时间与连续两次成核的时间间隔分为单二维成核与多二维成核。无论单二维成核还是多二维成核，光滑界面不能借助热激活自发地产生台阶，只能通过二维成核不断地产生台阶来维持晶体的持续生长，二维成核需要克服台阶棱边能，从而导致生长机制的动力学规律都为指数规律。因此，理想情况下只有在较高的驱动力下方可观测到晶体的生长。但是在实际中仍然可以观察到理论上预言无法观察到的晶体生长。为了解释低驱动力作用下光滑晶面的生长，1949 年 Frank[15]提出螺型位错在晶面露头处会形成永远填不满的台阶，促进晶面的生长。在晶体生长表面上观测到的螺旋台阶证实了 Frank 的设想。当过饱和度较小时动力学规律为抛物线规律，当过饱和度较大时动力学规律为线性规律。Burton、Cabrera 与 Frank[16]在 1951 年发表《晶体生长与表面平衡结构》(*The Growth of Crystals and the Equilibrium Structure of their Surfaces*) 文章，对于理想晶体和实际晶体的晶面生长动力学进行了全面的阐述。此外，还有其他几种界面生长模型。

(1) 弥散界面模型[17]。1966 年，Temkin 认为界面由多层原子构成，在平衡状态下，可根据界面相变熵推算界面宽度，并可根据非平衡状态下界面自由能变化确定界面结构类型。

(2) 周期键链理论[18]。1952 年，Hartman 和 Perdok 认为晶体中存在不间断的连贯成键链的强键，并呈周期性重复；晶体生长速率与键链方向有关，生长速率最快的方向就是化学键链最强的方向。

(3) 负离子配位多面体模型[19]。1994 年，仲维卓等将晶体的生长形态、晶体内部结构和晶体生长条件及缺陷作为统一体加以研究，考虑的晶体生长影响因素更全面。

16.3.4　晶体生长形态

晶体生长形态是其内部结构的外在反映，晶体各个晶面间的相对生长速率决定了它的生长形态。晶体生长形态受晶体结构对称性的制约，同时在很大程度上受到生长环境的影响。研究晶体生长形态有助于人们认识晶体生长动力学过程。因此，晶体的生长形态学不仅要研究晶体生长后的宏观外形、生长过程中宏观外形的演变，还应包括界面的显微形态和界面稳定性等内容[20]。本节主要介绍界面的形状、界面的稳定性以及晶体的生长形态。

1.　界面的形状

固液界面形状是影响晶体质量的重要因素。生长界面主要有凸界面、平界面及凹界面，它们对晶体生长有着不同的影响。凹界面生长时，晶体附近的自然对流花样将变得紊乱，晶体直径难以控制，晶体中易出现宏观缺陷，如包裹体、气泡，甚至开裂。凸界面生长时，晶体较易控制，界面也很稳定，并且晶体生长方向由于与等温面垂直，随着晶体的生长和界面的推移，可以淘汰部分位错，但凸界面生长常会出现等温面生长共存的情况，从而形成晶体中的生长芯，图 16.7(a) 为硅酸镓镧(LGS)晶体生长中出现的生长芯[21]。生长芯处为应力集中区，通常也是位错、杂质等缺陷的集中区，可导致该处晶体的组分均匀性及折射率和透过率等光学性质明显变差，降低晶体的利用率。平界面生长中，熔体中的对流和传热过程都处于比较稳定的平衡状态，受外界的波动干扰程度较小，晶体生长可以均匀的速度进行，因此，平界面对晶体生长是有利的，也是晶体生长过程中所期望的。实际晶体生长中欲得到平界面的晶体生长是不容易的。影响界面的因素主要是熔体中自然对流和强迫对流的强弱。一般情况下，当自然对流与强迫对流相当时，界面为平界面生长。自然对流与强迫对流的强弱又受到多种因素的影响，如晶体提拉速率、晶体直径、晶体长度、晶体旋转速度、坩埚旋转速度、温度梯度、浓度梯度、坩埚、保温材料形状、炉体的结构及热辐射等。

对于氧化物晶体来说，晶体生长时的界面会更加凸向熔体。图 16.7(b) 为凸界面生长 LGS 晶体[21]。这主要是因为氧化物晶体的熔点较高，热辐射比较强，导致熔体的温度梯度较大，自然对流比较强，固液界面凸向熔体。图 16.5 也能表现出类似的现象，图 16.5(a) 中没有用辐射屏时熔体的温度梯度比较大，自然对流比强迫对流强，固液界面凸向熔体。因此，氧化物晶体生长一般采用较厚的保温材料，以减小熔体的温度梯度。此外，也可以使用保温罩，减小晶体和熔体的温度梯度，使自然对流相对减弱，固液界面变平，如图 16.5(b) 所示。图 16.8 为使用保温罩前后生长的 LGS 晶体。可以看出使用保温罩后凸界面生长有所改善。另外也可以通过增加晶体的转速来增强强迫对流，同样能改善固液界面，图 16.9(a) 和 (b) 分别为同时使用保温罩及不同晶体转速所生长的晶体。通过改变晶体转速，强迫对流可以部分抑制自然对流，生长界面向上推移，在某一转速下可以达到两者的平衡，形成平界面生长。但是转速不能太快，如果转速太快，界面可能变凹，强迫对流会变成紊流，由于紊流是一种不稳定状态，生长界面会失稳，晶体生长难以控制[22]。硅单晶的生产中经常采用施加磁场的方法去控制自然对流，以期减少氧浓度及其他杂质等对晶体质量的影响。

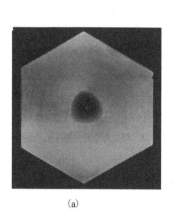

(a)　　　　　　　　　　　　　　　(b)

图 16.7　LGS 晶体的生长芯和凸界面生长 LGS 晶体[21]

(a)LGS 晶体的生长芯；(b)凸界面生长 LGS 晶体

(a)　　　　　　　　　　　(b)

图 16.8　使用保温罩前后生长的 LGS 晶体[9]

(a)未使用保温罩；(b)使用保温罩

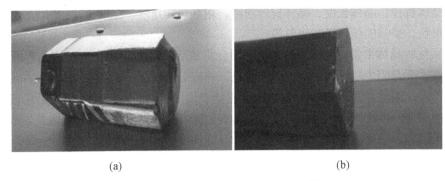

(a)　　　　　　　　　　　　　　　　　　(b)

图 16.9　不同转速生长的 LGS 晶体[9]

(a) 15r/min；(b) 19r/min

　　当浮力克服溶体的黏滞力时便形成自然对流，惯性力克服黏滞力就产生强迫对流。对于同一种流体，其黏滞力是一样的。因此，人们在晶体生长过程中可以通过浮力和惯性力的相对大小来判断自然对流和强迫对流的相对强弱。当惯性力大于或等于浮力时，自然对流占优势的状态就转变为强迫对流占优势的状态，故自然对流占优势的状态转变为强迫对流占优势的状态的判据为 $Re^2 \geqslant Gr$ ，$d \geqslant d_0 = \left[g\beta_T \Delta T r_c^3 \pi^{-2} \right]^{1/4} \cdot \omega^{-1/2}$ [8]。对流方式的转变可能会造成固液界面形状的突变，发生界面翻转。通过上式，可以定性了解晶体直径 d、ΔT 及转速 ω 在晶体生长中容易发生界面翻转的阶段。在提拉法晶体生长的放肩阶段，在转速、拉速不变的情况下，当晶体直径超过临界直径 d_0 时，液流状态的突变就引起界面翻转。固液界面就会由凸面突然变得平坦，甚至凹形。等径生长过程中也容易出现界面翻转，因为等径过程中晶体直径和转速保持不变，但是由于熔体的液面下降，坩埚壁的裸露使坩埚内的径向温差减小，有可能减小界面翻转的临界直径 d_0。如果临界直径 d_0 小于等于当时生长晶体的直径，就出现界面翻转。另外，晶体生长过程中转速的变化也会引起界面的翻转，如晶体的转速增加，也会使临界直径减小，从而导致界面翻转。界面翻转反映了熔体中的流动状态发生突变。Takagi 等[23]、Zydzik[24] 和 Cockayne 等[25]均在石榴石晶体的生长中发现界面翻转现象，图 16.10 是 Caruthers[26]描述 YAG 晶体生长中界面翻转的示意图。

图 16.10　YAG 晶体生长中的界面翻转示意图[26]

　　2. 界面的稳定性

　　熔体法晶体生长是一个从液态到固态的转变过程，晶体生长的过程对晶体生长的影响都在固液界面处进行，生长过程中界面是否稳定将会关系到晶体的生长能否人为控制，关系到溶质在晶体中的分布情况以及晶体的生长形态等。只有平坦而稳定的界面才能生长出高质量的晶体。

　　1963～1964 年 Mullins 和 Sekerka[27,28]提出了界面稳定性理论，自那时起，该理论一直是晶体生长基本理论领域研究的重要课题之一。界面稳定性是以宏观尺寸来度量的，界面起伏一般在 $10\sim100\mu m$，不直接涉及原子尺度界面的光滑、粗糙和成核动力学理论。晶体生长过程中，在某些偶然因素的干扰下，在界面上长出某些凸缘，如果随着生长过程的延续，这些凸缘能自动消失，则界面是稳定的；如果随着生长过程的延续，这些偶然产生的凸缘越来越大，或者这些凸缘保持稳定的尺寸，则界面是不稳定的。晶体生长过程中的温度梯度、浓度梯度及界面能对界面稳定性都有一定的影响。

固液界面处为凝固点，当熔体的温度梯度为正值时，熔体为过热熔体，如果偶然的干扰因素使平固液界面上出现凸缘，由于熔体具有正的温度梯度，随着晶体的生长，凸缘消失，界面恢复平坦，此时界面是稳定的。当熔体的温度梯度为负值时，熔体为过冷熔体，当固液界面上出现凸缘时，随着晶体的生长，凸缘越来越大，平坦的界面出现尺度不断增长的凸缘，平坦的界面变得不稳定，生长变得不可控。当固液界面前沿存在一定范围的过冷区、远离固液界面处熔体仍为过热熔体时，平坦界面出现凸缘在一定范围内可以保存，但是这些凸缘又不能无限制地发展下去，这时平界面不稳定，但是胞状界面却是稳定的。

如果生长的晶体有元素掺杂，考虑浓度梯度对界面稳定性的影响，即使熔体的温度梯度为正，平坦界面也不一定是稳定的固液界面。如果熔体中溶质的分凝系数 $k_o < 1$，晶体生长时固液界面处熔体中溶质的分布如图 16.11 所示，边界层内溶液的凝固点随溶质浓度的增加而降低。如图 16.12 所示，当溶质边界层建立后，界面处溶液的凝固点由原来的 T_m 降低到 $T(0)$。边界层内各点由于溶质浓度不同而凝固点不同，当离开界面进入熔体时，熔体的实际温度却低于凝固点，即使实际温度分布为正温度梯度，熔体也处于过冷状态。这样在平坦界面上因干扰产生的凸缘处于过冷度较大的熔体中，其生长速率比界面快，凸缘不会自动消失，于是平坦界面的稳定性破坏。这种因组分变化而产生的过冷现象称为组分过冷。组分过冷是 1937 年 Smialowski 发现的。如果只考虑溶质的扩散，产生组分过冷的条件为[8]

$$\frac{G}{v} < \frac{mC_L(k_o - 1)}{Dk_o}, \quad m < 0 \ (\text{溶质导致的凝固点下降}), \quad m = \frac{\mathrm{d}T}{\mathrm{d}C_L}$$

从过冷的条件来看，要避免组分过冷要求降低生长速率，提高晶体转速，提高熔体中的温度梯度，或者降低熔体中溶质的浓度。但是过低的生长速率不经济；转速过大，液流不稳定，容易引起温度振荡；温度梯度过大，晶体热应力会增大、位错密度高、晶体易开裂，特定的应用需要一定掺杂浓度的晶体。因此，一般选择折中的生长工艺参数。组分过冷与负温度梯度同样能破坏平坦界面的稳定性，但是两者有明显的不同。负温度梯度是整个熔体处于过冷态，界面上的凸缘高速地向熔体中伸展，生长难以人为控制。而组分过冷有一定的厚度(约等于边界层的厚度)，凸缘只能限制在组分过冷区内。

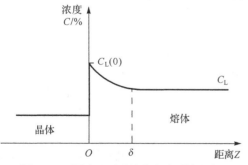

图 16.11　固液界面处熔体中溶质的分布

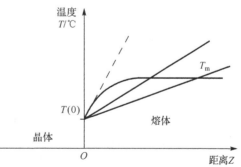

图 16.12　组分过冷条件的建立

平坦的固液界面出现干扰，就增加了固液界面的面积，使固液界面的总界面能增加。通常系统的自由能有减小的趋势，即自由能要求固液界面面积缩小，促使平坦界面上的凸缘消失。因而，界面能对生长界面的稳定性是有贡献的。但是这种贡献仅限于凸缘尺寸较小的情况下起作用(凸缘小于微米数量级)，如果凸缘已经长大，界面能的作用就不大了。

　　生长界面的稳定性受多种条件影响，生长过程中运动界面上不可避免地会出现干扰，界面稳定性的动力学理论实质上是研究温场和浓度场中的干扰行为，即研究干扰振幅对时间的依赖关系。如果振幅随时间延长而增大，固液界面是不稳定的；相反，则固液界面是稳定的。固液界面稳定性动力学理论的判别式如下[8]：

$$S(\omega) = -T_\mathrm{m}\Gamma\omega^2 - \frac{1}{2}(\xi_\mathrm{S}+\zeta_\mathrm{L}) + mG_\mathrm{LC}\frac{\omega_\mathrm{LC}-\dfrac{V}{D_\mathrm{L}}}{\omega_\mathrm{LC}-\dfrac{V}{D_\mathrm{L}}(1-k_\mathrm{o})} \tag{16.13}$$

式中，T_m 为熔点；Γ 为界面能与单位体积固相的熔化潜热之比；ω 为外界的干扰频率；$\xi_\mathrm{S}=k_\mathrm{S}G_\mathrm{ST}/\kappa$，$\xi_\mathrm{L}=k_\mathrm{L}G_\mathrm{LT}/\kappa$；$m$ 为凝固点曲线斜率；G_LC 为熔体中浓度梯度；V 为生长速率；D_L 为溶质扩散系数。函数 $S(\omega)$ 的正负决定着干扰振幅是增长还是衰减，正号意味着波动的增长，界面是不稳定的；负号则意味着波动的衰减，界面稳定。从式(16.13)来看，式中的第一项由界面张力决定，界面能为正值，所以第一项恒为负值，说明界面能总是趋于使界面稳定。第二项反映了温度梯度对界面稳定性的影响，可以看出，正温度梯度有利于界面的稳定，而负温度梯度则对界面的稳定性不利，这一点与上面的定性分析是完全一致的。第三项恒为正值，说明该项总是使界面趋于不稳定。其中 mG_LC 受固液界面前沿溶质富集的影响，该值越大，说明溶质富集越厉害，溶质边界层使界面变得不稳定就是组分过冷现象。第三项的分式表明溶质沿界面扩散对界面稳定的影响，界面上出现了微小凸缘，如果凸缘前沿的溶质和结晶潜热可以及时扩散出生长界面，凸缘就有可能进一步向前伸展，界面不稳定。反之，若沿界面扩散不足将使界面趋于稳定。由于 $k_\mathrm{L}\gg D_\mathrm{L}$，不能期待热扩散不足对界面稳定性的贡献。存在溶质扩散不足的贡献时，当扩散系数较小时，有利于函数 $S(\omega)$ 向负方向转化，使界面趋于稳定。

　　综上所述，有利于界面稳定的因素是熔体中的正温度梯度和界面能，而不利于界面稳定的因素是熔体中的负温度梯度和溶质边界层的浓度梯度。晶体生长中只有保持界面处于稳定的状态下，晶体的生长速率才可以受到控制，晶体质量才能得以保证。

3. 晶体的生长形态

　　晶体生长形态是十分复杂的，自然界中存在各式各样的美丽的雪花就体现了形态的复杂性。晶体的形态不仅与生长机制有关，还与界面微观结构、界面前沿的温度分布及生长动力学等很多因素有关。在自由生长系统中晶体的生长形态可以用周期键链等理论来说明。但是熔体法晶体生长是单向凝固系统，晶体只能沿着提拉的方向生长，生长速率的各向异性无法表现出来，熔体生长系统为强制生长系统。小面的出现与自由生长系统中晶体呈现出多面体形态同样都是晶体生长的各向异性的表现。随着生长进行，生长速率快的晶面会被尖灭，生长速率慢的晶面被保留下来。小面生长是提拉法熔体生长半导体或氧化物晶体时常见的现象，如 YAG 晶体、钆镓石榴石(GGG)晶体和铌酸锂(LN)晶体等[8]。Brice 和 Whiffin 提出了在强制生长系统中小面形成的动力学理论[29]。若固液界面上的晶面都是非奇异面即粗糙界面，其生长机制遵循线性动力学规律。对给定的生长速率，需要一定的过冷度，因此固液界面是有一定过冷度的等温面。若固液界面上有奇异面(奇异面与固液界面相切)，由于它的生长机制与粗糙界面不同，所遵循的动力学规律也不同。提拉法生长系统是强制生长系统，它要求各生长面在提拉方向有相同的生长速率。光滑界面需要比粗糙界面更大的过冷度才能达到相同的生长速率。因而固液界面上出现了偏离等温面的平坦区域，形成了平坦的小面生长区，图 16.13 为铌酸锂晶体生长过程中出现的小面生长[30,31]。

图 16.13　铌酸锂晶体小面生长[30,31]

16.4　提拉法晶体生长过程

16.4.1　提拉法晶体生长程序

提拉法晶体生长的实际程序一般包括多晶料制备、化料和引入籽晶、缩颈、放肩、等径、收尾和降温等过程。晶体生长前首先要确定实验方案，提拉法晶体生长一般是相图中同成分熔化的晶体相。确定实验方案后再确定正确的原料配比。

1. 多晶料制备

多晶原料的制备一般包括原料称量、混料、烧料、压料和物相判定等过程。

原料称量：某些化学药品放置较长时间之后，可能会吸附一些水分。为了使配料成分比正确，对于这样的药品首先除潮。根据晶体相图的组分要求，结合原料特性(如是否需要过量)确定各化学试剂的配比和所需重量，据此配方进行称量。

混料：原料称量后，为了使各成分之间反应完全，需要长时间混合使它们均匀，在提拉法中，常常使用混料机进行机械混合。

烧料：将混好的原料按照一定的升温方式在特定的温度下进行烧结，生成多晶料。

压料：将多晶料研磨，再通过油压机压成紧密的块体。有时候仅仅经过一次烧结并不能使得原料之间反应完全，应该再进行二次烧结以形成较纯净的多晶料。

物相判定：对于烧结的多晶料，特别是在开始新晶体的生长时，要用 XRD 确定多晶料的物相和成分。

2. 化料和引入籽晶

将烧结好的多晶料饼放入铂金坩埚或者铱金坩埚中，程序升温到高于熔点 50~100℃，待全部原料熔化后，保温 1~2h，以保证熔体均匀，以免产生浮晶。由于多晶原料的松散造成固相与液相的体积差，一般化料需重复 2~3 次，才能获得开始晶体生长所需的液面高度。熔液充分均匀化后，缓慢摇下籽晶，降至熔体液面附近，降温至熔点附近，保温；生长所用的籽晶应尽量选择高质量单晶，经过正确定向，并以一定方式固定在籽晶杆上。籽晶的选择、方向和质量是晶体生长的一个重要环节，必须加以重视。

3. 缩颈

当籽晶的温度接近熔体的温度时，将籽晶下入熔体，这样可以避免在籽晶较冷时进入熔体致使熔体局部过冷而产生杂晶。当籽晶接触熔体后，要保持一段时间，使籽晶稍微熔化，可以通过观察籽晶周围的光圈来判断这一熔化过程。这样可以保证籽晶与熔体接触的界面为新鲜的原子面。开始提拉时，要使新生的籽晶稍微缩细，称为缩颈过程，缩颈就是通过减少籽晶的横截面积，逐渐将位错等缺陷排出晶体，而减少其遗传到生长晶体中去的机会。

4. 放肩

放肩是晶体生长的关键工艺之一。放肩过程一般不宜太快，太快容易生成杂晶等缺陷；太慢则会造成多晶和不必要的时间浪费。因此，放肩应控制适宜的降温速率以及提速和转速，一般应使放肩角 α 小于 90°，也有放成平肩的实例。

5. 等径

当晶体放肩达到预定的尺寸时，应通过调节温度使晶体自然转到等径生长，通过观察晶体与熔体界面处的光圈可以确定晶体是否等径，等径生长阶段一般控制恒温生长或小幅调温，尽量避免由于急剧温度变化干扰正常晶体生长。

6. 收尾

在晶体生长结束前，应采用一定收尾程序，以减少晶体底部的机械孪晶。

7. 降温

当晶体尺寸达到所需尺寸时，将晶体提出；晶体脱离液面后，以一定的速率降至室温。图 16.14 为提拉法生长晶体的照片。

(a)　　　　　　　(b)　　　　　　　(c)　　　　　　　(d)

图 16.14　提拉法生长晶体的照片[9,30]

(a)同成分铌酸锂晶体；(b)近化学计量比铌酸锂晶体；(c)LGS晶体；(d)Nd:CNGG晶体

16.4.2　影响晶体生长的因素

1. 籽晶的影响

人们对于优质籽晶的重要性已经有明确认识。在晶体生长中，有无籽晶和籽晶的质量将直接影响生长晶体的质量。例如，在无籽晶的情况下，采用自发成核的方法进行引晶生长，但所得到的晶体一般不是单晶，而是由两块或多块单晶构成的。通过多次淘汰生长，最终能获得高质量籽晶。而高质量单晶的生长必须选用高质量的籽晶。这是因为籽晶中的继承性缺陷(如位错、晶界等)会遗传到新生长的单晶中。优质的籽晶一般也要采取缩颈工艺来减少缺陷。因此要得到高质量的单晶，必须选用优质籽晶，并采用缩颈工艺。

2. 生长工艺参数的影响

在晶体生长过程中，晶体生长工艺参数，如化料温度、化料速度、晶体生长速度(包括放肩速度和等径生长速度)、旋转速度以及晶体的降温速度等，对晶体质量的影响最为关键。

首先是原料的化料温度和速度的影响。在化料过程中，如果不能合理控制化料的温度和速度，将会导致熔体中气泡的产生。因此，在化料时温度不宜过高(一般高于熔点 50～100℃，最高不超过其熔点 200℃)，并保证充分的时间使其充分熔化，以减少熔体中的气泡。如果熔体中含有易挥发性的物质，化料时升温不宜太高。例如，近化学计量比铌酸锂晶体是在富锂熔体中生长的，氧化锂具有挥发性，所以化料时升温一般高于熔点 50℃左右。另外，籽晶下入液面时熔体的温度对晶体生长也有影响，因为温度过高，籽晶会立即熔脱；温度过低，籽晶端部不经熔化即快速生长，易造成籽晶原有缺陷的延伸和新缺陷的产生。一般来说，下入籽晶的温度可通过观察籽晶界面情况，并根据熔料温度估计。

在晶体生长中，放肩速度直接影响晶体生长的控制和缺陷的形成。因为放肩阶段晶体直径不是均匀的增加，肩部面积随时间按指数规律增加，随着放肩的进行，热量的耗散更加容易，根据能量守恒，这将促进晶体直径的增加。可通过减小放肩角来避免放肩过快造成难以控制的情况。另外，放肩过快，容易引入晶体缺陷，影响晶体的质量。但是在工业化晶体生长过程中，为了提高晶体的利用率，在不影响晶体质量的同时可采用放平肩生长。

晶体直径的控制如下，根据能量守恒 $A = (Q_s - Q_L)/(LV\rho_s)$，$Q_L$ 正比于加热功率，如果增加加热功率，晶体的截面积就变小，晶体的直径变小，反之，减小加热功率，晶体变粗。这是晶体生长过程中经常使用的控制晶体直径的方法。例如，放肩阶段，希望晶体的直径不断增大，要经常不断降低加热功率；收尾阶段，希望晶体直径逐渐变细，往往要增加加热功率；等径阶段，为了保持晶体直径不变，在拉速和热损耗不变情况下，保持加热功率不变就可以。但是实际上热损耗不是不变的，如晶体长度不断增加，由晶体带走的热量增多，坩埚中熔体液面的下降，也改变热损耗。因此，等径过程中通过调节加热功率使 Q_L-Q_s 保持不变。从以上公式来看，还可以通过调节热损耗 Q_s 来控制晶体直径。例如，在铌酸锶钡晶体的生长时就采用这种方法，通过石英喷嘴喷入氧气，通过控制氧气流量就可以调节热损耗，从而达到控制直径的目的。这种方法除能很好地控制直径外，还有两个优点：一是降低了热交换系数，增加了晶体直径惯性，容易控制等径生长；二是铌酸锶钡晶体是氧化物晶体，通入氧气减少了晶体缺氧带来的缺陷。另外，调节晶体的转速与提拉速度也能控制晶体的直径，但是这些方法会影响熔体中的流动，很少采用。

在晶体等径生长过程中，提拉速度和转速对晶体的质量有重要影响。如果这些参数控制得不好，会造成晶体凸界面或凹界面生长。当晶体以凹界面生长时，容易产生熔体包裹物等缺陷，严重影响晶体的光学质量，使晶体不能使用。因此，为提高晶体质量，应适当控制晶体生长的径向和轴向温度梯度，并调整提拉速度/转速比，使晶体以平界面生长。根据能量守恒，晶体生长速率满足公式 $v = (K_sG_s - K_LG_L)/(\rho S_L)$，其中 K_s 和 K_L 为晶体和熔体的热传导系数，G_s 为晶体的温度梯度。当 G_s 恒定时，G_L 越小，晶体生长速率越大；当 $G_L=0$ 时，晶体生长速率达到

最大值 $V_{max} = K_s G_s / (\rho S_L)$。如果 G_L 为负值,生长速率更大,此时的熔体为过冷熔体。因此提高晶体中的温度梯度能提高晶体生长速率,但晶体中的温度梯度太大将会引起过高的热应力、增加的位错密度,甚至导致晶体开裂。

在晶体生长结束前,应采用一定收尾程序,以减少晶体底部的机械孪晶。晶体的降温速率对保证晶体质量也起了很大作用。晶体的开裂主要是晶体内部的热应力造成的,因此采取缓慢降温的方法可减少晶体的开裂。

3. 外界因素(杂质、气泡、外场)的影响

原料的纯度是影响晶体质量的一个重要因素。首先,原料的纯度会影响熔体中各种成分的比例,当偏离组分点时,生长晶体的组分均匀性变差。如铌酸锂晶体中的[Li]/[Nb]发生变化时,晶体的许多基本物理性质都将随之发生变化[20]。当组分偏离较大时将严重影响晶体的生长。其次,有害的杂质通常来自不纯或配比不当的原料,使熔体中含有不熔物或其他离子而偏离恰当的配比,这些不熔物(或其他离子)以及熔体中过剩的某些组分将作为杂质而存在。一般来说,这些杂质对晶体生长有害。如果杂质的分凝系数很小,随着晶体的生长,杂质富集于界面附近,一旦其浓度达到过饱和,杂质在界面上成核、生长,以包裹物的形式进入晶体,在晶体中诱发各种缺陷,从而降低晶体的质量。如果这些杂质以原子或离子的形式存在于晶体,则可能恶化晶体的光学性质或电学性质。另外,这些存在于晶体中的杂质离子还可能诱发其他类型的缺陷。因此,在使用提拉法生长晶体时应选用高纯原料。

气泡是提拉法生长的晶体中常见的宏观缺陷之一,会严重影响晶体的质量。气泡主要是在熔料过程中产生的,在此过程中所形成的气泡常常聚集在坩埚壁附近的熔体表面,因熔体黏度大,只靠自然对流难以消除。化料速度过快,原料(能产生气体的原料,如 Li_2CO_3)分解不完全。在晶体生长后期,也常常会有气泡附着于晶体外围。因此当晶体生长界面为凹界面或者生长条件突然变化时,在晶体内部经常形成夹杂和包裹,其中有一部分为气体包裹物。为消除气泡对晶体生长所带来的影响,针对其产生原因,对原料进行预处理(烧结)并在化料后充分搅拌以彻底消除熔体中的气泡。

晶体的生长气氛也是影响晶体质量的一个外界因素。前面提到,在生长高熔点晶体时使用铱金坩埚必须用氮气保护,如 LGS 晶体的生长是在铱金坩埚中进行的。LGS 晶体的颜色与气体中的氧含量有关,氧含量较多时,晶体颜色较深。图16.15是不同氧含量条件下生长的 LGS 晶体。

另外,一些外场的干扰也会给晶体生长带来影响,如机械振动可导致晶体生长过程中温场的波动,进而使生长出的晶体存在生长条纹等缺陷。电场的引入也可能影响晶体的生长过程,会在晶体中造成杂质的密集。而在生长周期性极化铌酸锂晶体时,就是利用晶体,特别是晶体中杂质受电场影响的特性在掺杂的铌酸锂熔体中首次引入周期性畴。这是成功利用外场作用的一个典型范例。

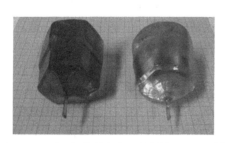

图16.15　不同氧含量条件下生长的 LGS 晶体[9]

16.5　晶体结构与缺陷

16.5.1　晶体结构

晶体的性质是由其组成和结构决定的，晶体规则的多面体外形是其微观周期性和对称性的宏观体现。自 1912 年劳厄发现了 X 射线对晶体的衍射现象以来，人们基于对晶体结构的测定，积累了大量有关晶体结构的数据，如晶体空间群、晶格常数、键长和键角等，将物质的组成、结构与性质三者联系起来，从而打开了人们认识晶体微观世界的大门[20]。因此，确定晶体的微观结构便也成了晶体研究首要和最基本的问题。

晶体的结构一般是用单晶 XRD 来解析的。要想得到一种新晶体的微观结构，应该至少生长出毫米级的优质单晶，通过四圆衍射仪或单晶衍射仪得到晶体电荷密度信息，由此获得各原子的绝对坐标，解出晶体的结构。由于计算机技术的发展，用多晶或比毫米级小的单晶也可以获得晶体的结构及相应数据。表 16.1 列出了用 SHELXTL 解出的 Ga_3PO_7 单晶结构数据[32,33]，所用晶体为 0.10 mm × 0.07 mm × 0.01mm。

表 16.1　Ga_3PO_7 晶体结构数据

分子式	Ga_3PO_7
分子量	352.13
测试温度	293K
测试波长	0.71073Å
晶系，空间群	三方晶系，$R3m$
晶胞参数	$a=7.897(3)$Å, $\alpha=90°$
	$b=7.897(3)$Å, $\beta=90°$
	$c=6.757(6)$Å, $\gamma=120°$
晶胞体积	$364.9(4)$Å³
Z,理论密度	3, 4.807g/cm³
吸收系数	16.803mm⁻¹
晶体尺寸	0.10mm× 0.07mm× 0.01mm
数据采集	4.24°～27.36°
衍射指数范围	$-5≤h≤9, -10≤k≤3, -8≤l≤7$
拟合优度	1.208

由以上单晶衍射数据可以得到晶体的结构、晶胞参数等。同时给出了 Ga_3PO_7 晶体的基本结构单元，如图 16.16 所示，从图中可以看出晶体结构中主要存在 GaO_5 三角双锥和 PO_4 四面体两种结构基元。表 16.2 列出了 Ga_3PO_7 晶体结构中不同位置上的 Ga—O 键、P—O 键的键长以及 O—Ga—O、P—O—Ga、O—P—O、Ga—O—Ga 之间的键角。可见其结构中 GaO_5 和 PO_4 结构基元存在不同程度的扭曲，其中的 Ga—O 键、P—O 键的键长分别为 $1.866(6)\sim2.140(4)$Å 和 $1.514(5)\sim1.583(9)$Å。图 16.17 给出了 Ga_3PO_7 晶体的球棒结构示意图，从图中可以看出 Ga_3PO_7 晶体主要是 Ga_3O_{10} 原子团簇和 PO_4 四面体通过共用氧相连而形成的一个三维骨架结构，并且在每个 Ga_3O_{10} 原子团簇中有三个 GaO_5 三角双锥通过共用两个边相互连接。

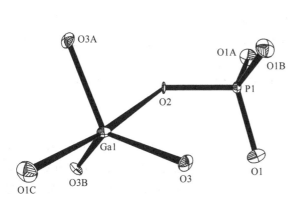

图 16.16　Ga_3PO_7 晶体中的 GaO_5 和 PO_4 结构基元图

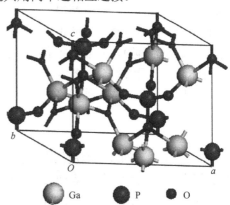

图 16.17　Ga_3PO_7 晶体的球棒结构示意图

表 16.2　Ga₃PO₇晶体的键长和键角

键长/Å		键角/(°)	
Ga(1)－O(1)#1	1.866(6)	O(1)#1－Ga(1)－O(3)	100.4(2)
Ga(1)－O(3)	1.873(6)	O(1)#1－Ga(1)－O(3)#2	94.70(16)
Ga(1)－O(3)#2	1.889(3)	O(3)－Ga(1)－O(3)#2	125.7(2)
Ga(1)－O(3)#3	1.889(3)	O(1)#1－Ga(1)－O(3)#3	94.70(16)
Ga(1)－O(2)	2.140(4)	O(3)－Ga(1)－O(3)#3	125.7(2)
O(1)－P(1)	1.514(5)	O(3)#2－Ga(1)－O(3)#3	104.3(3)
O(1)－Ga(1)#4	1.866(5)	O(1)#1－Ga(1)－O(2)	168.9(3)
O(2)－P(1)	1.583(9)	O(3)－Ga(1)－O(2)	90.6(2)
O(2)－Ga(1)#5	2.140(4)	P(1)－O(1)－Ga(1)#4	151.3(4)
O(2)－Ga(1)#6	2.140(4)	P(1)－O(2)－Ga(1)#5	123.71(17)
O(3)－Ga(1)#7	1.889(3)	P(1)－O(2)－Ga(1)	123.71(17)
O(3)－Ga(1)#8	1.889(3)	Ga(1)#5－O(2)－Ga(1)	92.2(2)
P(1)－O(1)#5	1.514(5)	P(1)－O(2)－Ga(1)#6	123.71(17)
P(1)－O(1)#6	1.514(5)	Ga(1)－O(2)－Ga(1)#6	92.2(2)
Ga(1)－O(1)#1	1.866(6)	O(1)－P(1)－O(2)	106.1(2)

注：#n，n 为 1～8，这里代表不同位置的 O 原子或 Ga 原子

16.5.2　晶体缺陷

理论上理想晶体中结构基元做点阵式排列，呈现周期性，其原子全部处于规则的格点上。但实际上，无论天然晶体还是人工晶体中，由于晶体形成条件、原子的热运动及其他因素的影响，原子排列总是或多或少地偏离了严格的周期性，偏离理想晶格的位置，从而形成了各种各样的缺陷。晶体的缺陷对晶体的性质有很大影响。表征晶体的质量需要研究晶体中的缺陷；同时，研究缺陷及缺陷对晶体性能的影响也有助于改进晶体的生长工艺，寻找提高晶体质量的办法。从熔体中生长的晶体存在的缺陷根据空间延伸的线度可以分为点缺陷、线缺陷、面缺陷和体缺陷，如空位、色心、位错、孪晶、包裹物和开裂等。

1.　点缺陷

点缺陷是发生在晶体中一个或几个晶格常数范围内偏离晶体结构正常排列的一种缺陷，其特征是在三维方向上的尺度都很小，是一种零维缺陷。晶格中的原子由于热振动能量的涨落而脱离原格点移动到晶体表面的正常格点位置上，在原来的格点位置留下空位。这种空位称为肖特基缺陷(空位缺陷)。如果脱离格点的原子跑到邻近的原子空隙形成间隙原子，这种缺陷称为弗仑克尔缺陷(间隙缺陷)。熔体晶体生长过程中为了实现某种性能往往要人为地掺入元素形成替代型缺陷。无论形成哪种缺陷，点缺陷的存在导致一定范围内弹性畸变和能量的增加。

2.　线缺陷

晶体中最主要的线缺陷是位错，它是晶体内部一种一维缺陷。位错穿透晶体或者在晶体中形成闭合回路，可能在晶体表面露头，但不终止在晶体内部。通过逐次磨去一层，重复观察，可以追踪位错的延续。因此，位错是一种线缺陷。从几何结构来看，位错包括刃型位错、螺型位错和混合位错三种基本类型。

熔体法晶体生长过程中，轴向及径向温度梯度必然造成所生长晶体中的热应力及晶体组分的不均匀性等，这是位错产生的主要原因；其他一些生长方法，如坩埚下降法、热交换法，晶体与坩埚接触，两者热膨胀系数的差异等也是位错产生的原因[8]。由于位错线会在晶体表面露头，并且位错线附近的原子能量高，在用特定的腐蚀剂腐蚀晶体表面时，在这些地方作用比较强烈，优先受到腐蚀，形成了对应的腐蚀坑。表面腐蚀法用于检测位错，具有过程简单、结果准确、可用于大面积位错密度的统计分析等优点，广泛用于晶体位错密度研究。下面以铌酸锂晶体为例说明晶体的线缺陷[31]。

用酸(HF：HNO$_3$ = 1：2(体积比))沸水浴中加热 10～15min，对不同部位和取向的铌酸锂晶片进行腐蚀，在光学显微镜下观察晶体的位错露头点。

铌酸锂晶体 Z 面的腐蚀形貌观测。图 16.18 为沿 Z 轴生长的铌酸锂晶体放肩部位 Z 面腐蚀形貌。从腐蚀形貌来看，Z 面腐蚀坑为三角形，反映了晶面的三次旋转对称性；从图 16.18(a) 中可看到放肩部位存在较高密度的腐蚀坑，还发现了大量位错排列形成的位错墙，这是由于生长过程中籽晶的缺陷遗传到晶体中，或者是晶体的放肩速度过快引入新缺陷。因此，生长晶体的籽晶要选择质量较好的晶体，同时降低晶体生长的放肩速度。铌酸锂晶体等径部位的中心处位错密度仍然较高，是因为晶体放肩部位的位错大部分延伸到晶体内部，而只有少量的位错在 Y 面露头，如图 16.19 所示。但是等径部分边缘部位腐蚀坑密度明显降低，如图 16.18(b) 所示，这主要是由于生长界面不是平界面，而是凸界面或凹界面，晶体生长过程中沿径向具有较大的温度梯度，导致固液界面中心部分过冷度过大，生长速率过快，因此晶体中心部位缺陷密度高。与放肩部位和晶体等径部分的腐蚀形貌相比，晶体收尾阶段的位错密度较高，如图 16.18(c) 所示。从晶体尾部的 Z 面腐蚀形貌可以看出腐蚀坑的密度较大，这可能是由收尾阶段温度的波动干扰引起的，所以生长晶体的收尾阶段应缓慢升温熔脱。

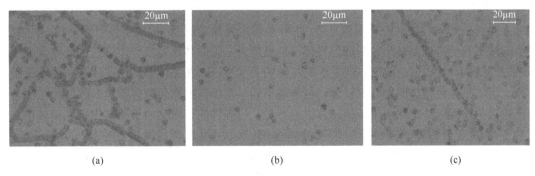

(a)　　　　　　　　　　　　　　　　(b)　　　　　　　　　　　　　　　　(c)

图 16.18　铌酸锂晶体腐蚀形貌
(a) 放肩处；(b) 等径部分边缘处；(c) 收尾处

通过对铌酸锂晶体的位错缺陷研究，可以发现提拉法生长的铌酸锂晶体的缺陷在晶体放肩部位、等径中心部位和尾部提脱部位具有较高的位错密度。因此在晶体生长过程中，注意缩颈、放肩和熔脱等过程要缓慢，生长完成后的降温速率尽量低一些，避免晶体中产生较大的热应力而导致较高的位错密度。

3. 面缺陷

孪晶、晶界、相界和堆垛层错等为晶体中的面缺陷。孪晶是常见的面缺陷，是某种对称操

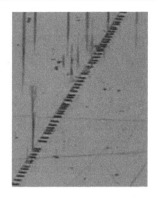

图 16.19　铌酸锂晶体 Y 面腐蚀图

作相联系的两个相同晶质的个体连生体。它们之间的分界面为孪晶界面。在晶体学中，按孪晶的成因分为生长孪晶、转移孪晶和机械孪晶[20,34]。生长孪晶一般是由正常生长过程中的偶然干扰所形成的。转移孪晶是在固体相变时所形成的。机械孪晶是外力使晶体发生形变时所形成的。铌酸锂晶体的生长中经常在晶体的尾部出现机械孪晶。

图 16.20(a) 为铌酸锂晶体生长收尾阶段产生的孪晶，从腐蚀照片(图 16.20(b))来看孪晶两侧为不同的晶面。在晶体生长过程中，通过采取适当的收尾脱离程序并缓慢降温，减少晶体中的热应力，可以有效避免机械孪晶的发生。

(a)

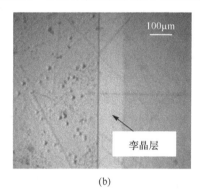

(b)

图 16.20　铌酸锂晶体孪晶
(a)孪晶分布；(b)腐蚀形貌

4. 体缺陷

在晶体生长过程中动力学因素复杂，生长条件很难精确控制，因此熔体中的杂质、不熔物，甚至熔体本身会进入晶体中，形成包裹体，包裹体为主要的体缺陷之一。这些包裹体会破坏晶体的周期结构，造成散射效应，严重影响晶体的光学性能。在晶体中，包裹体与晶体有着相界关系，而微晶体包裹体的光散射较强，包裹体小到一定的程度称为散射颗粒，散射颗粒在晶体中比较常见，特别是熔体中生长的晶体更为明显。包裹体的形成是由于晶体生长速率较快，生长界面周围杂质富集，极易吸附进入晶体内部[19]。利用光学显微镜观察到了这些包裹体(图 16.21)，包裹体是由生长过程中界面过饱和度的变化引起晶体界面形成"低洼"和"突起"的粗糙面，从而形成第二相进入晶体而造成的。在低过饱和度的熔体中，平坦界面生长是借助于螺型位错产生的生长蜷线进行的，其表面差不多是一个平面；但当存在过度凸或凹的生长界面时，形成小晶面生长，这时会对熔体中第二相形成富集，界面附近产生更大的过饱和度。当过饱和度增大，生长条件出现波动时，这些部分就会裹入第二相，形成包裹体；在极端情形下，还会生长成为枝蔓状杂晶。另外，如果原料未经固相反应预处理，熔体中将存在大量气泡且很难消除，生长的晶体中会出现气体包裹物。光学显微镜的观察未发现气体包裹物的存在，说明对原料的预处理比较合适。

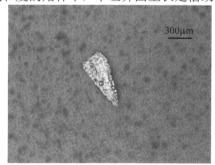

图 16.21　包裹体

16.6　提拉法晶体生长技术进展

16.6.1　自动等径控制技术

传统的提拉法采用人工实时观察来控制晶体的生长,对晶体生长者的技能和经验要求比较高,晶体的质量受人为因素影响较大。对于生长大尺寸晶体,传统方法已经不能适应和满足晶体生长的需要。晶体生长自动等径控制(ADC)技术在实现工业自动化方面有重要的实际意义。

实现晶体生长的自动等径控制技术随所生长晶体的不同而不同,硅单晶等半导体晶体在生长过程中存在明显且稳定的光圈,晶体光圈随晶体直径的变化而发生明显的变化,因此,这类晶体可以通过 CCD 摄像扫描技术来检测光圈或者弯月面的变化,来实现晶体生长的自动等径控制。而对于那些生长过程中光圈不是很明显的晶体,则通过称量生长晶体的重量变化来实现晶体生长的自动等径控制。称量晶体重量的变化有上浮称法、下浮称法和上称重法等。在各种称重法中,上称重法以结构简单、安装容易、可靠性好等特点得到广泛的应用。上称重技术是在晶体生长过程中,计算机对重量信号实时采集和处理,并与晶体的设定值(直径或重量)相比较。通过 PID 公式计算对中频感应炉的加热功率以进行实时控制和调节,实现晶体生长中的自动等径控制,其控制原理可参考文献[35]。晶体自动等径控制的好坏主要取决于控制系统和温场设计。

自动等径控制技术的关键是要使晶体的实际生长能在程序的控制下按预设要求进行。晶体直径的变化情况是自动等径控制好坏的直观表现。控制不好会使晶体的实际直径与设定直径之间存在较大偏差,引起生长系统较大的温度波动,进而导致晶体外形的变化,特别是对于晶体的等径阶段,较大的直径波动必然会导致晶体中产生大量的生长条纹,对晶体的质量产生影响。

晶体自动等径生长软件控制系统主要是通过 PID 运算来实现的。控制过程的 PID 运算公式为[36]

$$Y = P \cdot E + I \cdot \int E \cdot \mathrm{d}t + D \cdot \mathrm{d}E/\mathrm{d}t \tag{16.14}$$

式中, Y 为输出功率; E 为反馈信号(如直径或重量)与设定信号的差值; P、 I、 D 分别代表三个英文单词 proportional、integral 和 derivative 的首个字母,意为比例参数、积分参数和微分参数。通过对 P、 I、 D 参数的设定,可以使反馈的信号与功率输出信号有机地联系起来,在 P、 I、 D 参数的共同调节下,系统的实际测量值就可以快速地跟随设定值而变化,实现对晶体生长的实时控制。这种快速稳定的跟随作用是建立在适宜的 P、 I、 D 参数值基础上的,如果设置不合理,它们反而会造成系统的不稳定。因此,对于不同的温场和晶体, P、 I、 D 参数的取值也会有所不同。

晶体生长前预先设计好所需生长晶体外形的参数,如生长工艺参数(提拉速度、转速)、晶体与熔体的密度、液面高度等参数。

具体生长过程的开始阶段与传统提拉法晶体生长过程相同:将烧结好的多晶料置于坩埚,中频感应加热熔化,升温过热一段时间后,缓慢降温至熔点附近,下入籽晶,调节好温度使籽晶头微熔,然后稍降温预拉一段时间,待生长条件稳定后,切入自动等径控制程序,实现晶体的自动等径控制生长。

16.6.2 双坩埚连续加料技术

提拉技术一般生长同成分熔化的晶体，对于非同成分熔化的晶体(如化学计量比铌酸锂(SLN)晶体)，一般采用助熔剂法生长。但是某些晶体采用助熔剂法生长时，助熔剂容易进入晶体形成杂质，影响晶体的质量。这类晶体可以采用改造后的双坩埚连续加料技术来生长，从而保证晶体组分的均匀性，同时实现非同成分晶体的生长。

20世纪90年代初，日本国立无机材料研究所(National Institute for Research in Inorganic Materials，NIRIM)的Kitamura等[37]采用双坩埚连续加料技术生长化学计量比铌酸锂晶体。其基本原理是在双层坩埚中分别装不同成分的原料，晶体从内坩埚里的富Li熔体中提拉，并在整个生长过程中，根据所生长出的晶体的量向外坩埚中连续不断地补充化学计量比成分的原料。该方法关键在于维持内坩埚中准确的富Li配比，因此首先改进了坩埚结构，即改为双坩埚。坩埚的内外层分别放不同成分的配料，并通过底部小孔相通；此外还要有准确的粉末自动供给装置，能够连续不断地加入化学计量比的原料，以保持熔体成分不变。将已烧制好的原料放于同心双坩埚。晶体生长过程中由粉末自动供给装置根据单位时间内生长出来的晶体质量向外坩埚中加入与晶体组分相同的等质量铌酸锂粉料，避免生长过程中由于分凝造成的熔体组分改变，从而可以生长出组分均匀性好的大单晶。利用这种方法他们生长了直径50mm、长50mm的高质量的化学计量比铌酸锂单晶。

整个生长系统可分为三部分：双坩埚、粉末自动供给装置和提拉生长系统[30]，如图16.22所示。

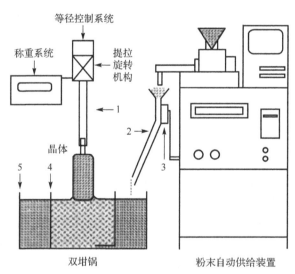

图16.22 双坩埚加料提拉法生长装置示意图[30]

1-籽晶杆；2-Pt加料管；3-压电振荡器；4-内坩埚；5-外坩埚

(1)双坩埚：外坩埚为Pt坩埚，直径100mm，高50mm，厚1mm。内坩埚为直径60mm、高55mm、厚1mm的Pt坩埚。内坩埚置于外坩埚中心。内坩埚底部有一个直径2mm、长20mm的Pt导管，生长时，外坩埚的熔体可以通过这一导管进入内坩埚。导管口有一个阀门，在生长未开始时可以防止内外坩埚中熔体混合。

(2)粉末自动供给装置：生长出的晶体重量由称重系统实时监测，粉末自动供给装置根据监测数据，调整加入的化学计量比成分的原料量。Pt 加料管置于外坩埚熔体液面上方几厘米处，原料通过 Pt 加料管加入外坩埚，压电振荡器使得 Pt 加料管振动，从而保证原料不会黏附在 Pt 加料管壁上。

日本的双坩埚连续加料技术的内外坩埚流体对流不畅，容易造成外坩埚熔体过热，同时生长结束坩埚余料难以清理，明显提高了晶体生长成本。山东大学的高磊[38]采用悬挂坩埚双坩埚连续加料实现化学计量比铌酸锂晶体的生长，生长化学计量比铌酸锂晶体的尺寸为 ϕ50mm×50mm。

参 考 文 献

[1]　JIANG M H. Crystal growth in China[J]. Optics and Photonics News, 1990, 1: 5-10.

[2]　CZOCHRALSKI J, EIN N. Vefahren zur messung der Kristallisationsgeschwindigkeit der Metalle[J]. Z. Phys. Chem., 1918, 92: 219-221.

[3]　TOMASZEWSKI P E. Jan Czochralski-father of the Czochralski method[J]. J. Cryst. Growth, 2002, 336: 1-4.

[4]　TEAL G K, SPARKS M, BUEHLER E. Growth of germanium single crystals containing p-n junctions[J]. Phys. Rev., 1951, 81:637.

[5]　BUCKLEY H E. Crystal growth[M]. New York: John Wiley & Sons, 1951: 82.

[6]　DASH W C. Growth of silicon crystals free from dislocations[J]. J. Appl. Phys., 1959, 30: 459-474.

[7]　GIBBS J W. The collected works of J. Willard Gibbs[M]. New York: Longmans, Green and Co., 1928, 1: 55-349.

[8]　闵乃本. 晶体生长的物理基础[M]. 上海: 上海科学技术出版社, 1982.

[9]　于永贵. 几种氧化物晶体的数值模拟、生长及性质研究[D]. 济南: 山东大学, 2009.

[10]　SCOTT R A M. The temperature distribution in $ZnWO_4$ crystal during growth from the melt[J]. J. Cryst. Growth, 1971, 10: 39-44.

[11]　CARRUTHERS J R, PETERSON G E, GRASSO M, et al. Nonstoichiometry and crystal growth of lithium niobate[J]. J. Appl. Phys., 1971, 42（5）:1846-1851.

[12]　姚淑华. 同成分、近化学计量比铌酸锂晶体生长、性质及应用探索[D]. 济南: 山东大学，2009:31.

[13]　JACKSON K A, UHLMANN D R, HUNT J D. On the nature of crystal growth from the melt[J]. J. Cryst. Growth, 1967, 1: 1-36.

[14]　JACKSON K A. Liquid metals and solidification[M]. Ohio: Metals Park, 1958: 174.

[15]　FRANK F C. Discussions of the Faraday society[M]. London: Butter Worth Scientific Publications, 1959: 67.

[16]　BURTON W K, CABRERA N, FRANK F C. The growth of crystals and the equilibrium structure of their surfaces[J]. Philos. Trans. R. Soc. London, Ser. A , 1951, 243: 299-358.

[17]　TEMKIN D E. Crystallization processes[M]. New York: Consultants Bureau, 1966: 15-22.

[18]　HARTMAN P, PERDOK W G. On the relations between structure and morphology of crystals[J]. Acta Cryst., 1955, 8: 49-52.

[19]　仲维卓，刘光照，华素坤. 热液条件下 SiO_2 和 SnO_2 生长形态的形成机制[J]. 人工晶体学报，1994, 23: 1-7.

[20]　张可从，张乐溃. 近代晶体学基础[M]. 北京: 科学出版社, 1997.

[21]　SATO H, KUMATORIYA M, FUJII T. Control of the facet plane formation on solid-liquid interface of LGS[J].

J. Cryst. Growth, 2002, 242: 177-182.

[22] XIAO Q, DERBY J J. Heat transfer and interface inversion during the Czochralski growth of yttrium aluminum garnet and gadolinium gallium garnet[J]. J. Cryst. Growth, 1994, 139: 147-157.

[23] TAKAGI K, FUKAZAWA T, ISHII M. Inversion of the direction of the solid-liquid interface on the Czochralski growth of GGG crystals[J]. J. Cryst. Growth, 1976, 32: 89-94.

[24] ZYDZIK G. Interface transitions in Czochralski growth of garnets[J]. Mater. Res. Bull., 1975, 10:701-707.

[25] COCKAYNE B, LENT B, ROSLINGTON J M. Interface shape changes during the Czochralski growth of gadolinium gallium garnet single crystals[J]. J. Mater. Sci., 1976, 11: 259-263.

[26] UDA S. Influence of unit cluster size on nucleation rate of $Li_2B_4O_7$ melt[J]. J. Cryst. Growth, 1994, 140: 128-138.

[27] MULLINS W W, SEKERKA R F. Morphological stability of a particle growing by diffusion or heat flow[J]. J. Appl. Phys., 1963, 34: 323-329.

[28] MULLINS W W, SEKERKA R F. Stability of a planar interface during solidification of a dilute binary alloy[J]. J. Appl. Phys., 1964, 35:444-451.

[29] BRICE J C, WHIFFIN P A C. Changes in fluid flow during Czochralski growth[J]. J. Cryst. Growth, 1977, 37: 245-248.

[30] 洪静芬，朱永元. 铌酸锂晶体小面生长动力学的实验研究[J]. 南京大学学报, 1995, 31 (2)：237-241.

[31] 姚淑华. 同成分、近化学计量比铌酸锂晶体生长、性质及应用探索[D]. 济南：山东大学, 2009: 46.

[32] 徐国纲. Ga_3PO_7 晶体的熔盐法生长、结构及性质研究[D]. 济南：山东大学, 2009.

[33] XU G G, LI J, WANG J Y, et al. Flux growth and characterizations of Ga_3PO_7 single crystals[J]. Cryst. Growth Des., 2008, 8: 3577-3580.

[34] YAO S H, HU X B, YAN T, et al. Twinning structures in near-stiochiometric lithium niobate single crystals[J]. J. Appl. Crystallogr., 2010, 43: 276-279.

[35] 董淑梅, 李言, 李留臣, 等. 激光晶体炉上称重法自动直径控制（ADC）技术[J]. 人工晶体学报, 2005, 34: 1141-1145.

[36] 于永贵, 姚淑华, 徐民, 等. 提拉法生长晶体的自等径控制[J]. 人工晶体学报, 2008, 37：15-19.

[37] KITAMURA K, YAMAMOTO J K, IYI N, et al. Stichiometric $LiNbO_3$ single crystal growth by double crucible Czochralski method using automatic powder supply system[J]. J. Cryst. Growth, 1992, 116: 327-332.

[38] 高磊. 近化学计量比铌酸锂晶体生长与性质研究[D]. 济南: 山东大学, 2006.

第 17 章　纳米压印技术

17.1　纳米压印技术的发展

自从 1959 年光刻(photolithography)技术诞生以来，它已成为微米与纳米制造领域里最为成功和成熟的一项技术，迄今为止世界上所有的大规模集成电路均是通过这一技术工艺生产制造的，对微电子、光电子产业的持续发展起着极大的推动作用。通过缩短曝光波长，可以提高光刻技术的分辨率。目前工业上采用波长 193nm 的深紫外光并结合高折射率浸没式光刻技术，已经可以大规模生产最小线宽尺寸为 7nm 的集成电路芯片，但是由于受到投影成像光波的波长限制和没有适用于更低波长的光学成像系统与光刻胶材料，目前的光刻技术较难再获得更高的分辨率。近年来随着曝光波长更短的新一代光刻技术如极紫外光刻(extreme UV lithography)、X 射线光刻(X-ray lithography)、电子束光刻(electron-beam lithography)、聚焦离子束光刻(focused ion beam lithography)等新技术的不断出现，人们已经可以获得尺寸更小的结构单元，曝光波长为 13nm 的极紫外光刻已具备量产能力。但是这些技术的生产成本极高，工艺相当复杂，同时由于上述技术是以大规模集成电路生产为目的的，生产条件要求高，投资巨大，半导体厂商也许可以勉强接受，而对于非半导体等其他商用产品的生产必须满足廉价、操作简便，可工业化批量生产、高可靠性的要求，光刻技术并不适合用于很多非半导体器件产品的生产制造。纳米压印技术是 20 世纪 90 年代中期，由美国普林斯顿大学的 Stephen Y. Chou(周郁)教授发明的一种高分辨率、高产量、低成本的全新纳米结构制造技术[1,2]。除了可能在微电子、光电子产业中替代传统的光刻技术，纳米压印技术还可广泛地应用于制造微纳器件，如微纳机电系统、太阳能电池、生物芯片、微型化学反应器、微型化学分析仪和高灵敏度微型传感器等诸多高科技领域[3]。

我们的祖先很早就开始使用压印技术，我国古老的活字印刷术被认为是压印技术原型，而用于信息存储的 CD、DVD 的制造更是压印技术在现代的成功应用。简而言之，压印就是把具有凸凹结构的模具压入可以变形的材料上，然后材料上留下和模具凸凹结构相反的图案。在纳米压印中压印模具就是纳米压印的模板，凸凹结构的尺寸在纳米量级。纳米压印技术示意图如图 17.1 所示，将具有凸凹纳米结构的模板通过一定的压力，压入加热熔融的高分子薄膜内，待高分子材料冷却固化、纳米结构定型后，移去模板，再通过反应离子刻蚀工艺等传统的微电子加工技术把纳米结构进一步转移至半导体硅片上。纳米压印是一种完全不同于光刻技术的纳米制造技术，具有超高分辨率、易量产、低成本、一致性高的技术优点。超高分辨率是因为它没有光学曝光中的衍射现象，目前纳米压印的最小分辨率已达到 2nm，小于目前光刻技术 7nm 的分辨率；易量产是因为它可以像光刻曝光那样平行工作，同时批量加工纳米结构。低成本是因为它不像光刻设备需要复杂的光学系统或电子束，也不像离子束光刻机需要复杂的电磁聚焦系统。因此纳米压印可望成为一种工业化生产技术，从而开辟了一种高分辨、低成本、高产量的纳米制造全新途径[4]。

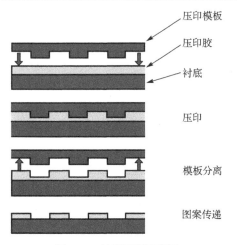

压印模板
压印胶
衬底
压印
模板分离
图案传递

图 17.1　纳米压印示意图

纳米压印技术有可能大幅度地降低纳米结构的生产成本、缩小基本结构单元的尺寸，具有极大的科研价值和潜在的商业价值。世界上各个发达国家都对此技术极为重视，有数百个以上的研究小组在从事与纳米压印相关的研究工作，美国国防高级研究计划局（Defense Advanced Research Projects Agency）等部门已斥资数亿美金支持这一技术的开发研究与产业化应用，日本和欧洲等发达国家与地区也在积极参与这项技术的开发工作。许多世界 500 强公司，如 IBM、三星、摩托罗拉、惠普、日立、东芝、希捷等公司也相继组织自己的科研力量对这一技术进行攻关，希望抢占技术制高点，使之成为新一代纳米制造的主导技术。惠普公司对媒体宣布已成功开发出可适用规模化生产的纳米压印技术，在今后的 5～10 年内将采用这一技术逐步替代光刻技术。目前所有微纳米加工技术国际会议都有关于纳米压印技术的专题，并且已经有专门的纳米压印技术国际会议（http://www.nntconf.org/）。2003 年 2 月，美国麻省理工学院的《技术评论》杂志把纳米压印技术列为 10 项新出现的可望在未来数十年内改变世界的技术之一[5]。2003 年 8 月，国际半导体产业协会把纳米压印技术纳入其行业发展的蓝图中。通过采用这一技术，已经可以在 8in 硅片上加工没有缺陷、结构单元小于 10nm 的集成电路原型，同时这一技术已应用于一些尖端产品的小规模设计与制造中，并成功制备出各种光、电、磁、生物器件与产品，如光波导、光子晶体、光栅、偏光器、抗反射膜、高效发光二极管、太阳能电池、柔性显示器、激光器、高分辨率相机成像系统、超高密度可读写存储硬盘、单电子晶体三极管、分子电子器件、量子器件、生物检测芯片、组织细胞培养装置、药物控制释放系统、微机电系统传感器等。

产业化是任何一项科学技术发展的必然趋势，纳米压印技术也不例外。纳米压印技术诞生和发展的一个主要目的就是取代当今生产成本日益昂贵且遭遇技术瓶颈的光刻技术，但是在半导体企业通过巨大的投入和科研技术人员对光刻技术进行了一系列艰苦卓绝的改进后，今天线宽仅有 7nm 的复杂微电子结构也已制造出来，纳米压印高分辨率的技术优势不再十分明显。一方面由于光刻技术工艺已非常成熟，集成电路生产技术经过近半个世纪的发展已经形成一套非常标准化、规范化的技术体系，而用来制造线宽小于 100nm 图案的光刻设备，每台造价高达数千万至数亿美元，已投入巨资购置光刻设备的半导体制造企业不希望采用非光刻的新技术、新工艺。另一方面当前集成电路技术的最小线宽已接近极限，人们已不再单纯追求通过进一步减小晶体管的尺寸来增加单位面积内晶体管的数量，从而提高集成电路的运算速度，转而采用其他的方法。因此从目前情况看，在近几年内纳米压印技术不可能在半导体行业内替代光刻技术实现产业化。但是在非半导体器件产品的生产和科学研究领域却为纳米压印技术的产业化展现了非常美好的应用前景。近年来在电子、光电、光通信等科技产品朝"超轻薄短小""高集成化""高清晰度"发展趋势的带动下，微小化与智能化成为产品技术升级的两项指标，尤其是微小化技术更是成为企业降低生产成本、提升产品性能的重要手段。除了众所周知的集成电路产业，高密度硬盘、液晶显示（抗反射膜、偏光板、光栅）、生物芯片，以及光通信产业（光子晶体、光栅）无不通过借助缩小元件的结构，以开发出功能更强、更新、更便宜的产品，纳米压印已成为制造纳米结构、纳米器件相关产品的最具发展潜力与竞争力的量产技术之一。工业界人员正在把此项技术迅速地用于市场。例如，在数码相机市场，可以使用纳米压印技术来制作高质量的图像传感器微镜头；发光二极管(LED)可以采用纳米压印技术制成图案化衬底来大幅度提高发光效率[6]；高密度的小磁点可以替代今天用于磁记录的连续完整的磁性合金材料薄膜，极大地提高硬盘的存储容量，世界最大的硬盘制造商之一日立存储公司(Hitachi Global Storage Technologies, Inc.，后与西部数据公司(Western Digital Corporation)合并，西部数据公司为存续公司)已采用纳米压印技术开始工业化生产超高密度的存储硬盘[7]，将有可能在存储领域带来变革。这些说明纳米压印的产业化、规模化应用已进入实质阶段。美国惠普公司又成功开发出适于大规模工业化生产和大幅面工艺的滚轴压印技术，这一技术不仅可用来生产超高清显示器，还可生产柔性超薄显示产品，为纳米压印技术开辟了又一绚丽的应用领域[8]。生物行业是另一个纳米压印技术潜在的市场，以纳米压印技术研制和生产高密度微流体生物芯片，用于蛋白质、DNA 的分离和检测，一旦成功，其市场价值和社会效益将极其可观。日立存储公司发明了采用纳米压印技术制作细胞排列、培养装置，来快速分析体液并确定特殊的目标细胞，在癌症检测方面有着良好的应用前景。

17.2　纳米压印技术的种类

17.2.1　热压印与紫外光固化压印

纳米压印技术主要有热压印与紫外光固化压印两种压印。最早的热压印技术是以热塑性高分子材料如聚甲基丙烯酸甲酯(PMMA)为基础，通过加温使高分子材料软化、熔融，并通过外加压力，把模板上的纳米结构印制在熔融的高分子膜上，冷却成型。由于进行纳米压印时需要采用较高的压力(数十个大气压)，容易破坏模板上的纳米结构，不利于模板的重复、多次使用。同时，印制过程需要加热使高分子材料软化、熔融，由于模板、高分子材料及基板的热膨胀系数不同，加热与冷却过程中产生的应力也会造成纳米结构的缺陷，并破坏模板上的纳米结构。为解决这一问题，科研人员发展了紫外光固化压印技术，采用了黏度低、流动性好的可紫外光固化预聚物体系作为纳米压印胶材料，并把紫外光固化材料涂覆在基片上，当模板和可紫外光固化预聚物接触后，不需要外界压力，利用液体特有的毛细现象，就可使紫外光固化材料很容易地注入模板的纳米结构内，并通过紫外光使其快速固化，从而使纳米压印的加工过程可以在室温、很低的压力下迅速完成，达到可规模化应用的要求[9,10]。根据紫外光固化纳米压印胶材料涂覆方式的不同，紫外光固化压印又可分成步进曝光式压印(step and flash imprint)和紫外光固化纳米压印，如图 17.2 所示。

步进曝光式压印由美国德克萨斯大学奥斯汀分校的 Willson 教授的研究组发展而来[9]，他们采用黏度低、流动性好的可紫外光固化预聚物体系作为压印胶材料，并把紫外光固化材料喷涂在衬底上，通过模板的压印把分立的压印胶液滴融合为完整的压印薄膜。这一技术的优点是可以实现步进压印，其工艺与步进光刻更为接近，便于纳米压印技术与半导体产业实现对接，但其缺点也非常突出，分立的液滴不利于后续压印形成薄而厚度均匀的膜层，而这恰恰是微纳加工的关键因素。低黏度的固化材料有很强的挥发性，不易保持胶滴体积的恒定，因此不容易控制压印薄膜的厚度，另外使雾化的微小的胶液滴迅速沉降到衬底上也是一个难题。普林斯顿大学的研究组发展的紫外光固化纳米压印技术是采用旋涂的方法，实现了在衬底上形成厚度均匀的可紫外光固化预聚物液膜，压印后残余层的厚度也可保持均匀，其压印出的纳米结构最小尺寸达到5nm，并且成功地实现了纳米结构的转移与器件的制备[10]。压印结构的超高分辨率是纳米压印技术区别于其他接触式微纳加工技术如软压印(soft lithography)、热压(hot embossing)等技术的最大特征。

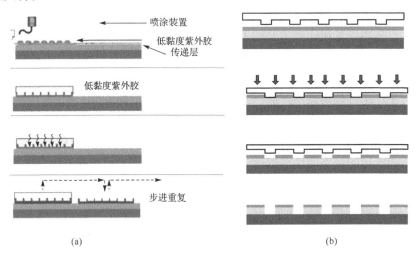

图 17.2　步进曝光式压印(a)和紫外光固化纳米压印(b)示意图

目前纳米压印技术的最高分辨率是采用 2nm 直径的碳纳米管为压印模板，在压印胶材料上压印出的 2nm 沟道结构[11](图 17.3(a))，但是这种单独的无规线条结构在实际微纳加工中并无明确的应用。在微纳结构加工领域一般以制备超小线宽与周期的 L 形嵌套结构来验证加工技术可获得的最小分辨率。图 17.3(b)是采用聚焦氦离子束技术制备在氢倍半硅氧烷(HSQ)材料上的线宽 4nm、周期 8nm 的 L 形嵌套结构的 SEM 照片，图 17.3(c)是以制备的 HSQ L 形结构为模板进行纳米压印的结构，这是目前纳米压印技术制备的最小线宽的周期结构。由于受制于压印模板的制造技术，目前还没更小尺度结构的模板来进一步获得更高的压印分辨率[12]。

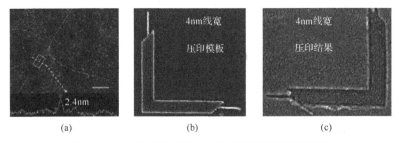

图 17.3　具有几纳米线宽、高分辨率的纳米压印图案
(a)2nm 碳纳米管压印结果 AFM 图[11]；(b)4nm 线宽 L 形嵌套结构模板 SEM 图；(c)纳米压印的 4nm 线宽 L 形嵌套结构 SEM 图[12]

17.2.2　滚轴压印

近年来，以纳米压印的成型技术并结合成熟的滚筒印刷技术发展而来的滚轴纳米压印技术具有低成本、大面积、低设备费用、低能耗、高产量等多项优点，是纳米压印技术的最新发展方向之一，已成为微纳结构产品最具发展潜力与竞争力的量产技术之一[13]。滚轴纳米压印技术的基本

工作原理是把具有纳米结构的滚筒式金属模板通过加热、加压，或涂覆紫外光固化材料，在滚动过程中，把纳米结构印制在大幅面的塑料膜片材料上，图 17.4(a) 是周郁教授等提出的最初的滚轴纳米压印工作原理的示意图[14]，为进一步提高效率和压印质量，还可引入多个滚轴，如图 17.4(b) 所示，这样的方法也称为卷对卷(roll to roll)压印。以主要应用产品的纳微结构的线宽而言，目前大都还是微米等级，为 5~500μm 不等，滚筒直径为 68~800mm，主要的产品包括薄膜太阳能电池、平板显示器、射频识别标签等。另外法国的全息防伪工业公司(Hologram Industries)利用激光干涉成像技术，开发线宽介于 100~200nm 的滚筒压印模板，用于激光防伪标签的生产。令人遗憾的是，由于滚轴压印技术中的几项核心技术，如大幅面滚筒型压印模板制作、滚轴压印胶材料、滚轴压印工艺以及后续图案转移工艺等，均尚无很好的解决方案，该项技术发展至今尚未取得实质性的产业化进展，更很少见有采用此项技术生产的亚微米以下尺度的产品面世。

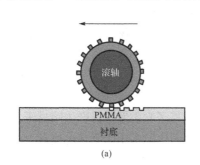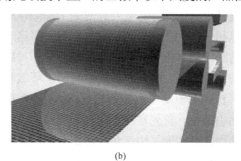

图 17.4 滚轴压印和卷对卷压印示意图[14]

(a)滚轴压印；(b)卷对卷压印

17.3 纳米压印胶材料

压印胶材料、压印模板、压印设备及压印工艺是纳米压印技术的关键元素，其中纳米压印胶之于纳米压印技术的作用相当于光刻胶之于光刻技术的作用，纳米结构首先通过压印模板复制到压印胶上，然后通过反应离子刻蚀等工艺传递到目标衬底上。根据纳米压印的类型，压印胶材料可分为热压型压印胶材料与紫外光固化纳米压印胶材料。热压型压印胶材料主要为热塑性高分子材料，如 PMMA、聚苯乙烯(PS)、聚碳酸酯(PC)等。热压型压印胶材料的优点是成膜性好、操作简单，缺点是压印需在高温、高压条件下进行，易对模板、衬底和压印结构造成损伤，压印周期长。为解决压印压力过大的问题，也采用黏度小的热固化材料，但一般热固化的树脂固化都要较长的时间，如几十分钟。

17.3.1 紫外光固化纳米压印胶材料

针对热压型压印胶材料需高温、高压的技术缺陷，研究人员采用了低黏度的紫外光固化材料作为纳米压印胶材料。根据固化材料的聚合机理，紫外光固化压印胶材料可分为基于自由基引发聚合的丙烯酸酯、甲基丙烯酸酯类材料和基于阳离子引发聚合的环氧类、乙烯基醚类材料，这些材料各有优缺点[15]。丙烯酸酯类材料是目前应用最广泛的紫外光固化材料，它的单体、低聚物种类繁多，选择范围广，在室温下，紫外光引发的聚合速率快、转化率高，在数十秒内，丙烯酸酯基团的转化率可达 90%以上，因此也是纳米压印胶的首选材料。人们可根据不同的压印目的，选择不同的丙烯酸酯树脂，组成紫外光固化纳米压印胶材料。但是由于是自由基引发，在有氧环境中工作,氧气会对聚合产生阻聚作用,不利于材料的固化。与丙烯酸酯类材料相比,甲基丙烯酸酯类材料除具有厌氧的特性外,甲基丙烯酸酯基团的聚合速率和转化率都远小于丙烯酸酯基团,因此在选择甲基丙烯酸酯材料作为压印胶材料时需谨慎。与自由基引发聚合的丙烯酸酯、甲基丙烯酸酯类材料相反,环氧类、乙烯基醚类材料由于是阳离子引发聚合,克服了自由基聚合易被氧阻聚的缺点,在有氧环境中也能聚合,同时阳离子的活性大,阳离子产生后即使不再光照也能继续引发聚合反应的进行。乙烯基醚基团在室温下的反应活性大、聚合转化率高,是替代丙烯酸酯材料的良好选择,遗憾的是,这类材料的种类很少,供选择的范围窄,且制备成本高,限制了这类材料的广泛使用[16]。环氧树脂是另一类广泛采用的固化材料,目前也有研究人员以其作为紫外光固化压印胶材料,环氧基团在室温下虽然聚合速率较快,但转化率低,不及 10%,一般需要加热到 80℃以上转化率才能提高到 80%[17],由于紫外曝光时常常伴随大量红外波长的光,对紫外胶起到了加热作用,从而协助了环氧树脂的快速聚合,研究人员采用环氧树脂作为压印胶材料时,常常忽略这一问题,而认为环氧材料在室温下也能快速固化。紫外光固化纳米压印工艺需要压印模板和衬底中至少有一种能够透过紫外光,对不透光的材料不适用这一技术。研究人员恰恰利用了环氧基团的聚合特性,即常温下阳离子引发聚合反应速率慢、转化率不及 10%,而温度 80℃以上可提高转化率至 80%的特性,采用阳离子光引发剂代替热引发剂,首先常温下用紫外光冷光源光解阳离子光引发剂,产生阳离子,接着进行压印与加热固化,实现了快速热固化纳米压印,解决热固化纳米压印固化温度高、时间长,紫外光固化纳米压印需透明压印模板或衬底材料的问题[18]。

紫外光固化材料一般都含有大量的多官能团交联剂,在固化后能够形成交联的网络状结构,一方面,交联网络可以增强压印结构的力学性能、提高抗刻蚀能力,但另一方面,材料一旦高度交联后,则失去了溶解性,常用的金属剥离(lift-off)工艺无法通过单层的紫外光固化压印胶材料实现,更严重的是紫外光固化材料一旦黏附在模板上,不能用溶解等简单的方法将其除去,会对模板造成永久的损伤。为了解决这一问题,研究人员设计和合成了可降解的多官能团交联单体,通过酸性条件下不稳定的缩酮(醛)基团和酸酐基团把丙烯酸酯基团连接到交联剂分子上,如图 17.5 所示[19]。当需要降解交联的固化材料时,只要在酸性条件下水解缩酮基团或酸酐基团,即可实现光固化压印胶材料的降解。研究人员以低成本的 1,4-环己二酮与丙三醇为起始原料,合成了具有缩酮基团的双螺环结构二元丙烯酸酯可降解单体,以此单体为主要成分的紫外光固化压印胶材料,固化后的高分子交联网络在酸性条件下具有良好的降解性能,同时螺环结构赋予了材料低的固化收缩率和更好的机械强度[20]。

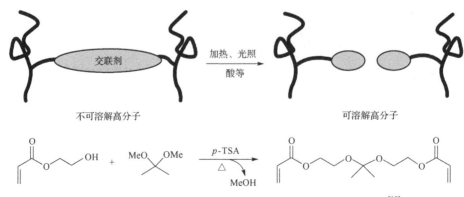

图 17.5　可降解紫外光固化交联单体的工作机理与分子结构示例[19]

17.3.2　双层纳米压印胶体系

　　纳米压印技术制备的浮雕式图形与光刻技术制备图形具有相同的功能，即均作为刻蚀掩模，通过反应离子刻蚀工艺把纳米图形进一步转移到目标衬底上，因此要求纳米图形具有较大的高宽比(aspect ratio)，通过提高模板上纳米结构的高宽比当然可以提高压印胶材料压印结构的高宽比，但是由于纳米压印是物理接触式的工作机理，纳米结构的高宽比增大后，也增大了结构的比表面积，造成脱模困难，压印胶易被模板从衬底上剥离下来，同时会造成模板上的纳米结构与压印胶材料上压印出的结构在脱模时相互抵触，破坏模板和压印的结构。单纯通过提高模板纳米图案的高宽比来追求压印图形的大高宽比在压印技术中需谨慎采用。

　　借鉴光刻胶材料的双层膜体系，在纳米压印中，特别是紫外光固化纳米压印胶体系多采用双层压印胶，即在紫外光固化材料与衬底之间引入一层高分子传递层，通过光固化材料与高分子传递层材料对 O_2 反应离子刻蚀的选择性不同(紫外光固化材料刻蚀速度慢，传递层材料刻蚀速度快)，把小高宽比的纳米结构转化为大高宽比的纳米结构[10]。为了提高紫外光固化材料耐 O_2 反应离子刻蚀的性能，常用的方法是在材料中引入硅元素，如有机硅氧烷，特别是含有与固化材料相同聚合基团的有机硅氧烷材料。有机硅材料在 O_2 反应离子的作用下被氧化成为类二氧化硅的无机材料，能够阻挡 O_2 反应离子的进一步刻蚀，而下层材料一般为只含有 C、H、O 元素的高分子材料，与 O_2 反应离子作用生成 CO_2、H_2O 等气体，可快速刻蚀掉。根据刻蚀的压印结构的后续加工工艺，传递层材料可分别选择热塑性高分子材料或热固性高分子材料。如果刻蚀的压印结构需进一步蒸镀金属，再进行金属剥离工艺，那么传递层材料选用热塑性高分子材料，如 PMMA 等，因为热塑性高分子材料可以通过溶剂溶解而除去；如果刻蚀的压印结构继续作为刻蚀掩模，则选用热固性高分子材料，热固性材料的交联网络结构赋予了其良好的力学性能，提高了抗刻蚀能力。紫外光固化材料中引入的硅组分多为有机硅氧烷材料，由于其表面能低，降低了压印胶与传递层之间的黏附性能，为了便于脱模，虽然已对模板表面的硅羟基进行了氟代硅烷取代的低表面能处理，由于压印胶对传递层的黏附性也差，纳米压印胶材料仍然容易被模板从衬底上剥离下来，导致压印失败，模板污染。为了解决这一问题，研究人员设计和制备了一类双固化型传递层材料，其结构示意图如图 17.6所示，即材料中具有至少两种基于不同聚合交联机理的反应性基团，其中至少一种成分同时连接这两种反应性基团[21]。双固化传递层材料在衬底上成膜后，首先采用一种聚合方法使其中一种基团发生反应，形成固化的交联网络结构，这一结构不仅能够防止稍后的纳米压印胶旋涂过程中所使用的有机溶剂造成的传递层材料的溶解与溶胀，还可提高传递层材料的力学性能，增强刻蚀的耐受性，防止刻蚀过程中纳米结构倒伏。另一未反应的基团，在纳米压印胶压印固化过程中，与纳米压印胶中的相同固化基团反应，形成交联网络，使纳米压印胶通过共价键结合在传递层材料上。由于传递层材料不含有机硅氧烷，有较大的表面自由能，和衬底材料有很好的附着力，通过双固化传递层最终可提高纳米压印胶材料对于衬底的黏附性能。

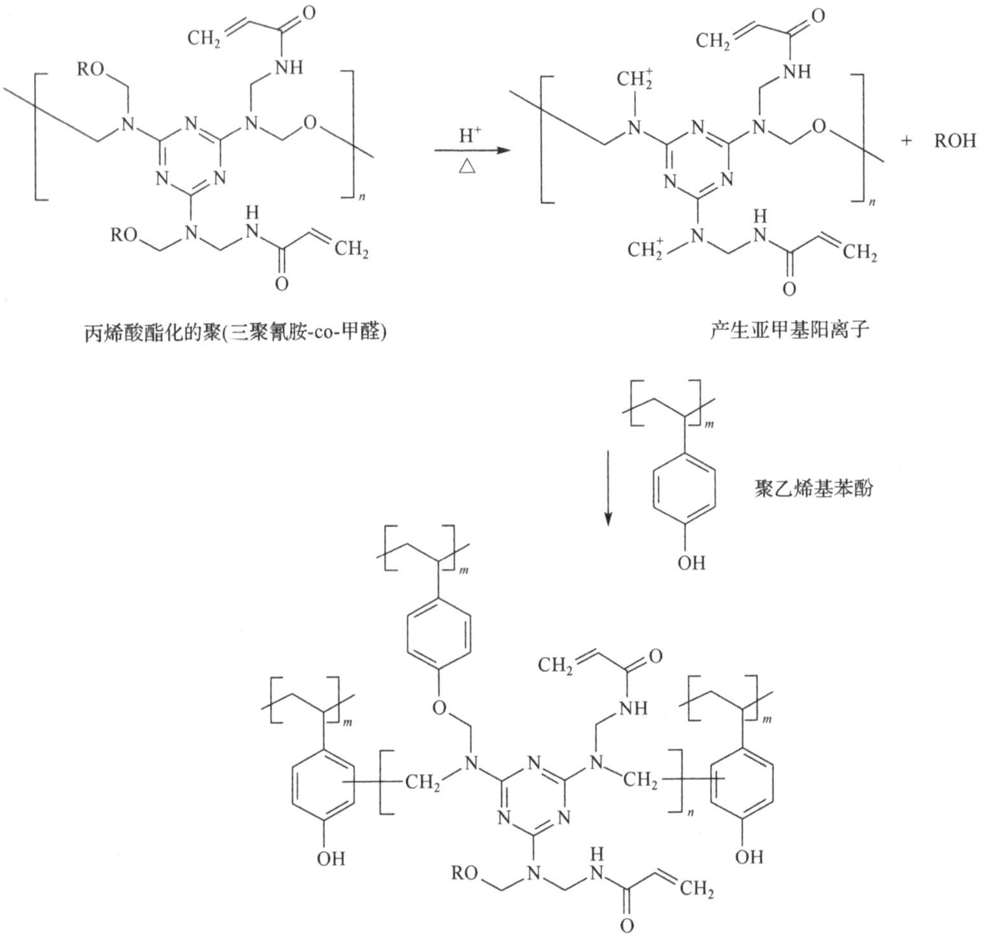

丙烯酸酯化的聚(三聚氰胺-co-甲醛)　　　　　　　　产生亚甲基阳离子

聚乙烯基苯酚

连接丙烯酸酯基团的双固化材料交联网络

图 17.6　双固化传递层材料的结构示意图

17.4　纳米压印的技术挑战

当前纳米技术已经成为实验室中制备纳米结构的有力工具，并且开始从科学研究逐步走向工业生产制造，成为最有可能实现产业化的新兴纳米制造技术之一。但是这一技术从出现至今只有短短十几年时间，很多关键问题有待进一步研究，制约技术发展的瓶颈有待攻克，相关工艺有待改进提升。

17.4.1　纳米压印的缺陷与对准问题

由于纳米压印技术是物理接触式的工作机理，压印模板必须与衬底上的压印胶材料完全接触并压入材料中才能形成纳米结构。压印过程中由环境、衬底、压印胶材料和模板引入的微小灰尘颗粒会将衬底和模板局部隔离开来(图 17.7)，一般模板和衬底都是硅、二氧化硅、石英等刚性材料，这些材料无法通过局部的弯曲变形使二者在颗粒周围紧密贴合，对由灰尘颗粒产生的缺陷具有放大的作用，会造成大于颗粒尺寸数十倍，甚至上千倍的空白压印缺陷[22]。虽然纳米压印过程可以在极端洁净的环境中进行，但是这将极大地增加成本，使其远离低成本的技术特点。与光刻技术相比，另一个可能限制它在半导体产业应用的因素就是纳米压印的对准(alignment)性能，当前光刻技术的对准精度已达纳米量级。纳米压印需将模板压入压印胶材料中，从模板接触压印胶材料到完全压入压印胶材料，会有几十纳米的上下行程，因此微小的剪切力都会造成模板与衬底之间发生水平位移，降低对准精度。已有研究工作将莫尔条纹技术应用于紫外光固化纳米压印的对准，获得了 20nm 的对准精度，纳米压印技术是否能够获得更小的对准精度还需要实验进一步证明。

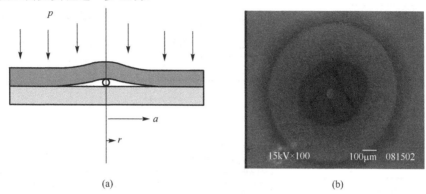

图 17.7　纳米压印中由灰尘颗粒引起缺陷的示意图 (a) 和 SEM 照片 (b) [22]

p 为压强；r 为灰尘颗粒半径；a 为由颗粒引起的未压印区域的半径

17.4.2　纳米压印的工艺要求

纳米压印的残余层也是其应用中值得关注的问题。一般模板与衬底都由硬质材料构成，为了使模板与衬底能够完全贴合，需施加一个大气压以上的压强，因此为了防止压印中模板与衬底相互接触而造成的相互损伤，在实际的压印中，采用衬底上压印胶的体积略大于压印模板上凹陷结构的体积，压印胶不仅完全填充压印模板上的凹陷结构，同时在凸起结构与衬底之间还形成残余的压印胶层，使模板与衬底隔离开来，如图 17.8 所示[23]。与光刻工艺相比，为了进一步传递压印的纳米结构，需要增加一步反应离子刻蚀工艺来除去压印胶残余层，暴露出残余层下的衬底，这样明显增加了后续加工的工序与难度，影响纳米结构的保真度。为了后续纳米结构可以顺利地传递到衬底上，要求压印胶层的厚度薄而均匀，这对于图案密度均匀的纳米结构还比较容易做到，但对于图案密度不均匀的纳米结构则很难获得一个均匀厚度的残余层。如果能实现无残余层压印，则可省去纳米压印残余层需要反应离子刻蚀除去这一复杂的微加工工艺，使压印后的图案传递与光刻完全一致，降低了后续纳米结构传递的难度与成本，更易实现产业化应用。

纳米压印胶材料是实施纳米压印的基础之一，必须发展与纳米压印技术相配套的新型压印胶材料。为降低成本、简化压印工艺、缩短压印时间，越来越多的压印过程需要在普通环境(非真空、氮气)下进行，在有氧环境下可快速固化的压印胶材料是当前压印胶材料研究的重点之一。压印胶材料多采用旋涂的方式在基片上形成均匀薄膜，但这一工艺不适于大面积衬底或形貌不规则衬底材料，必须发展新型的压印胶涂覆方法与压印工艺相匹配。目前的纳米加工技术主要适于在平面上进行纳米结构的制造，很难应用于曲面衬底，因此对曲面的纳米结构与纳米器件无法进行深入的研究。

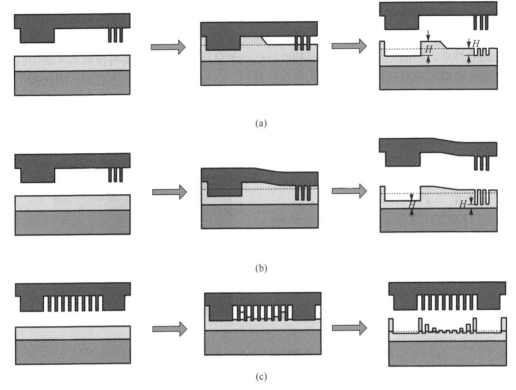

图 17.8　几种造成纳米压印残余层不均匀的原因[23]

17.4.3　纳米压印模板与低表面能处理

压印模板也是纳米压印技术的核心元素之一，通常它的制造工艺复杂、造价高。电子束曝光技术是制备纳米压印模板的常用技术，它可以根据设计要求制备模板，最小尺度可达 10nm，是科学研究中制备模板的有效手段，但电子束曝光的缺点是设备昂贵、曝光时间长、效率低，不适合制作大面积的模板，特别是工业生产用的模板。新近发展起来的氦离子束曝光技术甚至可以将纳米压印模板的最小结构缩小至 4nm，但此设备更加昂贵，且仍然存在曝光时间长、效率低的问题。相干光光刻(interference lithography)技术是制备大面积压印模板的方法之一，它通过干涉光束产生一系列明暗相间的一定周期的条纹、点阵等图案。受到曝光波长的限制，相干光光刻主要用于制作 100nm 以上的周期结构，且纳米结构局限于简单的光栅、点阵图形。纳米图案的自组装方法也用来制备压印模板，自组装方法的特点是成本低、制作方便，纳米结构的尺度可达到 20nm 以下，但它的缺点也非常明显，结构的可控性、重复性差，易产生大量随机的缺陷，自组装的结构单一。压印模板多采用硅、二氧化硅、石英、玻璃、氮化硅、金属等刚性材料，如何通过表面改性来提高模板的压印质量，延长使用寿命；对压印中受到污染和损坏的模板进行清洁与修复；发展成本低廉、质量可靠的模板制造技术与材料也是亟待解决的问题。在滚轴压印技术中，无法制备适合的滚压型模板也是这一技术进一步应用的主要障碍。对于刚性的模板和衬底，需要施加高压才能使两者接触，这无疑将增加压印的复杂性，延长压印时间，提高成本，还很容易破坏一些脆性的模板和衬底材料。

纳米压印模板上有大量浮雕式的纳米结构，因此它的比表面积要远大于光滑平整的衬底材料，如果压印模板与衬底具有相同的表面性能，压印完成后，压印模板与压印胶材料之间的相互作用也必将远大于衬底与压印胶材料之间的相互作用，那么在脱模时，压印胶材料就会粘在模板上，为克服这一问题，需对模板表面进行处理，降低其表面能。在目前的材料中，氟取代的烷基链具有最低的表面能，氟代烷基氯硅烷可以通过 Si—Cl 基团与含硅的无机材料表面的 Si—OH 或一些金属氧化物表面的—OH 基团发生化学反应，生成 Si—O 键，氟代烷基通过共价键连接到材料表面，与基体结合力较强，并在材料表面形成自组装膜，具有极低表面能和良好的疏水性，已广泛应用于改善微器件和微系统中出现的黏附、摩擦等问题[24]。纳米压印工作者也把这一方法借鉴到降低压印模板的表面能，提高它的脱模效率。

　　氟代烷基氯硅烷的分子结构如图 17.9 所示，环境中或材料表面吸附的少量水能够与氯硅烷的氯基迅速发生反应，生成硅羟基与氯化氢，硅羟基之间可进一步发生反应，形成 Si—O—Si 键，并重新生成水，水分子又继续催化这一反应。氯硅烷与水反应生成的硅羟基不仅能与材料表面的硅羟基反应，其本身也能发生偶联反应[25]。氟代烷基氯硅烷的表面改性有两种常用的方法：气相法和液相法。气相法是在氟代烷基氯硅烷的气氛中进行的；液相法是把氟代烷基氯硅烷溶解在有机溶剂中，然后把需要处理的样品浸渍在溶液中。利用氯硅烷表面改性时，有两点必须特别注意，无论气相法还是液相法，都要在干燥的环境中进行，反应的时间要严格控制，液相反应较快，气相反应慢。过量的水与过度反应都会加剧氯硅烷本身之间的偶联和聚合，常常可以看到由于氯硅烷处理不当，在模板表面形成白点或白毛絮状物，这会严重影响最终的压印结果。

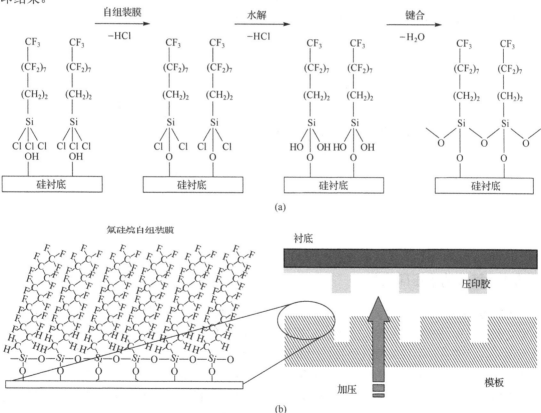

(a)

(b)

图 17.9　氟代烷基氯硅烷表面处理示意图和处理后的模板表面示意图
(a) 氟代烷基氯硅烷表面处理；(b) 模板表面

17.5　复合纳米压印技术

相对于纳米压印技术采用刚性的材料制作模板，软压印技术以柔性的聚硅氧烷(PDMS)弹性体材料制作模板，由于 PDMS 材料具有很好的柔韧性，无须外加压力，也可以和衬底保持良好的贴合，还可大幅度地弯曲，不仅适于平面衬底，还可应用于具有曲率的非平面衬底和复杂表面形貌衬底，已成为微米结构制造领域内的有力工具之一，但 PDMS 的弹性模量较低，很难制备尺度 500nm 以下的纳微结构[26]。近年来，把纳米压印技术的高分辨率、高保真与软压印技术的柔韧性、易贴合性的技术优势相互融合的思想已成为纳米制造加工领域的又一重要的研究和发展方向[27]。人们采用较高弹性模量的 PDMS 材料为模板，得到了 50nm 的压印分辨率，但无一例外的是硬性的 PDMS 材料虽然提高了分辨率，但是牺牲了原来模板的柔韧性和贴合能力，而其机械强度仍然不能满足 50nm 以下分辨率的要求，进一步提高 PDMS 的硬度将彻底丧失软压印的技术特点。在此基础上，研究人员发展了一种纳米压印-软压印相结合的复合纳米压印技术，把纳米压印刚性模板的高分辨率与软压印弹性模板的易弯曲性的优点有机结合。该技术的核心是由弹性支撑层与刚性结构层组成的新型压印模板(图 17.10)，该模板完全由高分子材料构成，降低了高分辨率压印模板的制备成本[28]。模板的弹性支撑层采用了软压印模板常用的 PDMS 材料，使得无外加压力条件下模板与压印衬底可紧密贴合；刚性结构层由超薄的高度交联的紫外光固化材料构成，不仅提供良好的机械强度，压印出高分辨率的纳米结构，并且有效避免了模板在高度弯曲过程中造成的破裂、裂纹等。

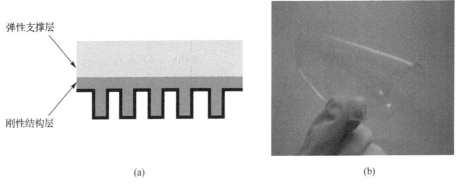

　　　　　　　　　　(a)　　　　　　　　　　　　　　　　　　　　(b)

图 17.10　复合纳米压印模板结构示意图和模板大幅度弯曲照片

(a)模板结构；(b)模板大幅度弯曲

17.5.1　复合纳米压印模板

PDMS 的弹性模量在 10MPa 以下，而紫外光固化材料的弹性模量在几百兆帕到几吉帕，高度交联的压印结构层材料既硬且脆，如果只是简单地通过分子间作用力，把两层材料简单地结合在一起，那么在脱模时刚性结构层很容易从弹性支撑层上剥离下来，同时刚性结构层的断裂伸长率非常小，即使在很薄的条件下(约 100nm)，仍然不可避免地随着弹性支撑层的弯曲变形而产生严重的开裂现象。为解决两种性能完全不同的材料复合后，由于两者之间存在明显的界面而在材料使用过程中造成破坏这一问题，科研人员发展了功能梯度材料或在两层材料之间形成一层梯度渐变的界面。功能梯度材料的成分和结构呈连续的梯度变化，从而消除复合材料之间的界面，这种材料的力学、热学和化学性能等将从材料的一侧向另一侧连续地变化，从而达到不同材料的不同功能相互融合的目的[29]。

　　PDMS 是一种具有交联网络结构的材料，其交联度低、聚硅氧烷链的柔顺性好，对于气体、有机溶剂等具有很好的渗透能力。利用 PDMS 这一性质，研究人员在制备复合压印模板时，先将压印胶覆盖于低黏度的紫外光固化材料上，经过一定时间的吸附后，再进行固化，随着紫外光固化材料从 PDMS 表面向其内部渗透，必然会导致 PDMS 交联网络中紫外光固化材料的含量从表面向内部梯度减少的变化。固化后，渗透的固化材料与 PDMS 形成了梯度渐变的互穿网络结构，在实际应用中这一梯度渐变界面对改善刚性结构层的开裂具有非常好的效果，没有梯度渐变的这两层材料，在拉伸长度 1%以下，即发现严重的开裂现象，而具有梯度渐变界面的双层复合材料，即使拉伸长度达到 50%，仍然没有观测到明显的裂纹，如图 17.11 所示[30]。同时互穿网络结构使弹性支撑层与刚性结构层结合紧密，避免了脱模过程中刚性结构层从弹性支撑层上剥离下来。另外在制备刚性结构层的紫外光固化材料中引入有机硅材料，反应氧离子刻蚀工艺对压印胶表面进行氧化，有机硅材料转变为二氧化硅，这样传统的压印模板防粘连材料——氟代氯硅烷就可通过和硅羟基化学反应，键合在复合纳米压印模板的表面，使模板具有极低的表面能[31]。

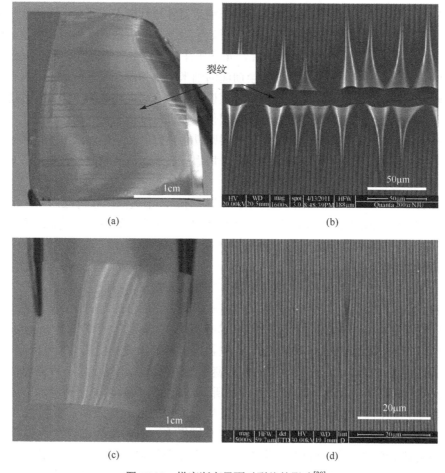

图 17.11　梯度渐变界面对裂纹的影响[30]

(a)、(b)无梯度渐变界面的双层复合材料在拉伸长度 1%以下的照片和 SEM 照片；
(c)、(d)有梯度渐变界面的双层复合材料在拉伸长度 50%时的照片和 SEM 照片

可控褶皱方法就是在柔性聚合物表面上制备硬质薄膜材料,通过拉伸、挤压衬底或者冷缩衬底,使其上的硬质薄膜实现周期有序结构的褶皱。近年来,利用褶皱形成的规则图案已经得到了广泛的应用,如细胞排列(cell alignment)、可调衍射光栅(tunable diffraction grating)、柔性电子器件(flexible electronic device)、微流控系统(microfluidic system)和光学器件(optical device)等。由于薄膜层和衬底层的弹性模量失配较大,在小应力下薄膜表面出现褶皱,在大应力时表面除出现褶皱外还会出现一系列相互平行、垂直于褶皱方向的裂纹。复合压印模板的双层结构由于存在梯度渐变的界面,对裂纹具有很好的改善性能。研究人员利用这种复合双层膜结构,通过弹性拉伸的可控褶皱方法制备出了无裂纹的光栅结构,这样获得的光栅结构就是一个现成的复合纳米压印模板。采用紫外光固化压印,成功地通过可控褶皱模板制备了正弦形状的光栅结构,并进一步加工成为金属光栅结构[30]。

17.5.2　曲面压印

目前绝大多数的纳米加工技术主要适于在平面上进行纳米结构的制造,很难应用于曲面衬底,而软压印技术又受到分辨率的限制,还没有一种兼具高分辨率和适于大曲率与大面积的曲面纳米结构制造技术,无法对曲面的纳米结构与纳米器件进行深入的研究,而纳米结构与纳米器件在曲面上产生的各种效应既具有很高的科学研究意义,又有很广泛的应用价值,如布拉格光纤光栅、人工复眼/电子眼、折射/衍射混合光学元件、纳机电系统等[32]。能否突破纳米压印只适于平面制造的限制,将其进一步拓展至曲面的纳米结构和器件制造,是一个富有挑战又充满前景的研究领域。复合纳米压印技术与复合模板不仅适合平面衬底的压印,而且适合非平面衬底的压印。模板上层的柔性高分子弹性支撑层使得模板可以依附衬底的起伏变化,无须施加外力,与衬底紧密贴合;模板下层的刚性结构层则具备良好的力学性能,保持纳米结构不因压印过程中产生的压力、毛细作用力等发生形变、坍塌等破坏,从而完成高分辨率、高保真度的纳米压印。

采用复合纳米压印技术在曲面上制备纳米结构的另一个关键因素是在曲面上形成一层薄(厚度为百纳米尺度)而均匀的压印胶膜。在标准微加工工艺中,旋涂是最常见最方便的一种涂膜方式,通常能够迅速地在平面衬底上涂覆高度均匀的薄膜,但旋涂工艺要求衬底平整而光滑,不适合曲面涂胶。喷涂方法特别适合于在曲面等三维形貌衬底表面进行涂胶,但喷涂工艺对胶的性质,特别是黏度有苛刻的要求,黏度过低,则胶滴易挥发,不稳定;黏度过高,则不易雾化成小液滴。同时由于重力作用,分布在三维衬底表面较高部分的光刻胶会发生流动,而较低部分的光刻胶发生聚积,使得高处液膜变少而低处液膜变厚。转移涂胶或印刷(transfer coating or printing)也是一类传统的涂胶、印刷方法,它先将胶材料等涂覆在模具或柔性薄膜等载体上,再将载体上的这些材料转印在目标衬底上。借鉴这一方法,人们发展了一种双转移涂胶的纳米压印方法[33,34],其工艺流程图如图 17.12(a)所示,先在一块硅片表面预旋涂一层液态的紫外光固化胶层,然后把复合模板覆盖在旋涂紫外光固化胶的硅片表面,把模板从硅片表面移去后,部分液态的紫外光固化胶将转移至复合模板上,再将复合模板覆盖到目标衬底表面。由于复合模板的变形能力和毛细作用,胶层会逐渐铺展,重新形成一层均匀的液膜,从而实现紫外光固化胶的均匀涂覆。图 17.12(a)是双转移涂胶的压印方法与曲面压印的示意图,图 17.12(b)是压印后经刻蚀、蒸镀、举离等步骤后在光纤柱面制备的 550nm 周期铬光栅的 SEM 照片,图 17.12(c)是压印在 10μm 周期、5μm 线宽、0.5μm 高的点阵阵列表面的 550nm 周期光栅的 SEM 照片。

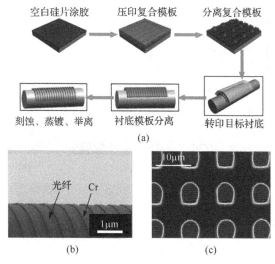

图 17.12　曲面压印原理及其应用举例[33,34]

17.5.3　改善纳米压印缺陷

复合纳米压印技术对前面提到的环境中存在的微小颗粒对压印造成大面积缺陷的问题也有非常好的改善作用。由于纳米压印技术是物理接触式的工作机理,环境中存在的微小颗粒在压印过程中会阻隔刚性模板与衬底,使二者无法接触,造成大面积的缺陷,一粒很小的颗粒就能产生颗粒本身面积数倍,甚至数十倍的缺陷,如图 17.7(a)所示。若通过加大压印的压强来减小缺陷的面积,模板在高压下容易破碎,最主要的是在模板与衬底的接触过程中产生的缺陷极大地影响了成品的良率。如果把压印环境提高到极端洁净的程度,又会极大地提高生产成本,给纳米压印的工业化生产带来不可忽视的阻碍。如果采用复合模板,在压印过程中,当柔性的复合模板与涂敷有可固化的低黏度压印胶材料的衬底接触时,液体的毛细力使柔性高分子复合模板可以依附衬底的起伏变化,与衬底紧密贴合,无须施加外力,模板与衬底接触不到的部分被局限在颗粒周围,如果进一步减小缺陷的面积,可对复合模板施加小于 0.1 个大气压的压强,PDMS 支撑层会按照颗粒的形状发生形变,颗粒凹陷到 PDMS 中,因此原来由颗粒造成的大面积的缺陷被局限于颗粒本身的尺寸,有效地改善了纳米压印的缺陷问题,外压也通过 PDMS 支撑层均匀地施加在整个压印面上。

实验结果表明复合压印模板可在很大程度上改善环境中颗粒导致的缺陷问题。如图 17.13(a)所示,采用硬质的石英模板,即使压印压强达到 20 个大气压,对于直径 1μm 的颗粒,仍然产生直径 7μm 以上的压印缺陷;而采用复合压印模板,在不加压的情况下,对于直径 2.5μm 的颗粒,只形成了直径 5.2μm 的缺陷,可见采用复合模板可大幅度改善颗粒对压印结果的影响(图 17.13(b))。而复合压印模板仅施加了 0.01 个大气压的极小的压印压强后,缺陷完全局限于颗粒周围,甚至颗粒表面也复制了结构(图 17.13(c)),对于粒径尺度更大的颗粒(图 17.13(d)),复合压印模板也具有很好的容忍度。

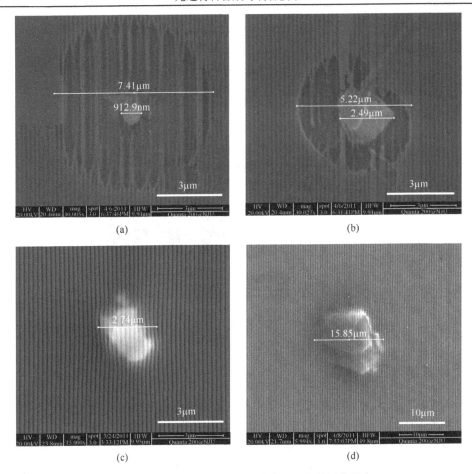

图 17.13　不同压印模板对颗粒存在下压印结果的影响

(a) 石英模板；(b) 复合压印模板不加压；(c) 复合压印模板加压、颗粒直径 2.7μm；(d) 复合压印模板加压、颗粒直径 16μm

17.6　纳米压印技术的应用与前景

　　任何一项纳米加工制造技术的生命力就在于它制备微纳器件的能力及其产业化的前景。自纳米压印技术出现以来，研究人员以其为基础，在不同的领域制备了很多令人炫目的原型器件与产品。纳米压印的技术特点是非常适合制备小尺度、高密度的纳米结构，因此它也一定应用在与小尺度、高密度的纳米结构密切相关的领域。

17.6.1　磁记录与存储器件

　　随着计算机的出现，信息时代不断发展，在过去 50 多年中，硬盘的存储技术也取得了巨大的成就，目前硬盘的存储容量已从数百吉比特每平方英寸量级进入太比特每平方英寸量级。传统硬盘盘片是通过在基盘上涂覆一层磁性材料(通常为钴铂铬硼(CoPtCrB)合金)制成的，磁性材料的晶粒尺寸直接影响盘片的磁记录密度，磁记录密度越高，要求磁性材料的粒度越细。但当温度高于居里点时，材料将变成"顺磁体"，其磁性很容易随周围磁场的改变而改变，磁性颗粒的粒度很小时，即便在常温下，磁畴的极性也呈现出随意翻转的性质，难以保持稳定的磁性能，产生超顺磁效应，从而失去记录信息。因此通过缩小磁性颗粒的粒度来提高硬盘存储密度的方法是有限度的。针对这一难题，科研人员提出了一种全新的磁记录技术——图案化介质技术，有人也称为量子磁盘技术，是当前超高密度存储的发展方向之一[35]。图案化介质是指由许多个分立的磁单元排列而成的有序周期阵列结构。每个单元磁畴的磁性都显示单轴各向异性，其轴方向可平行或垂直于衬底，每个磁单元就是一个存储单元，可以存储 1bit 的信息，通过磁轴方向的翻转分别记录二进制 0 和 1 的状态。磁单元由磁性材料制成，由于每个磁单元彼此隔离，相互之间不会产生交换耦合效应，但每个单元内部的磁材料的多晶颗粒间则相互强烈耦合，形成一个较大的磁岛，其磁性能类似单个的磁畴，因此图案化介质中单个磁单元的体积和磁轴翻转的能量都要比单个磁材料的晶粒大得多，从而可以克服超顺磁极限和降低由于相邻磁晶粒间彼此耦合而产生的磁转变噪声。要制造出存储密度在 $1Tbit/in^2$ 以上的图案化介质磁盘就要求图案化有序阵列结构的周期小于 25nm，单个磁单元的尺寸在十几纳米以下，这正是纳米压印技术可以大显身手的领域。

早在纳米压印发明之初，Krauss 和 Chou 就应用纳米压印技术制备了图案化介质磁盘的原型器件，存储密度达到 $400Gbit/in^2$，证明纳米压印技术是制造超高密度存储硬盘的首选技术之一[36]。要最终实现纳米压印技术制造高密度存储硬盘仍然面临很多技术上的挑战。首先必须制造出大面积、超小周期阵列的纳米压印模板。虽然电子束曝光技术可以制备出超小周期的纳米结构，但在大面积的图案制备上还无能为力。科研人员转而通过自底向上的自组装方法寻找制备压印模板的新方案。阳极氧化铝纳米阵列模板的制备是近年来发展起来的自组装纳米结构制备技术[37]，其制备工艺简单，孔径尺寸、阵列周期可调，孔结构呈规则的六方点阵蜂窝状排列，最小孔径可达几纳米，已用于纳米压印模板，并尝试应用于图案化介质磁盘[38]。这一技术的缺点是在短程内纳米孔呈现较规整的阵列结构，但长程范围仍然呈现不规整性和较多的缺陷。随着嵌段共聚物自组装技术的不断进步，目前已经制备出具有大面积完整有序结构的周期图案，最小尺寸达到 5nm，最小周期为 20nm 以下。通过调节嵌段共聚物的分子量，以及不同嵌段的组成、长度，可精确地控制图案的形貌、周期和尺寸，基于不同高分子嵌段对反应离子刻蚀的选择性，人们通过反应离子刻蚀技术已制备出大面积、超高密度的纳米压印模板[39]。2013 年初，存储硬盘的主要生产厂商之一的美国西部数据公司宣布，他们通过和分子压印公司（Molecular Imprints Inc.）合作，采用嵌段共聚物自组装技术结合集成电路行业中的倍线（line doubling）技术研制出了单元尺寸小于 10nm 的四方排列的圆形点阵列图案，并将其加工成纳米压印模板，最终通过纳米压印技术成功得到了超高密度的图案化磁存储介质的原型器件[7]，图 17.14 为磁存储点阵的 SEM 照片。科研人员直接采用铁电高分子材料偏氟乙烯-三氟乙烯共聚物替代传统的金属磁性材料，通过阳极氧化铝纳米阵列模板，用热压印的方法，直接在铁电高分子材料上压印出纳米点阵阵列，每一个纳米点都可以成为一个磁记录单元，并成功地进行了存储读写测试，也为高密度存储硬盘的制造提供了一种潜在的途径[40]。

美国惠普公司的研究人员设计和制造了具有交叉开关（crossbar）电路的随机存取存储器（random access memory，RAM），如图 17.15(a) 所示。交叉开关电路是一类线密度高、容错性强的存储器件，是后 CMOS 时代纳米电子器件的候选者之一，它既可以进行数据存储，也可以作为逻辑电路，具备数据传递的功能。采用纳米压印技术制备高线密度的交叉开关结构，一样面临需要高线密度纳米压印模板的挑战。为解决这一难题，研究人员已通过分子束外延技术生长 GaAs/Al$_x$Ga$_{1-x}$As 多层膜周期超晶格结构，利用 GaAs 和 Al$_x$Ga$_{1-x}$As 在酸性条件不同的刻蚀速率(GaAs 刻蚀速率慢，Al$_x$Ga$_{1-x}$As 刻蚀速率快)，通过对 GaAs/Al$_x$Ga$_{1-x}$As 超晶格截面的刻蚀，制备出高线密度的纳米压印模板。在此基础上研究人员采用紫外光固化纳米压印技术，通过两次压印制得了如图 17.15(b)所示的周期 34nm、线宽 15nm、存储密度达到 650Gbit/in^2 的交叉开关电路，并实现了数据的储存与传递[41]。惠普公司的研究人员采用相同的纳米压印技术在成品的 CMOS 集成电路上制备了交叉开关电路，并实现了在与 CMOS 电路组成的路由网络中数据的配置与开关。这些工作表明纳米压印技术除了可应用于超高密度、简单阵列纳米结构的制造，也完全胜任具有复杂结构的纳米器件制造，并且与半导体加工工艺具有很好的相容性[42]。

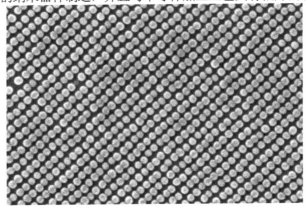

图 17.14　单元尺寸为 10nm 的磁存储点阵结构的 SEM 照片[7]

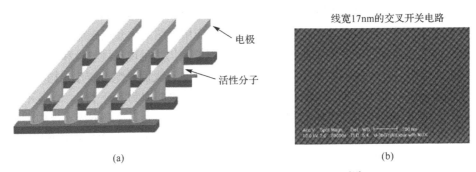

(a)　　　　　　　　　　　　　　(b)

图 17.15　交叉开关电路的示意图与 SEM 照片[41]

(a)交叉开关电路；(b)SEM 照片

17.6.2　粒径单一、形貌可控的纳米颗粒

纳米颗粒在生物医疗领域如药物控制释放、靶向给药、生物医学成像、肿瘤热疗等方面有着广阔的应用前景。纳米粒子的粒径与形状是影响其应用效果的重要因素，传统的纳米粒子主要由低成本的自底向上的方法(如乳化、沉淀等方法)制备，粒径、形貌的可控性差，材料的选择范围小。纳米压印技术是目前在可控成本范围内，制备粒径单一、形貌可控、不同材料纳米颗粒的优选方法之一。美国北卡罗来纳州立大学的研究人员开发了一种名为"PRINT"的独特的压印工艺，如图 17.16 所示[43]。调整模板、衬底与压印预聚体材料的表面性能，使溶有药物液体的压印胶材料填充在全氟聚醚模板的纳米孔内，而在模板表面多余的压印胶材料将被表面能较大的聚对苯二甲酸乙二醇酯(polyethylene terephthalate，PET)衬底黏附走，然后固化压印胶

材料,从而在纳米孔模板内形成分立的纳米颗粒。接着用另一张涂覆有聚乙烯吡咯烷酮或氰基丙烯酸酯黏附层的 PET 把纳米颗粒从模板的孔中黏附下来,最后通过溶解黏附层在溶液中获得纳米颗粒。用这一方法成功制备了尺寸(80nm~20μm)、形状(圆盘、立方体、棒、锥)严格可控,包含不同被包覆材料(治疗药物、蛋白质、寡核苷酸、小干扰 RNA 和造影剂)的可生物降解纳米颗粒。载药纳米颗粒药物的包覆量可高达 40%,包覆效率为 90%以上[44]。

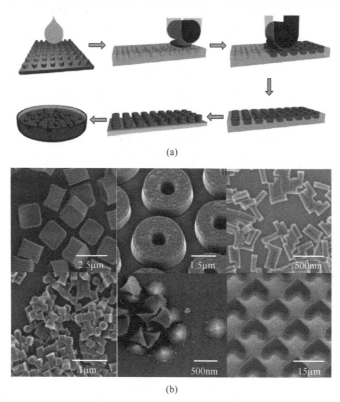

(a)

(b)

图 17.16 "PRINT"压印工艺及其制备单一粒径纳米粒子的应用[43]

(a)"PRINT"工艺制备粒径单一、形貌可控载药纳米粒子示意图; (b)"PRINT"工艺制备的各种尺寸、形貌的纳米粒子 SEM 照片

17.6.3 有序金属纳米结构阵列

金属纳米结构,特别是贵金属纳米结构内部大量的自由电子在一定的外界电场作用下,当电子振荡频率和外界电磁波入射频率相当时,产生表面等离子共振,可以极大地增强纳米结构周围的电磁场。表面等离子共振对纳米结构的形状、尺寸、周期、分布及外部环境的变化非常敏感,由此伴随一系列等离子共振效应。表面增强拉曼散射(SERS)就是一种具有表面选择性的表面等离子增强效应。自从 SERS 效应发现以来,人们通过利用粗糙金属表面、颗粒之间的纳米间隙、非规则金属纳米颗粒的尖端效应来极大地增强局域电场,与普通拉曼散射信号相比,增强约 6 个数量级。SERS 能有效地避免测量中其他物质的信号干扰,轻而易举地获取高质量的表面分子信号,因此它在反恐安检、早期疾病诊断、食品安全及环境质量检测等方面有着重要的应用前景。

SERS 技术近年来的快速发展很大程度上来自于微纳制造技术的进步,使得通过精确制造的纳米尺度结构对表面电场增强进行控制成为可能。虽然这些非规整金属纳米结构中的某些区域具有很强的拉曼活性,可以大幅度提高拉曼散射信号,但是拉曼增强活性点是随机分布的,这就使得在这些金属纳米结构的不同区域所得到的待测化学物质的拉曼特征峰具有不同的相对强度,即无法保证拉曼信号的重复性与一致性。纳米压印的技术特点正好可以很好地解决上述问题,能够重复、稳定、可靠地制备出均匀的金属纳米有序阵列,这类金属纳米阵列作为 SERS 衬底,可极大地提高拉曼检测的均匀性、稳定性、可信度及重复性。普林斯顿大学的研究人员采用纳米压印技术结合反应离子刻蚀在二氧化硅衬底上制备了纳米柱阵列,并通过垂直衬底表面蒸镀金膜,制成了金属圆盘及圆孔阵列组成的复合表面等离子微腔结构,而蒸镀在纳米柱侧壁的金则通过自组装的方法形成密集的纳米金颗粒,在金属圆盘及圆孔阵列和纳米金颗粒的协同作用下, SERS 衬底的增强因子高达 10^9,这一结构在表面增强光谱学的其他领域(如表面增强荧光、表面增强非线性等)也有很好的效果[45]。惠普公司的研究人员发展了一种更为简便、智能的 SERS 衬底制造技术[46],他们采用紫外光固化纳米压印技术,直接在紫外光固化压印胶材料上压印出大高宽比的纳米柱阵列,然后在纳米柱阵列上蒸镀金属金即完成 SERS 衬底的制备。在用于拉曼测量时,含有被测样品的溶液直接滴在衬底上,在样品干燥过程中,毛细力将把靠近的几个纳米柱聚拢在一起,同时被测样品富集在纳米柱的金膜之间,产生强烈的 SERS 效应,如图 17.17 所示,增强因子甚至能达到 10^{11}。

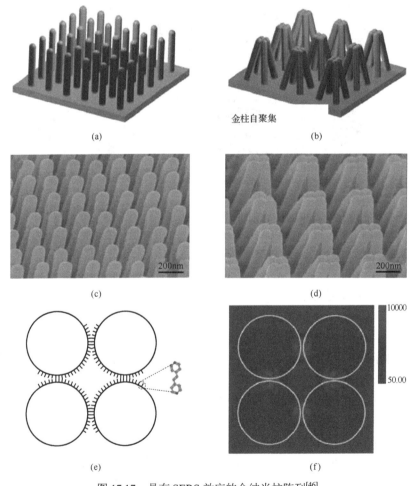

图 17.17　具有 SERS 效应的金纳米柱阵列[46]

(a)、(b)金纳米柱阵列的示意图;(c)、(d)金纳米柱阵列的 SEM 照片;(e)、(f)待测分子在金纳米柱阵列上的分布示意图和电场强度分布模拟图

参 考 文 献

[1] CHOU S Y, KRAUSS P R, RENSTROM P J. Imprint of sub-25 nm VIAS and trenches in polymers[J]. Appl. Phys. Lett., 1995, 67: 3114-3116.

[2] CHOU S Y, KRAUSS P R, RENSTROM P J. Imprint lithography with 25-nanometer resolution[J]. Science, 1996, 272: 85-87.

[3] PEASE R F, CHOU S Y. Lithography and other patterning techniques for future electronics[J]. Proc. IEEE, 2008, 96: 248-270.

[4] GUO L J. Nanoimprint lithography: Methods and material requirements[J]. Adv. Mater., 2007, 19: 495-513.

[5] REVIEW T, P V N, JAN-FEB. The Technology Review 10: Emerging Technologies that Will Change the World[J]. Technology Review, 2003, 106:33-49.

[6] TADATOMO K, TAGUCHI T. High output power InGaN ultraviolet light emitting diodes fabricated on patterned substrates using metal organic vapor phase epitaxy[J]. Jpn. J. Appl. Phys., 2001, 40: 583-585.

[7] HARTIN E. HGST reaches 10-nanometer patterned-bit milestone, nanotechnology process will double today's disk drive data density[Z]. Hitachi Global Storage Technologies, 2013.

[8] VILCHES J. HP unveils flexible display prototype[EB/OL]. 2008. http://www.techspot.com/news.

[9] COLBURN M, JOHNSON S, STEWART M, et al. Step and flash imprint lithography: An alternative approach to high resolution patterning[J]. Proc. SPIE, 1999, 3676: 379-389.

[10] AUSTIN M D, GE H X, WU W, et al. Fabrication of 5 nm line width and 14 nm pitch features by nanoimprint lithography[J]. Appl. Phys. Lett., 2004, 84: 5299-5301.

[11] HUA F, SUN Y G, GAUR A, et al. Polymer imprint lithography with molecular-scale resolution[J]. Nano Lett., 2004, 4: 2467-2471.

[12] LI W D, WU W, STANLEY WILLIAMS R. Combined helium ion beam and nanoimprint lithography attains 4 nm half-pitch dense patterns[J]. J. Vac. Sci. Technol. B, 2012, 30: 06F304-1-4.

[13] GREGG A, YORK L, STRNAD M. Roll-to-roll manufacturing of flexible displays[M]// CRAWFORD G P. Flexible flat panel displays. John Wiley & Sons, 2005: 410-445.

[14] TAN H, GILBERTSON A, CHOU S Y. Roller nanoimprint lithography[J]. J. Vac. Sci. Technol. B, 1998,16: 3926-3928.

[15] DECKER C. Photoinitiated crosslinking polymerisation[J]. Prog. Polym. Sci., 1996, 21: 593-650.

[16] KIM E K, STACEY N A, SMITH B J, et al. Vinyl ethers in ultraviolet curable formulations for step and flash imprint lithography[J]. J. Vac. Sci. Technol. B, 2004, 22: 131-135.

[17] OLSSON R T, BAIR H E, KUCK V, et al. Acceleration of the cationic polymerization of an epoxy with hexanediol[J]. J. Therm. Anal. Calorim., 2004, 76: 367-377.

[18] ZHANG J Z, HU X, ZHANG J, et al. A fast thermal-curing nanoimprint resist based on cationic polymerizable epoxysiloxane[J]. Nanoscale Res. Lett., 2012, 7: 380.

[19] HEATH W H, PALMIERI F, ADAMS J R, et al. Degradable cross-linkers and strippable imaging materials for step-and-flash imprint lithography[J]. Macromolecules, 2008, 41: 719-726.

[20] HU X, YANG T, GU R H, et al. A degradable polycyclic cross-linker for UV-curing nanoimprint lithography[J].

J. Mater. Chem. C, 2014, 2: 1836-1843.

[21] XIA D, YE L, GUO X, et al. A dual-curable transfer layer for adhesion enhancement of a multilayer UV-curable nanoimprint resist system[J]. Appl. Phys. A, 2012, 108: 1-6.

[22] CHEN L, DENG X, WANG J, et al. Defect control in nanoimprint lithography[J]. J. Vac. Sci. Technol. B, 2005, 23: 2933-2938.

[23] CHENG X, GUO L J. One-step lithography for various size patterns with a hybrid mask-mold[J]. Microelectron. Eng., 2004, 71: 288-293.

[24] BHUSHAN B, KULKARNI A V, KOINKAR V N, et al. Microtribological characterization of self-assembled and Langmuir-Blodgett monolayers by atomic and friction force microscopy[J]. Langmuir, 1995, 11: 3189-3198.

[25] KIM H J, ALMANZA-WORKMAN M, CHAIKEN A, et al. Roll-to-roll fabrication of active-matrix backplanes using self-aligned imprint lithography (SAIL)[J]. Proc. Int. Meet. Inf. Di., 2006: 1539-1543.

[26] XIA Y, WHITESIDES G M. Soft lithography[J]. Annu. Rev. Mater. Sci., 1998, 28:153-184.

[27] SCHMID H, MICHEL B. Siloxane polymers for high-resolution, high-accuracy soft lithography[J]. Macromolecules, 2000, 33: 3042-3049.

[28] ZHIWEI L, YANNI G, LEI W, et al. Hybrid nanoimprint-soft lithography with sub-15 nm resolution[J]. Nano Lett., 2009, 9: 2306-2310.

[29] LIPATOV Y S, KARABANOVA L V. Gradient interpenetrating polymer networks[J]. J. of Mater. Sci., 1995, 30: 1095-1104.

[30] XUAN Y, GUO X, CUI Y, et al. Crack-free controlled wrinkling of a bilayer film with a gradient interface[J]. Soft Matt., 2012, 8: 9603-9609.

[31] GE H X, WU W, LI Z Y, et al. Cross-linked polymer replica of a nanoimprint mold at 30 nm half-pitch[J]. Nano Lett., 2005, 5: 179-182.

[32] KO H C, STOYKOVICH M P, SONG J Z, et al. A hemisphericalelectronic eye camera based on compressible silicon optoelectronics[J]. Nature, 2008, 454: 748-753.

[33] SHEN Y, YAO L, LI Z, et al. Double transfer UV-curing nanoimprint lithography[J]. Nanotechnology, 2013, 24: 465304.

[34] GE H, WU W, Li W D. Hybrid nanoimprint-soft lithography for highly curved surface with sub-15nm resolution[M]// CUSANO A, CONSALES M, CRESCITELLI A, et al. Lab-on-fiber technology. Springer series in surface sciences, 2015.

[35] CHOU S Y. Patterned magnetic nanostructures and quantized magnetic disks[J]. Proc. IEEE, 1997, 85: 652-671.

[36] KRAUSS P R, CHOU S Y. Nano-compact disks with 400 Gbits/in^2 storage density fabricated using nanoimprint lithography and read with proximal probe[J]. Appl. Phys. Lett., 1997, 71: 3174-3176.

[37] MASUDA H, YAMADA H, SATOH M, et al. Highly ordered nanochannel array architecture in anodic alumina[J]. Appl. Phys. Lett., 1997, 71: 2770-2772.

[38] OSHIMA H, KIKUCHI H, NAKAO H, et al. Detecting dynamic signals of ideally ordered nanohole patterned disk media fabricated using nanoimprint lithography[J]. Appl. Phys. Lett., 2007, 91: 022508.

[39] WAN L, RUIZ R, GAO H, et al. Fabrication of templates with rectangular bits on circular tracks by combining block copolymer directed self-assembly and nanoimprint lithography[J]. J. Micro/Nanolith. MEMS MOEMS, 2012, 11: 031405.

[40] CHEN X Z, LI Q, CHEN X, et al. Nano-imprinted ferroelectric polymer nanodot arrays for high density data storage[J]. Adv. Funct. Mater., 2013, 23: 3124-3129.

[41] JUNG G Y, JOHNSTON-HALPERIN E, WU W, et al. Circuit fabrication at 17 nm half-pitch by nanoimprint lithography[J]. Nano Lett., 2006, 6: 351-354.

[42] XIA Q F, ROBINETT W, CUMBIE M W, et al. Memristor-CMOS hybrid integrated circuits for reconfigurable logic[J]. Nano Lett., 2009, 9: 3640-3645.

[43] EULISS L E, DUPONT J A, GRATTON S, et al. Imparting size, shape, and composition control of materials for nanomedicine[J]. Chem. Soc. Rev., 2006, 35: 1095-1104.

[44] BOWERMAN C J, BYRNE J D, CHU K S, et al. Docetaxel-loaded PLGA nanoparticles improve efficacy in taxane-resistant triple-negative breast cancer[J]. Nano Lett., 2017, 17: 242-248.

[45] LI W D, DING F, HU J, et al. Three-dimensional cavity nanoantenna coupled plasmonic nanodots for ultrahigh and uniform surface-enhanced Raman scattering over large area[J]. Opt. Express, 2011, 19: 3925-3936.

[46] HU M, OU F S, WU W, et al. Gold nanofingers for molecule trapping and detection[J]. J. Am. Chem. Soc., 2010, 132: 12820-12822.

第 18 章　金属 3D 打印技术及其粉体材料制备

18.1　3D 打印概述

18.1.1　3D 打印技术发展简介

20 世纪 80 年代以前,制造业制作工件的方法主要是利用体积大于工件的毛坯(原材料或通过铸造、锻压得到的坯料),通过车、刨、铣、钻等机加工切削工艺,去除毛坯上多余的材料而形成工件。这种加工方法属于减材制造(subtractive fabrication)法,其优点是工件精度高,可加工的原材料广泛,成为传统制造业的主流工艺。

减材制造法明显的缺点是:材料利用率低,往往还需要制作模具等中间环节,导致成本提高、加工开发周期延长。随着社会的进步与发展,产品往往品种繁多,且更新换代迅速,甚至提出个性化要求,这就要求产品的开发周期不断缩短,而传统的制造工艺难以缩短产品由设计到定型的过程。

20 世纪 80 年代末期出现的快速成型(rapid prototyping)工艺突破了减材制造工艺的局限,一经问世就立即引起关注,发展相当迅速,尤其是近些年,随着计算机技术的发展,快速成型技术也得到了全方位的发展,例如,在自由成型制造(free-form fabrication)技术发展起来的增材制造(additive fabrication)新技术,将计算机辅助设计(CAD)、计算机辅助制造(CAM)、计算机数字控制(CNC)、激光、精密伺服驱动等先进技术和新材料融为一体,在成形过程中不必采用传统的加工机床和模具,明显降低了成本,缩短了开发周期,极具发展潜力。

经过几十年的发展,用来实现三维自由成型工艺的机器主要有如下五种商业化的定型产品:

(1)立体光固化(或称立体光刻)自由成型机(stereo lithography apparatus,SLA);

(2)熔融挤压自由成型机(fused deposition modeling,FDM);

(3)三维打印自由成型机(3D printing,3DP);

(4)激光选区烧结成型机(selected laser sintering,SLS);

(5)分层实体制造机(laminated object manufacturing,LOM)。

上述各成型机所能适用的材料类型和规格有限,而且通常各不相同,如表 18.1 所示,例如,SLA 使用的原材料只能是液态光敏树脂,FDM 使用的原材料是给定直径和成分的塑料丝,3DP 使用的材料一般是石膏粉末、陶瓷粉末等,SLS 使用的材料只能是给定成分的塑料粉末、树脂粉末和金属粉末等粉体,而 LOM 使用的材料通常是纸材、塑料薄膜等。

随着科技的迅速发展,新材料层出不穷,特别是光电子材料、生物医学材料和航空航天材料,这些材料的成分、性质和形态各异,并且在相关领域应用的零部件往往都有非常复杂的内、外形状,结构、功能差异巨大,仅用减材制造法难以获得理想的产品,迫切希望增材制造工艺成为减材制造的重要补充,甚至成为主要的制造手段。为了满足要求,不能只限于几种快速成型机及其应用,增材制造必须有所创新,大力研发适用多种材料的先进增材制造装备。

表 18.1　主要 3D 打印技术分类与主要使用材料概况

3D 打印技术类型	主要使用材料
SLA	光敏树脂
FDM	热塑性塑料，如 ABS 塑料、聚乳酸(PLA)塑料
3DP	金属粉末、陶瓷粉末、石膏粉末等
SLS	塑料粉末、金属粉末或合金粉末等
LOM	纸、金属膜、塑料薄膜等

20 世纪 90 年代初，美国的一些大学及研究机构进行了全新的探索，采用微滴喷射(micro-droplet jetting)来制作快速成型所需要的一层层小薄片截面，在基板上逐步堆积成三维结构。这种微滴喷射成型起始于 3DP，微滴喷射式喷头源于二维打印机的喷墨头，因此，通常将微滴喷射成型统称为(先进)三维打印(3D 打印)。美国材料与试验协会(ASTM) F42 国际委员会在 2012 年公布的标准中对增材制造和 3D 打印有明确的概念定义：增材制造是依据三维 CAD 数据将材料连接制作物体的过程，相对于减材制造它通常是逐层累加过程。3D 打印是指采用打印头、喷嘴或其他打印技术沉积材料来制造物体的技术，3D 打印也常用来表示增材制造技术[1,2]。目前，在特指设备时，3D 打印机通常是指相对价格或总体功能低端的增材制造设备，包括传统的 FDM、SLA 等快速成型装备都称为 3D 打印机。

3D 打印综合了数字建模技术、机电控制技术、信息技术、材料科学与化学工程等诸多领域的前沿技术，是快速成型技术的一种。自 20 世纪 90 年代，3D 打印技术在全世界多个研究机构相对独立地发展起来，国内较早从事(金属)3D 打印技术研究的有西北工业大学、北京航空航天大学、西安交通大学、清华大学、华中科技大学、华南理工大学、南京航空航天大学等院校[3]。

当前，信息技术创新步伐不断加快，工业生产正步入智能化、数字化的新阶段，2014 年德国首先提出"工业 4.0"发展计划，势必引起工业领域颠覆性的改变与创新，而 3D 打印技术将是工业智能化发展的强大推力。与传统制造技术相比，3D 打印不必事先制造模具，无须在制造过程中去除大量的材料，也不必通过复杂的锻造工艺就可以得到最终产品，因此，在生产上可以实现结构优化、节约材料和节省能源。基于上述特点，3D 打印技术非常适合于新产品开发、快速单件及小批量零件制造、复杂形状零件制造、模具设计与制造等，也适合于难加工材料的制造、外形设计检查、装配检验和快速反求工程(reverse engineering, RE)等，因此，3D 打印产业受到了国内外越来越广泛的关注，将成为新的具有广阔发展前景的朝阳产业。目前，3D 打印已应用于产品原型、模具制造、艺术创意产品、珠宝制作等领域，可替代这些领域所依赖的传统精细加工工艺，3D 打印的应用可以在很大程度上提升制作的效率和精密程度。除此之外，3D 打印技术引入生物工程与医学、建筑、服装等领域，也开拓了更广阔的应用发展空间。

3D 打印是对传统制造业的颠覆，3D 打印技术对材料提出了更高的要求。从某种意义上说，3D 打印最关键的不是机械制造，而是打印材料的开发，因此，材料是 3D 打印技术发展的物质基础，也是当前制约 3D 打印发展的瓶颈。尽管金属 3D 打印技术目前已取得了一定成果，但打印材料限制了金属 3D 打印技术的推广。目前 3D 打印金属材料的发展方向主要有三个方面：①在现有使用材料的基础上加强材料结构和属性之间的关系研究，根据材料的性质进一步优化工艺参数，增加打印速度，降低孔隙率和氧含量，改善表面质量；②研发新材料使其适用于 3D 打印，如开发耐腐蚀、耐高温和综合力学性能优异的新材料；③修订并完善 3D 打印粉体材料技术标准体系，实现金属材料打印技术标准的制度化和常态化[4]。

18.1.2　3D 打印原理及基本流程

3D 打印是快速成型的延续和发展，"延续"是指 3D 打印继承了快速成型技术的基础——增材制造法；"发展"是指 3D 打印机明显地拓宽了快速成型机适用成形材料的范围，是一种新型的增材制造装备。3D 打印大幅降低了生产成本和缩短了加工周期，提高了原材料和能源的利用率，减少了对环境的不利影响，并且能实现复杂结构产品的设计制造，成形产品的密度也更加均匀、可控，一些用 3D 打印制作的几何体是无法用其他技术方法制作出来的。

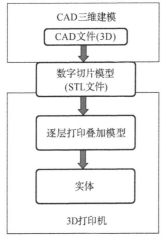

图 18.1　由 3D 模型实现 3D 打印过程示意图

3D 打印就是按照计算机的指示将原材料逐层堆积以形成三维物体，其本质是制造过程而不是打印过程，基本的原理和打印过程可简单描述为：以计算机三维设计模型为蓝本，用软件将其离散分解成若干层平面切片，然后由数控成形系统利用激光束、热熔喷嘴等方式将粉末状、液状或丝状金属、陶瓷、塑料、细胞组织等材料进行逐层堆积黏结，最终叠加成形，制造出实体产品，整个流程如图 18.1 所示。

3D 打印机是 3D 打印技术的核心装备，它是集机械、控制及计算机技术等为一体的复杂机电一体化系统，主要由高精度机械系统、数控系统、喷射系统和成形环境等子系统组成。一台小型 3D 打印机可以放入一个手提袋，工业上使用的专业 3D 打印机也可以大如一辆小轿车。它们的造价可从几千元到数百万元，图 18.2 是美国 3D Systems 公司开发的一种面向个人的 3D 打印机 Cube，其打印尺寸为 140mm×140mm×140mm，打印机可使用两种材料：一种是高强度可回收的 ABS 材料；另一种是可降解的 PLA 材料。打印机有 USB 接口，将处理好的 3D 模型文件复制至 U 盘后，插入 USB 接口，即可通过控制面板选择模型文件，进行打印。

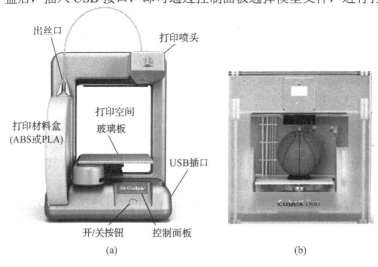

图 18.2　Cube 3D 打印机
(a) Cube Ⅱ代；(b) 可实现双色打印的 CubeX Duo

下面主要以 Cube 打印机为例，介绍 3D 打印的过程。

1. 三维设计

设计人员使用计算机建模软件制作出产品的 3D 数字模型，3D 打印使用的是 STL 格式的文件，即设计软件和打印机之间协作的标准文件格式是 STL。STL 格式是由 3D Systems 公司于 1988 年制定的一个接口协议，STL 模型是以三角形集合来表示物体外轮廓形状的几何模型，三角形越小其生成的表面分辨率越高。很多 CAD 软件都可以导出 STL 文件，即目前很多 CAD 软件都可以用来建模，如 AutoCAD、SolidWorks、CATIA 等，都可以实现 3D 模型的设计。

此外，也可以利用 3D 扫描仪，对现成的实体模型（如动物模型、人物）进行扫描，来建立 3D 数字模型。

2. 切片处理

3D 打印采用分层加工、叠加成形来完成 3D 实体打印，因此，需要将建成的 3D 模型"分区"成逐层的截面，即切片，从而指导打印机逐层打印。由 CAD 软件导出的 STL 文件仅仅记录了物体表面的几何位置信息，没有任何表达几何体之间关系的拓扑信息，所以在重建实体模型中凭借位置信息重建拓扑信息是十分关键的步骤。

3D 打印机一般都有自己的处理软件，如 MakerBot 的 ReplicatorG 软件。Cube 打印机也提供了专门的打印处理软件，用户界面如图 18.3 所示。

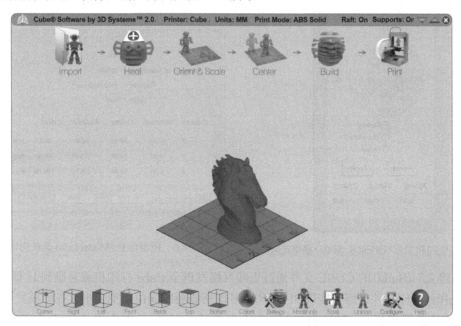

图 18.3　Cube 打印处理软件用户界面

Import：将 3D 模型（STL 文件）装载至打印软件，以便于对其进行相关处理和打印。

Heal：对 3D 模型做必要的处理。

Orient&Scale：可对模型进行如下操作，沿 X、Y、Z 轴进行旋转（rotate），沿 X、Y 轴进行平移（translate）和缩放（scale），如图 18.4 所示。

Center：将模型置中。

Build：建立适合打印的 CUBE 文件，文件名后缀为.cube。

Settings：对打印条件进行设置，例如，选择所使用的材料，以及打印模式为"Hollow""Strong"还是"Solid"，如图 18.5 所示。

Model Info：提供模型的基本参数信息，如图 18.6 所示。

Save：保持对模型参数的设置，并输出数据文件，文件后缀名为.stl。

Unload：卸载所加载的模型。

 提供了不同的观察视角。

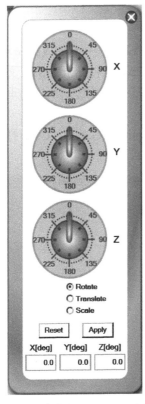

图 18.4　取向和缩放(Orient & Scale)菜单选项

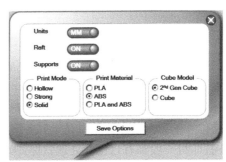

图 18.5　设置(Settings)菜单选项

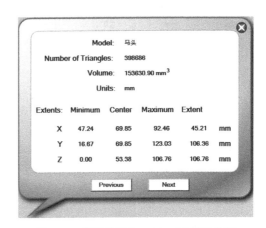

图 18.6　模型信息(Model Info)菜单选项

将"建立"(Build)的 CUBE 文件通过无线网络发送至 Cube 打印机或复制到 U 盘，利用控制面板选择预打印文件，即可实现 3D 打印，打印所需要时间由模型大小、打印模式(Hollow、Strong 和 Solid)等参数和选项决定。

3. 打印过程

3D 打印与传统打印原理相类似，只是所用的打印原材料不一样，传统打印用的是墨粉或墨水，而用于 3D 打印的原材料则必须是能够液化、粉末化、丝化的塑料、金属、陶瓷或砂等，在打印完成后又能重新结合起来，并具有合格的物理、化学性质。

打印机通过读取文件中的横截面信息，用液体状、粉状或片状的材料将这些截面逐层地打印出来，再将各层截面以各种方式黏合起来从而制造出一个实体，这种技术的特点在于其几乎可以造出任何形状的物品。

Cube 打印机可以使用的是 PLA 和 ABS 两种细丝材料，打印层厚分辨率为 0.1mm。利用 AutoCAD 软件制作了如图 18.7(a) 所示的 3D 模型，经 Cube SoftWare 软件做一系列处理后，利用 Build 命令形成 STL 文件，复制至 U 盘后，再插到打印机 USB 接口，通过控制面板就可以将其选择后进行打印。

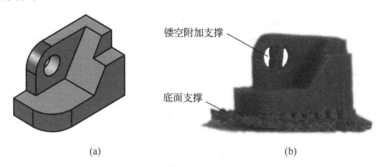

图 18.7　3D 数字模型及 3D 打印实体的对比
(a) 数字模型；(b) 实体模型

实施打印之前，需要在打印机(图 18.2)的玻璃板上涂一层胶水，以便于打印结束后更容易地取下模型。打印模型前，会在底部做一个比模型稍大的网格状底面支撑部分，如图 18.7(b) 所示。对于 3D 数字模型中一些空洞镂空结构，经软件处理后会自动添加一些必要的附加支撑结构，完成打印后如图 18.7(b) 所示。

18.2　金属 3D 打印技术

18.2.1　金属 3D 打印技术分类及技术特点

金属(零件)3D 打印的工作原理与普通 3D 打印技术一样，首先在计算机中利用 CAD 软件(如 Pro/Engineer、UG、CATIA 和 SolidWorks 等)或 3D 扫描仪等绘制物体的 3D 实体模型，并导出合适的文件(一般为 STL 文件)，然后利用分层切片软件将模型横向切成若干层，得到各截面的轮廓数据，由轮廓数据生成填充扫描路径，设备将按照这些填充扫描线，控制高能激光束或电子束逐层熔化金属粉末，逐步堆叠最后得到 3D 实体。随着科技发展及推广应用的需求，利用快速成型直接制造金属功能零件成为快速成型主要的发展方向，而金属 3D 打印技术作为整个 3D 打印体系中最具前沿和潜力的技术，又是快速成型技术的重要发展方向。

根据在加工过程中金属粉末材料的输送方式、熔融状态和热源等不同，金属 3D 打印技术主要可以分为四类[5]：激光选区烧结(selective laser sintering, SLS)技术、激光选区熔化(selective laser melting, SLM)技术、电子束选区熔化(electron beam selective melting, EBSM)技术和激光近净成形(laser engineered net shaping, LENS)技术。

SLS 采用的冶金机制为液相烧结机制，成形过程中粉体材料发生部分熔化，粉体颗粒保留其固相核心，并通过后续的固相颗粒重排、液相凝固黏结实现粉体致密化。SLM 的成形过程和原理与 SLS 基本相同，其主要差别在于 SLM 成形过程中，高能量密度的激光束将金属粉末瞬间熔化，然后快速冷却。EBSM 技术是 20 世纪 90 年代中期发展起来的一种金属零件 3D 打印技术，其与 SLM 系统在成形原理上基本相似，主要差别是热源不同。与以激光为热源的 3D 打印技术相比，EBSM 工艺具有能量利用率高、无反射、功率密度高、聚焦方便等许多优点。LENS 技术是在传统快速成型技术基础上引入激光熔覆技术而创造的一种新型快速成型技术，成形过程中，通过喷嘴将粉末聚集到工作平面上，同时激光束聚集到该点，将粉末及上层部分已固化金属熔化，待熔化粉末凝固后，形成新层与上一层牢固结合，如此实现逐层堆积成形。

上述四类金属 3D 打印成形技术的特点总结如表 18.2 所示。

表 18.2 金属 3D 打印种类及其技术特点

名称	技术特点
SLS	孔隙率高、致密度低、抗拉强度差、表面粗糙度高
SLM	金属零件直接成形，无中间工序； 零件尺寸精度高，表面粗糙度低； 可直接制造复杂几何形状的零件
EBSM	成形效率高，变形小，不需要支撑； 微观组织致密
LENS	零件所需要成分和结构控制难度大； 零件易产生复杂残余应力； 适于制造精密复杂形状金属零部件

18.2.2 激光选区烧结与熔化

激光选区烧结与熔化(SLS/SLM)是金属 3D 打印领域的重要部分，其发展历程经历低熔点非金属粉末烧结、低熔点包覆高熔点粉末烧结、高熔点粉末直接熔化成形等阶段。美国德克萨斯大学奥斯汀分校在 1986 年最早申请专利，1988 年研制成功了第一台 SLM 设备[6]，采用精细聚焦光斑快速熔化预铺的粉末材料，几乎可以直接获得任意形状以及具有完全冶金结合的功能零件，零件致密度可达到近乎 100%，尺寸精度达 20~50μm，表面粗糙度达 20~30μm，是一种极具发展前景的快速成型技术。

SLS/SLM 整个设备装置由粉料缸、成形缸、激光器、计算机控制系统、光路系统等部分组成，如图 18.8 所示，其技术原理是采用激光束照射预先铺展好的金属粉末原料。打印工作时，粉料缸活塞(送粉活塞)上升，由铺粉辊将粉末在成形缸活塞(工作活塞)上均匀铺上一层，计算机根据模型的切片位置信息控制激光束的二维扫描轨迹，有选择地烧结或熔化固体粉末材料，以形成零件的一个层面。完成一层后，工作活塞下降一个层厚，由铺粉系统铺上新粉，设备调入下一层轮廓的数据，控制激光束再扫描烧结新层。如此循环往复，层层叠加，直到 3D 零件成形。整个加工过程在通有惰性气体保护的加工室中进行，以避免金属在高温下与其他气体发生反应。

以下仅以 SLM 为例，介绍其在金属 3D 打印中的应用。

SLM 成形材料多为单一组分金属粉末，包括奥氏体不锈钢、镍基合金、钛基合金、钴铬合金和贵重金属等。激光束快速熔化金属粉末并获得连续的熔道，可以直接获得几乎任意形状、具有完全冶金结合、高精度的近乎致密金属零件，是极具发展前景的金属零件 3D 打印技术。研究表明 SLM 工艺有 50 多个影响因素[3]，对成形效果具有重要影响的因素有六大类：材料属性、激光与光路系统、扫描特征、成形氛围、成形几何特征和设备因素。目前，国内外研究人员主要针对以上影响因素进行工艺研究、应用研究，目的都是解决成形过程中出现的缺陷，提高成形零件的质量。

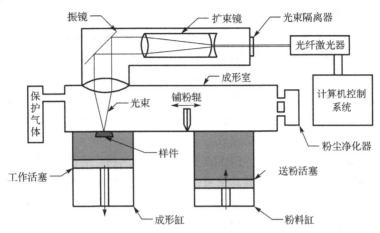

图 18.8 SLS/SLM 设备构造及其成形原理图

SLM 成形过程中重要的工艺参数有激光功率、扫描速度、铺粉层厚、扫描间距和扫描策略等，通过组合不同的工艺参数，使成形质量最优。SLM 成形过程中的主要缺陷有球化、翘曲变形。球化是成形过程中上、下两层熔化不充分，由于表面张力的作用，熔化的液滴会迅速卷成球形，从而导致球化现象，为了避免球化，应该适当地增大输入激光能量。翘曲变形是由于 SLM 成形过程中存在的热应力超过材料的强度，材料发生塑性变形，由于残余应力的测量比较困难，目前对 SLM 工艺的翘曲变形的研究主要采用有限元方法进行模拟，然后通过实验验证模拟结果的可靠性[3]。

SLM 金属打印技术在航空航天、微电子、医疗、珠宝首饰等行业都具有重要的应用。例如，可以成形具有复杂多孔结构且与生物体具有良好相容性的植入体[7,8]，包括个性化骨科手术模板、个性化股骨植入体和个性化牙冠牙桥植入体等，已广泛地应用到医疗领域，促进了医学的发展。国外对 SLM 工艺开展研究的国家主要集中在德国、英国、日本、法国等，其中，德国是从事 SLM 技术研究最早与最深入的国家，1999 年德国 Fockele & Schwarze (F&S) 公司与德国弗朗霍夫研究所一起研发了第一台基于不锈钢粉末 SLM 成形设备。目前，国外已有多家 SLM 设备制造商，如德国 EOS 公司、SLM Solutions 公司和 Concept Laser 公司，它们都开发出了不同的制造机型，甚至可以根据实际情况专门打造零件，满足个性化的需要。华南理工大学于 2003 年开发出国内的第一套 SLM 设备 DiMetal-240，并于 2007 年开发出 DiMetal-280，2012 年开发出 DiMetal-100，其中 DiMetal-100 设备已经进入预商业化阶段[3]。

现代制造业将向着节能环保、工艺流程简单的方向发展，免装配机构的概念就是在这种背景下提出来的，即采用数字化设计和装配并采用 SLM 一次性直接成形、无需实际装配工序的机构。免装配机构具有无须装配、避免装配误差、多自由度设计、无设计局限等优势，但是在 SLM 直接制造过程中要注意打印成形方向的合适性以及工艺参数的合理性。

18.2.3 电子束选区熔化

电子束选区熔化(EBSM)，有文献也称为电子束熔化(EBM)或选区电子束熔化(selective electron

beam melting, SEBM)，在目前 3D 打印技术的数十种方法中，EBSM 技术因能够直接成形金属零部件而受到人们的高度关注，其技术原理是采用高能电子束照射预先铺展好的金属粉末原料，使其烧结或熔化而成形，可适用于不锈钢、钛及钛合金、Co-Cr-Mo 合金等粉末材料。

EBSM 采用高能电子束作为加工热源，扫描成形可以通过操纵磁偏转线圈进行，且电子束具有的高真空环境还可以避免金属粉末在液相烧结或熔化过程中氧化。利用金属粉末在电子束轰击下熔化的原理，首先，在铺粉平面上铺展一层粉末并压实；然后，电子束在计算机的控制下按照截面轮廓的信息进行有选择的熔化/烧结，层层堆积，直至整个零件全部熔化/烧结完成。

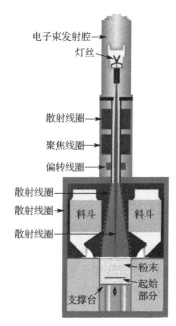

图 18.9　EBSM 成形示意图[9]

EBSM 技术主要有送粉、铺粉、熔化等工艺步骤，因此，在其真空室应具备铺送粉机构、粉末回收箱及成形平台，同时应包括电子枪系统、真空系统、电源系统和控制系统。其中，控制系统包括扫描控制系统、运动控制系统、电源控制系统、真空控制系统和温度检测系统等[9]，EBSM 成形示意图如图 18.9 所示。

国外对 EBSM 工艺理论研究较早，瑞典 Arcam 公司在 2003 年就开始研究该项技术，并与多个领域结合探究，它们研发的商品化的 EBSM 设备 Q10Plus、Q20Plus、A2X 等系列是 EBSM 技术在实际应用中的最好实例。其他单位，如清华大学、美国麻省理工学院和 NASA Langley 研究中心，也均开发出了各自的电子束快速成型系统。这些设备通常有两种工作模式：一种利用电子束熔化铺在工作台面上的金属粉末，与 SLM 技术类似；另一种利用电子束熔化金属丝材，电子束固定不动，金属丝材通过送丝装置和工作台移动，与 LENS 技术类似。

研究人员利用不同的金属或合金材料，对 EBSM 技术工艺与应用进行了相关研究，目前，EBSM 技术已在生物医学中得到了大量应用，例如，Heinl 等利用 EBSM 技术制备了多孔 Ti-6Al-4V 构件作为骨植入材料，这些多孔构件具有与人体骨骼相近的力学性能[10]。另外，Ramirez 等则利用 EBSM 技术制备了多孔 Cu 泡沫结构，其密度可在 $0.73\sim6.67g/cm^3$，Cu 粉末中包含部分 Cu_2O 杂质，在所制备的构件中起到弥散强化的作用，因此其硬度比普遍 Cu 构件高约 75%，在新型、多功能热交换器件中具有广泛的应用[11,12]；Murr 等利用 EBSM 技术制备了 Ni 基高温合金(Ni-21Cr-9Mo-4Nb)和 Co 基高温合金(Co-29Cr-6Mo)网格状与泡沫状多孔试样[13]；Hernandez 等采用 TiAl 合金(Ti-48Al-2Cr-2Nb)粉末制备了一系列的开放式多孔泡沫结构，其密度在 $0.33\sim0.46g/cm^3$，通过改变 3D 模型单元格或孔径，利用 EBSM 即可打印获得密度或孔隙率不同的泡沫结构[14]。刘海涛等研究了工艺参数对 EBSM 工艺过程的影响，结果表明扫描线宽与电子束电流、加速电压和扫描速度呈明显的线性关系，通过调节搭接率和扫描路径可以获得较好的层面质量，通过对工艺参数的优化得到性能优异的一维线和二维层面，为 3D 实体的成形奠定了基础[15]。锁红波等利用 EBSM 制备了 Ti-6Al-4V 试样，进行了直接拉伸和热等静压(HIP)后的拉伸及硬度测试，测试结果表明，无论是否经过热等静压，试样抗拉强度、断面收缩率及伸长率均达到或超过了锻件的标准，成形过程中 Al 元素损失明显，低的氧气含量及 Al 含量有利于塑性提高，组织细化是获得良好强度及高塑性的主要原因，微小的内部气孔缺陷对拉伸性能没有明显的影响，热等静压后抗拉强度及塑性降低，硬度在同一层面内和沿熔积高度方向没有明显差别，均高于退火轧制板的硬度水平[16]。

18.2.4　激光近净成形

激光近净成形(LENS)是在激光熔化/熔覆沉积成形技术的基础上发展起来的一种金属零件 3D 打印技术。20 世纪 90 年代，这项技术在全世界多个科研机构相对独立地发展起来，并且被赋予了不同的名称[17]：美国 Sandia 实验室称为 LENS，而中国西北工业大学黄卫东教授称为激光立体成形(laser solid forming, LSF)，其他如英国利物浦大学和美国密歇根大学的金属直接沉积(direct metal deposition, DMD)、美国 Los-Alamos 国家实验室的直接光制造(directed light fabrication，DLF)、美国 Aeromet 公司的激光成型(laser forming，LF)或者激光增材制造(laser additive manufacturing，LAM)、美国宾夕法尼亚大学的激光自由成型制造(laser free-form fabrication，LFFF)、英国伯明翰大学的直接激光制造(direct laser fabrication，DLF)和瑞士洛桑联邦理工学院的激光金属成型(laser metal forming，LMF)等。这些技术虽然名称不同，但是基本原理均是利用惰性气体输送金属粉末，再通过送粉器和粉末喷嘴将金属粉末聚集于高能量激光束焦点处进行瞬时熔化，然后按照计算机模型自底向上地按照预设轨迹逐层堆积金属熔融层，最终直接打印出金属 3D 成形件，整个制备过程均处于惰性气体保护之中。

LENS 适用于奥氏体不锈钢、Ni、Ti、Cu、Ni-Cu-Sn、Fe 基合金(Fe-B-Cr-C-Mn-Mo-W-Zr)等粉末材料的 3D 打印，可直接制造形状结构复杂的金属功能零件或模具，可方便加工熔点高、难加工的材料，也能实现异质材料零件的制造；1999 年，LENS 工艺获得了美国工业界中最富创造力的 25 项技术之一的称号[3]。

LENS 主要工艺参数包括激光功率、扫描速度、搭接率、单层厚度、送粉速率等，为了便于试验分析，引入线能量并将其定义为激光功率与扫描速度的比值，单位为 J/mm。激光同步熔覆金属粉末工艺中，常见的有同轴送粉和侧向送粉(或送丝)两种方式[18]，工作原理示意图如图 18.10 所示。侧向送粉方式设计简单、便于调节，但也有很多不足之处。第一，由于激光束沿平面曲线任意形状扫描时，曲线上各点的粉末运动方向与激光束扫描速度方向间的夹角不一致，导致熔覆层各点的粉末堆积形状发生变化，直接影响熔覆层的表面精度和均匀一致性，造成熔覆轨迹的粗糙与熔覆厚度和宽度的不均，很难保证最终零件的形状和尺寸符合要求。第二，送粉位置与激光光斑中心很难对准，这种对准是很重要的，少量的偏差将会导致粉末利用率下降和熔覆质量恶化。第三，采用侧向送粉方式，激光束起不到粉末预热和预熔化的作用，激光能量不能充分利用，容易出现粘粉、欠熔覆、非冶金结合等缺陷。第四，侧向送粉方式只适合于线性熔覆轨迹的场合，如只沿着 X 方向或 Y 方向运动，不适合复杂轨迹的运动。第五，侧向送粉只适合于制造一些壁厚零件，这是由于侧向送粉喷嘴喷出的粉末是发散的，而不是汇聚的，不利于保证成形薄壁零件的精度。第六，当粉末输送方向与基材运动方向相同与相反时，熔覆状况，即熔覆层形状，明显受粉末输送方向与基材运动方向的影响。此外，如果粉末输送方向与基材运动方向垂直，熔覆层形状会比两者方向平行时得到的形状差别更大。因此，侧向送粉具有明显的方向性，熔覆层几何形状随运动方向不同而发生改变。

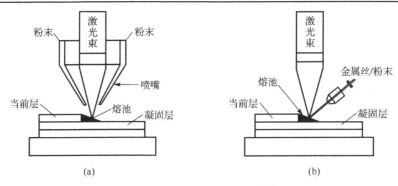

图 18.10　LENS 技术示意图[18]

(a) 同轴送粉；(b) 侧向送粉

同轴送粉则克服了上述的缺点，激光束和喷嘴中心线于同一轴线上，这样尽管扫描速度方向发生变化，但是粉末流相对工件的空间分布始终是一致的，能得到各向一致的熔覆层。此外，由于粉末的进给和激光束是同轴的，能很好地适应扫描方向的变化，消除粉末输送方向对熔覆层形状的影响，确保制造零件的精度，而且粉末喷出后呈汇聚状，可以制造一些薄壁试件，解决了熔覆成形零件尺寸精度的问题，这在薄壁零件的熔覆过程中优势非常明显。由此可见，同轴送粉方式有利于提高粉末流量和熔覆层形状的稳定性与均匀性，从而改善金属成形件的精度和质量。同轴送粉一般用于大型工件的打印。由同轴送粉的基本原理可知，打印粉末不适宜为细粉，否则在保护气流作用下会出现粉末飞扬，而且细粉易堵塞喷嘴。此外，同轴送粉要求金属粉末具有良好的流动性，因此一般采用球形度较高的粗粉。

在 LENS 系统中，同轴送粉装置包括送粉器、送粉头和保护气路三部分。送粉器包括粉末料箱和粉末定量送给机构，粉末的流量由步进电机的转速决定。为使金属粉末在自重作用下增加流动性，将送粉器架设在 2.5m 的高度上。从送粉器流出的金属粉末经粉末分割器平均分成 4 份并通过软管流入粉头，金属粉末从粉头的喷嘴喷射到激光焦点的位置完成熔化堆积过程。全部粉末路径由保护气体推动，保护气体将金属粉末与空气隔离，从而避免金属粉末氧化。

目前，很多发达国家将 LENS 技术作为研究的重点，并取得了一些实质性成果。在实际应用中，可以利用该技术制作出功能复合型材料和功能梯度结构，可以修复高附加值的钛合金叶片，也可以运用到直升机、客机、导弹等关键零件的制作中，成形过程无需模具、短周期、低成本、高性能及快速响应能力将为先进飞机和发动机中关键零件的研制及生产开辟一条快速、经济、高效、高质量的途径[19]。另外，还能将该技术运用于生物植入领域，采用与人体具有相容性的 Ni-Ti 合金制备载重植入体的多孔和功能梯度结构，制备的植入体的孔隙率最高能达到 70%，有效提升了孔隙率，所制备的髋关节植入体平均使用寿命可达 7～12 年[20]。例如，Krishna 等利用 LENS 技术的灵活性制备了复杂形状的 Ti-6Al-4V 和 Co-Cr-Mo 合金多孔生物植入体，并研究了植入体的力学性能，发现孔隙率为 10%时，杨氏模量达到 90GPa，当孔隙率为 60%时，杨氏模量降到 2 GPa，这样就可以通过改变孔隙率，使植入体的力学性能与生物体相适配[21,22]。其他方面，Manvatkar 等研究人员利用基于有限元方法的 3D 热传导模型分析了 LENS 技术制备奥氏体不锈钢试件的工艺过程，并预测了成形过程各层的宽度、高度与硬度分布等，研究结果表明随着加工层数的增加，试件各层的屈服强度和硬度逐渐降低[23]。Zheng 等利用 LENS 技术制备了网状的 Fe 基(Fe-B-Cr-C-Mn-Mo-W-Zr) 金属玻璃(metallic glass，MG)试件，实验结果表明试件的非晶金属玻璃基体中包含α-Fe 纳米晶颗粒，其显微硬度达到 9.52GPa[24]。而 Li 利用 LENS 技术融覆 René 80 合金粉末来修复定向凝固高温合金 GTD-111[25]。国内的薛春芳等采用 LENS 工艺，获得了显微硬度和力学性能良好的 Co 基高温合金薄壁零件，零件表面光滑、显微组织均匀，通过改变激光功率、粉体参数等，还可以控制零件的凝固组织与力学性能，进一步证明了 LENS 技术在制备高性能金属零件方面的巨大潜力[26]。

18.3　金属 3D 打印材料

18.3.1　金属 3D 打印用粉体材料的要求

金属粉体材料是金属 3D 打印技术所需要的原材料，作为金属零件 3D 打印产业链最重要的一环，金属粉体的基本性能对最终成形的制品品质有着很大的关系，也是最大的价值所在。3D 打印金属粉末除需具备良好的可塑性外，还必须满足粉末粒径细小、粒度分布较窄、球形度高、流动性好和松装密度高等要求。

颁布于 2014 年 6 月的 ASTM F3049—2014 标准中规定了 3D 打印用金属粉末性能研究的范围和表征方法[27]。综合来说，3D 打印用金属粉末对粉末特性有几个方面的基本要求，包括化学成分、颗粒形状、粉末粒度及粒度分布、粉体的工艺性能等。

1. 化学成分

粉体原料的主要成分包括金属元素和杂质成分，常用的金属元素包括 Fe、Ti、Ni、Al、Cu、Co、Cr 以及贵金属 Ag、Au 等，而杂质成分及其来源比较复杂，以不锈钢粉末为例，杂质成分包含还原铁原料中的 Si、Mn、C、S、P、O 等，还包含粉末生产及存放过程混入的其他杂质，如粉体表面吸附的水及其他气体等。在 3D 打印成形过程，杂质可能会与基体发生反应，改变基体性质，给制件品质带来负面的影响；夹杂物的存在也会使粉体熔化不均，易造成制件的内部缺陷。如果粉体氧含量较高，金属粉体不仅易氧化，形成氧化膜，还会导致球化现象，影响制件的致密度及品质。因此，3D 打印用金属粉体需要采用纯度较高的金属粉体原料，制备过程需要严格控制原料粉体的杂质和夹杂，以保证粉体的品质。

在金属粉末的制备过程中，由于制粉工艺的缺陷，通常会带入一些杂质，夹杂物在粉末中的分布状态以及夹杂物本身的形状对零件的力学性能影响机制不同。一般来说，粉末中的夹杂物会提高颗粒硬度，降低粉末成形性能，对材料韧性造成不良影响。例如，在 SLM 和 EBSM 工艺中，若粉末中含有杂质，则在烧结成形过程中杂质可能会与基体金属粉末发生化学反应，形成缺陷，从而改变成形零件的质量和特性，甚至使得 3D 打印无法进行。例如，Ti-6Al-4V 合金粉末中的 Ti、Al 等元素活性都较大，在制备过程中很容易吸附 N、O、H 等杂质元素。其中 O 在 Ti 合金中有很高的溶解度，能形成间隙固溶相，使得 Ti 晶格严重扭曲，强度和硬度提高，而塑性和韧性下降；N 与 Ti 在高温下形成脆硬的 TiN，对 Ti 合金的塑性也影响很大；由于 H 的存在，析出的 TiH_2 相也会使得 Ti 合金塑性和韧性降低。因此，必须严格控制 3D 打印成形气氛中杂质元素的含量，以满足 3D 打印工艺的要求和成形件的力学性能要求[27]。但是，在 SLS

中，若对 Al_2O_3 陶瓷粉末进行烧结，则纯度越高对应烧结温度越高，可能会使烧结变得困难。Al_2O_3 中的杂质实际上间接起到了助熔剂的作用，适当的杂质反而有利于烧结[28]。

2. 颗粒形状

在金属粉末制备过程中，粉末颗粒会随着制备方法的不同而呈现不同的形状，常见的有球形、近球形、针状及其他不规则形状，如多角形、多孔海绵状、树枝状等。粉末的颗粒形状直接影响粉末的流动性、松装密度等，进而对所制备金属零件的性能产生影响。不规则的颗粒具有更大的表面积，有利于增加烧结驱动力。但球形度高的粉体颗粒流动性好，送粉铺粉均匀，有利于提升制件的致密度及均匀度。因此，3D 打印用粉体颗粒一般要求是球形或者近球形。

以 LENS 成形工艺过程为例，粉末颗粒由载粉气流输送进入激光熔池，连续稳定的输送需要流动性良好的粉末，才能保证成形零件的均匀致密。而在 SLM 和 EBSM 工艺中，粉末颗粒首先在铺粉机构的作用下铺展成粉末层，粉末良好的流动性对获得均匀平整的粉末层至关重要。一般来说，球形或者近球形粉末具有良好的流动性，在打印过程中不易堵塞供粉系统，能铺成薄层，进而提高 3D 打印零件的尺寸精度、表面质量，以及零件的密度和组织均匀性，因此球形、近球形是 3D 打印原料的首选形状类型。但是，球形粉末的颗粒堆积密度小、空隙大，使得零件的致密度小，也会影响成形质量。

近年来，国内外制粉公司在 3D 打印金属粉末制备领域投入了大量的资金和技术力量，取得了很大的进展。图 18.11 是中航迈特粉冶科技(北京)有限公司生产的钛合金粉末和钴铬合金粉末。其中钛合金粉末采用电极感应纯净熔炼和超声速气雾化制粉工艺制备；钴铬合金粉末采用真空感应纯净熔炼和超声速气雾化制粉工艺制备。这些粉末球形度高、粒度分布均匀，粒径为 15~45μm，成形性能优异，均适用于 SLM、EBSM 和 LENS 等 3D 打印设备。

(a)　　　　　　　　　　　　　　　(b)

图 18.11　3D 打印用金属粉末

(a)钛合金粉末；(b)钴铬合金粉末

对粉末表面进行适当的修饰，如增加一些纳米颗粒，可以有效提高打印试件的性能[29]，图 18.12(a)为 3D 打印用铝合金 7075 粉末，经适当工艺修饰后粉末表面具有一些 WC 纳米颗粒，如图 18.12(b)所示。研究表明，这些 WC 纳米结构可以有效地增加打印过程中熔池中非均匀形核点的数量，避免柱状晶和周期裂纹的形成，从而提高工件的性能。

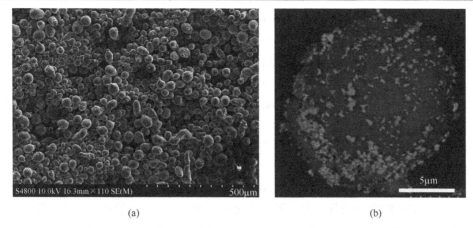

(a)　　　　　　　　　　　　　　　　　　(b)

图 18.12　铝合金 7075 粉末以及粉末表面修饰有 WC 纳米颗粒[29]

(a)7075 粉末；(b)粉末表面修饰有 WC 纳米颗粒

3. 粉体粒度及粒度分布

3D 打印成形过程中，粉体通过直接吸收激光或电子束扫描时的能量而熔化烧结，粉末粒度越小，比表面积越大，直接吸收能量越多，越易升温，因此，粒度小的粉末烧结驱动力大，有利于烧结的顺利进行。此外，细小的粉末颗粒之间空隙小，相邻两铺粉层之间连接紧密，松装密度高，有利于提高烧结致密化和烧结强度，成形后零件致密度高，因此有利于提高产品的强度和表面质量。但粉体粒度过小时，粉体易发生黏附团聚，导致粉体流动性下降，影响粉料运输及铺粉均匀。因此，细粉、粗粉应该以一定配比混合，细颗粒填充到大颗粒的空隙中，提高粉末的堆积密度，以及打印零件的强度和表面质量。但是，如果细颗粒过多，易造成铺粉厚度不均匀，在烧结过程中容易出现"球化"现象[30]，因此需要选择恰当的粒度与粒度分布以达到预期的成形效果。

粉末粒度直接影响到铺粉层的厚度，一般来说，铺粉层厚度为 50～100μm。要想铺出均匀密实的粉层，铺粉层厚度必须是粉末颗粒直径的两倍以上。3D 打印用金属粉末粒度的选取根据热源的不同也有所不同，一般来说，以激光作为能量源的打印机，因其聚焦光斑精细，较易熔化细粉，适合使用粒度为 15～53μm 的粉末作为耗材，粉末补给方式为逐层铺粉；以电子束作为能量源的铺粉型打印机，聚焦光斑略粗，更适于熔化粗粉，适合使用粒度为 53～105μm 的粗粉；同轴送粉型打印机可采用粒度为 105～150μm 的粉末作为耗材[31]。研究还发现，在 LENS 技术中，粉末粒径过大时，喷嘴处粉末输送流的发散角显著增大，反弹飞溅严重，且粉末利用率降低；此外，粒径过小的超细粉由于直径太小，粉末容易团聚，导致输送性能差，影响 3D 打印的持续进行。总之，研究表明粗粉、细粉选择恰当的粒度与粒度分布，并以恰当的配比混合，才能得到良好的 3D 打印效果。

4. 粉体的工艺性能

粉体的工艺性能主要包括松装密度、振实密度、流动性和循环利用性能。

松装密度是粉末自然堆积时的密度，振实密度是经过振动后的密度。球形度好、粒度分布宽的粉末松装密度高，孔隙率低，成形后的零件致密度高、成形质量好。粉体的流动性直接影响铺粉的均匀性或送粉的稳定性。粉末流动性太差，易造成粉层厚度不均，扫描区域内的金属熔化量不均，导致制件内部结构不均，影响成形质量；而高流动性的粉末易于流化，沉积均匀，粉末利用率高，有利于提高3D打印成形件的尺寸精度和表面均匀致密化。

3D打印过程结束后，留在粉床中未熔化的粉末通过筛分回收仍然可以继续使用，但长时间的高温环境下，粉床中的粉末会有一定的性能变化，需要搭配具体工艺选用回收。在现有3D打印用粉末制备技术水平下，微细粉的制备成本较高，其价格约是传统粉末冶金用粉的10倍。因此，从节约原材料、降低生产成本的角度来说，粉末循环使用的研究具有重要的意义。西北有色金属研究院汤慧萍等系统研究了粉末循环使用次数对EBSM成形Ti-6Al-4V合金性能的影响，研究表明，粉末床中未熔化的粉末颗粒仍然可以作为原料粉末继续使用，经过21次的循环使用后，粉末氧含量从0.08 wt%上升至0.19 wt%，Al和V含量发生不同程度的下降，但是仍然满足Ti-6Al-4V的合金成分要求；研究还发现，随着使用次数的增加，粉末球形度下降，粉末表面变得更为粗糙；粉末粒度分布变窄，并且由于卫星粉数量的减少，粉末的流动性变得更好。尽管如此，经过21次循环使用后，EBSM工艺过程仍然能够顺利实施，并且成形试样的力学性能与粉末的氧含量保持很好的对应关系[32,33]。

18.3.2 金属3D打印材料简介

近年来，3D打印技术逐渐应用于实际产品的制造，金属零件3D打印技术作为整个3D打印体系中最为前沿和最有潜力的技术，是先进制造技术的重要发展方向，尤其是在航空、航天和国防等领域，欧美发达国家和地区非常重视3D打印技术的发展，不惜投入巨资加以研究，而3D打印金属零部件一直是研究和应用的重点。

制约3D打印发展的核心问题之一是材料。3D打印所使用的金属粉末一般要求纯净度高、球形度好、粒度分布窄、氧含量低，在2013年世界3D打印技术产业大会上，3D打印行业的专家对3D打印金属粉末给予明确定义，即指尺寸小于1mm的金属颗粒群，包括纯金属粉末、合金粉末以及具有金属性质的某些难熔化合物粉末。单一组分的金属粉末在成形过程中出现明显的球化和集聚现象，易造成烧结变形和密度疏松，因此，开发了多组元金属粉末或者预合金粉末。按基体所含主要元素可分为钛与钛合金、铁基材料(不锈钢、工具钢)、镍基合金、钴铬合金、铝合金、铜合金，此外还有可打印首饰用的金、银等贵金属粉末材料，在市场上应用最多的是奥氏体不锈钢、工具钢、钴铬合金和Ti-6Al-4V等粉末[34]。

目前，国内3D打印耗材金属粉末制备难度大、产量小、产品性能低，国外厂家垄断市场，价格高昂，因此，对3D打印耗材金属粉末制备方法的研究尤为重要，从某种意义上说，3D打印最关键的不是机械制造，而是材料研发，材料已经成为限制3D打印发展的首要问题。

1. 钛及钛合金

钛是一种重要的结构金属，钛合金因具有(比)强度高、耐蚀性好、耐热性高等特点而广泛用于制作飞机、发动机、压气机部件，以及火箭、导弹和飞机的各种结构件；钛合金具有良好的生物相容性，所以在生物骨骼、牙齿种植等方面也有着广泛的应用。传统锻造和铸造技术制备的钛合金件已广泛应用在高新技术领域，2013年全球飞机用钛的采购量为6.5万吨，约占世界钛加工材料供给量的40%[35]，美国F14、F15、F117、B2和F22军机的用钛比例分别为24%、27%、25%、26%和42%。但是，传统锻造和铸造方法生产大型钛合金零件，由于产品成本高、工艺复杂、材料利用率低及后续加工困难等不利因素，阻碍了其更为广泛的应用。而金属 3D

打印技术可以从根本上解决这些问题，因此 3D 打印技术近年来成为一种直接制造钛合金零件的新型技术。采用 3D 打印技术制造的钛合金零部件，强度非常高，尺寸精确，能制作的最小尺寸可达 1mm，而且其零部件力学性能优于锻造工艺。

合金粉末最常用的是钛合金 Ti-6Al-4V，这种合金具有令人难以置信的特点，通常用于许多行业，其强度高，而密度仅为钢材的 1/2，是最早使用 SLM 工业生产的一种合金，成为最流行的合金之一。

钛以及钛合金的应变硬化指数低（近似为 0.15），抗塑性剪切变形能力和耐磨性差，因而限制了其制件在高温和腐蚀磨损条件下的使用，开发新型钛基合金是钛合金 SLM 应用研究的主要方向。金属铼（Re）的熔点很高，一般用于超高温和强热振工作环境，如美国 Ultramet 公司采用金属有机化学气相沉积法（MOCVD）制备 Re 基复合喷管已经成功应用于航空发动机燃烧室[4]，工作温度可达 2200℃，Re-Ti 合金的制备在航空航天、核能源和电子领域均具有重大意义。

Ni 具有磁性和良好的可塑性，Ni-Ti 合金也是常用的一种形状记忆合金，具有伪弹性、高弹性模量、阻尼特性、生物相容性和耐腐蚀性等性能。另外钛合金多孔结构人造骨的研究日益增多，日本京都大学通过 3D 打印技术给 4 位颈椎间盘突出患者制作出不同的人造骨并成功移植，该人造骨即 Ni-Ti 合金[36]。

2. 铁基合金

不锈钢以其耐空气、蒸汽、水等弱腐蚀介质和酸、碱、盐等化学浸蚀性介质的腐蚀而得到广泛应用。不锈钢粉是 3D 打印中经常使用的一类性价比比较高的金属粉末材料，粉末成形性好、制备工艺简单且成本低廉，力学性能优异，耐高温和耐腐蚀，非常适合打印尺寸较大的产品，多用于成形各种工程机械零部件及模具等。

在金属 3D 打印过程中，目前有一个非常明确的经验法则：碳钢更难处理[37]。金属 3D 打印主要用的是马氏体沉淀硬化不锈钢，如 17-4PH、15-5PH。其中 15-5PH 具有良好的加工工艺性和高温抗氧化性，广泛应用于航空航天、石化、化工、食品加工、造纸和金属加工业等领域。

用于 3D 打印的马氏体钢还有 M300，它是工具钢的一种。工具钢的适用性来源于其优异的硬度、耐磨性和抗变形能力。其中，由于高硬度和耐磨性，马氏体 M300 实际上最初是为了满足航空航天领域的应用而发明的，如导弹和火箭发动机所使用的反冲弹簧、驱动器、起落架部件、高性能的轴、齿轮、紧固件等零件。与钛合金的加工类似，马氏体 M300 可以通过采用不同的热处理方法获得不同的性能。马氏体 M300 适用于许多模具（注塑模具、轻金属合金铸造、冲压和挤压），也为各种高性能的工业工程部件所应用，如航空航天器、赛车等高强度零部件。不过与钛合金不同的是，即便不经过热处理，马氏体 M300 也可能满足制造的要求，如抗拉强度可以从 1000MPa 通过时效硬化达到 2000MPa。

金属 3D 打印不锈钢除了马氏体 M300 还有 ASM 300 系列奥氏体不锈钢，包括 316L 和 304L。其中 316L 可在很宽的温度范围内保持其优良的力学性能，可用于航空航天、石油、天然气等多种工程领域，也可用于食品加工和医疗等领域。

华中科技大学、南京航空航天大学等院校在不锈钢 3D 打印方面研究比较深入，尤其在工艺优化、降低工件孔隙率、增加强度以及熔化过程的金属粉末球化机制等方面进行了系统研究。

例如，华中科技大学李瑞迪等采用不同的工艺参数(包括激光功率、扫描速度、扫描间隔、铺粉层厚)，对 304L 不锈钢粉末进行了 SLM 成形实验，研究结果表明：高的激光功率、低的扫描速度、窄的扫描间隔和低的铺粉层厚有利于成形件的致密化，并得到 304L 不锈钢致密度经验公式，总结出晶粒形核生长机制[38]。南京航空航天大学潘琰峰等分析和探讨了直接金属激光烧结(DMLS) 316L 不锈钢成形过程中球化产生机理和影响球化的因素，认为在激光功率和粉末层厚一定时，适当增大扫描速度可以在一定程度上减小球化现象，在扫描速度和粉末层厚固定时，随着激光功率的增大，球化现象加重[39,40]。华中科技大学 Ma 等通过对 1Cr18Ni9Ti 不锈钢粉末进行激光熔化，发现粉末层厚从 60μm 增加到 150μm 时，枝晶间距从 0.5μm 增加到 1.5μm，最后稳定在 2.0μm 左右，试样的硬度依赖于熔化区域各向异性的微结构和晶粒尺寸，利用高功率 SLM 制备的 1Cr18Ni9Ti 合金试样的抗拉强度甚至要高于锻件[41]。华中科技大学姜炜采用一系列不锈钢粉末，系统研究了粉末特性和工艺参数对 SLM 成形质量的影响，结果表明，粉末材料的特殊性能和工艺参数对 SLM 成形影响的机理主要在于对选择性激光成形过程中熔池质量的影响，工艺参数(激光功率、扫描速度)主要影响熔池的深度和宽度，从而决定 SLM 成形件的质量[42]。

3. 铝合金

铝合金是一种轻量化金属，具有优良的物理、化学和力学性能，其熔点低、密度低，但机械强度稍弱，其自身的特性(如化学活性强、易氧化、高反射性和导热性等)增加了 3D 打印制造的难度，目前已有研究可以通过 3D 打印制备出高强度的铝合金材料[29]，对于重视轻量化的航空器和汽车零部件来说是非常有意义的。

铝硅 12(AlSi12)是一种具有良好的热性能的轻质 3D 打印金属粉末，典型的应用是薄壁零件，如换热器。而硅镁组合(AlSi10Mg)带来显著的强度和硬度的增加，这种铝合金适用于薄壁、几何形状复杂的零件，是需要良好的热性能和轻质量场合中理想的应用材料。

目前 SLM 成形铝合金中存在氧化、残余应力、孔隙缺陷及致密度等问题，这些问题主要通过严格的保护气氛、增加激光功率、降低扫描速度等来进行改善。Kempen 等对两种 Si、Mg 含量有所不同(差异约 1 wt%)的 AlSi10Mg 粉末进行了 SLM 成形实验[43]，在优化的工艺参数下，可获得 99%致密度和约 20μm 表面粗糙度的成形性能。研究表明，粉末形状、粒径及化学成分是影响成形质量的主要因素。Buchbinder 等利用高功率 SLM 技术研究获得了致密度达 99.5%、抗拉强度达 400MPa 的 AlSi10Mg 合金试样[44]。Louvis 等研究了 SLM 技术在铝合金(6061 和 AlSi12)成形中的应用，重点探索了激光功率与扫描速度对成形过程的影响，并对成形过程氧化铝薄膜产生的机理进行了分析，得到了氧化铝薄膜对熔池与熔池层间润湿特性的影响规律[45]。北京工业大学激光工程研究院张冬云教授采用 SLM 技术对多种铝合金进行了制备工艺研究，包括 AlSi25、AlSi10Mg、AlMgSi0.5 和 AlMg3。研究表明不同的铝合金粉末具有不同的冶金特性，导致它们具有不同的加工阈值，所制备的试样致密度随着激光功率和扫描速度的变化而不同，当激光功率超过粉末的加工阈值时，粉末与基体之间可以形成致密的冶金结合，为获得致密度为 100%的铝合金模型提供了可能性[46]。

将铝合金加工工艺形成一整套体系的是美国金属 3D 打印服务商 Sintavia[47]。Sintavia 凭借综合制造能力使得 F357 铝合金的制造更加快速，达到或超过行业的严格验证参数要求。Sintavia 独家的铝合金加工工艺是一整套体系，不仅包括预构件材料分析，还包括后期热处理和压力消除，新工艺专为航空航天和汽车行业的应用开发，这些工业需要低密度、良好加工性能和导热性的高品质零件。事实上，Sintavia 的专利技术已经使金属 3D 打印零件的强度超过原始设计强度，高达原始设计强度的 125%，净密度接近 100%。通过常温、高温强度验证，以及 0℃以下的温度验证，Sintavia 能够快速生产出满足要求的铝件。

4. 高温合金材料

高温合金是指以铁、镍、钴为基，能在 600℃以上的高温及一定应力环境下长期工作的一类金属材料，其具有较高的高温强度、良好的抗热腐蚀和抗氧化性能，以及良好的塑性和韧性。

在现代先进的航空发动机中，高温合金材料的使用量占发动机总质量的 40%~60%，高性能航空发动机的发展对高温合金的使用温度和性能的要求越来越高，传统的铸锭冶金工艺冷却速度慢，铸锭中某些元素和第二相偏析严重，热加工性能差，组织不均匀，性能不稳定。而 3D 打印技术成为解决高温合金成形技术瓶颈的新方法，美国国家航空航天局声称，在 2013 年 8 月 22 日进行的高温点火试验中，通过 3D 打印技术制造的火箭发动机喷嘴产生了创纪录的 9t 推力。2015 年 7 月 1 日，美国通用电气公司称，他们的一个研究小组利用 3D 打印技术，成功打印出一台可点火运行的小型喷气发动机，这台发动机长 30cm、高 20cm，完全由 3D 打印机打印出的零件组装而成，在通油测试时转速可达 33000r/min，此次实验的主要目的是测试金属粉末材料 3D 打印的效果[48]。

镍基材料具有良好的高温性能、抗氧化和抗腐蚀性，在航空航天、船舶以及石油化工等领域应用较广，Inconel 合金中两个最常见的型号是 625 和 718。使用合金的材料选择通常取决于最大工作温度和强度要求的组合，这些镍基合金具有高合金含量，能够承受各种各样的严重腐蚀环境，即使在严重的腐蚀环境中，镍和铬的组合可以耐氧化反应，钼使这些合金抗点蚀和缝隙腐蚀，铌则在焊接过程中防止随后的晶间应力腐蚀开裂。

Inconel 718 合金是镍基高温合金中应用最广泛的一种，它是一种时效硬化型可变形镍基高温合金，因具有优异的耐高温腐蚀性、耐疲劳性、耐磨损性和良好的焊接性能，已广泛应用于燃气涡轮盘、火箭发动机、航空飞行器、核反应堆等领域。传统方法成形 Inconel 718 合金部件过程中存在切削加工困难、刀具磨损严重、成形自由度低等缺点，张颖等利用 SLM 技术成形 Inconel 718 合金试样[49]，通过研究发现随着激光线能量密度的增加，试样的微观组织经历了粗大柱状晶、聚集的枝晶、细长且均匀分布的柱状枝晶等组织变化过程，在优化工艺参数的前提下，可获得致密度近 100%的试样，试样的显微硬度高达 397.8HV$_{0.2}$；摩擦系数和磨损率较低，分别为 0.40 和 4.78×10^{-4}mm^3/(N·m)；且试样内部显微组织均匀细小，摩擦试样的表面形成摩擦保护层，使试样的摩擦磨损性能较好。

还有一种"多才多艺"的合金是钴铬合金(Co-Cr alloy)，它是一种以钴和铬为主要成分的高温合金，主要分为 CoCrW 和 CoCrMo 合金两大类，具有良好的力学性能、高温性能及抗腐蚀性能，用其制作的零部件具有强度高、耐高温等特性，可用于发动机、风力涡轮机和许多其他耐高温应用部件。另外，由于钴铬合金不含对人体有害的镍、铍元素，具有良好的生物相容性，安全可靠且便宜，广泛应用于牙科领域，由其制备而成的烤瓷牙已成为非贵金属烤瓷牙的首选。例如，Co28Cr6Mo 合金具有良好的生物相容性，无镍(镍含量<0.1%)，常用于外科植入物包括合金人工关节、膝关节和髋关节。另外，Co28Cr6Mo 合金与 Stellite21 合金性能类似，具有较好的抗拉强度(>1100MPa)，也具有高耐磨性、韧性和延展性(伸长率为 18%~20%)，良好的耐腐蚀性，以及在高温下正常工作的性能，广泛应用于金属 3D 打印中。

采用 3D 打印技术制造的钴铬合金零部件，强度非常高，尺寸精确，能制作的最小尺寸可达 1mm，而且其零部件力学性能优于锻造工艺。与大多数增材制造的金属一样，最终的性能可以根据具体的要求，通过精心选择的热处理周期来实现。例如，Zhang 等发现通过 SLM 成形的钴铬合金烤瓷牙比铸造成形具有更高的硬度[50]，经过脱氧和搪瓷烧制过程，合金与搪瓷实现完美结合，Co 离子比 Cr 离子更容易析出，但析出量均符合 ISO 安全标准，SLM 制作的钴铬合金烤瓷牙真正能够做到"私人订制"。

5. 其他合金材料

镁合金作为最轻的结构合金材料由于具有特殊的高强度和阻尼性能，在诸多应用领域具有替代钢和铝合金的可能。例如，在汽车以及航空器组件方面，镁合金的轻量化应用可降低燃料使用量和废气排放，镁合金还具有原位可降解性，并且其杨氏模量低、强度接近人体骨骼、生物相容性优异，在外科植入方面比传统合金更有应用前景。

Wei 等利用不同功率的激光基于 SLM 技术熔化 AZ91D 镁合金粉末，发现激光能量很大程度上决定了试件质量，能量密度在 $83\sim167J/mm^3$ 能够获得无明显宏观缺陷的试件[51]。在层状结构中，离异共晶 β-$Mg_{17}Al_{12}$ 沿着等轴晶 α-Mg 基体晶界分布，扫描路径重合区域的 α-Mg 平均晶粒尺寸比扫描路径中心区域的要大，由于固溶强化和晶粒细化，SLM 成形的镁合金构件相比铸造成形构件具有更高的强度和硬度。

Ng 等利用 SLM 技术在氩气保护气氛中使用 Nd:YAG 激光熔化纯镁粉[52]，试样的显微组织与硬度与晶粒尺寸相关，随着激光能量密度的增加，试样熔融区晶粒尺寸发生粗化，试样硬度随着激光能量密度的增加发生显著降低，硬度为 $0.59\sim0.95GPa$，相应的弹性模量为 $27\sim33GPa$。为降低氧化和热影响区的影响，提高试件质量，需要进一步优化工艺参数，也可采用混合不同粒径的镁及镁合金粉末以提高打印成形质量。

其他纯金属粉末，如金（Au）、银（Ag）、钨（W）、钽（Ta），以及合金铜（Cu）也经常出现在金属 3D 打印研究、商业和工业等应用领域[53]。铜及铜合金最大的优势在于其优异的导电性及导热性，可用于航空航天、电子、机械零部件的加工制作。贵金属黄金和白银等具有良好的塑性、延展性和光泽度，十分美观，可以通过 3D 打印加工个性化饰品，实现高精度高难度艺术品的设计和制作。可以预测，随着新型打印金属和合金粉末的不断涌现，金属 3D 打印系统与技术也将不断获得改进。

18.4　3D 打印用金属粉体材料的制备

大体来看，粉末制备技术主要分为机械法制备和物理化学法制备两类，按照制备工艺主要可分为还原法、电解法、羰基分解法、研磨法、雾化法（包括水雾化法、气雾化法、等离子体熔丝雾化法、旋转电极雾化法等）等。其中，以还原法、电解法和雾化法生产的粉末作为原料应用到粉末冶金工业较为普遍[54]，但电解法和还原法都有着一定的局限性，仅限于单质金属粉末的生产，而对于合金粉末这些方法均不适用。雾化法适用性广泛，可以进行合金粉末的生产，同时现代雾化工艺对粉末的形状也能够进行控制，不断发展的雾化腔结构大幅提高了雾化效率，有效满足 3D 打印用金属粉末的高要求，这使得雾化法逐渐发展成为主要的粉末生产方法，本书也主要介绍各种雾化法在制备金属粉末中的应用发展情况。

雾化法是以快速运动的流体(雾化介质)冲击或以其他方式将金属或合金液体破碎为细小液滴,使之迅速冷凝为固体粉末的制备方法,制得的粉末颗粒直径一般小于 150μm。按照粉碎金属熔液的方式分类,雾化法包括水雾化法、气雾化法、离心雾化、超声耦合雾化、真空雾化等,这些雾化方法具有各自的特点,且都已成功应用于工业生产。其中水雾化法具有生产设备及工艺简单、能耗低、批量大等优点,已成为金属粉末的主要工业化生产方法[54]。

雾化法自问世以来,经过不断的完善和改进,以其高的生产效率、低廉的成本等优势广泛应用于金属及其合金粉末的制备中。从目前的研究与应用情况来看,雾化法能够满足 3D 打印金属粉末的特殊要求。

18.4.1　水雾化法

在雾化制粉生产中,水雾化法是廉价的生产方法之一。因为雾化介质是水,不但成本低廉、容易获取,而且在雾化效率方面表现出色。目前,国内水雾化法主要用来生产钢铁粉末、金刚石工具用粉末、含油轴承用预合金粉末以及铁基与镍基磁性粉末等。然而由于水的比热容远大于气体,在雾化过程中,破碎的金属熔滴由于凝固过快而变成不规则状,粉末的球形度受到影响,使其难以符合 3D 打印用金属粉末在球形度方面的要求。另外,一些具有高活性的金属或者合金与水接触会发生反应,同时雾化过程中与水的接触会增加粉末的氧含量,这些问题限制了水雾化法在制备球形度高、氧含量低的金属粉末中的应用。

针对水雾化制备金属粉末球形度较低的问题,金川集团股份有限公司对水雾化制备技术进行了改进,发明了一种水雾化制备球形金属粉末的方法[54],在水雾化喷嘴下方处再设置一个二次冷水雾化喷嘴,进行二次雾化。经二次雾化后,粉末粒度比一次水雾化更细,而且明显提升了金属粉末的球形度,制备的金属粉末球形度甚至能够与气雾化效果相媲美,有效满足了 3D 打印用金属粉末对球形度的高要求。

18.4.2　气雾化法

气雾化法是生产金属及合金粉末的主要方法之一。气雾化法制粉,即利用高速气流冲击破碎熔融液态金属,使气体动能转化为熔体表面能,进而形成细小的液滴并凝固成粉末颗粒,如图 18.13 所示。相较于水雾化制备技术,气雾化制备技术所获粉末具有氧含量较低、环境污染小、纯度较高、球形度高、流动性好、冷却速率大且可控制粉末粒度等优点,已成为生产高性能球形金属及合金粉末的主要方法,所制备的粉体材料适合用于热喷涂、磁性材料、激光融合和 3D 打印等,是粉末冶金工业中应用最成熟、用量最大的粉末生产方法[55]。但需要注意的是,气雾化制备技术也存在着一定的局限性,在破碎液态金属的过程中,高压高速气流能量较低,因此其破碎效率和雾化效率较低,从而增加了 3D 打印用金属粉末的制备成本。

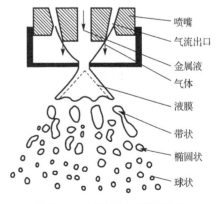

图 18.13　气雾化法制粉示意图

气雾化技术自 19 世纪末 20 世纪初经过不断创新和完善，已成为高性能金属及合金粉末的主要生产方法。当前国际上出现的具有代表性的气雾化技术主要有层流气雾化技术、超声紧耦合气雾化技术、超声气雾化技术、热气体雾化技术和高压气体雾化技术等，这些技术都是在对喷嘴的改造和优化中发展起来的。

下面简要介绍几种主要的气雾化制备技术的特点与发展现状。

1. 超声紧耦合气雾化技术

超声紧耦合气雾化技术由英国 PSI 公司提出[27]，该公司对紧耦合环缝式喷嘴的结构进行多方面的优化和改进，使气流的出口速度超过声速，可在较小的雾化压力下获得高速气流，并且增加金属的质量流率。例如，在 2.5MPa 压力下，气体的喷出速率可达 540m/s，气体消耗量小于 5kg/min。该技术的另一大优点是明显提高了粉末的冷却速度，可以生产快冷或非晶结构的微细粉末，效率高，成本低。从当前的发展来看，该项技术设备代表了紧耦合气雾化技术的新发展方向，且具有工业实用意义，其发展和进步对于促进 3D 打印用金属粉末的工业化生产制备有着重要的意义，同时其适用范围较广，可以广泛应用于微细不锈钢、铁合金、镍合金、铜合金、磁性材料、储氢材料等合金粉末的生产。

图 18.14 为典型的紧耦合气雾化喷嘴结构示意图，该技术能够将金属液流体积流量增加到 0.5L/min 以上，有效地降低了制备成本，促进其在 3D 打印用金属粉末工业化生产中的应用。在雾化高表面能的金属(如不锈钢)时，粉末平均粒度可达 20μm 左右，粉末的标准偏差最低可以降至 1.5μm。

2. 层流气雾化技术

德国 Nanoval 公司最先提出了层流气雾化技术[27]，相较于常规气雾化技术来说，层流气雾化技术对常规喷嘴进行了改进，喷嘴结构如图 18.15 所示，冷却速度可以达到 $10^6\sim10^7$K/s，且粉末粒度分布较窄，有效提升了雾化效率。气流在喷嘴的喉部达到声速，进一步提高压力比，将维持稳定的声速状态，喷嘴喉部下方气流呈超声速状态，并不出现激波。这时金属液流细丝得到加速，当表面张力不再平衡内压力和气流压力时，金属液流失去稳定性并且破裂为纤维丝，而后进一步破碎成粉末。

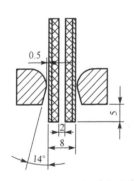

图 18.14　典型的紧耦合气雾化喷嘴结构图

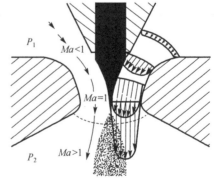

图 18.15　层流气雾化喷嘴结构图

由于气流和金属液流处于层流状态，它克服了常规气雾化过程中气流的湍流导致气体能量损失大的问题，雾化效率非常高。层流气雾化得到的粉末粒度分布非常窄，而且该工艺的气体消耗量仅为紧耦合气雾化喷嘴的 1/3、自由降落式喷嘴的 1/7。在 2.0MPa 的雾化压力下，以 Ar 或 N$_2$ 为介质雾化铜、铝、316L 不锈钢等，粉末平均粒度达到 10μm。但是该雾化技术控制难度大，雾化过程不稳定，金属质量流率较低，一般在 1kg/min 以下，这就限制了其生产量，很难适用于大规模 3D 打印用金属粉末的工业化生产。Nanoval 公司进行了针对性的改进，已经实现小批量生产，金属熔体的质量流速可以达到 2kg/min 以上，在产量上实现了突破，能够满足小规模 3D 打印用金属粉末生产和制备。

3. 热气体雾化技术

近年来，英国的 PSI 公司和美国的 HJF 公司分别对热气体雾化的作用及机理进行了大量的研究[56]。HJF 公司在 1.72MPa 压力下，将气体加热至 200～400℃来雾化银合金和金合金，粉末的平均粒径和标准偏差均随温度升高而降低。与传统的雾化技术相比，热气体雾化技术可以提高雾化效率，降低气体消耗量，易于在传统的雾化设备上实现该工艺，是一项具有应用前景的技术。但是，热气体雾化技术受到气体加热系统和喷嘴的限制，仅有少数几家研究机构进行研究。

我国从英国引进了这一技术，实践表明，热气体雾化技术能够有效提升细粉末比例，同时能够节约气体用量(可节约 30%以上)，应用效果良好。

18.4.3　超声雾化法

超声雾化(ultrasonic atomization)技术在工业领域已有广泛的应用，如常见的空气加湿器、喷油燃烧器等都是利用超声能量将水、重油等液体介质破碎成微小液滴。20 世纪 60 年代末，瑞典的 Kohlswa 等率先开展了超声雾化制取金属粉末的尝试[57]，他们利用带有 Hartmann 哨的 Laval 喷嘴产生的 20～100kHz 脉冲超声气流冲击金属液流，成功制备了铝合金、铜合金等粉末材料，这就是后来称为超声雾化的金属粉末制备技术。

超声雾化利用超声振动能量和气流冲击动能使液流破碎，制粉效率显著提高，但仍需要消耗大量惰性气体。其基本原理是利用功率源发生器将工频交流电转变为高频电磁振荡提供给超声换能器，换能器借助于压电晶体的伸缩效应将高频电磁振荡转化为微弱的机械振动，超声聚能器再将机械振动的质点位移或速度放大并传至超声工具头。当金属熔液从导液管流至超声工具头表面上时，在超声振动作用下铺展成液膜，当振动面的振幅达到一定值时，薄液层在超声振动的作用下被击碎，激起的液滴即从振动面上飞出形成雾滴，如图 18.16 所示。近年来大功率超声技术的快速发展和各种新金属粉末材料的涌现推动着金属超声雾化技术不断更新换代，从最初仅适用于制备低熔点金属发展到目前已尝试用于不同熔点的金属与合金粉末的制备，超声雾化技术在工艺装置和关键技术方面均发生了深刻的变革。

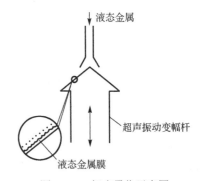

图 18.16　超声雾化示意图

金属超声雾化制备装置一般由熔炼室、雾化罐、超声发生器、粉末收集罐、真空系统、控制系统构成，如图 18.17 所示。在雾化室中部安装超声振动系统，由大功率压电换能器、变幅杆、工具头、陶瓷堆气体冷却罩组成，超声发生器信号从雾化室外部引入，雾化室底部设置粉末收集罐，通过改变导流喷嘴孔径和调节熔炼室与雾化室之间压差控制雾化金属流量，正常雾化所需的功率输出是通过调节电流值使振幅达到雾化所需要的最佳临界状态。超声变幅杆选用声阻抗率小、抗机械疲劳性能优良、易于加工的合金材料，长度选择为 $\lambda/2$ 与 $\lambda/4$ 的整数倍，λ 为对应频率声波在该材料传播的纵波波长。为利于振动表面均匀薄液膜的形成，工具头的顶端设计成利于熔体铺展的形状。通过熔体温度和流量控制可以实现雾化状态稳定，同时赋予粉末颗粒以污染小、球形度好和粒度分布较窄的优点。

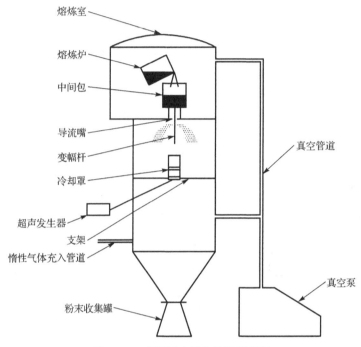

图 18.17　金属超声雾化装置示意图

金属超声雾化技术涉及应用声学、材料、冶金、物理、电子、自动控制等学科，是真正意义上的多学科融合而发展起来的新技术。可控超声雾化技术需要解决的关键技术包括高性能超声雾化器的结构设计、金属熔体与超声波相互作用的理论机制和实验规律的获取，以及关键部件材料的选择。主要研究内容包括建立功率超声场(超声频率、功率、振幅)与金属粉末特性(形貌、颗粒平均直径、粒度分布等)之间的关系，探究熔体性质、质量流量、介质种类等因素对粉体特性的影响规律。相关的技术研究还包括精确的金属熔体输送与流量控制装置的开发、超声换能器强制冷却系统的优化设计和自动检测与自动控制系统的功能完善等。因此，如何通过数值模拟和物理模拟方法对超声雾化过程进行研究，揭示超声雾化的内在机制，是推进超声雾化技术发展的关键。

超声雾化器的材料在温升条件下连续工作时，既要具有较高的抗拉强度及抗疲劳强度，又要保持良好的声学性能，特别是超声工具头与金属熔体相接触时空化腐蚀很严重，这些使用条件对关键部件材料的选取提出了苛刻的要求。超声发生器的频率自动跟踪能力对于提高功率源的功率输出、提高换能器的能量转换效率、发挥振动系统功效至关重要。近年来通过采取频率锁相控制技术和差动变量器桥式电路跟踪技术在改善超声发生器频率跟踪方面取得了明显的效果，推动了超声雾化技术水平的提高。目前已有用微机控制的超声发生器，在调谐不当、功率过高或换能器故障与失灵时，微机能自调停止超声波的输出。

18.4.4　其他制备技术

1. 离心雾化法

离心雾化(centrifugal atomization, CA)法是指液体在高速旋转状态下借助离心力的作用甩出，在表面张力作用下形成球形颗粒并于惰性气体中固化为最终产品的方法。离心雾化法主要包括等离子旋转电极法(plasma rotating electrode process, PREP)、电子束旋转盘法及旋转电极法等，其中 PREP 是最常用的一种，技术原理示意图如图 18.18 所示。

PREP 最初起源于俄罗斯，后经不断的发展和改进，日趋成熟。PREP 以金属或预制合金棒作为自耗电极，同时电极处于高速旋转状态下（电极棒的旋转速度可达到 20000r/min），等离子熔化电极断面产生的液体借助离心力作用甩出形成细小液滴，最终因表面张力作用，于惰性气体中冷却、固化为球形颗粒。

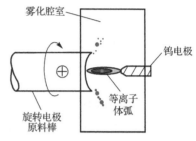

图 18.18　PREP 制粉原理示意图

PREP 属于非接触熔化，粉末的冷却速率可达到 $10^5K/s$ 以上，粉末粒度分布区间较窄，球形度较高，氧含量低，正越来越多地应用于活性金属如 Ti、Zr、Al 及其合金粉末的制备中[58]。例如，国为民等在对不同方法制备的 Ni 基高温合金粉末的实验对比中发现，PREP 制备的金属粉末氧含量低，空心粉、黏结粉少，粉末呈球形，表面光亮洁净，物理工艺性能良好[59,60]。杨鑫等采用 PREP 制备球形 Ti-Al 合金粉末[61]，在转速为 18000r/min 的条件下，制备出粒径为 30～250μm 的 Ti-47Al-2Cr-2Nb 球形粉末，粉末的平均粒径 d_{50} 为 85μm，球形率达到 99.6%，松装密度为 2.65g/cm³，对不同粒径的颗粒进行电子探针微区分析(EPMA)表明，颗粒内部化学成分与预合金棒接近，颗粒表面有部分 Al 元素挥发，约为 2at%。陈焕铭等利用 PREP 制备了 FGH95 高温合金粉末[62]，并分析了合金粉末凝固过程中冷却速率与粉末粒度之间的关系，结果表明，粉末颗粒表面主要是树枝晶和胞状晶凝固组织；随着粉末颗粒尺寸的减小，内部凝固组织由树枝晶为主逐渐转变为胞状晶及微晶组织为主。

2. 等离子熔丝雾化法

等离子熔丝雾化(plasma atomization)法是加拿大 AP&C 公司发明的雾化技术，可以将高熔点的金属制成球形粉末[57]，其工艺原理示意图如图 18.19 所示。通过使用 3 个等离子火炬枪形成的 3～4 倍于声速的等离子射流，使材料熔融与雾化同时进行，形成的微小液滴由于表面张力的作用在下落过程中冷却固化为球形颗粒，金属丝的使用确保精确的注入率，从而能更好地控制粒径分布，并减少对材料构成的影响，保证了批次之间的一致性。雾化过程在 Ar 气中进行，保证熔化的金属丝不与任何固态表面接触，从而确保了产品的高纯度。低浓度的悬浮颗粒能够有效防止形成伴生颗粒，从而使粉末具备极好的流动性。

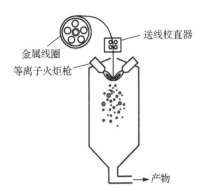

图 18.19 等离子熔丝雾化法制备钛粉原理示意图

3. 等离子体球化法

惰性气体雾化法得到的粉体普遍存在表面粗糙、存在连体卫星颗粒等不足，还需消耗大量惰性气体，故而生产成本较高，雾化过程中使用大量气体导致部分粉体颗粒易出现缺陷，特别是由气体夹杂形成的热诱导孔洞，明显恶化了成形试样的力学性能；超声雾化技术得到的粉体具有球形度高、粒径分布窄等优势，但受理论发展和技术自身不成熟的制约，多用于低熔点金属或合金粉体的制备；等离子熔丝雾化法所得球形粉体粒度分布较宽，使用前必须进行粒度分级，且微细粉体产率较低，产品成本高，限制了大面积推广应用；等离子旋转电极法所得粉体球形度高且内部致密，但受电极转速等影响，其粉体粒径多大于 70μm，限制了其应用范围，且该方法对设备要求高，发展新的球形粉体制备技术显得至关重要。

等离子体球化技术的原理主要是利用等离子的高温环境，载气将不规则粉末送入高温等离子体中，粉末颗粒迅速吸热后表面(或整体)熔融，并在表面张力作用下缩聚成球形度很高的液滴，进入冷却室后骤冷凝固而将球形固定下来，从而获得球形粉末，其原理示意图如图 18.20 所示[63]。等离子体球化技术所得粉体具有球形度高、致密性好、粒径可控且粒度分布均匀等优点，是获得致密、规则球形颗粒的最有效手段。但目前仍存在氧含量较高的不足，降低粉体中的氧含量是等离子体球化技术在球形钛粉制备领域获得推广应用的关键。

等离子体球化法按等离子体的激发方式可分为直流等离子体(DC plasma)和射频等离子体(RF plasma)两大类。直流等离子体法具有能量转化率高、产品产量高、投资少、易实现工业化规模生产等优点。射频等离子体法的原理是在电磁强烈的耦合作用下产生的等离子体中加热并熔化金属粉末，其加热温度可达到 10000～30000K，骤冷速度可达到 10^5K/s，具有温度高、能量密度大、等离子弧体积大、反应气氛可控及无电极污染等优点，是制备组分均匀、球形度高、流动性好的球形粉末的良好途径。

采用等离子体制备球状粉体的研究报道有很多，例如，Lin 等采用直流等离子体技术成功制备了用于可见光催化的纳米 ZnO 颗粒[64]，初始粉末平均粒径大约为 10μm，经等离子体蒸发、氧化和冷凝处理后，主要获得 3 种形貌的 ZnO 颗粒：棒状(rod-like, R-ZnO)、四针状(tetrapod-like, T-ZnO)和球形(spherical, S-ZnO)，其中球形颗粒的平均粒径为 31nm。Lee 等以 TiCl$_4$ 和 AlCl$_3$ 为前驱体，利用直流等离子体法制备了 Al 掺杂 TiO$_2$ 粉末[65]，结果显示，所制备的粉末结构主要为锐钛矿。由于 Al 能够限制颗粒长大，随着 Al 掺杂量的提高，所制备的粉末粒度逐渐减小。

白柳杨等采用高频等离子体对微细球形 Ni 粉的制备进行了研究[66]，以羰基 Ni 粉为原料，颗粒平均粒径为 3～5μm，经高频等离子体处理后粉末形状由不规则变为球形，平均粒径为 100nm，其振实密度也由 2.44g/cm^3 提高到 3.72g/cm^3。Kobayashi 等采用射频感应热等离子体制备球形亚微米级 Cu 粉末[67]，首先利用电解工艺制备初始 Cu 粉末，平均粒径约 40μm，再利用等离子体(工作气体为 Ar 和 H$_2$)的高温使低熔点的 Cu 粉蒸发、气化和冷凝，在乙醇溶液中对所制备的粉末进行超声分散，经沉淀后，获得的粉末粒径主要分布在两个区间：0.1～1μm 的细粉和 10～100μm 的粗粉。研究表明，细粉与粗粉质量之比与制备过程 Cu 粉的加料蒸发速率、反应压力和 H_2 流量等工艺参数密切相关。

4. 电极感应熔融气雾化法

1990 年，Hohmann 等报道了 Leybold 发明的无坩埚真空感应熔融气雾化技术制备超纯球形钛粉的方法[68]，称为电极感应熔融气雾化（electrode induction melting gas atomization, EIGA）。该技术以金属或预制合金棒为原料，棒材底部置于感应线圈中，其底端熔化产生的熔融液滴进入气体喷嘴中心而被惰性气体所雾化，冷却固化后得到球形粉体，图 18.21 为该工艺原理示意图[63]。制备生产过程不使用坩埚，因此有助于提高产品纯度；相比传统雾化对较粗的金属液流进行雾化，该技术对熔融液滴形成的较细金属液流进行雾化，因此更容易得到细粒径的粉体。

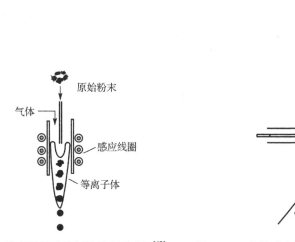

图 18.20　等离子体球化制粉原理示意图[63]　　　图 18.21　电极感应熔融气雾化法制备球形粉体原理示意图[63]

参 考 文 献

[1]　卢秉恒，李涤尘. 增材制造（3D 打印）技术发展[J]. 机械制造与自动化，2013，42: 1-4.

[2]　黄卫东. 材料 3D 打印技术的研究进展[J]. 新型工业化，2016，6: 53-70.

[3]　杨永强，刘洋，宋长辉. 金属零件 3D 打印技术现状及研究进展[J]. 机电工程技术，2013，42（4）: 1-8.

[4]　郑增，王联凤，严彪. 3D 打印金属材料研究进展[J]. 上海有色金属，2016，37: 57-60.

[5]　樊鹏. 金属零件 3D 打印技术现状及应用[C]. 全国地方机械工程学会学术年会暨海峡两岸机械科技学术论坛，2017: 667-670.

[6]　刘金柱，常宏杰. 激光熔融金属 3D 打印设备现状及其发展[J]. 中国设备工程，2016，（12）: 152-154.

[7]　HOLLANDER D A, WIRTZ T, WALTER M, et al. Development of individual three-dimensional bone substitutes using "selective laser melting"[J]. Eur. J. Trauma., 2003, 29: 228-234.

[8]　TRAINI T, MANGANOB C, SAMMONS R L, et al. Direct laser metal sintering as a new approach to fabrication of an isoelastic functionally graded material for manufacture of porous titanium dental implants[J].

Dent Mater., 2008, 24: 1525-1533.

[9] MOUSA A A, BASHIR M O. Additive manufacturing: A new industrial revolution, A review[J]. Journal of Scientific Achievements, 2017, 2: 19-31.

[10] HEINL P, MULLER L, KORNER C, et al. Cellular Ti-6Al-4V structures with interconnected macro porosity for bone implants fabricated by selective electron beam melting[J]. Acta Biomater., 2008, 4: 1536-1544.

[11] RAMIREZ D A, MURR L E, LI S J, et al. Open-cellular copper structures fabricated by additive manufacturing using electron beam melting[J]. Mater. Sci. Eng. A, 2011, 528: 5379-5386.

[12] RAMIREZ D A, MURR L E, MARTINEZ E, et al. Novel precipitate-microstructural architecture developed in the fabrication of solid copper components by additive manufacturing using electron beam melting[J]. Acta Mater., 2011, 59: 4088-4099.

[13] MURR L, LI S，TIAN Y, et al. Open-cellular Co-base and Ni-base superalloys fabricated by electron beam melting[J]. Materials, 2011: 782-790.

[14] HERNANDEZ J, MURR L E, GAYTAN S M, et al. Microstructures for two-phase gamma titanium aluminide fabricated by electron beam melting[J]. Metallography Microstruct. Anal., 2012, 1: 14-27.

[15] 刘海涛，赵万华，唐一平. 电子束熔融直接金属成型工艺的研究[J]. 西安交通大学学报，2007，41: 1307-1310.

[16] 锁红波，陈哲源，李晋炜. 电子束熔融快速制造 Ti-6Al-4V 的力学性能[J]. 航天制造技术，2009，(6)：18-22.

[17] 黄卫东，林鑫. 激光立体成形高性能金属零件研究进展[J]. 中国材料进展，2010, 29: 12-27.

[18] 曾光，韩志宇，梁书锦，等. 金属零件 3D 打印技术的应用研究[J]. 中国材料进展，2014，33: 376-382.

[19] 黄卫东，李延民，冯莉萍，等. 金属材料激光立体成形技术[J]. 材料工程，2002，(3)：40-43.

[20] BANDYOPADHYAY A, KRISHNA B V, XUE W, et al. Application of laser engineered net shaping（LENS）to manufacture porous and functionally graded structures for load bearing implants[J]. J. Mater. Sci. Mater. Med., 2009, 20: S29-S34.

[21] KRISHNA B V, XUE W, BOSE S, et al. Engineered porous metals for implants[J]. JOM, 2008,60: 45-48.

[22] KRISHNA B V, BOSE S, BANDYOPADHYAY A. Low stiffness porous Ti structures for load-bearing implant[J]. Acta Biomater., 2007: 997-1006.

[23] MANVATKAR V D, GOKHALE A A, REDDY G J, et al. Estimation of melt pool dimensions, thermal cycle, and hardness distribution in the laser-engineered net shaping process of austenitic stainless steel[J]. Metall. Mater. Trans. A, 2011, 42: 4080-4087.

[24] ZHENG B, ZHOU Y, SMUGERESKY J E, et al. Processing and behavior of Fe-based metallic glass components via laser-engineered net shaping[J]. Metall. Mater. Trans. A, 2009, 40A: 1235-1245.

[25] LI L. Repair of directionally solidified superalloy GTD-111 by laser-engineered net shaping[J]. J. Mater. Sci., 2006, 41: 7886-7893.

[26] XUE C, DAI Y, TIAN X. Laser engineered net shaping of Co-based superalloys[J]. T. Nonferr. Metal. Soc., 2006, 16: 1982-1985.

[27] 高超峰，余伟泳，朱权利，等. 3D 打印用金属粉末的性能特征及研究进展[J]. 粉末冶金工业,2017,27: 53-58.

[28] 宁文波，杨铁男，赵剑波，等. 粉末材料的物理性能对选择性激光烧结的影响[J]. 山东轻工业学院党报，2006，20: 86-88.

[29] MARTIN J H, YAHATA B D, HUNDLEY J M, et al. 3D printing of high-strength aluminium alloys[J]. Nature,

2017, 549: 365-369.

[30] 熊博文, 徐志锋, 严青松, 等. 直接选区激光烧结金属粉末材料的研究进展[J]. 热加工工艺, 2008, 37: 92-94.

[31] 韩寿波, 张义文, 田象军, 等. 航空航天用高品质 3D 打印金属粉末的研究与应用[J]. 粉末冶金工业, 2017, 27: 44-51.

[32] 汤慧萍, 王建. 金属 3D 打印中的材料问题及对策[C]. 全国粉末冶金学术会议暨海峡两岸粉末冶金技术研讨会, 2015: 68-72.

[33] TANG H P, QIAN M, LIU N, et al. Effect of powder reuse times on additive manufacturing of Ti-6A1-4V by selective electron beam melting[J]. JOM, 2015, 67: 555-563.

[34] 杨永强, 王迪, 吴伟辉. 金属零件选区激光熔化直接成型技术研究进展[J]. 中国激光, 2011, 38: 54-64.

[35] 王运锋, 何蕾, 郭薇. 飞机用钛材的发展现状及趋势[J]. 新材料产业, 2015, (11): 63-67.

[36] 中国日报网. 日本用 3D 打印技术制作钛人工骨并成功地实施移植[J]. 钛工业进展, 2013, (5): 47.

[37] 3D 科学谷. 金属 3D 打印/增材制造的现状及国际标准(下) [EB/OL]. (2017-03-15). http://www.51 shape.com.

[38] 李瑞迪, 史玉升, 刘锦辉, 等. 304L 不锈钢粉末选择性激光熔化成形的致密化与组织[J]. 应用激光, 2009, 29: 369-373.

[39] 潘琰峰, 沈以赴, 顾冬冬, 等. 工艺参数对 316 不锈钢粉末激光烧结球化的影响[J]. 材料工程, 2005, (5): 52-55.

[40] 潘琰峰, 沈以赴, 顾冬冬, 等. 316 不锈钢粉末直接激光烧结的球化效应[J]. 中国机械工程, 2005, 16: 1573-1576.

[41] MA M M, WANG Z M, GAO M, et al. Layer thickness dependence of performance in high-power selective laser melting of 1Cr18Ni9Ti stainless steel[J]. J. Mater. Process. Technol., 2015, 215: 142-150.

[42] 姜炜. 不锈钢选择性激光熔化成形质量影响因素研究[D]. 武汉: 华中科技大学, 2009.

[43] KEMPEN K, THIJS L, YASA E, et al. Process optimization and microstructural analysis for selective laser melting of AlSi10Mg[J]. Phys. Procedia., 2011, 22: 484-495.

[44] BUCHBINDER D, SCHLEIFENBAUM H, HEIDRICH S, et al. High power selective laser melting (HP SLM) of aluminum parts[J]. Phys. Procedia., 2011, 12: 271-278.

[45] LOUVIS E, FOX P, SUTCLIFFE C J. Selective laser melting of aluminium components[J]. J. Mater. Process. Technol., 2011, 211: 275-284.

[46] 张冬云. 采用区域选择激光熔化法制造铝合金模型[J]. 中国激光, 2007, 34(12): 1700-1704.

[47] 3D 科学谷. 金属 3D 打印/增材制造的现状及国际标准(上) [EB/OL]. (2017-03-10). http://www.51shape.com.

[48] 春早. 3D 打印喷气发动机可点火运行[J]. 航空制造技术, 2015, (14): 22.

[49] 张颖, 顾冬冬, 沈理达, 等. INCONEL 系镍基高温合金选区激光熔化增材制造工艺研究[J]. 电加工与模具, 2014, (4): 38-43.

[50] ZHANG B, HUANG Q R, GAO Y, et al. Preliminary study on some properties of Co-Cr dental alloy formed by selective laser melting technique[J]. J. Wuhan Univ. Technol., 2012, 27: 665-668.

[51] WEI K W, GAO M, WANG Z M, et al. Effect of energy input on formability, microstructure and mechanical properties of selective laser melted AZ91D magnesium alloy[J]. Mater. Sci. Eng. A, 2014, 611: 212-222.

[52] NG C C, SAVALANI M M, LAU M L, et al. Microstructure and mechanical properties of selective laser melted magnesium[J]. Appl. Surf. Sci., 2011, 257: 7447-7454.

[53] 余冬梅，方奥，张建斌. 3D打印材料[J]. 金属世界，2014,(5): 6-13.

[54] 姚妮娜，彭雄厚. 3D打印金属粉末的制备方法[J]. 四川有色金属，2013,(4): 48-51.

[55] 覃思思，余勇，曾归余，等. 3D打印用金属粉末的制备研究[J]. 粉末冶金工业，2016，26: 21-24.

[56] 邹海平，李上奎，李博，等. 3D打印用金属粉末的制备技术发展现状[J]. 中国金属通报，2016,(8): 88-89.

[57] 杨福宝，徐骏，石力开. 球形微细金属粉末超声雾化技术的最新研究进展[J]. 稀有金属，2005，29: 785-790.

[58] 张莹，李世魁，陈生大. 用等离子旋转电极法制取镍基高温合金粉末[J]. 粉末冶金工业，1998，8: 17-22.

[59] 国为民，赵明汉，董建新，等. FGH95镍基粉末高温合金的研究和展望[J]. 机械工程学报，2013，49: 38-45.

[60] 国为民，陈生大，万国岩. 用不同方法制取的镍基高温合金粉末性能[J]. 航空制造工程，1998,(2): 22-24.

[61] 杨鑫，奚正平，刘咏，等. 等离子旋转电极法制备钛铝粉末性能表征[J]. 稀有金属材料与工程，2010，39: 2251-2254.

[62] 陈焕铭，胡本芙，李慧英，等. 等离子旋转电极雾化FGH95高温合金粉末颗粒凝固组织特征[J]. 金属学报，2003，39: 30-34.

[63] 李保强，金化成，张延昌，等. 3D打印用球形钛粉制备技术研究进展[J]. 过程工程学报，2017，17: 911-917.

[64] LIN H F, LIAO S C, HUNG S W. The DC thermal plasma synthesis of ZnO nanoparticles for visible-light photocatalyst[J]. J. Photochem. Photobiol., A, 2005, 174: 82-87.

[65] LEE J E, OH S M, PARK D W. Synthesis of nano-sized Al doped TiO₂ powders using thermal plasma[J]. Thin Solid Films, 2004, 457: 230-234.

[66] 白柳杨，袁方利，胡鹏，等. 高频等离子体法制备微细球形镍粉的研究[J]. 电子元件与材料，2008，27: 20-22.

[67] KOBAYASHI N, KAWAKAMI Y, KAMADA K, et al. Spherical submicron-size copper powders coagulated from a vapor phase in RF induction thermal plasma[J]. Thin Solid Films, 2008, 516: 4402-4406.

[68] HOHMANN M, JÖNSSON S. Modern systems for production of high quality metal alloy powder[J]. Vacuum, 1990, 41:2173-2176.

第 19 章　DNA 自组装纳米技术

19.1　概　　述

脱氧核糖核酸(DNA)是一种生物大分子。对于大多数生物体来说，DNA 携带着指导生长、发育、繁殖等生命活动的遗传指令。1953 年，Watson 和 Crick 发现了 DNA 的双螺旋结构[1]，从而解开了遗传信息在细胞间代代传递的谜题。

近 30 年来，随着科技的发展，DNA 以新的身份——纳米结构的构建材料——走入了人们的视野。由于其独特的可寻址性、形状精确可控性，DNA 自组装纳米技术受到越来越多的关注。

19.1.1　DNA 的分子结构

DNA 是由多个脱氧核糖核苷酸组成的聚合物。单个脱氧核糖核苷酸包括脱氧核糖、含氮碱基及磷酸基团。含氮碱基的不同造成了核苷酸的差异，分为腺嘌呤(A)、鸟嘌呤(G)、胞嘧啶(C)及胸腺嘧啶(T)四种。碱基的不同排列使 DNA 具备存储和编码大量遗传信息的功能：如果一条 DNA 具有 N 个碱基，则有 4^N 种排列方式，从而产生 4^N 种遗传信息。这一强大的编码能力也决定了 DNA 可以构建的纳米结构的复杂性和多样性。

同一条 DNA 单链的不同核苷酸之间通过磷酸二酯键相连接，即一个核苷酸的 5'-磷酸基团与相邻核苷酸的 3'-羟基共价连接。两条 DNA 单链之间则通过碱基间的氢键作用结合在一起，互补配对形成双螺旋结构。配对原则为：一条链的 A 与另一条链的 T 通过两个氢键配对，一条链的 C 与另一条链的 G 通过三个氢键配对。

两条互补的 DNA 单链可以形成右手螺旋构象(如 A-DNA、B-DNA 等)或左手螺旋构象(如 Z-DNA)。Watson 和 Crick 发现的是 B-DNA 双螺旋，在细胞中最为常见。如图 19.1 所示，其直径为 2nm，一个螺旋周期由 10.5 个碱基对组成，螺距为 3.4nm。

碱基互补配对和 B-DNA 双螺旋的结构参数是 DNA 分子能够构建纳米结构的两大重要基础，它们使 DNA 纳米结构具有可编程性与可预测性。除此之外，DNA 分子还具有刚柔相济的特点。持续长度是一个基本的力学性质，用于量化长聚合物的刚度。研究表明，双链 DNA 的持续长度约为 50nm，而单链 DNA 的持续长度仅为

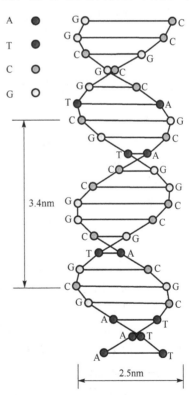

图 19.1　B-DNA 双螺旋结构

1nm[2,3]。因而在构建 DNA 纳米结构时，可以充分利用双链的刚性与单链的柔性，使结构兼具稳定性和精巧性。

除了经典的双螺旋结构，天然 DNA 分子还可以形成其他构象。富含鸟嘌呤的 DNA 片段中，四个鸟嘌呤通过 Hoogsteen 键形成平面正方形结构，多个这样的平面结构螯合在一起构成四股形态，称为 G-四联体[4,5]。与之相对应，当 DNA 片段中富含胞嘧啶时，可以形成称为 i-基元(i-motif) 的四链结构[6]。合理利用这些特殊的构象，将使 DNA 纳米结构更富有变化性。

19.1.2　DNA 纳米结构的设计与合成

构建 DNA 纳米结构的第一步是设计。设计包括两个方面：①结构的设计。首先使用物理或图像搭建模型，然后根据 DNA 双螺旋结构的参数细化模型。此过程一般需要计算机程序辅助，常用的程序有 tiamat(用于二维结构设计)和 cadnano(用于三维结构设计)等。此外，还有 Mfold 和 CanDo 等程序可以用于预测 DNA 结构的自由能，从而提高结构设计的成功率。需要提醒的是，即使是最具经验的设计者和最先进的程序也无法保证所设计的结构肯定能组装成功。②序列的设计。步骤①得到的结构中，每一条单链 DNA 都会被指定一条独特的序列。此过程需要考虑碱基比例、序列重复性、相似性等问题，以避免不希望的碱基配对出现。通常，结构序列由计算机程序如 tiamat、SEQUIN 等自动生成。

由于 DNA 纳米结构的构建并非采用天然存在的 DNA 分子，研究者需要进行化学合成得到所设计的序列。随着 DNA 固相合成技术的发展，目前 DNA 的合成已普遍采用 DNA 自动合成仪进行，成本可以低至 0.5 元/碱基。

固相合成技术还可以实现对 DNA 分子的化学修饰。常见的修饰有：荧光基团修饰，可用于观察荧光信号；巯基修饰，可用于将金属纳米粒子与 DNA 进行连接；生物素修饰，可用于结合链霉亲和素等。

19.1.3　DNA 纳米结构的自组装

DNA 纳米结构的构建是多个单链 DNA 分子彼此进行互补配对的自组装过程,此过程与聚合酶链式反应类似,需要对 DNA 分子进行变性与退火。

DNA 双螺旋结构由碱基之间的氢键互补配对形成，而同一条单链的不同核苷酸则通过磷酸二酯键相连接。磷酸二酯键的键能比氢键大，所以当加热到一定温度时(一般在 80～90℃)，氢键会先于磷酸二酯键发生断裂，从而使 DNA 双链发生解螺旋。这一过程称为 DNA 的变性。当温度缓慢降低时，变性的 DNA 之间又可通过氢键重新连接在一起，这一过程称为复性或退火。

DNA 的变性温度与体系中的离子强度、A-T 与 G-C 的碱基比例及 pH 值等因素相关。G-C 之间靠三个氢键相连，而 A-T 之间只有两个氢键，所以当序列中含有更多的 G-C 时，DNA 变性需要的温度更高。

DNA 的退火速度也与很多因素相关，如体系中盐的浓度、DNA 的结构尺寸及序列的复杂程度等。一般来说，DNA 结构越简单、片段越小，在体系中越容易扩散，导致彼此间越容易发生碰撞，从而退火速度越快。

目前，DNA 广泛应用于构建二维和三维的纳米结构，且结构也日益复杂。为了得到高产量的 DNA 纳米结构，其自组装的退火过程需要根据所组装结构的不同而加以优化。在此过程中，退火时间(几小时至几周不等)、温度、离子浓度等都需要加以调节以实现最大的组装效率[7]。同时，根据所组装结构的复杂程度，可以采用一次降温或多次降温的方法[8-10]。

此外，还有学者提出一种等温退火的方法[11]。这种方法的主要原理是利用甲酰胺、尿素等变性剂，使 DNA 在温度不变的情况下发生解螺旋，然后再缓慢降低变性剂的浓度，使 DNA 退火。实验结果表明采用变性剂的方法得到的 DNA 纳米结构产量与变温退火类似。因此，此方法特别适用于构建含有温度敏感成分的 DNA 纳米结构。

DNA 的退火还可以在固体表面进行[12]：将 DNA 滴到云母片表面，再将云母片放置到预先设定合适温度的湿度箱中，并保持若干小时。在此过程中，云母片表面会帮助 DNA 形成二维结构。

19.1.4　DNA 纳米结构的表征

当 DNA 分子自组装之后，需要采用合适的方法来进行表征，以判断是否得到所需的纳米结构。早期科学家主要采用电泳的方法，通过与标示 DNA 进行对比，可以判断出产物的结构尺寸[13-15]。一般来说，形成的结构越大，DNA 的迁移率越小。目前，大部分学者采用原子力显微镜(AFM)[16-20]、透射电子显微镜(TEM)[21-24]及冷冻电子显微镜(Cryo-EM)[25-27]等对 DNA 纳米结构进行直接观察。

AFM 可以达到纳米级别的高分辨率，常用于观察二维 DNA 纳米结构，代表性图像见图 19.2(a)。对于三维 DNA 纳米结构，一般采用 TEM 进行观察，代表性图像见图 19.2(b)。电子显微镜的分辨率远高于光学显微镜，可以达到 0.1nm。

Cryo-EM 通过电子束对冷冻的生物分子进行成像，从而得到分子的三维结构。近年来，Cryo-EM 在结构生物学领域发展迅速。2017 年的诺贝尔化学奖更是授予了开发用于溶液中生物分子高分辨率结构测定的 Cryo-EM 技术的三位科学家。由于可以直接观察液体样品，并对样品分子进行三维结构的重构，Cryo-EM 也成为表征三维 DNA 纳米结构的新宠，代表性图像见图 19.2(c)。

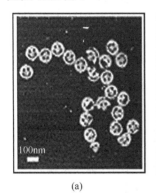 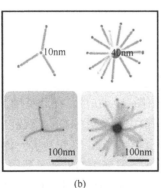 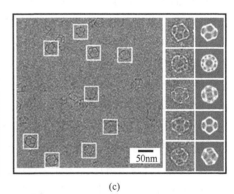

(a)　　　　　　　　　　(b)　　　　　　　　　　　(c)

图 19.2　使用 AFM[20]、TEM[21]、Cryo-EM[25]观察到的代表性 DNA 纳米结构

(a)使用 AFM；(b)使用 TEM；(c)使用 Cryo-EM

19.2　DNA 自组装纳米结构

经过 30 多年的发展，DNA 纳米结构的自组装方法已经相对成熟，科学家已经设计得到了

种类繁多的二维甚至三维结构。目前，DNA 纳米结构的构建主要采用两种方式：DNA 分子瓦自组装和 DNA 折纸术。两种方法擅长构建结构的尺寸与复杂度均不相同。

19.2.1 DNA 分子瓦二维结构自组装

DNA 分子瓦(tile)自组装的概念由 Seeman 教授在 20 世纪 80 年代提出。他大胆假设：染色体同源重组时的 Holliday 中间体可以作为一种结构单元，当加入合适的黏性末端后，多个结构单元可以彼此互补配对连接成为二维甚至三维的有序网格结构[28]。图 19.3 为 DNA 分子瓦自组装为二维网格结构示意图，其中，DNA 用直线表示，直线上的半箭头表示 3′末端；不同的黏性末端用不同字母表示，带 ′ 的字母片段可以与不带 ′ 的相同字母片段互补配对，如 A′片段与 A 片段互补。类比瓦片可以堆砌形成整个屋顶，这种结构单元可以构建大片结构，因此称为 DNA 分子瓦。

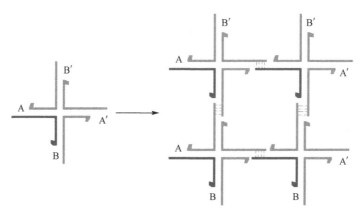

图 19.3　DNA 分子瓦自组装为二维网格结构示意图

四臂结是 Seeman 设计的第一个分子瓦结构，它由四条 DNA 单链互补配对形成，可以视为 Holliday 中间体的一种不可滑动的形式。双交叉分子瓦(double crossover tile，简称为 DX 分子瓦)是第一个由 AFM 确认成功组装出大片二维结构的 DNA 分子瓦[15,29]。在这个结构单元中，两股双链 DNA 并排排列，通过两个交叉点进行链的连接，因而称为 DX 分子瓦。与四臂结每个方向只含有单个双链 DNA 相比，DX 分子瓦主体为两个双链 DNA，所以整个结构非常稳定，这一经典设计也在之后的 DNA 结构中广泛采用。当在其末尾加入黏性末端后，DX 分子瓦可以彼此连接形成微米尺度的二维网格结构(图 19.4(a))。在此基础上，成功设计出三交叉分子瓦(TX 分子瓦)、四交叉分子瓦(QX 分子瓦)，甚至更多 DNA 双链交叉连接的分子瓦，并组装为二维结构[30-33]。将四臂结和 DX 分子瓦综合，Yan 等开发了一种称为 4×4 分子瓦的结构单元[34]。在这个十字形的设计中，四臂结的每条臂都由 DX 分子瓦构成。当加入黏性末端后，分子瓦在 X 和 Y 方向上都可以进行延伸，形成二维的周期性网格(图 19.4(b))。

在上述几个例子中，分子瓦的黏性末端均设计为相同序列，因此只可以进行简单的周期性连接，所得到的二维结构为无边界的平面网格，无法预计其精确尺寸。针对这一问题，有研究者对黏性末端进行了程序化编码设计，使多个主体相同但黏性末端各异的分子瓦按照特定方式进行连接，得到了有限尺寸的网格结构。例如，9 种 4×4 分子瓦可以以 3×3 的方式排列，组装为边长 36nm 的田字格[34]。He 等对 4×4 分子瓦进行了改造，设计出具有三臂结构的星形分子瓦[35]。他们还将每臂的序列设定为完全相同，减少了组装分子瓦所需的 DNA 单链数目；同时确保了结构的精确对称，以抵消序列差异造成的结构变形，从而获得了更大尺寸的二维结构。

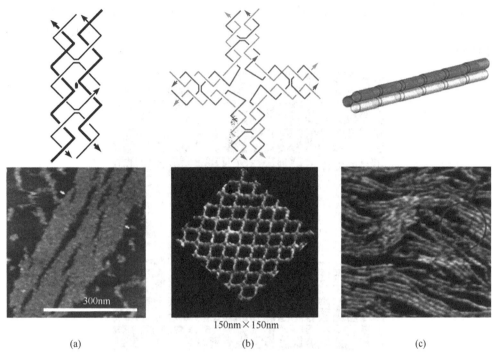

图 19.4　几种经典的 DNA 分子瓦及其自组装形成的二维结构
(a) DX 分子瓦[16]；(b) 4×4 分子瓦[34]；(c) 3 股螺旋束分子瓦[36]

DNA 螺旋束是另一大类重要的 DNA 分子瓦。与 DX 分子瓦的衍生结构类似，DNA 螺旋束由多条 DNA 双链交叉连接而成。所不同的是，DX 分子瓦中，DNA 双链平行排列于同一平面；而在 DNA 螺旋束中，DNA 双链非共面轴向平行排列，且围绕圆周闭合。根据这种策略，分别设计得到 3 股、4 股、6 股、8 股螺旋束分子瓦，其中的数字代表双螺旋的数目[36-39]。多个螺旋束分子瓦可以通过黏性末端在轴向连接，形成均匀的几微米甚至几十微米长度级别的管状结构(图 19.4(c))。

以上描述的各种经典分子瓦结构都是将 DNA 双链进行交叉得到的。Yin 等提出了用单链分子瓦(single-stranded tile, SST)来形成 DNA 纳米结构的新思路[40]。每个 SST 仅由一个含有 42 个核苷酸的 DNA 短链构成，自身折叠形成一个 3nm×7nm 的长方形，并通过碱基的互补配对与四个 SST 相互连接，形成平行的 DNA 螺旋结构。与 DX 分子瓦相比，SST 在交叉点处是一个半交叉设计，仅由一条单链穿过，因此更具灵活性。虽然结构简单，但通过程序化的序列设计后，SST 也可以形成多种多样的复杂结构。

Yin 课题组首先构建了 4 股、5 股、6 股、7 股、8 股、10 股和 20 股螺旋束[40]。SST 自身可视为全部由黏性末端组成，所以无须另外加入互补配对的序列，便可以彼此相连形成微米级别的管状结构。SST 构建的螺旋束可以实现程序化控制：要构建 k 股螺旋束，只需要 $k-1$ 种完整 SST，以及两种边界 SST，极大简化了设计过程。

在组装结构更加精细的二维图形上，SST 更是显示出了强大的优越性，突破了此前分子瓦只可以组装二维网格结构的局限性。将一个 SST 视为一个像素点，Yin 课题组设计了一个含有

310 个像素点的长方形 DNA 结构作为"画布"[41]。构建期望的图形时，需要首先将它"画"到这块画布上，然后选择这幅画所覆盖的像素点，并将每个像素点所对应的 SST 序列混合在一起，在合适的离子浓度、退火温度及退火时间条件下进行自组装。按照这一设计思路，他们成功构建出 100 多种各不相同的复杂二维结构，如 26 个英文字母、10 个阿拉伯数字甚至 6 个汉字(图 19.5)。

图 19.5　SST 构建的多种二维结构[41]

19.2.2　DNA 分子瓦三维结构自组装

DNA 分子瓦自组装的结构并非只局限于二维平面，早在 20 世纪 90 年代初期，Seeman 等就已经成功构建出多种 DNA 多面体结构，如立方体和截顶八面体[14,42]。其中，DNA 立方体是第一个由 DNA 构建的封闭多面体。它由 12 条双链 DNA 组成 12 条边，8 个三臂结组成 8 个顶点。此后，Goodman 等用类似方法设计出了 DNA 四面体，并通过 AFM 直接观察到了此结构的成功组装(图 19.6(a))[43]。He 等所设计的三臂结星形分子瓦不仅可以组装为二维结构，当改变分子瓦中心茎环的长度与溶液中分子瓦的浓度后，还可以得到四面体、十二面体、巴基球等多种三维结构[25]。在 Cryo-EM 下，可以清晰观察到这些结构(图 19.6(b))。

Seeman 在创立 DNA 纳米结构领域后的数十年间，一直致力于对宏观尺度的三维物体实现原子精度的精准控制。他在 2009 年报道了由张拉整体三角形(tensegrity triangle)自组装形成的、具有宏观尺寸的三维 DNA 晶体[44]。所得到的 DNA 晶体尺寸可达数百微米，具有 4Å 的 XRD 分辨率。这一结果表明：通过理性设计与自组装，可以得到有序排列且可精准控制的三维大分子晶格。

上述组装的 DNA 三维结构只包含多面体的边与顶点。当需要构建更精细的结构时，这种方法明显力不从心；而 SST 的组装方法在此时脱颖而出，显露出强大的模块化组装能力。与构建二维图形类似，组装三维结构的结构单元也由一条 DNA 短链构成；所不同的是，这条短链(以下称为 DNA 砖块以示区别)仅含有 32 个核苷酸，包括 4 组 8 个核苷酸的结合位置。两个 DNA 砖块通过 8 个碱基互补配对形成一个 90° 的二面角，因此可以在 X、Y、Z 三个方向上进行延伸。由两个 DNA 砖块形成的 8 个互补碱基对定义一个尺寸为 2.5nm×2.5nm×2.7nm 的立体像素点。与构建二维图形类似，Yin 课题组首先设计了一个由 10×10×10 立体像素点组装的实心立方体，作为"3D 画布"。之后根据所期望构建的结构，在画布中选择所需像素点，将像素点对应的全部 DNA 砖块混合后进行退火组装。根据这一设计思路，他们成功组装出 102 个大小不同、形状各异、具有精细表面与内部结构的三维结构[45]。

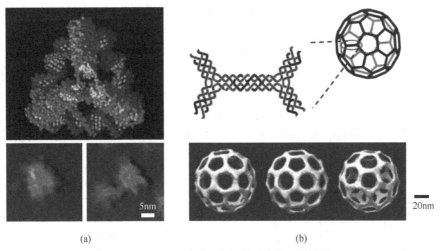

图 19.6　DNA 分子瓦自组装形成的三维结构
(a) 四面体[43]；(b) 巴基球[25]

之后，他们进一步改进了 DNA 砖块的设计，使之可以形成更大更复杂的三维结构[46]。在新的设计中，一个 DNA 砖块由 52 个核苷酸构成，包括 4 组 13 个核苷酸的结合位置；两个 DNA 砖块通过 13 个碱基互补配对形成一个 90°的二面角。30000 个序列各异的 DNA 砖块组装成了一个分子量为 0.5 亿 Da(道尔顿)、长宽高均为 100nm 的实心立方体(图 19.7(a))。10000 个不同的 DNA 砖块构建出了一个具有泰迪熊形状的空腔，其结构的复杂性与精准性令人惊叹不已(图 19.7(b))。这种模块构架的方法简单灵活，如果想设计不同的形状，只需要从现有的 DNA 砖块库中寻找合适的砖块并进行组装，极大地简化了 DNA 纳米结构设计过程。

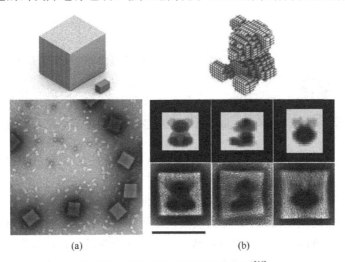

图 19.7　DNA 砖块构建的三维结构[46]
(a) 实心立方体；(b) 泰迪熊

19.2.3 DNA 折纸术

自 Seeman 提出 DNA 自组装以来的 20 多年间，DNA 分子瓦自组装纳米结构一直是该领域绝对主流。也有少数人进行了新的尝试，例如，Shih 等用一条长 DNA 单链与少量短 DNA 单链折叠形成了 DNA 八面体，并第一次在 Cryo-EM 下直接观察到了 DNA 的三维结构[47]。

2006 年，Rothemund 创造了 DNA 折纸术，完全有别于 DNA 分子瓦自组装方式，将 DNA 纳米结构领域向前推进到了一个新的发展阶段[20]。如图 19.8(a) 所示，DNA 折纸术的设计思路是：一个长的支架链(scaffold)在整个结构区域来回穿梭，短的 DNA 单链与支架链的某个部位互补。这些短的 DNA 单链通常称为订书钉链(staple strands)或辅助链(helper strands)，因为它们像订书钉一样把支架链的若干部位拉近到一起，使整个支架链折叠为特定的结构。DNA 折纸术的支架链通常是 M13mp18 噬菌体的单链环状 DNA，长达 7249 个碱基；所使用的订书钉链多达上百条。

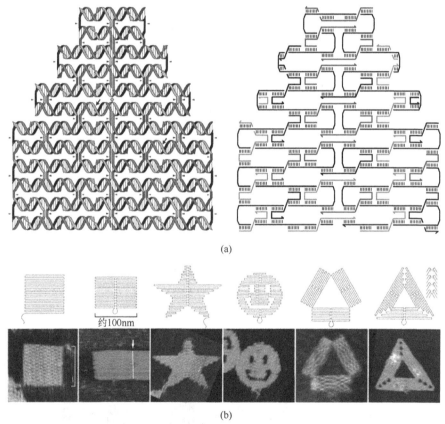

(a)

(b)

图 19.8　DNA 折纸术的组装原理和 DNA 折纸术构建的多种二维结构[20]

(a) 组装原理图；(b) 二维结构图

设计 DNA 折纸结构时，首先需要根据想要得到的结构确定支架链的折叠路径。支架链来回穿梭于结构的整个区域，相邻的两个螺旋反向平行排列，并在支架链转向处形成交叉。之后需要确定全部订书钉链的位置。订书钉链通常结合于 3 个螺旋上，通过在每 1.5 个螺旋周期处形成交叉来将支架链的相应部位保持在一起。因此从某种意义上，DNA 折纸结构可以看作 DX 分子瓦的大型复合物。最后需要确定订书钉链的序列。支架链通常使用 M13mp18 噬菌体的单链环状 DNA，所以只要确定好链的起始点，所有订书钉链的序列也会相应确定。支架链序列非周期性重复，因此每条订书钉链序列各异，使所得到的图形具有可寻址性；也就是说只要知道一条订书钉链的序列，便可在组装成的图形中找到它的准确位置。

Rothemund 在文章中展示了多种精妙的二维纳米结构，包括矩形、五角星形、三角形和常作为 DNA 折纸术标志物的笑脸，尺寸约为 $100\text{nm} \times 100\text{nm}$（图 19.8(b)）。除形状外，Rothemund 还组装出了几种不同的图案，如世界地图。图案的形成是将矩形或其他结构作为画布，在画布上选取特定的订书钉链对其进行修饰（如延长订书钉链序列使其形成哑铃状发夹结构），使画布上的特定像素点与未修饰部分形成高度差。在 AFM 下，这种高度差会表现出明显的明暗差异。理论上来说，组装画布结构的订书钉链的数目等于总共可以选择进行修饰的像素点数目。

与除 SST 之外的 DNA 分子瓦自组装相比，DNA 折纸术具有无可比拟的优势：①可组装结构的复杂程度显著提高，不再局限于周期性的二维网格结构；②形成结构的各条链无需精准的化学计量配比，只需要将支架链与过量的订书钉链混合退火；而在 DNA 分子瓦自组装中，各条链的化学计量配比稍有差池便会影响结构的组装。

DNA 折纸术与 SST 相比互有利弊：①在 DNA 折纸术中，有一半的 DNA 来源于病毒基因组，另一半 DNA 需要进行化学合成；而在 SST 中，全部 DNA 都是化学合成得到的，增加了研究成本；②天然存在的长 DNA 单链种类稀少，所以支架链的长度成为限制 DNA 折纸结构尺寸的最大因素；而 SST 不受这种限制，更易于扩展。不过从现状来看，DNA 折纸术仍然是 DNA 纳米技术的主流方法。

19.2.4　DNA 折纸术二维结构自组装

Rothemund 在 *Nature* 上发表的这篇 DNA 折纸术的文章可以说是 DNA 纳米结构领域的里程碑，此后，来自全球的众多科学家纷纷加入这个领域，使 DNA 折纸术进入一个蓬勃发展的新纪元，成功组装出大量多种多样的 DNA 折纸结构与图案，如中国地图、海豚、字母、六角形等[48-51]。

与此同时，科学家也在不断研究与改进 DNA 折纸术，使其组装效率更高，并形成更为精细复杂的结构。Yan 课题组组装了具有格状结构的 DNA 折纸结构，在进行设计时，他们改变了支架链的穿梭方式，使其绕行于多个方向而非之前的单一方向；同时，订书钉链与支架链形成四臂结的结构，而非之前的 DX 分子瓦形式[52]。他们之后进一步将两种设计策略结合，构建了一系列极具复杂性的线框 DNA 纳米结构，如花和鸟（图 19.9(a)）[53]。

2017 年，Yan 课题组和 Yin 课题组联合，开发了只用一条长单链 DNA 或 RNA 便能组装纳米结构的新方法（图 19.9(b)）[54]。与多链体系相比较，单链分子很容易通过分子生物学的方法在活细胞中进行大规模生产，从而降低实验成本；组装完成后的体系也更为纯净，不存在大量未结合于支架链的订书钉链。单链折叠术是 DNA 纳米结构领域一个激动人心的突破：可以想象，在未来，如果这样的单链分子可以在细胞中完成退火折叠，那么细胞便可以作为纳米材料的制造工厂，将会具有重要的纳米医学应用前景。

从原理来看，DNA 折纸结构的尺寸会受到支架链 DNA 长度的限制，然而科学家从不放弃对突破局限的追求，一直在努力创造更大尺寸的 DNA 结构。他们通过两种方式实现这一目的：增加支架链 DNA 长度[56-59]；将多个 DNA 纳米结构进行高阶连接[10, 60-65]。

LaBean 课题组通过生物学的方法得到一条含有 51466 个核苷酸的单链环状 DNA，并将其作为支架链来设计 DNA 折纸结构[59]。相比使用 M13mp18 噬菌体单链环状 DNA 得到的结构，用这条长链组装成的 DNA 结构表面积是前者的 7 倍。

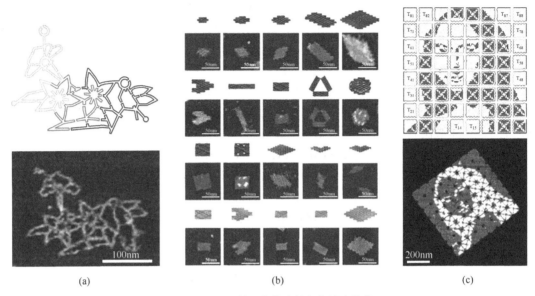

(a)　　　　　　　　　　　　　　　　　(b)　　　　　　　　　　　　　　　　　(c)

图 19.9　DNA 折纸术构建的复杂纳米结构

(a)DNA 折纸术构建的花与鸟[53]；(b)仅由一条单链 DNA 构建的折纸结构[54]；(c)多个 DNA 折纸结构连接形成的蒙娜丽莎图案[55]

　　Zhao 等将 DNA 折纸结构本身当作订书钉链，通过一条已经组装为松散框架形状的支架链，将这些折纸结构连接成各种更大的结构[60]。这种方法称为折纸术的折纸术（origami of origami）或者超级折纸术（superorigami）。最近，Qian 课题组开发了一种分形几何方法，局域的组装规则以递归方式应用到多次级多步骤的过程中，将方形 DNA 折纸结构连接为微米尺度的组装体[55]。通过编程软件的辅助，他们还将组装体表面修饰各种图案，甚至得到了一幅由 DNA 分子完成的蒙娜丽莎画作（图 19.9(c)）。

19.2.5　DNA 折纸术三维结构自组装

　　从原理上来看，DNA 折纸术并不局限于二维结构的组装；事实也正是如此。DNA 折纸术构建三维结构的能力极为出众，因而十几年来，这项研究蓬勃发展，成功设计并组装大量复杂精美的结构。

　　Gothelf 课题组构建了第一个三维 DNA 折纸结构[66]。他们先设计了盒子的 6 个面，再通过黏性末端将它们连接起来并进行合围，形成的盒子尺寸为 42nm×36nm×36nm。Cryo-EM 成像证明了此结构的成功形成（图 19.10(a)）。值得一提的是，这个 DNA 盒子具有可以打开的盖子：将一段 DNA 黏性末端附加到两个面的相接处，当体系中存在与之互补的 DNA 链时，这两个面的连接将会破坏，从而打开盒子。采用类似方法，Sugiyama 课题组得到了多个直角棱柱结构，Yan 课题组组装了一个四面体结构[67, 68]。在这些设计中，DNA 只组成三维结构的面，因而所得到的结构都是中空的。

　　Shih 课题组提出了另一种三维折纸方案。他们开发出六边形蜂窝格子模型，并在此基础上构建了内部填充的、密集排布的立方体结构，以及方形螺帽、桥形结构、插槽交叉等多种复杂结构[7]。随后，他们又开发出方形格子模型，以此为基础得到了多种尺寸的立方体[69]。在研究中他们还发现，对比二维结构，这些三维折纸结构的折叠过程更为复杂，不仅需要更高浓度的二价阳离子，还需要一价阳离子的辅助；退火时间也更久，需要几天甚至一周；然而结构产率却低于二维结构。

为了增加折纸结构的精准性与复杂性，Shih 课题组在接下来的工作中引入了曲率的设计[70]。他们通过定点增加或减少碱基数量，在 DNA 双螺旋内部人为制造了扭曲力，从而实现了整体结构的扭曲和弯折。利用这种方法，他们组装出了具有可控角度的形状，其角度可由 0° 开始，以 30° 为阶梯渐变到 180°。Shih 等还将张拉整体结构引入了 DNA 折纸结构的设计中[71]。他们在蜂窝格子之间留下单链区域，这些单链像弹簧一样，通过拉力和张力，把几个 DNA 长条结构保持在一个平衡的位置。改变单链的长度，他们甚至还得到了风筝形状的 DNA 张拉整体结构。Yan 课题组也设计了一系列具有曲率的三维结构，包括空心球体、椭圆体，以及一个精美的 DNA 花瓶[72]。他们还构建了一个 DNA 莫比乌斯环，并且通过链置换反应，将莫比乌斯环从中间切割，得到了两个套在一起的环结构；当改变切割方式后，还可以得到一个较大的环[73]。Benson 等用自动化工作流设计了一系列多边形三维网格结构，甚至组装出一个立体兔子的形状，充分展示出 DNA 折纸术在构建复杂精密的三维结构方面的强大实力(图 19.10 (b))[74]。

最近，Dietz 课题组采用 DNA 折纸术与逐步构建策略，组装出了分子量达到亿道尔顿级别的大型三维 DNA 折纸结构[27]。他们首先设计了一种 V 形砖块结构作为结构单元，多个 V 形砖块在水平方向上通过黏性末端连接，可以组装成环形。多个环形在垂直方向上连接，可以形成长度达到微米级别、直径为几纳米的管状结构，尺寸与某些杆菌类似。在体系中加入三角形砖块和矩形砖块后，可以组装为分子量达到 1.2 亿 Da、半径为 220nm 的十二面体结构(图 19.10 (c))。这个大型结构包含 220 条 M13 支架链以及 5 万条订书钉链；尺寸与复杂程度都接近病毒和细胞器。毫无疑问，这项突破性进展将推动 DNA 折纸技术进入一个新的高度。

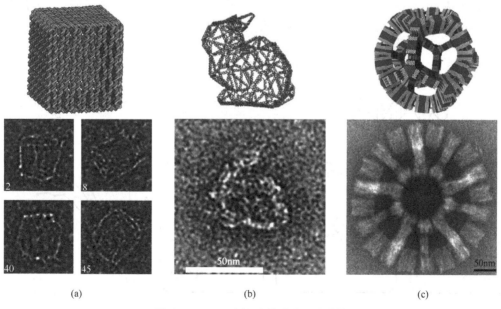

(a)　　　　　　　　　　　　　(b)　　　　　　　　　　　　　(c)

图 19.10　DNA 折纸术构建的三维结构

(a) DNA 盒子[66]；(b) DNA 兔子[74]；(c) 半径为 220nm 的十二面体[27]

19.3　DNA 自组装结构的动态变化

DNA 并非只能自组装为静止不动的结构，它还可以构建分子机器，实现纳米尺度的运动或能量转换[76]。有两类条件可以控制 DNA 结构的动态变化：链置换反应和环境因素，如 pH 值或离子浓度。

19.3.1　链置换反应驱动 DNA 结构变化

1. 链置换反应基本原理

链置换反应是指用一条新的 DNA 链替换主体结构中的某条 DNA 链，分为酶催化的反应[77,78]和无酶反应两种类型。DNA 分子机器常用末端片段链置换反应(toehold-mediated strand displacement)来驱动结构变化，不需要酶的催化[79-87]。单链 DNA 倾向于与体系中互补性最强的单链分子配对形成双链。链置换反应正是利用这一特点，实现长互补链置换出短互补链的过程。具体而言，DNA 分子机器具有由双链 DNA 构成的主体部分、未配对的 DNA 单链部分作为末端片段(toehold)，以及将被替换的链。当体系中加入合适的燃料链(fuel strand)时，末端片段将与之互补配对形成双链；燃料链继续进行分支迁移，逐渐替换原双链部分，最终将被替换链从主体结构剥离。

图 19.11 描述了单链 DNA 分子 A 从双链 DNA 复合物 X 中置换出单链 DNA 分子 B 的过程。其中，DNA 的方向用箭头表示，半箭头方向代表 3*末端；不同区域用不同数字表示，带*的数字区域可以与不带*的相同数字区域互补配对，如 2*区域与 2 区域互补。整个反应需要经历 3 个阶段：①反应初始化过程，双链 DNA 复合物 X 的末端片段区域 3*与燃料链 A 的区域 3 互补配对形成双链；②分支迁移过程，燃料链 A 的区域 2 逐渐替代原双链区域；③链置换完成过程，单链 B 的区域 2 被完全替代后，从双链 DNA 复合物 X 脱落。

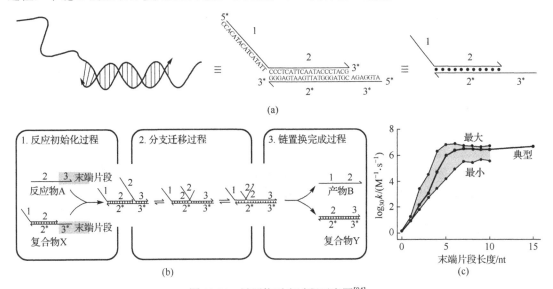

图 19.11　链置换反应过程示意图[84]

(a)带有末端片段的部分互补双链结构；(b)链置换反应步骤；(c)末端片段序列及长度对链置换反应影响的动力学模拟

链置换反应的关键在于末端片段的设计,其长度与核苷酸种类均会影响反应速率。图 19.11(c)显示了链置换反应的动力学模拟。其中,最大曲线的末端片段区域仅由 G/C 核苷酸组成,最小曲线的末端片段区域仅由 A/T 核苷酸组成,典型曲线使用了大致相等数目的四种核苷酸。实际操作中,应根据用途选择合适参数进行设计。

2. 基于链置换反应的 DNA 分子机器

Yan 等设计了一种能在 PX 和 JX_2 两种状态间自由转换的 DNA 结构(图 19.12(a))[88]。PX结构可以看作两个平行的双螺旋 DNA 通过链交叉连接在一起,由 4 条 DNA 单链组成:两条长链和两条短的控制链 1。JX_2 是 PX 的拓扑异构体,少了两个交换点,由另外两条短的控制链2 组成。燃料链 1 与控制链 1、燃料链 2 与控制链 2 可以分别形成更为稳定的双链结构,从而将单链从主体结构上剥离。因此,从 PX 结构开始,按顺序循环加入燃料链 1、控制链 2、燃料链 2、控制链 1,可以得到旋转运动的 DNA 机器,进而将多个三联三角形结构以 PX/JX_2 为节点连接在一起形成锯齿形纳米线。当循环加入燃料链和控制链时,会引起结构在锯齿同向和锯齿交错反向两种构型之间变化。

Bell 实验室的 Yurke 等报道了一种通过 DNA 燃料链控制开-关转换的分子机器:三条 DNA链组成类似镊子的结构,循环加入不同的燃料链,这个镊子可以在打开-闭合两种状态间连续转换(图 19.12(b))[79]。在这个设计中,不需要借助外力,只靠 DNA 分子之间的互补配对作用,便实现了在纳米尺寸上的精确控制移动。

Seeman 课题组设计出了可以沿一维轨道行走的“DNA 步行者”(DNA walker,以下简称步行者)[89]。步行者的双腿分别由一条 DNA 单链组成,轨道由 TX 分子瓦组装而成。轨道上的特定位置伸出单链片段,作为步行者的立足点。在体系中加入捆绑链时,步行者可以固定于轨道上;在体系中加入解离链时,步行者的一条腿得到释放,能够与下一个立足点结合。因此,当循环往复地加入捆绑链和解离链时,可以实现步行者的步进运动。Shin 和 Pierce 设计的步行者更为简化[90]:它的头部是双螺旋结构,腿部是单链 DNA。双链 DNA 的轨道上每隔一段距离会伸出一条单链 DNA 作为立足点。两条燃料链的加入将步行者的双腿连接到相邻的立足点。此后,每一步的行走需要加入两条指令链:消除链使一条腿得到释放;燃料链使它固定到下一个立足点(图 19.12(c))。

Seeman 课题组随后又开发了一个可以在纳米尺度运载货物的 DNA 分子机器[91]。他们将矩形 DNA 折纸结构作为平台,在其上伸出三组排列成三角形的锚点。平台上还设计了三个由 PX/JX_2 构成的旋转装置,各自绑定一组金纳米颗粒组成的货物。通过链置换反应,一个有着三条腿和三只臂的 DNA 分子机器可以沿着这些锚点前进,并从每台装置收集货物(图 19.12(d))。这个体系充分展示了链置换反应驱动的 DNA 分子定向运动。

3. 脱氧核酶参与的链置换反应式 DNA 分子机器

脱氧核酶(DNAzyme)是一类具有催化活性的 DNA,由 Breaker 等在 1994 年首次报道[92-94]。他们人工合成了一个 DNA 分子,可以切割特定的核糖核苷酸的磷酸二酯键。由于具有对特定核酸序列的切割作用,脱氧核酶也用来作为分子机器的一种驱动因素[95-98]。

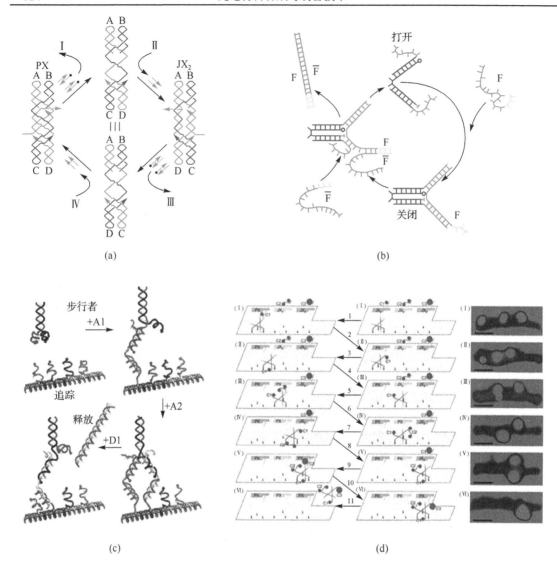

图 19.12　几种基于链置换反应的 DNA 分子机器[79,88,90,91]

　　Mao 课题组将脱氧核酶连接在一个镊子形状的 DNA 结构上[95,96]。脱氧核酶的底物作为燃料链，当其加入时，镊子处于打开状态；当酶对底物切割后，被切割的燃料链会从结构主体脱离，镊子又会回到关闭状态。这个过程涉及燃料链的加入以及链的剥离，因此可以看作链置换反应的一种变体。

　　Yan 课题组使用脱氧核酶设计出了能定向行走于二维平面上的 DNA 分子蜘蛛 (DNA spider) (图 19.13)[98]。他们用链霉亲和素作为 DNA 分子蜘蛛的身体部分，三条脱氧核酶序列作为它的三个足部结构。DNA 分子蜘蛛的行走轨道由矩形 DNA 折纸结构构成，在其特定区域伸出延伸的锚定序列分别作为起始点、行走点、结束点等区域。当 DNA 分子蜘蛛从起始点脱离后，其足部将与行走点序列互补配对，并将该处序列切断，从而使 DNA 分子蜘蛛必须向前寻找新的可以结合的点来实现沿行走轨道的爬行，最终到达结束点。

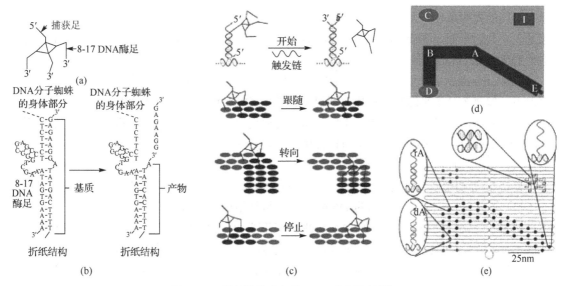

图 19.13　脱氧核酶参与的 DNA 分子蜘蛛[98]

19.3.2　环境因素驱动 DNA 结构变化

DNA 分子结构还可以对不同的溶液环境作出响应。特殊的 DNA 序列可以在特定金属离子[99-102]或 pH 环境下[103-107]稳定在某一特殊状态,除去这些离子或改变 pH 值,则可以使 DNA 的状态发生改变。光[108-110]、电[111]等能量输入手段同样可以直接或间接地调控 DNA 构象发生改变,因此这些环境因素可以用来驱动 DNA 分子机器。

1. 金属离子

Seeman 课题组在 1999 年设计了第一个 DNA 分子机器。它以一段特殊序列 DNA 双螺旋作为轴心,在两端分别连接一个 DX 分子瓦。当环境中的 Co^{2+} 浓度变化时,中间的 DNA 双螺旋构象会在 B 型和 Z 型之间变化,从而带动两个 DX 分子瓦之间的相对位置发生改变。在 B 型构象时,二者位于中心螺旋的同一侧;而在 Z 型构象时,二者分别位于两侧(图 19.14(a))[99]。

2. pH 值

i-基元结构只有在弱酸性(pH 值<6.3)的条件下稳定存在,在中性或碱性条件下则会解开成为单链结构。Willner 课题组利用这一原理设计了一个 pH 值驱动的 DNA 分子镊[112]。DNA 分子镊富含 C 碱基,在 pH 值为 5.2 时,镊子的双臂形成 i-基元的稳定结构,从而打开镊子;而当 pH 值调整到 7.2 时,i-基元解离为单链,可以与体系中存在的互补单链配对形成双链,使镊子变为关闭状态。

Mao 课题组将 C^+G-C 三链结构引入 DNA 分子机器中[104]。在 pH 值为 5.0 时,可以形成 C^+G-C 三链结构,因此 DNA 机器处于紧凑的关闭状态;在 pH 值为 8.0 时,C^+G-C 三链结构解离成为一段双链和一段单链区域,使 DNA 机器处于打开的状态(图 19.14(b))。

3. 光

偶氮苯是一种光敏分子,在紫外光和可见光下呈现顺式与反式两种构象。这两种构象还可以在不同的光照条件下发生逆转。偶氮苯分子可以修饰到 DNA 分子骨架上。偶氮苯的反式构象是一个共轭平面，不会破坏 DNA 的双链结构；而顺式构象中，两个苯环呈锐角二面角，会迫使 DNA 双链解链[113]。

Asanuma 课题组使用偶氮苯修饰的 DNA 构建了一个对光照响应的纳米镊子[108]。在可见光照射下，偶氮苯处于平面反式构象，偶氮苯修饰的 DNA 链能够与镊子两臂的单链互补配对形成稳定的双链，使镊子处于关闭状态；当紫外光照射时，偶氮苯处于顺式折角构象，偶氮苯修饰的 DNA 链将会脱离纳米镊，从而打开镊子。这种 DNA 镊完全由光照控制，不需要燃料链的加入，也没有任何副产物生成。

Kuzyk 等利用偶氮苯构建了一个光驱动的三维等离激元纳米系统[110]。他们用偶氮苯修饰的 DNA 连接两个上下交叉排列的 DNA 螺旋束折纸结构，并用光照控制二者的夹角：可见光下，偶氮苯修饰链互补配对，从而使两个螺旋束形成 50° 的夹角；紫外光下，偶氮苯构象改变造成 DNA 链去杂化，两个螺旋束可以自由旋转，在互斥力的作用下倾向于形成 90° 夹角。之后，他们分别固定两个金纳米棒到两个螺旋束上，通过控制光照，能够可逆地改变等离激元手性光学响应（图 19.14(c)）。

4. 电

DNA 分子带有负电荷，所以通过电场可以控制 DNA 分子的运动。2018 年，Simmel 课题组构建了一个用电场控制的 DNA 纳米机器[111]。他们用折纸术设计了一个正方形平台作为基底，将一个 6 股 DNA 螺旋束组装的手臂连接到基底上。这个 DNA 手臂类似钟表，可以以连接点为轴，在基底上旋转。他们还设计了一个十字交叉的电泳装置，将两对铂电极分别插入四个缓冲液电极槽，并将 DNA 结构固定于电泳装置的中心，使其受到电极对的叠加作用。在电场的作用下，DNA 手臂将从一个位置定向旋转到另一个位置（图 19.14(d)）。相比之前报道的 DNA 分子马达，这种用电驱动的 DNA 分子机器的运行速度提高了 5 个数量级。

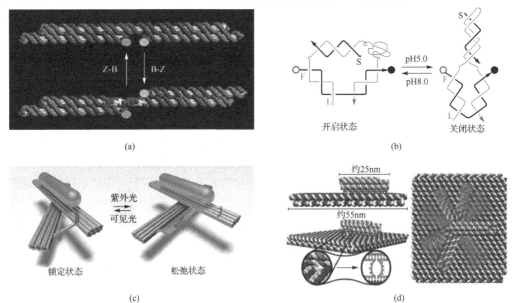

图 19.14　金属离子[99]、pH 值[104]、光[110]以及电[111]驱动的 DNA 分子机器

(a)金属离子驱动；(b)pH 值驱动；(c)光驱动；(d)电驱动

19.4　DNA 纳米结构的应用

生物和非生物材料在纳米尺度上的精确组装在结构生物学、生物物理学、可持续能源、电子学、光子学、医学等领域均具有广泛而巨大的应用前景。研究人员不断改进技术，使组装结构具备更高的精度和更高的分辨率。在众多方法中，自下而上的 DNA 纳米技术提供了前所未有的纳米结构自组装能力。现在，由于本身具备纳米精度的可寻址性，再加上 DNA 分子强大的化学修饰能力，DNA 纳米结构已经在多个领域显示出良好的应用前景。

19.4.1　DNA 纳米结构引导的纳米材料定向组装

DNA 纳米结构可以精确引导其他纳米材料进行组装，形成的 DNA/纳米材料混合系统将纳米材料的独特电子和光学性质与 DNA 的识别性质相结合，可以应用于新型传感平台的开发、纳米颗粒的编程组装、纳米结构等离激元现象的可切换控制等方面。

1. 量子点

量子点是一种半导体纳米晶体，具有独特的光学性质，是极具潜力的新一代荧光探针，在生物标记与成像领域有着广泛应用。然而定向排列量子点，使其形成具有特定荧光特性的结构是一大难点。DNA 纳米结构为解决这一难题提供了简单有效的方法[37、114-119]。

Yan 课题组 2007 年将带有生物素标记的 DNA 自组装成纳米管，通过生物素与链霉亲和素之间的高度特异结合性，将链霉亲和素-量子点复合物结合在纳米管上，最终得到介观尺度排列的量子点[115]。之后，他们又用 A、B、C、D 四种 DX 分子瓦组装成二维平面结构，其中 A 分子瓦的特定位置修饰有生物素。同样通过链霉亲和素将量子点结合到这个平面上，实现了量子点的二维排列[114]。

除了上述通过其他分子来辅助连接的方法，量子点也可以直接与硫代磷酸修饰的 DNA 相连。Yan 课题组将 DNA 折纸三角形结构上特定位置上的订书钉链延伸，使它与结合在核壳结构量子点上的 DNA 序列互补，实现了量子点在折纸结构上的定点排列（图 19.15(a)）[117]。

2. 纳米金颗粒

金纳米颗粒具有独特的光学、磁学、电学性能，以及良好的生物相容性，近年来广泛应用于生物分子标记和检测、纳米生物传感器、光热治疗等方面。它可通过静电吸附与氨基结合，也可与巯基形成稳定的 Au—S 键，很容易与氨基或巯基修饰的 DNA 结合到一起，所以金纳米颗粒的纳米排布技术更加成熟[120-130]。

Ding 等将 DNA 折纸三角形结构作为模板，通过碱基互补配对作用，将不同尺寸的金纳米颗粒精确地定位到了结构表面[121]。他们测定了纳米复合结构的紫外可见光谱，观察到峰值从 521nm 迁移到了 626nm，说明在组装过程中相邻纳米金之间发生了等离子体共振耦合。

Urban 等在直径为 120nm 的环状折纸结构上镶嵌了 13nm 的金纳米颗粒，多个金纳米颗粒绕行于环上，形成手性排列（图 19.15(b)）[129]。按绕行方向不同，制备出左手、右手两种等离激元纳米环结构，二者产生相反的圆二色性光谱。

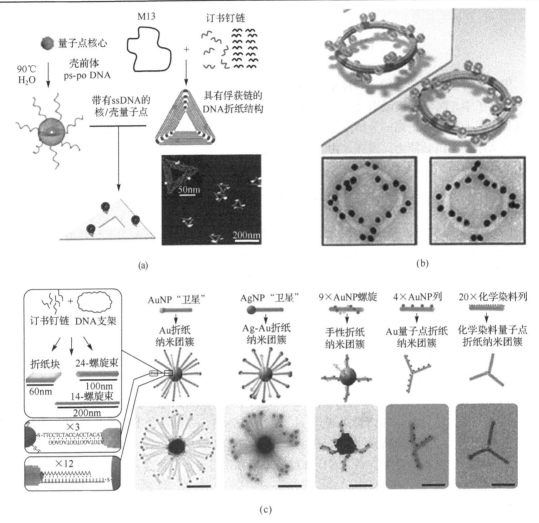

图 19.15　DNA 纳米结构引导其他纳米材料定向组装

(a)量子点在 DNA 三角形上排列[117]；(b)金纳米颗粒在 DNA 环上手性排列[129]；(c)金纳米颗粒、
量子点和化学染料通过杆状 DNA 结构形成纳米团簇[21]，标尺均为 100nm

3. 多成分体系

不同种类的纳米颗粒可以同时进行排布，以构建具备复合性质的纳米材料，或者用于研究各组分之间的相互作用[21,131-136]。

Yan 课题组将一个 30nm 的金纳米颗粒固定在三角形 DNA 折纸结构的一个角上，并将一个核壳结构的量子点也组装于三角形表面上[133]。他们还不断改变量子点的位置，使量子点与金纳米颗粒之间的距离在 15～70nm 变化，观察到量子点的荧光强度由于受到金纳米颗粒的影响而发生淬灭。与传统的荧光染料-荧光染料或荧光染料-金纳米颗粒的荧光共振能量转移（FRET）比较，这个淬灭效应发生于远距离分子间，因此具有制备远距离光学尺的潜力。

Acuna 等设计了一个棒状的 DNA 折纸结构，并将一个或两个金纳米颗粒固定在结构表面[132]。随后，将一个荧光染料分子也组装在纳米棒上，并系统调整金纳米颗粒的数目、尺寸，以及染料分子与金纳米颗粒的距离。研究发现，当染料分子位于两个 100nm 的金纳米颗粒之间，且二者相距 23nm 时，其荧光信号将得到最大倍数的增加。紧接着将带有荧光标记的 DNA 短链或者 DNA Holliday 中间体固定在这个热点位置，通过荧光信号的变化来观察 DNA 的动态变化过程，证明此体系可以用于进行单分子实验。

Liedl 课题组使用 DNA 折纸结构将金纳米颗粒、量子点和化学染料分级组装为多种纳米团簇[21]。所形成的团簇具有类似行星-卫星的结构：一个 80nm 的金纳米颗粒(或一个量子点)位于中间作为行星；其他纳米材料，如 10nm 金颗粒、20nm 银颗粒、化学染料分子作为卫星环绕于中心颗粒周围；二者通过杆状 DNA 折纸结构进行连接(图 19.15(c))。改变杆状 DNA 结构的长度与直径，可以实现对行星与卫星之间的化学计量比例、距离，以及整体结构尺寸的控制。在这个多组分体系中，研究者可以一边观察到等离子圆二色性增强，一边看到距离依赖的荧光淬灭效应。

4. 蛋白质

蛋白质作为生命活动的承担者，长久以来一直是多种学科的热门研究对象。DNA 纳米结构领域的科学家也在尝试着对蛋白质分子进行精确排布，以搭建研究蛋白质分子之间的相互作用的平台[137-146]。这类研究中，科研人员首先需要解决蛋白质分子如何结合到 DNA 纳米结构上的问题。几种常见手段与代表性例子如下。

(1)通过蛋白质相应的核酸适配体。适配体本身是一段寡核苷酸，与蛋白质具有高亲和性。Yan 课题组用 A、B、C、D 四种 DX 分子瓦组装成二维平面结构，并将 B 分子瓦和 D 分子瓦上的某些 DNA 链延长，延长的序列分别为血小板衍生生长因子蛋白质和凝血酶的核酸适配体[138]。当体系中加入这两种蛋白质时，相应的核酸适配体可以与之结合，将其排列在二维结构上。

(2)通过生物素-链霉亲和素的特异结合性。Kuzuya 等将 DNA 组装为含有周期性排列的孔洞的长条结构，并将位于孔洞边缘的订书钉链修饰生物素。通过生物素将链霉亲和素排列在孔洞中，构成精密的纳米阵列[141]。

(3)通过点击化学反应(click reaction)、SPDP-SMCC 反应、DNA 烷基转移酶标签(Snap tag)、卤代烷烃标签(HaloTag)等将蛋白质与 DNA 进行共价连接。Niemeyer 研究组设计了一个人脸状的 DNA 折纸结构，并在位于五官处的订书钉链上修饰苄基鸟嘌呤(benzylguanine)或氯己烷(chlorohexane)基团，可以分别与带有 Snap tag 或 HaloTag 的蛋白质结合，从而将不同的蛋白质固定到不同的位点[143]。

DNA 纳米结构不仅可以将蛋白质分子在固定位点排布，还可以通过位置的变换进行体系中各组分间距离效应的研究。Rinker 等在 DNA 形成的 5 股螺旋束结构上选取两条 DNA 链进行延长，延长的序列分别是结合凝血酶不同部位的两条核酸适配体[139]。改变所选择的 DNA 链，可以调节这对核酸适配体的距离。研究发现，这对核酸适配体处于不同间距时，对凝血酶的亲和力有差异；相距太近或太远都会影响凝血酶的结合效率。此外，对比核酸适配体对蛋白质的单价结合，多价结合效率更高。Willner 课题组将参与级联反应的两种酶 GO_x 和 HRP 排布在了由 DNA 六边形组装的二维结构上(图 19.16(a))[140]。对比无 DNA 参与的体系，在 DNA 纳米结构上进行的级联反应效率显著提高。此外，当这两种酶的距离变化时，级联反应效率也会随之改变。Derr 等用 DNA 折纸术构建了一个三维管状结构，并在其表面连接细胞微管马达蛋白(图 19.16(b))[144]。通过 DNA 折纸结构，精确控制马达蛋白的种类、数量、间距和方向，从而系统性学习马达蛋白的运动行为。这一体系提供了一个用于观察马达蛋白调节作用的强大平台。

　　将 DNA 纳米结构与先进的成像技术结构相结合，还可以直接观察到生物大分子之间的相互作用。Endo 等将一条含有 T7 启动子的双链 DNA 附加在矩形 DNA 折纸结构上，通过高速扫描 AFM，观察到了 T7 RNA 聚合酶在这个平台上的运动，包括酶与 DNA 的结合、RNA 的合成与位移等转录步骤[143]。使用类似体系，他们还观察到了 DNA 甲基转移酶 *Eco*RI 在双链 DNA 上的动态运动过程[147]。

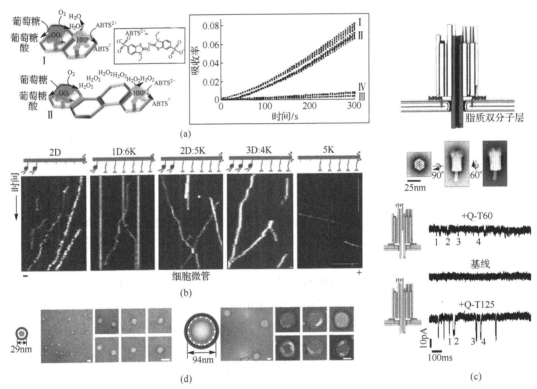

图 19.16　DNA 纳米结构引导蛋白质和脂类分子定向组装

(a) 参与级联反应的两种酶在 DNA 六边形上排列[140]；(b) 细胞微管马达蛋白在管状 DNA 结构上排列[144]；
(c) DNA 折纸结构构建脂质膜通道[151]；(d) 脂类分子在 DNA 纳米环上形成脂质体[154]

5. 脂类分子

　　随着纳米生物医学工程的发展，DNA 折纸结构与细胞膜的相互作用越来越受到关注。DNA 纳米结构可以通过内吞作用进入细胞[107,148]；DNA 可以在脂类双分子层上自组装成各种结构[149-153]；而与疏水性配体（如胆固醇）结合的 DNA 纳米结构可以用于人工细胞膜的自组装或膜蛋白的重构[154, 155]。

　　Simmel 课题组合成了一个由 DNA 折纸结构构成的脂质膜通道：内部是可以穿过脂质膜的茎结构，外部是可以附着在膜上的桶结构[151]。这个人工通道具有与天然离子通道类似的电生理响应，并且可以用于检测单个 DNA 分子（图 19.16(c)）。Lin 课题组开发了一种可以自组装出可控尺寸脂质体的方法[154]，用 DNA 纳米环作为模板，脂类分子在环内成核，并以环内径为限生长，最终组装为固定尺寸的脂质体（图 19.16(d)）。

19.4.2　DNA 纳米结构的生物医学应用

精准可控的三维构型、空间的可寻址性、易于进行化学修饰、良好的生物兼容性，加上结构的动态可重构性，这些特征使 DNA 纳米结构成为极具潜力的生物检测[23,156-161]和药物精准运输的工具[162-170]。

1. 基于 DNA 纳米结构的生物检测

在 DNA 折纸结构上选取一些订书钉链进行延长，延长的片段可以作为探针，如果溶液中存在目标链，便会与之进行杂交。AFM 能够检测到单链到双链的高度变化，因此从 AFM 图像中可以判断出目标链存在与否。Yan 课题组用这个系统检测了三种基因的对应 RNA 片段（图 19.17(a)）[157]。

Seeman 课题组在 DNA 折纸结构的平台上实现了单核苷酸多态性的检测[158]。他们设计的矩形折纸结构表面包含 A、T、G、C 四个字符图形，当体系中存在要检测的探针时，所对应的核苷酸字符将会消失。这个系统可以同时检测一对探针的存在，以满足杂合二倍体基因组的检测需求。

Yin 课题组的工作更加充分展示出了 DNA 折纸结构的多重分析能力。他们构建了一个 DNA 纳米棒，并在其表面标记荧光基团[160]。通过对荧光基团空间位置的控制，一共可以产生 216 种荧光条形码。将抗体、核酸适配体等功能性配体修饰到这个条形码上，可以用来特异性地标记生物样品。他们成功使用这种方法标记了酵母细胞，证明此体系可以作为原位标记探针（图 19.17(b)）。

将 DNA 纳米结构与杂交链式反应(HCR)结合，可以起到信号放大的作用，提高检测灵敏度。Ge 等将带有探针的 DNA 四面体结构固定于金电极表面，检测目标首先与探针结合[156]。随后，生物素修饰的 H1 和 H2 引发链式反应，扩大杂交信号。最后，抗生物素蛋白修饰的 HRP 结合到 HCR 产物上，产生电催化信号。在这个体系中，微小 RNA(microRNA，miRNA)的检测极限可以达到 10aM(a：10^{-10})。

2. 基于 DNA 纳米结构的疾病治疗

Bhatia 等制备了一个 DNA 十二面体，用于负载 FITC-葡萄聚糖[164]。相对于无 DNA 包覆的 FITC-葡萄聚糖，该封装复合物可以被细胞特异性内吞。在秀丽隐杆线虫体内进行的实验结果表明，只有表达阴离子配体结合受体的细胞可以吸收此复合物。FITC 对 pH 值敏感，此封装复合物在秀丽隐杆线虫胞内可以监测到伴随溶酶体成熟状态造成的 pH 值变化，证明封装到 DNA 纳米结构的分子仍然保留了功能性。递送 siRNA 药物的传统工具往往尺寸、组分、表面化学等性质不均一，会影响药物的递送效果。Anderson 课题组使用 DNA 四面体作为 siRNA 递送工具，在带癌小鼠的肿瘤细胞中观察到了明显的基因沉默，证明 DNA 纳米结构可以有效地靶向运输 siRNA[168]。作为新型药物递送工具，DNA 折纸结构具有良好的生物相容性以及精准的空间定位性。Jiang 等将化疗药物 doxorubicin 与 DNA 折纸三角形连接，得到一个高效的载药体系[167]，发现这种复合物不仅可以杀死普通的人类乳腺癌细胞，还可以杀死之前对 doxorubicin 产生抗药性的肿瘤细胞(图 19.17(c))。

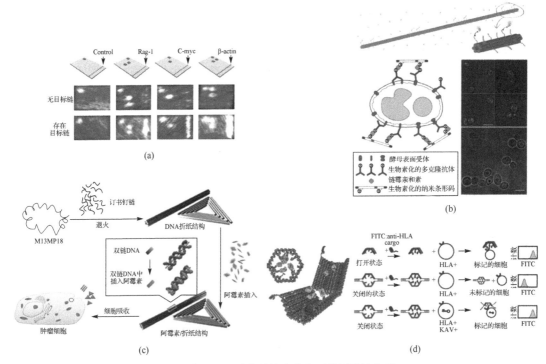

图 19.17　DNA 纳米结构在生物医学领域的应用

(a)DNA 折纸结构检测 RNA[157]；(b)DNA 荧光条形码标记生物样品[160]；(c)DNA 折纸结构运输化疗药物[166]；
(d)DNA 纳米机器人装载并靶向释放抗体片段[167]

　　Church 课题组用 DNA 折纸术构建了一个纳米机器人，当存在目标细胞时可以释放抗体片段[167]。这个纳米机器人带有两把核酸适配体形成的锁，当细胞表面具有相对应的配体时，锁打开，机器人负载的抗体分子继而暴露，激活特异的免疫细胞信号通路(图 19.17(d))。Amir 等进一步改进了这个体系，在活细胞中构建了可以进行动态相互作用的 DNA 折纸机器人[169]。这种相互作用用于产生逻辑运算；在活体蟑螂中，经过复杂的 DNA 计算，三种药物可以程序化地得到释放。

　　与其他功能性纳米材料结合，DNA 纳米结构还可以同时具备能够应用于光声成像、光热疗法等领域的良好性能。Du 等在 DNA 折纸三角形表面修饰了金纳米棒，并将此复合物注入带癌小鼠体内[170]。金纳米棒-DNA 纳米结构复合物提高了光声成像质量，并且响应于近红外光谱照射，从而可以通过光热疗法有效抑制小鼠癌细胞的生长。

　　DNA 纳米结构在免疫治疗方面的应用也逐渐引起人们的重视。Fan 课题组在 DNA 四面体结构的四个顶点各加载了一个未甲基化的 CpG 基团[162]。此功能性纳米结构具有良好的机械稳定性和生物相容性，可以有效地进入人类的巨噬细胞中。CpG 基团可以被细胞的 TLR9 受体识别，进而引发下游通道产生免疫刺激作用，使多种促炎性细胞因子大量分泌。Liedl 课题组随后也发表了类似工作[163]。Liu 等将抗原嵌入 DNA 四面体的空腔中，合成了一种免疫疫苗[165]。相对于无 DNA 包覆的抗原，这个复合物在测试小鼠体内诱发出猛烈且持久的抗体反应。

参 考 文 献

[1]　WATSON J D, CRICK F H C. Molecular structure of nucleic acids: A structure for deoxyribose nucleic acid[J].

Nature, 1953, 248: 623-624.

[2]　SMITH S B, CUI Y, BUSTAMANTE C. Overstretching B-DNA: The elastic response of individual double-stranded and single-stranded DNA molecules[J]. Science, 1996, 271: 795-799.

[3]　TINLAND B, PLUEN A, STURM J, et al. Persistence length of single-stranded DNA[J]. Macromolecules, 1997, 30: 5763-5765.

[4]　GELLERT M, LIPSETT M N, DAVIES D R. Helix formation by guanylic acid[J]. Pro. Natl. Acad. Sci. USA, 1962, 48: 2013-2018.

[5]　PARKINSON G N, LEE M P H, NEIDLE S. Crystal structure of parallel quadruplexes from human telomeric DNA[J]. Nature, 2002, 417: 876-880.

[6]　GEHRING K, LEROY J L, GUÉRON M. A tetrameric DNA structure with protonated cytosine-cytosine base pairs[J]. Nature, 1993, 363: 561-565.

[7]　DOUGLAS S M, DIETZ H, LIEDL T, et al. Self-assembly of DNA into nanoscale three-dimensional shapes[J]. Nature, 2009, 459: 414-418.

[8]　ZHAO Z, LIU Y, YAN H. Organizing DNA origami tiles into larger structures using preformed scaffold frames[J]. Nano Lett., 2011, 11: 2997-3002.

[9]　MOHAMMED A M, SCHULMAN R. Directing self-assembly of DNA nanotubes using programmable seeds[J]. Nano Lett., 2013, 13: 4006-4013.

[10]　TIKHOMIROV G, PETERSEN P, QIAN L. Fractal assembly of micrometre-scale DNA origami arrays with arbitrary patterns[J]. Nature, 2017, 552: 67-71.

[11]　JUNGMANN R, LIEDL T, SOBEY T L, et al. Isothermal assembly of DNA origami structures using denaturing agents[J]. J. Am. Chem. Soc., 2008, 130: 10062-10063.

[12]　SUN X, HYEON K O S, ZHANG C, et al. Surface-mediated DNA self-assembly[J]. J. Am. Chem. Soc., 2009, 131: 13248-13249.

[13]　KALLENBACH N R, MA R I, SEEMAN N C. An immobile nucleic acid junction constructed from oligonucleotides[J]. Nature, 1983, 305: 829-831.

[14]　CHEN J, SEEMAN N C. Synthesis from DNA of a molecule with the connectivity of a cube[J]. Nature, 1991, 350: 631-633.

[15]　FU T J, SEEMAN N C. DNA double-crossover molecules[J]. Biochemistry, 1993, 32: 3211-3220.

[16]　WINFREE E, LIU F, WENZLER L A, et al. Design and self-assembly of two-dimensional DNA crystals[J]. Nature, 1998, 394: 539-544.

[17]　GU H, CHAO J, XIAO S J, et al. Dynamic patterning programmed by DNA tiles captured on a DNA origami substrate[J]. Nat. Nanotech., 2009, 4: 245-248.

[18]　KUZUYA A, SAKAI Y, YAMAZAKI T, et al. Nanomechanical DNA origami 'single-molecule beacons' directly imaged by atomic force microscopy[J]. Nat. Commun., 2011, 2: 449.

[19]　ZHANG H, CHAO J, PAN D, et al. DNA origami-based shape ids for single-molecule nanomechanical genotyping[J]. Nat. Commun., 2017, 8: 14738.

[20]　ROTHEMUND P W K. Folding DNA to create nanoscale shapes and patterns[J]. Nature, 2006, 440: 297-302.

[21]　SCHREIBER R, DO J, ROLLER E M, et al. Hierarchical assembly of metal nanoparticles, quantum dots and organic dyes using DNA origami scaffolds[J]. Nat. Nanotech., 2014, 9: 74-78.

[22] ZHOU L, MARRAS A E, SU H J, et al. Direct design of an energy landscape with bistable DNA origami mechanisms[J]. Nano Lett., 2015, 15: 1815-1821.

[23] KE Y, MEYER T, SHIH W M, et al. Regulation at a distance of biomolecular interactions using a DNA origami nanoactuator[J]. Nat. Commun., 2016, 7: 10935.

[24] PRAETORIUS F, KICK B, BEHLER K L, et al. Biotechnological mass production of DNA origami[J]. Nature, 2017, 552: 84-87.

[25] HE Y, YE T, SU M, et al. Hierarchical self-assembly of DNA into symmetric supramolecular polyhedra[J]. Nature, 2008, 452: 198-201.

[26] TIAN Y, WANG T, LIU W, et al. Prescribed nanoparticle cluster architectures and low-dimensional arrays built using octahedral DNA origami frames[J]. Nat. Nanotech., 2015, 10: 637-644.

[27] WAGENBAUER K F, SIGL C, DIETZ H. Gigadalton-scale shape-programmable DNA assemblies[J]. Nature, 2017, 552: 78-83.

[28] SEEMAN N C. Nucleic acid junctions and lattices[J]. J. Theor. Biol., 1982, 99: 237-247.

[29] WINFREE E, LIU F, WENZLER L A, et al. Design and self-assembly of two-dimensional DNA crystals[J]. Nature, 1998, 394: 539-544.

[30] LABEAN T H, YAN H, KOPATSCH J, et al. Construction, analysis, ligation, and self-assembly of DNA triple crossover complexes[J]. J. Am. Chem. Soc., 2000, 122: 1848-1860.

[31] REISHUS D, SHAW B, BRUN Y, et al. Self-assembly of DNA double-double crossover complexes into high-density, doubly connected, planar structures[J]. J. Am. Chem. Soc., 2005, 127: 17590.

[32] SHEN Z, YAN H, WANG T, et al. Paranemic crossover DNA: A generalized Holliday structure with applications in nanotechnology[J]. J. Am. Chem. Soc., 2004, 126: 1666-1674.

[33] KE Y, LIU Y, ZHANG J, et al. A study of DNA tube formation mechanisms using 4-, 8-, and 12-helix DNA nanostructures[J]. J. Am. Chem. Soc., 2006, 128: 4414-4421.

[34] YAN H, PARK S H, FINKELSTEIN G, et al. DNA-templated self-assembly of protein arrays and highly conductive nanowires[J]. Science, 2003, 301: 1882-1884.

[35] HE Y, CHEN Y, LIU H, et al. Self-assembly of hexagonal DNA two-dimensional (2D) arrays[J]. J. Am. Chem. Soc., 2005, 127: 12202-12203.

[36] PARK S H, BARISH R, LI H, et al. Three-helix bundle DNA tiles self-assemble into 2D lattice or 1D templates for silver nanowires[J]. Nano Lett., 2005, 5: 693-696.

[37] RANGNEKAR A, GOTHELF K V, LABEAN T H. Design and synthesis of DNA four-helix bundles[J]. Nanotechnology, 2011, 22: 235601.

[38] MATHIEU F, LIAO S, KOPATSCH J, et al. Six-helix bundles designed from DNA[J]. Nano Lett., 2005, 5: 661-665.

[39] KUZUYA A, WANG R, SHA R, et al. Six-helix and eight-helix DNA nanotubes assembled from half-tubes[J]. Nano Lett., 2007, 7: 1757-1763.

[40] YIN P, HARIADI R F, SAHU S, et al. Programming DNA tube circumferences[J]. Science, 2008, 321: 824-826.

[41] WEI B, DAI M, YIN P. Complex shapes self-assembled from single-stranded DNA tiles[J]. Nature, 2012, 485: 623-626.

[42] ZHANG Y, SEEMAN N C. Construction of a DNA-Truncated octahedron[J]. J. Am. Chem. Soc., 1994, 116: 1661-1669.

[43] GOODMAN R P, SCHAAP I A T, TARDIN C F, et al. Rapid chiral assembly of rigid DNA building blocks for molecular nanofabrication[J]. Science, 2005, 310: 1661-1665.

[44] ZHENG J, BIRKTOFT J J, CHEN Y, et al. From molecular to macroscopic via the rational design of a self-assembled 3D DNA crystal[J]. Nature, 2009, 461: 74-77.

[45] KE Y, ONG L L, SHIH W M, et al. Three-dimensional structures self-assembled from DNA bricks[J]. Science, 2012, 338: 1177-1183.

[46] ONG L L, HANIKEL N, YAGHI O K, et al. Programmable self-assembly of three-dimensional nanostructures from 10000 unique components[J]. Nature, 2017, 552: 72-77.

[47] SHIH W M, QUISPE J D, JOYCE G F. A 1.7-kilobase single-stranded DNA that folds into a nanoscale octahedron[J]. Nature, 2004, 427: 618-621.

[48] 钱璐璐, 汪颖, 张钏, 等. DNA 纳米结构仿中国地图[J]. 科学通报, 2006, 51: 2860-2863.

[49] ANDERSEN E S, DONG M, NIELSEN M M, et al. DNA origami design of dolphin-shaped structures with flexible tails[J]. ACS Nano, 2008, 2: 1213-1218.

[50] POUND E, ASHTON J R, BECERRIL H A, et al. Polymerase chain reaction based scaffold preparation for the production of thin, branched DNA origami nanostructures of arbitrary sizes[J]. Nano Lett., 2009, 9: 4302-4305.

[51] WANG P, GAITANAROS S, LEE S, et al. Programming self-assembly of DNA origami honeycomb two-dimensional lattices and plasmonic metamaterials[J]. J. Am. Chem. Soc., 2016, 138: 7733-7740.

[52] HAN D, PAL S, YANG Y, et al. DNA gridiron nanostructures based on four-arm junctions[J]. Science, 2013, 339: 1412-1415.

[53] ZHANG F, JIANG S, WU S, et al. Complex wireframe DNA origami nanostructures with multi-arm junction vertices[J]. Nat. Nanotech., 2015, 10: 779-784.

[54] HAN D, QI X, MYHRVOLD C, et al. Single-stranded DNA and RNA origami[J]. Science, 2017, 358: 2648.

[55] TIKHOMIROV G, PETERSEN P, QIAN L. Fractal assembly of micrometre-scale DNA origami arrays with arbitrary patterns[J]. Nature, 2017, 552: 67-71.

[56] HÖGBERG B, LIEDL T, SHIH W M. Folding DNA origami from a double-stranded source of scaffold[J]. J. Am. Chem. Soc., 2009, 131: 9154-9155.

[57] ZHANG H, CHAO J, PAN D, et al. Folding super-sized DNA origami with scaffold strands from long-range PCR[J]. Chem. Commun., 2012, 48: 6405-6407.

[58] YANG Y, HAN D, NANGREAVE J, et al. DNA origami with double-stranded DNA as a unified scaffold[J]. ACS Nano, 2012, 6: 8209-8215.

[59] MARCHI A N, SAAEM I, VOGEN B N, et al. Toward larger DNA origami[J]. Nano Lett., 2014, 14: 5740-5747.

[60] ZHAO Z, YAN H, LIU Y. A route to scale up DNA origami using DNA tiles as folding staples[J]. Angew. Chem. Int. Ed., 2010, 122: 1456-1459.

[61] ENDO M, SUGITA T, KATSUDA Y, et al. Programmed-assembly system using DNA jigsaw pieces[J]. Chem. Eur. J., 2010, 16: 5362-5368.

[62] LI Z, LIU M, WANG L, et al. Molecular behavior of DNA origami in higher-order self-assembly[J]. J. Am.

Chem. Soc., 2010, 132: 13545-13552.

[63]　WOO S, ROTHEMUND P W K. Programmable molecular recognition based on the geometry of DNA nanostructures[J]. Nat. Chem., 2011, 3: 620-627.

[64]　LIU W, ZHONG H, WANG R, et al. Crystalline two-dimensional DNA-origami arrays[J]. Angew. Chem. Int. Ed., 2011, 50: 264-267.

[65]　LI Z, WANG L, YAN H, et al. Effect of DNA hairpin loops on the twist of planar DNA origami tiles[J]. Langmuir, 2012, 28: 1959-1965.

[66]　ANDERSEN E S, DONG M, NIELSEN M M, et al. Self-assembly of a nanoscale DNA box with a controllable lid[J]. Nature, 2009, 459: 73-76.

[67]　ENDO M, HIDAKA K, KATO T, et al. DNA prism structures constructed by folding of multiple rectangular arms[J]. J. Am. Chem. Soc., 2009, 131: 15570-15571.

[68]　KE Y, SHARMA J, LIU M, et al. Scaffolded DNA origami of a DNA tetrahedron molecular container[J]. Nano Lett., 2009, 9: 2445-2447.

[69]　KE Y, DOUGLAS S M, LIU M, et al. Multilayer DNA origami packed on a square lattice[J]. J. Am. Chem. Soc., 2009, 131: 15903-15908.

[70]　DIETZ H, DOUGLAS S M, SHIH W M. Folding DNA into twisted and curved nanoscale shapes[J]. Science, 2009, 325: 725-730.

[71]　LIEDL T, HÖGBERG B, TYTELL J, et al. Self-assembly of three-dimensional prestressed tensegrity structures from DNA[J]. Nat. Nanotech., 2010, 5: 520-524.

[72]　HAN D, PAL S, NANGREAVE J, et al. DNA origami with complex curvatures in three-dimensional space[J]. Science, 2011, 332: 342-346.

[73]　HAN D, PAL S, LIU Y, et al. Folding and cutting DNA into reconfigurable topological nanostructures[J]. Nat. Nanotech., 2010, 5: 712-717.

[74]　BENSON E, MOHAMMED A, GARDELL J, et al. DNA rendering of polyhedral meshes at the nanoscale[J]. Nature, 2015, 523: 441-444.

[75]　WAGENBAUER K F, SIGL C, DIETZ H. Gigadalton-scale shape-programmable DNA assemblies[J]. Nature, 2017, 552: 78-83.

[76]　SIMMEL F C, DITTMER W U. DNA nanodevices[J]. Small, 2005, 1: 284-299.

[77]　YIN P, YAN H, DANIELL X G, et al. A unidirectional DNA walker that moves autonomously along a track[J]. Angew. Chem. Int. Ed., 2004, 43: 4906-4911.

[78]　BATH J, GREEN S J, TURBERFIELD A J. A free-running DNA motor powered by a nicking enzyme[J]. Angew. Chem. Int. Ed., 2005, 44: 4358-4361.

[79]　YURKE B, TURBERFIELD A J, MILLS A P, et al. A DNA-fuelled molecular machine made of DNA[J]. Nature, 2000, 406: 605-608.

[80]　TURBERFIELD A J, MITCHELL J C, YURKE B, et al. DNA fuel for free-running nanomachines[J]. Phys. Rev. Lett., 2003, 90: 118102.

[81]　SEELIG G, YURKE B, WINFREE E. Catalyzed relaxation of a metastable DNA fuel[J]. J. Am. Chem. Soc., 2006, 128: 12211-12220.

[82]　CHAKRABORTY B, SHA R, SEEMAN N C. A DNA-based nanomechanical device with three robust states[J].

Pro. Natl. Acad. Sci. USA, 2008, 105: 17245-17249.

[83] ZHANG D Y, WINFREE E. Control of DNA strand displacement kinetics using toehold exchange[J]. J. Am. Chem. Soc., 2009, 131: 17303-17314.

[84] ZHANG D Y, SEELIG G. Dynamic DNA nanotechnology using strand-displacement reactions[J]. Nat. Chem., 2011, 3: 103-113.

[85] QIAN L, WINFREE E. Scaling up digital circuit computation with DNA strand displacement cascades[J]. Science, 2011, 332: 1196-1201.

[86] QIAN L, WINFREE E, BRUCK J. Neural network computation with DNA strand displacement cascades[J]. Nature, 2011, 475: 368-372.

[87] SRINIVAS N, PARKIN J, SEELIG G, et al. Enzyme-free nucleic acid dynamical systems[J/OL](2017-12-15). http://dx.doi.org/10.1126/science. aal 2052.

[88] YAN H, ZHANG X P, SHEN Z Y, et al. A robust DNA mechanical device controlled by hybridization topology[J]. Nature, 2002, 415: 62-65.

[89] SHERMAN W B, SEEMAN N C. A precisely controlled DNA biped walking device[J]. Nano Lett., 2004, 4: 1203-1207.

[90] SHIN J S, PIERCE N A. A synthetic DNA walker for molecular transport[J]. J. Am. Chem. Soc., 2004, 126: 10834-10835.

[91] GU H, CHAO J, XIAO S J, et al. A proximity-based programmable DNA nanoscale assembly line[J]. Nature, 2010, 465: 202-205.

[92] BREAKER R R, JOYCE G F. A DNA enzyme that cleaves RNA[J]. Chem. Biol., 1994, 1: 223-229.

[93] CUENOUD B, SZOSTAK J W. A DNA metalloenzyme with DNA-ligase activity[J]. Nature, 1995, 375: 611-614.

[94] SANTORO S W, JOYCE G F. A general purpose RNA-cleaving DNA enzyme[J]. Pro. Nat. Acad. Sci. USA, 1997, 94: 4262-4266.

[95] CHEN Y, MAO C D. Putting a brake on an autonomous DNA nanomotor[J]. J. Am. Chem. Soc., 2004, 126: 8626-8627.

[96] CHEN Y, WANG M S, MAO C D. An autonomous DNA nanomotor powered by a DNA enzyme[J]. Angew. Chem. Int. Ed., 2004, 43: 3554-3557.

[97] TIAN Y, HE Y, CHEN Y, et al. Molecular devices - A DNAzyme that walks processively and autonomously along a one-dimensional track[J]. Angew. Chem. Int. Ed., 2005, 44: 4355-4358.

[98] LUND K, MANZO A J, DABBY N, et al. Molecular robots guided by prescriptive landscapes[J]. Nature, 2010, 465: 206-210.

[99] MAO C D, SUN W Q, SHEN Z Y, et al. A nanomechanical device based on the B-Z transition of DNA[J]. Nature, 1999, 397: 144-146.

[100] FAHLMAN R P, HSING M, SPORER-TUHTEN C S, et al. Duplex pinching: A structural switch suitable for contractile DNA nanoconstructions[J]. Nano Lett., 2003, 3: 1073-1078.

[101] BURANACHAI C, MCKINNEY S A, HA T. Single molecule nanometronome[J]. Nano Lett., 2006, 6: 496-500.

[102] MIYOSHI D, KARIMATA H, WANG Z M, et al. Artificial G-wire switch with 2,2 '-bipyridine units responsive to divalent metal ions[J]. J. Am. Chem. Soc., 2007, 129: 5919-5925.

[103] LIU D S, BALASUBRAMANIAN S. A proton-fuelled DNA nanomachine[J]. Angew. Chem. Int. Ed., 2003, 42: 5734-5736.

[104] CHEN Y, LEE S H, MAO C. A DNA nanomachine based on a duplex-triplex transition[J]. Angew. Chem. Int. Ed., 2004, 43: 5335-5338.

[105] LIEDL T, SIMMEL F C. Switching the conformation of a DNA molecule with a chemical oscillator[J]. Nano Lett., 2005, 5: 1894-1898.

[106] JUNG Y H, LEE K B, KIM Y G, et al. Proton-fueled, reversible assembly of gold nanoparticles by controlled triplex formation[J]. Angew. Chem. Int. Ed., 2006, 45: 5960-5963.

[107] MODI S, SWETHA M G, GOSWAMI D, et al. A DNA nanomachine that maps spatial and temporal pH changes inside living cells[J]. Nat. Nanotech., 2009, 4: 325-330.

[108] LIANG X, NISHIOKA H, TAKENAKA N, et al. A DNA nanomachine powered by light irradiation[J]. ChemBioChem, 2008, 9: 702-705.

[109] OGURA Y, NISHIMURA T, TANIDA J. Self-contained photonically-controlled DNA tweezers[J]. Appl. Phys. Express, 2009, 2: 20554-1-3.

[110] KUZYK A, YANG Y Y, DUAN X, et al. A light-driven three-dimensional plasmonic nanosystem that translates molecular motion into reversible chiroptical function[J]. Nat. Commun., 2016, 7: 10591.

[111] KOPPERGER E, LIST J, MADHIRA S, et al. A self-assembled nanoscale robotic arm controlled by electric fields[J]. Science, 2018, 359: 296-301.

[112] ELBAZ J, WANG Z G, ORBACH R, et al. PH-stimulated concurrent mechanical activation of two DNA "tweezers". A "set-reset" logic gate system[J]. Nano Lett., 2009, 9: 4510-4514.

[113] KAMIYA Y, ASANUMA H. Light-driven DNA nanomachine with a photoresponsive molecular engine[J]. Acc. Chem. Res., 2014, 47: 1663-1672.

[114] SHARMA J, KE Y, LIN C, et al. DNA Tile directed self-assembly of quantum dots into two-dimensional nanopatterns[J]. Angew. Chem. Int. Ed., 2008, 47: 5157-5159.

[115] LIN C, KE Y, LIU Y, et al. Functional DNA nanotube arrays: Bottom-up meets top-down[J]. Angew. Chem., 2007, 46: 6089-6092.

[116] BUI H, ONODERA C, KIDWELL C, et al. Programmable periodicity of quantum dot arrays with DNA origami nanotubes[J]. Nano Lett., 2010, 10: 3367-3372.

[117] DENG Z, SAMANTA A, NANGREAVE J, et al. Robust DNA-functionalized core/shell quantum dots with fluorescent emission spanning from UV-vis to near-IR and compatible with DNA-directed self-assembly[J]. J. Am. Chem. Soc., 2012, 134: 17424-17427.

[118] SCHREIBER R, DO J, ROLLER E M, et al. Hierarchical assembly of metal nanoparticles, quantum dots and organic dyes using DNA origami scaffolds[J]. Nat. Nanotech., 2013, 9: 74-78.

[119] BHATIA D, ARUMUGAM S, NASILOWSKI M, et al. Quantum dot-loaded monofunctionalized DNA icosahedra for single-particle tracking of endocytic pathways[J]. Nat. Nanotech., 2016, 11: 1112-1119.

[120] SHARMA J, CHHABRA R, ANDERSEN C S, et al. Toward reliable gold nanoparticle patterning on self-assembled DNA nanoscaffold[J]. J. Am. Chem. Soc., 2008, 130: 7820-7821.

[121] DING B, DENG Z, YAN H, et al. Gold nanoparticle self-similar chain structure organized by DNA origami[J]. J. Am. Chem. Soc., 2010, 132: 3248-3249.

[122] SHEN X, SONG C, WANG J, et al. Rolling up gold nanoparticle-dressed DNA origami into three-dimensional plasmonic chiral nanostructures[J]. J. Am. Chem. Soc., 2012, 134: 146-149.

[123] SHEN X, ASENJO-GARCIA A, LIU Q, et al. Three-dimensional plasmonic chiral tetramers assembled by DNA origami[J]. Nano Lett., 2013, 13: 2128-2133.

[124] LAN X, CHEN Z, DAI G, et al. Bifacial DNA origami-directed discrete, three-dimensional, anisotropic plasmonic nanoarchitectures with tailored optical chirality[J]. J. Am. Chem. Soc., 2013, 135: 11441-11444.

[125] SCHREIBER R, LUONG N, FAN Z, et al. Chiral plasmonic DNA nanostructures with switchable circular dichroism[J]. Nat. Commun., 2013, 4: 2948.

[126] KUZYK A, SCHREIBER R, ZHANG H, et al. Reconfigurable 3D plasmonic metamolecules[J]. Nat. Mater., 2014, 13: 862-866.

[127] PILO-PAIS M, WATSON A, DEMERS S, et al. Surface-enhanced Raman scattering plasmonic enhancement using DNA origami-based complex metallic nanostructures[J]. Nano Lett., 2014, 14: 2099-2104.

[128] LAN X, LU X, SHEN C, et al. Au nanorod helical superstructures with designed chirality[J]. J. Am. Chem. Soc., 2015, 137: 457-462.

[129] URBAN M J, DUTTA P K, WANG P, et al. Plasmonic toroidal metamolecules assembled by DNA origami[J]. J. Am. Chem. Soc., 2016, 138: 5495-5498.

[130] SHEN C, LAN X, LU X, et al. Site-specific surface functionalization of gold nanorods using DNA origami clamps[J]. J. Am. Chem. Soc., 2016, 138: 1764-1767.

[131] WANG R, NUCKOLLS C, WIND S J. Assembly of heterogeneous functional nanomaterials on DNA origami scaffolds[J]. Angew. Chem. Int. Ed., 2012, 51: 11325-11327.

[132] ACUNA G P, MÖLLER F M, HOLZMEISTER P, et al. Fluorescence enhancement at docking sites of DNA-directed self-assembled nanoantennas[J]. Science, 2012, 338: 506-510.

[133] SAMANTA A, ZHOU Y, ZOU S, et al. Fluorescence quenching of quantum dots by gold nanoparticles: A potential long range spectroscopic ruler[J]. Nano Lett., 2014, 14: 5052-5057.

[134] WANG R, NUCKOLLS C, WIND S J. Heterogeneous assembly of quantum dots and gold nanoparticles on DNA origami scaffolds[J]. Angew. Chem. Int. Ed., 2012, 51: 11325.

[135] PAL S, DUTTA P, WANG H, et al. Quantum efficiency modification of organic fluorophores using gold nanoparticles on DNA origami scaffolds[J]. J. Phys. Chem. C, 2015, 117: 12735-12744.

[136] YAN W, XU L, XU C, et al. Self-assembly of chiral nanoparticle pyramids with strong R/S optical activity[J]. J. Am. Chem. Soc., 2012, 134: 15114-15121.

[137] SHP, YIN P, LIU Y, et al. Programmable DNA self-assemblies for nanoscale organization of ligands and proteins[J]. Nano Lett., 2005, 5: 729-733.

[138] CHHABRA R, SHARMA J, KE Y, et al. Spatially addressable multiprotein nanoarrays templated by aptamer-tagged DNA nanoarchitectures[J]. J. Am. Chem. Soc., 2007, 129: 10304-10305.

[139] RINKER S, KE Y, LIU Y, et al. Self-assembled DNA nanostructures for distance-dependent multivalent ligand-protein binding[J]. Nat. Nanotech., 2008, 3: 418-422.

[140] OI W, Y W, R G, et al. Enzyme cascades activated on topologically programmed DNA scaffolds[J]. Nat. Nanotech., 2009, 4: 249-254.

[141] KUZUYA A, KIMURA M, NUMAJIRI K, et al. Precisely programmed and robust 2D streptavidin nanoarrays

by using periodical nanometer-scale wells embedded in DNA origami assembly[J]. ChemBioChem, 2009, 10: 1811-1815.

[142] SACCÀ B, MEYER R, ERKELENZ M, et al. Orthogonal protein decoration of DNA origami[J]. Angew. Chem. Int. Ed., 2011, 122: 9568-9573.

[143] ENDO M, TATSUMI K, TERUSHIMA K, et al. Direct visualization of the movement of a single T7 RNA polymerase and transcription on a DNA nanostructure[J]. Angew. Chem. Int. Ed., 2012, 51: 8778-8782.

[144] DERR N D, GOODMAN B S, JUNGMANN R, et al. Tug of war in motor protein ensembles revealed with a programmableDNA origami scaffold[J]. Science, 2012, 338: 662-665.

[145] FU J, YANG Y R, JOHNSON-BUCK A, et al. Multi-enzyme complexes on DNA scaffolds capable of substrate channelling with an artificial swinging arm[J]. Nat. Nanotech., 2014, 9: 531-536.

[146] ZHAO Z, FU J, DHAKAL S, et al. Nanocaged enzymes with enhanced catalytic activity and increased stability against protease digestion[J]. Nat. Commun., 2016, 7: 10619.

[147] ENDO M, KATSUDA Y, HIDAKA K, et al. Regulation of DNA methylation using different tensions of double strands constructed in a defined DNA nanostructure[J]. J. Am. Chem. Soc., 2010, 132: 1592-1597.

[148] MODI S, NIZAK C, SURANA S, et al. Two DNA nanomachines map ph changes along intersecting endocytic pathways inside the same cell[J]. Nat. Nanotech., 2013, 8: 459-467.

[149] BURNS J R, GÖPFRICH K, WOOD J W, et al. Lipid-bilayer-spanning DNA nanopores with a bifunctional porphyrin anchor[J]. Angew. Chem. Int. Ed., 2013, 52: 12069.

[150] BURNS J R, STULZ E, HOWORKA S. Self-assembled DNA nanopores that span lipid bilayers[J]. Nano Lett., 2013, 13: 2351-2356.

[151] LANGECKER M, ARNAUT V, MARTIN T G, et al. Synthetic lipid membrane channels formed by designed DNA nanostructures[J]. Science, 2012, 338: 932-936.

[152] SUZUKI Y, ENDO M, SUGIYAMA H. Lipid-bilayer-assisted two-dimensional self-assembly of DNA origami nanostructures[J]. Nat. Commun., 2015, 6: 8052.

[153] CZOGALLA A, KAUERT D J, SEIDEL R, et al. DNA origami nanoneedles on freestanding lipid membranes as a tool to observe isotropic-nematic transition in two dimensions[J]. Nano Lett., 2015, 15: 649-655.

[154] YANG Y, WANG J, HIDEKI S, et al. Self-assembly of size-controlled liposomes on DNA nanotemplates[J]. Nat. Chem., 2016, 8: 476-483.

[155] DONG Y, CHEN S, ZHANG S, et al. Folding DNA into a lipid-conjugated nano-barrel for controlled reconstitution of membrane proteins[J]. Angew. Chem. Int. Ed., 2018, 57: 2072-2076.

[156] GE Z L, LIN M H, WANG P, et al. Hybridization chain reaction amplification of microRNA detection with a tetrahedral DNA nanostructure-based electrochemical biosensor[J]. Angew. Chem. Int. Ed., 2014, 86: 2124-2130.

[157] KE Y, LINDSAY S, CHANG Y, et al. Self-assembled water-soluble nucleic acid probe tiles for label-free RNA hybridization assays[J]. Science, 2008, 319: 180-183.

[158] SUBRAMANIAN H K, CHAKRABORTY B, SHA R, et al. The label-free unambiguous detection and symbolic display of single nucleotide polymorphisms on DNA origami[J]. Nano Lett., 2011, 11: 910-913.

[159] PEI H, LIANG L, YAO G, et al. Reconfigurable three-dimensional DNA nanostructures for the construction of intracellular logic sensors[J]. Angew. Chem. Int. Ed., 2012, 51: 9020-9024.

[160] LIN C, JUNGMANN R, LEIFER A M, et al. Submicrometre geometrically encoded fluorescent barcodes

self-assembled from DNA[J]. Nat. Chem., 2012, 4: 832-839.

[161] KOIRALA D, SHRESTHA P, EMURA T, et al. Single-molecule mechanochemical sensing using DNA origami nanostructures[J]. Angew. Chem. Int. Ed., 2014, 53: 8137-8141.

[162] LI J, PEI H, ZHU B, et al. Self-assembled multivalent DNA nanostructures for noninvasive intracellular delivery of immunostimulatory CPG oligonucleotides[J]. ACS Nano, 2011, 5: 8783-8789.

[163] SCHÜLLER V J, HEIDEGGER S, SANDHOLZER N, et al. Cellular immunostimulation by CPG-sequence-coated DNA origami structures[J]. ACS Nano, 2011, 5: 9696-9702.

[164] BHATIA D, SURANA S, CHAKRABORTY S, et al. A synthetic icosahedral DNA-based host-cargo complex for functional in vivo imaging[J]. Nat. Commun., 2011, 2: 339.

[165] LIU X, XU Y, YU T, et al. A DNA nanostructure platform for directed assembly of synthetic vaccines[J]. Nano Lett., 2012, 12: 4254-4259.

[166] JIANG Q, SONG C, NANGREAVE J, et al. DNA origami as a carrier for circumvention of drug resistance[J]. J. Am. Chem. Soc., 2012, 134: 13396-13403.

[167] DOUGLAS S M, BACHELET I, CHURCH G M. A logic-gated nanorobot for targeted transport of molecular payloads[J]. Science, 2012, 335: 831-834.

[168] LEE H, LYTTONJEAN A K R, CHEN Y, et al. Molecularly self-assembled nucleic acid nanoparticles for targeted in vivo siRNA delivery[J]. Nat. Nanotech., 2013, 7: 389-393.

[169] AMIR Y, BENISHAY E, LEVNER D, et al. Universal computing by DNA origami robots in a living animal[J]. Nat. Nanotech., 2014, 9: 353-357.

[170] DU Y, JIANG Q, BEZIERE N, et al. DNA-nanostructure-gold-nanorod hybrids for enhanced in vivo optoacoustic imaging and photothermal therapy[J]. Adv. Mater., 2016, 28: 10000-10007.